# The Architects' Handbook

# 建筑师手册

[英] Quentin Pickard　编著

曹　娟　商振东　译

中国林业出版社

**图书在版编目（CIP）数据**

建筑师手册 / (英) 皮卡德 (Pickard,Q.) 编著；曹娟，商振东译. —北京：中国林业出版社，2010.11
书名原文：The Architects' Handbook

ISBN 978-7-5038-5970-0

I. ①建… II. ①皮… ②曹… ③商… III. ①公共建筑－建筑设计－手册 IV. ①TU242-62

中国版本图书馆CIP数据核字(2010)第199742号

This edition is published by arrangement with Blackwell Publishing Ltd, Oxford.

Translated by China forestry Publishing House from the original English language version. Responsibility of the accuracy of the translation rests solely with China forestry Publishing House and is not the responsibility of Blackwell Publishing Ltd.



著作权合同登记号：图字：01－2007－3513

**中国林业出版社·环境景观与园林园艺图书出版中心**

策划、责任编辑：李　顺、唐　杨
电话、传真：83229512

---

出　版：中国林业出版社（100009 北京西城区德内大街刘海胡同7号）
网　址：http://lycb.forestry.gov.cn
电　话：(010) 83224477
发　行：新华书店北京发行所
印　刷：北京画中画印刷有限公司
版　次：2010年11月第1版
印　次：2010年11月第1次
开　本：889mm × 1194mm 1 / 16
印　张：30
字　数：750千字
印　数：1～5000册
定　价：88.00元

凡本书出现缺页、倒页、脱页等质量问题，请向出版社图书营销中心调换。

# 前　言

# PREFACE

《建筑师手册》提供了建筑师、设计师和建造监理人员可能遇到的大多数建筑类型的视觉和技术信息。每种类型都选取了近代建筑中一个有代表性的实例来阐述方法的多样性，而这一点在建筑环境中是相当重要的。书中还有大量的平面图、剖面图和立面图以及一些三维视图，以表达某一特殊建筑的重要特征。本书的显著贡献是更关注建筑的总体特征，而不是大量的细节或技术信息。虽然我们避免了对建筑设计质量的评论，但事实是我们所选的建筑对设计有积极的影响。

有一种趋势越来越明显，即此书显示出建筑设计目的越来越灵活：例如，“商业园”不是在“工业建筑”中；“艺术中心”与剧院在一起，而不是“画廊”；艺术中心是否真的只是社区中心较高级的类型？许多建筑设计是为了生成物质环境，过去我们称之为“工业建筑”，而现在用“办公室”可能比“工业”更确切些。城外的超级市场可能和仓库有很多相似之处，但一个被称为“商场”，而另一个则是“工业建筑”。

关于参考多少技术标准和其他规范的问题很难回答。因此，在可能的情况下，这样的参考应尽可能减少，统一放在书后。应该记住的是，可达性设施问题在好几章都有所提及，我们认为，每栋公众可以进入的建筑都应提供无障碍厕所，因此在每个例子中提到就显得多余。

有件事情可以确定的是，技术要求需要不断修正，毫无疑问也会不断扩张。建筑师和其他设计师需要对相应的变化保持敏感，且要感觉到技术信息的更新是很重要的。

一个令人遗憾但不可避免的趋势是好的视觉表现图纸越来越少。计算机辅助设计的发展导致视觉效果良好的图纸几乎消失了。CAD图纸通常不适于书籍复制——它们的线宽没有区别，包含了许多不相关的细节（网格线，小的尺寸等），而其他重要的信息似乎无法获得（如比例和指北针）。为了确保好的图纸的艺术性不被忘记，需要包含图纸的剖面——一种对本书而言不太合适的事物。

这本书参考了许多资源，我们也作了很多努力以确保所有复制的材料得到授权。如果因为失误而疏忽了什么，将在下一版予以注明。本书还就技术细节咨询了许多专家，在此对他们的贡献表示感谢；他们的名字见后。

对于这样一本内容广泛的书来说，错误之处在所难免，我们将认真听取读者的评论和建议（请送到出版商处）。

我感谢所有的建筑师，以及其他提供信息的个人和组织，许多人为了提供正确的图纸或技术细节奉献了大量时间。

真诚的感谢所有人的辛勤工作，还有Antonia Powell，他承担了大量研究工作。还要感谢我的出版者，Julia Burden，不断给我鼓励和建议，还有Paul Stringer和Mark Straker，他们为文字和图片排版付出了许多精力。感谢Geoff Lee的大量第一手图纸。

Quentin Pickard
www.qpickard.co.uk

# 目　录

CONTENTS

# 第1章 机场

Brian Edwards

## 1.1 引言

机场是20世纪诞生的少数特别建筑类型之一，航站楼构成其主要建筑特色。早期的机场始建于20世纪30年代，但大部分是在战后时期才开始建设的。量身定做的现代航站楼始于20世纪50年代，著名的原型有（芬兰）埃罗·沙里宁（Eero Saarinen）设计的纽约肯尼迪机场TWA航站楼（1956）、罗伯特·马修（Robert Matthew）设计的爱丁堡特恩豪斯（Turnhouse）机场（1956）、C.F.墨菲（C.F. Murphy）设计的芝加哥奥黑尔（O'Hare）机场。这些航站楼形成了到港和离港客人在航站楼不同水平层分流的模式。

如今机场已经发展到第二代，成为大型的混合建筑类型。现代的航站楼已经不是仅能满足每天几百名乘客登机的简单构筑物。它们通常是多层的超大结构［伦佐·皮亚诺（Renzo Piano）建筑工作室设计的日本关西机场主体部分有4层，理查德·罗杰斯（Richard Rogers）事务所设计的伦敦希思罗机场5号航站楼有5层］，分别提供登机、行李、休闲和零售业服务，每小时可为成千上万的旅客服务。世界上最繁忙的机场现在每年大约运送超过6000万的旅客，其经济和环境影响相当大，对今天的建筑师和空间规划者来说极具挑战。

伦敦希思罗机场是个极好的例子。1997年，有超过5600万的旅客从它的4座航站楼通过，许多人将希思罗机场当作去往英国或欧洲其他目的地的中转中心。希思罗机场对伦敦西部区域的经济影响非常大，共有62,000人（比牛津城的人还多）在机场或腹地的服务业工作。在他们中间，有一半是为某些航空公司的安全工作，有1/4是直接为乘客服务，而另外1/4是从事零售业。在机场扩张时（在全球，每年机场数量的增长速度是6%，在亚洲是8%～9%），它们也具有所在城市的特征。希思罗机场的休闲和零售业的收入已经超过了航空公司使用机场的收入，这种情形暗示着现代的航站楼更像一个一侧有跑道的购物中心。

现代的航站楼其实是功能、社会、美学的综合体。为了加强旅客的体验，产生更多的收入来源，越来越多的活动被加进来，机场设计师的任务也越来越复杂。好的设计的关键是机动性和合理性——首先满足航站楼里变幻的市场和管理的需要，第二是允许旅客能在机场复杂的环境下找到他们的方向。

由于航站楼的围护结构扩大了，所以设计师既需要考虑使用者的需要，还需要考虑客户的需要。与20年前相比，现在世界上绝大多数机场是私人所有。它们都是高盈利的运作模式，机场管理层在经营收入多样化方面多是专家。在这种情况下，旅客的满意度被放在了一边，尤其是20世纪60年代发展起来的肯尼迪、希思罗和

**机场管理收入来源**

**空侧（对空面）**

*跑道和停机坪区*

- 起飞和着陆费用
- 空中交通控制费用
- 飞机停靠费用
- 停机坪服务
- 旅客费用
- 货运费用
- 燃料销售

**地面方面**

*航站楼建筑*

- 行李装卸
- 航空公司租借收入
- 经销商租借收入
- 直接零售收入
- 广告

*机场外围区域*

- 停车场
- 土地开发
- 酒店
- 仓库

*机场外*

商业园

**航站楼内非零售、非航空公司设施**

- 银行/外币兑换
- 旅游问询
- 汽车租赁
- 美发/美容沙龙
- 医疗服务
- 会议/商务设施
- 教堂/礼拜堂
- 电影院
- 游泳池/健身中心

**航站楼内人群类型**

- 旅客
- 乘务人员
- 保安人员
- 迎宾人员
- 休闲客人
- 商务/会议客人

**航站楼设计标准**

- 灵活性和延展性
- 避免旅客流线交叉
- 步行距离最短
- 高度变化最小化
- 方向易于识别
- 有效的安全设计图

图 1–1 航站楼的两个关键关系

查尔斯·戴高乐机场。许多新近建成的航站楼试图改变这种设施相当拥挤、条件很差的环境（如斯坦斯特机场是为了缓解希恩罗机场的客流压力，而赤鱲角机场是为了缓解香港启德机场的客流压力）。这些新的航站楼标志着一种变化，即旅客的心理和生理舒适度重新被当作关键元素。如今的航站楼既彰显品味，又空间开阔，光照充足。旅客们既可享受片刻的宁静，又可享受到高效穿行的迅捷与便利。

### 1.1.1 现代航站楼的特征

与第一代航站楼相比，21 世纪的航站楼有以下 3 个特点：

(1) 设施丰富多样，尤其是零售业、会议和休闲区域；

(2) 对旅客体验质量更为关注，尤其是合理性、方向和交换空间的创造；

(3) 设计时需要考虑必要的内部变化和外部扩张。

这 3 个因素成为第二代航站楼设计的决定因素。它们反映出机场行业首要考虑因素的变化，尤其是独立的机场管理者为了在竞争压力下生存，需要更好地满足全球化的标准。机场管理者为了争夺空运市场，在全球范围内展开竞争，他们也开始认识到，消费者选择机场时，航站楼的设计标准也是他们评价的指标。

## 1.2 机场

一个典型的国际机场由 6 个主要元素组成，辅助设施则达到十多个。

主要元素是：

(1) 跑道、滑行区等

(2) 航空交通控制中心

(3) 旅客航站楼

(4) 停车场和道路系统

(5) 货运、仓储区

(6) 飞机棚和飞行器服务区

此外，还有许多辅助设施也是机场的不动产部分，如：

(1) 火车站

(2) 酒店

(3) 会议设施

(4) 休闲（娱乐）区域

(5) 绿色空间和植被覆盖区

成熟的机场 [ 如芝加哥的奥黑尔机场或阿姆斯特丹的史基浦 (Schiphol) 机场 ] 都会由一组大大小小的相邻的组合建筑构成。其他的机场可能设施比较分散，如希思罗机场，是由地下的铁路系统相连，在盖特威克机场（Gatwick），有地上往返汽车连接两个航站楼。

在旅客看来，整体性和便捷的连通是成功的机场的关键。对到达机场的方式来说这一点更为重要——无论是私家车、巴士或者火车。机场的道路系统或地下铁路系统，通常会让旅客失去方向感，而且很拥挤。需要很清晰的线路规划，并通过建筑和景观，为人们建立方向感。从乘坐汽车到乘坐飞机的过程相当复杂（出于安全和控制的考虑），但不能让这种体验变得过于复杂或不舒服。好的机场布局和建筑设计应该避免含糊，减

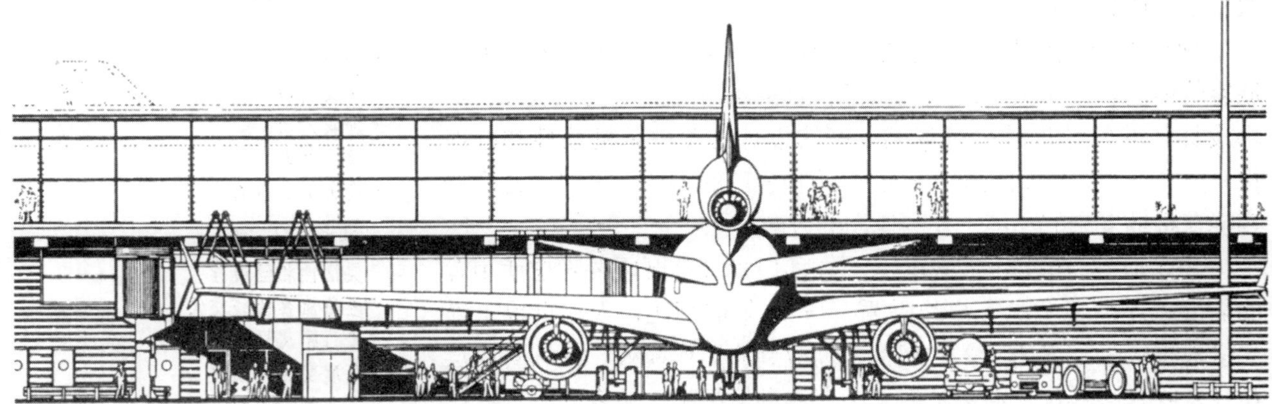

图 1–2 斯坦斯特（Stansted）机场，艾塞克斯郡（建筑设计：福斯特及伙伴）。停机坪区立面

少行走路程，保持靠近目的地的感觉；并且尽可能地提升旅客的精神状态。心理需要和生理需要同等重要。

存在两种清晰但完全不同的理念——机场管理者希望利润最大化，但乘客希望没有压力的旅行。好的设计还要协调这两者的关系。

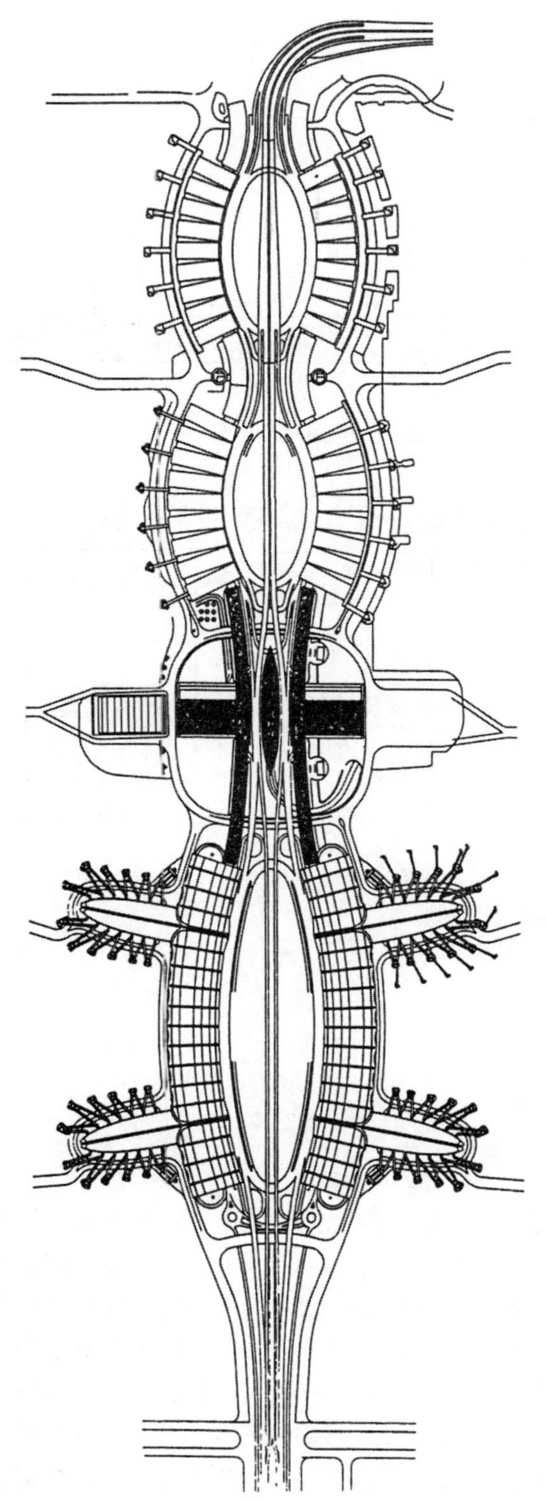

图 1–3 查尔斯·戴高乐机场（Charles de Gaulle），法国［建筑设计：保罗·安德鲁（Paul Andrew）］。有火车站的 2 号航站楼平面

机场布局的决定因素通常是跑道的方向和长度（图 1–4）。而这些常取决于盛行风向、飞行器大小、外部因素，如城镇位置、山地范围和能源管道。通常机场总平面由市政工程师和土地利用规划师、环境咨询师一同设计。此外，环境影响分析越来越多地影响到机场规划的主要元素的决策，尤其是噪声、生态和视觉影响的解决。

理解了机场发展规划的复杂性后，就能做到设施规划和土地利用的平衡。现在绝大多数机场有完整的运输系统，能满足旅客和工作人员的需要。这些系统不仅为飞行服务，而且允许非空中交通土地的发展。现在许多机场周边有大型的仓库，在邻近的城镇里有商业园区。需要从总体考虑机场总体规划和区域发展规划，以实现机场的投资效率最大化。

通常建筑师是在机场总平面已被确认后才开

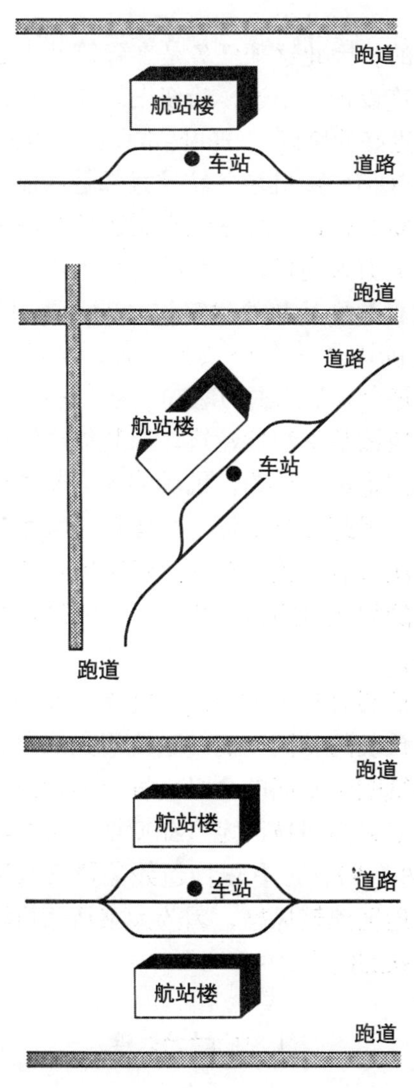


图 1–4 航站楼、跑道、道路间关系示意图

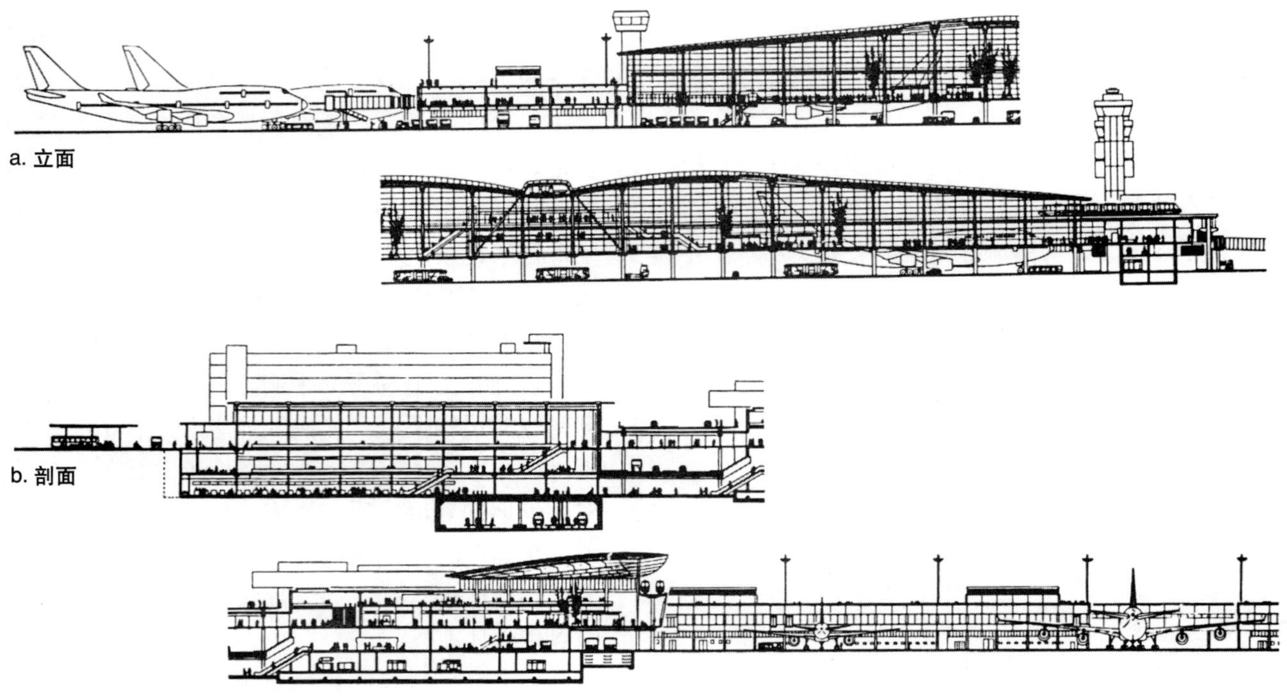


图 1–5 苏黎世机场，瑞士［建筑设计：尼古拉斯·格雷姆肖（Nicholas Grimshaw）及伙伴］

始进入的。因此这项任务是在建筑基点已被确定后的建筑设计。不过，为使设施规划和建筑设计能得到更好的协调，好的城市设计相当重要。

在任何一座机场，航站楼都是功能上、审美上最重要的构筑。虽然航空交通控制塔可能在垂直方向上引人注目，但航站楼是机场的地标，也帮助竖立起机场整体建筑质量的形象（图 1–5）。如果说机场是一个小城市，航站楼就是市政大厅——每个人都想去的地方。为了完成这种使命，航站楼应该是支配性建筑，而其他构筑如酒店和停车场都是第二位的。机场的视觉整体性是需要强调的，因此要避免标志性建筑。机场为旅客准备的层次（航站楼、车站、停车场）和机场管理者准备的层次（跑道、登机口、航站楼）是不太一样的。

好的设计让人们一眼就能看出航站楼和其他建筑所代表的不同功能。建筑形式的角色是为不同的建筑赋予不同的含义。机场的特点应根据航空学特点或高科技而定（如斯图加特机场——图 1–7，图 1–9），但有一种趋势是将机场建筑设计成富有地区建筑风格，因为大家认为机场是进入一个国家的门户。

## 1.3 航站楼

由于机场通常没有太多外部参照，并且旅客

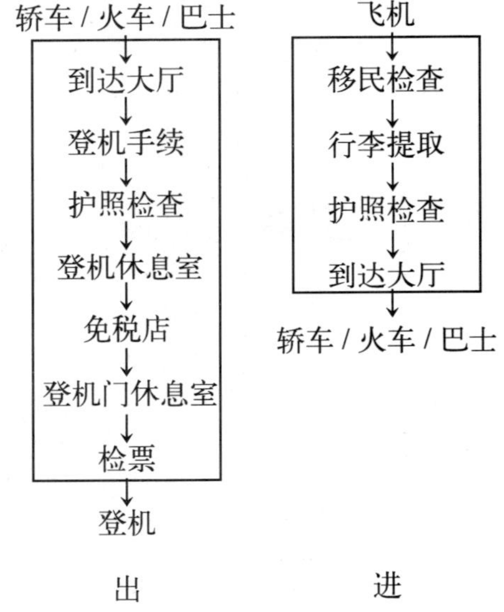


图 1–6 航站楼内功能流线

通常很匆忙，因此流线合理并保证旅客通行方向是机场的重要因素（图 1–6）。一旦进入航站楼，识别办理登机手续、购票或到达大厅的通路就和机场外部环境一样重要。建筑的地面标志对于高效的信号系统来说有很大帮助。照明、构筑形式和空间组成都是影响因子（图 1–7，图 1–9）。如果主要的建筑语言并不十分突出，航站楼就无法在商业压力或管理方式的变化中处理好使用与空间布局的关系。对于斯坦斯特和丹佛机场来说，在形成机场的特征时，建筑结构的审美特点成为

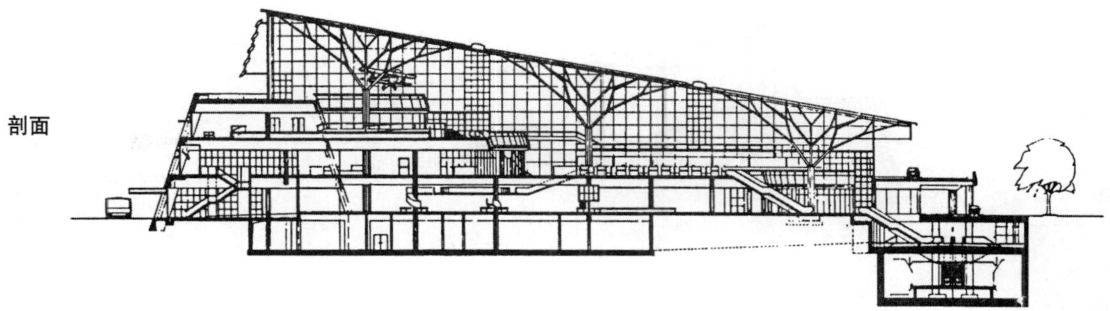


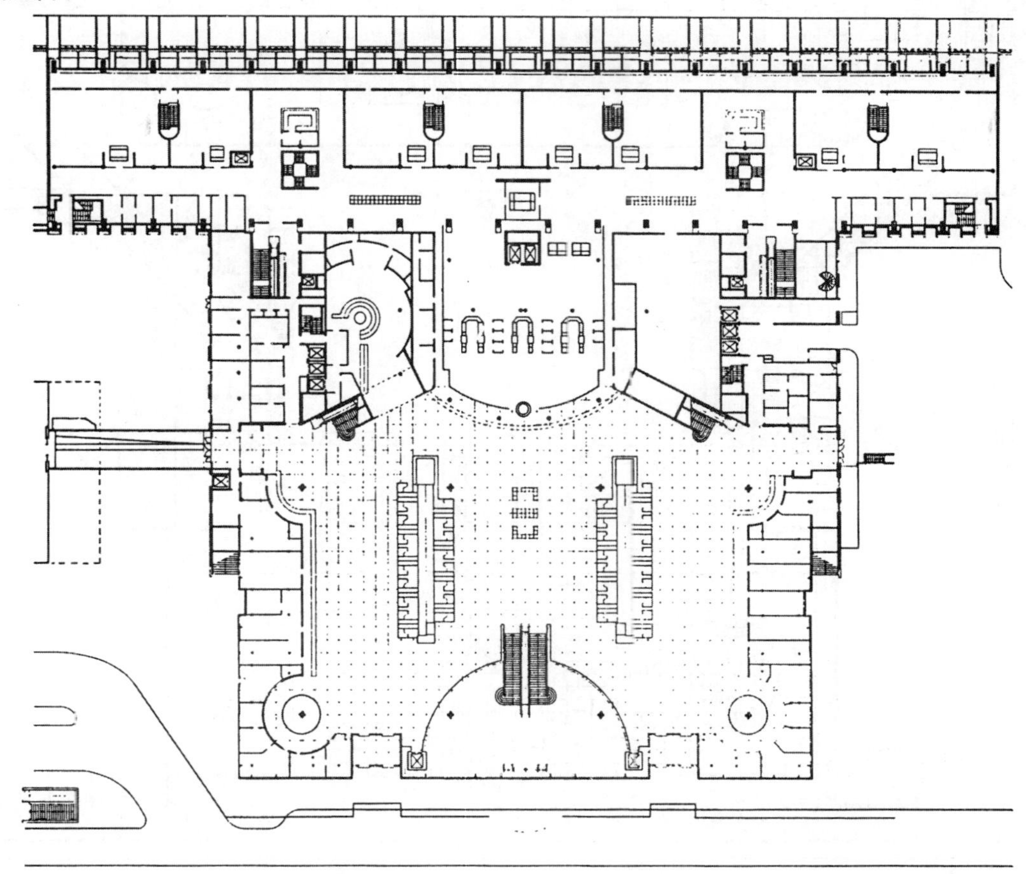


图 1–7 斯图加特机场，德国［建筑设计：GMP（冯格康玛戈及合作者）建筑事务所（Von Gerkan, Marg)］(图 1–9)

主要特征。在复杂的航站楼设计里，柱和梁的设计通常与屋顶照明的智能操控一起，为游客提供一种值得纪念的体验，以辅助导航。大家都认为结构、围护、建筑设施、室内空间和内饰需要有不同程度的变化。每一种材质可能都有不同的使用寿命，替换一种材料时不能影响其他材料的质量。

越来越多的航站楼被设计成形式各异的楼层样式，同一些部件联结在一起。一些部件的寿命常为 3 到 50 年不等，它们可以被换掉而不影响整体。一些永久的元素，如结构框架，被设计成使用年限很长，并且保持着一定的视觉效果。通常

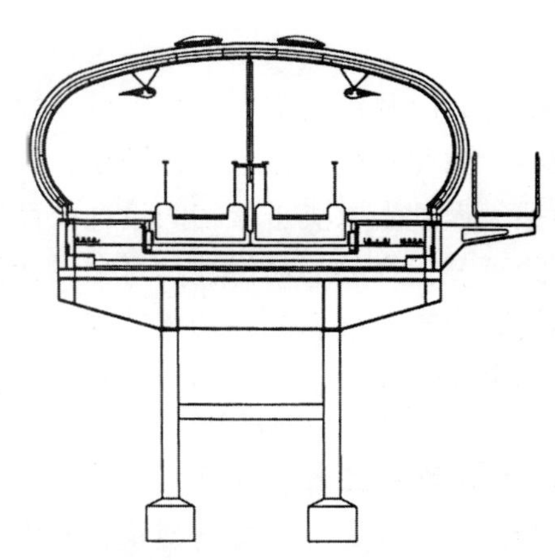

图 1–8 希思罗机场，伦敦
4A 泊机码头：剖面［建筑设计：尼古拉斯·格雷姆肖（Nicholas Grimshaw）及伙伴］(也见图 1–11)

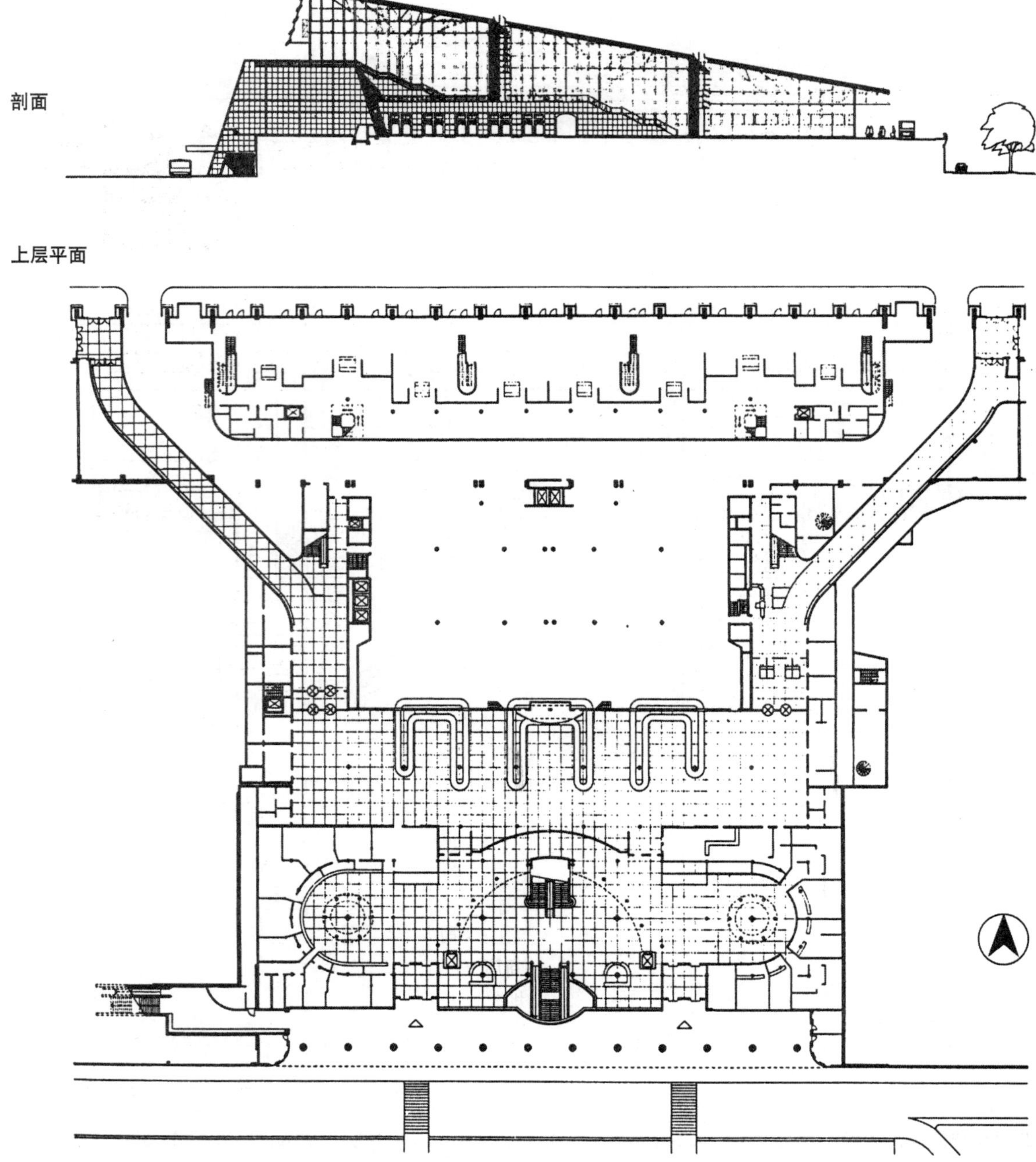


图 1–9 斯图加特机场，德国（建筑设计：GMP 建筑事务所）（也见图 1–7）

是这些部分，以及社会空间（如出发大厅）使用频率最高，因此不得不按最高标准设计。它们的耐久性很大程度上取决于最初的设计深度以及关键元素的可替代产品的易得性。一个设计得很好的航站楼通常有着很高的且持久的视觉效果，而只是内部作些调整，每 50 ～ 60 年进行一次更新。

### 1.3.1 航站楼设施

现代的航站楼是一个综合建筑，其围护内含有多种类型的设施，并必须提供高等级的控制。通常来说，有公共空间（如出发大厅）和私人空间（如办公室）区域，还有安全和非安全区。此外需要有走动的限制，因为要针对持票和不持票的旅客，还有出入境的控制。从安全角度来讲，机场，尤其是航站楼，是管理最严格的区域。需要有走动限制，生理和心理的控制，安全摄像头和对旅客及航空乘务员的检查点。建筑因此既要创造空间，又要对其进行控制。

安全管理是机场航站楼设计的基础。建筑的不同层为不同的旅客流服务（到港、出港、转机），还要控制他们的交叉。不同的层也可以让行李处理起来更有效。20 世纪 90 年代以来多层航站楼

图 1–10 关西机场，日本（建筑设计：伦佐·皮亚诺建筑工作室）旅客航站楼室内速写

**航站楼建筑主要功能**

- 交通工具的转换，从飞机到轿车、火车、巴士等
- 旅客活动（检票、海关放行等）
- 提供服务（购物、会议等）
- 飞机运输乘客的分组、分批

**有效的行李搬运标准**

- 避免行李流与旅客流线交叉
- 将行李分类区布置在停机坪区附近
- 避免拐弯和高度变化
- 保持运输带斜坡小于15°
- 将搬运过程次数最少化
- 在每个搬运阶段提供安全和保安措施

**航站楼的乘客活动**

| 航空公司功能 | • 检票 |
| --- | --- |
| | • 行李托运（部分） |
| | • 机门检票 |
| 机场功能 | • 行李托运（部分） |
| | • 保安（部分） |
| 政府功能 | • 移民控制 |
| | • 护照控制 |
| | • 海关控制 |
| | • 卫生控制 |
| | • 保安（部分） |

**设施使用年限**

| 楼梯、电梯、主路线 | 30～50年 |
| --- | --- |
| 旅客休息室 | 20～30年 |
| 机场办公室 | 15年 |
| 航空公司办公室 | 5～10年 |
| 商店、酒吧、餐厅 | 3～5年 |
| 地毯、座椅、外饰 | 1～5年 |

的成长应对着对恐怖主义、违禁药品贸易和非法移民的关注。

现代的大型航站楼通常很复杂，分层较多（如关西机场），因此需要对楼梯、自动扶梯和电梯进行精心设计。现在的机场设计中不同层的变化是必需的，但对于残疾人来说则比较困难。但是，从一层到另一层的移动方式必须是舒适和可行的。因此，自动扶梯和电梯是典型的航站楼内最主要的视觉元素。它们不仅能帮助人们高效地移动，还为旅客行走提供方向参照点。

出于同样的原因，航站楼平面也相当复杂。尽管旅客空间占到了总体的60%，剩下的40%还要为飞行人员、机场职员和政府及安检职员提供活动空间。以下四大主要利益相关者对航站楼有兴趣，每个集团都需要集中的区域、安全的房间和联系线路（图 1–11）。

(1) 旅客（休息厅、商场等）

(2) 航空公司（售票处）

(3) 机场管理者（管理区域）

(4) 政府（健康和移民控制）

除此以外，最重要的旅客公共空间常被商场、酒吧、旅店和娱乐街环绕。为了协调这些完全不同的设施，只能是让空间具有可变性，并提供足够的空间。

机场航站楼的布局通常会因规划风格的变化而有所改变。建筑的不同部分会根据不同的使用方式设置在不同层。主要的流通区域（如门廊）比安静区域的更新速度快很多，即使当时是使用同样的装饰和设施。英国机场局同建造商达成长期“框架协议”，以确保配套零部件在将来一直有充足的货源。

### 1.3.2 航站楼规划

航站楼建筑的规划需要满足旅客的需求。通常，乘客办理登机手续后，先检查机票和护照，然后进入候机大厅，最后进入机舱门，这个流线是一个前进的过程，需要在平面上给予清晰的表示（图 1–12）。在流线中一些打断的点通常是需要安置的不同类的办公室（航空公司、机场、海关）。旅客们需要区分不同的空间场所，而机场无需考虑这一问题。与之方向相反，但又相似的是，从飞机上下来到港的乘客要提取行李，空间上也

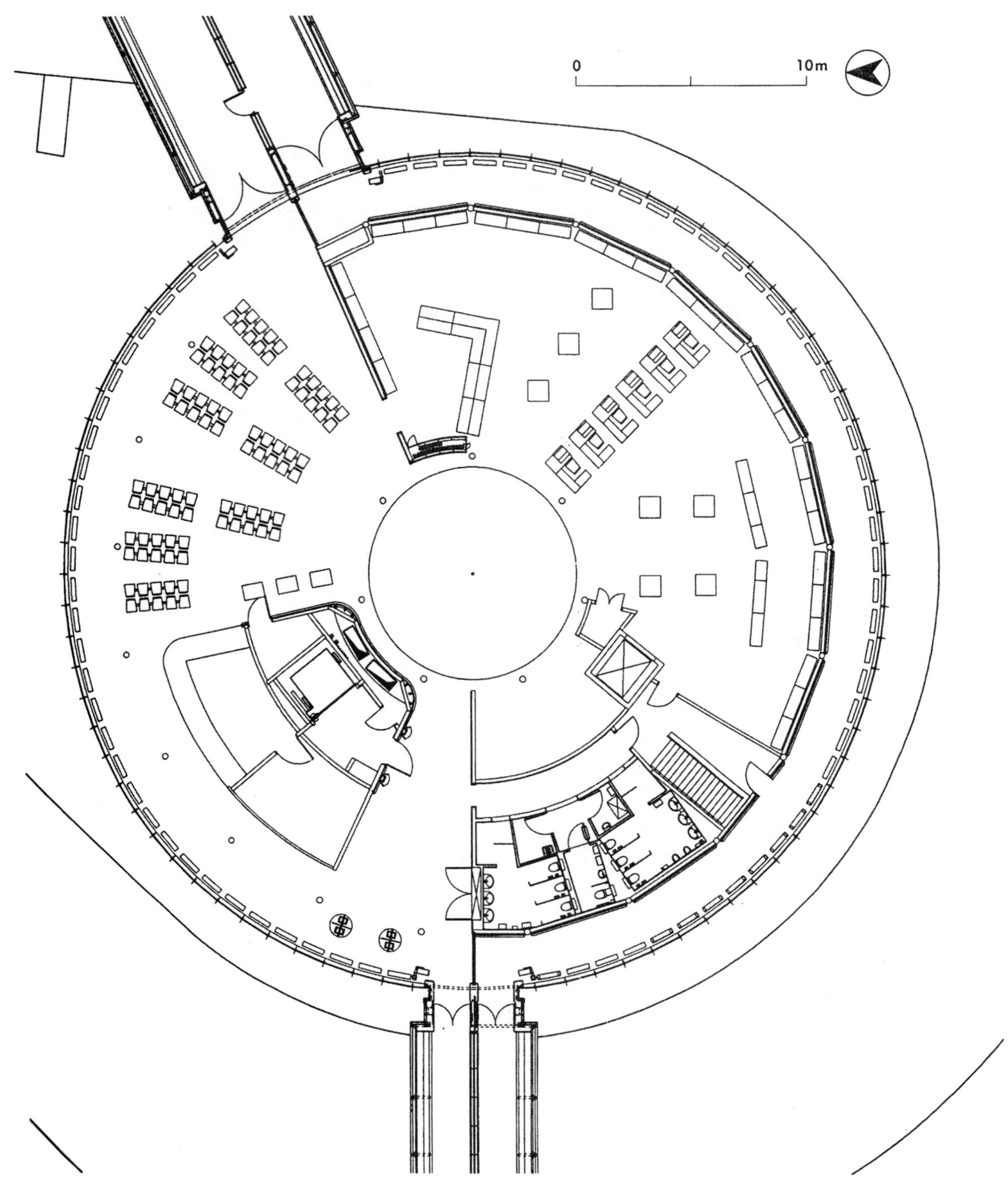


图 1–11 希恩罗机场，伦敦
4A 泊机码头：平面（建筑设计：尼古拉斯·格雷姆肖及伙伴）（也见图 1–9）

| 旅客动向 | 活动 | 需要的空间 |
| --- | --- | --- |
| 离港乘客 | 登机手续<br>商业区<br>海关放行 | 离开广场 |
| | 安检<br>购物<br>进餐 | 离开大厅 |
| | 机门检查 | 登机口休息厅 |
| 到港乘客 | 移民安检 | 到达区 |
| | 行李提取 | 行李厅 |
| | 海关放行 | 关税区 |
| | 会议休息 | 到达厅 |
| 转机乘客 | 安检<br>海关放行<br>移民<br>休息 | 转换大厅/离开大厅 |

图 1–12 航站楼内的活动和空间需求

需要给予明示。此外，空间和光线、结构都应该指明关键路线而不是扰乱它们。

平衡零售业和旅客的需要是很困难的。航站楼通常是旅客的终点站（即不再希望进一步的旅行），许多人在这里体验建筑的风格和购物的机会。休闲的购物像其他地方一样对航站楼有影响，但不论航空公司和机场管理者有多大的利润，乘客前进的路线不应被商场和快餐吧打扰（图1–14）。

| | |
| --- | --- |
| 登机区 | 1.4m$^2$ |
| 离开大厅 | 1.8m$^2$ |
| 酒吧/购物区 | 2.1m$^2$ |
| 到达大厅 | 1.5m$^2$ |
| 行李提取 | 1.6m$^2$ |
| 关税/移民 | 2.0m$^2$ |
| 交通区 | 2.0m$^2$ |

图 1–14 航站楼：每个乘客的面积标准

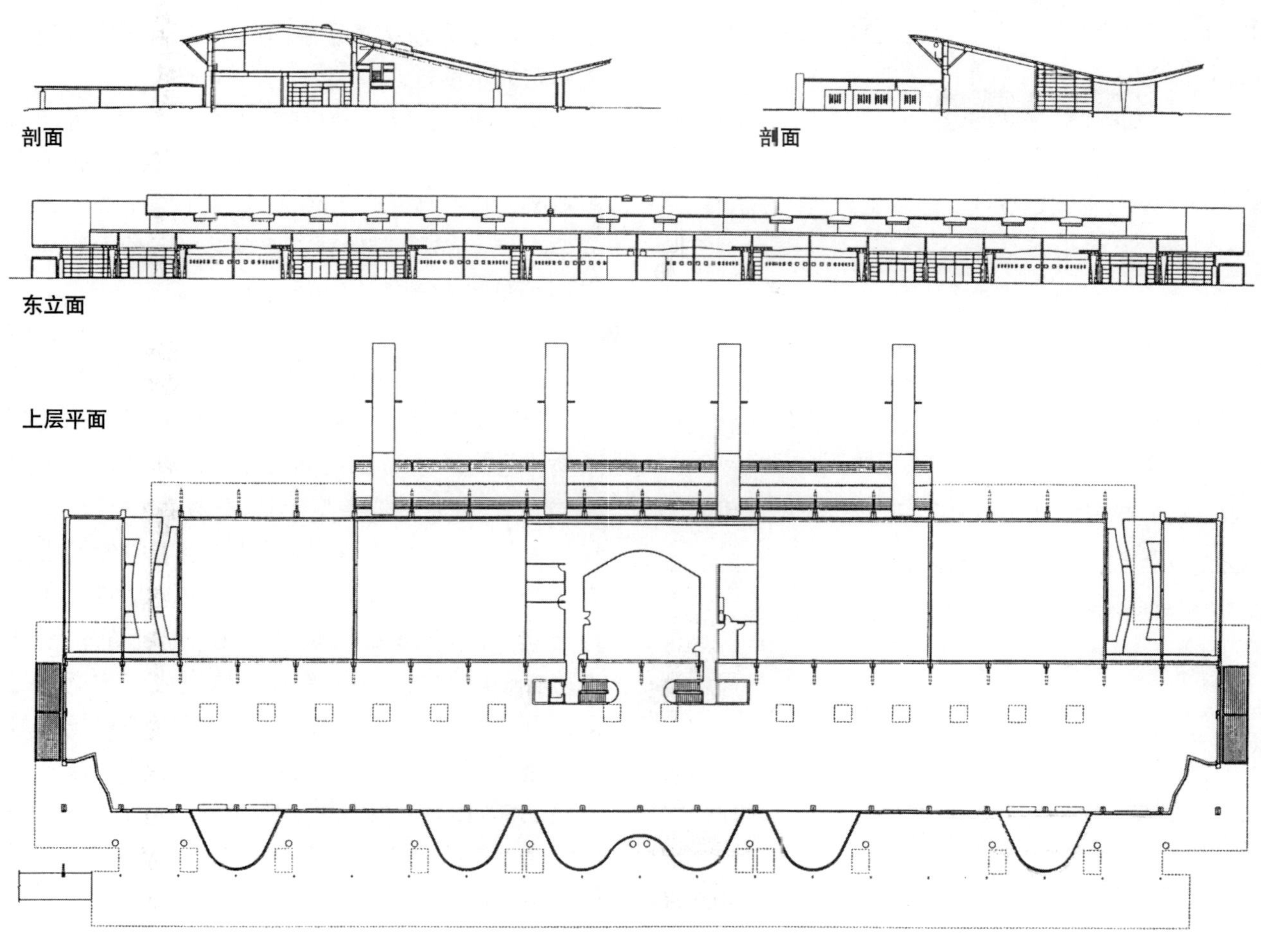


图 1–13 罗克汉普顿（Rockhampton）机场，澳大利亚［建筑设计：百翰年建筑事务所 (Bligh Voller)］

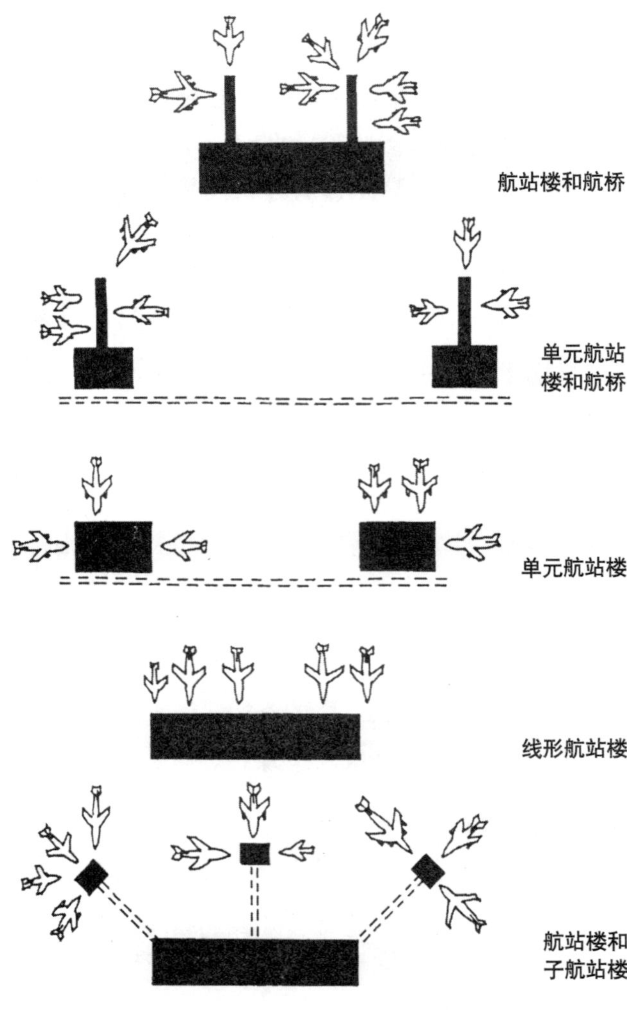


图 1-15 航站楼布局类型示意

| 地区级 | 每年 100 万旅客及以下 | 单层式道路，单层或 1 1/2 层航站楼，停机坪到飞机 |
|---|---|---|
| 国家级 | 每年100～500万旅客 | 单层式道路，双层航站楼，上升式入口到飞机 |
| 国际级 | 每年超过 500 万旅客 | 双层式道路，2～4 层的航站楼，上升式入口到飞机 |

图 1-16 根据规模和容量对航站楼的分级

| | |
|---|---|
| DC－9，BAC111 | 60m² |
| B737 | 100 m² |
| B707，B727，DC－8 | 140 m² |
| B757 | 190 m² |
| DC－10，B767 | 250 m² |
| B747 | 360 m² |
| B777，A3XX系列 | 460 m² |

图 1-17 飞机类型和登机厅尺寸

### 1.3.3 航站楼布局

航站楼和登机的子楼间的关系对于设计者来说相当重要。有 4 种常见的变化和它们之间不同的混合（图 1-15）：

(1) 航站楼通过线形码头与子楼相连；

(2) 航站楼及分离的子楼；

(3) 航站楼和子楼紧密相连；

(4) 航站楼与发散的指状码头，有或无子楼。

不同的布局反映了机场的管理，尤其能表明这个机场是一个中转站还是一个终点站。在一些大的机场，一个航空公司会“用”一个子楼，因此可以在一个配套体系内提供票务、商业、免税店及移动等功能。在芝加哥奥黑尔机场，航空公司服务扩展到整个航站楼，所以建了好几个航站楼，每个都隶属于不同的公司。在小一些的地区机场，只有一个简单的航站楼，线形的码头对着主要的跑道平行布置。

所有权、管理和共享设施间的关系可能相当复杂。通常是几个航空公司在航站楼内共享空间，但有独立的子楼和登机休息厅。但管理体系和航空公司的寿命通常短于建筑寿命，因此建筑也需要一定的灵活性。

因为航站楼和子楼有很多组合方式，因此输送旅客的模式也各不相同。300 ～ 400m 的行走距离是可以接受的，但如果超过了这个距离，就需要有辅助的移动设备。通常采用 3 种主要的方式：运送带、轻轨系统、公交车。

第一种常常是针对 300 ～ 1000m 的距离，第二种是针对 1 ～ 3km 的距离，第三种针对停靠站点较多的行程，如通过机场停机坪从航站楼到子楼。轻轨系统费用很高（在斯坦斯特每次乘坐 AEG 火车的费用是 1 英镑），并且需要线性轨道和巨大的转弯半径。在关西机场沿着空侧候机室有小型火车，每 200m 左右就有一个站点。在盖特威克 (Gatwick) 和伯明翰机场，是由单轨铁路连接各个航站楼。但人们穿过跑道或在跑道下行走还有各种安全和法律的问题。希思罗机场 5 号航站楼计划使用地铁来联系航站楼与 4 个规划的子楼。辐射的指状码头及端部的子楼可以减少行走距离（因此可以减少使用昂贵的传送带）而使得通往停机坪的飞机的点达到最多。

### 1.3.4 立面设计

毫无疑问，在平面布局和立面组合间存在一

定关系。立面的复杂程度反映了航站楼的类型、布局和容量（图 1–18）。简单的小机场通常只有 1 层或 1 层半，而繁忙的国际机场可能有 4 ~ 6 层。立面设计时有 3 个主要的原则（图 1–19）：

| 旅程类型 | 距离/km | 典型飞机类型 | 载客量 | 乘客航站楼类型 |
|---|---|---|---|---|
| 洲际 | 超过 3000 | 波音 747 | 450 | 多层航站楼，有子楼 |
| 大陆的 | 1500～3000 | 欧洲空中客车A310 | 250 | 多层航站楼 |
| 地区的 | 1500以下 | 波音737 | 150 | 1 1/2或单层航站楼 |
| 通勤的 | 300以下 | 萨博340 | 40 | 停机坪上下 |

图 1–18 旅程、飞机和航站楼类型的关系

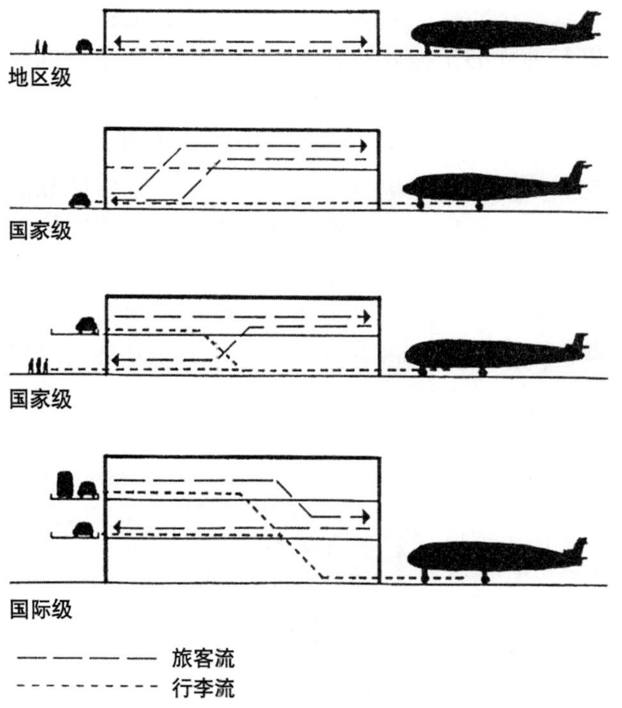


图 1–19 航站楼建筑剖面示意

(1) 不同层可以满足乘客舒适地移动；

(2) 不同层将乘客和行李分开，并将公共区域与私人区域分开；

(3) 分区可以允许日光照射到进深较大的航站楼里，并且可以通过自然方法驱散烟气。

既然热空气会上升而冷空气会下降，现代的航站楼剖面轮廓多采用物理方法控制温度（图 1–20）。波状的屋顶和分层的剖面加上优秀的环境设计构建出了一个优美的设计轮廓，比笛卡儿的平顶航站楼要有趣得多。世界上最新的航站楼的设计趋势是用更多自然的方法获得通风、驱烟和日光穿透。复杂的立面和合理的平面都需要满足 2 个需求：有效的人流和更自然的温度调控方式。

### 1.3.5 航桥设计

为了将乘客从航站楼送达飞机而避开机场的恶劣环境，需要熟练的航桥设计。航桥通常是伸缩的，充气的，许多类型由专业厂家提供。航桥可作几何旋转，以便登机口臂能与不同高度和位置的飞机门对接。

在新飞机被引入后，乘客登机设施变长了，尤其是在登机口处。虽然飞机通常都有标准的机门高度，但是门会位于机身不同的部位。预期的新一代的飞机将有非常大的载客量（到 2005 年时达到 800 ~ 1000 座），将会废除目前的乘客登机方法，可能不在航站楼，而是在空侧面。流畅和不断升级的需要是显而易见的。

### 1.3.6 环境因素

机场环境通常受到浓烟和噪声的严重干扰。因此大多数航站楼都是密封的空调型建筑。不过，它们逐渐部分向环境开放了，一些最近的设计采用混合的通风方式和自然的驱烟方式（在火灾时）。

为了让室内环境尽可能地舒适，有两个问题需要克服：

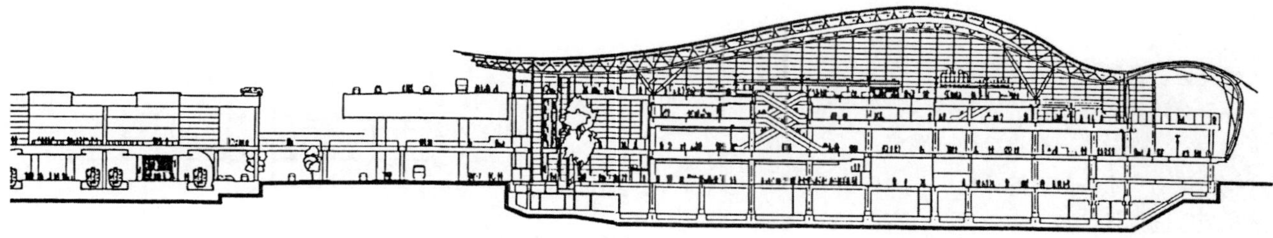

图 1–20 关西机场，日本（建筑设计：伦佐 · 皮亚诺建筑工作室）

(1) 获取太阳能和避免眩光；

(2) 消除噪声。

这两个问题都通过室内和室外方法的结合得到解决。外部的屏障和格栅使得航站楼免受太阳直射，许多建筑表面的结构也帮助反射来自飞机的噪声（图 1–21）。玻璃窗的设计也帮助解决这两个问题。热处理或可控制太阳能的玻璃能将高角度或低角度的太阳光漫射出去，而双层或三层的玻璃使得外部噪声减低到可以忍受的程度。

阳光可以为航站楼的室内空间增添光彩，也帮助乘客定位或找到方向感。在中性的室内空间和生动的充满阳光的空间之间要有一种平衡。另外，与外界噪声的联系会让人感到身处机场，同时在繁忙的场所里一定程度的噪声也是可以忍受的。当然在一些安静休息区是需要避免噪声的，如过境出站或登机口，或办公区。

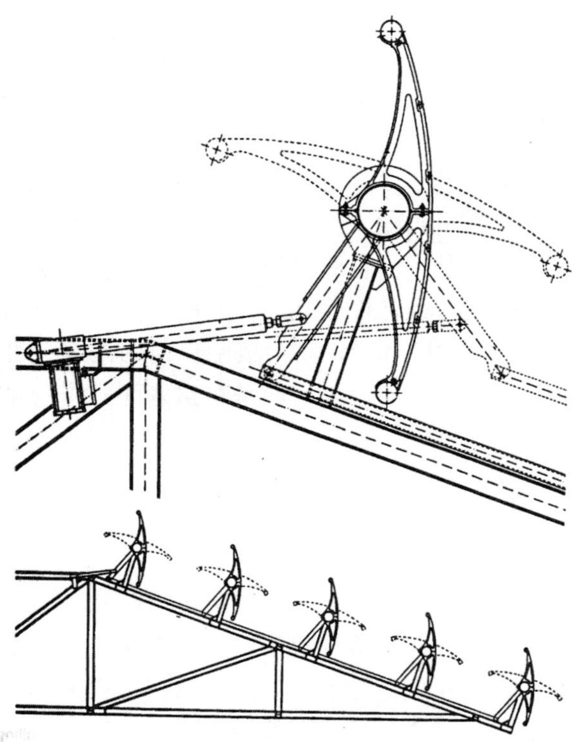

图 1–21 斯图加特机场，德国（建筑设计：GMP 建筑事务所）。声学防护

- 决定危险等级
- 建立烟道
- 建立火扩散方式
- 评价分隔对火势围堵的成功性
- 建立“安全岛”，使用局部喷洒器
- 构造上对火灾的应对的评价
- 反应时间的评价

图 1–22 航站楼防火安全设计

## 1.4 航空交通控制塔

它们是机场最显著的结构。它们的功能主要是控制机场周围的天空，组织起飞和着陆，确保跑道上的飞机的有效滑行。航空交通控制塔需要有一定的高度，不受限制的视野和良好的雷达通讯。既然航空交通控制塔主要控制飞机运行，它们一般位于空侧区，与航站楼可以对视。

航空交通控制塔通常有两个组成部分：塔顶的控制室和到达的通道（升降梯、楼梯、消防通道）（图 1–23）。控制室需要无柱的空间以及避免眩光，以满足工作需要。为减少太阳辐射和光线反射对飞行员视线的影响，通常用有一定角度的玻璃。大多数飞机轨道是在计算机屏幕上监视，因此也需要提前考虑到光线设计和潜在的屏幕反光问题。在这样的塔里的导航和控制系统的使用寿命通常较短（8 ~ 10 年），因此在控制塔的使用过程中，会有 3 ~ 4 次电路改装。为了保证升级时塔仍能继续工作，控制塔要求将主要构造元素与辅助装置分开，如分隔墙、电缆系统、地板和天花板。

航空交通控制塔是机场内很有效的定位点。它们的三维形状根据操作需要确定，也帮助它们成为外部的地标。许多最近落成的航空交通控制塔使用了螺旋形或层叠形，以增强视觉感染力，希望能在陌生的没有方向的机场环境里为大家指明方向。一些航空交通控制塔作为航站楼顶的延伸（尤其是在地方性小机场），但这种形式的美观程度就受到限制。

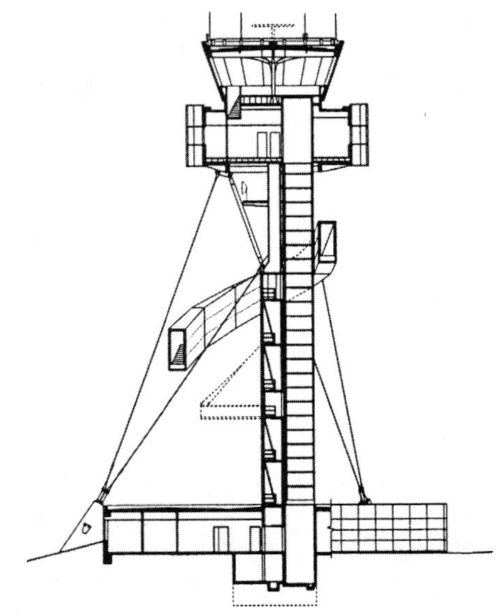

图 1–23 悉尼机场，澳大利亚（建筑设计：Ancher Mortlock & Woolley）航空交通控制塔，剖面

# 第2章　商业园

*在工业建筑、办公室和商店各章也有商业园的出现*

## 2.1 引言

19 世纪末期，想要将住宅与工厂分离的想法逐渐促进了按计划建造的“工业区（industry estates)”的发展。这其中比较著名的有曼彻斯特附近的特拉福德（Trafford）园和达拉莫的 Team 谷，两者均于 20 世纪早期建在绿地上，与铁路和（可能的情况下的）水系关系密切。尽管有一些办公室和辅助建筑（如餐饮），但这些仍被视为是主体的补充，通常在轻工业领域的现代建筑里被称作辅助工厂设施。

在过去的大约 30 年里，重点已从为轻工业提供设施转向适应更多需求的多种建筑形式：办公室、轻工业、高科技（如电子元件制造及装配）。“工业区”这个词变得不太适合，尽管它对于维多利亚时代的工厂来说是个进步。术语“商业园”因此取代了“工业区”。

在商业园区，应该有一些高水平的建筑，包括好的建筑设计，以便更容易适应不同的使用需求。需要可变的空间，以满足制造、配发、销售、服务和办公的需要。有时候会提供标准很高的软质景观，还有相关的设施，如高质量的餐饮和健康俱乐部。如果开发商希望有跨国公司入驻，那么还需要一些额外的设施，如酒店。需要一个总体规划，但每栋单独的建筑仍需要有自己的设计。

术语进一步演变成“商业贸易区（commerce parks)”，以指代工业区（即传统制造）和工业园（即办公室）之间的形态。这些场地与传统的场地相比能提供更多混合的用途，而这通常是缘于信息（或“知识”）技术的革新。

最近，当地政府和规划者开始考虑与当地社区有一定距离的绿地可以有一些用途：例如，住宅与周边的社区设施、商店和学校一起营造出一种独特的乡村氛围（图 2–11)。

商业园与公路网络（尤其是高速公路）有便捷的联系是很重要的；在英国很少与铁路相连，也很少与运河系统相连。因为公交服务也不多，

| | 规模/hm$^2$ | 开始日期 | 目标市场 | 相连的大学/学院 | | 主要赞助商 | 特殊特征 |
|---|---|---|---|---|---|---|---|
| | | | | 主要 | 其他 | | |
| **已有的** | | | | | | | |
| 布鲁内尔(Brunel)科学园 | 3 | 1986 | 分公司<br>地方公司 | 布鲁内尔大学 | | 布鲁内尔大学 | 进驻国际科技研究企业等待租户 |
| 南岸技术园 | 1 | 1987 | 地方技术和商业服务公司 | 南岸大学 | | Prudential公司 | 革新中心 |
| **规划的** | | | | | | | |
| 布鲁内尔科学园三期 | 1 | | 分公司<br>地方公司 | 布鲁内尔大学 | | 布鲁内尔大学 | 目标是满足已有的空间需求 |
| 克罗伊登(Croydon)科学园 | 13 | 1996/7 | 当地服务和制造公司<br>对内投资 | 克罗伊登学院(苏塞克斯大学) | | 南泰晤士地区卫生局和私人开发商 | 绿带中的前医院基址 |
| Lee谷科学园 | 43 | 1995 | 对内投资<br>地方公司 | 米德塞斯(Middlesex)大学 | 东伦敦大学<br>北伦敦大学<br>吉尔德霍尔(Guildhall)大学 | 恩菲尔德(Enfield) 泰晤士河的伦敦市镇 | 复兴项目<br>已建成的商业和更新中心——租户1995年9月进入 |

续

| | 规模 /hm² | 开始日期 | 目标市场 | 相连的大学/学院 | | 主要赞助商 | 特殊特征 |
|---|---|---|---|---|---|---|---|
| | | | | 主要 | 其他 | | |
| 皇家科技园 | 10 | 1998/9 | 分公司<br>SMEs<br>内部投资 | 皇家大学学院 | 东伦敦大学<br>吉尔德霍尔大学<br>QMH 威斯特菲尔德(Westfield)学院<br>城市大学 | LDDC<br>LETEC和大学 | 更新项目<br>泰晤士河水闸的一部分<br>靠近欧洲医药评估公司 |
| 哈尔菲尔德(Harefield) 医药园(Medipark) | 21 | 1996 | 保健公司 | 哈尔菲尔德医院 | | 特拉法加屋(Trafalgar House) | 规划许可限制只能有保健部分<br>私人所有者不可以越过这个限定 |
| **与伦敦大学相连** | | | | | | | |
| 伦敦科学园，达特福德(Dartford) | 50以下 | 1996 | 地方和地区公司内部投资 | 格林尼治(Greenwich)大学 | 葛兰素·威康(Glaxo Wellcome) | 达特福德市理事会<br>SE泰晤士地区卫生局<br>格林尼治大学 | 东泰晤士廊道的一部分，更大的开发区域包括大学新的校园 |
| 帝国公园，Newport | 21 | 1992 | 地方公司 | 帝国理工学院 | 卡迪夫(Cardiff)大学 | 威尔士开发局<br>Newport市理事会 | 离相关大学170英里 |
| Silwood 园，心脏终点试验(Ascot) | 2 | | SMEs | 帝国理工学院 | | | 创新中心，由帝国大学管理 |

**图 2–1 伦敦的技术园区**（20 世纪 90 年代中期）（引自 Segal Quince & Wicksteed 公司，伦敦技术园）

因此需要很大的停车空间。还需要允许大型货车进入（货车的尺寸，参见交通设施和工业建筑），因此也要有更宽的公路和弯道。

### 2.1.1 科技园

这些场地应提供综合功能，通常为地方或“新兴”企业服务。它们与大学或研究中心协作，在英国有超过 40 个这样的科技园，平均面积为 15hm²（图 2–1），但有的是 1 栋几百平方米的建筑，有的则超过 1000hm²。

**科学园里活动类型**

| | |
|---|---|
| 29% | 计算机相关 |
| 21% | 电子相关 |
| 17% | 生物技术相关 |
| 16% | R&D 合同 |
| 15% | 技术咨询 |
| 17% | 商业服务 |
| 17% | 工程设计 |
| 29% | 其他 |

（数据来自科学园网络调查，由 Segal Quince & Wicksteed 公司在 1993 ~ 1994 年为 EC 所作）

## 2.2 细部推敲

小规模的“育儿室 (nursery)”单元可以满足将一组单位集合到现有的城市或郊区社区的要求，鼓励小规模的当地公司进入。最小的面积是 50m²。相似的称呼是“孵化器”，“创新地”或“温床”中心。图 2–5 显示了不同租用面积的“育儿室”单元和成组的货物入口。投机性租赁的发展导致各种形式的平台的建立，允许灵活的空间分配。

**单元尺寸多样化** 可以通过场地上分隔墙的不同布置来获得，也可以通过建造两座或以上的规模不同的建筑来获得。

图 2–2 布局示意（4 种不同类型）（引自英国地产工业和商业地产，规划及场地开发）

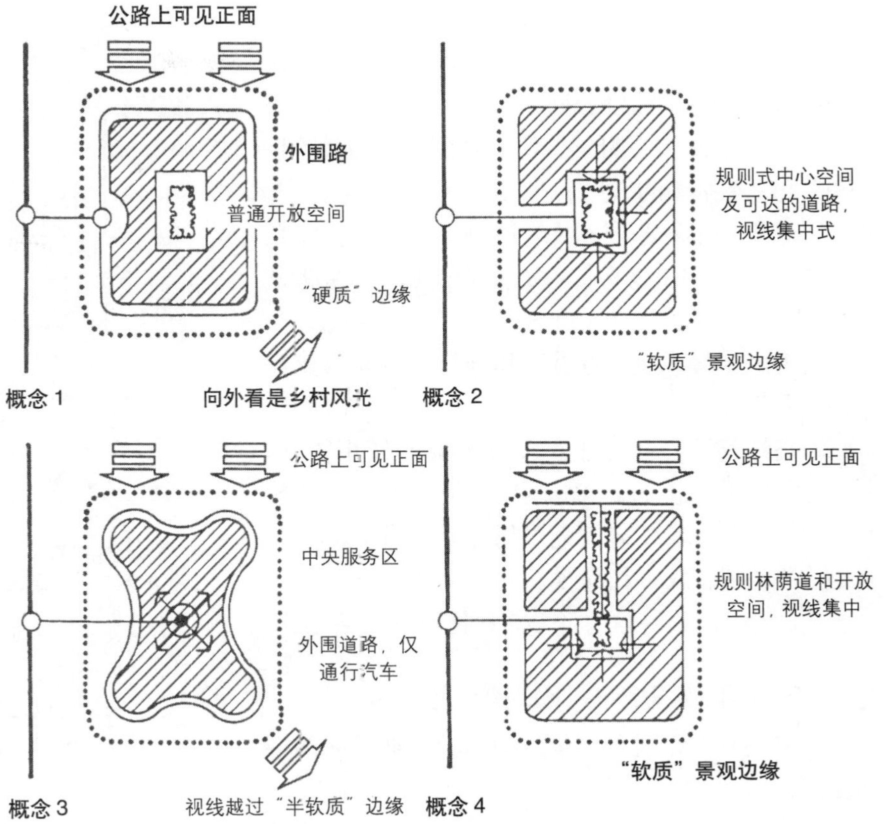

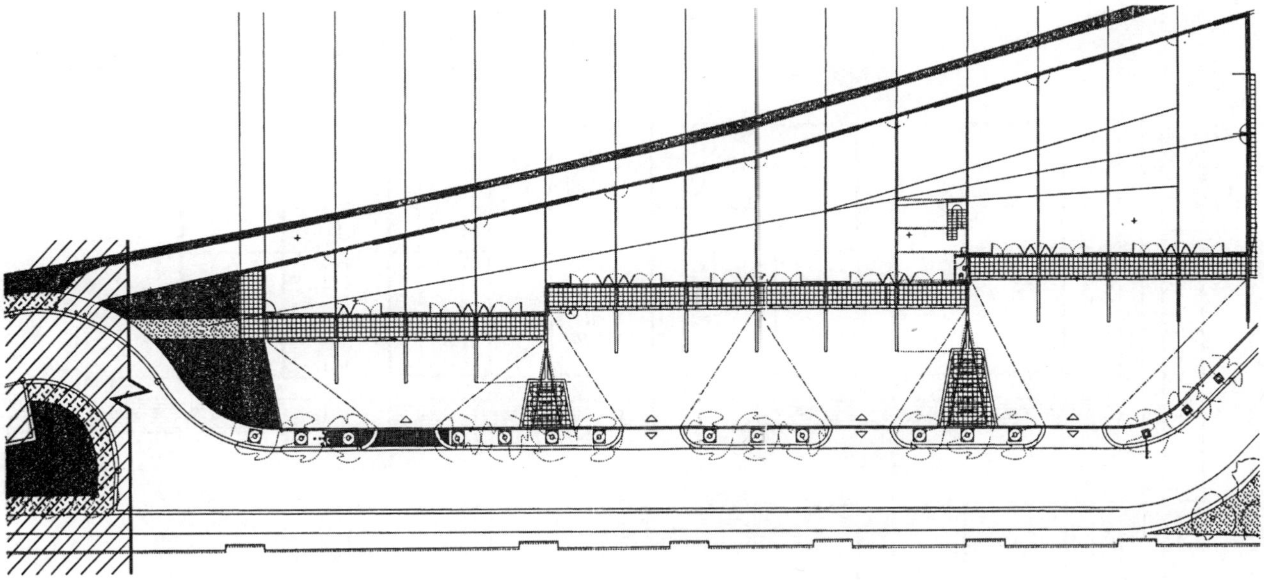

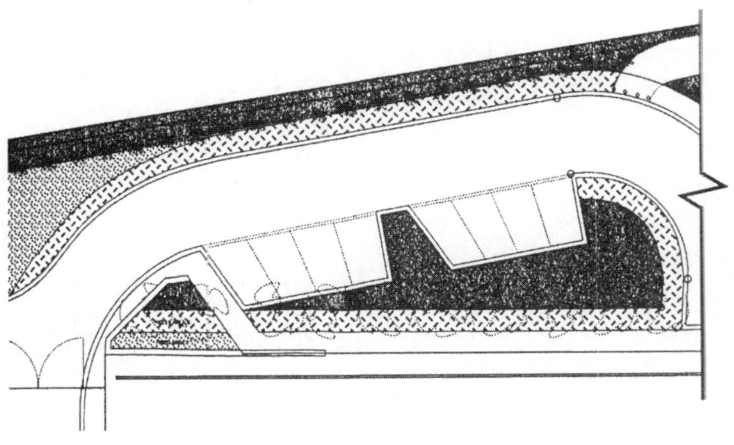

图 2–3 Barley Shotts 商业园，威斯邦尔（Westbourne）公园，伦敦［开发商：北肯辛顿（North Kensington）城市挑战，建筑设计：Robert Ian Barnes 建筑师事务所］

为了在内城这片地域（废弃的铁路场站）“抑制犯罪”，提供了一系列设施。一系列 B1 单元是第一期，提供了可得的，低维护的工作空间，在较紧的预算下建造成标准的商务概要。提供了各种不同尺寸的单元。钢框架设计可允许以后需要的时候有层中办公室区域。屋顶天窗提供自然照明，与墙上的玻璃窗一起提供自然通风

**办公室和休憩空间** 可位于建筑内构成整体（场地面积有限时）或作为附属块（开发商需要最大的租借的生产区 / 储藏区时）。

**货物入口** 足够的重型货物运输车的调度区和停放区是必须的（见工业建筑——“装载区”）。

**保安** 很重要——既包括物质的（高技术装备的盗窃问题），也有智力方面的（职员向邻近的公司的流动）。

**小汽车停车场** 为员工和到访者准备（查阅当地需求）。

**规划许可** 由于开发者有不同的使用需求，因此需要很多协商。可以用 B1 级（见工业建筑部分的分级列表），但规划当局可能会用“106 章”来加以限制。双方都接受认可这一限制条令，但真正的问题是如何合法定义高科技或知识活动。

## 2.21 工业园规范（图2–9，图2–10）

在一个工业园布局里典型的轻工业单元的规范：

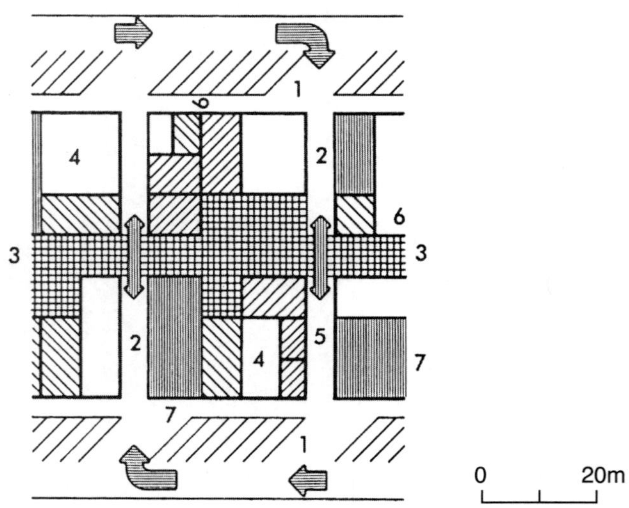


1. 货物运输工具停车/卸货；2. 交叉路径；3. 中庭人行道；4. 零售；5. 服务；6. 工艺；7. 轻型生产

图 2–4 商业中心理念：可以用来对内城区域进行复兴；一个屋顶下可划分的空间保证了平面的高度灵活性。项目可以把零售、工艺、电子和轻工业混合在一起，以鼓励当地工作人员

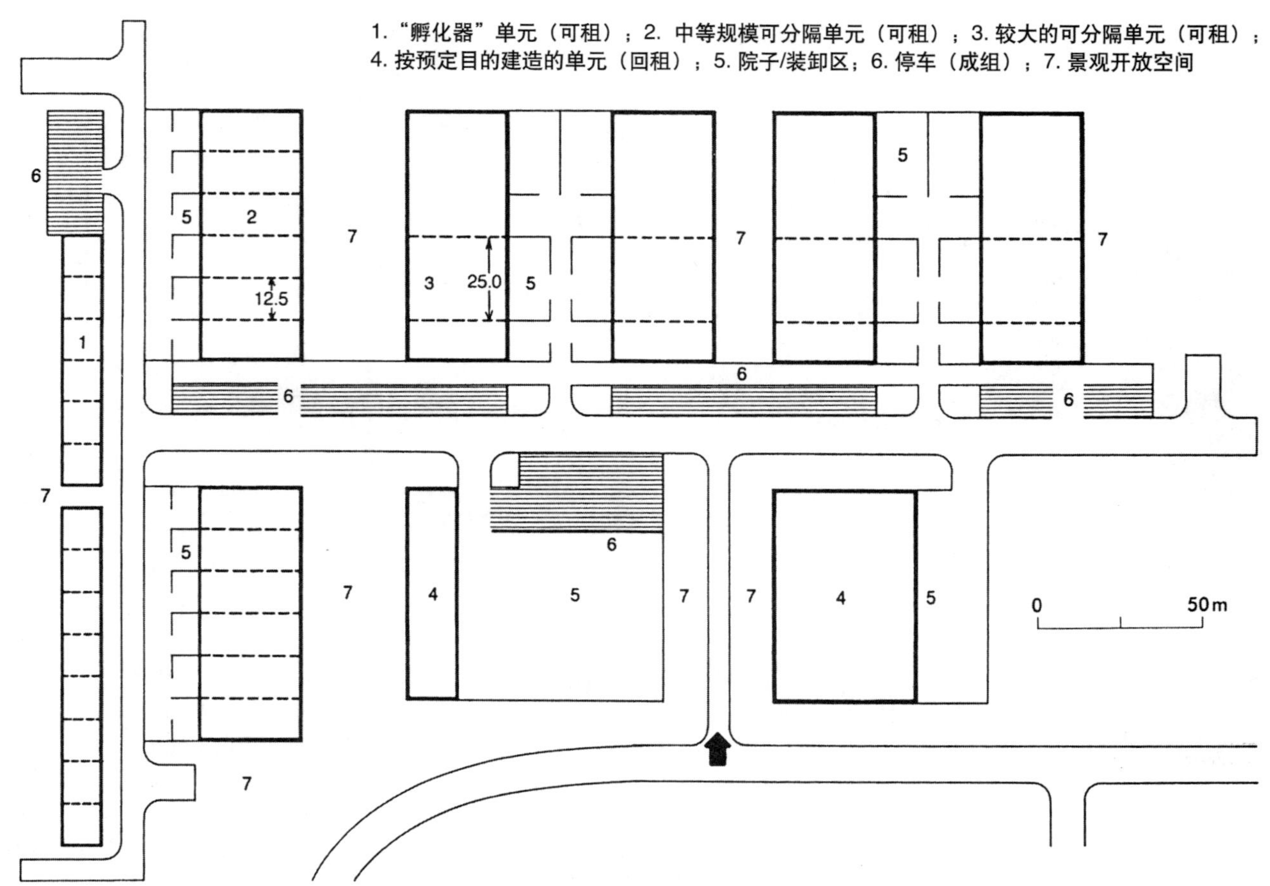


图 2–5 典型的多用途商业园，有一些尺寸不同的单元供租借，每个都有扩张空间（通过向相邻单元延伸）；每块地都有成组的停车场和院子；对于可能荒无人烟的环境来说，好的景观设计是必要的

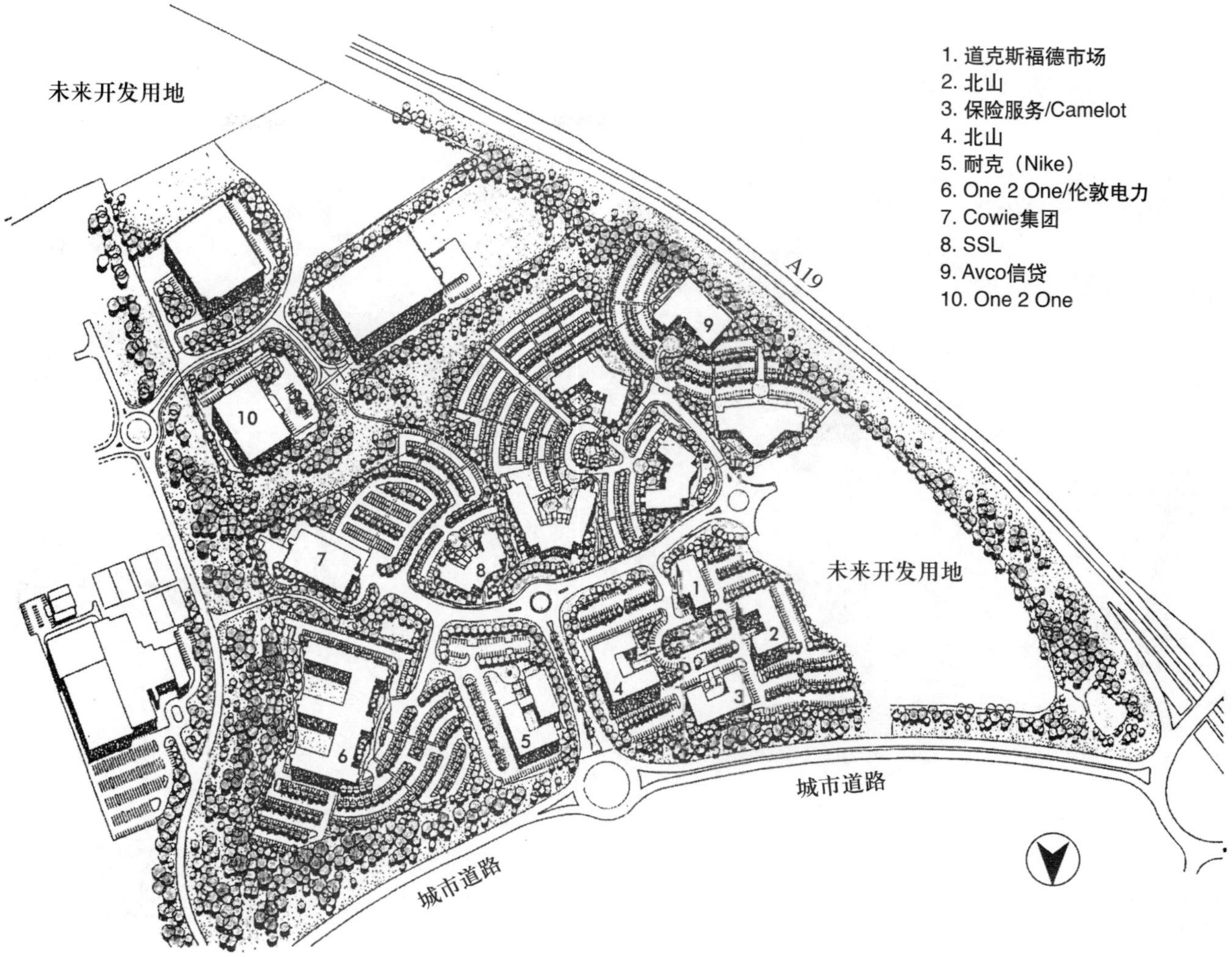

1. 道克斯福德市场
2. 北山
3. 保险服务/Camelot
4. 北山
5. 耐克（Nike）
6. One 2 One/伦敦电力
7. Cowie集团
8. SSL
9. Avco信贷
10. One 2 One
未来开发用地
A19
未来开发用地
城市道路
城市道路

图 2–6 道克斯福德（Doxford）国际商业园，泰恩 · 威尔（Tyne & Wear）（建筑设计：Aukett 事务所）
一个 $32hm^2$ 的项目，被开发商 Akeler 至少分成 5 个阶段。建筑主要是“活动配合型”，以适应不同的使用者

1. 场院
2. 公共开放空间
1
1
1
1
2

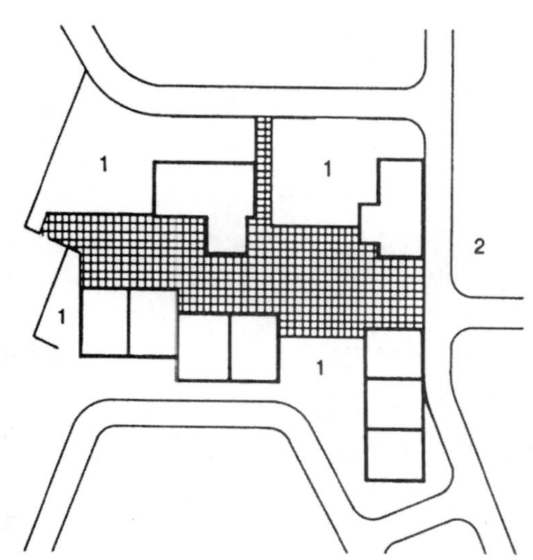

图 2–7 孵化器单元：最小的单元面积是 $50m^2$；小的入口道路不能允许大型货车通过。需要共享货物 / 服务入口和停车场（与图 2–8 比较）

孵化器
单元
二期
出口
二期
孵化器
单元
出口

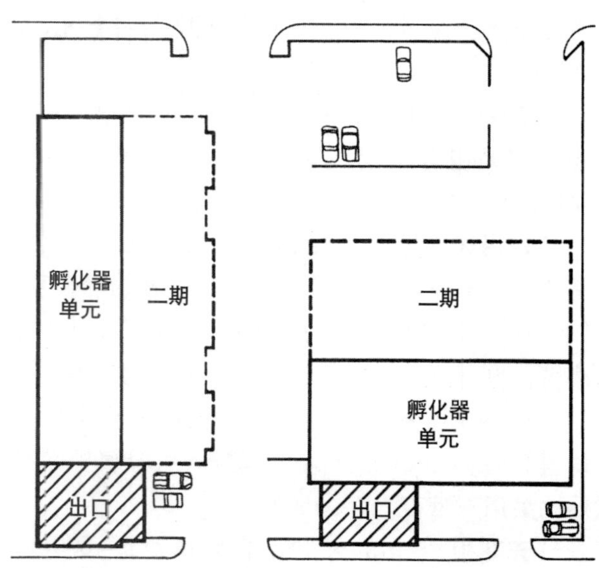

图 2–8 孵化器单元：布局允许扩张，但在市政填方场地上，这可能要用到庭园场地。布局提供了大型货物入口：车辆可以以直行方式进入和离开场地；货物入口与停车区域分开（与图 2–7 比较）

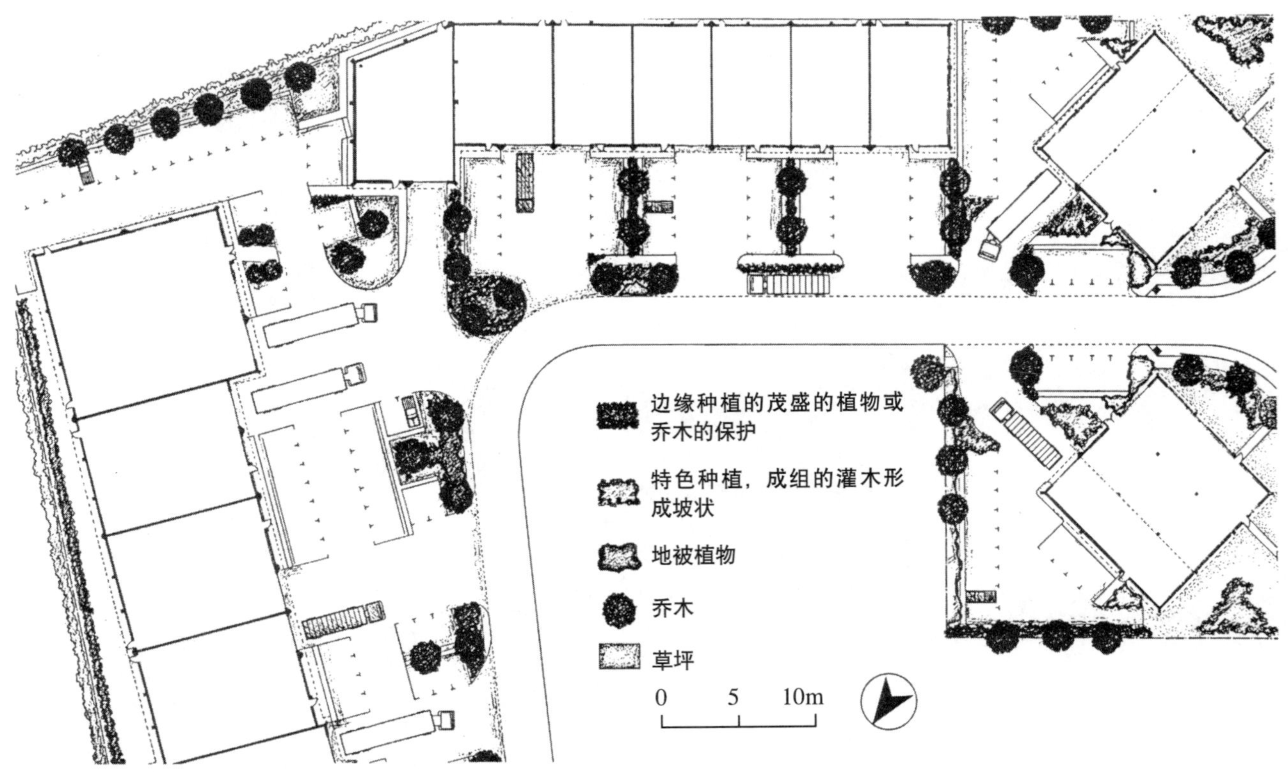


图 2–9 商业园，莱奇沃思（Letchworth）（建筑设计：Triforum）场地平面（部分）

**构造** 外墙是传统的混凝土条形基础，柱用混凝土垫。室内是混凝土地基。整体荷载是 30kN/m²，钢框架结构。屋檐下椽的高度至少是 5m。

**外墙** 传统的结构是表面用砖，空心隔热砌块，U 值通常是 0.6W/m²K，铝材隔板墙系统，外饰聚酯面，窗子采用双层玻璃工厂密封单元，混合填充。

**沥青屋顶构造** 压型镀锌板固定在镀锌钢桁条上，采用合成隔热材料，U 值是 0.6 W/m²K。双层屋顶天窗，占到底层地面面积的 10%。

**悬吊式楼板** 预制的混凝土楼面架在钢梁上，设计的附加荷载是 5kN/m²，加上单独的静荷载为 1 kN/m²。首层办公区域：每单元既可以是局部的地板，也可能是找平层。地板上可能用地毯。

**内墙** 共用隔墙为 215mm 的混凝土砌块墙；首层分隔墙 100mm 砌块，第二层用金属板系统，外饰采用石膏板。

**天花板** 悬吊的天花板瓷砖 600mm × 600mm，采用标准件照明件。

**加料门** 从剖面上看，上部百叶窗门配合隔板墙系统。

**电源** 所有者在首层设置面板、布线。

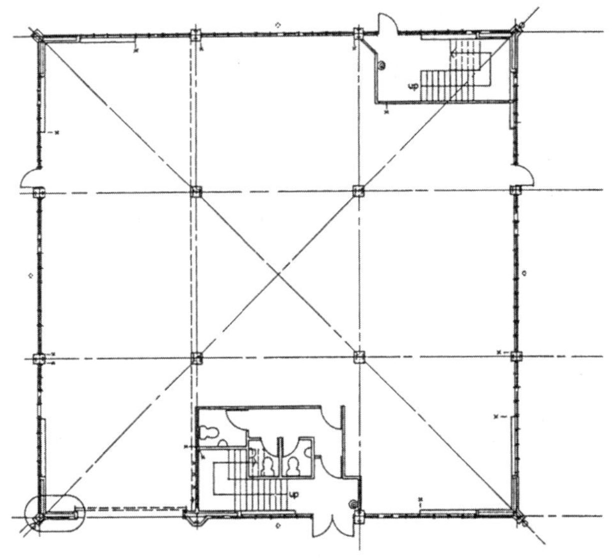

图 2–10 “菱形” 单元平面（图 2–9）

**热力和通风系统** 燃气炉和水暖气系统。所有者一般在办公室上部的屋顶安装空气处理设备（如有需要，还包括 300mm 预留的管道和天窗）。

**入口道路** 布置需满足当地政府标准。

**服务和停车区** 混凝土基础上铺路砖。步行小径：铺路砖。

**外部照明** 地界内灯杆照明。在运货区域的装车场安置单个灯源。

**景观** 灌木、乔木和草地；1.8m 高的围墙。

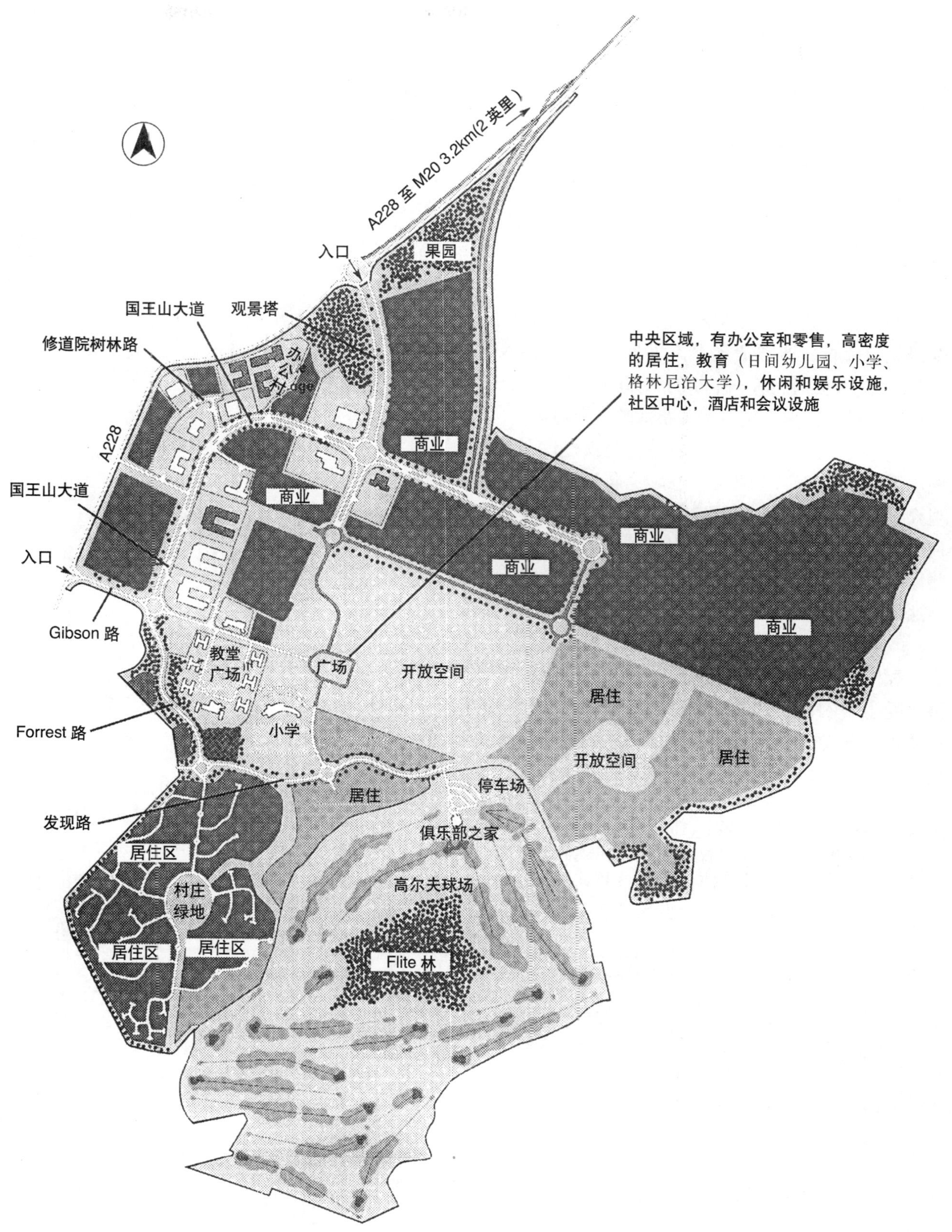


图 2–11　国王山商业园，West Malling，肯特郡；1997 年 9 月的平面，仅用于展示计划（开发商：Rouse Kent 公司和肯特郡理事会。展示设计由 Wordsearch 通讯完成，Rouse Kent 公司许可复制）

一个老的飞机场，通过郡理事会和私人开发商变成了一个多用途的场地。现有的防卫部军营变成了灵活的“新兴”商业单元。注：也有围绕村庄绿地的居住用地开发

# 第3章 电影院

Helen Dallas

也见“剧院”和“运动”部分的观众席

## 3.1 引言

尽管有了影碟、电缆和卫星电视的发明，但电影院仍然很流行。通常情况下，商业电影院多由大的电影公司掌控，但仍然有一些小的独立的电影院（图 3–1）和独立的俱乐部电影院，为会员放映专业电影。

近些年电影院的设计趋势是为公众提供在独立场地观看的选择。这导致大的电影院向两个或更多的小观众厅转变，以及多元的建筑的诞生，可以提供 6 ～ 14 个屏幕，通常在郊外，有充足的停车场。不过，这些场地现在比较有限，所以不同大小的影院经营者想办法最大限度地利用市中心的场地。

现代的电影院设计寻求一种在现有场地条件、独立小厅的规模、座位坡度间的平衡，还要为消费者提供不受阻碍的视线以及高质量的音画效果。激烈的竞争要求经营者通过高质量的设计，尤其是入口区和附属娱乐设施的设计，为消费者提供舒适的环境。

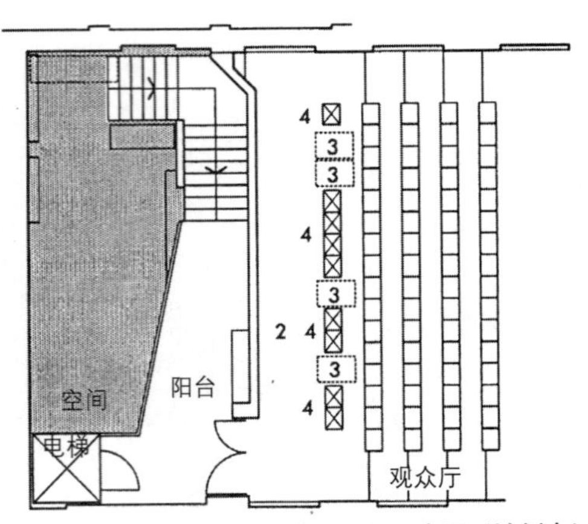


地面层入口大厅（计划中）

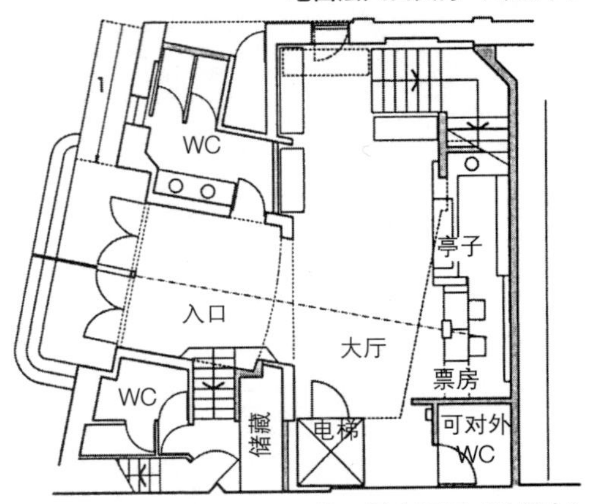


第一层大厅区（计划中）

1. 建议斜坡；2. 轮椅转弯空间；3. 轮椅空间；4. 所有后排座位可去掉，为轮椅留出空间

图 3–1 凤凰电影院，东芬治利（Finchley），伦敦：最早开放于 1910 年，是几个保持独立的影院中好的例子之一（注：入口是无障碍的）（建筑设计：Pyle 事务所）

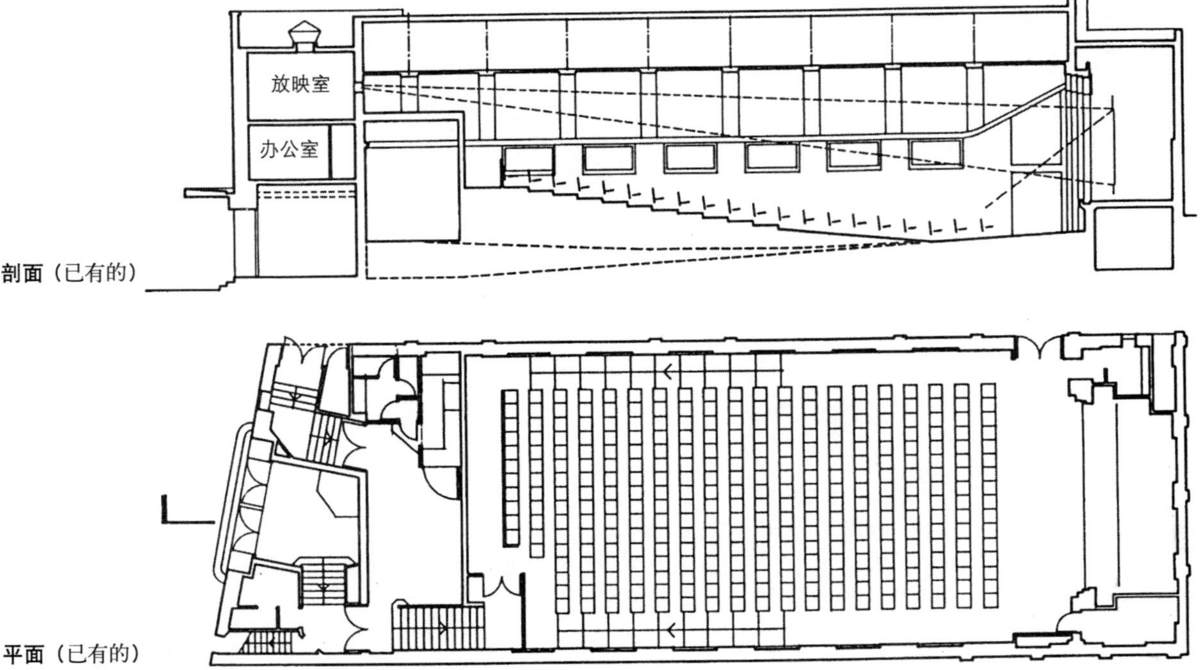


剖面（已有的）

平面（已有的）

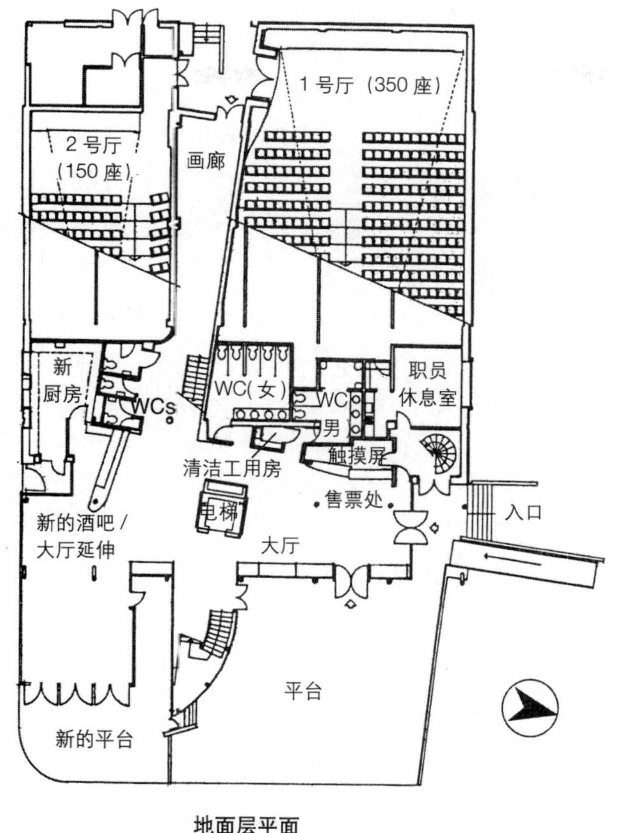


地面层平面

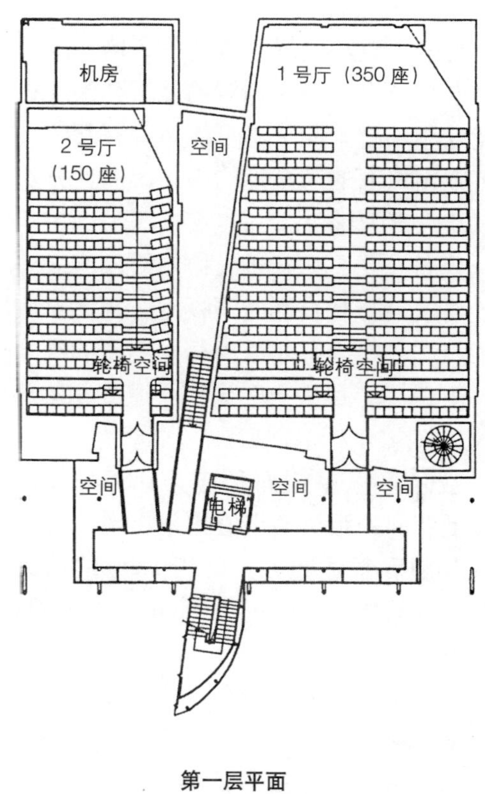


第一层平面

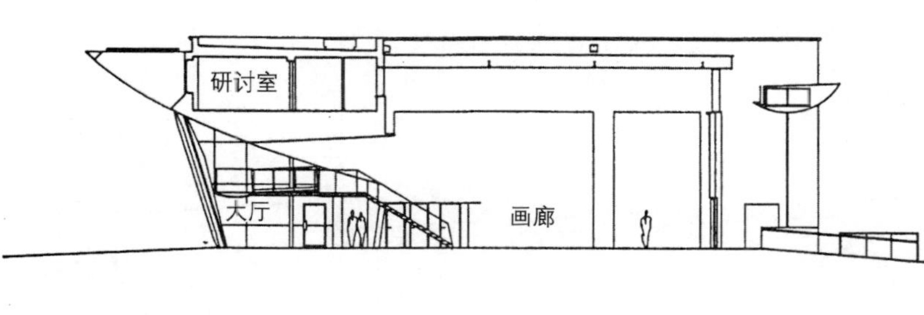


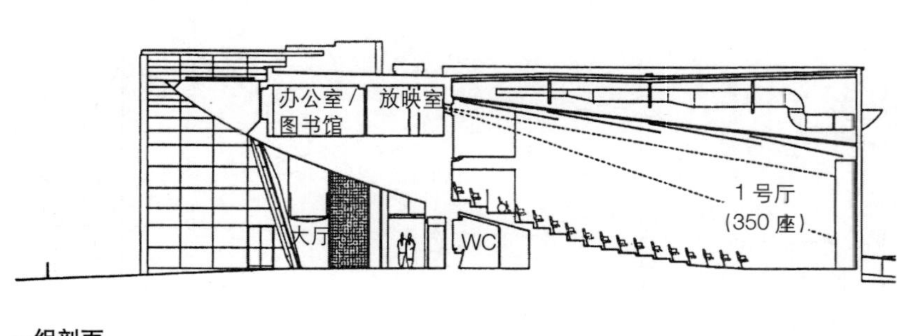


一组剖面

图 3–2  海港灯光电影院，南安普顿（建筑设计：Burrell Foley Fischer）

## 3.2 细部设计

**布局**  多位于市中心，电影院周围要有足够的开放空间，以便于疏散和创造一个独特的入口，可能还要有排队的空间。新的多屏幕影院需要提供便捷的入口和足够的停车位，以达到当地政府的要求。

**多个放映厅**  在商业影院里，这一点很重要（图 3–2，图 3–4）。如何在同一座建筑的不同的放映厅里分配总的座位数，有很多方法。在两个厅的电影院，座位比多用 1:2 或 2:3，如果是三个厅的电影院，多用 1:2:3。在更大的多个厅的影院里可以采用不同的比例，但最小的和最大的厅之间的比例不会超过 1:3。这样的安排既是为了看电影的人对电影有所选择，经营者也可以判断每部影片的商业潜力，以确认它在哪个厅放映更能符合观众需求：如果上座率不到一半，它可以转到更小的厅里播放，反之亦然。

一个放映厅的宽度不要超过屏幕宽度的两倍，长度不要超过屏幕宽度的 3 倍。为了达到最佳的音响效果，任何相对的地板、天花板和墙都不能互相平行。如果不可能达到理想的扇形，那么可以用单面的带角度的墙，或高低分层的天花板以及吸声的材料。

**座位** 除了要求舒适和方便入座之外，座位设计要求每个观众都能清晰地、毫无障碍地看到屏幕。应在座席主体里为行动不便的观众安排座位（图 3–1），尽管有时候出于避难和紧急出口的要求，这点不太可能实现。

放映厅里座位面积应为 0.85 ～ 1.05m²/ 人。座位后背间的距离最小值是 900mm，但为了观众可以伸腿和舒适起见，常用 1.2m 的最大值。座位的宽度通常为 500 ～ 750mm，每排建议最多放 22 个座位。

为了确保视线，座位区通常是有坡度的，坡度在 5%～ 10%。较大的观众厅在后面设置台阶状升起的座位（图 3–3）。

屏幕与前排座位间的距离取决于前排座位视线到屏幕顶部所形成的最大角度和这一点到屏幕的垂直距离。建议的角度是 30° ～ 35°，但在有些情况下是用 45° 作为最大值。水平线上的最小 35° 视角决定了视线到屏幕中心线的距离是从前排到画面顶部的高度的 1.43 倍（图 3–3）。

**过道** 最小的净宽是 1.05m。在小一点的放映厅（100 ～ 250 座）里，一条中央过道就足够了；如果是中等规模的放映厅，需要两侧各有一条过道，以便减少视觉干扰；在大型的放映厅（400 ～ 600 座）里，最好分别从两侧离墙距离为放映厅总宽度 0.25 ～ 0.35 倍处各设置一条过道。

**公共区域** 公共区域对于传达形象、为消费者提供舒适感来说比较重要，因此设计需要有吸引力，达到高标准。这个空间可能包括购票处、订票处、检票机、休息亭、小卖店、新片预告和现在放映的信息。应该有足够的舒适的排队空间，公共卫生间、观众厅入口等要有明确的标识。入口、卫生间、电梯需要满足行动不便人士的要求。

**附属设施** 电影院设计布局的其他空间还包括：机房、职员室、打扫储物间、经理办公室、胶片储藏室、小卖亭储藏室和存放冰激凌的冰箱、放映室和财务现金保管室。

多功能电影院会提供更多种类的娱乐活动。设计者因此需要考虑扩展传统的餐饮设施，如酒吧和餐厅，作为吸引人的特征。现在的电影院会和其他商业、休闲服务结合，如购物中心、计算机游戏厅、虚拟现实中心、保龄球等。

## 3.3 服务设施

**放映室** 通常会有些分隔的独立空间，用来作为倒带室、放映室、调光室、电池室、聚光灯室、工作室和储藏室，每个均是 6 ～ 10m²。现在在放映区有许多自动系统，包括倒带、音响装置、调光和转换装置。为了满足未来的发展趋势，每个屏幕对应的面积至少应为 5.5m × 4.0m，而天花板的最小高度是 2.6m。连续的控制装置可以让一个操作者控制好几个屏幕。

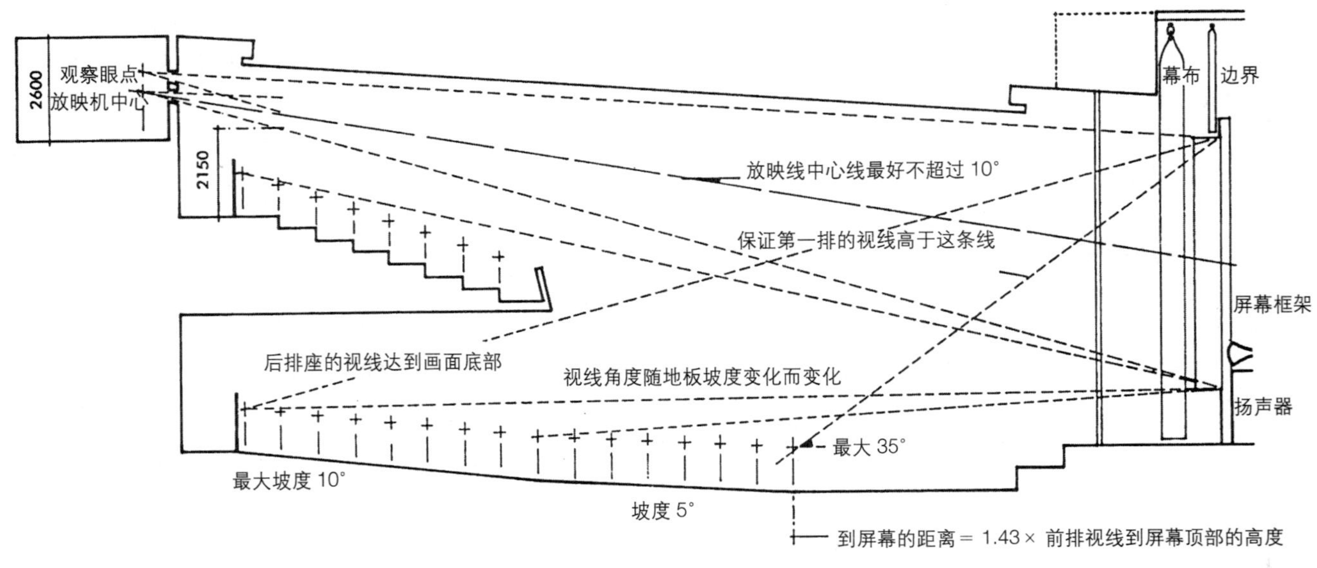


图 3–3 观众层的基本需求

在多厅的电影院里，屏幕后有一个长长的连续的放映室，或背对背的屏幕后有一间两个方向的放映室。先进的技术可以放映不同高度和宽度的画面：使用的幻灯片的尺寸取决于画面区域的大小，通过选择同等面积下不同的长宽比可以达到最佳的效果。

放映区需要独立的机械或自然通风系统，冷却水设施，位置合适的照明和足够的暖气（或冷气）系统，以维持最低温度在10℃。

**屏幕**　目标是屏幕越大越好，直到受到最大尺寸或座席部分宽度的限制。高宽比是1:1.75，边上用黑色背景以保证屏幕的最佳亮度。

在一些大的放映厅，波浪形的多方向的屏幕是为了克服平面的屏幕反射光的问题。现代的电影院使用更好的屏幕材料，能够使用曲面的屏幕以减少两侧的变形。然而，太多的变换会在整个画面上形成许多高光。

屏幕通常是由聚氯乙烯（PVC）或掺金属的纤维绷在金属框架上构成。应该记住的是，屏幕表面会随着时间流逝而变得破旧（查询BS5550里屏幕和放映的相关规范）。

屏幕后的最小宽度是1.35m，以便于安装扬声器，其数量和位置通常取决于音响系统的类型和放映厅的规模。在屏幕两侧要留出幕帘和机械系统的空间。

**音响系统**　近些年来有很大的进步，早期的电影磁带记录声音的问题已由杜比光学编码系统解决了。现在还用到了数字记录的声音。在两种系统下，声音都在放映室进行解码以达到特殊的

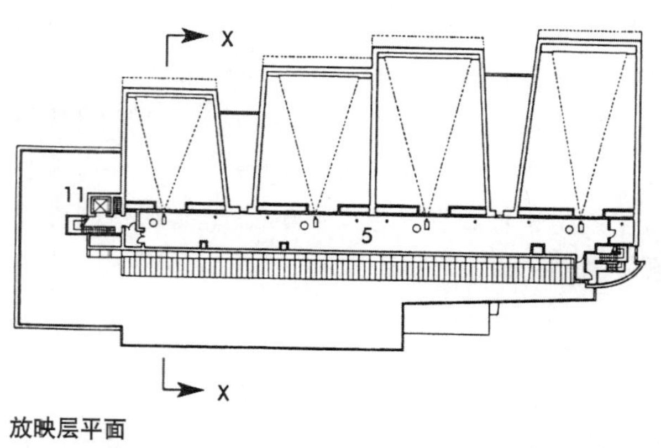

放映层平面

第一层平面

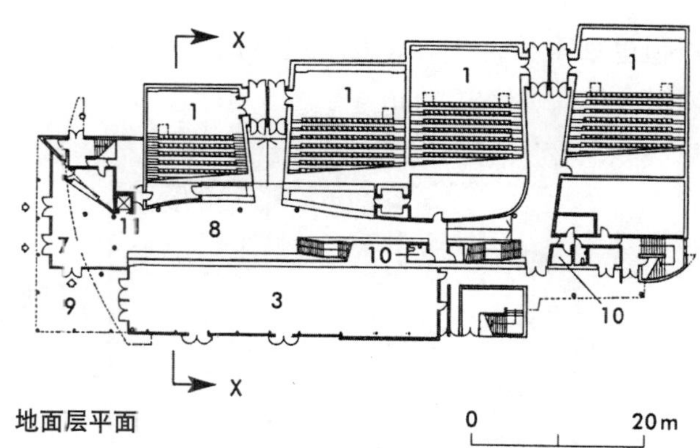

地面层平面

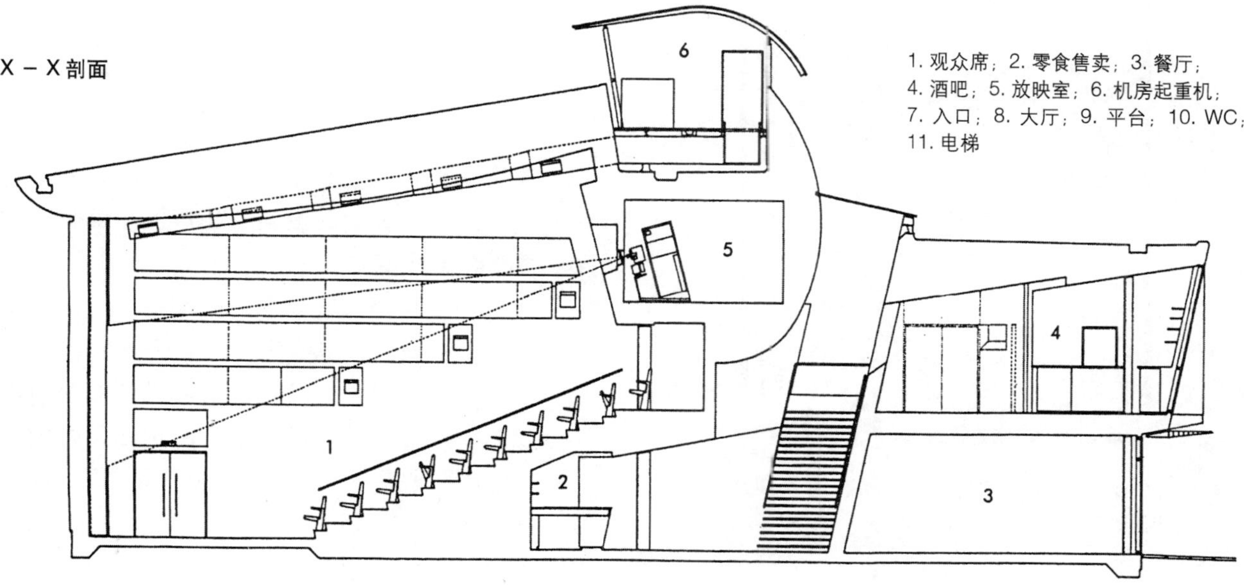


图3–4　斯坦福德（Stratford）东影剧院，伦敦（建筑设计：Burrell Foley Fischer）

影片效果（如动作片的杜比环绕立体声或传统的屏幕后发音）。比较典型的是，使用5个扬声器，一个是低音，通常还有第六个作为听众席的扬声器。非常宽的屏幕和侧面的音源会产生一些声学问题：通常电影院声音反射的路径不能超过直线路径15m。

### 3.3.1总体服务

很显然，安装在放映厅的装饰性照明和其他聚光灯必须在电影开映后都变暗。座席区和过道的照明在电影放映时仍然需要，但这些光不能投在屏幕和墙上。放映厅系统照明还需要作为可控制的紧急照明。无论是对公众，楼里的员工，还是出口指示灯箱而言，安全照明是必不可少的。这些必须作为管理系统的一部分，如果主要电力供应中断了，安全系统应有足够的照明帮助公众及职员安全撤离。

一个好的机械通风系统或空调系统的标准是遍布所有公共区域，尤其是放映厅，以确保舒适。

每个放映厅入口和放映室与放映厅间的隔音问题也很重要。在入口处，通常用门廊和减音的门组合件。

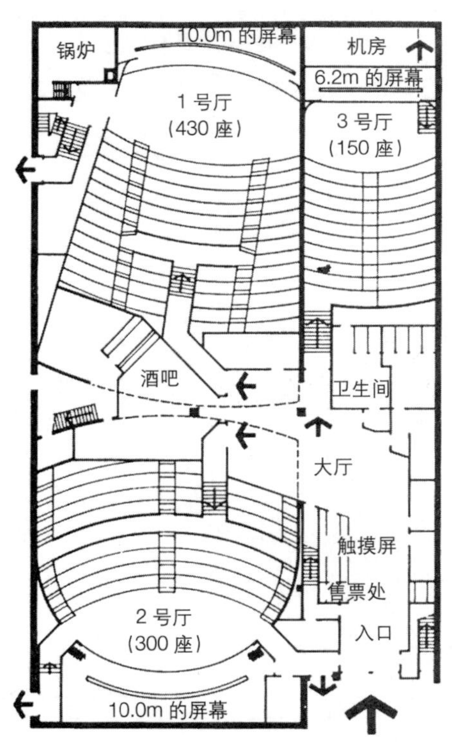


**图 3–5 普特尼（Putney）电影院，伦敦：多个观众厅，共用高层的放映室；是商业建筑的一部分**

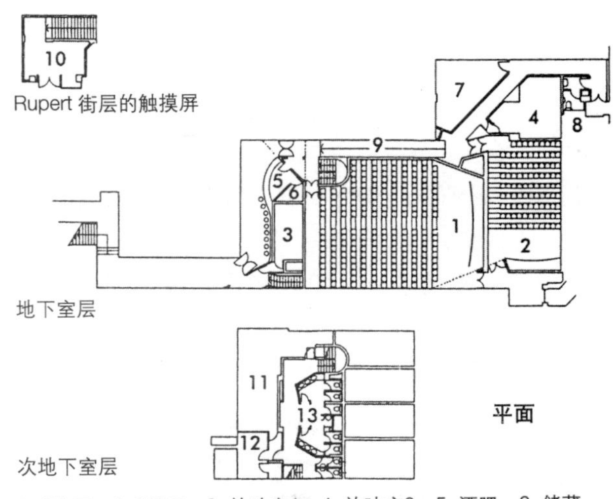


1. 1号厅；2. 2号厅；3. 放映室1；4. 放映室2；5. 酒吧；6. 储藏；7. 观景台；8. WC（无障碍）；9. 斜坡；10. 触摸屏；11. 机房；12. 员工休息室；13. WC

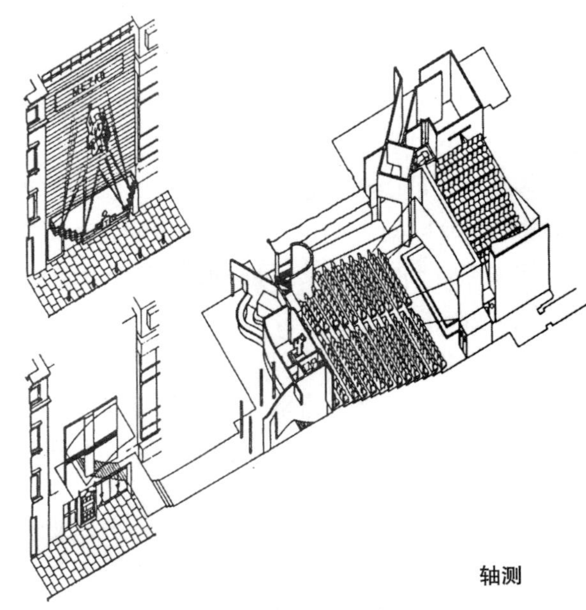


**图 3–6 伦敦地下铁道电影院，皮卡迪利（Piccadilly）[①]，伦敦：由以前的戏院转化成电影院（建筑设计：Burrell Foley Fischer）**

## 3.4 影院替代设施

**汽车电影院** 在美国很流行，根据圆形剧场原则设计，每个车配备单独的扬声器。单荧幕的和多荧幕的设计都有。

从设计上来说，观众观看画面的视线同屏幕中心所形成的视角不应超过45°；场地应具有一定的倾斜度，这样视线就不会被前排的车辆所挡住。屏幕通常较大，前排到屏幕的距离常常超过50m。典型的屏幕尺寸是30.4m×13m，应该面向东方和南方之间，以便晚上可以早点开始使用。屏幕距离地面的高度取决于场地地形，而它也决定了汽车区倾斜的角度。

① 皮卡迪利，伦敦繁华大街之一。——译者注。

售票处是必须的，也要有足够的排队空间。应设计分离的入口和出口。

**环幕电影** 通常在迪斯尼乐园很成功，这种系统使用 11 个放映机，给予观众参与和全身心投入的感觉。座席并不固定，但需要安置扶手，以保证观看者不会掉下去。

**互动系统** 目前世界上在主题公园里和“体验”剧院里有所发展。他们运用多媒体视听技术多点自动放映静态的画面，采用礼堂效果和多轨磁场声音系统。由于电线的强化，还可采用闭路电视系统，画面尺寸为 2.43m × 1.83m。用“艾多福”屏幕，尺寸可以达到 9m × 12m。互动电影系统已有了很大发展，它的座位是跟着屏幕运动而移动的。

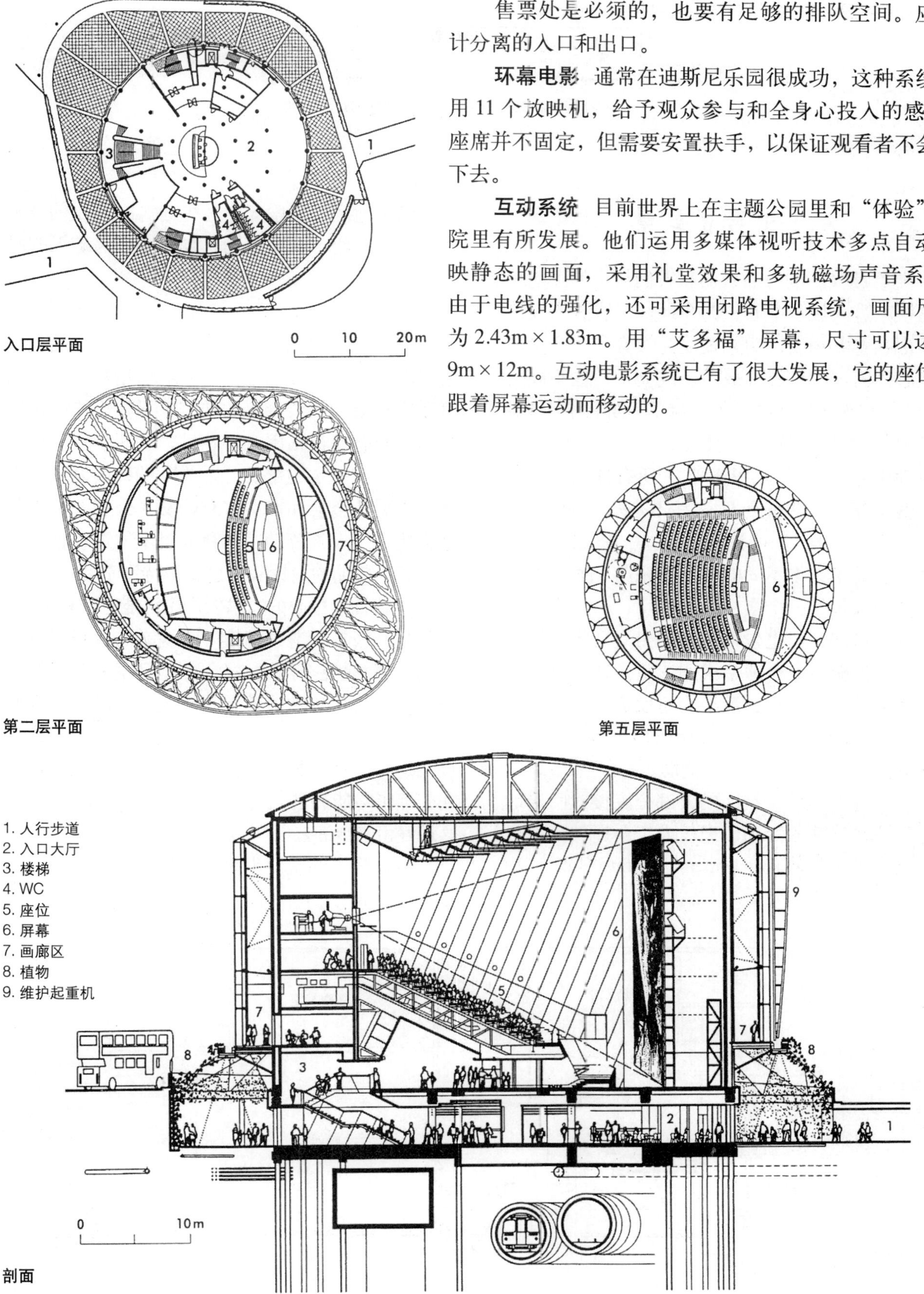


图 3–7 英国电影协会伦敦 IMAX① （艾麦克斯）电影院，滑铁卢（WATERLOO），伦敦 ［建筑设计：艾弗里联合建筑事务所（Avery）］

① IMAX（艾麦克斯），源自英文“ImageMaxium”（图像最大化）。IMAX 公司成立 于 1967 年。由 IMAX 公司发明并不断加以完善的 IMAX 电影系统是目前世界上最好的影像系统。

# 第4章　社区中心

Peter Beacock, Fiona Brettwood

## 4.1 引言和背景

随着教堂影响力的减弱和人们从小的互相隔离的社区进入城市中心，为当地社区服务的设施最早由慈善家捐助，后来发展为教育和公共学习的中心。第一次世界大战后，成立了一些不同的组织，以提供社区设施，如乡村俱乐部协会（Village Clubs Association），被设计成“公共的生活和活动中心”。这一点很重要：“所有项目的基础即公共之精神，因此每件事都不是从上面开始，而是来自于底层”。这样的结果是，根据当地的需求，建成了许多不同的乡村俱乐部。通常情况下，俱乐部包括一个多功能的大厅，一些小的会议室或小房间，但也包括单独的男女公寓，健身房、气枪打靶室、台球室或阅读室。这些俱乐部通常是自己独立运行，最早的建设资金可能由城乡理事会（Urban or Rural District Council）或教会理事会（Parish Council）赞助。

在工业开发区，社区的大部分直接或间接地参加了一些特殊的活动，老板或工会提供一些资源，例如矿工福利厅（Miners' Welfare Halls）和国内煤矿地区的俱乐部。这些是“1920年的《矿业法》的产物，目的是为了加强老板与矿工的联系”（图4–1）。

在20世纪70～80年代，英国的社区“开始依赖一些自助的活动……来满足不同的需要，这些需要是标准的当地政府服务无法满足的”。随着政府政策和社会价值的转变，寻找设施的建设和运营资金变得很困难。不过，近些年社区设施的数量仍有一定的增长，因为欧洲地区发展基金会、彩票基金会和许多富有的私人公司的慈善基金会提供了大量资助。但获取资金的过程也相应延长了，前期的设计阶段也变得特别重要。

建造社区中心的需求的产生可能有两种情况，一种是升级、改造或替换一个现有的真正服务的设施；一种是完全新建一个设施。不管在何种情况下，都需要从各种渠道寻找资金，社区团体需要证明这个计划是可行的商业计划，经济上能最终自我运行。资金赞助者需要看到能证明这项计划和管理策略能满足它为之服务的社区需要的证据。这最好由当地涵盖面广的咨询机构来完成。

社区咨询的重要步骤有（图4–2）：

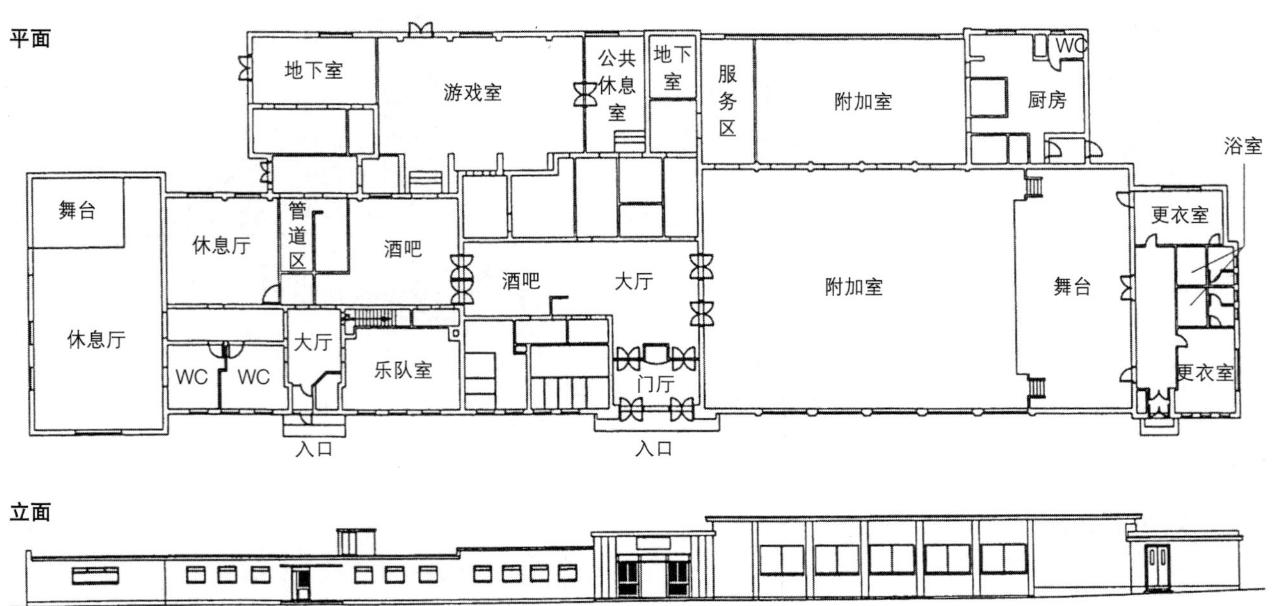


图4–1 Vane Tempest Welfare，锡厄姆（Seaham），达拉谟郡：满足当地矿区社区需要的设施

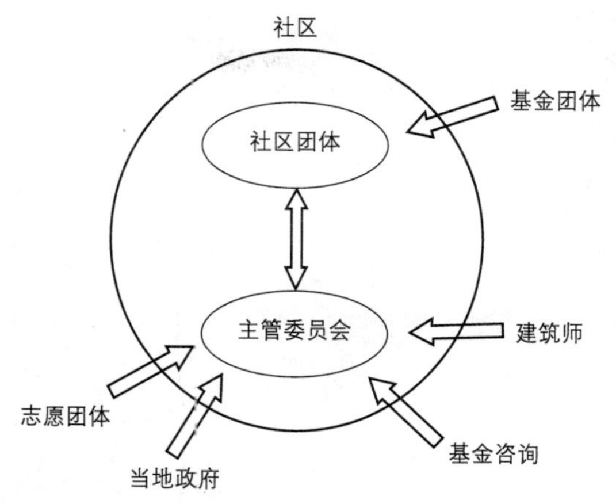


图 4–2 可能与开发早期阶段相关的组织

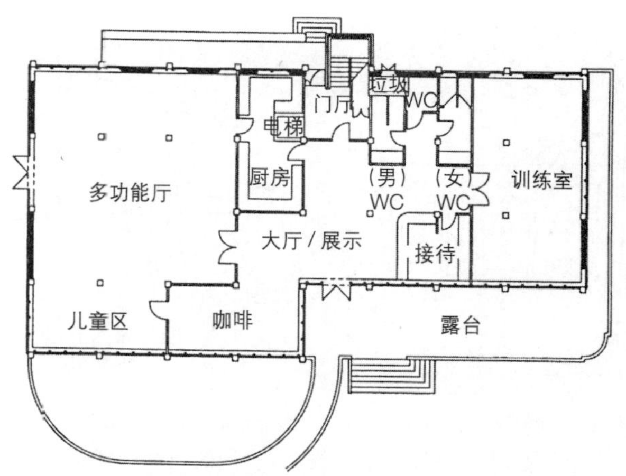


图 4–3 罗宾汉猎苑 (Robin Hood Chase) 邻里中心，诺丁汉：通过社区介入的“自助建设”技术完成；地面层平面（建筑设计：Carnell Green Bradley）

(1) 与社区组织（1 个或多个）一起工作，询问人口数量，以便满足潜在的需要和需求；

(2) 和其他组织进行确认，避免设施重复建设；

(3) 通过咨询确定一个设计草图和需要的设施；

(4) 与当地政府一起商讨资金、规划和公路建设事宜。

为了确保完成后的建筑能满足社区的需要并保障其可用，早期的咨询阶段应严格完成。

## 4.2 社区咨询和简介

### 4.2.1当地的问题

如果将要建设的中心是要满足当地的需求和让投资者觉得可行，早期的社区咨询和数据收集相当重要，要对社区进行定位，确认社区需求。社区数据由以下部分组成：

(1) 人口统计学；

(2) 职业统计；

(3) 已有设施；

(4) 人口变化；

(5) 地形；

(6) 交通设施。

社区需求的确认需要对现有的团体和社团进行深度的咨询，和更多的社区进行更广泛的对话。咨询可以通过多种方法——问卷调查、开放日、展览、公众会议、重点调查小组、主题工作室及其他类似的活动，以给予不同年龄的个体表达观点和兴趣的机会。

## 4.3 可持续性

社区建设和鼓励社区使用当地设施的理念是《21 世纪日程》的重要精神。使用这个中心来传达可持续的理念是一个很好的机会，如通过设计来达到最少的能源消耗和水的使用，选择当地能源，或其他对环境影响较小的材料，鼓励社区参与建设。例如，北泰恩赛德（Tyneside）的 Meadow Well 社区中心，在施工时用了当地的新兵，诺丁汉的罗宾汉猎苑邻里中心（Robin Hood Centre）应用了 Walter Segal 设计方法①，当地的社区参与了这个项目（图 4–3）。

## 4.4 设计重点

为了使社区中心具备可行性，它们应是为社区准备的，并且是欢迎大家到来的，并且是区域更新策略的关键元素。以下是一些设计重点。

### 4.4.1 形象

中心应该是欢迎所有年龄段的人，在社区中

① Walter Segal（1907—1985），是一名建筑师，他发明了一套自建住宅系统。Segal 的方法基于传统的木框架，但采用目前的标准材料，是环境友好型的。——译者注。

图 4–4 新的社区福利中心，Choppington，诺森伯兰郡：入口区速写，一个开放的，欢迎的空间（建筑设计：WHHLP）

有积极的形象。尽管治安是主要的考虑因素，但不能让建筑变得拒人于千里之外，一个好的入口也能创造很好的氛围（图 4–4）。新的建筑会有引人注目的形象，不过对已有设施的改造就更经济。如果是对已有设施进行改造，重要的一点是建筑外部反映了中心内部的变化，因此外观也会告知大家内部的改变。

### 4.4.2 场地和布局

理想情况下，中心应尽可能位于社区的中心部位，与其他设施相邻（商店、学校、图书馆），并且可乘坐公共交通工具到达（图 4–5）。尽可能选择一块平整的场地，因为平地的施工费用会低于在坡地上的施工费用，也便于到达。应有足够的停放汽车和自行车的空间，许多还需要附属的外部空间，如游戏区、花园和运动设施。当地居民的状况是重要的考虑因素。

### 4.4.3 组织

建筑应便于员工进行管理。布局和流线应非常清晰，还需要足够的储藏空间。在布局各项设施时，要考虑噪声、活动类型、可能的活动时间和年龄层。入口处或靠近入口处应有一处接待室或办公室，可以监督到访者，提供问询和组织的焦点（图 4–6，图 4–7）。

### 4.4.4 流线

为了减少费用，平面布局应该比较经济，因此应该用各种手段来尽可能减少门廊的面积，使每个空间具备多种功能。中央交通空间也可以作为非正式聚会区，这就是一个典型的解决方案。交通空间应便于监控，采用结实、耐磨的表面材料。多层建筑里的垂直交通空间也应该处于中央控制室或管理办公室的监控范围内，以避免电梯的误用等情况。

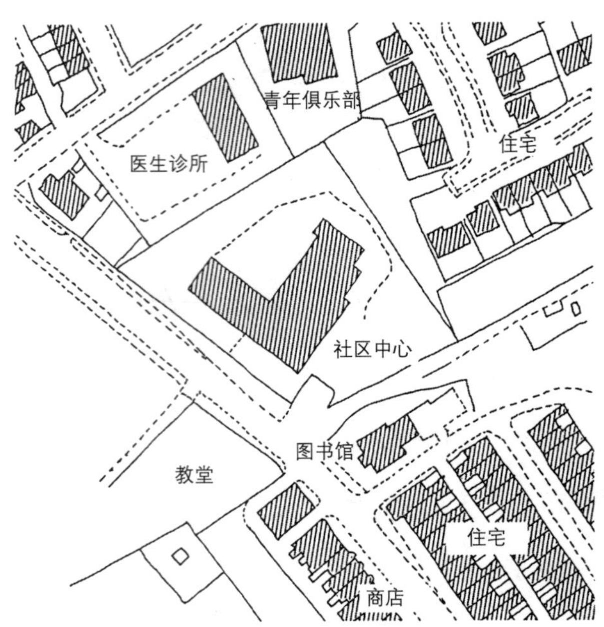


图 4–5 Bowburn 社区中心，达拉谟郡，场地平面：位于村庄的中心；注意与其他设施的关系，包括住宅和开放空间（建筑设计：WHHLP）

### 4.4.5 可达性

建筑应满足所有年龄段使用者的需求，从婴儿车内的小孩到丧失行动能力的成年人，以及轮椅使用者。公交车站的位置、从居住地过来的步行距离、残疾人士的停车位都需要有所考虑，在

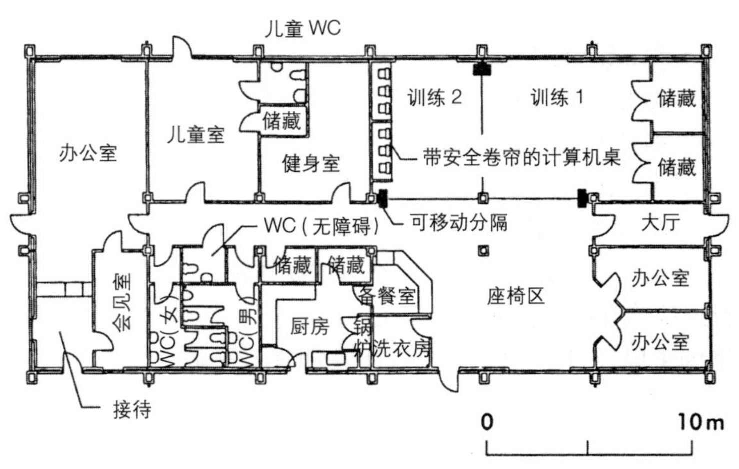


图 4–6 舍本（Sherburn）路，达拉谟：平面，展示为灵活性设置的可移动的分隔（建筑设计：WHHLP）

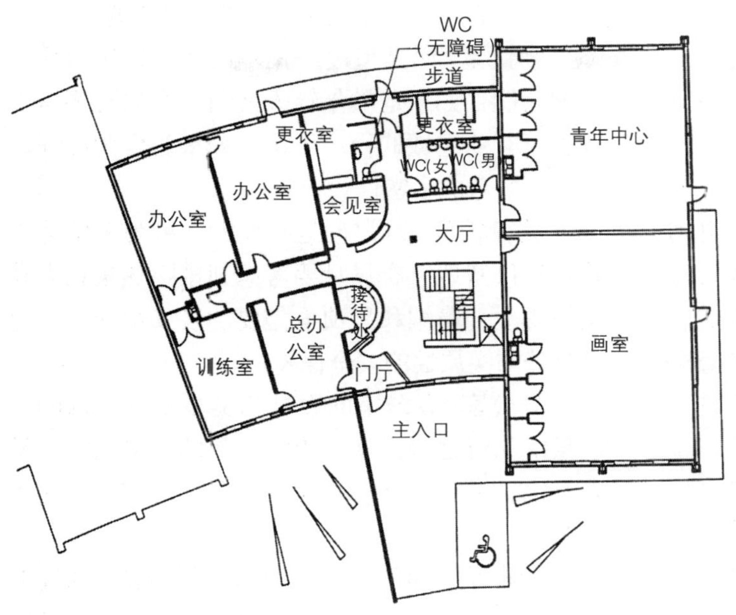


图 4–7 Salterbeck 社区中心，沃金顿（Workington）：平面；注意接待处位置和无障碍入口及交通流线（建筑设计：WHHLP）

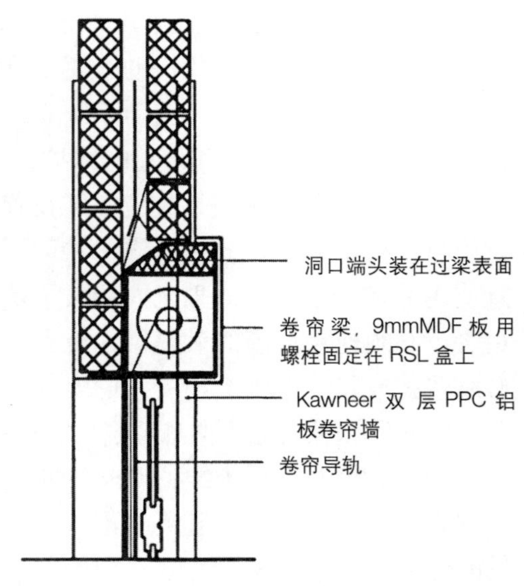


图 4–8 隐藏的百叶窗系统，百叶细节：Eastlea 社区中心，锡厄姆，达拉谟郡（建筑设计：WHHLP）

室内设计时也可以用色彩和对比的方法。在设计之初对坡地的暗示，水平变化和超过一层的设计都要进行仔细考虑。电梯和升降椅安装和养护费用都很高，现在却有滥用的趋势。

在最早的设计阶段也要考虑建筑开放的时间和管理政策，以形成平面限制，避免近邻的打扰。

#### 4.4.6 灵活性

面向客户的咨询能明确大家的需求，这将会包含广泛的各年龄段的使用者。建筑设计要满足使用的最大可变性，同时照顾短期和长期需求，短期是满足当前的需求，而在一段时间后，要求会随时间发生变化。针对短期的变化，可以用可移动的墙或其他部分来分隔空间（图 4–6），而这些屏障的隔声效果不太理想，大型系统的可操作性也较差。设计要求灵活规划空间大小，最好能留出不同尺度的空间。对于长期的变化，设计可以通过恰当的最初的结构设计来重新组织室内空间，并且可以在未来有一定的扩张。

#### 4.4.7 维护

需要仔细考虑所有项目的维护问题，以将运营费用减到最低，确保中心的长期发展。在可能的地方，确保使用一些耐用的、高品质的材料和产品，以避免偶尔的安装任务（如水管、盥洗室、锅炉和百叶窗）而给管理人员带来维护的困难（如费用上、时间上的麻烦等）。为减少外部维护问题，要减少粉刷石膏和涂漆面的面积。还要考虑一些易损害的表面；避免一些材料和可以上人的屋顶遭到破坏。当然，最重要的是要避免设计成一座“堡垒”。

#### 4.4.8 治安

通过物理方法来确保建筑的安全，不过要保持欢迎大家的形象，小心谨慎地使用这些方法，当建筑开放时不要让大家看见。建筑位于中心地带和开放的布局鼓励当地社区进行自律，而良好的外部和内部照明也是一种威慑。平面和内部设置应减少入口，从而得到较好的整体监控。

如果需要安装防护窗，应考虑安装电力控制的，以便于管理者整体操控，避免在建筑开放时防护窗仍然关着，这一点在人工控制防护窗时很容易发生。当然，也要考虑维护的困难。

提前咨询当地警察局和保险公司会确保建筑安全的各方面都被考虑到，这种考虑也要达到一定的标准。

#### 4.4.9 环境和服务

建筑要设计成低能耗和低耗水的。赞助商可能会考察设计是否做到高效节能，以减少运行费用。可能要在适当的时机考虑可替代能源：例如，新型的能源供应，如太阳能热水系统比较经济，能得到国家或当地许可的援助。要尽可能避免创新技术或一些试验技术，因为系统安装通常很昂贵，还需要熟练的控制和专业的维护。

供热、照明和安全系统应分区设置，各自均有简单、结实耐用，易于操作，并可防止他人随意使用的控制系统。如果老人和孩子是主要的使用者，必须使用低温的散热器，所有的供应管道必须覆盖或隐藏起来。还应考虑安装计算机设备和未来的计算机（电缆信息系统）的扩张。

要考虑所有的系统维护需求，如锅炉、通风、萃取系统和警示系统，避免够不着的灯具或不常见的灯泡，因为这些更换起来很困难。

### 4.4.10 典型要素

因为社区中心的设计要满足当地的特殊要求，所以它们会千差万别，不过每个建筑仍然有一些共同的元素。

**礼堂** 通常是主要的空间，尺寸和形状由特定的活动和用途决定。通常设计礼堂要考虑的是是否需要一个永久的舞台，以及相关的更衣室和储藏椅子及设备的空间。地板的类型也很重要——如果跳舞或其他有氧健身是常有的活动，那么耐磨的地板虽然很昂贵，却是必需的。

**会议室** 如果超过一个，尺寸设计应满足不同的功能，如果是供年轻人使用，布局时要考虑减少对其他区域的噪声干扰。如果是作为心理辅导，还要考虑私密性。

**计算机房** 通常也是必须的，可为大学远程教育提供基地。布局时要考虑到排除热量获得和确保安全。墙洞和屋顶里需要加装安全网，以提供额外的实质性的安全保障。

**办公室** 办公室的数量和类型由场地内的管理系统和将这些设施作为活动基础的组织的数量来决定。出于安全的考虑，管理办公室需要靠近主要入口。

**咖啡厅 / 酒吧** 创造一个有吸引力和受欢迎的社交聚会区域通常是中心受到大众喜欢的关键。它的布局和规模设定的原则是提供尽可能大的灵活性，且尽可能保证白天和晚上都能使用。根据当地的习俗或实际需要来决定是否需要一个注册的设施，但可能会带来许多安全、人员调配和布局的问题。

**厨房** 通常会有一个小的备餐室（准备区）就足够了，但也有可能需要大的营业设施。如果决定要一个厨房，就要全面考虑卫生条例、储藏的费用，还有空间的需求。

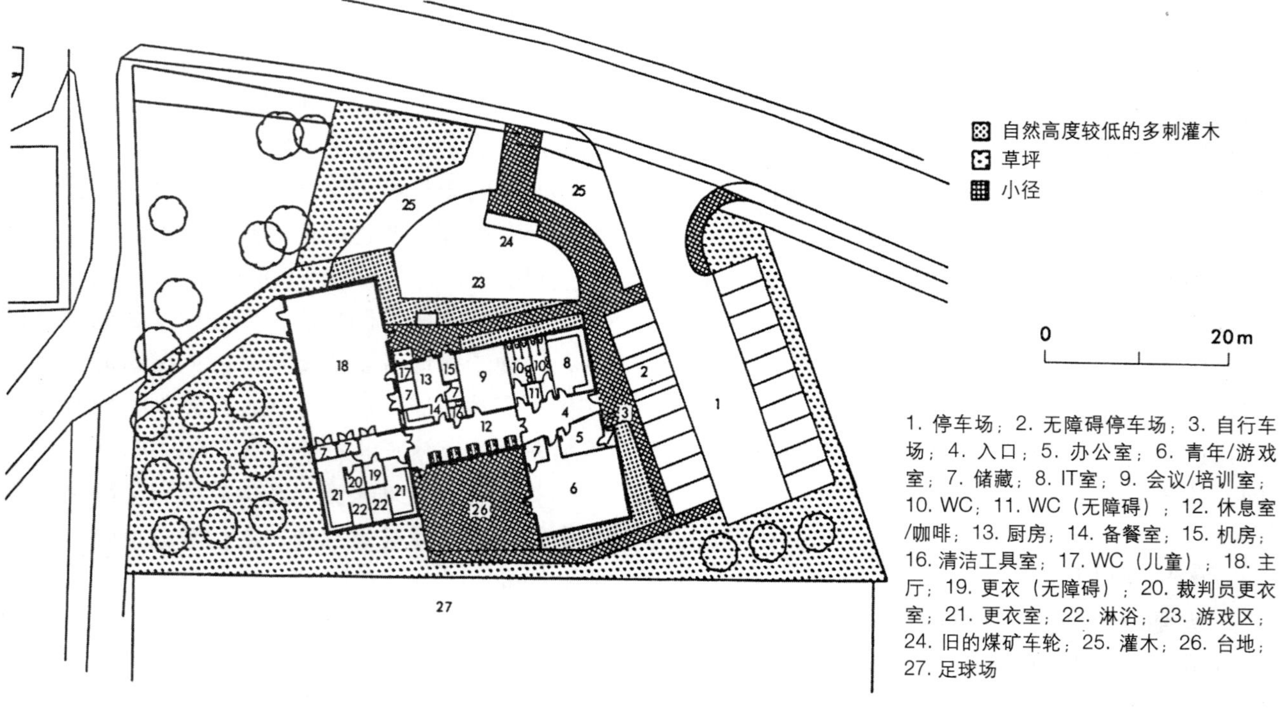


图 4–9 索恩利（Thornley）社区中心，达拉谟郡：地面层平面；中间交通空间设计成双层，以作为咖啡吧（建筑设计：WHHLP）

**更衣室** 大小和布局要根据室内外的运动设施设置以及与主礼堂有关的潜在的表演的可能。

**储藏间** 在合适的位置布置足够的储藏空间，因为为了使得空间具有最大的灵活性，需要移动椅子、桌子和其他设备并进行储藏。许多使用者团体需要能有当场存放设备的空间。需要对使用团体作详细的调查，以得到每个人确切的需求。

**交通空间** 由于费用的限制，建造时会使用最小的交通空间，以减少总的建筑面积，但在入口区要有足够大的空间，以确保不同的人群同时到达（如老人、弱者、带小孩的父母）所需要的空间。

**外部设施** 种类很多，既有全天候的运动设施，也有初学走路的孩子的室外玩耍空间。其与室内空间和更衣设施的关系很重要。

### 4.4.11 不常用的元素

根据当地需求，可能有一些其他的元素。可能包括：

(1) 自动洗衣店：会有水和供热费用，还有空间及维护的需求；管理和收费系统也要有所考虑。

(2) 健身房：健身中心变得越来越流行。考虑空间和设施的费用，以及专业设备的安全保障，还有与淋浴（更衣区）的关系。

(3) 体育馆：这种大型的空间对建造和运行费用都有一定影响。考虑相应的储物间和淋浴 / 更衣设施的需求。如果想吸引公众资金，应将体育馆当作当地政府战略性实施计划的组成部分之一。

(4) 医生、护士和社区咨询者用房：可能为外部使用者所用。考虑空间需要、平面布局、安全和私密性。

### 参考文献

(1) Weaver, l. (1920) *Village Clubs and Halls*, Country Life, London, p.3.

(2) Ibid., p.2.

(3) Ibid., pp.93,94.

(4) Hanson, D. (1971) *The Development of Community Centres in County Durham (excluding County Boroughs)* 1919-1968, MEd Thesis, University of Newcastle.

(5) Taylor, M. (1983) *Resource Centres for Community Groups*, Community Projects Foundation, London.

# 第5章　火葬场

Di McPhee

19世纪80年代后期，在欧洲大部分城市，人们开始用火葬来处理尸体，因为墓地越来越拥挤，而且被认为是霍乱频繁爆发的根源。火葬协会于1876年由亨利·托普逊（Sir Henry Thompson）成立，以应对可替代的尸体处理方法的需求的增长。英国建立的第一个火葬场是Woking火葬场（1879年）。火葬场通常只是砖砌的烟道和火葬场，1891年时增加了一个小礼拜堂，所有的建筑都按照哥特复兴式风格设计。烟囱烟道通常伪装成钟塔。乔治·恩斯特（Sir Earnest George）的Golders绿色火葬场设计（1902年）使用了意大利风格，是第一个打破哥特复兴模式的火葬场。

那时火葬协会建议，火葬场设计应该有一个明显的建筑风格，以强调火葬与土葬的不同。阿尔伯特·弗莱明（Albert Freeman）于1904年提出了火葬场的设计描述，建议它们应包括一个入口礼堂，小礼拜堂，法衣室、火葬场和骨灰安置所。到1931年，火葬场的设计是在焚烧室和礼拜堂间有一个附加的房间，以防止送葬者听到熔炉的噪声。

在火葬需求增加时，送葬者的需求也得到火葬场设计者更多的认可和理解。设计者关注火葬场场地的布局，小教堂可以向外看到花园，建筑和公路之间使用树木屏蔽视线，体现出设计者的缜密考虑。交通路线也经过仔细设计，以保证来自不同区域的送葬者不会相遇。今天的火葬场设计包括通往小礼拜堂的有顶的入口或入口大厅、卫生间设施、等候室、办公室和有顶的步道、纪念性小礼拜堂、追忆园。

亲属等候死者骨灰时的舒适性要求，交递骨灰的仪式和欧洲立法的影响改变了火葬场的设计方式。未来的火葬场设计需要同时考虑火葬计算机控制机器技术的需要，送葬者的需求（如辅导室），以及传统的火葬功能方面。

1889年在英国只有一个火葬场，46人被火葬（占总死亡人数的0.001%）。一个世纪后，英国共有231个火葬场，445574人被火葬——超过所有死亡人数的70%（1995年的数据）。据预测，在随后的几年里，死亡人数的98%会采用火葬。

火葬是非宗教的，小礼拜堂用于为所有宗教服务，包括那些没有宗教信仰的。

**许可火葬的宗教**　大多数宗教，包括罗马天主教、英国国教、新教、佛教、印度教和自由主义犹太教，允许火葬。

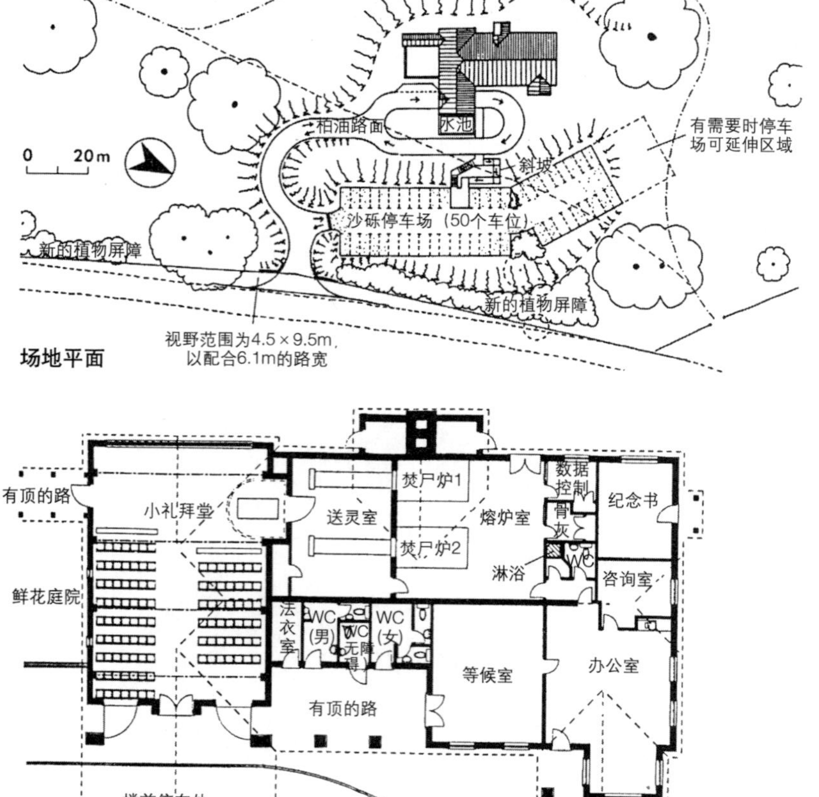


图5–1　阿伯里斯特维斯（Aberystwyth）火葬场，德韦达郡；每年火葬800人次（容量是2000）（建筑设计：Critchell Harrington & 伙伴公司）

**禁止火葬的宗教** 希腊东正教、伊斯兰教、东正教犹太教、俄罗斯东正教、拜火教 / 索罗亚斯德教。

## 5.1 设施表

管理区应有与送葬者分开的设施和入口，且不能忽视场地的主要部分。设施包括职员室，工作室、卫生间、鼓风机室、粉状机械室、骨灰存放室、清洁工室、车间，如果需要的话，还有一间办公室。这些区域的噪声不能传到礼拜堂。主管的办公室可以位于主要入口，或者火葬建筑的另一部分。如果有主管的住所，应该位于主入口处。

**骨灰** 需要一间骨灰处理室并包括存放骨灰的空间。骨灰可以埋葬或抛洒。如果是后者，需要不止一处场地，以防止地面被酸腐蚀。

**停车位** 礼拜堂每两个位置提供一个停车位。

**灵柩台**（历史上是放棺材的装饰性台面）棺材通常是开口的，放在靠近送灵室的区域。灵柩台应该是 3m 长，1m 宽，顶部高于地面不超过 1.2m。应避免台阶。

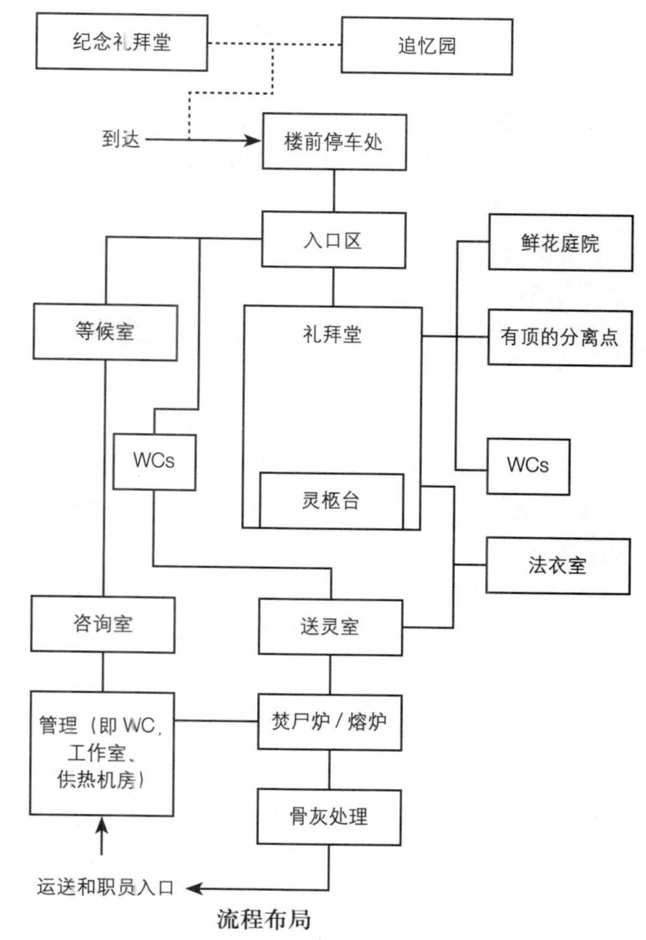


流程布局

把棺材移到送灵室可以有 2 种方式：(a) 放低，通过地板到达送灵室地面，(b) 通过小礼拜堂后部或侧面的开口，直接水平移过去。需要帘子以遮挡送灵室。灵柩台可以部分或完全放在凹穴里，通过帘子遮挡，棺材可以通过 (a) 或 (b) 这 2 种方式移走。这种布局现在最常见。

**小礼拜堂** 除了一个神职人员的桌子和灵柩台，应该提供一处满足 80 人到场的空间，可以有固定的靠背长凳或可移动的椅子。可以有管风琴奏乐或播放录好的音乐的空间。小礼拜堂的出口应该与入口在不同方向，应该与一条有顶的路相连，路上可以摆放花圈和鲜花，以便送葬者看到。这条步道的终点应该靠近停车场，且有通往卫生间的路。

**停尸间** 如果需要，应与主礼拜堂靠得很近，并有带顶的路通向主礼拜堂。应该有良好的通风，不供热，有一个外部的门，允许棺材直接从灵车上运送进来。

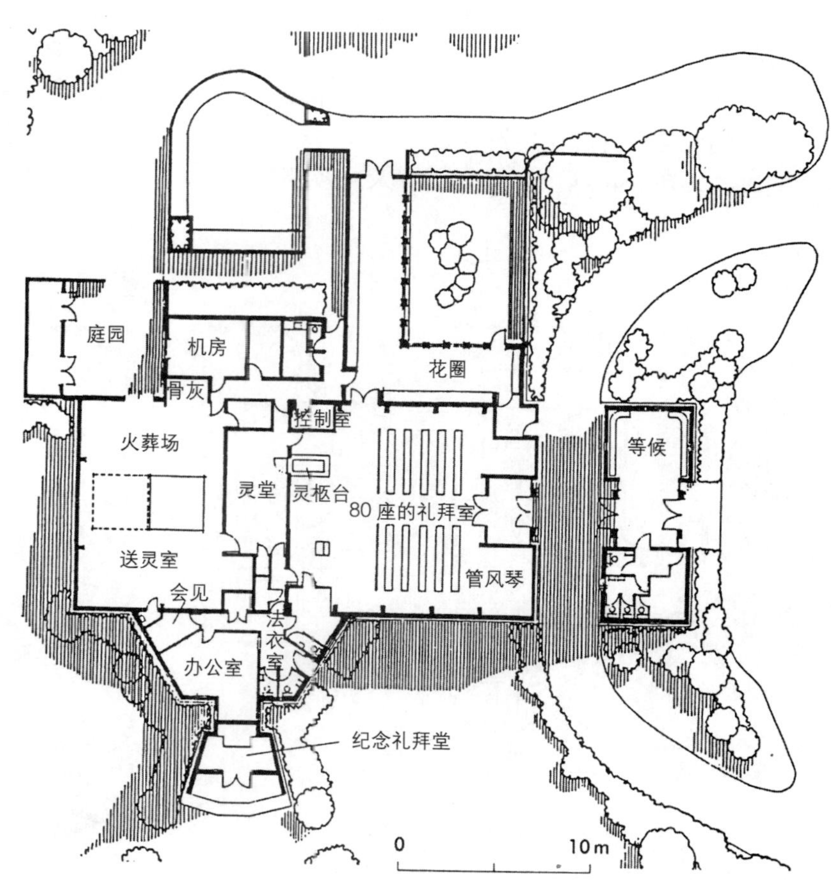


图 5–2 普尔 (Poole) 火葬场，多西特（建筑设计：物业服务，普尔市理事会）

**骨灰堂** 墙上有小柜子的房间，以存放容纳骨灰的骨灰瓮。

**送灵室** 送灵室应隔开礼拜堂入口和火葬室的墙，让它们之间至少相隔3.6m，如果管理火葬需要自动设备，则应为4.6m。需要仔细装饰送灵室，因为有时候需要见证送灵。需要架子来临时放置棺材。送葬者不能看到送灵室内部。在牧师桌和送灵室间应有一个警告标示（灯或蜂鸣器），并带有备用的。

**焚尸炉** 至少有两个，空间要足够安装附加的焚尸炉，以满足未来的需要。目前焚尸炉使用的燃料是天然气。要避免不完全燃烧产生烟和臭味，应有计算机设备空间来控制气味扩散。需要一些仪器，如高温计和烟浓度测试设备，还应让人们能从火葬场看到烟囱的顶部，这些能帮助维持燃烧效率。

**焚烧室** 规模取决于焚尸炉类型。通常从焚尸炉后墙的最小净距是3.6m，焚尸炉周围900mm。需要顶部的通风和供热。送葬者不能看到焚烧室内部。

**门口** 为了便于棺材和搬运者进出，所有的门和通道最小宽度是1.8m，高度2.3m。

**入口礼堂** 应该与等候区、小礼拜堂和卫生间相连。

**花** 应该提供设施以展示和处理鲜花。

**追忆园** 通常在建筑附近，作为一个安静的沉思的场所，包括一片草坪、乔木和蔷薇。还应提供散布骨灰的设施。

**总平面和景观** 1902年的英国《火葬法》规定，任何火葬场离寓所的距离不得小于182.8m（除非主人同意），或离任何公共道路的距离不得小于45.7m，或在公墓的献祭的部分。在气味扩散可能导致麻烦时，要考虑盛行风向。如果不能靠近主排水管道，则要建立一个污水处理厂。

一片有良好森林覆盖，并且有自然的起伏和良好的视线的区域是理想的场地。应该用大树作为它与主要公路的屏障。通过使用速生乔木和灌木以及慢生树种来形成整体的景观。

交通流线应该经过仔细规划，使得不同组的送葬者不至于遇见：因此最好有独立的入口和出口，还应该有步行道。必须为私家车提供足够的空间，包含噪声减弱装置，还要有好的公共交通。外部步道应该设计成没有台阶，便于老人或残疾人使用。

**纪念物** 典型的纪念物包括玫瑰，纪念用金属板，墙上的骨灰穴、纪念书籍，还有其他合适的物品。纪念用金属板是可租借的，可用于花园座椅或树上，或灌木、番红花或其他球茎花卉旁。纪念书可能置于纪念室里或纪念礼拜堂里，这间房子或者在场地里，或者是火葬场建筑的一部分。它们应该有独立的入口，因为通常会被单独到访的人使用。

**楼前停车处** 在小礼拜堂或礼堂入口，应有一个带顶的停车区（最小尺寸3m高，5.5m长，能容纳一部灵车和小车），在边石和主要大门间有900mm的铺装。在铺装和礼拜堂之间不应有台阶。

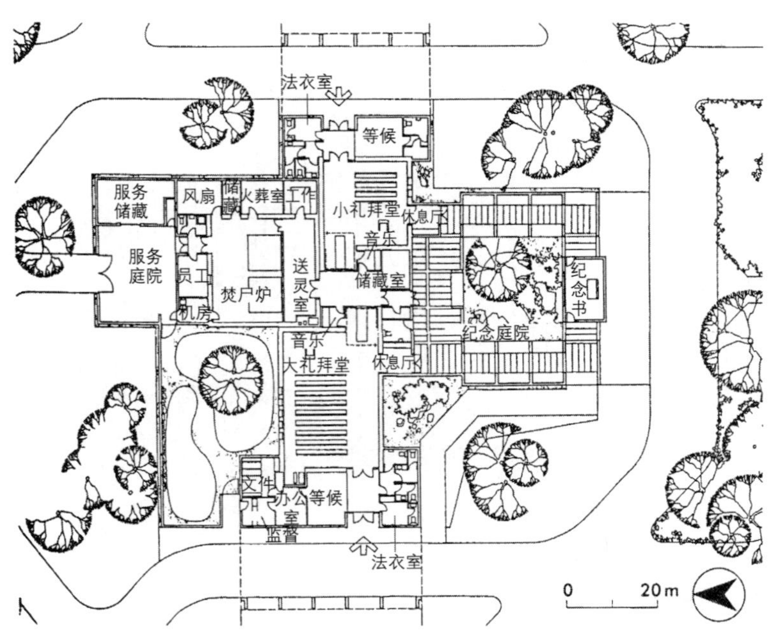


图5–3 史崔特利（Streetly）火葬场，沃尔索耳，西米德兰郡（West Midlands）（建筑设计：沃尔索耳自治区理事会建筑科）

**杂务院** 在焚烧室之外，应设法屏障送葬者的视线。

**烟囱群** 包含焚烧室的烟道，尺寸可咨询焚尸炉制造商。通常最小12m高，比建筑最高部分至少要高出3m。

**法衣室** 大约9m$^2$，有独立的卫生间，主要供司祭牧师使用。从法衣室要能看到送葬行列的到来。

**卫生间** 职员和公众都需要，还要有供残障人士使用的设施。需要好几套马桶，以满足不同的送葬者队伍。考虑不要让噪声传到礼拜堂、入口礼堂等。

**等候室** 至少要有12个人的座位（接近18m$^2$），有附属的卫生间。应该从室内看到送葬行列，或与入口礼堂相连。

### 5.1.1 气味扩散导致的空气污染

人体火葬残留带来的气味扩散的控制很严格，需要抽样和检测。在英国，1990 年的《环境保护法》设定了目标（见 7(2)a 部分），PG 5/2(95) 导则注释给出了进一步的细节。法律要求现有的火葬场在 1998 年 4 月 1 日前完成升级。导则在烟囱设计和车间设计方面作出规定，在没有对排放物进行严格限定的情况下采取预防措施。有石墨或锌的棺材不能被火化，PVC 和三聚氰胺也要避免。

**图 5–4 提兹赛德（Teesside）火葬场，每年火葬 2800 人次（容量 4000）[设计师：米德尔斯堡（Middlesbrough）理事会，交通设计局；设计组长：布莱恩·格拉弗（Brian Glover）]**

**场地平面**

1. 火葬场；2. 停车场；3. 办公室；4. 纪念礼拜堂；5. 追忆园

**地面层平面**

1. 原有的礼拜堂；2. 火葬场；3. 新的礼拜堂；4. 转换室；5. 风扇室；6. 粉碎室；7. 观景；8. 储藏；9. 锅炉房；10. 烟道；11. 冷藏；12. 大厅；13. 管风琴；14. 停尸间；15. 等候室；16. WC（无障碍）；17. 法衣室；18. WC（男）；19. WC（女）；20. 主管；21. 教堂前厅；22. 杂物院　23. 植物贡品；24. 水池；25. 带顶的步道；26. 司机；27. 工作间/储藏；28. 楼前停车处；29. 办公室；30. 职员室；31. 清洁工；32. WC（职员）

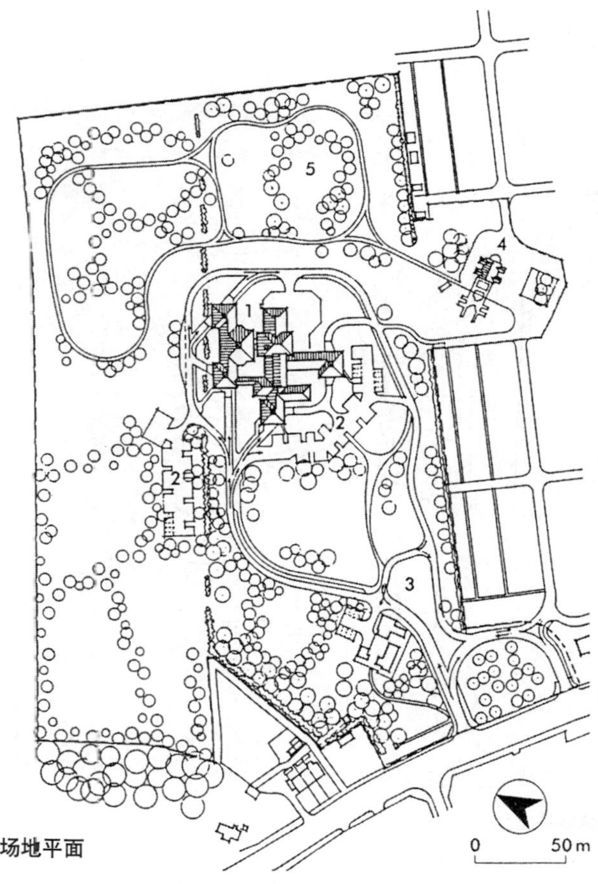


场地平面

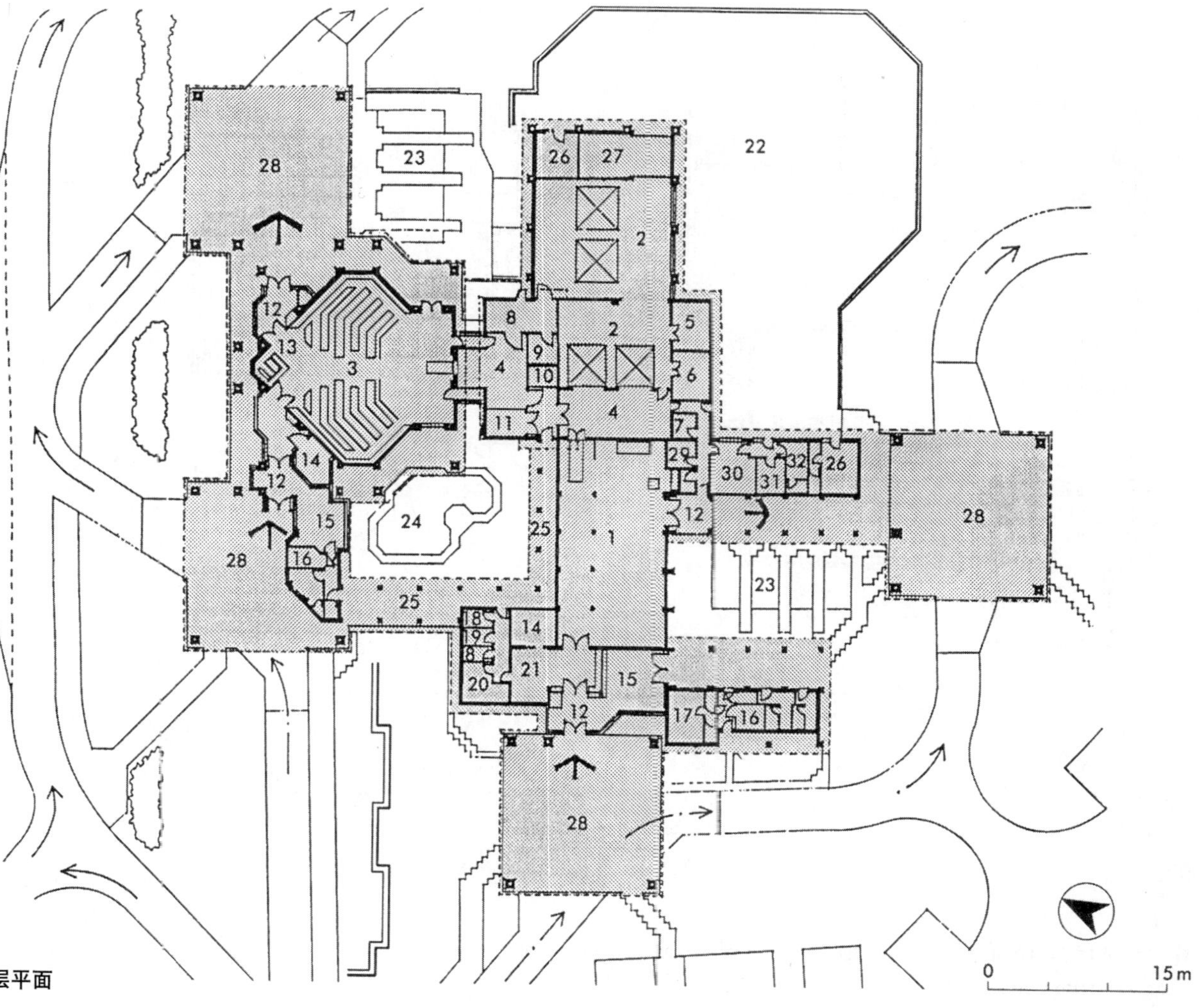

地面层平面

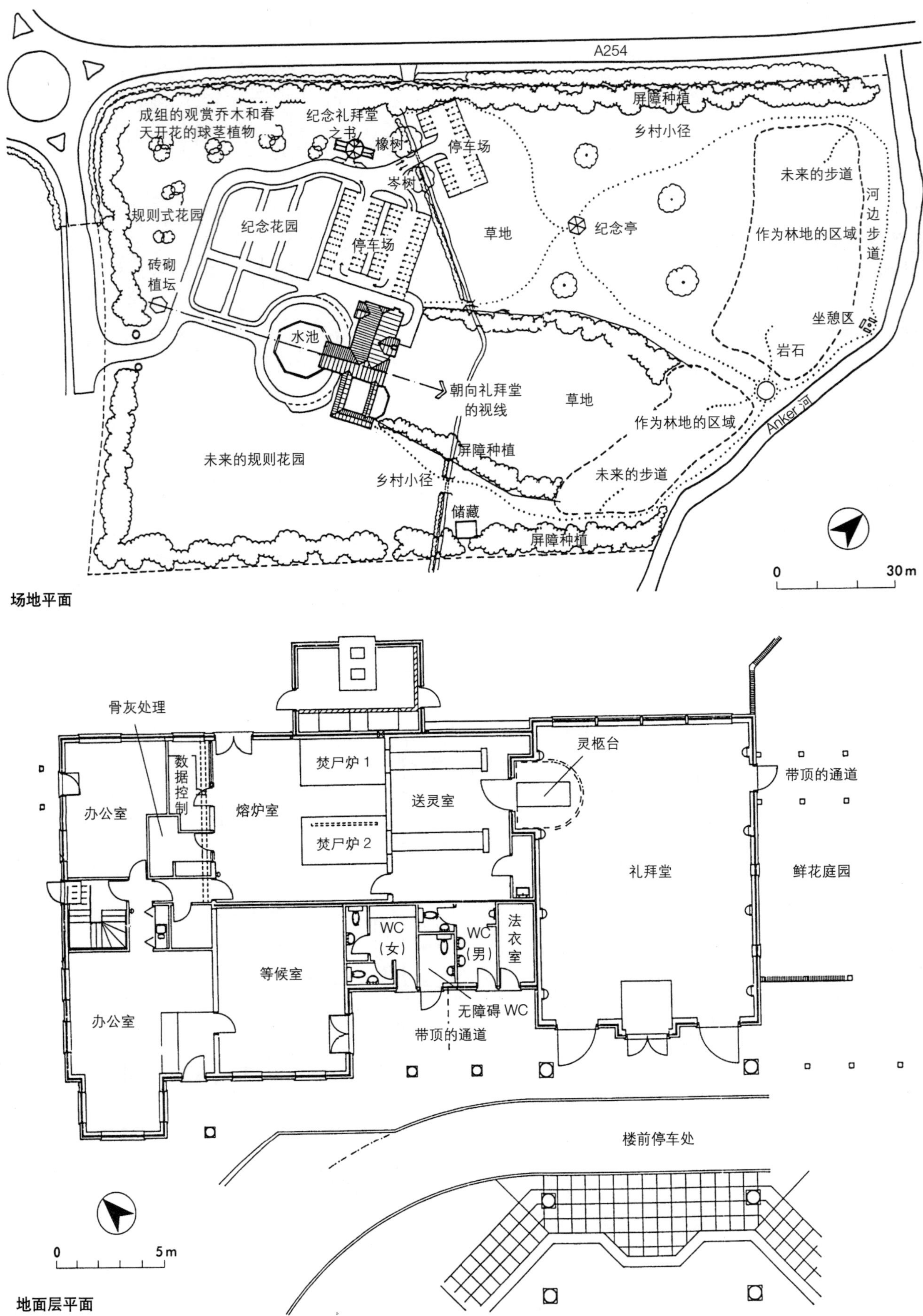


图 5–5 纳尼顿（Nuneaton）火葬场，沃里克郡（Warwickshire）：每年火葬约 500 次（容量 2000）（建筑设计：Critchell Harrington & 伙伴公司）

# 第6章 教育：学校

教育与技能部(DfES)，学校建筑和设计科(Schools Building and Design Unit)

学校和托儿所能满足不同年龄孩子的需求，这取决于学校或当地政府的政策。1998 年英国常见的学校类型、覆盖的年龄段和数量见 ( 图 6–1)。

在英国，超过 90%的学生在“公立学校 [包含所有由当地教育局 (Local Education Authority, LEA) 资助的学校]”、直接拨款公立学校、受津贴民办学校和受监管津贴学校(voluntary-controlled schools) 以及城市技术学校 (City Technology Colleges, CTCs) 就读。特殊的学校、专门学校 (如语言学校) 和寄宿学校都包含在上述学校里，大部分“独立学校”和特殊学校都提供寄宿教育。

## 6.1 历史

1944 年《教育法》第一次提出了教育的 3 个阶段：小学、中学以及继续教育。同时也提出了幼儿园的必要性，并且将离开学校的年龄提高到 15 岁 (推迟至 1947 年才实现)。后者意味着要提供超过 40 万个座位，其中超过一半的场地由教学促进会 (Hutting Operation for the Raising of the School Age, HORSA) 提供。

在英国，第一批城市学校规划是基于教室，通常有一个中央大礼堂，可以通往周围的教室。在 20 世纪早些时候，城市学校的不健康的状况导致追求通风、自然光照和好的卫生状况，因此促进了“开放式学校”运动的开展。学校开始在它们的场地上扩展。

在二次世界大战后，由于大量的需求，工厂制造的组件对于学校建设来说越来越重要，从 20 世纪 40 年代晚期到 20 世纪 70 年代早期开始大量

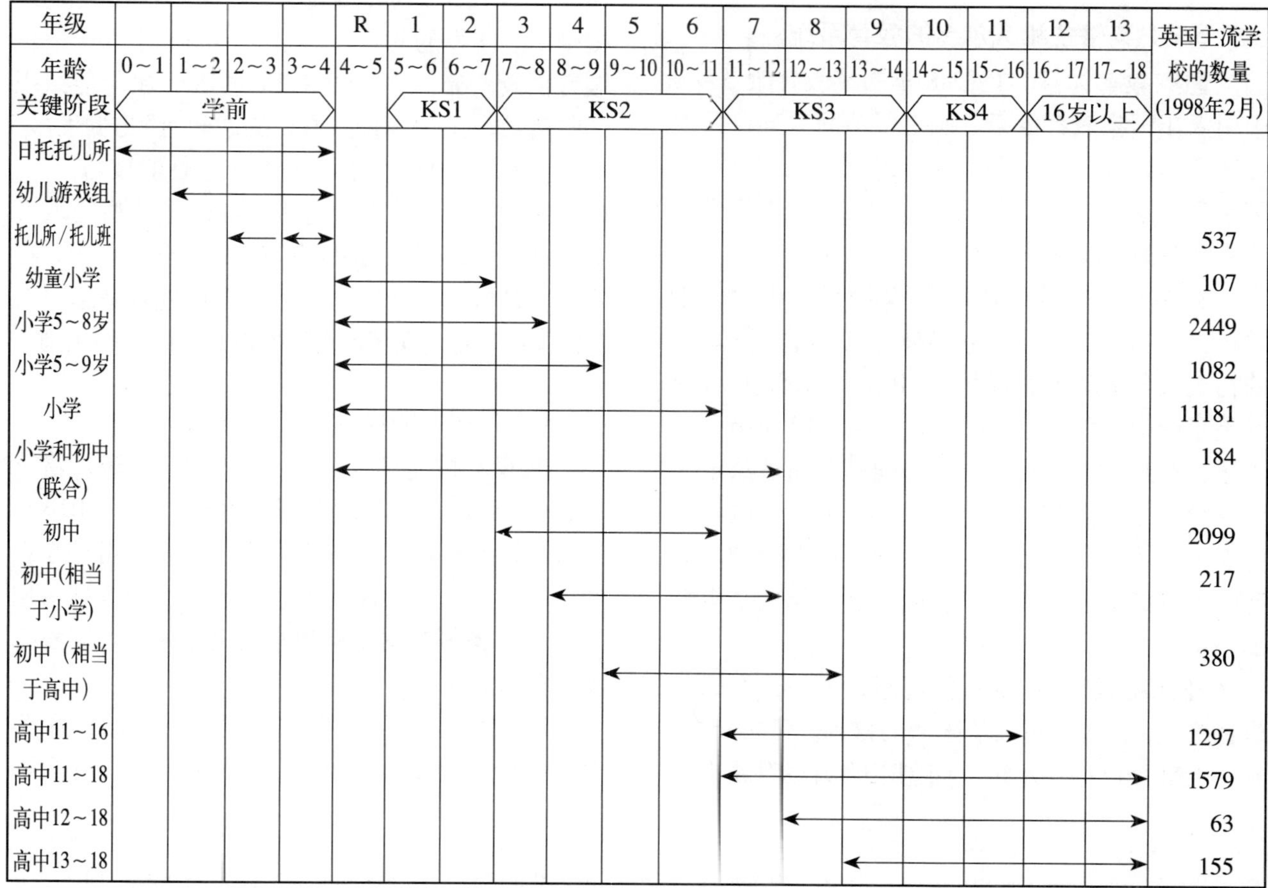


图 6–1 普通类型学校的年龄范围和数量

使用“系统”或“工业化”的建筑。1971 年，随着“离开学校的年龄上升”（ROSLA），从 15 岁变成 16 岁，且由于“生育高峰”以来，人口增加，要求这个阶段有更多的建筑量。

在 20 世纪 60 年代，为了最好地利用可获取的资金，交通空间也开始具有双重功能，偶尔被用作共享的教育空间，这样带来了大进深的平面规划。由于一些中央大厅在 100 年前就建成了，因此共享区很难利用，在大进深的平面中，常要放弃自然的照明和通风。

在 20 世纪 80 年代，学校的数量大量减少，许多 LEA 授权认可的学校基金开始减少。在 1988 年《教育改革法》颁布后，城市技术学院和自治学校被引入，到 1995 年，超过 1000 所学校（主要是中学）是接受了中央政府直接拨款的公立学校（grant-maintained, GM），费用直接由学校基金机构（FAS, Funding Agency for Schools）提供。

从 1999 年 9 月开始，所有公立学校都分属于以下三类之一：“社区学校［以前是教育局公办学校（LEA 学校）］”、“基金学校（绝大多数是以前的 GM 学校）”、以及“受津贴民办学校”。15 个 CTC 学校在此列之外。

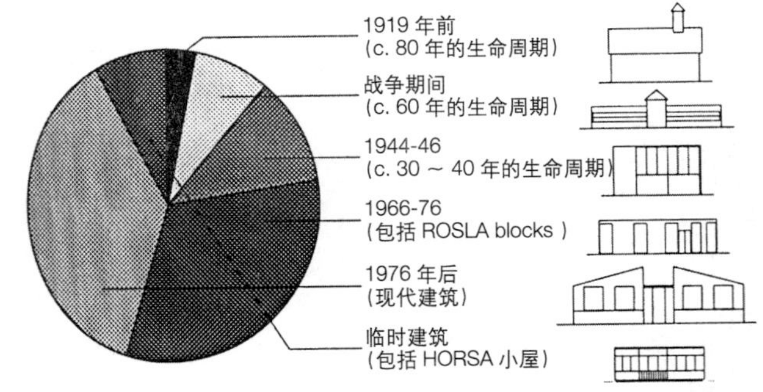


图 6–2 英格兰和威尔士已有学校的历史和类型

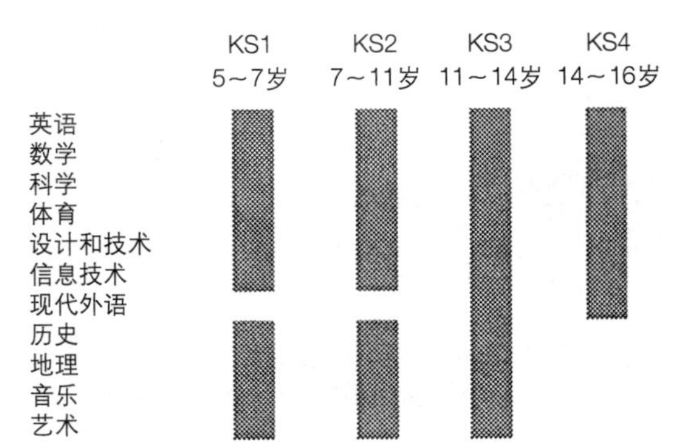


图 6–3 在主流学校和根据学生年龄，国家基础课程分 4 个主要阶段进行教学

### 6.1.1 英格兰和威尔士的教育系统

**国家教育体系** 在 1988 年的《教育改革法》中引入了国家教育体系，制定了不同基础科目下应达到的成果（图 6–3）。所有公立学校需要根据国家教育体系，将从 5 岁到 16 岁的义务教育划分为 4 个关键阶段（key stages, KS）。

如图 6–1 所示，KS1、KS2 涵盖了小学的年龄范围，即从 1 年级到 6 年级，也包括 4 ~ 5 岁的初次入学学龄儿童的小班（R 级）。KS3 和 KS4 涵盖了中学阶段，也包括第六学级（12 年级，13 年级，有时 14 年级）。小班的规模会随着法定入学年龄的不同而有所变化。如果当地政府或学校把 5 岁定为入学年龄，那么小学生应在他们过第五个生日的那一学期入学，而不是在第五个生日那一年。

**托儿所教育** 在现行法规下，如果他们的父母也愿意，这是所有 4 岁孩子的权利。但实际上，有一大部分已经在小班，而剩下的则在附属于小学的学前班、独立的托儿所以及其他学前教育组织里（如学龄前幼儿游戏组和托管中心），它们也接受 2 ~ 4 岁的儿童，甚至更小的儿童。学前班教育由政府管理者，OFSTED 控制，希望能组织一些活动，使学生朝向“有目的的学习”方向发展，如个人和社会的、身体的和有创造性的技巧。

在主流学校①里，这 4 个阶段里典型的教育课程见图 6–3。核心课程有英语、数学、科学，在威尔士是威尔士语。本章的典型设施表是基于在英国学校里每门课程所占到的总教学时间的比例。

### 6.1.2 目前的设计指导和规范

教育与技能部（DfES，前身为 DfEE）建筑分部（A& B）公布了附定价的建筑公告（BBs），为新学校的设计和现有建筑的改造提供指导性意见。这些意见可以说是本章建筑建议的基础，相关的 BBs 条例在文中引用时给出了编号，完整标题则在书后的参考书目处。

**BB82（学校面积标准）** 这个标准给出了公立学校绝大多数类型的新建学校合适的总面积

① 主流学校 (mainstream school)：倡导“一体化”(Intergration) 的教育。即打破传统的隔离式的特殊教育的篱笆，将特殊学校的学生综合到普通学校来，使特殊儿童能和正常儿童一起学习和活动。——译者注。

(但不含特殊的学校)，以及与年龄范围和名册数量（number on roll, NOR）相关的现有学校的尺度的合理性评估。根据 A& B 分部研究，还给出了合适的独立教学空间和学校场地面积。根据给出的面积范围，再加上学校的特殊需要，可得出学校的总面积，这其中要考虑课程类型（职业课程可能比纯学术课程需要更大的空间），教学组的规模（小的组团需要更多的教师和更大的教育空间），以及任何场地的限制和有效的资源。一个课程分析会被用来确认学校准确的需求，同时允许未来的课程改变。

在现有的学校里，BB82 指导与现有面积的对比（基于 NOR 和建议课程）显示出学校是否需要更多的建筑或更新、改造或去除一些设施更合适。面积标准可能会由于现有场地和建筑的限制，或根据 LEA 同意的资金补助而增加。

**1999 年的教育（学校房产）规范（SPRs）** 这是法律要求必须遵守的描述公立学校里现有和新建学校房产的标准。它们代替了以前保证最小的教育面积（MTA）的规范，但继续列出相关要求：

(1) 学校设施，包括盥洗室、保健室和职员设施；

(2) 与寄宿学校相关的设施；

(3) 构造、健康和安全、环境需求；

(4) 运动场地的最小面积。

总的来说，公立学校被免除依从 1984 年的《建筑法》和随后的《建筑规范》。国家直属的新的学校建筑可能需要遵从 DfFS 出版的《建造标准》。1997 年更新的《建造标准》与《建筑规范》的要求很接近，主要是根据已批准文件以作为指导。主要的例外是《建筑公告 87》，涵盖了声学、光照、通风、供热、供水和能源等方面。对于已批准文件的 B（火），K（楼梯），M（行动不便人士的入口，设计导则已经介绍过）也有一些小的改变。独立的学校和私立专门的学校没有含在 DfFS 的《建造标准》下；它们必须遵循 1984 年的《建筑法》和现行的《建筑规范》，私立专门学校需要获得国务大臣的许可（免除《建筑规范》）。

大家并不希望公立学校免除遵从《建筑法》这一现象继续。因此设计师在开始设计过程时需要留意现行的规范。

**运动场** 学校运动场设计需要遵循规范，通常需要获得国务大臣许可。

**日托** 针对 8 岁以下孩子的付费的白天寄宿的设施应该要符合 1989 年的《儿童法》的要求。导则文件规定每个儿童的最小面积是 $2.3m^2$。

**寄宿制学校** 绝大多数寄宿制学校都要接受 OFSTED 和当地政府社会服务部的法定检查。检查的频率和检查的团体根据学校类型不同而定。SPRs 中指定了最小面积和其他标准。这些标准对大多数类型的寄宿制学校有约束作用，对还未发现这种情况的地方可以作为检查标准。

**SEN 整合** 从 1981 年开始，法律推动有特殊教育要求的学生（special educational needs, SEN）在可能的情况下融入公立学校，导则也在 1984 年开始生效，指导建设与之相关的合适的设施，这一点在 BB61 条中也有所提及。

## 6.2 空间类型（简介）

学校建筑总面积由教学区和非教学区组成。其他非学校使用的区域，如社区，也被包括在内。作为一条总原则，教学区和非教学区比例应为 60 ： 40，尽管现有的场地限制条件使得这个要求很难达到。在幼儿园教育机构、小的主流学校和所有的特殊学校，这个比例可能接近 50 ： 50。

### 6.2.1 教学区

在小学，小学生大多数时间都是在一个教学区里（一个简单的教室或小的“基地”，共享区域能提供一些补充）。有一些特殊的空间，如一个整个学校共享的大礼堂，通常是分时使用的。在中学，大多数教学区是分时段由整个学校使用的。在高中，是一些基地和分时空间的组合。学校通常还有图书馆资源区，也可能有一些当地资源区。

“课程分析”可以根据时间表和设想的课程来计算分时教育区的需求。BB82 中表述详细的计算，可以用来表达课程平衡，职员层次，教育组的规模，在需要的空间可教授的课程的属性的影响。一旦分时教育需要的空间数量被确定下来，再加上非分时使用区和非教育区，就能确定整体设施表。这种方法灵活性很大，既可以为新建学校建筑进行规划，也可以处理学校课程或 NOR 改变后的需要。在任何已有的学校里，对建筑进行改造及改变使用功能都会改善课程设置。

下文所提到的每种类型的学校的设施布局都是基于这种类型学校典型课程的简单分析，以满足国家课程设置需求。每个学校的空间数量有所不同，这是由于教学时间的百分比和分组数量不同造成的。主流学校里班级的成员数通常是30，小一些的组用来作为选修课（optional subjects）和实践课题。一些独立学校 (independent schools) 和一些中学的班级规模更小。

### 6.2.2 非教学区

非教学区常被分成6类：

**1. 职员和管理员设施** 包括校长办公室、职员工作和社会活动空间、额外的职员办公室或工作室，以适应学校的类型和规模，管理区（包括接待室、主办公室和复印设施）、保健室（MI）和职员卫生间，也包括更衣设施及淋浴。马桶和更衣设施的数量可以参考1992年的工作场所（健康、安全和福利）规范。校长室可能是10 ~ 14m²，但在中学可能需要30m²，除非有独立的会议室。职员工作和社会活动一般安排在同一个空间里，但现在有个趋势是，如果空间足够，在小学和中学里，都会将社会活动和工作区域分开。

**2. 学生储藏间和盥洗室** 包括存放衣物和书包（可能包括更衣柜）的空间，和SPRs要求的学生用卫生设施。这些设施包括马桶（5岁或以上的每20个学生一个，5岁以下的每10个学生一个），更衣和淋浴设施是为11岁及以上的小学生准备，每40个5岁以下的孩子一个喷头或水池。

**3. 教学储藏间** 包括班级储藏间和进入式储藏间，以存放书籍、材料、设备（包括室内和室外PE设备）以及学生正在作的作品。在中学，也有一些科学和技术科的准备 / 储藏区。

**4. 餐饮设施** 由就餐区和厨房组成，还有储藏空间和炊事人员的设施。许多小学现在都只有"半成品厨房"来烹调或加热方便食品。就餐区可以在一天中的某个时段用作教学区，在小学里，一个多功能厅也会拿来做就餐区、PE或集会处。就餐偶尔也会在教室里。

**5. 辅助空间** 可能包括看守者办公室、维护设备、清洁工、管理者储藏间和散装储藏间、存放一些有价值的物品，如考试试卷的防盗储藏间，锅炉房、车间和燃料存储。

**6. 交通空间和分割空间** 包括门廊、楼梯、大厅和在开放式平面教学区的确定的流通路线，以及内墙面积，根据平面形式，这些面积可能占到学校总面积的1/4。因此要充分、有效利用门廊空间，尽可能将其变成"双效"空间，确保能够充分利用门廊外的开放区域举办小组活动、社会活动或进行展示，还不影响正常的交通运行。交通量较大的门廊最小的宽度是1.8m，如果一条门廊上只有1 ~ 2个房间，可以选用1.2m的宽度。

BB82列出了在小学和中学里以上非教学区的典型比例。

### 6.2.3 社区设施

学校可以增加为社区服务的设施的数量和种类。这些设施范围很广，既可以是简单的聚会空间，也可以是复杂的运动设施。在一些地区，尤其是乡村和一些内城的社区，当地学校可能是唯一适合举行会议或活动的地方。社区使用包括使用学校已有的设施，如课外时间的运动馆，ICT和所有适合成年人教育的普通设施。可能还需要一些额外的设施：例如，分区供热和保安系统，紧急照明，以及可能情况下对入口接待及办公区的改进。

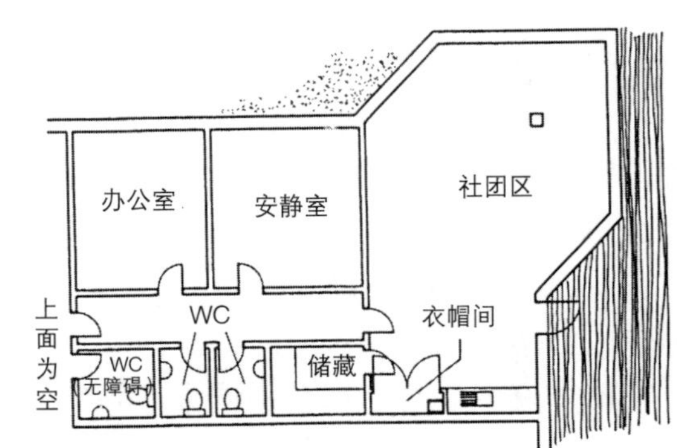


图6–4 多级中心，维多利亚幼儿学校，桑德维尔（建筑设计：DfEE A&B Branch，甲方：桑德维尔都市市政委员会）

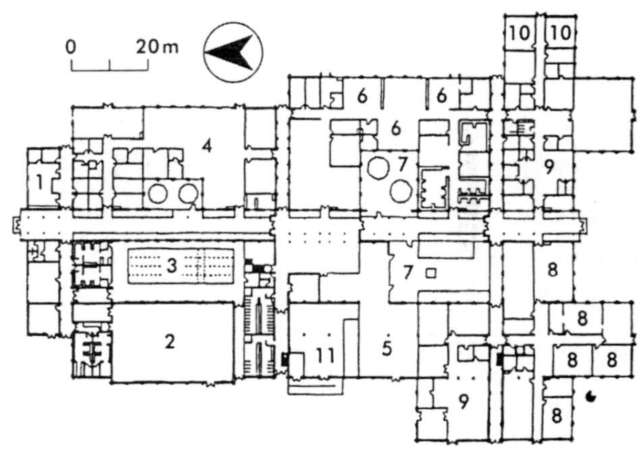


1. 办公室；2. 大厅；3. 泳池；4. 图书馆；5. 厨房/餐厅；6. 艺术、设计和技术；7. 庭园；8. 科学；9. 卫生中心/日间托儿所；10. 音乐；11. 社团休息厅

图6–5 地面层平面，新利思学院，洛锡安区，苏格兰（建筑设计：洛锡安区地区理事会，建筑局）

现在有一种趋势，即扩大活动的范围和潜在的使用者，以便于更多的普通民众在学校开放日和非开放日使用。这包括更多的社区公众专用的特殊设施，以及在学校上课时间的共享设施。可能还需要一个独立的社区入口。

**桑德维尔（Sandwell）的维多利亚幼儿学校（图 6–4，图 6–18）**在学校建筑的一侧有一个“多机构中心”。当学校不需要时，可以由当地政府、社区和其他组织的其他部门使用，提供家庭支持和成人教育、培训。其被设计成可在上学时间之外独立使用，从公路上能方便进入。一些会议和其他设施鼓励父母参与学校生活，无论是上课时间还是课外。初学走路的孩子在多机构中心成长，然后到相邻的幼儿园、小班和更高的年级。

**苏格兰洛锡安的新利思（New Leith）学院（图 6–5）**社区设施与学校设施连在一起，以保证所有设施均得到充分利用。因此很难清晰地区分社区和学校设施。例如，图书馆区被规划成共享的设施，公众和学校都可使用，私人研究和开放学习都用它，还有一个背对大街的“路边咖啡馆”。

在学校向社区的学习和休闲中心转变的时候，需要考虑到建筑应该是：

(1) 温暖的和吸引人的，避免一些学校教条的视觉感受；

(2) 容易阅读、理解和使用；

(3) 通过设计和质量，为使用它的人创造一种荣誉的感觉；

(4) 成为公共建筑。

街道的模式和沿着街道的兴趣点的创造似乎映射出 19 世纪中期商业街的设计的发展。设计清晰明了，并体现出鲜明的市民意识。

### 6.2.4 在主流学校里SEN小学生的设施

SEN 的小学生进入公立学校已有很多年，但在最近这些年，SEM 学生的数量和其遇到的障碍的种类有较大程度的增长。最敏感、复杂的学生通常仍然在特殊的学校里（单独讨论），但有些学生，包括有严重学习障碍的（SLD）和严重的多重学习障碍的（PMLD）学生现在也进入主流学校。

设施种类很多，既可能是“共址学校”（co-location，一种与主流学校共享建筑或场地的特殊学校），也可能是完全的专门学校。一些政府寻找提供“邻里学校”的机会，这样可以在辖区里满足大多数的需求，但也需要继续设计相当数量的学校来满足一些特殊的需求，它们可被视作有相似的资源和设施需求。普遍的做法是根据不同的需求，以不同比例组合班级式基础、以 SEN 为基础的小组和一对一的教学这几种形式。

对于一些学校来说，包含 SEN 可能意味着一种管理方式和时间表，但大多数还是有一些附加的建筑上的考虑。根据 SEN 和其关注的实践，这里可能有额外的空间，平面，设计和特殊需求，如：

(1) 在普通班级里留出额外的资源和职员的空间

(2) 资源基础

(3) 教学和移动辅助的存放空间

(4) 额外的盥洗室和卫生设施

(5) 额外的医疗设施

(6) 额外的教学和特殊辅助的职员以及到访的专家的工作、存储和停车空间

(7) 额外的 ICT 设备

**SEN 资源基础**　有一个或两个小的教室通常比较合适（取决于学生的数量和撤回的数量），加上一个或多个附属的小房间。比较理想的是，它们应位于学校主体里。

**入口和出口**（根据 DfFS 建造标准。）学校课程的全职的功能入口是很必要的，学生可以从中获利，包括特殊入口和其他一次性设施，如晚餐和社会区。将时间表和一些主要课程区布置到较易到达的建筑部分能解决很多问题，特别是在有独立的多层建筑的中学里。

如果小学生在没有帮助时不能很快地从最顶层（或最低层）撤离，那么要作合适的安排。这主要是管理问题，但通常要有可选的撤离方向，要有规模足够大的避难场所，这样，学生可以相对安全地待在逃生楼梯里，或是随指示找到逃生楼梯。

**卫生**　对于小学生来说，大量的卫生设施是很有必要的，包括那些需要协助淋浴及更衣的卫生区。也会需要洗衣房及特殊的废弃物处理区。这些和其他设施都可以在 BB77 里查询，这个标准是针对特殊学校的需求的。

**外部区域**　小学生可能乘坐私人小汽车、出租车和公共汽车到校。安全和有效的进出车辆流线很重要。

**其他设施**　需要考虑的例子会在后面的“特殊学校”中提到。

**环境考虑** SEN 的小学生可能会对温度、照明和声学有特殊需求（见 BB87）。

BB61 为有 SEN 的小学生的主流学校提供进一步的指导。尽管它出版于 1984 年，但目前仍然有很多相关内容。

### 6.2.5 寄宿设施

（更多的信息和指导见 BB84）小学生寄宿的原因很多，可能每周只住几天，也可能每天都住。寄宿的需求近几年也有所变化，标准更高，更希望有家的感觉。

**寄宿建筑** 规模变化很大，从小的“家庭”用房，到大的、公共的房间。它们多位于主要校区内，或利用它自己的设施，或在一个／多个单独的场地上，但重要的是确保在任何一个学校里，所有的建筑都有同样的设施和机会。为了减少欺凌弱小和虐待的机会，并方便监管，设计时应避免与外界隔绝的房间或区域。特殊学校的宿舍尺度通常较小，但由于成人助理和监护员以及综合教育与医疗需要对房间的要求更多，因此它们的面积标准要高于主流学校。在布局、设施、储藏、装修、家具和设备方面也有特殊的需求。

**住宿设施** 在宿舍里，学生年龄跨度很大，因此要按年龄分组。在混合型宿舍里，卧室也应按年级分组。年龄因素是很重要的，共用一个卧室的学生的人数和卧室的尺寸取决于住宿学生的年龄。寄宿生的床铺是他们少有的个人空间之一。还有一些衣物和其他物品的储存空间，也包括一些带锁的以便存放私人财物的储藏空间，他们还要有架子、插线板、书桌或工作台和椅子。

**公共活动和休闲区**（图 6–6）这是寄宿生生活重要的一部分。应该有一些可选择的活动，包括安静的和喧闹的，也包括单人的和群体的。如果宿舍里孩子的年龄跨度较大，需要为年幼的和年长的寄宿生分别设置独立的公共活动区域。任何为全日制学生服务的公共活动和休闲区都要与寄宿生使用的隔开。理想状况是，寄宿宿舍能提供休闲区域和安静的公共活动室（一间或多间），如电视房、业余消遣室、计算机房、图书室和一些室外公共活动及休闲区。在小的宿舍里，许多房间可能是多用途的。

**辅助设施** 在许多情况下，这些设施可能存在于主校区，或者在宿舍之间作为共享。SPRs 制定了最低需求。主要的需求是卫生设施、医疗设施、厨房和就餐室、电话亭（私人使用）、洗衣房、衣帽间、干衣室和储藏室。需根据课程设置，寄宿生年龄，学生对监管和非正式帮助的反应来提供必要的学习设施 。

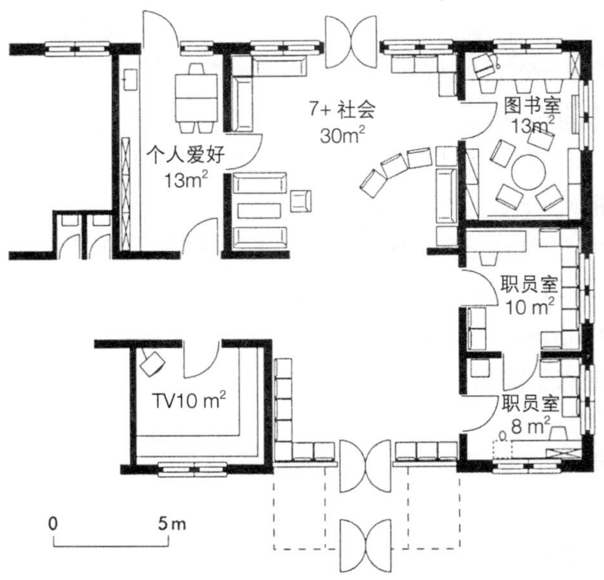


图 6–6 20 个 7 ～ 9 岁孩子的社会和休闲中心的通用布局，有一个中央休息厅。应确保附近有一个共享的休闲中心

特殊的学校通常要求为大一些的寄宿生提供独立生活的设施。这些可能包括学习技能的设施，如烹饪、整理衣物，也可能是独门出入的房间或公寓。

## 6.3 建筑设计中应注意的问题

### 6.3.1 平面策略：设施和装备(F&E)

空间的尺寸和形状会影响房间的布局。一个没有缺口的规则的形状就比较容易设计，尤其是有大型设施和装备时。一个比例在 1 ∶ 1 到 1 ∶ 3 的房间可以允许有多种的设施和装备布局变化。先确定一个布局框架能帮助进行好的布局，以便有更大的灵活性，可以以更安全和舒适的方式容纳更多的活动。考虑一下以下的可能性很有必要：

(1) 在内墙和外墙都可以安装管道，但在有可能的情况下将湿的管道只安装在外墙；

(2) 将固定的工作表面减到最小，仅沿周边布置；

(3) 工作室的重型机械主要在外墙；

(4) 保持空间中央不要放置固定的 F&E；房间中央额外的管道可以通过将管道穿过家具来实现；

(5) 老师的位置应确保对整个空间有良好的

视线，尤其是入口；

(6) 计算机和白板应与带窗子的墙成 90° 角，以避免反光和眩光；

(7) 避免从顶到底的储藏间：理想情况下储藏柜应是可移动的，如果合适的情况下，可能要在桌子下，以保证空间得到更有效的利用；

(8) 在空间的一端设置储藏室；

(9) 在入口处设置储藏空间，以存放学生的上衣、书包；

(10) 在桌子、工作台和机器之间提供足够的净空间，允许安全的进出和使用 F&E。

在设计阶段早些准备每个教学空间最初的 F&E 布局是很值得的，可以为此咨询使用者和顾问。这些可以用来检验建筑设计是否合适，制定预算，还能决定设施的布局。重要的是要考虑在每个课程区里发生的特定的活动——尤其是实践项目，如设计和技术，艺术，音乐和科学——以推敲最初的布局。随着主要部分的发展，相关的 F&E 就可以进入平面了。

### 6.3.2 特殊的设施和装备

一套选择恰当的 F&E 能为创造有效的、欢快的学习环境做出更大的贡献。设施和装备都应该很结实，以承受精力旺盛的孩子们的折腾，还要满足其使用目的。任何在室外使用的设施要能抵抗天气的变化和防止故意的破坏。室外的游戏设施周边都应采用安全的表面材料。也会需要为特殊目的制造的家具、设施和辅助设施（如轮椅、步行或站立扶手）。家具的尺寸应该是一致的：例如，椅子的高度应该与桌子的高度相配。

**桌椅的尺寸** 一个重要的考虑：桌子通常按照 BS 5873：第一部分设定的标准，而它是根据学生的年龄和平均身高来确定的。建议的站立和坐的活动的高度，通常是在许多不同的学校里找到的通常的年龄段（图 6–7）。

固定的工作台通常是两种宽度：600mm 和 750mm。600mm 的宽度可以保证足够的工作空间而不占用用来开展主要活动的教室中央区域；750mm 的宽度则可以保证足够的服务设施，特别是 IT，可以在桌子后面运行集群系统，以及在视频展示单元（VDU）前安装键盘。

常用的书桌面是矩形的（图 6–8），可容两个学生并肩坐在一起。偶尔学生会坐在桌子的两端，尽管有些框架类型不允许这样。一个桌子的长度通常是宽度的两倍，以允许将桌子拼在一起。偶尔也用正方形的、圆形的、半圆形的和梯形的桌子（图 6–8）（尤其是小学），以在教室里创造一种不太正式的感觉。正方形的桌子适用于 1 个或 4 个学生。小的正方形桌子比较灵活，但容易从紧挨的桌子旁边移开，给人一种杂乱无章的感觉。

图 6–7 不同活动的建议高度（允许 25mm 的鞋子高度）：在某种情况下，建议有 2 种甚至 3 种尺寸；学校希望为小一些的孩子提供更大的椅子，带着脚凳（由每个学校自己决定）

| 年龄 | 3～4 | 5～7 | 8～11 | 8～12 | 9～13 | 11～14 | 14～16 | 11～16 | 16～18 | 11～18 |
|---|---|---|---|---|---|---|---|---|---|---|
| A | 260 | 300 | 340(380) | 340/380 | 340/380 | 380(420) | 420(380) | 380/420(340) | 420 | 380/420(340) |
| B | 460 | 520 | 580(640) | 580/640 | 580/640 | 640(700) | 700(640) | 640/700(580) | 700 | 640/700(580) |
| C | 555 | 625 | 730 | 730 | 755 | 825 | 830 | 825 | 870 | 825 |
| D | 820 | 920 | 1095 | 1095 | 1135 | 1275 | 1385 | 1230 | 1450 | 1230 |
| E | 1005 | 1195 | 1355 | 1415 | 1465 | 1515 | 1675 | 1635 | 1715 | 1635 |

（译者注：单位：mm）

大的正方形书桌不容易被移动，但如果要有正式的布局，4个学生围坐在桌子的四周是不太理想的。圆形的和半圆形的桌子更适合于非正式的区域，如资源空间和图书馆，学生们不需要确定的正式工作的桌子。梯形的桌子提供了一种有趣的布局，尤其是在研讨室里，学生只能在桌子的长边一侧并肩坐着。

**储藏柜** 有不同的高度选择，平面尺寸通常是1000mm × 500mm，通常有架子和隔底盘，有门或者无门，在下面会有小脚轮。在实践区，在靠边的工作台下设置储藏空间是很有效的。一些储藏柜可以在教室里推着滚动，而空间布局要满足这个要求。小学生能达到的最大高度会决定小橱的高度和偶尔在教室墙边的书架的选择。

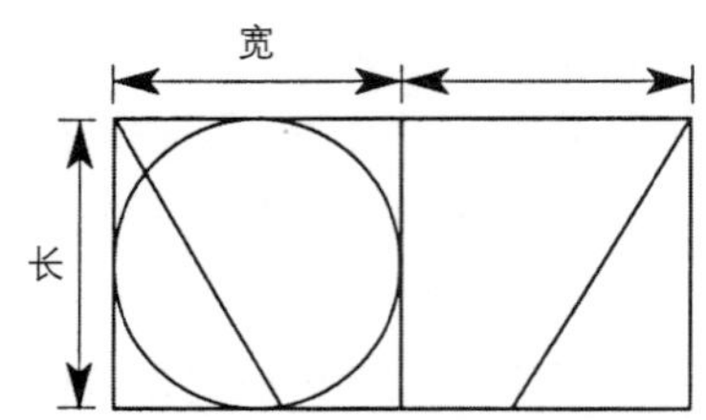


| 用途 | 小学生数量 | 小学 | | 中学 | |
|---|---|---|---|---|---|
| | | 宽 | 长 | 宽 | 长 |
| **方形** | | | | | |
| 教室 | 1 | 550 | 500 | 600 | 600 |
| 教室 | 4 | 900 | 900 | | |
| 教室/非正式区 | 4 | 1200 | 1200 | | |
| **矩形** | | | | | |
| 教室 | 2 | 550 | 1100 | 600 | 1200 |
| 教室 | 2 | 600 | 1200 | | |
| 专业（如IT） | 2 | 750 | 1200 | | |
| 专业（如IT） | 1 | | | 750 | 1200 |
| 专业（如IT） | 1～2 | | | 750 | 1500 |
| 专业（如电子） | 2 | | | 750 | 1800 |
| 专业，小组 | 2～3 | | | 900 | 1800 |
| 专业，成组 | 10～12 | | | 1200 | 2400 |
| **圆形** | | | | | |
| 公用桌，非正式 | 1 | 直径600 | | | |
| 公用教室桌 | 2 | 直径900 | | | |
| 公用桌，非正式 | 2 | | | 直径900 | |
| 公用教室桌 | 4 | 直径1200 | | | |
| 公用桌，非正式 | 3～4 | | | 直径1200 | |
| **半圆形** | | | | | |
| 公用教室桌 | 2 | 半径550 | | | |
| 公用教室桌 | 2 | 半径600 | | | |
| 公用桌，非正式 | 2 | | | 半径600 | |
| **梯形** | | | | | |
| 教室 | 2 | 550 | 1100 | | |
| 教室 | 2 | 600 | 1200 | | |
| 教室/非正式区 | 2 | | | 600 | 1200 |

图 6–8 常用的桌子尺寸和它们的用途（译者注：单位：mm）

**聚丙烯椅子** 聚丙烯椅子安装在钢架上，不是很贵，而且结实，容易清洗，因此常被学校购买。这些椅子通常最大尺寸是600mm × 500mm。有时也因木质椅子坚硬的特性而选择它。现在在学校的IT区，可调节的VDU椅子用得越来越多。

### 6.3.3 适应性

学校的活动因教学模式不同而有所改变，长时间后改变更大。仅有一小部分学校建筑能长时期保留设计时的样子。专一功能的特殊空间，如厨房、大厅和车间，以及主要的交通空间，包括楼梯，这些不太可能移动，因此设计时要仔细考虑，以应对未来的这些区域周围的变化。绝大多数其他区域，从办公室到教室，到设备很多的实验室或就餐区，都有可能过一段时间后就被重新组织。可以加入一些简单的设计思考，以允许这种变化（图 6–9）：

(1) 使用简单的房间形状：大约 4 ∶ 5 的矩形，进深在 7 ～ 9m，是最佳选择；

(2) 使用非承重分隔墙，后期可以拆除，散热器和主要的设施都设在外墙上；

(3) 设计开窗时，确保在窗间可以出现新的分隔墙；

(4) 在可能的情况下，将机械装置和设施管道及楼梯设在外墙上；

(5) 尽量减少固定的家具和设备，例如，只将固定的工作台安放在一面墙上或设备护

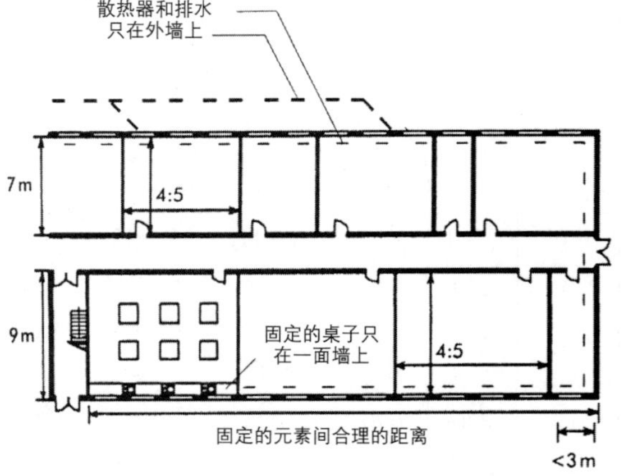


图 6–9 图形显示了一个适应性强的布局的重要特征

柱上；

(6) 在一些固定的元素如楼梯和外墙间留出合适的距离（22 ~ 30m）；

(7) 在固定元素间，3m 内设计一个窗子，以允许小的房间有自然的光照和通风；

(8) 设计的设施应可以容易添加或移走（如果可能的情况下，在外墙上减少排水管）。

**诺丁汉加诺格利（Djanogly）学院（见BB72）** 在这个 CTC，平面布局是围绕一个中心区域设置成组的房间。在首层，一些空间可以用可移动的屏障再分隔，或在周围房间里举行活动。设计了一个完全可拆卸的科学实验室（图 6–10），600mm 的方形设备护柱，以固定的平面网格设置，允许 600mm × 1200mm 的桌子在室内来回移动，形成不同的布局。所有的设施可能是“无管道的”，

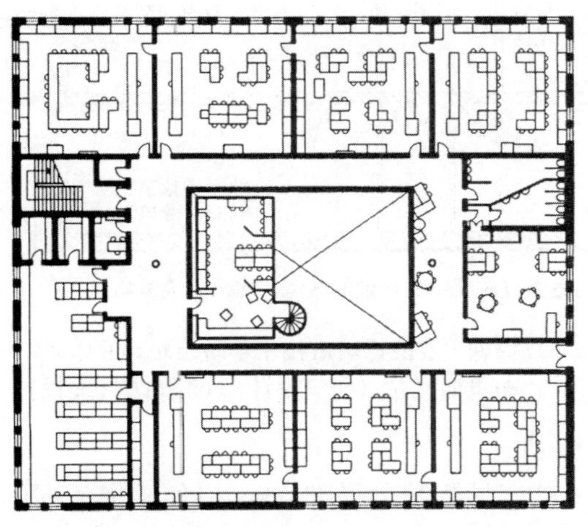

（项目 / 计算机层；实验室里有浮动的设备护柱，水池在 600 × 1200 的标准桌里，教师的 600 × 600 的设备护柱有 IT 网接口和特殊的连接口，以联通移动的通风橱，还有立式的 1200 × 600 × 850mm 高的实验桌（所有墙上都有湿的、干的管道的干线）；准备室；可卸的储藏柜）

**上层平面显示科学实验室的布局**

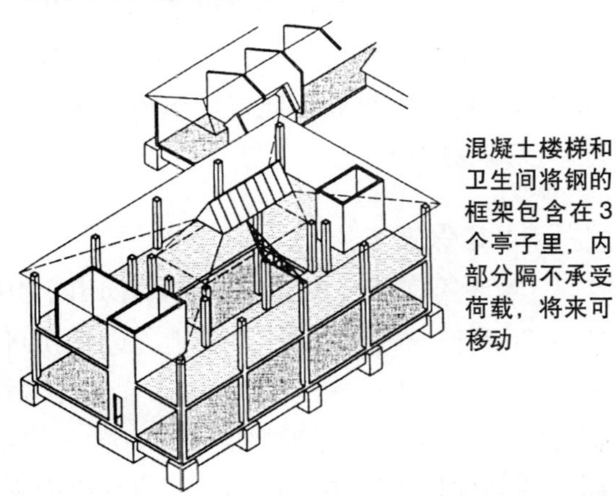

**混凝土楼梯和卫生间将钢的框架包含在 3 个亭子里，内部分隔不承受荷载，将来可移动**

图 6–10 加诺格利城市技术学院（Djanogly CTC），诺丁汉（建筑设计：DfEE A&B Branch，甲方：诺丁汉 CTC 基金）

且有预先装修好的表面覆盖其上，以确保地板上毫无障碍。

通过形态转换，使用框架结构，将建筑设施与建筑肌理清晰地分离，为后期的增加和修改提供足够的空间，加诺格利学院建筑的容量得到加大（图 6–10）。内墙与结构是分开的，使用模数化的开窗，可以为潜在的内部分隔提供方便。在每个开间 (pavilion)，只有楼梯间和 WC 砌体是承重墙，完全用钢结构框架制成。其他分隔为立柱结构，多数只到达悬挂的天花板下，一起形成包含的空间并构成声学屏障。

### 6.3.4 环境

（更多的环境设计细节可以从 BB87 中找到。）一个环境的规划可能包括声学、照明、供热和温度调节，通风、冷热水供应以及节能的细节，尤其是减少二氧化碳排放量。

**计算 $CO_2$ 年产量**（见 BB87）根据能量消耗，计算总面积下，每平方米 $CO_2$ 的产量。在设计的早期阶段就要考虑能量的需求。根据碳的比例和生产燃料时处理的程度不同，不同的燃料产生的 $CO_2$ 数量也不同。每单位电量的能源消耗是普通能源的 3 倍，所产生的 $CO_2$ 是同样单位天然气的 3 倍，这是由于电站的转换损失。

**声学设计** 目的是确保人们不受打扰地、清晰地听到声音。这些目的要通过以下措施达到：

(1) 决定合适的背景噪声水平，和不同活动及房间类型下的回响时间；

(2) 规划“安静”空间和“嘈杂”空间的布局（在可能的情况下用距离、外部空间、中性的“缓冲区”如储藏间、门廊，将两者隔开）；

(3) 使用墙、地板和其他分隔来隔绝声音；

(4) 通过考虑房间体量、房间形状和表面声学属性来优化声学效果。

建筑平面要考虑需要的声学条件。如果空间之间的隔绝要求较高，或者要求开放式的布局，能容纳各种不同的活动，这时就有些困难了。

**照明**（见 BB90）成功的照明首先要有设计的框架，涵盖功能、美观需要、建筑整体性、节能、维护和费用等各方面。在白天，自然光是最主要的照明方式。然而，如果日光不能到达某处地方，也可补充电力照明。在多数学校，工作面上持续的 300lux 的照明就足够了。如果有特殊要求（如项目细部比较微小，或对比度较低），则需要至少

500lux。在一些情况下，可以用局部的点照明补充总体照明。道路（园路）上需要外部照明，在晚上对建筑采用泛光照明，室外运动区域也采用泛光照明。然而，需要谨慎设计，以避免光线打扰，给居住在附近的邻居造成损害。可用的照明的类型和控制在 BB78 中有详细描述。紧急照明应指示走出建筑的安全通道，在逃生路线沿线，和防火设施、逃离标志和任何永久危险一起设置。

**供热** 为了达到 SPRs 建议的温度，应该安装供热装置。

**冷热水** SPRs 和推荐的建造标准也提到了水的温度和供应。

**通风** 在学校建筑里，应尽可能采用自然通风。然而，在一些获得较高功能性热量的空间，有必要有一些补充的机械通风。需要的通风的速率在 SPRs 中有所提及。作为通风设计的一部分，还要设法减少太阳能的获得（见 BB79）。

**约翰·卡伯特城市技术学院（John Cabot CTC），布里斯托尔** 两层建筑，沿着一条从体育馆到主礼堂的“街”布局。教室在街道一侧的副楼，而中央设施，如图书馆和管理办公室，在另一侧的月牙部分。环境设计使用了低维护要求的技术系统（图 6–11）。

如果有大面积的玻璃窗，容易散热，但良好的光照可以弥补这一不足。教育用的典型模式的外墙是玻璃窗占 65%，这一比例被认为是最佳比例。然而，这样忽略了教学空间里潜在的眩光，尤其是 VDU 使用较多的地方。在最有可能为眩光困扰的区域，可以采用不同的遮光方法，包括悬挑的屋顶，外墙的卷帘和室内的软百叶帘。

根据房间类型和活动，可以通过多种混合模式进行通风。在电脑使用频率很高的房间，要关注过热的情况，将单向通风改为交叉通风。房间有 7m 宽，一侧有可开的窗户，在走廊一侧有通风的开口，通风口以“通风罩”的形式设在天花板上。每个教室的天窗可以由老师来根据需要手动打开。一些少量的有大量设备的和／或朝南房间，管道里可以有一个小的轴向风扇，以帮助气流通过，工作间也有一些局部的抽风管道来排除浓烟和尘土。街道的首层和新月形部分都有开放的窗子进行侧通风，而上层则使用高层的通风天花以获得交叉通风。

翼楼里的教室和新月形部分的办公室的供热是通过直接的散热器系统，由天然气锅炉供热。

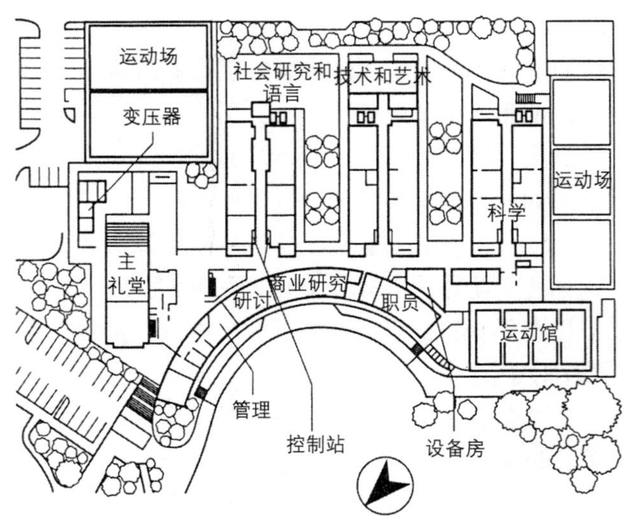


场地平面：教室围绕中央月牙的两翼布置

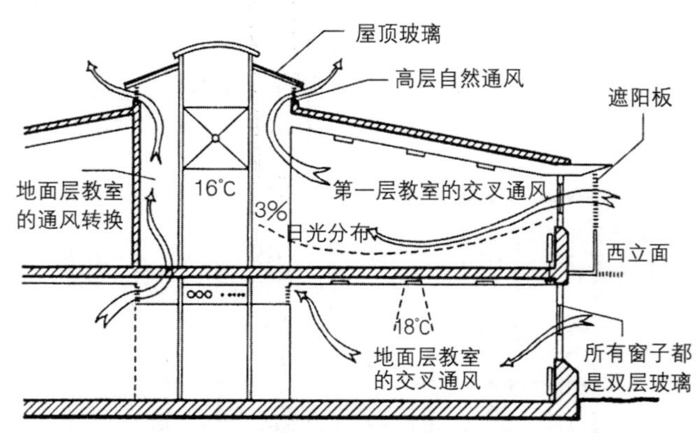


纵剖面穿过两翼中的一端的教室，显示环境策略

图 6–11 约翰·卡伯特城市技术学院（John Cabot CTC），布里斯托尔（建筑设计：Feilden Clegg 设计）

所有的区域都经过仔细分区，以便于灵活安排（如供社区在“核心”时间之外使用），因此三组教室翼中的每组和新月形的部分都分别采用独立的加热循环系统。主礼堂、餐厅和入口是采用地板采暖，以避免在较大的空间使用散热器会导致的分层的问题。采用冷凝锅炉提供低热，采用了一个空气加热系统，使得体育馆很快升温，便于在课外时间使用。供热处离建筑供热荷载中心区域较近，以减少热损失。

### 6.3.5 保安

［参考管理学校设施：导则 4（DfEE，1996）］防御性设计——即强化建筑构造，以抵抗可能的损坏，以及安装一些保安设施，如报警系统和 CCTV——不应是能保护学校安全的惟一方法。校园的规划设计可以用一种积极的方式提高安全和保安性能，这样的需求可以把每一部分都整合在一起。积极的规划策略，如通过环境设计防止犯

罪（CPTED），涵盖了一些关键点如入口控制，自然的监督和强化领域感，能影响到建筑的安全性。

**犯罪** 校园里的犯罪，尤其是故意破坏行为和纵火，常会在放学后发生，但主要还是要关注上课期间学生和老师的个人安全。许多问题被分为“白天”和“夜间”安全，但解决途径是同样的。例如，为防止擅自闯入者在白天进入校园，可以采用围墙，这同样能在夜间保护建筑（见下面的“场地安全”）。

**新的设计** 布局的目标是紧凑、合理，有简单的边界。如果有许多分散的建筑位于整个校园场地上，这样的校园给保安工作增加难度。如果有可能，楼里存放有价值的设备（如计算机、音乐器材等）的区域都应该布置在建筑靠里的部位，以便在可能的窃贼接近之前就能有机会发现他的行踪。简单的交通流线，避免尖锐的角落和盲区，可以增强可视性，并保障安全。衣帽间和卫生间不能设在隔离的地方，否则不能被监管，有可能导致不安全。单独的教室，尤其是临时的或移动的教室，通常较危险。多功能的教室减少了学生和教师对物理空间的领域感。当教室作为基础教室时，使用者会有更多主人的感觉。

景观、廊道、落水管、雨篷和其他建筑装饰应该不能作为可攀爬的框架，以防止人将其作为通道，进入上层的窗子、屋顶和天窗。屋顶设计应使其难于爬上或越过；一个解决方法是采用倾斜的屋顶和很深的悬垂式屋檐。半开放的庭院、壁龛、凹进的门廊会成为入侵者躲藏的地方，因此设计中应尽量避免。如果只是单纯考虑安全问题，那应该尽可能少地设置对外的门。消防通道可用铁器，但入口不能用。门窗的锁应采用相同标准。由于窗子特别容易遭到破坏，成为非法进入的入口，因此它们的数量受到严格限制，但同时也要满足日照的要求（见“环境”）。然而，有策略地布置窗户可以辅助保安，成为一些区域，如入口、聚集区和停车场天然的监督。在建筑的一些区域需要安全照明，而为了总体的安全，停车场需要良好的外部照明。可用CCTV来监视建筑里易受攻击的部分和隔绝的区域，但它的定位还是基于其目的是阻止还是抓住罪犯。报警系统也要根据学校在放学后的使用情况来分区布置。

### 6.3.6 入口

在可能的情况下，在主入口和接待处应能看

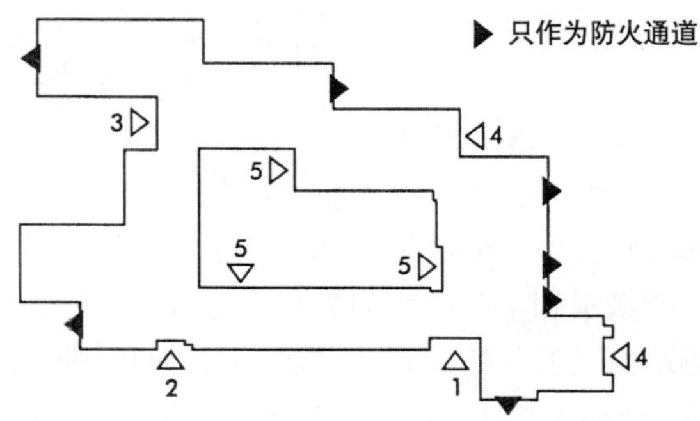


1 主入口（访客和员工）；2 主入口（学生）；3 来自运动场 / 多种运动区；4 货运；5 来自庭院

图 6–12 平面显示了布伦海姆高中，埃普索姆，萨里郡的进入控制策略：也见图 6–28（建筑设计：DfEE A&B Branch/EPSL）

到所有进入学校的人行道和车行道，且对于到达者来说清晰可见。需要良好的路标，也包括指引参观者从其他建筑到主入口。接待区应该比较友好，有舒适的座位，但不能随意到达学校其他区域。理想情况是，一旦参观者允许进入主入口，这个主入口受一个职员远程控制，他们可以到达接待窗口，但必须在检验身份后才能继续进入。只有当他们签到并得到入门凭证后，里面的门才会打开。此外，还应有远程的秘密监控。

入口控制系统可能会包含建筑和场地的入口。学校边界上的门可以通过简单的门禁电话来进行远程控制。电视摄像机可以看到门口的人，还可以通过联络用对讲电话装置通话。建筑门或大门都有各自局部的入口控制，以保证不用联系内部的人，也可以得到许可进入。最简单的方法是在一个键盘上设数字代码，或者门卡，或卡加上代码。

**布伦海姆（Blenheim）高中，埃普索姆** 在入口设计方面有几个出彩的地方。为了保安需要，这里只有2个主要的入口，一个主要是供来访者及职员使用，另一个是供学生使用。后部的其他的门是为运动场 / 多功能游戏区开放，以进出一个围合的庭院（图 6–12）。在外面的消防门上可以用五金器具，仅作为疏散口。

**行动不便人士的入口**（根据建筑规范的M部分和BB91）应该设计一些设备，以便于行动不便的学生和成人使用普通的教学设施，进入建筑和在其中行走，使用为他们设计的WC。需要设计的7个主要区域是：到达、离开和停车；进入和入口；门和门道；内部高差；盥洗设施；医疗和治疗设施；疏散方式。

## 6.4 场地

### 6.4.1 区域类型

学校场地是一个有价值的资源。它们的尺寸和设计、包含的特征、如何被使用及管理都对学校的氛围和学生受到的教育产生较大影响。整个场地由以下几部分组成：按时间表供PE使用的区域（运动区和硬质铺装游戏区），非时间表区域（供非正式、社会用途及业余爱好使用）以及建筑和入口区。详见BB82和BB85。

**团队游戏运动区** 包括夏季和冬季运动场、板球网和运动设施。对于小学来说，这片区域包括一个或更多（画线的）运动场。6～8道、长80m的直线跑道可能是夏季所需的。在中学里，学校可以选择冬季用的运动场，而在夏季，可能安排板球场地，400m的跑道以及田赛设施。

**硬质铺装游戏区** 有合适的形状和尺寸，以便画出球场，还有合适的空白区。幼儿可能不需要游戏区，因此非正式和社会活动的硬质区域可以用来做游戏、技巧练习和小型游戏实践。不过，幼儿可以在硬质铺装区域做游戏，也可以在草地上进行技巧练习。在中学，硬质铺装区域包括一系列“多功能游戏区”：在一个单独的区域布置各种场地，监督更容易，游戏种类也扩展了。有各种人造表面材料可供选择，能满足全天候球场的需要，即便在雨后，也能马上使用球场。选择表面材料时应该根据游戏的类型，材料的表现、安全和耐久性来决定。

**非正式社会区域** 为了让学生在课余和上学前及放学后开展活动和满足任何正式的课程需要，应为学生提供各种硬质和软质的地面。这些区域应布局在方便使用的地方且结实耐用，但同时也要提供荫凉及避雨处。可能包括一些场地设施、合适的景观，包括小一些的、更亲切的区域。在小学，靠近建筑的平台通常会作为社会互动区域或室外教室，而更积极的游戏区则不在此处。

**动物栖息地** 这也是对所有学校均有价值的资源。应该划出一定比例的场地用作不同的活动，包括圆形剧场、野生生物栖息地（如池塘）、花园和家畜围栏，以辅助课程教学和改进游憩、休闲空间（见BB71）。这些空间越来越靠近学校中心地带，让更多人可接近，而不像过去仅作为外围的设施。如果建筑和入口区域无其他用途，可以在里面营造一些软质景观。在培养学生和职员的主人翁精神方面，景观设计有很大的潜力，因此鼓励人们对周围环境倾注更多的关心。

### 6.4.2 场地安全

场地应该有清晰界定的边界和方便控制的进入点。这并不意味着一定要安装围栏和大门，物理的边界最好不要阻挡学校建筑和场地内外的视线。如果需要完整的安全围墙，则高度最少是2.4m，需要规划许可。大门和围墙应该很难攀爬。

理想状况是：整个场地只有两个入口：一个供职员和学生进出，但要将人行道与车行道分开，可能另一个只在需要时为疏散打开。任何其他的人行入口只能在到达和离开高峰时开放。

场地上的建筑布局应该取决于它们是否可从公共道路及其他主要建筑上看见。因此学校建筑常在距一条街40～50m的范围内，可以从接待处看到通往场地的主入口。从场地边界和停车区过来的小路应能很清晰地指向通往主要接待处的道路。非正式和社会活动区域，自行车和汽车混合停放区，应位于从学校建筑里可以看到的位置。硬质的游戏区也应靠近建筑，以便监督，运动场和植物栽植较密的区域可以远一些，但不要被隔离。景观区不能为潜在的闯入者提供遮蔽，也不

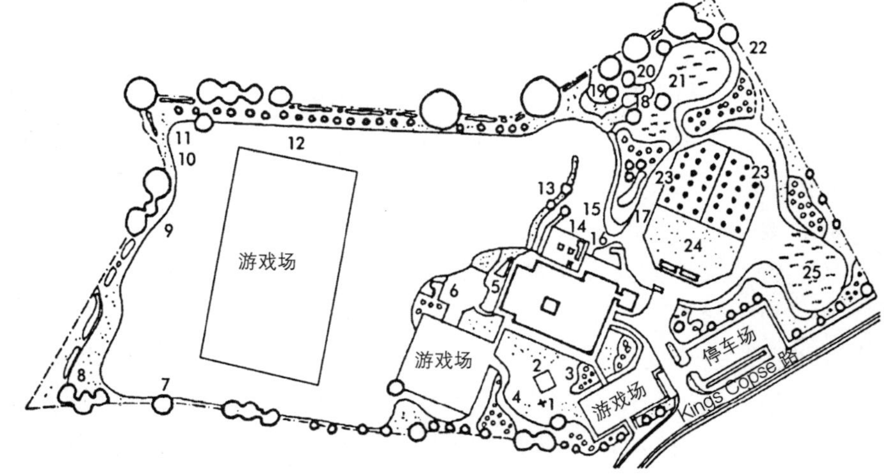


1. 风动雕塑；2. 安静游戏区；3. 香花园；4. 柳树迷宫园；5. 学习平台；6. 学习开始的会议空间；7. 小灌木林（常绿）；8. 园木堆；9. 球棒步道；10. 悬钩子丛；11. 小灌木林（落叶）；12. 乡土乔木；13. 坚果步道；14. 副业生产地；15. 堆肥堆；16. 喂鸟站；17. 鸟洞（飞鸟喂养）；18. 天然水池；19. 狐狸步道；20. 蝴蝶步道；21. 沼泽/湿地；22. 秘密步道；23. 果园（苹果、梨和李子）；24. 小牧场；25. 野生花卉草场

图6–13 校园平面，Kings Copse县小学，南安普敦郡

能使用不牢固的材料，以免被故意破坏的人使用。废旧材料和循环再使用的设施应该在远离建筑的地方，在安全的场地上使用。

### 6.4.3 场地布局

场地布局要考虑以下因素：

(1) 场地的自然属性，包括形状、等高线、底土、风向、雨水和噪声；

(2) 基于实践和课程需要的分区平衡；

(3) 监督的需要，有时同时要监督的活动超过一项；

(4) 入侵者、故意破坏者和保安；

(5) 景观质量和服务性；

(6) 行动不便的人的进入；

(7) 流线的安全，活动的布置；

(8) 更衣室和PE设施的关系；

(9) 社区的使用。

在布置运动场、庭院和实践区域时要给予更多的关注。它们的分布、规模和形状应基于一系列考虑，包括：

(1) 运动场地的法定要求；

(2) 冬季运动场的布局及它们与夏季运动场和板球场的关系；

(3) 安全考虑，包括运动场旁的空地和运动的方向（如板球网）；

(4) 运动场朝向（对于绝大多数运动来说，南北向较好）；

(5) 坡降；

(6) 维护设备的可达性，需要灌溉时水是否可得。

## 6.5 设施管理

### 6.5.1 总费用

公立学校的经费总是有限的，因此最有影响的、最有效的使用由资本和循环（每年的）基金组成。这一点可以通过以下方式获得：

(1) 通过有效的设计，使总面积维持较低水平；

(2) 使用一些容易维持、耐久的材料（和细节）；

(3) 通过环境项目，减少维护费用（如供热、隔热和照明系统）；

(4) 在建筑内尽可能多的地方使用有长期适用性的物品；

(5) 使用灵活的家具和设施，以保证不同活动时布局的灵活性；

(6) 根据财产管理计划进行建造和更新；

(7) 按照正确的简章来设计，设计过程基于课程需求、学生数量和要容纳的活动或课程项目，并使用课程分析。

### 6.5.2 周期性费用/维护费

面积每超过实际需要1m$^2$，就得付一定的资金成本。增加的部分就是周期性费用，相当于总资产的4%～6%，每年交付一次，供清洁、维护、供热、照明、保险和费用所需（见学校设施管理指南）。

### 6.5.3 财产管理计划（AMPs）

AMPs由LEAs和学校及主教教区共同提出，是确保来自政府政策发展、供学校使用的任何附加经费和已有学校财产尽可能有效使用、提高教学标准的关键因素之一。AMPs根据以下情况为未来的需要提供帮助：

(1) 面积充足

(2) 空间适宜性

(3) 基地条件

同时还按照优先次序设定标准，帮助当局根据信息和当地的花费作决定。基于AMPs的决定更透明，导向更有效的管理，促进对资金的创新的、可持续的、节能建筑的使用，最终促进教育成果（进一步的AMPs指导见DfES）。

## 6.6 5岁以下儿童学校的设计规定

### 6.6.1 设施类型

5岁以下儿童的学校设置变化很大，包括公

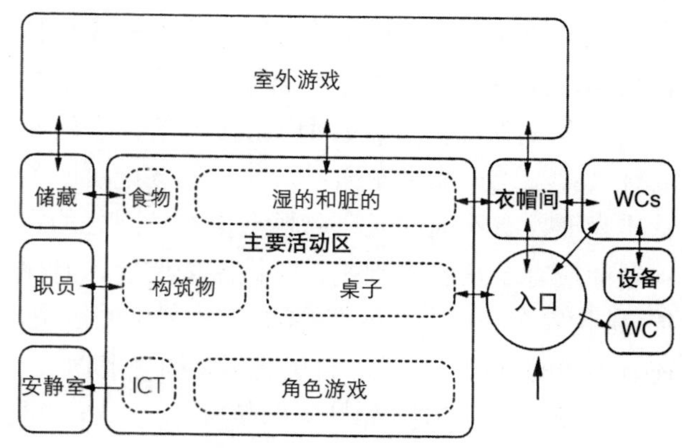


图6–14　气泡图显示在托儿所布局中可能的空间布局安排和活动

立的和私立的学校、全日制幼儿园和游戏组。主要的可能影响设施需求的因素，除了教育方法外，还有孩子的年龄范围，白天在学校的时间长度，管理的类型，职员的安排，对有特殊需求的孩子的政策。可提供的活动安排要有合适的空间、设施、装备来支持。每个孩子 2.3m$^2$ 的面积能允许孩子们有足够的空间开展多种活动。DfEE 出版的《3 ～ 4 岁儿童的设计（*Designing for 3 ～ 4 Year Olds*）》(1999) 对幼儿园设计给出了进一步的指导。

### 6.6.2 活动和空间

总的空间特征包括：

(1) 地面空间不受任何限制，可开展多种活动；

(2) 通过家具、空间划分和（地板）表面对教学和学习活动进行明显的分区；

(3) 可以直接接触不同的玩具和资源，以便孩子独立作出选择；

(4) 资源和完成的作品的展示；

(5) 一些大型的、有价值的或有潜在危险的教学资源的储存空间，使其处于孩子够不到的地方，或者放在安全的储藏室里（最好是在室外可开门的单独的储藏室）。

**家具和设施** 应该是安全的、卫生的，尺寸和规模适合孩子使用，耐久性好，可移动或足够轻，以便成人甚至是孩子能很容易搬动它们。桌子的尺寸模数更灵活，但如果在小的空间或房间形状难以使用时，则最好使用固定的工作台或桌子。凳子对于实践工作很有用，但给予的支撑太少。移动的柜子和可调节的架子作的储藏柜是最灵活的储藏资源和作品的方式。选择得当的家具和设施是成功的、有激励作用的幼儿园环境的重要特征。

**室外活动空间** 相当有价值，应包括一系列体验活动，或最少有一些会被涵盖。每个孩子平均 9m$^2$。1/2 ～ 2/3 的空间表面应适于轮椅、带轮子的玩具、三轮车和童车通过。其余的场地可以是软质表面，有不同的元素和栖息生物。理想的室外空间应容易从室内到达，并被室内监管，有保护，结构安全。应有一些有趣的、有挑战性的器械，还有多变的材料、质地、自然元素及栖息生物。

**父母 / 社区设施** 如果父母参与管理，这一部分将是很有必要的。幼儿园有一些尺寸合适的会议室和办公室，以及如果有详细考虑的时间表，就可以成为良好的为家庭和社区服务的基地。它也能形成一个完全的成套的 5 岁以下的孩子或早期的照顾、教育、训练服务的中心。

### 6.6.3 环境要素

小学生的绝大部分时间都会在地板上坐着或游戏，因此在新的建筑里要考虑地板采暖。散热器或外露的管道应该有很低的表面温度，或者应安装防护设施。游戏室应有向外的视线，窗台最好比较低。因为活动起来噪声较大，因此要避免大面积硬质的表面。

### 6.6.4 案例研究

桑德维尔维多利亚幼儿学校的幼儿班（图 6–15)，和学校其他部分共享一些医疗设施、职员和管理设施。主要的教育和学习区容纳了一系列活动和空间。除了一些湿的和较脏的区域，其他地方在一年中、一个学期中，甚至一天中都会有灵活的变化。空间里的储藏区也帮助限定区域，但也在一个安全的储藏室提供储藏空间（孩子们不能碰到)，还有一个独立的室外设施储藏间，可以直接从有顶的室外游戏区进入。

主要的室内活动区域有如下装备：

(1) 桌上工作（绘画、上色、制作模型等）：桌子、椅子和储藏游戏及其他材料的储藏间；

(2) 角色游戏：衣帽架和镜子、家具、道具，便于大家在里面表演一些有想象力的角色的空间；

(3) 湿的和较脏的活动：防水、防滑的地板，深的水池和下水道，孩子们可以聚在周围，可以直接通向室外游戏区。水池和沙地以及晾干画纸、手工作品的表面或架子是必要的；

(4) 健身活动：如果天气许可，最好在室外游戏区进行，可以有 3m 的挑出的屋顶的防护。为了放置设备，应提供多种空间，要有安全的表面，周围是交通流线；

(5) 安静的活动：关着门的圆形房间，地面放着豆袋沙发和舒适的座椅，便于进行集中性的活动，可满足人员疏散及其他一些特殊的活动需求，还可以在里面讲故事，阅读书籍；

(6) 大规模建设：提供大量地面净空间供孩子们集中游戏，并提供可移动的推车来装载小元件，大一点的元件就直接放在地面上；

(7) 信息技术：为操控程序玩具准备地面空

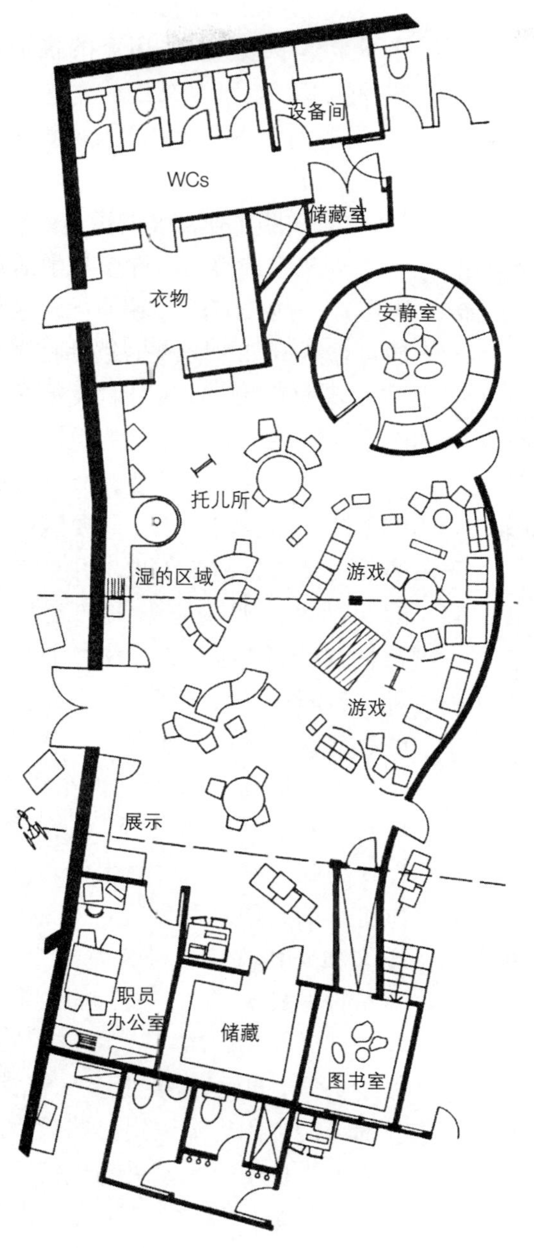


图 6–15 托儿所分班，维多利亚幼儿学校，桑德维尔（建筑设计：DfEE A&B Branch，甲方：桑德维尔都市市政委员会）

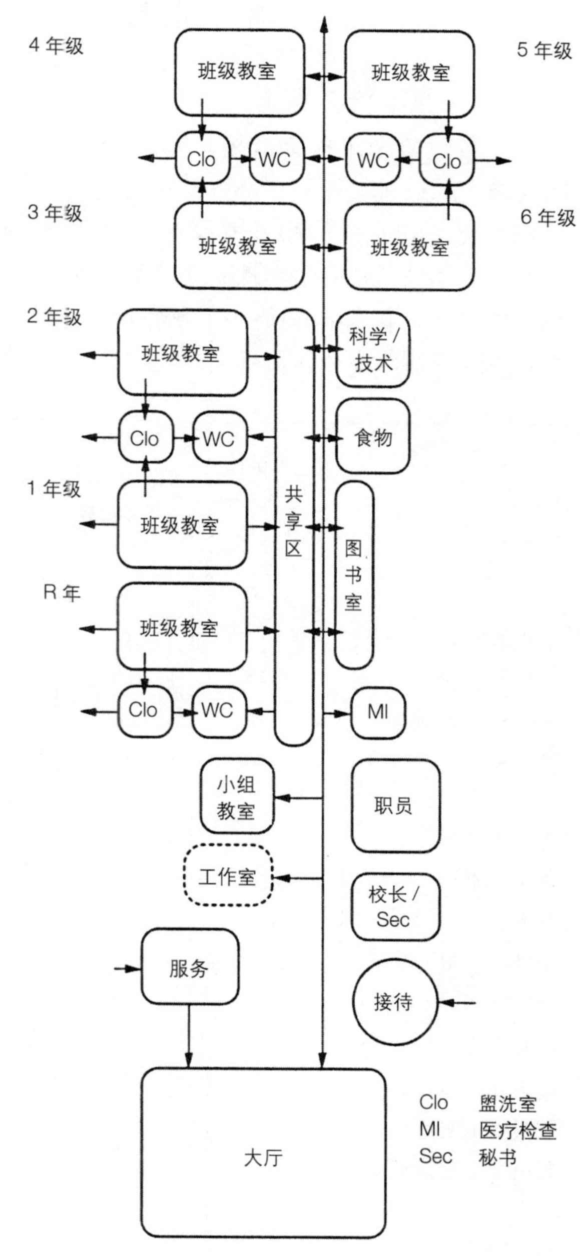


图 6–16 气泡图显示的是（one-form entry）5 ~ 11 岁小学以某种形式进行的空间和活动的可能性安排

间，计算机桌要远离水池和湿的 / 脏的活动项目。

还应该设置一片区域以供音乐活动，有一些展示的乐器，还有烹调（混合调料，揉面、轧、切糕饼等）区域。炉子和刀要有严格的监管，放置在游戏室外。

气氛友好的入口 / 衣帽间会有存放折叠婴儿车、手推车及存放外衣的空间。入口应该允许推双人手推车和推轮椅的人进入。为了安全考虑，在入口和马路之间要有缓冲区，缓冲区两端需装上门。

儿童的卫生间应能很容易从游戏室、主要入口和室外活动区域进入。设计分区时应为孩子们保留一些私密空间，但也要有适当的监督。在必要时还要准备成人辅助孩子的空间，可以有一个面积足够大的小卧室，以便行动不便的孩子使用。一间洗衣室 / 功能房是必要的。

其他空间可能也是需要的。一些设施与其他学校的类似，但是其他的，如成人或健康设施，在过去可能在校园外设置，可能会在细节上与其他学校相差较大。如果孩子们有特殊的需求（或根据评估），则需要一个小的理疗 /SEN 房间。

## 6.7 小学

### 6.7.1 基本教学区

学校里每个班或每组孩子都需要一个基地，无论是以封闭式教室的形式，还是一个更开放的区域的一部分。这个区域要足够大，至少容纳30个小学生一起登记、听课、讨论和全班教学。如果是每个学生都有合适的桌椅空间，无论是成组还是成排摆放，再加上老师的工作空间，至少需要35m²。其他的课堂教学基本成分还包括：

| | 可能的最大小组规模 | 典型的平均面积(m²)或房间数量* | 空间数量或需要的总面积 | |
|---|---|---|---|---|
| | | | 210 | 420 |
| 教室 | 30 | 54 | 7 | 14 |
| 小组教室 | 8 | 12 | – | 1 |
| 小组/SEN辅助 | 15 | 16 | 1 | 1 |
| 医疗检查/小组教室 | 8 | 10 | 1 | 1 |
| 工作室 | 30 | 45 | – | 1 |
| 主厅 | | 1* | 145m² | 155m² |
| 专业实践包括食物 | 8 | 20 | 1 | 3 |
| 图书室 | 8 | 1 | 18m² | 36m² |
| **总教学面积** | | | **587m²** | **1090m²** |
| 管理办公室 | | 10 | 1 | 1 |
| 校长办公室 | | 12 | 1 | 1 |
| 高级管理办公室 | | 8 | – | 1 |
| 职员/父母/会议室 | | 1* | 29m² | 42m² |
| 职员/访客和无障碍卫生间(区域/设置) | | 3.5 | 2 | 4 |
| 教室储藏 | | 2.5 | 7 | 14 |
| 大厅PE储藏 | | 10 | 1 | 1 |
| 外部PE储藏 | | 5 | 1 | 1 |
| 戏剧/音乐储藏 | | 6 | 1 | 1 |
| 中央堆栈室/安全储藏 | | 6 | 1 | 1 |
| 小学生卫生间（区域设置） | | 2.5 | 11 | 21 |
| 教室衣帽间 | | 4 | 7 | 14 |
| 厨房小间和（加厨房职员及储藏） | | 1* | 35m² | 50m² |
| 管理者储藏 | | 1* | 5m² | 10m² |
| 清洁工储藏 | | 1.5 | 2 | 4 |
| 设备间/通风口 | | – | 28m² | 44m² |
| 交通和分隔 | | | 180m² | 325m² |
| **总的毛面积** | | | **996m²** | **1781m²** |

图6–17 5 ~ 11岁的小学典型空间一览表

(1) 无障碍的地面空间，可以将小学生集中在一起，还可供需要占据空间的工作使用；

(2) 有个图书角，以及阅览室；

(3) 计算机工作站；

(4) 实践工作需要的设施。

如果设计得当，许多教学活动也可以在一些共享的区域进行，这些区域可容纳不同的教学方法，促进合作。

基本教学空间设计种类很多，可以是一组完全自我容纳的教室，也可以是开放式平面的系统，共享区域比例很高，而教室很小。只要这些方式能满足学校目前的需求，并且有足够的灵活性，能适应未来的变化，则每种方式都能很好地为学校服务。一种“封闭式”教学形式提供设备完整的教室，可以在里面进行一系列合理范围内的活动。如果是30个小学生，面积应在54 ~ 63m²。围合的教室可以让教师更好地监督学生们，也能提供更多的自治和私密性；然而，共同合作和共享监管的机会就会少一些。另一种方式是“半开放”的教室，朝向一部分共享区域开放，来支持各种教学方式，但当需要更多私密性时，教师可能会用屏障隔出一些教室。这样的安排也使得大家更易于接近共享资源和设施。反之，“开放”式的方式将依赖于屏障和设施来为每个教室创造围合的形式。

### 6.7.2 课程表的辅助性教学区域

将一些专业设施置于辅助区域（如实践区域、工作间或小组活动室）是对空间和资源的有效利用。

一些有实践部分的课程，如科学、技术和艺术，可能需要在专业的实践区域进行。这些区域为持续的、通常大规模的工作提供机会，也可以为不同的活动提供设施，既有科学实验，也有烹调和陶艺的控制技术。理想情况是，一个专业的烹调空间应该有适合各年龄范围的、高度恰当的厨房家具。炉子和微波炉放置的高度应该便于孩子操作。制作陶艺的区域应该在一个自我封闭或独立的空间里，以防止陶土污染其他教学区。此外，要有一块区域用来开展湿的或脏的活动，这里有深的池子和合适的地面材料。一个干燥的实践区域供制作和检测使用，应该有足够的电源接头，合适的家具（例如固定的工作台和工作椅），可以访问大量实用资源。小学生喜欢站着作实验，因此工作台会高于桌子。

一个小的小组用的房间通常是给单独的学生或班里的小组学生准备的，也可以用来做独立的研究。音乐、戏剧、运动和舞蹈需要专业的环境，应隔绝声音，有灯火熄灭（“dim-out”）设施和一些储存空间。大一些的学校可能有独立的工作室，不过小一点的学校要是有一个有着合适储藏空间的大礼堂也不错。绝大多数小学有一个礼堂，供大的团体活动的开展，如集合和PE、一些戏剧、音乐，通常还供晚餐用。理想情况是，礼堂里有很多PE设施（固定的和可移动的），还有白天将移动设备移走后空出来的空间以及储存可移动的体育设施的储藏间。

### 6.7.3 其他补充区域

在绝大多数小学，有一些区域天生就是整个学校的资源，且通常没有按课程表。这些区域包括图书馆和资源区域。一个SEN支持基地有可能也在这个种类里，但更可能是有课程表的。非教学区包括职员和管理设施，小学生的储藏间/盥洗室，教学储藏区和餐饮设施。

### 6.7.4 案例研究

桑德维尔维多利亚幼儿学校的幼儿班（图6–18）是“三种类型的入口”（3FE）的一种替代形式，有270个孩子，有一个附加的45位的幼儿园单元和多级中心，场地附属于一个已有的初级中学（图6–19）。

教室背对着一条弯曲的顶部有天窗的“街道”，街道包含着共享的教学区域，在街道另一侧主要是非教学区。幼儿园在学校的另一侧，正对着小班和附近的多级中心，布局便于公众到达。这个顺序允许学校上学期间和放学后的使用分区，各独立元素间也有很好的连接。儿童到达学校时，可以在多级中心逐步经过初学走路的阶段、幼儿园、小班，往上是相邻的中学。有一个可以准备400份饭菜的厨房为婴儿、学生和职员服务，幼儿学校建筑里还有很大的就餐、音乐、舞蹈、戏剧空间，这

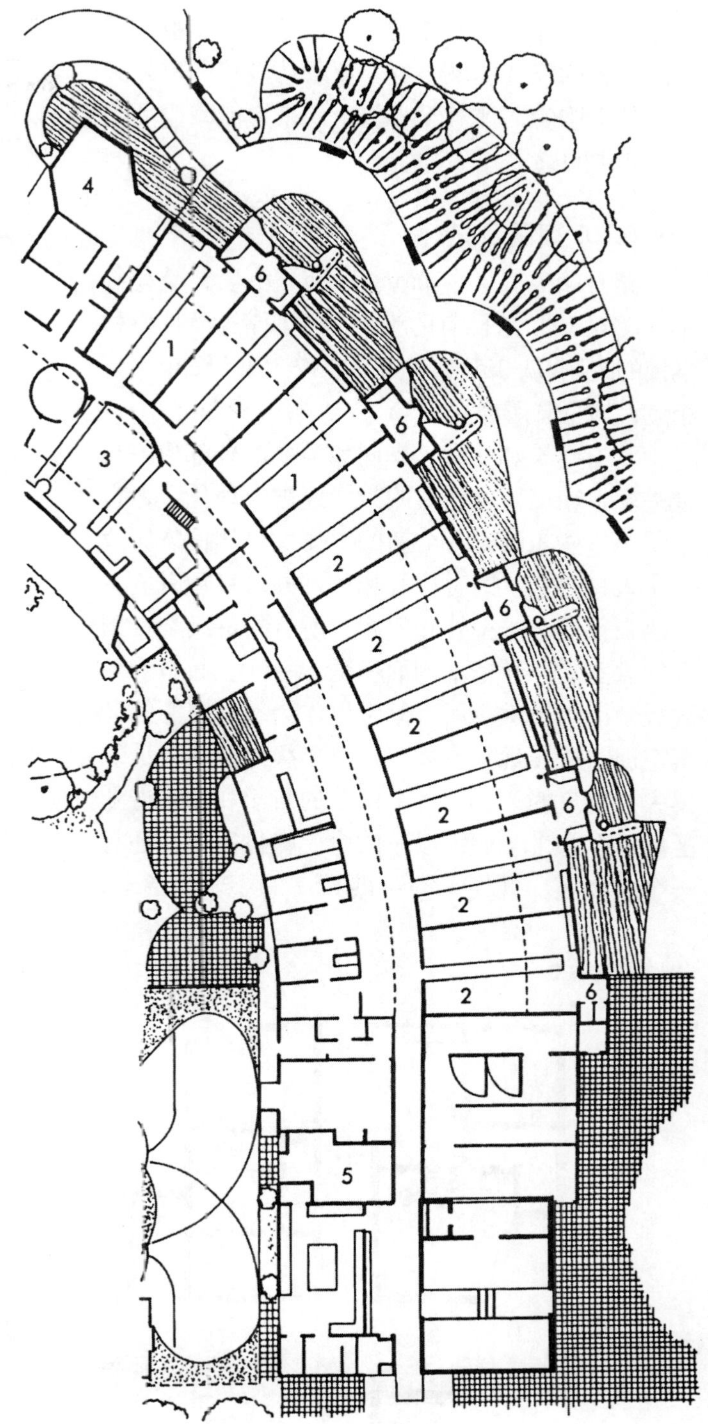

1. 小班（1~3）；2. 班级（4~9）；3.幼儿园；4. 多级中心；5. 厨房/备餐；6. WCs

图6–18 平面，维多利亚幼儿学校，桑德维尔（建筑设计：DfEE A&B Branch，甲方：桑德维尔都市市政委员会）

些是为与幼儿学校相邻的小学服务的。小组的卫生间比大的连片区域要好，便于从教室和室外到达，易于监管，且对于小孩子们来说能减少环境过于严肃的感觉。

### 6.7.5 案例研究

蒂普顿·格林（*Tipton Green*）小学，桑德维尔（图 6–19）是已有的半开放平面蒂普顿·格林学校的改制，从 2FE（8 个班）变成 3FE（12 个班），相应设施也有所增加。

现有建筑和礼堂、车间和 WC 的外部形象与过去基本相同，但现有的教学区被合理化了，也增添了一些东西。一个新的主要入口和接待区改善了入口通道，同时校长和秘书办公室可以监督主要人行道、接待处和门廊。所有的班级都在围合的教室里，教室平均面积是 55.4m²。教室为各种教学活动提供场所，同时也作为教学资源的储藏空间。按照规划方案，每个年级组的 3 个班级集中在建筑的一翼。一个围合的科学和技术专业区域可以为半个班级以下的学生提供服务，还有一个食物区，规模正好可供 KS2 的小学生活动。

专业实践区布局

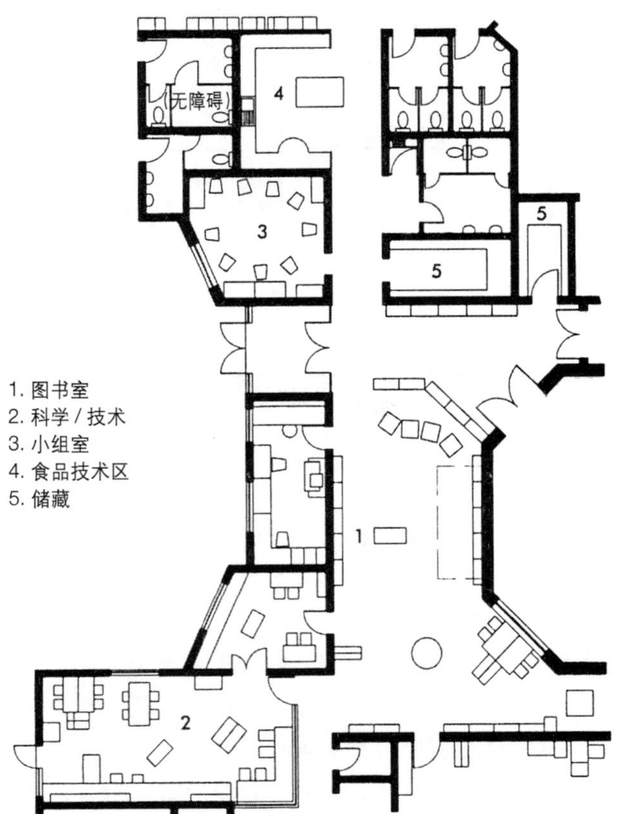


平面

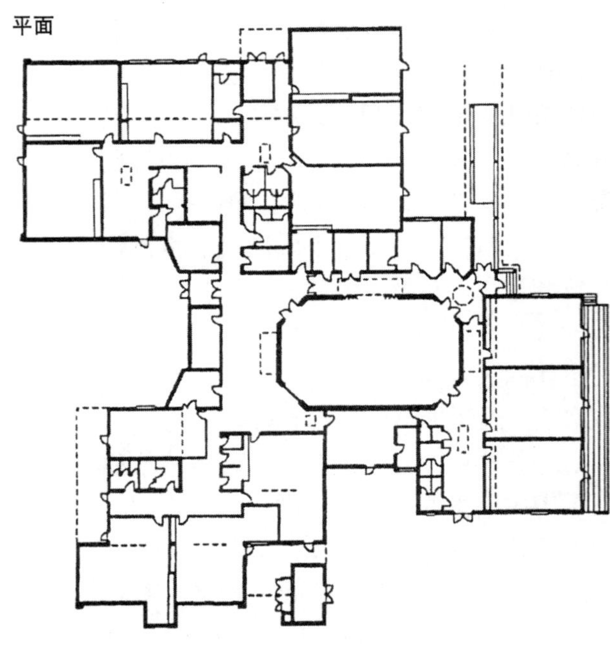

工作室平面布局

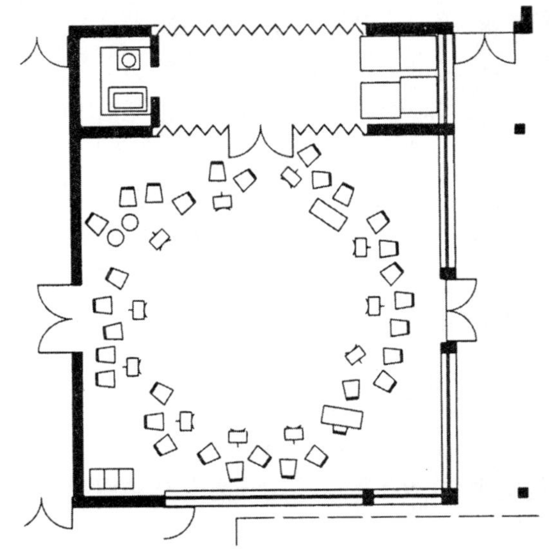

典型班级教室布局

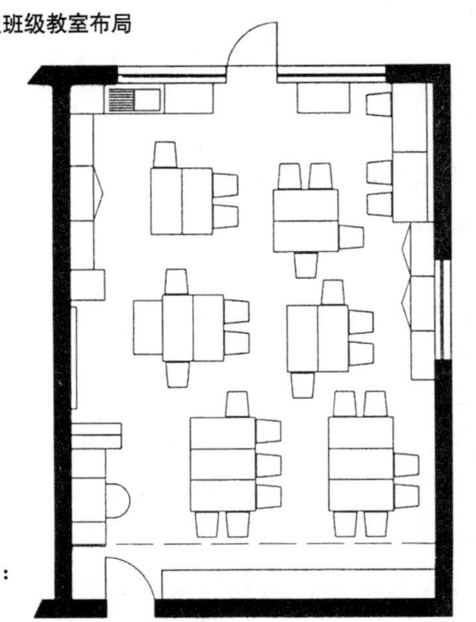

图 6–19 蒂普顿·格林（Tipton Green）小学，桑德维尔（建筑设计：DfEE A&B Branch，甲方：桑德维尔都市市政委员会）

从平面上和视觉上来看，图书馆都位于学校的中心，有足够的空间供个人和小组活动，有两个 IT 工作站以及展示空间。教学区与非教学区的比例由 50 ∶ 50 变成 58 ∶ 42，对于这样一种规模的转型中的学校来说较合适。

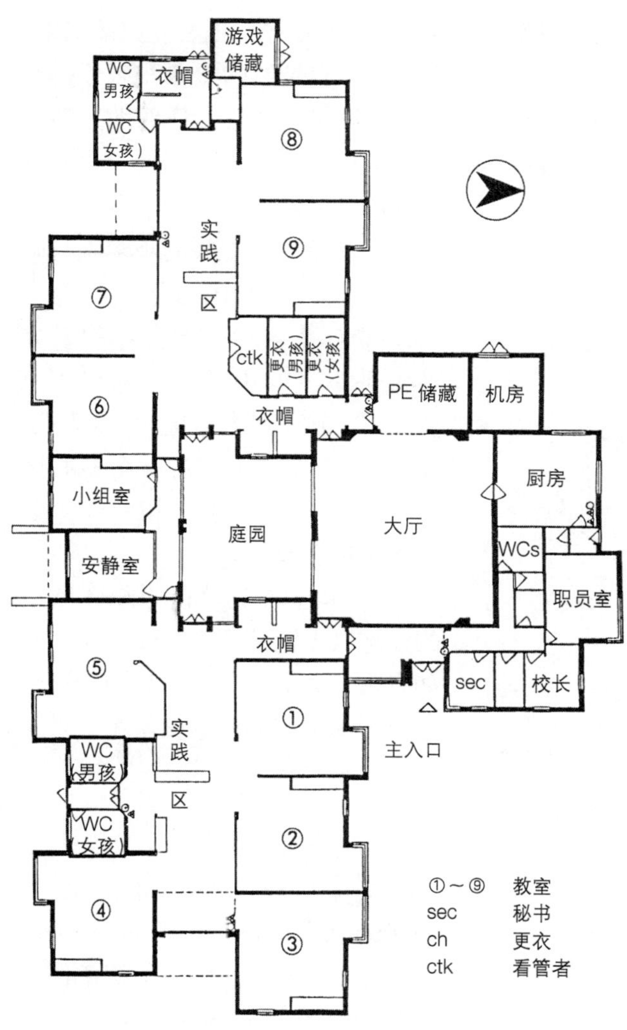


图 6–20　Radbrook 郡小学，萨罗普（建筑设计：萨罗普郡理事会）

### 6.7.6 案例研究

萨罗普 Radbrook 县小学（图 6–20）是个 11/2FE 小学，有 9 个班，围绕一个庭院呈 T 字形布局。教室被分成婴儿和小学两个区，每个区都有自己共享的实践和交通区。一个区里有两对教室，另一个区里有一个大的教室作为小班，还有两个教室和两个独立的房间。两个楼群通过共享实践区的滑门及洗手间 / 衣帽间（天气恶劣时用处大）与外界相连。在两组教室之间，围合的庭园一侧，有一个安静的房间和一个小组房间。在庭园的第四边，礼堂由职员 / 办公室和厨房包围着。

## 6.8 初中

在 20 世纪 70 年代，8 ～ 12 岁以及 9 ～ 13 岁的孩子的学校很流行，但自从引入国家课程体系后，新的中学就相当少了。它们试图延续小学的教学方式和氛围，但有更多的专业设备和专业空间来支持实践活动，这些与中学里的相同。中学里 11 ～ 12 岁的孩子所学的课程与中专 (secondary school) 里的同伴是一样的。在中学，有 KS2 和 KS3，总的面积由反映每个关键阶段的学生许可数量的比例来确定。因此，一个 9 ～ 13 岁的孩子的学校可能要比有同样多 8 ～ 12 岁孩子的学校大。

### 6.8.1 总的教学区

通常的中学模式是有一系列教室基地以及共享区域和 / 或专业区域。在 8 ～ 12 岁的学校，空间的混合模式与小学差不多，而 9 ～ 13 岁的学校更像中学。绝大多数总的、以班为基础的 8 ～ 12 岁的课程可以在自我封闭的教室里进行，也可以进入有水的区域与一些实践和调查性工作空间，还有一些半开放的区域，共用一些围合的小组房间。然而，9 ～ 13 岁的课程可能需要更多某一科目（科学、设计和技术、艺术）的专业房间，这些房间或者只为高年级学生使用，或者是全校共享。

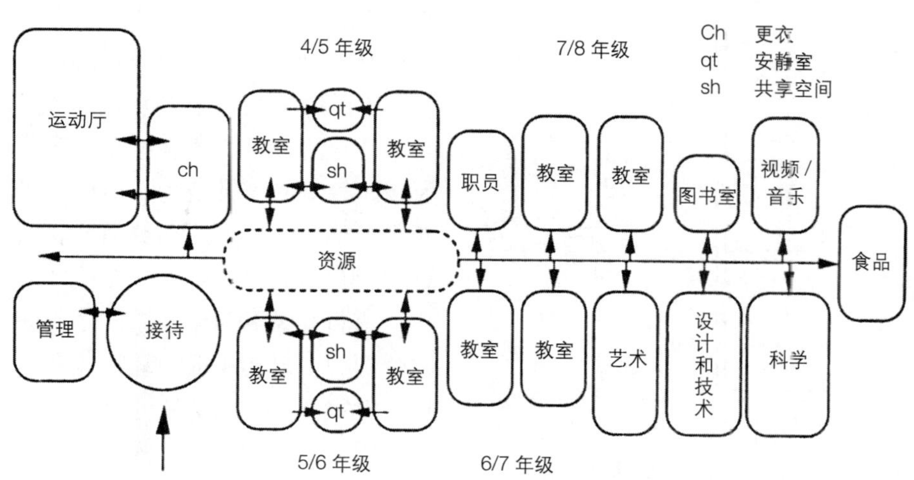


图 6–21 气泡图显示一个 2FE8 ～ 12 岁或 9 ～ 13 岁中学里可能的空间安排和活动

### 6.8.2 专业空间

学校礼堂不一定总是适合于或允许放音乐，因此理想情况是，有一个小的，能隔绝声音的空间，且地面空间不受约束。设计和技术（有时候是 3D 艺术）工作会产生尘土和/或噪声，也应与其他活动隔绝。为大一点的学生提供一间工作间，以开展一些与木材、金属和塑料相关的工作，但熟练装备可能比中学的要少一些。合适的储藏空间和保安准备设施应该靠近设计和技术空间。

在 8 ～ 12 岁学生的中学，一种处理专业区域的方法是使用“核心”区域，它可以在不需要时关闭，附属于总的教学空间。例如，对于 12 岁以下的学生，许多科学活动与使用总的教学区是一致的，但有时大一些的孩子需要简单的化学试验，因此需要试验设备。一个有气、电和试验池的核心区能为同时做试验的一小组学生提供合适的设施。这个核心区应该以工作室的方式为班级服务，有额外的电源供应，一个大的池子，适合作科学试验的桌子以及椅子，还要能灵活安排，以用作其他活动。应该有足够的储藏和服务科学的展示用手推车，以确保在学校的任何地方都可以教授科学。在 9 ～ 13 岁的学校，需要一个装备齐全的实验室和相应的准备室，就像在中学里，高年级的小学生可以在此进行实践的科学试验。

学习准备和烹调食物的设施在每种类型的中学都应遵循相应的上述的科学试验区域的模式，在 8 ～ 12 岁的中学有一个核心区域，在 9 ～ 13 岁的学校有一个装备齐全的食物间。

工作台的布局和特殊区域里的设施（无论是核心区还是房间），如音乐、设计和技术，食物和科学，是所需的空间的最好指示剂（见上面的“家具和设施”）。

平面

①
②
③ 科学核
④
大厅
ch
ch
学习/餐厅
厨房
家庭研究核
廊道
图书室
⑩
共享区
工艺/陶艺
庭园
办公室
校长
安静室
音乐室
医务室
⑨
廊道
⑧
⑦
⑥
⑤
机房
卫生间
储藏
①～⑩ 教室
ch 更衣
cl 衣帽间
0 20m

科学核和相邻的教室的布局

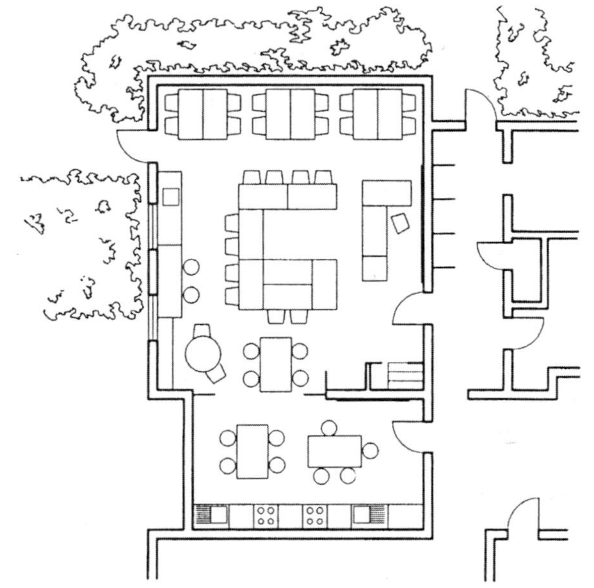

图 6–22 圣保罗中学，斯托克城（Stoke-on-Trent），斯塔福德郡（建筑设计：DfEE A&B Branch，甲方：斯塔福德郡理事会）

### 6.8.3 案例研究

圣保罗中学，斯托克城（*Stoke-on-Trent*），斯塔福德郡（*Staffordshire*）（图 6–22）被设计作为早期圣保罗中学的替代，有 300 位 8 ～ 12 岁的学生。尽管结构需要影响到一些设计元素，但最后的平面显示出小的中学的绝大多数设计目标。

10 间教室以这样的形式组合：4 间自我封闭的小组的房间以及 6 间半开放的教室，还有共享的实践区域。教室的安排是为了尽最大可能确保整个学校组织的灵活性。所有的大的小组教室直接对外开放。

进行烹调和科学试验的核心区域分别与 1 组和 4 组的教室连在一起。教室 4，在需要时可以与核心区形成一个科学教室，其家具和设施更适合于科学而不是一个普通的

平面

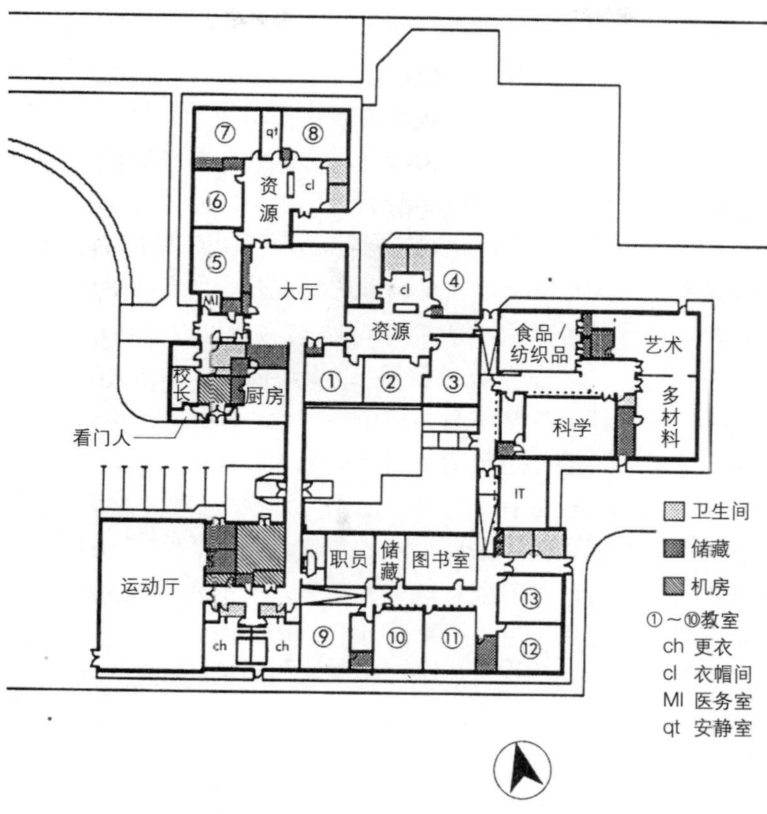


专业实践空间布局

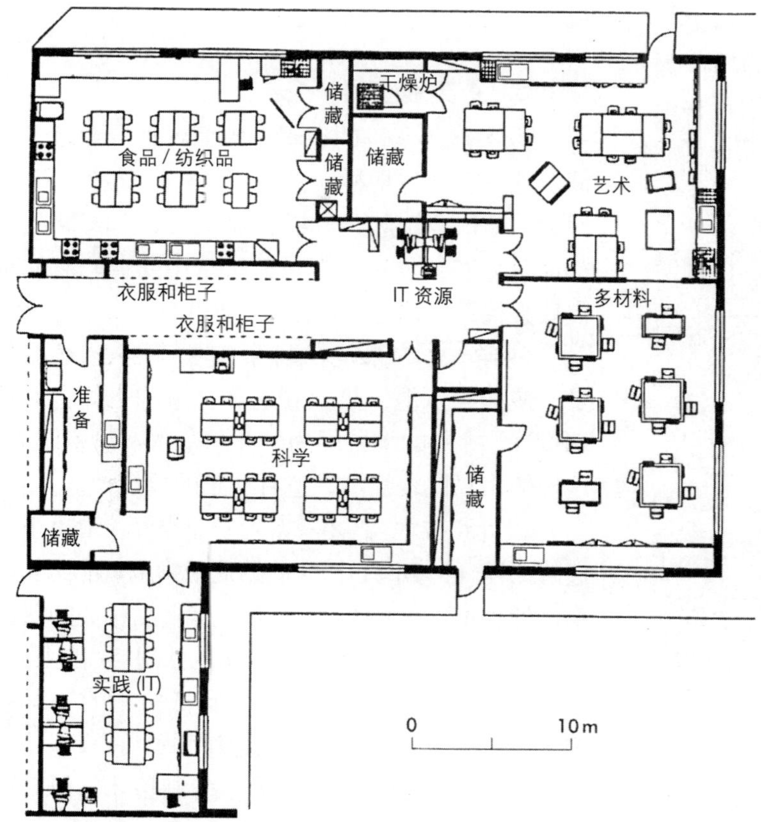


图 6–23 All Saints 学校，萨德伯里，萨福克郡（建筑设计：萨福克郡建筑事务所）

课堂。相似的，教室 1 被用来做烹调工作。做瓷器和设计、技术的专业教室有艺术和简单技术的设施，它位于中心区域，可以朝着共享区域开放。

另外的共享教学空间，PE 大厅和小一些的音响 - 视觉音乐 / 戏剧室组合在一起，以便于从公共交通空间到达，而图书馆区域和小组教室也是对公众开放。这组设施加上部分就餐空间，可以供学校、父母或社区使用。

### 6.8.4 案例研究

*All Saints* 学校，萨德伯里（*Sudbury*），萨福克郡（*Suffolk*）（图 6–23）是一个 9 ～ 13 岁的中学。在第一年是 4FE，在以后是 3FE。在 KS2 和 KS3 教学区之间有有效的区分，但小一点的孩子也能从专业设施中获益，包括科学、艺术、设计和技术以及烹调 / 缝纫室（有相应的储藏和准备空间），在这里可以有 3 组 16 ～ 20 名学生同时上课。在临近科学教室的地方，是一些不太需要专业实践的教室，用来做数学和 IT 室，同时可以作为课程表以外的资源。两组 4 间教室的空间分布在共享资源区域周围，有自己的衣帽间和卫生间，连接着一个小的礼堂，可用作就餐区域。在中央庭院的另一侧，其余的 5 间教室与图书馆和职员区域组合在一起。层与层之间用斜坡连接，便于轮椅通行。

实践区域的布局表现出如下特征：

(1) 有独立的房间供艺术、烹调和纺织品，多材料（包括金属、木材和塑料）和科学使用；

(2) 每个空间都有储藏区域和准备区；

(3) 有一个富余的空间，在不同的简单实践活动只需要池子和工作台而不需要专业设备时，可以在这里开展（通常用作数学）；

(4) 空间成组布置，以便于共享资源和服务。

## 6.9 高中

### 6.9.1 职员设施

目前在一个典型的中学里，职员设施包括高级教学职员办公室，一些小的当地的分部职员工作室，和一个中心的职员工作室，为其余的职员提供办公空间和社会区域，以供所有需要的教学职员所用。主要的职员房间应该远离学校有噪声的部分，但要布置在中心位置。

### 6.9.2 按时间表的教学区域

中学课程通常按不同的科目来教学，使用各种按时间表的教室，某一科目会周期性地用到某一间教室。几乎中学里一半的课程都是“基础教学”，通常只需要标准教室。这些课程包括英语、数学、现代外语（MFL）、人文学（历史和地理），宗教教育，个人和社会教育（PSE）及普通研究。余下的课程通常需要专业空间，并且不太可能是可改变的，尽管艺术和图形或音乐和戏剧可以共享一些空间。绝大多数科目上课和查阅书籍资料都需要 IT 教室，特别是商业研究，GNVQ（全国通用职业资格证书系统），MFL，人文学和设计及技术。

**尺寸、形状和布局** 单独的教学用房的尺寸、形状和布局应确保能提供灵活的空间，以满足范围广泛的活动的需求。推荐使用这样的布局：固定的家具和设施沿周边布置，但中心使用可移动的设施。太窄的空间会限制活动的范围以及可能的家具布局（见 43 ～ 45 页），尤其是实践区域，因为可能需要一些大型设施，在它们之间有最小的空间要求（BB81，附录 1）。好的视线很重要，各种家具和设施需要固定在房间里。每个房间需要的尺寸取决于所开展的活动和容纳的最大的组的规模。BB82 里给出了范围。空间的尺寸也受储藏和资源空间的影响，如 IT 是在房间里还是在附近的共享区域。理想情况是，所有的教学空间均可享用计算机和音频 - 视频辅助教学。

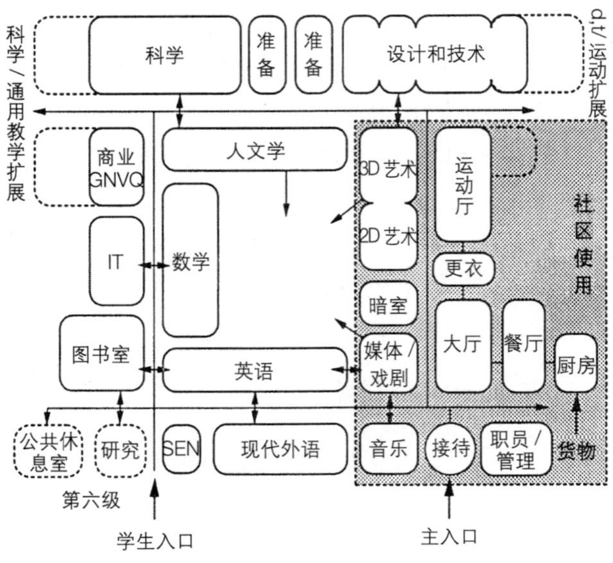


图 6–24 气泡图显示一个 11 ～ 16（11 ～ 18）岁中学可能的空间和活动的安排［设计和技术包含多材料，气体力学，电子和控制技术（PECT），纺织品，食品和图形］

**基本教学教室** 这里要满足一系列活动，可能包括整体教学和小组讨论、阅读、写作、角色扮演，也包括使用计算机和视频 – 音频设施。这里也会有一些其他活动，如模型制作（例如地理课和数学课），因此最好为每 4 或 5 个“标准”尺寸的教室配备一个大教室。基本教学教室可能不止用来上一门课，因此使用频率很高（90%），然而它们也可能主要用于一门简单的课程，因此也需要相应的展示和储藏。

### 6.9.3 不按时间的补充教学区域

一组基本教学设施里可能需要与之相配的补充区域：例如，一个外语助教需要一个房间与小组学生一起工作或给予他们职业建议。小的计算机组应设在共享区而不是教室里。

### 6.9.4 实践空间

以实践为基础的课程，需要各种专业教学空间。这些空间包括科学、设计和技术，艺术、音乐，戏剧和 PE。商业研究和职业课程，如 GNVQs，如能进入实践教室，则可能会从中受益，它们也需要直接通向信息通讯技术（ICT）。

**科学** 总的来说，科学需要在实验室里教学，应装设水池、煤气管道和合适的工作台（见 BB80）。中央的准备间为好几间基本实验室服务，这样的布局比较经济，也有一定的灵活性。

**设计和技术** 需要一系列专业空间，取决于所选的课程（见 BB81）。它们的使用频率可能比其他空间低（70%～ 80%），例如，与食品相关的课程不能在工作间讲授。课程表涵盖的使用空间包括：

(1) 设计和制作不同的“有抵抗力的”材料的多材料工作间，如木材、金属和塑料；

(2) 气体力学、电子学和控制技术（PECT）区域，包括轻工技术和可能的 CAD-CAM 机；

(3) 缝纫，以一门技术教授，包括缝纫机，

| | 可能的最大的小组规模 | 典型的平均面积/$m^2$或房间数量* | 空间的数量或总的需要的面积 | | |
|---|---|---|---|---|---|
| | | | 600 | 900 | 1200 |
| 时间表教学 | | | | | |
| *常用教学* | | | | | |
| 标准教室 | 30 | 50 | 12 | 17 | 22 |
| 大教室 | 30 | 62 | 3 | 4 | 6 |
| IT室 | 30 | 72 | 2 | 3 | 4 |
| 科学实验室 | 30 | 84 | 5 | 7 | 9 |
| 设计和技术 | | | | | |
| 食品室 | 21 | 85 | 1 | 1 | 2 |
| 多材料工作间 | 21 | 100 | 1 | 2 | 2 |
| 气体力学/电子/控制/技术 | 21 | 88 | 1 | 1 | 2 |
| 纺织(干的，包括缝补) | 21 | 84 | 1 | 1 | 1 |
| 图形 | 21 | 78 | – | – | 1 |
| 艺术 | | | | | |
| 通用2D艺术教室 | 30 | 90 | – | 1 | 1 |
| 3D艺术(如果需要，包括陶瓷烧窑) | 30 | 105 | 1 | 1 | 1 |
| 湿的纺织品和2D艺术 | 30 | 105 | 1 | – | 1 |
| 音乐室 | 30 | 65 | 1 | 2 | 2 |
| 戏剧工作室/音乐朗诵室 | 30 | 90 | 1 | 2 | 2[a] |
| 体操室 | 30 | 260 | 1 | – | – |
| 运动馆 | 30 | 594 | – | 1 | 1 |
| 非时间表教学 | | | | | |
| 集合厅 | 6 | | 240[b]$m^2$ | 240[c]$m^2$ | 260[b]$m^2$ |
| SEN教室 | 6 | 22 | 1 | 1 | 1 |
| 音乐组/实践室 | 5 | 6 | 3 | 6 | 6 |
| 音乐合唱室(或录音棚) | 7 | 20 | 1 | 2 | 2 |
| 小组教室 | 3 | 6 | 1 | 1 | 1 |
| 热处理区 | 4 | 16 | 1 | 1 | 1 |
| 食品技术/检验区 | 5 | 15 | 1 | 1 | 1 |
| 烧窑室或暗室 | 4 | 10 | 1 | 1 | 1 |
| IT簇/资源区 | 8 | 24 | 1 | 2 | 3 |
| 图书资源中心 | NOR的10% | 1* | 128$m^2$ | 155$m^2$ | 182$m^2$ |
| **总的教学面积** | | | **2831$m^2$** | **3956$m^2$** | **5087$m^2$** |
| 非教学区 | | | | | |
| 就餐区 | – | – | 180$m^2$ | 232$m^2$ | 270$m^2$ |
| 厨房(包括职员和储藏) | – | – | 90$m^2$ | 116$m^2$ | 135$m^2$ |
| 个人储藏柜 | | 0.1 | 450 | 675 | 900 |
| 小学生卫生间(每套的面积)(每个柜子的面积) | – | 3 | 29 | 43 | 57 |
| 更衣设备，包括淋浴 | 一年级组 | – | 60$m^2$ | 90$m^2$ | 120$m^2$ |
| 科学准备/储藏室 | – | 1* | 64$m^2$ | 89$m^2$ | 115$m^2$ |
| 多材料准备室 | – | 1* | 46$m^2$ | 48$m^2$ | 52$m^2$ |

编织机和纤维检测设备；

(4) 食物间，包括水池、炉灶、食物冰箱 / 冷冻设备和其他厨房设施，有合适的准备食物的工作台和卫生设施；

(5) 图形室，如果课程需要，可能包括在一个组里 。

和其他课程一样，需要有ICT。不在课程表规定范围内的空间可能包括热处理开间，通常是工作间的一部分，以及第 6 级课程区。

**艺术** 为了满足某些活动，需要专业空间，如绘画、涂色、“湿的纺织品”（屏幕打印和蜡染印花）或 3D 工作（雕塑、陶艺、建造）。每个房间都有可能反映一种特殊的专业活动（见BB89）。

**音乐** 需要一间音乐教室，也可能是更大的独奏教室（见BB86）。非时间表的空间还包括每个音乐教室周围的 4 个小组 / 练习室（教学和小组工作）。一个录音室或控制室也是有必要的。

**戏剧** 尽管可以在一个大教室里教学，或在一个共享的音乐教室里，但最好还是设置戏剧教室。演出需要更大的空间，或使用较大的礼堂，有合适的舞台照明和背景设施。为了晚上对公众开放的演出，需要足够的消防通道和紧急照明。

**体育** 体育教育需要一个体育馆和运动厅，还有不同的室外设施，包括硬质网球场地和草地球场（前文讨论过）。尽管一个运动厅的尺寸几乎比体育馆的 2 倍还大，但有一半的时间不太可能同时安排两组运动。如果运动厅是出于竞技目的或公众使用，要采用运动委员会建议的尺寸，再增加一些额外的区域（见运动设施部分）。

续

| | 可能的最大的小组规模 | 典型的平均面积/m²或房间数量* | 空间的数量或总的需要的面积 | | |
|---|---|---|---|---|---|
| | | | 600 | 900 | 1200 |
| 进入式教学储藏: | | | | | |
| 常用教学/SEN/IT | – | 2.5 | 40 | 47 | 56 |
| 实践空间外 | – | 6 | 13 | 15 | 24 |
| 音乐和室外 | – | 10 | 2 | 3 | 3 |
| PE设备 | – | 25 | 1 | 2 | 2 |
| 校长办公室/会议室 | – | 24 | 1 | 1 | 1 |
| 次级管理者办公室 | – | 8 | 6 | 7 | 8 |
| 图书室/SEN办公室 | – | 12 | 2 | 2 | 2 |
| 管理/秘书/接待 | – | – | $32m^2$ | $48m^2$ | $63m^2$ |
| 职员室(社会) | – | – | $32m^2$ | $48m^2$ | $63m^2$ |
| 职员工作室 | – | – | $40m^2$ | $60m^2$ | $75m^2$ |
| 复印 | – | – | $12m^2$ | $18m^2$ | $24m^2$ |
| 职员更衣室 | – | – | $4m^2$ | $4m^2$ | $4m^2$ |
| 职员卫生间(每套的面积) | – | 3.5 | 6 | 8 | 11 |
| 中央堆栈/实验储藏 | – | 5 | 2 | 3 | 4 |
| 医务室 | 3 | 12 | 1 | 1 | 1 |
| 清洁工储藏 | – | 1.5 | 4 | 6 | 8 |
| 管理者办公室/维护储藏 | – | – | $20m^2$ | $25m^2$ | $30m^2$ |
| 机房 | – | – | $60m^2$ | $85m^2$ | $110m^2$ |
| 门廊/流通 | – | – | $760m^2$ | $1605m^2$ | $1320m^2$ |
| 内部分隔 | – | – | $120m^2$ | $167m^2$ | $212m^2$ |
| **总面积** | | | **$4842m^2$** | **$6689m^2$** | **$8479m^2$** |

a 每个 1 个；b 部分固定给 PE；c 部分固定给戏剧

图 6–25 11 ~ 16 岁儿童的中学典型空间表

### 6.9.5 信息技术

近些年学校里信息技术（IT）的使用已明显增加。政府促进学习信息技术的积极性［如国家学习网（National Grid for Learning)］与设备费用的下降，预示着这种趋势还将继续，并且在未来还会扩张。因此需要仔细的规划，有足够的灵活性，以适应未来的变化。如果要求校园里连通网络，则要求有一个安全、有保安设施的区域（IT 技术室）来存放网络服务器。

可能每个教室都安装 IT 设施，或有专门的 IT 区安置 IT 设备，但比较常见的做法是，中学里设置一个混合的 IT 资源区域——小的分组的集合和某些教室的单机。任何局部的非时间表的资源区也可能位于它们服务的区域中央，大家都可进入并接触，但任何时刻都要求安全。内部的玻璃允许从相邻空间进行监视。

**环境条件** 屏幕上的眩光和反射是 IT 区域最常见的光问题。最好的照明条件是，需要遮挡物来控制日照和直射的阳光，地面、墙和家具也要避免反光表面。计算机放置时应使监视器与窗子之间成垂直角度，平行于灯具布置。北向的房间的环境条件通常最适于 IT 教室。满是计算机和小学生的房间也会散发出大量热量，应该得到自然控制。在使用时，IT 教室的温度理想下应该是 18 ~ 24℃，湿度为 40% ~ 60%。

**房间尺寸和设施布局（图 6–26）** 小学生在工作站里应该有足够的空间，以保证舒适。在计算机桌前应该有 850mm 的净空间（背对背的桌子间应有 1200mm)。几个学生应该至少可以聚集在一台机器前，或者有一个大的监视器作为演示。房间里计算机的布置会影响到活动的开展。在每个 IT 工作站，一个小学生坐下后，他的视线应该与监视器顶部平行。A&B 的公告《符合 IT》( Making IT Fit) (1995）里列出了不同年龄段的学生的理想的设施尺寸。在绝大多数中学里，所有年级使用同一个尺寸的桌子，但使用可调节的椅子，以保证每个学生可以将它们调到合适他们视线的位置。标准的工作面的有效尺寸是 750mm × 1500mm，因为可以保证两个孩子在一起舒适地工作。

“周边式”的布置可以让学生在计算机旁工作，电源可以直接接上周边的插口，或在房间中央的桌子上工作。然而，如果计算机屏幕平行于窗子，可能会有眩光和反射的问题。“半岛状”的布局（图 6–26）让房间中央得到更有效的利用，也可以给每个计算机旁边留出更多可写字的空间。服务管道从周边的出口出来，以管道的形式穿过家具。如果所有的计算机与窗子的夹角都成直

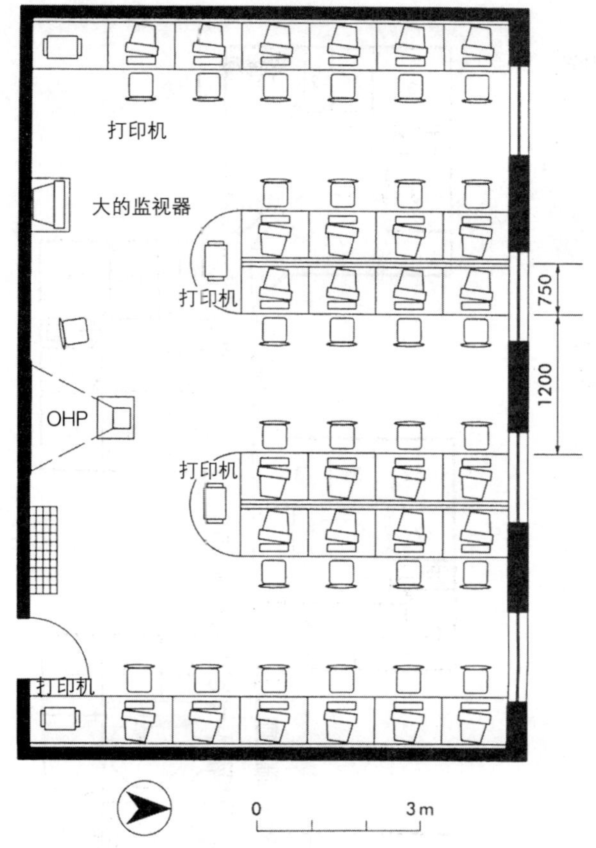


图 6–26 28 名学生的 IT 室的布局

角，则不会有光线的问题。“岛状”的布局适合于小组工作，也不会导致过于正式的感觉，但如果管道出口或家具已经固定的话，灵活性就差一些。

### 6.9.6 案例研究

盖德谢德埃马纽埃尔（Emmanuel）城市技术学院（图 6–27），是一所新建的学校，能容纳 900 个 11 ～ 18 岁的孩子，于 1990 年开放。学校呈现出一种线性布局，设计方案基于重复的分馆式建筑组成的“项链”型结构。这种方案通过细部、设计和结构的重复以达到一种经济性，尤其是一些块都由同样的方式连接。每个两层的分馆式建筑都是 800m$^2$，每个分馆式建筑中央有个中庭空间，主要强调的是在相邻的课程区域之间容易接近的、流畅的入口（例如艺术、设计和和技术）。

在南边，两个特征相似的专业块配有晚餐设施、运动厅和更衣室。首层的一个包含餐厅和展示区域的会议和企业联合用房成为工业研究中心的焦点。这些设施被设计成在商业和教育的基础上与当地商业和工业代表建立联系。

第一个标准分馆式建筑包括主要的层高加倍的会堂和剧院。其余的四个是围绕中庭的教学用房。它们的照明来自上部，通风则是依据“堆栈效应”。中间的分馆式建筑的中庭有一个源自主要接待区域的开放楼梯，与图书馆相连。最后两个分馆式建筑的地面层是多材料空间技术和设计工作室，科学实验室在第一层，与食物和纤维研究及准备室在一起。一系列的职员用房和办公室在分馆式建筑里和分馆式建筑之间，每层都有。这种平面布局的特征是给予每个房间自然的光照和朝向庭院的视线，而且靠近有空气流通的中心区域，允许对分馆式建筑里的活动进行自然的监视。

### 6.9.7 案例研究

埃普索姆布伦海姆（*Blenheim*）高中（图 6–28）被设计成最终的 8FE 学校（1200 个学生，加上第 6 级学校），按相对职业化的课程教学，包括第 6 级全国通用职业资格证书系统（GNVQ）里的课程。建筑设计最初是容纳一个年级的 120 名学生，在一年的场地寻购过程中，通过有效的设计，简单地更新已有的建筑，使其达到良好的状态。这也允许余下部分在预算许可范围内被新的建筑替代。

设计的特点包括：

(1) 建筑分期实施；

(2) 对房间数量、尺寸、服务未来变化的适应性；

(3) 走廊是双面的，使得效益最大化，但还能作为学校区域间主要的连接；

(4) 为了安全，只有两个主要入口；

(5) 建筑围绕一个中庭成组布置，以提供一个安全的环境，同时给予拥有者“场所的感觉”；

(6) 多为两层建筑；

(7) 所有的建筑都连在一起，以便于在天气恶劣时能在内部通行，以及允许行动不便的孩子能方便到达 2 个楼层。

已有建筑的位置和需要在有限的、可控制的入口下提供安全的环境，导致建筑布局是围绕一个中庭设置，确保了较大的空间，后期的建筑也是围绕这个“大圈”发散出去。由于场地的规模，除了礼堂和室内体操馆，其他建筑都是两层。除了科学和商业 /GNVQ 教室，不是每个单独的教室都有 IT 设备。每个学院在门廊的开放区域共用一个“IT 群”，相当于每个房间有一台计算机。第 6 级的自习区域靠近图书馆，而一间独立的公共休息室在场地的另一端，可以进行更多的社会活动。

这里有两个主要入口：一个为来访者使用，

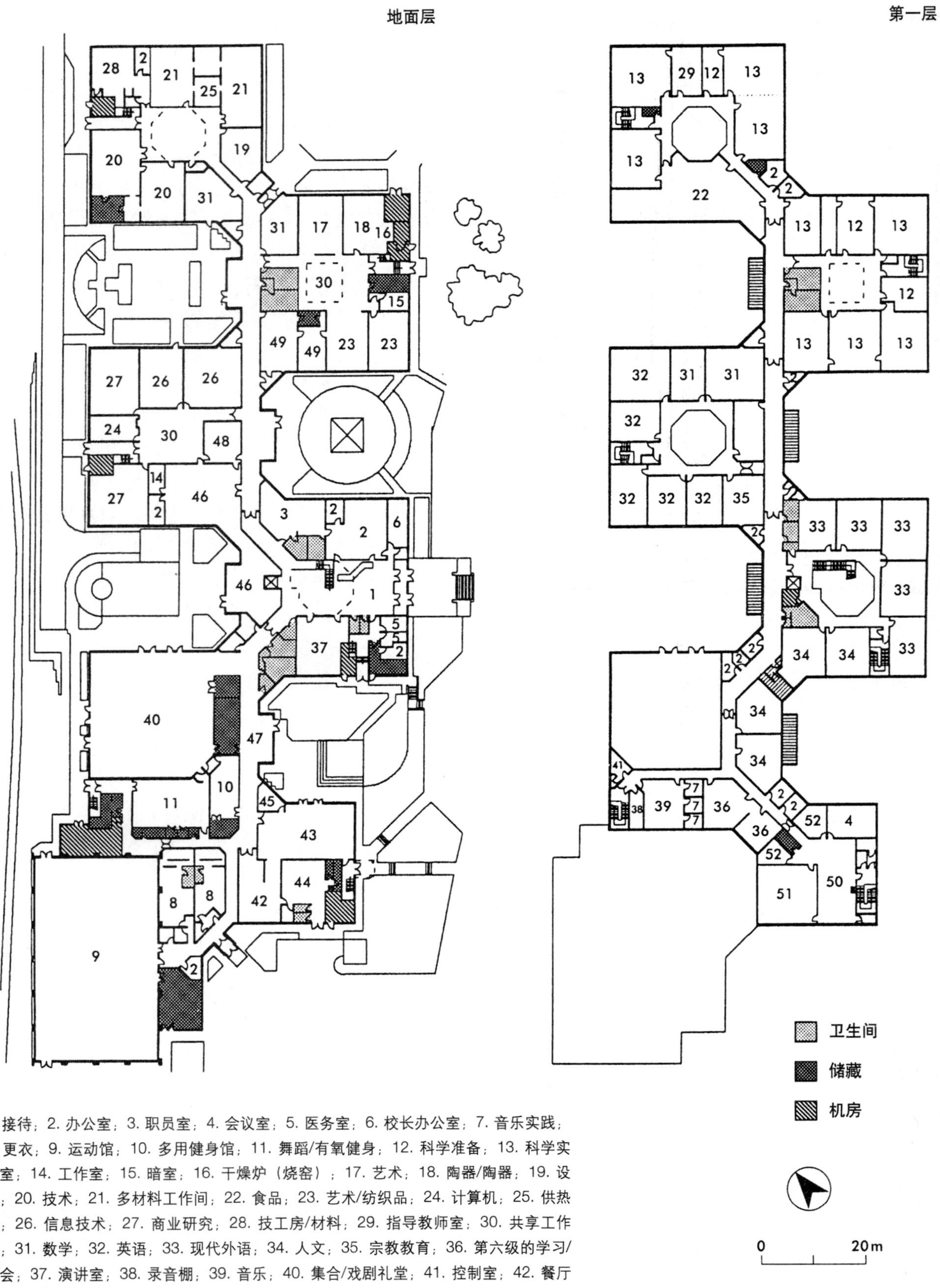


1. 接待；2. 办公室；3. 职员室；4. 会议室；5. 医务室；6. 校长办公室；7. 音乐实践；8. 更衣；9. 运动馆；10. 多用健身馆；11. 舞蹈/有氧健身；12. 科学准备；13. 科学实验室；14. 工作室；15. 暗室；16. 干燥炉（烧窑）；17. 艺术；18. 陶器/陶器；19. 设计；20. 技术；21. 多材料工作间；22. 食品；23. 艺术/纺织品；24. 计算机；25. 供热区；26. 信息技术；27. 商业研究；28. 技工房/材料；29. 指导教师室；30. 共享工作区；31. 数学；32. 英语；33. 现代外语；34. 人文；35. 宗教教育；36. 第六级的学习/社会；37. 演讲室；38. 录音棚；39. 音乐；40. 集合/戏剧礼堂；41. 控制室；42. 餐厅（备餐室）；43. 餐厅；44. 厨房；45. 清洗；46. 图书室；47. 展示/指导教师；48. 复印；49. 强化性研究；50. 咖啡/展览；51. 会议室；52. 企业联合室

图 6–27 地面层和第一层平面，埃马纽埃尔城市技术学院（Emmanuel CTC），盖德谢德（Gateshead）（建筑设计：The DEWJOC 伙伴）

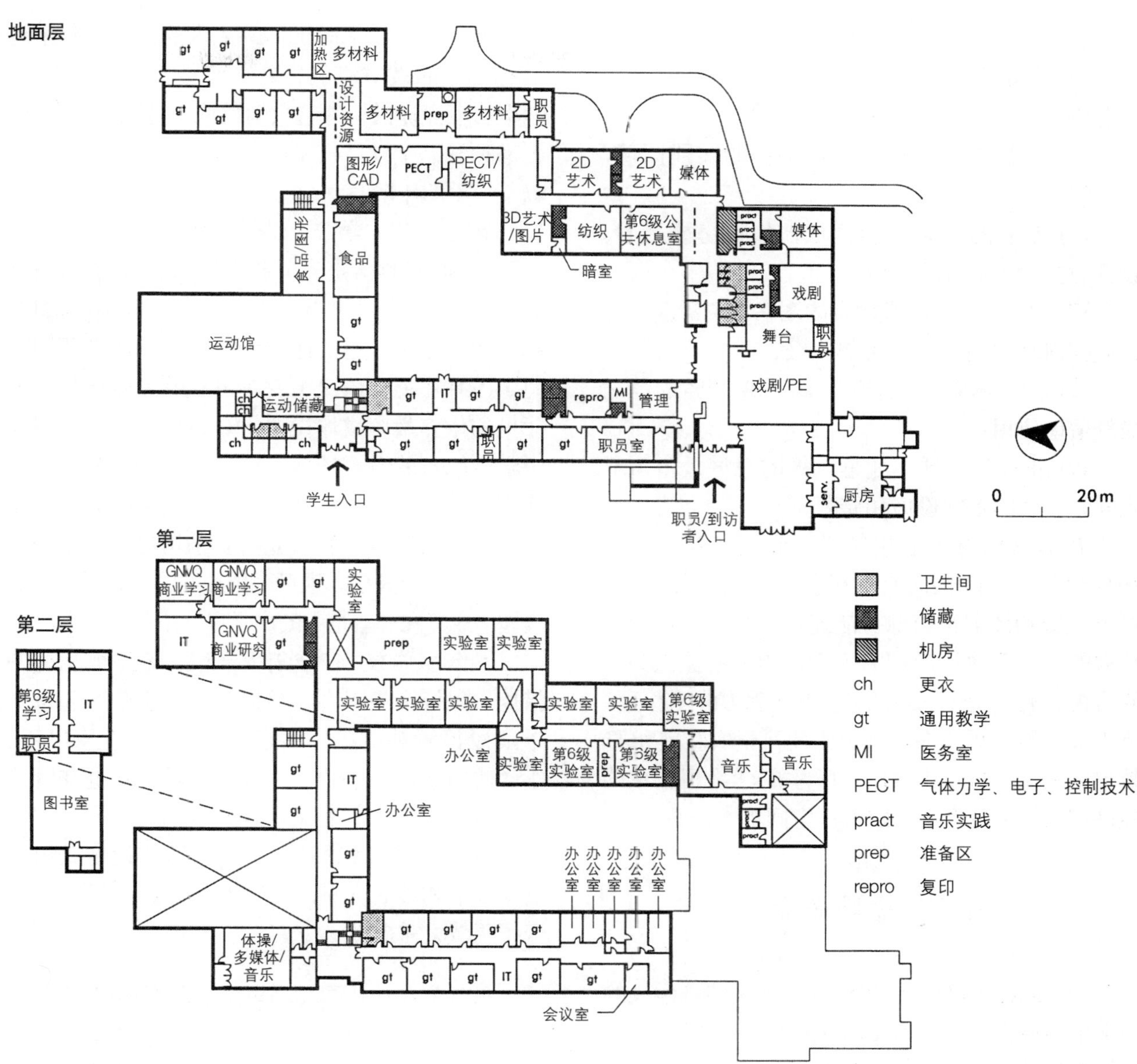


图 6–28 地面层、第一层和第二层平面，布伦海姆高中，埃普索姆镇，萨里郡（建筑设计：DfEE A &B Branch/EPSL）

一个为学生开放(图 6–12)。两个都可为社区所用：南侧入口是为运动礼堂和其他体育设施(PE)开放，北侧是为庭院里礼堂、餐饮设施和圆形剧场开放。

## 6.10 16 岁以上

16 ～ 19 岁继续在学校学习的孩子的数量在增长[①]。第六级的课程主要包括一些通用教学科目，其中，商业研究或相似的全国通用职业资格证书系统（GNVQs）研究和科学研究为主要的专业科目。其他职业科目，如艺术、音乐和其他实践课程可能也需要讲授，但可能是以小组的形式，通常占用已有的（或者其他使用着的）实践空间。第六级学生几乎 20%～ 30%的在校时间是用在个人或自助研究上。根据学校和学生的安排，这些可以在学习区域、图书馆和社会区域、IT 区、家里或其他专业空间，如艺术工作室完成，而第六级的课程区域也可以根据非时间表的工作和长期工作及实验安排。因此校园里为第六级安排的额外的区域（可以加在一个 11 ～ 16 岁的学校的空间布局里，图 6–25）包括以下内容：

(1) 通用教学用房（通常小于标准教室，以适应更小的组的规模）；

(2) 商业研究 /GNVQ 房（复数）；

① 英国的义务教育向 5 ～ 16 岁孩子提供。16 岁以上孩子接受继续教育（Further Education），为中学至大学的过渡期。——译者注。

(3) IT 教室或更小的组的 IT 群；

(4) 科学实验室（适于化学、生物和物理的专业研究）；

(5) 必要的时候设置职业课程的实践区域，如工程；

(6) 专业的补充教学区域，如暗房或艺术、设计和技术用的放映区域；

(7) 自习区域和 / 或额外的图书馆资源区，以适应任何时候满足 25%的第六级；

(8) 公共休息室 / 社会区域，供 25%的第六级舒适地使用；

(9) 非教学区域，如第六级的总办公室，卫生间，额外的餐饮设施和储藏间。

在通常情况下通用教学，商业 /GNVQ，IT 和科学教室可以供所有年级使用。公共休息室，研究区域和图书馆资源可能连在一起，也可能是独立的，这取决于学校的安排，为大家提供共享的资源，可以选择安静的还是有活力的工作区。第六级小组的规模在增加，因此科学实验室和 IT 教室的规格可能会与 11 ~ 16 岁的学生用教室的规格相同，但每个学生的工作空间更大一些。

## 6.11 特殊学校

（导则见 BB77）为了满足许多在特殊学校的小学生的教育需求，需要额外的教学和支持设施，可能对建筑其他区域也有特别的要求。可能包含特殊或调整的设施的特殊学校的各方面包括：

(1) 需要来自临床医学家、咨询老师、医疗人员和其他专家的支持；

(2) 较多的父母的参与；

(3) 包括职员、专家和父母参加的案例会议和讨论；

(4) 为某些学生服务的扩展的卫生和盥洗设施；

(5) 对储存空间较大的需求，因为可能需要大量辅助和设备；

(6) 交通规划和设计，要求设施易于在建筑里移动，并且避免导致其他学生分心或心烦。

总的来说，特殊学校的非教学区占总面积的比例，要远高于普通学校。有可能是 45% ~ 55%，这取决于对其提供的服务的需求。

### 6.11.1 所有特殊学校的总体要求

**教学空间** 空间应足够大，以满足除了教师外其他几个在此空间工作的成人的需要。每个班都有自己的教室空间。每个小组大概 6 ~ 10 名学生。也会提供特殊的教学设施，可能包括科学、艺术和食品、设计技术的实践区域（设备范围依赖于学生的年龄）。

在小一些的学校，供学生体验体育教育，音乐和戏剧的场地会是一个多功能大厅，但在大一点的学校，可能需要各自独立的区域。任何设计概要都要考虑在大厅里的课程和其他活动所需要的时间，还有在可能情况下安排单独的就餐区域。大厅里的体育教育或体操要求合适的装备，还有为中学生准备的游戏场地。SEN 的孩子能从音乐和戏剧中受益许多。理想情况是，根据学生数量、年龄和他们的困难，有独立的音乐用房，戏剧的设施可以用学校大厅，也可以用独立的与音乐共用的设施，或者在一些最大的中学里，用另一个大厅。

**全年级学校** 在全年级学校，要采取积极的措施，保证环境对各年龄段孩子的影响。为每个年龄段设置独立的、清晰的区域——5 岁以下，小学，中学，16 岁以上，这些区域的设施和特征都有所不同。

**空间、储存和展示** 提供合适的设施以用来储藏图书和其他资源，教学区域和独立的图书馆 / 资源区域均需提供。

### 6.11.2 在幼儿园和小学层次需要的设施

特殊学校的幼儿园与其他地方的没有太大不同，但可能需要额外的设施。一些在特殊学校的幼儿园也作为当地的邻里幼儿园。

在小学，教室应能允许在任何时候开展各种活动，可以配备一个安静的区域，供个人或小组活动。应该配备有特殊装备的教学区域，供食物技术、科学和设计技术使用。

### 6.11.3 在中学层次需要的

在中学，尽管学生要在不同的教学区域移动，但每个班都要有自己的教室。一些教室也可以作为专业课程教室。特殊装备的教学区域和辅助的储藏和准备区域，是供科学、食物技术和设计、技术以及二维、三维艺术使用的。这些区域不能同时作为班级教室。如果空间有限，一个附属于教室的“核心”专业区域可以为小组的一半服务，或者是与教室连接，可以为整个小组服务。KS4 和以上的小学生需要能进入一个更成人化的环境，其设施可支持小组合作的工作，支持个人学习调查和研究，鼓励独立性。应提供更多的扩展的图书馆设施和其他资源材料，以提供供学生进行个人研究的空间和设施。

### 6.11.4 16岁以上学生的设施

16岁以上学生设施的规划应包括以一种更社会的方式工作的空间，应包含一些供学生休息，喝饮料和吃点心的空间，同时还有一些更正式的教学空间。有指导老师的讨论和个人心理辅导的小空间也是必须的。宿舍包括尺度合适的独立的生活区域，在成人化的布局里可以进行社会和独立的技巧练习和发展。

如果16岁以上学生学校位于继续教育、高等教育或第六级大学里，有SEN的学生应被视为学生整体的一部分，有运用这些16岁以上教育设施的机会，而不是被单独归为一类，明确这一点很重要。

### 6.11.5 其他设施

**感官课程教室，软质游戏教室和水池** 对于许多有着身体、学习和感官障碍的学生，需要特殊的设施，帮助他们激发和开发反应。设施的3种主要类型是声频－视频教室，软质游戏空间和暖泳池，可以包括水疗和游泳池。

游泳池的建造费用是相当高的，为了保证合适的设施类型，还需要仔细考虑。水疗池对身体有残疾的学生很有帮助。更大一些的可游泳的水池也是有用的，但对于有身体、学习和感官障碍的学生来说还需要额外的设施。游泳和水疗不容易合在一起，因为适宜的水温相差较大。然而，为了保证温水池可以有多种用途，可将水温设在30℃～32℃。水池的部分运行费用可以由规划抵消，因此需要有在上课时间外对外开放的独立的入口。

**卫生和盥洗设施** 除了通常的需求，身体有障碍的学生可能需要一些更衣空间和卫生设施，包括淋浴和水闸，在学校周围靠近教学空间布置。在8岁以上的每个年级应设置独立的设施，有足够的私密性和尊严。出于保护孩子的目的，任何男孩、女孩和成人的卫生设施的布局都要经过特别仔细的考虑。有PMLD的小学生在整个学校生活中应被当作整体，他们占到总数的1/3或更多，每个区域的卫生设施也需要增加。洗衣房也是必须的。

**临床医学家和其他到访专家的空间** 一些专家，如物理疗法医师、演说和语言临床医学家，职业临床医学家和心理学者可能是全职的，也可能会到访好几个学校。治疗目前倾向于散布在教学环境里，但仍然需要一些设施，可以是共享的办公室，也可以是独立的装备合适的房间和工作资源，可以单独为学生或小组服务。

**医疗设施** 所有的学校都需要医疗室，但一些特殊的学校还需要更多的扩展的设施，供临床和护理人员使用。

**技师房** 这个房间也是需要的，用作机械辅助设备的维护和修理，如那些有感官困难的小学生的设备。

**职员设施** 总的需要与主流学校相同，但职员数量会高很多（有很一大部分可能是作兼职工作）。

**父母用设施** 绝大多数专业学校[①]会从单独为父母的非正式的和社会的会见准备的空间受益。这里应有舒适的座椅和设施，以保证充沛的精力。

**厨房** 特殊的学校通常有自己的厨房，以制作各种特殊的食物，这也是必要的。

**储藏间** 教学储藏间取决于学生的年龄，学习障碍的性质，合适的教学方法。身体的辅助和特殊的设备也会有一些。

**供热和通风** 特殊学校的需求可能与BB87里描述的主流学校不同。房间设计温度可能要考虑学生的活动频率。因为特殊学校的小学生会有一些复杂的需求，特殊的学校通常被设计成在需要时能获得较高温度。在学生可能不穿衣服或仅仅只是穿少量衣服和较湿的房间里，舒适的环境将取决于温度和空气流速。

因为特殊学校的容积率比主流学校低，也不适用BB87里的通风速率。在许多特殊学校，设计通风时既要考虑卫生，也要考虑舒适。

特殊学校里专门的供热系统产生的温度可能要低一点，因此更多的新鲜空气需要加热，且空气应在循环前先加热，尤其是在学生易受感染的学校里。这些因素，和温度需求一样，会导致高的供热安装荷载，特殊学校每年的能源消耗也会高一些。

① 专业学校（Specialist school）只存在于英格兰。这种学校在对学生进行全面教育的同时，着重提供艺术、商业及企业、工程学、人文科学、语言、数学及计算、音乐、科学、体育以及技术方面的教育。英格兰现在共有1950多所专业学校。这些学校不收学费，任何中学都可以申请成为专业学校。——译者注。

# 第7章　教育：大学和高等专科学校

## 7.1 引言

在英国，16 岁结束义务制教育后绝大多数教育是在大学和高等专科学校里进行。16 ~ 19 岁的学生进入高等专科学校（和一些学校的第六学级[①]），所学的低于学位教育，19 岁以上的学生进入大学，接受学士学位和研究生学习及研究；前者是大家所熟知的“继续教育（further education）”，后者是“高等教育”，但两者之间的划分不再像以前那样清楚，两者可以合并在一起，称为“高等教育”。

高等教育和继续教育的大部分发展是通过更新已有的机构，或者是在专门为教育设计的建筑里，或者在一些原有用途已被淘汰的建筑里（如工厂、教堂、乡村公寓）。

### 7.1.1 高等教育：背景

在英格兰的牛津和剑桥大学（1133 及 1209 年），及苏格兰的圣安德鲁斯大学（1412 年）建立后，第一所不依附于教堂的大学是伦敦大学，即现在的伦敦大学院[②]（University College Lon-

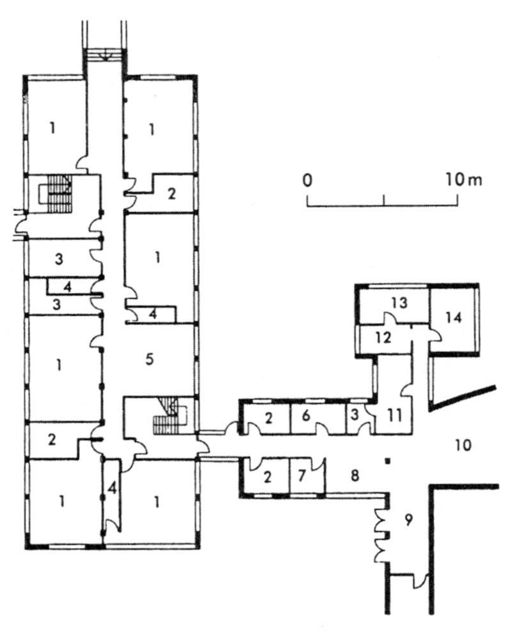


1. 常规教学；2. WCs；3. 办公室；4. 储藏室；5.研究区域；6. 医务室；7. 财务主管；8. 接待；9. 大厅；10. 新的戏剧厅；11. 总办公室；12. 校长秘书；13. 校长；14. 副校长

图 7–1　北区第六学级学院（North Area Sixth Form College）：已有的布局

（1，2 引自建筑师和建筑局教育科《设计公告 50》，《继续教育建筑的变化》，第 26 页，图 25，26。英国皇家文书局控制者许可复制）

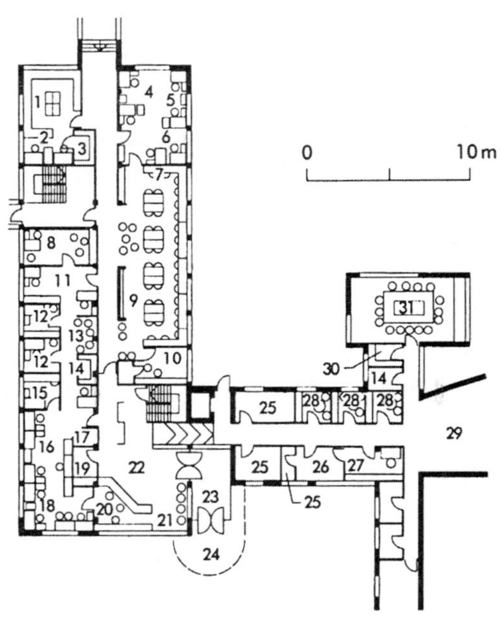


1. 复印；2. 市场；3. 复印；储藏；4. 房产管理；5. 学生辅导员；6. 人事管理；7. 学生服务；8. 校长室；9. 资源；10. 学生服务管理；11. 教学秘书；12. 副校长室；13. 会议区；14. 储藏；15. 财务经理；16. 财务；17. 开水间；18. 管理和辅助员工；19. 财务办公室；20. 接待；21. 等候；22. 大厅/展示；23. 新入口；24. 门廊；25. WCs；26. 休息室；27. 医务室；28. 咨询和会见；29. 新的戏剧厅；30. 厨房；31. 会议室

图 7–2　北区第六级学院（North Area Sixth Form College）：理论布局［建筑设计：积极设计（Initiatives in Design）］

① 第六学级（sixth form）：指英国 11 ~ 16 岁义务教育结束后打算升学的学生，继续学习 2 年。实际是中学 6 年中的第 6 年。——译者注。

② 伦敦大学院（University College London，UCL）创建于 1826 年，是伦敦历史最悠久最大的学院，也是第一所不理会申请者性别、宗教以及种族而招生的学府。伦敦的国际化大都市地位可谓是伦敦大学院的地利，赋予学生浪漫的大都市气息；近二万人的学生规模可谓是伦敦大学院的人和，完善的师生比例，把教师和学生的聪明才智和教学质量发挥到了极致，伦敦大学院在全英国大学排名中名列第六。大学下设文学院、社会及历史科学院、法律学院、数学及自然科学院、工程学院、建筑及房屋建筑学院、生命科学院和临床科学院八大学院。——译者注。

don, 1824)；在 19 世纪，在英国主要的省会城市建立了所谓的红砖大学[1]（谢菲尔德、曼彻斯特、伯明翰等）。

由于人口的增长，一批新的大学于 20 世纪 60 年代开始建设，在《罗宾斯报告（Robbins Report)》[2]（1963）的原则中写道“课程……应对所有愿意上课并有能力完成学业的人开放”。这些学校也被称为平板玻璃（plate-glass）大学[3]。

理工学院几乎也在同时由于同样的压力而诞生，其灵感来自写于 1966 年的“理工学院和其他学院规划”；第一所学校成立于 1968 年。这些理工学院融合了已有的先进技术和先进艺术的学院，主要是位于城市中心，有一些在现有的 19 世纪的建筑里，同时也有一些新的教学建筑。

在那个时候，英国的高等教育部分由 42 个大学和 30 个理工学院组成，前者是自治的教学机构，后者是本地教育政府系统的最高点。1992 年，这种“二元线（binary line）”状况有所改变，理工学院成为自治的，最终将它们的名字改为“大学”，以反映它们的新状态。在 1997 年，英国共有 115 所大学，还有 61 所其他的大学教育机构。在 1966 年，18 ～ 19 岁的大学生占入学学生比例的 10%，但到 1997 年，这个比例变成 33%，由大约 35 万名全日制学生增加到今天的 110 万名。

**趋势** 在高等教育课程设置以及设施设计里，发展趋势源自进入大学的人数的增长，还伴随着控制费用的需要，这是世界范围内的趋势。在英国，用于高等教育的 GDP 的百分比在过去的 20 年里一直在 0.9% ～ 1.15% 间变化，但这一数值掩饰了一个事实，即每个学生的公共教育基金指数在同一时期从 100 降到 60（几乎是实际资源的一半）。

因此主流的趋势是自主学习和远程教学的增加，对现有学校的时间和空间有更好的组织，能有较大比例的教学 / 学习空间用作资源中心和更加广泛的信息技术设施。

### 7.1.2 继续教育：背景

在英格兰和威尔士，1997 年的继续教育部由 435 所高等专科学校组成，有 235 万学生，所学专业有 360 万种。直到最近绝大多数学生从高中走向工作岗位，但现在只有 28% 的学生是 19 岁以下的，有一半以上的学生是在 25 ～ 59 岁。

高等专科学校包括：

(1) 农业和园艺：7%

(2) 艺术、设计和表演艺术：2%

(3) 通用继续教育和高等教育：64%

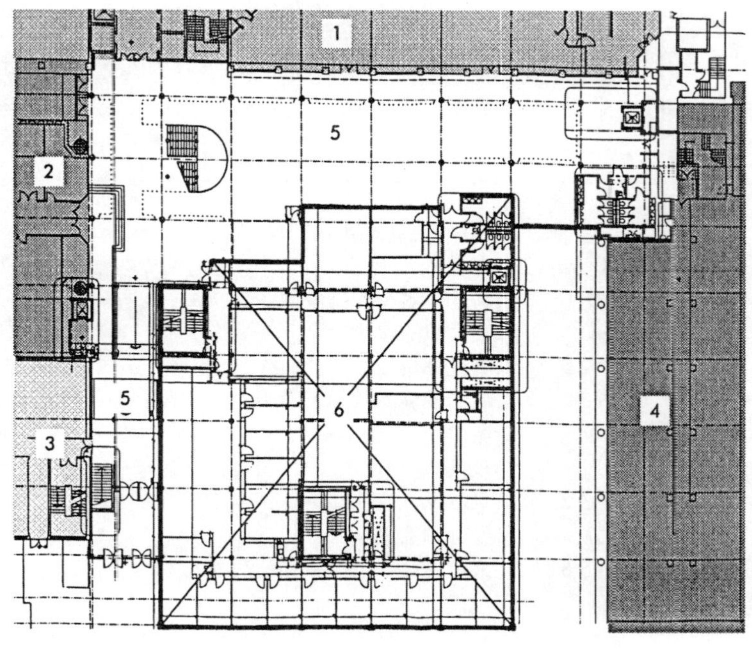

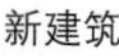

图 7–3 谢菲尔德哈勒姆（Hallam）大学，Poand 街校园（总平面建筑设计：The Band Bryan 伙伴；建筑设计：Building Design 伙伴 & Shepherd 设计）

① 6 个市立大学，成立于工业革命和维多利亚女王时代，在二战前升级为大学。——译者注。

② 罗宾斯报告是英国政府在 20 世纪 60 年代委任高等教育委员会对英国高等教育的前景进行的发展规划。该委员会在 1961—1964 年间的主席是经济学家罗宾斯勋爵。——译者注。

③ 平板玻璃大学是英国 20 世纪 60 年代后成立的大学。名称源于它们的现代建筑设计，在钢或混凝土结构中广泛使用平板玻璃，与红砖大学形成鲜明对照。——译者注。

(4) 第六级学院：24%

(5) 专家指定学院：3%

这些学院都有的共性是，它们都于1993年“独立”了。在这之前，它们是当地教育政府学校和学院系统的一部分，尽管它们没有提供义务制教育和培训，但它们同那些学校一样，具有相似的法律系统，它们的绝大多数管理任务也由当地政府来执行。现在它们需要寻找专家、支持设施和空间，来处理它们自己的经费、人员、房屋、市场和学生支持。这种重新安排经常在已有的建筑里发生（图 7–1，图 7–2），或与已有建筑连在一起，形成社会中心（图 7–3）。

**趋势** 在技术和职业教育的设置里，现在的趋势反映出来的是需要将学生培养成他们专业的实践家；英格兰和威尔士的国家职业资格委员会 (National Council for Vocational Qualifications) 正在促进 GNVQs（全国通用职业资格，General National Vocational Qualifications）和 NVQs（国家职业资格，National Vocational Qualifications）体系。

如果不能在有合适的监管的工作场所提供培训，则学校需要提供等同于工作场所的地方，或“实际工作环境（RWEs, real work environments）”；同时，他们还需要提供场所，对学生进行面试评估，因此在实践中的已有的技能开发也要有所考虑；这些即大家所知的“初级学习评价 (APL, assessment of prior learning)”。普利茅斯大学继续教育学院（图 7–4）有一些最早的需求设计的实际工作环境的例子，可以满足课程需要，它们被设计成一种灵活的空间和设施，在需求变化时能形成不同的组合。

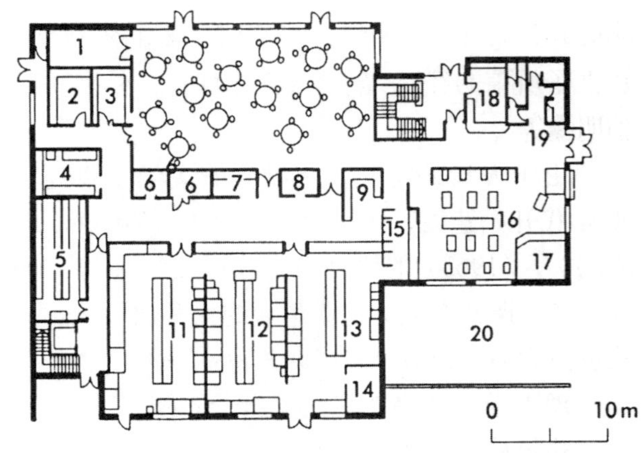


1. 家具储藏；2. 餐具室；3. 酒窖；4. 洗碗间；5. 储藏和控制室；6. 储藏室；7. 食品储藏室；8. 银室；9. 清洗；10. 餐厅；11. 生产，面粉糕饼；12. 生产厨房；13. 生产食品库；14. 进入式冰箱；15. 备餐间；16. 咖啡店；17. 酒吧；18. 接待；19. WCs；20. 烧烤区

**图 7–4 普利茅斯继续教育（FE）大学，普利茅斯，地面层平面**

（引自建筑师和建筑局教育科《设计公告 50》，《继续教育建筑的变化》，第 15 页，图 9。英国皇家文书局控制者许可复制）

## 7.2 设施表

### 7.2.1 设施种类

传统情况下，这一层次的教育设施由 4 种主要类型组成：教学设施、学习设施、非教育 / 学

| **净工作间面积** | | | |
|---|---|---|---|
| *高等教育：所用的空间类型* | | *继续教育：所用的空间类型* | |
| **常规教育** | **工作区/m²** | **常规教育** | **工作区/m²** |
| (1) 报告厅；紧密安排坐席 | 1.0 | 报告厅；紧密安排坐席 | 1.0 |
| (2) 非正式组的课桌教学 | 1.8～2.1 | 非正式组的课桌教学 | 1.8～2.1 |
| (3) 课桌或书桌教学 | 2.3～2.5 | 课桌或书桌教学 | 2.3～2.5 |
| (4) 有展示设施的教学,学生坐在大桌子前 | 2.5～3.0 | 有展示设施的教学，学生坐在大桌子前 | 2.5～3.0 |
| **专业教学** | | **专业教学** | |
| *小规模* | | *小规模* | |
| (5) 信息技术 | 2.7～3.2 | 信息技术（商业和贸易） | 2.7～3.2 |
| (6) 科学（大多数科学实验室） | 5.6 | 科学（非高级） | 3.0～4.6 |
| (7) 艺术和设计（工作室和绘画办公室） | 4.0～5.6 | 艺术和设计（工作室和绘画办公室） | 3.2～5.6 |
| *大规模（在某一条件下，这些数值可能增加）* | | *大规模* | |
| (8) 工程 | 5.6 | 家庭经济，时尚，手艺（木工、管道、电子等） | 4.5～5.6 |
| (9) 科学和技术 | 5.6 | 护理，美容 | 6.5～8.4 |
| (10) 艺术和设计（专业区） | 5.6～8.4 | 重工艺（如施工、焊接、汽车工作） | 7.5～8.4 |
| **学习** | | **学习** | |
| (11) 图书室/资源中心 | 2.5 | 图书室/资源中心 | 2.5 |
| (12) 终端室 | 3.0 | 终端室 | 3.0 |
| (13) 投影工作 | 适当 | 投影工作 | 适当 |

习设施、平衡区。然而，在灵活性和适应性的要求下，这些空间会有一些重叠。

与传统一样的是，所有的在不同种类下的空间都根据全日制学生空间（SFTE, space full-time equivalent）数量来设定，但使用不同的学科和工作等级下的空间导则［见设计公告（design notes）33、34，大学认证委员会过程公告］，使用不同的规则将学生换算成 SFTEs。在通常情况下，总的指标变化幅度也较大，高水平空间大至 20m$^2$，满足一个高等全日制学生从事戏剧、建筑施工或其他一些包含大规模活动的课程需求（DES 设计公告 20，1979），小至 5m$^2$，在 1996 年可供一个全日制继续教育学生接受人文学教育（继续教育基金理事会，《房地产管理导则》，1993）。

不过，由于现在计划的课程信息比过去更易获得，因此每种类型的教学／学习设施的工作间数量应根据它可能的使用等级来计算（使用最优化课程系统，且尽可能做到跨学科资源共享）。例如，如果被证实在一个 40 小时的教学周里，总的教学空间可以达到 40%的使用率（对于学生或职员，确保设施可使用 40 小时），每个教学小时都要有设施安排，则需要提供 2.5 个工作间。当不同教育／学习设施种类确定的工作间数量计算完后，可以采用合适的净工作间面积标准，还可以制定一个附加比率，以涵盖非教育／学习区及平衡空间。

在建筑的总面积中：

(1) 约 60%是教育／学习区；

(2) 约 15%是非教育／学习区；

(3) 约 25%是平衡空间。

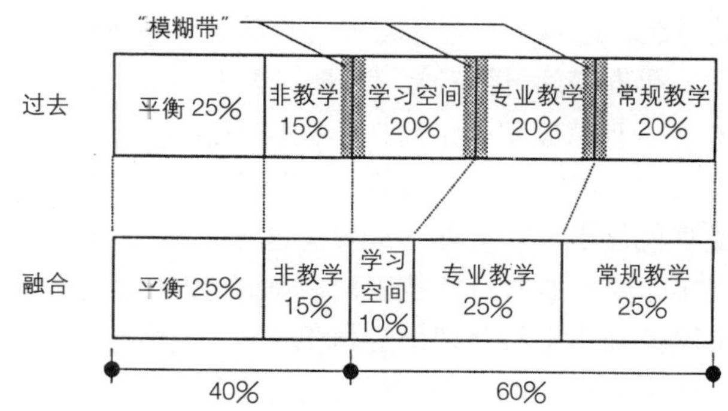


**图 7–5　总建筑面积：指导比例**

（引自建筑师和建筑局教育科《设计公告 50》，《继续教育建筑的变化》，第 2 页。英国皇家文书局控制者许可复制）

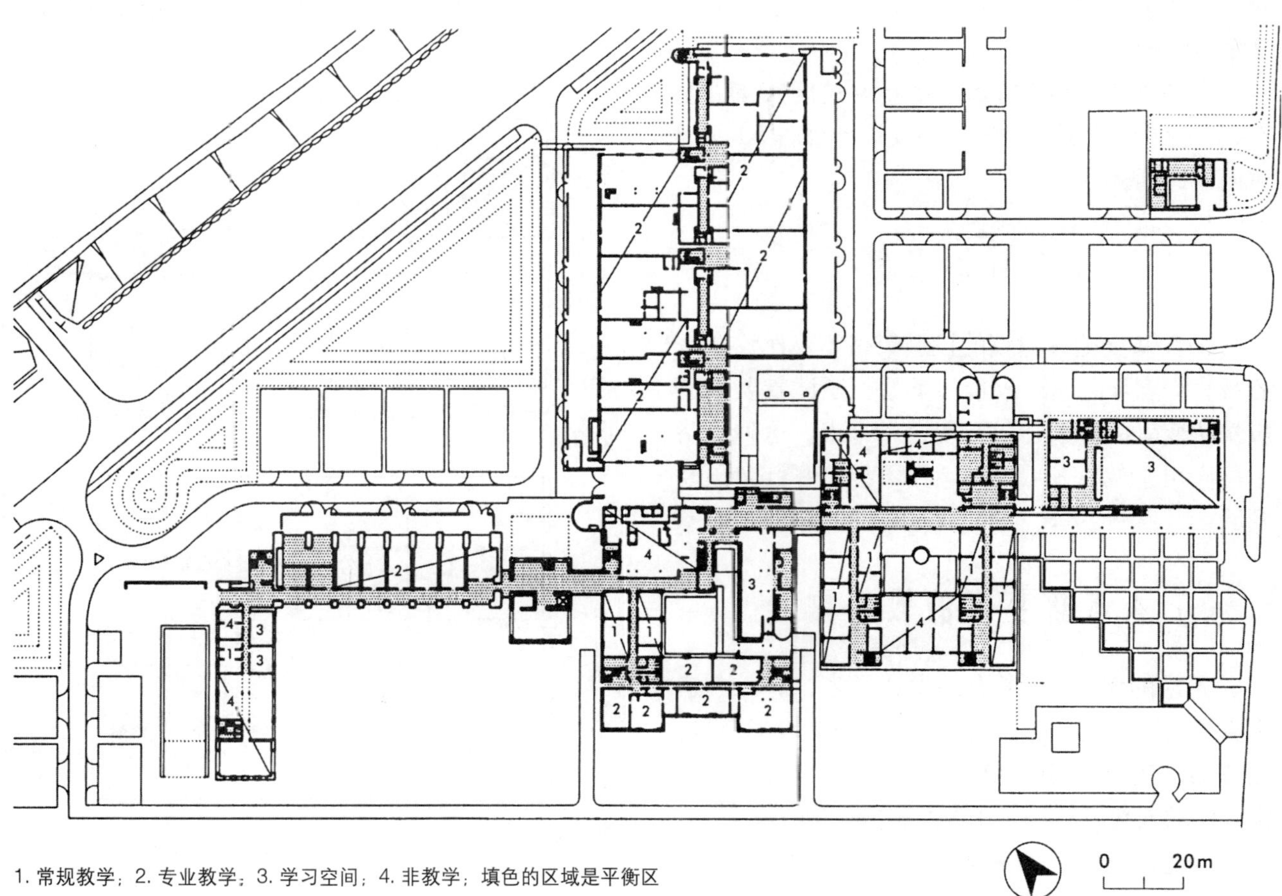


1. 常规教学；2. 专业教学；3. 学习空间；4. 非教学；填色的区域是平衡区

图 7–6　剑桥地区学院，Kings Hedges 校区，剑桥：地面层［建筑设计：伯纳德·史迪威（Bernard Stilwell）建筑 & Powell Maya 伙伴公司］

图表显示出高等或继续教育的净工作间面积。还有推荐的教育、学习和其他类型的设施占总体的比例（图 7–5）。

**教育设施** 是任何教育机构里总的建筑区域里最主要的成分，包括通用教学和专业教学区（大规模和小规模的）。关于特殊的专业教学区，如诊疗或制造区，见健康服务建筑和实验室部分。

**学习设施** 图书馆、资源中心和用来开展非课程表的项目或研究的空间（见图书馆部分）。

**非教育 / 学习设施** 职员区、管理，餐饮和公共区域，还有不断增加的重要的学生辅助服务。

**平衡空间** 供交通、服务、盥洗、储存等。

一旦总面积确定后，要根据小组规模选择房间尺寸。房间尺寸范围应尽可能广，预计的小组规模也要尽可能接近（最好通过经验使用调查）；在实际中，通常尺寸范围比教师预想的大，而小组规模却小于教师预想的结果。应尽力避免只为一种用途设计的空间；阶梯状的报告厅应尽量做到最小。

鼓励建筑使用者将它们的空间和设施作为可适应和可相应调节的资源，能适应未来广泛的需求，因此要不断监控目前的使用模式的数量及预计未来的改变。

**剑桥地区学院（Kings Hedges 校区）3 期（图 7–6）**是完全遵照上述的原则及设计公告 50 所阐述而设计的。

## 7.3 其他考虑

公共基金团体建议的设施策略不仅建议合适的教育 / 学习设施的数量和类型，还试着要求适应快速变化的环境，包括现在和未来，这种策略不仅应用于教育领域，还运用于经济和社会预期领域。

## 7.4 不断变化的教育需要

**需求的增长** 在所有的发达国家，有一个追求高等教育“大众化”以及发展继续教育的趋势。在英国，从 1994 到 1996 年间，仅继续教育部登记入学的人数就增长了 16%，达到 350 万。

为应对这种巨大的增长速率，不能是简单地提供更多的同样的事物——更多的建筑，更多的老师来带更多的课。课程以不同的方式传授（通过信息技术，通过个性化的学习程序和软件包），建筑也更“辛苦”了（课程更紧张，在一天、一周和一年中开放时间更长）。这些需求通过更有活力、更灵活的、适应性更强的建筑来得到部分满足。

**斯托克顿第六级学院空间管理**

| | *1997* | *1996* | *增长/%* |
|---|---|---|---|
| 面积/m² | 6350 | 6792 | 10 |
| 教学空间数量 | 42 | 52 | 24 |
| 工作间数量 | 790 | 1125 | 42 |
| 学生数量 | 500 | 840 | 68 |
| 利用率/% | 44 | 57 | 29 |

管理和实体的结合会在现有的建筑里带来巨大的收获。表格显示出斯托克顿（Stockton）第六级学院（Sixth Form College）20 年来的进步；建筑过去是按需求建设的，但和使用者一起可以成功地应对增长的需求，而这一结果主要是通过管理的促进，空间使用的改善。

绝大多数调整是减少每个教学空间的平均面积，从 151m² 减到了 130m²，每个工作间也从 8m² 减到了 6m²。这些代表着每个学生在房屋相关的费用上一年就减少了 139 英镑（30 英镑 /m²/ 年）。

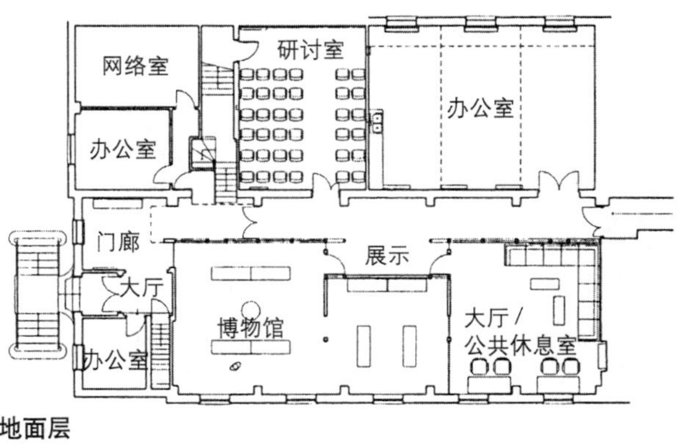


地面层

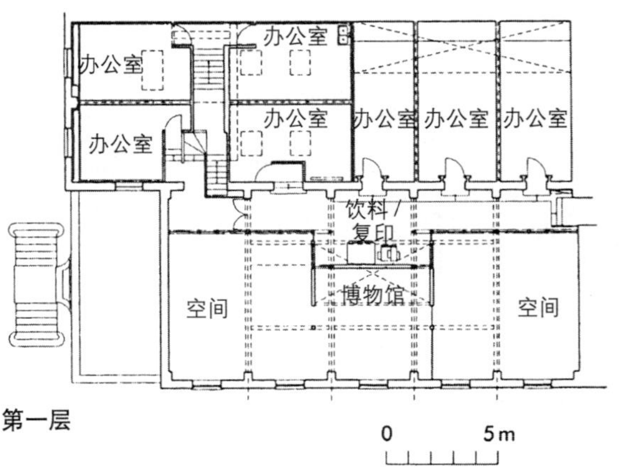


第一层

0 5m

图 7–7 诺丁汉大学，考古系：从老的工程工作间转化而来（建筑设计：Marsh & Grochowski）

一个小规模但非常成功地将一座大学建筑从一种用途转变为另一种用途的例子是诺丁汉大学的考古学系（图 7–7）。

**新的教育和学习方式**　一些学校朝向个性化的开放式教育发展，可能使用计算机化教学包。在另一方面，一些学科坚持永久的、独立的工作间（如建筑），因此我们应意识到不同的课程应采用不同的授课方式。

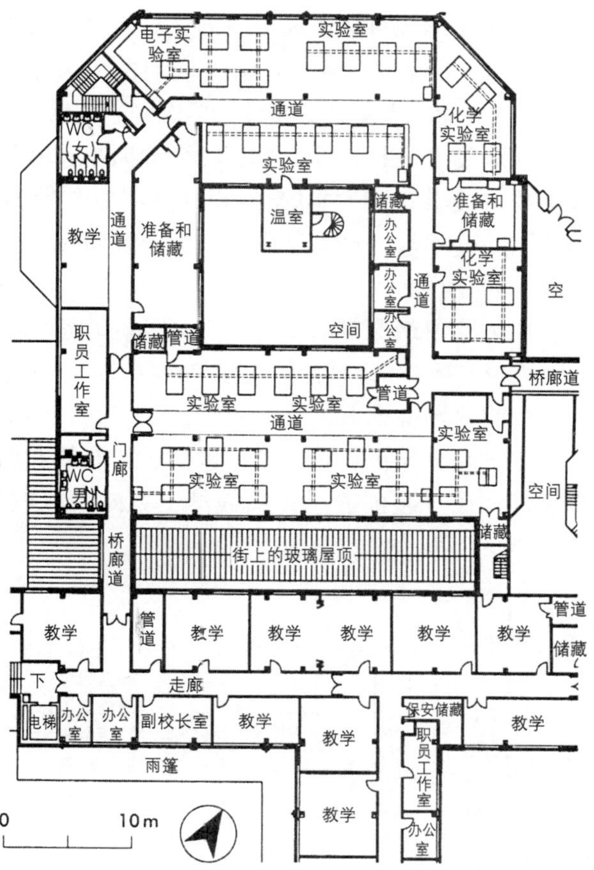


图 7–8　奥尔德姆第六级学院，奥尔德姆：第一层部分平面，科学实验室（建筑设计：Cruickshank & Seward）

**信息技术的影响**　在一些学校，对 IT 技术的需求似乎是无止境的；而在其他地方，教师太过于传统，而不愿意使用它们，建筑也不适应这种需求。

IT 技术不会完全代替教工和学生间、学生和学生间的交流的需求和愿望；一些类型的课程可能比其他课程更适合采用 IT（如模拟大规模或危险的活动）。尤其适用于医疗，辅助医疗及其他高级培训课程。一些成功的例子有斯托克顿大学交互语言实验室（图 7–11），现在用作欧洲研究工作，但可以被地理和化学学生短期使用，以及奥尔德姆（Oldham）第六级学院（图 7–8），这个理念就是该学院在继续教育这部分有目的地建造完整的网络系统的首次应用。

作为一种组织和在一套建筑里的组织，信息技术（IT）在大学和学院的运作中显得尤其重要。

IT 也是开放式和远程教育的重要成分，提供给希望终生学习的学生，在不同的时间和地点满足他们的需求：例如布莱克本（Blackburn）大学继续教育学院有个按计划建立的新技术中心，还有一个由工业用地转变而来的多功能培训中心，在所有学院建筑和它们之间有一个局域网，有超过 500 台个人计算机终端。

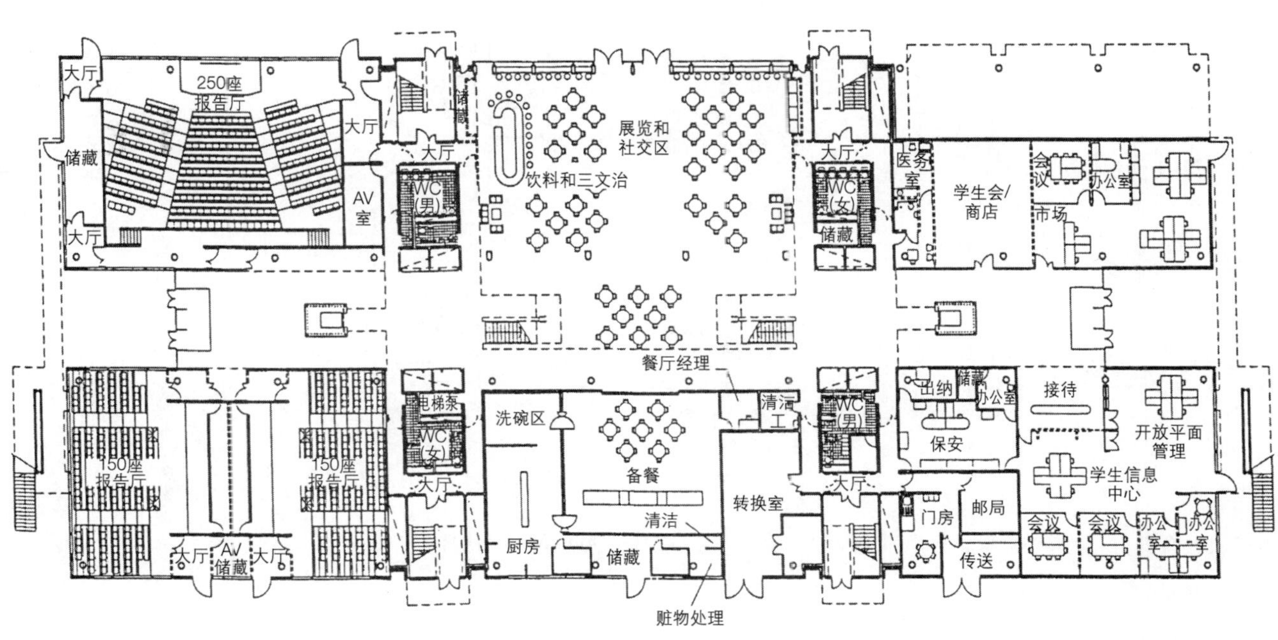


图 7–9　林肯大学（1 期）：地面层平面（建筑设计：RMJM/Balfour Beatty）

## 7.5 变化的社会期望

**一个新的客户** 随着非传统教学模式培养的学生的数量的增长，以及更多的注意放在了“终身教育”上，学院也把精力放在满足不断增长的需求上：一些学院需要提供非常特殊的设施（如有不同宗教需求的亚洲学生），或者会接受一些数量不断增加的来自其他欧洲国家的研究生（在欧盟交换计划下）。全日制学生和非全日制学生对学校提供的条件的预期有很大不同：需要为高等教育的全日制学生生活的每一部分提供设施；非全日制学生只关注教室或其他教学部分。

照看小孩的设施不再只是个主要面对员工的辅助设备，如今已成为任何学院吸引成人学生，特别是那些已为人父母的非全日制学生的一个重要特色。

**学校与周围的环境** 现在有一种趋势，即学生数量急剧增加，而甚至很小的地区和城镇也希望有自己的大学（如林肯，图 7–9），或者大学的分校（这种趋势在希腊和法国发展得很好）。尽管不再需要绿色场地，但人们普遍认为市中心过于拥挤，不适合容纳整个新的校区，但郊区可以提供合适的场地，而不会变成孤立的校园。

事实上学院可能成为周围环境更新重要的影响力。港区场地（docks sites）和现有的港区建筑（dock buildings）是新建或扩建大学的理想区域［见斯托克顿大学（图 7–11）和伦敦东部港区（Docklands）发展起来的新大学（图 7–13）］，利物浦约翰·摩尔（John Moores）大学合理利用了许多旧的工业场地。

给人印象最深刻的新场地之一是伦敦东北部的哈克尼（Hackney）社区大学（图 7–12），在经过长期的现场咨询后，将国际的、国家的和当地的经费来源合并在一起，设计包含了已有的和新的建筑，在一起创造了一项鼓舞士气的“旗帜”工程。

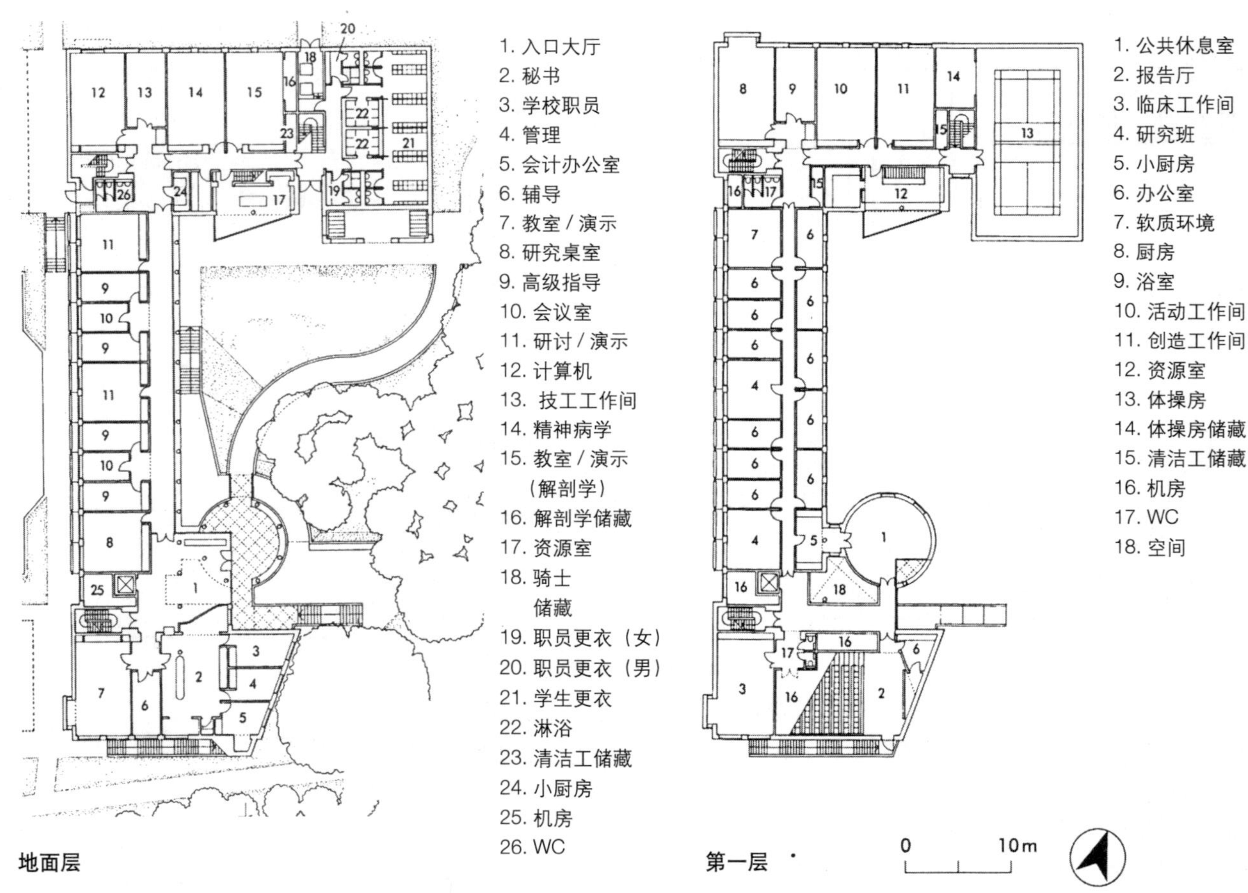


图 7–10 东英吉利大学[①]，职业治疗和物理治疗学院（建筑设计：John Miller 伙伴）

① 东英吉利大学 (UEA) 成立于 1961 年，它 270 英亩的校园位于风景如画的历史名城诺维奇市郊，距离伦敦仅有 90 分钟的车程。诺维奇市不光以其的美丽闻名，它还有着最低的犯罪率、最好的居民健康水平和最高的就业率。——译者注。

科学园有一种混合的影响。如果经过仔细考虑，它们可以成功地将大学和商业研究兴趣合二为一，并且如果学校拥有土地，将可以获得可观的收入。它们利用旧的、仓库类型的建筑，提供混合的、封闭的、公共的和居住设施。

**居住和休闲设施**　有吸引力的居住和社会设施在吸引学生和职员方面起到决定性作用。决定所能提供的学生宿舍的标准相当重要，以及他们是否可以加倍，成为会议用房的一部分。

**残障学生的到达**　因为身体残疾的学生现在可以进入普通学生群体，课程也会针对有特殊需求的学生，因此他们的设施也要安置在主要学生建筑里。

**健康，安全和保安**　人身安全和保安在女学生处是很重要的因素，在父母选择学校时尤其重要。在一些公共空间要安装闭路电视；虚构的摄像机也能起到威慑作用。

## 7.6 新设施规划

**空间规范**　由于学校开始自主筹措经费，国家资金组织也不再拥有制订全局性标准的权利，这些空间规范倒显得不怎么相关了。在总的情况下，规划新建筑，或者评价现有的建筑时，在继续教育和高等教育中，可采用设计公告37和45中的导则（见下表），但对于项目细节，学院本身需要对自己的空间、布局和使用有精确的信息。

**简报**　简报不是为了迅速地得出确切的结论，而是为了在概述的过程中提出相应的问题。同样的，建筑师应该尽早与用户对话（应该包含所有使用者，

**总面积导则**

| 作何种用途的建筑 | 继续教育学院 | | 继续教育学院 | |
|---|---|---|---|---|
| | 5000以上 SFTEs/$m^2$ | <5000S SFTEs/$m^2$ | 5000以上 SFTEs/$m^2$ | <5000S SFTEs/$m^2$ |
| 通常工作开展 | 10.0 | 10.0 | 14.5 | 15.0 |
| 小规模活动 | 7.0 | 7.0 | 10.5 | 11.0 |
| 大规模活动 | 13.0 | 13.0 | 17.5 | 18.0 |

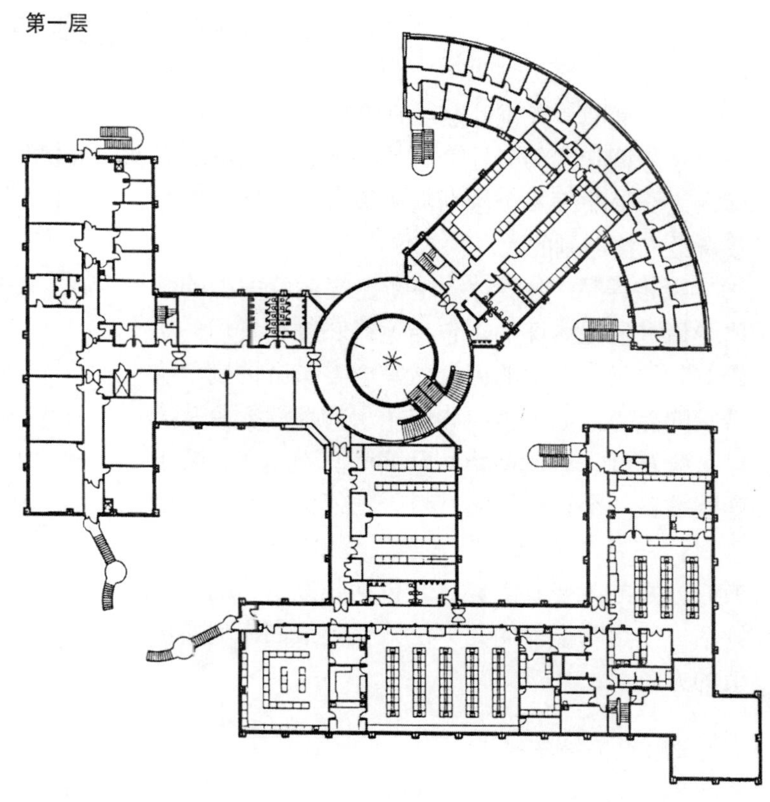


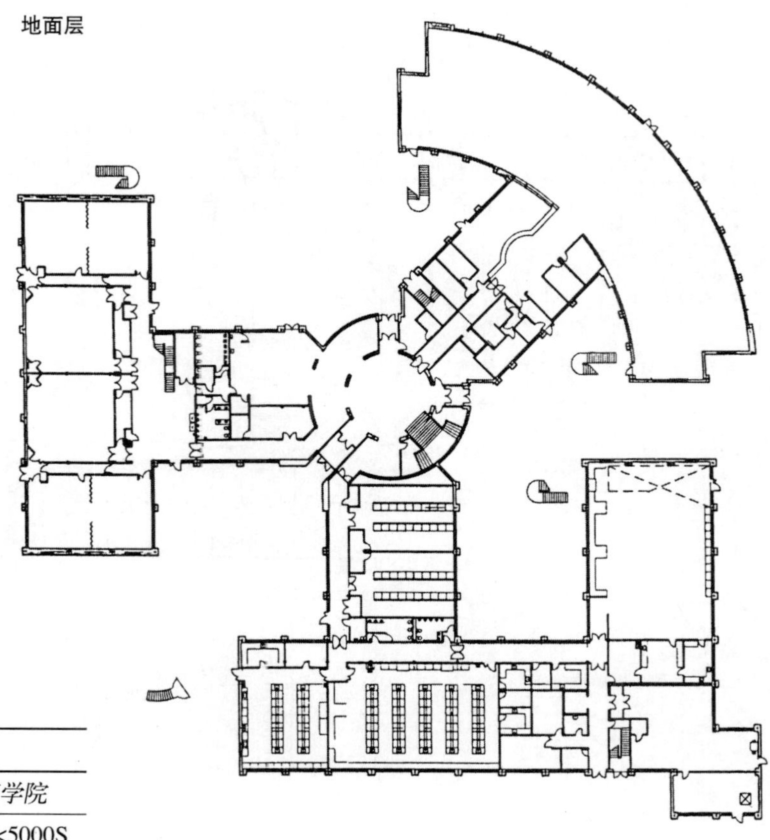


图 7–11　斯托克顿大学（建筑设计：Holliday Meecham 建筑公司）

包括周围的人群和机构）。匿名的咨询对简报的准备不会有太大帮助。

**项目管理** 当项目发展时，需要一个管理委员会来协调学术的、社会的、物理的和经济的兴趣，这其中需要一个清晰的决策者，可能是对经费有最直接控制的人。

**投资评估** 需要对一座新建筑运营一生的整体费用进行整体评估，包括运行和维护费用，尽管有时候只是近似的评价。基金委员会控制学院借贷的能力，如英格兰和威尔士的继续教育基金理事会 (Further Education Funding Council)，要求学院准备一个设施策略，对于任何有目的的投资项目，都有个需求导向（学生数量、新的课程、教育方式的改变）的修订，包括长期潜力的投资评估，使用基金证明的方法来找到最高净现实价值的方向。

### 7.6.1 设计因素

**灵活性和适应性** 灵活性是一栋建筑或空间同时或至少在短期里适应不同活动的能力；适应性是它们为了应对使用的更广泛变化而在一段时间后改变的能力。可装卸的实体墙，内置插头而布满管道的壳体设施，独立式的管道口，这些系统既可长期使用，也可满足短期使用要求。从另一方面来说，“灵活性是指自然的照明和自然的通风”［伯纳德·史迪威 (Bernard Stilwell)，建筑师］。

### 7.6.2 设计改进

(1) 对场地和建筑进行开发时，确保不同设施间很容易建立工作联系。

(2) 在各部门周围应确立一个可识别的中心，允许各部门对其空间进行共享，各部门可在共享空间里根据时间长短增加或减少它们的活动。

(3) 避免使用设施表由特别适合某单项活动的房间组成。

(4) 房间应该分组形成最广阔的种类，特殊的功能将由家具和管道提供，并且能容易改变，以适应多变的用途。

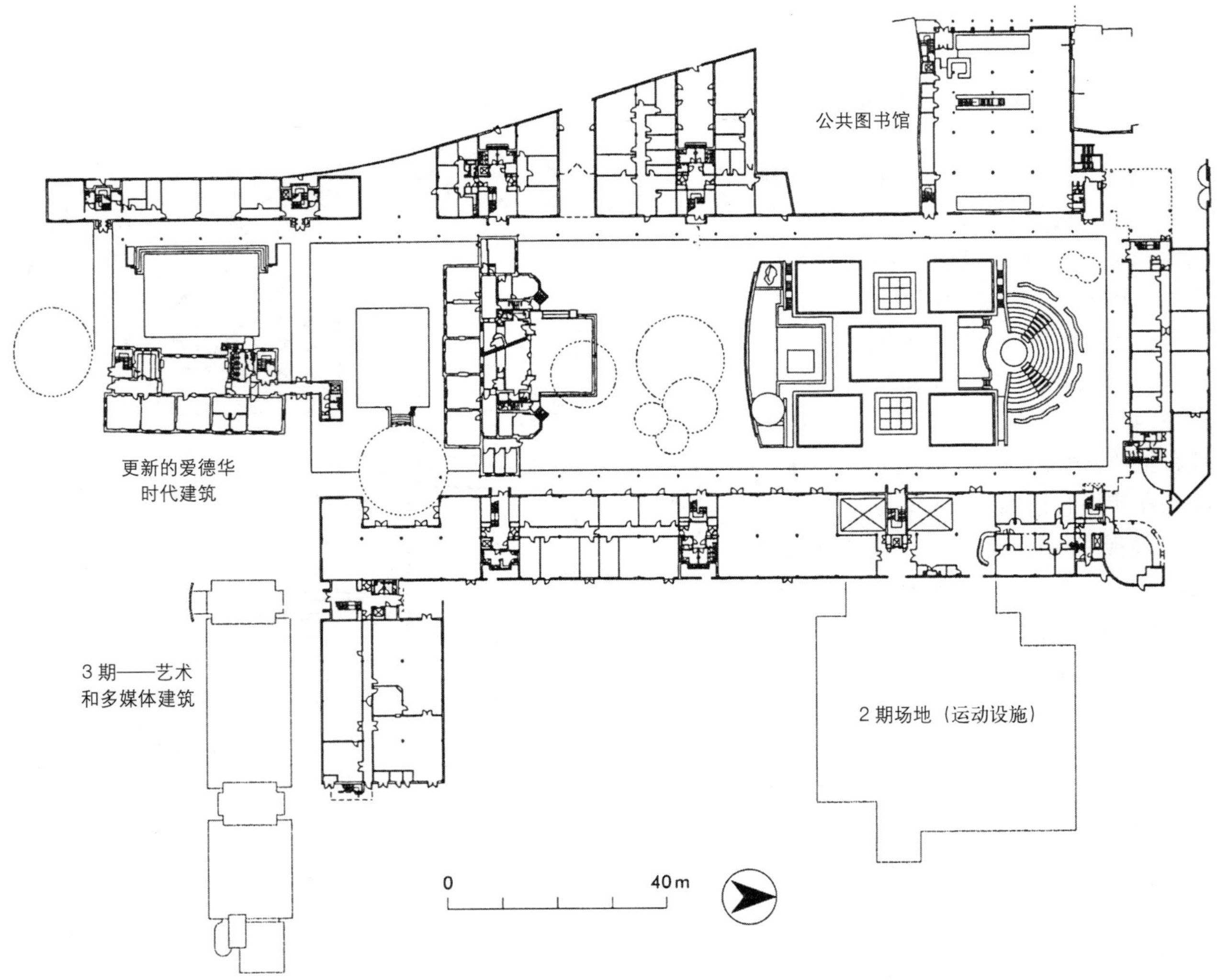


图 7–12 哈克尼社区大学（Shoreditch 校园）：地面层平面（建筑设计：汉普郡建筑事务所 /Perkins Ogden 建筑事务所）

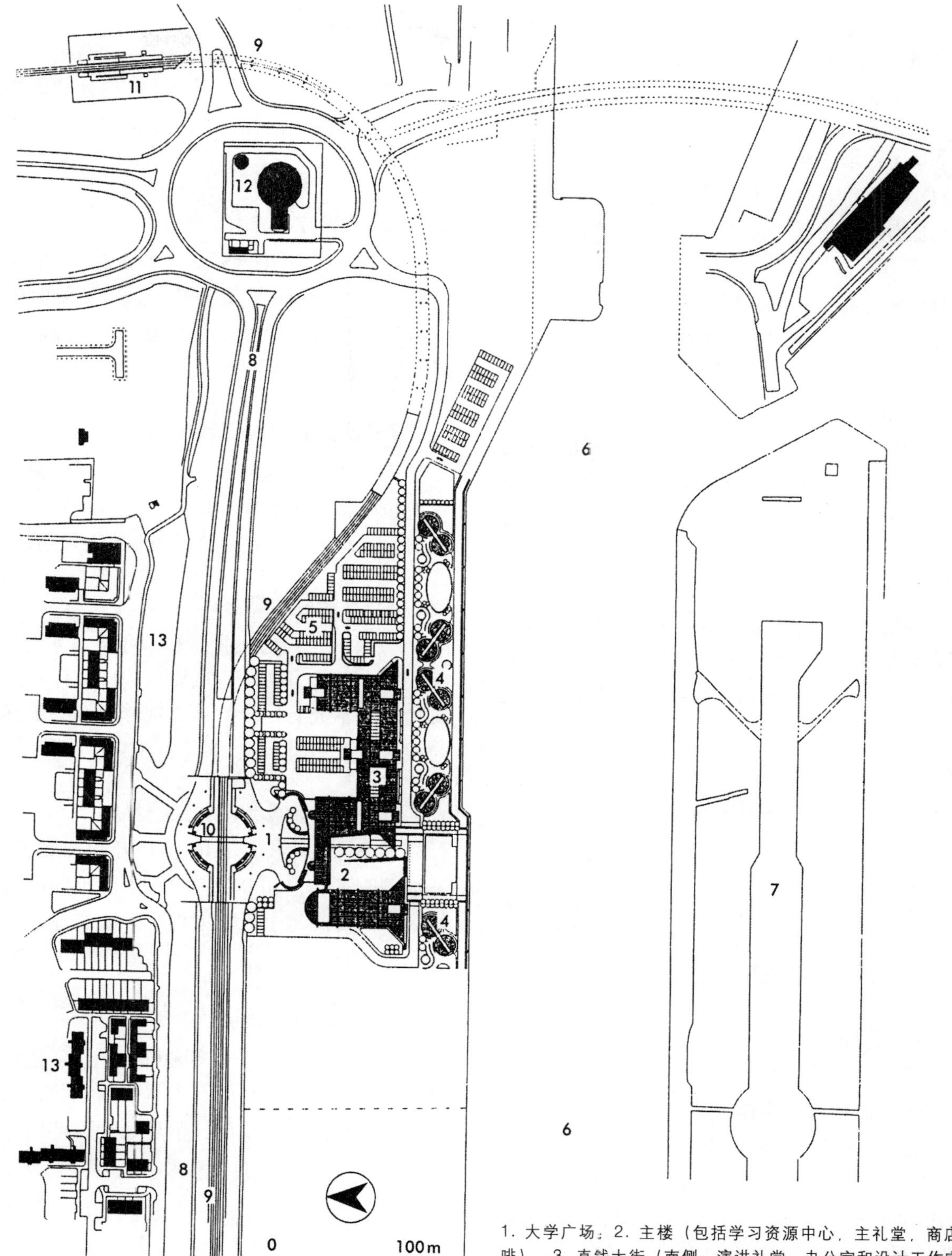


图 7–13 东伦敦大学[①]，港区 (Docklands) 校园［建筑设计：爱德华·科里南（Edward Cullinan）建筑事务所］

1. 大学广场；2. 主楼（包括学习资源中心，主礼堂，商店和咖啡）；3. 直线大街（南侧：演讲礼堂、办公室和设计工作室；北侧：绘画工作室和工作间）；4. 学生宿舍；5. 停车；6. 皇家阿尔伯特港；7. 伦敦市机场；8. 皇家阿尔伯特大道（双车道A1020）；9. 港区轻轨（DLR）；10. 塞浦路斯站（DLR）；11. Gallions Reach 站（DLR）；12. Gallions 泵站；13. 塞浦路斯住宅

① 东伦敦大学是伦敦市内历史最为悠久的英国政府公办国立重点大学之一。大学位于伦敦迅猛发展的城区，是目前伦敦市内占地规模最大的一所综合性大学。创建于 1892 年的东伦敦大学，经过百年发展，已成为声名卓越的新型大学。在政府教育部和教育拨款委员会的评定中，位列所有新兴大学的第一名，有些专业更是在全英国名列前茅。东伦敦大学在“2002 年英国女王登基庆典活动之旅”中被选作参观项目中唯一的大学。——译者注。

(5) 确保建筑里房间尺寸变化多样，以适应不同的教学组，以便于根据课程表应对课程和教学方式的变化。

### 7.6.3 管理改进

(1) 在普通的时间表安排下设置尽可能多的设施，以便于各系共享，及当大的学院里距离较远时，成组的系共享。

(2) 通过基本尺寸、形状和设施来对教室进行分级，以挖掘所有的潜在用途。

(3) 仔细检查时间表里的程序和房间使用，以便于看到哪个更重要，哪个要在未来改变。

(4) 在一天、一周、一学期 / 学年中排开固定时间的活动，从而避免不必要的高峰，记住非教学区域如咖啡馆的开放时间，会对时间表有一定影响。

一个很好的例子是斯托克顿大学（图 7–11)。它既可满足如上要求，也可满足未来的种种要求，尽管未来是完全不可预知的。它是一个商业园的一部分，正好迎合了使用标准办公建筑规格的流行趋势。

## 7.7 结论

因为教育过程不断变化，建筑需要适应变化，有时还要面临学生、职员、企业和政府之间需求的冲突，因此大学和学院的设计师必须努力去协调一系列因创新而带来的压力。

### 7.7.1 集中：分散

决策点是哪里？如果基金来自中央政府，建筑使用者在设计中集中体现了这一点吗？如果学院自己提供经费，他们能对建筑有更多的控制吗？ 哈克尼社区大学 (Hackney Community College) 即便是属于公立教育，它的咨询过程也忽略了这些问题（图 7–12)。

### 7.7.2 国家标准：个体需求

空间标准的使用由设计细节工作确认，但不能定得太细，以免限制新的方法。

### 7.7.3 长期：短期

建筑需要对费用负责，要长期适应使用；不过建筑存在的理由——学生，只会短期使用。学术职员和管理职员可能使用 20 ~ 30 年。为了满足长时间不同人员的使用需求，设计师既要考虑到短期使用的灵活性，又要考虑到长期使用的适用性。

### 7.7.4 独立：合作

在新的“自由市场”，会有这样的危险：因为学院只关心吸引学生和金钱的课程，临时的不太流行的课程会从课程表中消失。设计师需要确定学院能保持开放的选择。

### 7.7.5 商业：教育和培训

存在着一种危险：一些学院为了挣钱，把会议或短期工业培训课程摆在一般教育和培训课程的前面。建筑群主要的教育功能不能被遗忘。

### 7.7.6 经验：新技术

教师，尤其是职业部的，可能来自企业，他们跟不上现代方法。建筑和设施应该让有经验的实验者和不太有经验的老师都能发挥到最好，以向学生传授知识。

### 7.7.7 教学职员：后勤职员

教学和技术支持的角色互相纠缠，很难分开；开放型的工作室和办公室更利于意见的沟通和进行展示。因此每个人更方便与学生交流，也方便了职员之间的交流。

### 7.7.8 教育：培训

学校应为学生提供多种机会，让学生得以广泛地进行学习，这样既可积累实践经验，又可培养理论分析能力，从而让学生最大限度地提升个人能力。

### 7.7.9 个体：社区

在一些情况下，学生既是一个个体，也是一个智力的、社会的社区的一部分。建筑需要尊重和反映这种双重角色。安全和私密性与开放性、渗透性、与更宽广的世界的合作参与并重。尽管大学和学院不同，从某种意义上来说存在着区别，但是，“区别”并不意味着两者大相径庭。

# 第8章 教育：艺术、设计和媒体工作室

## 8.1 引言

继续教育和高等教育的系通常组成更大的单元（如学院），因此相关学科可以共享资源。任何工作室的布局由进行的工作和需要的监督类型来决定。可能会用到下列专业设施：

(1) 建筑；
(2) 素描和色彩：艺术；
(3) 图形设计；
(4) 陶瓷；雕塑；
(5) 媒体研究：视频和电影；
(6) 工业设计：工程；
(7) 家具和室内设计；
(8) 戏剧和电视设计；
(9) 摄影；
(10) 银饰和珠宝：金属制品；
(11) 纺织品设计，包含印染和织布；
(12) 彩色玻璃；

（也见于学校、电影院、剧院和实验室章节。音乐和戏剧设施不予考虑。）

**设施一览表** 通常包括：

(1) 设计工作室和展示区；
(2) 技术车间；
(3) 管理办公室；
(4) 存放空间。

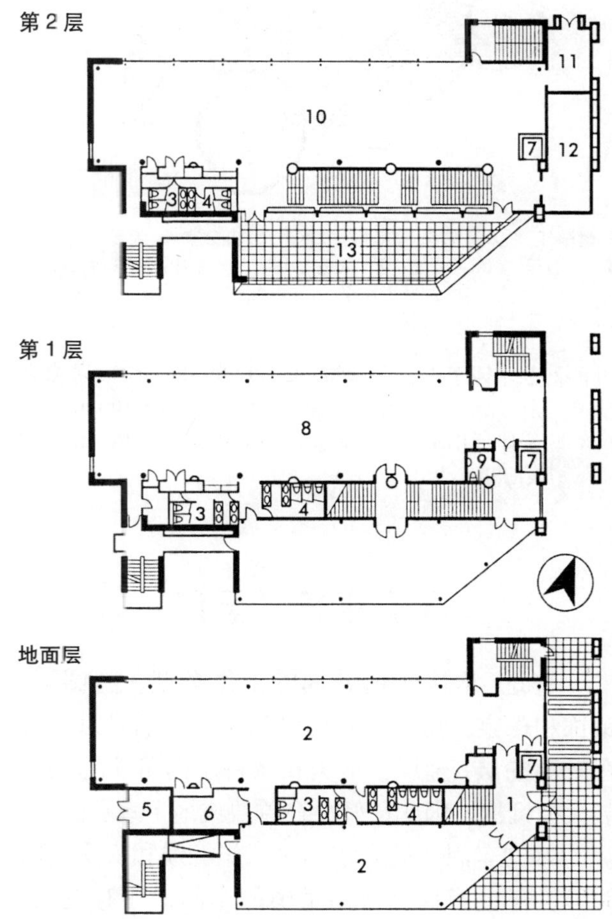


1. 入口；2. 研讨室；3. WC（男）；4. WC（女）；5. 锅炉房；6. 机房；7. 电梯；8. 图形设计工作室；9. WC（无障碍）；10 室内设计工作室；11. 图书室；12 职员室；13 台地

图 8–1 萨里艺术设计学院设计工作室，法恩罕（Farnham），萨里郡（建筑设计：Nick Evans 建筑师）

## 8.2 设计工作室

**综合需求** 它们应该靠近合适的工作室或工作间，还要考虑排除噪声和灰尘。需要一些存放空间，来存放大的绘画作品、模型、参考书和衣服 / 防护设施；还包括带锁的衣帽柜，以及复制绘画作品和文献的设施，尽管后者可能比较集中。

良好的照明很重要，包括自然照明和人工照明。屋顶光线可以作为辅助光源；所有窗子均应安装一定的遮挡光线的装置（如窗帘），以防止眩光和可能的对材料或色彩的损害。所有的表面都应是耐久和易于清洁的。

**展示空间** 传统情况下是在工作室区域，现在这个空间可能发生了变化，包括演讲厅、礼堂、门廊和入口区域。要注意，一些专业展示空间仍然是有需求的（如存放模型处，它们都比较脆弱，或胶片和影碟，需要光线较暗或有灯火熄灭设施，以及附加电源供应等）。

**艺术工作室** 绘画和雕塑的工作室需要较大的面积。它们必须有良好的自然光线，高窗面积至少要相当于地面面积的 25% ~ 33%，并且设在北面或东面。

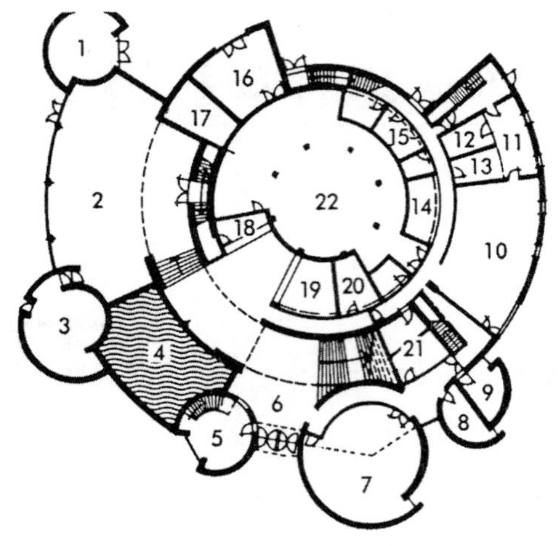


1. 雕塑；2. 艺术画廊；3. 音乐组；4. 水池；5. 办公室；6. 大厅；7. 绘画；8，9. 音乐；10. 工作室；11. 温室；12，13. 合唱队；14. 舞台升降机；15. 化妆室；16. 雕塑工作室；17. 转换室；18. 酒吧；19. 衣帽间；20，21. 卫生间；22. 储藏区

图 8–2 艺术园丁中心 (Gardner Centre for the Arts)，苏塞克斯（Sussex）大学［建筑设计：John S Bonnington 伙伴（JSBP），以前是 Sir Basil Spence Bonnington & Collins］

## 8.3 工作室（车间）

**选址** 取决于所开展的工作类型。与图形、银饰和珠宝、摄影和时尚等相关的轻活可以设置在较高的层；金属、木头和塑料车间可能需要安装大型机械，因此最好设在首层或地下室层。

好的车间布局应该确保工作流线和安全（图 8–6）。在机器周围留出足够的空间，还有过道，以允许必要的移动，而不用干扰工作空间。最好使用非光滑的地面。一个车间技师需要能够在一个部分有玻璃窗的办公室里监管整个区域。

如果每个学生都有一套工具，车间里还需要带锁的个人空间。

关于设备的细节，见工业建筑部分的“车间设备空间”。

**健康和安全** 在使用机器设备的地方，这一点尤其重要——如木材和金属制作（图 8–3，图 8–4）——或使用化学药品的暗室里等。保护性的衣服、护目镜等必须保证足够的数量，安全流程也应该有清晰的展示。

### 8.3.1 辅助设施

包括教学职员的办公室；公共休息室（同时为职员和学生考虑），洗手间和可能情况下的淋浴设施。

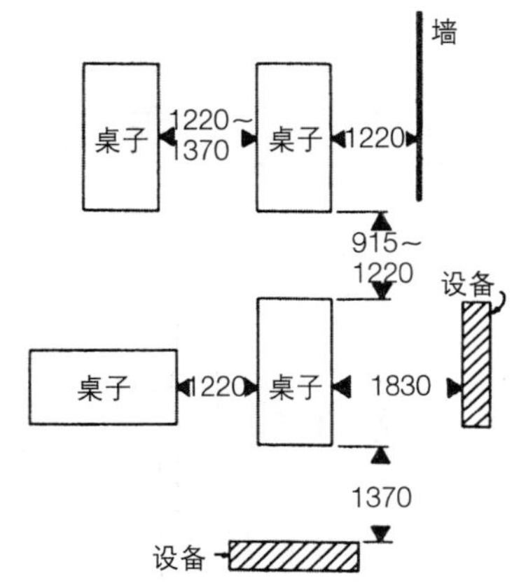


图 8–3 金属工作间布局需要的净距

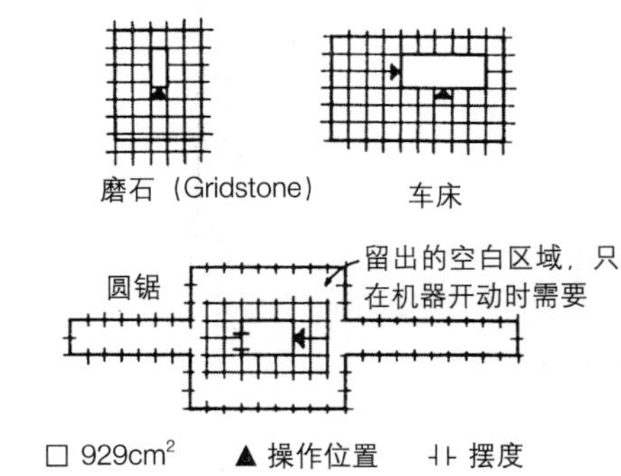


图 8–4 木工机械周围的工作空间

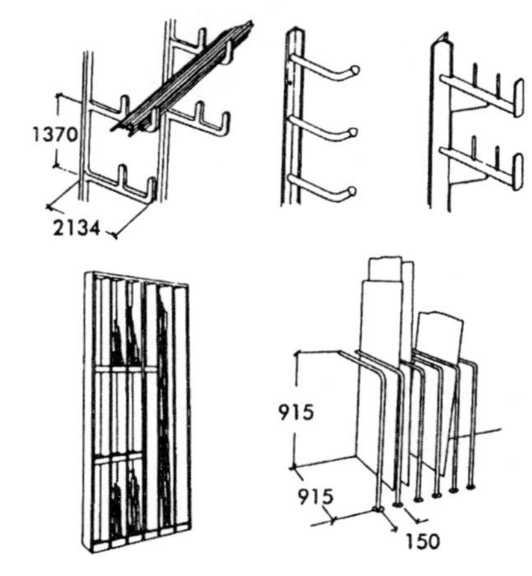


图 8–5 储藏架的不同形式

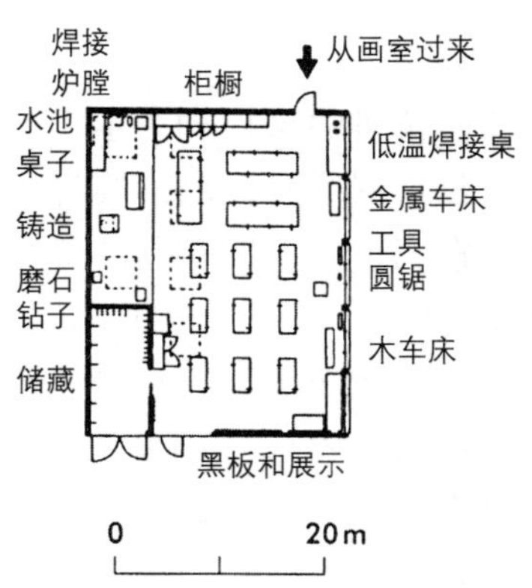


图 8–6 合并的木材和金属工作间布局

辅助区域可能还包括印刷和复印设备，既可能在工作室里，如果是高级的或设备规模较大，则也可能放在独立区域。计算机辅助设计和转换设备通常安置于独立的计算机区域，与其他学科共用。

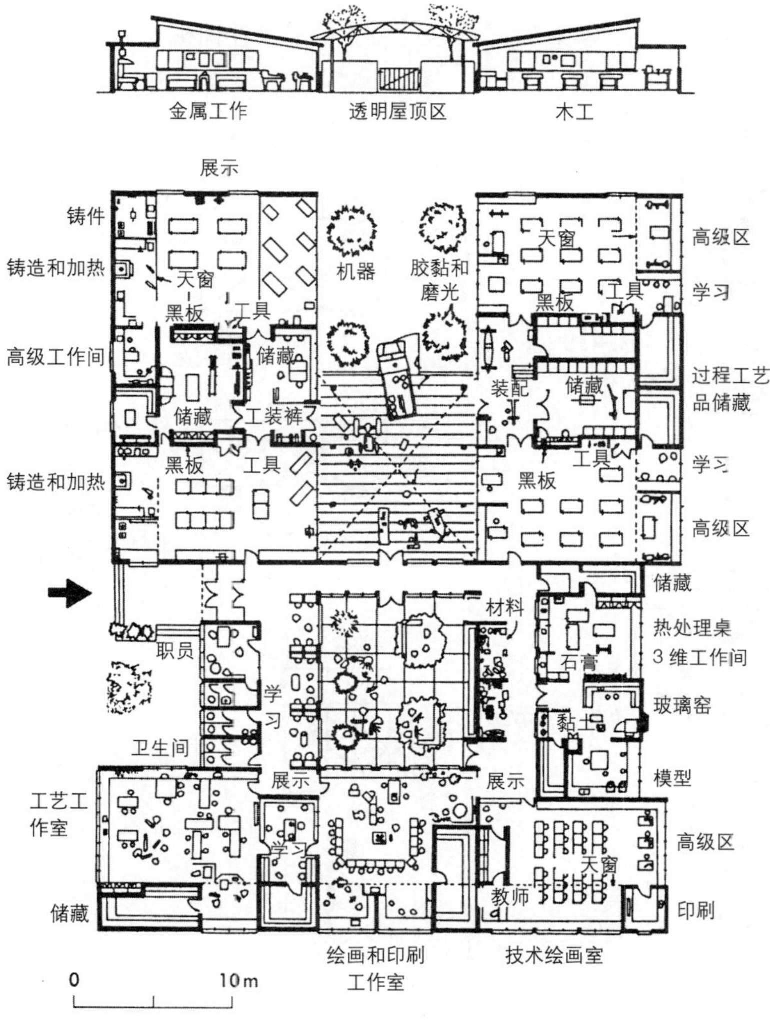


图 8–7 学院艺术中心布局

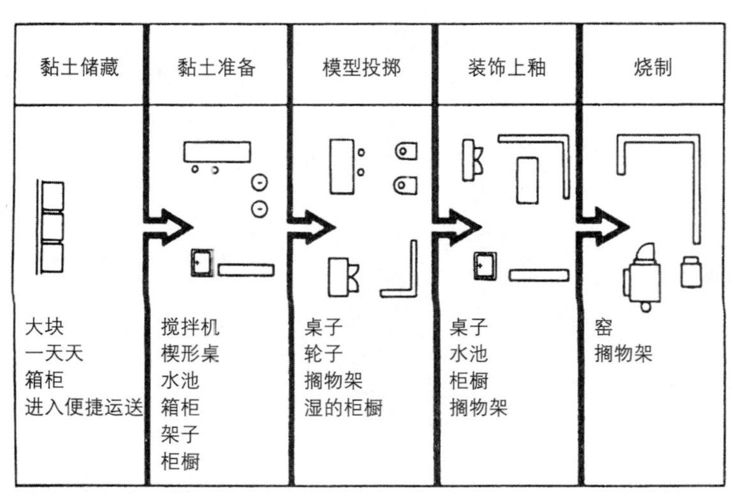


图 8–8 操作序列：黏土模型和陶器

### 8.3.2 储存空间

需要运用各种方法来储存大量物品和材料。还需要在展览或处理前存放完成的作品的区域。一些物品可能易碎或价值很高，还需要附加的安保设施。

所有的存储空间应该位于合适的车间附近，因为特殊的材料存放需要（如瓷器、塑料），还要满足特殊的热力和湿度条件的要求。外部入口应便于货物运输工具到达——见工业建筑部分的“装车场”。

对于绘画和大型油画、木材和木质板材、塑料片、金属部分、织物卷、玻璃和纸，需要特殊的货架（图 8–5）。

对原始的绘画作品、模型或其他需要保留一段时间的人工制品的正确存放，需要良好的条件，结构必须是防火、防水的。

## 8.4 绘画工作室

空间要求与绘画和其他有可能开展的相关工作的类型有关（图 8–9）。

**工作站** 规模由绘画纸需要的设备规格决定，基于国际纸张尺寸的“A”系列（小的纸张规格是依次将大的纸张分成两半——见绘画练习和表现部分）。对于绝大多数工业、工程和设计咨询来说，画纸多是 A1；较大的 A0 图纸很少用到。需要注意的是，计算机辅助设计和绘图被作为传统绘画技巧的补充，但应该首先传授传统绘画。

工作站的最简单形式是：绘画板，手推车和画者的椅子；绘图工作需要从其他作品获得参考的细节，则可能需要资料桌或垂直的屏幕。屏幕的优点是能使所需地面面积最小，但使得大组教学变得困难。参考桌也能提供工作面下的柜子以存放绘画作品，可以放在画者的一侧，平行于绘图板或与其成一定角度（图 8–9）。进一步的可能是“后置参考”(back reference)，参考桌能在后面为绘图板提供支持。

当绘图功能与管理工作合在一起时，资料区可能需要加倍，作为办公桌，或桌子形成独立的单元。

参考资料不一定都是关于绘画的信息；画者通常有必要有一套完整的参考书或手册放在手边。

**放样工作室** 一种深层次的绘画工作室，通常与工作间连在一起，里面会准备一套完整尺寸的放样图纸（或车间“杆”）。它们通常是在建筑工业里，以参与的作坊形式出现。这样的绘图要用到成卷的图纸，在长桌上进行。画者工作时站在绘图面前，绘画面通常是水平的，高 900mm。他们不用其他工作室常用的那种纸，而是原始的图都成卷保存，存放时既可以是水平的（带抽屉的画桌），也可以是垂直的（文件橱柜）。

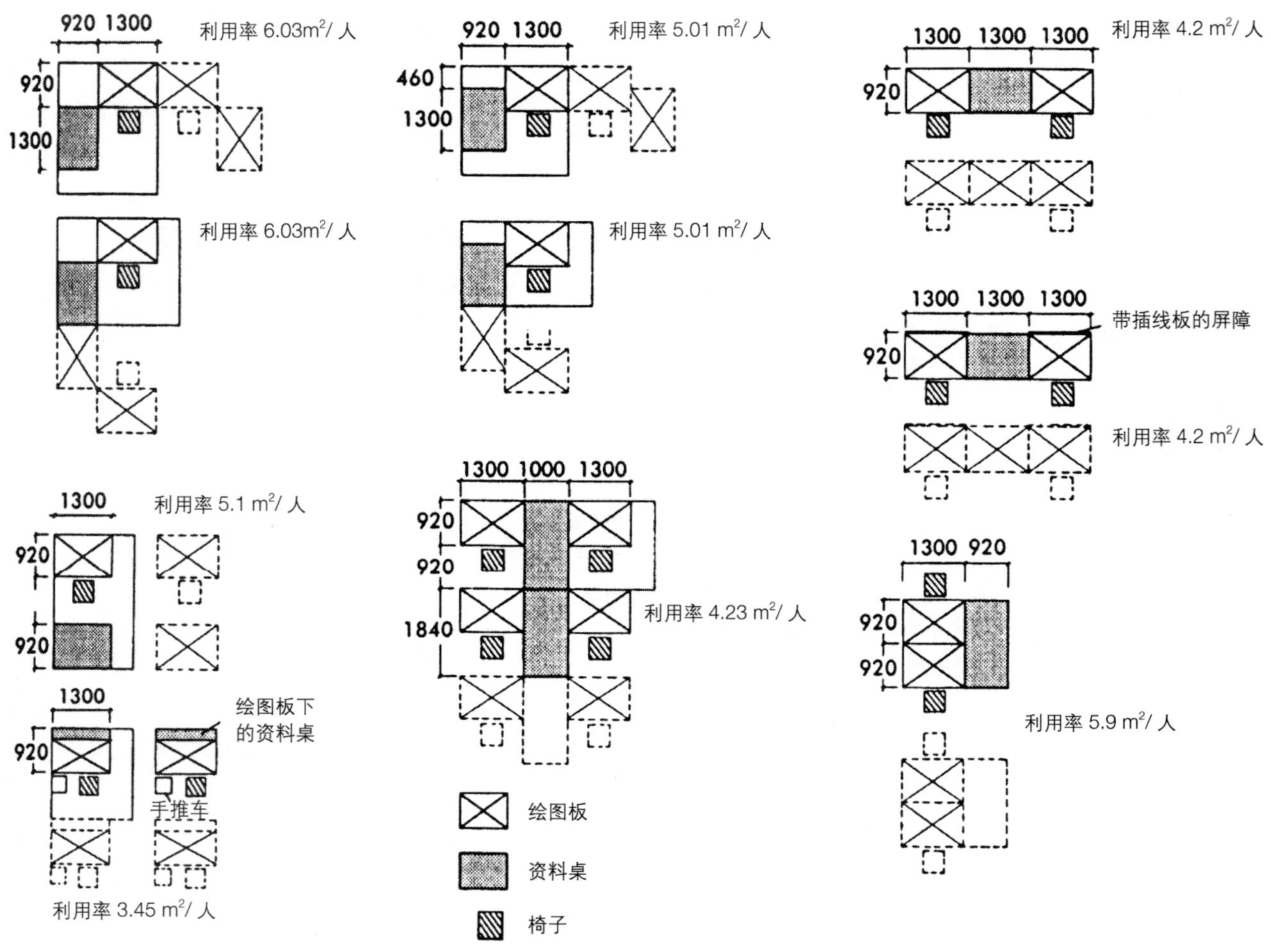


图 8–9 工作站不同的平面布局

# 第9章　农场建筑

*Patricia Beecbam*

## 9.1 引言

农场及其建筑物由一组高度专业化、相关联的工业建筑组成，要满足很广的、严格的农业需求。农场建筑的布局和设计都是根据现在使用的农场系统发展来的，但总的农业建筑活动趋势会直接反映出农业正在变化的未来。在广泛的意义上，对农场建筑的关注更集中于农村配套措施、城镇和乡村规划以及动物的福利。

## 9.2 现代农场起源

许多农场与建筑是为了迎合 19 世纪农业革命新的需求而建设。第一套英格兰和威尔士农场建筑的信息由农业检查委员会 (the Board of Agriculture’s surveyors) 收集，于 1793 ～ 1815 年间以系列《乡村报告》的形式出版。重新规划乡村的好处是一个普遍的主题，包括为了农场工作的方便而对房子进行布局。那个时期农场规划的主要标准是便于安排路线、喂养、产仔和圈内除粪，以及有效收集肥料。肥料收集的质量和便利性对于农场循环来说非常重要，受庭院的设计和谷仓及家畜建筑的关系的影响。

随着 18 世纪晚期牲畜喂养的热潮，所有现代农场建筑中两种最著名的建筑原型首次出现了。第一种是木材作骨架，茅草顶的谷仓，后来发展成金属制的荷兰谷仓，取代了季节性更换的干草堆和秸秆。第二种是牛舍，改进成可接受的现代形式，有斜坡的支撑、牛用链条拴住和牛之间有分隔，内部水供应，喂食槽，粪渠流向有格栅的出口。这些建筑除了构造外，与现代的基本相同。

**机械化**　在这个阶段，将农场作为农业工厂的现代理念第一次逐渐树立起来。机械化对于农场生产变得越来越重要。为了容纳机械化打谷机的谷仓新形式的发展和随后不同建筑的重新定位使大家明白，农场建筑是为容纳农业生产过程，它们的关系也由这些过程的需求决定。然而，在短期里，在旧的谷仓里安置新的机器要比重新布置整个农场简单和便宜一些。因此大多数人是使机器适应建筑，而不是建筑去适应机器。

**效率**　农场主将更复杂的农场系统要求的设

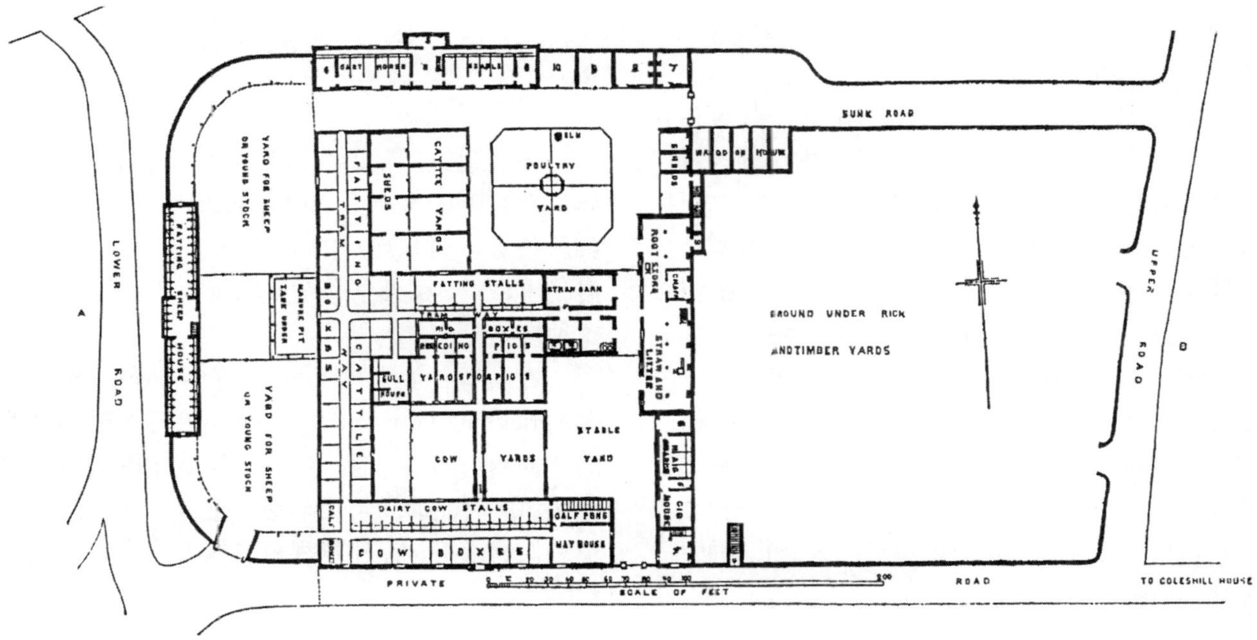


图 9–1　拉德诺郡伯爵典型农场（1853）Coleshill，牛津郡（引自《建造者》，1854 年 12 月 23 日，654 页）——译者注。

计、设备和复杂建筑的传统责任交给了知识、设备工程和建筑材料制造方面的专家。现在使用一些昂贵的浓缩物质来喂养牲畜，因此也要求提供条件较好的畜棚，将喂养物有效地变成肉。其他好处是通过以下措施实现的：防止粪肥被雨淋湿，更好地保护它的价值，更集中的单个动物的方形舍栏的系统使得单独处理牲畜成为可能，避免弱小者被欺负，允许每个动物不受打扰地进食和休息，喂养可以仔细分级，粪肥也能得到保护（图 9–1)。

**建筑和材料** 价值的提升使得要求对农场产品的保护提供更多的花费，工具也获得更多的关注和关心。每英亩更多的产量意味着对购买的资源更多的依赖，这些也因此意味着对建筑更多的资金投入。随着预制产品的供应范围越来越广，最终农场中出现大量装配的预制建筑。这种建造系统的未来取决于标准产品广阔的、持续的销售市场。最早第一次成功地应用到农场的最通常、最简单的结构，是荷兰谷仓。所有的农民需要做的只是挖掘和准备混凝土基础。

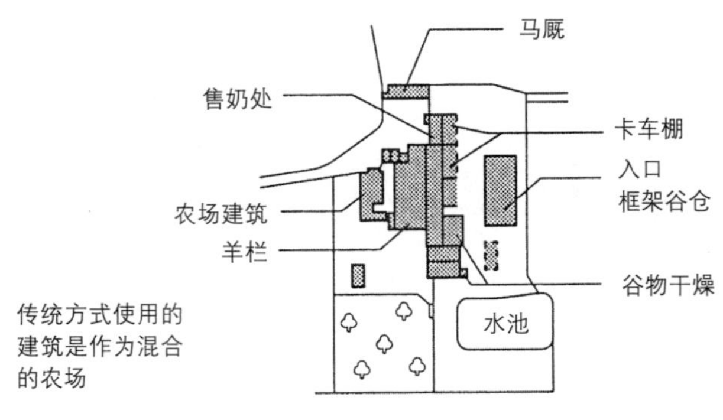


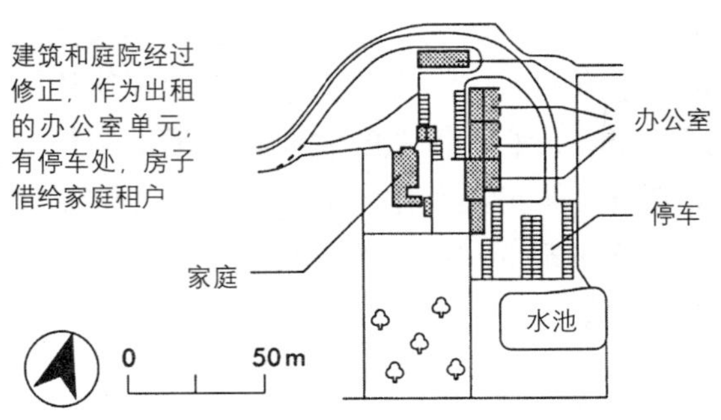


图 9–2 农场建筑新的用途使得合并后出现一些多余的部分：Whinchat 礼堂，Escrick 公园产地 (park Estate)，约克郡（1998)（建筑设计：Chris Walker RIBA）

### 9.2.1 农场发展

在 19 世纪末期，由于大量进口食物的增加，英国传统农场系统有了很大的改变。饲养家畜的农场有一个稳定的改变，就是开发了便宜的进口草原粮食。最重要的是，在没有海外竞争的情况下，液态牛奶产业最早通过铁路而得到发展，又被随后的公路运输所推动。1933 年，英国设立了乳品销售委员会 (Milk Marketing Board)，到 20 世纪 30 年代末期，牛奶收入已超过所有可耕作的农作物产量总和。

**奶牛场** 奶牛场虽然在细节上有一些改进，但和维多利亚时代的牛舍相比没有本质的区别。为了改善牛舍和奶牛场的条件和卫生标准，做了大量工作，政府监察员也强化了一些标准和规范。紧随挤奶环境的改善，挤奶机器也有所改进。挤奶机使得一名工人可同时为好几头奶牛挤奶。随着“排奶器”[①]挤奶系统（‘releaser’ milking system) 的发明，开创了一种新型的改良的奶牛场建筑，牛奶通过悬挂的管道送到奶牛场。这种建筑演变成了基于厩棚的“挤奶室”，奶牛只在挤奶时留在这里。因为现在每个厩房可以为好几头奶牛服务，所以建设成本也节省了许多。

**牲畜饲养** 牲畜饲养方面一个最重要的进步是青贮料过程的发明，草或其他绿色谷物可以不用干燥，直接放在一个隔绝空气的罐子或盖好的容器里。青贮塔是 20 世纪最早影响到农场建筑的设计和建造的研究技术之一。

## 9.3 当前潮流

### 9.3.1 建筑

农业建筑活动的兴盛期是开始于 20 世纪 50 年代晚期和 60 年代，当时产量急剧增长，机械化和科技进步要求现代的结构必须有相应的变化。混凝土柱——框架结构建筑的发展也协助完成了这种转变。

在英国，农业食品水产部（MAFF, Ministry of Agriculture Food and Fisheries）在这个时期提供的资助相当高（达到一座新建筑费用的 2/3)。20 世纪 70 年代和 80 年代早期，建造活动维持在一个较低的水平，而建筑规模有较大的增长。从那

① 排奶器：将奶从真空下移动到大气压下的装置。——译者注。

时起，MAFF 对农业建筑的资助停止了，在 20 世纪 80 年代末，由于农业收入的减少，农场建造活动也减少了。

根据已建造的建筑的规模，有一个持续的建造更大型建筑的趋势，哪怕是实际数量在减少。20 世纪 90 年代，随着农场企业经营项目比例的改变（如家畜饲养减少，谷物土地面积增加，或一些特别的企业的扩张），许多新建筑都作了修正。是农业的需求而不是农业实践方式的改变造成了更多的建筑需求。

20 世纪 60 年代建造的谷物储存处从管理角度来讲不够经济：谷物搬运系统已有了很大改变，设施规模也有所增加。当谷物产量增加时，为了保持灵活的市场策略，还要建设更多的干燥和储藏设施。有鉴于额外的奶牛场建筑很难调整，20 世纪 80 年代早期的新的贮藏青饲料的地窖的投资却翻了一番。当青贮变成存放草料的方法持续下去，也带来了降低牛奶生产费用的压力。

**环保压力** 在过去的 15 年里，采用了许多新方法，避免对溪流、小河和其他水源的污染。法律也要求建筑必须控制污染（如防止青贮料泄漏）。

**政治和经济背景** 农业所处的时代背景处于不断变化之中。目前激励农业变化的是欧盟共同农业政策（Common Agricultural Policy，CAP）改革和关税及贸易总协定（Ceneral Agreement on Tariffs and Trade，GATT）。如果想了解农业产业结构关键元素和最近的改变，可以查找 20 世纪 90 年代的数据。1993 年，总的农业用地面积是英国国土面积的 77%，其中大约 24%是农作物，36%是草地，32%是牧草地。到 20 世纪 90 年代末期，奶牛的数量有所减少，但牛肉和羊肉数量有 30%的增长。饲养的家禽越来越多，而蔬菜、水果的种植区域越来越少。

### 9.3.2 农场建筑及固定设施的补助金资助和激励政策

(1) 政府资助是一个重要的因素，并且已经资助了英国许多相关的研究工作。

(2) 建议：MAFF 曾经给予不同的服务，但现在只能通过私人 / 独立咨询获得，尽管 DEFRA（MAFF 的继承者）仍然给出一些总的建议（即土地评估）。

(3) 自 1994 年起，欧盟的欧洲农业指导和保证金（EAGGF，通常当作法国 FEOFGA 的缩写词）提供补助金。通过一些不动产及与规划、建筑和工作相关的资本投资的补助，达到帮助农场项目的目的，为日用品增值。

(5) 欧盟的“农业产品生产和销售”补助金由苏格兰农业、环境和渔业部办公室（SOAEFD）管理。

### 9.3.3 多样化

由于大多数农业工作都不复存在了，使得欧盟对农业的支持减少，CAP 的经济资助的实际数量也有所减少，但农民通过寻找替代产业进行回应。

CAP 的改革使得农民与市场环境更贴近，通过一些以农场为基础的企业向市场供应产品，如地区和特色食品，还有大规模的协作，如中心水果和蔬菜打包及谷物存储。这些产业为当地生产增加了价值。农民在农业之外开始不断寻求多样性，以补充他们的收入。大多数基于农场发展起来的工作现在关注一些林地的管理、农业商店、骑马、体育设施、自然旅游、木匠作坊和假日住宿等。

## 9.4 未来趋势及对新建筑的需求

一些影响到对新建筑需求的趋势有：

**扩张，升级** 由更多的机械和干草存放，还有荒废的建筑的更新，以及与垃圾和泥浆处理及动物防疫相关的法律推动。

**置换** 大多数建于 20 世纪 50 年代和 60 年代的建筑现在已经到了设计生命的尽头（即它们功能上不能满足需要，结构也很脆弱）。现代化或置换是必要的，意味着在同样的场地上置换或在新的场地上新建一座更大的、形状不同的建筑。

**分化 / 合并** 一些农场会通过合并相邻的单元使规模有所增长。在未来，同一区域的农场很有可能有更多的合作，包括市场和机械共享，允许成组的市场和合作。对于一些农场来说，企业会有相应的联合，形成一个大农场，因此活动集中，有潜力提供对资源的更大的保护。“快轨汽车”（‘fast-track’ vehicle）的发明，使得拖拉机有更快的路上速度，允许一个农场建筑为更大的区域服务。

**新定地块 / 分散地块** 一些购买者购买尚未建造建筑或住所的大片裸地，这些土地常来自于农场出售地段的一部分，随后，购买者在这些土地上新建建筑，形成农场。这种情形通常是由于多样化经营导致的兼职农民增多。

**租赁法规** 1995 年的农业租赁法改革后有一些改建，也带来潜在的新建筑的需求。

**环境考虑和污染控制** 由于对水和空气污染的控制，这个行业一直面临着新的需求。英国 1991 年颁布的《污染控制法》(Control of Pollution Regulations) 设定了有潜在污染源的新建筑或扩建设施的最低标准。环保局 (EA, The Environment Agency) 也制订规范，要求现有设施进行改良，以减少农业对河流的污染。要求新的建筑减少垃圾产量，并提供废旧材料的存放地。对环保措施的要求也会对饲养家畜的农民提出更多的需求。

**动物福利** 出于对目前动物福利的考虑，以及法规和公共观点的支持，目前的趋势是将家畜成群喂养，而不是单独喂养或养在栅栏里（即板条地板，没有草垫）。如猪，猪圈改造时要遵循近期关于畜栏和系链的法规。1994 年的《家畜福利法规》(The Welfare of Livestock Regulation) 规定，在英国从 1999 年 1 月起废止这些系统。农场过去使用封闭的狭小的系统，现在需要为母猪提供加倍的空间，还要为草垫的稻草和固体肥料提供额外的存放空间。

**食品卫生** 供人类消费的产品，包括牛奶、蔬菜、水果和谷物，其存放和搬运方面的标准一直在不断提高。这些标准可能导致建筑进行修改和更换。

## 9.5 法定控制

控制农场建筑选址、设计和建造及相关工作的规范和规划要求包含在各种不同的国会法规以及建筑规范里。这些法规和规范的大部分都在 BS 5502 里有所概括。

### 9.5.1 规划宜人性和自然保护

除了法定控制的需求，在设计阶段还要考虑其他方面，如任何当地的或非法规的规划需求，宜人性的防护、总的审美价值，景观质量；如果场地在国家公园里或包含特殊的科学兴趣的场地，则需要向国家公园管理局或自然保护委员会的当地办公室进行咨询。

**污染控制法规（1991）** 这些法规极大地影响到农场潜在污染物质的处理方法。不通过环保局的书面许可，将任何农业废弃物投放到河里、地下水或地上都是违法的。在许多普通农业活动的副产品中，青贮液体是最强的自然污染源，会杀死鱼类，腐蚀钢和混凝土。还要考虑到噪声、烟、气味、化学物品及其他特殊建筑和过程的污染。

## 9.6 规划控制

### 9.6.1 农业规划背景

农场遗赠可以免除农场建筑的规划控制。不过农业从耕作到农工一体的变化，破坏了英国大多数乡村独特的特征。自 1947 年《城乡规划法》(Town and Country Planning Act) 颁布以来，规划政策重点有所转换，从在农业使用中尽可能多地保留土地，到目前的乡村经济多样性。然而，农场用地仍然占据了英国乡村 3/4 的土地，在苏格兰、威尔士和北爱尔兰的比例则更高一些。食品生产和有竞争力的农产业继续保持重要地位，为乡村地区许多其他经济活动提供基础。同时，环境目标也与农业政策相结合，农民的活动也变得多样，以补充他们的收入。土地所有者需要灵活的选择，以最经济的方式利用他们的土地，包括非食用作物，种植木材、休闲和娱乐产业、土地管理，以获得环境收益，以及毁坏的景观和居住地的修复。

### 9.6.2 农业规划法规结构

最密切相关的《规划政策指南》(the Planning Policy Guidance) 是 1991 年出版的最新版 PPG7 号政策。政府政策基于“确保乡村繁荣，保护和增强乡村特色”的原则。名为“英格兰乡村：国家为繁荣的乡村负责”(Rural England: a nation committed to a living countryside) 的白皮书中指出了乡村未来的 6 个原则，这也是 PPG7 号的基础：

(1) 追求可持续的发展；

(2) 将乡村作为国家财产，共同担当责任，为在那里生活及工作，还有参观的人服务；

(3) 对话，以解决优先权争议；

(4) 独特性，确保乡村政策的灵活性，以应对乡村的特征；

(5) 经济性和社会多样性；

(6) 信息公开，以保证政策的有效性。

1991年前，大多数农业建筑是不受规划控制的，但1995年6月，《城乡规划法令1995》(Town and Country Planning Order 1995)（一般准许发展令，General Permitted Development）开始生效。从那时起，新的农场建筑必须位于用作农业用地（贸易或商业）的土地单元上，一个单元不小于5hm²，还有其他的条件需要满足。自从那时起，农场上超过5hm²的开发需要经过当地规划局（LPA, local planning authority）的许可。许可过程的目的是对开发进行一定的控制，以免对周围环境产生太大的影响。这样使得当地规划局在发展过程中可以预先考虑开发细节的可行性，包括场地、设计和外观。

**控制的程度和当地规划政府的责任** PPG指出，LPA必须为它所辖区域里的不同的类型的乡村制定特别的政策。地区特征源自土地使用过程中物理的和经济的特征以及其他人类活动，如农业模式、定居点形式和建筑设计。目标是“既为维护乡村的特色，又为实现快速发展出谋划策”，还要保护优质土地及进行乡村建筑的再利用，尤其是用作商业而不是居住项目的建筑。

政府鼓励当地规划局与当地农场、保护协会及MAFF一起制定设计导则。他们也可以作为开发者和农业建筑建造行业之间的交流的辅助。

### 9.6.3 规划事务

对于存放和处理泥浆或肥料（距离居住或类似建筑400m以内的肥料存放堆也需要规划许可）的细节需要有所安排。

农业开发的规划申请，如集中的猪和家禽单元（即繁殖的母猪超过400头，5000头肥猪；50000只蛋鸡或其他家禽，100000只肉仔鸡），需要包括一套环境影响评价，以及保证这些如何被最小化和得到控制。

**DETR建议**（来自农业和农场开发的规划控制。）DETR报告指出，如果项目的选址和设计经过仔细考虑，这些乡村地区可以在不损害环境的情况下有多种形式的开发。如果仔细地考虑相关的已有的定居点模式和历史、野生生物、景观资源，乡村地区可以允许许多形式的开发。在开放的乡村，在远离已有定居地或规划指定的开发区进行的建设要受到严格的控制。

影响景观的原因如下：

(1) 在一片裸地上开发；

(2) 在远离农场建筑的地方建设；

(3) 建筑尺度过大／在已有的农场建筑中高度过于突出；

(4) 受市郊化影响的建筑。

补救建议如下：

(1) 屏蔽式种植／避免破坏天际线或山脊线（高度影响）；在建筑周围形成景观带，减少主要位置的影响；

(2) 种树／对周围的农场建筑重新布局／改造建筑外表面来减小冲击力；

(3) 景观治理／外立面覆盖／设计修改／减少体积；使用双坡屋顶而不是单面屋顶（图9–3）；

(4) 避免小建筑的扩展／再布局；

(5) 青贮堆，可能有1.68m²，2.4m高的墙，需要用屏蔽式种植；

(6) 避免在坡面上建造大面积的硬面层。

## 9.7 设计考虑事项

### 9.7.1 选址

农场建筑是大多数农业景观重要的组成要素。传统的情况下，它们的选址和外观反映了农场的系统、当地的材料（通常与地理条件相关），当地的建筑技术，以及独特的场地景观特征。新

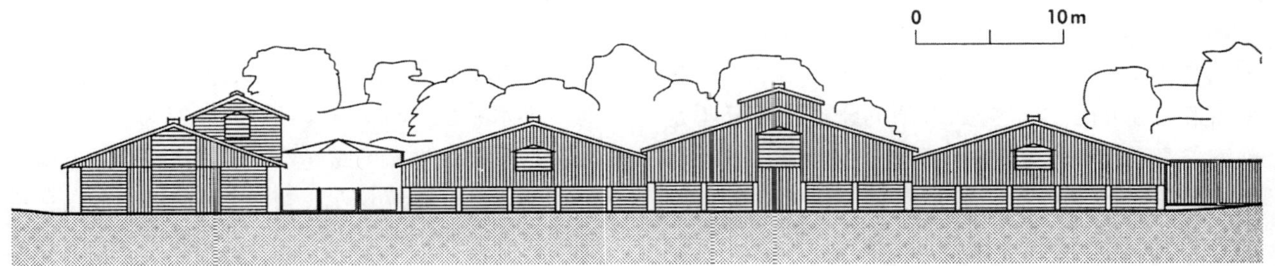


图9–3 Park农场，Bradninch，德文郡（1995）：减少建筑对景观的影响；多跨度牛奶场单元长长的立面（Stratton & Holborow）

建农业建筑的选址会对场地和周围景观带来影响；开发在不影响它要服务的功能的前提下，要尽可能融入当地景观。场地的选择要考虑已有的地形特征，等高线和植被，还有已有的人工设施、墙、池塘等。

目标是尽可能少地干扰现有景观；场地既要考虑到从关键视点看过来，又要注重增强建筑和场地之间的关系。新建筑应该成为组群的一部分，而不是孤单的一分子，且规模和色彩与已有建筑形成关联。引入新建筑会改变整个组群的外观，可以通过选择场地和朝向，根据其规模和形状对现有建筑的影响来改进现存的关系。采用现代设计的新建筑有时最好与一组传统建筑分开，以避免视觉冲突。如果有可能，避免在天际线处选址，为了减少视觉影响，建筑应融入周围的景观，或者如果基址是坡地，如果费用不是特别高，则可以将其放到坡上。

一个单独的大型的建筑对乡村的影响可能比一个或更多的小的建筑更大，因为后者更容易融进已有的组群，提供更大的灵活性，尽管建筑的功能将决定它的形式。功能和经济的需求会导致一个大规模的标准建筑，通常会需要一片平整的场地和周围有大的区域，以设计出入口和满足未来的扩展。然而，对建筑的位置、形状、材料和空间布局"功能化"的决定，也帮助决定了它最终的外观。目的是既要建造满足功能的建筑，也要对景观有所贡献。

### 9.7.2 景观

通过仔细的材料选择来考虑建筑与已有景观的和谐相当重要。篱笆和墙在视觉上很重要，也是重要的围堵方式。在用土堤或河岸作为屏障时，种植还得考虑到当地的自然景观和植被模式，还有场地周围已有的栖息地。植物应选择当地乡土乔木和灌木（见 BS 5837 和 BS 4043）。新的农业建筑选择如与已有的森林相邻（但不要太近），能帮助它们融入当地景观。为了维持这种效果，合适的林地管理是必要的。此外，一些合理的植物配置和外部的工作也会强调新的建筑。目标不是将建筑隐藏于视线之外，而是要软化硬的轮廓，打破过于突出的轮廓，让新建筑与周围的环境融为一体。任何新的种植应该反映出当地已有的植被类型，或是认可的林地拨款方案 (Woodland Grant Scheme) 应用的一部分。

## 9.8 设计和外观

**特征和形式** 规划导则可能包括当地建筑设计的信息。在为现代建筑制定当地设计标准时，传统的建筑风格相当重要。在对列入文物保护范围的建筑周围及自然保护区域进行开发时，通常使用传统或与之相似的材料。

更新或扩展不会像新建筑一样带来困难，但在设计和外观方面也要有相似的考虑。通常使用与原有材料相似的材料。

### 9.8.1 色彩范围和它们的应用

选择的色彩应与乡村的环境相协调，不是要把建筑伪装成别的，而是要让它与已有建筑产生关联。仔细选择的色彩会弱化一座大型农业建筑的体量感。从中等或较远的距离来看时，屋顶最好是深色的，且深于任何垂直面的外表面。总的来说，传统建筑的屋顶颜色要比墙面的深，可以起到减少它们对周围的视觉影响的作用。一些屋顶材料上自然生长的地衣可以减少反射，也使得建筑看起来同周围的景色协调一致。

一项对景观的色彩的调查显示，要让一种颜色和它的背景产生协调的视觉效果，明度是关键的因素之一。这也限制了可选色彩的范围（见 BS 5252），从色柱 21 到 29，37 到 39，44 和 45；灰度只限于 B，C 和 D 组；认为与乡村比较协调的色度有 04 红，08 橙色系（yellow-red），10 黄，12 绿和 18 蓝。墙和屋顶的色系是不同的，以达到色差区别的效果。

**主要墙体区和屋顶** 在选择色彩时，最好考虑所有的当地的色彩特征，也要从 BS 5252 所提供的色彩中来选择。

**其他墙体区** 在新的农场建筑的主体区，工厂生产的彩色覆盖面将占到外墙表面大多数，因此决定了建筑的总体色彩表现，不过还有些外表面，如砖、砌块或石头组成的基座和墙或山墙的底部，可以涂成不同的色彩。

**门和窗框等** 所有其他的建筑元素，如门、窗框、排水系统和落水管，也需要色彩选择。总的来说，窄的线性元素最适合选择中性色彩，如白、灰或黑（见 BS4576：第一部分）。窗框漆成白色或亮的色彩，可以将注意力引向外面，而漆成黑色或深色会将注意力转到它里面或周围的空间。门可以漆成更明亮的颜色，可从 BS 4800 里选择，如

D组和E组里的颜色，选择的条件是对比度或明度不要盖过相邻墙体的色彩。可选 BS 4800 系列里的如下色彩，作为门的粉刷色时可以同墙和屋顶颜色保持协调一致：如 08B29，08E51，18B25，20D45。用于粉刷工厂的颜色也应与之相配合。

## 9.9 农场类型

(1) 混合家畜：绝大多数是牛和羊的混合，有一些包括小块的可耕作土地，或者适当的猪 / 家禽企业。

(2) 奶牛场：主要的或全部的运营产业即乳品业。

(3) 猪 / 家禽：主要的企业是集中喂养的或户外畜禽（如自由放养的猪和家禽）。

(4) 耕地加上猪 / 家禽：一些大的农场包含这 2 种产业。

(5) 耕地：主要的产业是耕作。

(6) 其他：园艺、蘑菇等。

(7) 主要是非农业：骑马等。

### 9.9.1 建筑类型

(1) 通用农业建筑

(2) 栏厩建筑（猪圈、马厩、羊圈、牲口棚、家畜围栏、田野庇荫处 (field shelters)）

(3) 家禽棚

(4) 储藏设施（农业工具和谷物 / 草堆）

(5) 泥浆和肥料堆；脏水泻湖

### 9.9.2 总的设计原则

在法定规范的限制下，农场建筑的功能要获得满足，它的设计既要满足功能，还要照顾到美学需要。BS 5502 CP 是关于设计、建造及安装的，每个农场建筑均应根据 BS 5502 CP 中的 4 个等级之一设计。《实践规范》的第 20 部分（1990）涵盖了总的设计原则，以及牲畜、庄稼和补充的建筑系列的特殊建议。

第 21 部分讨论了施工材料的选择和使用，还提到了影响使用材料可持续性的使用的特殊方面，如动物身体的压力、踢、咀嚼、日常卫生、农业机械损伤、破坏性天气和 / 或腐蚀性的化学物品、肥料和污水。

**建筑规划** 要考虑各种不同因素，如：

(1) 朝向：开口在前的栏厩需面向南方或西南方。

(2) 设施：可能需要特殊的设施，便于收集青贮污水、把新家畜和染病的家畜分开饲养的设施，并对它们的排泄物进行单独处理。

(3) 最佳尺寸：跨度太大会使得家畜建筑和谷物存放处里的通风变得困难，因为侧面的通风管也不是十分有效。

(4) 水源供应：应着重避免后面的虹吸作用（如身上带着羊药浴液，杀虫剂和其他污染物的时候）。

**入口和流线** 农场建筑里面和周围的空间很重要。交通的流向、容量和类型应该以最经济的方式组织，并考虑材料搬运和包含的重量。一些典型的转弯圈见图 9–4，图 9–5，图 9–6。

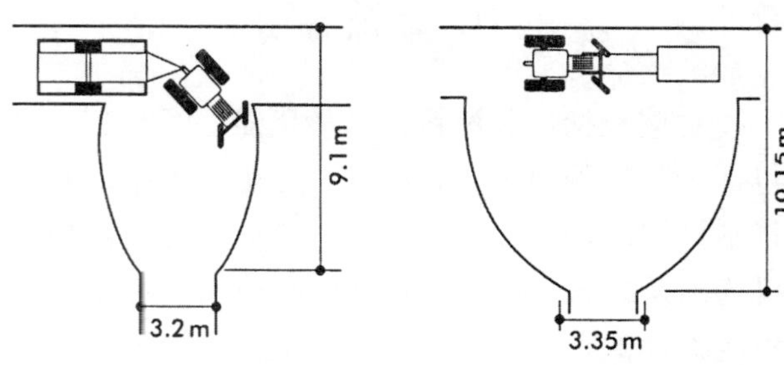


图 9–4 装载大草料箱逆向转弯　　图 9–5 大的货物搬运器械，前端装载

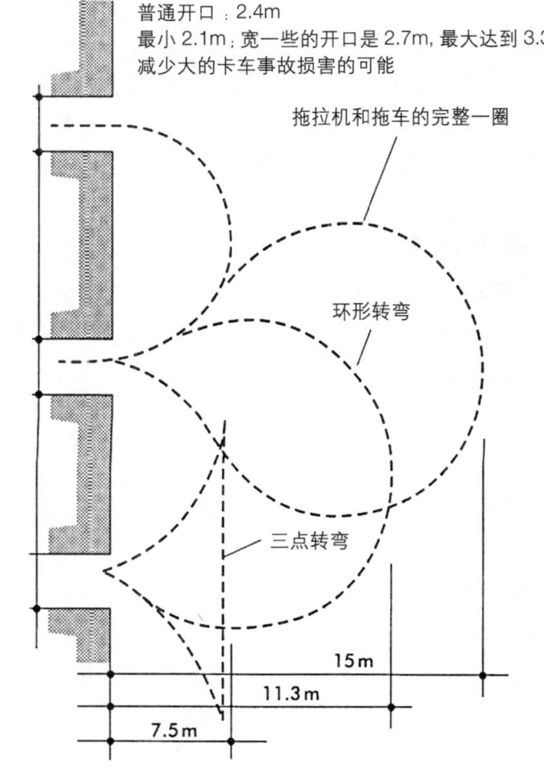


图 9–6 在建筑内转弯

为机械轻松移动留出足够的空间，同时要保持家畜移动的距离最小，以节省时间和减少对动物的压力和伤害。

**机械化** 为了提高效率，废除浪费时间的手动搬运，采用机器来搬运，打磨，拖曳，充气，吸取或散布农场材料。预算显示，每英亩农场每年至少搬运 8t 材料。随着机械化和家畜建筑里微气候控制的增加，对电力和固体燃料存放的需要也增加了。大批量运输和储存已经取代了以袋为单位的运输方式。

**通道 (races)、漏斗状围栏、处置区** 猪和牛常常需要定期称重。装载和卸载动物，斜坡和称重桥都需要考虑。

## 9.10 能源需求

这些包括化石燃料、可替代能源资源等，也包括饲料能源 (feed energy)。在家畜产业，尤其是单胃的动物，如家禽和猪，在热量的消耗和饲料的消耗之间总会有个平衡。在使用一种或另一种能源时要注意到可能带来的好处或弊端。此外，要通过使用隔热和控制建筑中的通风来注意保存动物产生的废弃热量，以减少热能或饲料的消耗（见 BS 5502：第 40，41 和 42 章）。在用作低温储存庄稼建筑里，需要考虑到太阳能和通风带来的热。

**隔热** 建筑里不同家畜的栏厩和日用品隔热的近似标准可在 BS 5502：第 40 ~ 43，49，60，61，65，66，72，73，80，81，82 章中查到。

### 9.10.1 室内环境

**自然和人工照明** 自然或人工光源的等级需为操作者在建筑里任何部分有效安全地完成工作提供足够的光线。在畜棚里，照明的等级应以动物自身的福利和利于观察这两个标准为依据。

**日照** 除了一些太阳完全照不到的地方，通常建筑里各处应有 5%的日照系数。在绝大多数完全封闭的建筑里，透过天窗的自然光是最经济的，其他情况下会有完全的或部分没有障碍的侧面开窗。

注：当规划和计算建筑自然光照时，使用室外 5380lux 的强度。（这个数据在进入建筑时会由于一些结构上的阻碍而减少，日照系数是建筑内某一特殊点获得的室外照度的百分比。）因此在农业建筑里，取日照系数为 5%时，采自屋顶天窗的自然光线的照度为：

$$\frac{5380\times 5}{100}=269\text{lux}$$

**人工照明** 采用 BS 8206 的建议（图 9–7)；紧急照明见 BS 5266：第一章。照明的选择必须考虑到安全，比如在谷物存放间的照明，灯具散发的热量在高湿度时，或有氨气产生的腐蚀性环境下会点燃尘土。

### 9.10.2 供热和通风

工作环境应尽可能同时满足人和家畜的谷物的安全。通风很重要，如果这里湿气太重，细菌会大量繁殖，抵抗力弱的动物就会感染。可以安装隔板以避免穿堂风。较差的通风以及较大的温度变化会导致能源损失，增加事故和病害的几率。

### 9.10.3 通风和渗透

一些建筑，尤其是囤养家畜的建筑，在所有时段都需要一个最小的通风速率。为了减少牛和羊的呼吸系统疾病，通风宁可多而不能少，尽管家畜饲养处背部上方的瞬间气流不能超过 1.2m/s。建筑应垂直盛行风向布置以避免山墙端的通风（南北轴线），通风口常位于屋脊处和屋檐下。非常宽

| 灯光类型 | 亮度(lux/w) | 寿命/h | 色彩渲染 | 流明范围 | 应用 |
|---|---|---|---|---|---|
| 灯丝 | 13 | 1000 | 佳 | 200～2200（25W～150W） | 普通照明 |
| 简洁荧光 | 52 | 5000 | 华丽 | 200～1400 | 宜人照明 |
| 水银荧光 | 52 | 7000 | 白 | 1700～110000 | 谷物干燥；牲口棚；大的围合区域 |
| 金属卤化物 | 55 | 6000 | 华丽 | 13600～166000 | 大的围合区域；外部区域照明 |
| 高压钠 | 96 | 8000 | 差 | 3000～123000 | 羊圈；工作间；区域照明 |
| 低压钠 | 200+ | 7000 | 无 | 1800～26000 | 安全和宜人照明 |

图 9–7 照明及其相关效果

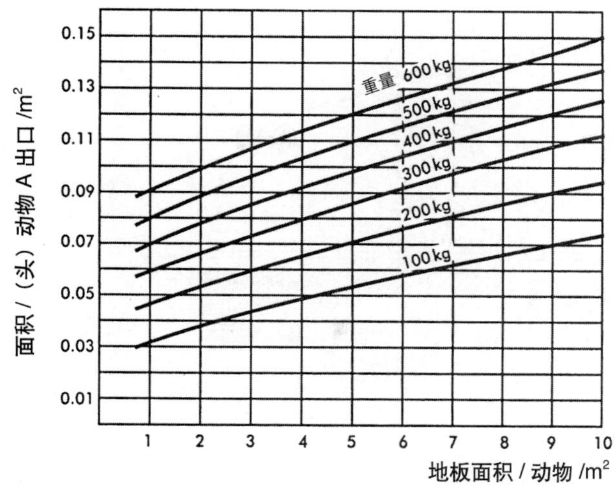


出口区，高度差异 1m；因此 A 可以容纳 400kg 的动物，4m²/ 头，是 0.093m²/ 头

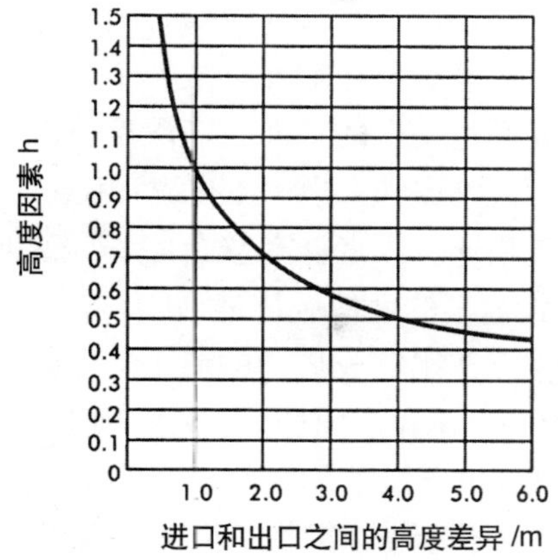


高度因素：高度差异 3m，高度因素 0.58；因此出口区需求是 0.093×0.58=0.054m²/ 头；进口区是出口区的 2 倍

图 9–8 牲畜建筑通风区域

的和多跨的结构会需要一个"呼吸的"屋顶，即沿着建筑每隔一段就有一些开口或缝隙。通风口的设计应保证，即使在平静的气候条件下，通过堆栈效应，畜棚里升起的热空气能缓慢带进新鲜空气（如 1m 深的木板进气口或连接处 400mm 的小缝，与开放的或通风的屋脊出口相接）(图 9–8)。

在需要保证温度高于室外温度的建筑里，需要仔细考虑减少通风带来的热量散失。外部风或内部热源的压力（即自然通风）会导致建筑里高速率的空气渗透。这样的渗透是热交换的主要来源，会超过结构性热损失或热量增加。无法精确控制或风向向下的强制通风也会有同样的问题。通风系统的设计也会影响到室内的温度布局。若是天花板处的温度高于占有高度处的温度，就会导致建筑里大量的屋顶散热。设计师若要蓄住热量，不让它流失，就得考虑内部空气的气流分布和混合。

## 9.11 各类型圈养空间示例

### 9.11.1 牛

在英国，圈养牛不能显著提高它们的生长或产奶量，但圈养数量更多，更便于管理。这种方式减少了饲料的浪费，改善了畜牧工人的工作条件。成年牛的设施通常限于奶牛、哺乳的母牛和公牛。奶牛需要的空间因自身品种和年龄的不同而有所不同；在圈养期要考虑到生长中的动物的体型的增长。如果奶牛是整年圈养，则需要考虑到圈养单位周围机械的移动，因为夏天是从地里运饲料，而冬天是青贮料。

#### 9.11.1.1 废物处理

圈养系统可以根据收集和处理废物方式的不同来分类，要记住每个动物每天都能产生大约 57L 的废物。在安有板条的地板系统里，排泄物通过地面穿孔集中流到一起，并且每隔一段时间就被人从下面的地窖中移走（图 9–9）。在垫草的围栏里，每天添加稻草以吸收液体排泄物，合成的农家肥也要定期清除，而在隔间饲养系统里，排泄物常常堆积到隔间外面的过道上，定期擦除，或者采用板条地板（图 9–10）。

**板条地板系统** (slatted floor systems) 这个系统既不用垫草，又节省了劳力。这种方式圈养密度较高，是垫草系统的两倍。维护这种系统时要确保动物踩踏排泄物时能将其推到板条里。基本上所有的板条地板只用于菜牛或哺乳的牛。对

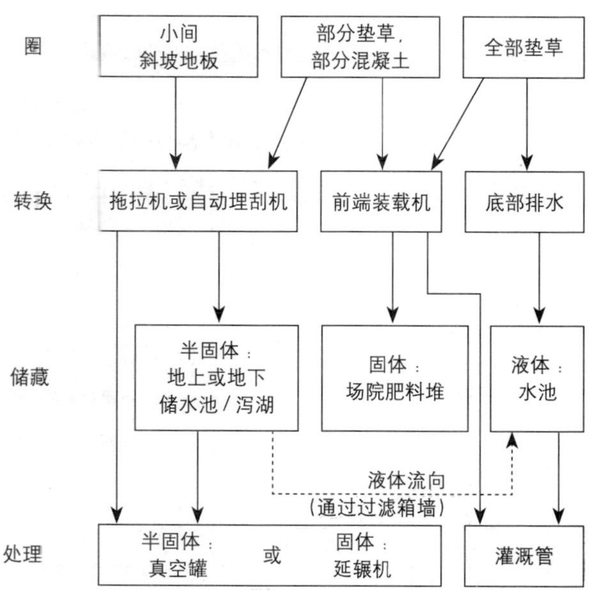


图 9–9 废物转运系统

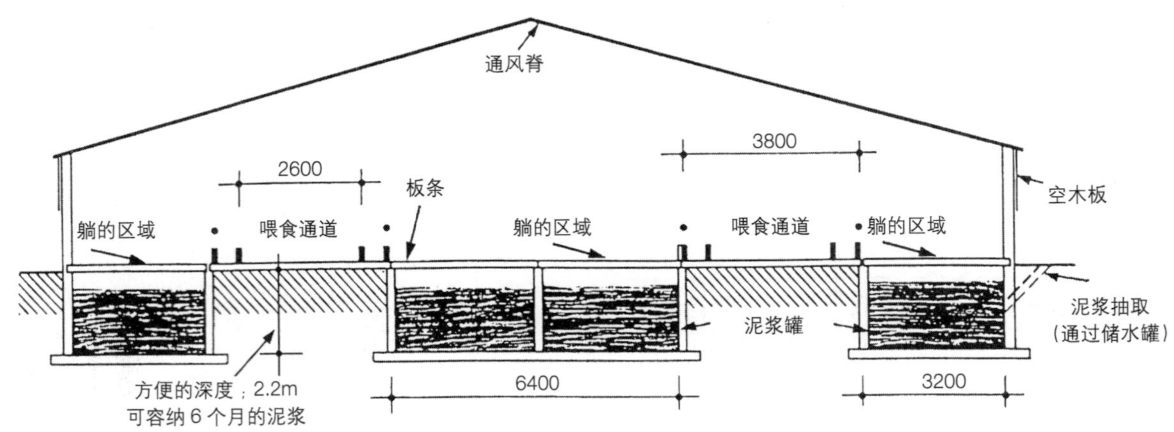


图 9–10 板条系统

于奶牛，使用板条仅限于隔间的通道上、喂食区和流通区。

**垫草庭院** (bedded yards) 当牛圈养在完全铺满草的庭院里时，需要一个抬高的中央拖拉机通道和喂养槽，以允许草垫堆积一段时间，以此降低除粪的频率。在院子里用草垫的量要大于单间或牛棚，在设计时还应考虑到堆积的废弃物的厚度和重量的增加。

**泥浆储藏** 从隔间单元里可刮出区域出来的废物或在有浅的渠道的板条单元出来的废物都需要堆在这里。将废物从建筑转到堆放处的方法取决于圈养的方式：通常使用带刮板的拖拉机，至少一天两次。刮废物的距离应尽可能短，转弯的次数也要最少。也可以使用自动铲土机。

废物存放（和青贮污水）容器必须通风良好，最好不要在地面下。根据《污染控制法规》(the Control of Pollution Regulations) 规定，泥浆在接受处理前，至少要在地面存放 4 个月，以证明整年的存放都是安全的。泥浆塔深度可以有些变化，这取决于它是否与一个大的泻湖相连（1.2m），或塔与建筑相连，或者储存整个冬季堆积的废物（3m）。废物地窖的地板应该是平的，有一些下落的点或接收点在山墙或周边的墙上，以保证真空塔或泵接收。水闸门可以升起或落下以保证泥浆填满接收罐；也可以使用一个溢出口系统。可能需要为清空前搅动废物提供一个进入点。

开放的牛圈的雨水管会被污染，因此是一个潜在的污染源。为了避免雨水稀释，使废物存放量最小，最好所有的牛棚都要有屋顶，包括收集、疏散区和搬运区，清洁的水要单独处理。

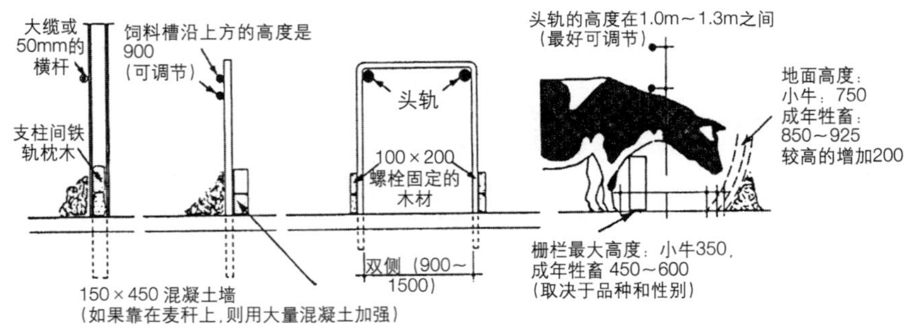


图 9–11 喂食栅栏

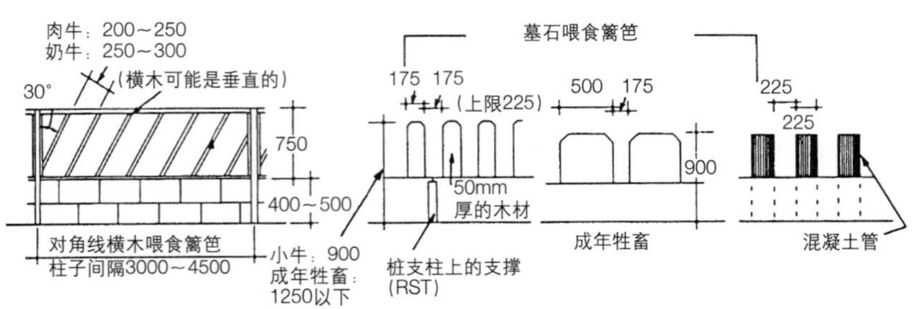


图 9–12 喂食栅栏

### 9.11.1.2 喂养

圈养布局受喂养系统的影响；决定因素包括每个单元每个级别家畜的类型和质量，根据所用的机械和运送的方法（即马槽、水槽等）决定的把食物送到家畜身边的方法，运送食物和泥浆 / 草垫清除时，奶牛是否必须在喂养区域，还有饲料存放方法和容量。通常有 3 种基本的喂养系统：自我喂食 (self-feed)、简单喂食 (easy-feed) 或完全喂食 (complete diet)。

**自我喂食** 这种方式意味着喂食青贮料，家畜自己从一

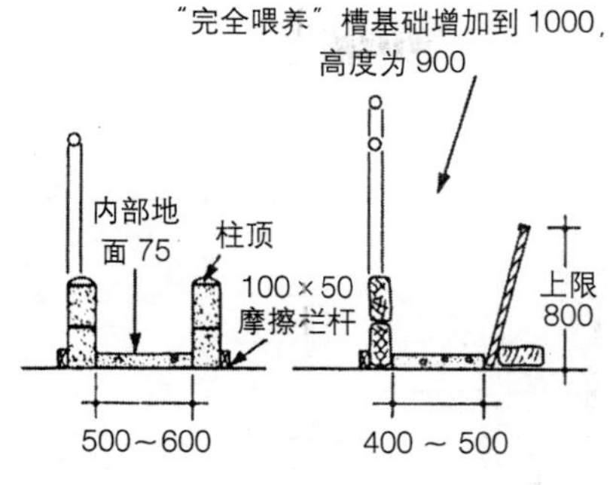

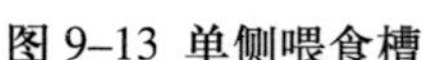

图 9–13 单侧喂食槽

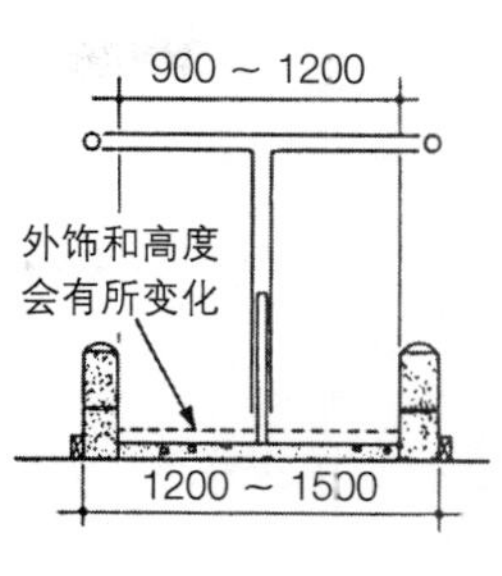


图 9–14 双侧喂食槽

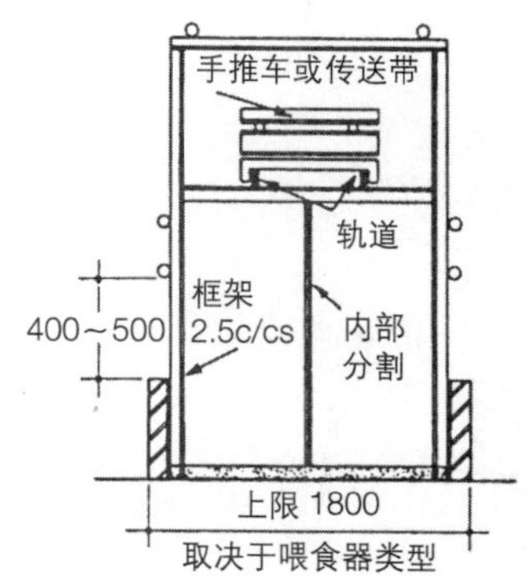


图 9–15 自动喂食

个存放区、马槽或水槽取食。当奶牛可以不受限制地到达青贮料存放区，它的位置、存放高度、排水和地板装修就很重要。好的奶牛的进食路线和入口也很重要。青贮堆向奶牛敞开的宽度基于机械搬运设备需要的空间，以及一次喂养的所有牲畜的总数。

**简单喂食系统** 这个系统允许对喂给动物的饲料的类型和质量有更多的控制。带轭的障碍物控制进出的量。系统里有一个喂养屏障将奶牛和喂养区隔开，食物放在槽里或是对着屏障的地板上，由拖拉机和运输机运输过来。当拖拉机通道在牛站立的障碍物的另一侧时，管理比较方便，但空间有限时就使用双面槽，偶尔会限制奶牛和拖拉机接近。喂养姿势和障碍物设计很重要，以避免过激的方式和伤害（图 9–11，图 9–12）。额外的食物浪费是要避免的，每个奶牛一处喂养空间使得容易分组，并能改善总体管理灵活性。

**完全喂食** 对奶牛的完全定量喂养和简单喂食系统，与自我喂养系统相比，都有可能减少喂养槽的长度，假设一个水槽可完全容纳一整天的食物，奶牛也必须可以完全无限制地到达（图 9–13，图 9–14，图 9–15）。当喂养是定量或者受限制时，必须提供足够的水槽空间，以同时喂养所有的动物。当食物是可以持续供应时（添加释放喂限伺养），不是所有的动物需要同时喂食。每个动物需要的水槽宽度取决于喂养的类型和动物的体形大小，喂养障碍物也很重要，以避免食物的浪费。自设闸的喂养障碍物（轭）被设计来防止动物走近食物，或限制或允许有选择的动物进入。

谷类食物比草类需要的空间少。如果是谷物或浓缩料，则每个动物需要的水槽宽度是 75 ～ 100mm；自我喂食的青贮，100 ～ 175 mm/ 每头；机械自动蓄水槽，175 mm/ 每头。

**饮水** 可能使用水槽。防止牲畜弄脏饮水器

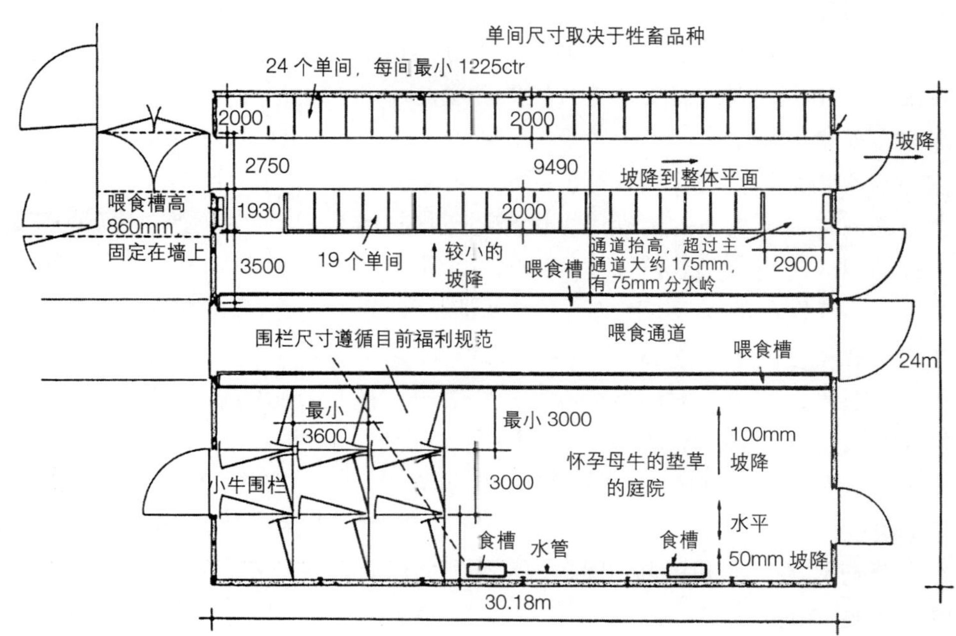


图 9–16 母牛和小牛圈

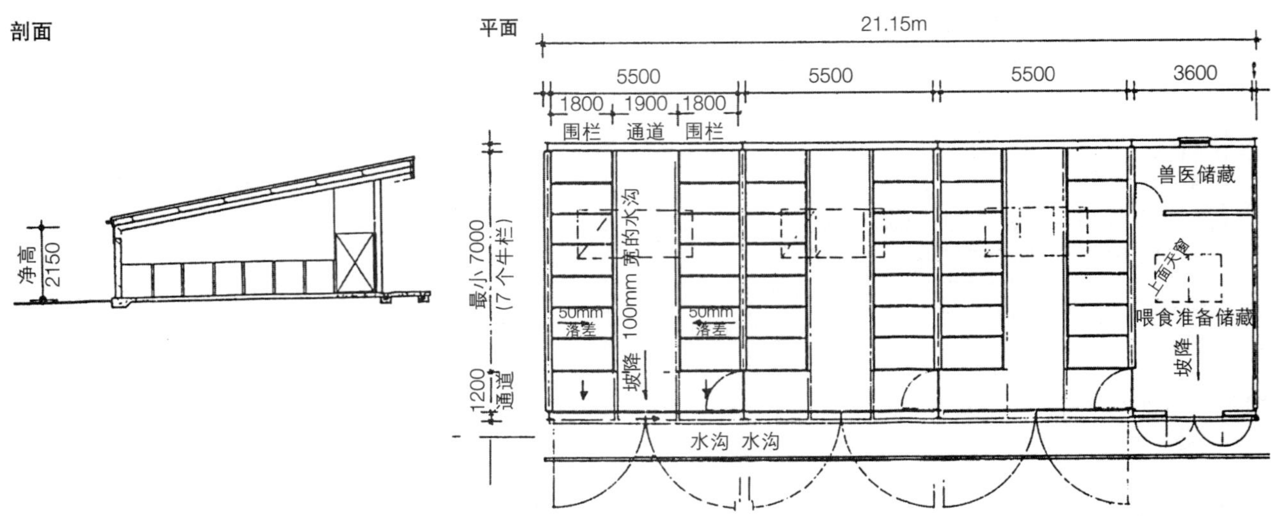


图 9–17 单坡牛棚（注：牛栏尺寸要遵循目前的福利规范）

的设施也是必须的：安装 200mm 高的地板边沿或饮水器周围 300mm 处安装围栏；或者把饮水器放在墙上凹进处，或者用牲畜可掀开的复翼覆盖。水碗或水槽通常安装高度为 700 ～ 1000mm，其位置应该不影响其他动物喂食或在喂食区域来回移动，溅出的水也不会弄湿垫草的躺的区域。

#### 9.11.1.3 牛圈类型

圈养类型取决于所要养的动物的级别。

**菜牛圈养** 出于某些原因，菜牛不常用单间喂养。保持一些雄性动物的单间的草垫干燥更困难，由于动物一直在生长，提供合适的尺寸也是需要强调的事情：单间系统因此不适合于公的菜牛的喂养。菜牛通常圈养在装有板条的、垫草的或部分垫草的围栏里。常用线形平面，围栏在喂养通道的两侧。

**哺乳母牛和小牛圈养** 产奶的母牛每年都会生出一头小牛，因此需要一些分娩的围栏和小牛围栏。如果小母牛生产是为了更替，则它们至少需要单独喂养 2 年(图 9–16)。母牛圈养在单间里、垫草的围栏或带板条的围栏里。设施还包括只有幼仔能出入的用有洞篱笆围住的栏圈，小牛可以穿过大门寻找食物，而不用与母牛和其他牛竞争。在母牛和栏圈的小牛之间应保持视觉联系，为了监视、喂养，清洗水碗和垫草围栏里的粪肥，视线和好的入口也是必须的。如果母牛在室内产仔，需要一个独立的产仔区域，最好有一个稻草铺的垫草围栏。

**产仔围栏** 单独的围栏的分隔可由可卸下的、可调节的横栏构成，或者在需要完全分隔时，可采用木板（图 9–17）。它们应易于清洗和消毒。单独围栏的替代品是一个拴绳的喂养篱笆。在带有提桶饲养的成组的围栏里，围栏的前部通常装有简易手动诱捕轭。不用桶的备选方案就是层叠的水槽，可以允许简化的管道运送牛奶，每个均可独立控制用量。这一系统适合于大规模运营，这样喂养的劳动力可以减到最少。安装自我诱捕轭以在喂食时控制小牛，可以减少相应的交错哺乳。自动喂食填充和供应替代品可以喂养一组 10 ～ 15 头的母牛，基于一个添加释放喂养基础：这些可以有更灵活的劳动路线，但喂养消耗（因此也影响到费用）更大。

**公牛围栏** 墙、大门和进料器必须坚实，食物和水都应从围栏外供应。进料器必须有一个结实的诱捕轭，以便进行常规的兽医检查时可控制动物，或在清洗时进行限制。在围栏的每个角落都应安装“避难所”。在公牛的围栏旁常有一个没有屋顶的运动场地。

#### 9.11.1.4 乳牛场

尽管农场实际的变化显示，新的农场建筑的需求很少，但有一个变化是 20 世纪 60 年代，从牛栏或牛棚变成了挤奶室。重要的是，挤奶室是一个在建筑内的机械过程；建筑围绕机器和它指示的路线进行规划。“一前一后”式的挤奶室，即母牛站在挤奶工肩膀的高度，是在战后发展起来的。后来发展成高效的人字形挤奶室，通过“奶牛有角度地站立”（“angle-parking”）减少了乳房间的距离。新发明的冷藏罐使得牛奶生产者可以将牛奶冷却，并大量存放。DEFRA 执行的《牛奶和乳品规范》(the Milk and Dairies Regulations) 要求乳牛场精细化管理。设计和管理的某些方面由牛奶市场管理委员会 (the Milk Marketing Board) 单独设定，如与设备收集相关的转弯区域和道路。

#### 9.11.1.5 单间

母牛的单间发展始于 20 世纪 60 年代，不需要新的建筑，只要进行改造或修正就可以。干草供应越来越紧张；稻草也不再像以前一样丰富，搬运费用也很高。公共的奶牛场已普遍被隔间系统所取代。母牛有单独的围栏，但可以自由移动，能到达公共喂食区域；形成一个“松散的圈养系统”，母牛和机器可以做更多工作，而人就不用怎么出力（图 9–18）。牛奶配额的出现和对母牛行动系统的研究，帮助促进了以动物为本的设计。

**单间设计**　重要的因素是有足够的空间，便于奶牛的呼吸，起立和舒适地睡眠。在英国，出于法律和实际因素的考虑，一般的做法是提供一个混凝土床或代替床的材料，还包括少量的垫子和席子。许多农民在整个单间铺满席子，以使得母牛睡得舒适。橡胶和充水的床垫也得到实验，据说能提高奶牛产量，减少兽医费用。

在划分单间时，应考虑到不会对动物的卧倒或起立造成妨碍，还应避免动物被困在单间的木架子上。单间的宽度不必以个头最小的动物的活动为标准；但是必须足够宽到每个动物能舒适地躺下。单间必须足够短，以确保粪便落入通道里；但如果单间太长也不能使用，因为这样动物会躺在路缘石（heelstone）上或路边。使用可调节的头或膝盖的栏杆，以减少单间的有效长度；可调节的侧栏能适应不同规格的动物。

单间的卧具高于通道以允许每天清扫。单间有许多类型（如直立的蘑菇形单间，让奶牛在活动头部及躺下时有了更多的活动空间）。

**母牛的移动和运载**　有效的移动母牛而不造成压力或伤害，取决于好的规划。必须避免地板高度不可预计的变化，尖锐的转弯或凸起以及黑暗和窄的通道。简单的直线型的布局，较宽的通道，感应门 (sensible gating) 和简易的组群能帮助达到最高标准的母牛管理。在一个区域作清洁时，需把母牛赶到另一片去，因此门的旋转和母牛的运动需要仔细的规划以避免浪费时间。

单间的入口通道宽度不应小于 2.4m，应装上

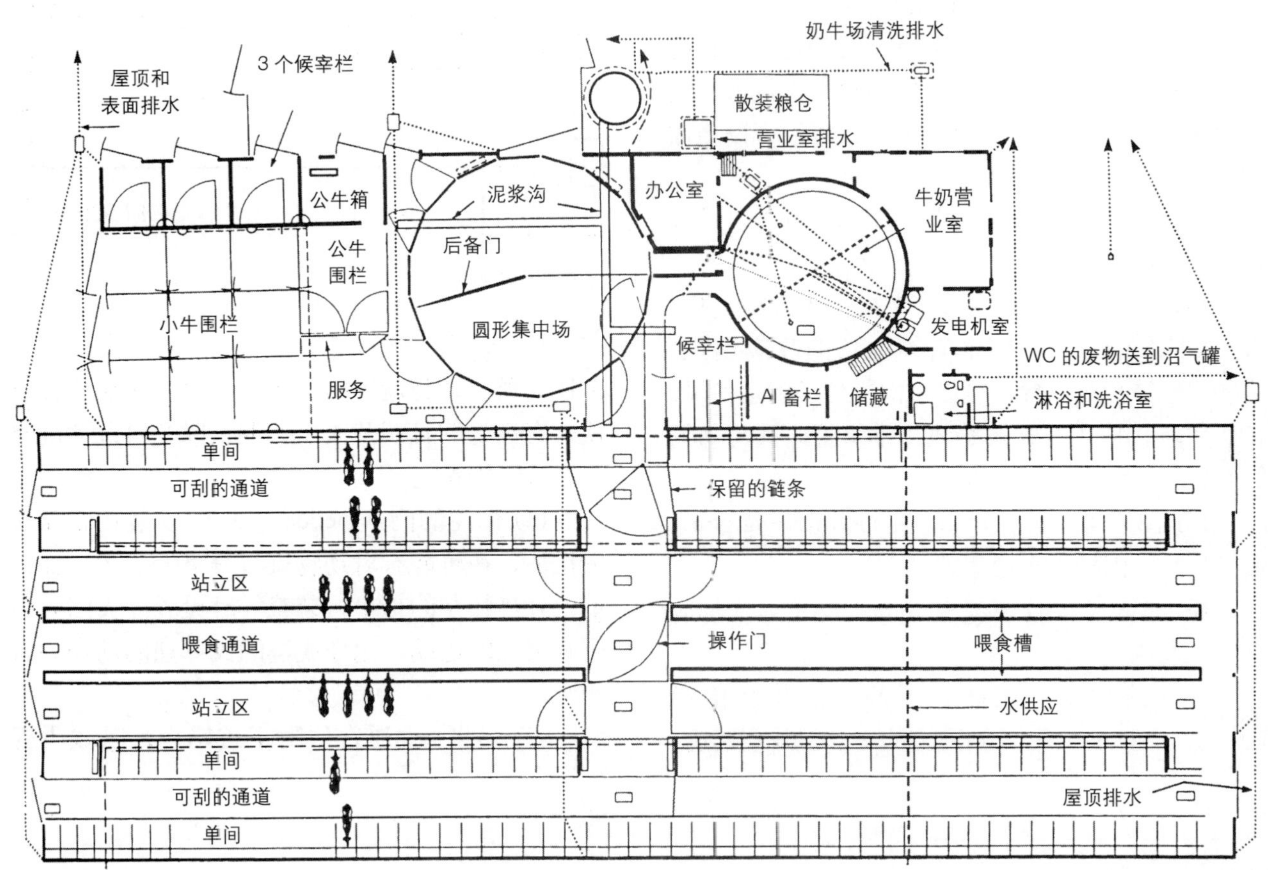


图 9–18 奶牛场单间布局

板条，或应能允许自动清洗机长距离地经常清洗。通向营业室的入口视觉上应能直接可见，并容易清洗。所有的设施设计应允许一个人独立移动牲畜。

**近期的污染立法** 现在规定了农场废弃物的最小存放时间。为避免雨水稀释泥浆，从而将废弃物存放量减到最小，最好是为所有牛圈加上屋顶，包括收集、疏散区和搬运区。

**牛奶营业室** 由于全年每天最少两次的挤奶，营业室的布局和辅助设施要求很严格，应该允许有效的移动。食品生产清洁的标准很重要，每日大容量牛奶罐车的入口也是很有必要的。

可以有不同的备选方案，但多数新的安装是人字形的（图 9–19）。

在许多情况下，牛奶营业室会受到新的牛奶场综合体主要框架的限制，但这样设计可以使得牛奶生产过程中完全密封。

在这样高湿度的环境下，内部装饰需要不受影响，且能够经受住经常的全面清洗。

**9.11.1.6 辅助设施**

(1) 收集庭院：需要能装下最大数量的母牛，因为母牛一天在院里的时间可能超过 6 小时，因此水、光照、通风、遮荫和良好的排水都是需要的。

(2) 疏散区域：母牛在回到自己的地方前在此集中。这样就有助于隔离在挤奶时进行常规检查之后需要接受治疗的个别母牛，因此治疗设施需靠近这里（图 9–20）。

(3) 足浴：长 3m，与营业室出口距离要足够远，以便于牲畜缓慢地离开营业室。

(4) 操纵：生产围栏，候宰栏，为兽医治疗、人工授精（AI）、疾病诊断等准备的隔离围栏，这些都应该提供。食物应该从围栏外送到水槽里。在奶牛场，应该安装挤奶线。排水管应该与动物的其他区域隔开。

(5) 漏斗形围栏 (funnel shaped forcing pen)：引导从收集围栏进入通道。

(6) 通道（race）：（瀑布 chute）通道两侧都应有狭窄通道[①]。

(7)（给牲畜打火印设置的）漏斗状围栏 (crush)：（squeeze chute）通道的终点就是窄通道，

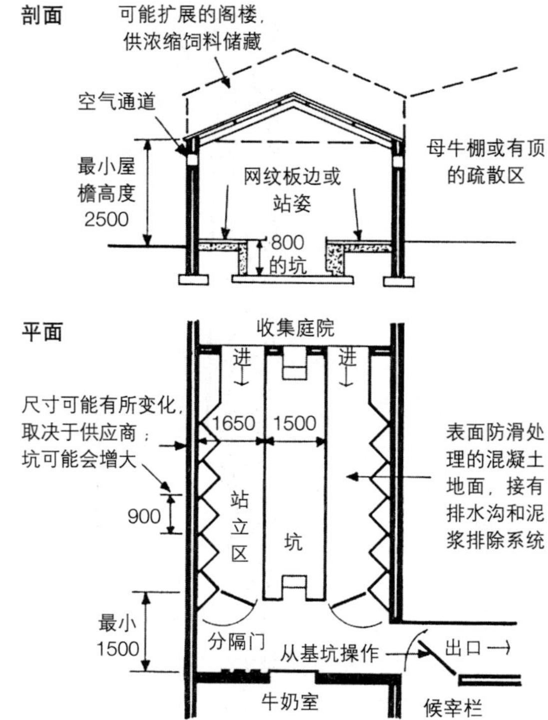


图 9–19 人字形牛奶营业室

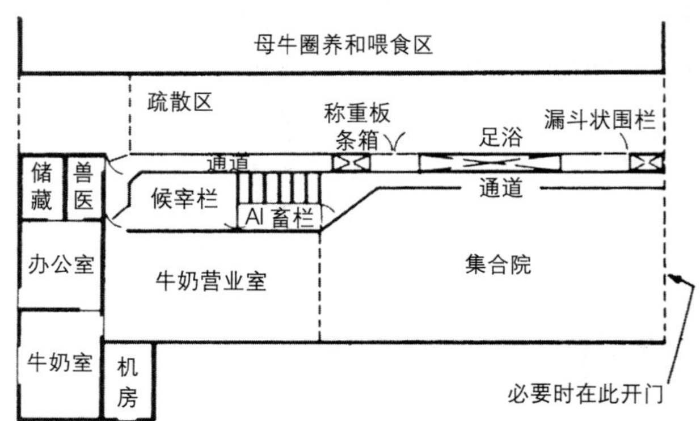


图 9–20 疏散区

以便为所有动物就近提供入口。这一区域应该有顶，有良好的日照及人工照明，以及可以冲洗整个区域的软管[②]。

(8) 倒注的门（shedder gate）：安装在漏斗状围栏后，在可能有对动物进行分类的需求，如称重、分离怀孕的母牛，装载等时设置。大门应在所有围栏的远端，允许成群的或单独的动物的再流通。

(9) 奶牛场：通常依附于挤奶室，以减少管

① 即一条窄的通道，牲畜只能一头接一头地通过。——译者注。
② 使牲畜逐个通过，便于打印记或注射疫苗等。——译者注。

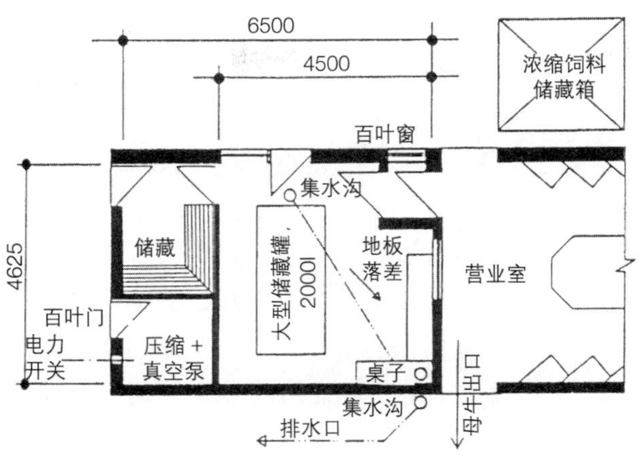


图9–21 牛奶室布局

道长度。布局应使得牛奶罐车后部可以停在门口3m附近；还需提供足够的空间供罐车转向。在牛奶罐堆周围要有900mm的净空间。还需要提供工作空间和设备空间：盥洗槽、热水加热器、碗碟橱、清洁产品等。奶牛场内部的装饰应该光滑、易于清洗；防滑倒的混凝土地板可以把水排到水沟；下面的屋顶排列得井然有序。奶牛场必须有光照且有良好的通风，还有预防蚊蝇的开口。

(10) 牛奶屋：存放运奶罐，规模应满足高峰时一天或两天的产量。这里最好不要与奶牛场和奶牛圈有直接的联系（图9–21）。

(11) 发电机房：存放真空泵和发电机，可能还有辅助的发电机，或拖拉机设施，以在电力故障时带动真空泵。它应与奶牛场分开。

(12) 办公室或记录室：其位置应该能清晰地看到营业室和相邻的区域。

(13) 职员设施：卫生间、淋浴、休息室。

(14) 总的药剂存放室。

(15) 中央设备开关室。

#### 9.11.1.7 饲料存放

浓缩品存放在成堆的箱柜里或牛奶营业室的阁楼区。机器和运送卡车的入口是很重要的。还要考虑庭院里外加的存货堆放和装运设备。

1991年的《污染控制法规》(*The Control of Pollution Regulations*) 涵盖了所有青贮和青贮排污储藏的选址、设计和施工。

#### 9.11.1.8 选址和方向

选址和布局应该考虑到管理系统未来的扩张或可能的变化。在屋脊南北向的情况下，带顶的院子和单间的圈棚能获得内部环境的更多的平衡。前院开放的建筑应朝向东南方，以避免西风，还能接受冬天早上的阳光。要避免选址在暴露在外的山顶和阴凉的谷底。

#### 9.11.1.9 奶牛场布局

主要区域包括：牛奶营业室综合体，牛圈，泥浆堆放，饲料堆放，辅助设施。

牛奶区是最重要的。营业室组团应靠近单元主要入口，以保证牛奶收集快速有效。入口道路设计应满足满载的牛奶车通过，且尽可能短。牛奶营业室应便于从冬天的牛圈和夏天的放牧地到达，奶牛圈建筑应靠近泥浆堆放处。

如果有可能，材料、存货和人员的路线应保持独立，避免交叉。干净的和脏的活动要分开。有些车辆如草料箱强调设计条件，如通道宽度和转弯区域。操作区域的减少会导致完成任务的时间的增加。布局和分布对于紧急状况下方便的入口和操作条件也是很重要的（图9–18）。

一个好的奶牛场布局需要：

(1) 根据土地、家畜和管理模式，布局要符合企业发展的最终规模和潜力。

(2) 根据农场的草料运输、牧草地和夏季挤奶、粪肥运输等来进行策略性的布局。

(3) 必须把企业相关的奶牛喂养、移动及搬运、牛奶收集、垃圾存放和收集及辅助设施的各种部分以某种方式形成一个整体，以确保工作有效性，既能发挥圈养动物的潜力，也并不给动物带来潜在的压力或明显的健康危害。

(4) 喂养系统需符合农场规定的放牧喂食政策，还要有内在的灵活性以适应政策变化。

(5) 必须符合为了实现未来发展而设立的若干个发展阶段，还应考虑现存建筑，可用资金，家畜增长政策以及如果合适时，现有生产的延续性。

(6) 视觉上和环境上都必须是可接受的，仔细考虑将污染最小化。

(7) 必须满足所有相关的适合农场环境的法规，包括所有的安全规范。

### 9.11.2 猪

传统情况下猪是靠奶牛场废弃物养肥的，但廉价的谷物和进口的浓缩饲料鼓励发展新型的养猪场，因此需要新的猪舍。一直到20世纪30年代，都是大群的猪集中在少数农场。此外，采用了“丹麦屋”，可以保存它们身体的热量，因此保持猪的温暖，还可以减少食物消耗，而食料是它们的主

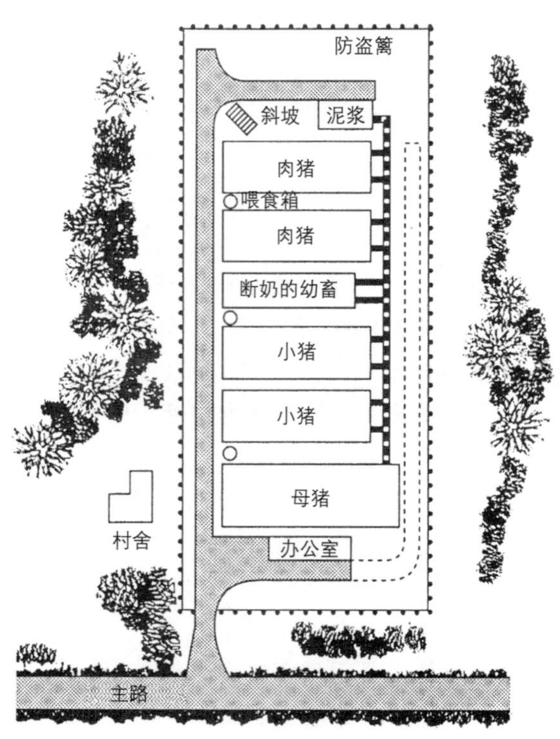

图 9–22 猪圈布局

要生产成本。

**猪圈单元的平面** 这个过程基于生产过程中不同阶段所需要的设施及步骤。一个企业可能专注于以下过程中的某一段或整个生产流程：

(1) 小猪生产单元——保留可以继续生产的母猪，售卖断奶的幼畜。

(2) 增肥 / 完成单元——将断奶的幼仔培养成出售的肥猪，通常是腌肉型猪（图 9–22，图 9–23）。

小猪死亡率是猪场经济的重要因素。通过使用专业生产用房，死亡能得到显著减少，在这种专业用房里，母猪放在围栏的中心，避免挤伤小猪，且为小猪提供热量。生产的母猪需要人工供暖，通常采用远红外灯。尽管高水平环境控制设施很昂贵，但它能确保小猪相当高的存活率。在增肥的猪圈，为了保持猪的自然热量，隔热和人工通风是很重要的。地板供热或好的隔热都是必须的，因为猪大多数时间都是躺着，如果温度过低，它们会将食物转换成热量而不是体重（图 9–24）。

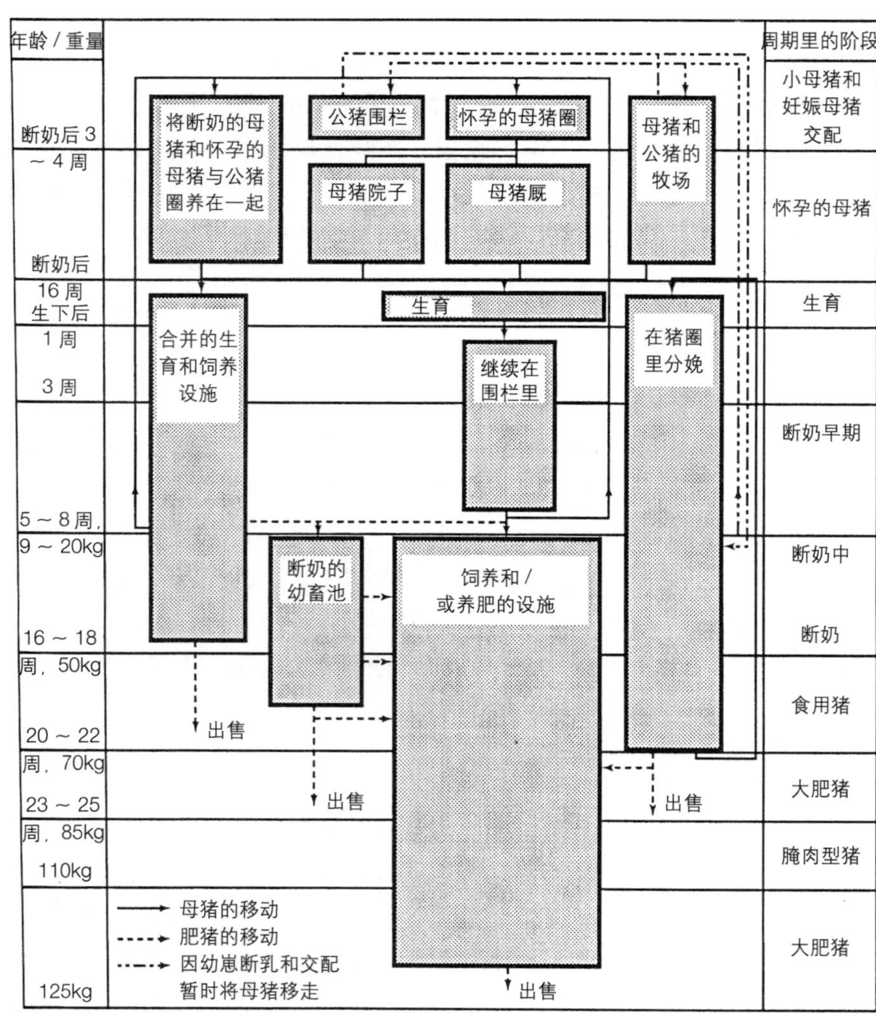

图 9–23 猪的喂养系统

**猪圈** 将公猪圈和母猪圈合并在一起，母猪产仔前 3 ～ 4 个月也在此喂养。一个服务建筑通过服务区将母猪和公猪围栏连在一起。通过自动喂养系统和与机械废弃物处理系统结合的板条地板，可以将养猪费用控制在最小范围。

### 9.11.2.1 生育设施

因为新的法规禁止使用母猪围栏和系链系统，所以需要重新照顾和保护猪的健康。为了照顾妊娠的母猪，需要对建筑及相关空间的标准重新进行设计和评价。设计标准必须通过使用定量的数据和关注动物福利的观点来定义和分级。重点是移动的自由，在“自由生育箱”被发明后已有了很大的进步。进行了一些试验，开发出一套猪圈单元系统，以保证猪通常的行为活动。“家庭式围栏”系统意味着产

| 典型年龄/天 | 重量/kg | 描述 | 10头猪的水槽长度/m | 空间（10头猪） | | | 临界温度＊（牲畜福利建议手册——猪中给出的范围）/℃ |
|---|---|---|---|---|---|---|---|
| | | | | 躺着/m² | 粪/m² | 总面积/m² | |
| 0 | 1.5 | 小猪 | 0.5 | | (1.3 窝 )+ | | 25～30 |
| 20 | 5 | 断奶早期 | 0.5 | | (1.75 窝 ) | | 27～32 |
| 35 | 9 | 断奶 | 0.6 | 0.7 | 0.3 | 1.0 | |
| 65 | 20 | 断奶 | 1.75 | 1.5 | 0.6 | 2.1 | 21～24 |
| 115 | 50 | 食用猪 | 2.75 | 3.5 | 1.0 | 4.5 | 15～21 |
| 140 | 70 | 大肥猪 | 2.75 | 4.6 | 1.6 | 6.2 | |
| 160 | 85 | 腌肉型猪 | 3 | 5.5 | 2.0 | 7.5 | 13～18 |
| 185 | 110 | 过重大肥猪 | 4 | 6.7 | 2.3 | 9.0 | 10～15 |
| 210 | 140 | 超重 | 5 | 8.5 | 3.0 | 11.5 | |
| | | 断奶母猪 | 5 | 15.0 | 5 | 20 | 15～20 |
| | | 怀孕母猪 | 5 | 15.0 | 5 | 20 | 15～20 |
| | | 公猪 | (500mm) | (8m²/公猪) | | | |

注：用有洞篱笆围住的栏圈尺寸：35 天的为 0.8m²，然后是 1m²

＊穿孔的／板条的地板或实心混凝土地板和低级喂养水平会增加温度需求，而垫草圈，高喂养水平和高的体重会降低温度需求。

图 9–24 猪的空间需求和临界温度

仔的母猪的母性行为得到促进，以及不规则行为的减少，如对围栏装置和其他猪的撕咬。稻草庭院可以满足怀孕的母猪的移动自由，但相应的问题是未知的食物分配，动物福利（包括保护其免受同群的进攻），空间的整洁和合适的空间标准。

养猪场的管理目标是用相对少的单位生产成本，生产高质量的产品，即有一定的利润。食料费用是养猪成本的 70%～80%，建筑成本大约是 10%。猪吸收能量主要有 3 个功能——自我维持、蛋白质增长和增肥——总能量的新陈代谢会部分受到建筑质量的影响。

**建筑评价标准** 这些标准因此包括：

(1) 建筑元素的热效应；

(2) 空气环境的设计及控制；

(3) 空间标准；

(4) 喂养系统（即设备的安装和整合）；

(5) 管理，包括入口和畜牧工人的监管。

猪的行为很规律，以保持他们的体温，因此需要可控制的热环境，以保证新陈代谢能量使用最优。因此建筑需要提供可控制的内部环境，可以在最佳温度范围内有效运行。环境能量需求受到以下因素的影响：空气温度，即辐射温度，相对湿度，气流速度和地板及墙跟身体接触的传导作用。

**通风** 这一点对于猪和工作人员的状态来说很重要。需要设计一个可维持的环境，以抑制致病微生物的生长，减少呼吸感染的可能，促进猪的发育和生长。《牲畜福利规范》(The Welfare of Livestock Regulations) 要求所有安装自动通风系统的农场注意：

(1) 在系统发生故障时有警报系统；

(2) 在主要系统发生故障时提供备用通风；

(3) 至少每 7 天请技术人员对警报和设备进行一次检测。

温度和湿度受到猪和群体规模、食物和摄取物类型、水源、地板空间和构造以及空气通风的影响。

**《BS 5502 实践法规》(BS 5502 Code of Practice) 的设计要求（42 章：1990 的注释）** (1) 范围；(2) 定义；(3) 动物福利考虑；(4) 设计和建造；(5) 环境；(6) 尺度和空间；(7) 喂养和饮水安排；(8) 服务；(9) 辅助设施；(10) 防火；(11) 安全标识和通告。

表中涵盖了：(1) 建议猪圈结构构成的最大传热系数（U 值）；(2) 猪的环境条件；(3) 封闭的建筑物内最大许可气体浓度；(4) 成组散养的猪圈的最小占地面积；(5) 同时喂养时的最小水槽长度；(6) 猪的废弃物处理；(7) 温暖环境下用有洞篱笆围住的栏圈的最小面积；(8) 母猪围栏和单间的典型尺寸。

### 9.11.3 家禽

**行业发展** 和养猪业一样，家禽业也得益于新的廉价浓缩饲料的供应。基于鸡蛋生产的家禽业在战争时期迅速增长，终于在农场的生产领域中独占鳌头。鱼肝油可以提供足够维生素D的发现使得鸟类可以在室内没有直射太阳光的情况下永久存活，也就意味着只要有建筑、母鸡和食物就够了，不需要农场土地。早在20世纪20年代就有人试验用五组笼子组成的孵蛋箱组，以便控制鸡的啄羽和同类相斗行为，还便于喂养、收集鸡蛋和记录，移除它们的粪便并将其作为副产品出售。在加强家畜管理方面，这可是不小的进步。光照的持续时间、阶段和程度对产蛋影响很大，集中的孵蛋箱组系统能达到总的环境控制。

**深的干草系统** 这是围合的建筑里的替代设备，能控制光照，以维持冬天的产蛋量，但允许母鸡自由活动。这两种圈养系统都需要一个封闭的特定环境：温度18℃～21℃，预定阶段的柔和的照明，避免湿度过大的清洁的空气。专业公司制作了标准的装配式建筑，没有窗户，以便控制光照，对家畜进行机械喂养，还设立了高大的槽可以容纳成堆的食物。

**家禽建筑** 规范（如BS 5502：第43章：1990）给出了范围和定义，以及一些方面，如动物福利（如避免坚硬的锐角，以免伤到鸟类）、设计和建造（家禽建筑需与其他建筑隔开，因为它高温干燥的环境使它具有更高的火险等级），环境，尺寸和空间（人们的净空有最小尺寸，但家禽笼没有）。喂养和饮水安排，辅助设施，管道、防火设施和安全标志也涵盖其中。规范中给出了表格：(1) 家禽圈里控制的环境下“光照期”的建议光照强度；(2) 家禽白天的喂养设施和水；(3) 家禽产生的废弃物量。

### 9.11.4 羊

圈养的羊仍不太常见；羊如果聚集在一起，会传播疾病，因此清洁很重要。在20世纪80年代早期到中期，有一种趋势是在冬天把羊放在羊圈里，即不大专业的、简易的、费用较低的建筑里，通常是改装的，经济需求低费用的解决方案。事实证明，除了使用最廉价的建筑，使用其他建筑没有任何好处。

## 9.12 储藏建筑

农场生产过程中储藏是很重要的元素，如机械、食物、庄稼和燃料。圈棚的机械化和微气候控制水平增加了，因此电力需求和成堆的燃料存放的需求也增加了。

旧的谷仓可以找到新的用途：每年合成收割机和谷物甩干机可能有11个月的修养期，需要遮风避雨的存放处。尽管一台联合收割机太大，不能通过原有的干草货车入口，但可以敲掉谷仓空白的后墙，装上新的木门，大部分还保留原有外观。叉车型卡车对于谷物储存来说也是有用的，可以使用的空间高度达到6m。

**庄稼储存建筑** 在需要的存放期满足存放预期的材料数量。存放的质量（即密封的、覆盖的或开放的）以及干燥率取决于存放的材料。温度、湿度和含氧量可能需要控制，有可能会有害虫或病菌的危害。谷物储存主要是将生物活动阻滞到最小。可以在普通建筑或按目的建造的谷物储藏间里，通过循环柜用吹风机对谷物进行干燥（图9–25）。谷物干燥存放处，一个“通风柜”，可以在建筑里干燥谷物，替代了20世纪60年代作为可耕作的农场的主要特征的谷仓。用作牲畜饲料的谷物可以不干燥而直接存放，使用气密式青贮塔或酸性处理系统。

建筑还要为装载和卸载的人们提供可接受的工作环境。

**化学药剂储存** 近期法规的目标是通过控制农药存放处结构和每天的管理，减少对个人和环境污染的危险。除了总的法规，还有一些当地政府、消防局和防止犯罪办公室制定的其他要求（图9–26）。

### 中央谷物储存

大的农业建筑通常作为好几个农场的产品的收集和派送点。英国是谷物的净出口国，因此对庄稼的管理和市场的最佳利用是全国很重要的事情。中央谷物储存对于农场的优点在于与单独的农场相比，谷物的干燥、清洁和准备可以以较低的费用进行，不同类型或质量的谷物可以分开装运，它们分布在主要谷物的生长区域或船坞码头。这样的建筑可使谷物就近储存在可供加工的地方。由于老的依附于农场的仓库现在正好需要更新，一些农民希望使用中央储存以满足现代化市场的需求。由于储藏建筑潜在的突出的外观，应该进行仔细的设计和布局，以减少它们对景观的影响。

侧面和屋顶覆层
1m
顶部运输带
最大载荷是谷物自然安息角（干的），通常设定为27°
最大 5m
"A" 管
谷物最大高度 2.4m
逆冲墙与打孔的侧墙
主管道
框架上打孔的墙
"推力"或挡土板，适于堆放谷物，专有的尺寸是 2.4m，3m 高
跨度 9 ~ 18m

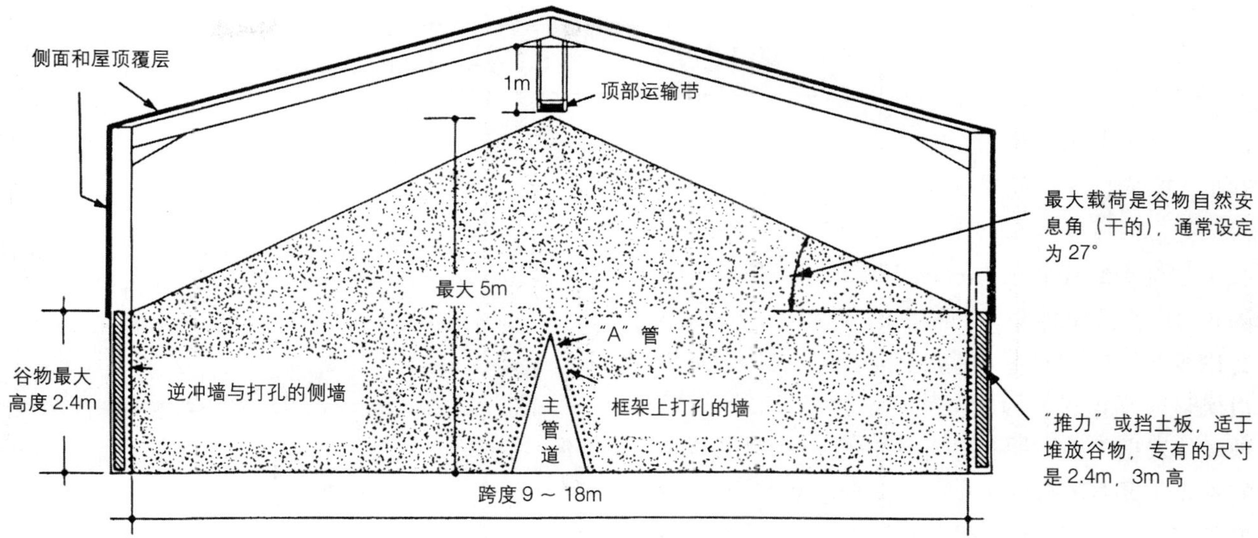

图 9–25 大谷物干燥机

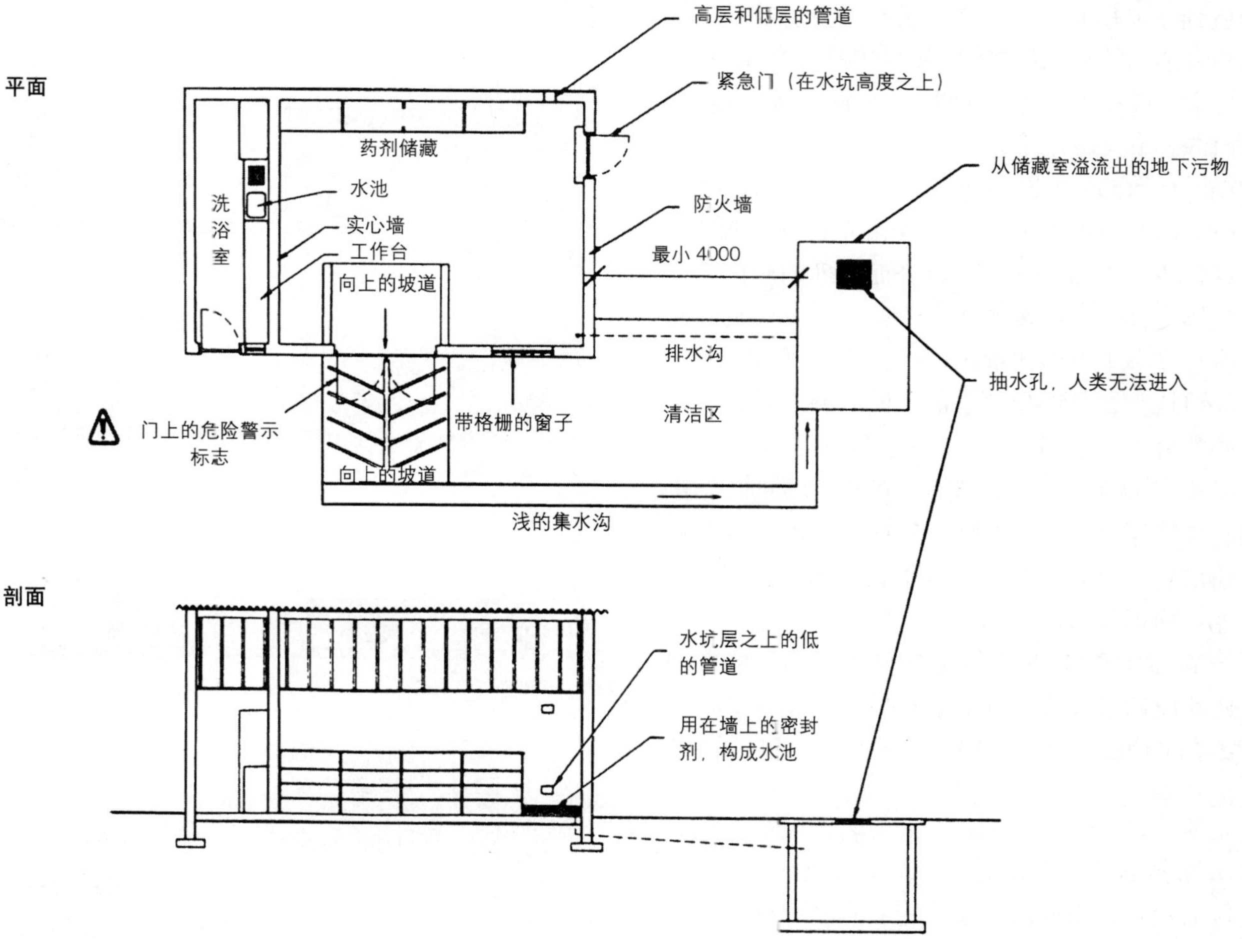

平面
高层和低层的管道
紧急门（在水坑高度之上）
药剂储藏
从储藏室溢流出的地下污物
水池
洗浴室
防火墙
实心墙
工作台
最小 4000
向上的坡道
排水沟
抽水孔，人类无法进入
门上的危险警示标志
带格栅的窗子
清洁区
向上的坡道
浅的集水沟
剖面
水坑层之上的低的管道
用在墙上的密封剂，构成水池

图 9–26 药剂储藏

# 第10章　消防站

伦敦火警局 (The London Fire Engine Establishment) 成立于 1833 年，在随后的 30 年里，在伦敦共建成 19 座消防站。消防站作为私人机构，费用由保险公司提供，因此多建在伦敦中央较富有的地区。根据 1866 年的法律，建立了一个公共资助的都市消防局 (Metropolitan Fire Brigade)，使得伦敦于 1867 ~ 1871 年间建立了 26 个新的消防站(加上街头流动消防站，由一个消防员和梯子组成)。几个宿舍第一次合并在了一起，既包括杂物间、观察间（安排有值班的消防员)，还包括洗浴室。自推式的、汽油驱动的救火车于 1903 年首次引进。

伦敦早期的消防站由都市工务局 (Metropolitan Board of Works) 设计，后来是伦敦郡议会建筑师分部 (London County Council's Architects Department)（消防局分部)。虽然多年来平面形式和功能需求一直保持不变，但立面处理的变化反映在风格设计上。许多“自由哥特式”、新古典主义和工艺美术运动风格的消防站到现在仍在使用。在 19 世纪末，新的消防站的标准设施，包括已婚职员的公寓、电话、电子照明、体育馆和洗衣店。

到二次世界大战末期，伦敦的许多消防站被破坏或毁掉，而其他遗留下来的消防站也已过时，政府实施了一些政策来逐步更新和改善已有的消防站，而不是新建。

在 114 座伦敦消防及民事防御局 (London Fire & Civil Defense Authority, LFCDA) 的消防站［包括朗伯斯（Lambeth）河消防站］里，有 22 座的历史少于 20 年，而有 26 座超过了 80 年——虽然有一些在近 20 年进行了主要的更新。消防站设计的国家标准最早定立于 1966 年（《消防建筑条例 1》, Fire Services Building Note 1)，并于 1971 年由 GLC 进一步限定：霍洛威（Holloway)、新莫顿(New Malden)和 Kentish 镇是典型的例子。然而，这导致了很多标准的两层建筑，现在在许多城市地区位于许多很高的建筑群的包围里，显得不太合适。到了 20 世纪 70 年代末期，有一种趋势朝向更个性化的设计（并且第一次有了女性消防员设施)。在 1986 年，GLC 被废止，消防局

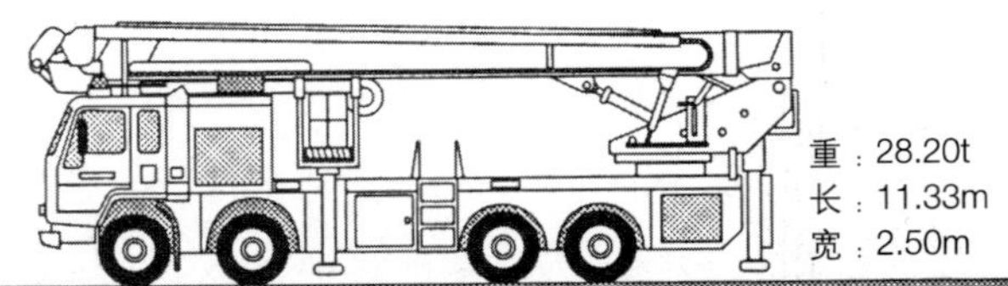

云梯平台消防车

泵梯消防车

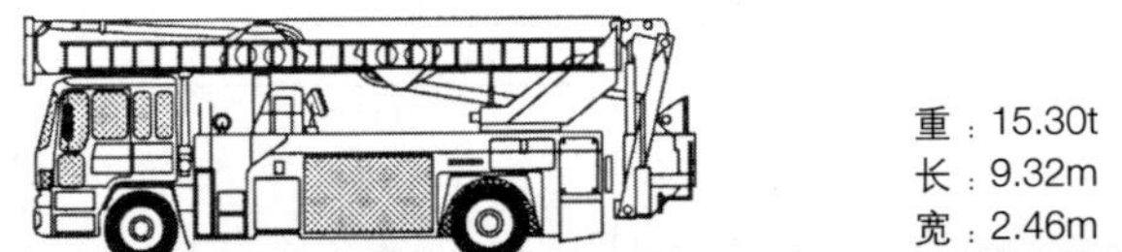

水压平台消防车

火灾救援消防车

重型可卸底盘消防车

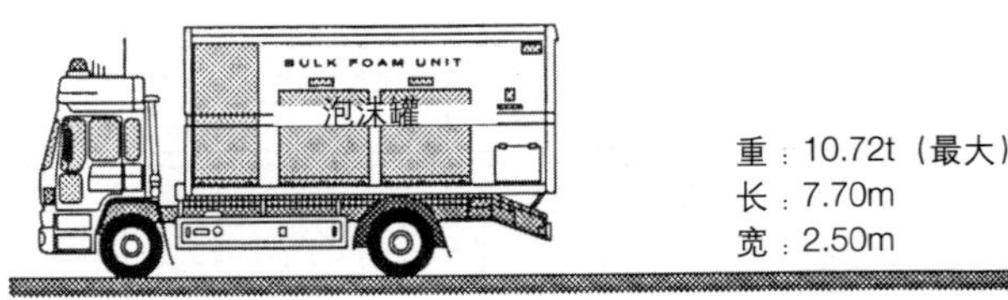

泡沫罐消防车

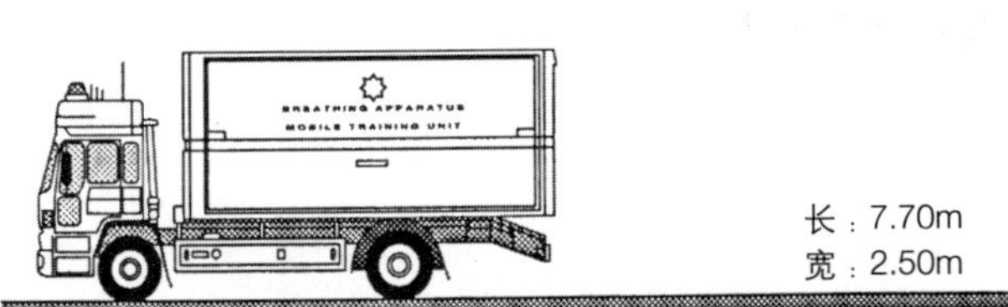

装有流动性呼吸装置的训练吊舱消防车

图 10–1　消防车

(fire services) 成为新的组织——伦敦消防及民事防御局 (London Fire & Civil Defense Authority, LFCDA), 由从伦敦区选出的委员组成。

直到最近，需求还基本保持不变，一些区域如消防车区、观察室和宿舍都是必需的。这种典型的布局有时称为“T”型平面，即消防员和后勤区与消防车区成直角。新的消防站设施种类更广了，如健身房和讲座/会议室。在兰开夏郡的奥姆斯科克 (Ormskirk) 消防站 (图 10–14)，紧挨着主要的消防车区有一个玻璃外立面的陈列室，存放着一些老式的马拉消防设施；整体设计分为 3 个区：消防车区、运营保障和餐饮/休闲区。

洛锡安的巴斯盖特 (Bathgate) 消防站 (图 10–16)，受到功能需求再定位的强烈影响。建筑位于一系列重要道路的节点，缩短了将来反应的时间。更重要的是其放射状的布局，这主要是为了满足消防员快速集合的特殊功能需求；所有与抗火相关的设施 (包括宿舍) 都设置在地面层。细节设计——如通道的拐角的去除——也能帮助减少反应时间。

**危险等级** 大伦敦地区被划分为一些长宽各为 0.5km 的正方形区域，每块都有一个危险等级，从 A ~ D。A 级是“高度危险”，例如希思罗机场和伦敦西区 (West End)，D 级是危险程度最低的地区。在有需要的地方，还可对单个建筑进行进一步的分级 (如医院即使在低等级区域，通常也是 A 级)。

**宿舍** 由于采用了四班轮流系统，宿舍及已婚男人的公寓就不再需要了。这导致一些老的消防站有了多余的房间，有时被转换成供消防局使用，或者在可以提供独立的入口及服务时用作其他用途。

**表** 每班都有一个表，标志成红、白、蓝或绿色。消防人员被要求能在接到电话后平均 36 秒内出勤。

(注：以下的细节信息大多数都基于 LFCDA 设计简章 (LFCDA brief)；大伦敦以外的消防站需求可能会有所不同。)

## 10.1 设施表

LFCDA 设计简章的意图是要提供一个导则，不需要严格遵守；它是对现行基本原理的指导，也将会不断更新。以下的文字是面积和常用的用途的指示，但会根据特殊的场地的需要而改变。

### 10.1.1 总体场地平面

消防站通常分为 3 组：

**最小训练设施的消防站** (图 10–2) 受限制的场地，两辆车；最小场地面积 945m²。三层的训练设施可以包含测试设备 (尤其是梯子)；小的庭院有单独的消防栓和一些停车空间 (几乎 400m² 剩余空间)。内部训练由体育馆和讲演设施提供。

**基本训练设施的消防站** 有限的场地，两辆车；场地面积约 1800m²。有目的修建的训练设施有一系列的标准梯子；训练院应足够大以满足梯子和软管测试，有单独的消防栓和泵井 (几乎有 700m² 的剩余空间)。室内训练由体育馆和讲演设施提供。

**含所有训练设施的消防站** 有一个适应高标准训练要求的场地；完整场地，有 3 辆车；最小场地面积几乎有 3100m²。4 层的训练塔，包括一个干燥的升梯和辅助的呼吸设备训练设施。训练院 (几乎有 1400m² 的剩余空间) 有 2 个消防栓，泵井和综合训练空间 (如水流继电器)；足够大以供最大的车辆转弯，设备检测和合并训练实施。屋顶梯子训练设施，独立的讲演室，更大一些的体育馆，柴油泵和地下储水罐。

**双入口场地** 最好采用 (即可以从侧面或后部的小路到达第二个入口)。

**入口/倒车** 消防车应该可以导航，准确地倒入有顶的清洗区域。

**开放的外部区域** (图 10–2) 通常分成两部分：前庭，在消防车区和辅助设施之前，而训练场在场地后部。前庭用来作为消防车从停车区进入道路的直接入口；训练场用作训练，培训测试，倒

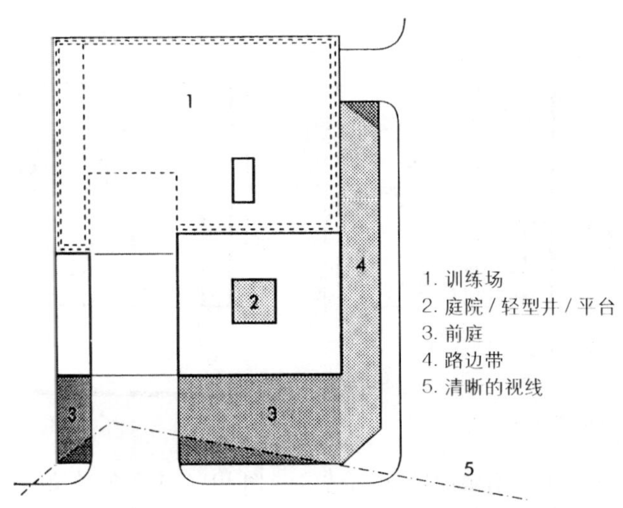


图 10–2 建议的场地布局

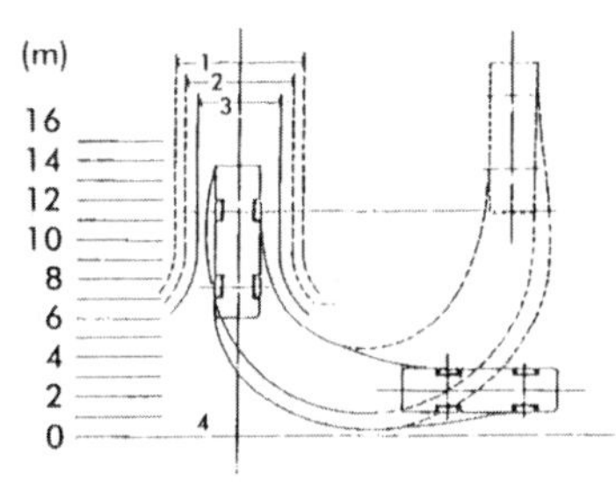


1. 停车区的宽度（没有前庭）：6.5m
2. 停车区的宽度（有前庭时）：5.5m
3. 最小门宽：4.2m
4. 道路中心线

图 10–3 泵梯车转弯半径

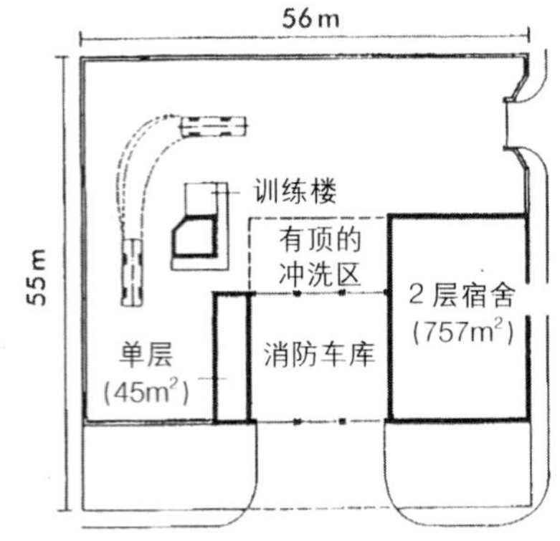


图 10–8 完整场地：示意性布局

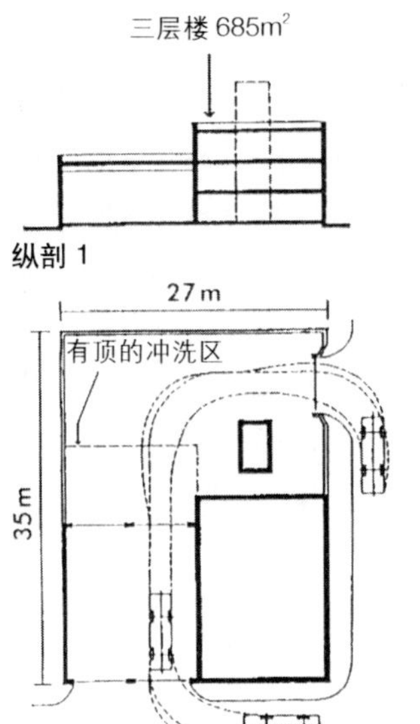


图 10–4 受限的场地：示意性布局（后部 / 侧入口）

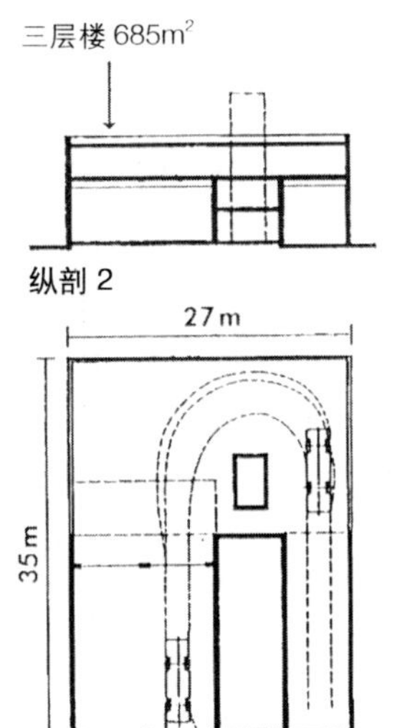


图 10–5 受限的场地：示意性布局（前往返入口）

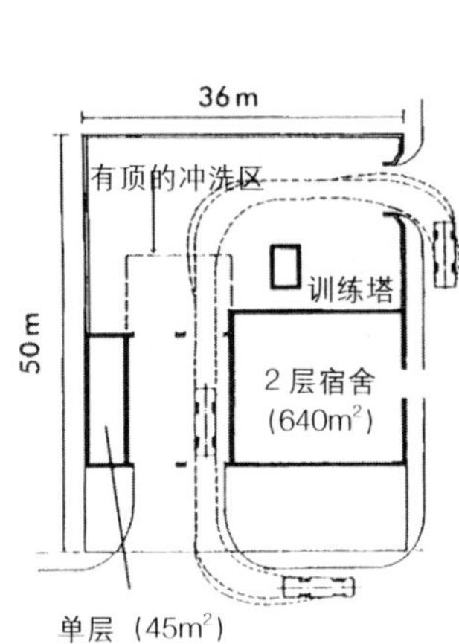


图 10–6 有限的场地：示意性布局（侧往返入口）

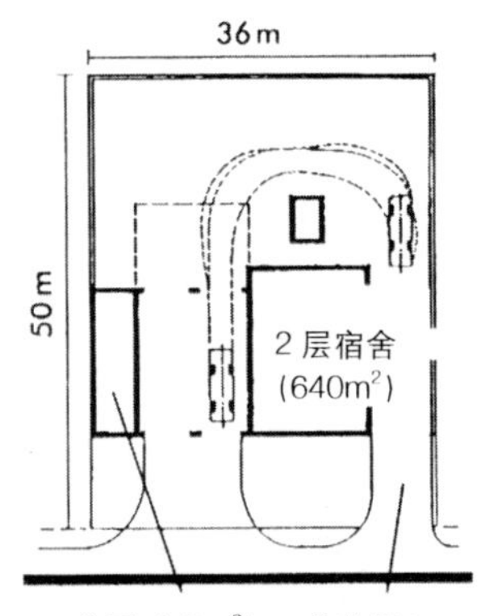


图 10–7 有限的场地：示意性布局（前往返入口）

车和配送区域等。

**车辆转弯半径（图 10–3）** 较苛刻，通常很难达到（如为了允许消防车离开而不穿越马路中心，需要 9m 的前庭）。

**交通障碍** 理想状态是，场地应避开障碍，如交通灯、学校或医院入口，单向道，等等。

为了规划的目的，消防站分为 5 个区：

(1) 操作区：对于操作准备和履行来说很重要

(2) 训练和培训

(3) 控制和管理

(4) 宜人区：辅助支持设施

(5) 公共设施：能源站和控制

流线图见图 10–9，图 10–10，图 10–11。

**1. 操作区**

**消防车库（图 10–12）** 消防车运行的基础，需要应对 24 小时的紧急电话。也用作点名 / 集合，设备存放，小型设备修理和恶劣天气下的训练。最小长度是 15m。

**消防车区** 6.5m 宽（如果没有前庭）；门需要 5.5m 宽，4.2m 高，以允许车辆通过。

**呼吸设备（常简称为 BA）** 呼吸设备及防护服的清洁、服务和检测区。应该有直接的通风，或者有机械通风（面积：$13m^2$）。

**有顶的清洗区** 覆盖下的车辆清洗区；可能是紧急情况下的额外的停车空间。顶棚覆盖最小长度是 9m。

**干燥室** 同时干燥消防防化服的区域（面积：$10m^2$）。

**消防设备统一整体存放** $30m^2$（两辆车）；$40m^2$（3 辆车）。注意：值班人员的个人用品在换岗时放在车上。

**前庭** 要求较深的前庭（图 10–2）以允许车

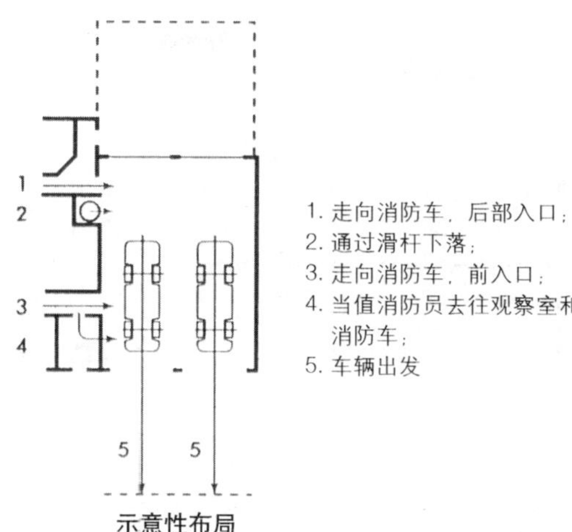


图 10–9 出发

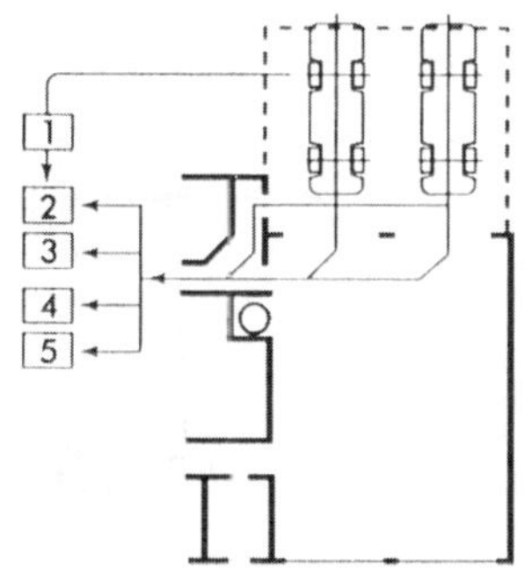


图 10–10 返回

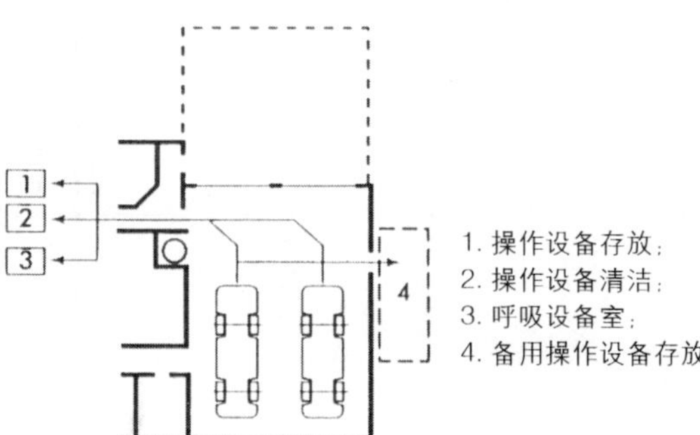


图 10–11 清洁和维护

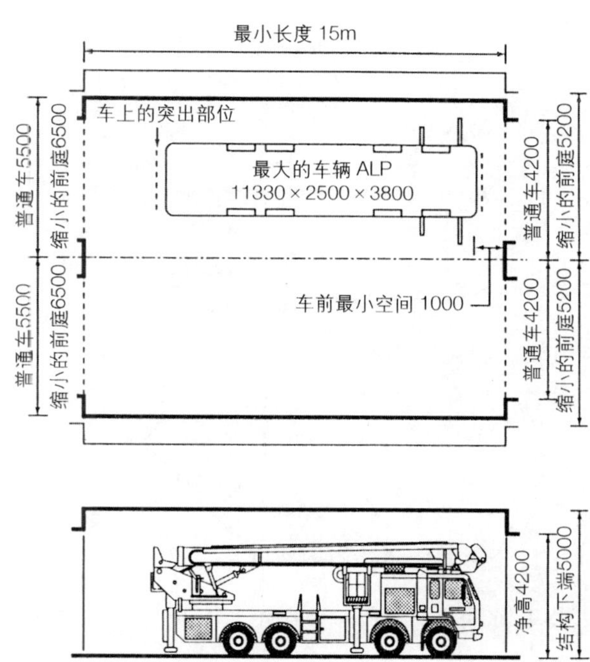


图 10–12 消防车库布局

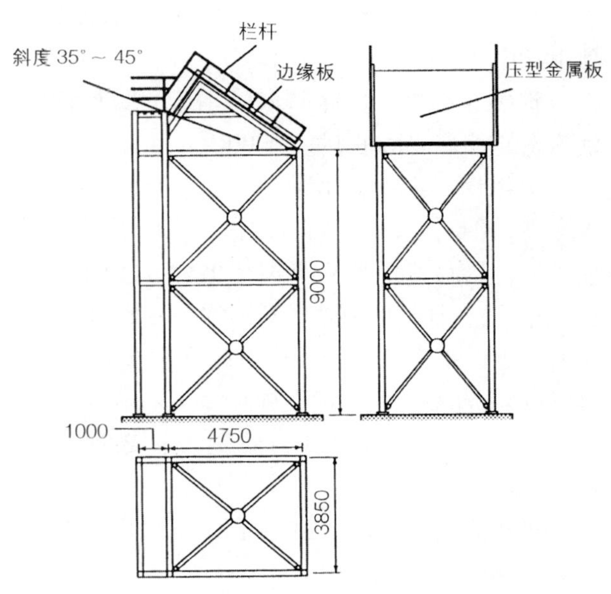


图 10–13 LFCDA 训练屋顶（独立式钢结构）

辆进入或离开消防站时有合适的视线。最小深度是 9m。

**燃料存放 / 泵** 水罐能存放 5000L 柴油，在外部靠近围墙设置，位于训练场地下。

**油 / 石蜡 / 丙烷存放** 总体存放和维护区。丙烷气体存放位置需得到当地政府的许可。

**工作设备和总体存放** 单独分出来的区域，存放单独的不可移动的设备、软管、沙和泡沫，工作桌和普通用品（面积：18m$^2$）。

**工作设备清洗** 需要空间来存放设备和清洗车辆，脏的制服，以及小型设备（面积：8m$^2$）。

**滑杆** 消防员集合时通过滑杆快速垂直下降。必须直接通向消防车库，必须遵守严格的设计标准。

## 2. 训练和培训

**训练场** 车辆回院时会从此区进入有顶的清洗区域和消防车区。训练塔和训练 / 练习 / 指导都需要一定空间；还有燃料运送，以及重要的小汽车的停放。排球是消防站的传统游戏，通常在院里进行。

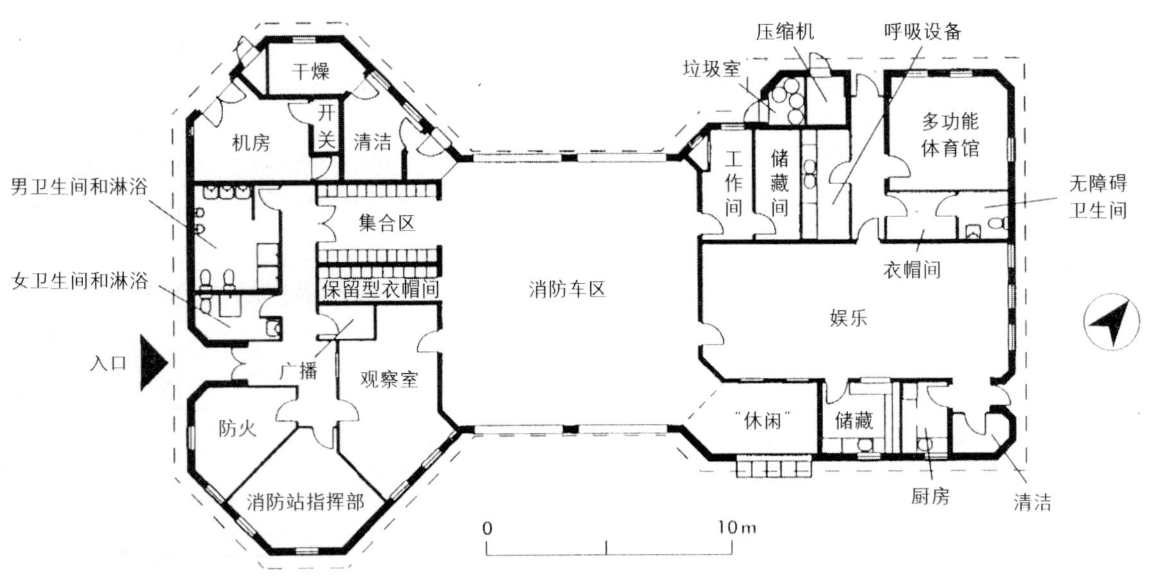


图 10–14 奥姆斯科克（Ormskirk）消防站，兰开夏郡（设计和取得：兰开夏郡地产顾问）

**训练墙** 用作测试设备，通常会接触大量的水。结构上，必须能抵抗软管中40bar以下的水压：最小高度2.7m。

**训练泵井** 位于训练场下，在带水训练时提供静态的水；蓄水池容量36000L。

**训练塔** 用作培训消防员，有两种类型："集成"塔与消防站建筑结合设置，或在训练场内单独设置。塔最小需要3个训练平台（即相当于3层的建筑），且平面上是三角形的、方形的或带拐角的。平面上需要一个干燥升梯和很多特殊设备（如线形夹板和虚拟拖运设施）。

**消防栓** 根据BS750，需要一个或两个消防栓，气缸气体充足。

**训练屋顶（图 10–13）** 屋顶区域，为训练所用。

### 3. 控制和管理

**指挥员的更衣柜和盥洗室** 由消防站指挥员和观察指挥员共用（面积：15m²）。

**消防安全员 (fire safety officer)** 防火办公员和他会见公众时所用；一个官员和4个来访者的空间（面积：10m²）。

**消防站指挥员办公室** 整体负责消防站的人员的办公室，能最多满足5个来访者（面积：20m²）。

**消防站办公室** 存放记录和职员物件，同时也是与公众联系的窗口（面积：15m²）。

**文具存放** 面积：1m²。

**等候和接待** 3个来访者（面积：8m²）。

**观察室**（图 10–15）接受紧急电话和其他信息（电话和电传）；还有地图、值班表等，还有一个折叠床（面积：10m²）。

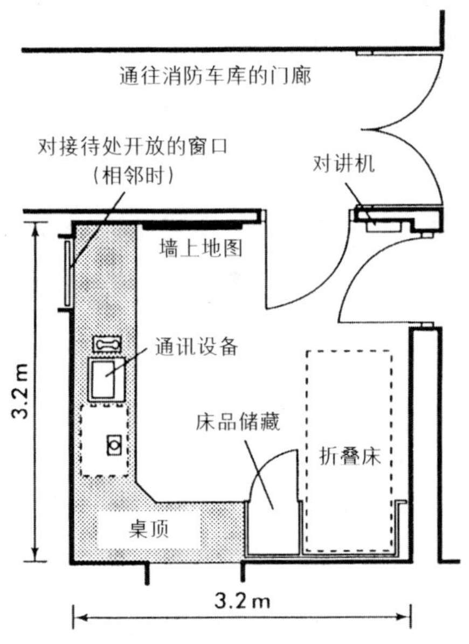


图 10–15 观察室（LFCDA）

**观察指挥员房** 面积：15m²。

### 4. 宜人区

注：因为消防员不住在这里，必须配备足够的更衣间和带锁的柜子；也需要女用设施。

**清洁工储物间** 面积：6m²。

**消耗品存放** 成堆存放（面积：2m²）。

**餐厅 / 电视室** 允许常见的休闲，如掷飞镖、扑克等（面积：40m²，3辆车；35m²，2辆车）。

**消防员的柜子和更衣室** 面积：81m²，3辆车；58m²，2辆车。

**消防员的卫生间和洗浴间** 面积：41m²，3辆车；32m²，2辆车。

**健身房区** 面积：38m²。

**初级办公人员学习室 / 休息室** 面积：39m²，3 辆车；26m²，2 辆车。

**初级办公人员的卫生间和洗浴间** 面积：39m²，3 辆车；26m²，2 辆车。

**厨房** 面积：25m²。

**讲演和休息室** 容纳 30 个人；晚上作为值夜班的休息区：12 人，3 辆车；9 人，2 辆车。面积（取决于流通路线）：75m²，3 辆车；45m²，2 辆车。

**讲演储存区** 面积：10m²。

**安静学习** 应包括一个图书馆等；第二用途是接待公众。面积：15m²。

**5. 公共设施**

**锅炉室** 面积：15m²。

**通讯** 面积：5m²。

**电子进气** 面积：3m²。

**煤气表** 面积：1m²。

**垃圾室** 面积：接近 4.5m²。

**辅助发电** 在电力供应中断时（面积：12m²）。

**水表** 没有固定的面积要求。

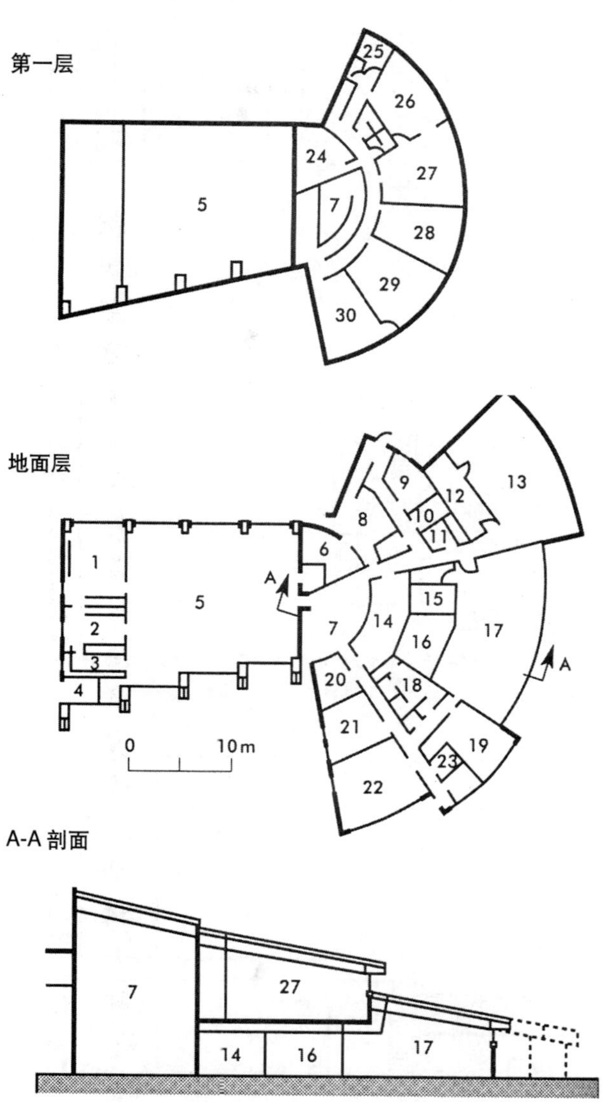


1. 工作间/车库；2. 通用储藏；3. 呼吸设备清洁室；4. 呼吸设备；5. 消防车区；6. 干燥室；7. 集合区；8. 水枪清洁；9. 书房；10. 开关；11. WC（女）；12. 办公员休息室；13. 消防员休息室；14. 消防水枪室；15. 淋浴（男）；16. WC（男）；17. 储物柜室；18. 淋浴和WC（女）；19. 健身房；20. 站内储藏；21. 站办公室；22. 管理；23. WC（无障碍）；24. 锅炉室；25. 办公室；26. 厨房；27. 餐厅；28. 电视室；29. 演讲室；30. 休闲

图 10–16 巴斯盖特（Bathgate）消防站，洛锡安区（建筑设计：洛锡安区理事会，地产局，现在的爱丁堡市理事建筑事务所）

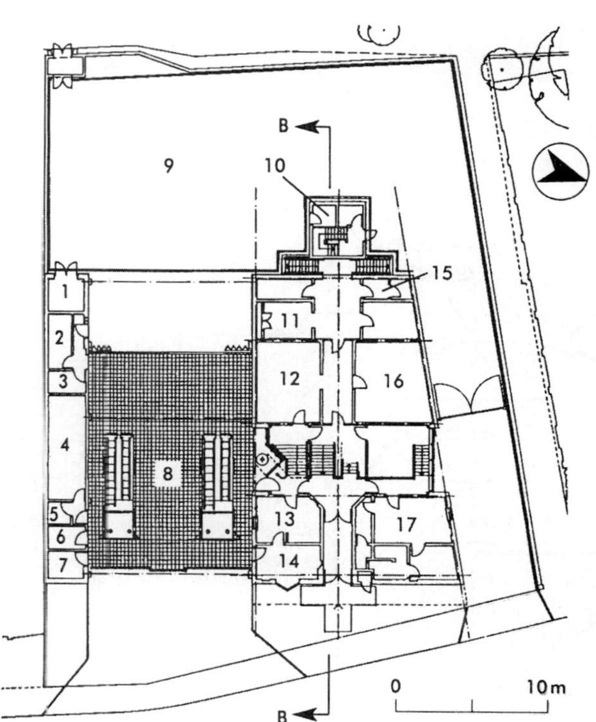


地面层平面

平台
第6层
第5层
第4层
第3层
第2层
第1层

B-B 剖面

1. 紧急发电机；2. 设备清洗储藏；3. 沙和泡沫储藏；4. 呼吸设备；5. 软管储藏；6. 非移动品和小水枪储藏；7. 消耗品储藏；8. 消防车区；9. 训练院；10. 训练塔；11. 水枪清洁；12. 消防水枪储藏；13. 站办公室；14. 观察室；15. 便服；16. 多功能体育馆；17. 值班官员

图 10–17 LFCDA 莱顿（Leyton）消防站，伦敦东 10 区（建筑设计：Rock Townsend）

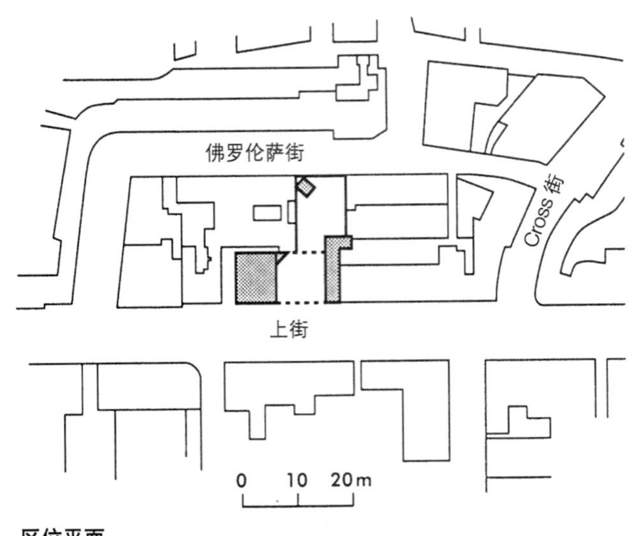


区位平面

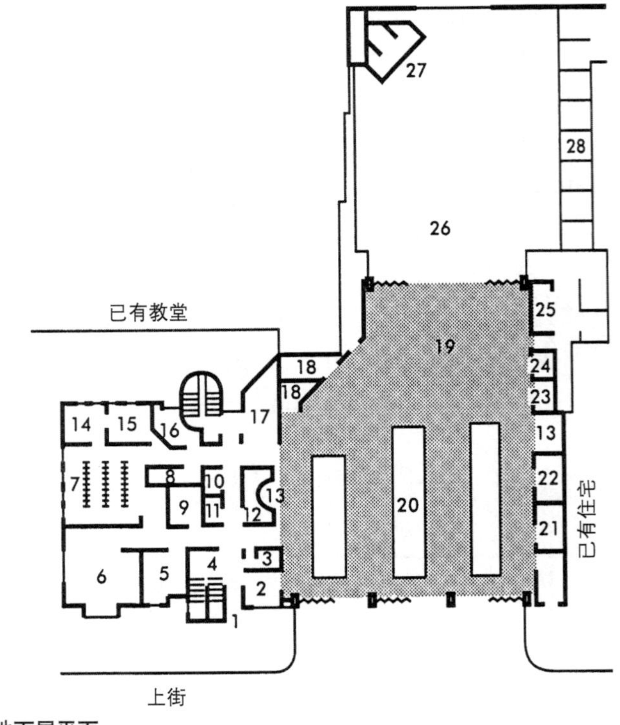


地面层平面

液压平台车和转弯半径的轮廓
佛罗伦萨街
居民停车
训练塔
小汽车停车场
训练场
消防站后部

训练场平面

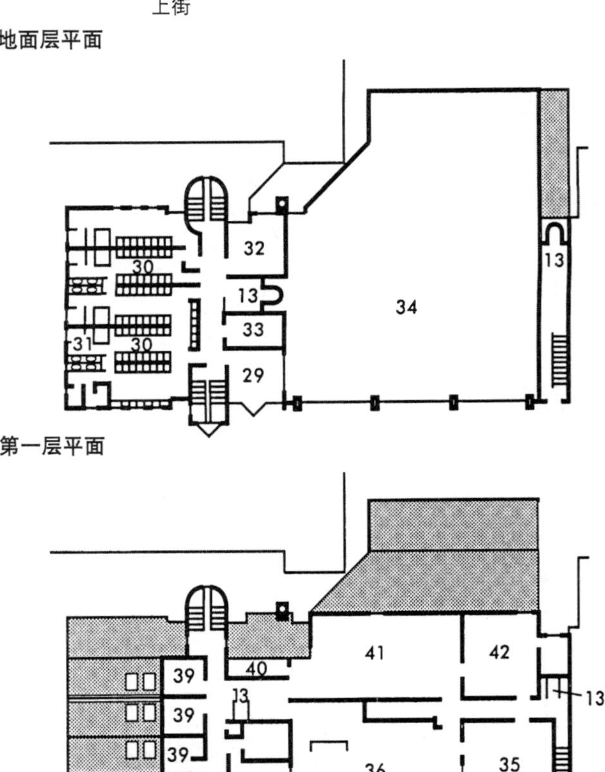

第一层平面

第二层平面

图 10–18 LFCDA 伊斯灵顿（Islington）消防站，伦敦（建筑设计：LFCDA 建筑科）

1. 入口
2. 观察室
3. 储藏
4. 接待
5. 防火办公室
6. 呼吸设备室
7. 消防水枪储藏
8. 易耗品储藏
9. 文具储藏
10. 便服储藏
11. 洗衣储藏
12. BA 室
13. 滑杆
14. 干燥室
15. 水枪清洁室
16. 清洁工室
17. 锅炉室
18. 电子设备
19. 设备清洗区
20. 消防车区
21. 维护和非移动特殊储藏
22. 沙 / 泡沫储藏
23. 水龙带储藏
24. 设备清洗储藏
25. 垃圾
26. 训练场
27. 训练塔
28. 小汽车停车场
29. 值班员室 (officer in charge)
30. 柜子
31. WC
32. 消防站官员
33. 办公员更衣室
34. 消防车区（上层）
35. 厨房
36. 餐厅和电视室
37. 站指挥员
38. 初级办公员更衣室
39. 初级办公员室
40. 设备储藏
41. 演讲室
42. 体育馆

# 第11章 大学宿舍及旅舍

大学和学院的学生宿舍；无家可归者的旅店，休息室。也见青年旅舍部分。

## 11.1 大学宿舍

传统的，大学宿舍是为大多数一年级大学生提供的，被认为是大学生活的重要部分。在老一些的大学，大学宿舍常设计成方庭（图 11–1），房间可能较大，尤其是在牛津和剑桥，它们与大学生活联系非常紧密。第一年后，学生通常被允许去寻找他们自己的住处，不过大学宿舍有些地方仍然是为一些想要保留宿舍的二年级或三年级学生所留下的。

然而，1963 年《罗宾斯报告》(Robbins Report）后学生数量的大幅增长，导致学生不得不自己寻找住处，因为宿舍太有限了。在 20 世纪 90 年代学生数量第二次大扩张后，这个问题变得更尖锐，导致许多新的大学只能为英国本土以外的学生提供宿舍。因此，在设计大学宿舍时很重要的一点是确保满足道德或宗教方面的需求，而这一点在之前只为英国学生设计时不太重要（如独立的就餐区或食堂，男女学生分隔）。

大学宿舍是昂贵的建筑，尽管一些宿舍仍然以传统方式存在，但经济和空间限制不断增加。学生的租金会占到他们奖学金的绝大部分甚至是全部；大学和学院管理者也意识到了这一点，因此使大学宿舍楼利用得到最大化，在学生离开时，将其向会议代表等人群开放。因此宿舍楼布局需在为学生提供基本设施的同时满足需求更高的使用者，这导致一些有冲突的需求。例如，会议代表通常要求带淋浴的房间，提供所有餐点；学生通常满足于公共洗浴设施和自己动手的厨房。

在传统的宿舍，几百个学生住在一大间房间里，共享洗浴和卫生设施，一个厨房，一个中央食堂和公共设施。不过现在，6 ~ 8 名学生组成的小组（通常带自己做饭的设施）被认为更舒适一些（图 11–14）。12 位或更多的成员无法形成一个有内聚力的组：公用厨房和用作其他活动的餐

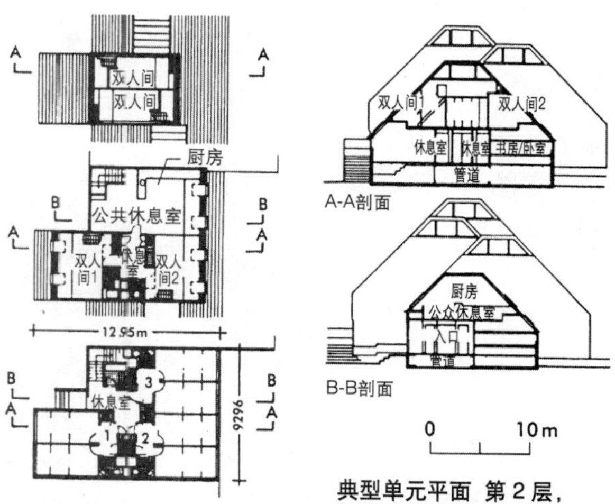

3 对有独立休息室的书房 / 卧室

典型单元平面 第 2 层，第 1 层和地面层

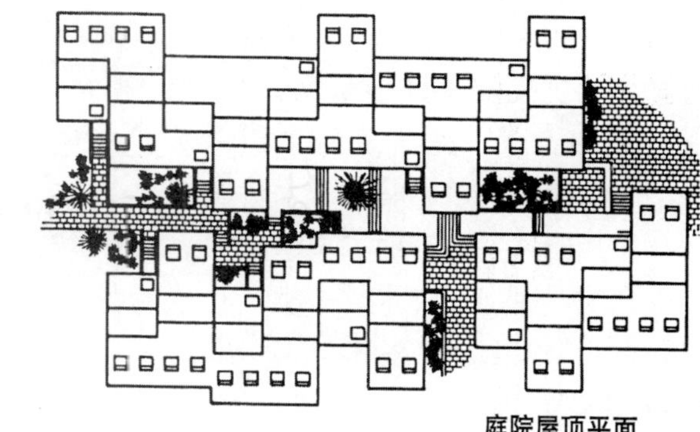
庭院屋顶平面

学生宿舍，吉尔福德，萨里郡
（建筑设计：Robert Maguire & Keith Murray）

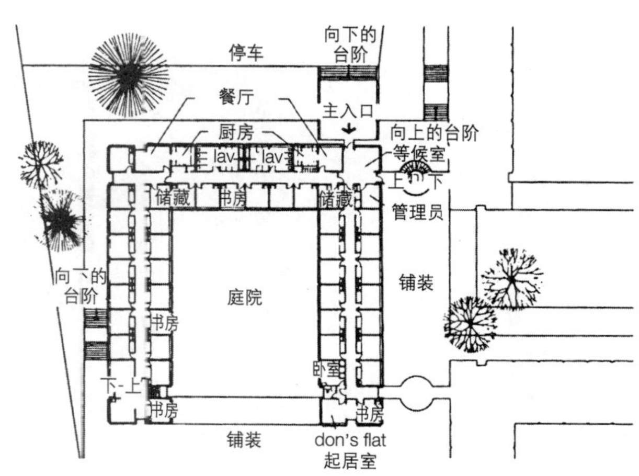

宿舍楼，南安普顿大学：典型层平面
（建筑设计：J S Bonnington Partnership）

图 11–1 学生宿舍典型类型

厅，可能会带来问题，小一些的最多4名学生的组可能更合适，但需要自己选择。

目前的趋势是为不同人群提供各种合适的住宿条件；许多学生喜欢独立的小单间，共用多种设施，而不愿意一起住昂贵的全膳的宿舍。大学四年级学生和研究生一般钟爱独立住宅或旅馆单间，这些单间分布于城市社区或租赁房内，针对一定的目标群体而设计（图11–18，图11–19）。

单身学生使用宿舍的时间通常是每年30～36周；研究学生和已婚夫妻通常使用50～52周。住宿通常还需要满足儿童的需求（如提供室外活动空间），且靠近商场、社会公共设施和具备其他宜人性。

**基金安排** 希望招收外国留学生的大学意识到，他们不得不提供宿舍，并且发展了许多赞助方法。一些老的大学，尤其是牛津和剑桥，可以用它们自己的资源来赞助宿舍。其他大学过去能利用政府资金或贷款，但现在越来越困难。开放的市场贷款（或一些来自于捐助者的贷款或捐助）通常是唯一途径。这些经费可以通过把宿舍租借给会议、教育课程、假日访者而得到补充。因此提供的住宿取决于建筑的可能的用途，以及任何获得的年收入。

**设计标准** 没有这方面的国家标准，且由于客户（大学、学院、当地政府、卫生信托机构 (health trust) 等）的不同，需求差别也很大。另一方面，旅舍则由1985年的《住宅法》(Housing Act) 规定（见113页）。

整体布局由房间类型（见平面类型，图11–4～12）、就餐和公共设施决定。这里可能有供讲师用的房间或公寓，以提供帮助和进行监管。

**会议使用** 每个房间最少需要

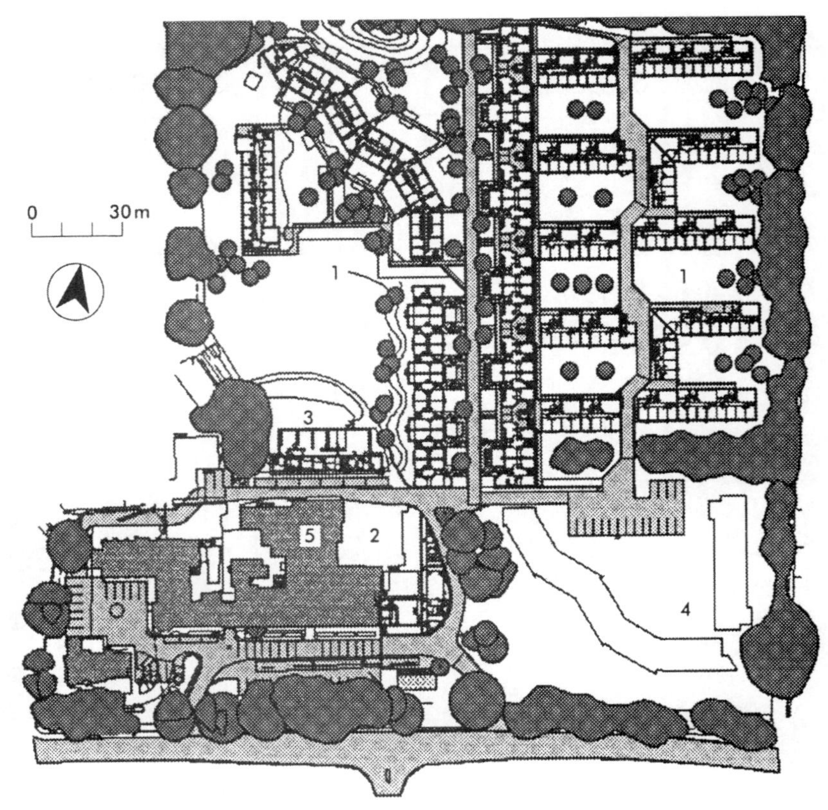


1 学生村；2 辅助设施（学生会、酒吧、商店等）；3 托儿所；4 规划二期学生楼；5 过去的威斯·当斯学校，现在转变为学生提供宿舍、会议设施和艺术表演中心

图11–2 威斯·当斯 (West Downs) 学生村，金·阿尔弗雷德 (King Alfred) 大学，温彻斯特：场地平面［建筑设计：菲尔登·克莱格·布雷德利（Feilden Clegg Bradley）建筑事务所］

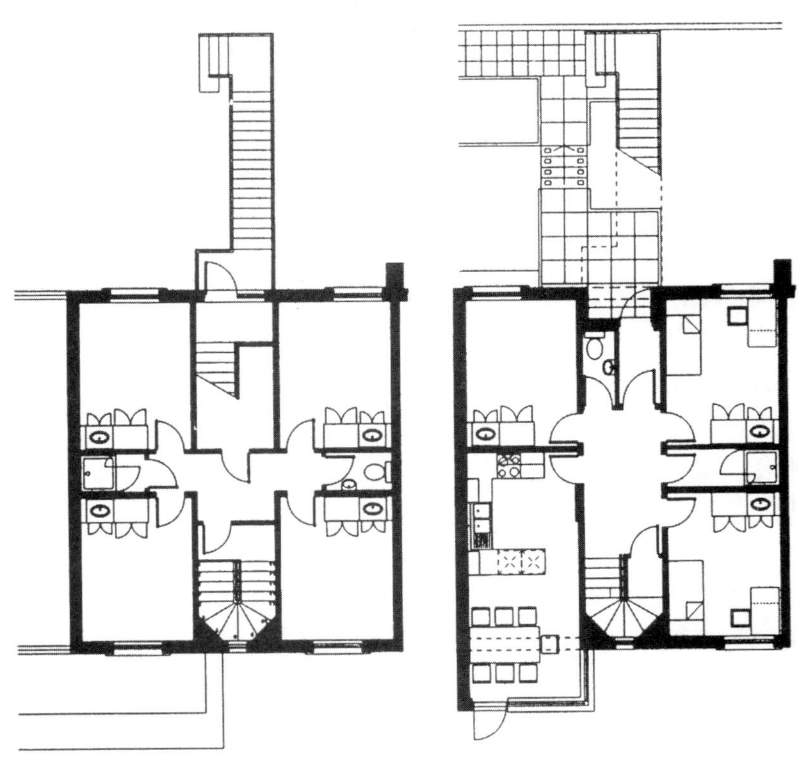

图11–3 典型7人小套房平面

一个洗脸池，有淋浴更好，有就近的停车场、报告厅、会议室和餐厅。需为少数在假期或会议期间留在宿舍的学生提供可选住处，还应当为其提供贮存财物的地方。

## 11.2 设施需求

**平面类型** 传统布局（图 11–4 ～ 12）包括：单人间，沿走廊布置的书房兼卧室，2/3/4 人居住的房间，套房（通常由单独的楼梯上去，但现在很少了）。现在更流行的布局是：套房，没有独立设施（图 11–3），完整的合租公寓（两个或更多的人），独立设施的公寓（可能共用一些公共设施，如公共休息室、洗衣房等）。共用一个厨房和浴室的两人或三人常被看作一个居住群体。如果 3 层以上，需要电梯。

**面积** 一床 / 学习空间，9 ～ $15m^2$；两床 / 学习空间，13 ～ $19m^2$；自己做饭单元，总面积 16 ～ $20m^2$。在家庭公寓里，面积可以略减少一点，以提供更多宜人性空间。一个淋浴和卫生间，如果包含在单个房间里，则会增加大约 $2.5m^2$ 的面积。一些房间可能会更大一些，能提供娱乐和会议空间。布局的多样性很重要，以避免严肃的气氛。已婚的学生宿舍应该符合通常的住宅空间标准：一些学生会有家庭。所有的宿舍在设计时应考虑到身有残疾的人，但所需的完全的轮椅入口的比例须在设计方案中达成一致。

**家具设备** 房间应该有床 / 长沙发椅，桌子和椅子，带抽屉的柜子，衣橱或柜子，挂衣服的空间，开放的可调柜子和插接板，简易椅子，小的桌子，床头桌，镜子，箱柜，房间灯和桌 / 床灯，电器插座，室内采暖器，帘子 / 遮帘。如果用到计算机，还需要额外的桌子和电器插座。如果有洗脸池，则需提供毛巾架，镜子，杯托或架子，剃须刀插座。

通常提供局部供暖，有由使用者控制的室内采暖器作为补充。确保好的隔声效果（注意门的开关会带来相当大的噪声，这通常是在防火门上安装廉价闭门器或者是维护不佳的五金件的后果）。为了桌上近距离的学习工作，需要良好的局部照明。

**卫生设施** 每 5 个学生有一个抽水马桶；

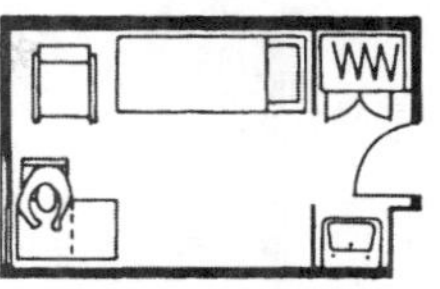

图 11–4 带洗脸池的单人书房 / 卧室：$10m^2$

图 11–5 单人书房 / 卧室：长方形布局的空间利用更经济

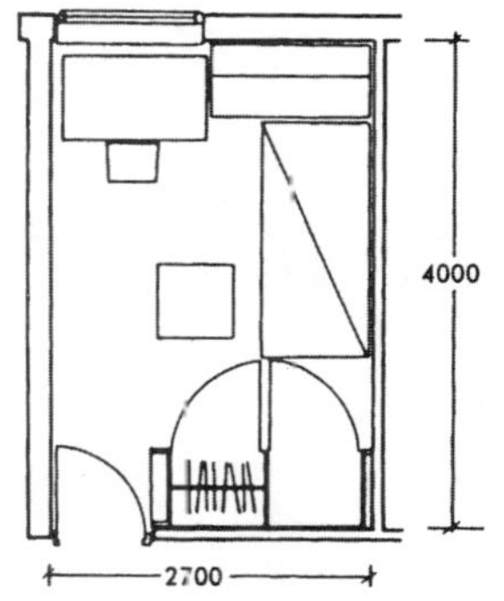
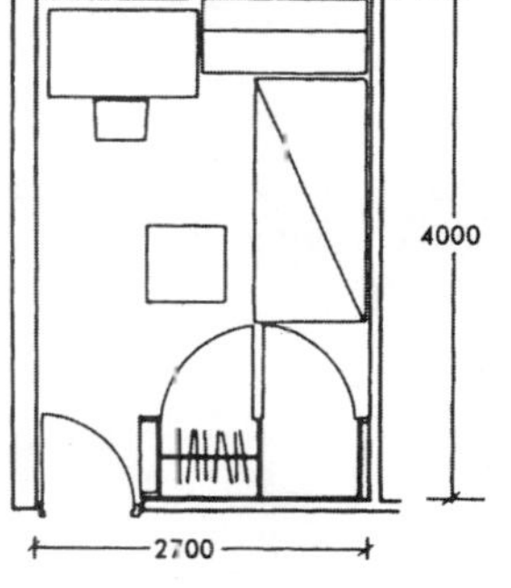


图 11–6 没有洗脸池的单人书房 / 卧室

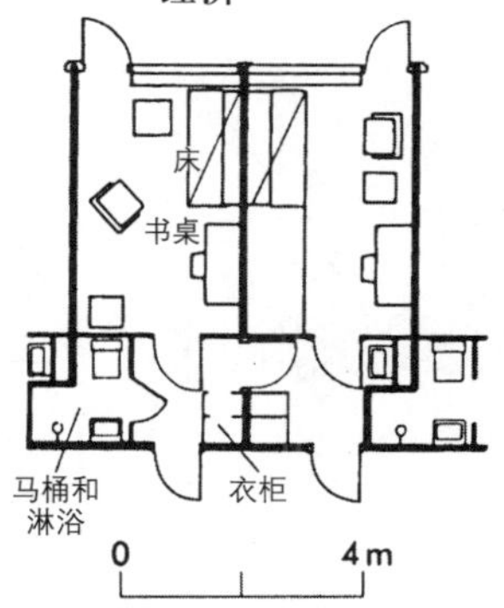


图 11–7 两个学生的单元（共用马桶和淋浴）

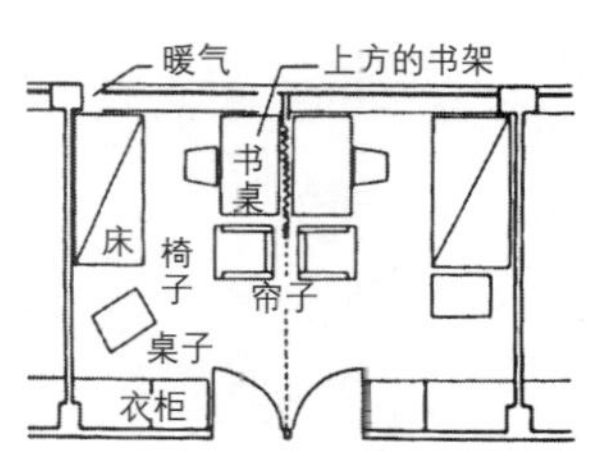


图 11–8 双人书房 / 卧室

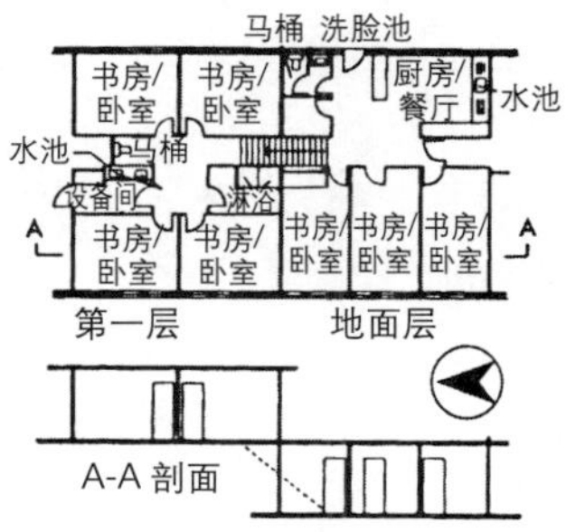


图 11–9 典型楼梯入口

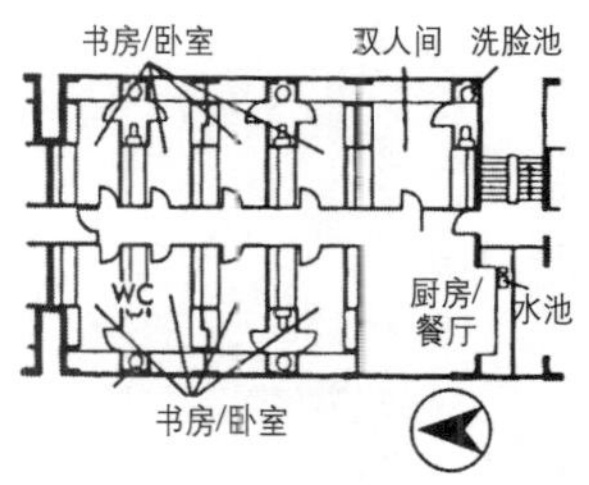


图 11–10 典型复合入口（门廊入口相似，但楼梯间连续）：注意厨房 / 餐厅区和共月的盥洗室 / 卫生间的位置

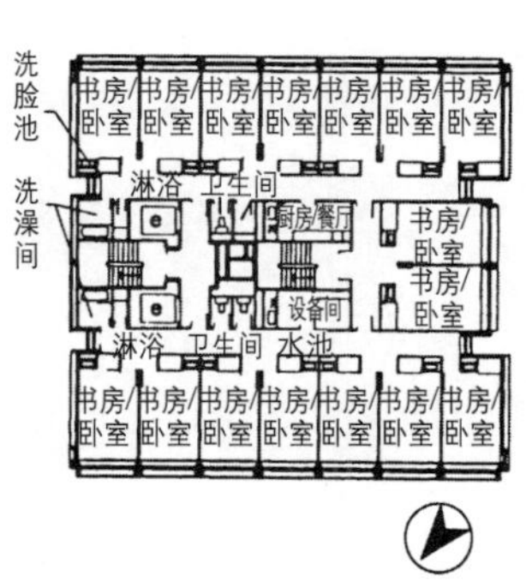


图 11–11 围绕设施核心的门廊入口（e= 电梯）

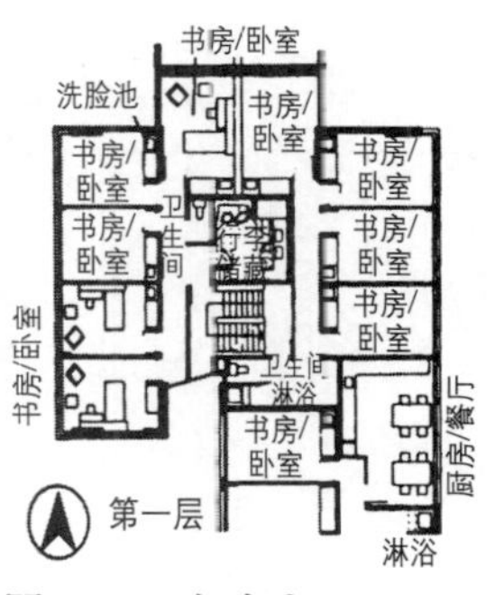


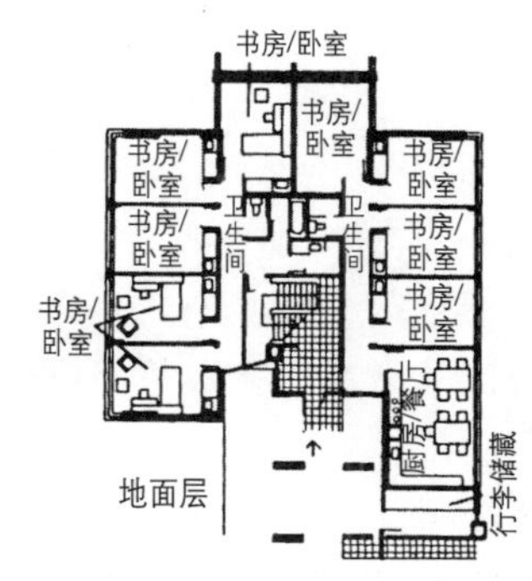


图 11–12 复合入口

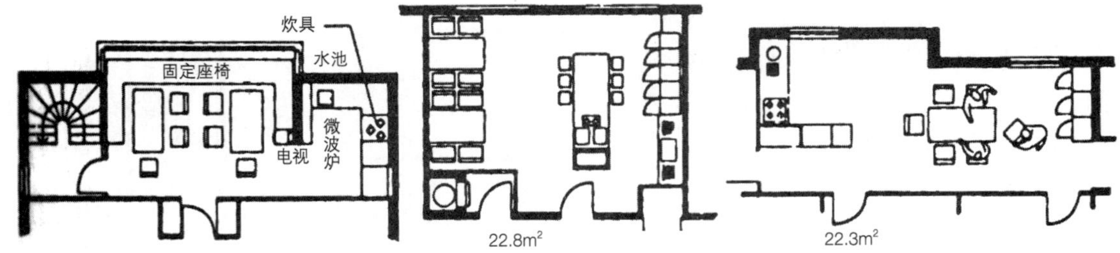


图 11–13 典型休憩区



场地平面

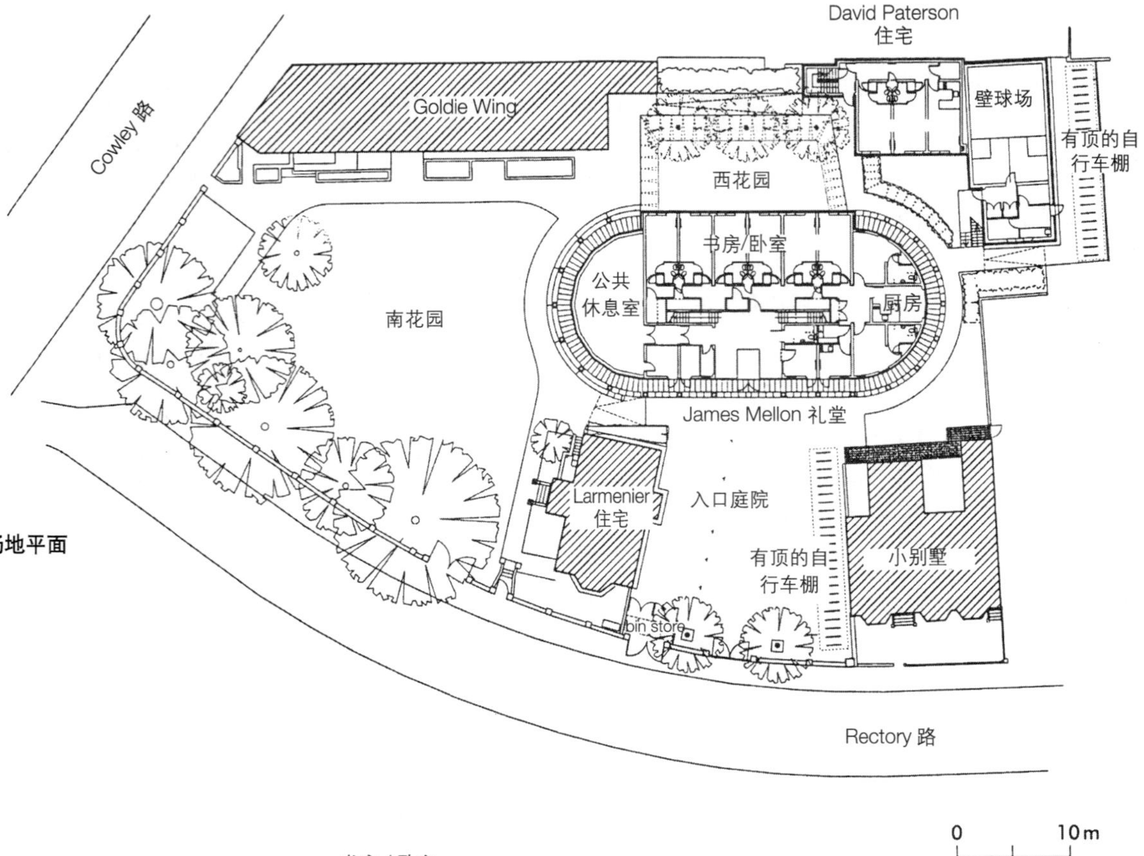

典型层平面

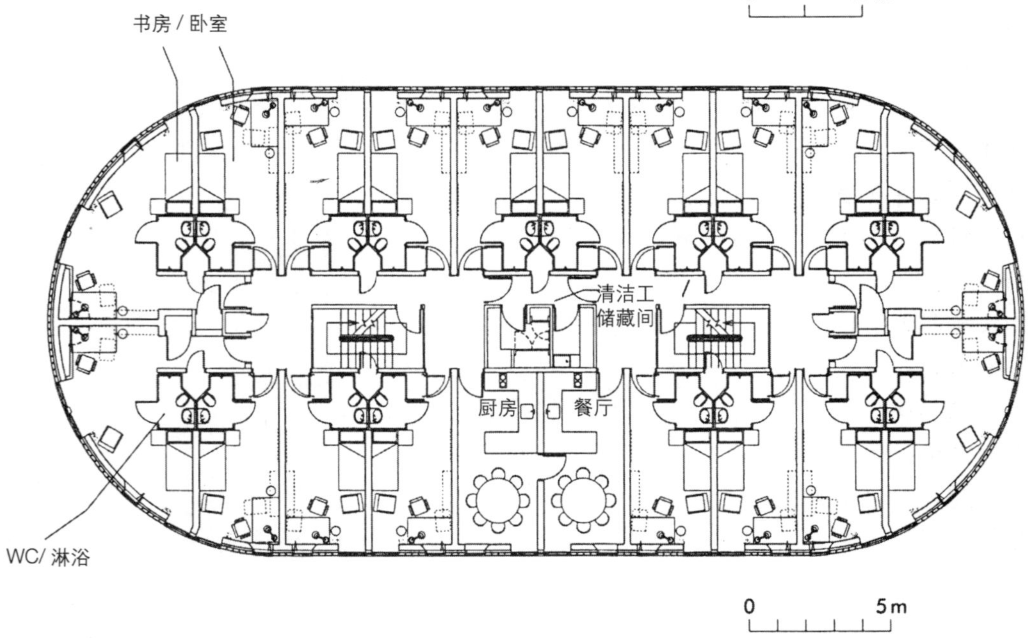

图 11–14 牛津大学奥里尔学院学生宿舍 [ 建筑设计：戴维 · 莫利（David Morley）建筑事务所 ]

每5个学生一个浴器，或10个学生一个淋浴（最好是有50%的浴器）；如果房内不能提供的话，则3个学生一个洗面池。如果是供会议代表等使用，则需要更高等级的设施。

**宜人空间**　含餐厅的厨房，如果不打算为一日三餐提供所有的效用空间，则面积标准为每个学生1.2～1.6m²，如果一日三餐都能完成，则每个学生1.7～2.0m²（若是6个学生以上，面积标准可缩小）。

如果宿舍临近其他大学建筑和公共设施，则含餐厅的厨房可能是唯一的共享社会空间。烹调和就餐区应该分隔开，就餐间应位于所有学生经过的地方。（饭厅，见酒店和餐饮设施）

新的宿舍更倾向于自己做饭。自己做饭的设备包括：灶具，冰箱，冷藏柜和微波炉，单个或双个的双排水洗碗池，2.0～3.0m的工作台，上下有碗柜（包括个人的带锁的食物柜），垃圾临时存放处的容量应满足1天的量。洗衣房：每组房

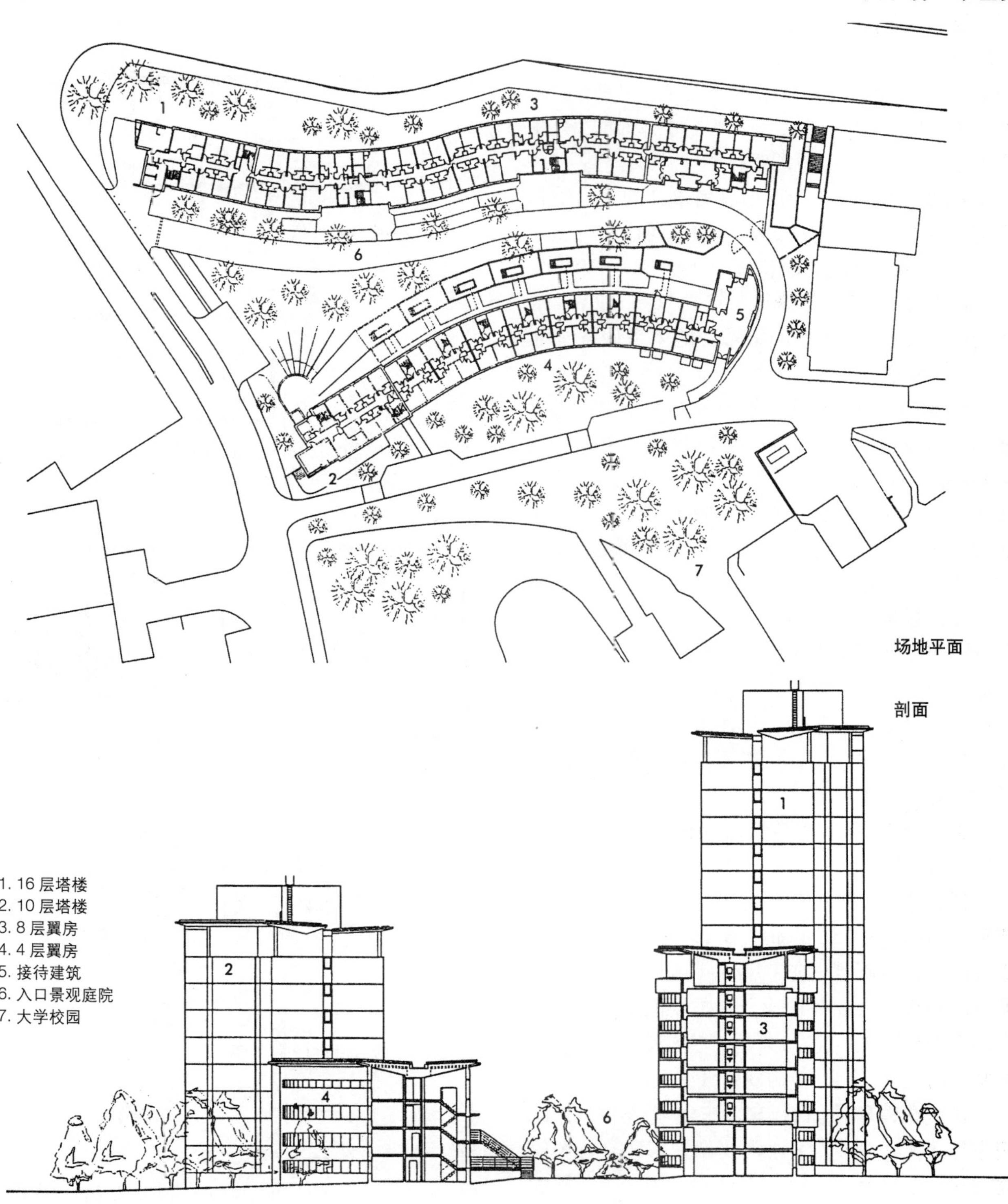


图11–15　湖边宿舍，Aston大学，西米德兰郡（建筑设计：菲尔登·克莱格·布雷德利事务所）

间提供一个水池和投币洗衣，甩干机和熨斗设备。确保好的通风和合适的布局，避免对其他人的干扰（味道、排水，特别是噪声会成为问题，尤其是在夜间使用时；可能需要机器灵活的搬动和附加的防声装置）。

可能还需要更多的设施：咖啡吧 / 小卖，休息室 / 咖啡休息室，讨论和社会聚会空间，电视，音乐坊，来访者的卫生间。

**办公室 / 管理用房** 远离校园的大型宿舍楼可能需要一些办公设施（面积均为近似值）：看门者 / 管理员 * 20m$^2$，秘书 / 文秘 20 m$^2$，管理委员会办公室 30m$^2$，管家 * 9m$^2$，清洁工更衣室 * 9m$^2$，服务员 *（靠近入口）9m$^2$，学生联合会 20m$^2$。（* 在宿舍楼位于校园里时也需要。）

**职员用房** 被设计用来满足单身的、已婚和有家庭的员工。住宅或公寓里的单间宿舍可能会更经济一些。近似的面积：看门者，67 ~ 93m$^2$；单身的学院职员和管理者，每人 56 ~ 67m$^2$；单身的监管职员 46 ~ 56m$^2$；单身的家务服务员面积与学生相同。

**储藏空间** 0.3m$^2$/ 每人的行李存放空间。为家务和清洁设备、床上用品、家具等提供中央存放空间；每层都有清洁设备和其他设备的存放空间，有水池和水源（可能还需要洗衣槽）。垃圾存放处的面积要根据学生数量和收集的频率而定；确保它们布局合适并易于维护和清理。

**交通区域和管道** 2.0 ~ 5.7m$^2$/ 每人。确保通道足够宽以允许手推车以及人们携带手提箱和大衣箱通过。提供一个入口大厅，由服务员监管，有通告、电话亭和牛奶、邮件寄送处的空间。可能需要一个公告系统。可能还需要设置安全入口系统（尤其在都市区）。

**装饰材料** 所有材料都应是耐久的、坚硬的，几乎不需要维护。

**防火规范** 这些条例比较复杂。在《建筑规范》(Building Regulations) B 部分（表 D1）里，宿舍楼和旅馆通常分在"居住（其他）"类里；如果房产被用作会议等用途，则需要消防证书。旅店，而非宿舍楼，常被认为是"多人使用的住宅"，需要用法规进行进一步的规范（见下）。

**小汽车停车场 / 自行车停车场** 停车位最小比例是每 3 人一个车位；还需要摩托车和自行车停放空间，最好有安全存放空间或位于易于监管的区域。如果是会议使用，还需要更高的比例（每

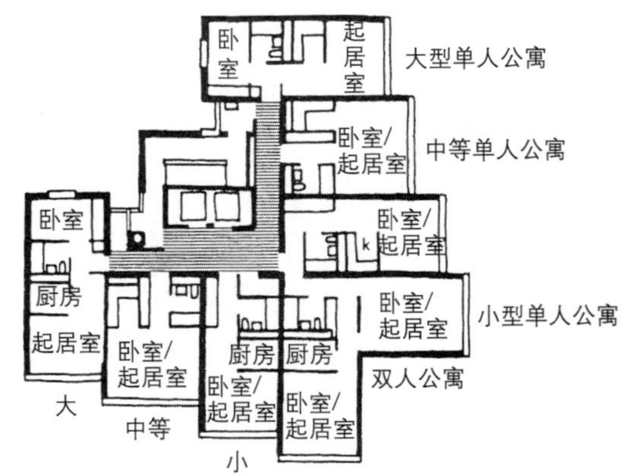


图 11–16 单人住房，雷彻斯特：典型层平面（建筑设计：DoE）

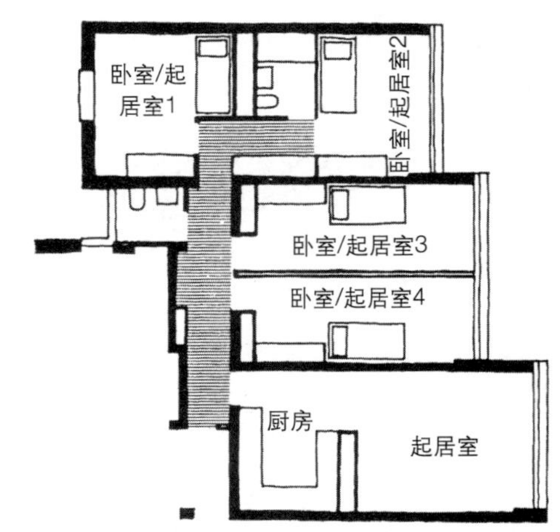


图 11–17 16 的部分变形，提供 4 人共用的大公寓，而不是大、中、小的单人公寓

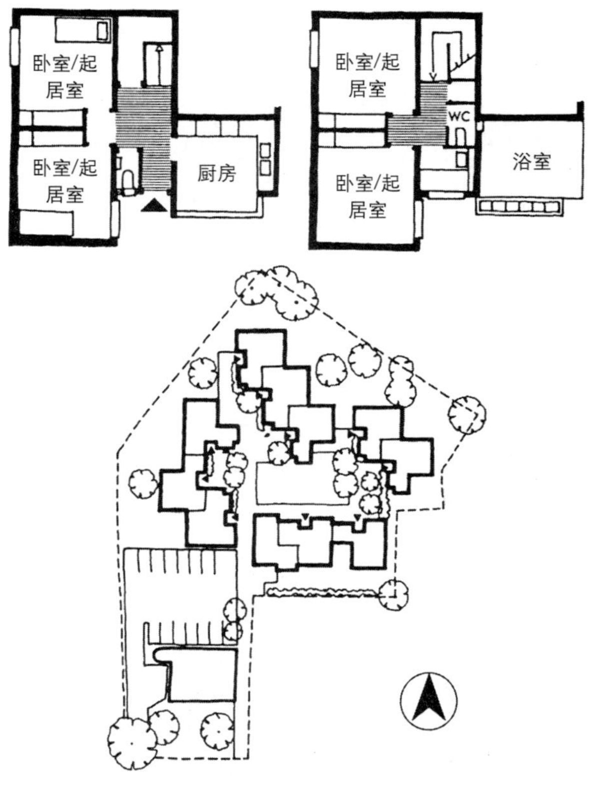


图 11–18 兼带起居室和厨房的四人间：注意，卫生间与浴室分开（建筑设计：Manning Clamp 及伙伴）

个代表一个车位），尤其是校园远离市中心或公共交通时。

## 11.3 旅舍及共享住宅

在许多方面与宿舍楼很相似。传统情况下，旅舍设施是提供给贫穷的或流浪的人（如在最贫穷的都市区的救济军旅舍，港口的船员旅舍）。二次世界大战之后社会和经济的变化导致许多传统旅舍完全关闭了；还有许多旅舍被认为过于制度化而缺少现代设施。然而 20 世纪 80 ~ 90 年代无家可归者数量的增加，导致对旅舍更多的需求。许多单身的年轻流浪汉都不想住在当地政府安排的传统住宅里，他们聚在大城市中心，而市中心往往不能提供充足的房源。这其中的许多人还需要针对一些问题的帮助和建议——如破裂的家庭背景，麻醉药和酒精问题——这些旅舍通常与咨询中心联系在一起。

### 11.3.1 定义和标准

1987 年的《规划使用分类规则》(Planning Use Classes Order) 将旅店和旅舍分为 C1 级；不过，如果加入了个人照顾和治疗，则项目应被作为 C2 级（居住公共设施）。如果不超过 6 个人像一个单独的家庭一样住在一起（通常他们自己不认为是一家人），项目可能被认定为 C3 级（居住住宅）。

1985 年的《住宅法》用不同的方式对旅舍进行了定义：

(1) 住处，而非单独的有完整设施的房屋。

(2) 要么提供寄宿，要么提供准备食物的设施，或者两者皆有。

《住宅法》还定义了多户共住房屋（HMO），即“一个住宅由一些人占有，他们没有组成一个单独的家庭”，这通常包括旅舍。人们对“单个家庭”有不同的理解，然而大家都一致认为若家庭成员不聚在一起做饭就餐，或只是走走商业化的表面形式，就不能称其为一个单独的家庭。如果是 HMO，需要咨询当局政府环境卫生官员以获得更多的建议，尤其是在火灾时的逃生方式，这些都需要应用在实践中。

在 1996 年的《住宅法》里，HMO 的当地政府注册程序得到了加强，“安装工程注意事项”及防火规范（与逃生方式相对）也被引入。

DoE 文件 12/92(DoE Circular 12/92) 如果

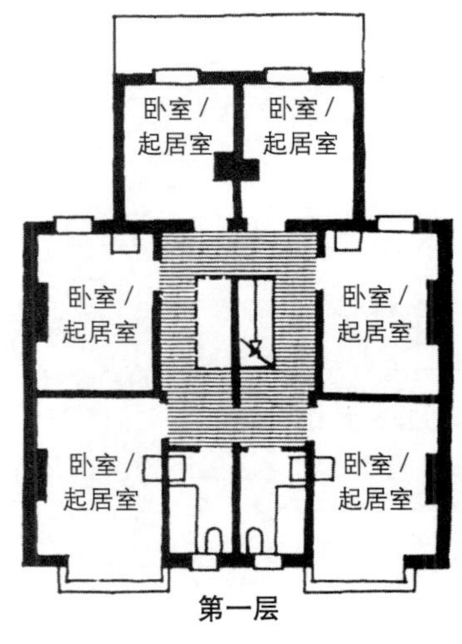


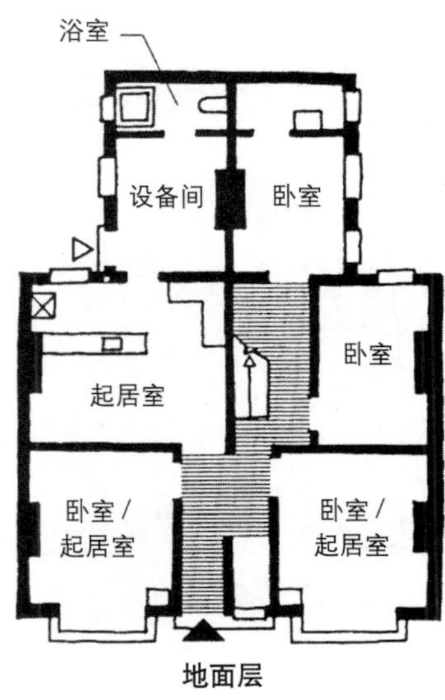


图 11–19 两套维多利亚行列式住宅，改装为共用宿舍（建筑设计：约克大学设计组）

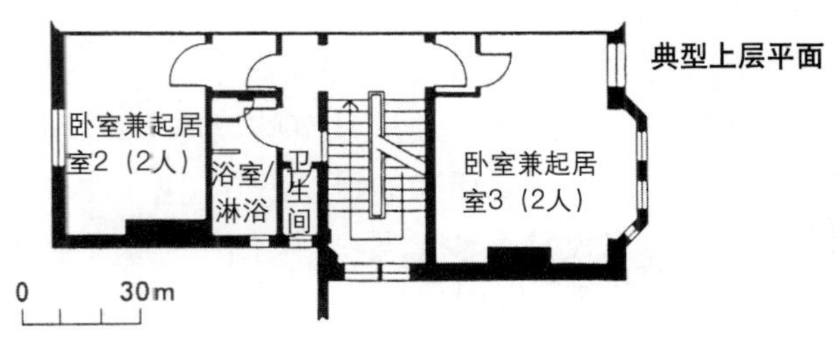


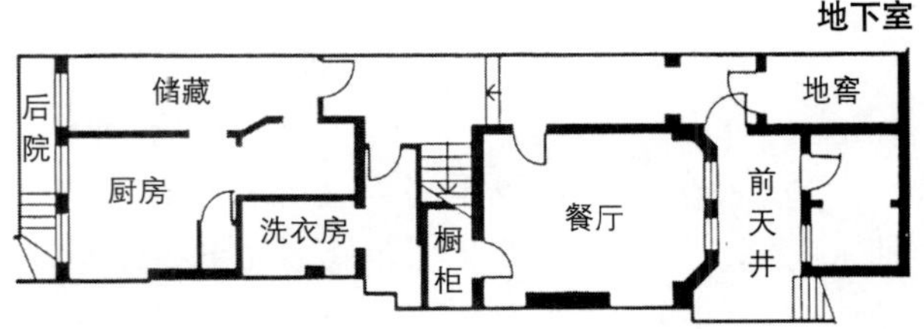


图 11–20 “来伦敦的新人”，牧师住处改建的旅店，Marylebone，伦敦中部：旅店为年轻的无家可归的人提供临时住处，有 7 间双人房，另有看守人的单人间（建筑设计：Triforum）

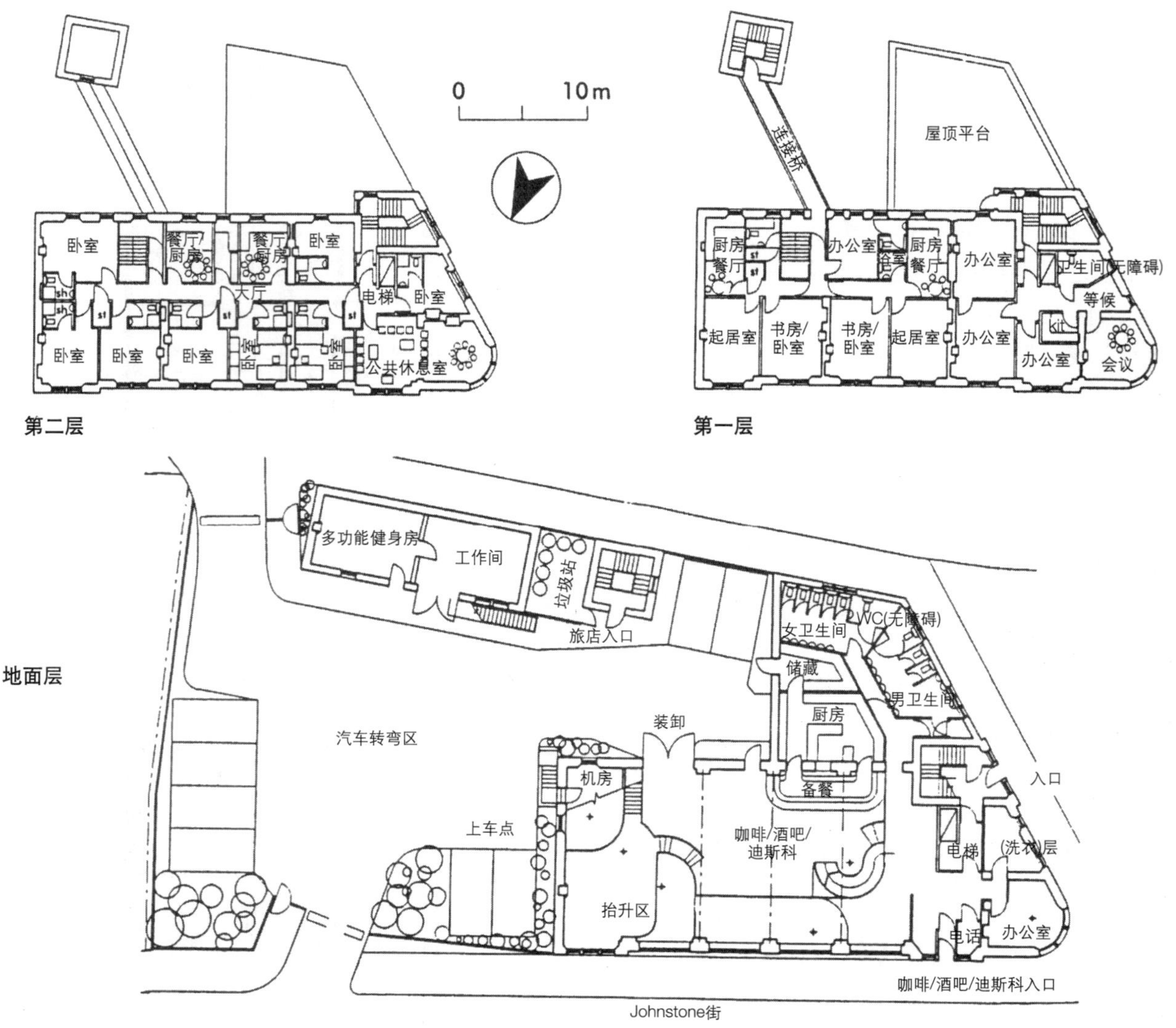


图 11–21 消防站，佩斯利，伦弗鲁郡：已有的消防站转变成旅店（注意提供了其他设施，如咖啡和迪斯科、健身房、工作室）（建筑设计：AADD 合作公司）

当地政府要求执行安装标准，这份文件能给予指导。这些标准广泛基于：

(1) 每个“住宿单元”都应在单元内有足够的厨房设施，或在同一层有共享的设施。

(2) 就餐区域离厨房的距离不得超过一层。

(3) 共享设施最少需要一个水池，每 3 个小的家庭有一套完整的炉灶和工作面，或最多 5 个人（如学生）共享住宅里的一套设备。

(4) 存放空间：每人 0.13m$^3$ 冰箱空间

每人 0.3m$^3$ 干物质存放空间

(5) 每个单元（或至多 5 个人）应该有一个抽水马桶，洗脸池、浴器或淋浴；如果在单元外，设施应在同一层，且距离最大不超过 30m，或距离不超过一层。

(6) 对于健康和安全以及通风，有通用要求。

(7) 关于火灾来临时的逃生方式的地位，事实证明，遵守《建筑规范》的建筑通常也是满足 1985 年《住宅法》／ HMO 设施的相关条款的。

## 11.4 青年公寓 (foyer)①

青年公寓为 16 ～ 25 岁的处于弱势的年轻人（尤其是无家可归和没有工作的）提供住宿，还为居住者以及其他年轻的当地居民提供培训和社交空间（图 11–22，图 11–23）。平均停留时间是 6 ～ 18 个月，租金很低。居住者不得不参加寻找工作和接受咨询；也会提供培训，并与政府的“工作文化”政策成为一个整体，鼓励自我满足。政

① 社会住宅。——译者注。

府目标是在每座人口超过4万的城镇提供一处青年公寓（20世纪90年代末完成了大约100座，最终目标是超过400座）。

一些青年公寓与可租空间组合在一起（规划等级B1——办公室/轻工业用途）以带来额外的收入，也便于旅舍无法继续经营时可改作他用，还有望为那些在旅舍居住的人提供工作机会。商业运作可能包括：饭店、商场、运动设施、医务室、药店、信息中心和商业创业设施。也鼓励民营企业加入，尤其是在项目启动及为项目筹资时。

**基金** 经济支持可能来自于中央或当地政府，住宅协会，志愿者部分或私人组织。因此申请条件和标准也相应很广泛。

**位置** 为了帮助克服与外界隔离的感觉，这些项目最好位于有商店和其他公共设施的地区，有良好的公共交通。

**设施** 设施很简单（也见宿舍楼布局，4～12），有3种布局：

(1) 卧室，所有其他设施共用（建议面积：单人最小6.5m$^2$；双人最小10.2 m$^2$）。

(2)“集体宿舍群居室”，2或3个人共用一个厨房和浴室。

(3) 独立式住房，包括卧室、厨房和浴室。

可能会需要双人间，这不仅是出于经济层面的考虑，还能让居住者更好地适应从旅舍到更加个人化空间的转变。通过大的厨房和休息室来鼓励公共生活。确认房间里是否许可烹调是很重要的。房间里通常不鼓励洗衣——必须提供合适的洗衣和干衣设施。

**卫生设施** 每个集体或独立单元或者是至多每5个人需要一个抽水马桶、洗脸池和浴缸/淋浴。如果5个人共用一个抽水马桶，则需要将其与浴室分开。卫生间和洗脸池之间间隔不应多于一层，或两者水平距离不超过30m。如果房间里有洗脸池，则其他卫生设施不能超过一层的距离。

**厨房** 通常会提供一个公共食堂：因此需要可商业运作的烹调设施（见饭店部分）。小厨房设施可以为个人所用。可替代的方式是，如果提供自己做饭的设施，则与宿舍楼里的一样（见前文）。

**公共区域，存放，流线** 需求与宿舍楼相似。

**小汽车停车场/自行车停车场** 停车设施应该与当地政府一起讨论。理论上，不太需要或基本不需要，但一些职员可能需要；也允许未来可能的增长。应该提供安全的自行车存放。

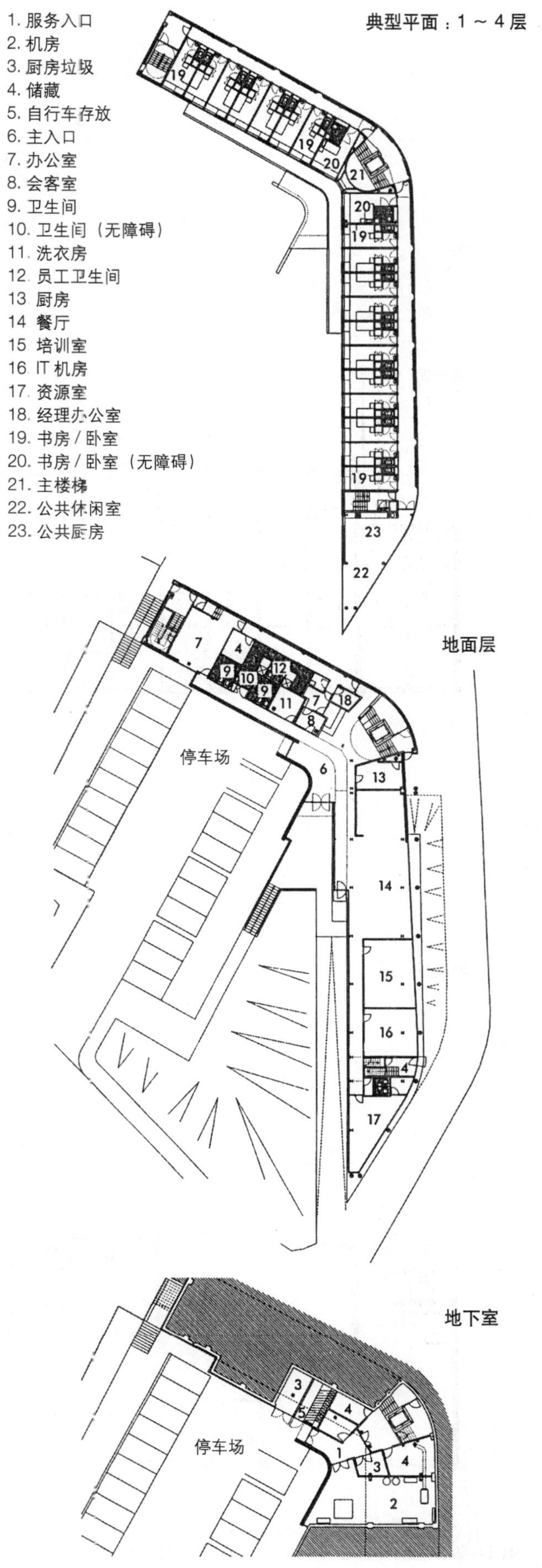


图11-22 焦点青年公寓（Focus Foyer），伯明翰（建筑设计：Ian Simpson 建筑事务所）

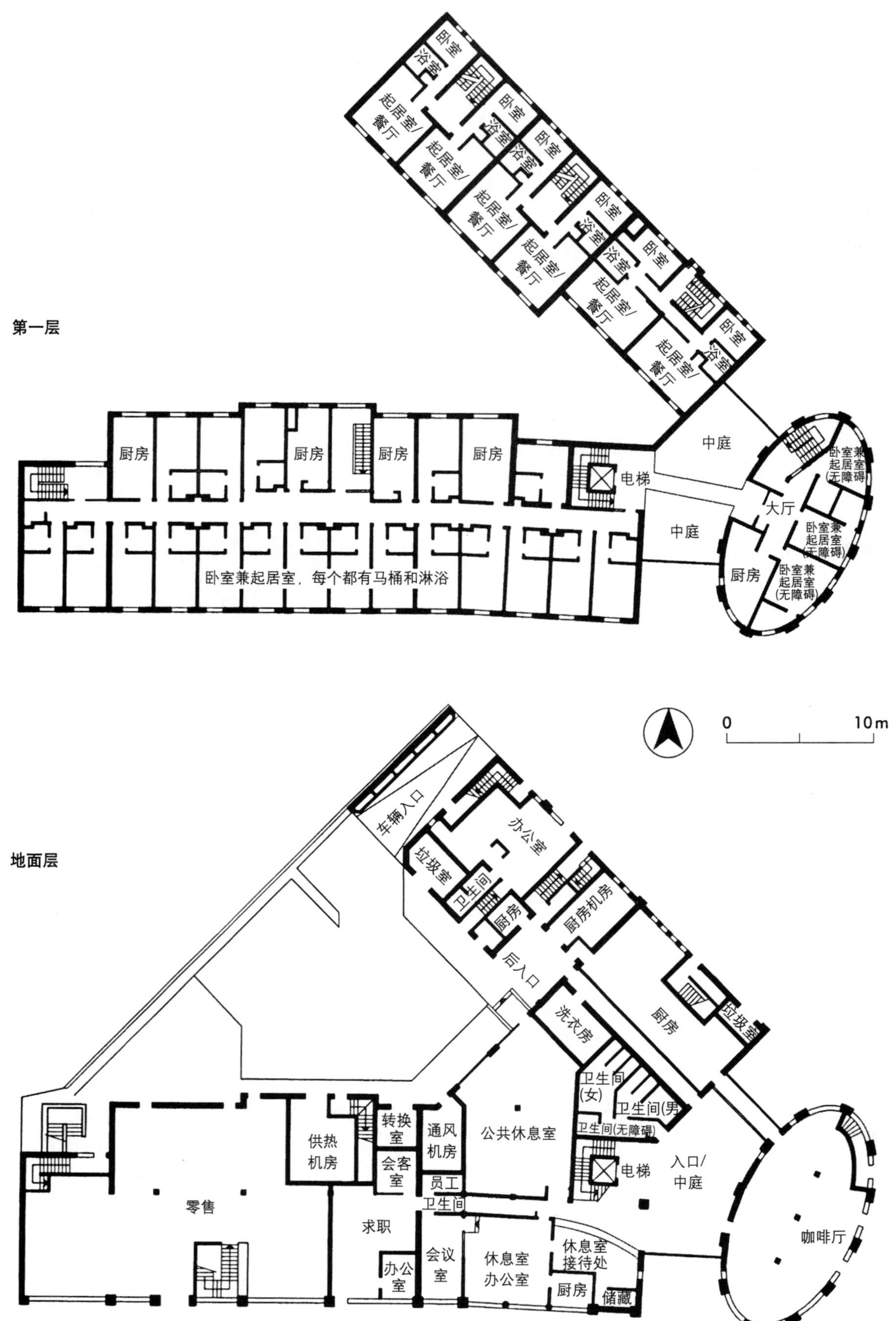


图 11-23 泰恩赛德（Tyneside）青年公寓，泰恩河上的纽卡斯尔（建筑设计：Ian Derby 伙伴）

# 第12章　卫生服务建筑

Roger Dixon, Howard Goodman, Tony Noakes

也见实验室部分

## 分节目录



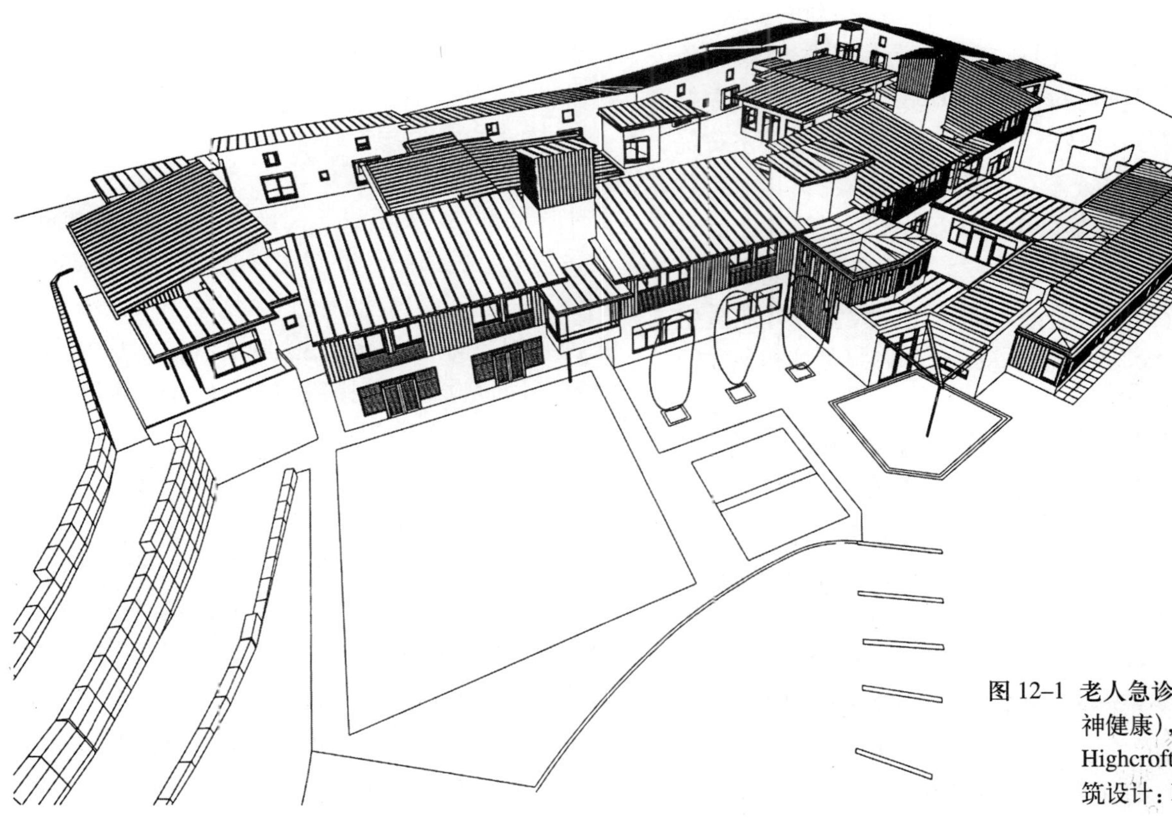

图 12–1　老人急诊单元（精神健康），伯明翰，Highcroft 医院（建筑设计：MAAP）

健康病历
管理
餐饮
教育
职员设施
职员宿舍
供应处
能源中心和工作间

**社区及当地医院**

**健康中心及普通执业医生事务所**

**精神康复服务及其建筑**

**护理院**

**词汇表**

## 12.1 引言

### 12.1.1 建筑类型和近代历史

健康服务需要很多不同规模及类型的建筑。整个健康建筑的基本组成在每个国家也大不一样。每个地方都不再在住院护理上寻求平衡，而是改变新建筑的布局和形式，并对已有建筑进行改造以求同新建筑协调一致，并满足一些新的要求。

1948 年，英国新成立的英国国民健康服务（National Health Service, NHS）继承了两种主要形式的“急诊医院”：一类是结合了以前的济贫院的当地政府医务室；一类是私人医院，其中有些还有医学教学的作用和作为附属医科学校。同时也有发热医院、肺结核疗养院和小的当地农舍医院，以及当地政府开办的诊所。大多数开业医生（general medical practitioners, GPs）是拥有独立门店的个体经营者。

一些主要的医院建设始于 20 世纪 50 年代，但是《邦汉·卡特（Bonham Carter）报告》导致了 1962 年《医院建筑规划》的生成，统一了“地区总医院”（district general hospital, DGH）的概念，这一类型的医院典型情况下是为 200000 ～ 250000 人服务。这些医院中有一些建于新的场地上，而许多是综合了之前的医务室和私人医院的功能。农舍医院正在逐渐消失，不过其中的一些在 20 世纪 70 年代时重新演变成“社区医院”；还有一些与健康中心组合在一起，包括全科医疗和卫生主管部门的医疗防治设施。单科的医院，如产科医院、眼科医院、矫形医院等，都正在努力合并为 DGH。一些私人医院不在 NHS 管辖范围内，但大多数相当小，主要提供有选择的外科服务。

在英国，专业的内科医生和外科医生都是医院基金会(Hospital Trusts)拿薪水的雇员。在美国，医生主要是独立的从业者，他们的咨询设施都在专业的办公建筑里，有大量的诊断设备。这意味着美国医院不需要如英国医院一样的门诊部。东欧的综合医院与美国所谓的“医疗艺术大楼”有些相似。

传统意义上，可长期居住的医院为老人和有精神疾病及学习障碍的人提供服务。在大多数发达国家，主要收容这些病人的大的远程收容所现在正在逐步撤出。在英国，从 20 世纪 50 年代开始，它们开始被 DGH 中 50 ～ 120 床位的精神病科所取代。小一些的单元，一些独立小诊所现在越来越普遍，作为倾向于提供“社区护理”服务趋势的一部分，因此削弱了对医院的需求。然而，仍然需要一些为长期病人或那些需要更多安全性的病人准备的专业单元。学习障碍被认为是一个社会问题而不是医疗问题，因此他们的护理主要由教育、社会和住宿服务部门提供。脆弱的老人的长期看护需要的更多是家庭的护理和辅助护理，包括那些感觉障碍的人，多在私人和志愿服务部门的疗养院进行疗养。

### 12.1.2 未来趋势

卫生保健的变化对大医院的影响要大于小型卫生保健部门，后者往往更简单，适应能力更强。无论何处，健康护理的费用增长比通货膨胀的比例要高一点。人口老龄化这个现象不仅意味着老人占了相当高的比例，还意味着人群生病的几率更高，同时也意味着挣钱的人口比例因税收或其他原因减少，需要筹措健康基金。此外，医学领域里治疗以前无能为力的疑难杂症的能力大大提高，让公众的期望值有所上升。

这些因素导致了不同服务的分类——既有像美国的那种直接付费服务，又有间接服务，如英国的国民健康服务基金会，因此对可获得的服务的类型和数量有一定的限制。医院不得不寻找每种可获得的经济来源，同时尽量不对他们的病人产生不好的影响。减少住院的时间通常是较好的方法，这是建立在可以提供家庭护理和辅助服务的前提下；日间外科也是如此。微创手术（minimal access therapy, MAT）技术如内窥镜（锁眼）外科手术和新型麻醉的出现让大量择期手术可以在一天内完成。这个比例在英国目前是 70%，且仍在增长。

英国的地区总医院提供了总的医药、外科和产科服务；此外，大多数医院提供一些专科服务（如眼科，ENT）。当国家卫生局更侧重于中央的布局和协调时，这些服务就以一种方式分配给 DGH，以在各医院间寻求一种平衡。随着医院基金的建立和面临的竞争的市场，20 世纪 90 年代早期的 NHS 改革试图打破这种传统。医学专门化有所发展，而诊断和治疗设备的种类和费用也增加了。实行配给的形式，使得高级专家和高级技术设备向大医院集中。这些趋势使大医院获得威望，并且成为对初级医生、护士和寻找工作的人有更大吸引力的地方，因此使得一些不太专业的医院退出市场。

在美国等国家，大多数医院护理是由私人赞助和提供的，运营费用的提高和住院时间的减少导致许多医院的合并和关闭。现在世界范围内都存在同样的压力。确保所有病人都能接受优良和可获得的治疗的关键在于不仅急性病医院要提供高质量的服务，那些离家最近的小医院也同样如此，它们的功能可以简单一些。

在建设健康护理设施时，要考虑整个使用过程中的费用以及初始建造费用与持续运营费用的关系，这一点相当重要。典型的，在运行的 2 ~ 3 年里，运营费用会超过资本费用（图 12–2）。很明显，设计的目标之一是减少运营费用。

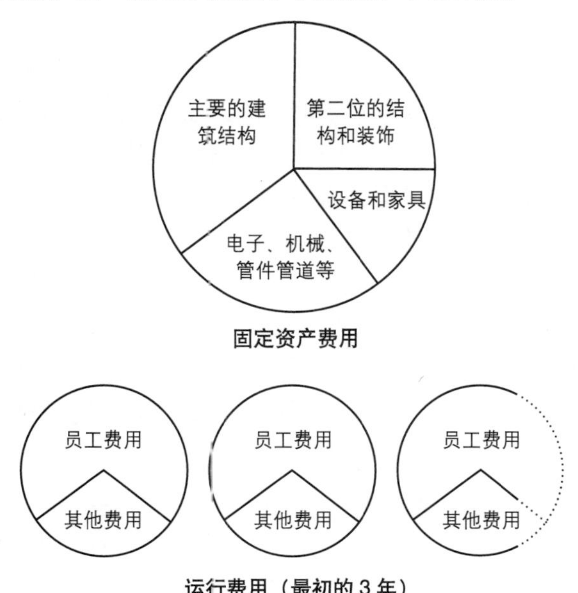


图 12–2 固定资产与运行费用比较

另一个影响到英国提供和运营的健康服务和公共设施未来发展趋势的主要因素是英国国民健康服务中公私合作模式的引入。有不同的合作模式，不过一旦需要为某项健康服务配置一个新机构，并得到了卫生局的许可之后，私营部门将参与投标，作为承包商来参与投资、设计和建造医院，并运营多年（通常 30 年左右），非医疗设备常由私人承包商提供，而医疗设备则由健康基金会提供。投标者的评价包括与替代公共赞助的比较。

### 12.1.3 未来策略

已经采取了一系列策略来扩展健康护理，以满足变化的需求和环境。这些策略通常不会互相排斥。

一个策略是建立一个增强的、更大的，为 50 万 ~ 75 万人口服务的大型急诊中心，有一个主要的事故和紧急科（A&E）。这是英国目前主流的急性病医院服务人口的两倍。（为清晰起见，本书中术语“主要门诊医院”被用来表达这个增强的设施）。与这种主要门诊医院平行，但有组织地联系在一起，并与最新信息和通讯技术相连的是一系列“当地医院”，每个都为 10 万左右的人口服务。主要门诊医院能容纳所有或大部分救护车带来的病人。大多数自我治疗安排可能只是当地医院的一个小的急诊单元，后者的治疗类选法，以及与主要门诊医院的联络，被认为是确保快速转移病情突然恶化的病人的好办法。然而，对于大多数病人来说，应就近提供急救护理，而不是在目前的典型的为 25 万人服务的门诊医院里提供。

在这种模式（图 12–3）下，当地医院也能提供大多数门诊治疗，一个日间手术单元，产科服务（除非有预料的困难），一个恢复科和少量的病床。主要急性病医院将提供传统 DGH 的所有其他功能，还有加强的教学和研究机会。

这种特别的备选模式不是一个新的想法，但显示了经济条件，卫生服务组织和医疗、信息及交流技术的变化，这种变化既带来了压力，也带来了为应对变化的环境而联合起来生成实际解决方案的可能。

另一个策略包括专业中心的发展，它们满足了一些特定人群的医疗护理需求，这些中心设在已有医院内，或作为“单独”的单元。这些中心

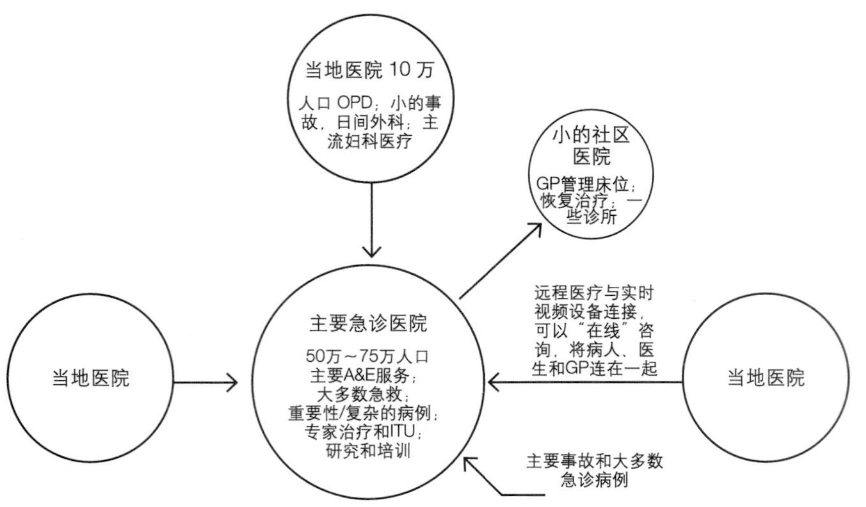


图 12–3 未来的策略：主要的急性病医院

的目标是通过将有选择的病例与一些不可预计的急诊分开，以获得更好的诊断和治疗，因此增加了就诊量和减少等候时间。近期的例子是"救护和诊断服务中心"（ACAD）和"诊断及治疗中心"（DTC）。"救护和诊断服务中心"主要为提前预定服务的病人提供诊断服务，病人同时还可使用相应的旅社设施（图 12–4）。因为他们不接受突发的紧急事件，因此可以有效地处理预定的选择性病人，而病人可以在一次看病过程里在中心多处走动，完成咨询、诊断和治疗。"诊断及治疗中心"也是只治疗有选择的病例，一般处理住院病人的一些主要治疗，如髋膝关节的置换。这些单元还处在发展初期，还需考虑应包括的服务，在哪里设置及独立程度，使其得到最好的应用和管理，这些都需要讨论。

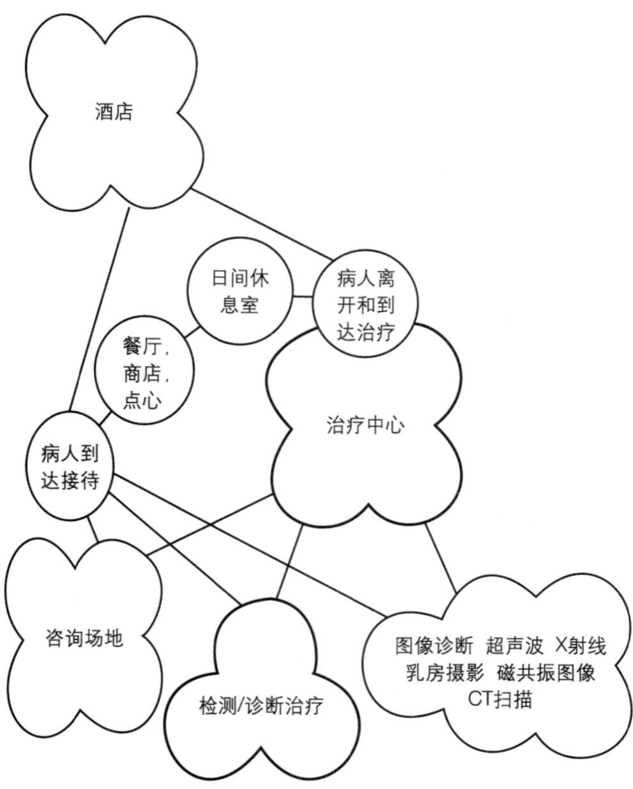


图 12–4 流动护理和诊断中心（ACAD）：功能群

## 12.2 急性病医院

传统全科医院和大的更集中的急性病医院的不同已在"未来策略"里有所涉及，但主要在于规模而不是种类。后者试图有更多床位，高科技元素的比例更大一些——如更专业的手术室和"重症治疗中心"（ITU）。不过，这两者都包含相当多的功能；下面的内容与两者都相关。

主要的医院与大学和机场有好几个相同的特征。所有的这些建筑类型都是多种功能的综合体，是高等级的技术综合体，且有经常的不可预料的功能改变。所有这些都意味着集合的"村庄"或"小镇"要优于单独的建筑；所有设计都要满足未来的增长和变化，这意味着新功能的房间应该能通过体量扩张、内部转换或新技术引入来达到。所需的高度适应性要求能很容易对建筑设施以及空间进行修改。美学寓意与建筑的实用寓意是完全不同的。

在 19 世纪，医院建筑 70%以上由病房组成。麻醉的引入使得手术室的设施增加了。而后，由于综合诊断、治疗方法得到发展，X 光、病理学、药房和恢复科开始占据越来越多的空间。这些不仅为住院病人服务，也为门诊病人和事故及急救科服务。服务部门包括供应、处理、餐饮、消毒和锅炉房。建造行业部门普遍需要工作间，电、机械和生物医学工程服务部门也是如此。管理、病历、停尸间、职员宿舍和就餐区是医院"村"的更多的组成部分，而病房或与住院病人相关的设施现在在医院"村"中所占比例少于 25%。

这些不同的区域从空间上连接在一起，便于人和物的穿行，连接它们的小径常被称为"医院通道"（图 12–5）。医院的规模和复杂性可能会吓倒

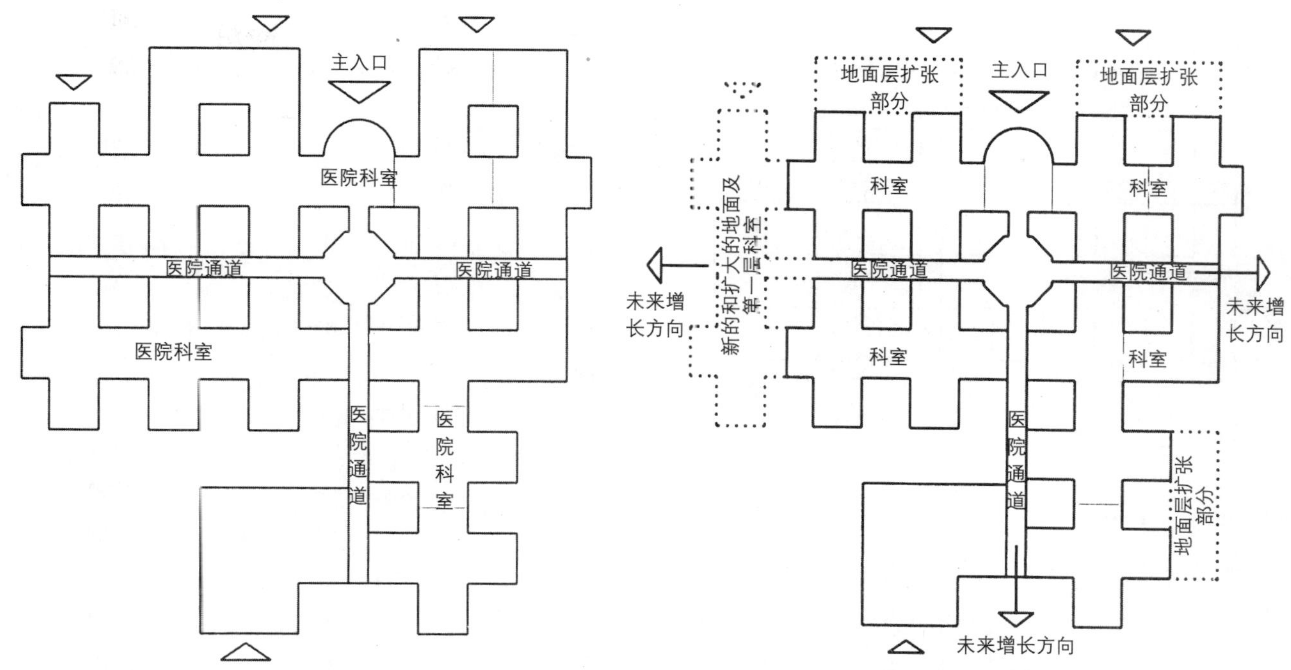


图 12–5 医院道路和科室：典型的主要流线分布

图 12–6 为未来的增长和变化所做的平面

职员和参观者，对于体弱和激动的病人来说也是一种压力。简化交通繁忙地段入口及其内部是非常重要的。尽管在急性病医院（除了少数区域如储藏间和厨房）的火险等级较低，但逃生方式标准是很重要的。这是因为不熟悉建筑布局细节的人太多，也包括卧床的、生病的和残疾的人。“进来的路也应是出去的路”是一个好的建议，换句话说就是，如果是熟知的或用过的路线，则疏散更有效。

### 12.2.1 高层或低层？

急性病医院建筑超过一层是无法避免的，因此垂直交通是另一个重要元素。这也引起一些争议，即医院建筑可以建到多高。20 世纪 40 年代美国矿工医院的设计影响力很大：有感于搬运材料的后勤服务，戈登·弗莱森（Gordon Friesen）设计了一个平面，典型地，供应和服务功能在地下室层，诊断和治疗设施在地面层，病房是一栋塔楼，所有的部分均由巧妙的升降梯和运输系统连接。不过这些仍然是小医院。当这种结构形式扩展到大医院时，它们会变得非常高，通常尺度上不太人性化，也不灵活；在不再需要住院病人用房后，这些病房的楼层很难转换作别的用途。建筑越高，费用越高，尤其是楼梯、电梯和通风井占据的楼层空间的比例随着高度而增加，整体的人工通风的需要也相应增加。随后，一些高层的医院里的电梯被证明在处理大量由住院病人带来的短距离、密集的垂直交通时无法满足需求。

与这个背景相反，在英国，“高层或低层”的争论始于 20 世纪 60 年代，当时卫生部 (Health Ministry) 启动了一个扩展的国家医院建筑计划。多数医院规划师选择低层方案。在伦敦东南部的格林威治，一个大的再开发项目为医院平面和设计中一系列创新的理念提供了“实验地”，这些为国家计划提供了补充信息。格林威治医院平面进深很大，有空调，共有 800 个床位，是在 3hm$^2$ 的现有市立医院的场地上建成的。医院最高是 4 层，被作为城区医院改建的样本，地理位置便利，主要是在较小的现有场地上为社区服务。随后，医院建筑计划导向乡村或郊区对医院的更大的需求。这些医院更是往平地扩展，通常为 2 ~ 3 层，有充足的庭院，提供日照和自然通风。从格林威治医院以后，英国的普通医院都倾向于紧凑的低层形式（图 12–6）。

由于这些医院的区位，它们都需要更多的停车场，以及更大的场地，因此形成了一个恶性循环：这些场地试图远离城市，因此增加了路程；因为城外的区位使得很难靠步行或公共交通到达，又导致更多使用私家车。这对于老人和残疾人来说很不利，对于他们的不太可能有私家车的探访者来说也是如此。这种区位还鼓励使用私家车和占用绿地建造房屋，这是不符合英国现行的能源、环境或土地利用政策的。

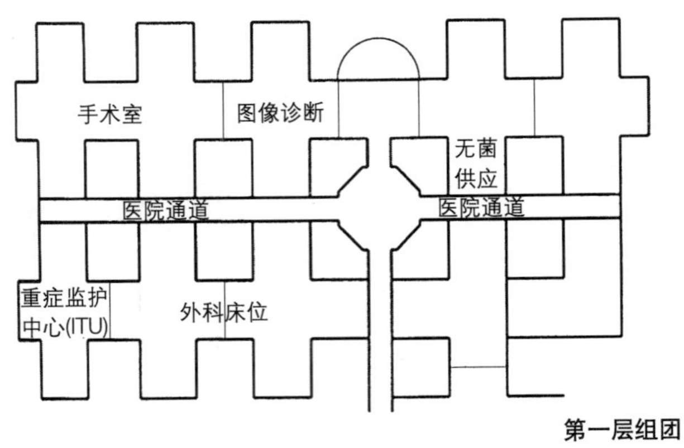


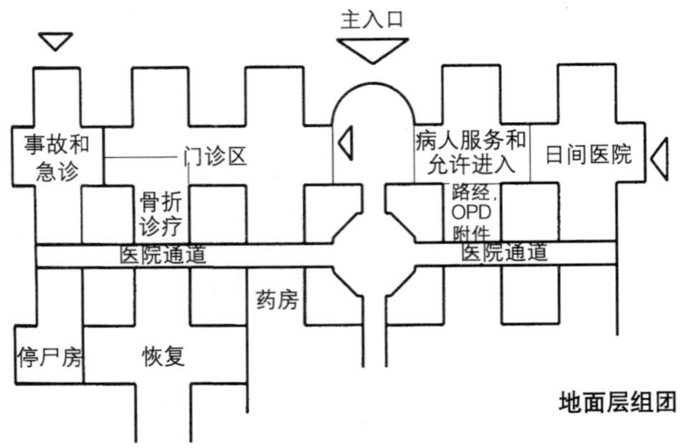


图 12–7 医院科室的典型功能组团

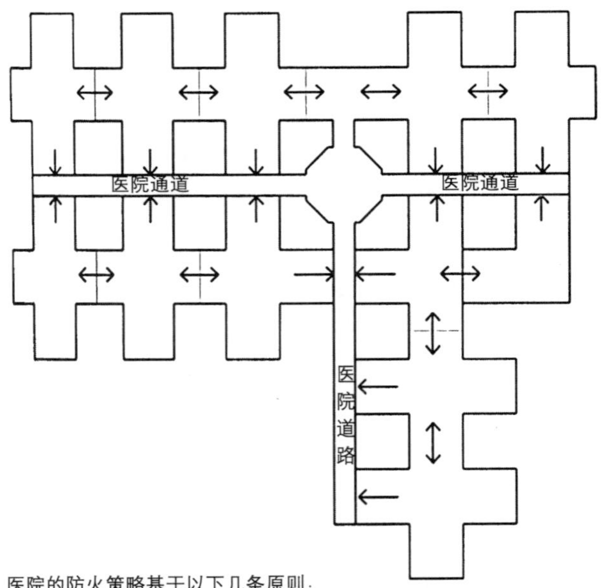


医院的防火策略基于以下几条原则:

(1) 积极的水平疏散路线,帮助人们从火场移动到相邻的防火场(通常与有关系的医院科室相连),每个防火场与防火的主流线——医院通道相连;

(2) 限制防火场之间和最后的消防出口之间最大的交通距离;同时还要限制高一些的楼层里的任一部分与医院通道之间的距离(地面层与外界有直接出口的房间可以不受这个限制);

(3) 限制每个防火单元的面积;

(4) 避免将有“生命危险”的科室,如病床,置于高火险/荷载等级的科室之上。

(完整的原则,见NHS文件“防火规范”单元)

图 12–8 防火安全策略

### 12.2.2 建筑类型

20 世纪 70 年代后典型的英国医院格局相当紧凑,但楼层较低。功能相关科室的水平连续性成为一个指导原则。也就是说如果有可能的话,功能相关的科室应相邻布置,且位于同一层。这样避免浪费时间,尤其在移动供应物资、设备和手推车和轮椅上的病人时。

水平布局还要考虑防火安全和逃生过程。住院病人通常运用的是渐进水平逃生原则,即病人从火灾现场逃向有不同防火材料的邻近建筑。“最后采取的手段”是通过建筑外的逃生楼梯进行撤离。

很明显,在同一层的员工若是社会、职业背景有交叉的话,他们的工作效率会更高一些,只要他们离得不太远。过去的格林威治,“百思买”(best-buy) 医院和随后的“治理”和“核心”医院平面系统都强调了这种方法,也提供了一种可以根据未来的需求处理扩张和变化的建筑形式(图 12–6)。

从水平连续性出发,在同一层的科室组合的例子见图 12–7。

由于信息技术和材料运载技术的发展,一些科室的内部联系不像以前那样要求必须完全相邻。计算机联系减少了许多在医院科室间搬移信息的需求。气动管道系统在移动病理样本和药剂时是很有效的;在美国医院里机器人手推车也被广泛用来运送物资;现在也有血压和其他身体机能的远程监控。

“远程医疗”有减少医院活动的效果。例如,高质量图像可以通过电子方式以实时模式从一家医院传递到另一家或 GP 的诊室,因此可以在全科医生、咨询者和病人间进行咨询和检查,而不需要病人到医院。越来越多的服务功能现在都可以在医院以外提供:食物可以在场外准备,消毒



图 12–9 远程医学:普通执业与急性病医院间的联系

供应也是如此；越来越多的病菌分析可以在独立的实验室进行，它们能同时为好几个医院服务（图12–9）。

### 12.2.3 医院整体：发展控制方案

虽然一些医院完全在新场地上建设，但大多数建筑师接到的项目是在已有的医院场地上进行分阶段的再开发，或者增加一个或多个科室。一个医院就像一个活的组织，对一个部分所做的工作都会对其他部分产生直接或间接的影响。具有策略意义、暗示未来增长和变化的方向的方案，通常被称为“发展控制方案”（development control plan, DCP）。DCP 的重要元素包括人员或材料的移动方式，以及能源策略和机械、电力服务的组织。

对于一个新医院来说，DCP 会包括医院的后勤和交通流线，以及在哪里和如何进行后期的扩展。如果是已有的医院进行再开发，首先要分析目前的流线和服务路线。有必要进行交通调查，以确保医院功能得到完全的掌握，将施工过程中对医院活动的影响减到最小。即便是对医院来说很小的补充也会给现有的功能带来不可预计的影响。

当要对现有医院进行任何一项工程时，如果有必要，应对 DCP 进行检查、修订。如果没有 DCP，应该制定一个。DCP 也能预防、或者至少减少一些临时棚屋和短期建筑将医院陷入花费很高的混乱境地。试图解决一个紧急的拥挤的问题，使用未曾料到的经费赞助，或者使用所有人抵押的方式购进新的医疗技术都是很有压力的。大多数单层的附加建筑是很难看的，也没有太高的长期价值：如果是单层建筑，在土地使用上是不经济的，应合理进行规划，尽量扩大使用面积。正如谚语所说：“没有一项工作能像临时措施那样影响深远。”

DCP 将预先确定有可能增长和变化的科室。有一系列规划方法来满足增长和变化。其中最基本的是规划水平的建筑而不是垂直的建筑。在普通的水平建筑里，一个提供简单的增长的办法是，将可能增长的科室置于地面层，这样就有向外扩展的空间，如果必要时，能够提供简单的向外的紧急出口，而不用受内部逃生路线中交通距离的限制（图 12–8）。小规模的增长和变化可以由仔细选择并列科室来达到，这样一个科室可以扩展到另一个中，而另一个则向医院外围扩展。若一个占据了一层的科室需要扩展，则可以将其置于一个永久性的 2 层（或多层）的扩建部分里，这样可以在上一层或下一层为其他长期或短期的使用提供空间。

### 12.2.4 各科间关系

DCP 必须寻找医院里不同科室和功能分布的最优方案。功能相关的科室成组布置的例子已在之前的“建筑形式”中提到。一个基本问题是一系列这样的组团需要不相称的很大的面积，都需要设在首层，还要尽可能靠近主要入口。在这些科室当中，最重要的是“门诊科”（OPD），因为它是最大量的病人的目的地，而且其中许多是老人或残疾病人。如果场地和入口设置允许，最好是医院主入口直接面对 OPD。这样门诊病人应该和到访者、职员和其他使用者共享辅助设施（问询处、商店、咖啡），以改进这些设施的经济性和可达性。需要对主要入口的细节设计、艺术性和种植给予足够的注意，以给人好的第一印象。

药房，或者至少配药处应该在附近，采集血样的抽血处（或病理实验室附属）也是如此（还可能是这方面的其他实验工作）。图像诊断室也应容易从 OPD 处到达。康复的服务（物理疗法，职业，交谈和语言疗法）需要靠近易于到达的地面层，但这些设施与为老年人服务的日间医院，如在斜坡场地上，也可以在另一层，有它自己通向外面的地面层入口。然而，从安全和操作经济性出发，医院入口越少越好。与此相反的是，应该减少病人在医院走动的距离。因此他们需要走的这段旅程应该有很好的标识，令人愉悦且有吸引力。

如果手术室层与所有外科病人的床位在同一层并且两者之间尽可能靠近，这样就比用电梯运送病人有效率，且不会有延误。有些设计人员认为要将手术室置于顶层，但由于大量的空调和其他工程设施而不受支持。外科病人还需要到其他科室，尤其是图像诊断室。如果图像诊断设施和外科病床在同一层，则可能需要分成两部分，以便为首层的 OPD 及 A&E 科室服务，因此会导致设备及人员的重复——这种安排被证明是合理的，并且成为“以病人为中心”制度的一部分，即下一个标题。

科室间关系的其他关键是医院科室的描述。

一些关系不可避免地会出现不太理想的情况，尤其是在已有医院的改造中。在一些计划按阶段建设的新医院，要考虑在所有项目完成前一个项目被影响的可能性。在某些情况下，关于后期阶段将要被赞助的项目或在一定时间表内进行的项目有很大的不确定性。项目后期阶段被取消的痛苦经历和某些医院运作效率低，发展不完整，这一切是“核心医院理念”发展的驱动力之一。这个名字暗示功能内涵和设计策略的目的是建立一个完整有效的医院，整个项目实施阶段完全接受资助，但可以考虑到后期阶段规划的发展潜力。运用“故障无碍”和“风险管理”这些方法来调整相位可能会影响次优级部门关系，不过，这一点即使是在新医院也是可以接受的。

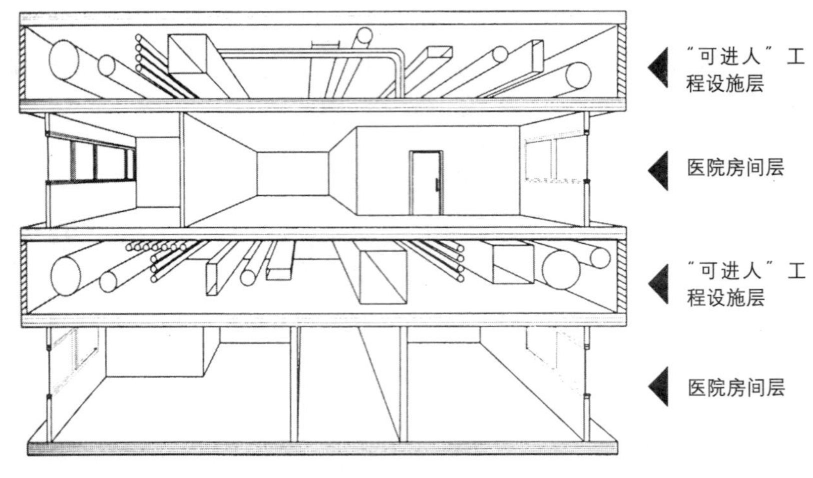


图 12–10 空隙间的工程设施层

### 12.2.5 以病人为中心的护理（patient-focused care, PFC）

这种起源于美国的理念是对许多医院护理不够人性化的应对：护理者和他们的设施，应该在可能的情况下来到病人身边，而不是让病人从医院的一个科转到另一个科。与此相配的是多技能理念，如护士需要基本掌握物理疗法和放射技术：这一点对于职业培训影响很大。

PFC 对医院设计的影响是导致一些科室的分散而不是集中。这意味着一些放射科功能与病房或成组的病房关系更近，而不是所有的放射科都在医院里的一个地方（通常靠近 OPD 和 AED）。传统的规模的经济性和病人的便利及人性化护理间的平衡被打破了。PFC 意味着好几种临床服务（如针对妇女和儿童的）采取大厅会诊的形式，有自己单独的出入口和组织形式，尽管其本身与医院其他部分是连接在一起的。

### 12.2.6 工程管道

医院里的设施除了医用煤气之外，在使用范围上还有不同于许多其他建筑类型的设施，不过基本属性倒没有怎么变化。为了控制感染，要求对空气过滤器给予足够关注，尤其是在进行矫形和其他敏感的手术的手术室。

一个重要因素是医院的大部分区域在白天和夜间都要持续使用。这意味着，在可能情况下，进入管道的维护和修理不能打扰诊断活动。为满足这一要求，一种方式是运用“空隙间工程空间”或在每个功能层间设置“可进人”管道次层（图 12–10）。这个方法是由格林威治最早使用，后来在美国复员军人管理局发展的建筑系统中有所更新。这种方式仅适用于紧缩的、所有区域都需要人工通风的低层建筑。

工程管道设计原理需要与健康护理设施的功能、经济和灵活性的整体目标进行协调。主要设备间的位置及大小和工程设施 / 能源分布策略应该考虑到设备目前和未来的需求，包括危险因素和任何关于未来发展的建议的程序。关键是在终身维护上选择开销更经济的，及将垂直管道路线布置在主要流通区域而不是在科室里。一个“建造和工程管理系统”（building and engineering management system, BEMS）是工程安装的重要组成部分。

24 小时使用的需求和依赖能源的生命支持系统的出现导致对高等级的紧急电源的需求。正因为此，主要的医院是合成供热供电系统的潜在候选者。

### 12.2.7 标准化

任何一个急性病医院的设计需求并不是在每个方面都独一无二的。由于技术复杂性，在设计医院某一部分，或偶尔在设计整个医院时，都有很大的要求进行标准化设计的压力。任何在这方面有丰富经验的建筑师事务所都会试图找到经常面对的问题的标准解决方案，或者至少根据经验修改、更新之前的设计。往往是当某些医院和医院某一部分过于精细地考虑特殊人群的使用需求时，他们的继承者会发现之前的设计对于他们不同的工作方式来说是一个障碍。标准设计可以应用于更多功能上的研究，但这并不意味着一次性的设计就是合理的。然而，最大的危险是当标准化解决方案不符合项目需求，或无法满足功能时，仍以一种没有想象力或官僚的方式使用它。

整个医院标准化于20世纪70年代被成功应用于"百思买医院"。这些医院需要总体较平坦的、相对方形的绿色场地。这种场地限制了核心系统的发展，即根据标准运行政策由标准科室平面组成，设计是为了它们能装配以形成独立的医院，满足不同的功能需求和场地限制。核心系统能在一个阶段提供一个完整的有效的医院，同时也有可能根据需求和经费来进行增长和改变。这个系统也可以提供对已有场地的阶段性开发。大量的核心医院被建成：肯特郡的梅德斯通（Maidstone）综合医院，怀特（Wight）岛的圣玛丽医院以及北斯坦福德郡（North Staffordshire）综合医院的扩建，都是20世纪80年代最成功的医院项目。人们对核心项目存在着争议，但它毕竟是个展示标准化相关优缺点的突出案例。

核心是一种规划工具，而不是一个百宝囊。总的标准化有时对于小的建筑来说是合适的，但标准化最常见和有效的应用是房间布局及家具和设备装配，如NHS房产活动数据库(NHS Estates Activity Data Base)。另一个成功的方法是美国复员军人管理建筑系统，是一种对结构、机械和电子工程设施设计的协调的有尺度的策略。

### 12.2.8 性能评价

大医院是非常有价值的房地产，要运用合理的地产管理规则来进行管理。对已有建筑的评价通常是医院再建或继续开发的第一步。可以根据一系列标准对每个科室或元素进行分级，如：

(1) 建筑材料和工程设施的条件；

(2) 能源效率；

(3) 安全（防火等）；

(4) 功能适宜性（即，它如何适应目前的功能或一个特殊的替代功能）；

(5) 是否发挥了它的最大容量（或超出最大容量）；

(6) 根据功能上相关的科室的关系来判断布局是否合适，是否易于到达，包括残疾人；

(7) 使一个达不到标准的建筑达到一个满意的条件和升级或必要的替换所需的费用；

(8) 升级的设施的潜在寿命。

这样评价的结果将暗示哪座建筑应该被保留，是否符合目前的功能或一些其他的用途，以及哪些不再值得保留。

## 12.3 医院各科

下面对医院科室和功能的描述不一定是很全面的。主要目标是指出一些关键的功能和设计要点，并在这些部分给出一些有用的例子。医药和健康护理组织的变化比书本的更新更频繁，更不可预计。建筑师应参考一些其他设计导则来源，如最新版的《健康建筑注释(Health Building Notes)》《医院技术记录(Hospital Technical Memorandum)》和其他来自NHS协会和其他来源的设计导则文献。

### 12.3.1 病床（病房）

即使病人病床区在整个医院中的比例在下降，但仍然是医院中最大的单个元素，也是最能吸引大多数公众兴趣的地方。就住院病人本人来说，他要么是受了外伤，要么是精神受了创伤，还不用说他对治疗结果的焦虑，以及与疾病和治疗相关的痛苦和无助。在过去的50年，社会发生了巨大的变化，因此使得需要在医院停留的人有了更多期望。

由佛罗伦萨·南丁格尔支持的为单性服务、30病床的开放式病房可以在自然照明及通风下提供良好的观察。在过去的100年里，这一直是每个英国人心中的医院。即使帘子取代了过去的屏风，但它们仍缺少私密性，但是对于大多数人来说，互相支持和友爱更有益处。最近，一些强硬的管理者开始使用男女混用的病房，某些人可以接受，但对于其他人来说则是很讨厌的事情。

从20世纪50年代开始，出现了一种可替代的模式，这个模式最终成为常用模式。这种典型模式是由4个6人间和4个单人间组成的病房。以后，单间的数量也有所增长。

关于由一个护士长或当值护士的管辖区域决定的"病房"的最佳尺寸，一直有很多争议。长期以来，人们认为在病房里摆放25～30张床是较合理的，但是这样的话，护士在每个床位停留的平均时间就缩短了。护理的缺乏导致了病情更为严重及行动更为不便的病人数量增长，所以，现在倾向于摆放少量的病床。

在每个单独床位或多床位的房间里有一套卫

生间（最好带淋浴）会有很多优点。在不确定未来对单间病房的需求时，一些计划现在多选择4床位的房间而不是6床位的房间——对于病人来说更安静，而且在将来更容易转换成2个单间。

当病房被精确地设计成摆放特定数目的床位时（一种极端的情况是在垂直的医院里的病房层），就可能很难适应或改变。有个案例是以持续的带状来布局床位，因此可以形成不同规模的小组，这也是变化的治疗需求和管理模式所需要的。如果被单、药物和其他供应物都尽可能靠近病床，则这种模式最有效。在美国，出于此目的，戈登·弗莱森（Gordon Friesen）发明了“护士呼叫器”或按呼叫转移的药橱（pass-through cupboard）。千年（Millennium）医院平面（图12–11）显示了手推车形式的移动的存储，靠近单个或多个床位区域。在一条辅助房间里，功能和布局都有可能根据特殊的专科需求而改变（如矫形病房需要大型设备的存储）。这些房间也易于改变形式，以满足将来功能的变化。

图12–11 千年医院设计（建筑设计：MPA）

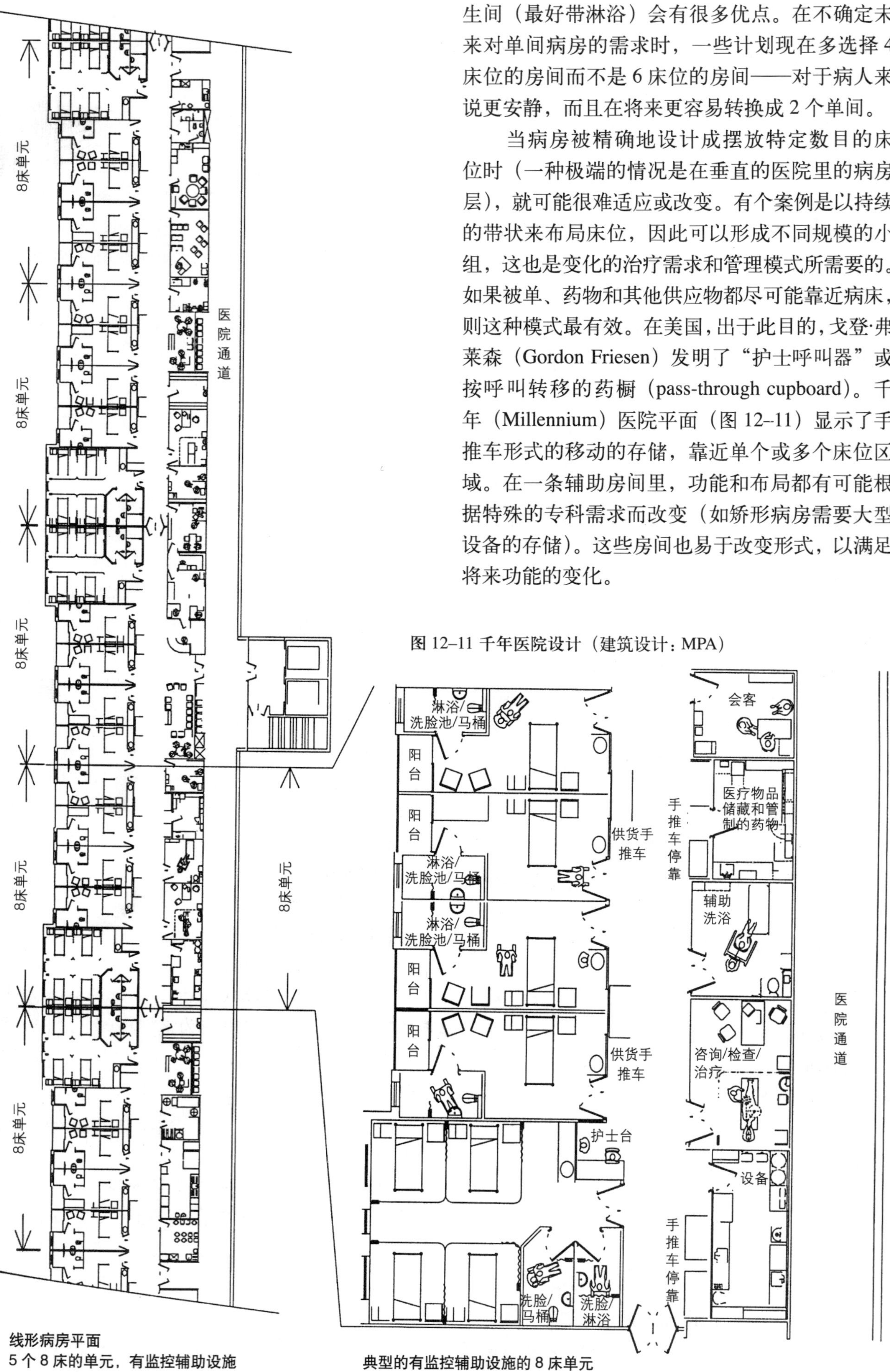


线形病房平面
5个8床的单元，有监控辅助设施

典型的有监控辅助设施的8床单元

### 12.3.2 重症治疗中心，心脏护理单元和高护单元

（通常称为ITU，CCU和HDU。）

术语重症治疗单元（而不是重症监护单元）说明是对那些危险中的病人积极的治疗和护理，这些病人既可能是手术后、意外，也有突然生病，如中风。这个单元通常应靠近手术室，易于从事故或急诊科和病人区域到达（图12–12）。每张病床都需要大的空间和大量设备，在布置这些设备时要允许护理人员在床间和病人间自由移动。曾为提供这些设施采用了不同的方法，但经验建议，最好通过旋转的吊臂或设施梁从头顶往下悬挂设施，这样可以空出床周围的地板，便于职员移动和安装呼吸机及其他设备。病人需要持续监控，监控设备必须清晰可见。可以通过高度合适的移动柜单元来供应物品，以在各床位间提供一定的屏障和私密性，也能为站立的护士提供环绕整个多床位区的视线。少数病床可以在单间里，满足需要隔绝的病人，如感染或其他原因（图12–13，图12–14）。

CCU设备也比较相似，是为心脏冠状动脉不好的病人准备的。在非常大的医院，CCU可能与心脏病治疗和外科在一起。在其他医院，ITU和CCU这2个单元常在一起，共享一些设施，如供应、护士呼叫服务和家属等候区。CCU需要更多的单间病房，以提供压力最小的环境。

HDU可能是一组普通病房的一部分，对病情严重的病人安排更多的护理人员，或者与ITU联系在一起，提供从这个单元出来后的“过渡”。然而，由于停留时间缩短，大多数住院病人依赖性都很强，因此这种区别逐渐消失了。

大家都认可在ITU和CCU可以让男性和女性病人位于同一个病房区内。但是，在有很多儿童的医院，需要有单独的儿童ITU，这种需求也是很正当的。

有证据表明，处于半清醒状态的病人对周围的环境有意识，且对他们的经历有惊人的记忆。尽管高科技无所不在，但仍然要给予更多关注，以保证环境尽可能舒适。好的外部视线对疏缓病人紧张情绪和为职员疏解有压力的工作很有必要。

### 12.3.3 急诊（A&E）

英国的各种研究显示，进入急诊科的病人中，只有1%的病人受到的外伤需要高水平多学科的

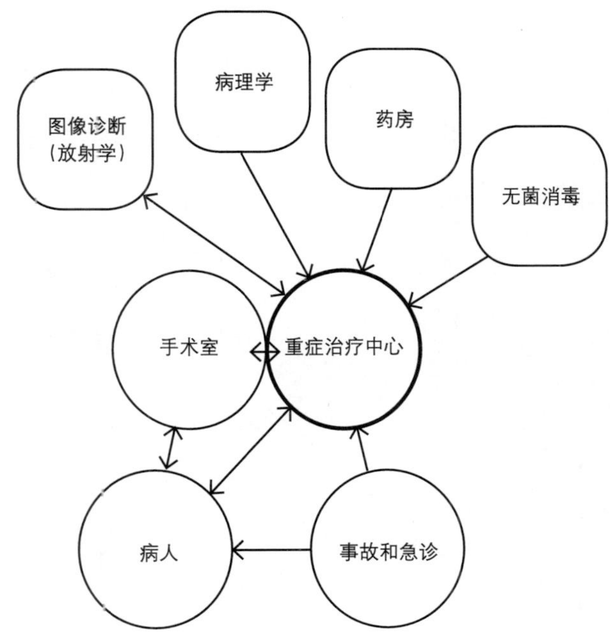


图12–12 重症治疗中心（ITU）：科室间关系

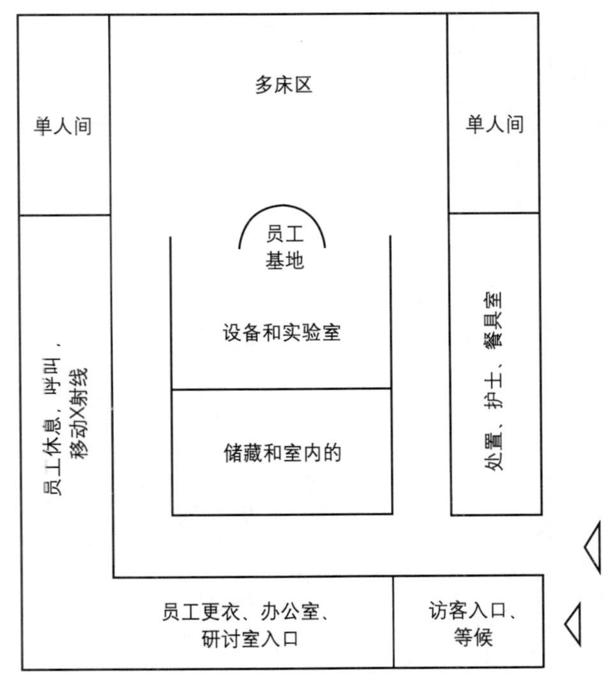


图12–13 典型重症治疗中心布局

护理，另一方面，有50%的病人可能更适合在GP治疗。这一结果导致建设各种A&E设施的趋势，既有地区大型外伤中心，也有当地医院的科室，还有当地GP中心的加强的设施。因为术语“外伤中心”有很多不同的解释，因此术语A&E在这里用来描述所有类型的设施。在当地医院“小型事故单元（minor accident unit, MAU）”需要的许多设施有相似的属性，但会小一些，简单一些，专业设备也少一点。

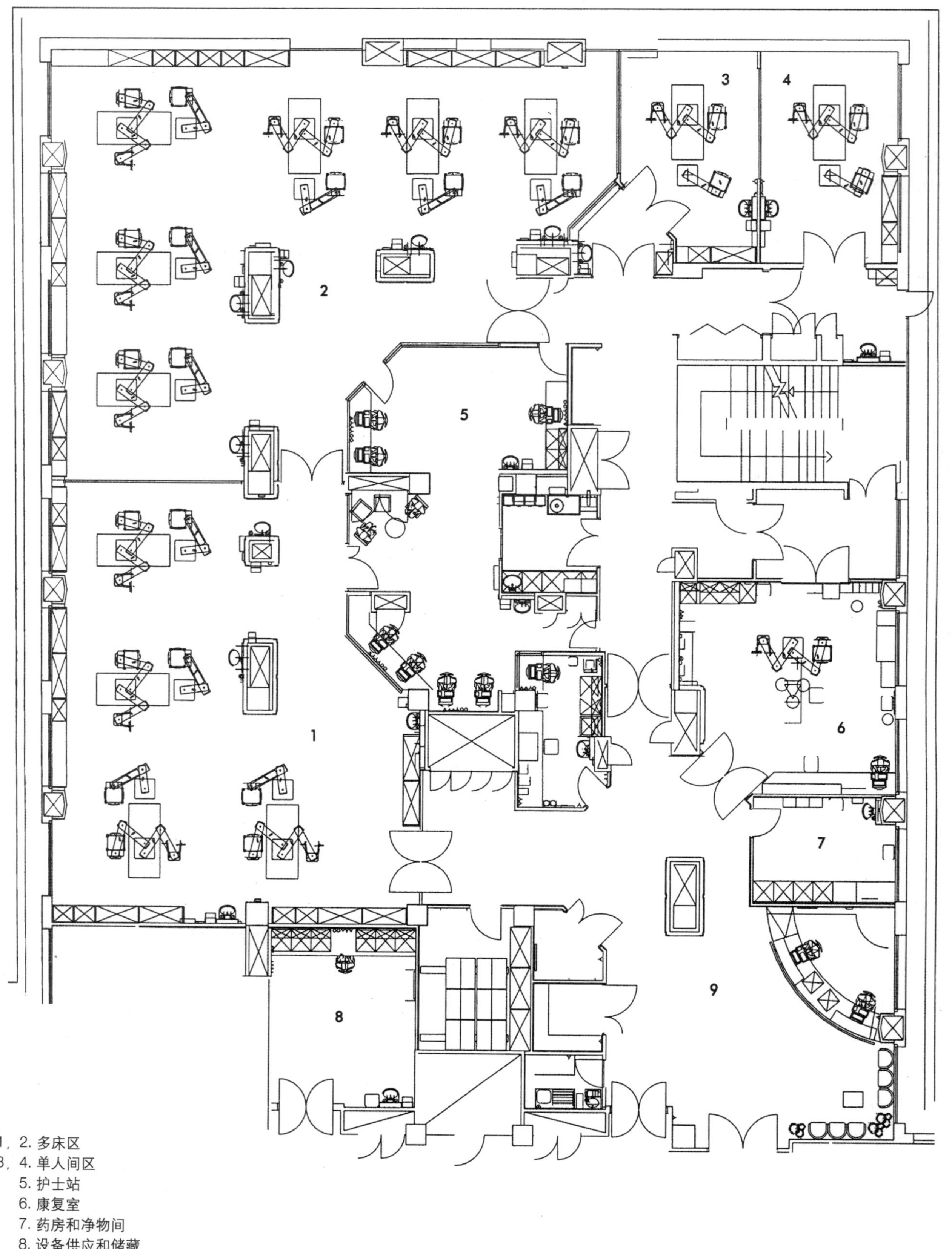


图 12–14 集中治疗单元，查林（Charing）红十字医院，伦敦（建筑设计：Tangram 建筑师 & 设计师）

所有类型的A&E和MAU，其入口对于很严重、激动的病人和他们同样激动的家人及朋友来说，成为医院的第一印象。不过他们没有意识到建筑的外观可能成为增加和减少他们紧张情绪的因素。还有一点很重要，即去往医院和医院内部的标志。外伤中心在大多数情况下，并且很确定需要一个直升机停机坪，且尽可能靠近A&E入口。

传统意义上，一般提供两个入口，一个是为“步行的伤者”，一个是为救护车。对于MAU，只需要一个入口；外伤中心类型的A&E则需要讨论。在任何情况下，可能会需要一个实体的通风门厅，每端都设有自动门。这2组门应该互成直角，防止同时开放时导致穿堂风；需要足够的旋转空间。在常有暴力和干扰的地方，从通风门厅向内的门应从接待处锁上，以阻止那些想继续闹事的人。单个入口可以减少人们对想去的地方的模糊或混淆。如果从接待处可直接看到通风门厅，那进入的人可直接被引到等待区，或者引至复苏和治疗区。

将病人按他们的病情紧急程度分类的方法被称为“治疗类选法（分诊）”。最初通常由有经验的护士进行分诊，他们/她们在平台上能观察到每个进入的人，并对他们的状况作出基本的评价。一个小房间将这个平台和接待柜台联系在一起，让病人可以在里面同护士秘密地进行交谈。

在病人见过分诊护士后，应该去挂号；如果病人病得非常严重或是受伤，则会晚一点去挂号。

如果只有一个入口，一旦进入A&E的通风门厅，应将两组病人分开。严重的急诊将直接进入复苏室（有医用气体和X线设施）或主要的治疗室（有时指小的手术室）。在传统DGH的A&E中，恢复室中床位的数量取决于服务的人口数，这个数据由每年的就诊量决定；通常30000～70000人是比较典型的，尽管有一系列大型城市医院现在就诊者超过100000人。在MAU支持的外伤中心，复苏室的规模根据严重的急诊病例数量确定。

情况不太严重的病人在经过分诊和挂号后，会进入等待区，等待区必须是安静的、装修舒适的，尽可能有吸引力。儿童和他们的父母应该直接进入单独的与检查、治疗和诊室相连的等候区。所有的其他病人会被按号叫到一排房间中的某一间里。大多数需要在一张诊床上进行检查和治疗。对于某些情况来说，一个小一些的进行坐着检查的房间就足够了。眼部受伤，苦恼的或吵闹的病人，或者有酒精或麻醉药问题的病人需要独立的房间。用石膏的房间可以与骨折和矫形诊室共用一个房间（见“门诊区”）。紧急X线设备可能成为A&E的一部分，但如果能作为就近的图像科的一部分则更经济。

主要等候区的规模取决于多少病人等待被叫到次等候区。这里需要公共电话以及其他休闲设施，除非这里靠近主入口的咖啡吧。这样临近布置可以使晚间的经营变得轻松，因为A&E入口可能是夜间惟一开着的门。在建筑外，应该有足够的单独的交通路线，以便A&E入口路线不受阻碍——附近只需要几个带来急诊病人的车辆的停车位，但需要优先考虑救护车停下和卸载病人的空间（图12–15）。

### 12.3.4 门诊科室(out-patient department, OPD)和服务

OPD为后期不太需要或不需要康复服务的病人提供咨询、检查和诊断；他们通常通过预约来就诊。通常有一个主要的等候区，有挂号和问询处，但应该相对小一点，将病人直接送到靠近他们预约的诊室附近的次等候区。那些诊室的专业设备很少（如普通医药，普通外科，妇科和泌尿科），可以使用多种目的的诊断和检查设施。尽管传统意义上，许多医生喜欢按目的设计的诊室，有指定的咨询室，每个有一个或更多的检查室，但更灵活和经济的安排是一长排联合的诊断和检

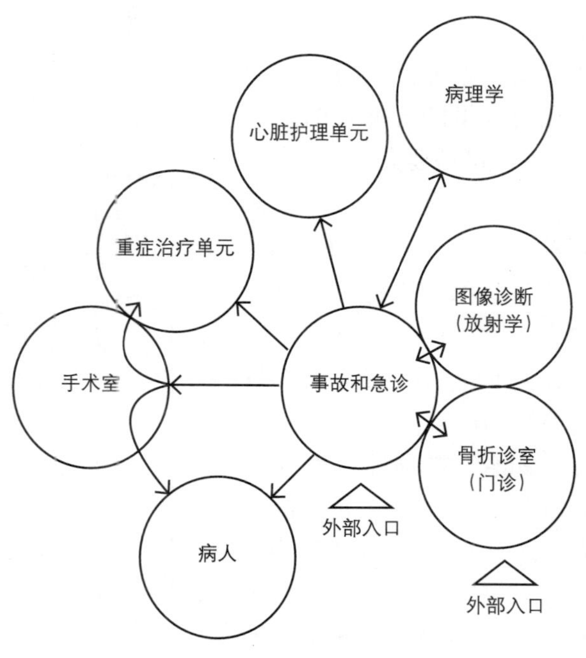


图12–15 事故和急救单元：各部分间关系

查（CE）室，病人留在一个屋子里，但医生可能会在两到三个相邻的房间来回走动。每个诊室可能是 14 ～ 15m²，有隔声的互通的门。每个诊室用到的 CE 室的数量根据职员和病人的需要而定（图 12–16，图 12–17）。

建造时的经济性和使用时的效率的关键在于规划 85 ～ 90%的使用率。要达到这一点，多功能的 OP 套间要比诊室如眼科诊室更容易，后者需要更多的专业设备，不太容易（通常也不合适）用作其他用途。与每组 CE 室连在一起的是次等候区，护士治疗室，有干净的和脏的设备室，卫生间和称重、检验设施。与脏的设备室连在一起的卫生间可以有一个通过式闸门，以进行样本测试。

一些诊室可以使用 CE 室完成大部分功能，但也需要一些特殊设备以满足心脏诊室［如心电图描记器（ECG）］，听力（一个隔音室——通常是预制间）以作为耳鼻喉诊室，治疗浴和紫外线等设备以供皮肤科使用。男性泌尿诊室诊治性病，过去常位于隐蔽的位置，远离医院所有其他功能区，但现在在大多数人眼中成为必备诊室，可能成为普通 OPD 的一部分。它们通常在晚上和周末开放，因此入口设计要考虑到这一点。它们还保留大量的病例，可能与皮肤科诊室共用设施，在位置上还可能毗邻其左右。骨折和矫形诊室通常与 A&E 科室在一起，可以共用石膏室和职员。在等候区、卫生间和 CE 室以及其他诊室，需要为残疾人和四肢在石膏里的人准备的空间比在其他区域要大。

儿童可能到达 OPD 的任何一个诊室，但只要有可能，应该有单独的设施。可以与调查儿童可能的不寻常行为的儿童评价中心合并设置；需要检查视力、听力、说话、行动和智力的设施。产前诊室应与妇科连在一起（但要有所区别），或形成产科的一部分。在一些强调关注病人的医院，这两者可能形成“妇女和儿童中心”的一部分。

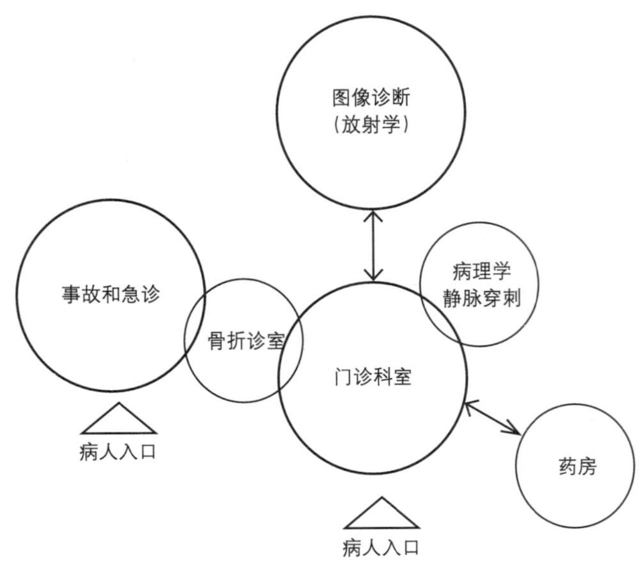


图 12–16 门诊科室：各部分间关系

### 12.3.5 康复

这一名词既是指一个过程，也是指一个科室。在多数医院住院病人的护理和治疗里，有康复的元素。出院前，如条件允许，他们的身体状况必须尽可能恢复到能从事一些活动。这对于老年病

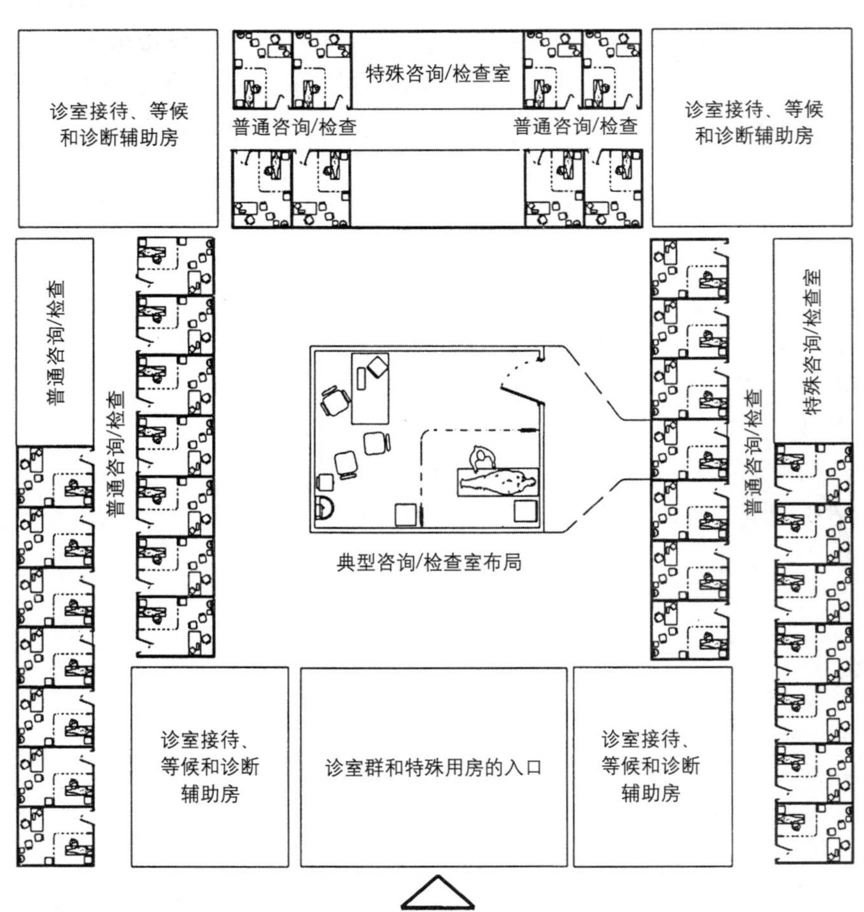


图 12–17 门诊科室：与普通咨询 / 检查室结合的布局图示

人来说非常重要：例如，那些有腿部骨折的人。一旦他们完成紧急外科护理，长时期的康复将最好转到社区或当地医院进行；否则矫形病房的床位无法周转。中风的病人也有相似的康复的需求。

康复（或物理疗法）科包括一些物理疗法、职业疗法（OT）和说话、语言疗法的设施。康复科主要为门诊病人和白天的病人服务，因此需要位于地面入口层，且有便利的停车位，包括残疾人空间，最少有一个车位有顶棚，以在轮椅转换时遮雨。

急诊和外科的病人通常在医院的停留时间很短，不会到康复科。越来越多的理疗师和一些职业疗法医师会到病房看望病人并进行治疗。一个病房的日间室可容纳一些物理疗法设施。例外的情况是中风或其他康复病房，需要与康复科尽可能靠近且在同一层。两者都可以受益于在庭园和花园中额外进行的运动和锻炼。

物理疗法是这个科室最大的部分（图 12–18）。主要的部分是健身房、水疗法设施和为单独治疗准备的小间。健身房可分为两部分，一部分是举办活跃的游戏，一部分是进行集体练习。固定的设备包括肋木[①]。设备和地垫都需要储存空间。病人参与的活跃游戏通常不需要全高度（6 ~ 7m）的健身房，但如果健身房也用作职工娱乐的话，就得设立清晰的政策来明确这种联合使用功能。否则，3.3 ~ 3.6m 的高度就足够了。体育馆的两部分最好用可移动的分隔来区分：两边都需要员工和病人的更衣室和淋浴室。治疗间需要足够的为电子设备准备的插座接口设施，而金属架被用来在治疗时支撑四肢。可准备一或两间屋子供有私密性需要的治疗使用：一间用作蜡浴治疗，可能有火险。个体与集体治疗的相对数量可能每次都有所变化：因此，为了长期的灵活性考虑，治疗间区域与集体活动健身房可以连在一起。

多数康复科都需要水疗池：建造、维护和职员费用都很高。只有在确保职员及其他资源都可得的情况下才能予以提供。主要需要决定池沿是否与地面平齐，或高于它；在后一种情况下，如果治疗师愿意，他们可在池外工作。还需要卫生间、淋浴、更衣室和设备间，还有休息区——如果有可能应有令人愉悦的外观——带有饮料供应

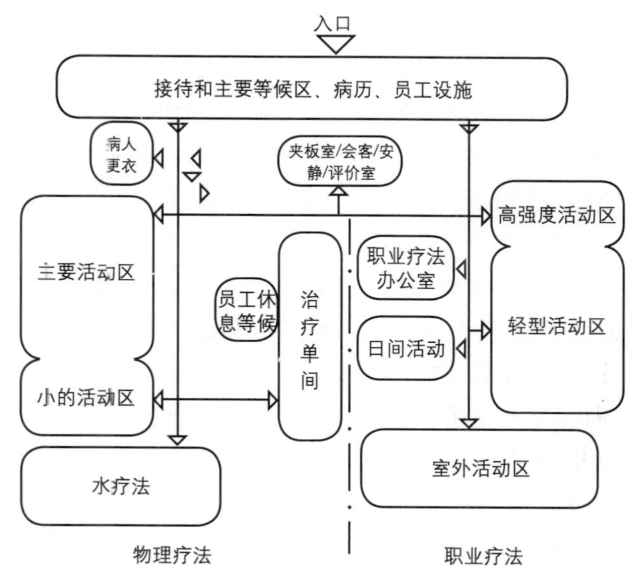


图 12–18 康复科：图示功能布局

处。职业疗法传统上分为"轻""重"工作间。尽管上述工作间仍在使用，但现在更多重点放在"日常生活行为"上——有着不同高度的设备的厨房，典型的卧室和浴室设备——因此可以评定病人应付事情的能力，还可以找出病人在家中需要哪些方面的帮助。矫正设备，包括制造石膏夹板，设备的选择或设计，轮椅练习等都是职业疗法和物理疗法的必要区域。

医院的说话和语言疗法最常用于中风、头部损伤或肿瘤后的语言能力丧失。这里有一对一的部分，也有成组的部分。安静的但不一定隔音的房间可以用来做其他会见，也可供其他与复健有关的工作使用，如临床心理学家和社会工作者。

老年日间医院允许老人进行持续的缓慢的康复，通常经过医院许可，他们或者整天留在医院，或者半天。午餐和其他休闲的区域也可以用作一些围绕桌子展开的职业疗法，但这些病人在多数情况下可以使用康复科设备。由于年龄关系和身体虚弱，他们通常会和年轻一些的病人错开使用。

### 12.3.6 产科（图12–19）

婴儿出生是一个自然过程，但也是一个可能会同时威胁到母亲和儿童的生命或健康的过程，这体现出产科单元设计师的两难境地。绝大多数情况下，住院一到两天就足够了。传统情况下，

① 肋木：一种体育器材。在 2 根各高 3.2m 的立柱间横穿若干圆形木棍，即成肋状竖梯。肋间距 10 ~ 12cm。——译者注。

一个产科单元的组成部分有产前诊室、病房（主要是产后，但也有少数在产前需要观察的），分娩室、新生儿（或特别护理的婴儿）单元。随着住院时间的缩短，逻辑上的分娩室和产后病房的分隔受到质疑。英国金士顿（Kingston）医院最先开发出的替代是 LDRP（待产、分娩、恢复、产后）室。这个房间——设备齐全，像一间通常的分娩室，但有一些内部的装饰和设备是看不到的，还有马桶和小水池的套间——在母亲整个住院期间都是必需的。对于剖腹产者和其他难产者，一间非常态的分娩室和完全的手术室仍然是必要的。还可能需要一间或更多间水中分娩室。LDPR 布局的缺点是缺少与其他母亲的合作，而这种合作对于有一些人来说很重要，因此需要一间日用房间。期待中的父亲的等候设施在许多医院成为一个紧急的问题：因此，首先要考虑吸烟的危险，但这是一个有压力的环境，对吸烟者来说更难克制自己。一群群的吸烟者常常在许多医院入口处聚成一团。可能的解决方法是准备一间小的通风良好的房间，在它和其他门廊间有单独的通风过道：这个过道可以直接从医院入口的通风门廊过来。

大医院里的产前诊室在一周内都会被完全使用，有时还会在工作时间之外开放。传统设计是三面的检查室朝向一个公用的门廊，但现在不再使用：这样方便了医生，但阻碍了待产的母亲谈话的必要的私密性。和 OPD 中相同的合成的诊室 / 检查室，是较好的选择。在小一些的医院，只要等候空间和其他辅助空间在这些诊室中专门用于妇产科，产前诊断多半在总的 OPD 中进行。

任何一个主要的产科都需要新生儿单元。关于需要的规模一直存在争论——许多都建得大于所需要的。高等级的工程设施——尤其是插座接口和温度控制——是很有必要的：许多小孩会在早产婴儿保育箱里，有些（需要隔离）在单个的房间里。每个设施都需要保证父母能最大程度地与他们的孩子交流。一些住院时间较长的婴儿，以及那些需要外科手术的婴儿，将不得不转到更专业的科室。

在一个强调以病人为中心的医院，产科单元会成为“妇女儿童医院”的一部分。在任何情况下，医院的儿童病房和设施靠近产科单元都很有利，便于儿科专家到达。产科医生通常也管理妇科病房和门诊病人。

正如本章引言中的“未来策略”中所提到的，在由大型急性病医院和相关的地区医院共同提供医疗服务的背景下，假定可获得足够的医疗费用，一般产科单元会形成地区医院的一部分。主要的急诊医院可能只接纳那些预计有困难的，或认为有必要从地区医院转过来的病人。

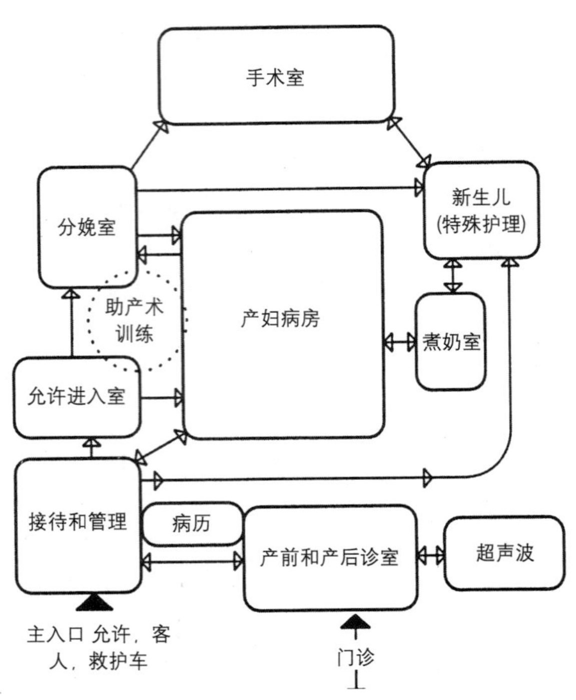


基于妇女从允许进入到出生后恢复期的顺序而布置的房间或空间的功能和关系

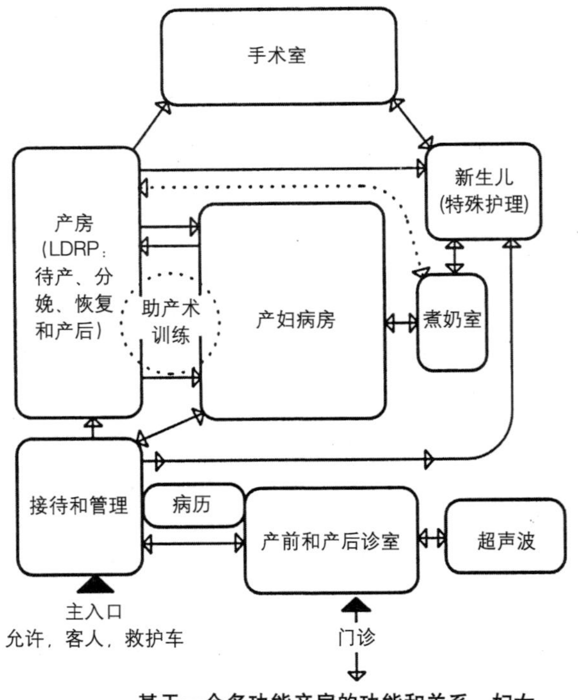


基于一个多功能产房的功能和关系，妇女在这里待产、分娩、恢复和产后 (LDRP)

图 12–19 产科：各部间关系

### 12.3.7 诊断图像

这一术语涵盖了使用X射线（平面胶片或使用对比介质）和使用超声波磁反应的非X射线形式形成图像。

规划“图像科”的重要特征是，除了超声波，图像技术需要专业的保护设置，要既防辐射，也要防磁场。

X射线室的保护可以通过铅或钡石膏，防止辐射逸出房间外。如果控制处在室内，则操作者应由铅屏幕保护。在检查中，如果职员需靠近病人工作，可能还需要额外地穿上铅防护罩，病人本身的某些敏感区域也需要特殊的辐射防护，如睾丸。

病人进入图像科，直到进入诊断间前，需要安静的接待和等候区。科室布局应确保经常使用的和主要的诊断室（如平面X射线，胸透室）位于等候区最近的区域。所有的房间都需要病人的更衣室，以及便于病人快速通过的房间，这些房间比起那些长时间服务的房间来，占的比例更高。更衣室可以是“独立的”，也可是“通过式的”。在后种情况下，病人从次等候区进入更衣室，并从更衣室直接进入诊室。这些房间的好处是，病人一旦脱去衣服，不需要穿越任何交通路线，可以得到更大的隐私保护。不过这种模式通常被认为对病人来说过于幽闭，如果某人被隔绝于此并被遗忘，会带来情绪激动。这种模式还由于有更多的通向X射线室的门，而产生额外的辐射保护问题。独立模式更好的灵活性使其成为较好的选择。

使用对比介质的X射线室，需要一些设施来准备。简单情况下，如计算机身体图像或静脉肾盂X线照片，需要一个简单的使用/准备间；如果是钡研究，需要可以制造介质的钡厨房；如果是钡灌肠研究，放射室还要配备一个卫生间。

在磁共振图像室，对磁场区域的防护依赖于磁场周围足够的区域，以保证区域内的磁场强度逐步衰减。然而，目前的趋势是使用磁素密度较低的磁场，将磁场区域建在机器里，这样来进行防护（图12–20）。

在放射科，辐射防护要求诊断室位于内部。在那些环境下，让更多的公用空间、办公室、资料排架及报告室和职员休息室都有自然光是尤为重要的。

大多数X线处理现在使用日光处理，处理机可以位于职员区或在总的交通空间内，可以帮助简化交通，创造一个更紧凑的职员工作区。然而，

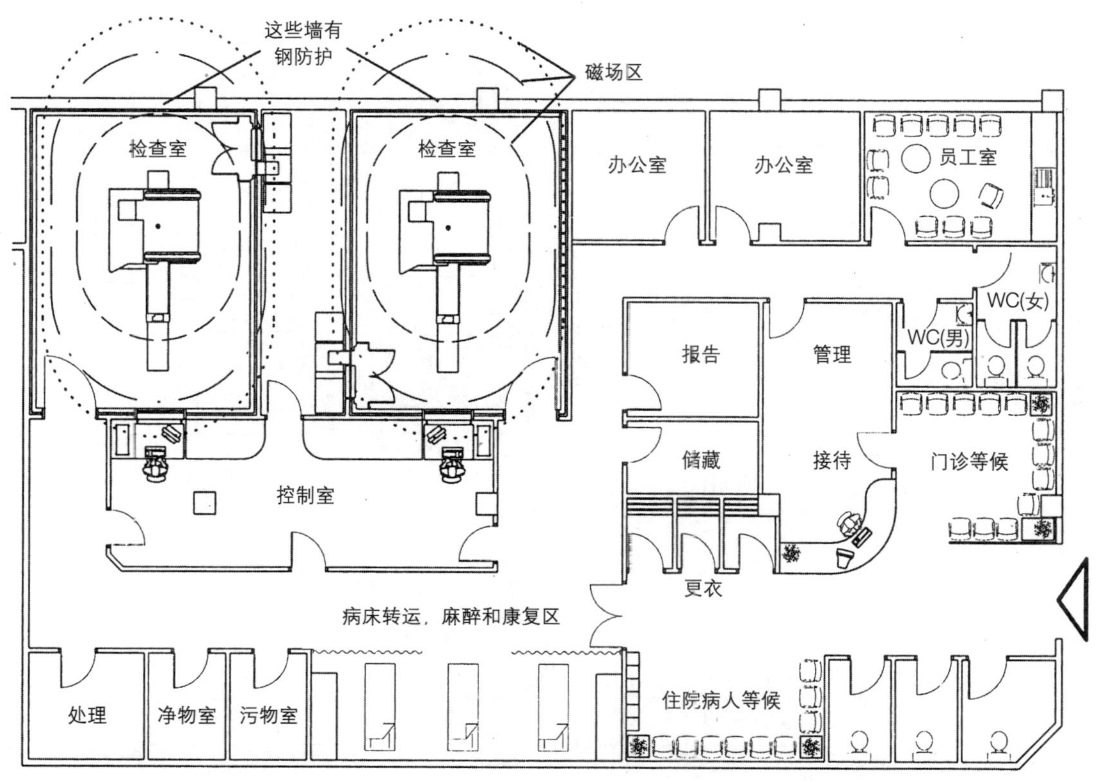


图12–20　磁共振图像室：布局示意（方案：西门子医疗公司）

一些专业检查可能使用电影胶片，因此需要提供一个小的暗室。

### 12.3.8 放射治疗和核医学

放射线疗法对病人的治疗——主要是，但不完全针对癌症病人——需要有对保护的设施特殊的关注。一般科室的要求与那些图像诊断室的要求相似，不过还要确保接待区和等候区以及治疗室都位于内部，从而让大部分科室腾出足够空间来享受日照并观看外景。

在“通常”类型下的放射线疗法中，放射强度远高于诊断工作，因此对辐射的物理防护要求更高，也限制了科室内未来的变化和灵活性。

有一些更复杂的物理治疗设备，如线形加速器，物理要求高度专业且复杂，如那些高能的机器通常要放在厚重的混凝土掩体里，曲径的入口以防止放射线泄露，这样来达到保护的目的。

规划放射线科室的关键是如何放置放射治疗机器，与“软”区域不同，主要考虑的是放置机器和确保放射安全性。因此，设计开始要先确认需要安置的机器以及它需要的特殊保护需求。

核治疗包括在诊断或治疗模式下使用放射同位素。过程包含：

(1) 同位素的准备

(2) 同位素进入病人体内

(3) 在体内追踪同位素

(4) 使用微克相机检测它们的速率和程度。

因此一个核治疗科室必须包含一个防护放射的同位素储藏间，一个同位素操作和准备的实验室，一个微克相机室或可以进行这个程序的房间。

在治疗过程后，在康复期的病人，可能不得不在一个保护的环境下，并对尿和粪便进行特殊的处理，因为在检查后，病人会产生有放射性的排泄物（图 12–21）。

### 12.3.9 手术科

“手术科”最重要的特征是为主要外科手术提供“无菌”手术室，以便手术过程中不给病人

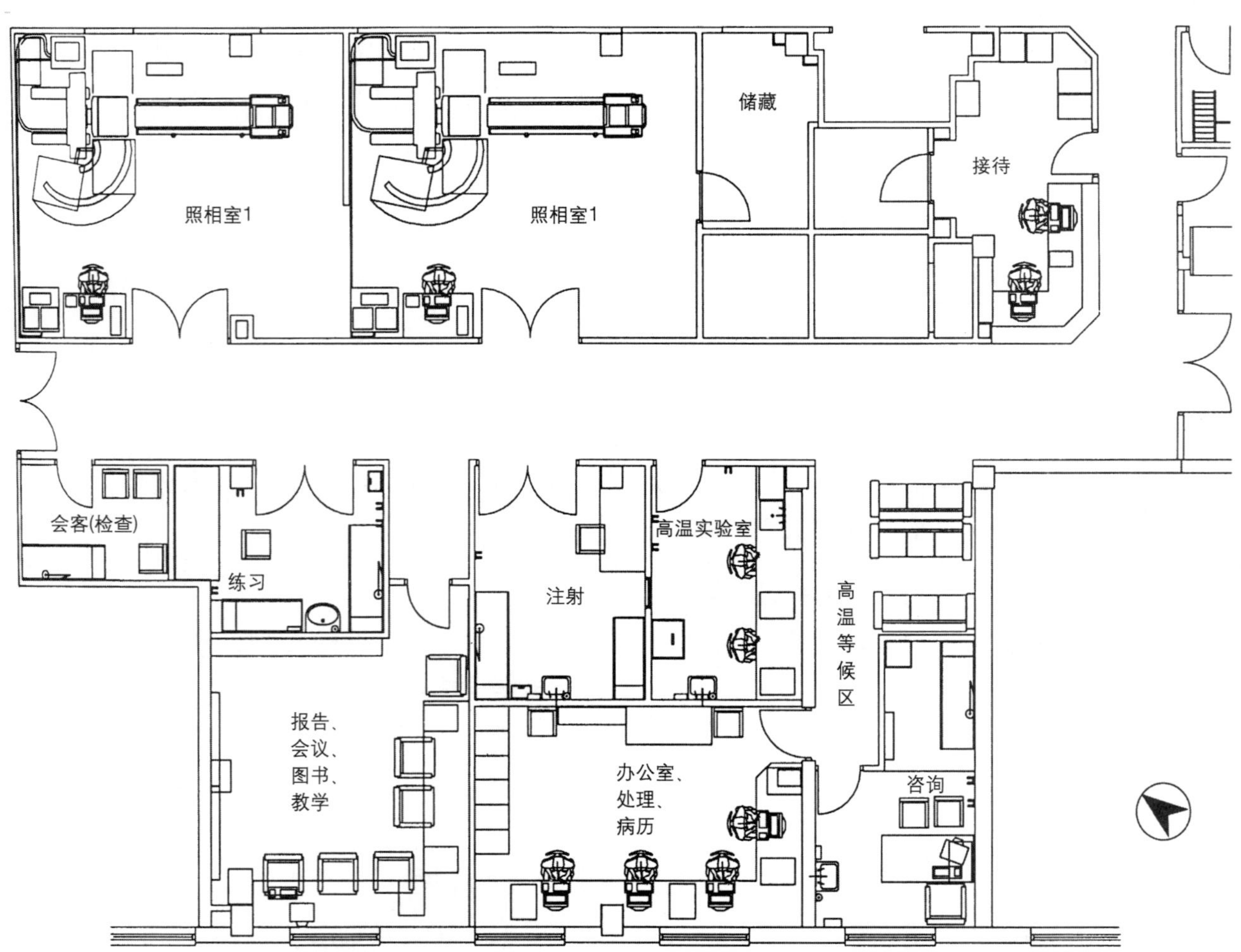


图 12–21 核医疗室，查林（Charing）红十字医院，伦敦（建筑设计：Tangram 建筑师 & 设计师）

造成感染。这个目标是通过对手术室与相邻房间进行正加压达到的，给它们供应的空气也是通过过滤器处理的。在标准手术室，20次/小时的空气交换速率是比较有效的。然而，很多外科手术需要一个更高的无菌标准。这些过程中，任何感染都会导致手术不成功。这组中典型的是髋骨置换外科，但“紫外线消毒”条件也是任何关节置换过程或任何“外部”材料植入体内所必须的（如内支架）。

“紫外线消毒”通过使用所谓的“无菌围合”达到消毒目的，在“无菌舱”中形成了一个包含大量过滤空气的垂直层流。需要注意的是，虽然层流被认为在减少关节置换外科手术的感染机率方面很有成效，但它对更大范围的普通外科手术没有太多益处。由于需要大量空气通过泵抽入无菌舱里以确保一个有效的层流模式，因此这是一个耗费很大的通风方法。

手术套房以外的区域，除了手术室本身，可以分成3个区域：

(1) 一个内部的“高度无菌”区，这里要求与手术室相同的条件，包含准备室，仪器手推车在这里装载，麻醉室，手臂消毒和穿衣室。

(2) 一个外部区域，位于手术室保护区内，由职员更衣室、淋浴、卫生间、职员休息室组成，医生在手术间歇时可在这里短暂休息。

(3) 入口区，也包含办公室、储存间和实验室。

完整的手术室区域需要由入口严密控制，病人从病床或推车上的转换要在此处完成，以防止污染手术室环境。

英国的手术室平面设计由想要区分“干净”和“脏”的环境的愿望来支配，这个愿望导致英国医院使用的典型的“双门廊系统”（第二个门廊完全用作“脏”的功能，通过手术室的“后门”运走用过的材料和医疗废弃物）的产生。这种系统造成了复杂的流线模式，被认为是不必要的，且浪费空间。相比较而言，在美国和许多其他国家，“干净”和“脏”的合适的分隔是通过如下方法解决的：在手术室里将医疗废弃物装入袋中，然后通过唯一的门廊带走，这样避免了污染手术室环境的危险（图12–22，图12–23）。

### 12.3.10 日间外科

在许多地方，有选择的外科已经有70%在白天进行，且这个比例仍在增加。在美国，日间外

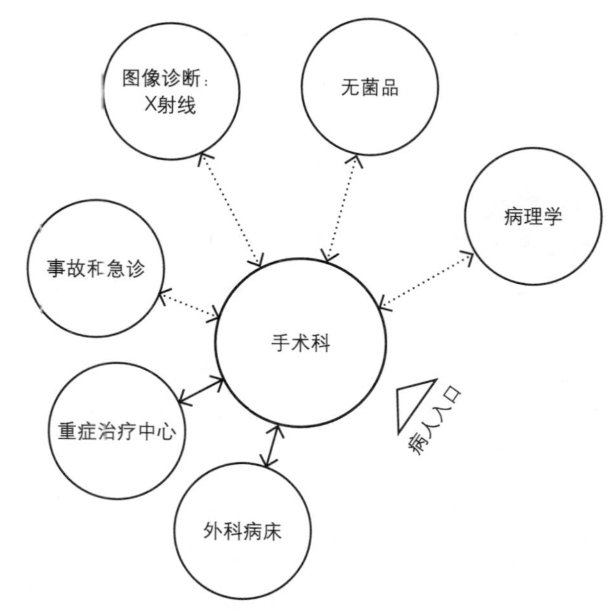


图12–22 手术科：各部间关系

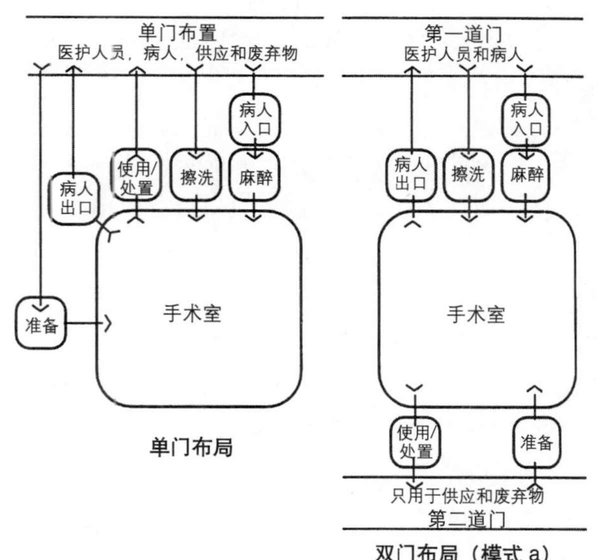


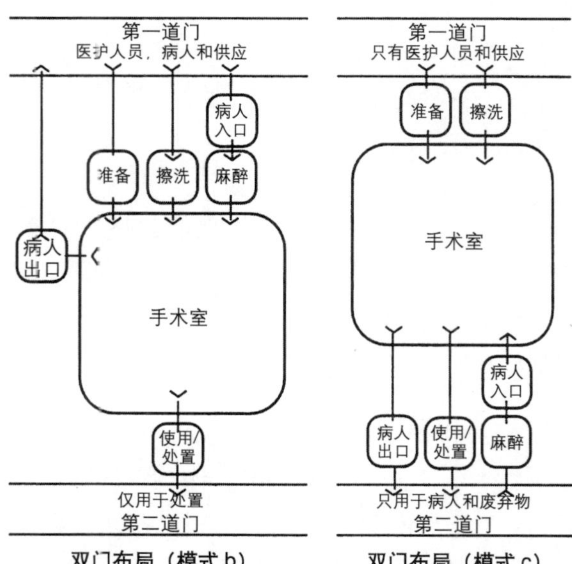


图12–23 手术室：双门和单门可供选择方案

科单元通常作为完全独立的单元，但出于安全的原因，以及为了共享后勤设施，它们仍然位于医院里。

所有的外科设施集中于 DGH 时，仍然有一个两难境地，即主要的手术室是否要满足日间外科手术，还是选择提供一个独立的日间外科单元(day surgical unit, DSU)。后者可能设置在靠近医院入口和停车场的位置，更加便利。然而，由于日间外科病人常比门诊病人更适于下床走动，因此，它的布局要与其他有更强的需求，即要求更易于从停车场直达的科室取得平衡。

从使用的观点看，日间外科使用主手术室有一定优点：当日间外科增加时，住院病人外科将会减少。这样职员、供应和其他后勤设施、空调和其他能源供应也能得到节省。在主手术室用于日间外科时，必须有独立的日间外科设施——接待、门诊、手术前等候和手术后恢复——且最好容易从外部入口到达。

如果更大一点的急性病医院与地区医院相联系且由后者支持，正如同“未来策略”中所提到的例子，则日间外科通常位于地区医院的单元中。

一个或更多的内窥镜室将通常作为日间外科单元的一部分。它们可能有自己的恢复区。手术室需要按住院病人的手术室相同规格和标准设计。在一些 DSU，麻醉室被省略了，麻醉（和美国情形一样）直接在手术室进行。

有必要了解病人是否去病床区、更衣和将他们的衣服留在那里，然后在手术后返回，或他们直接从更衣室进入手术室。在后面一种情况下，他们的财物会被拿到他们将去进行恢复的病房区。

## 12.4 医院后勤服务

这里要阐述的功能范围很广。许多功能不完全是医院专有；还有一些功能，技术更新很快，推荐参考《NHS 地产医院建筑注释》(NHS Estates Health Building Notes) 和其他经常更新的导则。

### 12.4.1 药房

需要一个配药房，靠近门诊科室，有一个舒适的等候区。如果主要的医院药房不能做到这一点，则应该配备从药房到配药处和其他使用区的汽压管道。当在医院制造药材时，越来越多的药剂生产费用降低；因此对无菌的要求更高。安全是最重要的，尤其对疏散入口来说。

### 12.4.2 病理学

医院的 4 个主要实验室学科是（也见实验室部分）：

(1) 组织学

(2) 微生物学

(3) 血液病学

(4) 生物化学

后两个可以成为一组，因为它们可以共享许多自动设备。整个科室有一个通用的接受标本和病历的区域。通风和其他安全标准需要满足现行规范。

现在有种趋势，即大型医院或商业实验室接受来自小一些的医院的工作；规模的经济性可能会促进这种趋势发展。过去的实验室主要是一些空间，再加上一些实验桌，设备多放在桌子上。越来越多的设备现在采用地面内置壁橱的形式。变化是特有的，但工程设施的接入口的灵活性要求是很重要的。

### 12.4.3 停尸房

停尸房需要靠近病理科，但也不是十分重要，因为组织学对尸体解剖有一定帮助。主要组成部分是尸体存放，尸体解剖室和到访者设施。尽管尸体运送车足够隐秘，医院里不需要单独的升降梯和交通路线，但尸体进入停尸房的入口路线应该与到访者的路线隔开。需要对到访者等候和到访区的装饰和外观给予特殊的关注；需要卫生间和小厨房单元。灵车入口应该远离病房窗子和其他病人区域的视线。

### 12.4.4 宗教设施

宗教设施取决于当地社区的情况，要满足不同的信仰需求，需要咨询当地的代表。宗教设施必须容易找到——最好靠近主入口，坐在轮椅上的病人应能容易到达和使用。

### 12.4.5 健康病历

病历的计算机化正在到来，但到底有多快还难以预料。目前，健康病历占据了很多空间。尽管它们离病人区很远，但便于取档案，尤其是往返于 OPD 之间是很重要的。手工将病历归档和取回是很繁琐的工作，因此工作环境需要经过仔细设计，以弥补这一点。这里应该是舒适的、吸引人的，且应该提供足够的视觉放松，最好有很好的向外的视线。

### 12.4.6 管理

医院里提供的办公室取决于它们是否是基金会的总部。主要功能包括基金委员会和秘书处，财务、人事，供应，资深护士和其他专业职员。辅助空间包括计算机设施、文具和其他存放空间。邮寄室和电话交换机通常与主要入口在一起。其他管理功能不需要很好的位置，可以在更高一些的楼层。诊疗理事会（Clinical Directorates' offices）办公室通常靠近他们的诊疗区域。咨询者办公室（如果不是全日使用，可以共用）可以在诊疗区域中或靠近诊疗区域。

### 12.4.7 餐饮

为住院病人服务的最通常的系统是集中处理——常位于场地外——病房有局部再加工区。病人需要在正餐时间外准备点心和饮料。传统情况下是为员工提供一个大的中央就餐室，但在一些医院，主入口附近“购物街”的发展，与快餐和其他专业的咖啡馆一起，减少了员工就餐室的使用。有可能设想所有的员工就餐由外部提供——与门诊病人和到访者共享——只要保留晚班和夜班员工的供应。营养专家的主要任务是为门诊病人和住院病人提供建议，可以在餐饮服务中作为建议者，尤其关注特殊菜单和总的健康饮食的改善。

### 12.4.8 教育

毕业护士培训现在多在教育部门进行而不是作为医院功能的一部分。然而，针对医生、护士和其他卫生技术人员所进行的研究生继续教育是很重要的，并为GP、社区护士和其他人提供了一个交流论坛。这些功能需要一定的设施，包括交流和会议。餐饮设施也是必需的，这些可以通过普通员工或病人的餐饮设施提供。

### 12.4.9 职员设施

所需的中央更衣室由整体医院和科室的运营政策决定。日间托儿所可以为职员的孩子服务，员工俱乐部也是如此。如果附近社区没有体育和休闲设施，则院内必须保证，它们被认为对恢复员工体力有所帮助。

### 12.4.10 职员宿舍

在过去，医院为员工提供护士之家和各种其他居住建筑。其使用率变化很大，因此大家认为与本地政府或住宅协会合作安排，将医院员工安置于当地社区更具实践意义，因此可避免形成“少数民族聚居区”。少数职员需要有呼叫系统的，带整体的卫生间和淋浴的卧室。

### 12.4.11 供应处

“及时的”派送方式可以减少医院中存放空间的数量。然而，还是需要一个集中的接收点，以存放食物、布品、无菌设备和其他供应。在早期规划阶段就要确定派送系统：它的有效性对医院运营的各个方面都是很重要的。这个原则也适用于废弃物或回收再利用物资的收集。水平层上，常使用拖车或手推车；在这种情况下，要特别考虑地面设计和饰面。需要无菌和不受感染的单元来准备无菌包和手术室及其他科室用物体。它最好与其他服务设施和类似工业化的功能布置在一起；它将产生大量热量。

### 12.4.12 能源中心和工作间

能源中心——锅炉房，紧急电源，液体加热装置——为了能源供应有效性，通常在可能的情况下位于医院的中央。电子和机械工作间也在附近：其他木工和其他建造行业的工作间（取决于多少工作在室内进行），还有生物制药工程设备的维护。需要一个运送的庭院和一些重要运输的车库。

## 12.5 社区及当地医院

在英国，术语“社区医院”(community hospital) 用来指很多的辅助 DGH 的小医院。在美国，这个术语可能指的是等同于英国 DGH 的医院。在这个部分，术语“当地医院”（locality hospital, LH）将被用于指代广泛的辅助医院以及更多当地医院的专业角色，即本章引言“未来策略”中描述的。

当地医院应便于到达，包括乘坐公共交通。许多病人和他们的访客是年龄较大的，很多也没有私家车或没有能力驾驶汽车。然而，靠近主入口的停车场也是必须的。展示家庭般的，非制度化的外观是很重要的。许多 LH 是由已有建筑改造而来，或者在旧的乡村医院或健康中心基础上进行增补。

LH 的内容根据其所处位置（城市或乡村），与 DGH 的距离和服务的人口而有所变化。引言中“未来策略”对 LH 的设想包含如下服务和科室：

(1) 小型事故单元（MAU）。

(2) 一个门诊部，包括全科的诊室。

(3) 围绕放射诊断设施的图像设施，不过除去计算机图形，磁共振图像和血管照相术，这些可以设在急性病医院里。

(4) 康复设施，设施程度取决于 LH 和 DGH 相应的角色；在“替代策略”的例子中，多数康复设施位于 LH，这因此可能包括水疗法。可能与针对老人的日间医疗设施一起使用，包括那些有精神障碍的老人。

(5) 对于一个服务人口在 10 万左右的 LH 来说，一个产科单元可以提供大多数普通分娩及产前护理。（在其他情况下，偏远的乡村常常只是提供一个小小的妇产科室。）

(6) 低护理等级床位提供一系列服务种类，在比 DGH 更单纯友好的周边环境中进行；如果能维持较高的床位利用率，它们通常也比较经济。将提供的护理类型包括：

——那些没有生命威胁的医疗护理

——来自 DGH 的手术后病人康复前期的护理

——日常护理

——严重行动不便或长期疾病的喘息照顾（respite rare）①

——假如员工受过合适的培训，可以提供临终护理（比救济院更近一些）。

(7) 日间外科单元，可供所有的或绝大多数日间外科使用。

(8) 辅助功能，包括管理、供应处、餐饮、能源中心和工作间。

LH 可能和健康中心或其他 GP 一起，这样可能获得一些共享设施（图 12–24，图 12–25）。

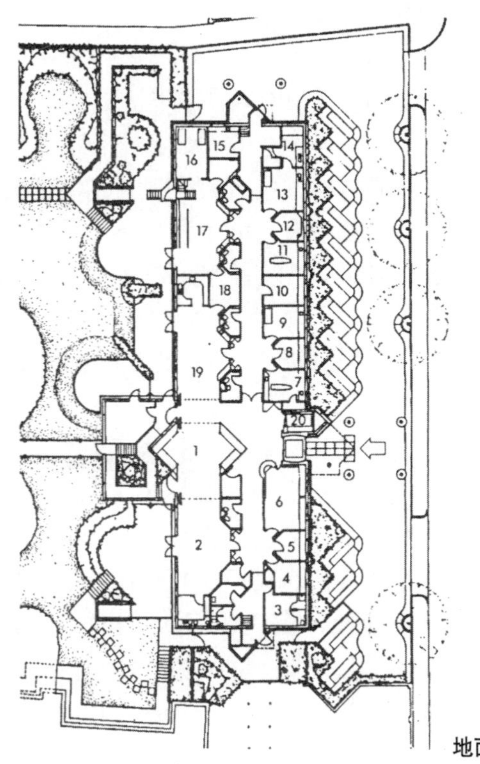


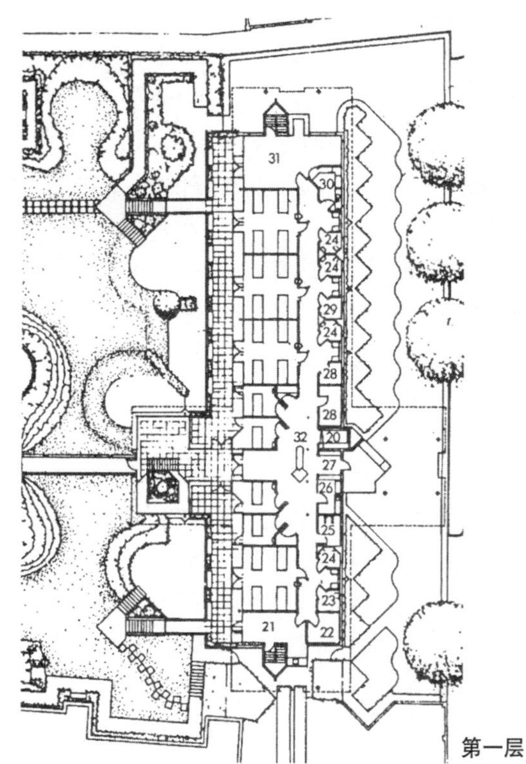


1. 起居室；2. 餐厅和备餐间；3. 员工更衣；4. 管理和评估；5. 社区联系工人；6. 接待和病历；7. 牙科；8. 社会工人；9. 语言疗法；10. 办公室；11. 足病学；12. 理发；13. 净物室；14. 脏物室；15. 烧窑室；16. 被动物理疗法；17. 物理疗法；18. 评估卧室；19. 职业疗法；20. 病床电梯；21. 员工室和厨房（夜间值班）；22. 锅炉室；23. 清洁室；24. 客户WC（无障碍）；25. 浴室；26. 传送和处置；27. 净物室；28. 储藏间；29. 淋浴；30. 备餐室；31. 坐憩、饮酒和亲戚的短期访问休息；32. 护士台；加上4个四床间和4个单人间

**图 12–24 朗伯斯（Lambeth）社区护理中心，伦敦［建筑设计：爱德华·科里南建筑事务所（Edward Cullinan）］**

① 喘息照顾：一种暂时性服务，用以协助主要照顾者不在时，无法全时间自我照顾者，缓解照顾者压力的权宜性服务。——译者注。

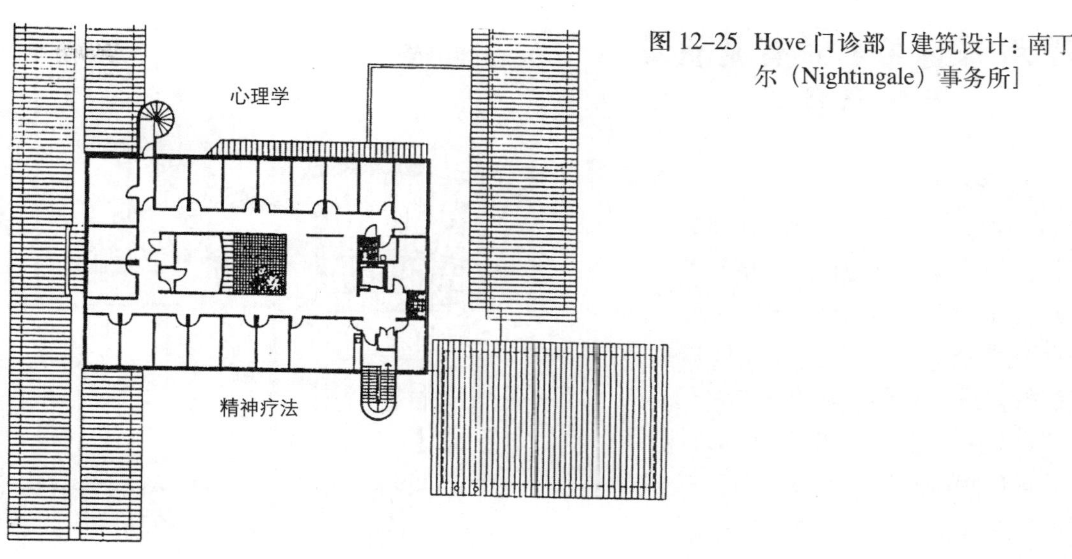

图 12–25　Hove 门诊部［建筑设计：南丁格尔（Nightingale）事务所］

心理学
精神疗法

第一层

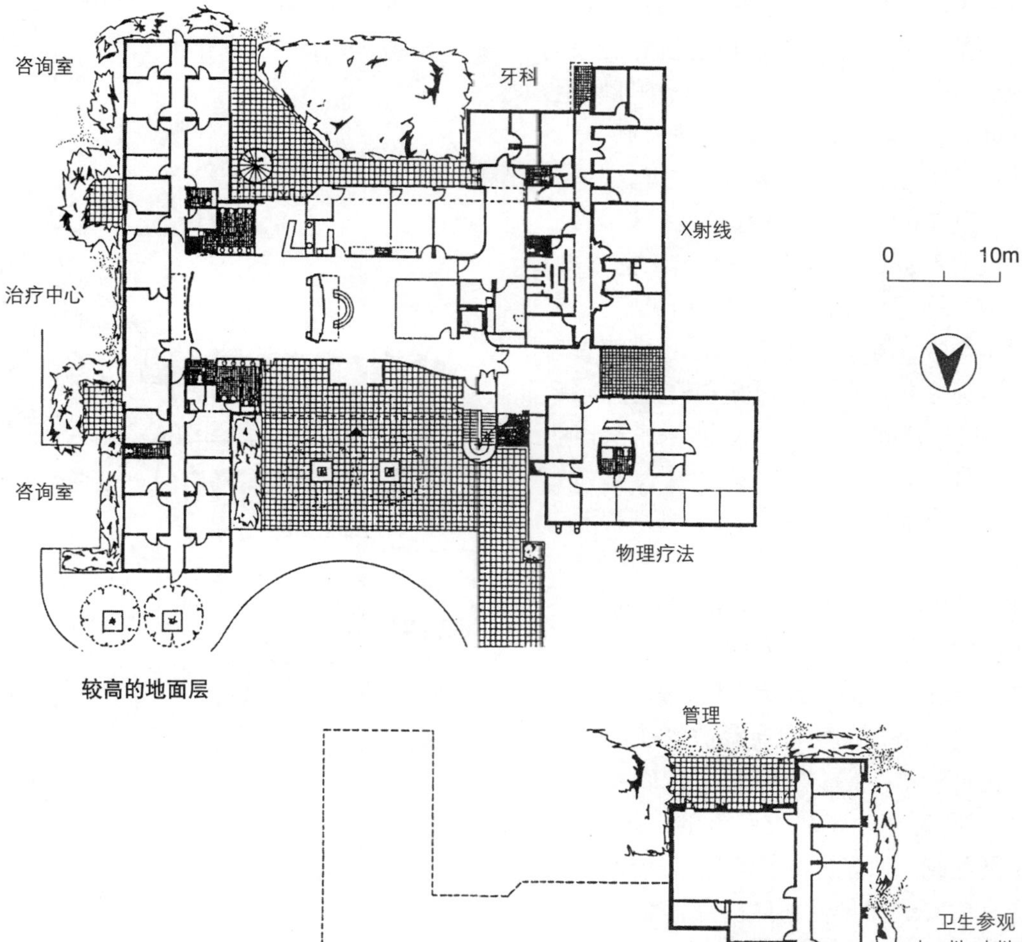

咨询室
牙科
X射线
0
10m
治疗中心
咨询室
物理疗法

较高的地面层

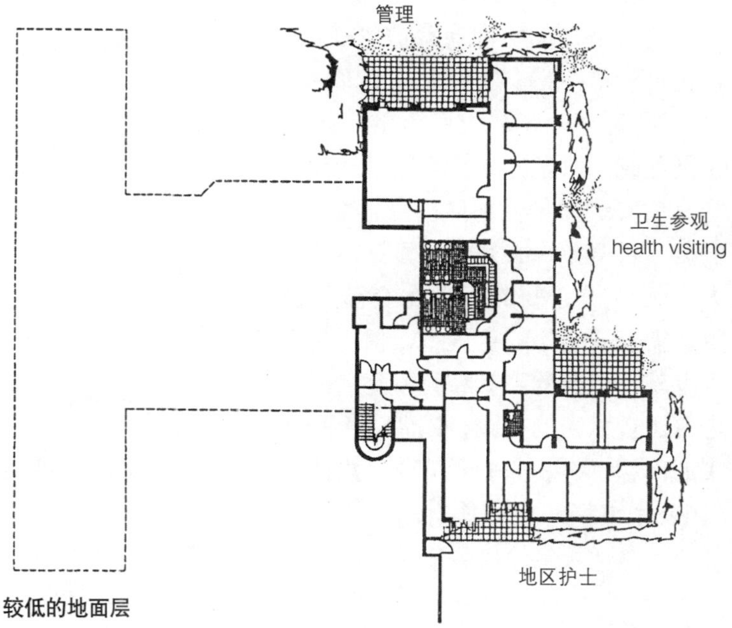

管理
卫生参观
health visiting
地区护士

较低的地面层

# 12.6 保健中心及普通执业医生事务所

这些机构有时组合在一起，有时单独出现。在英国，GP 是独立的执业师，传统意义上有他们自己的诊所。当地政府在社区医院提供产科、儿童卫生和其他服务。1974 年，通过健康服务组织的促进，这些元素组合在一起，形成“保健中心”(health centres)，但由于 5 年后政府政策发生改变，又开始鼓励并帮助 GP 重建，导致“保健中心”的建设放缓。自从那时起，公共卫生中心和 GP 诊所的区别越来越模糊，越来越多的 GP 认识到需要其他健康专家和他们一起工作。这些专家包括护理医生 (nurse-practitioner)、顾问、理疗师，一些情况下还有替代医学的提供者。

这些建筑可能很方便地描述为公共区（等候区、卫生间)，员工区（办公室、病历、储藏、休息和研究室）和员工与病人互动的区域。对于 GP 来说，后者通常包括合并的诊断和检查室，每间 11 ~ 12m$^2$。房间的数量至少比任何时间段在那里工作的 GP 数量大 1，这样，一个潜在传染性的病人可以得到临时安置。一些供其他医护人员使用的这样规格的房间将提供更灵活的布局。一个指定的治疗区也是必需的，必须包括供应处和一处或多处治疗区，或小单间。存放病人病历的空间通常被忽视：计算机化可能最终完全取代它（图 12–26)。

建筑入口应是吸引人的，接待区也是如此。对暴力的担心通常导致在接待桌前安装保护性玻璃屏障；如果这个需要不可避免，必须仔细设计以保证病人和接待员之间的人性化交流不被阻隔。需要一个小的会谈室，便于接待员可以与一个聋的、有障碍或残疾的病人进行比较私密的交谈，或者讨论一些正式的问题。轮椅入口很重要；接待柜台（和公用电话）也应该有一个比较低的部分，以便于坐轮椅者使用。

第一层

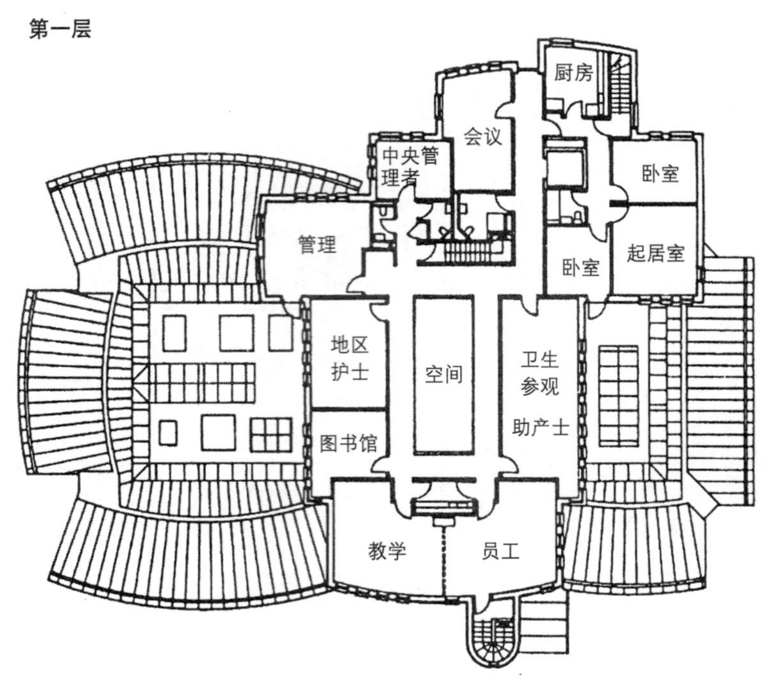


地面层

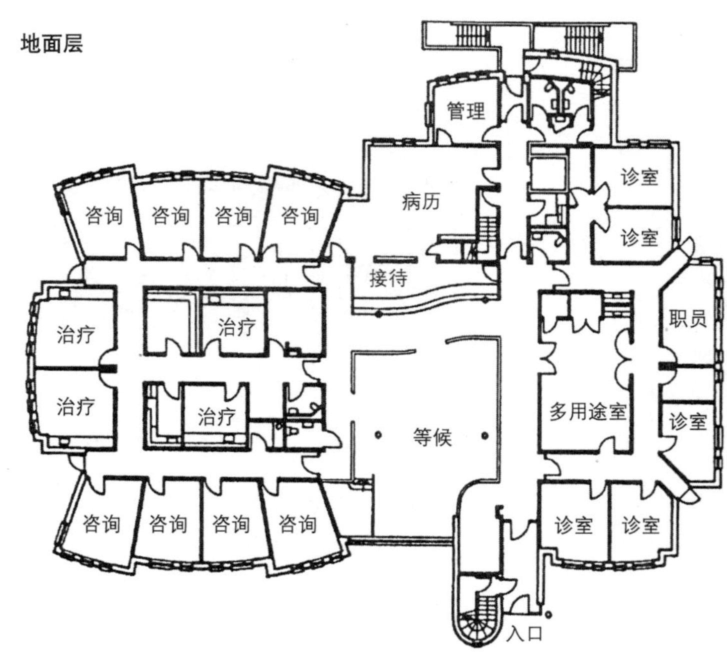


剖面

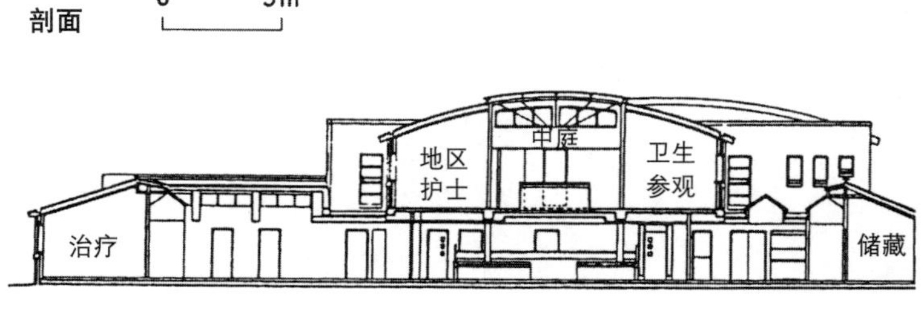


图 12–26 Farfield 中心（私人护理)，查尔顿（Charlton)，伦敦（建筑设计：Peerless& Noble 建筑师）

## 12.7 精神康复服务及其建筑

20 世纪 50 年代，可以治愈，或者至少缓解一些病人压抑的状况的麻醉药的发明，改变了精神病人的护理方式，从主要看管的状态变成主要治疗或缓和的状态。这种必需的建筑类型从许多精神病人终身停留的精神病院变成普通医院的一个科室，病人在这里被确诊、接受治疗，而后病愈出院。这种“医疗模式”受到 2 种人的挑战，一种是传统主义者，还有一种人希望朝着个人或成组的精神医疗而不是医疗方法，如麻醉药和电惊厥疗法（electro-convulsive therapy, ECT）。传统主义者认为最好提供一个关照的避难所，以包容那些难以忍受“外面”的生活的人，或那些行为对他们自己或其他人构成威胁的人；然而，所有旧的精神病院只是管理病人，即便在他们从急诊阶段康复后，他们也不能独立生活。精神治疗家，尤其是“社区治疗”的主张者，认为他们为病人设计的整个生活模式是教育性的，让病人得以了解他们的生存环境，并让病人接受再训练，适应“普通的生活”。

20 世纪 50 年代和 60 年代典型的精神康复建筑是“精神病学科”，通常作为 DGH 一个秘密但又相连的部分。与当地人口的联系也是需要强调的部分，因此 GP 和社区卫生工作者可以与精神健康小组的精神病医生，精神病护士和职业治疗者、社会工作者建立紧密的联系，提供更好的治疗和护理。大多数人向 GP 描述他们的精神疾病症状，可以作为门诊病人或日间病人来进行治疗。精神科的规模取决于它上级的 DGH，大概为 60 ～ 150 个床位；病房包含 25 ～ 30 个病床，与内科病人的病床和日间医院里的病床不同，住院病人和日间病人接受个人、集体和专门的治疗。

这些单位的整体功能和部分功能类似于疗养社区，但是它们更有医学导向性并且机构过于庞大，因此后来小一些的机构取代了这些庞大的机构。需要精神治疗组和社区卫生服务间有一种更近的工作关系。东伯明翰早期计划形成 15 ～ 20 个床位的单元，与卫生中心连在一起。更大的单元可以带来规模的经济性，但小一些的更容易设计成家庭式规模，社会化属性也要少一些。对门诊病人或者是其他那些第一次到医院的人来说，这一点尤其重要。（在 GP 诊室和保健中心开设诊室是对精神病人很好的关照——没有任何反常）

绝大多数单元无论是什么尺寸，都有单人的房间。许多更小的单元对于大多数有精神疾病的人来说有很大益处，但对于那些尽管有许多治疗方法，但仍然需要在医院停留很长时间（超过数周）的病人或者那些行为很危险的病人来说不太合适。少数有特殊需求的病人的单元有很多不同等级，有通过地区级中度安全单位，为 50 万人服务，提供一天或更长住宿时间的单元，也有“专业医院”（如 Rampton 的 Broadmoor[①]和 Ashworth）。在后 2 种情况下，要结合保安设置即要求设置含精神治疗的监狱的问题也很突出。NHS 地产局设计导则中对中等安全精神治疗单元的部分是很有参考价值的（图 12–27）。

对有精神疾病的老年病人的照顾也有几个突出问题。最初的评价或诊断是很有必要的，以判断是否是精神病症状还是普通的退化的疾病，如老年痴呆症。评价过程可以在门诊部门进行，或在老人的医疗病房进行。精神压抑或其他精神疾病的老年病人能在普通精神病单元受到较好照顾。有痴呆先期征兆的病人需要有保护的疗养院环境；因为他们通常能走动，所以需要安全的室内和室外走动空间。

所有这些精神健康建筑的日间区域需要尽可能多的不同规格的房间，通过规划来达到高度适应性。活动包括一对一的治疗或会谈和成组的治疗，有舒适的坐憩区域可以使用。出于训练的目的，这些房间中有一间可能能通过一个单向的窗子来观察。重型工作间，不同的技艺设施，物理疗法和室外活动（如游戏、园艺等），对于更大或停留时间更长的单元来说更需要。很少使用到 ECT 套房，以确保足够的空间，除非许多空间也可用来实现其他功能。

学习障碍（以前认定为“精神障碍”）现在作为一个社会和教育问题，而不是健康服务。尽管如此，许多健康服务人员参与照顾有学习障碍的人，但可能是在特殊学校、居住招待所或他们的家里。

---

① 采用最高安全单位，以避免病人潜逃。——译者注。

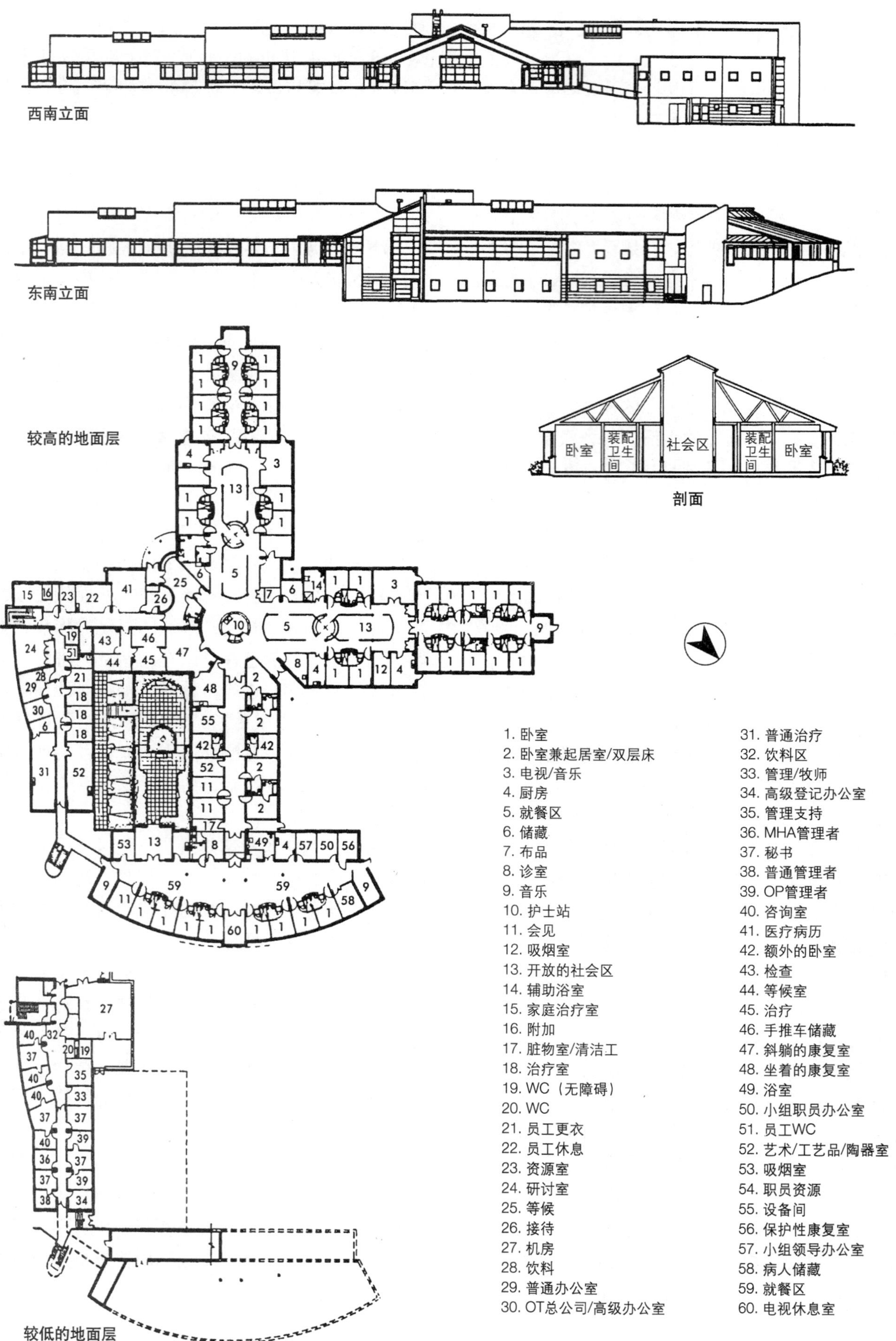


图 12–27 精神健康单元，圣玛丽医院，怀特岛（建筑设计：南丁格尔事务所）

## 12.8 护理院

护理院可以满足所有年龄的居民，从孩子到老人。目前在英国，大多数居民是后一种情况。护理院提供各种护理并满足病人的相关需求，而这些护理和需求可能既不需要长期医院护理，又无法在居住区护理中心得到满足。

一些护理院为普通护理需求服务，而有一些护理院关注特殊护理类型，如青少年护理；行动极其不便的；学习障碍；精神疾病；喘息照顾，慢性疾病或其他需要专业护理的病人。少数护理院有急诊医疗或外科设施。在住宿和服务条件方面，护理院弥补了医院和居住区护理中心之间的缺口，即健康服务机构和社会服务机构间的差别。

### 12.8.1 注册和检查

护理院主要是由私人和慈善部门赞助的。在英国，为了确保强制注册，需要满足国家在规范中制定的最小标准，还要经常接受再核查。这些标准包括住宿、员工和服务等级。

一些机构同时注册为护理和居住用房。双重注册反映了住户从需要基本生活护理到日益依赖并需要护理的渐进过程。老人的护理尤其如此。在英国居住之家 (residential homes) 也需要注册且满足最小国家标准。

在英国，护理基金通常来自 NHS。另一方面，根据住户的状态，居住护理既有住户本身付费（通常是老人），也有部分或全部由当局提供。如果护理院部分是护理，部分作居住之家，则费用由卫生局和居民或当地政府分担，或两种情况均有，后一种情况取决于住户的状态。目前对老人护理基金的使用方法有一些争议。

### 12.8.2 设计和住宿

在所有案例中，护理院的设计应旨在尽可能提供一种轻松的家庭式氛围和环境，在这里保证提供必要的护理等级且安全有效。即便是最虚弱或完全依赖他人的住户也要能维持他们的尊严。目前的趋势是为住户提供单独的个人空间。因此，带整套卫生间的单人间，加上公共的休息室和就餐区以及公用治疗室和辅助浴室是较常见的。需要特殊的关注以确保设施适于行动不便和虚弱的人（图 12–28）。

典型情况下，需要以下设施：

(1) 使人安心和欢迎的入口和接待处，迎接到访者和潜在的新住户。

(2) 一间“院长”办公室和总的管理办公室，两者都要靠近主入口。

(3) 一个员工宿舍或在中央位置的宿舍，与卧室群相连。这一点在夜间很重要。

(4) 卧室，每间都应是单人间，除了 1 ~ 2 个为已婚夫妇准备的双人间。房间应该能放置一些个人物品和家具。应为轮椅、辅助行走、吊车移动和员工辅助提供空间。床和家具的布置应有选择余地。必须有放衣服的空间，既有悬挂的，也有抽屉。还需要有空间来容纳 1 ~ 2 把简便的椅子，一个可移动的桌子，一个梳妆台，同时也可作为写字台。每个卧室都应直接通向一间有马桶、洗脸盆和浴缸或淋浴的房间。

除此之外，还有一些其他的房间，能很容易从卧室到达。这些房间包括：

(1) 一个辅助洗澡的房间（三面都可进去的浴缸）和辅助的淋浴。这些房间应该有洗头设施，还要便于安置轮椅。这些房间的数量由住户的数量和房间的位置与它服务的卧室的关系决定，尤其是卧室不在同一层时。

(2) 一个安全的治疗 / 诊疗室，有相连的安全储存空间，存放清洁的布品，麻醉剂，药，无菌设备和一次性供应品。

(3) 一个房间存放空的、清洁的、不受感染的排泄物收集器，尿检样品，临时的一次性项目或再处理的项目，以及轮椅停放和 / 或便桶。

(4) 公共就餐的起居室，餐室或类似的供私人会谈使用的房间。

(5) 饮料准备区，方便为卧室区服务，以便于住户可以为到他房间访问的客人提供消遣。

(6) 厨房，位置要便于接近传输口，还要快速将食物送到餐厅和卧室。

(7) 洗衣房，包括接受和整理很脏的布品，洗涤，旋转或转轮烘干，熨烫，折叠和分类，制作和修补的设施。

(8) 一个中央家庭服务站和必要时每层的分站，可以存放清洁设备、手推车和材料。

(9) 靠近设备入口的处理间，存放密闭的垃圾和再处理的物品的容器。

(10) 一个小的房间作为停尸房，靠近灵车进入的秘密入口。

(12) 员工设施，包括独立的男用和女用卫生间，餐厅和休息室，更衣室，柜子和员工淋浴室。

(13) 总的储藏和维护设施。

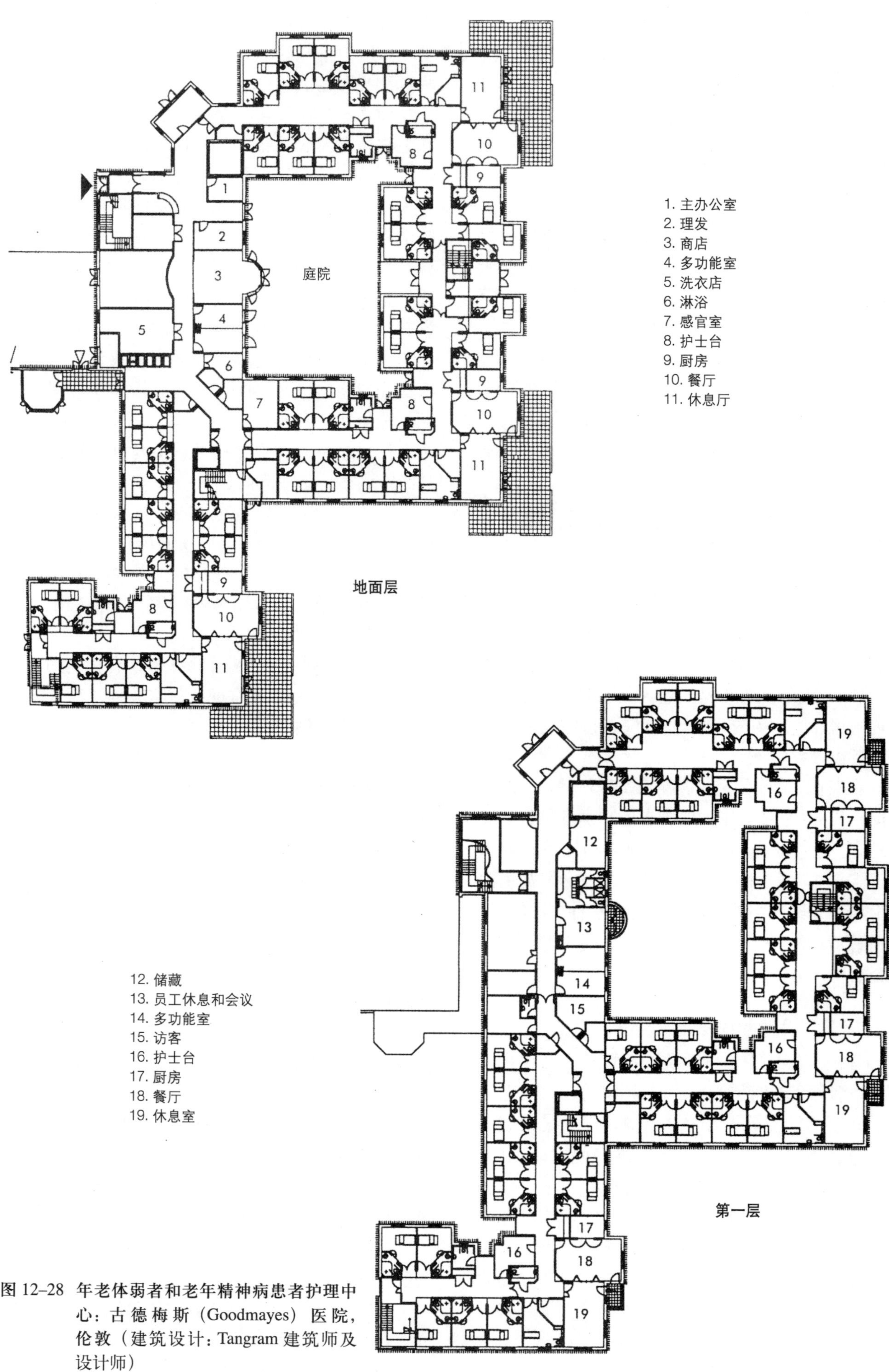


图 12–28　年老体弱者和老年精神病患者护理中心：古德梅斯（Goodmayes）医院，伦敦（建筑设计：Tangram 建筑师及设计师）

## 12.9 词汇表

**缩写**

A&E (Accident and Emergency Department) 急诊科（或 AED）

ACAD 救护和诊断服务中心

BEMS 建造和工程管理系统

CCU 心脏护理单元

CSSD 中央无菌供应科

CT 计算机（辅助）图形

DCP 发展控制方案

DGH 地区总医院（District General Hospital）

DSU 日间外科单元（Day Surgery Unit ）

DTCs 诊断和治疗中心

ECG 电子心脏描记器——心脏活动的电子扫描

ECT 电惊厥疗法——对一些精神病人的电击治疗

EEG 电子脑照相术——大脑活动的电子扫描

ENT 耳鼻喉

HBN 卫生建筑规范（以前是医院建筑规范）——一系列由 NHS 局颁布的指导性文献

HDU 高护单元（High Dependency Unit）

HSDU 医院无菌和无感染单元

ICU 重症护理中心（ITU 的替代）

ITU 重症治疗中心

LDRP 待产，分娩，恢复和产后——指生育过程，用来描述“产房”里的活动

LH 当地医院

MAH 主要急性病医院（Major Acute Hospital）

MAT 微创治疗

MAU 小型事故单元（Minor Accident Unit）

MIT 最小进入治疗（和 MAT 相同）

MRI 磁共振图像

OPD 门诊部

PFC 以病人为中心的护理

PRI 私人赞助机构——邀请私人部分进入以赞助和帮助医院运营的政策

PPP 公私合作——PFI 的一种形式

### 12.9.1 诊断和技术术语

血管照相术——在血管内引入一种射线透不过的对比介质后的心脏和血管的 X 线图像。

生物化学——研究生物体和生命过程的化学；医院病理实验室的一个分支。

心脏描记器——使用心脏描记器，用图像记录心脏的运动。

图像诊断——所有用来诊断的图像类型：如放射诊断（X 线）；超声波；磁共振图像（MRI）。

内窥镜——可照亮的光学仪器，可以看到身体腹腔或组织的内部。

内窥镜检查——通过内窥镜插入原有的孔或切开的口进入身体内部检查或治疗。

血液病学（血液学）——研究血液和形成血液的组织；医院病理实验室的一个分支。

组织学——显微镜下的研究，对细胞和组织、结构和器官结构的分辨；医院病理实验室的一个分支。

腹腔镜——内窥镜的一种，由一个照亮的管道组成，用来检查腹膜腔。

腹腔镜外科手术——打“孔”的外科手术，使用例如内窥镜渗入，通过原有的孔或切开的口。

微生物学——微生物研究；医院病理实验室的一个分支。

核医学——使用 γ 照相和注射放射性同位素，以获得身体部分的图像，如肝脏和肾。

义肢设备——义肢医疗设备设施，如四肢矫正器。

静脉切开放血术（抽血）(phlebotomy)——切开血管（静脉穿刺术），以取血作样本等。

肾盂 X 线照片（pyelogram）——（或静脉注射的肾盂 X 线照片）在注射了不透射线的染料后拍的双肾，输尿管和膀胱的 X 光片。

（人工植入患者动脉中使其血液流动不致于阻塞的）内支架——模子或支架制成的设备（用作医疗和牙具的化合物）在连接导管或血管的外科手术中移植血管和体内导管时用来支撑体表开孔 / 腹腔

远程医疗——通过通讯技术，如视频会议、多媒体通讯、因特网和内联网的远距离医疗。

治疗类选法——根据相关的伤害和治疗的迫切性评价、优先选择和指导一些病人选择合适的治疗的过程；历史上，多用于事故和急诊时，但现在更多地用在对一组需要治疗的病人的最初的诊断和护理管理。

超声波（图像）——使用高频率声音，通过内部结构反射声波的不同方式来生成它们的图像。

# 第13章 疗养院

## 13.1 引言

总的设计原则是为那些生病而将要逝世的人创造一种关怀的氛围；要避免一种制度化的建筑。许多疗养院的设计有一种家庭化的特征：在可能的情况下为单层，使用传统材料，有精心布置的景观区或花园。所有的病人都应毫无障碍地看到花园，并且最好是容易到达花园。疗养院选址应远离噪声、繁忙的交通、恶臭和其他污染。为了避免像制度化一样单调的环境，每个病房不要超过 4 位病人。但每个疗养院一般只在 1 到 2 间病房里安排单间，以免让病人感到孤独或有隔离感。每个病房都需要良好的自然光线和通风；装修需要有家庭的（而不是医院或制度化）特征。很重要的一点是避免过于眩目。

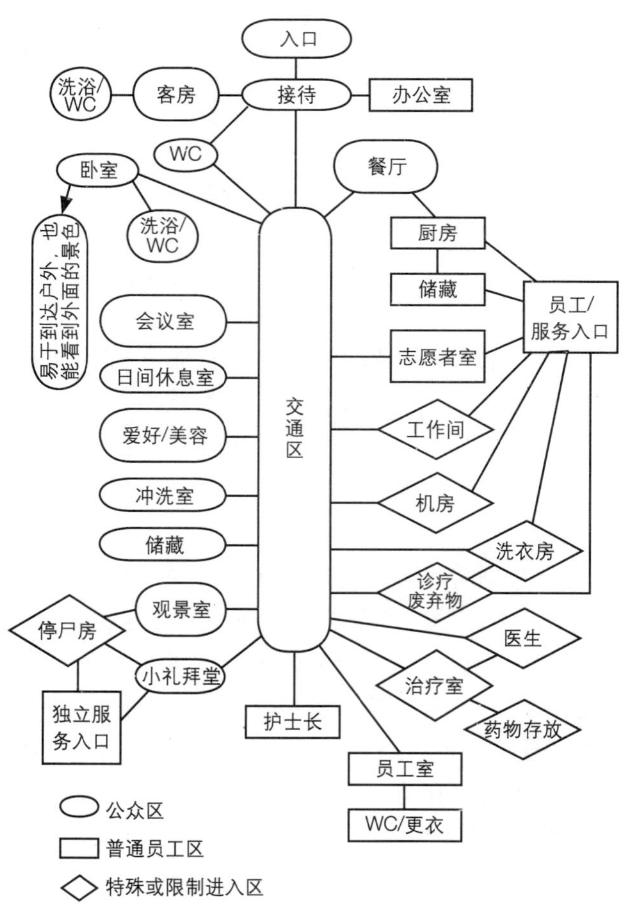


图 13–1 布局示意

公共区域（如起居室、餐厅、娱乐区等）对于想要加入疗养院社区的病人来说非常重要。小礼拜堂或静休室 (quiet room) 通常也被认为是很重要的。停尸间或太平间以及相关设施的位置也非常重要。在疗养院里死亡是一个永恒的话题，病人往往希望得到比医院更多的关怀。一些人希望疗养院能够为病人的平日生活提供保证，他们可以会见住院病人，并让病人获得专业的护理。其他人则只希望住一到两个礼拜，以便让家人得到休息。儿童住宿的设施也要有所考虑，可以根据病房及托儿所或育儿设施设定。

人们在疗养院通常停留时间较短：平均停留时间是 7 天，最长的是 2 个月。许多疗养院由当地的基础慈善机构资助和管理，没有太多中央控制，因此设施的数量差别很大。最小的规模是 8 床，最大 25 床。

根据圣弗朗西斯疗养院的规则（规则属于国际合法运动的一部分），如果允许，可以设计以下设施：

若是病人不能康复，那他应尽可能地活得有目的，有意义。工作人员将帮助病人重新获得自信和自身的完整，以保证他们走向死亡时能保持平和及威严。疗养院环境应当传导这些目标的信

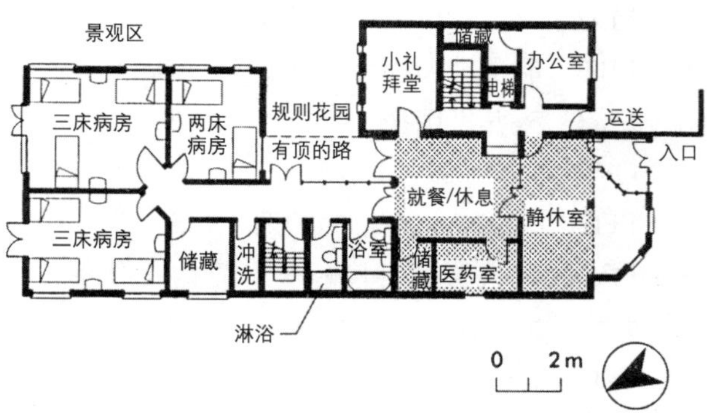


图 13–2 哈灵顿 (Harlington) 疗养院，米德尔塞克斯郡 (Middlesex)：设计的容纳 8 个病人的疗养院，地面层平面；灰色区域代表已有的建筑，其余代表计划的新建筑；一些设施在建筑的地下层和第一层（未显示）（建筑：Triforum 公司）

息，产生一种爱和安全的氛围。

每个病人都必须被当作一个独立的人，有他自己独立的需求，这些需求可能是身体上的，心理的，社会的，智力的，精神的和感情的（整体考虑）。

应以同情、谦卑、仁慈、温顺、敏感和诚实的态度对待病人。

应在同病人结成合作关系的基础上进行个性化护理，并应尽可能地考虑病人的日常习惯和生活方式。病人应该做一些力所能及的事情，护理的干预只是替代他们做不到的。

在决定有关病人的护理方面的管理时，应考虑病人的需求，定目标时也要记住以病人自己的需要优先。

## 13.2 细部设计

记住房间尺寸可以有不同的变化，这取决于当地的护理条件；这里没有给定的尺寸，是因为没有一致认可的最佳尺寸。

尽管客户通常是志愿者或宗教组织，仍然有必要联络当地卫生组织（NHS 信托）。这个组织有责任（代表政府）登记和视察它们辖区里的独立护理设施，也包括护理人和管理者的登记。当地政府（社会服务部门）也会要求其作为住宅护理之家进行注册。

注册要求包括疗养院需提供适当的看护标准，在基地工作的人员和管理者必须是“合适人选”，建筑需满足要求。

典型的疗养院设施能为以下人群服务：

(1) 15 ~ 20 位病人 / 居住者；

(2) 一个单独的缓冲床（慢性病人）；

(3) 50 位门诊病人；

(4) 保证 2.3m²/ 人的日用空间。

病人设施通常应位于一层，如果设施分布超过一层是不可避免的，则需提供升降梯（满足残障人士使用）。

### 13.2.1 病人/居住者设施

**病房 / 卧室** 一床，两床或三床病房（单人间最小面积不得小于 10m²；双人间不得小于 16m²），在可能的情况下应有内设的浴室。不是所有的浴室都需要无障碍设施。另外还需要额外的独立卫生间和淋浴室。

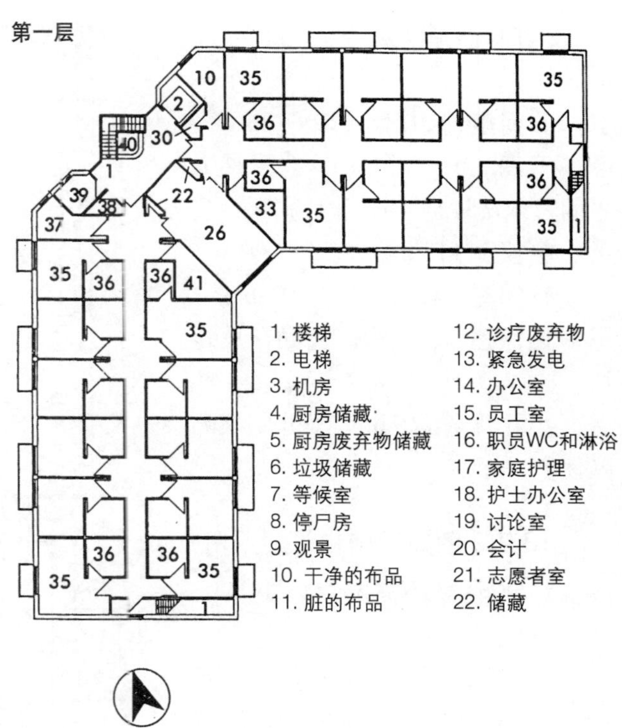


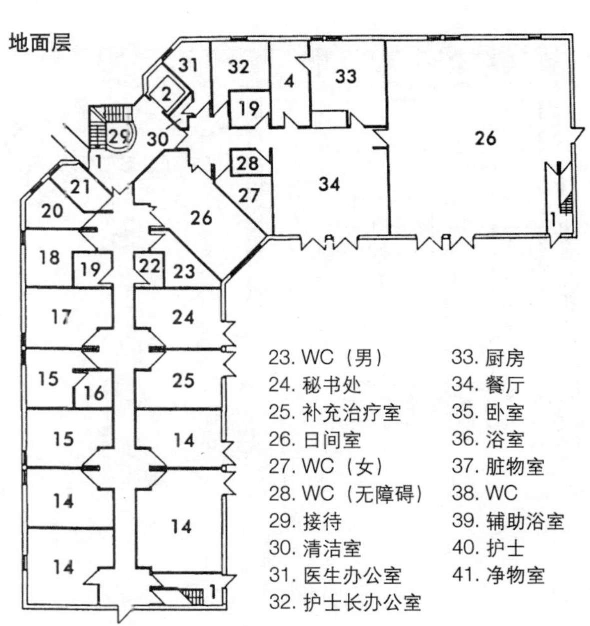


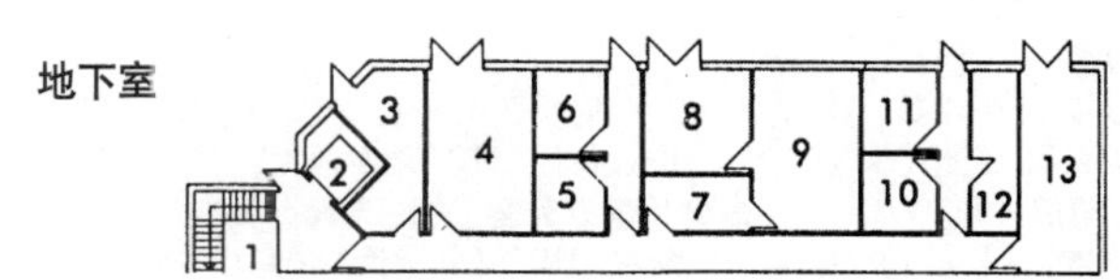


图 13–3 布莱顿（Brighton）辅助疗养院，布莱顿，苏塞克斯郡（建筑设计：Colwyn Foulkes 及伙伴）

**入口区 / 病人接待室**（16 ~ 30 $m^2$）

**日间室 / 起居室**（20 ~ 35 $m^2$）

**客房**（10 ~ 20 $m^2$）有附属卫生间及盥洗设施；也能做为静休室。

**会议室**（13 $m^2$）

**休闲室 / 餐厅**（20 ~ 50 $m^2$）

**储藏室** 必需的，例如存放轮椅。

**小礼拜堂**（15 $m^2$）或非宗派的静休室。

### 13.2.2 后勤设施和管理用房

（一些区域不需位于一层）

**管理者用房**（10 $m^2$）

**职员室**（12 ~ 25 $m^2$）有冰箱和桌子；护理呼叫系统控制台通常也位于此。

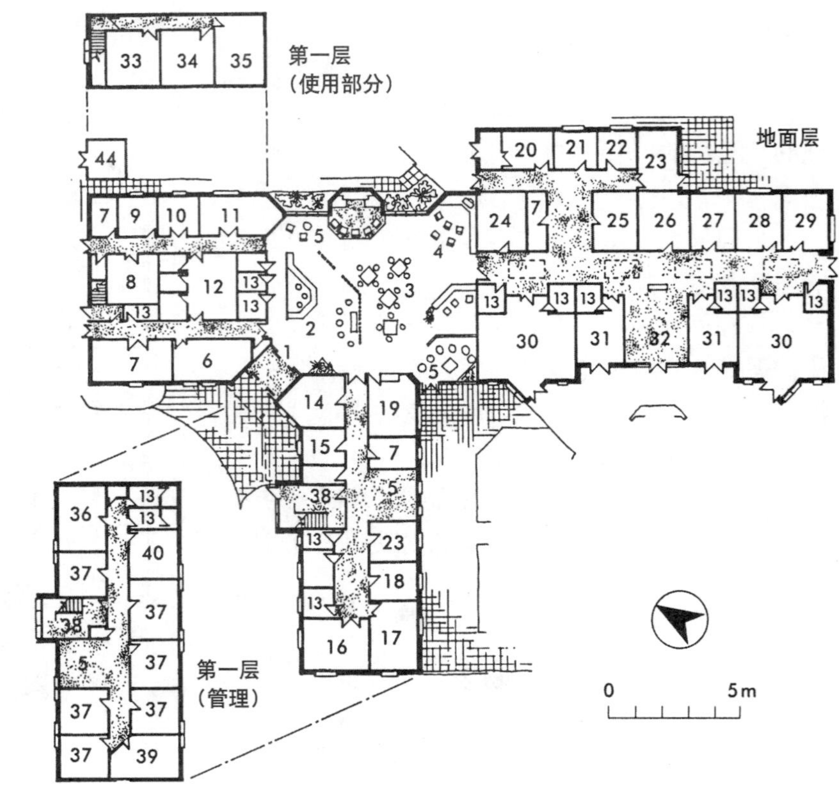


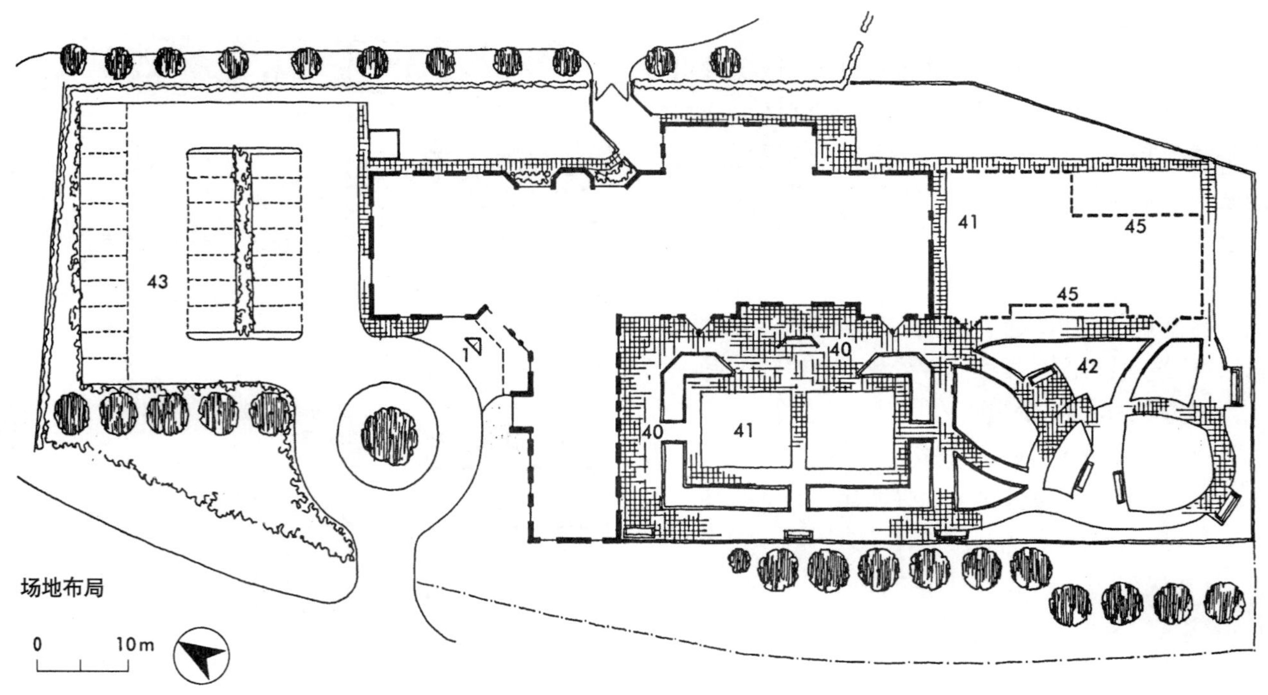


**地面层**
1. 入口；2. 接待；3. 就餐区；4. 电视区；5. 坐憩区；6. 员工餐厅/会议；7. 储藏；8. 洗衣房；9. 设备间；10. 美发沙龙；11. 理疗；12. 厨房；13. WC；14. 家庭护理办公室；15. 单元办公室；16. 辅助浴室；17. 咨询/治疗；18. 会客；19. 活动厨房；20. 观景室；21. 护士长；22. 医生；23. 静休室；24. 布品和设备储藏；25. 餐具室；26. 赃物间；27. 治疗/净物间；28. 辅助洗浴和WC；29. 辅助洗头和WC；30. 4床病房；31. 单人病房；32. 日间坐憩区

**第一层（使用部分）**
33. 机房；34. 更衣（男）；35. 更衣（女）

**第一层（管理）**
36. 研讨/会议；37. 办公室；38. 楼梯；39. 图书室

**场地布局**
40. 台地；41. 草坪；42. 不规则花园；43. 停车；44. 垃圾场；45. 未来可能的扩张的20床病房

图 13–4 达特福德（Dartford）疗养院，肯特郡（建筑设计：建筑师设计伙伴公司）

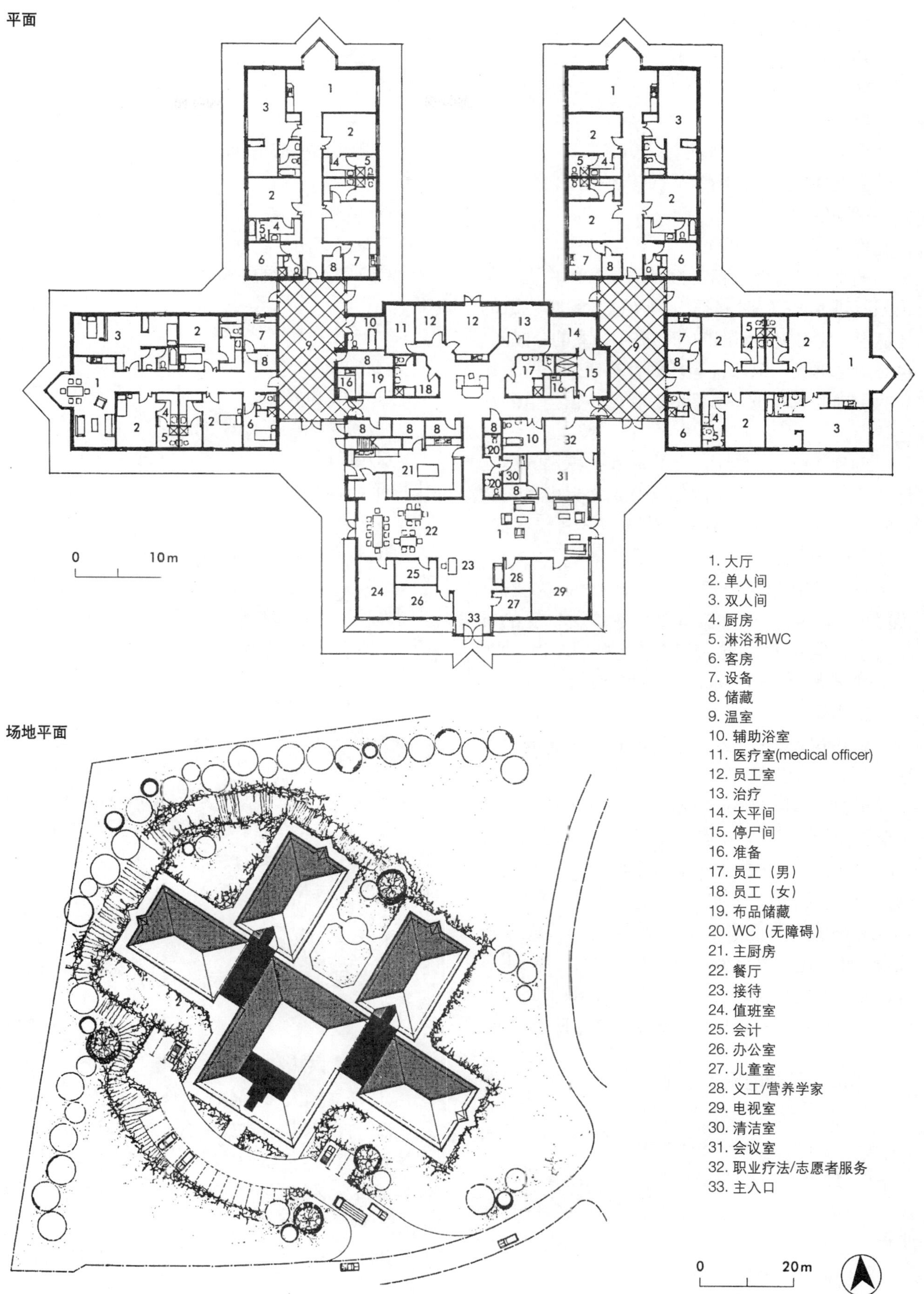


图 13–5 Milestone 之家疗养院，爱丁堡：布局如下：4 栋带走廊的平房围绕着一个中央温室；每栋平房有一个双人间和 3 个单人间，一个客房；每个房间都有 WC 和淋浴以及简单的厨房［建筑设计：戴维·博伊尔（David Boyle）事务所］

**卫生间和更衣室**

**护士长办公室**（10 $m^2$）

**秘书办公室**

**总办公室**

**会议室** 12 ～ 15 人用。

**杂货间** 也供志愿者和赞助人使用。

**储藏空间**

**治疗室**（10 ～ 20 $m^2$）

**药房** 与治疗室相连，必须是实体构造（防止强行进入），同时必须上锁，也必须在冷凉的环境中。它必须为不同的药物提供独立的分隔间，也必须足够大，以保证运药的推车通过。一个独立的上锁的冰箱也是必需的。钥匙应由当值的护士掌管。

**厨房**（15 ～ 35 $m^2$）大的家庭式模式的燃气灶和两个电子炉；三个冰箱（分别放置肉类、烤好的布丁和其他食物）；洗碗机；进入式储藏间，最好有独立的餐具室。

**洗衣房和垃圾处理**（12 ～ 15 $m^2$）有洗衣机（复数），滚筒式干衣机（复数）和熨斗。脏的布品应该被存在可清洗或能经常消毒的容器里。

**冲洗室**（6 ～ 15 $m^2$）可以冲洗便盆。

**工作间**

**锅炉房 / 车间** 必须有备用的供热和电力设施，以防主要设施故障。

**成员** 可能由如下组成：一个全职的秘书，一个全职的管理者 / 赞助者，一个全职的医务主任，一个护士长，若干护士（全职和兼职），一个兼职的义工，志愿者及赞助团体。

必须有一个注册的护士 24 小时当值或住于院内，此外还需要至少一个其他的成员（每 24 小时，每 2 个病人需要一个全职看护人员）。同时还要有一个有资质的厨师及合适的厨房辅助人员。

### 13.2.3 可能的附加设施

可能包括：

(1) 理疗室（15 ～ 30 $m^2$）

(2) 停尸间 / 太平间（12 $m^2$），有附属的观景区（8 ～ 14 $m^2$）；殡仪员必须有不引人注目的收集点

(3) 独立的餐厅

(4) 会见室 / 辅导室（8 ～ 12 $m^2$）

(5) 小礼拜堂

(6) 静休室（15 $m^2$）

(7) 托儿所

(8) 职员教学 / 学习区（12 ～ 19 $m^2$）

(9) 美容间（10 ～ 20 $m^2$），理发 / 美容护理等

(10) 日间中心（Day centre）/ 门诊区（20 ～ 25 $m^2$）

(11) 娱乐区 / 学习区（20 ～ 25 $m^2$）

(12) 家庭间（20 $m^2$）

(13) 客人使用的独立卫生间

### 13.2.4 其他特殊设施

这些包括：

(1) 特制床；

(2) 每个床位都有的电话；

(3) 护士呼叫系统，安装到每个床头，浴室，卫生间及日间用房，电话总机放在一间 24 小时值守的房间里。

在每个房间的入口外安装指示灯。名义上 900 毫米宽的单门（允许整个轮椅通过）而不是双门更好一些。为残障人士使用的浴室需要岛式浴池（即不要依墙设置）。

### 13.2.5 垃圾存放及处理

必须经过谨慎处理：焚烧是最有效的解决方案，但就地焚烧是不允许的。必须咨询当地政府和健康安全部门。所有垃圾需用按颜色编码的袋子装好（如黑色是普通家庭垃圾，黄色带子是焚烧垃圾，红色带子是传染病人的床单，如 B 型肝炎及艾滋病病人）。

### 13.2.6 医用燃气

需要保证可用的储存。气缸通常安在小车上或用链条固定。

### 13.2.7 供热和电力

(1) 所有病人区：最低 18℃；

(2) 日用空间：最低 21℃。

散热器表面温度不得高于 50℃，或有固定的防护设备。必须有紧急供热系统（如备用锅炉）以保证在故障时达到上述温度。

为防止事故，要保证足够的局部照明和电源供应。

# 第14章 酒店

F. Lawson

## 14.1 酒店类型

可以根据所在地、市场定位及标准来对酒店进行划分，后者影响到收费的档次。每个酒店可以是独立经营，也可以是连锁店之一，后者通常有特定的标准，以满足品牌要求。酒店的客房面积通常要占到酒店总建筑面积的65%～70%，房间的数量与酒店经营模式密切相关（表14–1）。

表14–1

| 房间数 | |
|---|---|
| 家庭旅馆，客房 | <25 |
| 独立旅馆，乡间小屋 | 50～80 |
| 廉价客栈，山林小屋 | 80～120 |
| 郊区旅馆，机场旅馆 | 120～200 |
| 度假酒店 | 200～300 |
| 高级酒店，精品酒店 | 150～250 |
| 市中心会议酒店 | 300～500 |
| 综合度假酒店 | 300～800 |
| 大酒店，卡西诺酒店 | 500～1000以上 |

各国的酒店分类系统也许是强制的，或者是自发的，需求和标志数据（星级、表彰、图形、字体）的变化也很大。绝大多数酒店是根据世界旅游组织（the World Tourism Organisation, WTO）模式，但根据当地需求略有调整。

## 14.2 位置

酒店设施的场地选择和决定主要依据城乡规划及其他条件，市场可行性和投资评估。新开发的类型涵盖了以下种类的酒店。

### 14.2.1 城市中心酒店

城区地价高昂，使得场地上只能建造高级酒店和向高级酒店转化。这些包括大型的“会议酒店”，主要由国际连锁机构管理，特征是高容积率，通常是高层建筑，为商务顾客提供延伸服务，包括大型会议和功能房。为了增强活力，俱乐部休闲中心和商店通常也会包含在内。“五星级酒店”，也包括亲切的“精品酒店”，都会提供最高标准的质量及服务，不可避免地会选择临近公园或水系和大型商业街的地段。“套房酒店”主要为商务客人提供独立的起居室，而“服务公寓”提供自助式住宿及其他酒店服务。

### 14.2.2 郊区酒店

在郊区和城市再开发区的酒店主要是中等类型的，多为到此地的商务旅游者和其他的访客服务，也包括旅途中的旅游者。它们最好位于大型道路交通节点、商业园区和大型院校附近。典型设施包括标准间、一或两个餐厅，一些会议 / 功

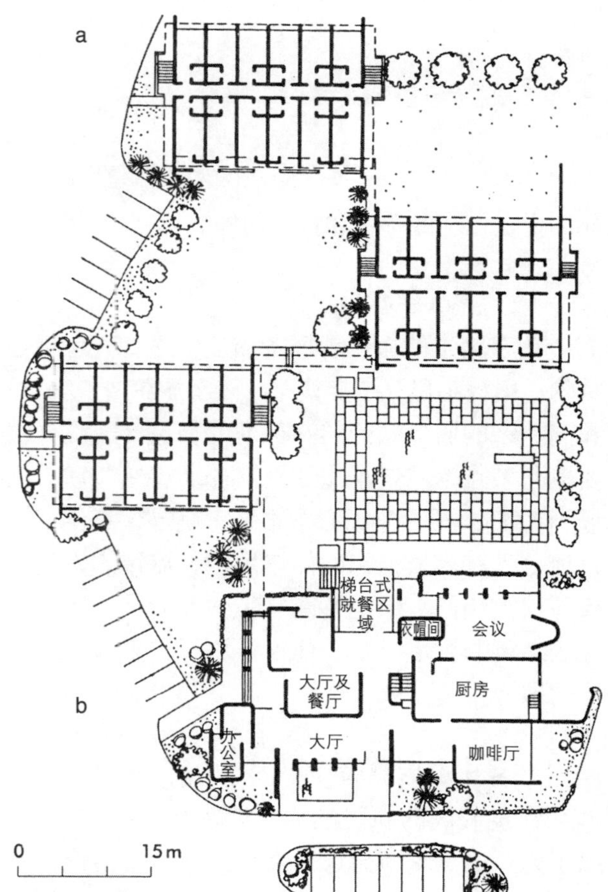


a 每12间为一组，每组建筑端头可通向停车场
b 餐饮和管理建筑，提供娱乐、餐饮和会议设施

图14–1 汽车旅馆，里维尔（Revere），曼彻斯特，美国（建筑设计：Salsberg 及 Le Blanc）

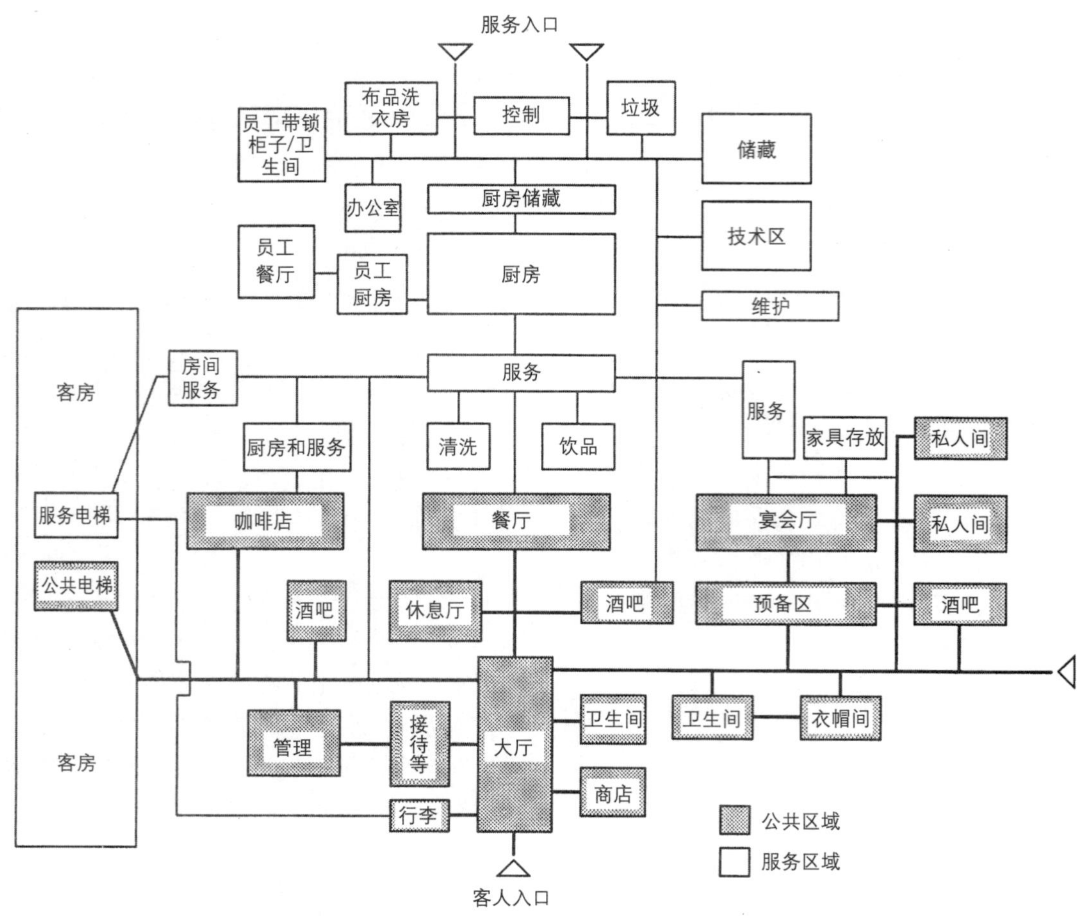


图 14–2 典型酒店流线图

能用房，一个健身房和较大的停车场。

### 14.2.3 汽车旅馆

为在路上的旅行者准备的住宿之处，包括连锁的“山林小屋”、“客栈”、“汽车旅馆”，在公路和高速路的服务站旁的高标准的宿舍区，临近主要道路节点的“汽车旅馆”、“郊区旅馆”和“机场 / 港口旅馆”。旅馆必须很显著且易于识别，入口便捷且有容量很大的停车场地。旅馆的设施与郊区旅馆相似，但也有高等级的“会议旅馆”会位于主要的机场以及其他对于旅行者来说容易到达的地方。

### 14.2.4 度假酒店

在度假区的新建酒店一般都按高标准设计，除了为一些反季节会议和宴会用的大型会议用房外，还有很多额外的休闲设施。度假酒店一般位于高质量的海边和山区。通常也有“乡村酒店”，有相邻的高尔夫球场，运动场和骑马的设备等，“码头酒店”还有帆船码头。

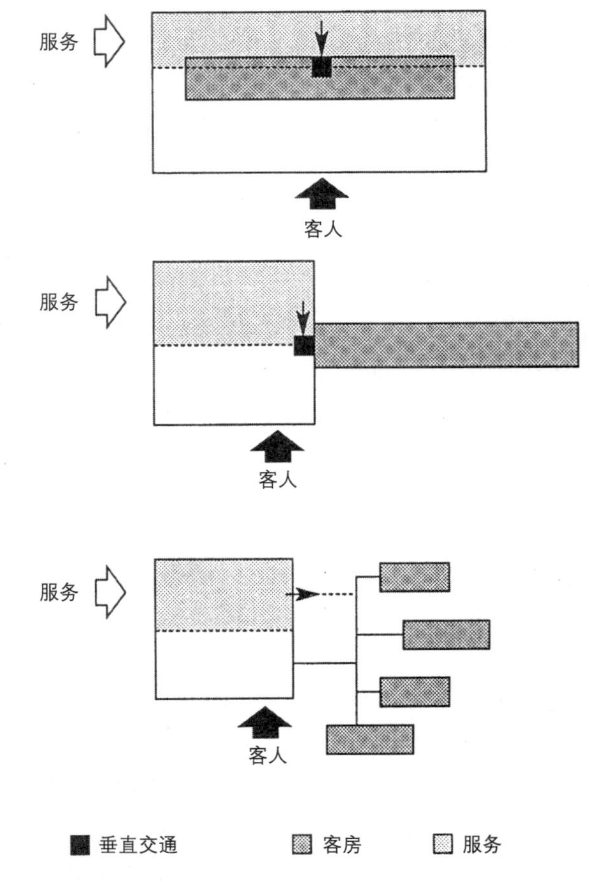


图 14–3 客房组团与公共房间区域的 3 种基本布局关系

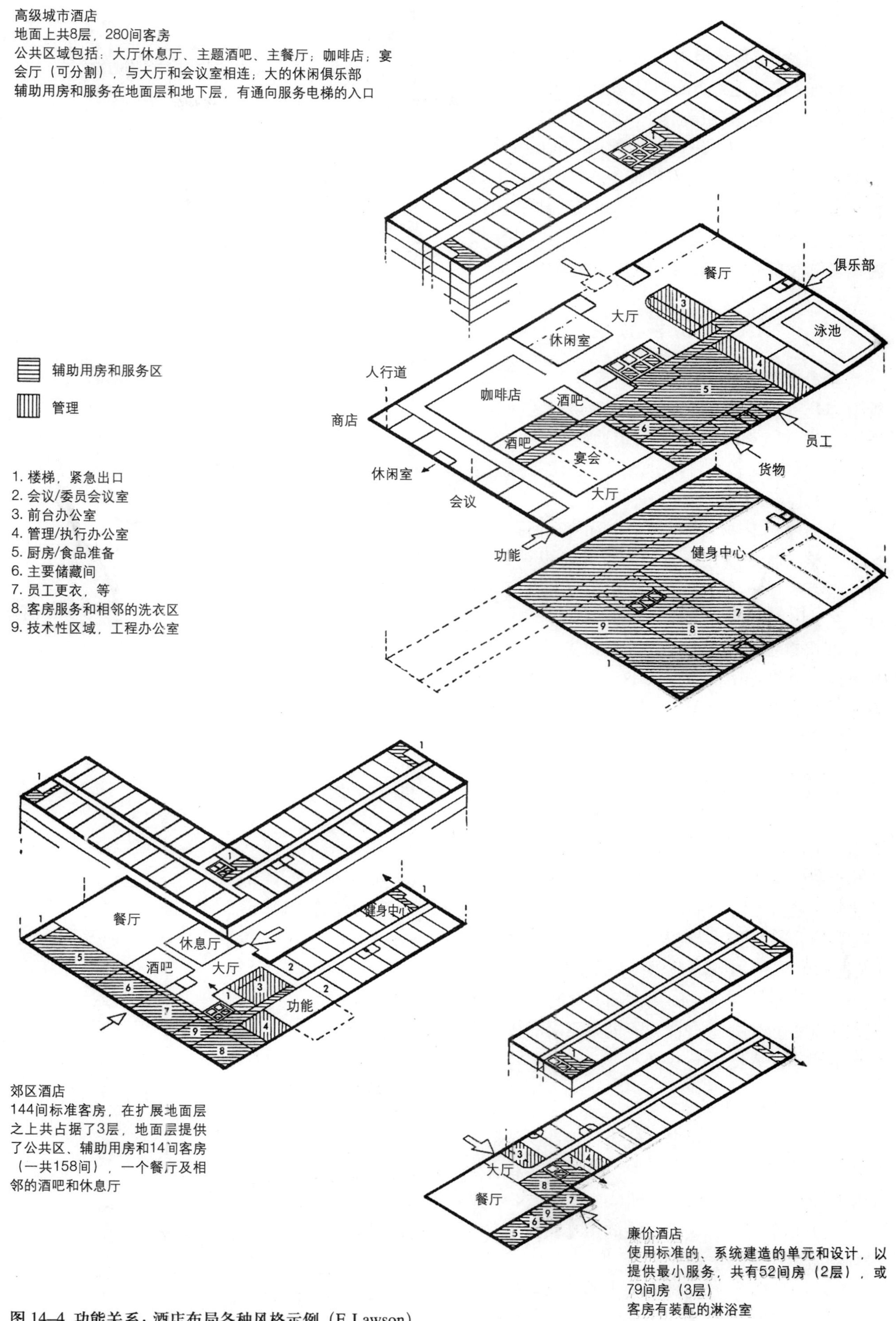


图 14–4 功能关系：酒店布局各种风格示例（F. Lawson）

### 14.2.5 相关的发展

“度假村”是一组大型旅客住宿设施的集合体，分布于游泳池和其他休闲设施的附近，这些休闲设施可能是玻璃围合的，可以适用于所有天气，整年均可使用。一些“共管式”的私人房产也享受中央区的配套设施和服务。其他的度假设施可能是独立产权或多人产权，如“分时”管理。一些更专业的“商务会议中心”里既包含住宿设施，又包含高质量的会议设施及健身设施。

## 14.3 功能分区

包含4种不同类型的区域：客房、公共区域、管理办公室和“辅助”设施。应对这些区域进行合理分布，以区分客户区和辅助区域，但还要在不带来交通穿越或打扰的情况下提供有效服务（图14–2，图14–3）。

平面布局取决于选址及周围环境、面积、地形及平整场地的费用、容积率及其他规划条件，还有需要的规模（客房的数量）和酒店的复杂程度。三个概念设计实例图14–4。

客房布置应利于最好的景观和朝向，同时要尽可能将噪声和干扰减到最小。这点也适用于所有需要阳光的公共区域：餐厅、小型会议室、大厅或休闲区以及更大一些的会议厅。

### 14.3.1 空间分配

整个建筑的空间的典型布局取决于酒店的星级是一星(廉价)或是五星(豪华)。随着等级的增高，客房面积越来越大，公共空间及后备设施面积的比例也越来越大（图14–5）。后者的设计要求取决于非居住客户的习惯，功能及合同上约定的服务内容(尤其是洗衣房、中央食物供应和维护)。

2种类型酒店内空间更详细的分析展示了提供的设施的种类。这些设施将根据不同的场地和特殊的需求而变化（图14–6）。

### 14.3.2 结构设计

客房总是按标准模数系统进行设计，包括建筑体例和配件预制，快速建造、批量采购和有效的管理维护。尺寸及总的因素都很重要。

公共空间通常需要有更大的跨度，因此常做成列柱墩座或中庭空间。

会议用的宴会厅必须有很大的无柱空间，通常可用可移动的、隔声的分隔来进行空间划分。

| 标准等级 | 经济 ★ | 中等 ★★ | 好 ★★★ | 高级 ★★★★ | 豪华 ★★★★★ |
|---|---|---|---|---|---|
| 总面积(m²/间) | | | | | |
| 居住 | 22(4) | 27 | 33 | 44(2) | 53(2) |
| 公共/辅助 | 5.5(5) | 8 | 12 | 18(3) | 22 |
| 合计 | 27.5 | 35 | 45 | 62(3) | 75 |

(1) 中等：可能在±3%上下浮动
(2) 包括5%的家具（2间）
(3) 为了更利于举办大型会议，进行温泉疗养和卡西诺娱乐，可能会增加2～4 m²/房。
(4) 卧室里安有淋浴室，其他卧室里安有盥洗室。
(5) 最小的餐饮

图14–5 建筑面积典型分配：酒店[1]（F. Lawson）

| 典型设施 | 500间客房的四星级城市中心酒店 | | 200间客房的三星级郊区酒店 | |
|---|---|---|---|---|
| 客房和家具 | 32 | | 25 | |
| 交通、服务等 | 12 | | 7.5 | |
| 总的居住面积 | 44.0 | 71.0% | 32.5 | 72.2% |
| 有休闲区的大厅 | 1.0 | | 1.0 | |
| 商店 | 0.2 | 1.9% | 0.1 | 2.4% |
| 咖啡店 | 0.8 | | 0.8 | |
| 主餐厅 | 0.7 | | | |
| 特殊餐厅 | 0.4 | | 0.7 | |
| 休闲室、酒吧 | 1.1 | | 0.8 | |
| 交通、行李寄放等 | 0.6 | 5.8% | 0.6 | 6.7% |
| 预备区、大厅 | 0.5 | | | |
| 会议室/宴会厅 | 1.5 | | | |
| 会议/功能室* | 1.9 | 6.3% | 1.3 | 2.9% |
| 休闲泳池区* | 0.6 | | | |
| 俱乐部设施/健身房* | 0.6 | 1.9% | 0.4 | 0.9% |
| 前台办公室，管理* | 1.6 | 2.6% | 1.4 | 3.1% |
| 主厨房和次厨房 | 1.1 | | 0.8 | |
| 储藏、交通等* | 0.5 | | 0.2 | |
| 回收/垃圾区* | 0.3 | | 0.3 | |
| 总的储藏* | 0.4 | | 0.4 | |
| 客房服务，洗衣房* | 1.2 | | 1.4 | |
| 工程，储藏，设备* | 1.8 | | 1.3 | |
| 员工/控制/职员* | 0.2 | | 0.1 | |
| 更衣，带锁柜子，员工小卖* | 1.0 | 10.5% | 0.8 | 11.8% |
| 总建筑面积 | 62.0 | 100% | 45.0 | 100% |

* 总面积，包括交通和辅助区域

图14–6 空间分布（F. Lawson）

## 14.4 客房

内部房间尺寸由市场需要、酒店标准、床及家具的数量和尺寸来决定。1 对单人床（1000×2000mm）或一个双人床（1500×2000mm，单人或双人使用）是最常见的，也有皇后尺寸（1650×2000mm），国王尺寸（2000×2000mm），或者在更高级别的旅馆再加倍使用，尤其是在美国。在小型公寓房间，可以允许有第三张床作为可选的设施，以备家庭使用。

地板到天花板的高度通常是 2.5m（最小 2.3m），房间门厅降至 2m，以安装机械管道。最重要的平面尺寸是房间的宽度：3.6m (12 英尺）是比较有效的，这样，门厅里还可容纳一个衣柜，家具还可沿着界墙摆放（图 14–7a）。如果是交错的衣柜和最小的空间，宽度可以减到 3.4m（图 14–7h）。如果正面较窄，最小的房间宽度是 3.0m(图 14–7c）。如果房间宽度增加，就可以有更大的空间感和可选的床及浴室的布局（图 14–7c, 图 14–g)。房间长度尺寸通常灵活一些，可以增加一个阳台或构成一定角度的窗台，以便直观地观看风景（图 14–7f)。商务房在窗旁有一个工作站 / 起居室。更大的和多房的套间位置上通常受限，只能位于角落和顶层，因为只有在这些地方才可以改变模数。

a 标准双人间：3.6m(12英尺)的宽度利用率较高；衣柜放在前厅里，家具安在界墙上
b 双人床（单人/双人使用）允许房间短一些，或更多的工作区
c 正面较窄：最小宽度3.0m
d 宽度增加到4.0m：允许床重新布局，有独立的穿衣区
e 中央浴室：一个有自然采光
f 高级房间有独立的WC和坐浴盆区；在任何一种情况下，有角度的窗会减少光线，但会有额外的坐憩区域和直接的视线
g 宽敞的房间，有外面的阳台；独立的洗脸池
h 有交错的衣柜的一对房间的最小尺寸

图 14–7 客房尺寸

### 14.4.1 装配浴室

浴室主要位于内墙，使用机械通风。为了保证建筑宽度最小，浴室可以在房间之间一个挨着一个设置。豪华的浴室或经济的淋浴室可以沿外墙设置。相邻的一对房间通常作镜像对称，以共享普通的垂直管道，还可以隔绝浴室噪声发散（图 14–12）。

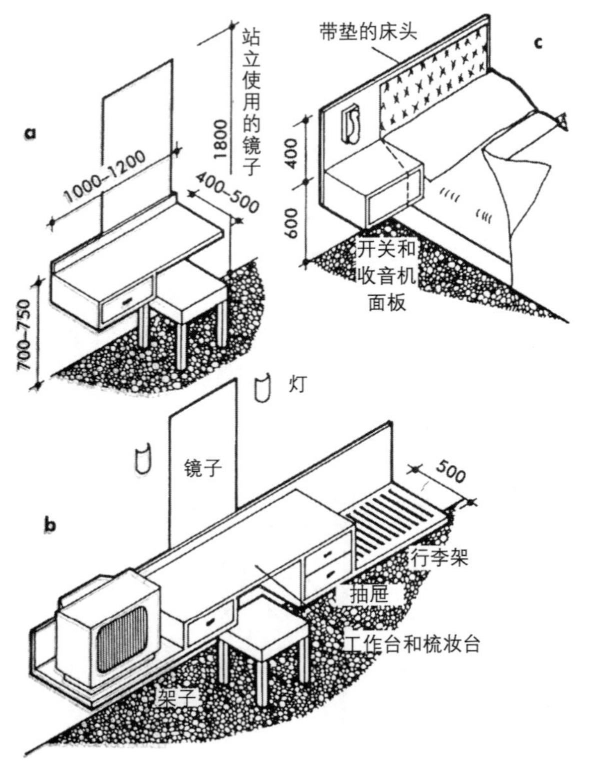


a 最小的梳妆台组合
b组合单元：牢固的悬臂以利于清洗工作或作为支撑的框架；安有后置反梁的防擦/防污面；均衡式墙上照明灯
c 床头加侧桌（可能是分开的以便于床的移动）：电话、安装的录音机和灯光控制；个人阅读灯

图 14–8 客房家具

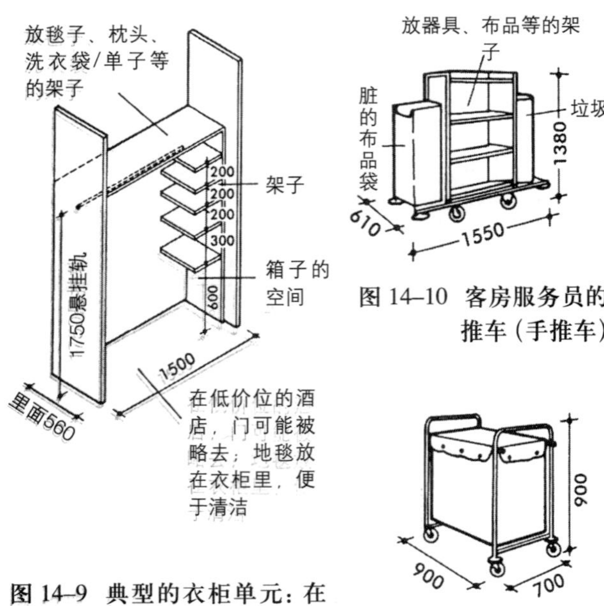


图 14–9 典型的衣柜单元：在高级的酒店，可能有酒柜和墙式保险箱

图 14–10 客房服务员的推车（手推车）

图 14–11 布草车：织物

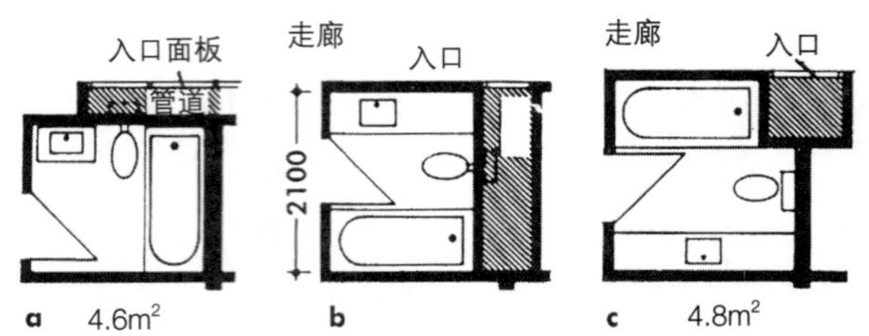


图 14–12 浴室和管道典型布局：(a) 进入管道最方便，但 (b) 和 (c) 在梳妆台顶部有更多空间

典型设备：1500mm 的浴缸，有手把，淋浴喷头，伸缩的晾衣线和帘子 / 屏障；马桶和洗脸池。高等级的酒店使用 1700mm 的浴缸，（浴室内的）组合式梳妆台内设置双洗脸池，马桶和脚盆。豪华单元包括独立的化妆区和淋浴。安全考虑也很重要。

需求：防滑的、排水表面；瓷砖墙面，吸声天花板，洗脸池上的镜子；有保护的、防水的灯具；设备的接入面板；可控制的暖风进入 / 出口；热水的温度调节器和混水阀；壁柜；毛巾架，马桶纸卷，挂衣钩，电须刀接口，有盖的垃圾箱，卫生棉自动售货机，化妆品碟 / 篮。在高级宾馆：电话，音乐转播。

### 14.4.2 住户交通

总的居住面积在净房间面积之外加上了交通和服务空间（图 14–13）。这个总指标的变化范围很大，在有外部入口的牧人小屋和山林小屋中，总比例可能少于 5%，但在带有楼梯和电梯的双面走廊的建筑里，这个比例会达到 20% ~ 30%，而在单侧廊和塔楼里，比例高达 35% ~ 45%。

有一条设计原则是，在每个走廊的尽端或靠近尽端的地方要有逃生楼梯。门廊的长度受到当地规范中离防火逃生楼梯距离的限制。如果走廊里有喷淋器系统，且两端都有紧急出口，允许 2 个方向逃生的楼道，最远距离通常是 45 ~ 60m（30m 处有一个防烟门）。只有一个出口的死巷廊道的长度限制在 7.6m 以内，各个套房内的距离限制在 9m 以内。

隔离出口如楼梯的最小防火时间通常如下：3 层以下建筑 1h，4 层或以上 2h。逃生路线上易燃的材料和衬里的表面着火率也受到控制。大的宾馆使用自动喷淋系统，警报后采用防火模式通风，电梯和防烟门也会启动。必须安装防火警报、指示牌和消防栓系统，在某些特殊地区需要手持式 $CO_2$ 灭火器（电子设备用）。

客梯最好与中庭观景升降梯分开，远离主客厅，在前台控制范围内。客梯与服务梯通常的比例是 2:1，3:2 或 4:3，通常为了节约而背靠背设置，服务梯通常在后备房间的区域，直接通向每层独立的服务厅（图 14–3，图 14–14）。大的和高级宾馆通常为行李运送准备特殊设施。

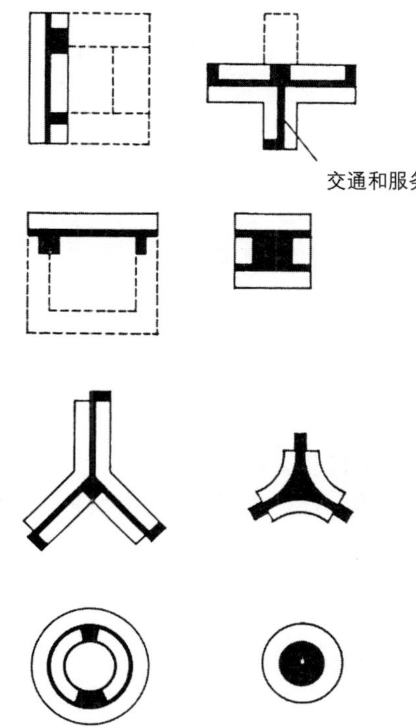


图 14–13 客房区平面规划图

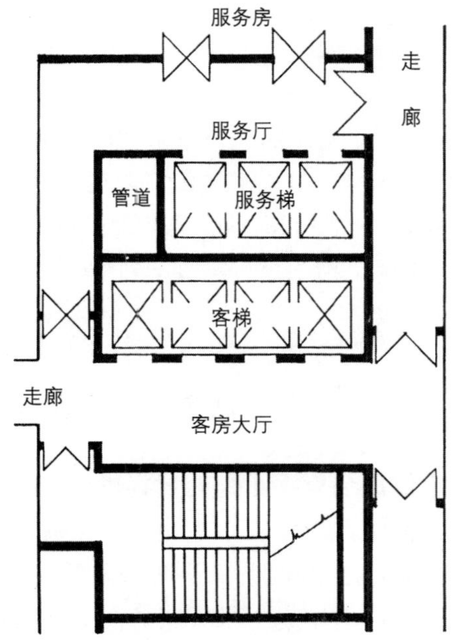


图 14–14 500 间客房的酒店的典型垂直交通核

### 14.4.3 残障客人

需要有固定的设施来确保行动有障碍的使用者能便捷到达预定的房间，这样的房间数通常占到总房间数的 1%～2%，公共区域也是如此。要求包括：坡度 1:20；楼道至少宽 915mm；房间门净宽 815mm，门厅在门闩一侧要比门宽 460mm。浴室要求：中央转弯空间 1.52m，宽度 2.75m，有特别设计的设备和把手。在床和家具间，需要 910mm 的空间；膝盖空间需要 685mm；开关设在高 1.2m 处。至于窗口、镜子等，要注意到轮椅上的眼睛高度是 1.07 ～ 1.37m。

## 14.5 入口

主入口应该显著且吸引人。前庭空间应该留出如下空间：人行道；人从车上下来的空间；停车空间；车辆等候和无障碍地通过；大的旅游团的大旅行车等候和行李存放空间。大酒店使用旋转门或有自动门的通风门厅。还要考虑备用的行李入口，残障入口和防火逃生路线。

停车空间取决于布局、交通类型和附近的公共停车场的可用性。汽车旅馆、郊区旅馆和机场旅馆通常提供 1.1 个车位 / 房，市中心的旅馆 0.3 个车位 / 房，加上 0.2 个车位 / 会议或宴会席位。旅行团使用的度假酒店可能需要不到 0.2 个车位 / 房，再加上大旅行车的等候区。

## 14.6 大厅

主要大厅是交通中心，集合、等候、入住登记、结账和信息服务的地方。大厅的面积差异也很大，从高等级城市酒店（大约平均每间房 $1.0m^2$），设计很特别，到经济型酒店设计（平均每间房 $0.3m^2$ 或更少），大厅通常包括一个前台，行李等候区、公用电话、衣帽间和行李搬运及安全寄存的设施。在大一些的酒店，大厅可能扩展到包含单个或连廊的商店，门房、现金兑换、电话交换机、服务员领班，团体入住登记和其他服务（图 14–15 ～ 18）。

前台至少要后退、离开交通路线 1.2m，由前厅办公室支持。通常是 1.5 ～ 1.8m 的 vdu 工作站，有接待、出纳和咨询（门房）部，与电

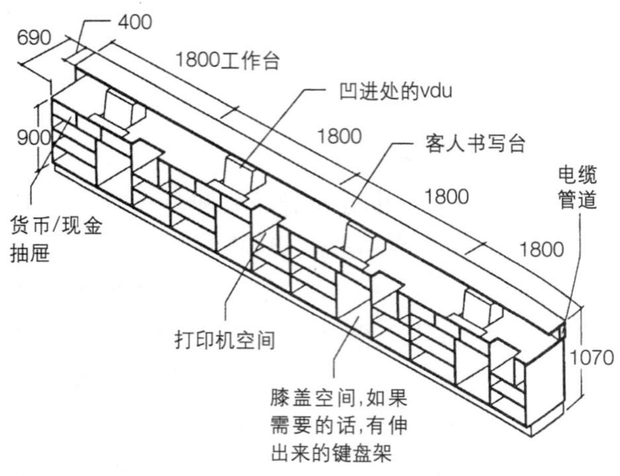


图 14–15 300 ~ 400 间客房的典型接待台：4 ~ 5 个座位，供接待、收银和问询部使用；中间的座位比较灵活，可以办理入住 / 退房，以满足高峰的到达 / 离开客流；工作高度是站立式；写字台顶部宽 300 ~ 400mm；看门人的桌子可能单独放置；钥匙和留言架可能在柜台后，但最好有屏障（Fred Lawson）

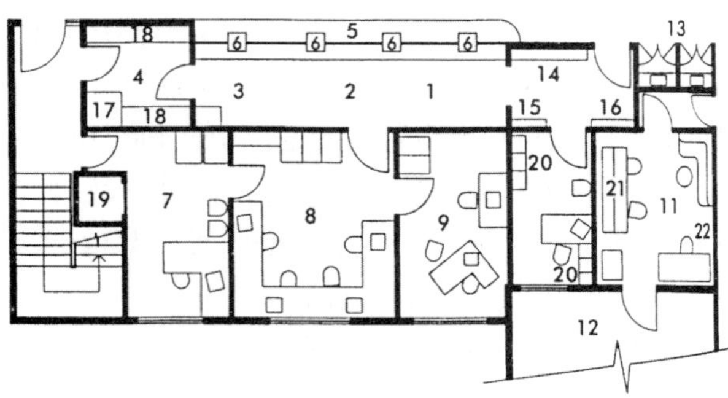

1. 接待；2. 问询（总）；3. 收银；4. 安全寄存；5. 前柜台；6. vdu 监视器（打印机在柜台下）；7. 前台办公室经理；8. 前台办公室；9. 收银/会计；10. 保安经理；11. 电话接线员；12. 商务中心；13. 公用电话；14. 钥匙/信件柜；15. 指示（火警）；16. 仪表；17. 桌子；18. 寄存箱；19. 保险箱；20. 监视器（照相机，入口）；21. 转换板控制台；22. 休息区

图 14–16 300 间客房的酒店紧缩式的前台和办公室布局：经理办公室在另一层；急救室在附近；独立的计算机室；主入口处清晰可见；后退离开主要流线 1.2 ~ 2.0m，在去客房和电梯的路线上 (Fred Lawson)

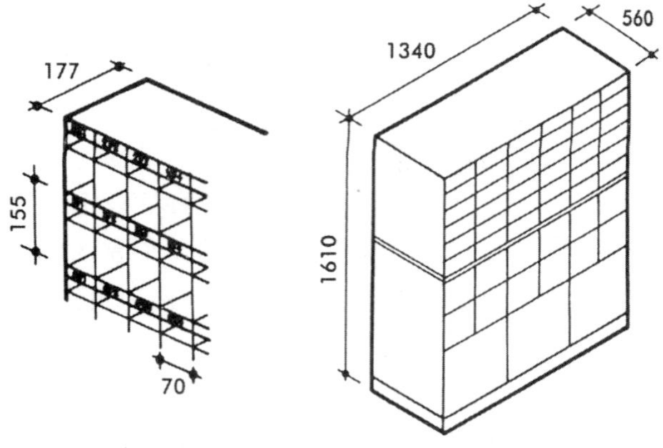


图 14–17 钥匙和信件柜

图 14–18 典型保险寄存柜；可以提供不同的尺寸

公共区域划分

| 餐厅 | m² | 可容纳人数 | |
|---|---|---|---|
| 主要大厅： | | | |
| 主要餐厅 | 595 | 425 | |
| 咖啡店 | 280 | 400 | |
| 大厅酒吧 | 185 | 185 | |
| 中层楼： | | | |
| 美食餐厅 | 370 | 200 | |
| 低层的大厅： | | | |
| 快餐吧 | 175 | 185 | |
| 冰激凌吧和咖啡 | 93 | 75 | |
| 夜间俱乐部 | 520 | 375 | |
| **会议空间** | | **会议** | **宴会** |
| 小的会议厅1 | 520 | 800 | 400 |
| 小的会议厅2 | 390 | 600 | 300 |
| 大会议厅 | 3750 | 5785 | 2900 |
| 贵宾室 | 540 | 758 | 880 |
| 3个邻接的会议厅 | 4660 | 7148 | 3580 |
| 会议厅前预备空间 | 740 | | |
| 相邻会议室总面积 | 5390 | | |
| 21个附属会议室： | | | |
| 平均75～100人的规模 | 70 | | |
| 展示空间(转换成停车场) | 7930 | | |
| **商店** | | | |
| 主要大厅层 | 58 | | |
| 中层楼 | 520 | | |
| 低层 | 432 | | |
| 总计 | 1010 | | |

话交换机、仪表和报警标志面板相邻。桌后的工作空间是 1.2 ~ 1.5m。桌子长度：50 间客房，3m，100/150 间房，4.5m，200/250 间房，7.5m，300/400 间房，10.5 m。需要一个独立的会议接待区 / 问询处。

## 14.7 餐厅、酒吧、功能间

高级酒店会有不止一处食物供应处，典型的设计是主餐厅，咖啡店，主题的、宗教的或特殊的餐厅，临时或休闲时使用的咖啡吧。最大的餐厅或咖啡店可用作集中早餐服务。通常公共设施包括靠近主餐厅的高级鸡尾酒吧，独立的主要酒吧也会被设计成可满足社会需求。大厅里也可能会提供点心。

应为每间房提供多少座位，这取决于非住宿顾客的需要、团体旅行和房间的服务。以下数值可以作为一个导则：市中心酒店，0.8 ~ 1.2 座位 / 房，度假酒店，1.8 ~ 2.0 座位 / 房。

在中级酒店，一个餐厅加上一个附属的酒吧的情况比较常见；在廉价酒店，通常局限于简单的会议早餐柜台服务，或在一个独立单元单独经营。

高级酒店通常提供单独的会议厅和功能房，以供会议和团体活动。团体入口处在大厅或会议厅前庭，提供衣帽间和临时休息处。大的会议厅可以通过移动的隔声隔断来进行分隔。每个独立

| 典型区域 | $m^2$/房 |
| --- | --- |
| 高级餐厅 | 2.0～2.4 |
| 咖啡店 | 1.6～1.8 |
| 宴会厅 | 1.1～1.3 |
| 小的功能室 | 1.6～1.8 |
| 大厅 | 0.3～0.5 |
| **服务区** | **$m^2$/房** |
| 主厨房 | 0.9～1.0 |
| 宴会厨房 | 0.2～0.3 |
| 卫星服务厨房 | 0.3～0.4 |
| 家具存放（会议厅） | 0.2 |

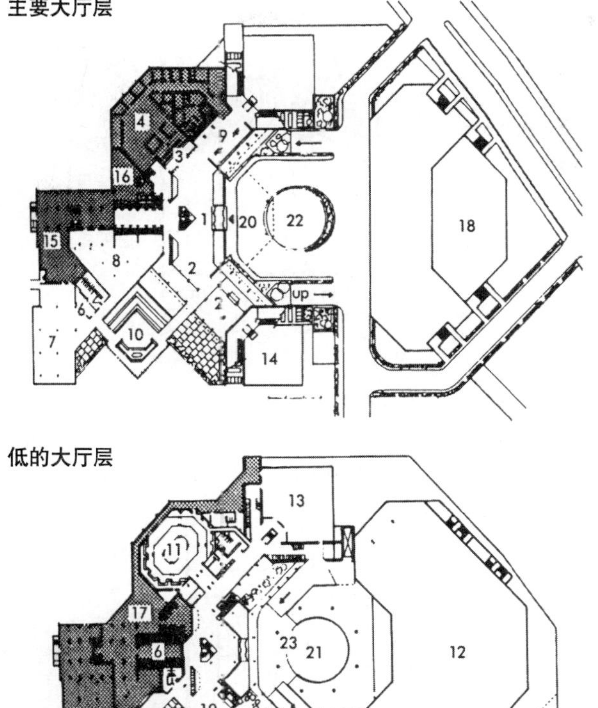


1. 主厅；2. 大厅休息室；3. 登记；4. 管理；5. 商店和机构；6. 寄存室；7. 餐厅；8. 咖啡厅；9. 报架；10. 酒吧/鸡尾酒厅；11. 夜总会；12. 大会议厅；13. 会议室；14. 接待厨房；15. 主厨房；16. 客房服务；17. 厨房；18. 机械室；19. 快餐吧；20. 主入口；21. 会议厅；22. 开放式天井；23. 会议入口

图 14–19　亚特兰大凤凰城酒店，美国：总计 2058 间客房（建筑设计：Anan Lapidus）

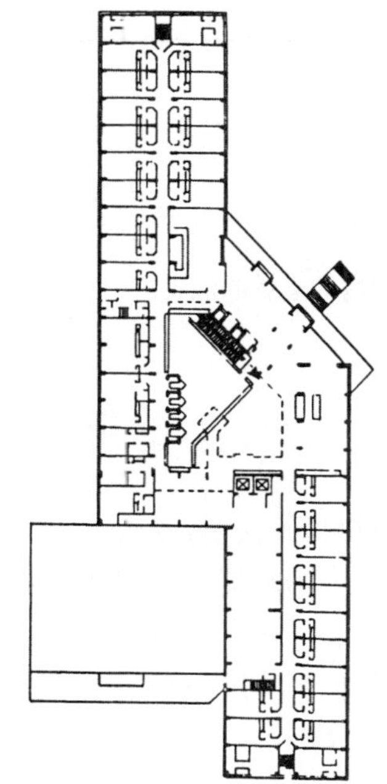


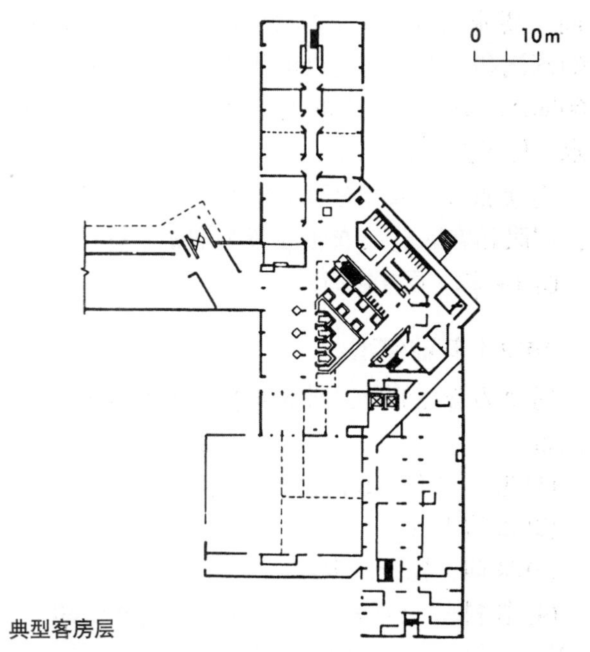


图 14–20　凯悦酒店，波士顿，美国：中庭的设计特点是面向河流，从公共场所和客房都可以看得到［建筑设计：约翰 · 波特曼（John Portman)］

的区域必须有自己独立的入口和服务入口，空调、照明、电源、视频—音频辅助设施和控制。

大型酒店的食物服务区通常很复杂。食物接受、存放和使用的控制系统是很有必要的。主要的厨房和卫星厨房必须和服务的餐厅在同一层且相邻。将食品运输到不同层的出口需要精细的货梯。

除了提前预定的标准的会议早餐，房间送餐服务是很贵的，且仅限于高级酒店。在每层都要设置有基本设备的餐具室，可通向服务梯，食品是在主厨房准备（图 14–21）。

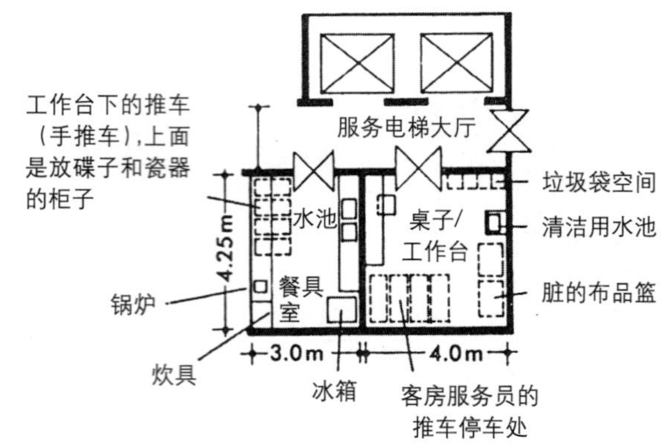


图 14–21 50 ~ 60 间房 / 层的典型服务区：注意，餐具室的设施取决于酒店的等级和厨房的客房送餐服务安排；根据控制方法，可能需要局部的布品储藏或柜子

### 14.7.1 休闲设施

围合的休闲设施种类很多，从健身房到装备齐全的、有游泳池和 SPA 设施的健康俱乐部，能吸引当地的付费的会员。在度假区，休闲设施要求很高，建筑围绕景观游泳池和吸引物布置。

建筑面积：高级（大都市），1.3m²/ 房；中级，0.3m²/ 房；度假酒店，0.3 ~ 0.5m²/ 房（加上大的外部区域）。

## 14.8 洗衣房及客房服务

脏衣服的收集一般是通过手推车或斜道。在小的或经济型酒店，大多数洗衣房是外包的。一个 200 间客房的酒店的标准洗衣房面积大约为 160m²，加上独立的 80m² 的床单存放和客房服务空间。要求包括 15 ~ 20 次 /h 的空气交换，独立的蒸汽和干洗设备之外的甩干机，高强度照明（160lux），防湿、防火的电子系统，防滑地板和排水，化学药剂存放区。

客房服务区面积是 0.4m²/ 房。需要为缝纫工作、制服和客人熨烫衣服服务等准备独立的工作区（图 14–22，图 14–23）。

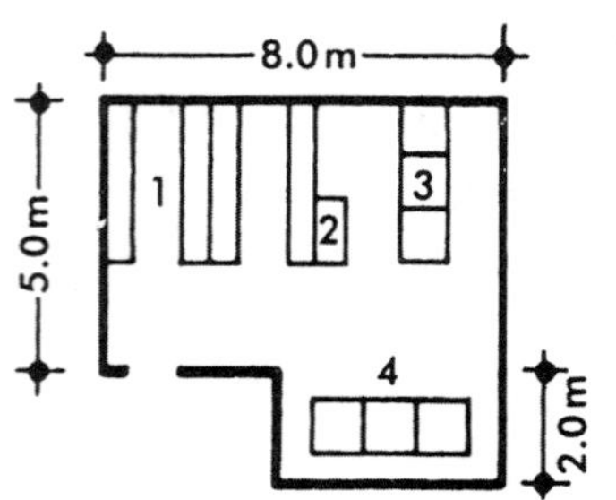


图 14–22 120 间客房的酒店的非熨烫洗衣房

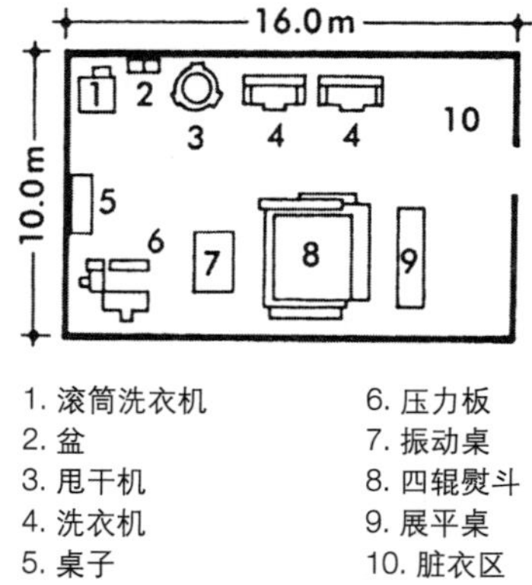


图 14–23 200 间客房的酒店的洗衣房

### 14.8.1 其他储藏

需要为管控的物品准备单独的安全的储存空间，如：

(1) 家具（有相邻的修补和喷漆作坊）

(2) 清洁工具

(3) 玻璃、瓷器、银具

(4) 饮料——红酒（14℃ ~ 16℃），白酒（10℃ ~ 12℃），烈酒，啤酒等和软饮料

总面积：高级，0.8 ~ 1.2m²/ 房，普通，0.3 ~ 0.5m²/ 房。

## 14.9 员工设施

(1) 每间房的服务人员：豪华，1.5；高级，0.8 ~ 1.0；中级，0.5 ~ 0.6；普通，0.2 ~ 0.3。

(2) 要求：可记录时间的可控制入口处；职员办公室；带锁的柜子（每个员工一个）；更衣室；男女分开的淋浴和卫生间。

(3) 员工小卖：满足 1/3 轮班员工的需求。

面积：豪华，1.8m²/ 房；高 - 中级，1.1m²/ 房；普通，0.5m²/ 房。

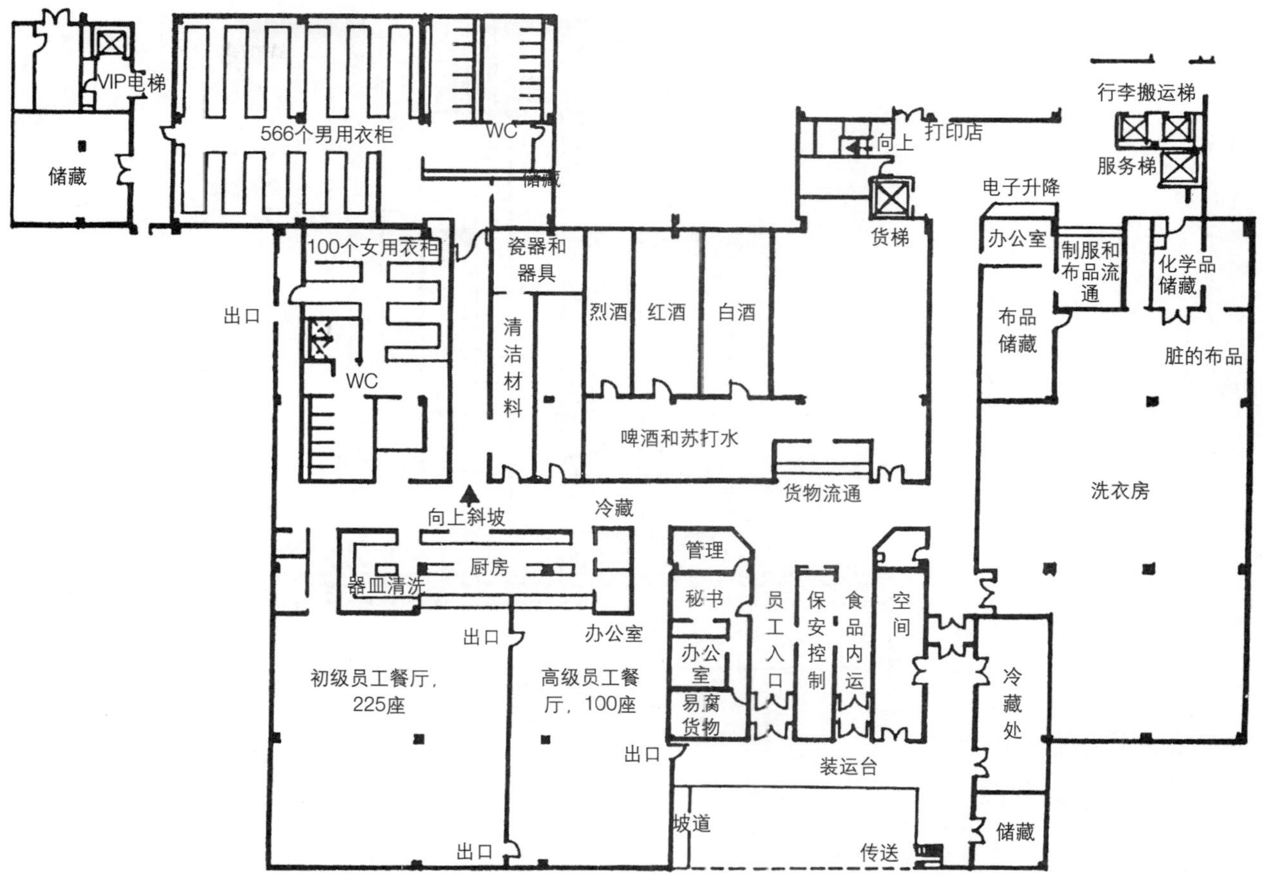


图 14–24 大型酒店的服务区和员工设施

### 14.9.1 管理

包括前台办公室（靠近接待桌），经理，结账，销售和餐饮办公室，职员和工程师办公室（最后两个靠近工作区）。团体管理可能更集中（见图 14–24，图 14–25）。

面积：高级，1.6m²/ 房；中级，1.2m²/ 房；普通，0.4m²/ 房。

## 14.10 技术性区域

设施空间取决于场地上的工作间：大多数阶段维护和专业修复工作都外包了。技术设备可能位于辅助用房处，可在高一点的技术层，屋顶和天花板上或／和建筑外面（图 14–26）。

高级酒店的要求：工程师办公室；保安办公室，计算机房，仪器和接电室，电子转换，辅助发电机，电话交换设备室，公共地址系统，水储存、处理、泵系统，锅炉和水加热器，空调机房和制冷设备，游泳池处理机房，工作间和设备存放。

总的建筑面积：高级，1.8m²/ 房；中级，1.2m²/ 房；普通，0.6m²/ 房。

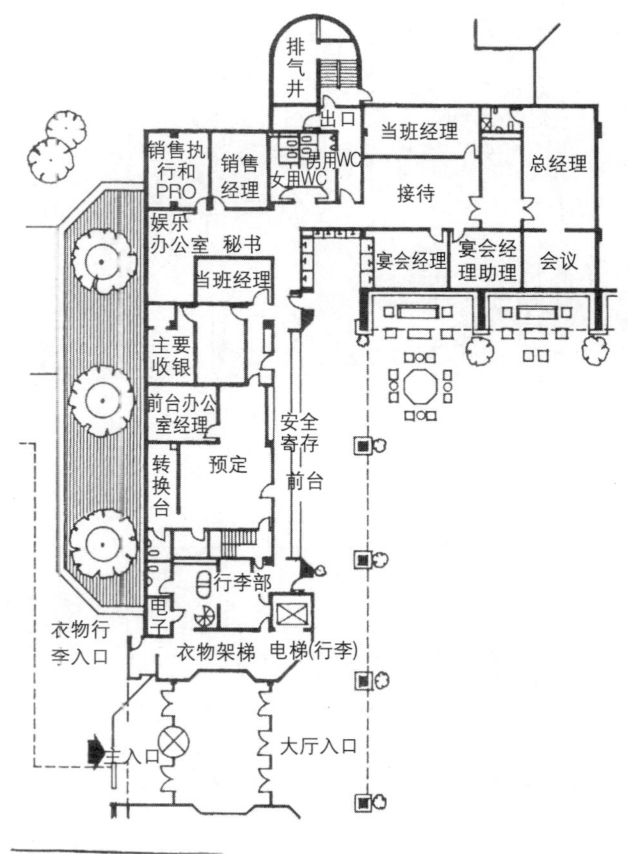


图 14–25 大型酒店的管理办公室示例：除了前台，预定和收银，这些也可以位于其他地方（如在中层）

图 14–26 剖面显示酒店建筑管道设计突出的特征

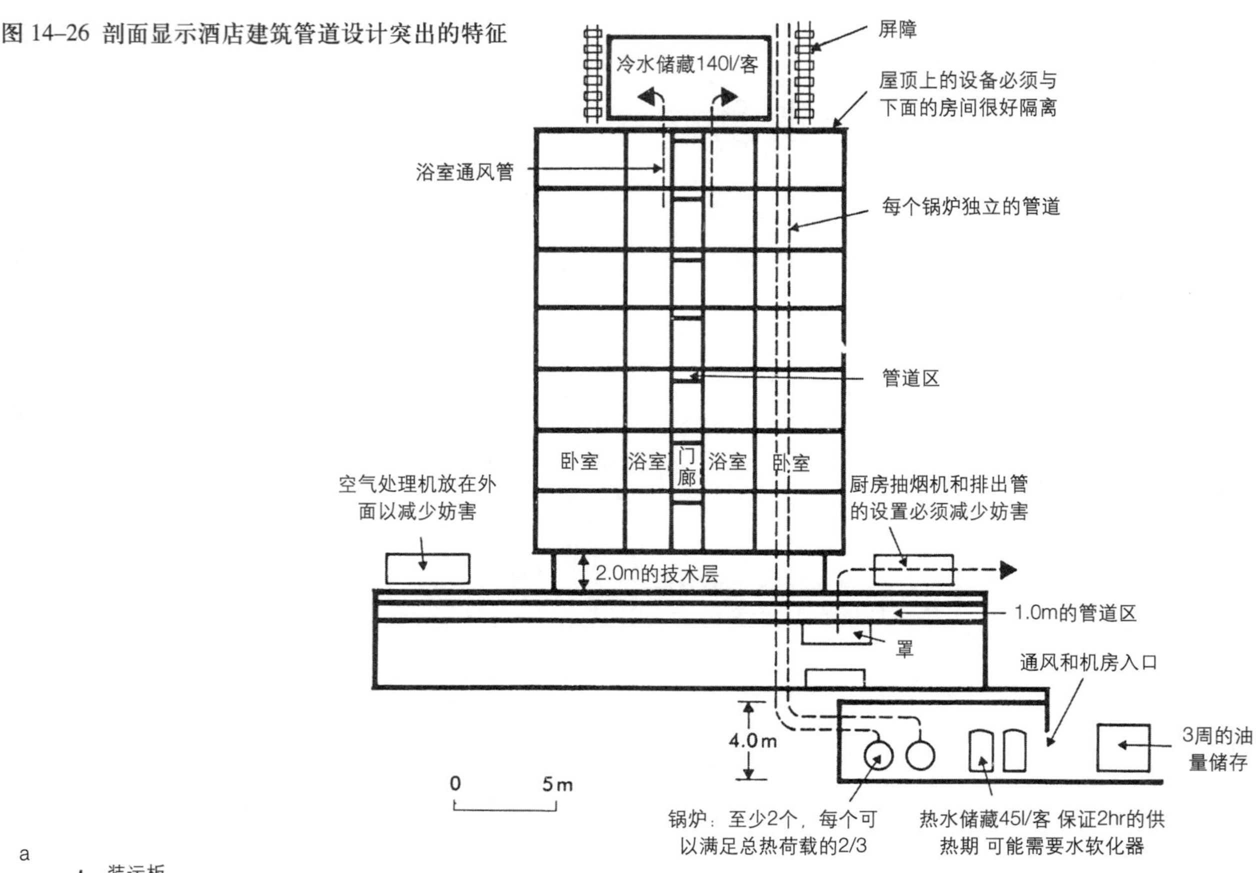


a

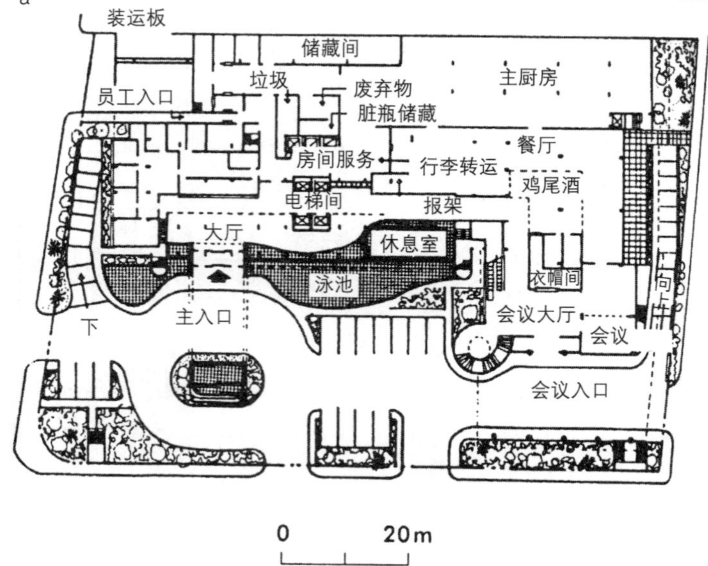


b

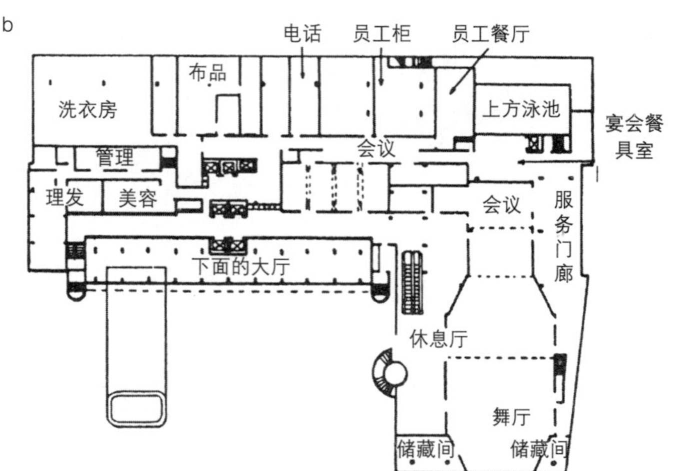


图 14–27 小的会议酒店（400 间客房）：(a) 地面层；(b) 上层，将酒店和会议商务车辆隔离开来，并紧密控制内部的服务和人事交通

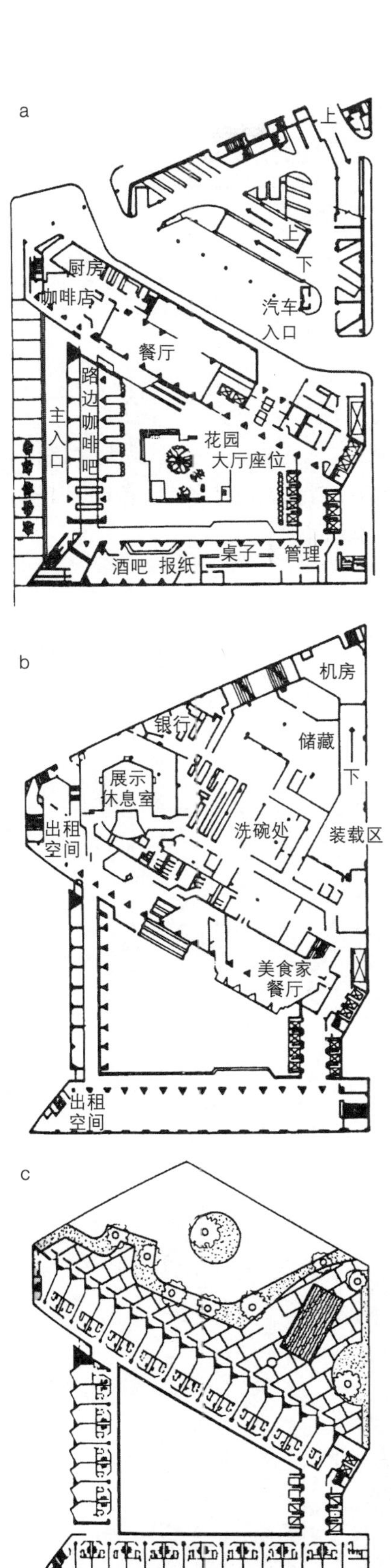


图 14–28 凯悦摄政酒店，休斯顿，得克萨斯，美国（建筑设计：JVIII）

a. 大厅层
b. 第一层
c. 典型客房层
d. 卧室套房示例，提供会见空间
（注：可能通过分隔墙提供一些小的房间）

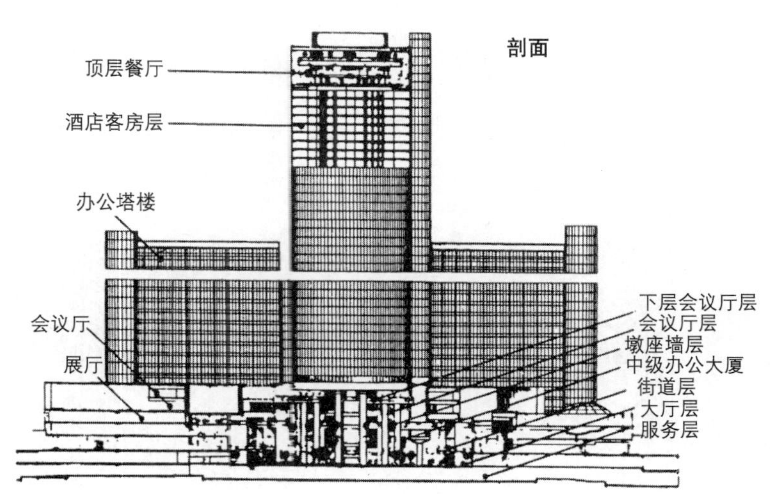


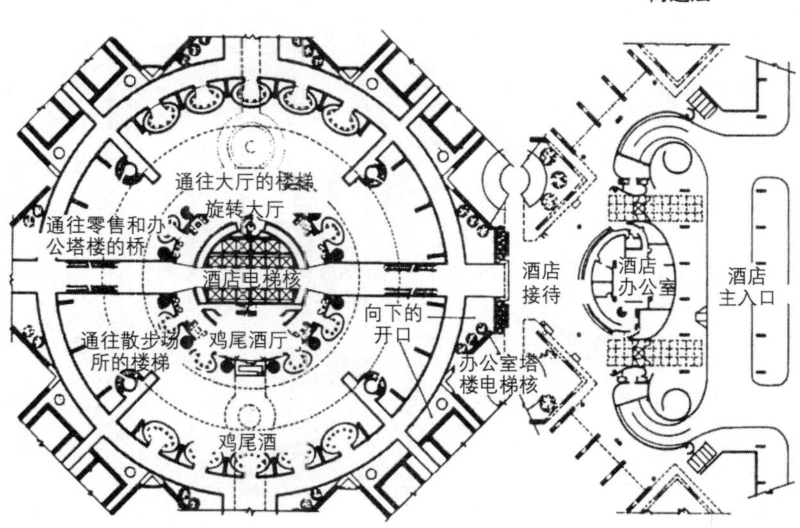


图 14–29 复兴中心，底特律，美国：会议中心和 1400 间房的酒店，有 2650m² 的大厅，13 个餐厅，办公空间，商业零售空间和可租的公寓（或共管）[建筑设计：约翰·波特曼（John Portman）]

# 第15章 住宅和住宅建筑

也见：宿舍楼、旅舍、疗养院、看护室（在健康服务建筑里），青年旅舍、可达性设计部分。

这一章节安排如下：

(1) 引言

(2) 公共部分（社会住宅）

(3) 私人部分

(4) 目前潮流；PPG3，褐地

(5) 场地地形，布局，入口和车库

(6) 与其他建筑的关系（私密性等）

(7) 住宅设计标准

(8) 平面类型（单层、别墅、公寓）

(9) 内部功能：常见元素，主入口，起居 / 接待，餐厅，书房，专用房，厨房，洗衣房 / 设备间，卧室，浴室和卫生间，储物间

(10) 安全和治安

注：在这一部分，常常用到“住宅”一词，作为一个通用的术语，它常被用来描述一个被称为住处的地方。

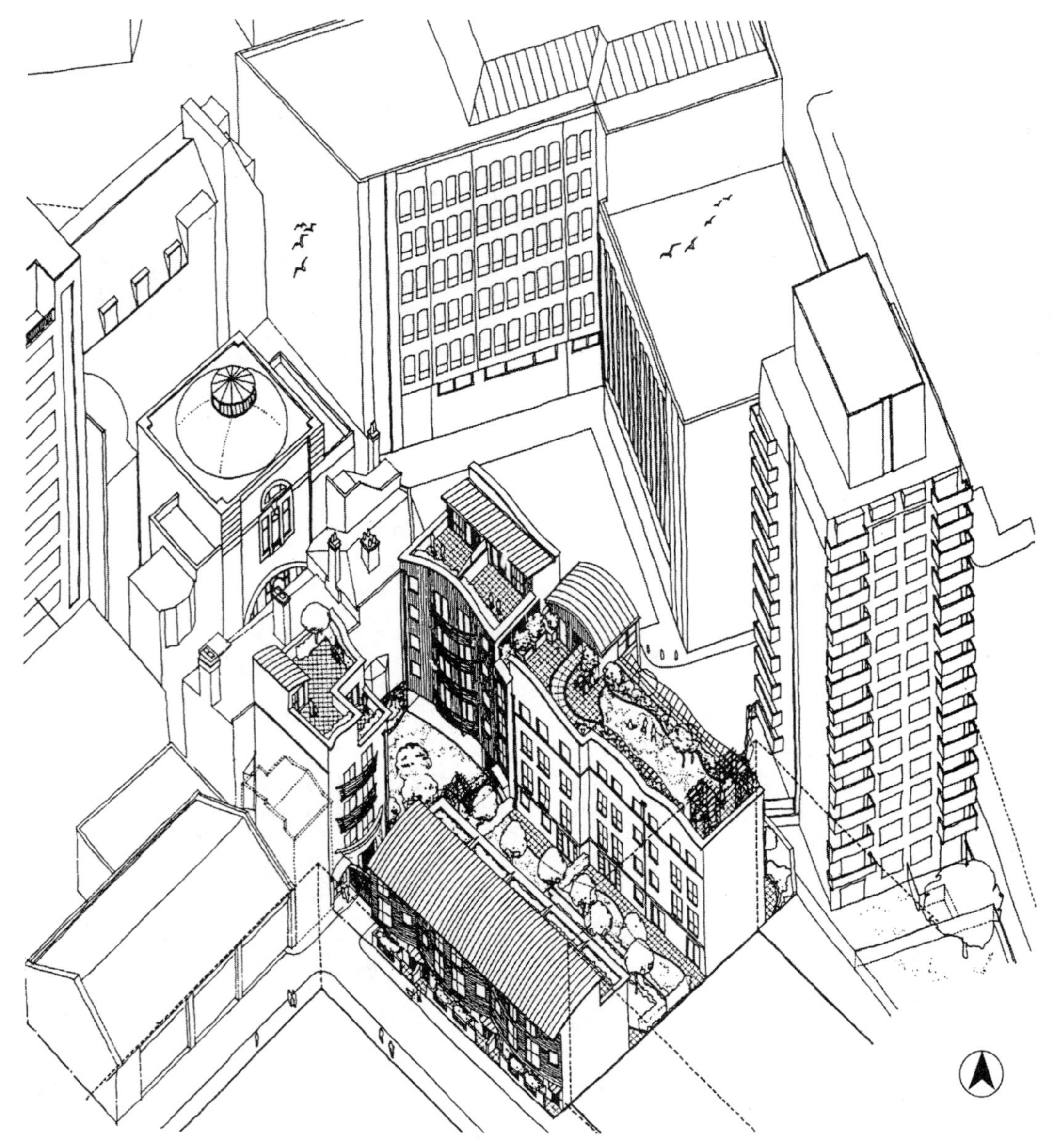

图 15–1 城市里的社会住宅：绿色龙住宅，伦敦 WC2 区（也见 7，138）（建筑设计：Manahan Blythen 建筑事务所）

# 15.1 引言

## 15.1.1 历史文脉

许多设计师追溯乔治亚时代的连栋房屋，把它作为现代英国最好的城区住宅的样板，虽然它的贡献更多地在于它形成的城市景观而不是传统的室内布置，其第一层是主层，厨房在地下室。然而，到了19世纪后半叶，厨房和服务设施移到了住宅后面的辅助部分，成为典型的维多利亚L型布局，它的灵活性再也没有哪一种形式可以超越。在18世纪和19世纪，住宅被认为可随着家庭规模、内部环境、现代服务设施及其他休闲设施而随意改变。

大多数维多利亚时代的住宅质量很差，又缺少规划，以及都市化带来的一系列社会问题，导致了公益信托（charitable trusts）[如皮博迪基金（Peabody Trust）]以及慈善个体的引入，发展了现代居住的理念（如Saltaire，在布拉德福德（Bradford）附近（始于1851年），和伯明翰的博恩维利（Bournville）（始于1895年）。这些理念由霍华德（Ebenezer Howard）和其他人进一步发展，形成花园城市理念。早期开发中最早、最成功的例子是伦敦北部的汉普特斯西斯（Hampstead）郊野园林（始于1906年，图15–3），它形成了一种模式，在英国和国外被大量复制。其布局现在看来仍相当成功——已成为它自己成功的牺牲品，原本是为了混合社会团体，现在却让中产阶级的职业人群云集。将双连式住宅置于它自己的花园中的理想看来对大不列颠风格产生了很大影响（或更精确地说，英格兰）。在综合布局上，花园城市理念重复了无数次，虽然因其视觉上的单调和过于集中的规划受到设计师的批评，但它的社会意义还是很成功的。

直到20世纪20年代，住宅建设由私人和公益信托完成；直到1909年，《住宅和城镇规划法》(Housing and Town Planning Act)出台，才要求所有的当局政府建设住宅和公共卫生设施。到1914年，只有20000套当地政府住宅。

基于传统的网格或街道模式的低层住宅布局是较常见的，私人和公共的项目中均有应用，直到20世纪60年代，公共住宅的高层建筑才开始挑战传统布局。新的思路大部分源自勒·柯布西耶的设计，他在20世纪20年代促进了“垂直花园城市”的概念，对英国战后时期的规划设计也起到了巨大的影响。战前少数突出的高层住宅之一是莱伯金（Lubetkin）于1935年设计的伦敦北部海格特（Highgate）的高地1号（1935年）。

## 15.1.2 过去的50年

和其他建筑类型相比，住宅建筑更多地受到建筑师以外的因素的控制：例如，城镇规划限制，社会—经济因素和政治因素。许多人认为在过去的100年里，这些因素对住宅布局和设计的影响要大于单纯的设计考虑。

因此有必要从更广的视角来考虑住宅。在过去的50年里，试图寻找住宅政策里的一些更重要的方面似乎是不太可能的，但是能帮助设计师设

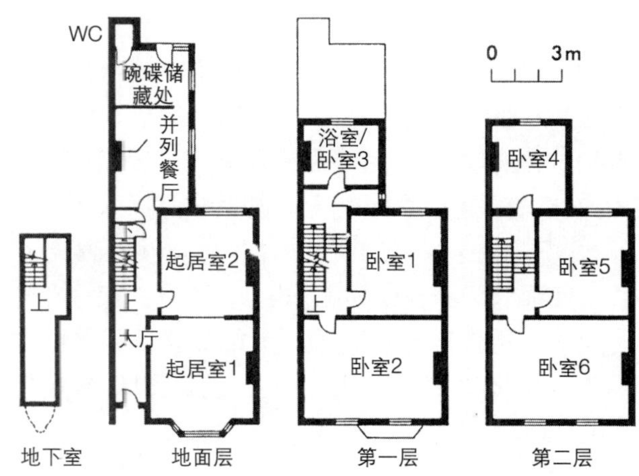


图15–2 典型维多利亚后期L形连排住宅［注：附加部分代替了18世纪的地下室，小的地下室现在是煤屋；设施（包括炊具）通常放在附加部分里，改进卫生状况和减少气味；第一层的浴室是可选的（可能是卧室）；仆人被限制在在附加部分和第二层卧室里；主要房间都可以直接通向花园］

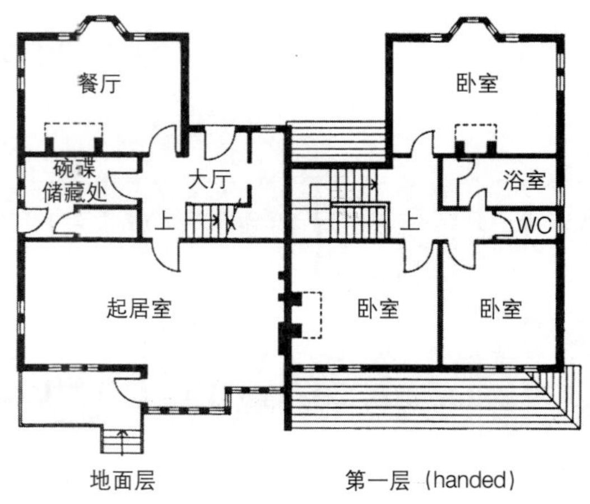


图15–3 汉普特斯西斯（Hampstead）郊区花园的“小别墅”设计（建筑设计：Parker & Unwin）

计出更能满足现代需求的方案。

考察从什么时候起和为什么由建筑师来设计住宅是一件有趣的事情。建筑师一直对独立住宅很有兴趣，但在20世纪之前，在大量住宅被关注前，可能只有乔治亚式连栋房屋（以及其他一些较少的例外）是由建筑师设计的。只有在社会主义政府出现后，大量的住宅开发真正成为建筑师的兴趣。

另一件有意思的事情是别墅（住宅）是外在形式保持几十年不变的少数建筑类型之一——在某些情况下，甚至是好几个世纪（宗教建筑是另一个例子）。维多利亚别墅（图15–2）仍然是一个相当灵活的单元；具有讽刺意味的是，许多人认为现在的住宅还不及它的祖先的灵活性。

在英国，传统住房分为两种，一种是租用当地的政府住房，另一种是私人住宅，通常由建筑学会按揭购买。自从第一次世界大战后，强调了租用的限制条件，因此私人租用部分逐渐减少，导致这一部分只占有市场上很少的份额（10%以下）。只有在某些领域——如租给学生，高端市场（如那些为跨国公司工作的），还有一部分在苏格兰——租借部分占到相当大的比例。目前的预期是每年需要15万套新住宅，或到2021年需要400万套。

廉价的乡村住宅是传统情况下大家容易忽视的部分。规划限制和高收入人群中乡村住宅的流行导致了乡村直接住房的短缺，租借或购买均是如此。因此执行了2个项目，以提供低价住房，分别位于埃伯茨伯利（Abbotsbury）和布罗德温莎（Broadwindsor）[肯·摩根（Ken Morgan）建筑事务所]，以及苹果住宅，Lytchett Matravers，多塞特郡。

## 15.2 公共住宅

### 15.2.1 社会住宅

在20世纪很长一段时间里，直到80年代中期，公共部分租用住宅占到住宅市场的很大一部分。这一部分能满足社会的需求，即为低收入群体提供直接的住房，他们通常不能通过建筑学会抵押来购买自己的住房。当然，这里有许多例外——一些人不想买，一些人认为这种社会现象不合理，一些人希望能经常迁动住址，等等。不幸的是，购买自己的住宅成为社会地位的标志，在拥有自己住房和租房的人之间形成了两极分化。

无论私人部分如何发展以满足社会需求，公共部分也面临多个群体的需求（毫无疑问出发点是好的），都在为两个明显不同的问题寻求解决方案：首先是提供何种条件的住房，其次是如何在公众购买时提供费用资助。

在发布的一系列导则中，最有影响的是《帕克·莫里斯（Parker Morris）报告》（1961）——见后面的“设计标准和规范”。

这个报告建议了一系列最小标准，而这些标准在1967—1981年成为公共住房的强制命令，但尽管其最初想法是为私人部分准备的，却一直未被私人部分采用。从20世纪80年代开始，政府政策开始在可能的情况下放松描述性标准，以至于现在关于社会住宅仅有关于空间标准的“导则”，而几乎没有强制命令的需求。

20世纪60年代开始，在住宅开发组织中增加了“第三方”。它们是半自治组织，可以通过住宅委员会（the Housing Corporation）来获得公共财政的资助，住宅委员会于1964年根据《住宅法》(Housing Act) 建立，是一个公共团体。到20世纪

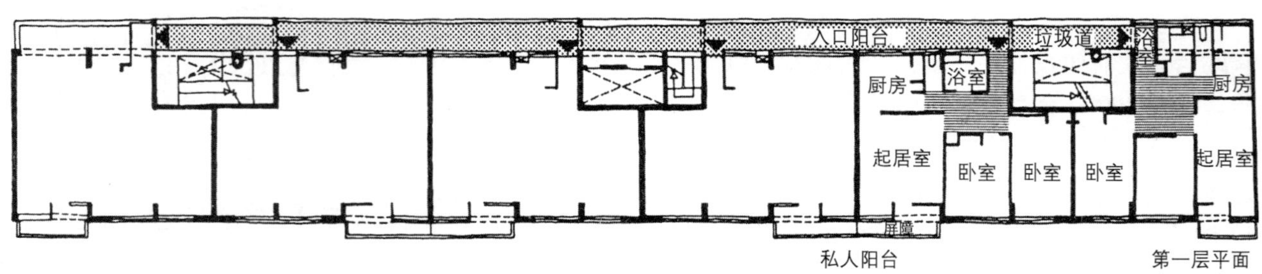


图15–4 板式高层：9层的公寓，阳台入口，1953年建于Pimlico，伦敦；原处使用钢筋混凝土结构强化，注意使用储藏间以隔开卧室与楼梯间［建筑设计：鲍威尔 & 莫亚（Powell & Moya）］

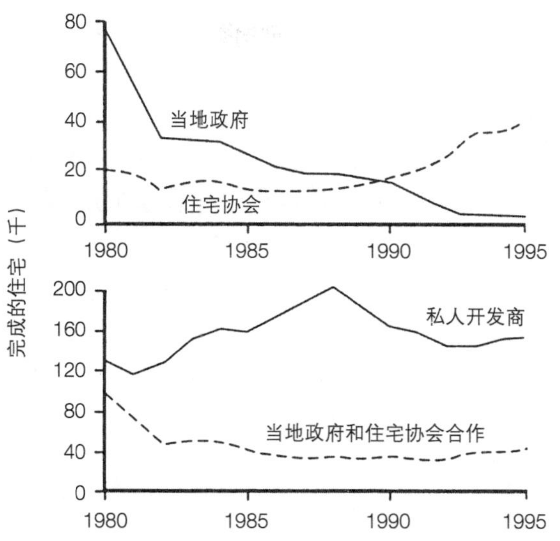


**图 15–5 英国住宅建设变化趋势图，1980-1995 年**［引自古德恰尔德 (Goodchild)］

90 年代，住宅组织扩大到可提供英国大多数公有住宅（图 15–5）。

出于一些政治或经济的因素，当地政府提供的住宅现在慢慢趋弱（图 15–5）。大家也更关注都市区域再开发的整体概念，并从个人和社会的角度关注 20 世纪 60 ~ 70 年代大建设的退化情况。在一些战后项目中被认为很重要的高层项目（图 15–4）逐渐让位于低层的，2 ~ 3 层的住宅。在 20 世纪 80 年代早期第一次由保守政府引入的“购买权”立法，鼓励当地政府的租户购买他们所居住的房子。这一做法虽然在引入之初遭到强烈的反对，不过现在似乎已成为住宅管理中可接受的一部分：到 1986 年，有 100 万套住房被卖掉。不过，如果有未曾预见的结构问题出现，或房主发现地产很难销售时，也会出现新问题。

### 15.2.2 更新

不得不提的另外一点就是对已有住房进行更新的综合性再次开发的趋势。在 20 世纪 70 年代末期，大家意识到，对已有住房的更新有几个优点——比再建房要快，还会更便宜，且保留了现有的城镇景观模式。不过，对已有住房的更新和保护也需要与大规模新建住房完全不同的运营模式，且处理一些维多利亚时代建得很差的住房的结构问题的费用远远超过预期。尽管如此，一些当地政府强制性地购买整条街的房子，在一定年限里进行整体改造，使其达到可接受的标准，在许多情况下，原有建筑的灵活性布局使其可以转化为底层的公寓，以及带一二层的小房屋。

### 15.2.3 20世纪90年代末期的社会住宅

1997 年初次当选的“新工党”政府在当地政府住房预算方面有相当的增长（几乎有 1/3 来自于 150 万套议会住房的销售所得）。这种资金增长是否能持续很长时间，现在下结论还为时过早。有相当一部分资金投入到英国最贫困的 50 个区域的更新项目（不仅用于住宅项目，还用于一些城镇中心和社区建筑的更新）中。有人估算，当地政府能很快提供大约 80%的社会住宅。要注意到当地政府在一定程度上是“万能者”，可以协调国家政府、住宅委员会、私人部门的力量，目的是

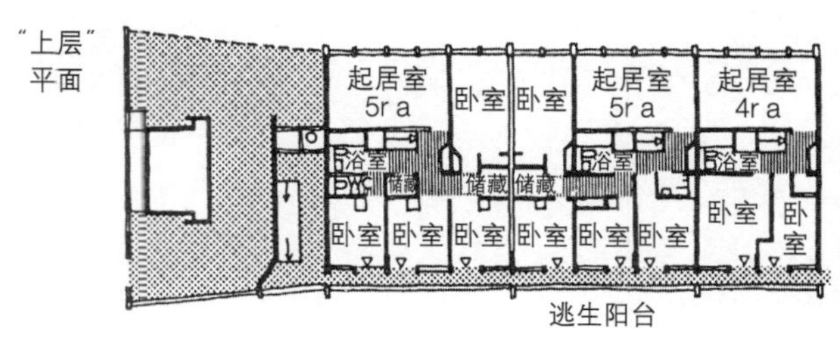


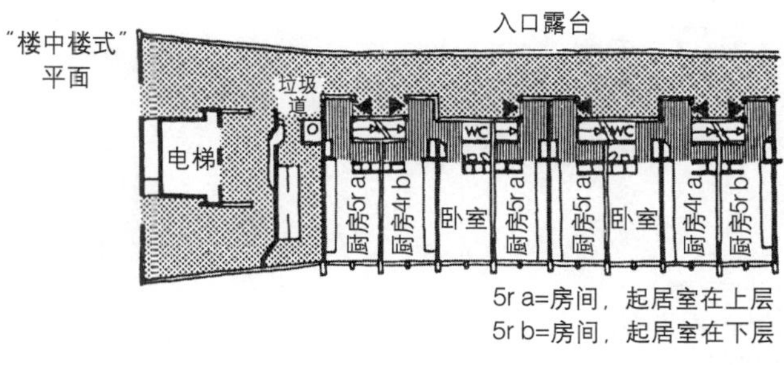


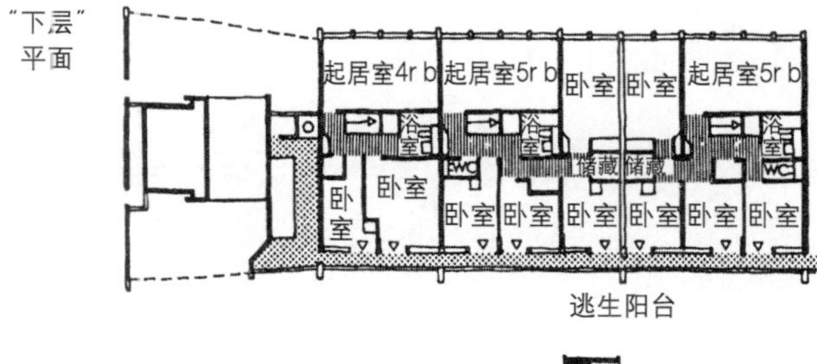


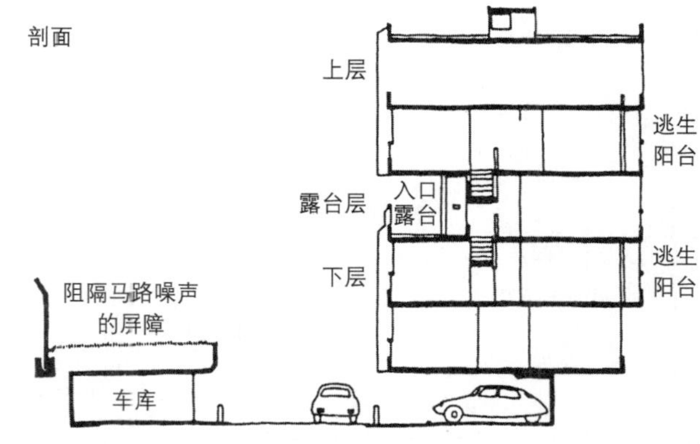


**图 15–6 罗宾汉花园（Robin Hood Garden），伦敦东：宽入口阳台或楼中楼式住宅；最有影响的英国例子之一；分隔墙（见空心线）的布置允许住宅尺寸有很大的变化（建筑设计：A & P Smithson）**

形成一个可行的项目。有一种趋势是鼓励私人住宅建造者建造低费用住宅，然后移交给当地政府或住宅协会来管理。一些更有创新精神的住宅组织正在努力在一个开发项目中提供各种住宅的混合体。

作为整体公共住宅趋势中的一部分，新术语也得到了开发以满足更分散的市场。公共住宅现在被描述为“社会住宅”；易于为老年人（处于“第三代”的那些人）或有残疾的人居住的住宅的设计理念被称作“终生住宅”。为残疾人建房的整体理念受到了质疑，这些术语如“移动住宅”和“为残疾人设计”已涵盖这些新领域。

另一种受鼓励的开发是私人租用住宅的复苏；这完全是由于1988年《住宅法》后控制的放松。

大家对一些高层建筑的态度也有明显的变化——例如，1998年一些战后住宅［如Erno Goldfinger设计的Trellick塔，戈波民（Golborne）路，西伦敦（1971），由Jack Lynn和艾弗·史密

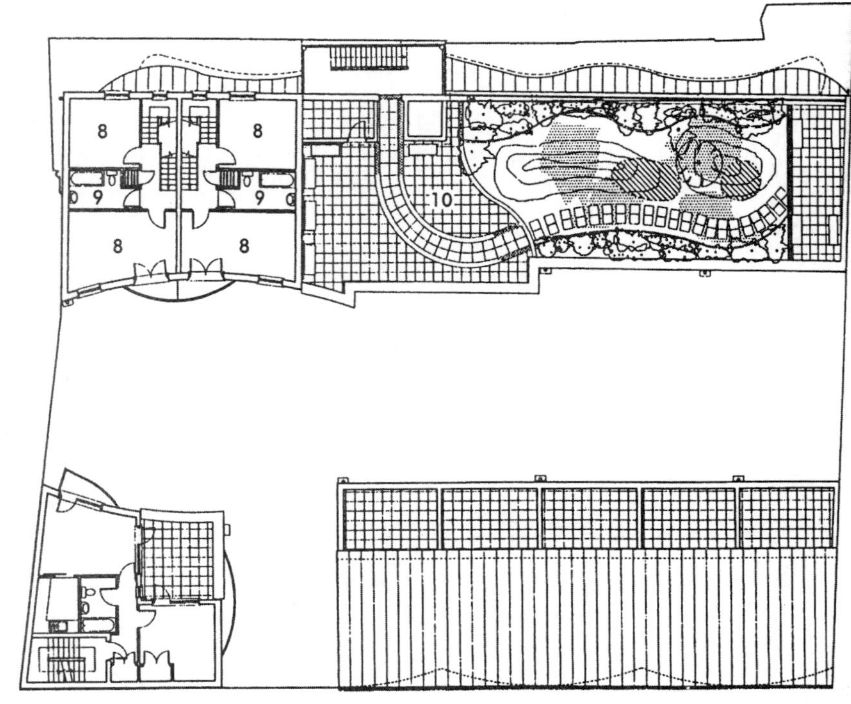

0　5m

1. 入口大门
2. 无障碍停车场
3. 景观区
4. 私人花园
5. 庭院
6. 起居室
7. 厨房/餐厅
8. 卧室
9. 浴室
10. 公共屋顶花园

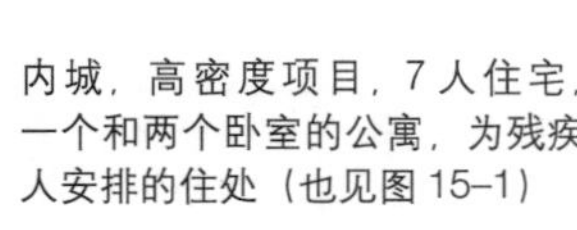
内城，高密度项目，7人住宅，一个和两个卧室的公寓，为残疾人安排的住处（也见图15–1）

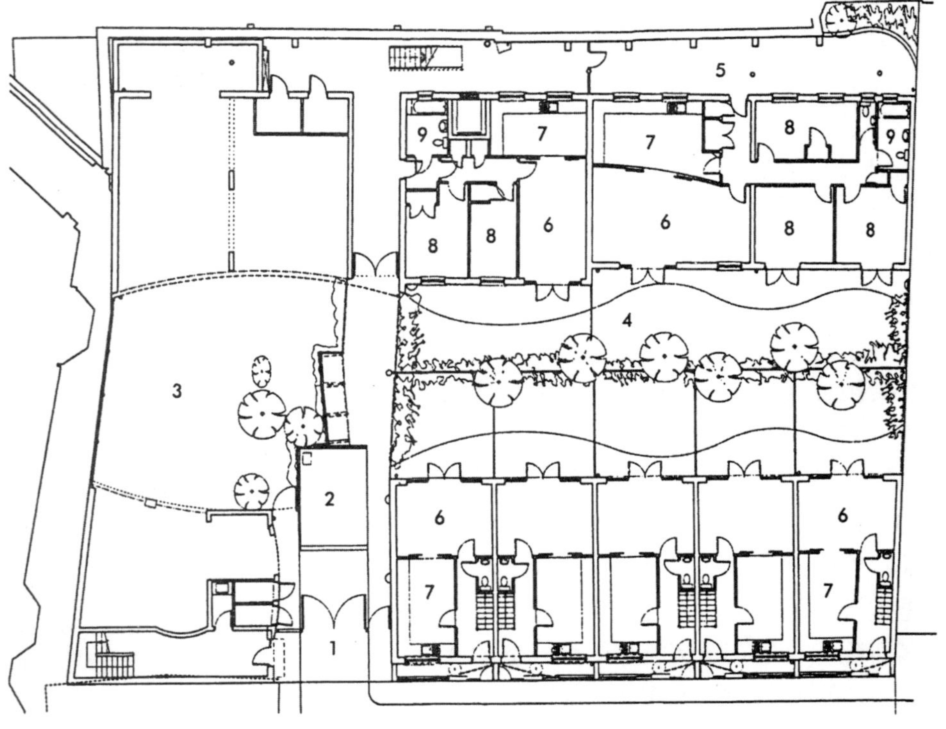


图15–7 绿色龙住宅，社会住宅，伦敦WC2区（建筑设计：Monahan Blythen建筑事务所）

斯（Ivor Smith）在谢菲尔德设计的公园山公园(Park Hill Flats)］被列入"保护名录"——之前不可租借的住所在整体更新和精心维护后变得广受人们的欢迎；外部重新覆盖面材可以改变视觉印象，还能改进能源利用，安装首层的门禁系统可以极大减少入侵危害。

英国近年的工作是建立当地住宅公司和合资企业，同时包含了当地政府和私人开发商；这样可以获得政府投资。

### 15.2.4 私人融资动机

政府的另一个赞助住宅开发的趋势是通过在公共项目里引入私人赞助，这个理念由保守党引入，并由工党政府延续下来。这个计划由缩写词PFI（私人融资动机）表示，试图涵盖公共财政的所有方面，而不仅是住宅。目前，成功案例很少，但至少在理论上是政府项目的重要一部分，包含了所有的主要政党。PFI的问题是公共责任规则如何涵盖私人部分的风险；在住宅项目中，贷款费用由租户偿还，但很难知道实际情况中是否能达到。

| 20世纪90年代中期的所有权 | |
|---|---|
| 68% | 房主自有（从1979年的56%上升至此） |
| 18% | 当地政府/公共部分 |
| 10% | 私人租借 |
| 4% | 住宅协会 |

（引自DoE，《我们未来的住宅》）

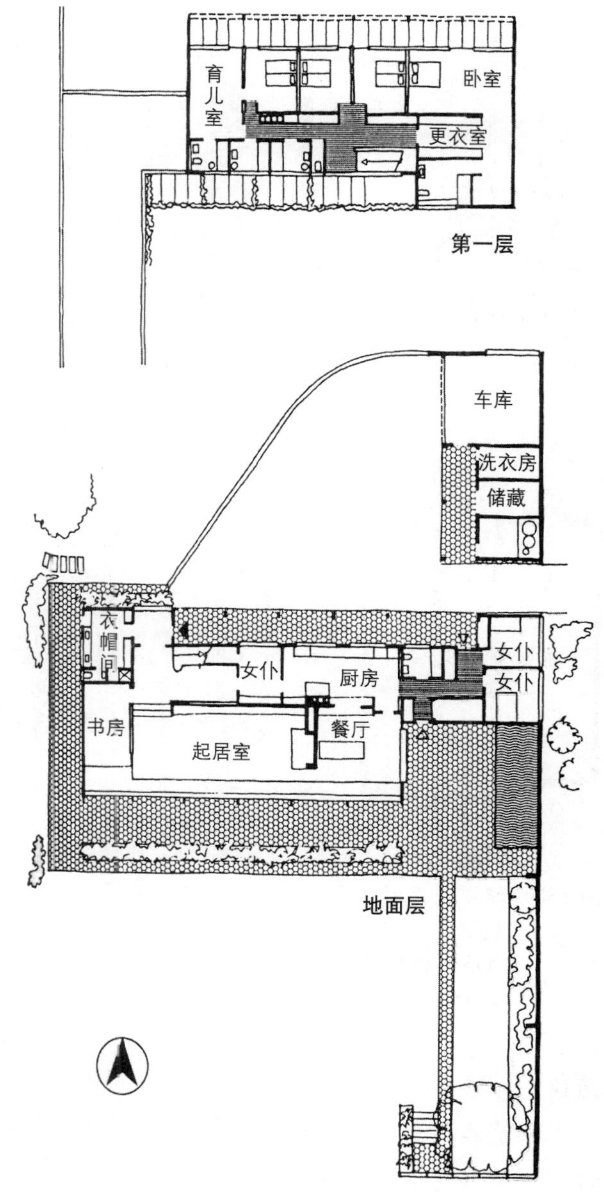


图15–8 Halland住宅，苏塞克斯郡（1938）［建筑设计：塞吉·谢苗耶夫（Serge Chermayeff）］

## 15.3 私人住宅项目

设计个人住房一直是建筑师的癖好（图15–8，图15–13，图15–14），但开发商开发的大量私人住宅却很少能成功交易。Eric Lyon的SPAN设计（例如在肯特郡的New Ash Green）是值得注意的例外之一。

许多开发商的工作局限于房屋的平面和立面处理，主要依赖于住宅销售市场。房屋及行业格局在多年来没有什么改变（图15–12），主要变化来自于构造技术或劳力及材料的费用。尽管建造者试图采用快速建造方式——如木框架——但这并不流行且公众反馈不佳。一些住宅采用了木(或钢）框架，外墙采用砖砌，似乎可以满足购买者，但传统的砖砌块构造仍然相当流行。

生活方式的变化先于设计的变化，而设计的变化通过顾客的需求反映到市场上；还有一点是大多数住宅购买者意识到设计的重要性，要求有更多选择。"花多少钱买多少东西"，这句谚语非常适用于私人住宅市场。设计师必须按照普通人的眼光，来设想住宅的样子，而不是按照建筑师或规划师的标准。

**立面处理** 私人住宅通常有一个传统的外观。通常有一个常用的乔治亚风格，一直以来对于购买者来说很流行，但设计师认为不太成功，这种状况导致了多年来无休止的争论。最近，乡村（或"农舍"）风格变得更受欢迎。这些购买者有一种看似自相矛盾的心理，他们既想要传统的仿旧的

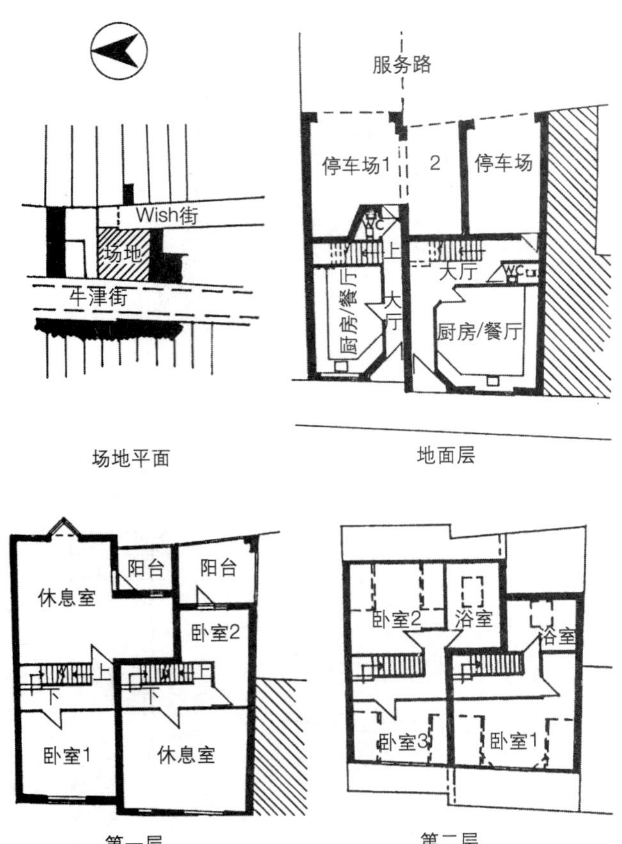


**图 15–9 城市复兴项目，Southsea，朴茨茅斯市：一个极度受限、困难的场地，需要仔细的内部设计以进行最大利用 [建筑设计：雷克斯 · 霍克斯沃斯（Rex Hawksworth）]**

风格，还要求有现代生活的便利性——例如，双车库和整体厨房。设计师想要融合这两种需求的努力有时会导致不太满意的解决方案，除非经过了深思熟虑。比例和人体尺度的感觉对于任何设计来说都很重要。

**汽车拥有量** 汽车拥有量的增长导致一个家庭有 2 辆甚至 3 辆车，这在 20 世纪 50 年代被认为是不可想象的。这种状况导致许多小区的道路变得十分拥挤，而且对视觉效果带来严重影响，到目前为止，还没有解决方法。公共交通通常较贵，且很不合适，或根本不存在。

**当前趋势** 当前的趋势包括装饰的复兴，尤其是使用各种不同颜色的砖。除了车库和带天窗的屋顶等，还必须建造坡屋顶，尽管坡屋顶只是偶尔使用一下。出于能源考虑，尽量使用小一点的窗子，常会导致更好的整体比例。不断变化的社会习惯——尤其是对小单元住房的要求——导致住房的种类比过去大为增加。

一个近期的项目促进了“都市乡村”的产生（综合用途开发接近 5000 户，在都市区和小一点的城镇都有）；一个趋势是试图确保良好的公共交通。多尔切斯特（多塞特郡）边缘的庞德布里（Poundbury）是第一个例子，但还有许多都在展望中。

目前的低密度、大面积的传统住宅模式似乎要延续到未来。有少量的更新，如木框架的使用频率更高，通常用砖砌来隐藏木框架。

私营住宅总是抱怨场地尺寸——分配的场地通常太大了。

一位英国国家住房建造师建议未来的开发应注意以下几点：

(1) 确保建造的建筑在设计时能区分邻里之间，有边界、中心和焦点（“公众第一，私人第二”）；

(2) 提供质量更好的外部空间；

(3) 在可能时，将区域与较好的公共交通相连；

(4) 道路稍窄一点，减少前花园的深度，使建筑更靠近道路；

(5) 减少使用死胡同；

(6) 设计“隐藏和伪装”的车库（即车库在可能时位于住宅内或地下，而不是做成大的、独立的建筑）。

## 15.4 PPG 3（住宅）

《规划政策引导》(Planning Policy Guidance Notes) 是关于规划政策的政府指导文件：PPG 3( 住宅 ) 是最近修订的，在方向上有几个变化。许多当地政府将被要求重新评价他们的开发计划。

PPG 3 建议住宅开发应更多关注以下几点：

(1) 在市中心开发密度高一些（少于 30 栋 / $hm^2$ 的应予以避免，鼓励 30 ~ 50 栋 /$hm^2$），有良好的公共交通；

(2) 低一点的停车标准；

(3) 场地“顺序考查”（首先考虑都市内部场地，然后是城市边缘，然后是村内，然后是新的定居点）；

(4) 提供更多选择，包括场地和建筑（如商场上的公寓，更多的住所类型混合）；

(5) 在居住用途发生转换时少一些平面限制；

(6) 提供更多可得的住宅（也包括租赁）；

(7) 对之前已开发的土地和建筑的再利用；

(8) 提高设计质量（当地政府积极促进优秀设计）；

关键部位（10，11）

1. 虚线圆表示1.5m的轮椅转弯区域；2. 可移动的板；3. 可能的淋浴；4. 床的位置；5. 可能用来安装电梯的位置；6. 可能的车库

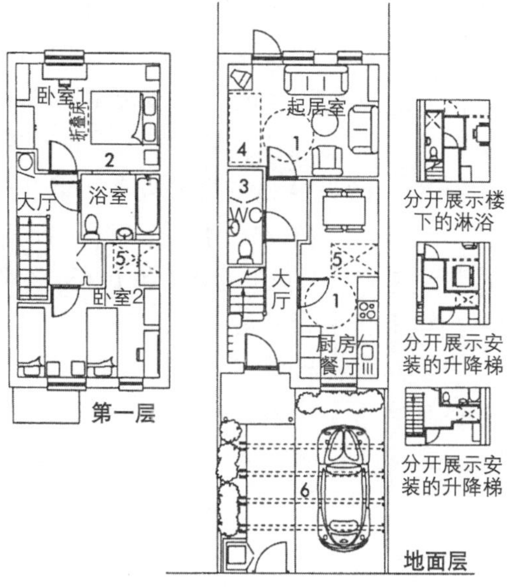


图 15–10 终身住宅：正面窄的 2b/4p 住宅 ($76m^2$)：地面层可以是开放式的或是分隔的；注意可能的电梯位置（建筑设计：Wright & Wright 建筑事务所）

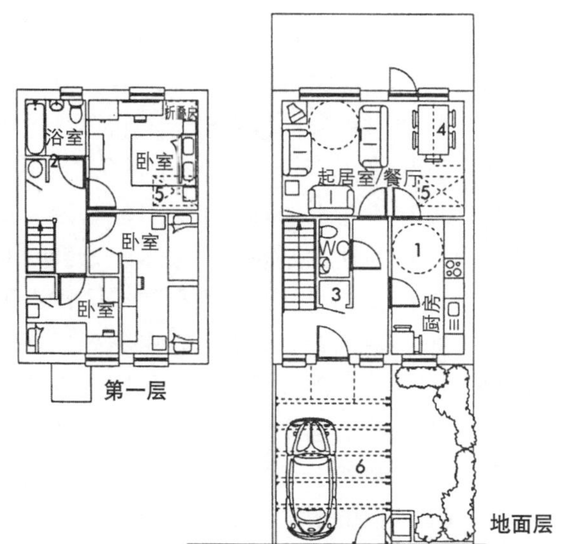


图 15–11 终身住宅：正面中等宽度 3b/5p 住宅 ($82m^2$)（建筑设计：Wright & Wright 建筑事务所）

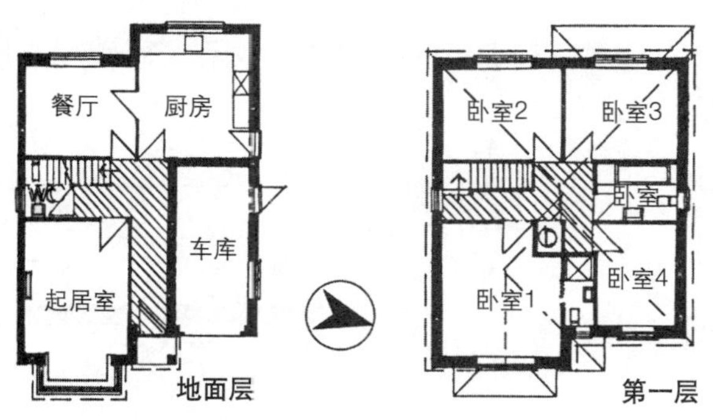


图 15–12 贝德汉普顿（Bedhampton）的住宅，汉普郡：为炒买炒卖住房而设计的典型平面图，从 20 世纪 30 年至今一直使用，只有一些小的改变［建筑设计：雷克斯·霍克斯沃斯（Rex Hawkesworth）］

(9) 协调交通和土地利用的关系；

(10) 促进可持续发展。

## 15.5 褐地场地

最近的开发包括政府鼓励在“褐地”（brownfield）场地上的新建筑（即，总的来说，受到了一些地面污染的城市土地）。这个方法特别受到两个问题的困扰——在污染场地上额外的建造费用，以及劝说私人住宅购买者在以前避免居住的都市内区域居住的困难。前一个问题通过政府许可——《废弃土地出让和城市特许令》（the Derelict Land Grant and the City Grant）在某些程度上得到解决。在英国，有一些证据显示了缓慢回归城市生活的倾向：一系列在小块城区用地上的重建项目已完成（图 15–9，图 15–16），但它们只是特例而不是一般情况。另一种在内城生活的可能的再生，被市场术语概括为“仓库生活（Loft living）”（图 15–97）。

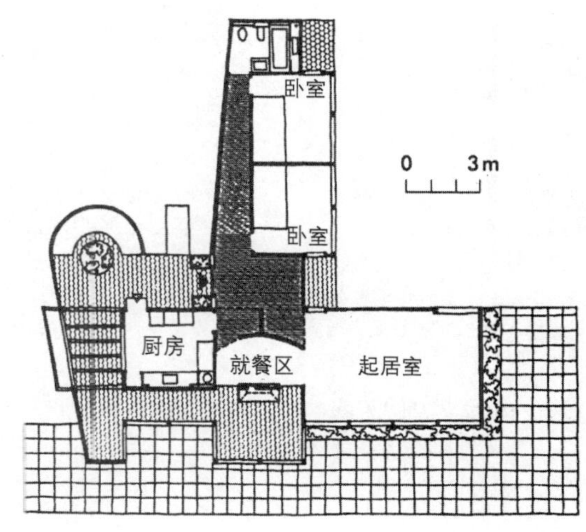


图 15–13 威普斯纳德（Whipsnade）住宅，Beds (1935)［建筑设计：莱伯金 & 特克顿（Lubetkin & Tecton）］

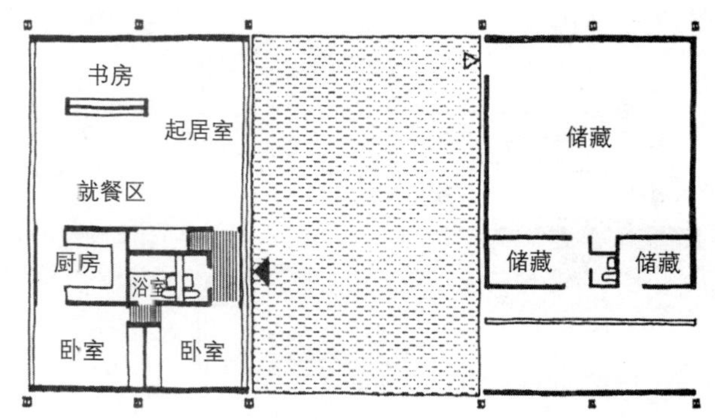


图 15–14 一位艺术家的住宅（建筑设计：Rogers）

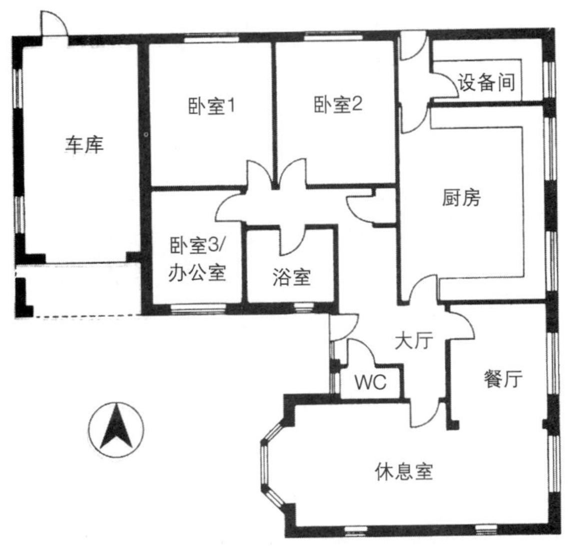


图 15–15 平房，贝德汉普顿(Bedhampton)，汉普郡：注意大的厨房，独立的设备间和作为办公室的房间［建筑设计：雷克斯·霍克斯沃斯（Rex Hawkesworth）］

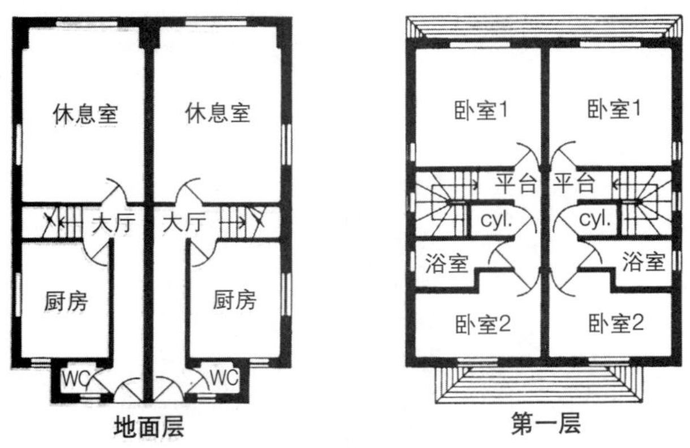


私人住宅中年轻家庭购买的首批房子一个很好的例子，按2b/4p进行“最小布局”，也是废弃公司场地上的城市复兴项目；住宅面积70m²（750平方英尺）；与公共部分布局相比较

图 15–16 年轻家庭购买的第一套住宅，Cosham，朴茨茅斯，汉普郡［建筑设计：雷克斯·霍克斯沃斯（Rex Hawkesworth）］

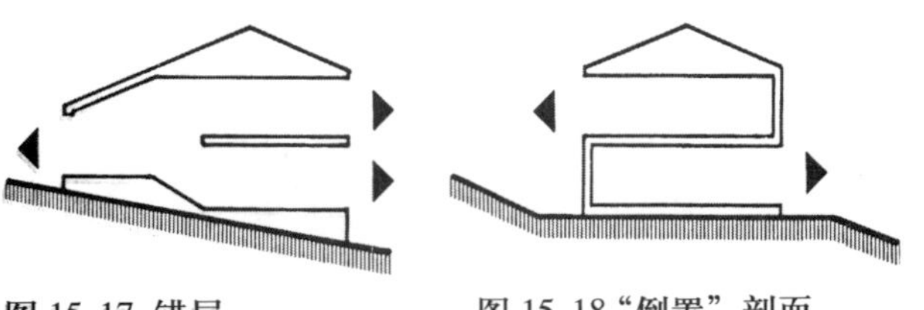

图 15–17 错层　　图 15–18“倒置”剖面

## 15.6 终身住宅

在一项约瑟夫·朗特里（Joseph Rowntree）基金会的研究中发展了一个理念，即要求住宅布局“灵活、适应性强，可达”，能够满足家庭成员不同需求，从幼童到老人或残疾人。布局要求能满足简便的、适应性强的内部安排，有 16 个设计特点。大家认为额外费用应最小化。许多建议的特征与住宅委员会标准相连，安排在 3 个区域：入口、室内和家具及固定装置。“住房室内”部分建议家庭房间在首层，应有首层的卫生间，超过一层的住宅首层应该有合适放床的空间。多数建议涵盖了老人或残疾人的入口。典型案例见图 15–10，图 15–11（注：b= 卧室，p= 人）。

## 15.7 结论

很少人会认为过去的 50 年里所提供的住宅是很大的成功，尽管有许多职业人员积极的努力——建筑师、规划师、住宅管理者、社会学家及其他——我们试图一直努力为所有人提供合适的住宅，但似乎离目标越来越远。高层住宅通常不受欢迎，有的仅过了 20 年就消失了。对于一些人来说，现在住在市中心已不太可能，因为合适的住所已不再存在，而同时，成千上万套的商场之上的公寓都空置了。许多大型住宅区让人感觉不友好，也不受大众欢迎；一些住宅有严重的社会问题，而另一个极端是，民营住宅在设计和灵活性方面极其缺乏想象力，还明显地不情愿提供城市住宅（尽管如上文所述，有可能且将会有所改变）。节约能源的措施和更高的质量标准，只有在成功的政府压力下才会执行。与上述认为民营住宅缺少创新的想法不同，一些人认为民营住宅不能预测公众喜好，必须随着市场行情的变化而变化；而没有卖掉的房子会导致开发商破产。目

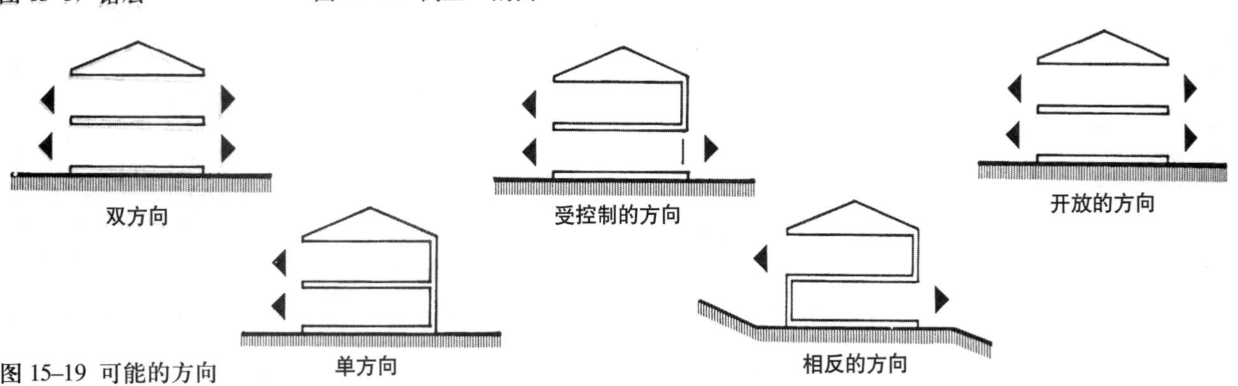


图 15–19 可能的方向

前的这种状况在20世纪90年代末期政府委托的一项研究中有所反映（《住宅质量标准》），认为有必要强调“住宅设计应考虑到人们希望生活的方式及周围环境”。

## 15.8 场地地形

### 15.8.1 坡度影响

如果坡度较缓，平面选择受坡度影响极小；在较陡的坡上，平面形式可以比其他形式更好地利用坡度。如果住宅与等高线平行，则使用临街面宽的住宅，可以将地基加强或使基坑开挖工作减到最小。这样的节约还可以平衡宽临街面与更多的管道与开发费用间不均衡的关系。不过，非常陡的场地可以使用错层布局或将入口设在上层（图15–17）。住宅垂直于等高线，尤其是在台地上时，应该使用临街面较窄的平面，每套房或每对房都分级排列。

### 15.8.2 北坡

北坡会在保证每栋房和花园足够的阳光的同时产生如何维持密度的问题。一个简单的解决方案是与通常原则相反，即将每栋房建于场地较低的一侧，入口设于北面。然而，在较陡的坡上，空间需求可能太大；解决方法是使用“倒置剖面”住宅，将起居室放在上层，使住户能享受南部的阳光和每个方向的景观（图15–18）。住宅垂直于等高线的情况可能特别适合于北坡，因为花园不会被住宅阴影罩住，所有的房间都可以获得阳光。

### 15.8.3 方向

方向是使建筑平面与场地条件发生关联的重要因素。有4种基本布局（图15–19）：

(1) 双方向：房间可向外看到两个方向，即入口方向和花园方向；

(2) 单向、单侧封闭或有控制的方向：除厨房和服务间以外的房间只面向一个方向，通常是花园一侧；

(3) 相反方向：首层房间和二层以上房间朝向相反的方向；

(4) 开放方向：理想的独立式或双连式住宅，房间可以不受限制地看到3或4个方向。

### 15.8.4 盛行风方向

风向（在英国通常是西风）在每个场地都是需要考虑的因素，以进行冷热保护措施。

## 15.9 场地布局及入口

### 15.9.1 住所入口

成排住宅进入问题最大，独立式住宅最小，而且深且窄的花园会导致管道路线费用增加。以下为5种基本入口：

(1) 道路采用机动车和行人混行，住宅和小径沿道路设置，也表明没有穿越式交通，没有街边停车（图15–20）；

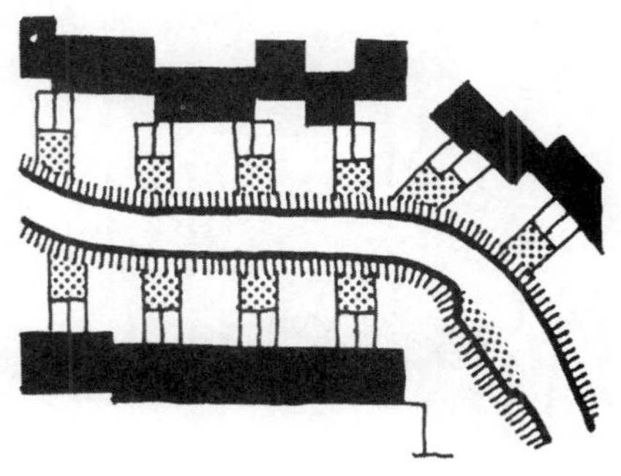

图15–20　在住宅地界内居民和客人的停车位；注意服务用车的停放区

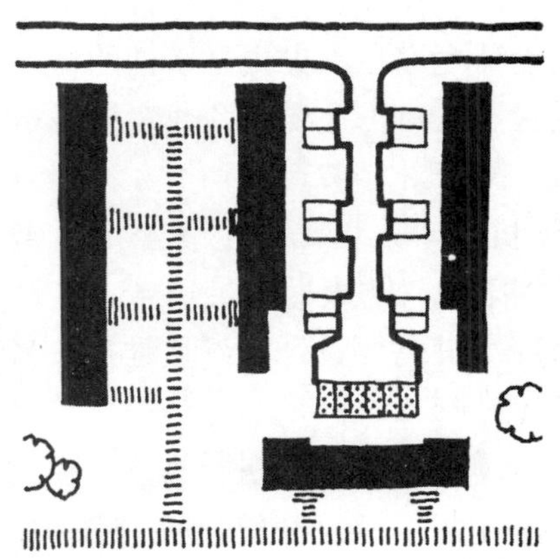

图15–21　居民的停车一部分在宅地界内，一部分是公共的

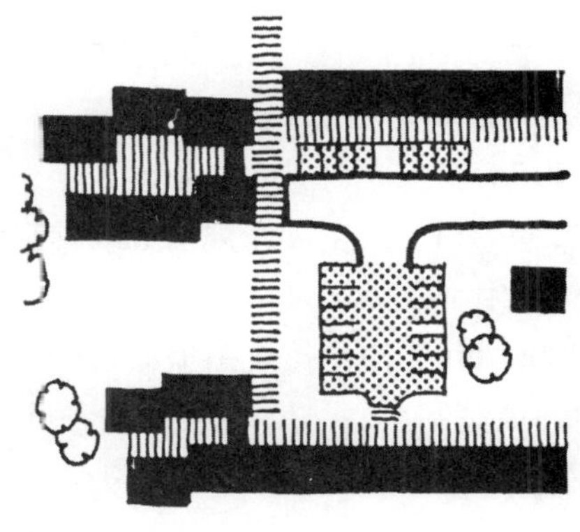

图15–22　所有的停车都是公共的

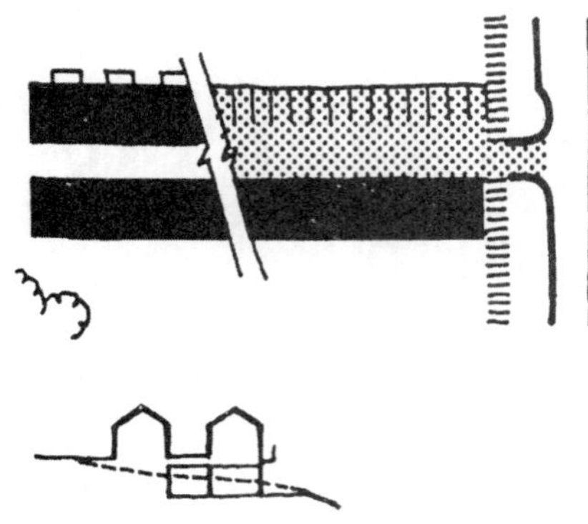

图 15–23 停车区在人行道下方

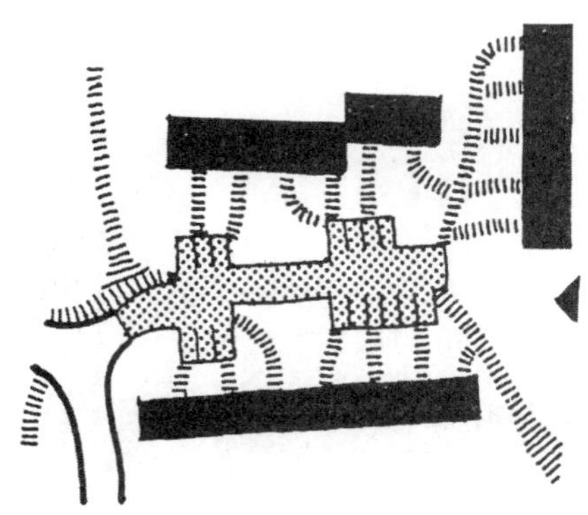

图 15–24 入口区由人行道和机动车共享

(2) 车行路和步道在住宅的相反方向。意味着住宅设计允许在不失去私密性的情况下在两个方向设置出入口，且要保证儿童游戏场地不要在车行路一侧（图 15–21）；

(3) 机动车入口离住宅有一定距离。入口距离应受到限定（防火通道最远 45m，垃圾收集最远 25m）；尤其需要设计良好且维护适当的停车场和车库（图 15–22）；

(4) 对机动车及行人进行垂直分隔。费用较贵，适应陡坡场地、高容积率的情况（图 15–23）；

(5) 主要的行人入口通往小的住宅组团，共用私人汽车和轻型运输工具。要求经过仔细设计以强调低速及限制使用合法的入口（图 15–24）。

### 15.9.2 密度

（注 $hr/hm^2$= 可居住房间 / 公顷）

(1) $125hr/hm^2$：低密度布局（如有前后花园的 4 床的独立式住宅）

(2) $200hr/hm^2$：使用传统街道格局的 2 层住宅可以达到的最高密度

(3) $250hr/hm^2$：需要 3 层公寓；仍可以使用街区模式

(4) 大于 $250hr/hm^2$：需要组团公寓；不可能采用街区模式

也见建议的密度矩阵（图 15–52）。

### 15.9.3 进入道路

住宅的进入道路可分为 2 组（图 15–25，图 15–26）。可能需要采用交通减速措施（路障等）；见“交通设施”部分。

(1) 主进入道路：服务交通工具、轿车和前入口或偶尔的访客停车（取决于布局系统）。在与当地支路相交的节点处限速；

(2) 次进入道路：设计成允许低速机动车穿越人行优先的区域，为 25 栋以下的住宅服务，通过宽度、直线 、减速带、表面材质和可见设施来保持低速。在尽头转弯处可能有死胡同、短环，或有限制的机动车 / 行人进入的庭院。

停车设施 导则之间不太统一——当地政府规定平均每户 1.2 个车位；现行的政府建议（PPG 3 草稿）认为“平均每户不超过 1.5 ～ 2 个车位”。一些规划导则要求大一些的住宅（如超过 $110m^2$）应有第二个车库或停车位，以及访客的车位。停车位应在距离住所 20m 之内。见下面的“私人车库”中独立车库的细节。

### 15.9.4 设计标准

当地政府通常对入口的需求有一些规定或导

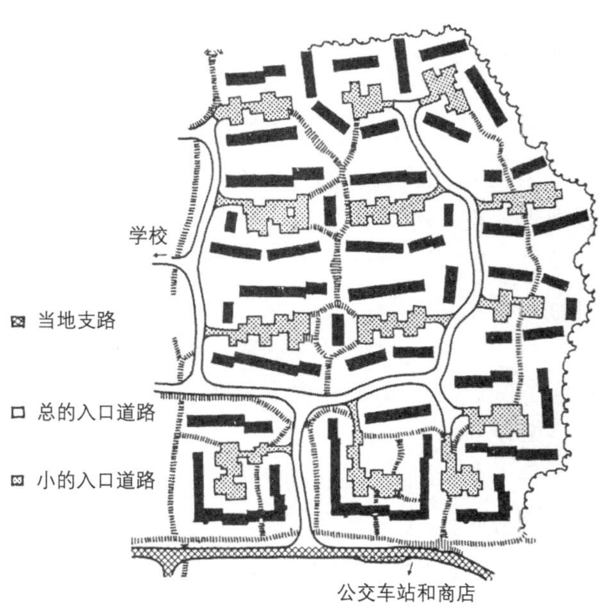


图 15–25 住宅区内的道路分级；这个例子使用了共享的人行 / 机动车庭院作为小的入口道路

图 15–26 Barmetts Wood（建筑设计：Hazle McCormack Young）

则（如相应的正面宽度、人行道、道路宽度和构造等）。通常这些规定是通过规划部门来促进，它们的合法性常常受到质疑。这些导则试图提高标准，尤其是与车行路和人行路相关的标准，如《埃塞克斯设计导则》(Essex Design Guide)（1973，1997 年再版），是最近最受关注的导则之一。

### 15.9.5 私密性：公共和私人空间

住宅布局中最困难的问题是如何处理私密性和避免社会排斥的需求冲突间的平衡。这个平衡因个体特征、性情和年龄而有明显改变，因此没有最佳方案，但好的布局至少在某种程度上能允许个体的选择。强烈倾向于“社会”或“私人”的设计方法可能不能满足大多数居民的需求。

住所直接面向繁忙的公共空间和入口是为了鼓励社会交往，而邻里和睦可能会受到影响；而用来提供“防御空间”的屏障，则将公路和人行道用墙和围篱隔开。这两种方法都有可能导致居民的不安全感和不满。

尤其在高容积率布局下，更应强调使用者的满意度，应通过将大的未知的公共空间划分成与特定的居住组团相关的小空间来减少破坏的发生。

对于住宅来说，一个公共入口道路可能引向行人 / 机动车混合使用的庭院（图 15–24），有心理限制的入口，与一组 20 栋左右的住宅相关，然后进入一个由每栋单独住宅前院提供的更进一步的转换区域。对于公寓来说，转换空间可能是一个半私密的门廊区（见本章末的安全讨论）。

## 15.10 行人进入道路

### 15.10.1 主要道路

人行道应远离交通繁忙的车行路，尽可能直接通向主要目的地（学校、商场、公交车站）。人行道应该有路灯和看护（为治安考虑）、遮荫，且避免过陡的坡度。尽量使用斜坡而不是台阶，如果必须使用台阶，则用斜坡作为候补路线。设计宽度应允许婴儿车和轮椅能绕过障碍，轻松通过：最小 1.8m，不过在人行交通路线上，开放场地上通常是 2.4m，在建筑和围栏间是 3.0m。在车行道路或人行交通路线及小组团住宅间的人行道应为 1.8m；通向两栋住宅的为 1.2m，单栋住宅 0.9m（图 15–30，图 15–31）。车行道到住宅大门间的最大距离是 45m。

### 15.10.2 次要道路

通往花园、车库等或园内的附加小路如在围墙之间，则可为 0.7 ~ 1.0m，在开放场地上可为 0.3 ~ 0.6m（图 15–60）。不鼓励作为路间通路（见景观区部分）。

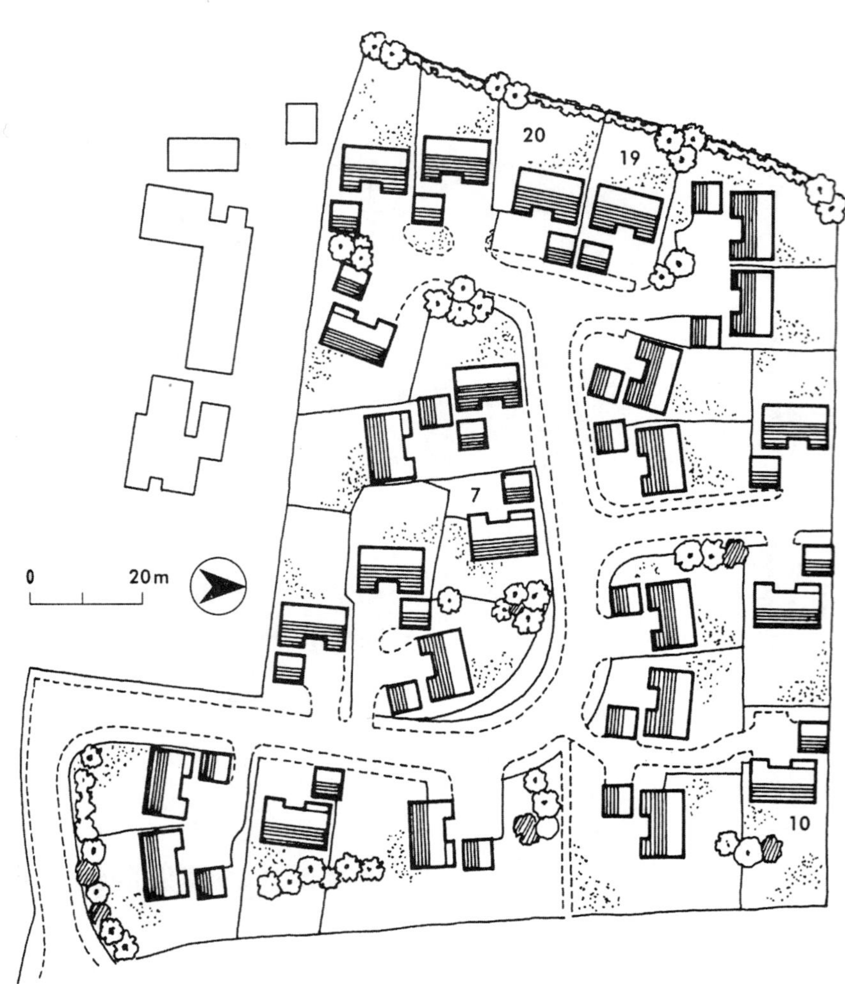


场地布局，使用一种设计形成组团布局；设计一个可以直达的休息厅，可以灵活选址；一个分离的双车库可以在住宅前面，也可以在一侧，形成了一个入口庭院；

项目离道路很近，以改善街景，对前庭花园及车道空间给予更多的强调；不同于从住宅到住宅的布局；

场地都进行了绿化，灌木靠近平的山墙尽端和前院，乔木在更大的空间里；

住宅10，7，19和20让人们的视线停留在场地范围之内，有助于控制视线范围

图 15–27 25 栋住宅平面，哈文特（Havant），汉普郡［建筑设计：雷克斯·霍克斯沃斯（Rex Hawkesworth）］

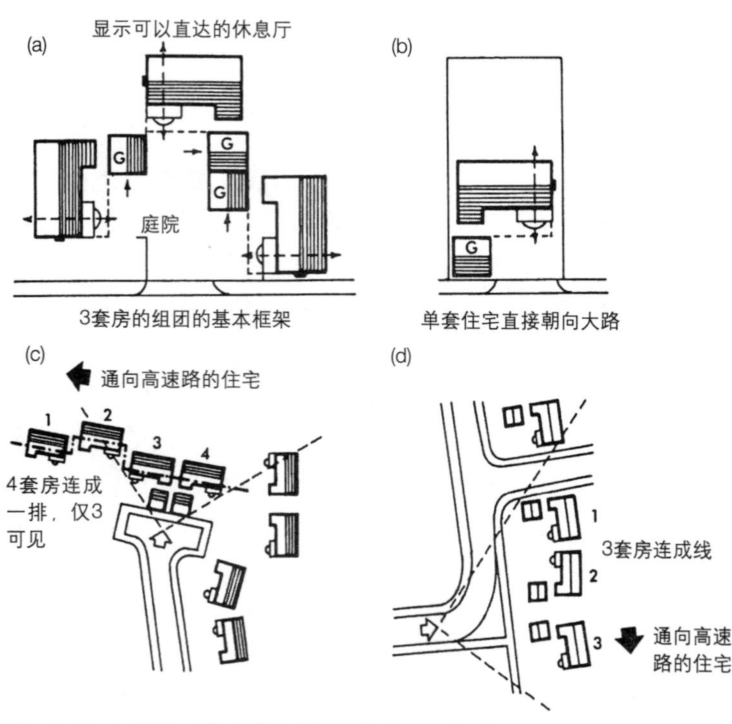


图 15–28 3 套以下住房的组团布局（a 和 c）（→ 27）：一个建筑群不太可行时，车库设置在靠近人行道的显著位置（b），并且看得见 2 ~ 3 套住宅排成线形；如果排成线形，它们不直接靠近高速路，而是由那个视点通向高速路（d）

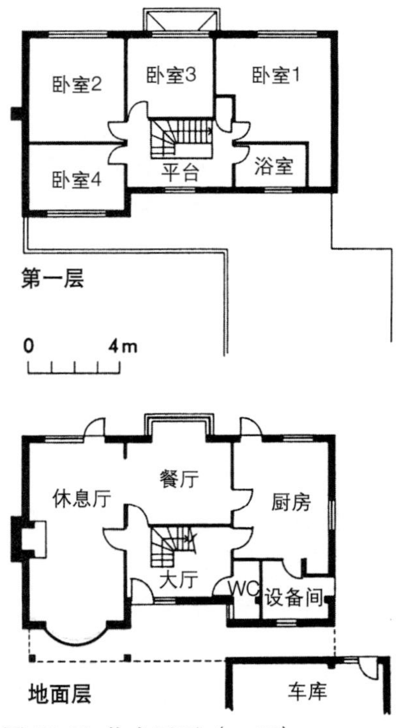


图 15–29 住宅平面（→ 27）

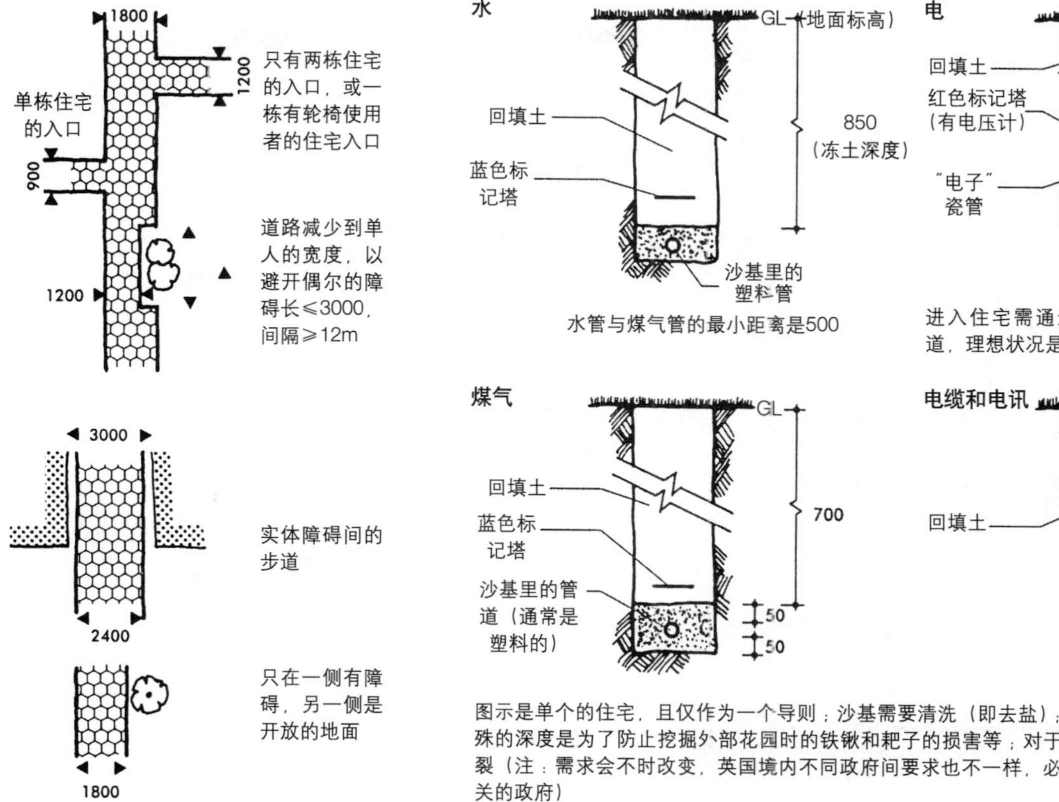

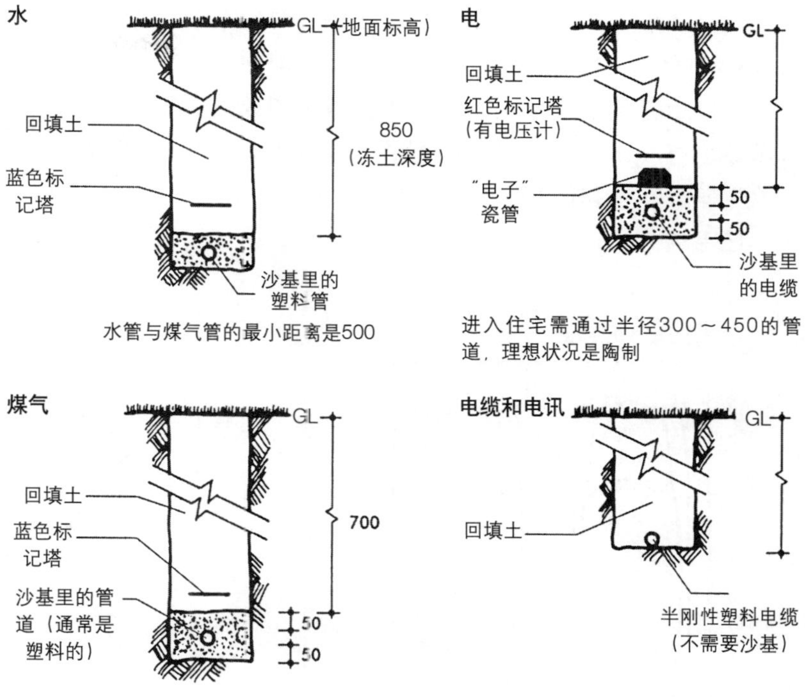

图示是单个的住宅，且仅作为一个导则；沙基需要清洗（即去盐）；电力和电缆/电讯的特殊的深度是为了防止挖掘外部花园时的铁锹和耙子的损害等；对于水，埋深是为了防止冻裂（注：需求会不时改变，英国境内不同政府间要求也不一样，必须在合适的时间联系相关的政府）

图 15–30 人行入口和交通路线

图 15–32 进入住宅的主要设施

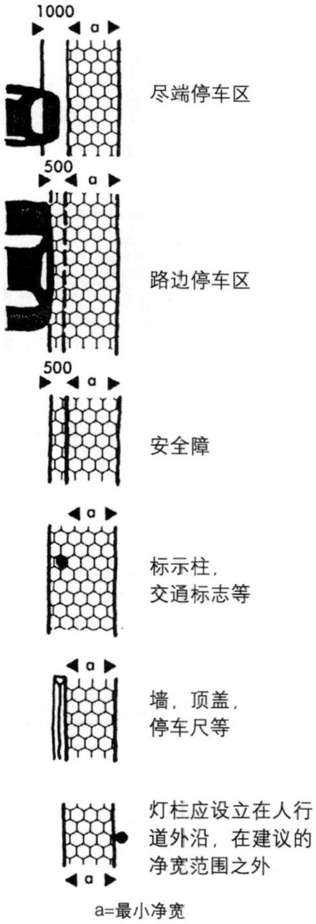

1000 a 尽端停车区

500 a 路边停车区

500 a 安全障

a 标示柱，交通标志等

a 墙，顶盖，停车尺等

灯柱应设立在人行道外沿，在建议的净宽范围之外 a

a=最小净宽

图 15–31 步道：最小净宽

## 15.11 管道

应在所有住宅项目的早期对固定管道（如煤气、水、电、电话）进行细节考虑，以在不同利益方面找到合适的管道路线：避免后期调整，因为这样既浪费时间，又造成经济上的浪费。主要管道通常应位于公共道路下，这样进入时就拥有一些自主法定的权利；但如果是单独的布局或设计道路很窄时，这样做会不方便或不经济，可能需要备选路线。一个可替代解决方式是 rear-of block 管道带，容易接近，且顶面材料选用易于移走和再安装的。（进入住宅的主要设施，图 15–32）

**电视** 安装天线增强电视信号通常需要注册或许可令。卫星接收可能需要规划许可，通常取决于建筑所在位置，如果在保护区，则需与当地规划部门核实。

## 15.12 私人车库

**车库选址** 理想情况是，车库与住宅相邻或位于住宅内，然而，有时这是不可能的：空间不足或车库设施远落后于汽车数量，导致许多汽车停放在路边或车道上。在公共住宅部分（前文），车库设施通常成行布置，形成一个公共停车区域，附属于住宅的很少。在许多高层住宅区里，停车区是侧面开放的，开放式入口的多层停车区。这样会带来许多社会问题（如破坏）。在私人住宅部分，车库常靠近住宅入口，通常不必在前门，但要便于到达（图 15–34）。靠近边界和共用式布局是较好的选择（图 15–36，图 15–37）。

**尺寸** 避免不合尺寸的车库（图 15–33）。车和两侧墙间的净距最小是 200 ～ 300mm，前面最好有 500mm。为了便于上下车，车和墙之间或两车间最小有一个门的宽度，一般不小于 700mm。为了洗车，车与墙或其他车间距离最少是 1.2m。

**住宅内** 通常可以从入口大厅或门庭通过一个可抗火半小时的通向车库的门进入车库，室内地面至少要高出车库地面 100mm，或者车库入口位于一个普通顶篷下，另有门通向住宅（图 15–39，图 15–40）。

**入口车道** 需选择合适的面材（图 15–38）。车库前场地应与车库等宽，有铺装，5 ～ 6m 长，

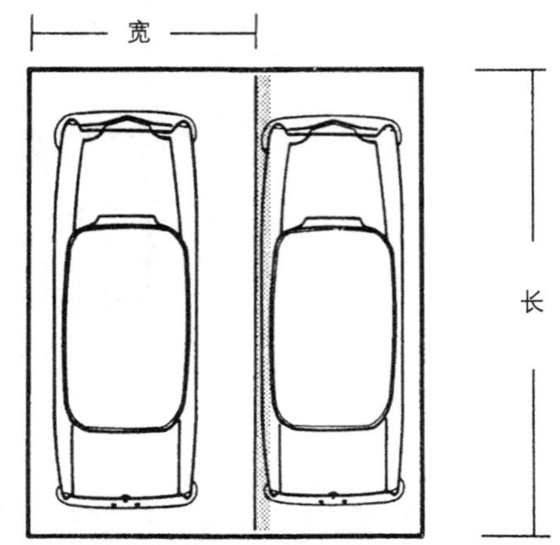


图 15–33 典型的车库平面（宽：2.5 ～ 3m；长：5 ～ 6 m）

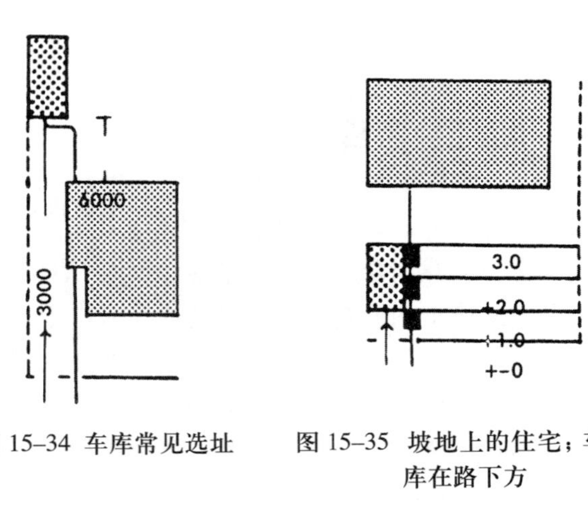


图 15–34 车库常见选址

图 15–35 坡地上的住宅；车库在路下方

图 15–36 边界紧靠住宅，因此车库成一定角度

图 15–37 当与边界的距离得不到保证时，两个车库合并设置

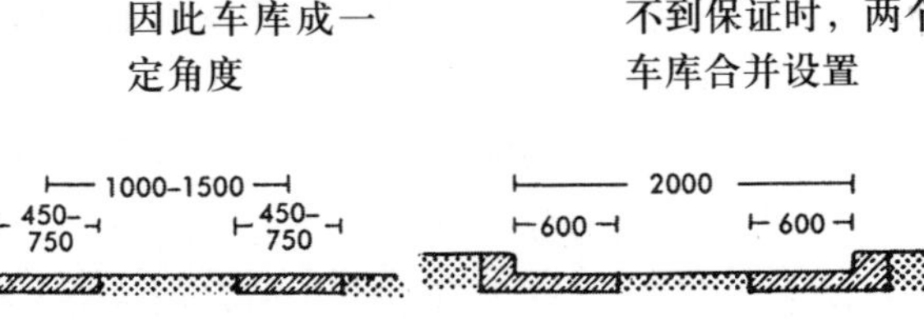


图 15–38 入口车道车轮轨迹

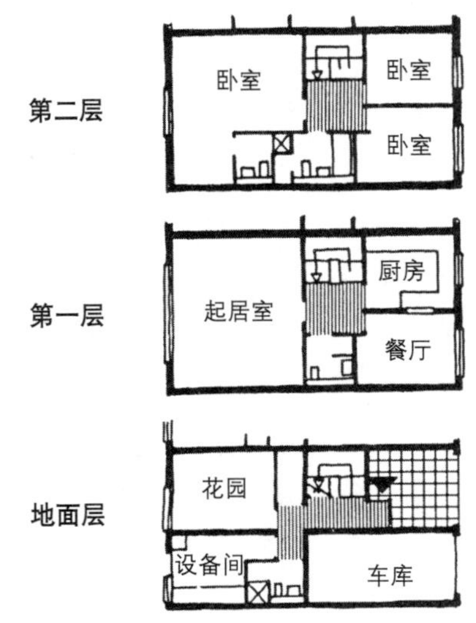


图 15–39 内置车库的三层住宅可以直接位于人行道后，因为车库和中央门廊保证了私密性；通过设备间到达花园

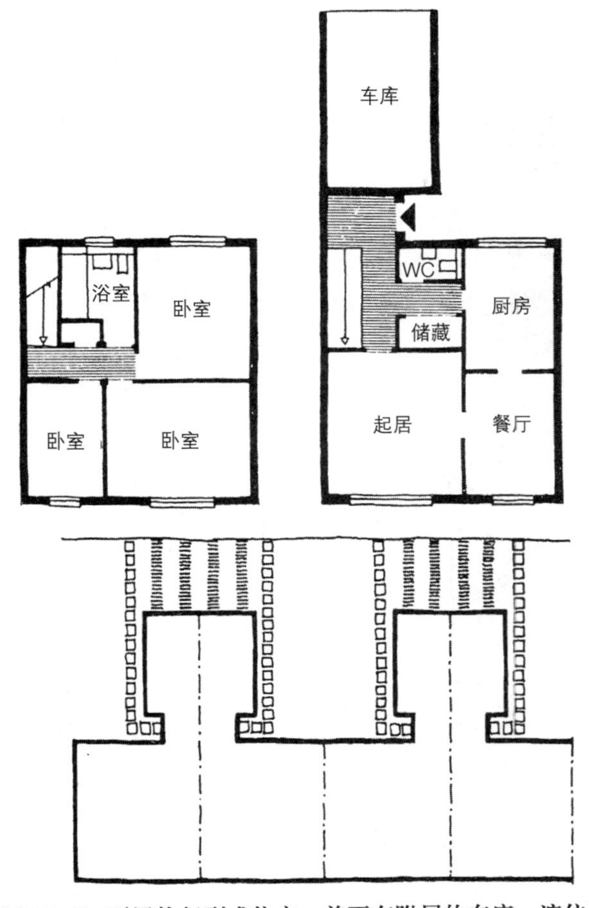


图 15–40 两层的行列式住宅，前面有附属的车库，遮住了半私密的入口庭院；通常比内部车库布局更经济和有吸引力（图 15–39），但导致了较低的密度

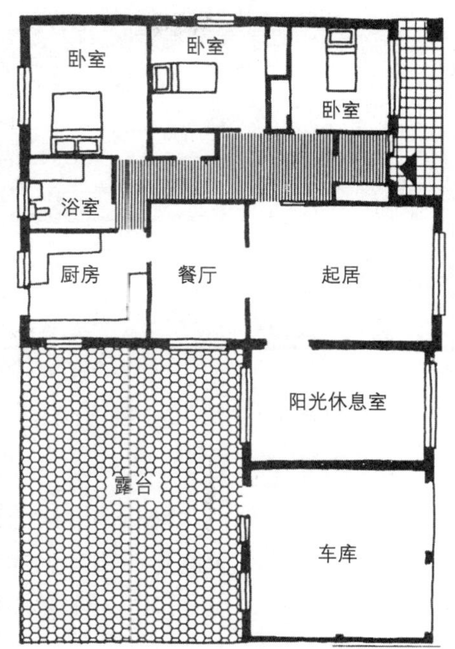


图 15–41　双车库用来作为一层的住宅的延伸，以屏障露台；低密度方案

做好排水，以便于洗车，也为另一辆车提供偶尔的停车。车库地面应略高于清洗区且坡度朝向清洗区（也见景观区部分）。

**建筑规范**　车库在作为开放的车棚时，也要遵守建筑规范，尤其要考虑屋顶覆盖和边界间距离。如果是超过 3 辆车的地下车库，当地政府会对入口、通风和安全性提出额外的要求。

## 15.13 与其他建筑的关系

### 15.13.1 日光（日照）

咨询可居住用房里相关的日照标准的规范和法规；这些规范还要保护居住建筑和未开发场地的日照不受到新开发建筑的干扰。在英格兰和威尔士，这些计划常通过规划部门在开发控制中运用（在苏格兰某种程度上是强制执行）。可以使用容许高度系数 (permissible height indicators)，对计划修建的建筑与边界及与其他建筑的距离的合适与否进行检测。

只要有可能，主要房间在一年中绝大多数时间的白天的一定时段都应能接受到阳光，但这一点通常没有在规范或开发控制中得到强化。阳光的角度和方向在任何纬度和一年中的任何时段，每小时都有所不同。

① kph 为 km/h。——译者注。

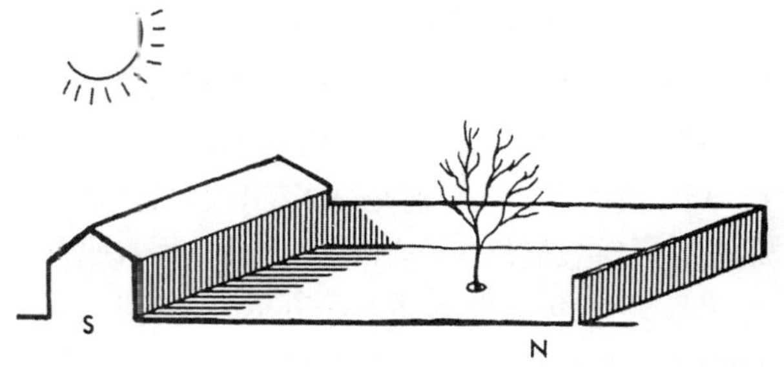


图 15–42　住宅北面背阴，紧邻的前院也有荫蔽，但长向的阳光照射的花园和墙形成一片阳光地带

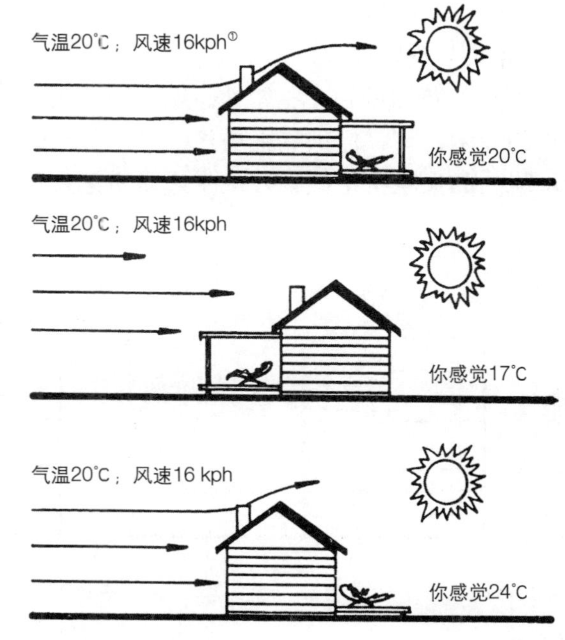


图 15–43　风的影响

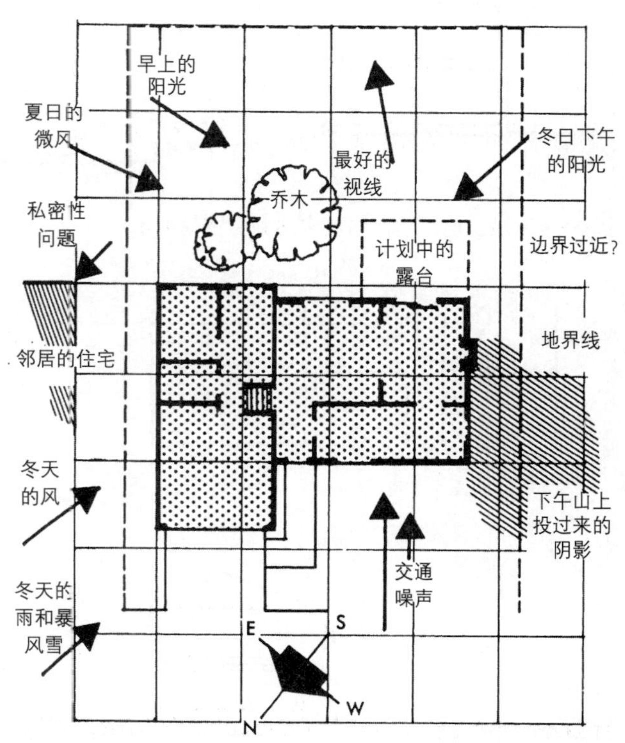


图 15–44　影响外部活动的因素

### 15.13.2 私人开放空间

所有住宅，尤其是为家庭使用的住宅，需要一些相关的开放空间——可能是花园、露台（图15–45）或阳台——可能是露天的，也可能是遮蔽风雨的。理想情况下应足够大，以有晒衣服的空间（图 15–119），学步的小孩的游戏空间，室外的爱好、坐憩空间。影响到室外起居空间位置的因素见图 15–44。

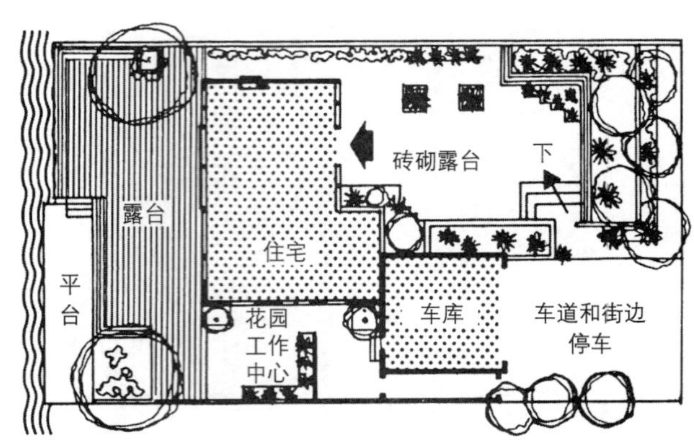


图 15–45 水边的露台（建筑师：劳伦斯·哈普林）

### 15.13.3 花园

（也见景观区部分）

围合的花园增强了私密性。墙、绿篱或松散一点的乔木，可以提供隔绝噪声、风、尘土的天然屏障。如果私家花园正好位于起居室之外，为起居空间提供室外延伸，这种布局会成为设计亮点。花园最佳位置是在南侧和西侧，但如果在北边的围合花园足够深，也可以产生阳光照射的感觉（图 15–42）。

图 15–46 通过使用单向的住宅达到私密性要求

### 15.13.4 视觉私密性

许多规划部门试图规定防止住宅被相邻住宅或道路另外一侧所看到（在苏格兰，建筑规范限制了这一点）。根据经验值，通常采用最小距离 18m（住宅前）和 22m（后部），但这通常是有限的且无效的，因为视觉受窗子类型和相应高度的影响，以及互相的影响——例如，如果是对角线，距离可缩小到 10m。

由于与竞争利益相关，私密性和其他环境因素一样，需要得到重视；在高容积率项目里，设计和布局需要认真考虑这一点。

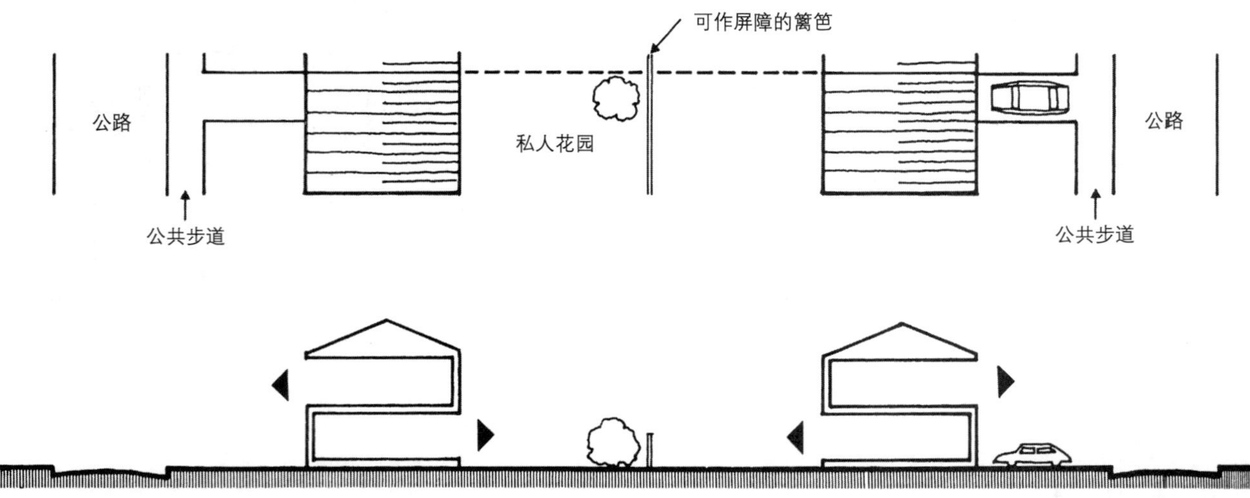


图 15–47 通过使用相反方向的住宅达到私密性要求；最好的方向是东—西

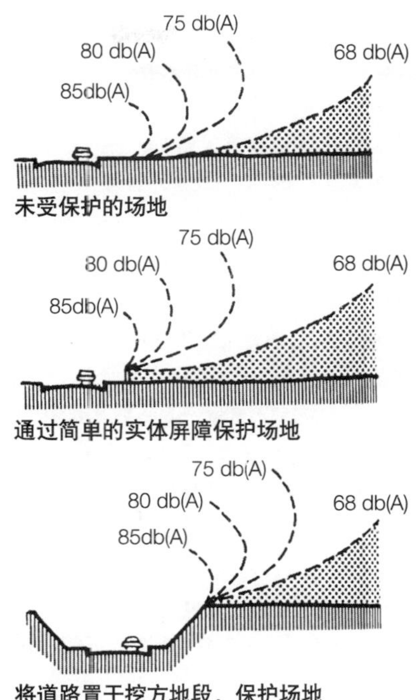


图 15–48 噪声减弱：阴影区适合开发传统住宅类型

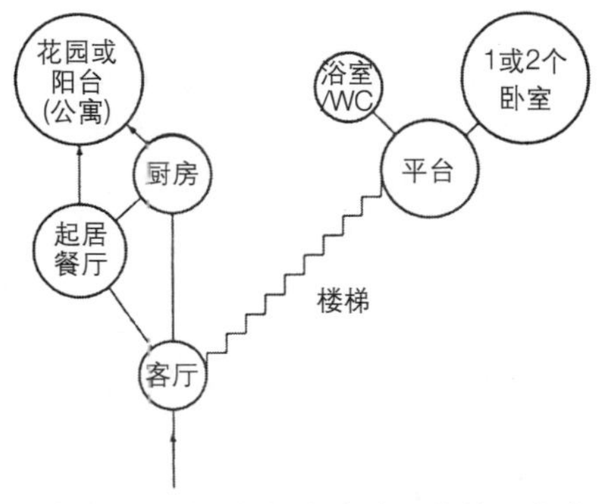


图 15–49 住宅流线示意：年轻家庭购买的第一套房子或小公寓，按最少标准设计；有时也位于市中心的昂贵地段（楼梯和平台不适合公寓）

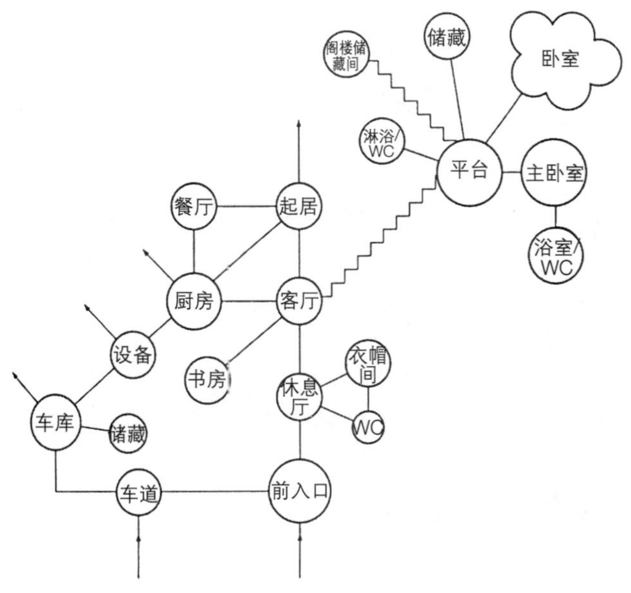


图 15–50 更大的住宅的流线

使用单侧封闭或单向的住宅设计，有时候对此有所帮助（如在坡向场地或小路靠近住宅时），对私人花园有效的屏障也很重要的（图 15–46，图 15–47）。然而，私密性不能以隔离为代价：理想情况下，为了视觉上的私密而进行屏蔽的程度应由居民本人来控制。

### 15.13.5 噪声隔离

住房如果建在嘈杂的马路或主要公路旁，则最好用堤或其他地形进行噪声隔绝（图 15–48）。还可以通过合适的住宅平面规划即房间背离噪声源来达到隔声。大家越来越认识到噪声是一个不断增长的问题；住宅内或住宅间或来自垃圾道的噪声等，也有同样的问题。住宅委员会（Housing Corporation）《实践导则》（Good Practice Guide）建议起居室和卧室应该背向人行道和交通区域。交通工具的噪声问题很难清除：尽管引擎越来越安静，但频率却急剧增大。

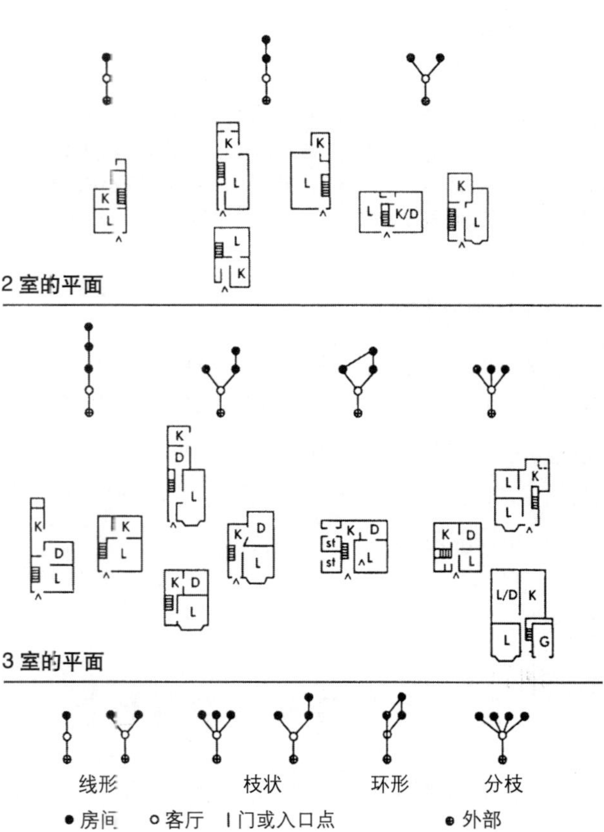


线形布局：从前门开始，房间一个挨着一个
枝状布局：所有房间围绕一个门厅
环形布局：房间可以有两个从其他房间进入的点
根据“深度”（房间和前入口间的门或入口点），“线形”（一个房间是否朝向另一个房间或一个中央厅开门），“环状”（房间之间有多种关系）对布局进行分类

图 15–51 根据“空间句法”来分析住宅空间［引自古德恰尔德（Goodchild），表 2.7、2.8］

| | 选择1 | 选择2 | 选择3 |
|---|---|---|---|
| 停车设施 | 高<br>每单元2～1.5个车位 | 中等<br>每单元1.5～1个车位 | 低<br>每单元少于1个车位 |
| 主流的住宅类型 | 独立式和连排住宅 | 连栋房屋和公寓 | 大多数公寓 |

| 位置可达性指数 | 环境 | | | 650～900 |
|---|---|---|---|---|
| 在城镇中心的场地“步行屋(ped shed)” 6↑ | 中心 | | | |
| | 城市 | | 200～450 | 450～700 |
| ↓4 | 郊区 | | 150～250 | 250～350 |
| 沿着交通走廊的场地和靠近城镇中心的场地“步行屋(ped shed)” 3↑↓2 | 城市 | | 200～300 | 300～450 |
| | 郊区 | 150～200 | 200～250 | |
| 目前来看很远的场地 2↕1 | 郊区 | 150～200 | | |

密度指标 (density nos)：可居住房间 /hm²
位置：与公共交通和设施的关系
环境：城市肌理
阴影：结合后导致不合适的密度
（注意：停车设施建议的变化范围）

图 15–52 密度矩阵（引自 Llewelyn-Davies 建筑事务所关于可持续住宅发展的报告）：试图将场地位置与环境和住宅类型联系起来，以给出不同的住宅密度（与通常采用的密度比较，见 174 页）

### 15.13.6 防火

建筑规划通常限制由可燃材料如木材、木瓦、茅草等构造的建筑间的距离，还有它们自己的场地边界，如果使用非可燃材料，则靠近边界的墙上门窗的面积可能受限制，以防止相邻地块上火势的辐射和蔓延。

也见这一章节后面的内容“公寓：私密性和防火”。

## 15.14 住宅设计标准及规范

### 15.14.1 使用者需求

如果是为不熟悉的客户设计住宅，则应根据居住人口数量以及房间使用数量来统计住户需求。

**使用者需求列表** 如果客户或使用者是不熟悉的人，则需要通过对使用者的一系列问题来考察住宅布局。可能很难满足所有的需求——设计师需要判断哪几项要优先考虑（图 15–53）。

| | |
|---|---|
| 入口 | (1) 是否在入口提供防备恶劣天气的条件？<br>(2) 客厅是否有接待客人的空间？<br>(3) 是否有方便的存放室外衣服和婴儿车的空间？<br>(4) 是否可以在这里读仪表而不必进入起居室（注：美国是在户外） |
| 起居室 | (5) 是否需要的家具都可以有很好的摆放空间？<br>(6) 是否在就餐区有足够的空间以容纳客人？<br>(7) 起居室是否朝向私家花园？ |
| 厨房 | (8) 从厨房到餐厅，是否有直接的入口，是否在同一层？<br>(9) 工作面是否足够，免于干扰和障碍？<br>(10) “工作三角”（水池—炉灶—冰箱/食品库）是否紧凑，避免交叉穿越？<br>(11) 是否考虑到老人或行动不便人士有可能使用厨房？<br>(12) 是否有空间放额外的设备，或大一点的家具？<br>(13) 厨房是否有向外的视线——能看到访问者、初学走路的孩子等？ |
| 卧室 | (14) 是否需要的家具都可以有很好的摆放——考虑使用单人床？<br>(15) 卧室是否可用作儿童作业、招待朋友和一些爱好？ |
| 浴室 | (16) 浴室是否便于为孩子洗澡？<br>(17) 是否考虑到老人或病人使用浴室？<br>(18) 是否有空间安装合适的浴室设备、悬挂毛巾等？ |
| 储藏和可达性 | (19) 垃圾箱和燃料储存是否便于到达、方便收集和运输？<br>(20) 自行车可以拿出去，婴儿车可以拿到花园里，花园的垃圾可以不通过起居室就拿出去？ |

图 15–53 使用者需求列表

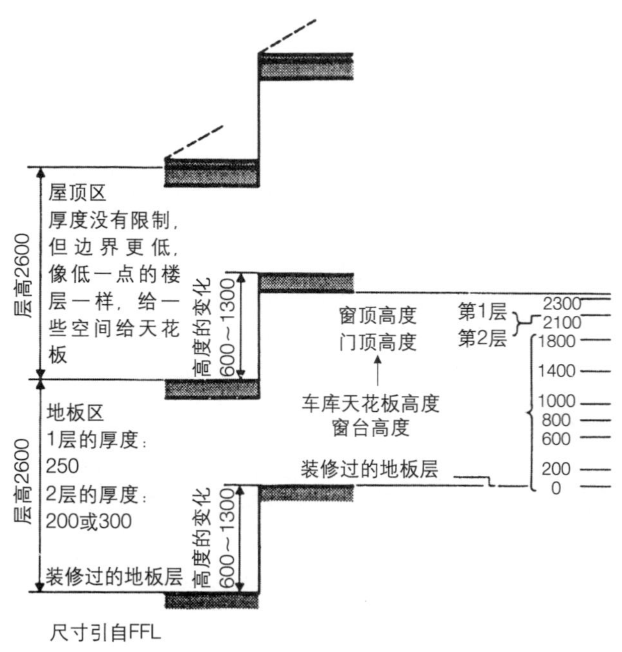


图 15–54 建议的垂直控制尺寸

### 15.14.2 尺度控制

制定了水平和垂直控制尺寸的建议，以便于使用尺寸协调标准构件。

**水平尺度（平面）** 使用300mm的网格，100mm的网格作为第二选择，还有50mm网格作为第三选择。

**垂直尺度** 有更详尽的说明（图15–54）。

### 15.14.3 住宅标准（公共部分）

1961年，帕克·莫里斯（Parker Morris）委员会出版了《今天和明天的住宅》(Homes for Today and Tomorrow)(HMSO，1961)。公共住宅要遵循相对宽松的帕克·莫里斯面积标准（图15–55），这个标准在很多方面都以1944年Dudley委员会规定的内容为依据。帕克·莫里斯面积通常大于相应的私人住宅面积，尽管人们称其为最小标准，但实际上是最大的。平面图上还需要显示基于《家庭空间（Space in the Home, HMSO，1968)》的家具陈设和内部设施。帕克·莫里斯面积需求一直沿用到1981年，政府才将其废除，从此以后，公共住宅设计标准不再有国家规范。然而到1983年，住宅委员会颁布了《设计和合同标准》(Design and Contract Criteria)，这些基本标准在许多方面与帕克·莫里斯相似，被应用到所有的住宅协会项目中。这些标准首次以《过程导则和范例导则》(Procedure Guide and Good Practice Guide)形式出版，然后，1993年出版了《程序开发标准》(the Scheme Development Standards, SDS)，并于1995年进行了修订。

1983年住宅学会和RIBA出版了《未来的住宅》(Homes for the Future)，强调了其他因素而不只是面积的重要性——例如能源节约，使用中的费用，以及外部空间的质量。布局应根据使用情况而不是面积来评估。生活方式上有3个重要的变化，也要求帕克·莫里斯标准进行相应的变化，即储藏区域，厨房设施和供热系统。

| N=净空间[1]<br>S=总的储藏空间[2] | | 每栋住宅人口数量（即床的空间） | | | | | | |
|---|---|---|---|---|---|---|---|---|
| | | 1 | 2 | 3 | 4 | 5 | 6 | 7 |
| 住宅 | (m²) | | | | | | | |
| 1层 | N | 30 | 44.5 | 57 | 67 | 75.5 | 84 | |
| | S | 3 | 4 | 4 | 4.5 | 4.5 | 4.5 | |
| 2层（一半或完全） | N | | | | 72 | 82 | 92.5 | 108 |
| | S | | | | 4.5 | 4.5 | 4.5 | 6.5 |
| （中等连排） | N | | | | 74.5 | 85 | 92.5 | 108 |
| | S | | | | 4.5 | 4.5 | 4.5 | 6.5 |
| 3层 | N | | | | | 94 | 98 | 112 |
| | S | | | | | 4.5 | 4.5 | 6.5 |
| 公寓 | N | 30 | 44.5 | 57 | 70* | 79 | 86.5 | |
| | S | 2.5 | 3 | 3 | 3.5 | 3.5 | 3.5 | |
| 2层楼的公寓 | N | | | | 72 | 82 | 92.5 | 108 |
| | S | | | | 3.5 | 3.5 | 3.5 | 3.5 |
| *（如果从阳台进入，则是67） | | | | | | | | |
| 1. 净空间是住宅内所有地板面积的总和；包括楼梯，隔离物和烟囱、烟道和暖气设施以及外用厕所；不包括总的储藏空间（S），垃圾箱、车库、阳台、任何含坡面天花板高度小于1500mm的房间，门廊或户外的带顶通道；在单一入口的住宅里，任何在储藏间里、需要作为从住宅一侧到另一侧的通道的空间，宽度如果为700mm，应该加到表中数字上 | | | | 2. 除了垃圾箱，燃料存放或婴儿车存放区外，要提供总的存放空间，或者在单入口住宅，存放空间里需要设置从住宅一侧到另一侧的通道；在住宅里，一些存放空间可能在上层，与布品储藏或柜橱分开，但在地面层至少要有$2.5m^2$；在公寓和二层公寓里，$1.5m^2$以下的储藏间可置于室外；在一些情况下，与住宅联成一体或紧挨住宅的车库可以算在总的储藏空间之内 | | | | |

图15–55 1961年的《帕克·莫里斯报告》中指定的公共住宅部分面积，到20世纪80年代前一直用于公共住宅；原来作为最小面积，但事实上作为最大面积；到今天仍在使用，但没有任何法定的支持者

# 家具布局

家具布局——家具表，适合不同尺寸的设施；所有尺寸单位为mm；见前页展示的平面中的家具和入口，通道和活动区

| 起居空间 | 1p | 2p | 3p | 4p | 5p | 6p | 7p | + |
|---|---|---|---|---|---|---|---|---|
| 扶手椅850×850——组合，相当于每人一个座位 | 2 | 2 | 3 | 1 | 2 | 3 | 4 | +1 |
| 有靠背的长椅——2个座位850×1300（可选；同上） | | | | | | | | |
| 有靠背的长椅——3个座位850×1850（可选；同上） | | | | 1 | 1 | 1 | 1 | |
| 电视450×600 | 1 | 1 | 1 | 1 | 1 | 1 | 1 | 1 |
| 咖啡桌 500×1050或直径750 | 1 | 1 | 1 | 1 | 1 | 1 | 1 | 1 |
| 临时桌 | | | | | 1 | 1 | 1 | 1 |
| 储藏柜500×1000（或合成以达到总长） | 1 | 1 | 1 | | | | | |
| 储藏柜500×1500（或合成以达到总长） | | | | 1 | | | | |
| 储藏柜500×2000（或合成以达到总长） | | | | | 1 | 1 | 1 | 1+ |
| 客人用椅的空间 450×450 | 2 | 2 | 2 | 2 | 2 | 2 | 2 | 2 |
| 就餐空间 | 1p | 2p | 3p | 4p | 5p | 6p | 7p | + |
| 餐椅 450×450 | 2 | 2 | 3 | 4 | 5 | 6 | 7 | 8+ |
| 餐桌 800×800 | 1 | 1 | | | | | | |
| 餐桌 800×1000——加大型 | 1000 | 1200 | 1350 | 1500 | 1650 | | | |
| 餐具柜 450×1000（加大）（但不在餐厅/厨房） | 1000 | 1000 | 1000 | 1200 | 1500 | 1500 | 1500 | |
| **卧室** | **1p** | **2p** | **3p** | **4p** | **5p** | **6p** | **7p** | **+** |
| 双人卧室 | n/a | | | | | | | |
| 双人床 2000×1500或2个单人2000×900 | | 1 | 1 | 1 | 1 | 1 | 1 | 1 |
| 床头柜 400×400 | | 2 | 2 | 2 | 2 | 2 | 2 | |
| 带抽屉的柜子 450×750 | | 1 | 1 | 1 | 1 | 1 | 1 | 1 |
| 桌子500×1050，椅子/凳子 | | 1 | 1 | 1 | 1 | 1 | 1 | 1 |
| 双门衣柜600×1200——可以是嵌入的 | | 1 | 1 | 1 | 1 | 1 | 1 | 1 |
| 偶尔的折叠床空间 600×1200，在家庭住宅里 | | | | | | | | |
| 对床卧室 | | | | | | | | |
| 单人床 2000×900 | | | | 2 | 2 | 2 | 2 | 2 |
| 床头柜 400×400 | | | | 2 | 2 | 2 | 2 | 2 |
| 带抽屉的柜子 450×750 | | | | 1 | 1 | 1 | 1 | 1 |
| 桌子500×1050，椅子/凳子 | | | | 1 | 1 | 1 | 1 | 1 |
| 双门衣柜600×1200（或2个单柜）——可以是嵌入的 | | | | 1 | 1 | 1 | 1 | 1 |
| 单人卧室 | | | | 1 | 1 | 1 | 1 | 1 |
| 单人床2000×900 | | | | | | | | |
| 床头柜 400×400 | 1 | | 1 | | 1 | 1 | 1 | 2+ |
| 带抽屉的柜子 450×750 | 1 | | 1 | | 1 | 1 | 1 | 2+ |
| 桌子500×1050，椅子/凳子 | 1 | | 1 | | 1 | 1 | 1 | 2+ |
| 单门衣柜 600×600——可以是嵌入的 | 1 | | 1 | | 1 | 1 | 1 | 2+ |
| **厨房** | **1p** | **2p** | **3p** | **4p** | **5p** | **6p** | **7p** | **+** |
| 1水槽顶和排水器600×1000 | 1000 | 1000 | 1000 | 1000 | 1000 | 1000 | 1000 | 1000 |
| 2 灶具空间 600×600 | 600 | 600 | 600 | 600 | 600 | 600 | 600 | 600 |
| 3 洗碗机的位置/工作台 600×630 | 630 | 630 | 630 | 630 | 630 | 630 | 630 | 630 |
| 4 其他底柜 600× 长度 | 1200 | 1200 | 1600 | 1600 | 1600 | 2700 | 2700 | + |
| 5 辅助设备空间 600× 长度 | | | | | 600 | 600 | 1200 | 1200 |
| 6 冰箱/冰柜空间 600×600（上面空间不计入VOL） | 600 | 600 | 600 | 600 | 600 | 600 | 600 | 600 |
| 7 储物柜 600×5600×1950（或与区域相连） | 600 | 600 | 600 | 600 | 600 | 600 | 600 | 600 |
| 8 碟子空间 600×150 | Inc. | Inc. | Inc. | Inc. | Inc. | Inc. | Inc. | Inc. |
| 9 装修长度=1+2+3+4+5+7+8+9 | 4630 | 4630 | 5030 | 5030 | 5630 | 6730 | 7330 | + |
| 10 VOL——最小容积（cu m.）（必须包括抽屉） | 1.3 | 1.5 | 2 | 2.1 | 2.2 | 2.4 | 2.6 | + |
| *在基层上300+450深的组合墙柜 | | | | | | | | |
| **浴室** | **1p** | **2p** | **3p** | **4p** | **5p** | **6p** | **7p** | **+** |
| WC +水箱500×700 | 1 | 1 | 1 | 1 | 2 | 2 | 2 | 2 |
| 浴盆 700×1700 | 1 | 1 | 1 | 1 | 1 | 1 | 1 | 1 |
| 洗手盆 600×400 第2个可能是250×350 | 1 | 1 | 1 | 1 | 2 | 2 | 2 | 2 |
| 喷射式塔盘750×750可选 | | | | | | | | |
| **储藏** | **1p** | **2p** | **3p** | **4p** | **5p** | **6p** | **7p** | **+** |
| 总的普通储藏(300×1500高)，最小的柜子面积是$1.5m^2$ | 1.5 | 1.5 | 2.25 | 3.0 | 3.75 | 4.5 | 5.25 | +0.75 |
| 总体高度（高度超过1500）地面最小面积是$0.5m^2$ | 0.5 | 0.5 | 0.5 | 0.5 | 0.5 | 0.5 | 0.5 | 0.5 |
| 晾干的橱柜——柜子面积$0.4m^2$（包括上部的） | 0.4 | 0.4 | 0.4 | 0.4 | 0.4 | 0.4 | 0.4 | 0.4 |
| 可上锁的外部柜子 最小$2.5m^2$（除了公寓w/o花园） | 2.5 | 2.5 | 2.5 | 2.5 | 3.0 | 3.0 | 3.0 | + |
| 总的储藏柜：总的+地板：高/外部 | 4.5 | 4.5 | 5.25 | 6.0 | 6.75 | 7.5 | 8.25 | + |
| 符合要求的单元类型，在这行打勾 | | | | | | | | |

除了列表中所提到的，每个房间需要一个供热源——通常最小为 1100mm×75mm；来源：国家住宅基金 /Joseph Rowntree 基金的"标准和质量"

图 15–56 家具布局：家具表（引自 DETR《住宅质量指导》，在国家文书出版署管理员的许可下复制）

**6.2 希望增加的元素（50%）**

请写下符合下面所列要求的单元数量

| | 单元数量 | n/a |
|---|---|---|
| **起居空间** | | |
| 6.2.1 起居室不是流线中的重要部分 | ☐ | |
| 6.2.2 在起居室划定将来安装消防装置的空间 | ☐ | |
| 6.2.3 重要的储藏空间不是仅能从起居室进入 | ☐ | |
| 6.2.4 有可能时，有两个独立的起居室或区域 | ☐ | |
| 6.2.5 有可能直接从起居室进入私人开放空间 | ☐ | |
| **就餐区** | | |
| 6.2.6 餐厅是独立的（不在厨房里） | ☐ | |
| 6.2.7 偶尔的2个人在厨房里吃饭（不是家庭就餐区） | ☐ | |
| **卧室** | | |
| 6.2.8 在主要的（双人）卧室有偶尔支折叠床的空间 | ☐ | ☐ |
| 6.2.9 床（在所有房间）可以有不止一种布置 | ☐ | |
| 6.2.10 末（在所有房间）有一个位置，使得床头不在窗子底下 | ☐ | |
| 6.2.11 所有的单人卧室可以放双人床 | ☐ | ☐ |
| 6.2.12 双人卧室可以放一对床 | ☐ | ☐ |
| 6.2.13 一个或更多的双胞胎或双人卧室可以分成两间单人的 | ☐ | |
| 6.2.14 一个或更多的卧室有直接通向洗浴/WC的入口 | ☐ | ☐ |
| **浴室** | | |
| 6.2.15 淋浴头设在（主）浴盆上，有必要的墙上瓷砖和屏障 | ☐ | |
| 6.2.16 提供一个独立的淋浴间 | ☐ | |
| **厨房** | | |
| 6.2.17 从厨房向外看时，适宜看到茂密的植物、初学走路的孩子玩耍或坐憩区 | ☐ | |
| 6.2.18 从厨房有直接通向私人开放空间的通道 | ☐ | |
| 6.2.19 厨房序列储藏/准备－烹调/服务－废物/清洗 | ☐ | |
| 6.2.20 厨房工作面不受交通或高的家具打扰 | ☐ | |
| 6.2.21 厨房里灶具和水池间的最小距离是1200 | ☐ | |
| 6.2.22 厨房柜的抽屉有不同深度 | ☐ | |
| 6.2.23 面对面的厨房柜之间间隔1.2m或更多 | ☐ | ☐ |
| 6.2.24 提供辅助设备的空间，如微波炉、洗碗机等 | ☐ | |
| 6.2.25 灶具每侧最小500mm的净工作空间——墙柜要后退100mm | ☐ | |
| **交通和储藏** | | |
| 6.2.26 大厅、门廊平面紧凑、有自然光照和合适的比例 | ☐ | |
| 6.2.27 在外门上悬挂室外的衣服 | ☐ | |
| 6.2.28 大的物体（如儿童轮椅、轮椅）停放在门外 | ☐ | |
| 6.2.29 厨房、大厅或外部的带锁柜子里存放可再生材料 | ☐ | |
| 6.2.30 厨房里或与厨房相连的高的储藏空间（如果提供的话，也可以在设备间） | ☐ | |
| 6.2.31 提供固定的储藏空间——如在卧室、楼梯下等 | ☐ | |
| **安全** | | |
| 6.2.32 在“湿”的区域用防滑的地板（浴室/淋浴室，WC，厨房，设备间） | ☐ | |
| 6.2.33 在上层平开窗子处安装限流器） | ☐ | ☐ |
| 6.2.34 窗扉窗子上安装可逆的防儿童触摸的挂钩，还可以进行安全的清洁 | ☐ | ☐ |
| 6.2.35 每层安有硬接线防烟警报 | ☐ | |
| 6.2.36 危险的物质有安全的储藏空间，如医药、清洁/园艺工具 | ☐ | |
| 6.2.37 内部有玻璃的门用双层玻璃 | ☐ | ☐ |
| 6.2.38 任何首层窗子的单层玻璃加上双层玻璃 | ☐ | ☐ |
| **通用** | | |
| 6.2.39 起居室/餐厅/卧室的玻璃镶嵌线从地面算起不高出800mm | ☐ | |

| 评价：需要在最后的评价页上写下自己的评价吗？ | 是 | 否 |
|---|---|---|
| | ☐ | ☐ |

**图 15–57 家具布局：希望增加的元素**（引自 DETR《住宅质量指导》，在国家文书出版署管理员的许可下复制）

### 15.14.4 住宅委员会“程序开发标准(SDS)”,(1993, 1995)

**第一部分:住宅质量** 标准分为重要项和推荐项，对于再改造项目，如果涉及不合适的费用，则可以降低标准。商品住宅不必执行这个标准。主要标题如下：

(1) 外部环境

(2) 内部环境（包括老人和有特殊需求的人的住房）

(3) 可达性（主要关注残疾人入口）

(4) 安全和保安

(5) 能源效率

(6) 施工和维护（管道、成分和材料）

1995 年的修订版包括一个附录，列出了不同区域的家具和设施。

**第二、三部分** 这两部分涵盖了获取和管理的内容。

SDS 相当宽泛，指出了一些原则而不是固定的标准：例如，“(住宅) 协会应生产高质量的住宅以满足特定的需求”和“设计应是安全的、保险的、将事故减少到最小”。

与管道、设备和装饰有关的内容有“设计应反映出好的建筑施工质量，易于维护”。SDS 的描述性语言要少于早期住宅委员会的《导则和订约标准》(Guides and Contract Criteria)。也不再设定空间标准和房间尺寸。

**能源效率** 程序应包含有效的节约能源措施，通常使用《标准评价程序》(Standard Assessment Procedure, SAP)。

### 15.14.5 住宅质量指标

1999 年，环境，运输和区域部 (the Department of Environment, Transport and the Regions, DETR) 和住宅委员会出版了关于“住宅质量指标”的信息，试图开发一套评价住宅质量的系统。系统建议住宅质量评价可以分 3 个方向：位置、设计和特性。后来扩大为 10 个“质量指标”，分别赋予不同的百分比，以给出总的质量评分：

(1) 位置

(2) 场址：视觉影响、布局和景观，开放空间，路线和移动

(3) 单元：尺寸；布局；噪声；照明和管道；可达性；能源；绿色和可持续性。

(4) 使用特性

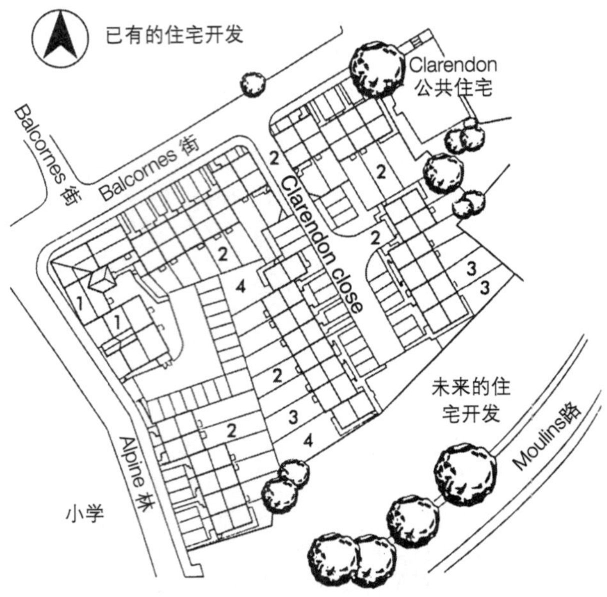


注意住宅类型传统的名字：类型 1：Alton 和 Oakdene（两室的公寓）；类型 2：菲茨罗伊（Fitzroy）（两室的住宅）；类型 3：格拉德斯通（Gladstone）（三室的住宅）；类型 4：里弗斯代尔（Riverscale）（四室的住宅）；有 10 年国家住宅建设理事会认可的住宅；每套住宅至少有一个停车位

**图 15–58 在内城私人住宅开发的好例子，使用不同的住宅类型：维多利亚宫，哈克尼 (Hackney)，东伦敦，Copthorn 之家公司**

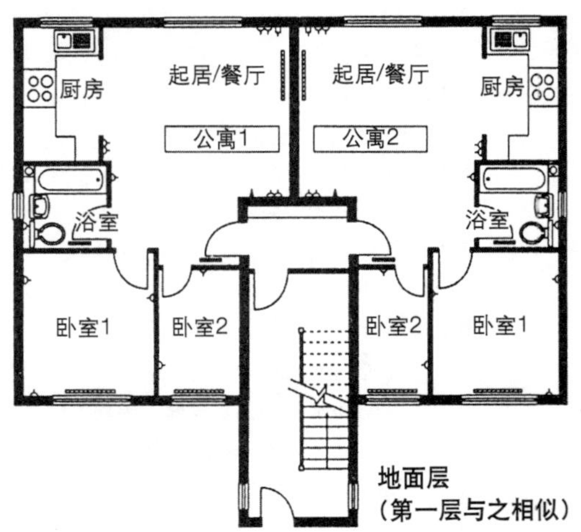


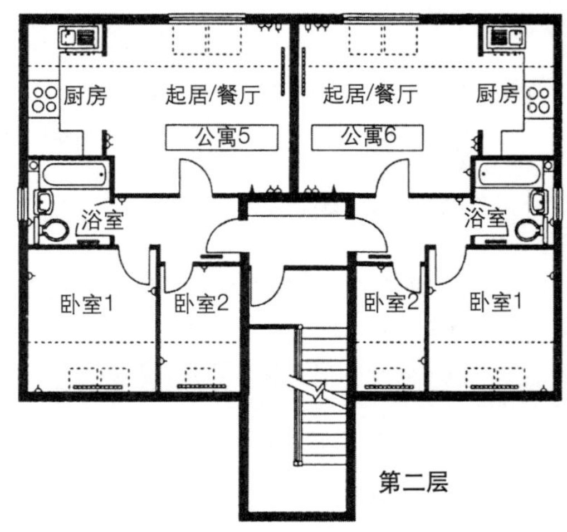


**图 15–59 两室的公寓** [Oakdene, (58)]

这里给出了一个详细的分析（图 15–56，图 15–57），可反映国家标准的一些形式。

**残疾人入口** 见可达性设计部分。要注意的是帕克·莫里斯最小标准有时候不适合轮椅进入。

### 15.14.6 住宅标准（私人住宅部分）

私人住宅部分除了通常的规划许可限制和《建筑规范》，没有国家要求的标准。规划局通常试图对外观或总的布局进行控制，但不能控制内部规划（除非是已有建筑），建筑规范主要包括健康和安全等方面；尽管它们也制定燃料和能源节约标准（注：《苏格兰建筑规范》也试图对几个区域给予更多关注）。

**国家住宅建设理事会**（the National House Building Council, NHBC） NHBC 对私人住宅标准有一些控制。有一个保险公司对结构破坏或不佳工艺提供保障（目前是 10 年），尽管没有硬性规定，但大多数建造商都在此注册。NHBC 出版了一系列标准，有一些定期更新。直到 2000 年，标准分为 10 个部分，给出了材料和场地的技术信息，但对安全（见本章末的“安全和保安”）、住宅选址和“居住及服务”涉及很少。标准中有一些章节是要求 NHBC 的注册建造师强制执行的；另一些只是作为导则。NHBC 标准没有设定空间标准，是相当基础的，在 20 世纪 90 年代有一些方面有所放松（如储存空间设施导则于 1992 年被撤掉了）。不再要求“整体供暖”；而主要的起居室应该有一个足够的热源。希望建造者能为购买者提供“尺寸准确的平面”，展现出家具陈设，如厨房、洗浴间和卧室（图 15–122），尽管一些除了床以外的可移动的家具不需要显示。

NHBC 标准中有一个简短的部分是关于设计标准的，其中指出，“住所布置应考虑到那些影响住宅及相关工作的满意度的方面”。导则包括了需要的信息：

(1) 规划许可

(2) 公路、垃圾和与相关政府的消防协议

(3) 保留已有通行权的需求

(4) 入口设施，包括坡度，对于车行路，推荐 1 ： 14，最大 1 ： 10，通往住所的小路坡度不应超过 1 ： 6

(5) 住所入口，包括台阶和门槛。

(6) 防洪措施

(7) 设计高程

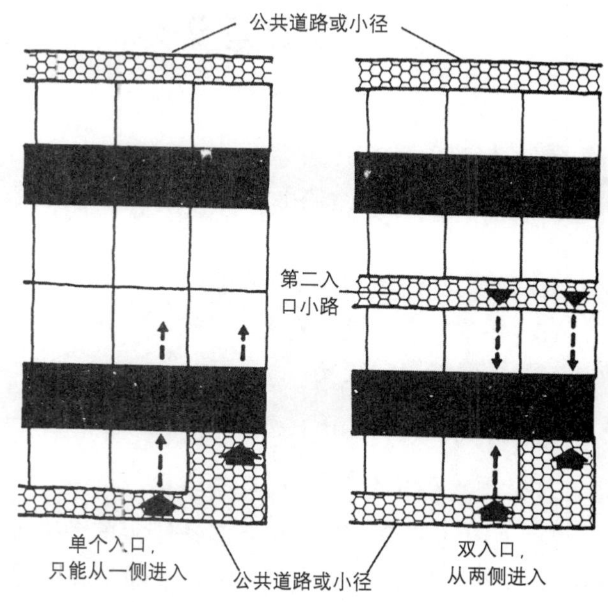


图 15–60 通往房子的入口

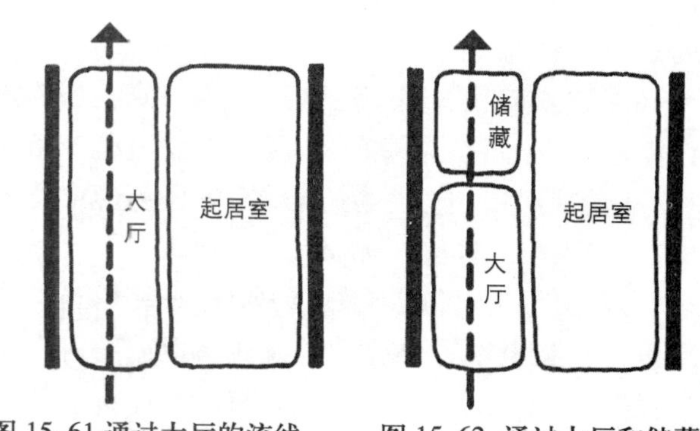


图 15–61 通过大厅的流线

图 15–62 通过大厅和储藏区的流线

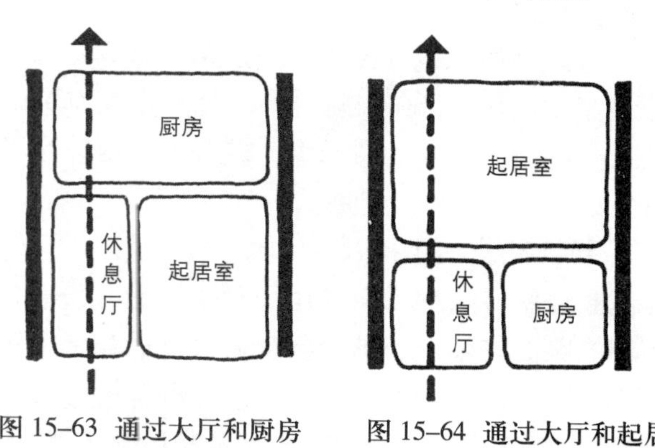


图 15–63 通过大厅和厨房的流线

图 15–64 通过大厅和起居室的流线

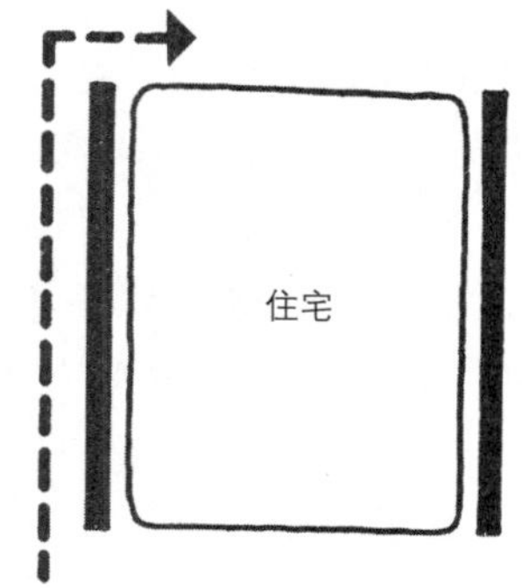


图 15–65 户外流线

## 15.15 平面类型分类

令人惊讶的是，住宅平面类型变化很少（图15–60 ~ 66）。

**决定因素** 影响住宅平面选择的主要内部因素有：

(1) 使用者需求

(2) 住宅内水平流线模式

(3) 场地朝向和气候

(4) 标准和规范

### 15.15.1 住宅平面：水平流线

住宅内的流线主要由与外部条件和布局相适应的入口类型来决定（图 15–60）。交通空间应尽可能最小化，但还要保证房间使用时最大的灵活性，允许老人、残疾人和儿童通过。以下是可能的 6 种水平流线模式。

**通过式流线（图 15–61）** 从入口到花园的流线穿过所有的起居区和工作区。不需要第二条通往花园的道路。通过式流线适用于各种形式的入口，尤其是入口只在一侧时。

**穿越储藏间流线（图 15–62）** 在小的连栋房屋里，虽然也很需要通过式流线，但需要占去第一层的很大比例。因此做了调整，允许流线从入口到花园穿越门厅和储藏间。这种安排适合于所有入口形式。

**穿越厨房流线（图 15–63）** 从入口到花园的流线穿越门厅 / 门廊和厨房。这种形式在有第两条通向花园的路线的布局中比较合适，尽管在没有备选路线时也可以使用。

**单独流线（图 15–64）** 从入口到花园，只能穿越起居室。这种平面只用于可提供第二条通往花园的路线的情况。第二条路通常只适合于排房中别墅[①]，但当其他建筑的选址选择与排房末端别墅[②]，独立式别墅和半离式别墅相似的条件时，布局情况会不一样。

**屋外流线（图 15–65）** 可以从地产的范围内、住宅外部到达花园一侧（如通过一条小路或通过车库）。

**穿外廊的流线（图 15–66）** 仅用于非常大的，单独设计的住宅。规划形式来源于罗马别墅和热带气候。

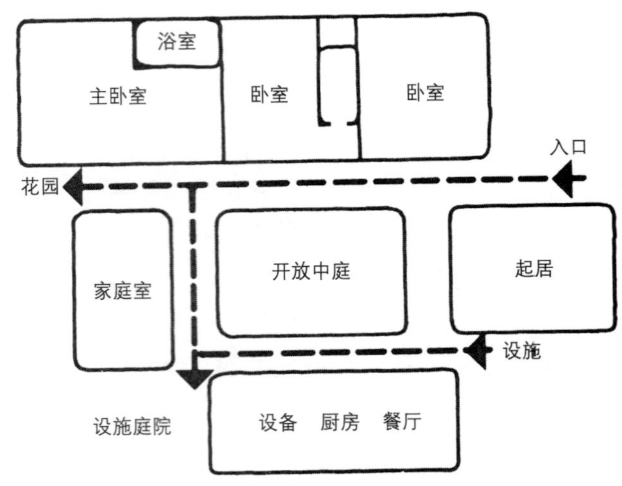


图 15–66 传统中庭布局，通常用于地中海国家，但由于气候原因，很少在英国采用

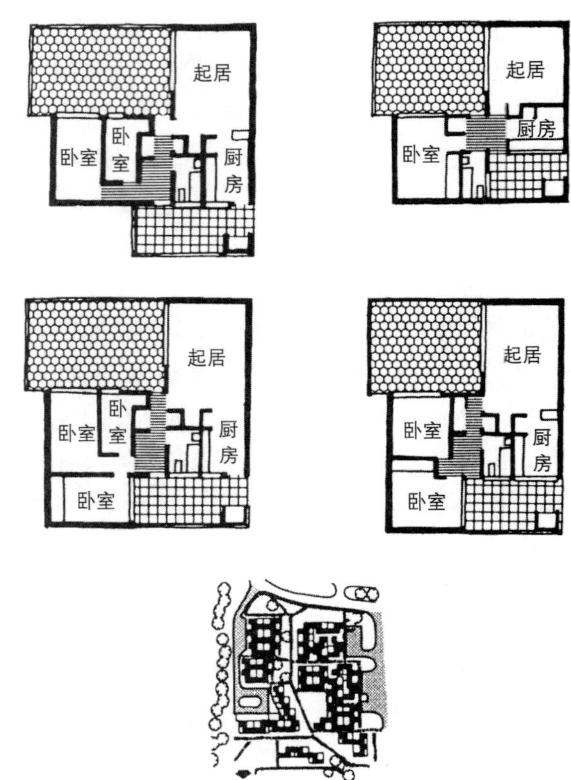


图 15–67 邓迪（Dundee）住宅，苏格兰：在基本平面上有一些变化（建筑设计：Baxter Clark & Paul）

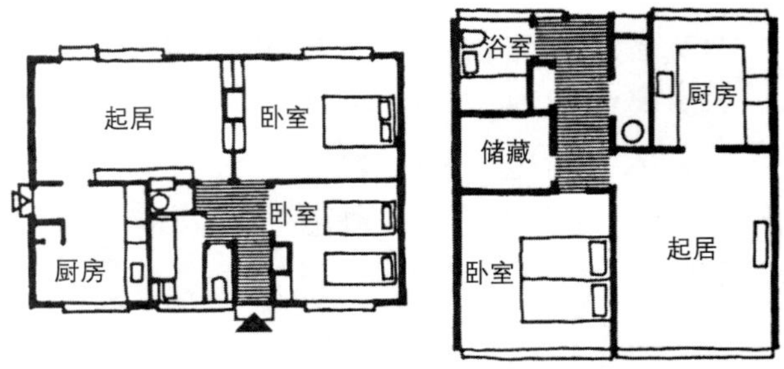


图 15–68 “Arcon”预制住宅（建筑设计：Arcon）

图 15–69 适合老年人的带走廊的平房

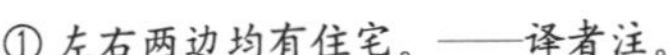

① 左右两边均有住宅。——译者注。

② 只在一侧有住宅。——译者注。

## 15.16 平面选择

**(1) 平面分类**

根据前面所述的外部和内部决定因素，平面的基本特征分为以下几个部分：

■ 层数：一层、二层、3 层或错层式

■ 方向：双向、单向、反向或开放式（图 15–19）

■ 水平流线：通过式、穿越储藏间、穿越厨房、单独流线、屋外流线。穿外廊的流线（图 15–60 ~ 66）

■ 房间数量或人口规模（如 4 间房，5 个人）

这些特征为所有住宅平面分类提供基础。在住宅超过 1 层时，还要考虑垂直交通。

**(2) 平面发展**

平面选择最初不是由家庭规模或特殊使用者需求来决定。分类首要的 3 点（层数、方向、流线），在这个阶段给出了较窄的平面选择范围，并以最简单的形式表述（图 15–67）。这个例子展示了几个基本相似的单层住宅平面如何发展为满足不同家庭成员数量的需要。

### 15.16.1 单层住宅

单层住宅（平房）平面自由度最大，唯一的决定因素是方向和流线。因此，最简单和最奢侈的住宅都能按一层布置（比较图 15–3，图 15–14，图 15–15 和图 15–68，图 15–69）。单层住宅尤其适合于老人或残疾人。

由于管道需要，厨房和浴室通常最好位于同一层且相邻，而不是垂直的或分隔的：把它们放在一起比较经济，但费用的节约不能牺牲用户的方便。

### 15.16.2 超过一层的住宅

新的平面决定因素被引入：垂直流线，厨房和浴室的关系（垂直和水平均有），平衡首层和上层的住房。

**(1) 垂直流线：楼梯**

在所有超过一层的住宅里，平面由楼梯的位置和设计来决定。楼梯和它的布局会影响采用的结构系统：在重复性的住宅设计里，楼梯通常是最重要的单独标准成分。

楼梯的不同主要体现在设计（直跑楼梯或折向楼梯）和位置上。这些合起来形成了不同的平面限制。为了提供更好的流线，目标是在到达上层时尽可能靠近住宅中部；楼梯位置和类型的最佳选择与平面形状相关（图 15–70）。

**(2) 厨房和浴室**

包含住宅最重要的管道部分，考虑到管道和水供应系统的经济性及处理难看的粪便及废水管道时的问题，最好将一个置于另一个之上（图 15–73）。

**(3) 首层和上层住房的平衡**

在一些住宅类型里，无论为小的还是大的家庭设计，卧室

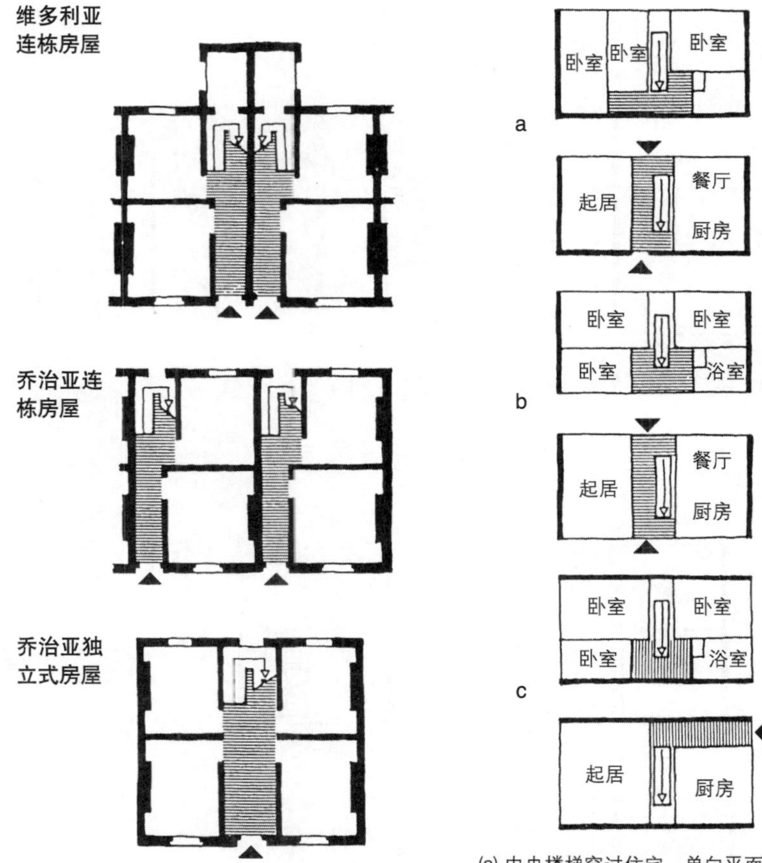


图 15–70 双折楼梯在平面上有很多优点，在传统英国住宅中应用广泛；注意，在连栋房屋里，可以通过半层的平台到一些小的房间和设备间

图 15–71 与水平流线成直角的直跑楼梯通常可节省交通空间，但也会让人感觉平面分割死板；不过在某些情况下也不是缺点，尤其是在单向的平面里

和相应的设施的总面积不一定能平衡，起居室、厨房和其他区域常放在首层：因为卧室的数量和大小常常变化，但普通用途的空间与之不同，不会随着家庭规模变化而成比例增加。为小家庭作的经济型设计，如 3 ～ 4 个人，可采用 1 1/4 层的安排，一层结构架上开放的屋顶桁架，以便于屋顶空间作为卧室。这样一层住宅的屋顶可以在未来扩展为小型住宅。

相反的问题发生在为超过 6 个人设计的两层住宅里，可将一间卧室置于过道上层，这个过道将人行道两侧的住宅连通（图 15–74）。

**(4) 房间功能**

功能区通常是不言自明的，并由普通的流动空间相连（图 15–49，图 15–50，图 15–51）。在一些布局形式中，楼梯和流线位于起居 / 就餐区，但通常不太令人满意（由于防火要求，噪声，缺

图 15–72 连排房屋简单、经济的设计，“农舍”厨房和浴室在地面层

图 15–73 通过将浴室置于厨房上层来达到节约

图 15–74 卧室在悬空处（过道）之上，可以提供额外的房间

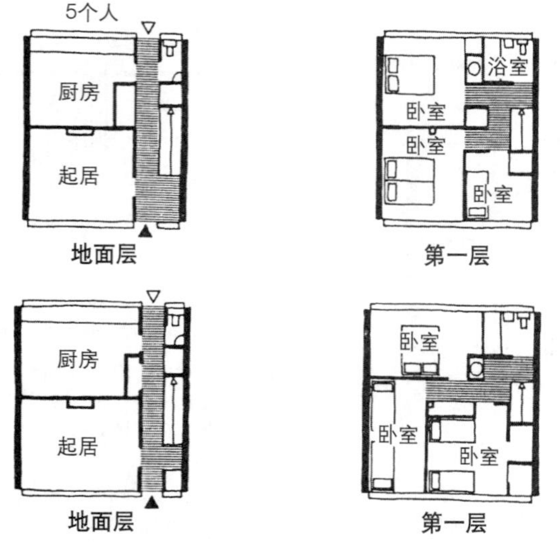


图 15–75 2 种“过厅”类型的平面：注意，更宽的前庭形成一个额外的卧室空间，但是导致第一层过长的交通空间；布局原来是为了固体燃料供热和使用烟囱的（建筑设计：国家建筑局）

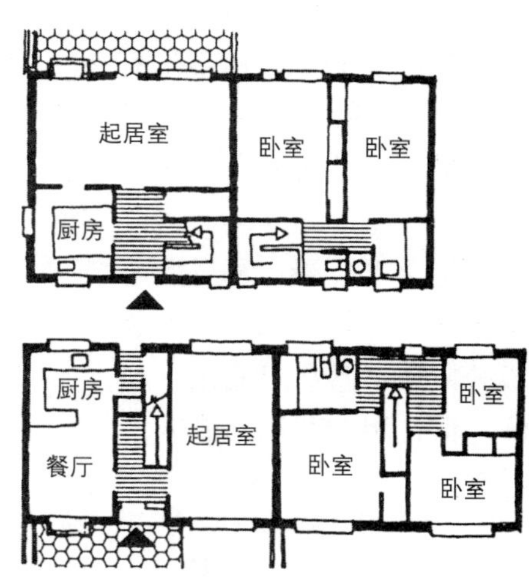


图 15–76 莫尔顿（Moulton）的住宅，约克郡（建筑设计：Butterworth）

浴室
卧室1
卧室2
浴室
卧室1
卧室2
卧室3
第一层
厨房/餐厅
起居
餐厅
厨房
起居
WC
地面层
4人，正面窄，双向
5人，正面窄，双向
5人，正面宽，单向或受控制的方向
4人，正面宽，单向或受控制的方向

厨房
WC
餐厅
起居
浴室
卧室1
卧室2
卧室3
地面层
第一层
厨房/餐厅
起居
浴室
卧室1
卧室2

图 15–77 4～5 个人的住宅类型，房子正面宽和窄的不同布局［建筑设计：国家建筑局（苏格兰）］

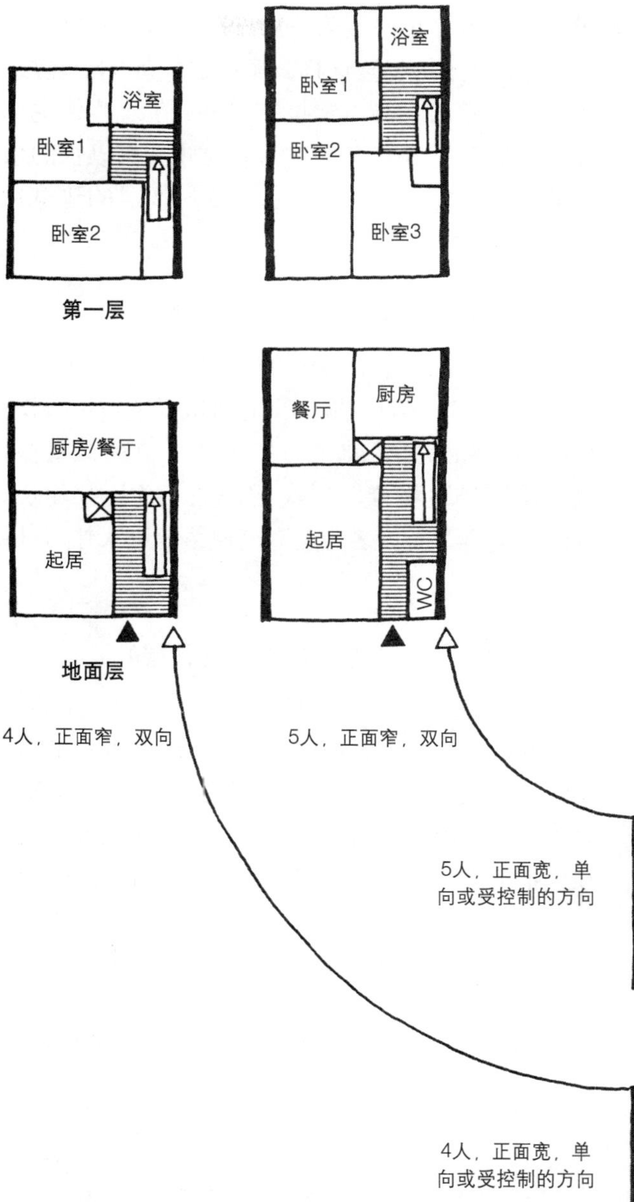

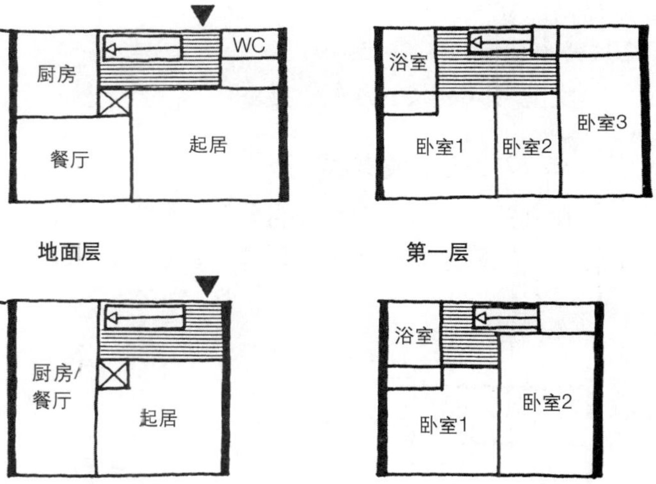

少私密性和节约能源问题）。（也见宿舍楼及旅舍部分，最小布局的例子，卧室等。）

住宅应设计成可提供灵活空间，但有些布局，如小卧室或开放式的起居 / 就餐区使其变得不太可能。在木屋顶桁架系统下，使用阁楼作为储藏空间通常是受到限制的（或甚至完全禁止）。卧室尤其应作为灵活的房间，而不仅仅是放一张床的空间。

### 15.16.3 住宅平面

#### (1) 平面类型

根据提到的类型分类（见 188 页），许多组织，无论是公共还是私人的，都遵循相应的住宅设计体系，这种体系被称作平面类型。形成平面类型的设计有常见的基本构造特征，如楼梯类型和布局，厨房 / 浴室关系和上层的结构。这种类型的住宅设计可以有一定变化，以满足不同的需求，但要同时满足一定的标准（图 15–77）。

在规划有 3 间卧室的住宅的第一层时，可以使用宽临街面的住宅，以便于在方向受控制的情况下使用房屋（即首层只在一个方向可以向外看，图 15–19）。这是有可能的，因为限制元素没有变化（在这种情况下，指管道、供热和楼梯）。使用同样的首层平面但正面较窄的住宅也有可能（转了 90 度），但在布局上会强调双向的条件（即要求两面可观景）。

**行列式布局** 有正面较窄（3.6～5.5m），中等正面（3.5～7.3m）和正面较宽（超过 7.3m）几种变化。

**露台布局** 由布局提供的私密性使其可以很近地布置在一起（因此带来高容积率）。

**组团式布局** 一种综合布局，与高层公寓相

餐厅
起居
家庭室

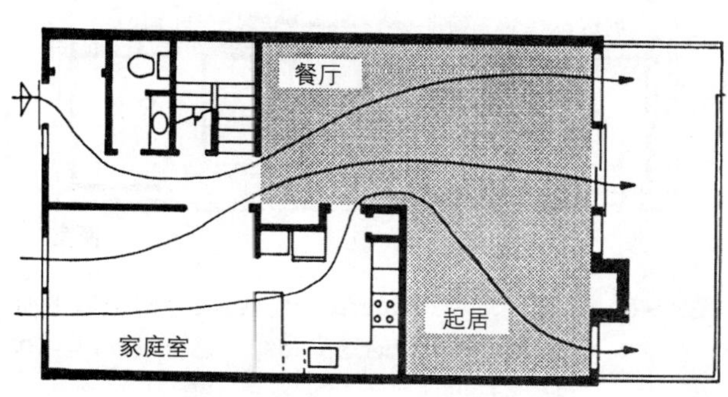

图 15–78 合并的房间：自然照明和通风

似（与图 15–82 比较）。行列式和露台布局可以成组布置，以满足特定的环境，通常形成中等和低密度 2 种方案。

**(2) 组合房间：自然光源和通风**

除非分别照明和通风，要求的面积应基于组合的空间的总体面积，保证对外开放度，对相邻空间进行合理规划，让空间享有充足的自然照明。

在行列式住宅平面里（图 15–78），阴影区被用来计算需要的合并的就餐及起居室的自然光和通风数量。假定餐厅及起居室的总面积是 41.8m²，需要的最小窗户面积应是 41.8×10%，即 4.18m²，开口在起居室外墙。通风口位置应满足整个区域的空气流通。因为就餐区与自然光源有一定距离，因此窗子尺寸很重要。

## 15.17 公寓：建筑类型

本章的这一部分是指对建筑进行水平分隔，以提供独立的、整体的住所，不必只有 1 层（如 2 层公寓套房——图 15–79）。

类型可以按以下方式分类。

### 15.17.1 低层或高层

在英国，通常由斜坡或台阶到达住宅，可接受的入户门最大高度从第一层开始算起，或从建筑正门开始算起一般为 4 层。超过这个限制，则必须提供电梯；包含这样公寓的建筑就称为高层。实际上，低层公寓通常也有电梯；在公共住宅部分，如果到任何私人入户门需要爬 2 层以上的楼梯时，也需要电梯。一般这种 3 ~ 5 层的建筑称为中层。

### 15.17.2 塔式高层或板式高层

在塔式高层里，所有的住宅公用一套垂直交通系统（图 15–80）。垂直交通通常必须包括楼梯；根据高度和布局，建筑可能有一个电梯或更多，以及第二逃生楼梯。板式结构是一栋连续建筑，可以通过 2 套或更多的垂直交通系统进入住所（图 15–4）。

### 15.17.3 两层的公寓套房（跃层）

低层或高层住宅里通常有在超过一层里布置的房间的独立住宅，被称为跃层：在英国常建成 4 层的板式结构（图 15–79），或是板式和公寓的结合体（图 15–81）。这种设计与相似的住宅公寓相比，在成本上是一种节约，因为其公用入口空间减少。

## 15.18 公寓：入口类型

入口可分为楼梯、阳台或门廊这几种类型。

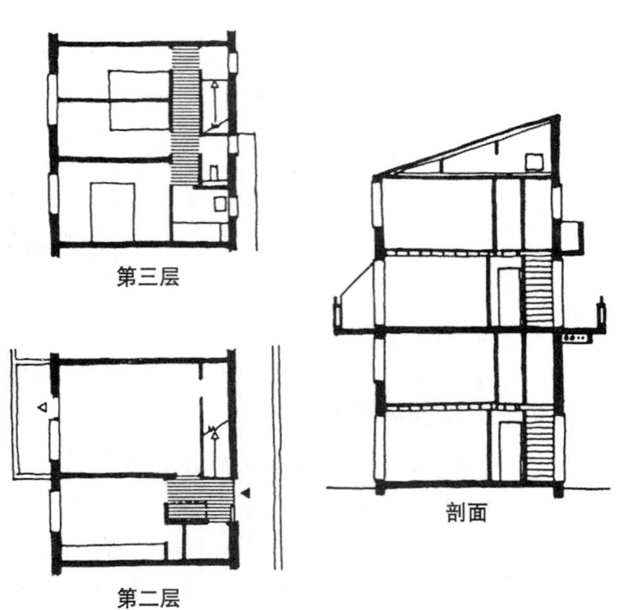


图 15–79 4 层组团里的二层公寓，伦敦：高密度开发；场地高度允许从第二层进入，但需要单个 / 有控制的入口平面；注意，楼梯的屏障，逃生阳台在上层房屋的卧室层（建筑设计：Yorke Rosenberg Mardall）

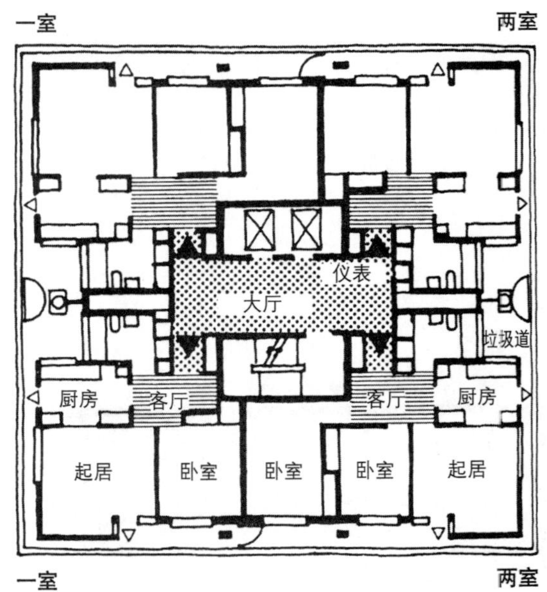


图 15–80 12 层的塔楼，Battersea，伦敦：典型的上层平面，在公寓间有阳台的逃生路线（建筑设计：George Trew & Dunn）

### 15.18.1 楼梯交通

每层平台2套、3套或4套公寓的楼梯式入口，方便管道成组布置，并保证高度私密性——塔式高层的标准解决方案。在板式结构里，如果每层超过2户，则会很不利：通常形成背对背平面，因此需要一些人工通风（图15–80）。

### 15.18.2 阳台楼厅和门廊交通

阳台和内部门廊交通，通常在板式塔楼里出现，能节约一些公用交通空间。楼厅明显的缺点

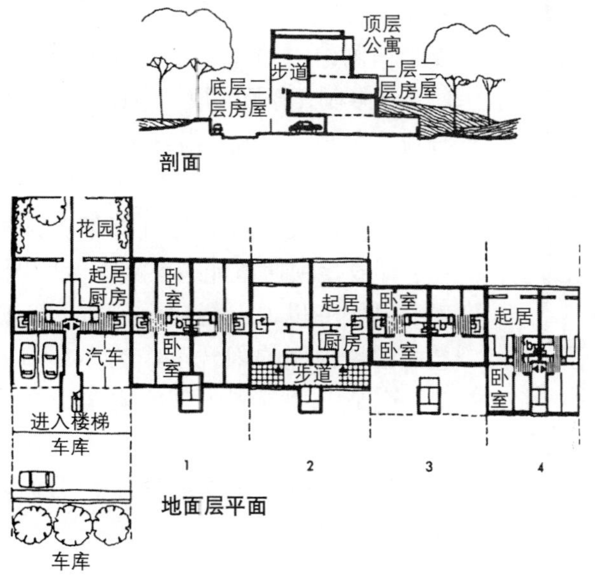


图15–81 住宅，Runcorn，柴郡：5层；布局显示，2×2层房屋（下面一套从地面层进入，上层一套从2层步道进入），顶层是公寓（从地面或步道进入楼梯）；坡道和桥连接主要的商店区［建筑设计：詹姆斯·斯特林（James Stirling）］

图15–82 3×2室公寓：平台有良好的日照和穿堂风，但墙的额外长度有违路线经济的原则（建筑设计：E Gutkind）

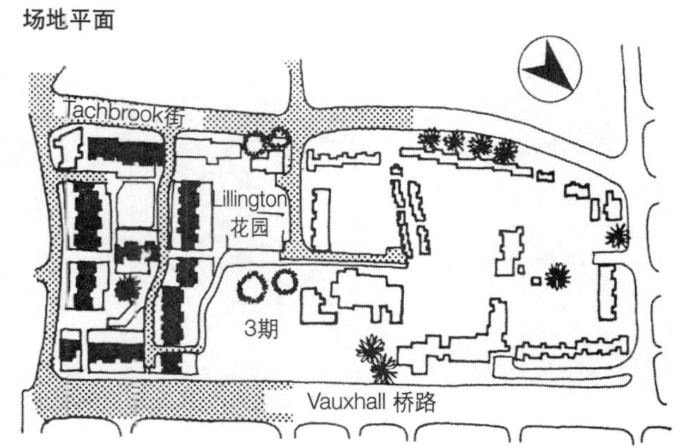


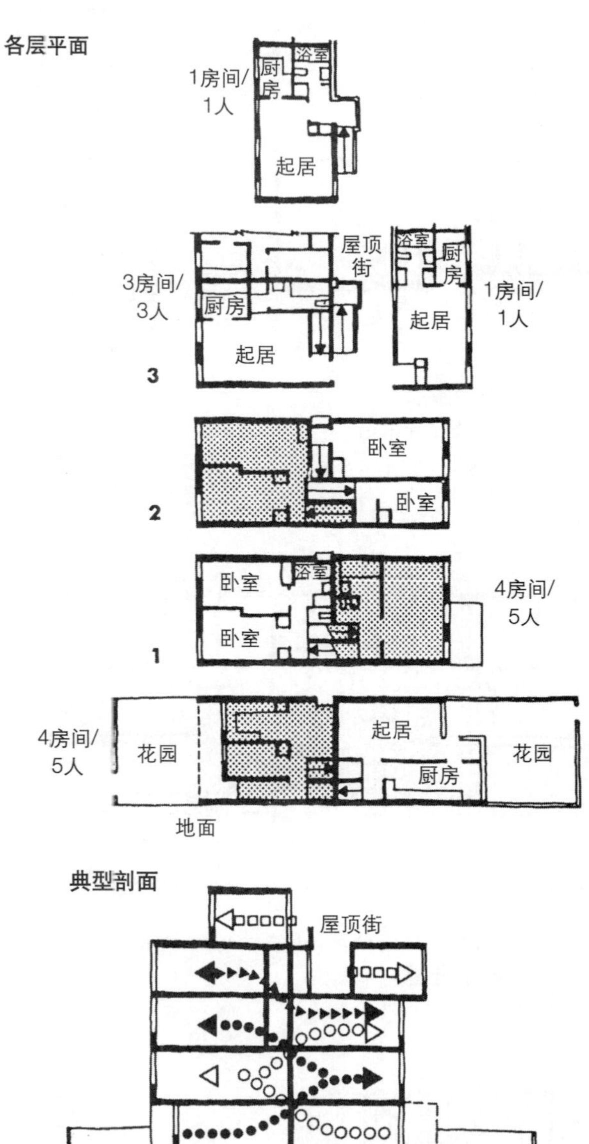


图15–83 中层住宅，Lillington街，伦敦：高密度（618床/$hm^2$）；每套家庭住宅通过私家花园由地面层进入；小一点的二层房屋或公寓由开放门廊或“屋顶街”进入，组团间有桥，均由电梯到达［建筑设计：达帮尼&达克（Darbourne & Darke）］

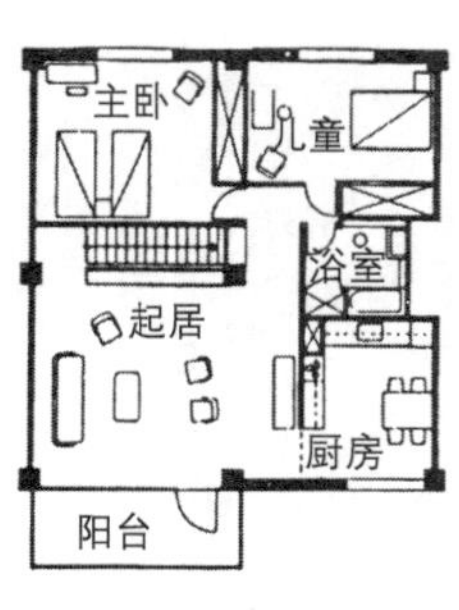


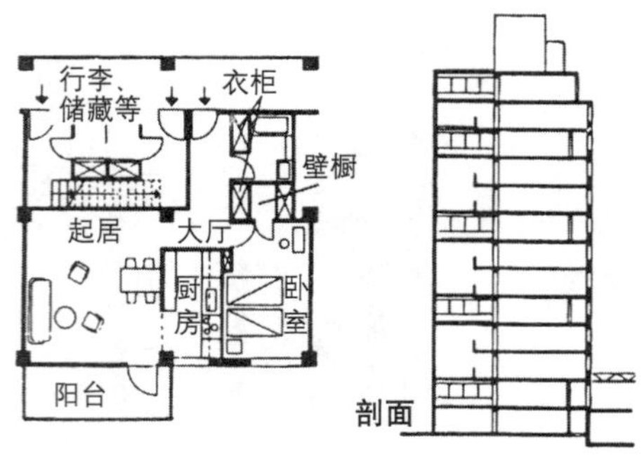


图 15–84 “三居室”布局，剑桥，美国：每三层有一个入口门廊；入口门廊上层和下层的公寓有私人的楼梯（建筑设计：Kock-Kennedy）

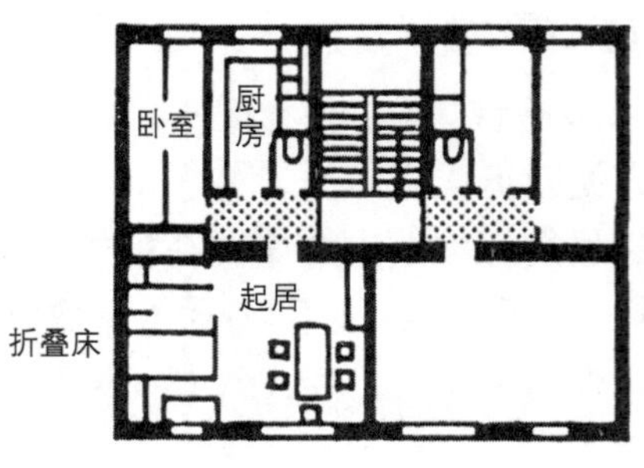


图 15–85 小的德国公寓，WC 在内墙上；起居室 $28m^2$（建筑设计：Märkische Wohnungsbau）

图 15–86 更宽敞的三室公寓，有 WC 和淋浴

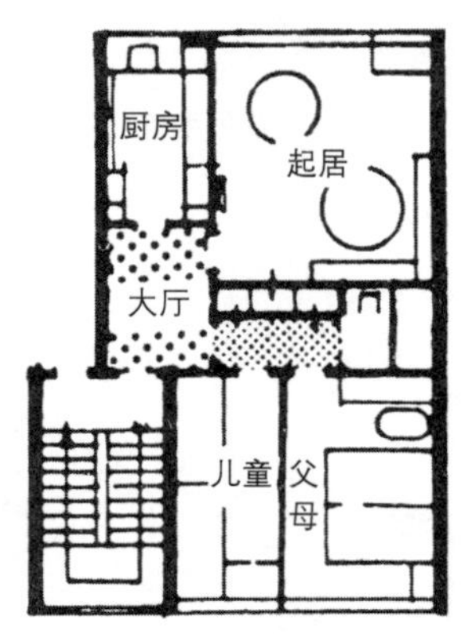


图 15–87 荷兰的三室公寓，有内部浴室；有独立设施的紧凑平面（建筑设计：H. Leppla）

是暴露在室外，尤其是在高层里，而楼厅一侧由于缺少私密性导致内部规划受到限制；窗子的设计可以改变这种限制。内部门廊避开潜在的天气问题，但会带来新的隔声、照明和通风问题。在使用中需要较高的管理标准。开放式走廊或屋顶通道能避免大多数问题。在中层住宅里，大套住宅上方的开放走廊和带顶棚的阳台可作为小公寓入口，这是一种不同类型的家居组合的高密度方案（图 15–83）。在连接分层公寓和跃层时大量使用楼厅和走廊交通（如图 15-6）。

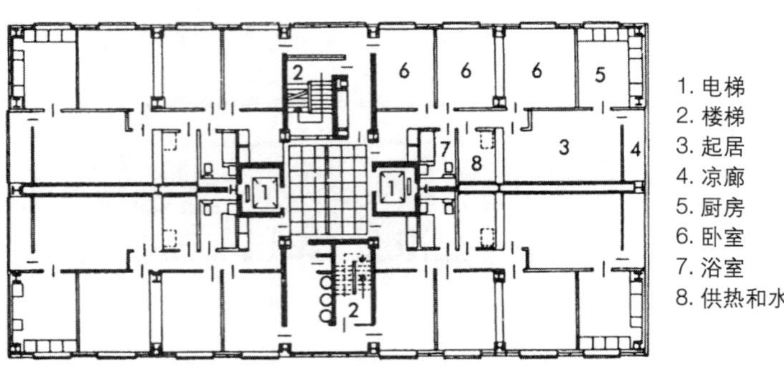


图 15–88 高层楼里的公寓，Balornock，苏格兰（建筑设计：S Bunton & 事务所）

### 15.18.3 欧洲住宅

欧洲公寓在 1919 ~ 1939 年的发展主要受“最小住宅”理念的支配。在一段住宅极度短缺的时代，小面积和室内设施较少的住宅被用来在内城区域提供高容积住宅（图 15–85，图 15–86，图 15–87，图 15–88）。面积稍大的公寓用在郊区环境和供应中产阶级（图 15–90）。

图 15–89 日间和夜间用途可转换的公寓，有折叠床和屏障：面积 $40m^2$（建筑设计：C. Fieger）

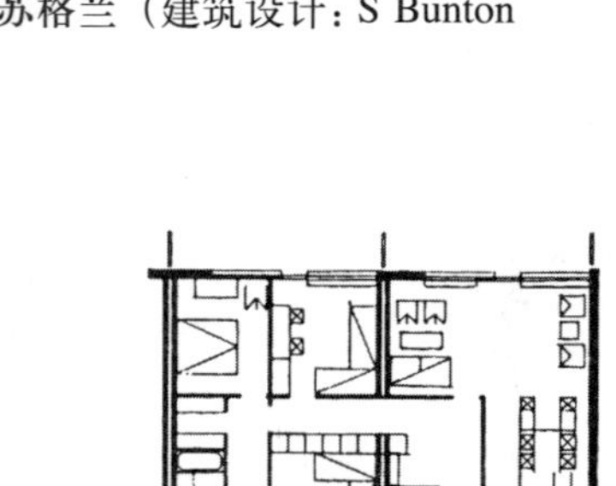

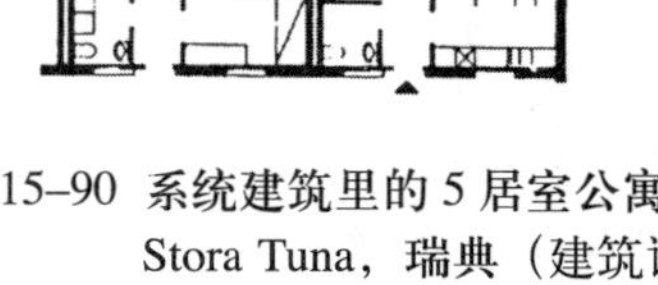

图 15–90 系统建筑里的 5 居室公寓，Stora Tuna，瑞典（建筑设计：Y. Johnsson）

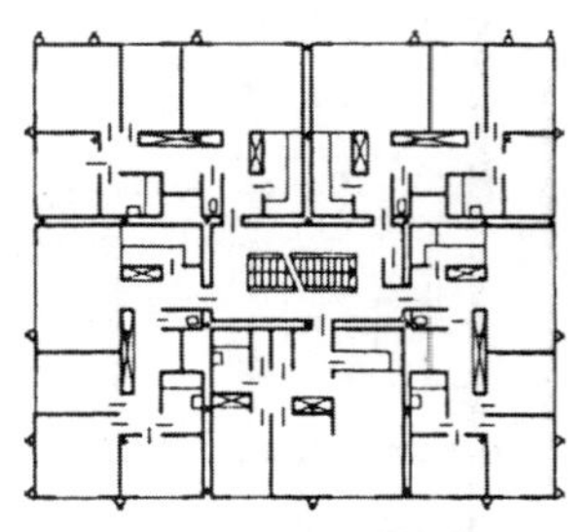

图 15–91 公寓楼区公寓住宅标准的楼层，鲁昂，法国（建筑设计：Lods Depondt Beauclair Alexandre）

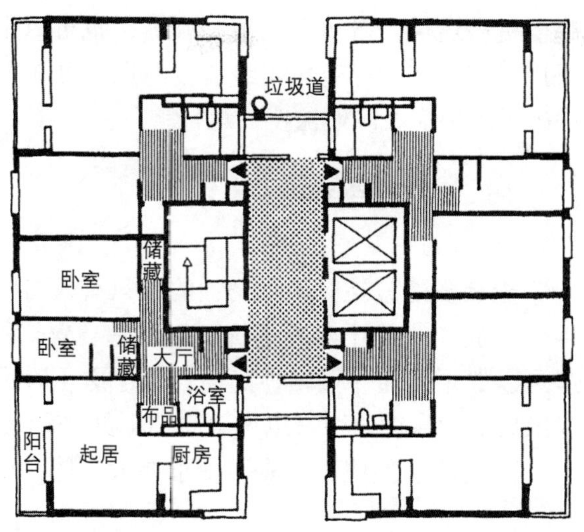


图 15–92 塔楼，Thamesmead，伦敦：12 层系统建筑结构，每层有 4 套公寓（建筑设计：GLC 建筑设计科）

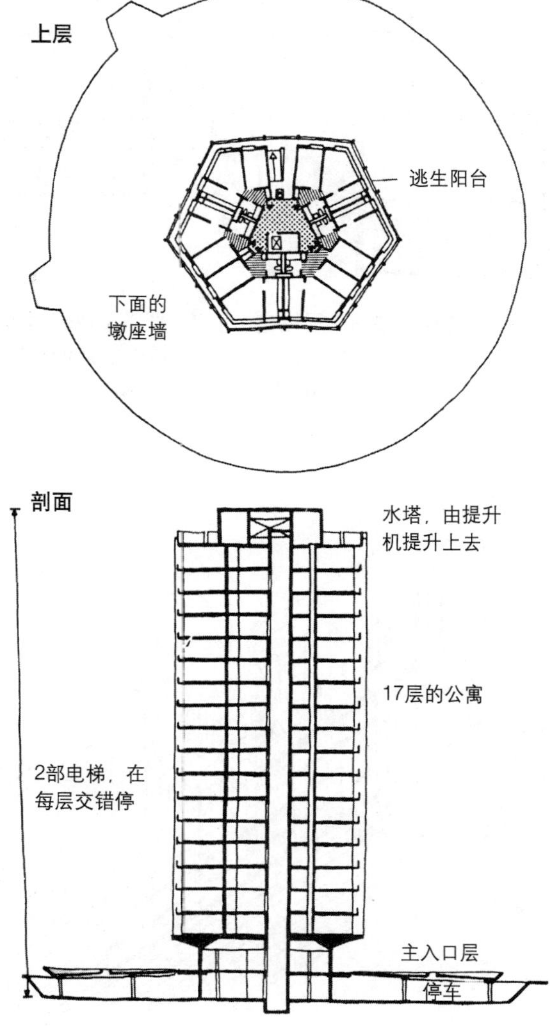


图 15–93 皇家塔楼，布莱克内尔（Bracknell），伯克郡（Berkshire）：在欧洲大陆一些设计达到 10 套 / 层，由中央入口，但防火规范使其不可能在英国出现；这个六边形平面达到 6 套公寓 / 层，符合最小的流通空间和逃生距离；圆型墩座墙下为每套公寓提供停车空间（建筑设计：Arup 事务所）

### 15.18.4 公寓和跃层标准

现代公寓不应被当作“第二选择”，但应为相同规模的家庭提供与住宅相似的住处。事实上，英国公共住宅部分的公寓空间标准比单栋住宅还大一些，但遇到提供内部流线和火灾逃生路线的困难。

## 15.19 双户住宅和三户住宅

在错层式公寓和 2 层公寓的设计上，每 2 或 3 层都安排有楼厅、台板或走廊，这种形式已经发展了许多年。虽然解决了一些设计问题（如视觉私密性和交叉通风），但其他问题，如隔声等，却增加了。

## 15.20 公寓：决定因素

### 15.20.1 设施

应关注成组的设施和提供足够的设施管道，尤其是当建筑涵盖了不同面积的住宅，且平面不重复时。标准的浴室，厕所和厨房设备的设置有利于促进管道和设施区的设计。内部浴室和 WC

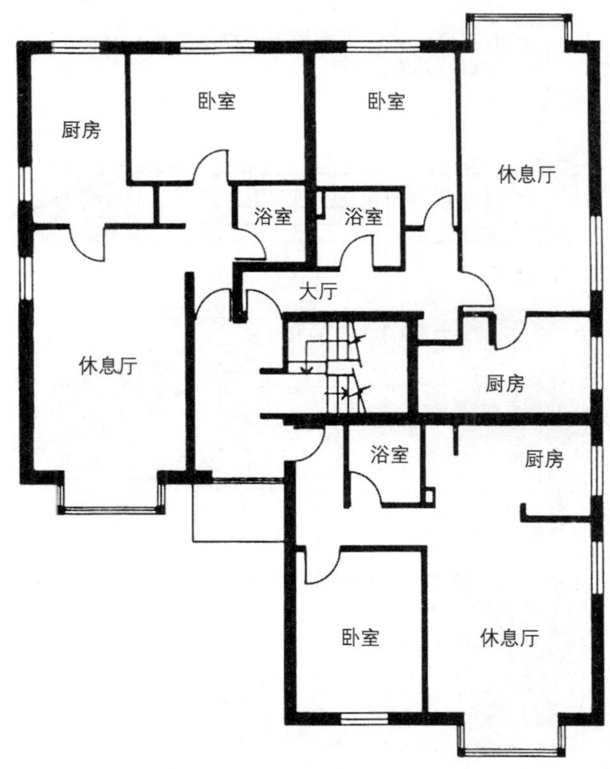


图 15–94 Cosham 公寓，朴茨茅斯，汉普郡：3 层（显示的典型层）；注意是卧室而不是厨房靠近公寓门，以遵循消防官的要求（建筑设计：雷克斯·霍克斯沃斯）

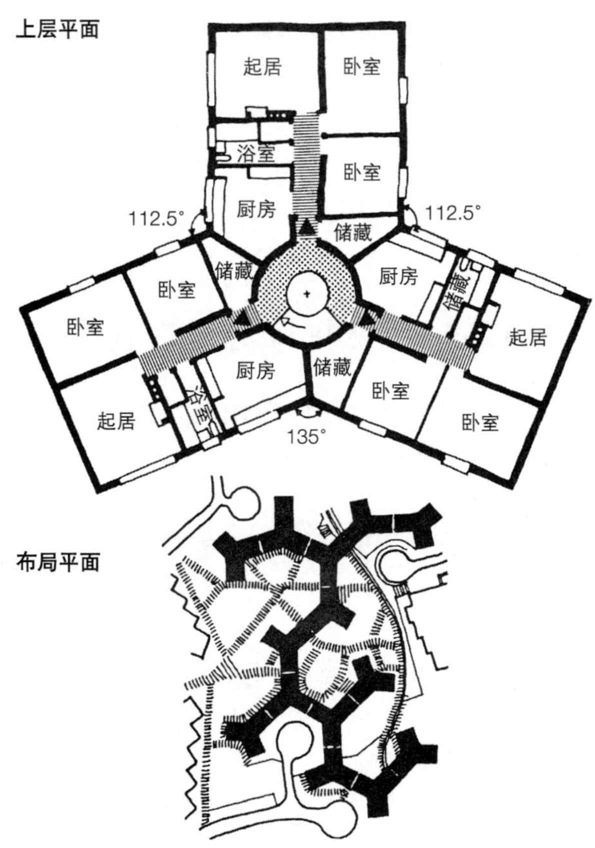


图 15–95 Y 型塔楼已在好几个国家使用，尤其是以低层的形式，它们可以连在一起而没有阴影；这个例子建于 1957 年，位于坎布尔瑙特（Cumbernauld），苏格兰，伸出的臂有不同的角度，使布局有更多的变数，还可避免封闭的庭院（建筑设计：坎布尔瑙特开发公司）

需要机械通风，既可以用单独管道，也可以采用通用管道。共用的通风系统需要有风挡和辅助风扇来阻隔烟雾，以确保持续运行。

### 15.20.2 私密性和防火

#### (1) 私密性

走楼梯是最能保证私密性的，只有入口门向平台开放。在楼厅交通情况下，浴室、WC 和厨房可以置于交通一侧，但高窗在楼厅之下时很难提供足够的自然照明（也见 180–181 页，205 页）。

公寓比单独住宅的隔声困难要大一些，私密

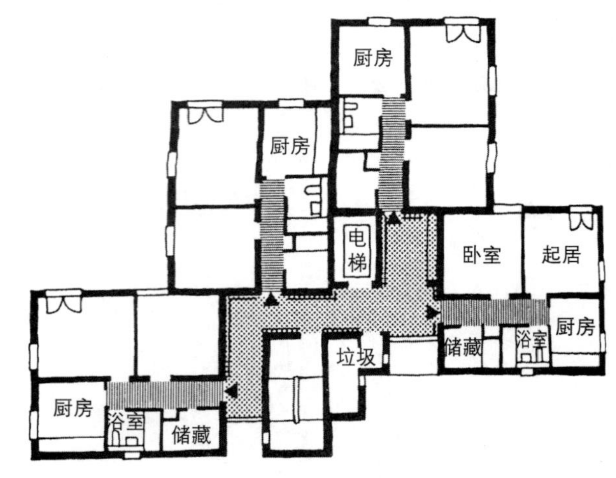


图 15–97 备有顶棚的 3 层住宅，伦敦：低塔楼或“短塔楼”，有电梯，可以为老年人提供合适的住宅（建筑设计：Yorke Rosenberg Mardall）

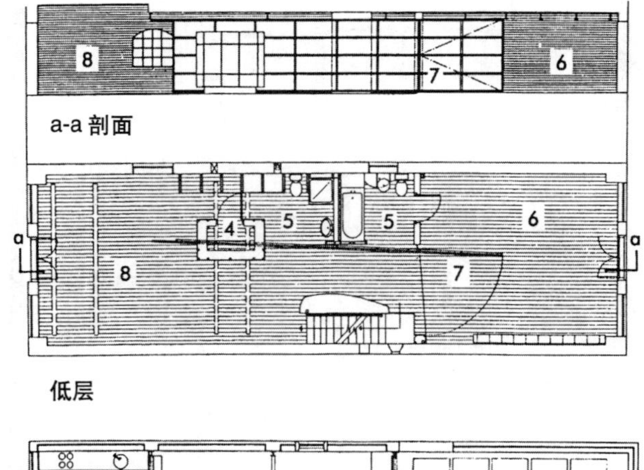


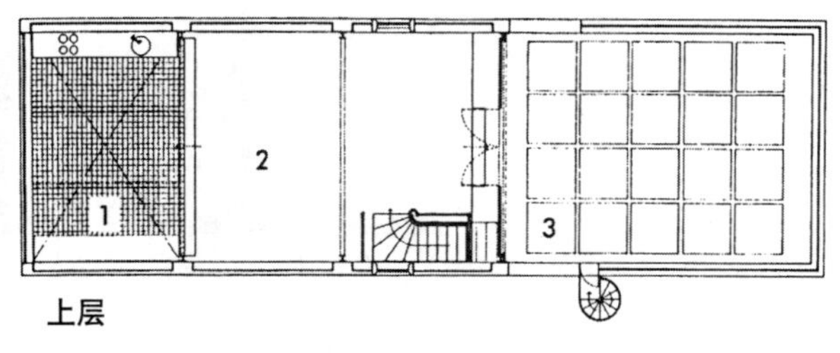


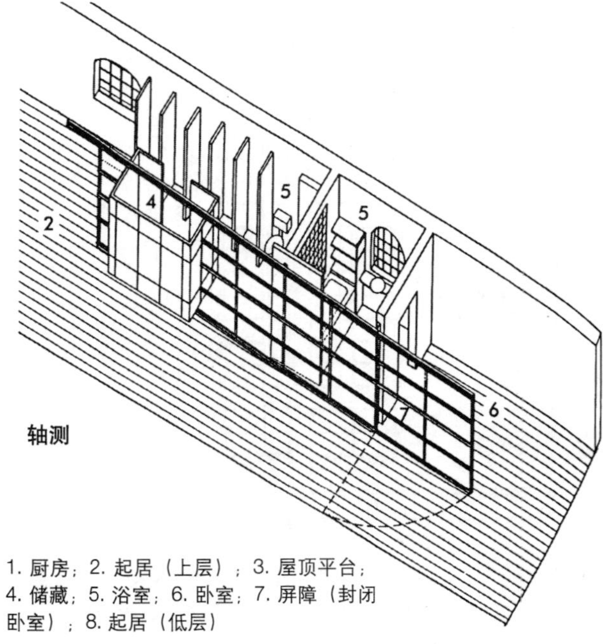


1. 厨房；2. 起居（上层）；3. 屋顶平台；4. 储藏；5. 浴室；6. 卧室；7. 屏障（封闭卧室）；8. 起居（低层）

图 15–96 仓库的转变，德贝郡街住宅，Bethnal Green，伦敦：近期再利用老的工业企业潮流的有趣的例子，通常在内城区，以提供居住设施（建筑其余的部分没有显示）[建筑设计：弗拉瑟·布朗·麦克柯那（Fraser Brown MacKenna）建筑事务所]

性最好由平面来解决。避免卧室有长的分隔墙，避免卧室位于楼厅下或与电梯、楼梯或垃圾道相邻。在有可能时使用柜子来增加分隔墙的隔声效果。

**(2) 防火逃生**

卧室门应面向私人入口门厅开放，在可能时应比起居室或厨房更靠近入口。除了浴室和卫生间以外的所有门应该可以自我关闭和防火；入口门厅的围合墙应有半小时的抗火功能。在大多数其他情况下，为 2 层以上的卧室规划备选逃生路线。

## 15.21 内部功能

应注意，社会住宅项目布局应遵循《家庭空间》(Space in the Home) 和其他相关的 DoE 设计公告 (Design Bulletins)。

## 15.22 主要入口

尽管已经申明得很清楚，但人们有时仍会忘记正门应显而易见，在入口处就应看见；如果有其他相邻的门（如书房和起居室），主要入口应清晰可见。

入口门槛和门厅对于残疾人通道来说是最困难的区域：应考虑斜坡或水平的门槛（见可达性设计部分）。如果住宅的一部分还用作办公室或工作室，应该有一个单独的前入口，或者易于从主入口进入。对于大厅及流线来说，图 15–61 ～ 64。

## 15.23 起居室 / 接待室

它们的功能包括：

(1) 休憩，社会活动和娱乐

(2) 儿童游戏区

(3) 可能情况下，偶尔作为用餐区（取决于其他就餐空间面积和氛围）

通常需要友好的、非正式的氛围，有良好的自然光线和视线，最好朝向花园，远离有噪声的区域，如前面的大马路等。在大一些的住所里，起居室可能不止一处，可能两个都是独立的，或由双扇门进行分隔。交通流线最好不要穿越起居室，除非是在较小的住所里。最好有一个通往花园的门。需要大量的墙壁空间，可作为书柜、挂画、装饰品等。壁炉通常被认为可以形成焦点：不必像传统的使用固体燃料的壁炉。

## 15.24 餐厅

目的很明显，在较小的住所里，这个区域通常与起居室合在一起。传统意义上，如果主要作为早餐室，可以朝向东方，以获得早晨的阳光；如果主要是午餐或晚餐时使用，则应朝南或朝西，以利用下半天的阳光。一种合理的供 8 人使用的空间(允许储藏和交通空间）大约为 12m$^2$（图 15–98）。

**餐厅—厨房** 可能提供一个朝向起居室或与起居室相邻的区域，而不是一个独立的餐厅更容易让人接受（图 15–113）。可以通过安排一定的设施，以提供一定程度的屏障，或者通过改变地面装饰，或地面高度的变化（除非是很有技巧的设计，一般不采用）来达到分隔的作用。

**农舍厨房** 厨房可以扩大，以容纳一个就餐区和几把椅子，不用分隔，以形成一个早餐吧或“农舍厨房”。这种做法比独立的厨房和餐厅或餐

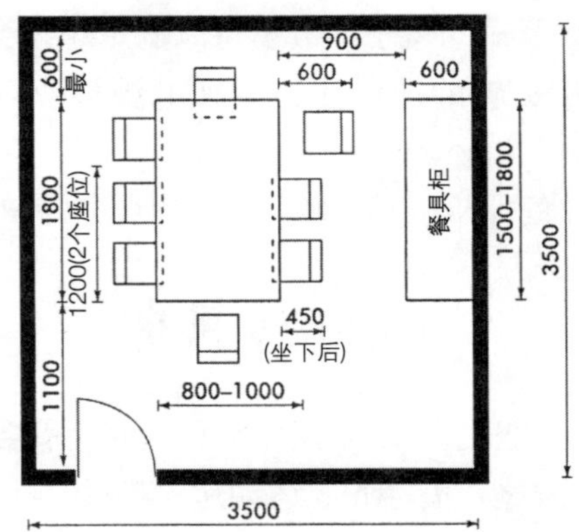


图 15–98 餐厅

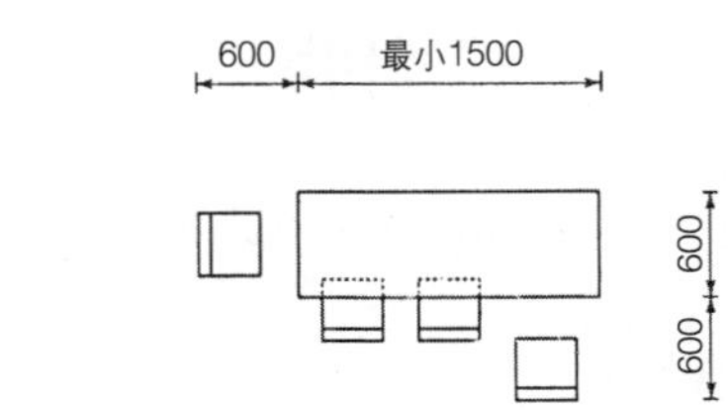


图 15–99 早餐吧

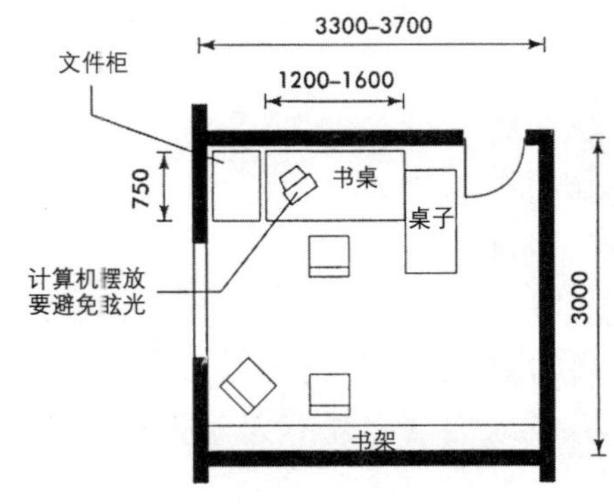


图 15–100 书房

厅-厨房空间上更经济一些，但在使用上的灵活性也少一些（图 15–99，图 15–112）。

## 15.25 书房

由于在家办公人群数量的增长，书房的需求也越来越大。廉价计算机、因特网、传真机等的易得性使得现代人以一种 20 世纪 80 年代的人们不可思议的方式在家办公。虽然传统意义上有一部分人是在家办公的（如教区牧师和作家），但现在其他人也可以这样做；据估计，到 20 世纪 90 年代末大约有 70%的小企业创业者是在家办公的。独立的房间是很重要的，最好是在地面层；为了保证私密性，防噪和安全，这个房间应与普通生活区域分开（图 15–15）。

需要的设施（图 15–100）：

(1) 书桌（有放计算机的空间，位置最好能避免眩光）；

(2) 舒适的椅子，数量可以满足小型会议；

(3) 足够的通讯接口（如电源插座，电话插座）；

(4) 复印机、传真机、文件柜、书等的空间。

## 15.26 专用房

在一些更昂贵的私人寓所，可能需要的房间包括：图书室、音乐室、运动房、游戏室（如台球、飞镖、乒乓球：见体育部分）、早餐室、舞蹈室。

## 15.27 厨房

厨房应有直接通向就餐区的入口（一个服务的开口就足够了）。

需要的设施有：

(1) 食物准备和服务

(2) 就餐：偶尔的就餐，可能是早餐

(3) 清洁

(4) 食物存放

(5) 器具和陶器存放。

辅助活动包括：

(1) 洗衣服

(2) 普通的家务活和清洁

(3) 小孩的玩耍（必须有人监管和足够的保护）

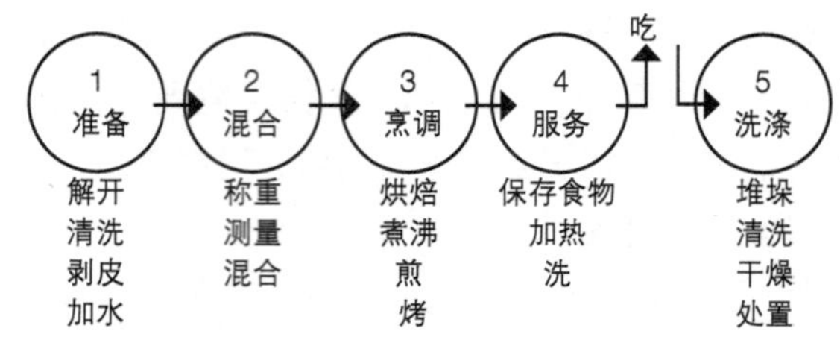


图 15–101 活动序列

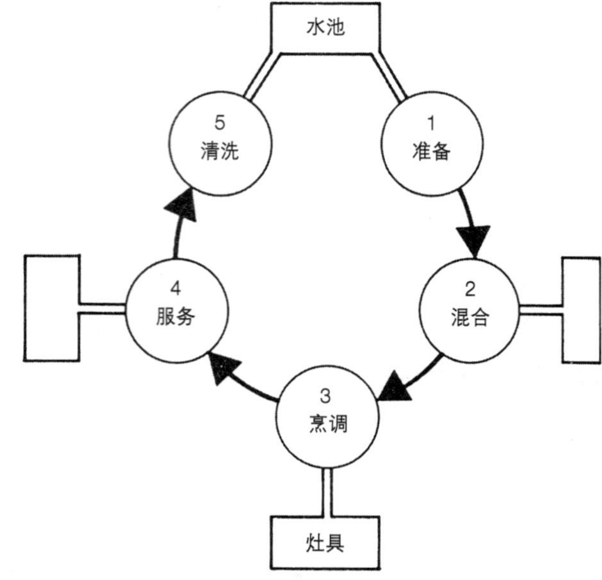


图 15–102 家具排列顺序

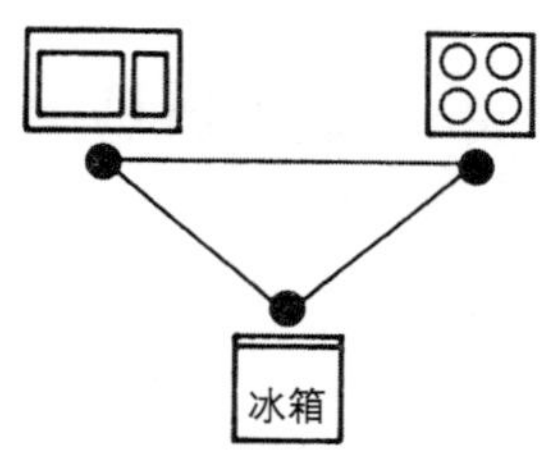


图 15–103 工作三角(水池-灶具-冰箱)

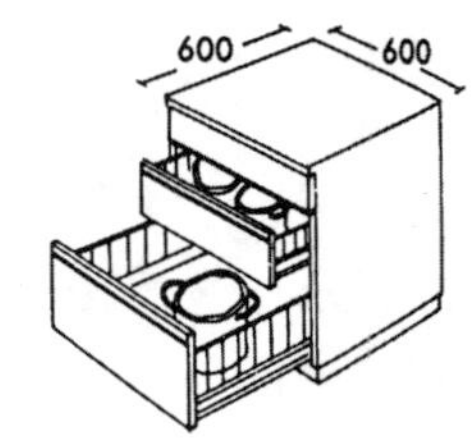


图 15–104 带抽屉的碗碟橱

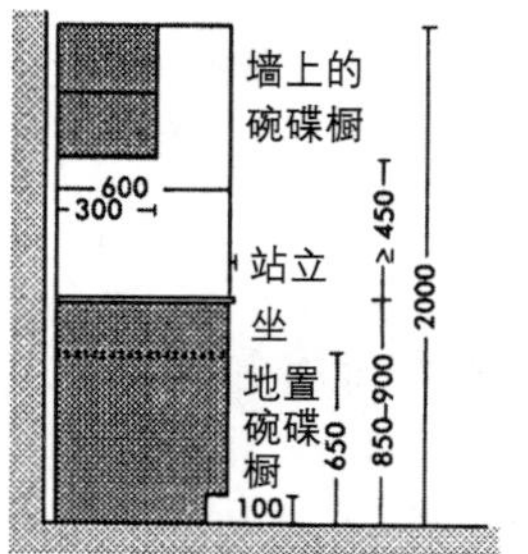


图 15–105 剖到工作台和储藏的剖面

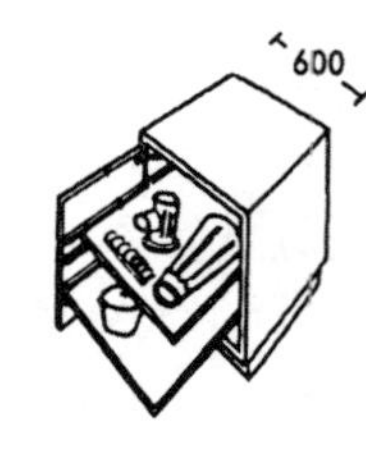


图 15–106 设备柜

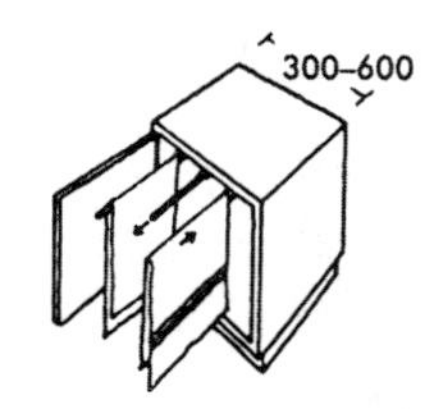


图 15–107 布和毛巾

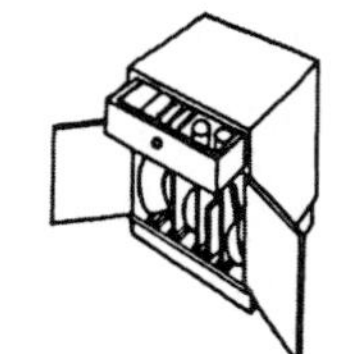

图 15–108 节约空间的垂直碗碟存放

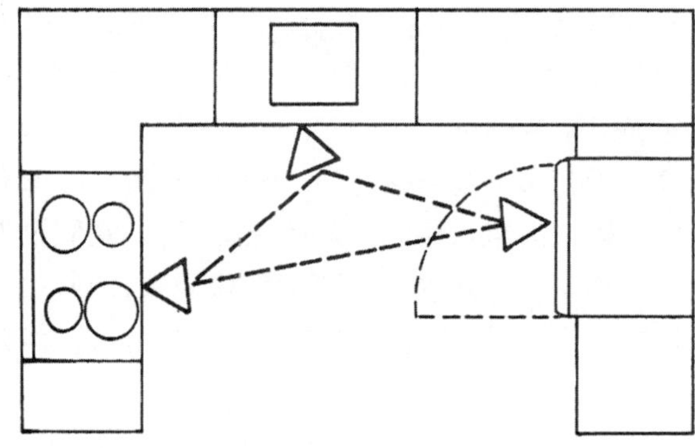

图 15–109 U 型厨房

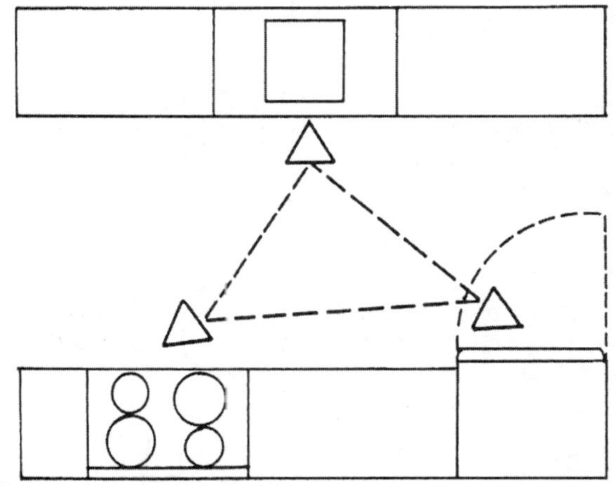

图 15–110 走廊形平面厨房

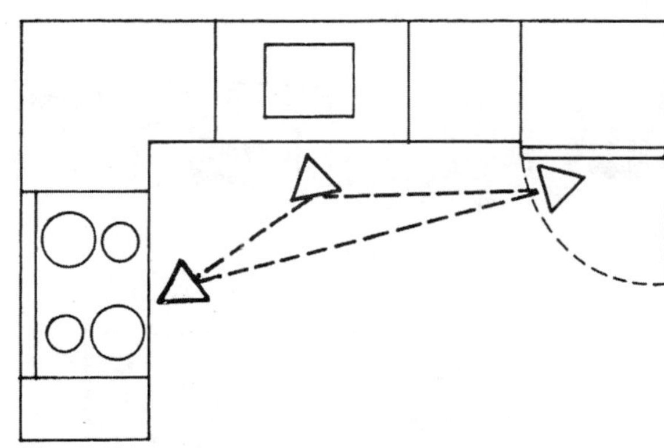

图 15–111 L 型厨房

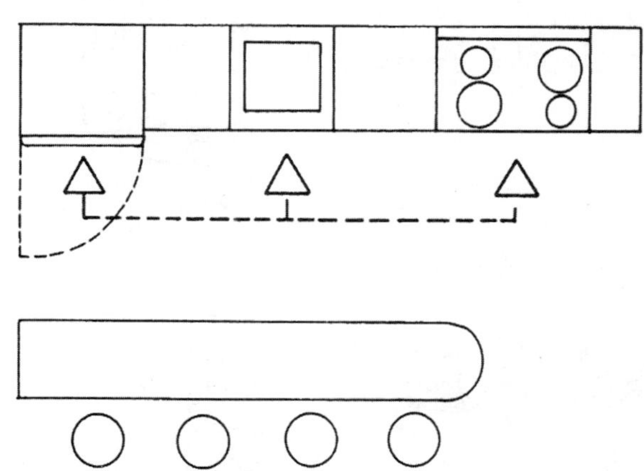

图 15–112 直线型平面厨房，带早餐吧

### 15.27.1 工作顺序

活动顺序（图 15–101）与设备顺序有关（即工作台—灶具—工作台—水池—工作台），这个序列是现代家庭厨房平面的基础（图 15–102）。这条线不能被全高的柜子、门或通道打断。

**工作三角关系** 使用者在水池、灶具和冰箱或储物柜之间走动的距离是厨房规划很重要的一点。将这三个元素连在一起的线构成的图形被称为“工作三角”（图 15–103）。对于普通家庭住宅来说，三角形的边长之和应该在 5.50 ~ 6.00m 之间。水池和炉子之间的距离应不超过 1.80m，且不要被通过式流线打扰。

**水池** 通常最好位于窗子下，通常认为应该有两个水槽。水池离废弃物箱或外部水槽最远不超过 3m，前面有足够的站立空间，应该远离角落。然而，在小的厨房，水池可能需要靠近角落。

**灶具和操作面** 没有一个理想的位置来放炊具：如果是连续操作面，工作流程就会被打乱；如果在工作三角之外，会有额外的走动距离。炊具不能放在窗子前，且如果有可能时，应该提供一个通风罩。它们不能放在墙柜下，天然气炊具应该远离吹到火焰的气流。灶具两侧都应设置操作面；如果灶具在角落里，至少有 400mm 的回旋余地以供站立和接近。低层的炊具前面至少需要 1.2m 的空间。相邻的操作面应该与灶具顶面在同一个高度：如果必须有高度变化，则操作面应该至少远离灶具 400mm。有独立的铁架的分层的灶具加上墙上的微波炉现在也很流行（图 15–109 ~ 113）。

**冰箱** 是厨房设备中最难放置的一项。作为工作三角的重要成分，它应与操作面空间相邻。冰箱门开门的方向应背离工作区，以便于食物取放，还不能阻挡通道或在打开时撞到另一个门。

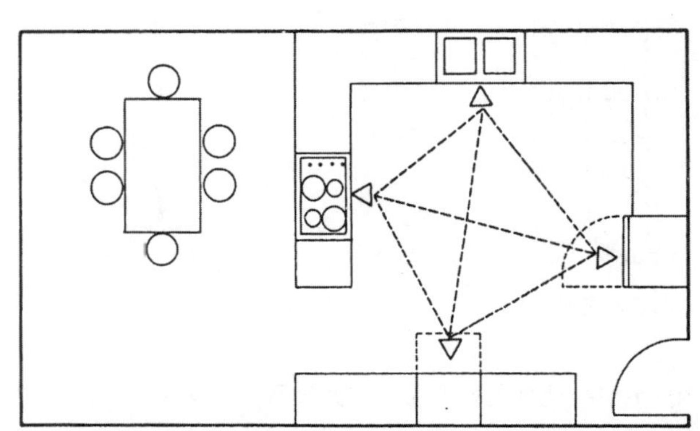

图 15–113 方形平面厨房，带就餐区（餐厅—厨房）

### 15.27.2 厨房储藏间

这个空间需要设在厨房里或与厨房相邻，以存放食物和炊具。储藏间也需要存放一些清洁和清洗设备。干的食物应该封闭起来，容易从灶具和水池处拿到。

地上的柜子最好用来存放重的或不经常使用的物体。墙上的柜子在空间上比较经济，存放小的、经常使用的物体很方便：柜子应浅点，以方便使用下面的操作面（图 15–105），且至少应在操作面以上 450mm。

食品库现在很少见，但如果有的话，应该有良好通风（通风口由防蝇屏障来保护），它们里不能有供热管和热水管，也不能直接受到日晒。

冷柜不一定必须在厨房里或靠近厨房，但如

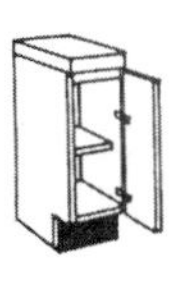

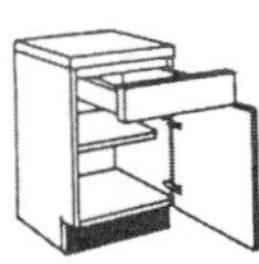

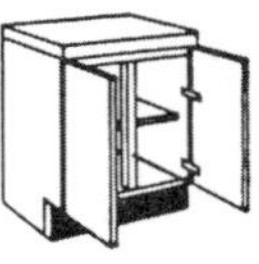

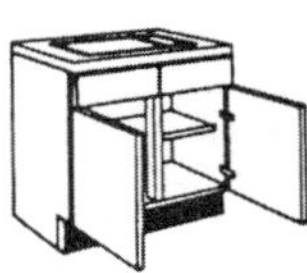

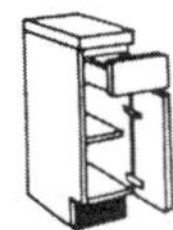

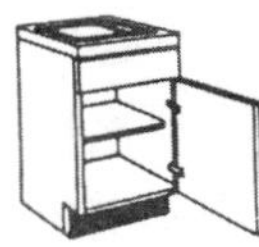

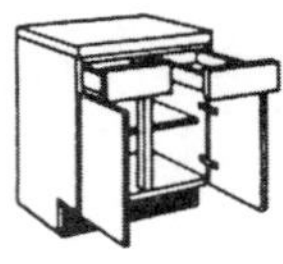

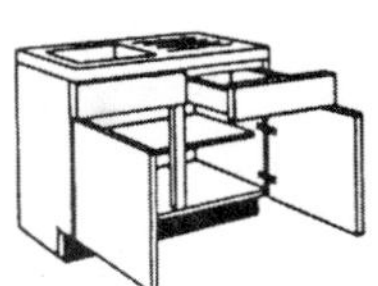

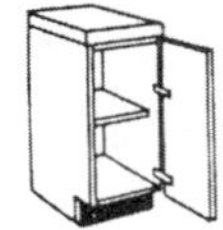

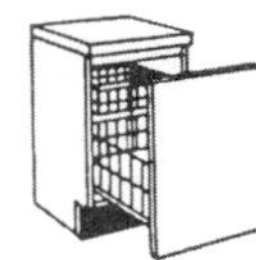

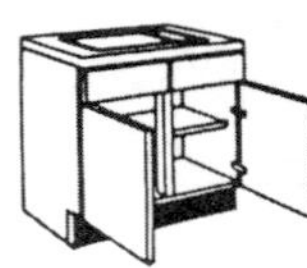

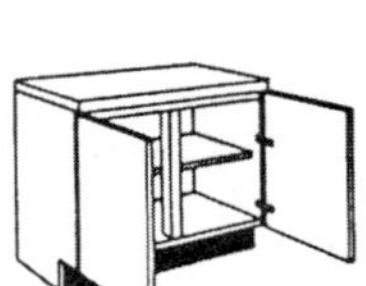

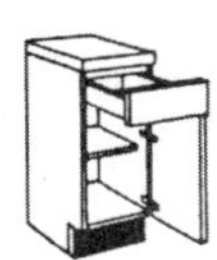

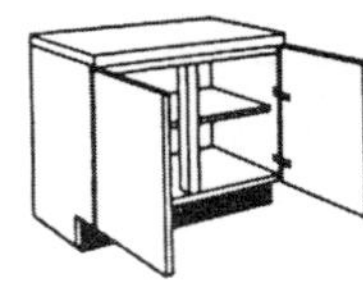

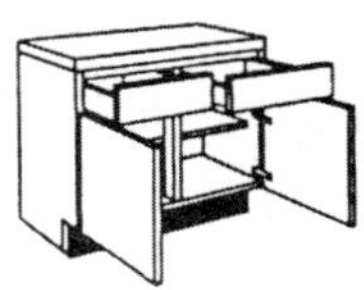

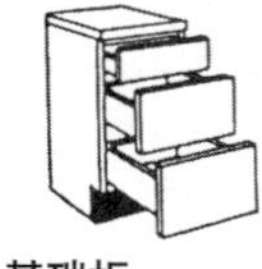

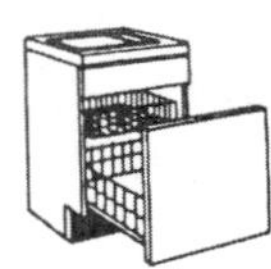

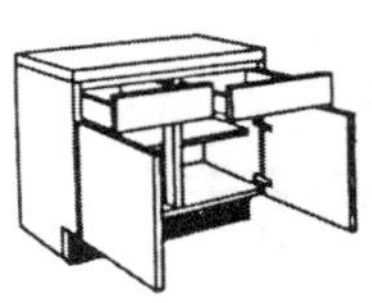

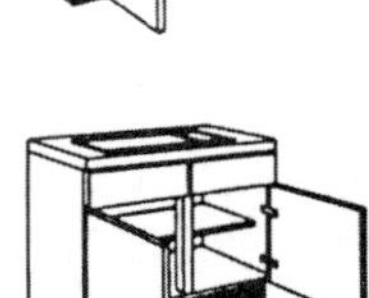


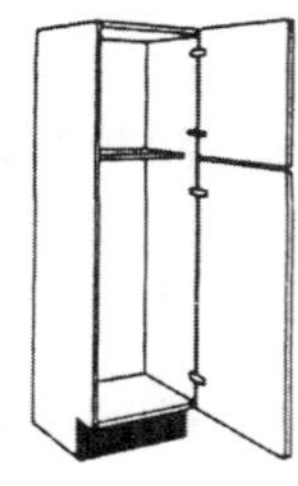
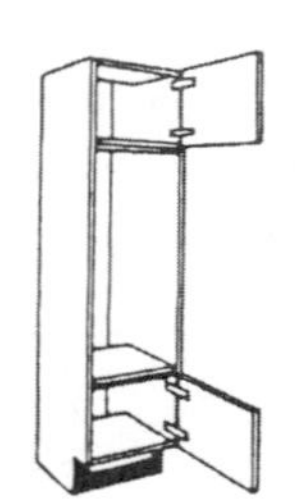
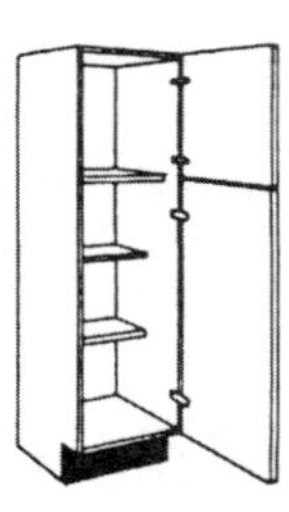
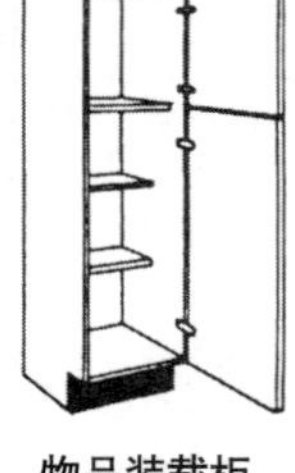
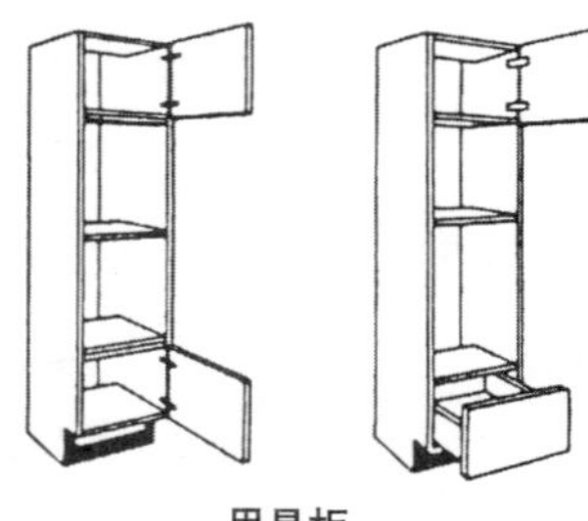

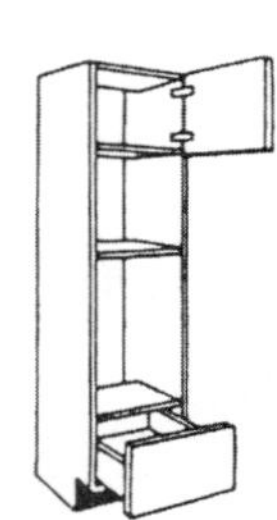


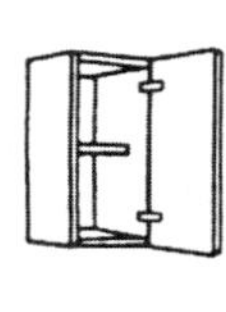
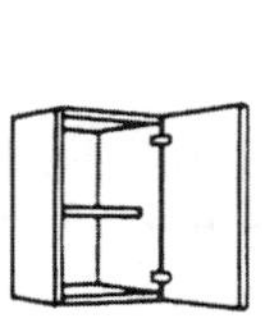
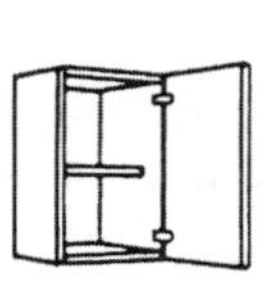
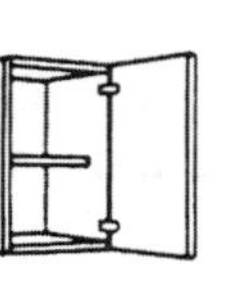
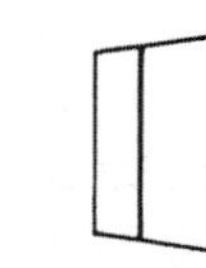
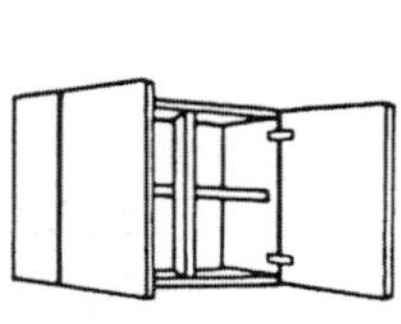
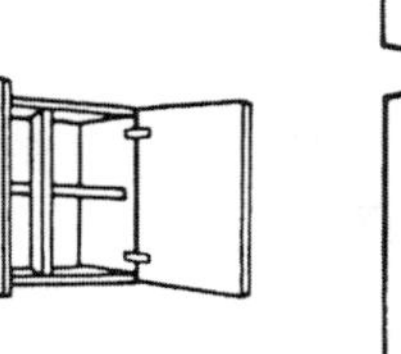

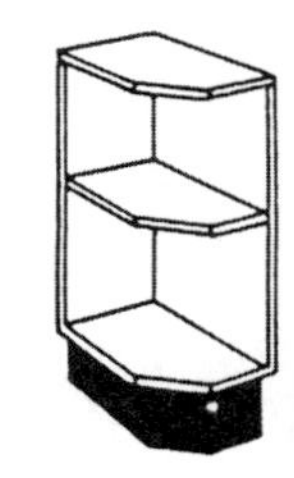

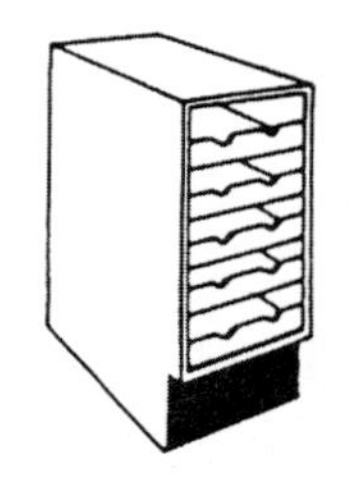


图 15–114 典型的标准厨房家具类型：（Moores 家具集团公司许可复制）注意，只显示了一些典型的家具，没有显示所有的种类（不按比例）

果放在一个室外的储藏区域里，则应该可以上锁，以防止被窃。

### 15.27.3 专用厨房柜

尽管也有各种定制的设计，但绝大多数厨房都安装着各种标准专用厨房柜。特殊的操作面表面包括硬质木材、大理石、石和板岩。

注意工业标准协调尺寸：

深度　500 或 600mm

高度　900 mm

宽度　300，400，500，600，800，1000，1200mm

高柜：

高　1950mm，2250mm

墙柜：

深度　200 或 300mm

高度　300，600，900mm

特殊设施也很多：例如，铁架柜，角柜，开放架柜，冷柜和洗碗机，葡萄酒架柜，门帘盒，底座和其他装饰部分。

这些类型的柜子都有一些基本的框架，只是门和操作面有所变化。操作面通常按标准长度供应，包括L形。

## 15.28 洗衣房／设备间

洗衣区为如下设备准备空间：一个水池和操作台，洗衣机和甩干机，需要存放清洁材料，有可能的话，还有放脏衣服的空间；还需要有一块熨衣板或熨衣机以及分类的工作台面的空间。外开的门，或容易开关的门比较适合。尽管有可移动的洗衣机，但多数模式的洗衣机，尤其是自动洗衣机，需要与水龙头有固定的永久连接，且与合适的排水管道相通。如果没有洗衣机，或者大家庭里有很多手洗工作，则需要一个500×350×250mm 的水池，加上第二个洗碗池或浴盆。滚筒干衣机（图 15–118）最好靠着外墙，以允许抽干水蒸气；有时候还需要某种型号的纤毛收集器。即便这里有一个滚筒干衣机，还需要

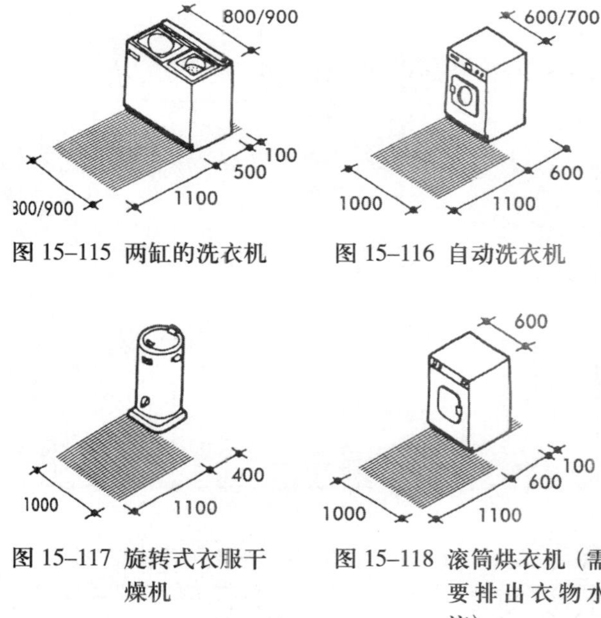


图 15–115 两缸的洗衣机

图 15–116 自动洗衣机

图 15–117 旋转式衣服干燥机

图 15–118 滚筒烘衣机（需要排出衣物水滴）

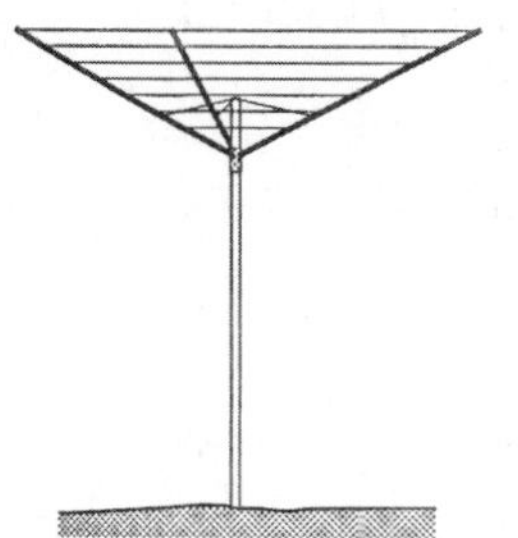

图 15–119 圆形晒衣架（3 臂或 4 臂）

图 15–120 衣架（典型高度 =1100）

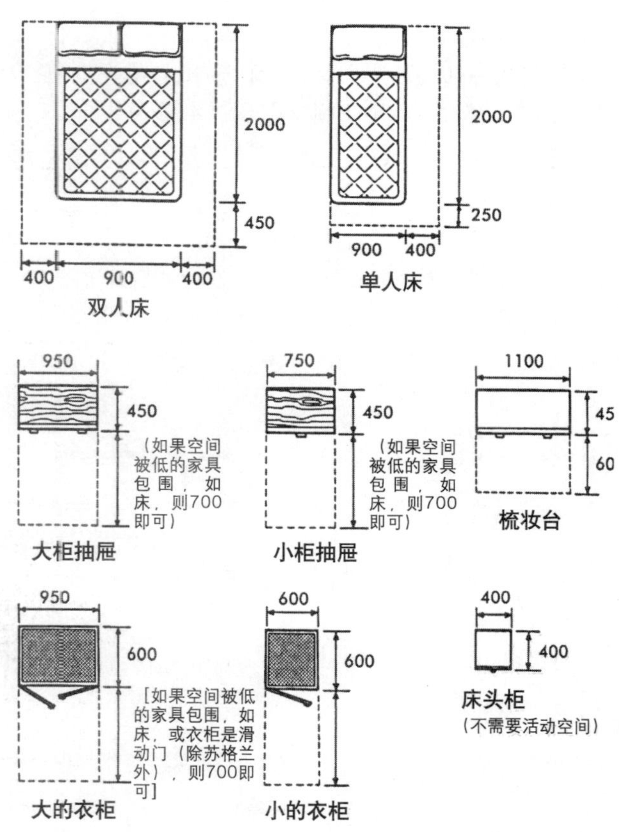


图 15–121 卧室的家具和活动空间（不按比例）：床周围的虚线表示活动空间，不是房间尺寸；活动空间可以交叠（引自 NHBC 标准：不是强制的，也不是目前公布的版本）

一个架子或线以挂衣服。在小的住宅或公寓里，可以固定在浴缸或淋浴区之上；其他情况下，应该位于通风的干燥柜里或在一个排水截流盘上。大家更乐意在户外晾干衣物（图 15–119），这样还不用损耗能源。户外的晾衣区（图 15–119）应便于从洗衣区到达，且可以从厨房中看到。

## 15.29 卧室

卧室不能仅被当作一个放床的空间；应该还有休闲和学习设施的空间——这些活动如果放在起居室，常会导致一些问题。

**需要以供开展如下活动的设施：**

(1) 睡眠

(2) 放松

(3) 休闲（如计算机、音乐）

(4) 学习

(5) 储藏（衣物、个人物品和布品）

**可能包括的辅助设施：**

(1) 洗脸池

(2) 相邻的独立的更衣室或淋浴 / 卫生间 / 浴缸

住宅委员会《实践导则》指出，布局应遵守 DoE DB6 的“住宅空间”。卧室不能在交通区域下或与之相邻，或与寓所里其他不同功能的房间相邻。

### 15.29.1 床的位置

铺床至少需要床边有 400mm 的净空间（最好是 700)。因此，在大多数小一些的住宅里，卧室的形状和大小限制了床的位置的选择。为了保证尽可能多的地板空间，单人床通常沿墙放置，双人床或一对单人床通常床头冲墙摆放。尽管如此，床与墙的关系和与整体房间的空间关系，对增强安全的感觉是很重要的。一个稳定的、自我依赖的人希望床远离所有墙，而其他人无论空间大小如何，都希望床能靠着某面墙。

休息的感觉取决于墙面材料和色彩，床的形状、方向（头冲北），与日照的关系（视线背离窗子），与门的关系（朝向门）。理想情况是床有各种不同的布置的可能，尤其是卧室里放了两张单人床时。

如果需要水床，要记住比较麻烦的是，在满载时，地板荷载将达到 2t 甚至 3t。

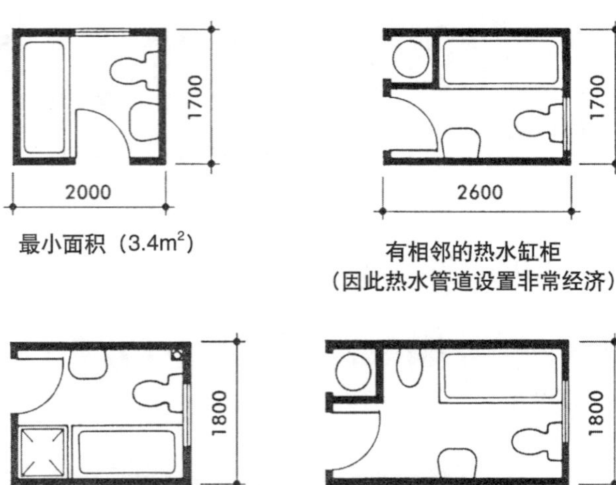


图 15–122 典型浴室布局（包括浴缸、马桶和洗脸盆）

## 15.30 浴室

**需要的设施有：**

(1) 洗漱和洗澡

(2) 马桶（或在独立的分隔间里）

(3) 储藏

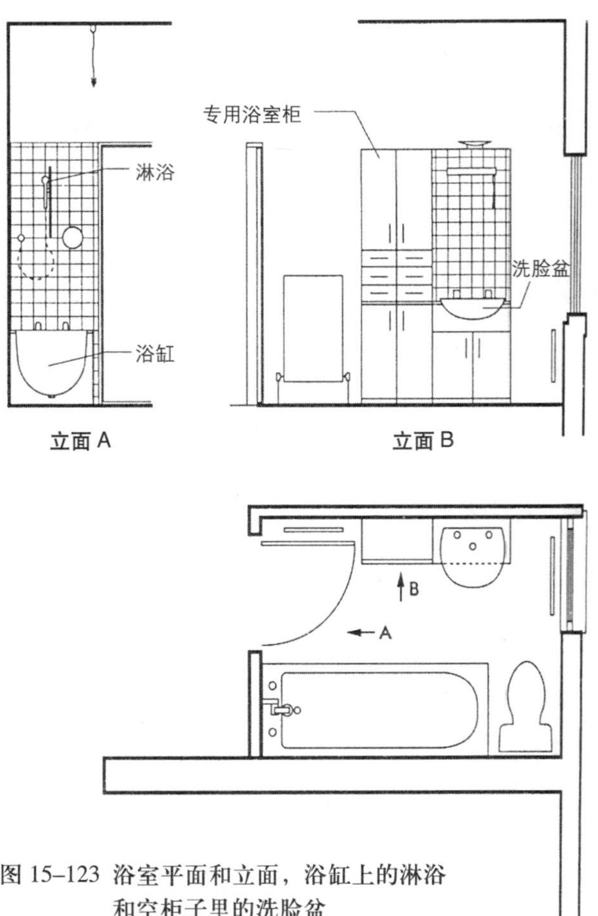


图 15–123 浴室平面和立面，浴缸上的淋浴和空柜子里的洗脸盆

**可能需要的附加设施：**

(1) 给小孩洗澡的地方

(2) 老人或无障碍设备

(3) 独立的淋浴

(4) 坐浴盆

(5) 考虑在主卧或其他卧室里的全套设备

需要的空间图 15–122。然而，大家并不希望采用最小的空间布局，尤其在私人住宅，大一些的布局能给人奢侈的感觉。此外，住宅的布局也导致比严格要求更大一些的浴室，以配合结构布局等。管道安排的经济性（尤其是废水和热水管道）可能比总体平面更重要。废水管和粪便管道的长度受到建筑规范的限制（除非使用排气管或特殊设计）；热力供应受到水利局和有效使用能源的限制。

淋浴通常比盆浴使用的水少（但注意，强力喷头会使用更多的水），且更卫生，占用空间也少。固定的淋浴臂通常安装高度为 1.9m；另一种选择是一个备有可调节手持喷头的扶手。坐浴盆并不常见，但在高等的住所里更多一些。

在可能情况下，至少要有摆放一件浴室家具的空间，如凳子和洗衣箱。一些器具如毛巾架和手纸卷不能妨碍活动空间。浴室 / 卫生间与卧室相邻时还要考虑到噪声问题。

浴缸上的窗子很难打开或清洁，除非是站在浴缸里（发生事故的潜在原因）；若窗户关得不牢，就会减少私密性，还会让气流窜入。洗脸池后的窗子也很难触及；洗脸池后的墙最好用作镜子或医疗柜（应该有一个安全的锁，防止孩子触及）。

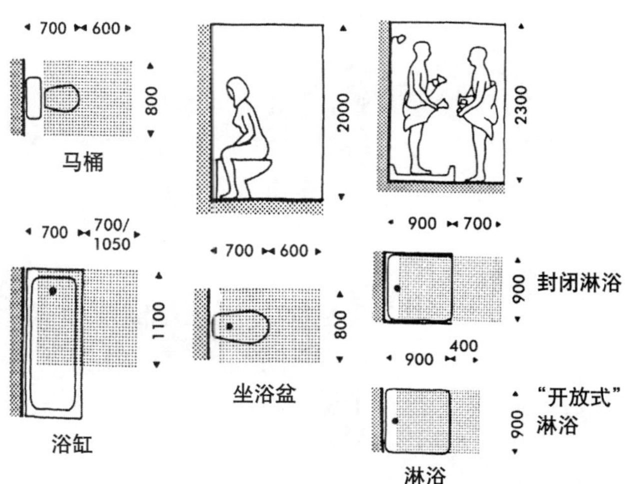


图 15–124 建议使用面积

浴室里除了特殊设计的电须刀接口，不可以设置电源插座，且电须刀接口要远离浴缸。灯具开关必须在浴室之外或是线控的。

## 15.31 洗手间

**需要的设施有：**

(1) 冲水马桶

(2) 洗脸盆

(3) 考虑在首层设置——对老人或行动不便者有好处（门锁可以从外开）

**可能的附加的需求：**

(1) 考虑与浴室相连；

(2) 保持管线尽可能经济；

(3) 废弃物抽吸泵使得卫生间可以安置在一些原来不能接受的位置（但是泵的噪声可能是一个问题）；

(4) 如果与书房等相邻，有噪声的问题；

(5) 坐浴盆（见“浴室”部分）。

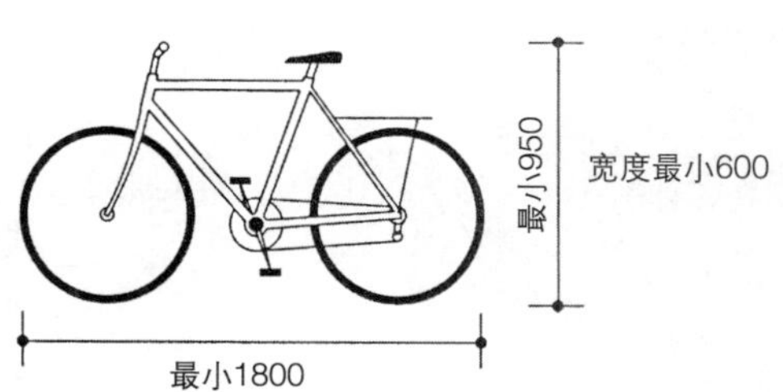


图 15–125 自行车：存放最小尺寸

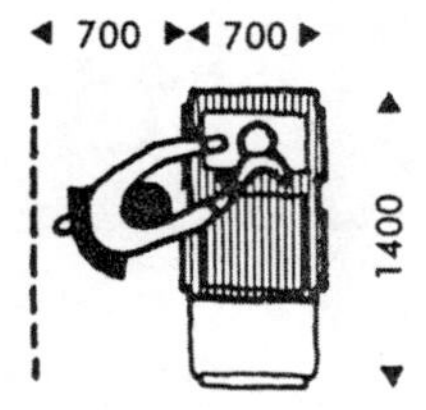


图 15–126 婴儿车：尺寸

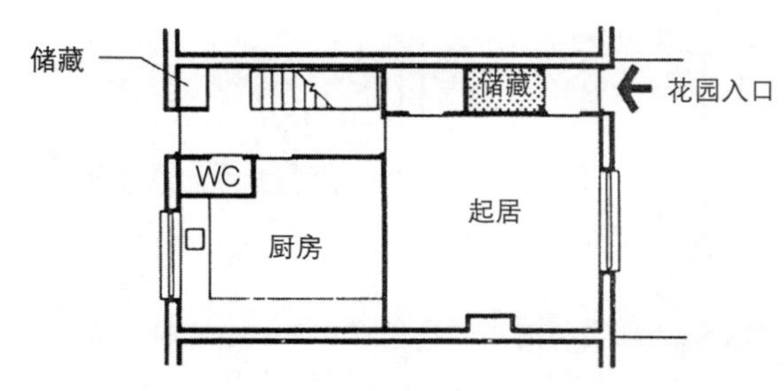


图 15–127 室内储藏间，可从花园进入，而不用穿越住宅起居区

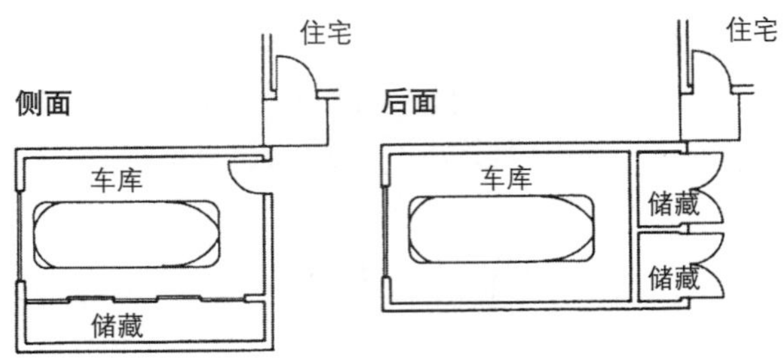


图 15–128 车库和储藏

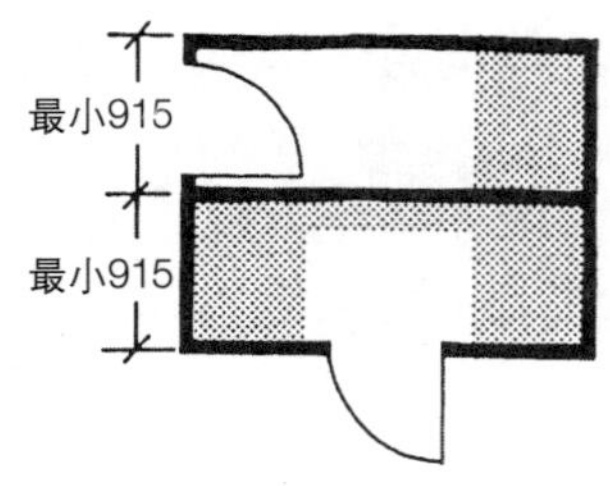


图 15–129 入口在储藏区的长边，可以最大限度地使用架子

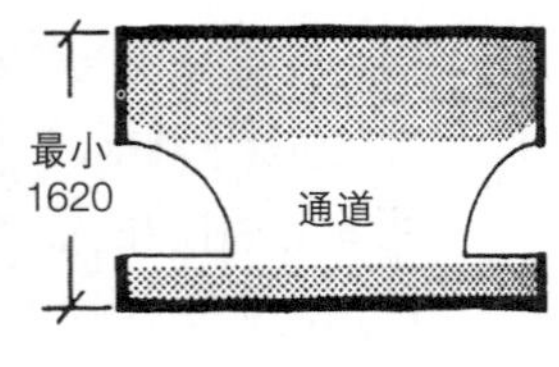


图 15–130 “穿过式”储藏区要有通道空间

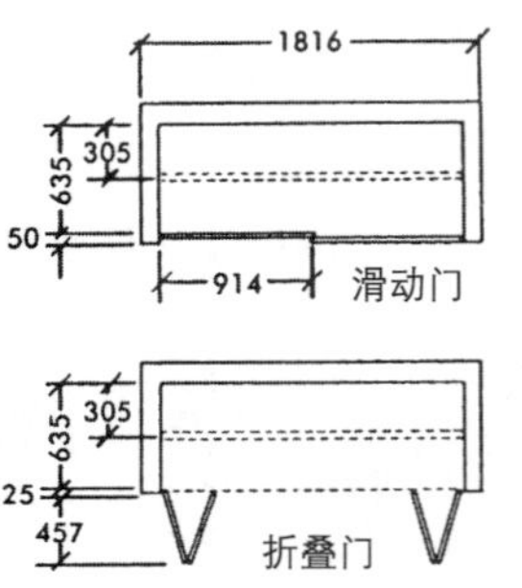


图 15–131 成行衣柜

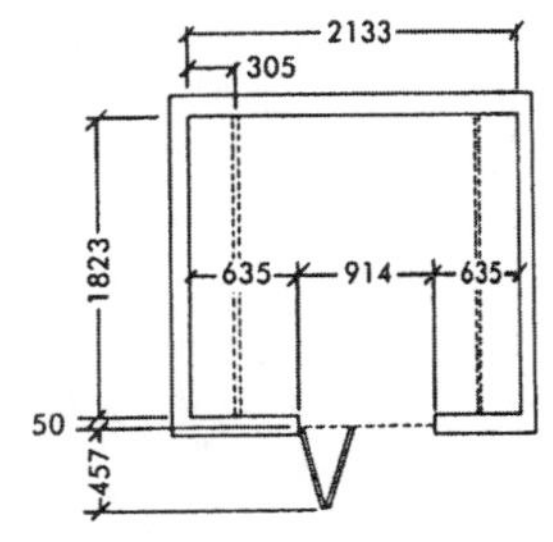


图 15–132 进入式衣柜

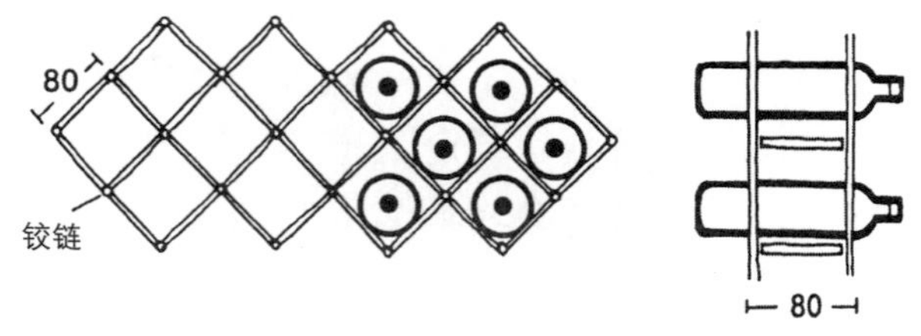


图 15–133 “长柄钳”架以适合可得的柜子空间(80×80×80)

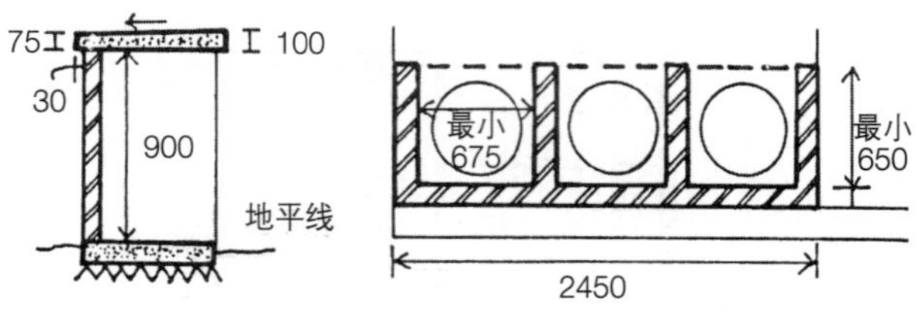


图 15–134 典型的小的垃圾存放处：通常用于将大的住宅转变成公寓时；需要仔细地放置，以避免不好的外观，但也需要有方便的入口，以便于垃圾收集；前面的门通常是一个障碍

## 15.32 储藏间

**需求：**

(1) 区分内部和外部储藏间；

(2) 通用或特殊储藏（如布品）；

(3) 厨房储藏，见“厨房”部分。

储藏空间的形状及位置和它的容量同样重要。储藏空间最好在相关的活动区域附近，并且其形状要便于最大限度利用墙面空间作柜架（图 15–129，图 15–130）。地面层的储藏空间通常比上层的要更有用，且应便于从交通区域进入。一个家庭的住宅至少需要 $5m^2$ 的通用储藏空间，且至少有一半应在地面层。

### 15.32.1 通用储藏间

储藏室需要通风，如果是那些部分作为住宅过道的储藏室还应有自然光照。在这种情况下，必须为交通导致的可用空间的损失作一些补偿（图 15–130）。

如果屋顶里有储藏间，则理想情况是，可从第二层的一扇门进入（即通过地面层或车库以上的延伸部分进入屋顶空间）。

园艺工具、自行车等，通常最好存在室外储藏间，如果在室内，应有单独通向室外的门。如果没有车库，自行车储藏间（图 15–125）。

### 15.32.2 衣帽间

在门厅或附近应有挂衣帽和存放室外鞋子的空间。通常最好是在衣柜里或有挂钩的衣架（图 15–131，图 15–132）。为了存放工作服和设备，可能需要额外的空间。

### 15.32.3 婴儿车/婴儿手推车储藏

尽管婴儿车或大型推车现在用的很少了，但是婴儿还是需要这些；因此要考虑相应的空间需求（见图 15–126）。应该容易在室内推动婴儿车，以便在白天需要时可以作为一个儿童摇床。

### 15.32.4 布品

床单或床具需要独立的存放空间。至少需要 $0.6m^3$（或 $1.5m^2$）的空间，安装一些搁板柜。布品需要加热和保持干燥，因此最好不要从浴室或厨房进入，通常还备有一个热水气缸板（但不是组合型热水泵，不然可能会导致冷凝）。

### 15.32.5 衣柜

作为存放衣物的空间，取放的方便性比存放容量更重要。内置的挂衣服的柜子的有效深度是600mm，但对更深的柜子来说，可以通过在门后附加物件对它进行更有效地利用。如果衣物不多，通常使用安有牢固铰链的细木板门；柜子由伸缩横档和支架支撑。

### 15.32.6 仪表

最好不进入房子就可以读到表上的数字。对于这一点，可能有硬性要求，或者只是供应方的建议：咨询当地部门。在不远的将来，将有可能采用远程读取设备，因此将取消外部仪表的需求。许多仪表很大，看起来也很丑：在设计时要提供合适的遮挡或隐藏。水表通常安装在地下，因此不成问题。预付费表必须在地面层容易够到的地方，但所有表不能让孩子碰到，或装在有锁的地方。火灾报警装置可能需要一个防火的围护。

### 15.32.7 酒和啤酒

酒和啤酒地窖应该是干净的、黑暗的、干燥的，通风良好（但要避免冻害），在一个安静的环境，避免振荡和直接受热。白酒最好保存在稳定的10℃～12℃温度下；红酒储藏温度是14℃～16℃；啤酒大约是在12℃。

### 15.32.8 燃料存放

固体燃料堆的容积至少是0.5t。应该能从房子里或门廊或其他有遮挡的地方进入存放处。为了避免尘土飞扬，最好包装可以在外面打开，而不用拿进房子。

对于家庭住所来说，油料罐的容积大约是2700L。2000L以下的燃料罐可以靠近房子而不用什么限制条件；如果是在室内，则应该远离建筑其他部位，提供窖藏。燃料进料口应该在运输罐可以停靠的位置周围30m内。罐子应该有所屏障，在覆盖物或地面下。从房子到燃料库应有有顶的通道。

### 15.32.9 垃圾

建筑规范的H4部分，涵盖了固体废弃物的存放。要求比较粗放：提供合适规模的存放空间，位置对于使用者和收集者来说都很方便，设施不会对健康造成威胁。因此设施主要取决于当地议会的收集方式，可以向他们咨询以获得指导。

作为备选，可以参照BS5906：1980（1987）：

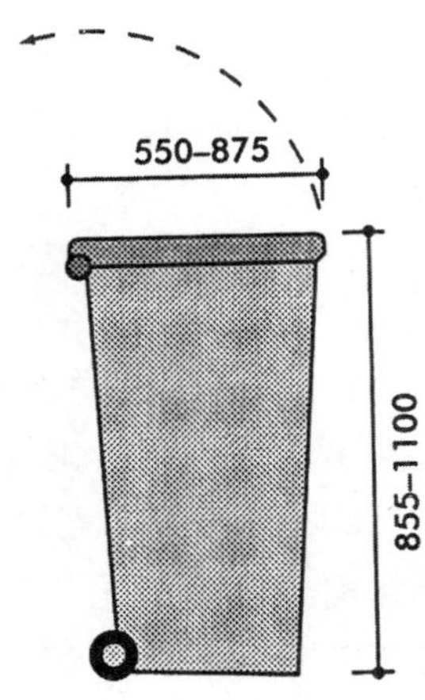


图 15–135 两轮的聚乙烯垃圾容器（“带轮的垃圾箱”）；容量有90L，120L，240L或330L几种；更大的公共垃圾箱（1100L）有4个轮子，可以有刹车

储藏和就地处理建筑垃圾的规则或方法（Code or Practice for the storage and on-site treatment of solid waste from the buildings）（也给出了垃圾道的细节）。

存放容积应该满足：

(1) 1～4层，一周收集一次：单个容器容积0.12m$^3$，或公共容器，容积0.75～1.0 m$^3$

(2) 4层以上：应该提供垃圾道，或合适的替代方案。

如果不能做到每周收集一次垃圾，则需要咨询当地政府。

垃圾存放应在住所以外，容易从厨房门到达。还需要简单、易于清扫和有顶的围护（图15–134）；门通常成为一个障碍，容易撞上，但可以帮助把寄生虫隔在外面，且防止不美观的视线。“带轮的垃圾箱”是另一种选择（图15–135）。公共的垃圾存放处应该有冲洗设施和人工照明。

垃圾道需要仔细的设计，尤其是隔声（见建筑规范，E部分）。住户到垃圾道或垃圾箱的搬运距离最大不能超过30m；从垃圾箱到收集车，最大距离不能超过25m。

废物循环利用的想法导致了额外的家庭废弃物的收集容器的产生，从小的箱子（500×350×300mm深）到大的“带轮的箱子”（见135）。收集部门通常要求废物分装在不同的容器里（如玻璃、纸、金属、卡片和塑料），如何为这些容器提供一个合适的空间就成了问题。

## 15.33 一般安全和治安

（也见私密性，195页。）可免费从所有英国警局中犯罪防治官员那里获得关于安全的细节建议，这些建议都是在当地行内人经验的基础上总结出来的。也见 BS 8220（建筑物预防犯罪的安全导则）和 BS EN 5013。

### 15.33.1 家庭安全

从统计学上看，大部分个人事故容易发生在家里。许多方面由法定要求（主要是建筑规范）或准立法（如 IEE 规范）所涵盖，但也需要记住额外的项目，如窗台高度，尤其是孩子的卧室，开放的窗子和节流器机械装置，门上的玻璃，楼梯（尤其是从阁楼上下来的那几步），高度上不可预料的变化，供热设备和炊具，电子设备，温度控制（热水和散热器）。家人习以为常的一些情况对客人来说可能有预想不到的危险，尤其是对小孩、老人或残疾人。医药柜应该位于主卧室（不是浴室），且不能让孩子接触；它们还需要上锁，但橡皮膏和其他小的疾病的药物应该放在其他地方，便于孩子取用。所有的工具应该放在安全的位置。厨柜的门和酒柜的门应该有门闩，防止很小的孩子轻易打开。然而，要记住的是对小孩设置的安全防护设施也会使得老人难于使用。

### 15.33.2 室外和场地安全

最好有良好的采光和能见度。入口路线和入口绝不能是黑暗的或隐蔽的，虽然这有可能带来浪漫，并且如果有可能，要有足够的空间来避免冲突。视频摄像机现在很普遍，可能会有很好的威慑作用，但许多人认为它们也会带来对私密性的侵犯。这些设备维护费用很高，且导致视觉混乱。避免在入口处和底层窗户处浓密的种植（或使用多刺的灌木或玫瑰等）。

公寓群入口现在多数由电话门铃控制（图 15–136），但这里如果有小孩，就可能会不方便。对单身族或已工作的夫妇来说，可能需要一些白天配送服务设施（通常是零售商服务员，可运营到 10：00）。

在公寓，从完全开放的公共街区到每个公寓的完全私密区的过渡区，既可能是一个半公共的一个组团内所有公寓共享的空间（楼梯和电梯间等，可能有某种形式的监视入口），也可能是一个 2 ～ 3 家共用的半私密的空间，入口在住户的控制下（图 15–137）。

早期提到的 NHBC 标准也有如下建议：

(1) 合理安排布局，不鼓励公众进入；

(2) 提供良好的街道和背景照明；

(3) 应该避免黑暗的角落等；

(4) 应避免离开交通路线的小径，那些允许不受监视的穿越式路线也是如此；

(5) 尽管在视线和私密性方面会有潜在的冲突，住所的前部应保持开放的视线，墙等应在腰部的高度；

(6) 后花园应该一个挨一个，最好不要与开放空间相邻，如公园、铁道护坡等。

### 15.33.3 住宅安全

在过去的 40 年里小型犯罪有大幅增加，因此现在帮助防止小型犯罪是很重要的。相对很简单的设施就可以帮助防止许多小型犯罪（据引证已达到 70%）：不需要更高级的系统。对于窃贼来说，易于逃离和易于进入一样重要。一些窃贼可

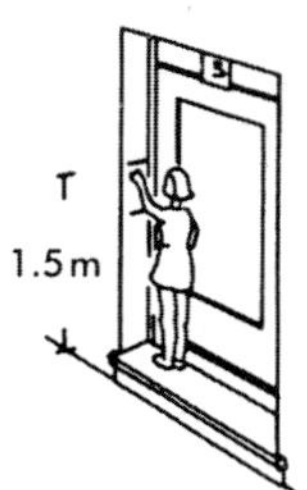


图 15–136 有控制的入口系统必须适合于儿童和行动不便的人士

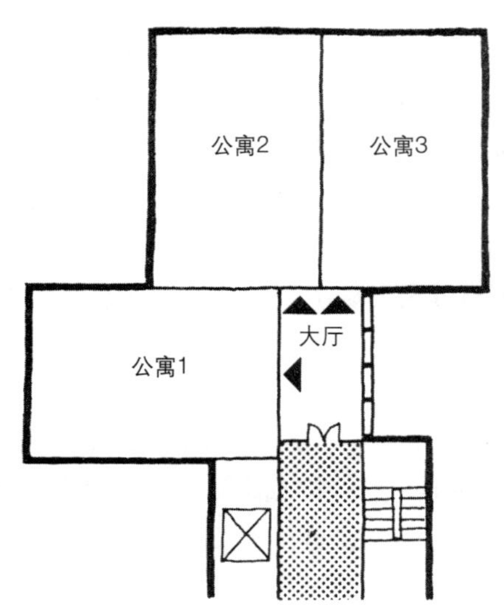


图 15–137 公寓的半私密入口区

能准备打碎玻璃进入，但不愿意采取这种逃跑的方法。大多数违法的进入住宅是打破窗子或通过质量不佳的门锁。

**窗子** 所有的可开的窗子都应有可操纵的安全锁，钥匙放在一个安全的远离窗子的位置。理想情况是，安全设施应该允许能打开一点，以保证通风（最大 100mm）。百叶窗必须有固定在框架上的窗格（允许特殊的粘结）。小的玻璃板尤其易受攻击。所有的灰泥需保持坚固，否则很容易被打破，玻璃也会被拆掉。

**后面的逃生门** 应该有一个按 BS 3261：1980 标准设计的或五杆榫接暗锁的死锁（固定于离门底 1/3 处，但不要靠近门梃），有一个门上监视孔和安全链。应该有 3 个 100mm 的铰链和一对铰链插销。在门顶下方 1/3 处通常安有一个圆柱形插销，但这并不能当作安全装置。可以将一个 22mm 宽的金属带（即大家所熟悉的伦敦横木）固定在门框上，以盖住锁盒，尽管这样看起来不太美观。门本身应是实木的(即不是空心的)，最少厚 45mm，有一个好的框架，安全地固定在周边（如果框架可以推动，那这个门不能算得上是不错的安全设施）。不能选更薄的木板，如果是玻璃板，需要用塑料片或板、装饰性栅栏加强（记住，乔治亚时代 - 铸铁玻璃是防火玻璃，不是安全玻璃）。

**其他门** 单独的门需要一个五杆的榫接暗锁，或在顶上和底下有带锁的安全插销；双门需要嵌接，用安全插销固定。在梁上和门槛处必须有安全门闩。其他要求与后门类似。滑动的露台门可能需要特殊的保护，以防止它们被人从滑轨上移走。

**PVCu 门和窗** 制造商应该仔细检查，确保能很好固定在框架上，保证安全，框架也要坚固，能正确固定在周边。

**安全和防火** 如果门要作为紧急出口（如在公寓和别墅转成的公寓里），必须仔细考虑所有锁是适于作紧急出口的：通常不考虑需要在里面用钥匙开锁的门。这里没有完全令人满意的解决方案。

**警报系统** 有许多专用警报系统，给出听觉或 / 和视觉警示。主要控制单元的位置需仔细布局，以保证使用者便于到达，警报器的位置还应当隐蔽，避免擅入者轻易发现。系统可与警察局或商业运营中心相连。系统包括脚垫警报开关，声音和振动探测器。无线设备也越来越流行。

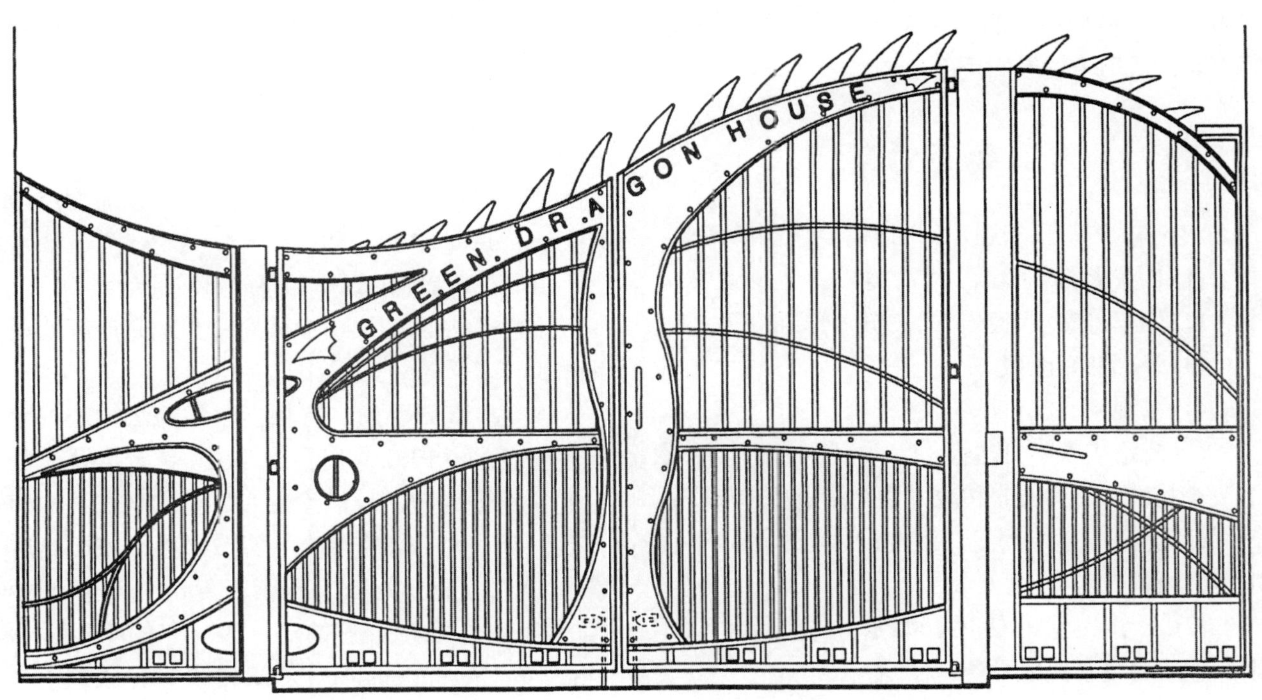


图 15–138 入口大门：绿色龙住宅，伦敦 WC2 区（建筑设计：Monahan Blythen 建筑事务所）

# 第16章 工业建筑

包括工厂、仓库和车间
也见商业园一章

## 16.1 引言

18 世纪的工业革命促使大规模的、有组织的工业生产集中到特殊的建筑里。按目的制造的工业机械要求更大的建筑以承载更大的荷载。与此同时是运输（最早是水运，然后是铁路）和原材料的改进。铸铁，随后是钢筋和强化混凝土创造了“工厂美学”。欧文·威廉姆斯（Owen Williams）设计了 20 世纪早期英国最好的一些工业建筑，如诺丁汉的皮靴厂（1930 ～ 1932 年）。Wallis, Gilbert & Partners 设计的 Firestone 工厂［布伦特福德（Brentford），1930］和胡佛工厂[①]［佩里瓦尔（Perivale），1932］，展现出工业建筑也可以是明亮的、舒适的。在过去的 30 年里，结构的进一步发展和轻型面材的引入允许设计出更大跨度的空间，适用于更多的用途。

## 16.2 场地选址

根据客户简要情况评估用地需要，包括：

(1) 扩张潜力

(2) 停车（参观者、员工、货车）

(3) 外部储存区域

(4) 景观

(5) 公路或铁路可达性

查核欧盟、英国的和地方性立法中如下规定：

(1) 允许的建筑密度（密度：平均每个人的可用楼层面积）；

(2) 公共设施的使用，如水、电、天然气、生产生活的废水处理设备；

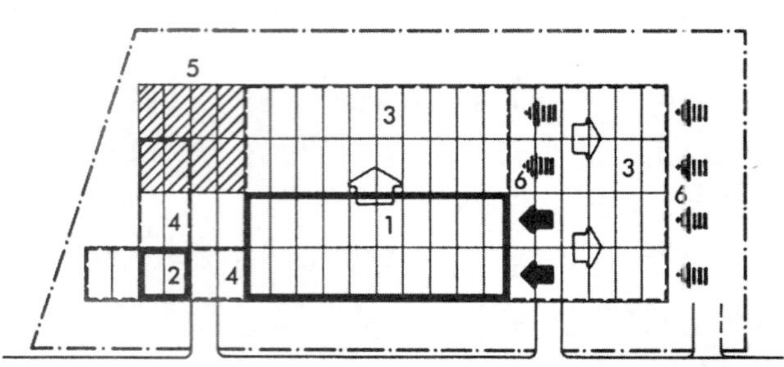


1. 制造区；2. 办公区；3. 工厂扩张方向；4. 办公室扩张方向；5. 潜在的平面冲突区；6. 货物运输车辆入口

图 16–1 建筑必须位于一个有扩张空间的地点，最好还不止一个方向；考虑扩张对运输车辆的影响

(3) 员工、货物运输工具和货车到公共或私家道路的便捷性。

评价重工业、轻型制造业和仓库对周围社区的影响。需要考虑的有：

(1) 噪声（机器和运输工具），尤其是晚上

(2) 振动

(3) 光（外部交通、信号编辑、夜间船运和储存区）

(4) 烟尘污染［《净化大气法》(*Clean Air Act*)，1993］

(5) 向排水沟或地面的排污［《水业法案》(*Water Industry Act*)，1991］

(6) 可能发生的爆炸和辐射造成的危险

调查会从欧盟、中央政府和当地政府等处获得资助。

**立法** 毫无疑问，有相当数量的法律是关于工业企业的。1961 年出台的《工厂法》涉及一些对建筑结构的控制，但绝大多数要求是在其他的法律（如规划和建筑规范）以及《办公室、商店和铁道建筑法 (Office, Shops & Railway Premises Act)》中（见参考文献部分）。1971 年的《防火法》(the Fire Precautions Act)（SI 1989/76）强调了一

① 位于伦敦郊区佩里瓦尔（Perivale）的胡佛工厂（Hoover Factory）。这座巨大的建筑项目是 1932 年由华尔·吉培尔建筑事务所设计的，它将“装饰艺术”风格的豪华特征和流线型运动的特色合为一体，外型的边角都用曲线和温和的曲面处理，窗户也是半圆形的，墙面采用白色石料，加上红色、黑色、蓝色的釉彩磁瓦镶嵌，兼而具有俄国芭蕾舞团设计风格、美洲阿兹台克文化传统纹样和埃及古典装饰的动机，这种高度的折衷装饰主义建筑，在英国是不太多见的。——译者注。

个总的原则，即希望提供合适的疏散方法，但如果首层有超过 20 位员工（或首层以上或以下有超过 10 位员工），必须要有消防证书。

## 16.3 开发方案

这些包括：恢复已有的场地 / 建筑；填实 / 复原（包括城镇地块）；现有场地上的新建筑（包括分阶段的再开发）；新场地上的新建筑。每个方案都应对以下条款进行确认：

(1) 规划用地分类（见下）

(2) 场地规模 / 形状，边界的适宜性

(3) 建筑规模 / 类型 / 形状（大概的）的适宜性

(4) 地质

(5) 地形学

(6) 公用事业

(7) 法定权限

(8) 工业运输车辆和私家车的可达性

(9) 铁路和水运交通

(10) 靠近场地的机场

(11) 当地的劳动力资源

(12) 经济（开发费用或补贴，运营费用，包括税收 / 税款减免、借贷利息）

### 16.3.1 规划用地分类

这里只有一些大概的总结：1987 年的《SI 城镇 & 乡村规划（用地分类）条例》[the SI Town & Country Planning (Use Classes) Order]，其措辞相当精确，可供参考。条例介绍了修订后的一些用地分类，如 B1 类（商业）实际上就融合了过去的两个旧的类别——办公室和轻工业，因此在涉及工业建筑时，这个条例就非常有用。假设这些企业通过“环境测试”，不会给居住区带来大量麻烦（即便企业实际上不位于居民区），那么这些企业的厂房可由写字楼和轻工业使用，而不必获得规划许可（应有其他安全保障措施）。引入 B1 级完全是由于变化的工业过程（如“高技术”集合），可能很难与写字楼用途有所区分，因此也不会产生与工业相关的污染。

**B1 级：商业** 用于：写字楼［不在 A2 级（经济或职业服务）］；R&D；任何工业用途（可以布置在居住区里而不带来额外的噪声、气味、烟、尘等）。

**B2 级：通用工业** 适用于不在其他范围内的任何工业。

**B3 级：特殊工业组 A** 适用于任何在《制碱业管理法》(Alkali Works Regulation Act)（1906）下登记的工作，以及其他地方未包括的。

**B4 级：特殊工业组 B** 适用于下列任何过程(除了矿业和采石场的副业)：熔炼矿石等、金属铸造以及相似的工作，金属废料回收，相似的金属业。

**B5 级：特殊工业组 C** 适用于下列任何过程（除了矿业和采石场的副业）：砖或石灰燃烧，水泥和燃料研磨灰生产，相似的工业。

**B6 级：特殊工业组 D** 适用于蒸馏、纤维素喷射（不在车辆维修车间），不同的化学反应，包括橡胶、沥青、树脂等。

**B7 级：特殊工业组 E** 适用于煮沸血、骨头、内脏、毛皮、脂肪、碎屑和骨头，以及其他腐烂的动物或植物材料。

**B8 级：储藏或物流** 适用于储藏或物流中心。

## 16.4 场地布局

工厂和仓库的场地布局由以下因素决定：

(1) 建筑的形状和规模；

(2) 扩展的潜力；

(3) 场地上的服务设施（如煤气管道、电缆）；

(4) 地形，可能会影响重型交通工具进入和施工经济性（挖方和填方）；

(5) 能源节约，包括与盛行风和暴雨风向的关系；

(6) 地面条件和排水（如避免打桩或潜在的洪水区域）；

(7) 周围的邻居，使有噪声的外部设备和装载区远离居民区；

(8) 交通工具（公路和铁路）的操纵区和编组区与装载区连在一起（见 236 ~ 238 页）。

### 16.4.1 经济性

比较不同的场地选择时，通常能换来冲突因素间的平衡。仓库的可选择方位见（图 16–2, 16–3）：重要的费用因素包含扩张的潜力和相关联的机械装备投资决定。

第一种选择（图 16–2）是通过开发土地陷落区，将挖掘量减到最小，在入口处提供一个升起的码头；运货车辆需要在地面一侧进行装载。但装载湾里的货物朝向盛行风，这影响到能源消耗，还需要环绕场地的流线，在扩张时需要重新布局。

第二种选择（图 16–3）为了升起的装载区，采取了适量的挖掘，这样避开了盛行风。开发土

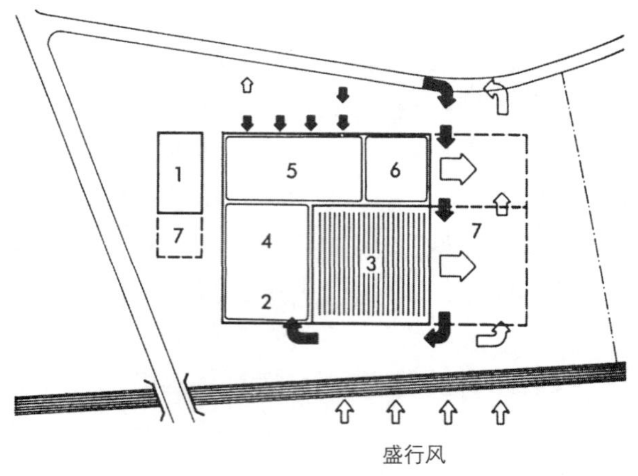


1. 办公室；2. 货物进入；3. 堆栈货盘储藏；4. 订单分拣区；5. 订货和派送装配区；6. 重新包装和处理区；7. 扩张空间

图 16–2 选择 1：常规低层布局；最小的场地工作

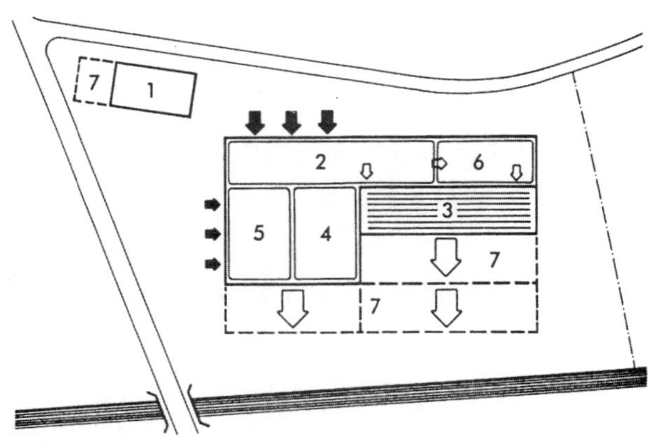


1. 办公室；2. 货物进入；3. 堆栈货盘储藏；4. 订单分拣区；5. 订货和派送装配区；6. 重新包装和处理区；7. 扩张空间

图 16–3 选择 2：窄的走廊，高堆储藏；现场工作在增加操作灵活性和降低能源消耗之间达到了一种平衡

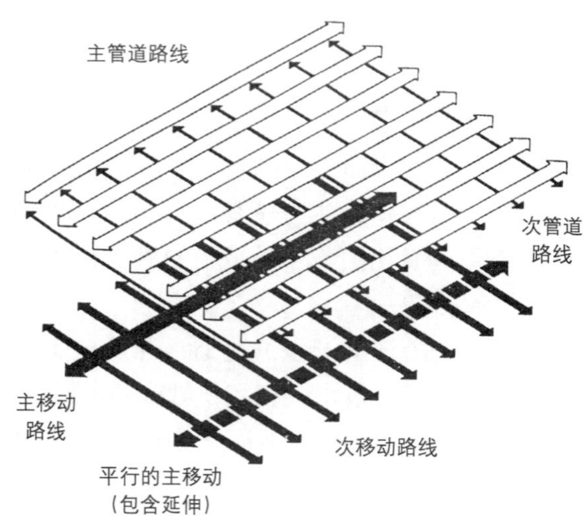


图 16–4 在开发过程中协调结构设施和移动，以适应网格；注意三维的应用

地陷落区，作为下沉的高湾备用堆置场部分，尽量减少环境侵扰，也能提高容量。货物储存区轴线经过调整，使得将来扩张时选择余地更大，且不会影响已有的设备。这种选择既改进了储存，还节约了运营成本，不用额外花费建设资金成本。

### 16.4.2 结构平面网格

为了在场址选择和扩张战略中协调建筑结构、服务和流线三者的关系并且在建筑设计中整合这些元素，通过使用平面设计网格来强调布局中的秩序（图 16–4）。

## 16.5 基本建筑类型选择

工厂和仓库的建筑类型属于经济型，要允许一定改变，结构不能与机械安装设备需求发生冲突，还要能承受产品荷载和环境服务。

许多公司将生产与储存都安排在一个场地上，要求快速的可变性：结构和服务设施都要求灵活可变。

## 16.6 场地开发

### 16.6.1 建筑容积率和场地覆盖率

在所有场地上，除了工业和辅助办公建筑外，1:1 的容积率都被认为是最高的。场地覆盖率不应超过地面面积的 75%；通常可以达到约 50% ~ 60%的覆盖率。场地容积率的计算要除去任何邻接的街道（除了它们被包含在内的那部分）。

### 16.2.2 轿车和卡车停车场

工业设施典型的轿车停放需求见下（但要检查当地标准）：

卡车停放需求取决于特殊使用者和当地的规范。

| | $m^2$ | 车辆数量 |
|---|---|---|
| 少于 | 92.90 | 4 |
| 少于 | 232.26 | 5 |
| 少于 | 371.61 | 6 |
| 少于 | 510.96 | 7 |
| 少于 | 656.32 | 8 |
| 少于 | 789.67 | 9 |
| 少于 | 929.92 | 10 |
| 少于 | 1021.92 | 11 |
| 少于 | 1114.83 | 12 |

| | 结构类型 | 1 | 2 | 3 | 4 | 5 | 6 |
|---|---|---|---|---|---|---|---|
| 工厂类型 | 轻工业 | •CST | •S | •CST | •AS | •AS | •(a) AS |
| | 中型工业 | •CS | •S | •(b) CS | •S | •S | |
| | 重工业 | | •S | •(b) CS | •S | • | •(c) AS |
| 仓库类型 | 高科技 | | •S | | •CS | | •AS |
| | 小规模 | •CST | | •CST | | | |
| | 通用 | •CS | •S | •CS | •CS | | |
| | 中等高堆栈 | •CS | •S | •CS | •CS | | •(c) AS |

•合适的结构；•合适的结构，只在著名的案例里；A 铝；C 混凝土；S 钢；T 木材；a. 多种分隔的空间；b. 只有高架的龙门起重机；c. 非规则场地上的大跨度

图 16–5 工厂：结构选择

## 16.7 选择策略

### 16.7.1 单层或多层开发

现代化生产和储存技术可以充分利用内部有多层特性的建筑空间。

多层开发（或变化）对于轻工业和高科技产业来说是高效的，尤其是在土地费用较高时，如在都市区。要考虑到人员交通和疏散，国家和地方规范，防火控制，货物流通和进出，管道路线，卡车和私人交通工具进入和停放，另外，在高密度开发的特殊区域，

| | | 影响建筑物设计的因素 | | | | | | | | | | | | | | | | | | | | | | | | | | | | 管道需求 | | | | | | | | | | | | | |
|---|---|---|---|---|---|---|---|---|---|---|---|---|---|---|---|---|---|---|---|---|---|---|---|---|---|---|---|---|---|---|---|---|---|---|---|---|---|---|---|---|---|---|---|
| | | 过程产生噪声和振荡 | 过程受到其他的噪声影响 | 普通常安保 | 高等级安保 | 最佳的照明 | N光 | 自然的 | 人工的 | 最佳的平面 | 成套的 | 开放平面 | 部分围合 | 需要的房间尺寸(m) | 5.0×3.75~5.0×7.5 | 10.0×3.75~10.0×12.5 | 15.0×7.5~10.0×12.5 | 地板荷载： | 小于等于3kN/m² | 小于等于5kN/m² | 超过5kN/m² | 地板到天花板高度(m) | 2.7(最小) | 3.3(最小) | 4.2(最小) | 门廊宽度(m) | 2.0(最小) | 2.5(最小) | 3.0(最小) | 优先供热温度(℃) | 16~19 | 19~22 | 需要的水管 | 冷 | 热 | 不能共用的水池 | 废物处理： | 家用排水 | 工业排水 | 固体材料 | 纸包 | 电力：需要三向 | 通常需要的煤气 |
| A | 陶器 | | | ● | | | ● | | | | | ● | | | ● | ● | | | | ● | | | ● | | | | ● | | | | ● | | | ● | | | | ● | | ● | | ● | |
| | 玻璃吹制 | | | ● | | | ● | | | | | | ● | | | ● | ● | | | ● | | | ● | | | | ● | | | | ● | | | ● | | | | | | ● | | | ● |
| | 木制家具 | ● | | ● | | | | | ● | | | | ● | | | ● | ● | | | ● | | | ● | | | | ● | | | | ● | | | | | | | | | ● | | | |
| | 胶片制造 | | ● | | ● | | | | ● | | ● | | | | | ● | | | ● | | | | ● | | | | ● | | | | ● | | | | | | | | | ● | ● | ● | |
| B | 毛、皮 | | | | ● | | ● | | | | ● | | | | ● | | | | | ● | | | | ● | | | | ● | | | | ● | | | | | | | | ● | | | |
| | 胶片处理 | | ● | ● | ● | | | | ● | | ● | | | | ● | | | | ● | | | | | ● | | | | ● | | | ● | | | ● | | ● | | | ● | ● | ● | | |
| | 电子录音 | ● | | | ● | | | | ● | | ● | | | | | ● | | | ● | | | | | ● | | | | ● | | | ● | | | | | | | | | ● | | | |
| | 雕刻 | ● | | ● | ● | | | ● | ● | | ● | | | | ● | | | | | ● | | | | ● | | | | ● | | | ● | | | ● | | | | | ● | ● | | ● | |
| C | 玩具、音乐器具 | ● | ● | ● | | | | | ● | | | | ● | | | | | | | ● | | | | ● | | | | ● | | | ● | | | | | | | | | ● | | | |
| | 金属、电镀、铸件 | ● | | | ● | | | | ● | | ● | | | | ● | | | | | | ● | | | ● | | | | ● | | | ● | | | ● | ● | ● | | | ● | ● | | ● | ● |
| | 衣物 | ● | | ● | | | | ● | | | ● | | | | ● | ● | | | | ● | | | | ● | | | | ● | | | | ● | | | | | | | | ● | | | |
| | 鞋 | ● | | ● | | | | ● | | | ● | | | | ● | ● | | | | ● | | | | ● | | | | ● | | | | ● | | | | | | | | ● | | | |
| D | 小型工程 | ● | | ● | | | | ● | | | | | ● | | | ● | | | | | ● | | | ● | | | | ● | | | ● | | | | | | | | | ● | | ● | |
| | 阀门、工具 | ● | | ● | | | | ● | | | | | ● | | ● | ● | | | | | ● | | | ● | | | | ● | | | ● | | | | | | | | | ● | | | ● |
| | 桌面加工、塑料 | ● | | ● | | | | | ● | | | ● | | | | ● | | | | ● | | | | ● | | | | ● | | | | ● | | ● | | | | | ● | ● | | ● | |
| | 食品加工业 | ● | | ● | | | | | ● | | ● | | | | ● | | | | | | ● | | | ● | | | | ● | | | ● | | | ● | ● | | | ● | ● | ● | | | ● |
| E | 印刷 | ● | | ● | ● | | | ● | ● | | | | ● | | | ● | ● | | | | ● | | | | ● | | | | ● | | | ● | | ● | | | | | ● | | ● | ● | |
| | 雕塑制造 | ● | | ● | ● | | | ● | | | | | ● | | | ● | | | | | ● | | | | ● | | | | ● | | | ● | | | | | | | | | ● | | |
| | 酿造 | ● | | ● | | | | | ● | | ● | | | | | | ● | | | | ● | | | | ● | | | | ● | | ● | | | ● | ● | | | ● | ● | | | | |
| | 纺纱 | ● | | ● | | | ● | | | | | | ● | | | | ● | | | | ● | | | | ● | | | | ● | | ● | | | | | | | | | ● | | | |
| F | 电子修理 | | ● | ● | ● | | ● | | ● | | | | ● | | | | | | | ● | | | ● | | | | | ● | | | | ● | | | | | | | | ● | | ● | |
| | 汽车修理 | ● | | ● | | | | ● | | | ● | | | | | ● | ● | | | | ● | | ● | | | | | ● | | | ● | | | ● | | | | | ● | ● | | ● | ● |
| | 自行车修理 | ● | | ● | | | | ● | | | | | ● | | ● | | | | | | ● | | ● | | | | | ● | | | ● | | | ● | | | | | | ● | | | ● |
| | 戏剧性道具 | ● | | ● | | | | ● | | | | ● | | | ● | | | | | ● | | | ● | | | | | ● | | | | ● | | ● | | | | ● | | ● | | | ● |

图 16–6 工业和车间企业的设计和服务需求

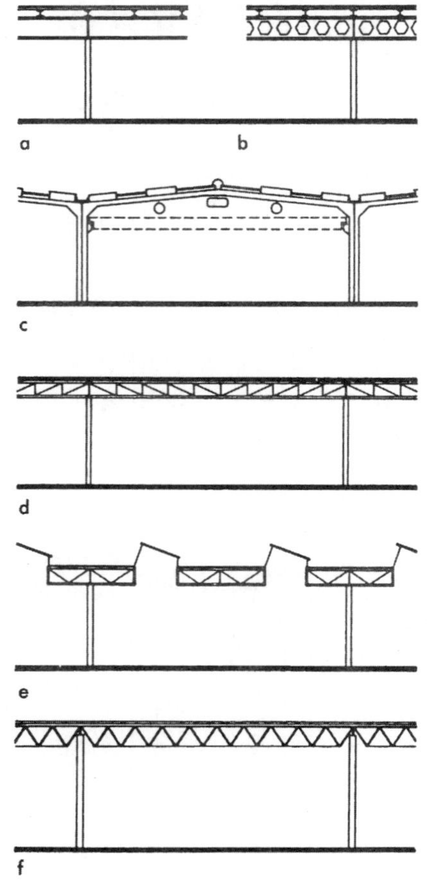


(a) 单轴，实心横梁，大跨度檩；
(b) 单轴空腹梁；
(c) 在管道荷载最小或有龙门式起重机时使用龙门架（典型斜度6°，天窗建在斜坡或屋脊上）；
(d) 平桁架或弓形桁架，1或2个轴；
(e) 带天窗屋顶，平均分配光线，单轴；
(f) 空间框架，用于跨度很大，或柱子不能等分空间，或管道需要高度自由度时

图 16–7 结构类型

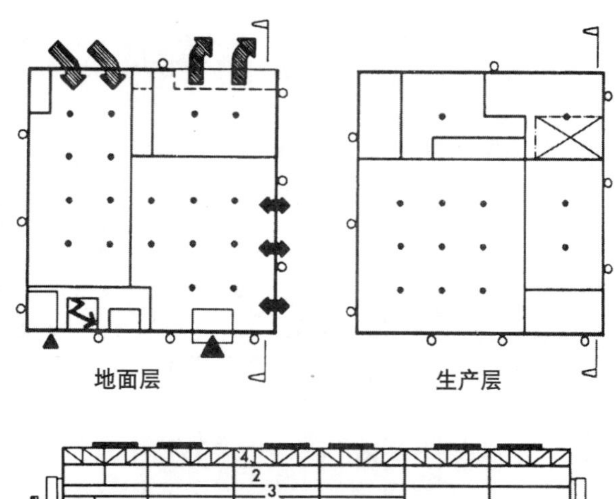


1. 地面层：货物进、派送、停放；2. 生产层；3. 中间生产机房层；4. 主要环境机房层

图 16–8 多层工厂：适于以工序为基础的工业（如食品、制药）

要考虑费用和环境影响。

### 16.7.2 建筑类型选择的关键因素

对于工厂而言（也见 214 页）：

(1) 操作应具灵活性，可以快速应对变化的产品需求：净高，柱间距，屋顶和地板荷载，屋顶结构要满足开展的生产过程类型所需的管道路线；

(2) 能源和环境控制：自然或人工光源，工艺过程中的环境需要，员工良好的工作环境；

(3) 耐久性及防火控制：结构和表面材料选择要考虑火险等级和生产过程中的腐蚀影响；

(4) 再次出售的潜力；

(5) 公司用户的推广价值。

对于仓库（也见 219 页）：

(1) 结构应适应储藏需求：结构跨度适应货盘－架系统，高度和地板强度能允许一种以上的能源和环境控制形式；

(2) 面材能保证储存的产品处于良好状态：某些情况下是隔绝空气和冷藏，某些情况是要求通风；

(3) 工人良好的工作环境（如避免将货物装载区置于盛行风向）；

(4) 防火控制：分隔可将火势蔓延的范围减至最小，但会造成储藏、操作障碍及高额喷水设备费用，因此要权衡这一关系。

### 16.7.3 一些工业用户所需面积

在对用户的情况细节进行可行性研究之前，以下可作为近似建筑面积。

### 16.7.4 服务业

最小的，15m²/ 人，中等规模，30m² 以下：

电子修理；建造者；工程承包（如机器工具搬移）；设备修理；仪器修理；复印服务；打印机；机器工具修理。

### 16.7.5 制造业

平均 28 m²/ 人（23 ～ 33 m²）；664.5 m² 以下可达到 33 m²/ 人：

电镀；金属板；抛光；家具制造；店铺装饰制造业；制衣；织物（成品）。

### 16.7.6 批发行业

平均 80m²/ 人：

建筑商；木材供应；书和杂志；机器备用件；电子货物或备用件；古董 / 家具；室内装潢 / 纺织品。

### 16.7.7 每个工人的平均面积

以下所列面积（$m^2$）是较为典型的

| | |
|---|---|
| 服装 | 11 |
| 研究和开发 | 13 |
| 电子合成和装配 | 17.5 |
| 外科仪器/设备，科学仪器 | 19.25 |
| 各种制造（如塑料产品、乐器） | 23.5 |
| 皮革生产 | 24.0 |
| 金属产品、餐具、珠宝、铸造、小工具 | 24.25 |
| 人造纺织产品（如包） | 28.75 |
| 包裹、文具、印刷 | 32.5 |
| 陶瓷和玻璃吹制 | 36.75 |
| 汽车修理，复印服务 | 45.5 |
| 木工、室内装潢、店铺装饰、木材货物 | 46.75 |

### 16.7.8 典型面积分配

包括流通空间：

#### 16.7.8.1 制造业

生产 60%～70%（当规模变大时，相应减少）

储存 20%或少于20%（当规模变大时，相应增加）

办公室 10%～15%（当规模减小时，相应增加）

休息处 5%～9%（当规模变大时，相应增加）

#### 16.7.8.2 物流业

储存 80%及以上

办公室 10%～20%（在一些类型的物流业，需求更大一些）

休息处 0～5%

### 16.7.9 平面选择

平面形状选择是基于：

(1) 生产和储存系统的需要

(2) 与场地相关的过程扩张潜力（图16–2，图16–3）

(3) 气候

(4) 场地的地形学和地理

(5) 设施布局

大部分工业布置在矩形平面里比较有效，矩形长宽比约为1:1～1:4，典型的有1:2/2:3。现代的大批量生产方式主要利用机械搬运技术。对于一些制造工业来说，采用多层建筑比较经济（如食品、医药品、烟草），在制造过程中可以利用重力，紧凑布局还可节能（图16–11）。

另一方面，一些生产过程需要长的、窄的建筑：

(1) 集约化流线型生产方式（如金属轧制、造纸）；

(2) 使用构台起重机的工厂（如重型工程）；

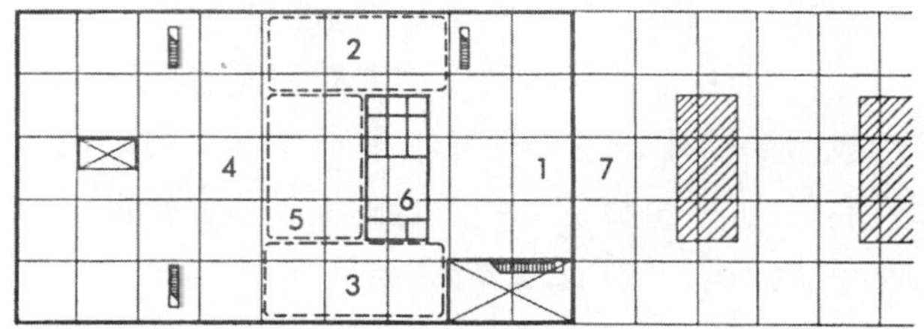


1. 办公区；2. 试验区；3. 休息区；4. 生产区；5. 检验和视察；6. 湿的管道区；7. 扩张

图16–9 在轻工业和高科技工业生产中，研究和管理区变得不太明显；各部门需要自由扩大或分离）

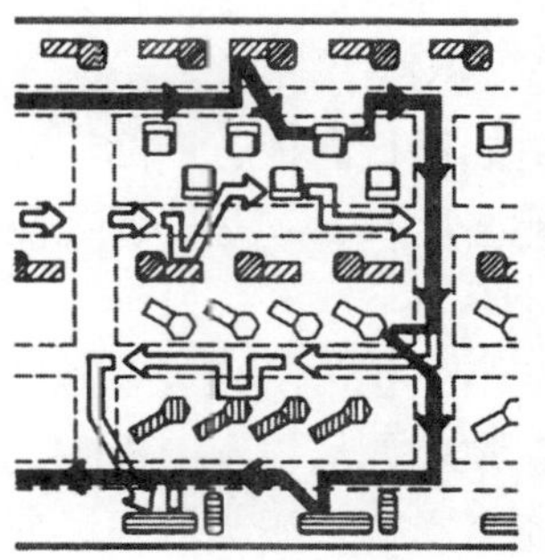

传统的相似机器的批处理生产线，可能需要按相反方向重新组织

利用现代机械处理技术的整体单元

图16–10 工厂结构必须有足够宽的跨度（2个方向均如此），以允许生产布局的调整

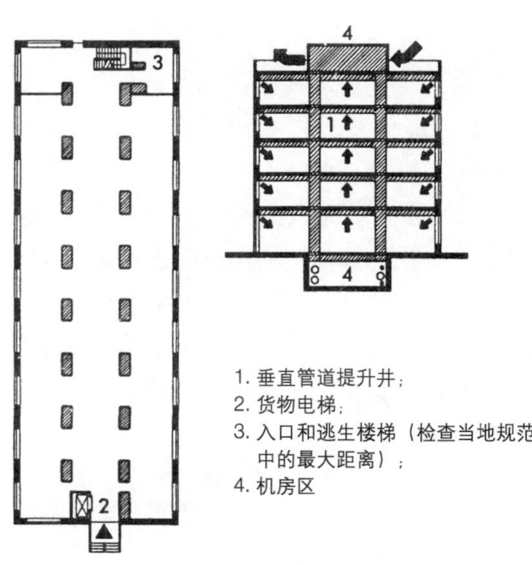


1. 垂直管道提升井；
2. 货物电梯；
3. 入口和逃生楼梯（检查当地规范中的最大距离）；
4. 机房区

图16–11 多层开发或变换可以为轻工业和高科技工业提供有效的设施，尤其是生产区、实验区和管理区很难界定时；这个例子显示了潜在可划分的空间

(3) 多层，需要自然光线和通风的平铺开的车间。

现在对于不将生产、储藏和管理各功能区限定在固定、清晰的区域，而是允许在表层内快速地重新布置的建筑的需求在不断增长。

直接从供应商到生产线的即时运送系统，极大地减少了建筑里所需储藏空间的数量。

一栋工业建筑如果设计之初太贴合当时的生产或布局需要，在长期过程里则显得不够灵活且很浪费，那些将投资降到最低的设计也是如此（没有考虑到运行费用和运行的灵活性）。

## 16.8 工厂

设计的工厂在其服务周期里应满足多种用途，为其生产部门服务。常见的问题是工厂建筑被荒废，得不到有效利用，可能是由于结构方面的原因（包括跨度太短，屋顶结构的容量），不充分的服务支持及不合适的通行高度。产品“如何”被制造或被储存可能会比产品“是”什么更重要。

建筑不能只被当作生产过程中防止天气破坏的外层。建筑结构的形式和配置从根本上影响优化产业布局的灵活性，还会影响到服务流线，使其可为现在或任何未来的产业布局服务，而不需要长期停工进行改造。结构的选择，尤其是湾区的尺寸，是提供有效的、灵活的运营的核心。有一系列结构类型已被证明是有效和适应性强的，还有一些针对这些类型的技术革新（如受力面结构，只需要最小的框架支持外层）。

由以下指标对屋顶结构进行评估：

(1) 每个方向均有承载设施的能力，且便于重新改变位置；

(2) 承受点荷载的能力，以及原料装载装置的灵活布置（如高架的提升间，运输带扣）；

(3) 自然照明（考虑眩光和绝缘 / 热损失）；

(4) 可持续性和维护（防火性能和清洁 / 再粉刷的需要，尤其是在干净的区域）。

## 16.9 工厂建筑类型

### 16.9.1 轻工业

通常也是小规模（也见“工作间”，224 页）的工业建筑，生产经营过程需求或储藏过程对结

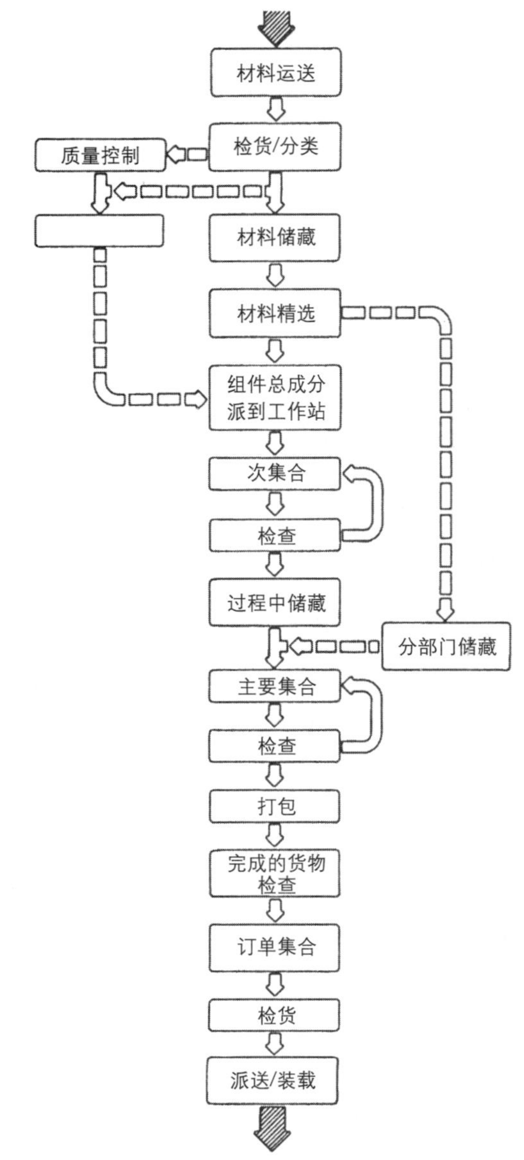


图 16–12 高科技工业的典型过程流图示（如电子材料）

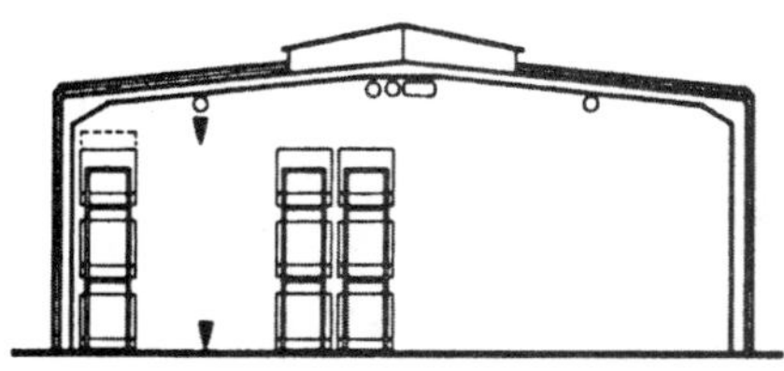

图 16–13 轻型工业建筑主要是为了储藏目的：龙门架结构，典型的屋檐下高度 4.5m，跨度 12m（最小 9m），屋顶荷载 0.35kN/m²（没有提升），地板荷载 16 kN/m²

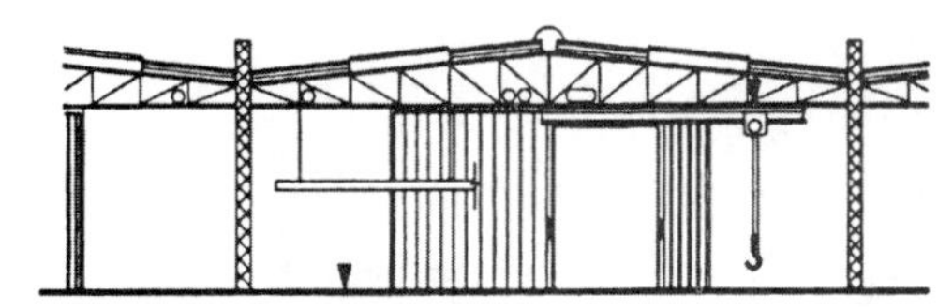

图 16–14 主要的轻工业制造：桁架式构架，屋檐高度和跨度同 13；屋顶管道结构荷载 0.5 kN/m²（每个结构开间最大可有 2t 的提升荷载）

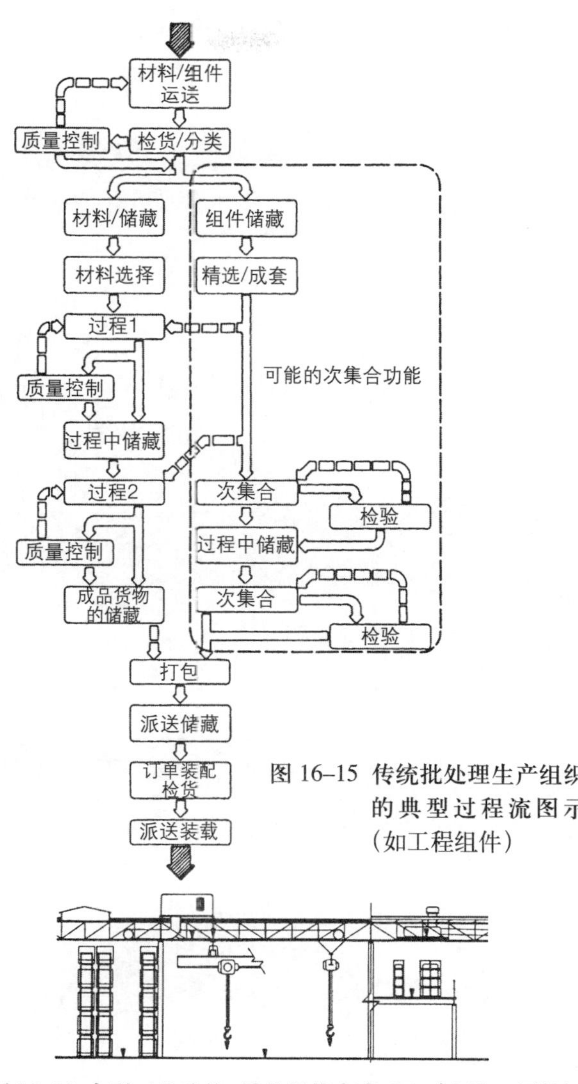


图 16–15 传统批处理生产组织的典型过程流图示（如工程组件）

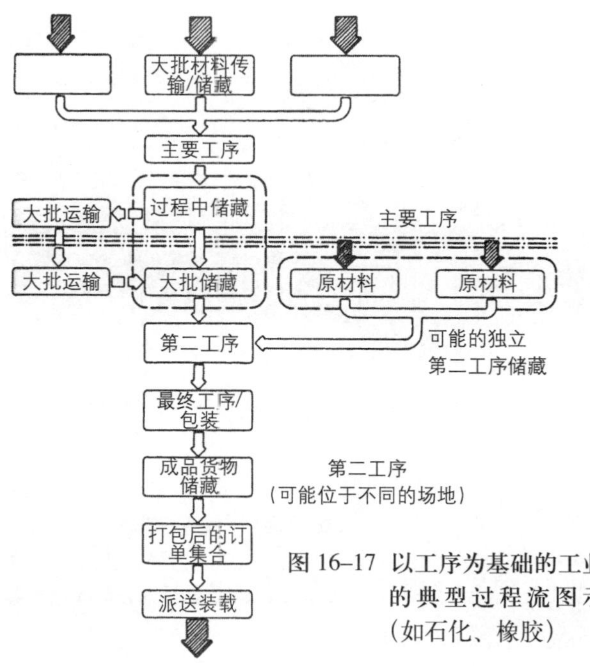

图 16–16 中型工业建筑：最佳屋檐高度 6.5m（允许二层楼），最小 5.5m；典型跨度 12×18m；屋顶结构荷载承受 2t 单轨吊车 / 间的点荷载，或分配到每个区的 5t 的悬挂吊车荷载；地板荷载 25kN/m²，可承受堆栈储藏



图 16–17 以工序为基础的工业的典型过程流图示（如石化、橡胶）

构框架或地板的要求很少。轻工业生产和物流企业间是可以互换的，通常面积会在 2000m² 以下。实例包括轻金属工业、打包、制衣、耐用消费品维修服务、小型打印机、电子产品物流、建筑工人材料、当地零售批发的附属仓库。

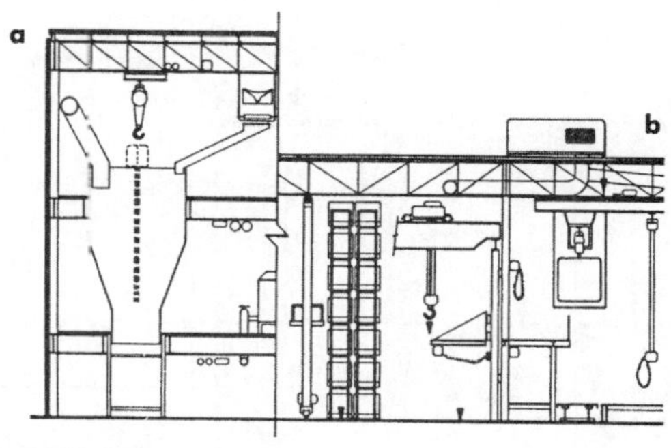


(a) 12m 大批处理机房

(b) 典型跨度为 12×18m，但屋顶荷载重的时候小一些（9×12m），或荷载轻时再大一些(20m)；屋顶结构荷载有 5t 的点荷载，10t 的横梁荷载，分布在每个开间（重的荷载需要龙门式起重机和额外的结构）；地板荷载 15 ~ 30kN/m²，有一些特殊的基础以承受重型机械工具

图 16–18 重型工业建筑：常用屋檐高度最小 7m，高度 9m 是供堆栈储藏和悬挂搬运系统之用

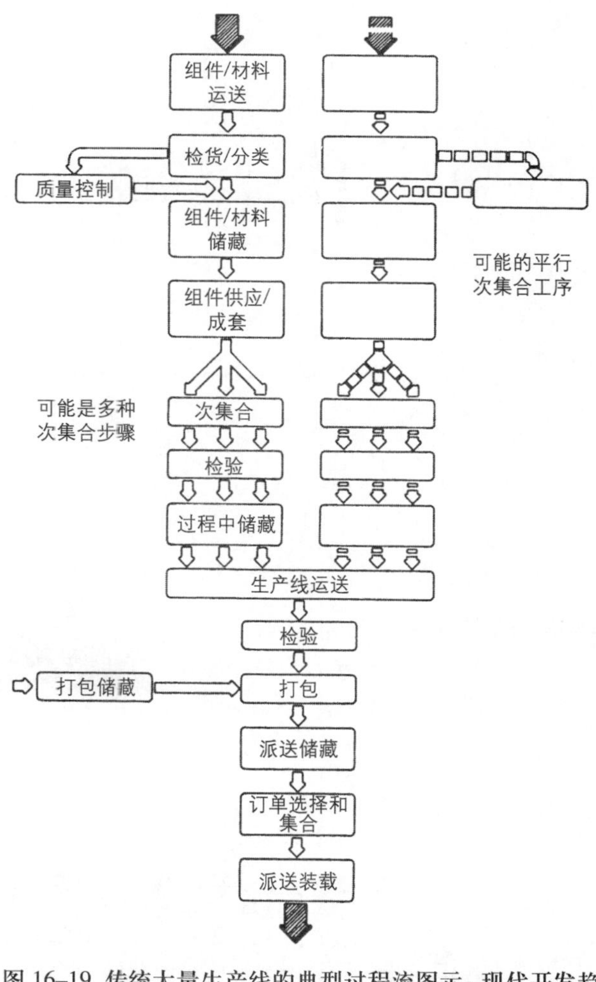


图 16–19 传统大量生产线的典型过程流图示：现代开发趋势是将线下装配功能分成小组

### 16.9.2 中型工业

原则上，这些企业是批量生产或储存的企业，生产过程和辅助服务暗示了一些对建筑结构、类型和地板的设计需求，以保障未来生产和储存布局的灵活性。储存库和生产建筑不能互换，除非屋顶结构是按照生产支持容量设计的。

### 16.9.3 重工业

厂房设计可容纳大规模批量或大量生产系统，对高架的生产和环境服务及原料存放有较高

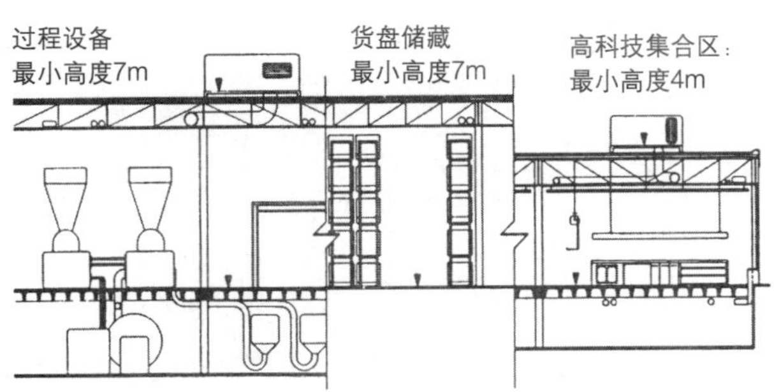


图 16–20 高科技工业建筑：可能需要地下室以满足大量过程入口和管道路线；屋顶结构均布荷载达到 $1.2kN/m^2$（管道用）；提升间均布荷载达到 5t 每开间，以便于设备移动；地板荷载 15 ~ $20kN/m^2$ 以支持大型设备，10 ~ $15kN/m^2$ 供高密度劳动力集合使用

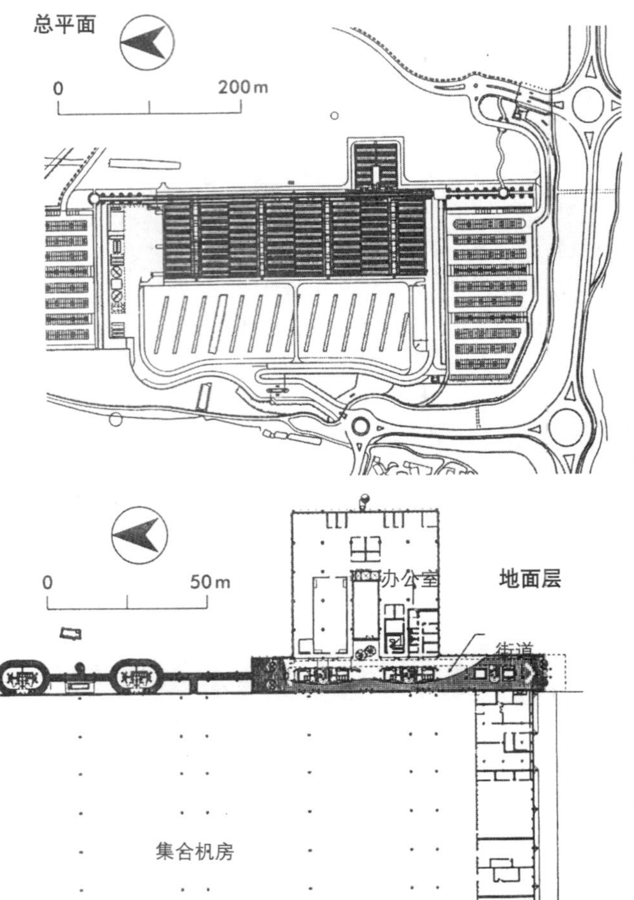


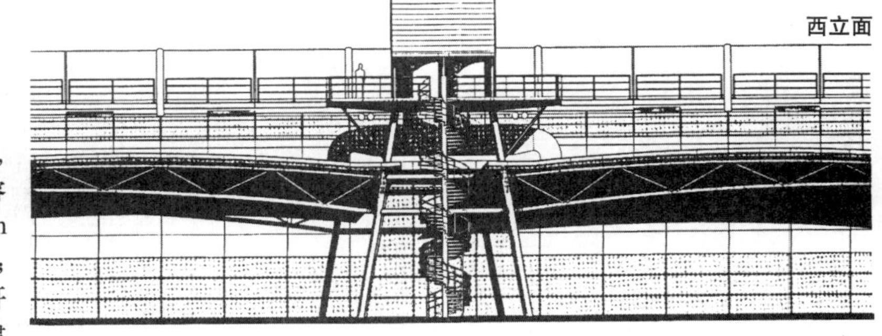


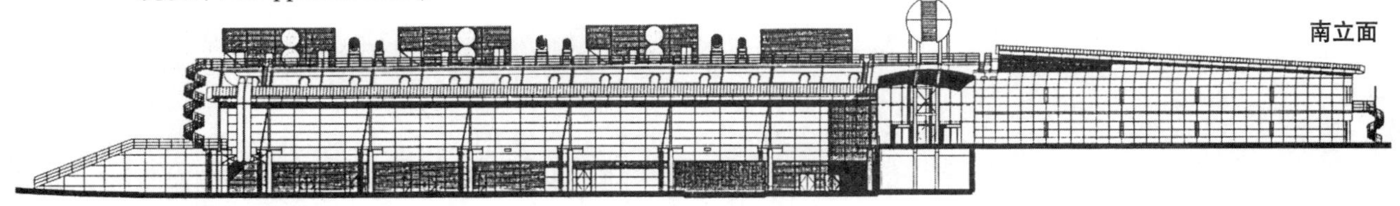


图 16–21 摩托罗拉制造和管理办公室，瑞典：设计需要很灵活，能容许扩展；核心元素都在长 300m 的“街”上，高层容纳管道；制造区有 $24500m^2$，分 4 个开间，形成 A 形框架的结构（建筑设计：Sheppard Robson）

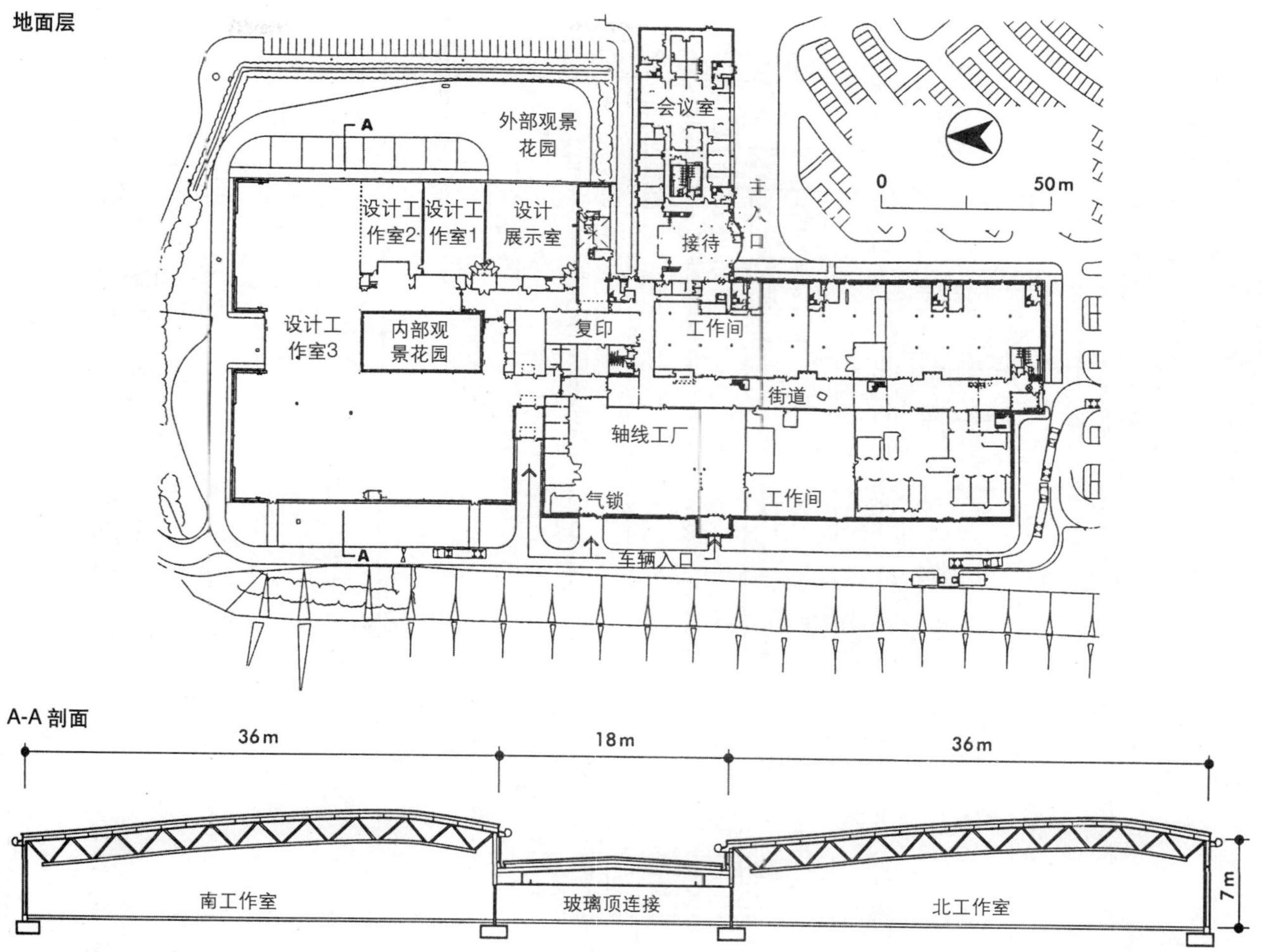

地面层
外部观景
花园
会议室
主
入
口
接待
0
50m
设计工
作室2
设计工
作室1
设计
展示室
设计工
作室3
内部观
景花园
复印
工作间
街道
轴线工厂
气锁
工作间
车辆入口
A
A
A-A 剖面
36m
18m
36m
南工作室
玻璃顶连接
北工作室
7m

图 16–22 罗孚（Rover）集团设计和工程中心，Gaydon，沃里克郡：这个复合体由以下部分组成：设计工作室、工作间（在这里将设计速写转成足尺的大模型）、展示室、观景花园、办公室（400 ~ 600 名工程师）；精心准备的方面包括开放的工程环境，以尽可能鼓励更多创造性的交互；工作室、工作间和办公室围绕一个内部“街道”设计，“街道”里包括非正式区和咖啡区；结构基于 9m 的钢网格（建筑设计：Weedon 伙伴）

卷轴抽锭区
印刷间
储藏
纸张储藏
插入区
机械印刷
调度区
0
20m

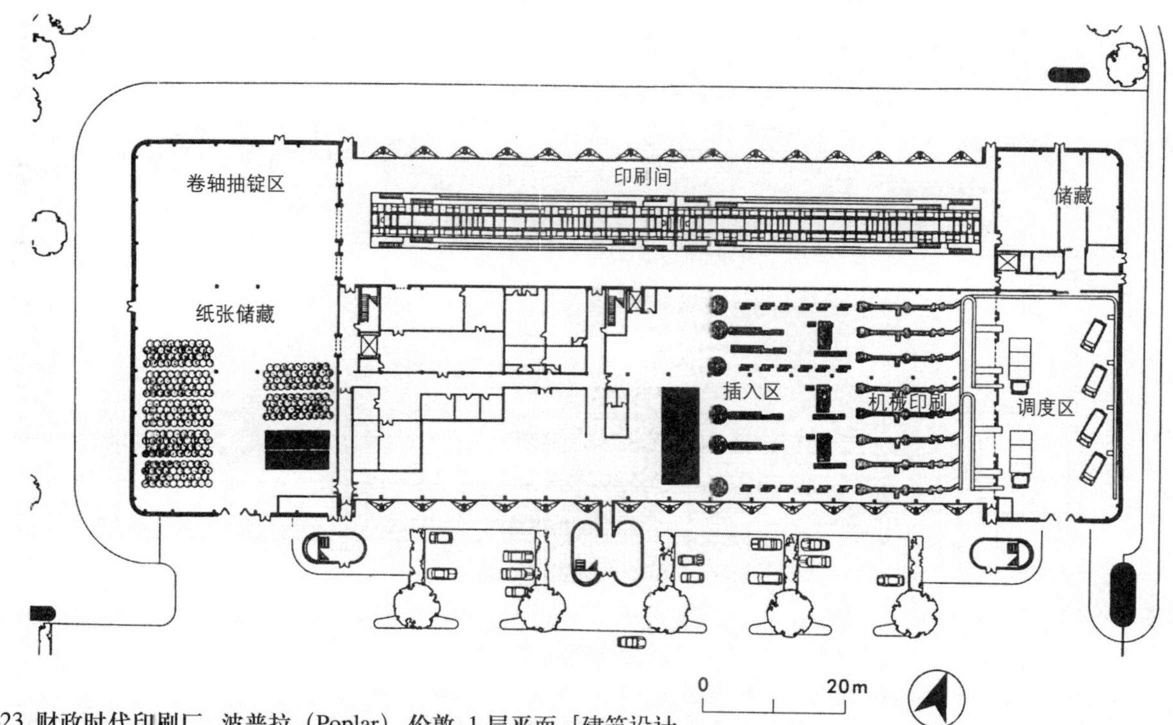

图 16–23 财政时代印刷厂，波普拉（Poplar），伦敦：1 层平面［建筑设计：尼古拉斯·格雷姆肖（Nicholas Grimshaw）伙伴公司］

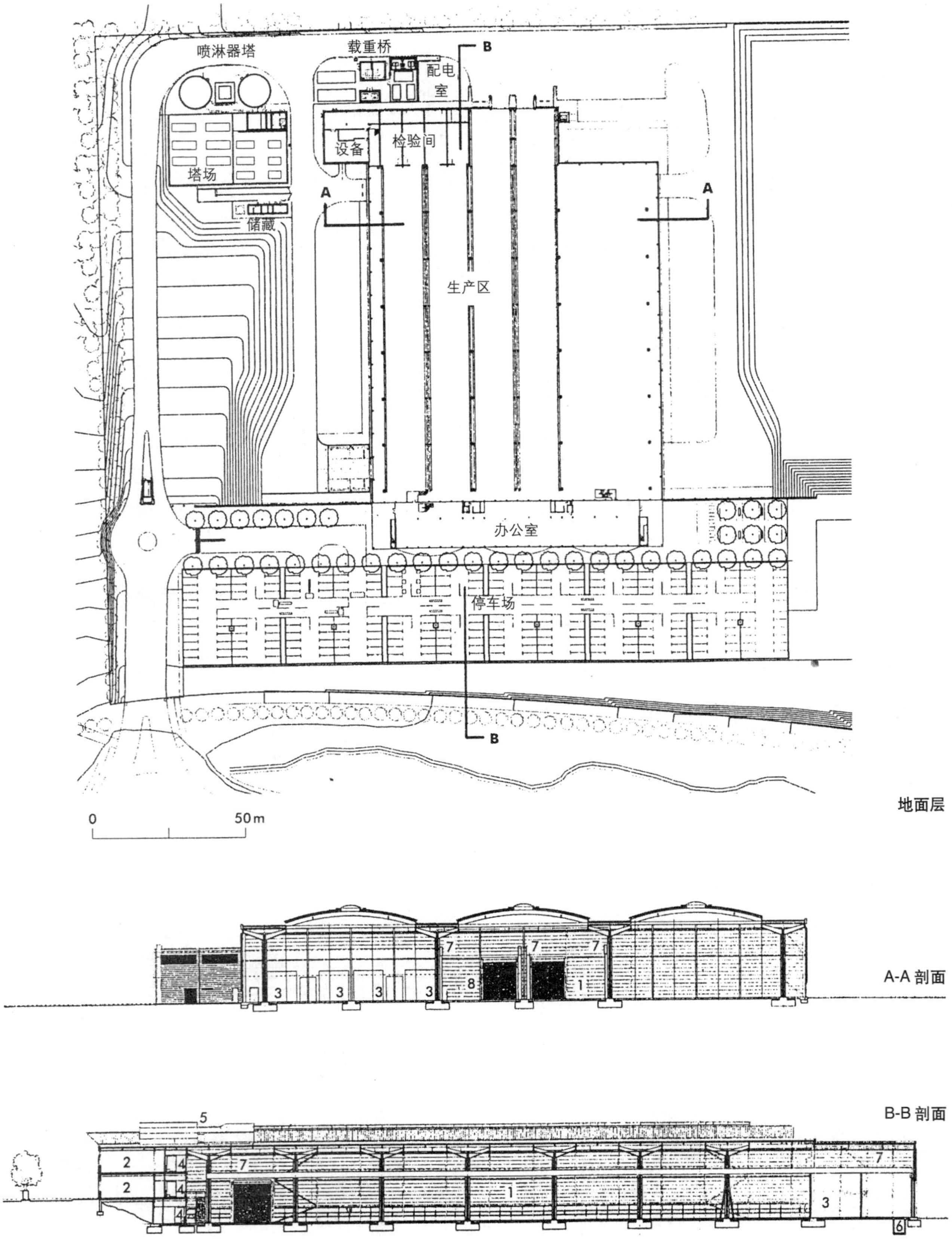

地面层

A-A 剖面

B-B 剖面

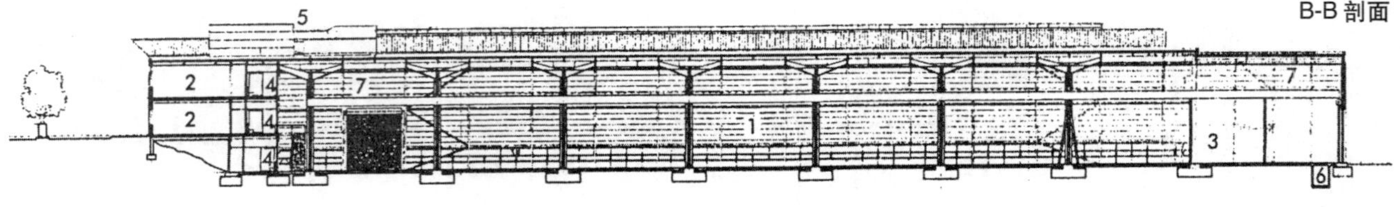


图 16–24　新康明斯生产（New Cummins Production, CPG）单元，曼斯顿(Manston)，肯特郡：制造发电机的重型工业建筑；可以增加额外的区域作为生产扩展［建筑设计：班尼特（Bennetts）联合］

1. 生产区
2. 办公室
3. 检验间
4. WCs
5. 安装在屋顶上的机房
6. 设备管道
7. 60t龙门架起重机
8. 调度区

的要求，还有密集的地面层布置，会有一些重型生产机器和过程中的存放区。可能需要层高较高的建筑，以利用多层的物料搬运设备。在重型工程部分，还有一些特殊类型的强力起重悬挂龙门式吊车。

### 16.9.4 高科技

这种工厂类型要求高质量的过程和个人环境，小型和大型企业的设计要求是类似的。要求在屋顶区域和地板下设置密集型服务设备。散装搬运的物品很多（如粉状物、液体、瓦斯）。生产、实验室、管理区之间要能互相转换，以应对快速变化、技术革新和变幻的市场。

## 16.10 仓库

传统的仓库是相对直接的储存设施，在一栋可以防御天气变化和提供一定安全系数的结构里尽可能多地容纳货物。结构要求有尽可能大的跨度，以保证储存的灵活性。所有的货物可能是松散的，也可能是形成小的单元（如大袋或桶），以便于在大轮船上、运河上的小船、铁路火车或卡车等之间来回转运，还不得不小一点，以便于人力搬运。实际上，货物是按照围合物的要求配置，而不是依靠其他方法。

货物单元尺寸现在变得越来越大，尤其是在第二次世界大战后，集装箱化的货流成为一种趋势，因此按需设计的仓库也越来越重要。19 世纪的典型通用仓库现在变得多余了，因为集装箱可以直接通过机械传送，比如从船上搬到公路车辆上。现代的仓库建筑不再被只当作储存区域，而是成为自动化、计算机控制的转运点，是整个物流链中的一部分。

## 16.11 布局

布局依赖于储存工作的规模和类型。储存单元装载的不同方式决定了填充建筑容积的不同效率等级和装卸的可及性。理想设备应该是符合标准模数，同时还要有足够的灵活性，以允许未来的改变。布局由以下因素决定：

(1) 容积：接受和分送的储存量及速率；

(2) 容积和流程：根据所储存的单元决定；

(3) 单元装卸：如货盘（在英国是最常见的形式），外悬挂轨道，ISO 集装箱等；会影响到设备和空间使用。

关键的设计标准包括：

(1) 存放的货物——尺寸、规格；包装和单元装卸；存放层次和吞吐量；发展趋势；

(2) 其他特征——如派送和存放频率；

(3) 货物到达和分送模式——如车辆的规格和频率；

(4) 仓库经营——如产品流，质量保证和自动化水平（见 222 页自动化装载技术）。

仓库运营通常包括堆栈存放和订单选择功能。这些意味着，除了小规模安装外，包含着不同的存放和材料装运要求：典型的高的、密集型存放区利用装卸技术，主要用于大批堆栈，而低的“活跃库存”区用于订单分拣。仓库典型的划分比例是：1/3 的高堆栈区，2/3 的低堆栈区，包括订单分拣和装配加载区（图 16–25）。因为存放区很密集，堆栈区可能不像处理区那样需要快速

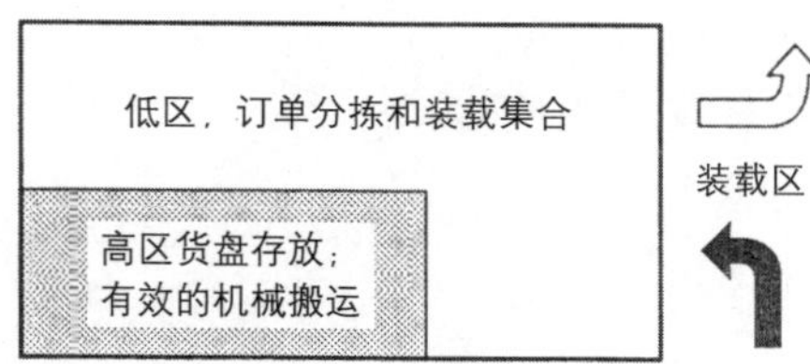


图 16–25 配送仓库高低区的典型比例

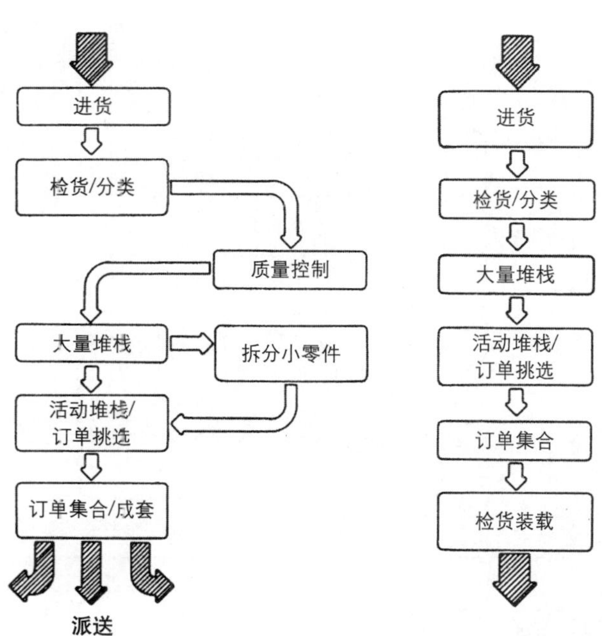


图 16–26 典型储藏流线图示：仓库，相邻的生产过程的组件储藏

图 16–27 典型储藏流图示：仓库，如冷藏，钢铁存货

扩展。

**货物数量** 这一点对于空间和存放设计很重要：

(1) 量大，线少：使用动态储存或进入式堆栈；

(2) 量少，多线：使用转换货盘。

对于先入先出模式（FIFO, first-in, first-out），使用成堆堆栈或进入式货架是不合适的。

**货架与外表皮组合的仓库与传统仓库对比** 货架作结构框架，与外表皮组合的仓库建筑在欧洲得到广泛应用，但在英国就少一些。它们的建造费用较低，运营和经济效益很明显，但要注意，在防火规范下，如此大的未分隔的区域是个问题。货架与外层的“混合体”融合了网架建筑和货架与外层组合建筑两者的优点。主要支撑结构使用了常规的重型可调货盘架，高度可以达到 20 ~ 30m。

**到达和发送区** 这些区域应该适合各种天气条件下的运作（使用气闸，全体密封，有架空遮篷），最好在建筑的庇荫侧。合适的机械操控区是很重要的（见 238 页）。

**单元装载** 益处包括：

(1) 设备标准化

(2) 移动最少

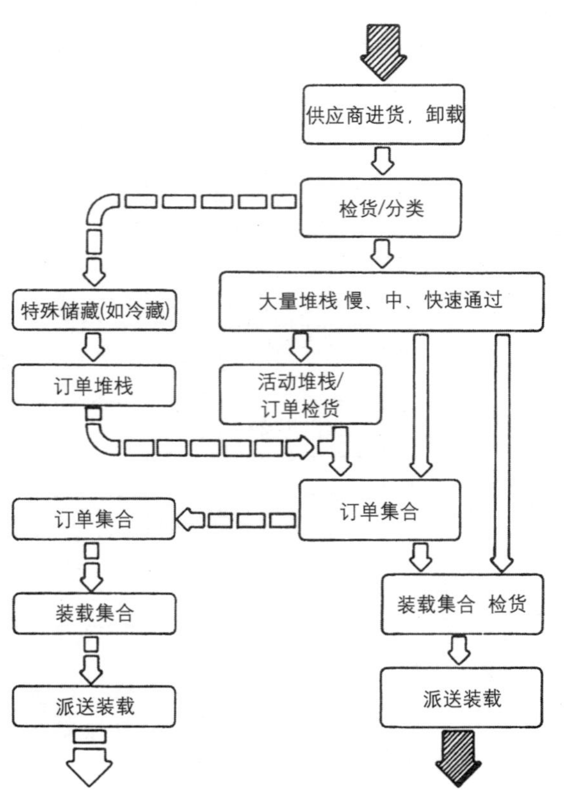


图 16–28 配送仓库的典型储藏流图示，如食品零售配送

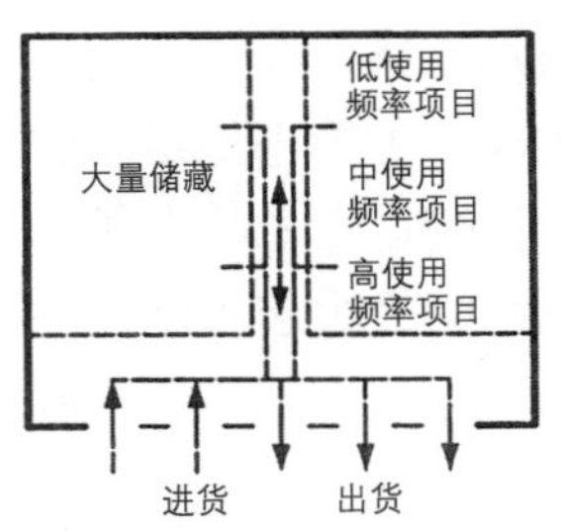


**倒“T”形仓库流**

货物进出在建筑同一侧

**优点包括**

- □ 高、中、低频率使用区的区分使移动最小化（即低使用频率区有更长的路线，在离入口最远的区域）
- □ 装载台与辅助的机械搬运设备得到最好的利用
- □ 与装载区和卸载区分离的情况相比，要节约一定面积
- □ 同一个货台在一天的不同时间可以用作不同的功能
- □ 货物进出的联合使得可以统一安排货流
- □ 联合的货台运营允许更好的保安控制
- □ 建筑可以向3个方向延伸
- □ 容易将货台置于背风面，避开盛行风向
- □ 能更好利用交通工具场院区

**缺点包括**

- □ 中央流线轴在高吞吐量情况下会发生拥挤
- □ 扩展时需要修改流线
- □ 大片堆栈区的交通距离过长
- □ 普通的货台需要整体的管理

低使用频率项目
中使用频率项目
高使用频率项目
进货 出货

**横向流线仓库布局**

与倒“T”形相似，但内部存放空间和堆栈区经过重新安排

**优点包括**

- □ 货物堆栈和检货整合在一起，便于库存管理

**但要注意**

- □ 高、中、低频率使用区的分隔有时无法得到实现（例如，如果根据客户订单类型，产品目录有所调整）

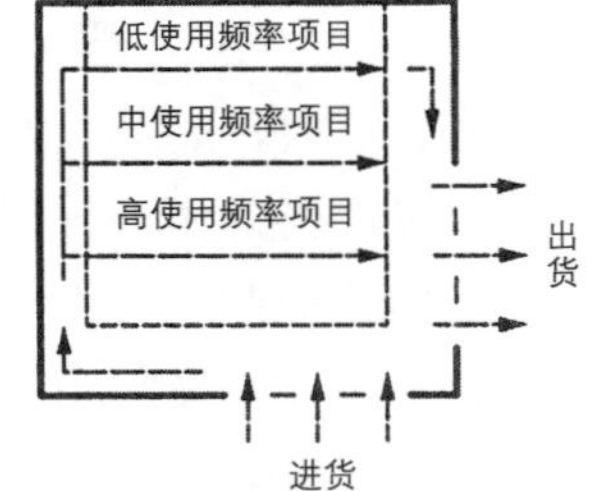


**角落式仓库**

与倒“T”形相似，但进货和出货流在建筑相邻的不同侧

**优点包括**

- □ 进货和出货是分离的，以应对如果它们靠得太近会造成冲突的情况
- □ 扩展可以在没有门的两侧进行

**缺点包括**

- □ 如果需要扩张时，适应性小一些（可能主要的变化在于内部布局）
- □ 对盛行风向等需要仔细的考虑
- □ 更高的保安和监督费用

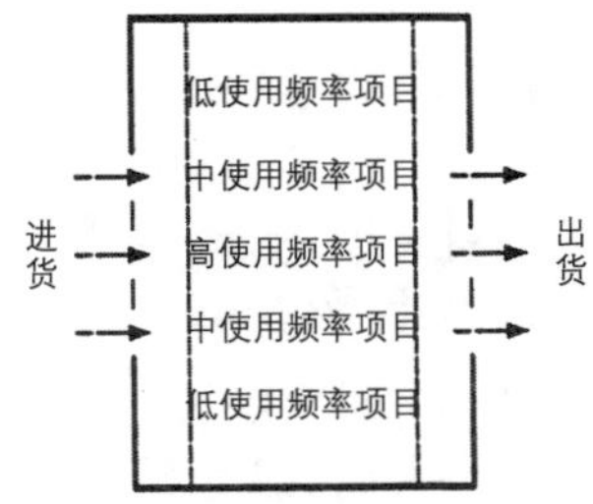


**通过式流线仓库**

注：进货和出货在相反的方向

**优点包括**

- □ 当其他设备出现自然流线时使用
- □ 当货物进出有不同需求时使用（如平台高度）

**缺点包括**

- □ 所有材料的搬运距离均是整栋建筑的长度
- □ 很难扩展
- □ 对盛行风向等需要仔细的考虑

图 16–29 仓库布局图示（引自《仓库设计原则》；图片感谢后勤和交通学院）

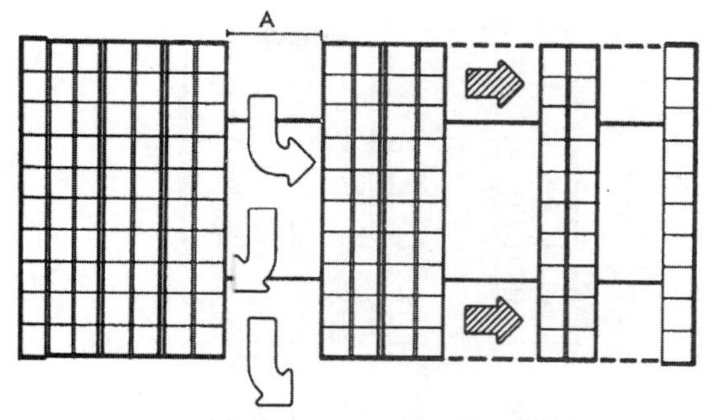

图 16–30 在储藏区有限和流通速度不太重要时，可以通过移动货架集中利用空间；使用安在导轨支承工具上的双侧货架，架子网面对面，一次只有一个走廊开放；宽度 A 与使用的叉车类型有关（见 222 页）

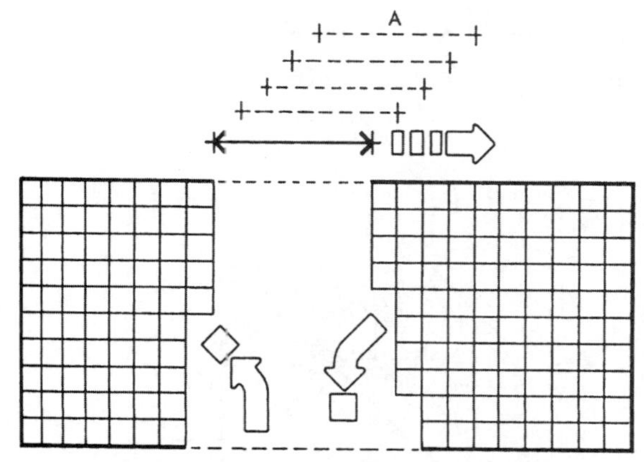

图 16–31 块式堆垛，高 3 ～ 4 个货盘；过道在堆栈间移动，提供先进先出的旋转；过道宽度 A 与使用的叉车类型有关（见 222 页）

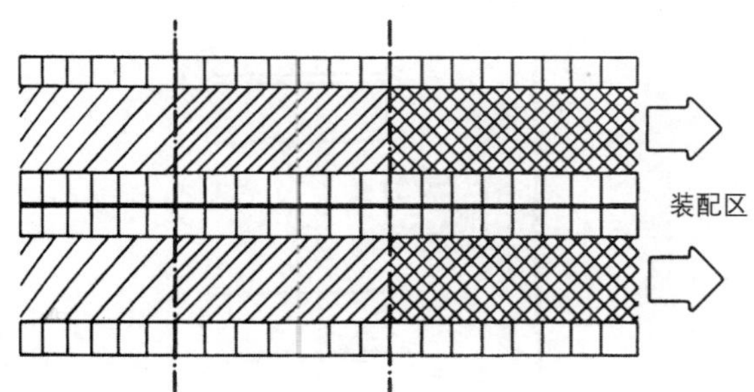

图 16–32 大批货盘存放在长的过道两侧，堆栈需要安排在事先想好的区域，以便吞吐最快的堆栈最靠近装配区；注意货架方向与装配区成 90°

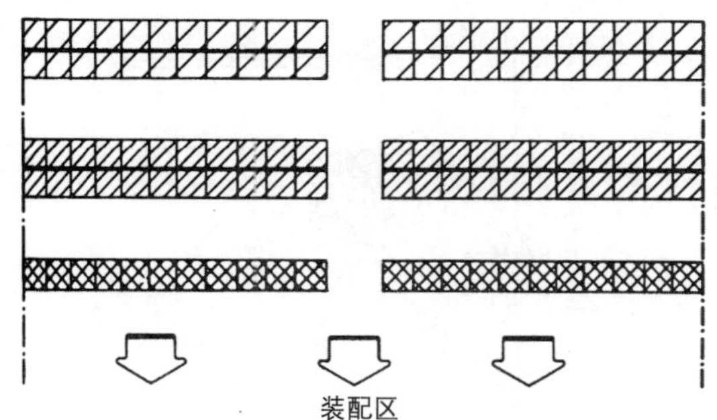

图 16–33 对于通过订单挑选不同的存货的方式，货架布局与装配区平行，存放货物的堆栈区按不同的流通速度分配（最快的最靠近装配区）；减少慢速移动的货盘机械阻挡其他货盘移动

(3) 提高安全性

(4) 较少的装载 / 卸载时间

**木质货盘** 这些货盘可能是单侧的、可逆的、双向入口的。在英国和美国，最常见的尺寸是 1200 × 1000mm；在大多数欧洲国家（除了英国和荷兰），常用尺寸是 1200 × 800mm。如果经常有国际贸易，则必须正视尺寸不一致的问题。

**装运要求** 货物搬运的频率决定了设备的类型（如快速移动的产品线要求必须方便到达）。

**存放和出入口** 布局应能保证：

(1) 到堆栈区的进货 / 出货运动和检验的出入口；

(2) 平衡的交通流模式；

(3) 存货搬运的最小距离；

(4) 相似的存放特征的产品可以作为一组（如冷藏，周围的温度，新鲜的空气）。

**职员和休息区** 为总的管理职员、书记员和场地人员，可能还有司机和维护工程师服务。休息区和后勤区包括：衣帽间、盥洗室、小卖部、休息区、接待处、训练室、医疗室、卫生工具存放处、工作间。

## 16.12 仓库建筑类型 / 装卸

**小规模** 见前文的轻工业工厂描述和图 16–5。

**主要目的** 设计目的主要是便于叉式升降机、伸缩臂叉车和窄的巷道堆垛机的运作。建筑扮演的角色是为储存工作抵御坏天气的外壳。重要的是跨度、高度和地板强度能保证储存方式灵活的运作（图 16–45 ～ 50）。也见于前文中等规模工厂类型描述和图 16–52。

**中等高堆栈区** 一种独立的建筑结构，用于中等高度窄过道储藏系统。建筑高度可以达到 14m（储藏高度 12m），允许储藏布局的变化以及未来其他用途的可能性。也见前面的重工业工厂

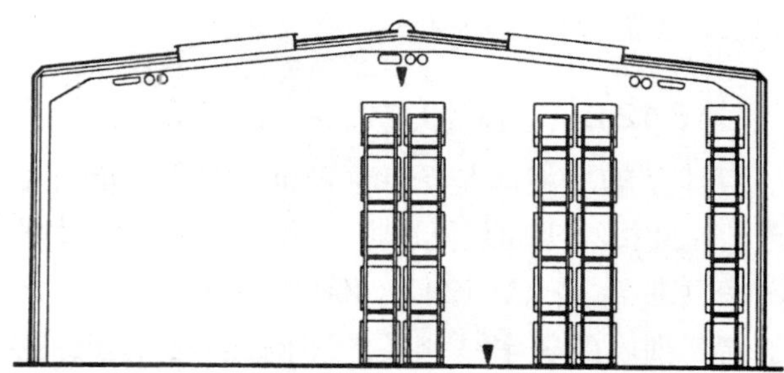
图 16–34 通用仓库，典型堆栈高度 7.5m；屋檐高度 8.0m；跨度 12 ～ 18m；地面荷载最小 $25kN/m^2$

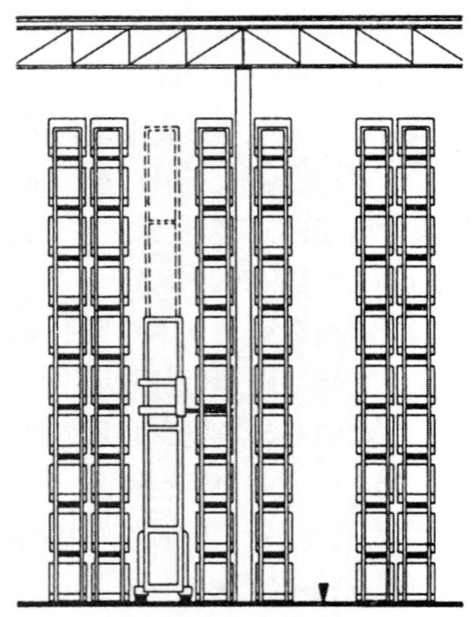

图 16–35 中等高堆栈仓库，典型的屋檐高度 14m；跨度 11.1 ~ 20.5m，取决于过道的宽度和货盘的尺寸；地板均布荷载 50kN/m²

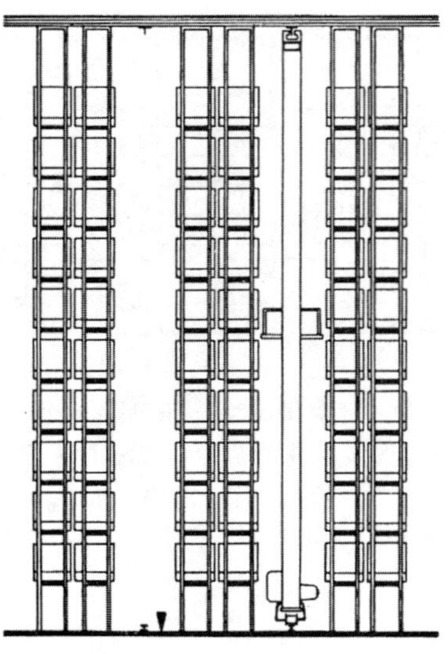

图 16–36 高堆栈仓库，建筑结构与货盘架结合；高度 30m；地板均布荷载超过 60kN/m²

类型描述。

**高堆栈区** 仓库有着整体框架结构，储藏高度达到 30m，利用自动装卸技术（图 16–36）。在地价和劳工费用较高的地方，这种方式可能比较经济，但发展潜力受到限制。存放架区构成了建筑的框架，屋顶和墙依附于它。地板荷载可能超过 60kN/m²，因此需要强度很高的地板和基础。不好的地基条件会导致这种理念无法实施。

### 16.12.1 叉式升降机尺寸

为了所设计的仓库更好地利用存放空间，要注意走廊空间和叉式升降机尺寸间的配合：堆栈会决定叉式升降机的尺寸和制作，或者所选择的叉式升降机会决定堆栈。一些叉式升降机类型和货盘的规模细节可以参考（图 16–37，图 16–38）。

**叉式升降机维护和电池充电区** 出于健康和安全考虑，这些区域必须与仓库其他部分分开。地板要能承受很重的压力和电池酸腐蚀（如重工业环氧树脂）。电池充电器应该挂在有排风扇的外墙上，还需要设备存放点。

### 16.12.2 不同装卸方式的存放效率

典型的堆栈区是 33m × 33m，容积效能评估包括托架行端头的复位通道。图 16–43 ~ 51 中的例子（货盘尺寸，1200 × 1000 × 200mm 高）。52 的第 2 列中的数字是相关的图例编号。注意：高堆栈，窄廊道的设计有严格的层数控制、托架调整和导向系统。

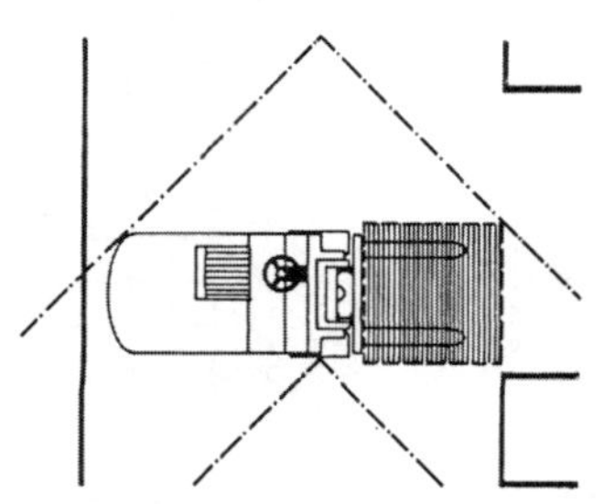

图 16–37 平衡重叉车，容量 3000kg：堆栈过道 90°，有 1200mm 的方形货盘，长度 3670mm；最小直角通道宽度（虚线所示）2.0m；没有货盘时，长度 3150mm，宽度 1100mm

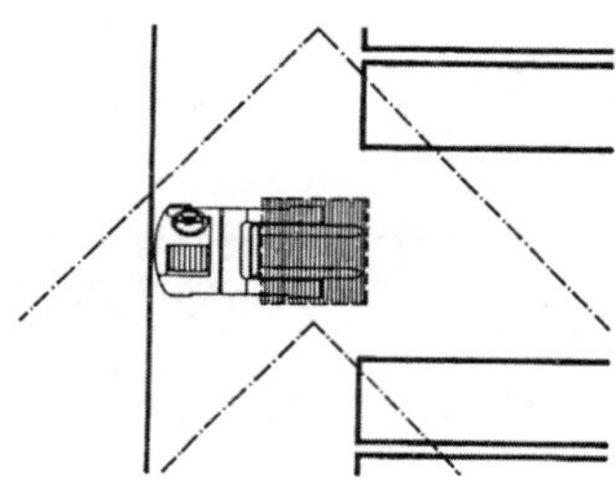

图 16–38 前移式叉车，容量 1500kg，货盘在轴距里：堆栈过道 90°，有 1200mm 的方形货盘，长度 2400mm；最小直角通道宽度（虚线所示）1.9m；没有货盘时，长度 1600mm，宽度 990mm

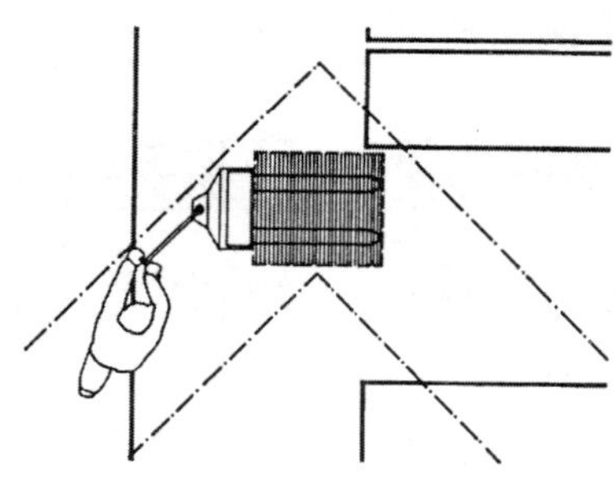

图 16–39 电动人力控制货盘叉车；堆栈过道 90°，有 1200mm 的方形货盘，长度 1750mm，最小直角通道宽度（虚线所示）1.5m；没有货盘时，长度 1820mm，宽度 787mm

| 叉车型号 | 尺寸 (mm) | 重量 (kg) |
|---|---|---|
| 平衡重叉车：荷载2500kg，在610荷载中心 | | |
| 没有货盘的长度 | 3246 | |
| 没有货盘的宽度 | 1118 | |
| 门架缩回时高度 | 2286 | |
| 无荷载时的重量 | | 4500 |
| 满载时轮子荷载①：前（驱动） | | 6000 |
| 后（舵） | | 750 |
| 90°堆栈过道（货盘1200） | 3480 | |
| 转弯过道（货盘1200）（虚线）见图16–37 | 2000 | |

①由车轮接触面积划分的滚动载荷在贸易文献中也有提及

图 16–40 平衡重叉车尺寸和重量

| 叉车型号 | 尺寸 (mm) | 重量 (kg) |
|---|---|---|
| 扩展桅杆前移式叉车：荷载2040kg，在610荷载中心 | | |
| 没有货盘的长度 | 1930 | |
| 没有货盘的宽度 | 990 | |
| 门架缩回时高度 | 2667 | |
| 无荷载时的重量 | | 2722 |
| 满载时轮子荷载①： | | 4282 |
| 前（门架升起）后（门架升起） | | 481 |
| 90°堆栈过道（货盘1200） | 2362 | |
| 转弯过道（货盘1200）（虚线）见图16–38 | 1905 | |

①由车轮接触面积划分的滚动载荷在贸易文献中也有提及

图 16–41 门架升起前移式叉车尺寸和重量

| 叉车型号 | 尺寸 (mm) | 重量 (kg) |
|---|---|---|
| 电动人力控制货盘叉车：荷载1815kg | | |
| 没有货盘的长度 | 1854 | |
| 没有货盘的宽度 | 762 | |
| 门架缩回时高度 | 不可用 | |
| 没有荷载的重量 | | 372 |
| 轮子荷载 | 不可用 | |
| 90°堆栈过道（货盘1200） | 1752 | |
| 转弯过道(货盘1200)(虚线)见图16–39 | 1498 | |

图 16–42 电动人力控制货盘叉车尺寸和重量

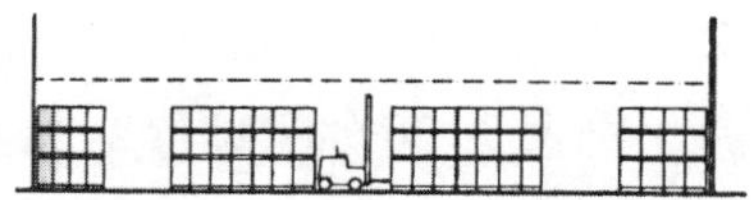

图 16–43 块式堆栈里的叉车：过道 3.5m；堆栈高度 3.6m；建筑高度 4.5m（虚线）

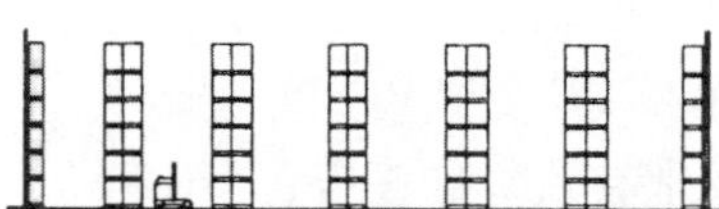

图 16–44 货盘架里的叉车：过道 3.5m；堆栈高度 7.5m

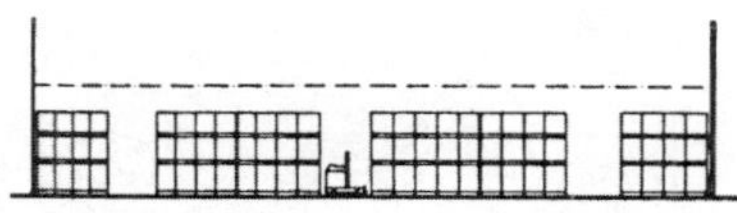

图 16–45 块式堆栈里的前移式叉车：过道 2.6m；堆栈高度 3.6m；建筑高度 4.5m（虚线）

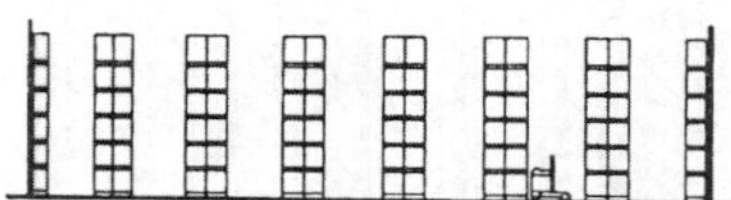

图 16–46 货盘架里的前移式叉车：过道 2.6m；堆栈高度 7.5m

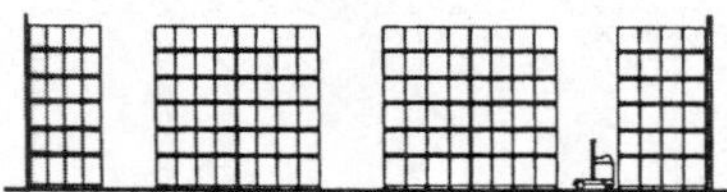

图 16–47 驱入式货架里的前移式叉车，车道在框架之间进入堆栈：堆栈高度 7.5m

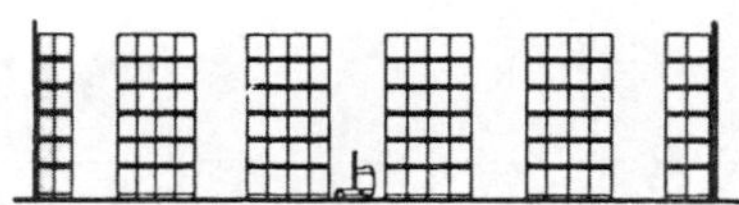

图 16–48 双倍深度货架里的前移式叉车，有可延伸的叉车附件：过道 2.6m

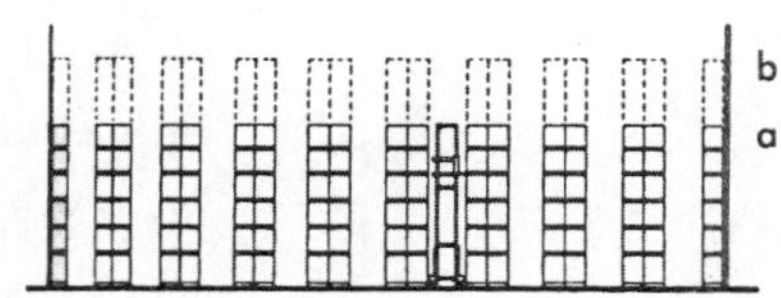


图 16–49 窄的过道堆垛机，与架子平行移动：堆栈高度 (a)7.5m，(b)10.5m（虚线）

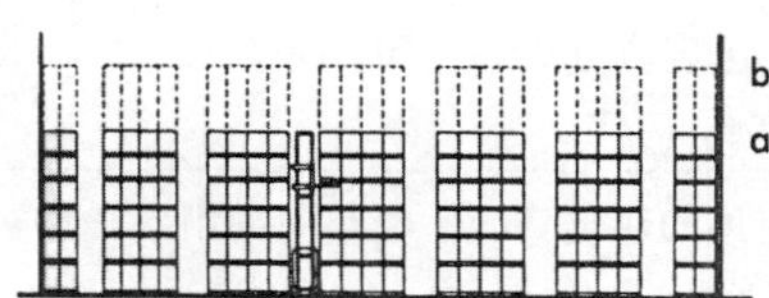


图 16–50 双倍深度货架里的窄的过道堆垛机：过道 1.6m；堆栈高度 (a)7.5m，(b)10.5m（虚线）

### 16.12.3 自动化装载技术

“自动化装载”可实现对移动和存放货物的装载设备的直接控制，而不需要操作者或司机——即设备由计算机控制，需要极少或不需要人力投入。自动化可能只用于信息层，也可能是所有的操作和流程。当有如下情况时可采用自动装载技术：

(1) 经常有重复的任务；

(2) 升起高度大于 10 ～ 12m；

(3) 要求较高的存放密度（如高堆栈）。

**自动设备种类**

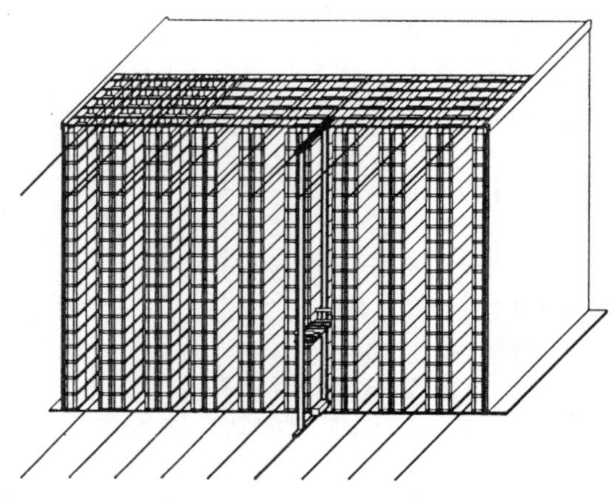

图 16–51 自动填充过道堆栈起重机：过道 1.4m；堆栈高度 24m；整体货架结构

仓库包含两种主要类型：

(1) 在固定的场地上进行处理（设备包括卸载车、举重机、码盘机等）；

(2) 货物在固定的流程间移动。

使用的设备可同样按两种类型分组：

(1) 处理设备（如卸载车）

(2) 运输设备，包括：

——固定设备（如输送设备系统）

——移动设备（通常是 AGV（自动导向设备，automated guided vehicles），由埋在地板下的电缆指引——因此没有物质障碍——可以取代叉车或巷道堆垛机——通常是堆垛起重机，储藏高度可以达到 30m）。

## 16.13 工作间

工作间的形状和规模种类繁多；这里，根据位置、流线需求、租赁类型和它们容纳的技术来对它们进行分类（见下）。下面几页可以看到的绝大多数详细的标准和例子是一个典型的内城分层工厂（出租单元）所需的。

### 16.13.1 布局

绝大多数常见布局，图 16–53 ～ 57。

| 设备 | 存放类型 | 堆栈高度 | 存放的货盘 | 空间利用率/% | 进入/% | 与叉车相比，存放的空间增加/% |
|---|---|---|---|---|---|---|
| 叉车：结构下建筑高度8m， | 43块式堆栈① | 3 | 1452 | 24 | 差 | |
| | 44横梁货盘架 | 5 | 1200 | 20 | 100 | |
| 前移式叉车，结构下建筑高度8m | 45块式堆栈② | 3 | 1584 | 28 | 差 | 9 |
| | 46横梁货盘架 | 5 | 1400 | 35 | 100 | 17 |
| | 47 驱入式货架 | 5 | 2400 | 58 | 先进后出 | |
| | 48 双倍深度货架 | 5 | 1800 | 49 | 50 | |
| 窄过道堆栈机 | 49a 横梁货盘架③ | 5 | 2520 | 46 | 100 | 50 |
| | 49b横梁货盘架④ | 7 | 2400 | 46 | 46 | 110 |
| | 50a双倍深度货架 | 5 | 3360 | 59 | 50 | |
| | 50b双倍深度货架 | 7 | 5400 | 60 | 50 | |
| 自动高区堆栈起重机，有轨：屋顶结构下建筑高度24m（可以是30m以上） | 51 横梁货盘 | 15 | | 32⑤ | 100 | |

① 如果使用的建筑降低，则空间利用率增加（最小4.5m）；② 如果使用的建筑降低，则空间利用率增加；③ 屋顶结构下建筑高度8m；④ 屋顶结构下建筑高度11m；⑤ 作为更长的过道的一部分，典型的过道达到100m以上。

图 16–52 不同搬运方式下的存放空间利用率

家庭

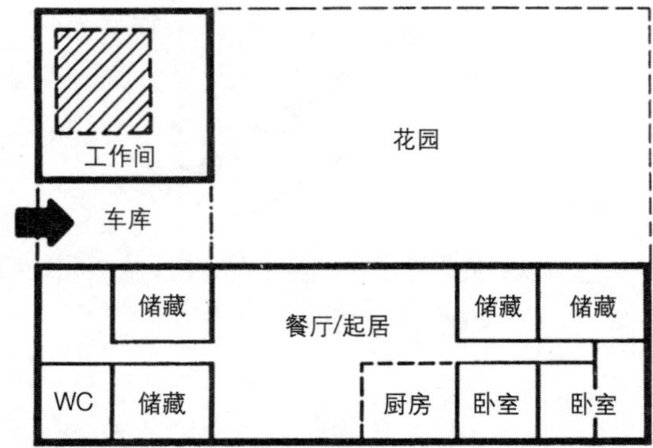


图 16-53 一两个人在家里进行他们的兴趣爱好活动，或进行兼职活动

教育学院

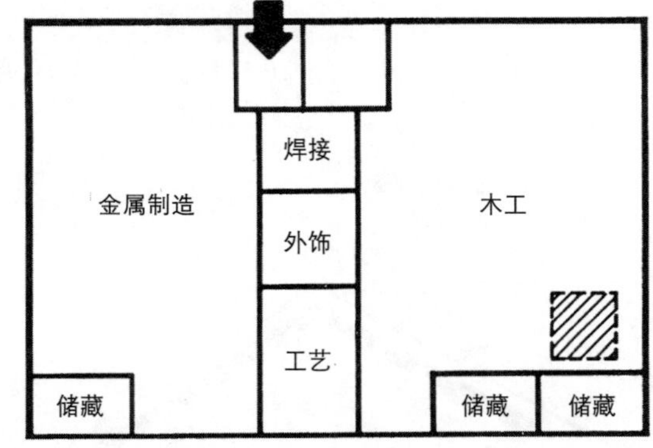


图 16-54 20 ~ 40 人的班级或小组的重复设施

小工厂

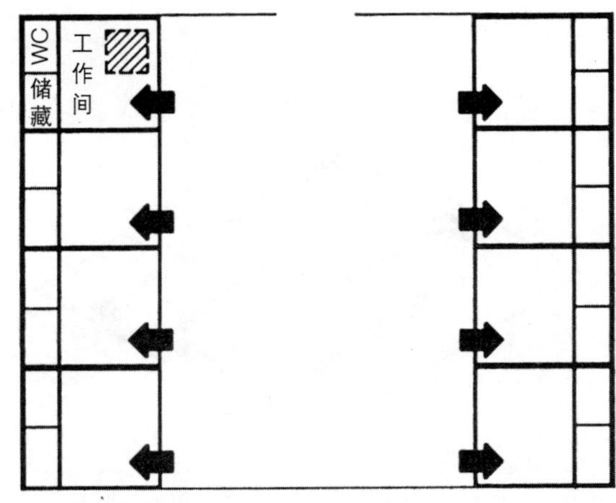


图 16-55 各种小型企业的非专业单元小组

可租单元

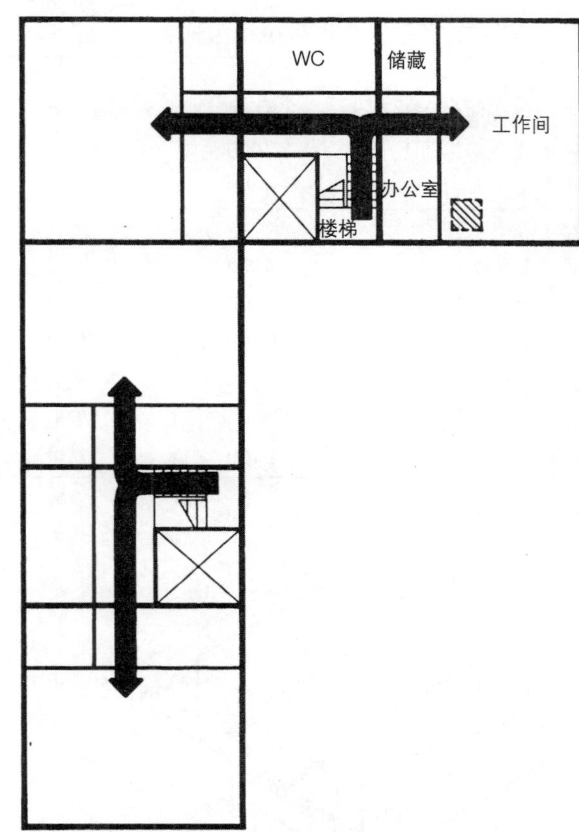


图 16-56 在多层建筑里，有着公用入口的标准单元

附属于大型工厂

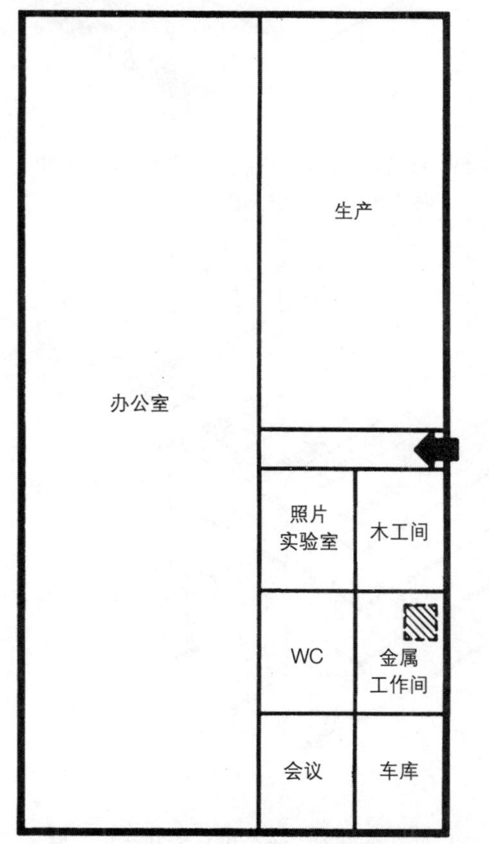


图 16-57 专业工作间，职员自己维护公司机房或建筑

| 车位数/面积 | 城内 ($m^2$) | 郊区和乡村 ($m^2$) |
| --- | --- | --- |
| *物流* | | |
| 重型货物运输工具 | 1/1000 | 1/500 |
| 轻型商业运输工具 | 1/1000 | 1/500 |
| 小汽车 | 1/400 | 1/1000 |
| *轻工业* | | |
| 重型货物运输工具 | 1/4000 | 1/2000 |
| 轻型商业运输工具 | 1/1000 | 1/500 |
| 小汽车 | 1/200 | 1/50 |
| *办公空间* | | |
| 轻型商业运输工具 | 1/1000 | 1/500 |
| 小汽车 | 1/150 | 1/30 |

图 16–58 停车导则

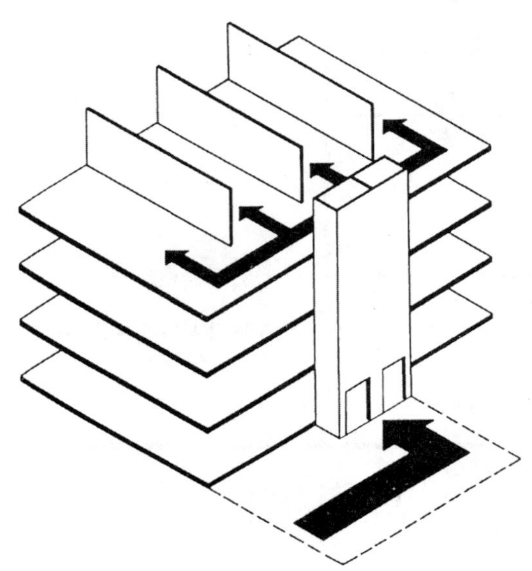

图 16–59 货梯为大组租户服务：高峰荷载会带来一些问题，可能需要中央协调

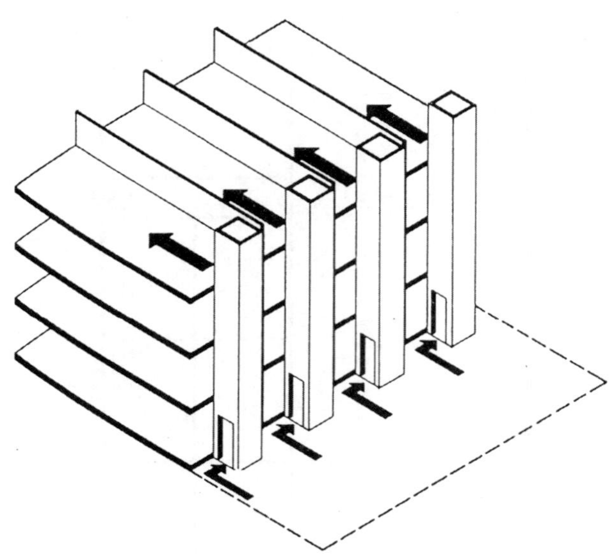

图 16–60 好几个电梯，每个电梯为几个租户服务：也需要一些协调，但比图 16–59 要少

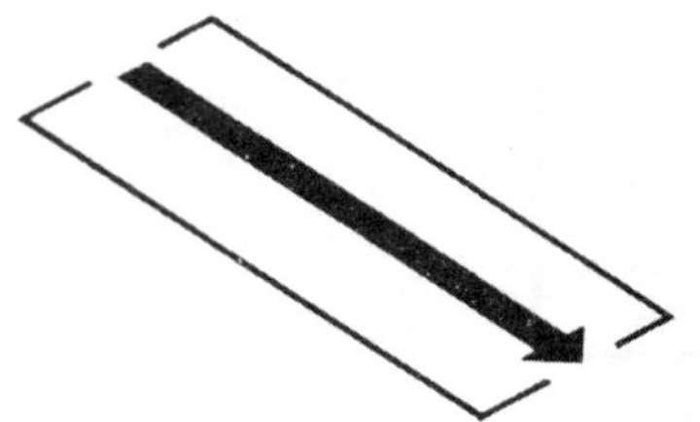

图 16–61 直线：货物进出在厂房不同方向；需要建筑两侧有良好的交通；通常是中等规模的公司

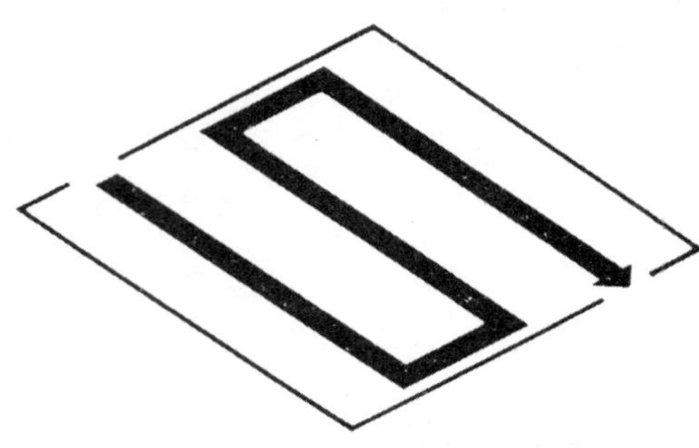

图 16–62 重叠：与图 16–61 相似，但适合更大规模的公司

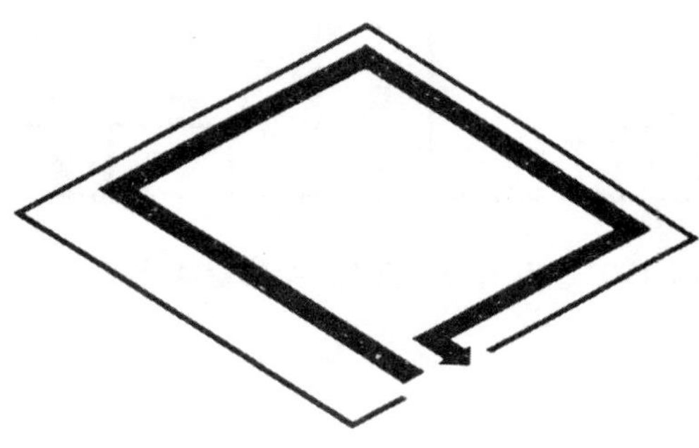

图 16–63 U 形：货物进出在厂房同一侧；可能用于只有有限入口的建筑；通常适合非常小的公司

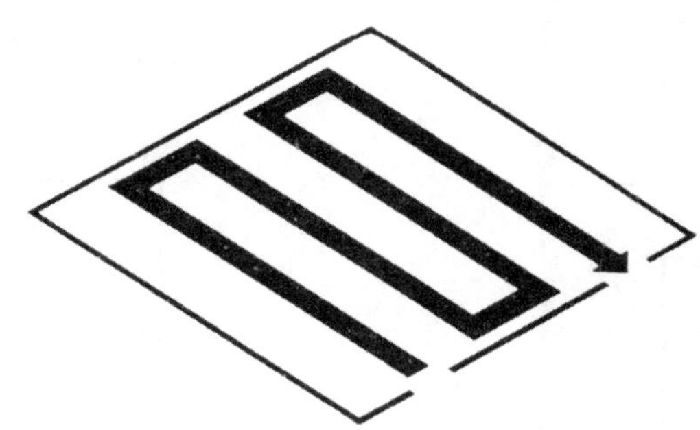

图 16–64 回旋式：货物进出在厂房同一侧；有时适合入口有限制的大型公司

### 16.13.2 工作间交通

(1) 建筑外停车：标准依赖于布局及用地类型（图 16–58）；

(2) 建筑内的升降梯：与外部停车区和租用者相关（图 16–59，图 16–60）；

(3) 工作间内流线：与使用的技术以及租赁类型有关（图 16–61 ～图 16–64）。

## 16.14 租用工作间：建筑类型

### 16.14.1 非直接入口（图16-65）

(1) 建筑类型：浅或中等进深，由隔板墙来创造垂直分隔；

(2) 管理类型：每个公司名字得到展示，每个公司都有一个独立服务的单元。管理部门会可能占用一个单元，自己使用；

(3) 使用者类型：小的运营良好的公司，需要得到确认；

(4) 次级区分：单元有沿街（或庭院）的正面，它们可以直接面向参观者开放，有自己的楼梯或升降梯；

(5) 分隔：每座建筑包含好几个租户，由防火墙分隔；

(6) 逃生路线：每个租户有一个防火楼梯；如果该区域火险等级很高，则还需要第二种逃离方式。

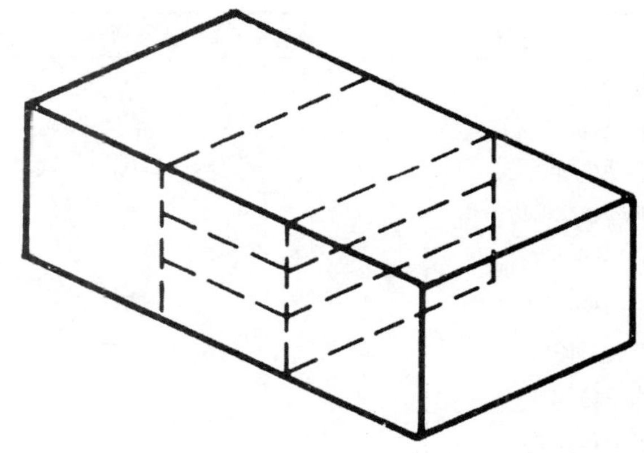
图 16–65 非直接入口

### 16.14.2 开放式平面（图16–66）

(1) 建筑类型：浅或中等进深，每层有中央门廊；

(2) 管理类型：普通的接待员；从中央空间出来的升降梯 / 楼梯 / 门廊需要监管；

(3) 使用者类型：小的公司，需要一些安全措施，但不关注独立标识；

(4) 次级区分：通过内部楼梯或门廊进入每个单元，好几个使用者共用楼梯或门廊；

(5) 分隔：通过防火的地板，每个租户与相邻的租户隔开；

(6) 逃生路线：每个独立的租户有一个门通往共享的导向防火楼梯的防火逃生门廊；通常还需要准备第二种逃生方式。

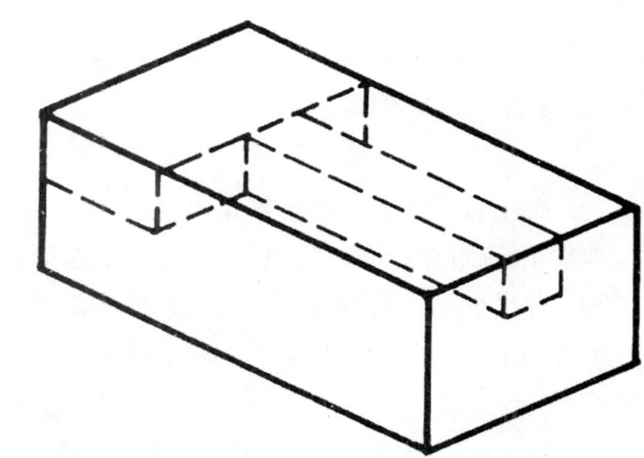
图 16–66 开放式平面

### 16.14.3 共享空间一（图16–67）

(1) 建筑类型：进深很大的平面；

(2) 管理类型：租户共享服务，参加设施管理；

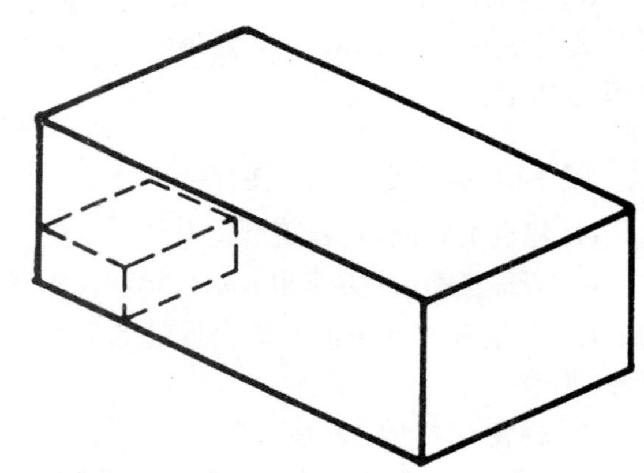
图 16–67 共享空间

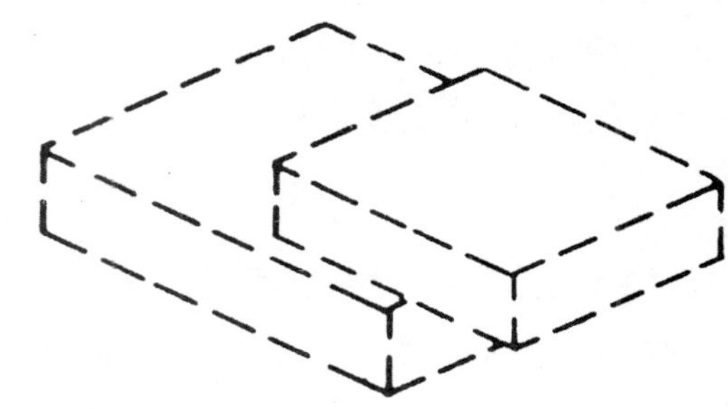
图 16–68 共享空间

| 类型 | 乘客 | 重型货物 | 轻型货物 | 机械房 | 深坑 | 外部设备 | 进人 |
|---|---|---|---|---|---|---|---|
| 电梯 | 有 | 有 | 有 | 有 | 有 | 有 | 3面 |
| 水压梯 | 有 | 有 | 有 | 无 | 有 | 有 | 3面 |
| 手动电梯 | 有 | 无 | 有 | 无 | 有 | 有 | 3面 |
| 平台提升间 | 无 | 有 | 有 | 无 | 无 | 有 | 2面 |
| 电子服务梯 | 无 | 无 | 有 | 无 | 无 | 有 | 3面 |
| 剪刀梯 | 无 | 有 | 有 | 无 | 有 | 无 | 4面 |
| 平板升降 | 无 | 有 | 有 | 无 | 无 | 有 | 2面 |
| 电子传送带 | 无 | 有 | 有 | 无 | 有 | 无 | 2面 |
| 重力传送带 | 无 | 有 | 有 | 无 | 无 | 有 | 2面 |
| 电子绞盘 | 无 | 有 | 有 | 无 | 无 | 有 | 4面 |
| 手动绞盘 | 无 | 无 | 有 | 无 | 无 | 有 | 3面 |
| 手动地面起重机 | 无 | 无 | 有 | 无 | 无 | 移动的 | 移动的 |

图 16–69 适合于小企业的运载设备

(3) 使用者类型：正在扩展的小型企业，互相有些兼容性的用途；允许规模和员工的快速改变；

(4) 次级区分：这样的单元里没有次级区分；但在一个大的外壳里租用空间的租户有一个单独的前门；

(5) 分隔：每个开放区域由防火墙和防火地板隔开；

(6) 逃生路线：每个分隔有直接的入口，或者两个或更多的防火楼梯；有必要用防火百叶窗保护相关的门道。

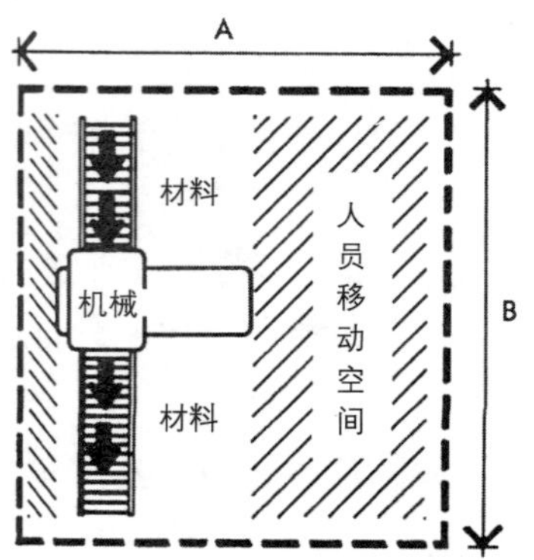


图 16–70 设备空间：与图 16–71 一起使用

### 16.14.4 共享空间二（图16–68）

(1) 建筑类型：任何建筑形式均可；

(2) 管理类型：主要承租人承担起对公共空间的责任；可能在共享时间基础上提供电话、秘书服务；

(3) 使用者类型：新成立的，非常小的公司（1 ～ 5 个人），要求最低的费用和最少的服务；

(4) 次级区分：从其他公司租用空间，通常需要得到某种执照允许；

(5) 分隔：如果次级租户有较高的火险或爆炸等级，才需要独立的次级区分；

(6) 逃生路线：和主要租户一样，除非有特殊的火险。

### 16.14.5 工作间：设备空间

一些小的企业需要的一些合适的装卸设备（图 16–69）。在紧凑模式下每个机器所需的典型空间（图 16–70，图 16–71：注，这些数据不包含总流线、过程存储或机器的初始安装）。不同类型的工作间里工作所需面积占总面积的百分比见图 16–72。

## 16.15 建筑环境

能源和劳动力费用的增长使得建筑环境成为控制费用和效率的重要因素。在工作间提供良好环境需要考虑的因素包括：

(1) 烟尘的排除

(2) 天气较热时的通风

(3) 天气较冷时供热

(4) 自然和人工照明

(5) 噪声控制

### 16.15.1 通风和供热

通风的总原则是，采用 5 升 / 秒 / 人即可。通常的空气转换速率为每小时更换 1 ～ 1.5 次，是这个需要的 50 多倍，则会浪费非常多的能源。

推荐的温度如下：

| 通常使用的设备 | A×B（图16–70）<br>每个项目的工作空间（单位：米） | | | | |
|---|---|---|---|---|---|
| *金属制造* | | *木工* | | *制衣* | |
| 加工中心 | 6.0×4.0 | 条锯 | 3.0×5.0 | 叠布机 | 7.0×14.0 |
| 坐标镗铣床 | 3.0×3.0 | 圆锯 | 4.8×7.9 | 缝纫机 | 1.2×2.2 |
| 六角钻床 | 2.6×3.2 | 表面刨光 | 2.6×5.0 | 蒸汽机 | 2.0×2.0 |
| 平面磨床 | 2.6×2.2 | 节眼钻 | 2.2×4.2 | 熨衣机 | 2.0×2.0 |
| 转塔车床 | 3.0×4.0 | 铣床 | 4.0×5.0 | 蒸汽锅炉 | 1.2×1.2 |
| 钢坯型钢剪切机 | 2.5×3.0 | 狭缝钻探机 | 2.2×5.0 | | |
| 压弯机 | 3.0×6.0 | 制榫机 | 2.2×4.3 | *鞋类* | |
| 雕刻机 | 2.2×3.0 | 刨接缝的长刨 | 1.4×8.3 | 自动敲钉机 | 1.5×2.2 |
| 铣模机 | 1.8×2.2 | 卷锯 | 1.6×1.9 | 制鞋底 | 1.5×2.2 |
| 焊接装置 | 2.8×2.5 | 钻床 | 1.6×1.6 | 制踵 | 1.5×2.2 |
| 工具磨床 | 1.1×1.2 | 木牛头刨 | 2.9×1.6 | 成型机 | 2.0×2.5 |
| 牛头刨床 | 1.7×2.1 | 旋臂锯 | 6.5×1.8 | 皮革剪切 | 3.0×3.5 |
| 电锯 | 4.0×1.2 | 带式砂光机 | 4.4×4.8 | 压模 | 1.5×1.7 |
| 冲床 | 1.5×1.3 | 压板机 | 5.0×4.2 | | |
| 卷筒机 | 1.1×2.1 | 车床 | 2.0×3.0 | *电子* | |
| 毛坯下料机 | 2.3×1.2 | 磨光机 | 2.2×2.6 | 仪器桌 | 1.5×4.5 |
| 剪切夹具 | 2.1×1.5 | 木匠工作台 | 3.0×4.5 | | |
| 带锯 | 2.3×3.1 | | | *汽车修理* | |
| 工作台 | 2.7×1.9 | *印刷* | | 每区 | 3.0×6.0 |
| | | 平板印刷 | 2.5×5.0 | | |
| *塑料* | | 制版 | 1.5×1.8 | *通用* | |
| 挤压机 | 2.8×2.8 | 折叠机 | 1.2×1.5 | 压缩机 | 0.75×1.2 |
| 真空成型 | 2.8×2.8 | 钻孔 | 1.2×1.5 | 吸尘机 | 1.5×2.0 |
| 吹气制模 | 3.0×4.5 | 切纸 | 1.5×3.0 | 熔炉 | 1.5×3.0 |
| 丙烯酸锯 | 3.0×5.0 | 溶胶 | 2.0×4.2 | 热浸炉 | 1.7×2.2 |
| 加热炉 | 0.6×1.1 | | | 干燥柜 | 3.0×7.0 |
| | | *照相* | | 室内装潢 | 2.5×3.5 |
| | | 显影池 | 2.4×印刷品最大长度 | 铸造 | 0.9×2.1 |
| | | 扩印 | 1.5×印刷品最大长度1/2 | 干燥炉 | 0.9×2.1 |
| | | | | 陶工旋盘 | 1.8×1.7 |

图 16–71 在紧凑布局下每个机械需要的典型空间

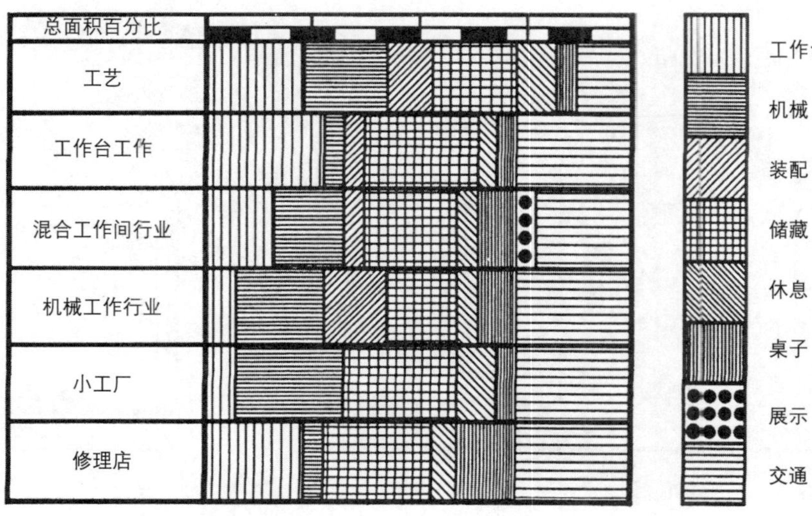


图 16–72 根据技术类型所作的空间预算

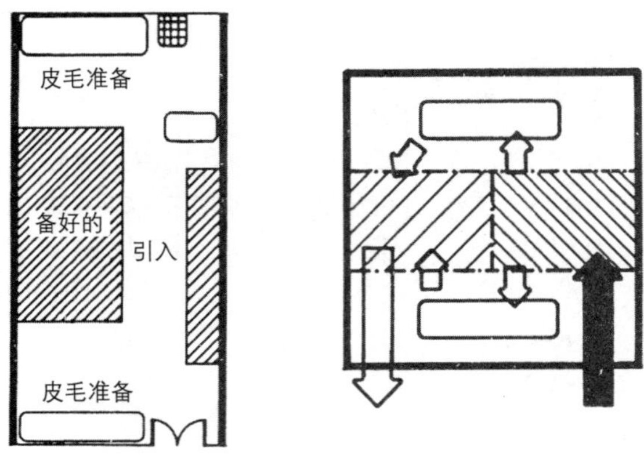


图 16–73 工作台工作间：皮毛，2 个员工，约 $75m^2$

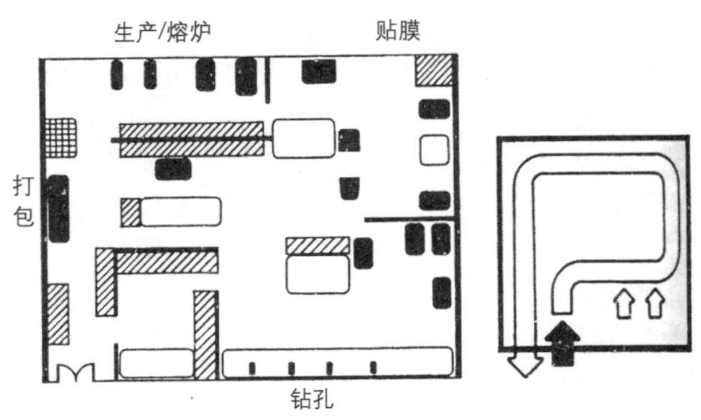


图 16–77 混合工作间：铸模，15 个员工，约 $150m^2$

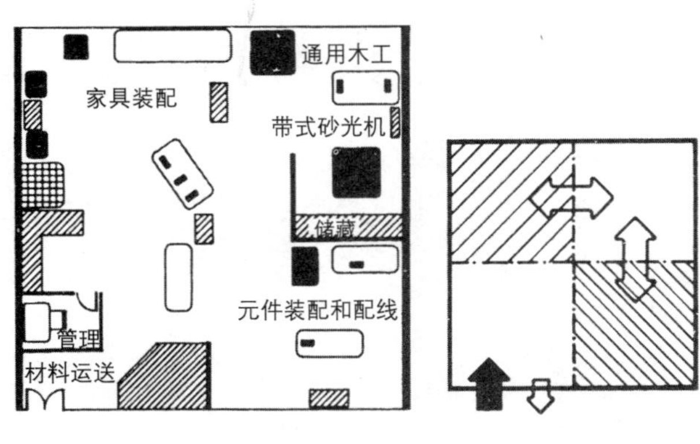


图 16–74 工艺：元件制造和木家具，2 个员工，约 $175m^2$

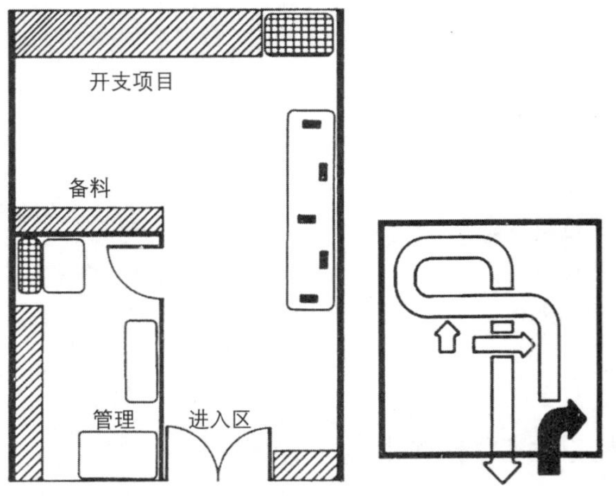


图 16–78 修理店：电子修理，2 个员工，约 $47m^2$

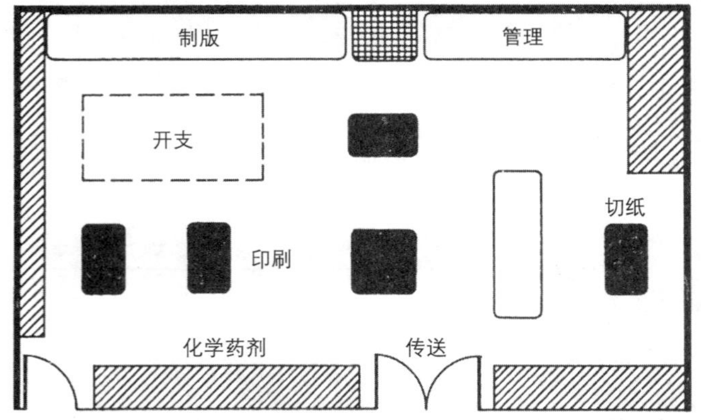


图 16–75 机械工作间：平板印刷，3 个员工，约 $93m^2$

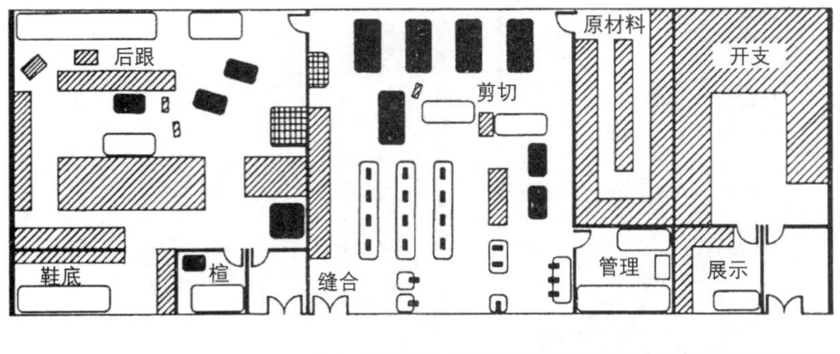


图 16–76 小工厂：女鞋制造商，47 个员工，约 $370m^2$

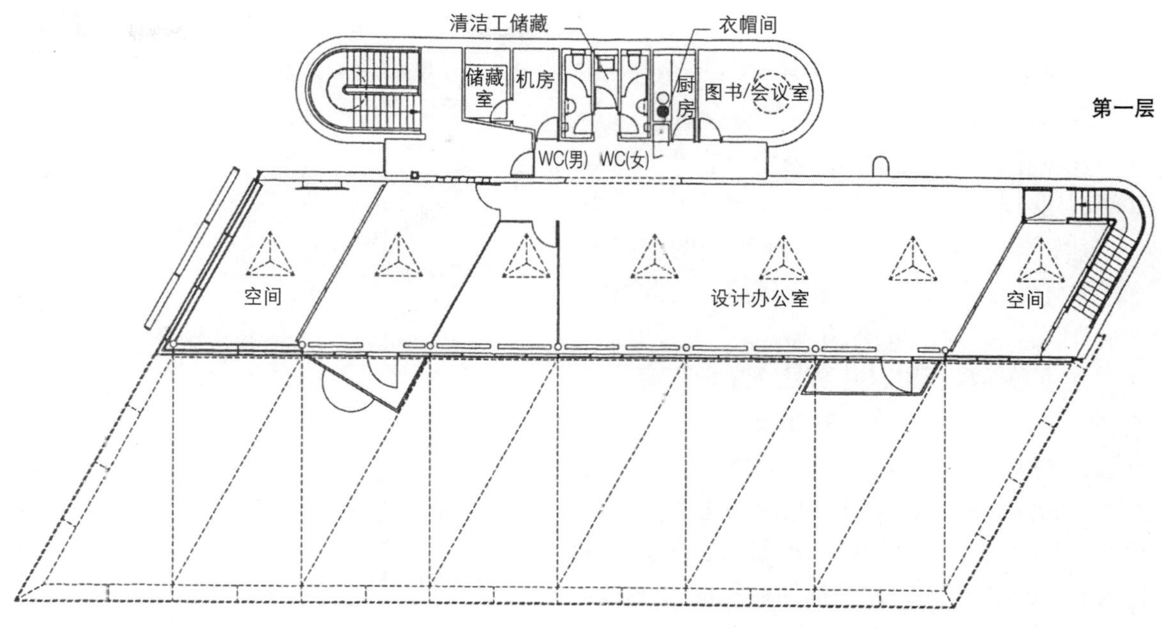


图 16–79 英国 More 集团设计和研究中心，Adshel，Earls 郡，伦敦：东北侧有一个区的扩张空间；外部，公司的广告设计可以在“街景”中展示（建筑设计：Apicella 合作公司）

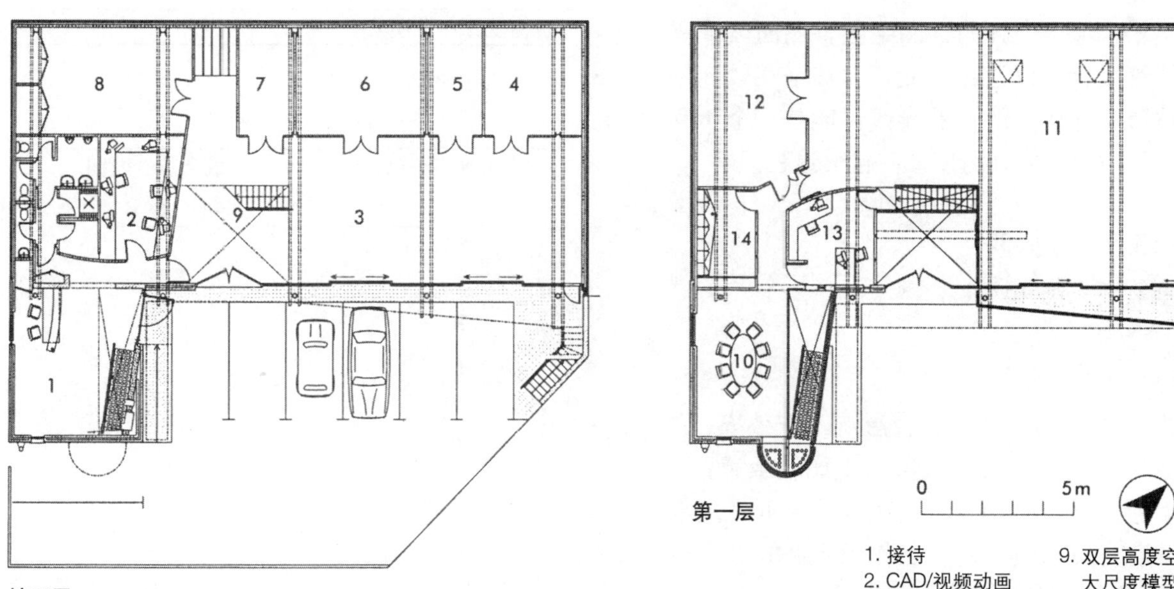


图 16–80 索普（Thorpe）建筑模型工作间，温莎，伯克郡［建筑设计：可利冈＋桑蒂＋奇莱迪蒂（Corrigan+Soundy+Kilaiditi）建筑师事务所］

久坐的工作　19℃

活动的（工作台的）工作　16℃

非常活跃的工作　13℃

许多生产过程会散热的公司，能源可以得到重新利用，将废热进行转换，以满足工作环境需要：这样能节约可观的费用。带冰箱的仓库或有冷气的区域也是如此，从冷气压缩机发散出来的热量可以给人们工作的地方增温。

加热和通风要求也是衡量绝缘和开窗量的标准之一。工厂和仓库建筑的外墙和平屋顶可能要求最大的 U 值——0.7W/m$^2$K（1994 年对《建筑规范》的修订——查阅目前状况，注意可能有可替换的计算方法），开放面积限制在外露的屋顶面积的 20%以内和外露的墙面面积的 15%以内。这些面积对于能源节约来说仍然过高：通常认为墙面和屋顶面积的 10%是合适的。

### 16.15.1 自然照明

对自然的屋顶照明的需求影响到屋顶结构的选择。与没有任何开口的封闭屋顶相比，装有 20%玻璃的屋顶会增加热量散失（多则达到 4 倍）及太阳能获取后的通风需求：在需要高级服务的环境下，管道穿越明亮的屋顶光线会带来不舒适的眩光。室外照度从 5000 ~ 25000Lux 不等，约合于温和气候下从阴天至晴天的照度。因此，采用 3%的日照系数（daylight factor, DF），将在工作间提供相当于 150 ~ 750lux 的光强；10%的屋顶玻璃会带来平均 5%的日照系数。侧面玻璃需要经过仔细设计，以避免眩光，尤其是在较高处的侧面玻璃。仓库里的自然光线可能是一个不利因素，因为阳光会提升温度，使包裹退色。

### 16.15.2 人工照明

典型需要见图 16–81。

### 16.15.3 噪声控制

噪声是主要的污染，也会影响工作效率：它会对听力带来损害。人类对振荡也比较敏感：当振荡频率超过 20 ~ 30Hz，它就会进入听力范围（即振荡被当作声音听到）。工作间允许的噪声最高级别（见图 16–82）。

通过设备、屏障和围护的设计，在源头减少噪声。

通过为机器装备弹力垫板或特殊基础，在源

| 场地 | 需要的光照/lux |
|---|---|
| *工程机械店* | |
| 手工工作 | 200 |
| 工作台工作 | 300 |
| 精细工作台工作 | 500 |
| 精细工作 | 1000 |
| *工程检验* | |
| 中等细节 | 500 |
| 精细细节 | 1000 |
| 小细节 | 1500 |
| *金属板材* | |
| 工作台工作 | 750 |
| 冲压，挤压 | 500 |
| 点焊，常用 | 500 |
| 精细焊接 | 1000① |
| *装配* | |
| 中等细节 | 500 |
| 精细细节 | 10001 |
| 小细节 | 15001 |
| 仓库发料柜台 | 300 |
| *油漆行* | |
| 浸漆 | 300 |
| 喷洒 | 500 |
| 配色 | 1000 |
| *仓库* | |
| 装载区 | 150 |
| 货盘分拣 | 200 |
| 订单分拣小物件 | 300 |
| 打包站 | 500 |

①也需要工作照明灯

图 16–81 人工照明：典型需要

| 声压等级dBA | 最大承受时间（hr） |
|---|---|
| 85 | 24 |
| 87 | 16 |
| 90 | 8 |
| 93 | 4 |
| 96 | 2 |
| 99 | 1 |
| | （分） |
| 102 | 30 |
| 105 | 15 |
| 108 | 7.5 |
| 111 | 3.75 |

持续的超过85dBA的噪声应该避免

图 16–82 最大噪声范围

头减少振荡。

通过吸收（墙、屋顶和下垂的吸收物）和修正背景噪声，在噪声到达工作间之前减弱它。

通过将工人置于减弱噪声的围护里以减少噪声影响。

向外泄出的噪声也会对建筑外部造成困扰，因此不让外部设备与周围用户处于同一直线范围上，以屏蔽和抑制噪声源。

## 16.16 垃圾清除

咨询当地政府或专业机构，以找到处理垃圾的最佳方法。垃圾材料可能包括：纸和卡片；塑料袋、泡沫填充物、金属容器和玻璃。一些材料需要再次细分（如塑料和铝 / 钢罐）。可能需要一台垃圾压实机。废物收集需靠近原料生成的地方。污染性的或有毒的原料可能需要获得当地政府的许可证。

垃圾处理方式有如下几种：

(1) 高级废物处理机

(2) 低等级

(3) 污染性的（需要专业收集）

## 16.17 防火规划

设计工厂或仓库建筑以应对潜在的火灾隐患的措施包括以下几点：

(1) 通过分隔、探测设施、洒水设施和结构及覆层材料选择来减少建筑内外火灾蔓延；

图 16–83 没有烟道的工厂会迅速被烟尘充满，火势在屋顶表面下快速扩散

图 16–84 有烟道和蓄烟池的工厂，火势可以快速得到蓄积和控制

(2) 提供准备好的可达的、确定的逃生方式，在每种情况下都有备选路线；

(3) 在屋顶提供通风口，减少热量和烟聚集，以防止火势在屋顶覆盖下“蛙跳”般蔓延，使得消防队员能快速排出烟尘（图 16–83 ～ 84）。通常每个结构区有一个通风口，耐火材料做成的帘子可以形成屋顶空间的烟尘积蓄池；

(4) 通过洒水器、高范围泡沫或湿透的气体熄灭火势或最少控制火势，直到消防队员彻底熄灭它。

决定防火设计前还要对以下群体进行咨询：

(1) 使用者：分隔会极大影响到过程或仓库的布局。采用建筑规范（B 部分）——见下；注意建筑规范是为了保护人类健康和安全，而财产保护是保险公司的责任；

(2) 防火指挥员：包括当地规范和实践，尤其是关于消防入口，水供应和逃生方式方面；

(3) 使用者的保险公司：对防火控制有较大影响。绝大多数公司有自己的、非官方的原则。

损失预防理事会（the Loss Prevention Council, LPC）成立于 1986 年，接管了好几个与防火安全相关的其他组织的责任。在设计的最初阶段就要结合 LPC 的技术建议［见 LPC 出版物《建筑施工实践法则》(*Code of Practice for the Construction of Buildings*)］。

《LPC 自动洒水器安全规范》于 1990 年首次印刷，随后进行了扩充，界定了最小标准：

轻度火险：通常是非工业企业。

普通火险：不太可能有突发火险的工业和商业企业；分为 4 组，每组都有同样的供水的要求，但在危险等级增加时，需要的洒水器会增加。

高火险：有高火险等级的工业企业，有可能有成堆的货物或快燃的材料。

### 16.17.1 法定控制

建筑规范规定了单层和多层建筑分隔的最大空间容量，构造元素的防火性能以及工厂和仓库建筑某些层的饰面材料。紧急出口路线和出口设计、防火干线和消防车入口，都会影响到设计。

也会用到其他法规（如 BS 5588 和《防火法》，1971）。

应注意在一些大的、复杂的建筑和一些现有的建筑里，尤其是那些历史遗产，不太可能严格

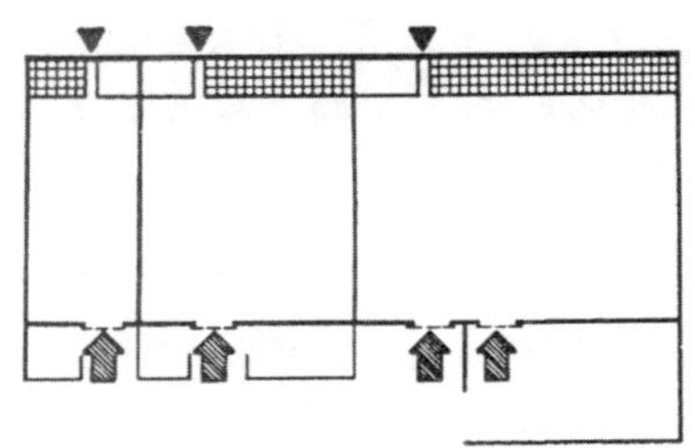

图 16–85 随机的租借单元，办公室和休息设施呈带状布置，允许灵活的空间分配

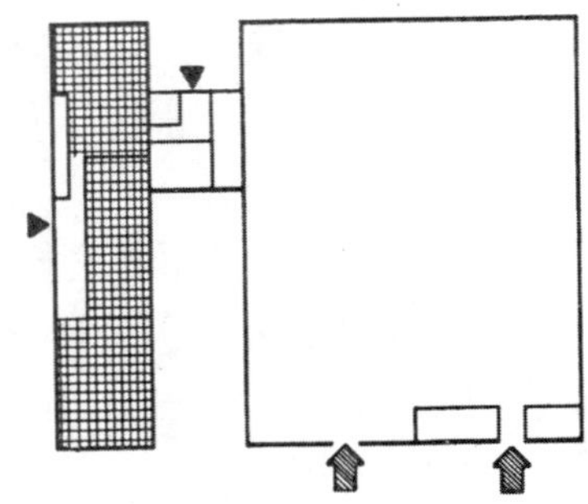

图 16–86 在按需要设计的工厂里可以考虑环境因素：由于有噪声和脏的过程，办公室和休息区应与生产区分开

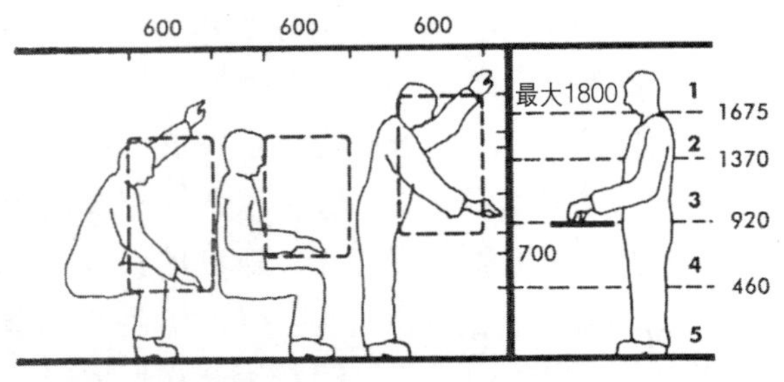


1 轻材料：低使用频率、不经常的操作；2频繁的高级控制或轻的物体放置；3 方便控制区：站立操作；4 坐着的控制区：轻的和中等重量物体的放置；5 不经常的重原料区

图 16–87 手工工作和储藏空间需要一定的尺寸：大多数普通的工作和操作区在 2 ~ 4 段

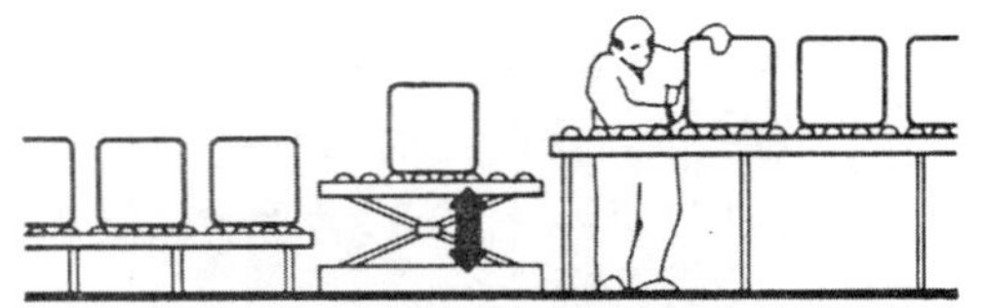

图 16–88 简单的搬运辅助如剪刀梯可以帮助改善工作条件和生产效率

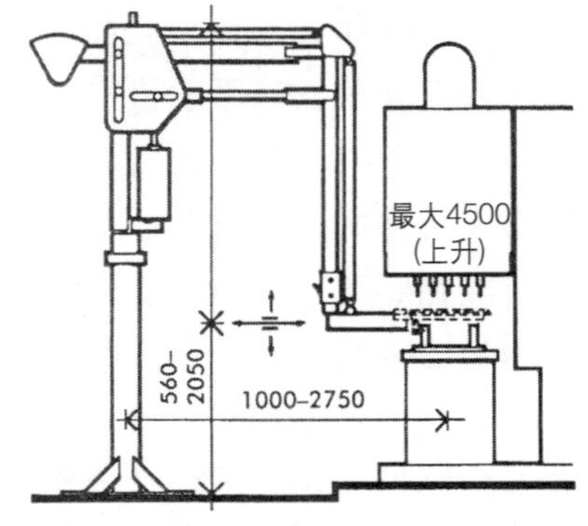


图 16–89 平衡操控机可以帮助操作者精确地放置重物

地执行建筑规范，最好有替代的防火安全工程或火灾等级评估。

### 16.17.2 仓库

堆满货盘架的仓库，代表着特殊的敏感的火险等级，走廊即扮演烟道的角色。规范指出了洒水器的安装，包括根据所存货物危险等级确定的出水口的数量和流速。

### 16.17.3 场地规划

对火势蔓延的控制也影响到工厂或仓库在场地上的布置，尤其是与相邻使用者的关系。这些会影响到建筑费用，因为建筑规范要求，在与其他不动产相邻时，要限制墙体的材料和抗火性，这取决于与边界的距离。

## 16.18 环境分隔

分隔，只要适合生产和储存过程的装运及服务需求，既可以减少能量损失，还可以避免一些有害的环境，如烟尘、热量、噪声和尘土，以及限制火势扩散。

热的、脏的过程可以形成一组，以便开发能源和材料再利用技术。受过程影响的工厂面积 / 体积的比例将显示一种策略，如果受影响的面积较高，将成组的过程放在分隔里；如果比例低，就会把过程的各个独立元素围合在一起，采用局部的分隔和控制。另一种可选的方案是，把那些在生产区工作的人放在一个围护环境里，利用自动化技术，只能较小地影响大部分区域（这种选择可能有较高的能量消耗，但吸引力很大）。主要存储部与仓库平行，采用自动化，限制了进行订单分拣和装配的高密度劳动力区对环境进行控制的能力。

## 16.19 车间设计

设备、布局和操作程序应该按照《工作场所健康和安全法》以及手工操作法规形成一个安全的工作系统。车间设计是获得高产量的基础：这点也影响到劳工关系和旷工。车间的设计要点如下：

### 16.19.1 人类工程学

工人与机械和工作行为的关系必须设计到位，以减少疲劳和增加安全性。

### 16.19.2 机械操作

设备包括最基本的、费用较低的运营设备、剪梯、提升间和对重平衡机械手，可以改良手工作业，还有累积输送机，自动路线移动工作站和机器人装配机。

### 16.19.3 工作组织

为了某项工作，可能有必要对员工进行分组。现在在欧洲许多国家和美国，大家正在重新审议传统的将机器操作工和生产线装配组织分离的作法；小组组织可以提供更多的交流和生产灵活性。

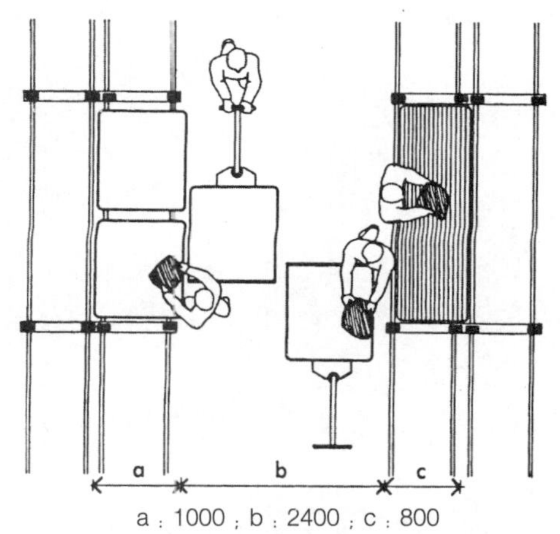


图 16–90 典型的手工订单分拣是从货盘和柜子上手工拣货，由前移式叉车补充验货；为了提高吞吐速度，同时从两侧拣货

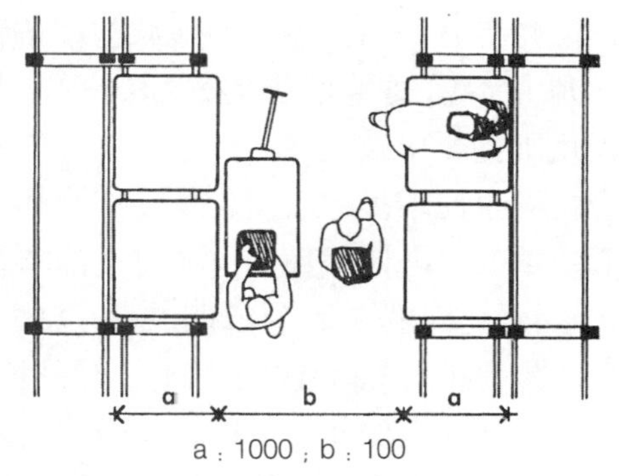


图 16–91 拣货吞吐速度较慢时采用单向手推车：由窄的过道堆栈机或从后架补充验货

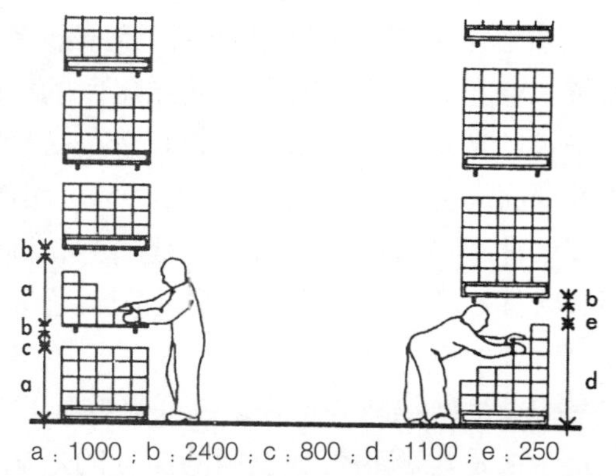


图 16–92 典型的货架和货柜高度，适合地面订单分拣

### 16.19.4 环境

积极的需求：

(1) 适于活动的温度

(2) 气流和空气清洁度

(3) 照明：背景照明和点照明（图 16–81）

防备以下因素：

(1) 眩光

(2) 噪声

(3) 振荡

(4) 有害气体或尘土产品：爆炸

## 16.20 宜人性及卫生

清洗、更衣、卫生间和吸烟区 / 休息区设施与车间有很大关系。其分布和规模取决于工作组织（图 16–93）：传统的线形生产需要集中的服务设施以满足大量人群进入；小组的组织表明需要临近或位于小组操作区的小型设施。由于制造方法和空间的改变，生产组织也会相应改变，因此需要改变的频率也不断增加。

### 16.20.1 清洗和盥洗设施

通常需求比较简单，需要提供合适的、方便进入的清洗设施并注意维护。BS 6465 给出了总的指导原则。

### 带锁的储物柜

对于干净的行业，必须为每人提供一个带锁的储物柜；如果是较脏的行业，每人需要两个带锁的柜子，以保证工作服和外出服分开。

### 16.20.2 更衣区

最小更衣面积是 0.5m$^2$/ 人。

### 16.20.3 救护室

实用面积不应小于 9.29m$^2$，有自然照明和通风。需要单独的男用和女用房。

房间内应包括：冷热水供应的水池、光滑表面的桌子，消毒仪器的设备，充分供应合适的衣服，绷带和夹板，睡椅和担架。需要有一个长期的合格的护士。

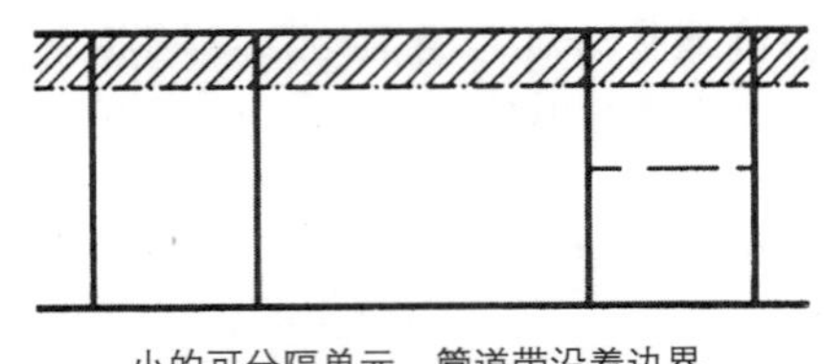

小的可分隔单元，管道带沿着边界

中等和大型工厂建筑，有2个可能的区域放置湿的管道，既允许在每个区自由布置，也可以成组以灵活布置，但需区分出湿的管道区（如小组入口）

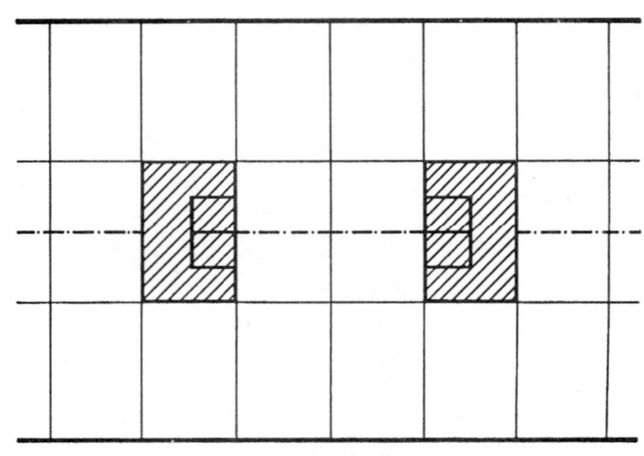

大规模工厂，另一种选择是将湿的管道和休息区布置成一个点；优点：单独的地下管道通过，所有方向均可到达

**图 16–93 湿的管道、清洗和休息区**

## 16.21 装载区

装载区是生产或存储过程及运输系统间的连接环节。许多节约生产费用的努力会因为装载区得不到仔细的设计导致车辆进场卸货、装货、离场全过程延时和人工劳动增加而付之东流。尤其是在多种用途时（如商店、办公室和小工厂），需要仔细的规划以避免寻找正确的运送区域而浪费时间；例如，装载区的内部电话能节约相当可观的时间。

有些车辆不需要特殊设计的装载区（如集装箱或交换体，从装料斗或自卸车顶部进行装载的集料载货汽车，以及汽车运输者）。

### 16.21.1 平面

总的来说，对于末端装卸的集装箱和箱式货车来说，如在零售流通业，倾向于使用升高的台面。如果是侧面装卸、侧面带卷帘和平板车辆，则需要有覆盖的、地面层的台面；通常不需要特殊的装载区——装 / 卸都通过叉车，车辆周围需要 2.5 ~ 3m 的净空间。长的货物，如管子，需要特殊的考虑。有时候也用到带轮的货盘，在这时布局需避免任何楼梯。门口通道宽 1.5m；内部通道宽度应为 2.0m。地板、墙和角落都需要硬质表面。

**布局标准包括**

(1) 载荷的预装配

(2) 装载单元（如货盘、箱柜、笼）

(3) 卸载程序（如滚进、滚出或叉车）

(4) 装到海运 / 空运 / 火车集装箱上

(5) 分派速度

(6) 需要的打包类型（和货盘存放等，还有垃圾）

(7) 任何特殊的环境条件

(8) 任何特殊的安全或法律要求

**独立的装载区** 为了收进或分派而必须设置（图 16–94）。如果制造系统包含的原材料和成品有不同的特点，则需要独立的区域与设备编组区域——原材料需要地面层的侧面装运，而货盘化的调度则需要末端装载。对于一个大的配送仓库来说情况也比较类似（交付单一产品的大批装载，而定单的混合装载用销售商自己的车辆进行派送），因此仓库里的交通管理和材料流转要分隔开来，尤其是遇上车辆装卸高峰时。传统情况下，进货和出货在建筑的相反方向，但现代布局需要按策略将装载区分布在建筑周围。这导致了高的建造费用，但也意味着长期运营时更低的生产费用，因此在设计初始阶段值得仔细的检验。

**装载区的数量、空间和布局** 绝不能考虑独立设置装载区；它们必须与流线和后面的检验区连在一起。数量的决定取决于吞吐量模式和装运准备的台面区旁的可用区域（图 16–95）。很明显，如果车辆能通过预装载更快地完成装卸，则需要的装载台面少于那种周转较慢的边配货边装车的流程。

装载区空间和布局还受到可得的操作区深度以及台面后堆积物装载空间的深度的影响（图 16–97）。

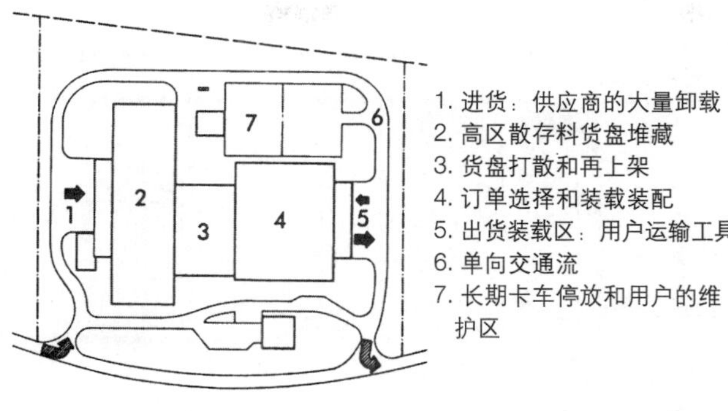


图 16–94 大的零售物流中心，有独立的货物进出装载区

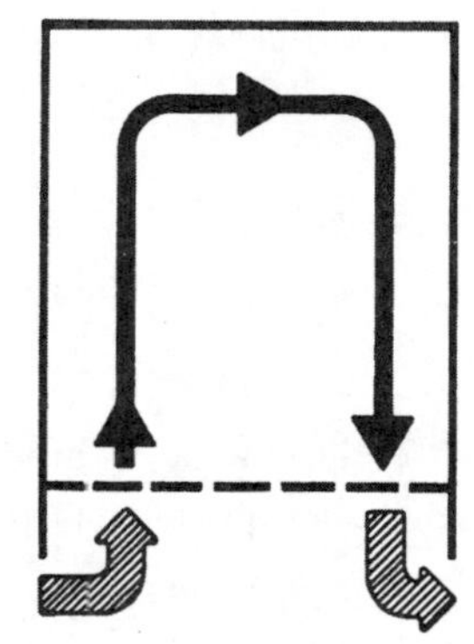

图 16–95 许多仓库使用台面以便货物的进出；在工厂里，不太可能实现装载区的共享类型，但货物交通工具操控区可以是通用的

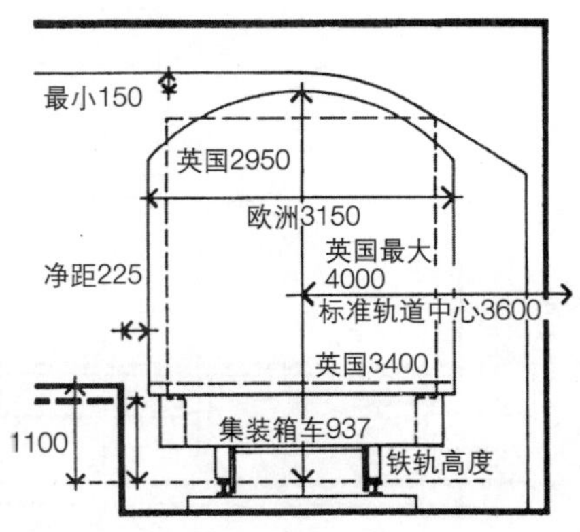


图 16–96 铁轨标准（集装箱外轮廓是虚线）

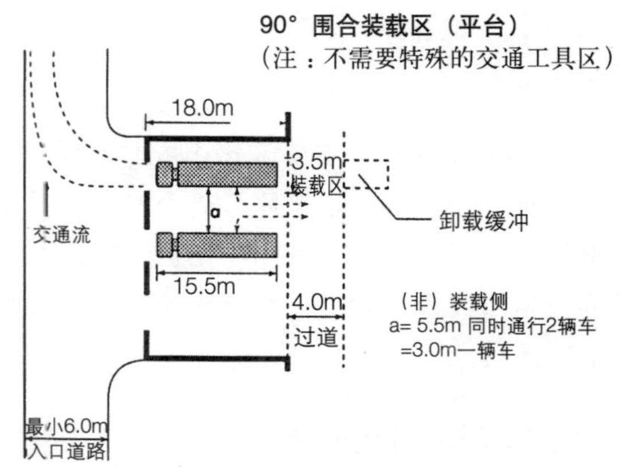


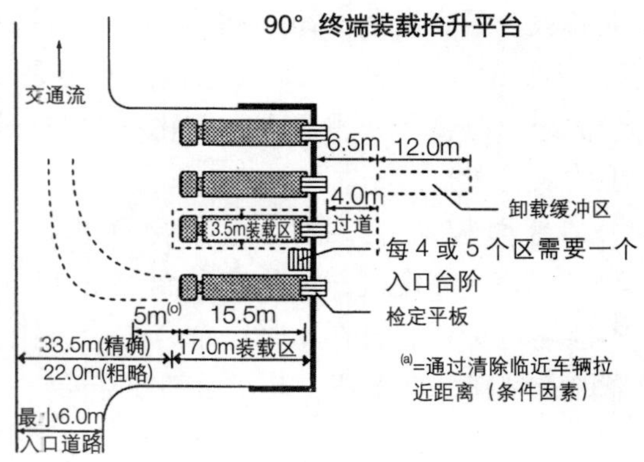


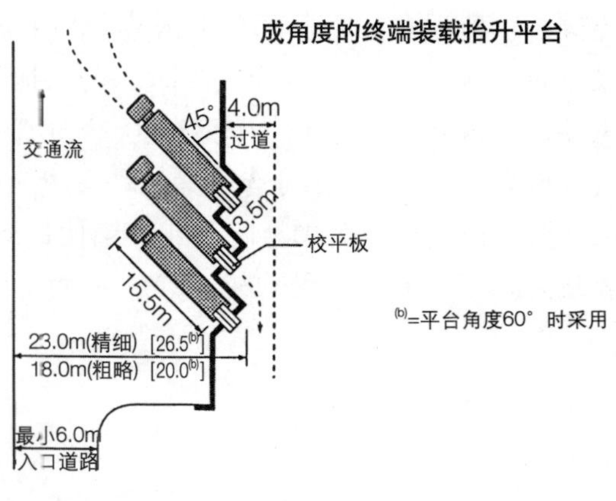


图 16–97 装载台布局

## 16.21.2 车辆空间

空间与庭园的深度（前庭净空）直接相关。制约因素是停靠得较近的车辆在拐弯前冲出的距离（图 16–97）。有一定角度（45° 或 60°）的升起的台面减少了庭院的深度，但代价是减少了一次可停放的车辆数量；直驱式装载区减少了交通空间的宽度，但长度增加了。带角度的台面增加了建造费用，使内部布局变得复杂，还需要一个单项的交通系统，因为司机不能在看不见的情况下掉头。指状台面（10°）是侧面和末端装载的组合，适用于操作区域有限的情况。

通常装载区宽度 3.5m 就足够了，但装载区的宽度通常与前庭的净空直接相关：

| 装载区宽度 (m) | 15.5m的铰接式车辆所需的前庭净空（最小）(m) |
|---|---|
| 3.5 | 16.4 |
| 4.5 | 10.4 |
| 5.5 | 9.6 |

（注：如果与墙柘邻，前庭净空应加上2.0m）

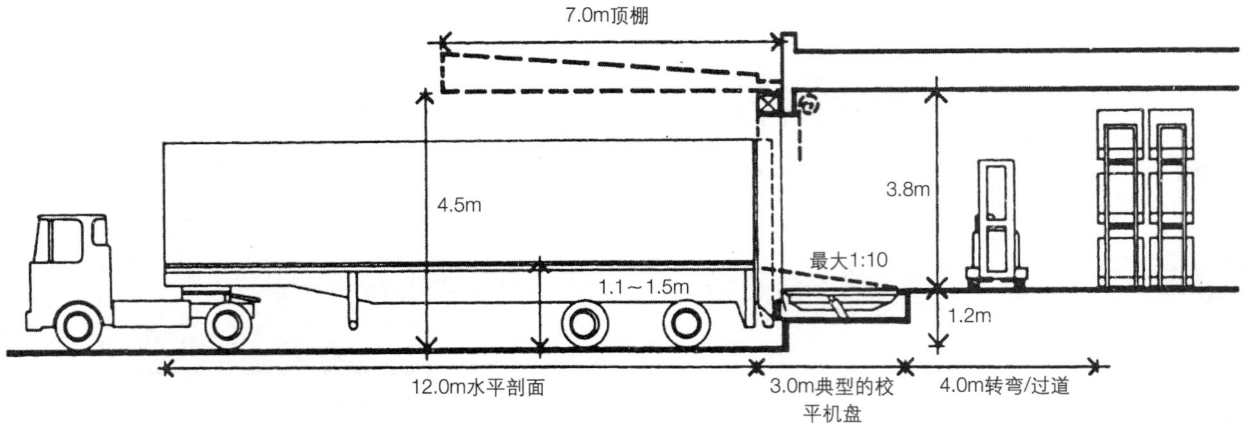


图 16–98 升起的装载平台以及用于蓄积能源的平台掩体的剖面：只在平台掩体被省略时才需要顶棚（虚线）

### 16.21.3 装载检测/堆积空间

这个区域位于交叉流线走廊装载区之后，应能容纳 1.5 辆车的装载量。至少有一个装载区域来处理破碎的货盘、被拒的载货和垃圾。4m 宽的交叉流线走廊允许 2 辆叉车通过和台面校平机上的产品。

### 16.21.4 升起的台面

应该装配台面检定平板，以适应车辆货箱装载时的不同高度和不同类型车辆（图 16–98）。标准装载台面高度是 1.2m，但中等尺寸有篷货车是 1m，冷藏车可能是 1.35m；最高的可能是 1.65m。台面应该略低于车辆平台（防止移动的货物将车里的人卷入）。

**台面校平机** 通常建在台面里，长度在 2 ～ 4.5m，高度调整大约在台面上下 0.5m；斜度不能超过 1/10。直梯不是一个合适的替代。要注意的是现在许多车辆安装了后部升降梯。

### 16.21.5 台面掩体

台面掩体在车辆和建筑间形成了一个密封的空间；当车辆离开时，部分的或卷轴的百叶门在校平机上关闭。在传输冷藏品时，台面掩体相当重要。地面层或指状台面能完全围合（直接通过流线或尾部在里面）。可选方案是，使用热或冷空气卷帘，但不能作为围合的替代。当使用掩体时，装载湾的宽度需要更大一些：3.7 ～ 4.5m。

### 16.21.6 保安/健康和安全

司机只能从台面进入，除非在公司用自己的车送货时，司机自己安排装载次序。总的来说，带台面掩体的升起的台面有内在的安全措施：应为外来的司机提供独立的卫生间和通往调度办公室的路线。在装载区发生事故的几率很高：需要仔细的设计。

### 16.21.7 天气防护

如果不能安装台面掩体或围合的台面，至少在装载区上方安装一个顶篷：净高至少 4.5m（见图 16–98）；有时还需要 5m（注：在英国，对运货车高度没有法定限制）。如果对车辆上通行净空有要求（如检修孔入口等），则最小高度需要 6m。不要使装载区面向盛行风向。

### 16.21.8 坡度

台面前部车辆长度或者车辆拖车的最小长度方向的地面应该是平的（除了局部的排水坡度）。

### 16.21.9 大型货车编组和流线

(1) 将轻型有篷火车与大型货车分开：使用不同的台面或台面的不同部分；

(2) 在装载湾前提供重型车辆等候区和操作净空间；

(3) 在司机检查装载安全的出口前提供停车区；

(4) 交通流线应该是顺时针单方向的，以便倒车进入装载台时在司机一侧（如果是逆时针和倒车一侧不可见，则需要第二个人）。

# 第17章 实验室

Walter Hain

## 17.1 引言

这部分是对实验室需求的介绍，涵盖了大多数实验室，其活动的规模都与实验桌和相似规模的设备相关。随着当今变化速度的加快，除了教学需要的实验室外，其他实验室都按最大灵活性设计。因此，对于设计者的目的来说，传统的差别——化学的、物理的、生物的、湿的或干的——并不怎么相关。

**教学实验室** 通常由一个大的实验室区域组成，里面是单独的岛状布置的实验桌，很少发生改变，与其他实验室有很大区别。

**常规和研究实验室** 它们有着相似的空间、服务和家具需求，因此最初的设计目标可以将其作为同一种实验室类型。这里给出的空间信息特别适用于它们，但许多其他数据也适用于教学实验室。

这里有两栋已有的实验室建筑布局，图17–1是平面使用矩形的实验室模式，图17–2是平面使用方形的模式。

## 17.2 空间标准

在英国，许多官方组织都出版表格，以给定面积许可标准（图17–3）。教学用的实验室有确定的信息，但研究实验室的数据只能作为指导原则。公共组织和私营企业通常有它们自己的标准，常包含在它们自己的简介里。不同的交通条件下可接受的实验桌间的空间需求（图17–11）。

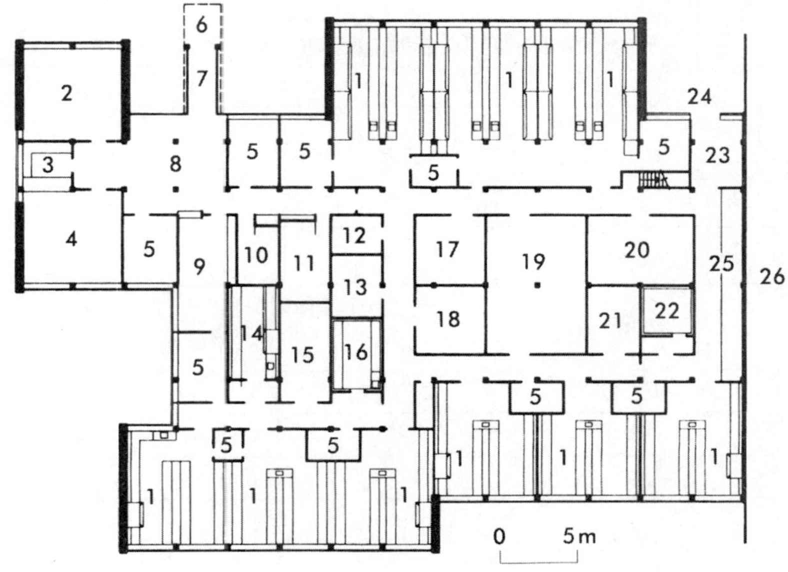


1. 标准实验室；2. 研讨室；3. 厨房；4. 休闲室；5. 办公室；6. 入口；7. 门厅；8. 入口大厅；9. 接待处/秘书处；10. 女卫生间；11.男卫生间；12. 储藏间；13. 暗室；14. 放射实验室；15. 仪器；16. 冷库；17. MRI室；18. 彻底清洗；19. 设备；20. 中央储藏室；21. 平衡室；22. 行为观察房；23. 货物大厅；24. 递送处；25. 卫生间和淋浴；26. 已有建筑

图17–1 药物研究实验室建筑：矩形模数（3.3×7.2m），双走廊，自然通风，单层；所有垂直设施直接从屋顶设备间进入实验室，没有用到管道

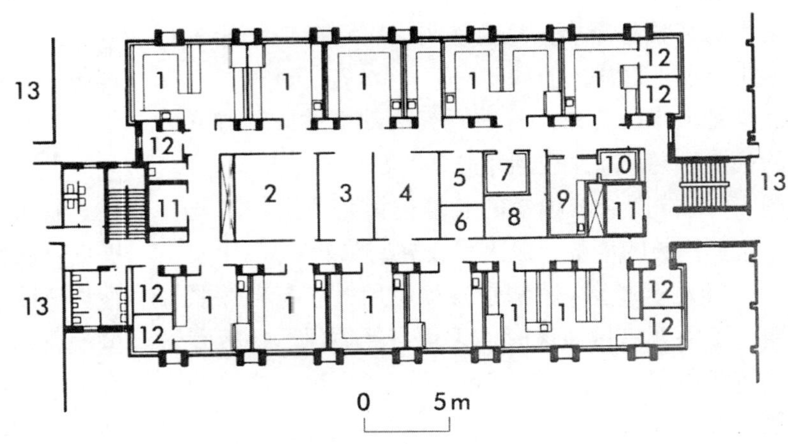


1标准实验室；2 研讨室；3 设备间；4 彻底清洗；5 孵卵器；6 储藏间；7 热室/烘室；8 暗室；9 冷室；10 冷藏；11 电梯；12 办公室；13 实验室

图17–2 惠康基金 / 医药研究理事会建筑，剑桥：方形模数（4.8×4.6m），双走廊，自然通风，6层；门廊管道——管道设施从屋顶设备间进入实验室；外部管道——通风橱排气到设备间；位于每个核心区末端的管道——连接机械通风设备间和核心区的管道系统；通风橱从天花板上空的空调机组获得空气供应（建筑师：Cusdin Burden& Howitt）

1. 学校

| 工作水平 | 每个工作间面积 (m²) | (ft²) | 工作规模 | 每个工作间面积 (m²) | (ft²) |
|---|---|---|---|---|---|
| 通用科学 | 2.8 | 30 | 实验桌规模 | 3.2* | 34* |
| 独立项目 | 3.6 | 40 | 工作间规模 | 4.6* | 50* |

* 这些限额包括储藏间和准备间。

2. 继续教育大学

| 工作水平 | 每个工作间面积 (m²) | (ft²) | 辅助房间附加 (%) | 平衡区域附加 (%) |
|---|---|---|---|---|
| 通用科学 | 4.6 | 50 | 15 | 40 |
| 先进科学和工程 | 3.6 | 40 | 25 | 40 |

3. 研究（政府和商业）

| 可能的范围 | 每个工作间面积 (m²) | (ft²) |
|---|---|---|
| 化学 | 8～12 | 86～130 |
| 物理 | 6～8 | 65～86 |
| 生物 | 6～8 | 65～86 |

图 17–3 英国空间标准

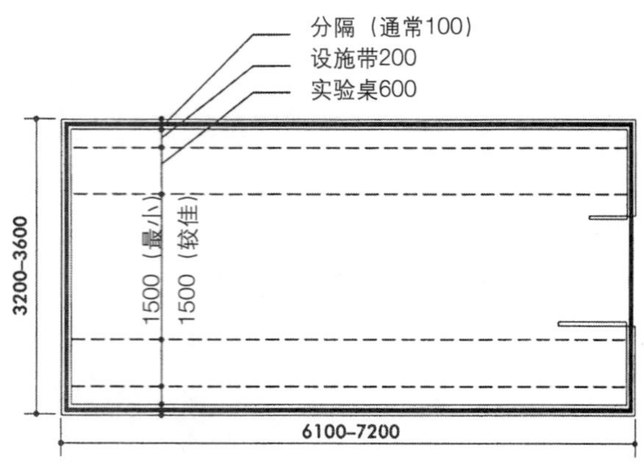

图 17–4 矩形实验室模数

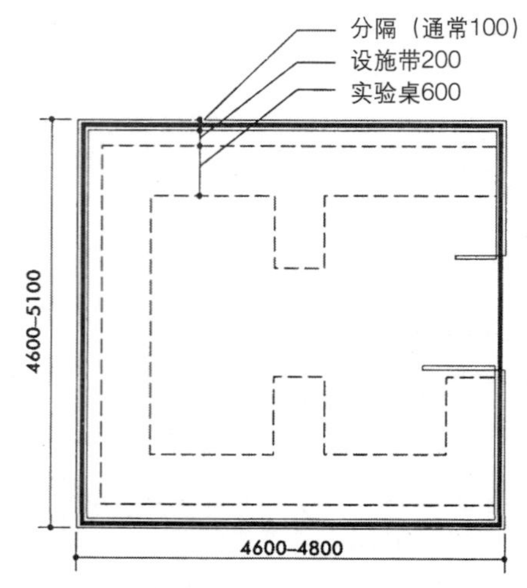

图 17–5 方形实验室模数

## 17.3 实验室空间

在常规和研究实验室里的大多数活动都可以在一个标准尺寸和形状的房间里进行——“实验室模数”——或者是模数的倍数，各个实验室不同的需求可以通过设施或设备的修订来满足。最常用的模数是矩形，经验证明，1961 年的纳菲尔德研究发现这样的空间——3 ～ 4m 宽，6m 长——能满足大多数需求。一些研究活动更适合于方形的模式，可以允许方形的实验桌布局（图 17–4，图 17–5）。所选的模数的长度应该是所选的实验室家具模数的倍数，以满足设施的重新布局。

**标准实验室** 通常是持续使用，应有自然照明，不需要机械通风时，采用自然通风。地板到天花板的最小高度是 2.7m。图 17–6 是一些典型的标准实验室布局。

**特殊实验室** 可能不适合基本模数，有一些非标准的设施、环境或安全需求，可能不长期使用，因为通常选择机械通风，所以可以位于核心区域。特殊实验室最好与标准实验室区域隔开，以避免约束后者的灵活性。这些特殊实验室包括“放射性实验室”[《放射性物质法》(*Radioactive Substances Act*，1993)]，“生物危害实验室”，根据危害和遏制方法对病菌进行分类——危险病菌咨询委员会 (Advisory Committee on Dangerous Pathogens, 1990)，“组织培养房”和“+ 4℃低温室”（低温实验室基本上一次只能占用有限的时间）。图 17–7，图 17–8 是一些典型的非标准实验室布局。

### 17.3.1 规划原则

标准实验室除了尺寸和布局的灵活性，还要提供自然照明，因此应该沿外墙成排设置，且不被其他设施干扰。这一排通常有一个模数那么深，但如果需要大型的实验室区域，则会更深。在只有单个走廊宽度的建筑里，任何特殊实验室、辅助设施和办公室可以在走廊的同一侧。如果是双走廊建筑，标准实验室会占据每个走廊向外的一侧，而走廊之间的核心区域是特殊实验室、辅助设施、储藏空间等。平面图形的选择通常由需要设施的数量和可用场地决定。

对于设计师来说，实验室建筑与其他建筑的区别体现在两方面需求上：一是每个工作站需要多种工程管道，另一个是通风橱。这两个需求都

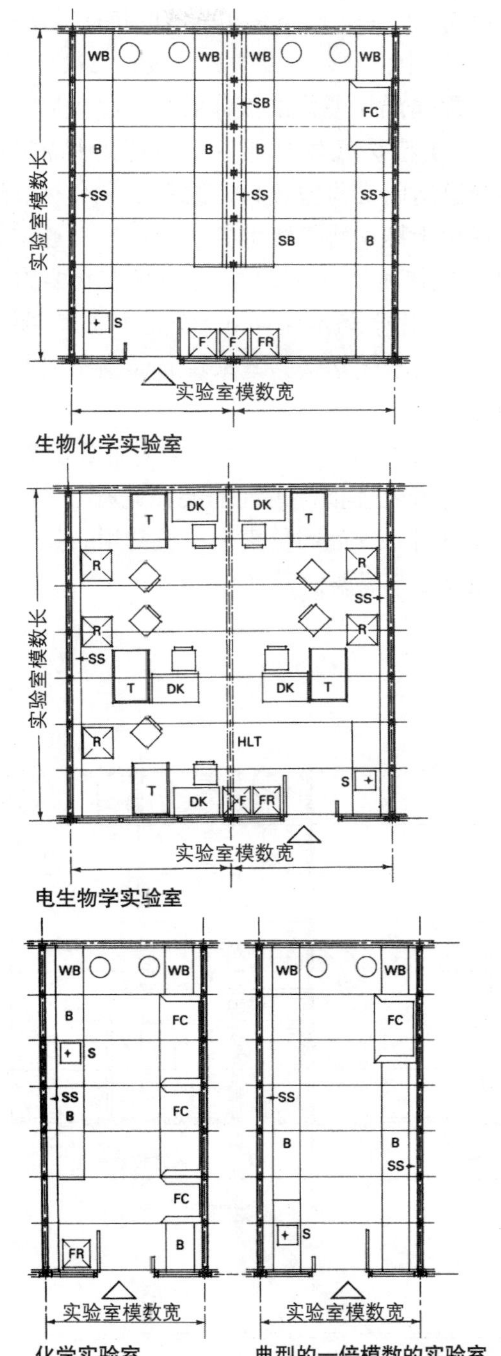


图 17–6 标准实验室

[引自 Walter Hain《实验室：大纲和设计导则》，经许可重新绘制，E&FN Spon 出版（印自 Taylor& France 出版社）1995，14 页]

图 17–6 ～ 9 中的图例的关键字

| | | | |
|---|---|---|---|
| A | 高压灭菌器 | INC | 孵卵器 |
| B | 实验桌 | LF | 层流柜 |
| C | 离心机 | R | 冰箱 rig |
| CO | 柜台 | S | 水槽 |
| D | 干燥器 | SB | 设施桥 |
| DF | 深冷制冷器 | SC | 保险柜 |
| DK | 书桌 | SH | 架子 |
| DS | 喷淋洗浴器 | SHK | 混合器 |
| DT | 浸泡池 | SHR | 喷头 |
| EW | 冲洗眼睛处 | SS | 设施带 |
| F | 冰箱 | T | 桌子 |
| FC | 通风橱 | TR | 手推车 |
| FD | 冷冻干燥器 | W | 洗衣机 |
| FR | 冷柜 | WB | 书写桌 |
| HLT | 高级集群 | WHB | 洗手池 |

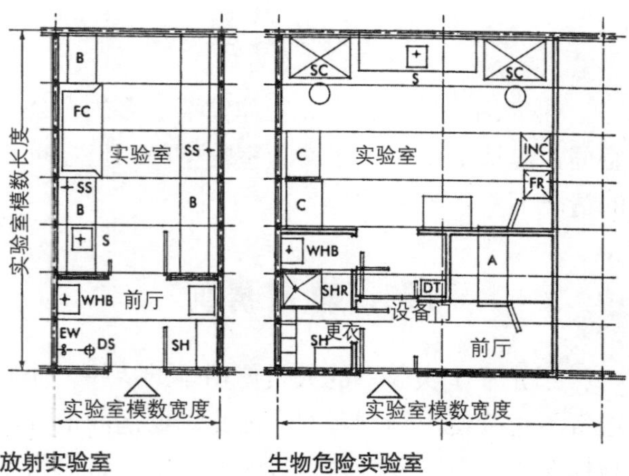


图 17–7 特殊实验室

[引自 Walter Hain《实验室：大纲和设计导则》，经许可重新绘制，E&FN Spon 出版（印自 Taylor& France 出版社）1995，15 页]

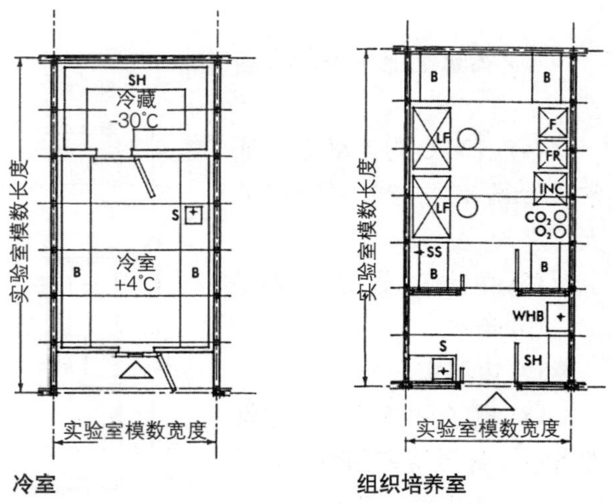


图 17–8 特殊实验室

[引自 Walter Hain《实验室：大纲和设计导则》，经许可重新绘制，E&FN Spon 出版（印自 Taylor& France 出版社）1995，15、24 页]

要求在一定的间隔就有一段垂直落管 / 室内立管，可能需要占用一定空间的垂直管道，这些从一开始就要进行设定。这两个需求也会产生较大的设备间面积需求，通常设在屋顶层，也需要在进行初始设计时就开始注意。

携带垂直供应至每个模数试验设施的管道，和从通风橱分离出的管道系统，可能沿着一排实验室的走廊一侧或窗墙一侧布置，或两种情况均有。在有较大屋顶设备间的单层实验室，垂直设施可以直接从设备间进入下方的实验室，即可回避这些管道的需求。

英国的《建筑规范》中，实验室建筑通常包含在目的型“办公室”一类里。

## 17.4 办公室

研究活动通常比常规工作需要更多的办公室空间，应该提供独立于实验室的空间，但在可行的情况下两者要尽可能靠近。

## 17.5 辅助房间

不止一个实验室的人员使用辅助房间。他们通常不连续使用辅助房间，因此辅助房间最好应与标准实验室区域分开。教学实验室通常只需要一间“准备室”和一间“清洗室”。其他实验室可能需要下列房间中的一间或更多：

(1) 清洗室

(2) 存放地面设备的设备室

(3) 实验桌上设备的设备室

(4) −20℃的冷藏室，通常从冷藏室或与外界隔绝的大厅进入

(5) 高温室（通常为37℃）

(6) 暗室

(7) 恒温室

(8) 电子显微镜组，包括准备室、显微镜室和暗室

(9) MRI室，装有磁共振图像设备

(10) 清洁室（BS 5295）

图17–9有一些典型的辅助房间布局。

研究过程通常需要使用动物，但“动物房”是一种独立的建筑类型，在这里不予涉及。对设计师来说最相关的规范是1989年的《科学过程中的动物圈养和照顾实践法则》(Code of Practice for the Housing and Care of Animals used in Scientific Procedures)。

## 17.6 实验室储藏区

除绝大多数建筑类型的存放需求以外，以下是实验室的特殊需求：

(1) 中央储存（设备和器械的大量存放）；

(2) 溶剂 / 易燃的液体储存（通常是室外的）；

(3) 特殊气体缸储存（可能是集中的气罐，由管道运向实验室接口，或者是一个存放处，从这里用手推车将气罐推到实验室——通常是室外的）；也有预制的燃气房，备有所有必要的配件；

(4) 化学药剂储存（大量存放）；需要持续的通风，对于化学实验室来说，储藏室要与实验室相邻；

(5) 放射性物质储存（放射性废弃物材料被收走进行处理前，可能需要在此存放；然而，放射性材料——如同位素——通常用石墨容器运送和保存，不需要储藏室）。

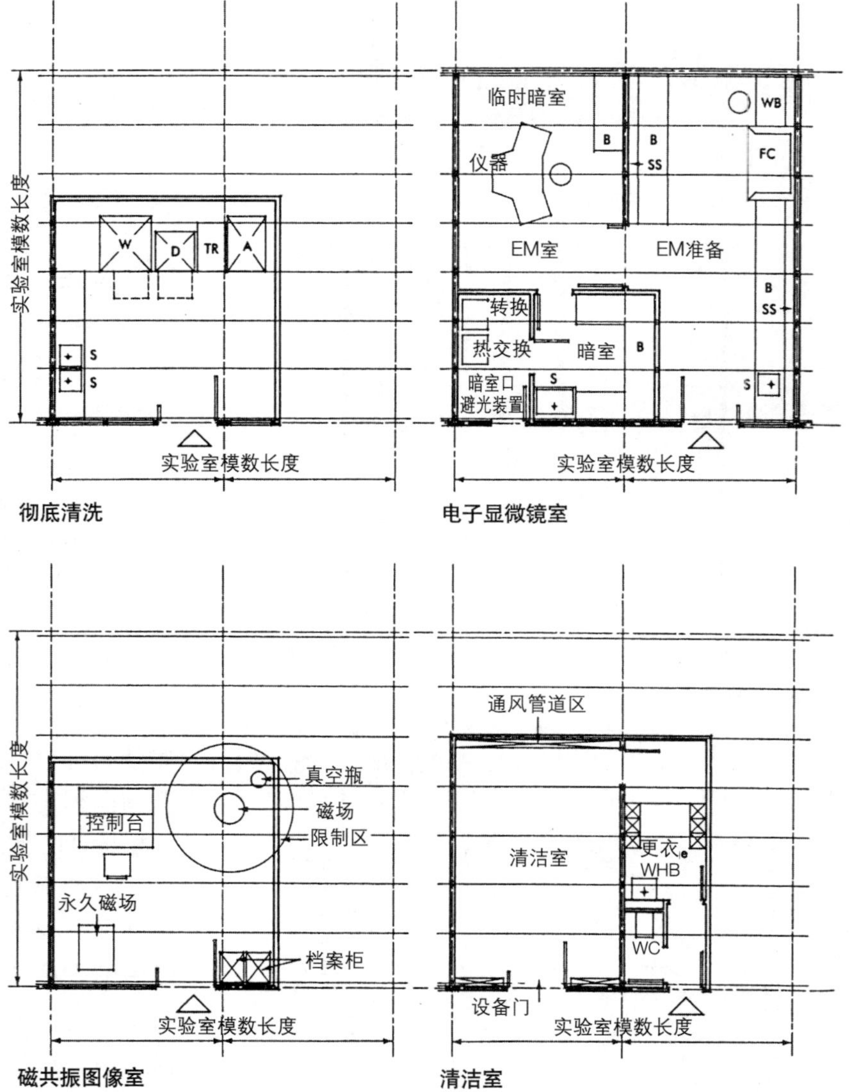


图17–9 辅助用房［引自Walter Hain《实验室：大纲和设计导则》，经许可重新绘制，E&FN Spon出版（印自Taylor& France出版社）1995，26页］

## 17.7 配置

所有实验室都需要装配的惟一通用设备是工程设施，为了发挥最大的灵活性，应把它们装在模块的侧面或端部，它们的出口应装在固定的设备带或桥上。所有其他的设备——桌子、桌下设备、墙柜等——最好是可移动的和可更换的。

**分隔** 最好用柱子和板一类的东西来分隔各个模块，柱子和实验室家具模块位于相同的中心，以便为货架和墙柜以及其他设施接口提供支撑。隔离板可以是不透明的，玻璃的，或者没有，可以在实验室模数功能发生改变时跟着改变。如果供应来自于上部，这个系统也会在隔板厚度中为管道和垂直管道提供空间。支撑不同的工程设施排污、废弃物、设施带和实验室设施墙的分隔柱布置（图 17–10）。

**设施带** 是固定的壁架，管道工程设施和滴水管的出口均固定在上面；从后到前有 200mm，通常与工作台顶部平齐，由实心层压板制成，架在墙上凹槽的托架上。在采用岛状/半岛状布局时，它们可能固定在桌面以上 200mm 处，在设施带和桌子间有一个实心的板，作为电源接口。

**设施桥** 用于岛状/半岛状的实验桌布局时，由工作台上方但不靠近工作台的箱子组成，设施出口在两侧或者在底部，电源中继固定在两侧。

**实验室家具**（BS 3202:1991）应该是可移动且符合模数的。通常由专业公司提供并安装，有一定的标准类型，不过也可以对单独的项目进行一些调整。常用的模数是 900，1000，1200mm。所选择的家具模数会决定隔墙立柱的中心，还会影响实验室模数的总长。可移动的工作台在管状钢架的上面形成一个操作面。实心层压板是常用的工作面材料，对于放射性实验室桌面，需要无连接点的升起的边缘以容纳溢出量，因此环氧树脂是较好的选择。常用的桌面宽度是 600mm，高度 900mm，但也可以有其他宽度和高度。长度常采用模数的 1 倍或 1 倍半。平衡桌是一种很重的构造，一些供应商在生产时加入减震器。

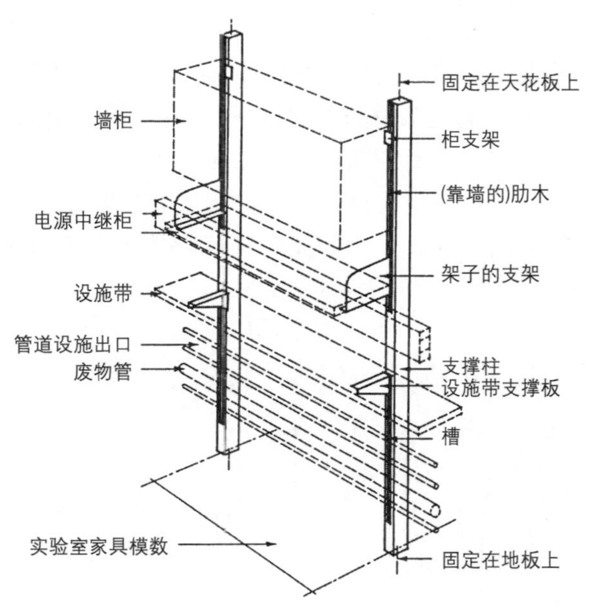


图 17–10 支撑系统［引自 Walter Hain《实验室：大纲和设计导则》，经许可重新绘制，E&FN Spon 出版（印自 Taylor& France 出版社）1995，36 页］

桌下的柜子宽度应是模数的一半或一倍，由地板支撑或从实验桌框架上悬垂出去（易于移动），是以柜橱或抽屉的形式存在。

墙柜和架子宽度应是模数的一倍，悬挂在（靠墙的）肋木上，易于移动。

水池单元是碗柜和滤水池组合，用抗酸等级为 316S16 的不锈钢制成，装在实验台形的框架上，通常长度是模数的一倍、1.5 倍或 2 倍。

除了家具，一些厂商也提供在固定框架上的设施带和桥，电源插座都是提前安装好的。

**通风橱**（BS 7258：1990）通风橱是与天花板等高的橱柜，前端是玻璃的开口，工作面相当于桌面高度，由钢的框架或桌下柜支撑，顶部有出口，连接到一个抽吸系统。玻璃前端通常有个垂直滑动面，工作面的外围应该有个升起的边缘，还有一个废弃物出口。设备出口通常安装在内部侧墙上，侧墙常采用双层构造，150mm 厚（让实际通风橱宽度达到最小——1 米），在通风橱外部控制开关中安有远程控制，还有电源接口和烟道控制。进入式的或全高度的通风橱适合于高的延伸到地板的设备，通常直接形成工作面。

绝大多数通风橱深度为 950mm，宽度有 1000，1200，1500，1800 或 2000mm 几种，适用于地板到天花板的高度为 2700mm 的屋里。设施带通常在通风橱一侧终止，而管道设施出口和废弃物继续穿过工作面下方，与通风橱出口相连。许多实验室家具厂商也提供通风橱。

这些通风橱里的活动都有潜在的危险性，因此最好不要靠近逃生路线、交通流量大的区域或门，且由于气流，与转角墙或柱之间距离最好大于 300mm。

## 17.8 工程服务

工作站需要提供“工作台服务”，包括管道服务（水、燃气、特殊气体等），电力和通讯。

**管道服务** 管道服务出口安装在设施带或设施桥上。它们通常由小的钻孔管组成，或在设施带下水平铺设，或在设施桥里围合。出口（实验室带）由特殊的公司提供，一般有 2 种形式——“桌子出口”是为设施带服务的，“墙上出口”是为设施桥服务的——应该通过可移动的管口来保证使用者能把管道连上。把手需用色彩编号，以确认输送的气体 / 液体。

**电力和通信** 通常由干线提供，安装在设施带上或桥的两侧。

**供应** 水平管道可能通过主管道以如下方式提供：

(1) 上部的垂直落管；

(2) 来自于地板下的垂直立管；

(3) 门廊或窗墙上的垂直落管，进入每端的终点；

(4) 水平管道，沿着窗墙进入每端的终点，由间隔较宽的垂直管道供应；

(5) 在屋顶机房较大的单层建筑里，直接通过机房层进入每个端口。

地板下供应会有潜在的泄漏的危险，任何更改也会影响到下面的地板，因此限制了灵活性，容易导致破坏。

**滴水管** 是设施带上的废水出口，可以泻出液体，还能让设备排水。

**废弃物** 通常通过重力从滴水管、池子、通风橱等排走，但也有带泵或抽真空支持的系统。通常每个实验室废弃物的端口在连到地面出口或堆栈前都会将废弃物排入稀释回收井或捕集器。放射性和生物危害的废弃物在回收前会有更多的繁重的处理需求。

**总的机械通风 / 空调系统** 实验室与其他建筑物的需求相似，但每个通风橱都有自己独立的抽气管和风扇，在屋顶层以上垂直排出气体，而打开通风橱开关后会运行一个补气设备，同通风橱的抽气系统一起运转。在机械通风 / 空调实验室，室内流动的空气通常来自中央通风系统。而在自然通风的实验室，可能由设备间的中央空调机组（air-handling unit, AHU）传送空气，或可能由安装于实验室高层的单个空调机组直接从墙外引入新鲜空气。吸取管道直径范围在 250 ~ 300mm，取决于通风橱的尺寸，因此在有许多通风橱的多层建筑里，所需的垂直管道空间是相当可观的。

实验室中央供热系统在原则上与其他建筑类型没有什么不同，但实验桌限制了散热器位置的选择。

## 17.9 建筑构造

实验室建筑的结构和外部装饰与其他可比的建筑类型差别不大，但需要考虑一些可以帮助未来人工通风天窗插入的外墙上的设施，如高层的固定的窗板 。

对于大多数标准实验室来说，在石膏或墙板、天花外的乙烯基乳状液饰面材料是可以接受的。一些实验室和辅助用房可能需要光滑的漆或喷涂塑性油剂。

实验室门宽应该是 1.5 个门扇，以确保大体量的设备通过，主要门扇是 900mm，上有观察窗。

常用的地板材料是 PVC 板，有焊接的节点，房间里采用环氧树脂，可以经常清洗。设备间的机器是潜在的泄漏源，所以地板材料要防水，还应契合凹圆踢脚线，因此环氧树脂是个合适的选择。

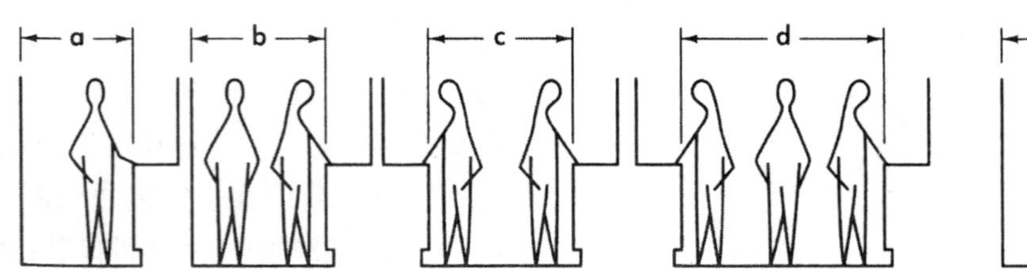


a. 一个工人，没有通过交通 975～1200mm
b. 一个工人，加上通道 1050～1350mm
c. 两个工人，背对背，没有通过交通 1350～1500mm
d. 两个工人，背对背，加上通道 1650～1950mm
e. 仅作为过道，两侧没有工作空间 900～1500mm

图 17–11 实验桌间的空间

# 第18章 景观工程

Helen Dallas

## 18.1 引言

最近几年，与建筑相关的景观设计增长很快。传统意义上，它的重要性是与历史乡村住宅相连的，然后通过维多利亚时代公共公园和林荫道有所拓展，现在则扩展到一种配合商业和公共建筑的室内和室外景观的模式，还有更多的兴趣集中在小型私人花园。政府现在要求所有新的开发项目都要配合景观设计，这一点很常见。

这部分涵盖内容很广，从硬质景观元素，植物和软质景观，到私人花园和公共公园的规划。包括与景观区相关的园林构筑物和建筑。

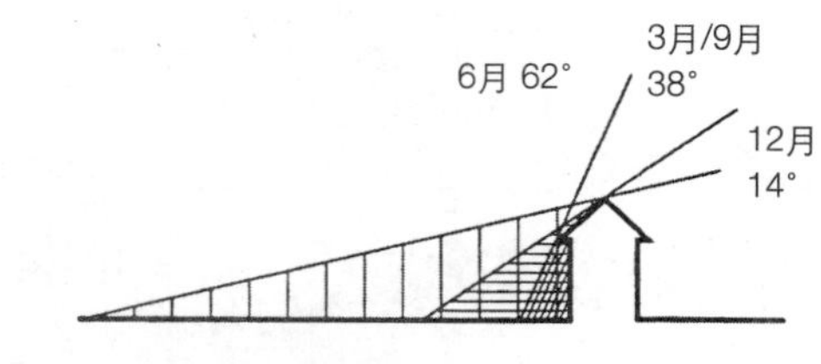


图 18–1 季节对阴影的影响

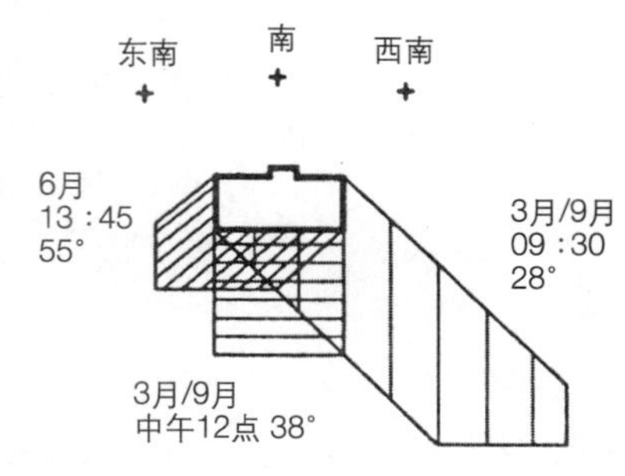


图 18–2 各季节某一天中各时段对阴影的影响

## 18.2 设计要素

在设计任何形式或深度的景观项目时，首先应确定目的（如软化或强化建筑，作为户外生活空间，或为了休闲娱乐）。细节设计应考虑以下几点。

(1) 方向与一年中不同季节或一天中不同时段能得到的阳光照射的量（图 18–1，图 18–2），还有任何不利的风力影响有很大关系：这将决定植物类型和遮避物的需要（图 18–3）；

(2) 地面地形不仅影响太阳辐射程度和方向，还影响植物稳定性和灌溉模式（图 18–4）。立面影响视线和视觉效果；

(3) 需仔细考虑景观区入口和区内外路线与相邻建筑、入口、小路和大道的关系（图 18–5）。

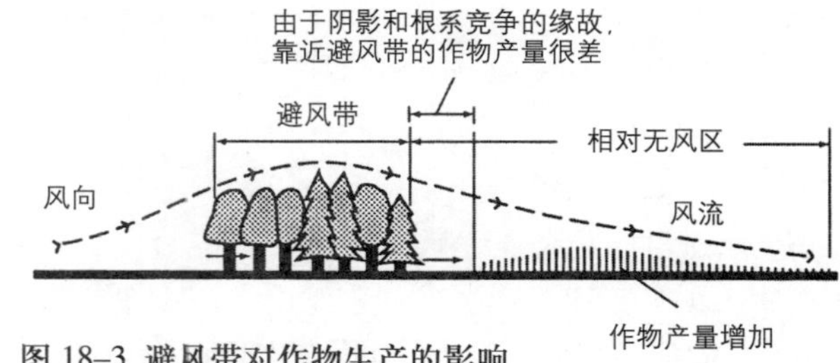


图 18–3 避风带对作物生产的影响

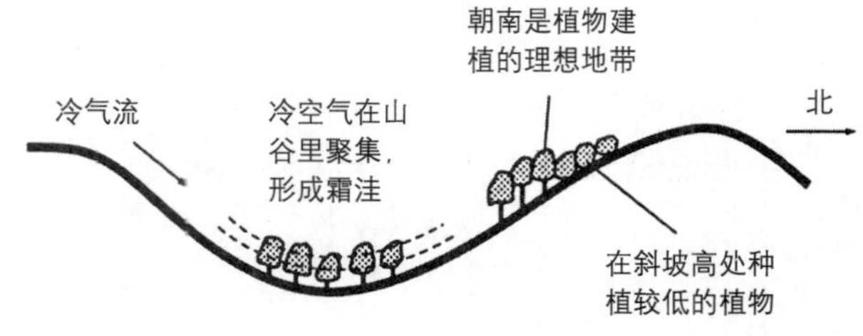


图 18–4 植物建植的坡度和方位的影响

## 18.3 景观区总体特征

### 18.3.1 围合

主要用途是划分空间、私密性、安全、高差变化和阻隔噪声。围篱的设计与建造中使用的材料应与周围环境相协调。

(1) 墙可以采用砖或石材，最好与相邻建筑使用的材料统一（图 18–6）；

(2) 木质板条、板状或横木的围篱（图 18–7，图 18–8）通常在居住区内使用，而金属网的围篱通常更适于商业项目（图 18–9）；

(3) 扶手，通常是金属的，常用在公共空间（图 18–10）；

(4) 绿篱：修剪植物（规则）或开花的植物（图 18–11）；

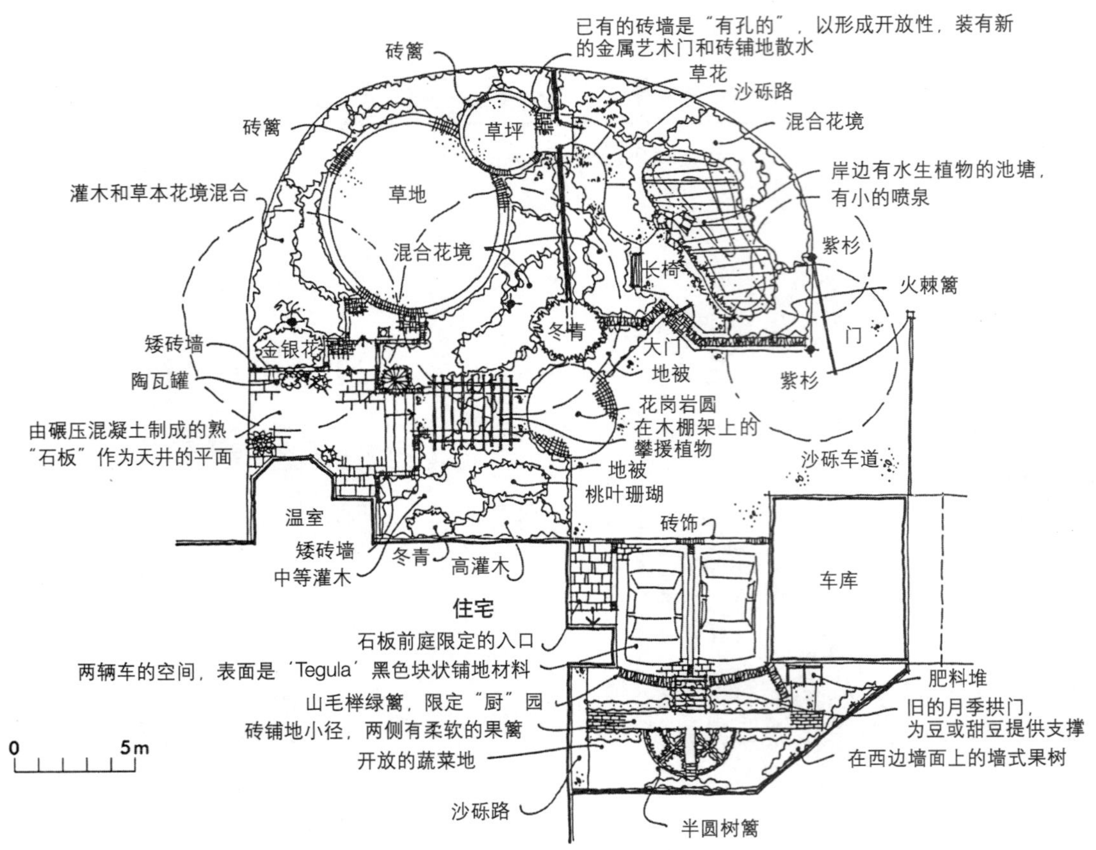


图 18–5 私人花园，兰顿（Langton）Hall（风景园林师：Don Munro）

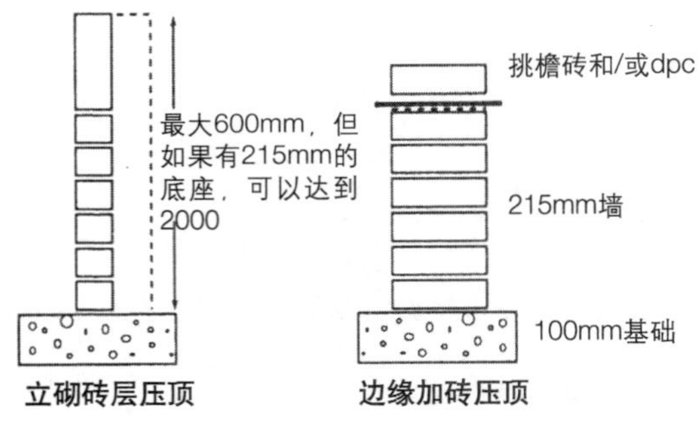


图 18–6 石墙：102mm 宽，带底座，以及 215mm 的砖墙

(5) 为了将繁忙的交通道与居住区隔开，应考虑设置木质噪声阻隔物和派生物（图 18–12）。

边篱或墙最好的一面（美丽的一面）应朝外。在坡状地面，围篱应该随着地形等高线设置。防御动物移动的围篱应向地下延伸 100 ~ 200mm，尤其是种植绿篱的地方。为种满绿篱最终达到的宽度留出足够的空间。绝大多数作围篱的木材都需要保护性处理（如压力注入）。混凝土柱基、基

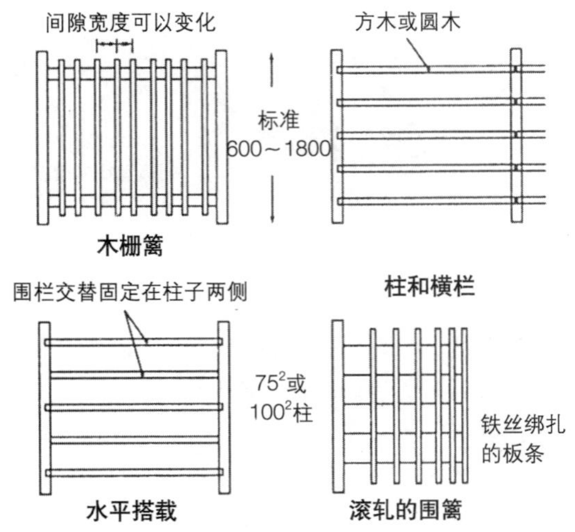


图 18–7 传统木篱

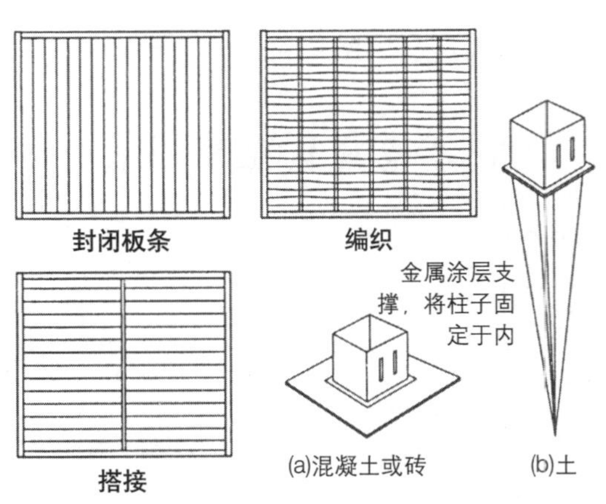


图 18–8 典型木篱板和柱支撑

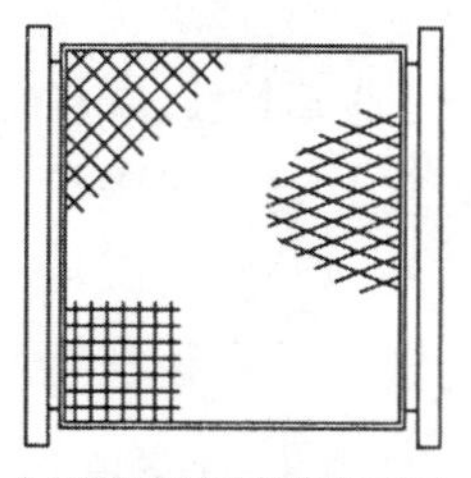


图 18-9 金属网篱加混凝土柱

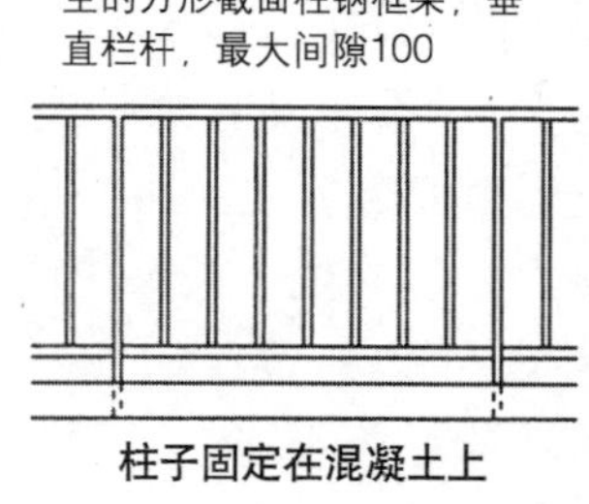


锻造的铁制装饰性栏杆

柱子用螺钉固定在砖基础上

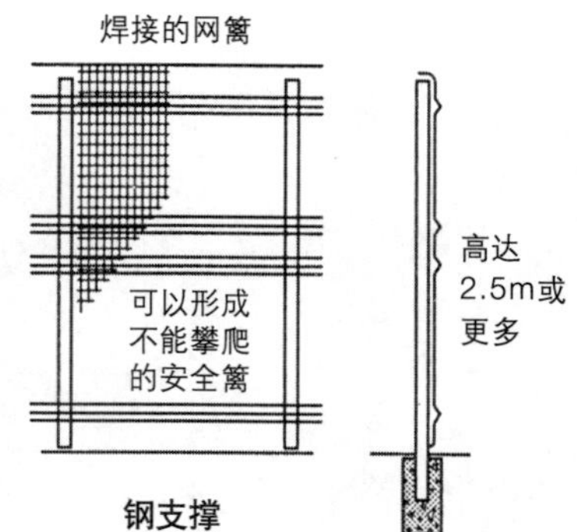


图 18-10 典型金属栏杆和保护篱

最初的绿篱植物（如女贞），以300～400mm的间隔种植，经过有规律的修剪成形

图 18-11 绿篱围合

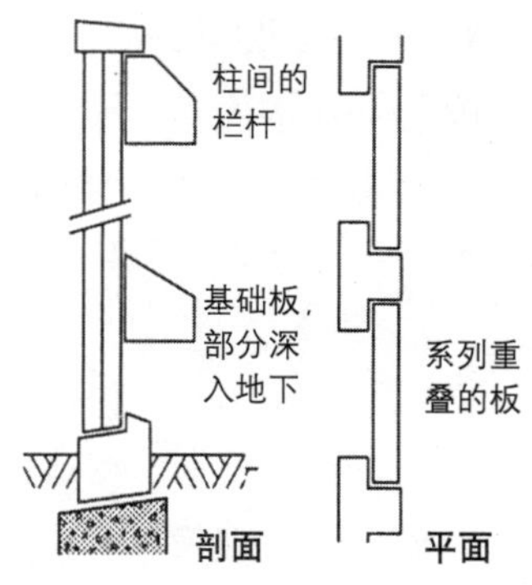


图 18-12 木板隔声障

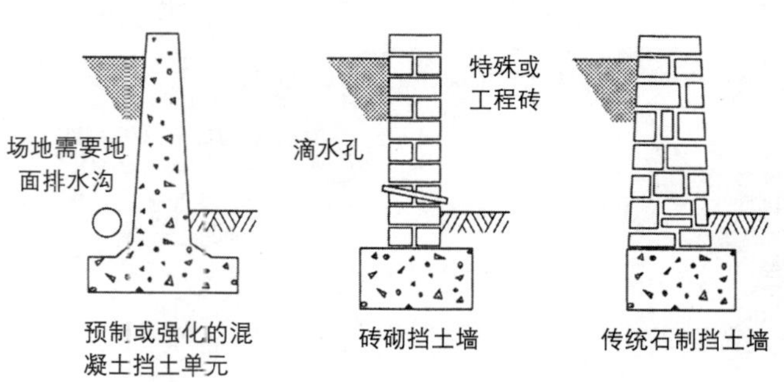


图 18-13 混凝土、砖和石制的挡土墙

础和“铁鞋”[①]可帮助延长大多数木围篱的寿命。高差变化处的挡土墙常选用混凝土、石或砖（图 18–13）作为建筑材料，通常也需要专家的设计。

### 18.3.2 土壤准备

**表层土** 表层土对于植物健康生长来说很重要。如果质量很好，应在有可能的情况下与下层土分开，留作后面使用。建议的表层土深度根据情况有所变化（图 18–14）。

**土壤紧实度** 填充硬质景观区的土壤需要按 300 ～ 400mm 的深度分层铺开，然后压紧（图 18–15）；不是所有的土壤都适合这样做。不同特征的材料应该分开堆积和压实。基层垫材可能因地区差异而有所不同，但理想情况下是小石头和更坚硬的材料的混合。旧的砖和碎石只能在完全粉碎和用好材料作面材时才能使用。

**河岸** 为防止土壤移动，沿斜坡填充时应该分层填充。在现有地表通过挖方创造锯齿状断面，来保持填充材料（图 18–16）。在高一点的堤岸，地形剖面应做成台阶状，以防止填充材料滑落。

斜坡角度应根据需要的相关维护工作考虑，

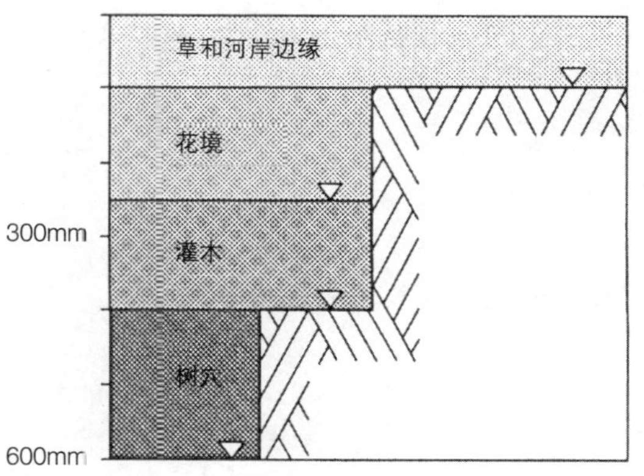


图 18–14 建议的表土深度

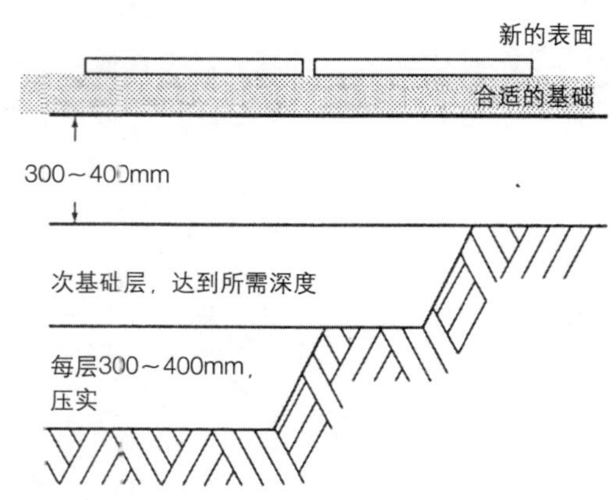


图 18–15 硬质景观下的土层结构

①铁鞋（metal shoes），木桩基础的一种。——译者注。

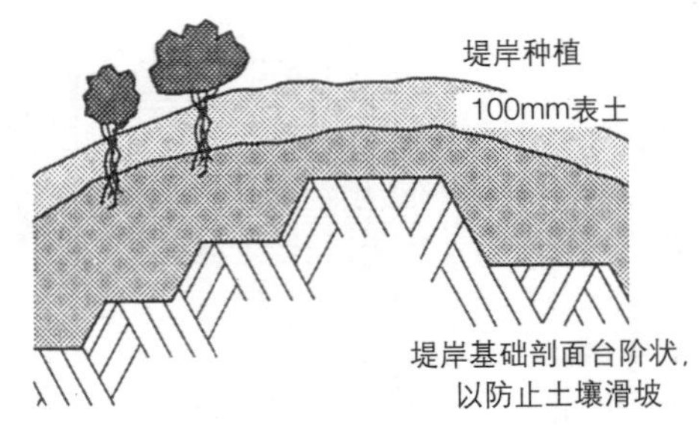


图 18–16 堤岸的土层剖面

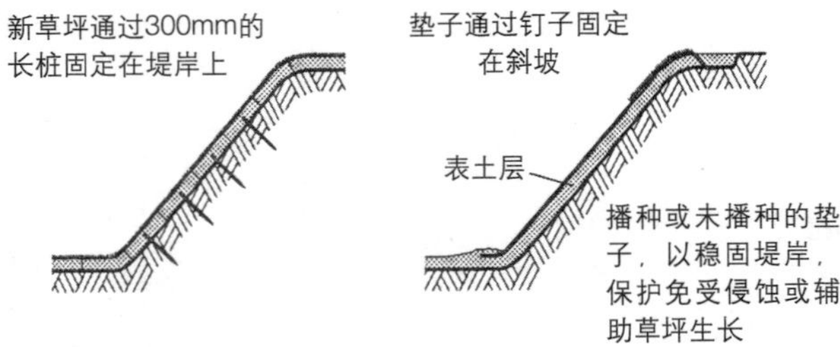


图 18–17 在陡的堤岸上铺草坪和垫子

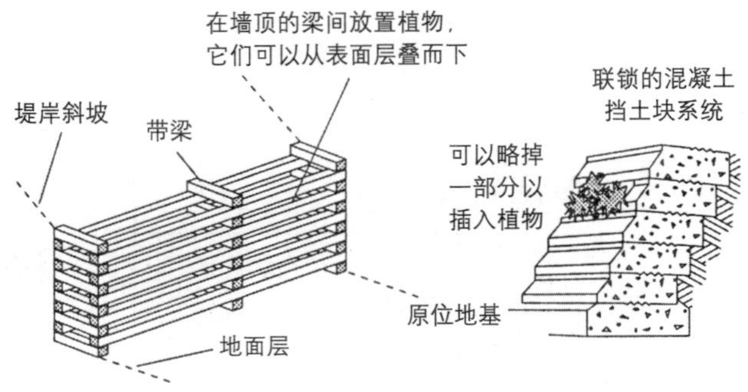


图 18–18 木材和混凝土笼式填石框结构示例

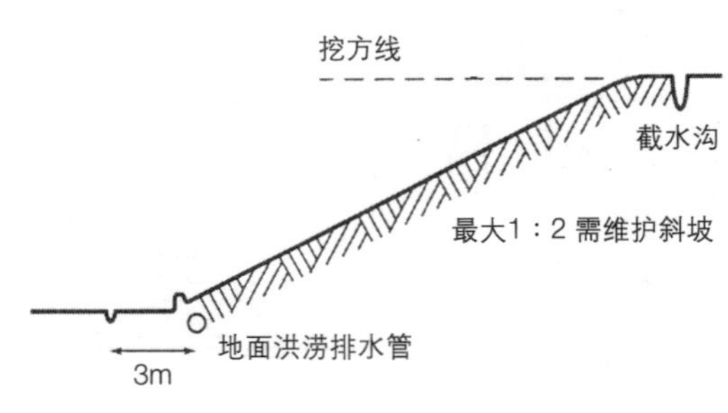


图 18–19 道路挖方典型剖面

堤岸顶部和底部通常有个平缓的集拢。在堤岸顶部和底部均需作排水，以保证土壤只受到落在表面上的水的冲击。最大的坡度：修剪草坪 1:3；植物 1:2（或在没有维护需要的地方 1:1）。在堤岸上铺草坪时要注意防护措施（图 18–17）。可以用生物分解的垫子来保护和固定土壤，以利于植物生长（图 18–17）。

除了挡土墙，还可以将栅栏与植物结合起来使用（图 18–18）。

### 18.3.3 园路和台阶

**园路** 园路宽度（图 18–20）：入口最小值，300 ~ 600mm；绿篱和灌木夹道，单人通行，700mm；两人过道，1.2 ~ 1.8m，允许额外的婴儿车。

材料选择取决于外观，费用和需要的表现；基础取决于使用频率（图 18–21，图 18–22）。

**斜坡** 最大坡度 1:12，以便于轮椅通行；最

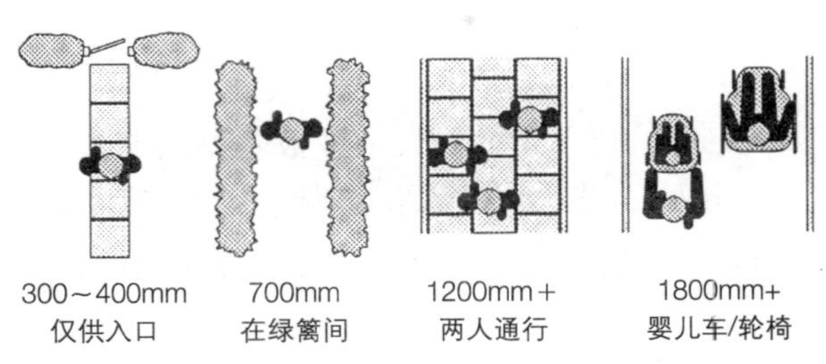


图 18–20 建议小径宽度

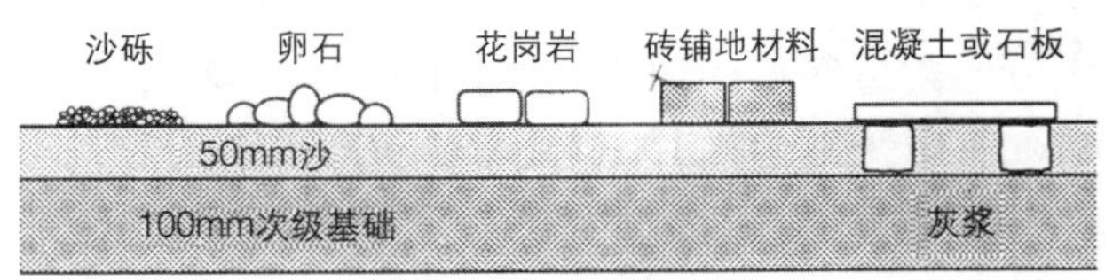


图 18–21 典型小径结构种类

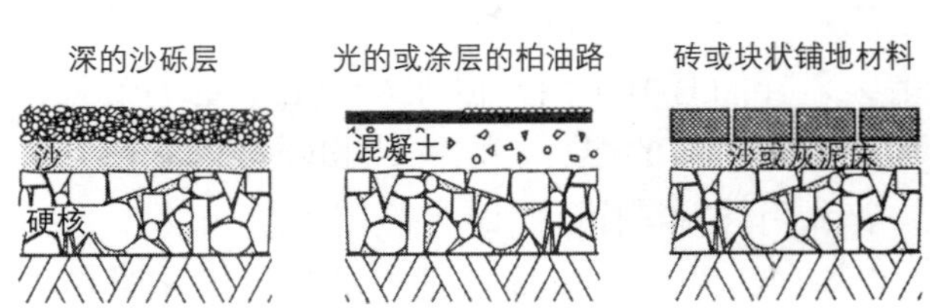


图 18–22 车道构造典型种类

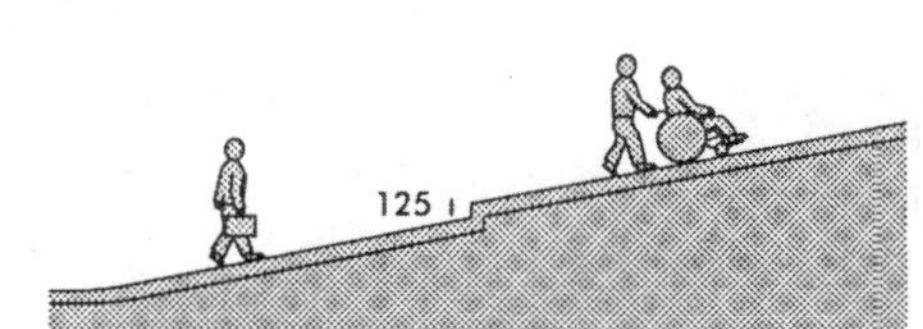


图 18–23 有台阶的坡道剖面

小宽度1.2m。如果有台阶，最大台阶高度是12.5mm（图18–23）。

**边石** 边石和边缘修整取决于相邻的表面（图18–24）。

**台阶** 踏步宽度不小于300mm；踢面高90～150mm（图18–25）。台阶终点的饰面材料细节很重要，尤其是在草坡堤岸上时。

**栏杆** 超过一级的公共台阶需要设置栏杆。当楼梯的宽度超过1.8m时，中间应有栏杆。可能需要专业设计来确保结构稳定和合适的固定，尤其是高度发生变化时。

### 18.3.4 植物

种植区域需要经过仔细的准备，使用合适的肥料和混合物，以提供养分平衡，促进生长，且应该在种植前一个合适的阶段施用。播种的草坪每年秋季或春季开始种植，需使用一种适合土壤类型或外观的混合草种。替代方案是，为更快地完成草坪区建设，可选用草皮卷。

草坪区和播种床的表土层深度至少应达到150mm，灌木植床则应达到300mm（图18–26）；攀援植物需要500mm；乔木需要600～1000mm。秧苗可先种在温室或钟形玻璃罩里，为后期的移植作准备。

树坑直径最小750mm，深350mm（成熟的树更大一些），用底土、混合肥料和表土填充。幼小的树可能需要树桩（图18–26）。如果种植大树，最好有专业指导。较大的树不能在建筑周围6m以内种植，因为继续生长后会影响到植物根系。

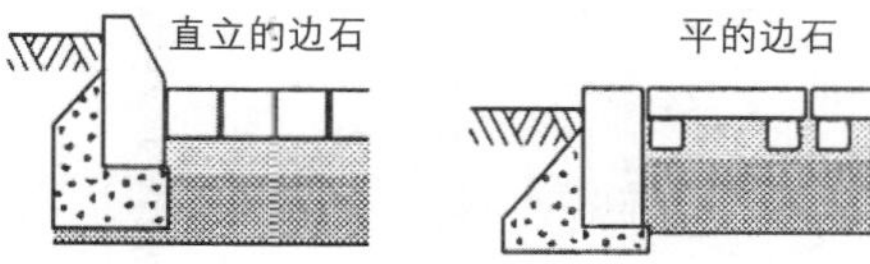


图18–24 小径边石细部

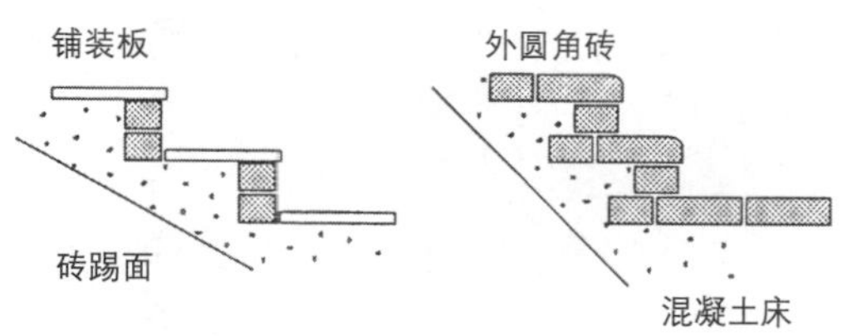


图18–25 典型台阶构造

### 18.3.5 水源及水景

确保种植和水景有充足的水供应。考虑水管供应（需要计量）、自流井或雨水存蓄。

**浅井** 井直接与含水层相连，干旱时水量会下降。为了防止污染的危险，与任何腐烂的水池或下水道的距离应在10m以上，且采用防水管道。

**池塘** 小的池塘可以以多种形式建造，可以根据场地和经济条件选择。形状可以是规则的或自然的。预制的池塘通常是塑料的或玻璃纤维的。使用钢筋混凝土（120～150mm厚）建造嵌入式池塘时，可在木质模子里浇筑，也可直接向挖成所需形状、用乙烯基塑料作衬底的硬实土壤里浇筑。池塘边缘需要隐藏起来：根据最终想要的效果，用块石砌或塑石对于规则形的水池来说很合适，而草地、湿生植物或岩石对于不规则水池来说更合适（图18–27）。水池必须位于能得到最大的阳光的地方，还要足够高，以免大雨时地表水进入，如果没有自动供水系统，则最好离水源近一些。水深不能小于300mm，以保证水生植物（如睡莲等）可以在侧壁敞开式容器里生长，并且易于去除。为防止藻类繁殖，需要引入一个循环泵系统。提供一个溢流管和过滤器，在排水和清洁

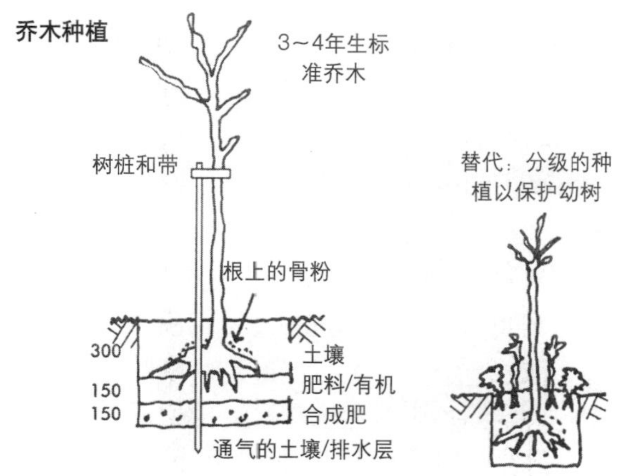


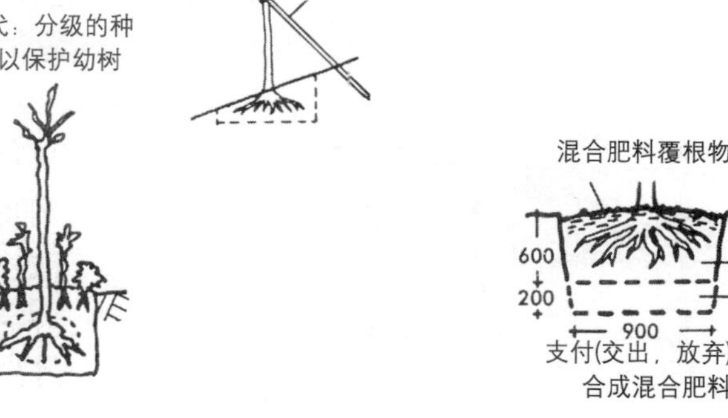


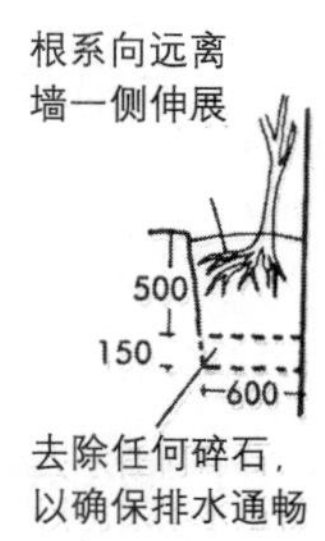


图18–26 建议的种植灌木和乔木的细节

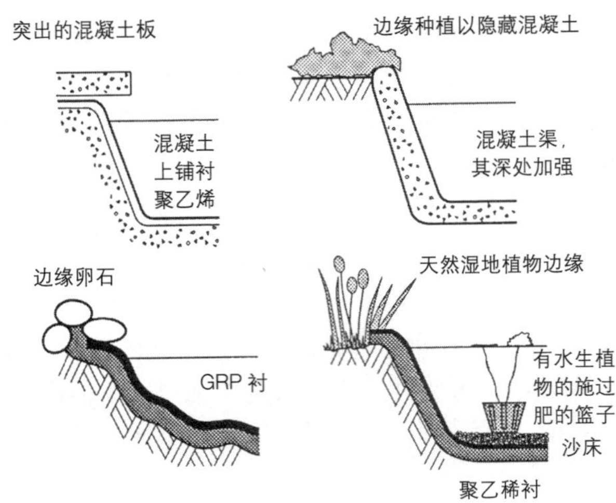


图 18–27 花园水池边各种坡细部

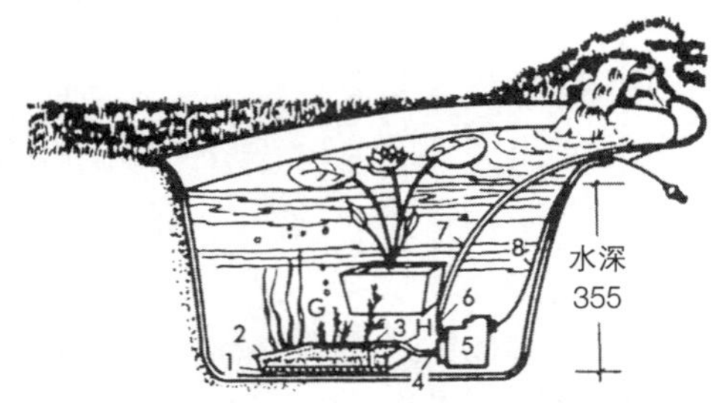


图 18–28 在预制玻璃纤维池里安装的过滤系统

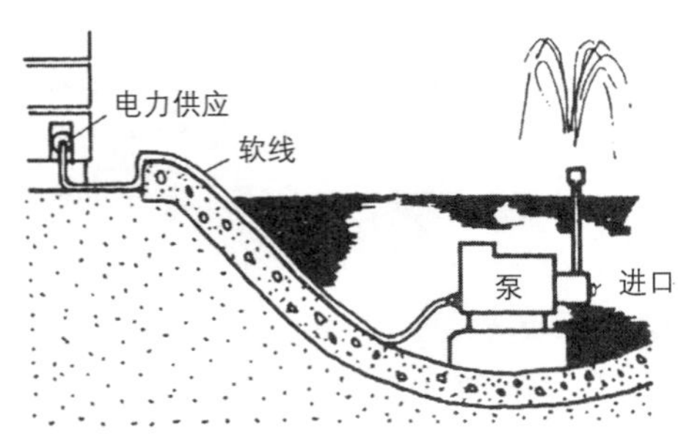


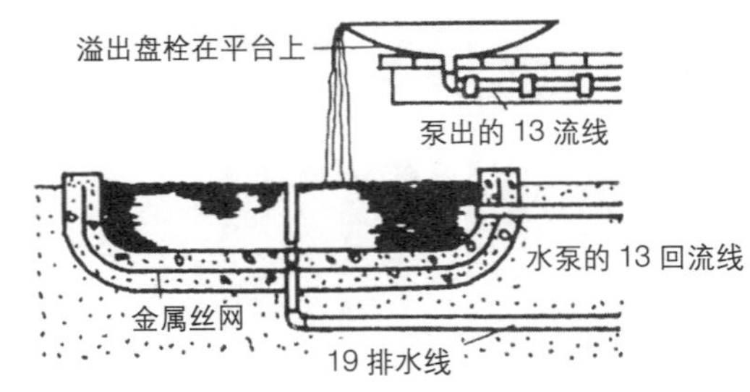


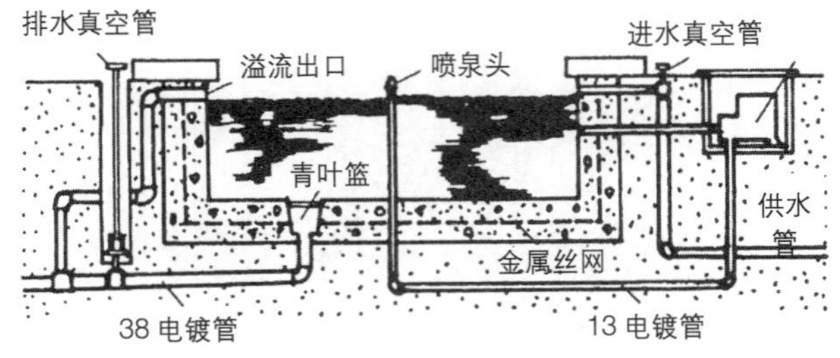


图 18–29 管件和泵系统

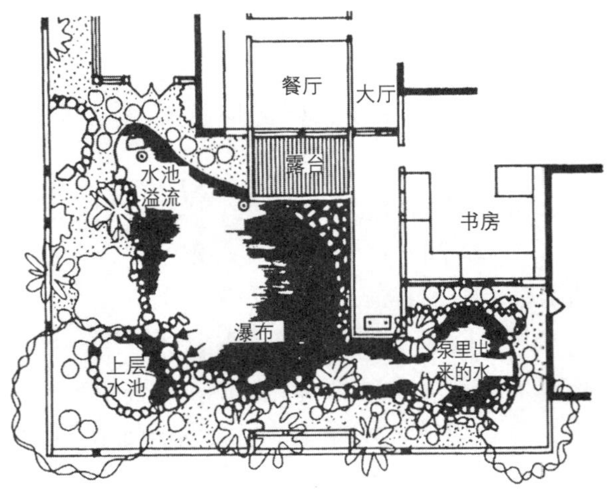


图 18–30 园子大部分是用于金鱼和荷花池

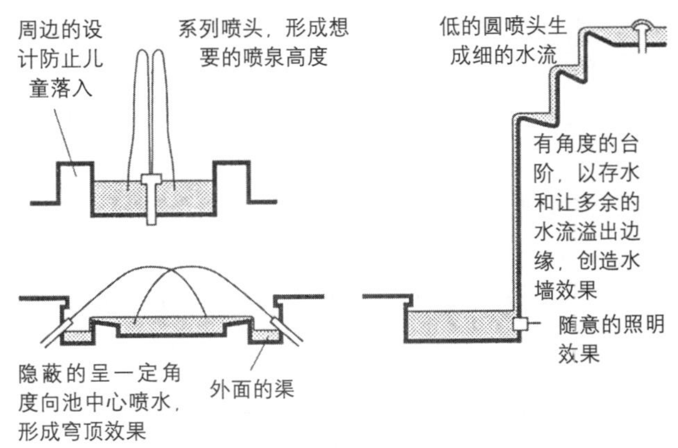


图 18–31 喷泉类型和瀑布效果

时可以移动（图 18–28，图 18–29）。

**喷泉** 使用泵系统，可以创造不同的瀑布效果和喷泉（图 18–31）。

## 18.4 私人花园

寓所每间住房对应的花园的最小面积是 20m$^2$。出于私密性考虑，在住所间应有最小长度 2.0m，高度 1.8m 的屏障（图 18–32）。花园的后方应有足够的平地，其余部位应避免坡度过陡；若有必要，应将花园整成较平的台地（图 18–33）。

细节设计还需要考虑朝向，使用者类型，铺装、植物与草坪区域的比例，园林家具，设施和工具存放，肥料的处理，游戏设备，已有的和计划的大树，蔬菜及水果种植、维护设施（图 18–34）。

### 18.4.1 园林构筑物

(1) 棚架，存放园林设备和工具，标准尺寸范围为 1.2 × 1.8m 到 1.8 × 2.4m，通常是木结构（图

图 18–32 建议的私密屏障和平台

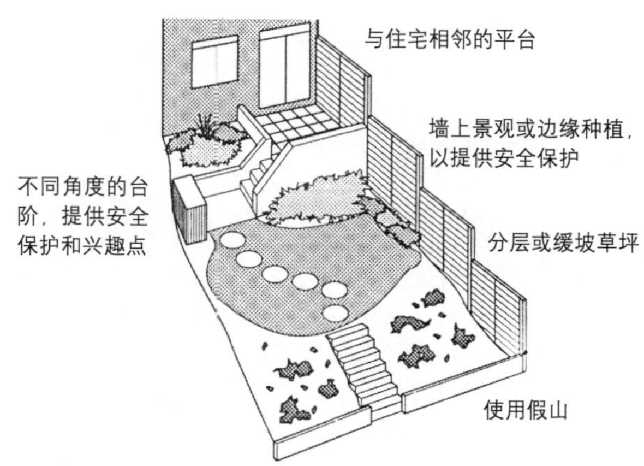


图 18–33 处理坡度较大的花园的建议

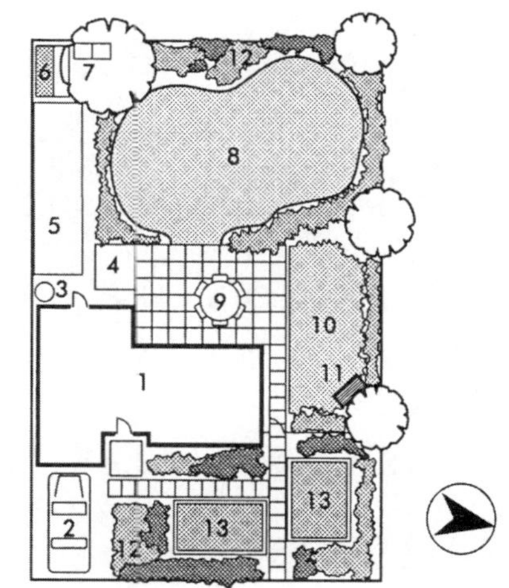


图 18–34 满足典型需求的花园布局

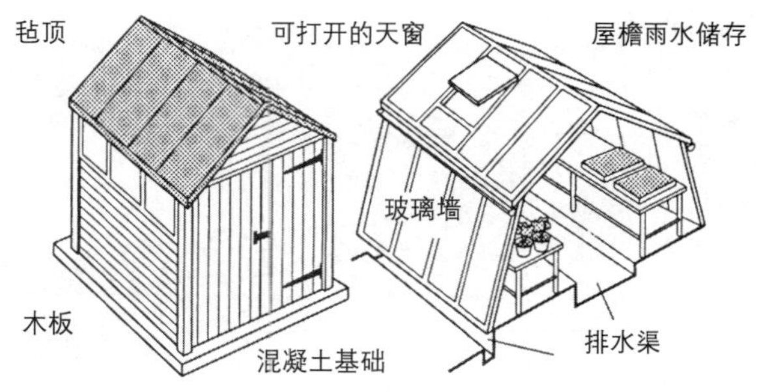


图 18–35 典型的花园棚架和温室

18–35)。对选址没有限制，除非是在敏感的保护区内；

(2) 温室的尺寸不一，从小的单坡屋顶温室，面积为 600 × 1500mm，到大一点的荷兰风格（图 18–35)。对尺寸、位置和结构高度可能有一些限制。它们可能需要加热（根据耕作类型），通风也很重要。可以准备安置在滑轨上的小的热床或冷床车架灯或玻璃罩。需要有自动灌溉系统；

(3) 花架是台地、步道上和支撑攀援植物的装饰性木结构（图 18–36)；

(4) 露台和凉亭有装饰的作用，叶幕状的外形让人留下深刻印象，并可供人们偶尔休憩（图 18–37)；

(5) 附属于住所的暖房通常是玻璃结构，以创造一个半室外的房间（图 18–38，图 18–39)。有各种尺寸、风格和质量的暖房供选择。对结构

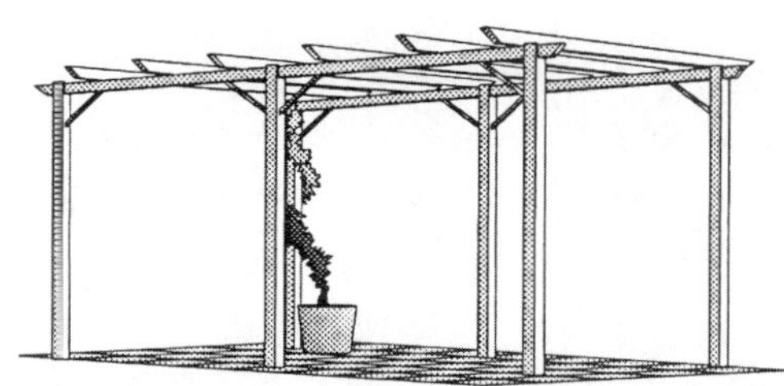

图 18–36 棚架的构造和布局

图 18–37 装饰性花园构筑物（有很多生产商）

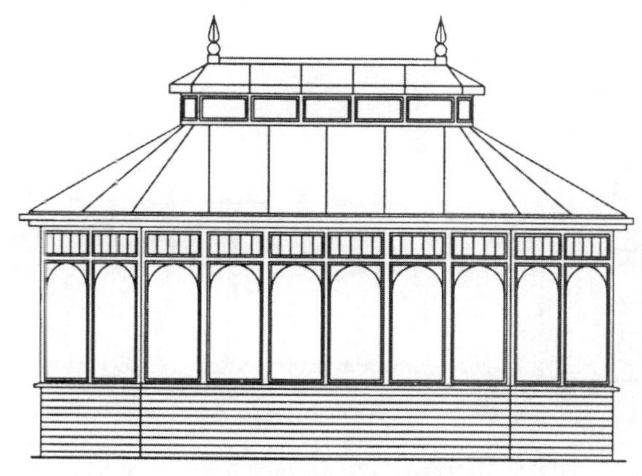

图 18–38 典型温室立面（有很多生产商）

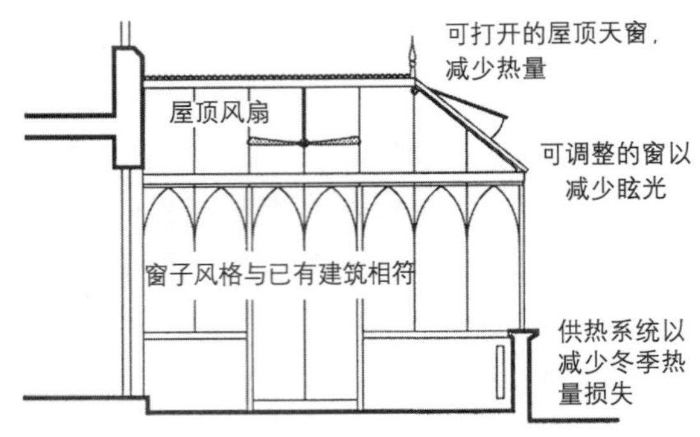


图 18–39 温室剖面，显示细节

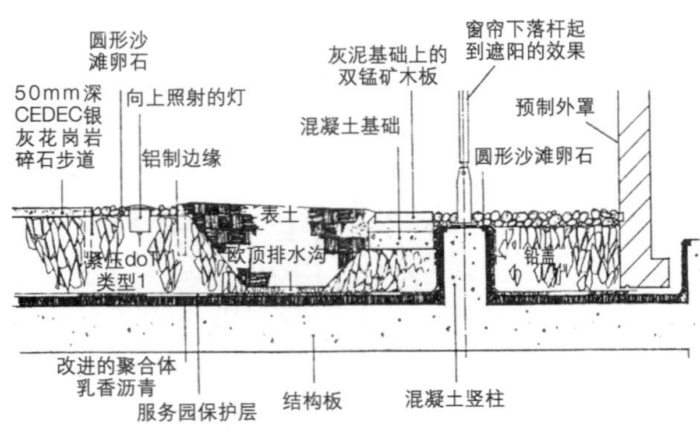


图 18–40 屋顶花园细节剖面，惠康基金基因（Genome）校园，桑格中心庭园，Hinxton，剑桥（风景园林：伊萨贝拉河岸事务所）

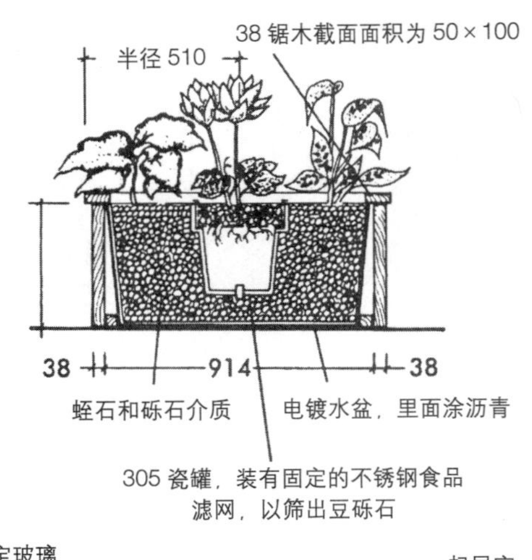


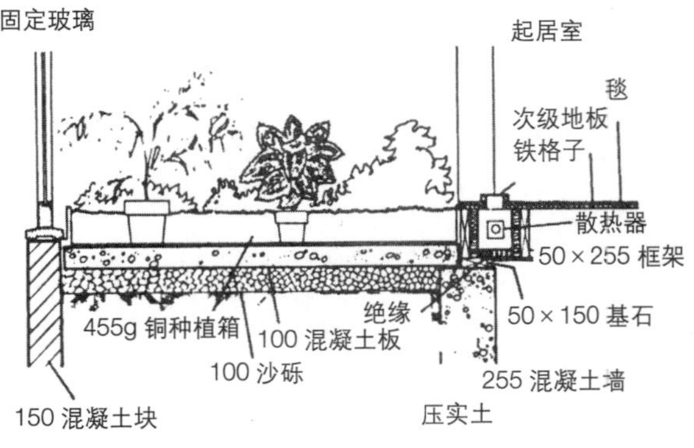


图 18–41 容器培养和室内花园的剖面

的尺寸和高度有一定限制，设计必须与住宅现状已有的风格相符。考虑获取的热量及遮荫，内部饰面材料和环境的类型，以保证整年的使用。

### 18.4.2 屋顶花园

对有限空间进行更好利用的需求导致了屋顶花园数量的增长。在屋顶花园设计中，为屋顶花园选择布局及植物种类时，要考虑临近建筑的投影、风向和污染。在屋顶花园设计中，土壤重量是一个重要因素：如果屋顶结构强度不够理想，考虑使用轻质容纳介质的溶液培养花园，如珍珠岩或蛭石（图 18–40，图 18–41）。最好把植物放在容器里或采用挂篮而不是植床，以便于更换和减少重量。

出于美观、休闲设施空间和隔离的考虑，大的商业屋顶花园越来越常见（图 18–42）。必须设计混凝土支撑结构以满足土壤和植物荷载。在设计阶段就考虑灌溉系统的选择也很重要。

### 18.4.3 花园游泳池

游泳池的形状和尺寸可以有很多种（矩形、曲线形的、圆形、肾形或自由形——图 18–43），

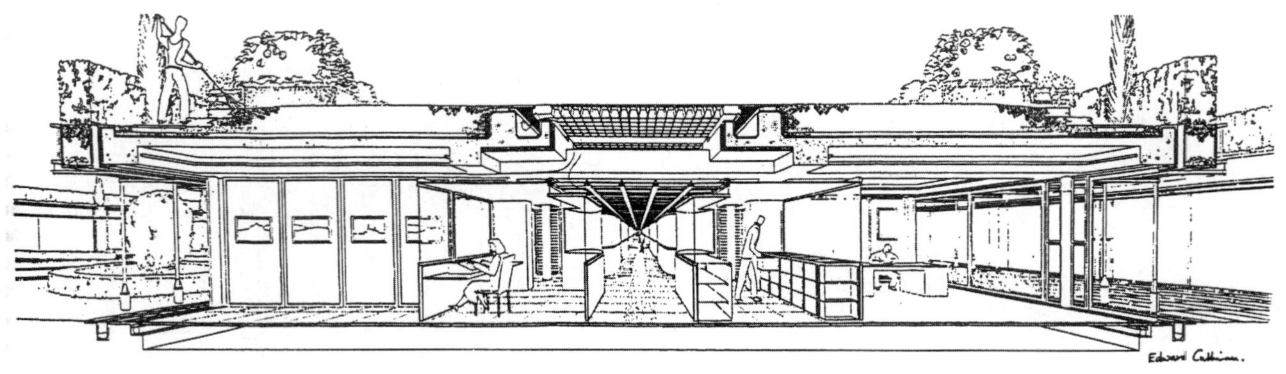

图 18–42 萨里郡彻特西（Chertsey）RMC 集团 PLC 国际总部屋顶花园剖面
[建筑设计：爱德华·科里南（Edward Cullinan）事务所]

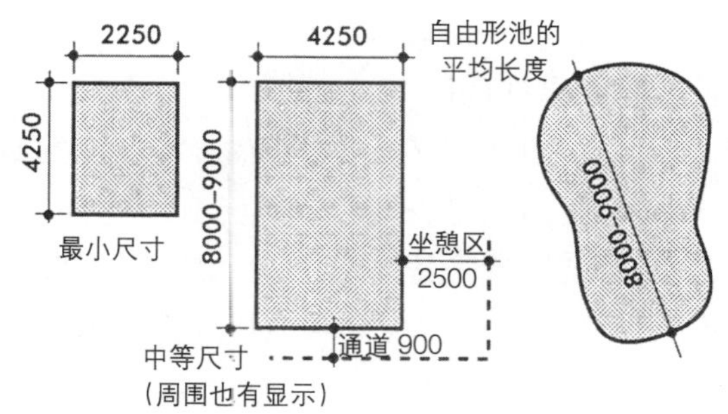

图 18–43 室外和有顶的水池标准尺寸

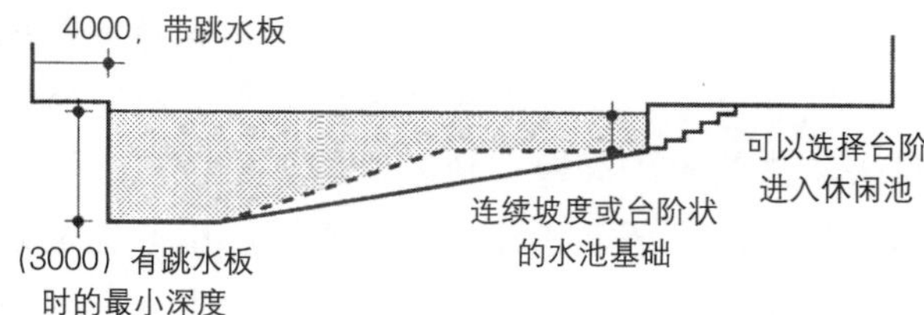

图 18–44 标准私人水池典型剖面

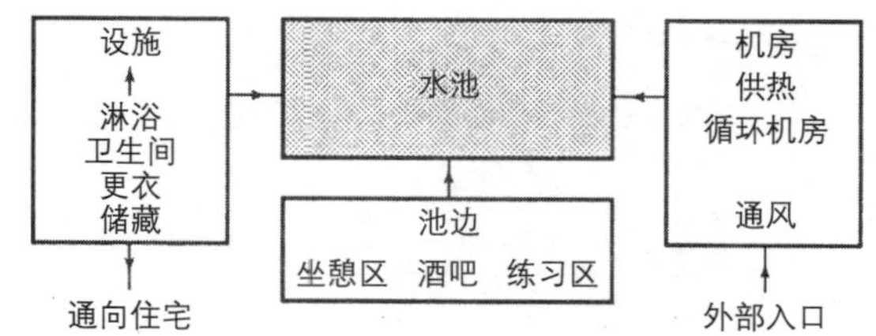

图 18–45 典型水池设施需求

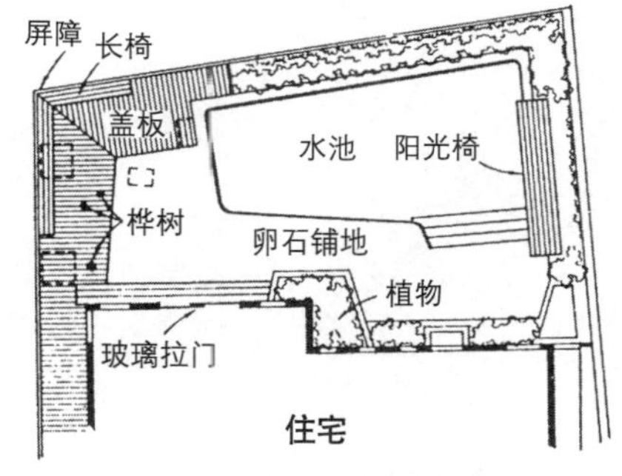

图 18–46 块石面路下隐藏着过滤设备和加热器（设计师：Armstrong & Sharfman）

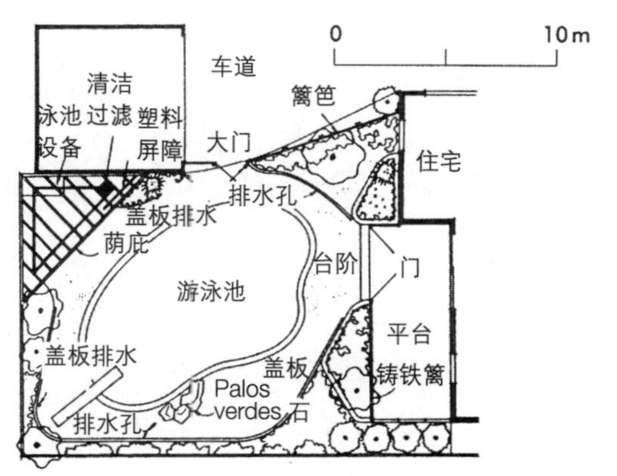

图 18–47 围绕宅基线的围篱提供安全保障，且为植物提供背景，并作为荫庇

但矩形是最经济的。不考虑形状，最短净长应有8m，可供人们进行直线型的，有规律的游泳活动。最小水深：游泳 900mm，站立 1.25m，除非是小孩使用（图 18–44）。泳池基础应是倾斜的或分层的。在泳池侧面设置内嵌式浅台阶或固定在侧面的混合形栏杆 / 台阶。

游泳池应该位于有遮荫及阳光的地方，或者与建筑相连，有合并的台地以及设施入口，或在一个隔离的区域，有自己的露台、泵和更衣区（图 18–45）。考虑相邻的植物的位置，以减少落叶的问题。

**构造** 若水池是挖掘的，通常用现浇混凝土构造，如果是装配的，则可以采用钢铁。用混凝土做回填砌料的 GRP 池也很常见。内表面通常是防滑的陶瓷马赛克或水磨石，或是在防水衬上喷漆。

为了维护和减少热损失，需要有自动覆盖。通过循环系统、网构、过滤器和化学药剂来保持水质清洁。

考虑加热、循环泵和过滤系统的位置，以做好保护和控制室的入口（图 18–46，图 18–47）。

**室内游泳池** 总的来说，要求与室外游泳池相似。水温应该达到 26℃ ~ 27℃，空气温度 30℃ ~ 31℃。相对湿度会带来一些问题，因此围合结构应能够部分开启；和 / 或使用除湿系统。为了通风，使用新鲜空气或辅助空气系统，其管道位于天花板上和地板下，或有一个简单的通风

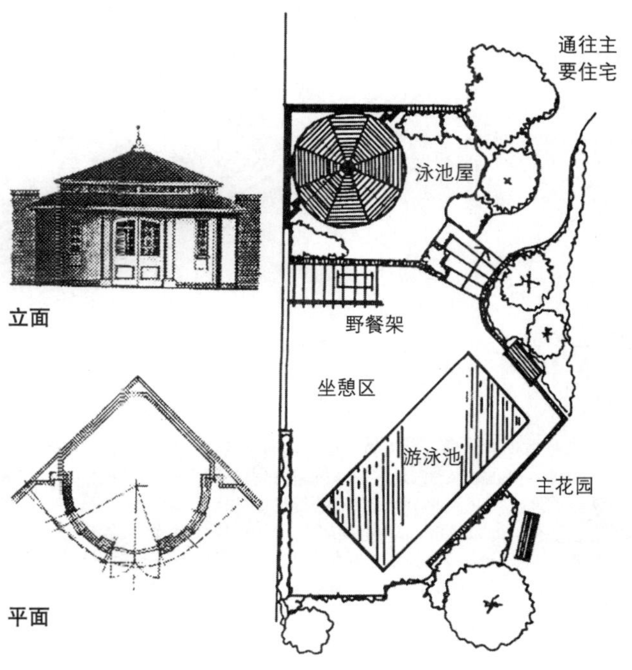

图 18–48 装饰性私人泳池住宅，温布尔登，伦敦（设计师：Alan Cable）

箱和抽风机。供热可能需要散热器、对流式热空气循环加热器或空气加热，与空调结合使用，或可能是太阳能收集系统。地板供热会更舒适。

使用空调机房的热交换机形成热泵或余热回收，可以覆盖泳池，或提高使用时的空气温度，以做到节能。

## 18.5 公共及商业景观区

新的公共和商业项目中的景观区能改善它们的外观，提供有吸引力的设施。进行规模更大的项目开发时通常使用第一位：第二位：第三位的策略。

(1) 第一位——或构造景观：适用于整个场地的主导形式和图案装饰。

(2) 第二位——或框架景观：在大的场地里的项目核心，建筑也位于其中。

(3) 第三位——在建筑附近人体尺度的景观区（即入口、坐憩区和停车场）。

商业项目会考虑成本和运营费用，要求便于维护。需要仔细的规划来适应建造阶段和种植季节。

一种使用新技术的管理程序可以通过互补的病害防治技术，形成植物间良好生态平衡（《有害杂草法》(Injurious Weeds Act)），控制杂草问题和营养共享问题；需要考虑早熟和生长过快的植物带来未来的养护问题，疏枝，修剪，补植，地面清理程度，除草剂和覆根物的积极使用等也是如此。考虑到以上所提内容的“管理计划”，是《规

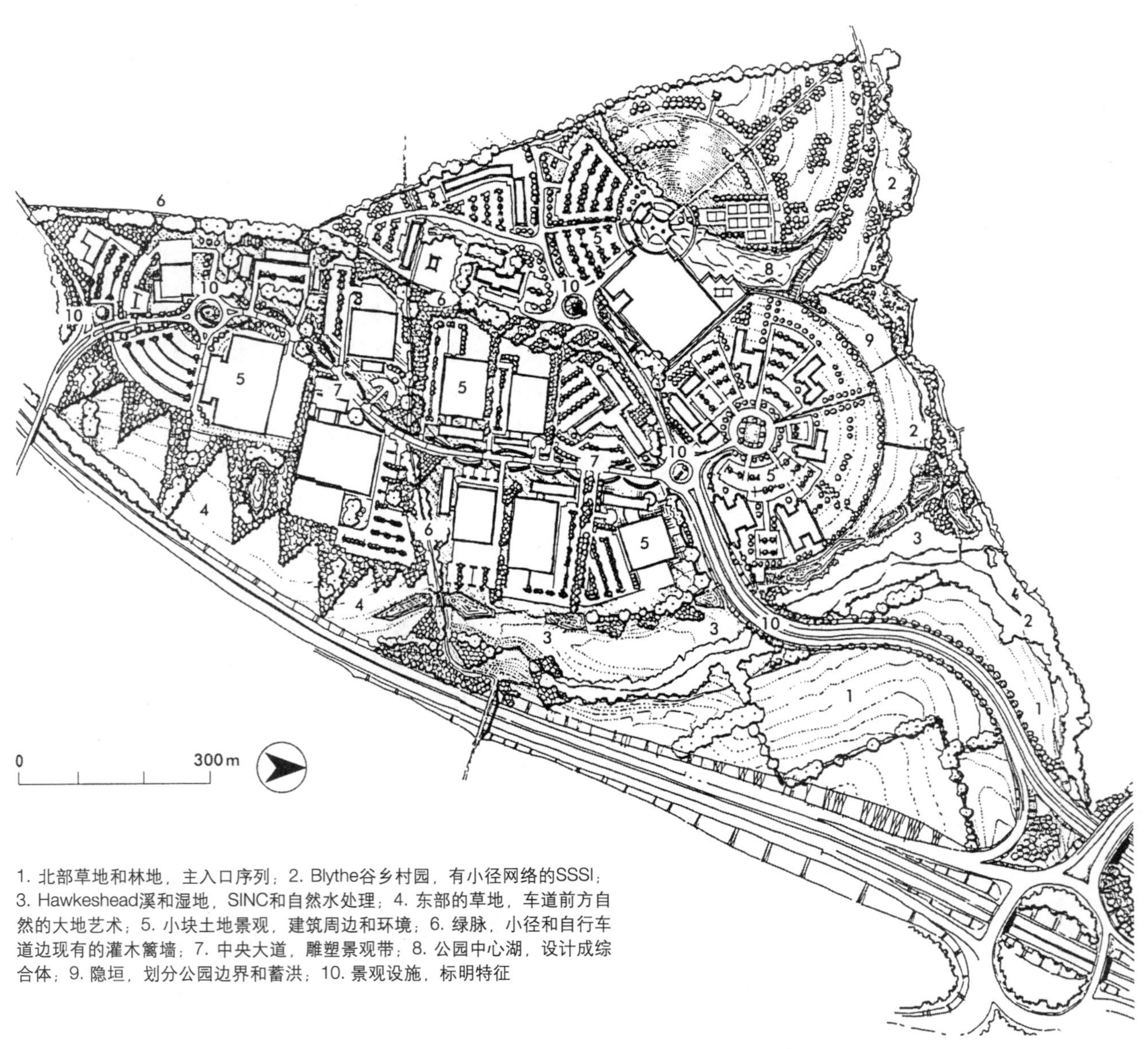


图 18–49 商业园区总景观布局，Blyther 谷园，索利赫尔（Solihull），西米德兰郡［风景园林师：姆诺 & 怀特恩（Munro & Whitten）］

划法》所要求的。

设计师还要意识到《野生生物和乡村法》(Wildlife and Countryside Act),《树木保护条例》(Tree Preservation Orders) 和环境机构的法令（包括河道管理局）等，也会影响到设计。

设计类型包括：

**商业园** 使用已有的，自然或人工创造的元素（如小灌木、河堤和湖）来为商业建筑营造周围环境（图 18–49)。

**工业园** 重点在于通过林带来软化面积过大的停车场及设施区形成的硬性景观，用植物来分隔，对独立区域进行屏障。

**写字楼** 由于空间通常有限，重点在于强化入口区域，包括室内（见中庭）外，植物紧邻建筑或位于建筑之内。

**医疗设施和保护设施** 可以对相邻的空间进行美化，形成私人花园，为病人和居住者提供良好环境。为残疾人设计不同的表面、元素和家具(图 18–50)。

**私人住宅** 使用景观来为新的住宅或公寓提供吸引人的环境。

### 18.5.1 室内种植

无论是私人住宅，还是办公室、商业大厦和市民建筑，建筑的室内环境都由于植物的加入而得到加强，而植物的尺度小到窗台的花盆，大到

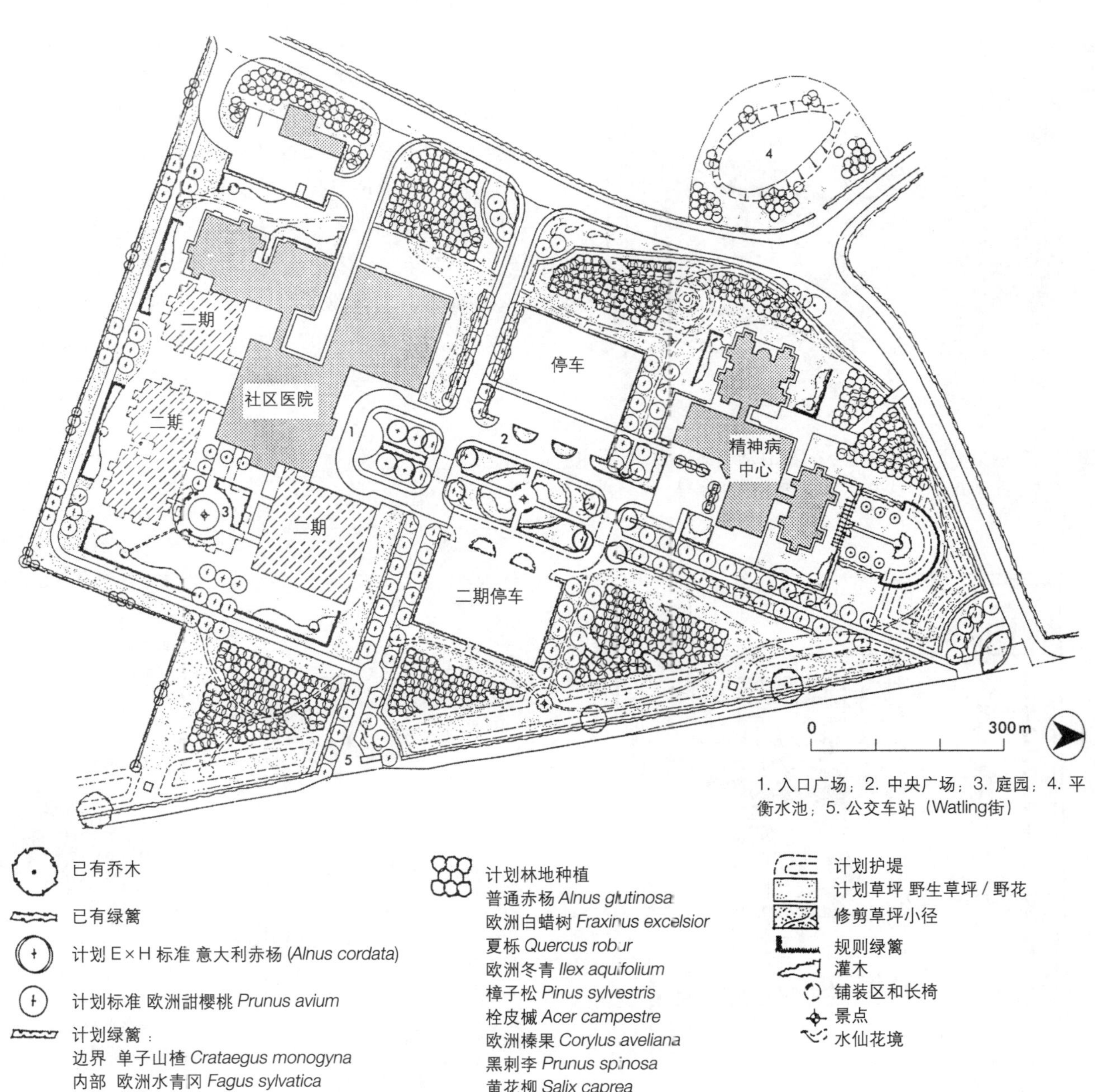


图 18–50 Sir Robert Peel 医院总景观布局，塔姆沃斯（Tamworth），伯明翰［风景园林：杰米 · 布坎南（Jamie Buchana)］

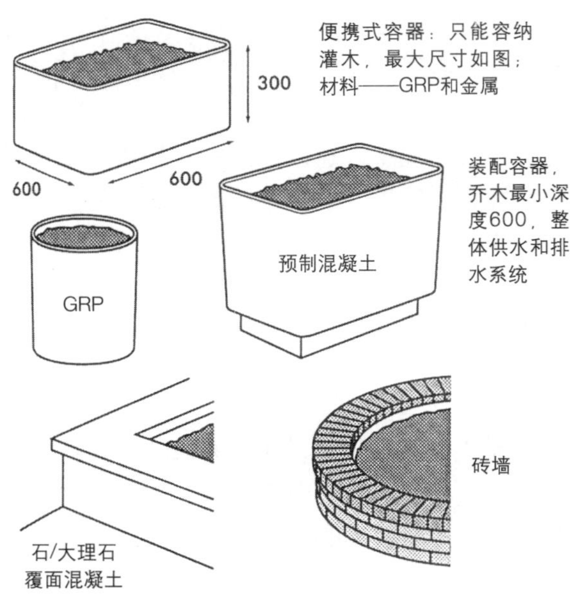


图 18–51 典型种植槽形式

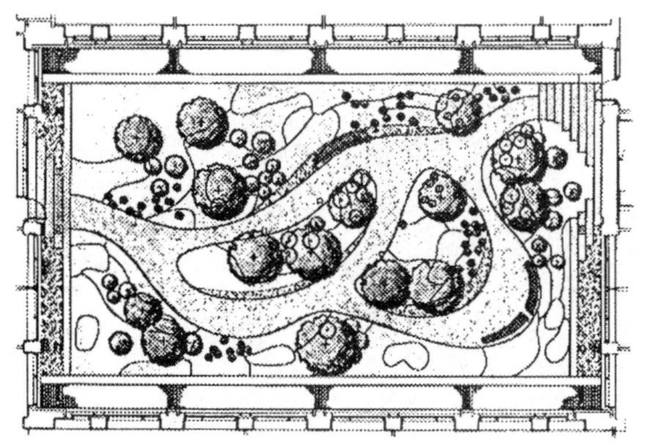

图 18–52 内庭平面，惠康基金基因（Genome）校园，桑格中心庭园，Hinxton，剑桥（风景园林：伊萨贝拉河岸事务所）

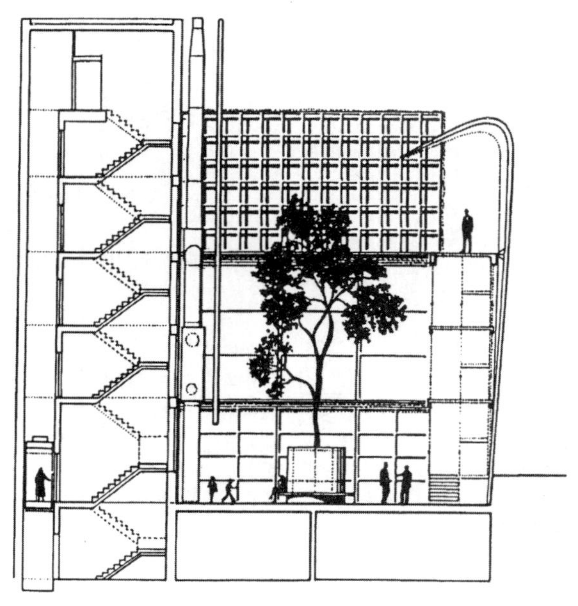

图 18–53 Artezium 艺术和媒体中心景观庭纵剖面，卢顿（Luton）（建筑设计：Fletcher Priest；图片：Gerry Whale）

精心设计的中庭。所有植物都需要精心的维护，合适的温度（15℃～20℃），足够的光照，但不要有太多的直射光线，应有规律的浇水、施肥和清洁。只有特殊的植物可能需要额外的湿度控制。

**花盆** 种类很多，如独立的装饰性陶瓷罐，玻璃强化塑料铸模容器，电镀的或覆钢的种植槽，现浇砖或混凝土容器（图 18–51），形状和尺寸各异，通常有整体的自动和半自动灌溉系统。

**中庭** 通常是较大的中央交通空间或入口空间，强化进深较大的核心建筑的视觉效果，也可作为交流空间，体现声望和威信（图 18–52，图 18–53）。更大一些的中庭的屋顶通常是玻璃，需要自动通风口，以避免火灾。

**种植** 植床深度很重要：高度 600mm 的植物，需要 300 ～ 400mm，2m 的植物需要 600mm。如果是 10m 的大树，则需要 1500mm（图 18–53）。大面积种植需要增加结构许可荷载，以处理土壤层和灌溉系统。建筑中央种植可能面临光线不足的问题，不过可以用人工装置补充。在公共场所，可以使用低维护水培系统，尤其是可与水景相连，现在多以综合形式出现。植物选择（图 18–55）也很重要，因为常出现失误，而浪费是需要避免的。展示系统使用的物种范围很小，其生态是平衡的，这样就是成功的设计。

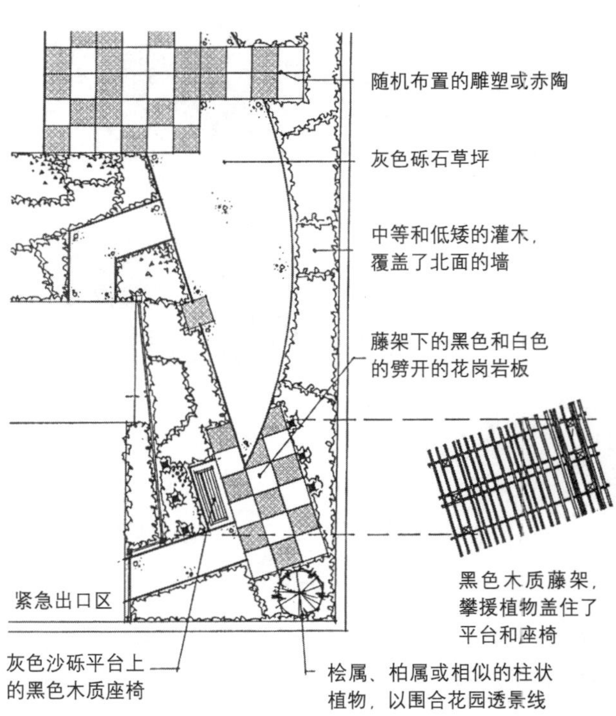


图 18–54 围合的外部房间平面，约旦皇家大使馆，伦敦［建筑师：姆诺 & 怀特恩（Munro&Whitten）］

| 拉丁名 | 常用名 | 形式 |
|---|---|---|
| *Ficus benjamina* 垂叶榕 | Weeping fig | 乔木 |
| *Arundinaria nigra* 竹子 | Bamboo | 乔木 |
| *Phoenix roebelinii*罗比亲王海枣 | Pygmy date palm | 乔木 |
| *Brassia actinophylla* 澳洲鸭脚木 | Umbrella tree | 乔木 |
| *Bucida buceras* 乌榄 | Shady lady, black olive | 乔木 |
| *Ficus pumila*薜荔 | Creeping fig | 灌木 |
| *Cibotum chmaissoi* 木桫椤 | Tree fern | 灌木 |
| *Cycas revolute*苏铁 | Sago palm | 灌木 |
| *Helxine soleirolii*玲珑冷水花 | Baby' s tears | 地被 |
| *Hedera helix*洋常春藤 | Common ivy | 地被 |
| *Philodendron scandens*小叶喜林芋 | Sweetheart plant | 地被 |
| *Spathiphyllum 'manuna loa'*白掌 | Peacy lily | 地被 |

图 18–55 室内商业项目通常使用的植物

## 18.6 街道设施

每条街道和公共开放空间都有一些类型的街道设施。设计师或规划师需要考虑不同元素的协调，风格的搭配，材料的适用性及构造的坚固。

**座椅** 设计应是舒适的、稳固的、防破坏的、不可移动，维护要求低。高度 420mm，宽度 480 ~ 600mm。材料：木材和金属，偶尔采用混凝土或 grp[①]。椅子的形式，有直的或曲的，供 3 人或以上使用，或是单个模截面，连在一起（图 18–56）。

**隔离墩 / 护柱** 用来分隔机动车道和步行区域；有一些可折叠的护柱可以局部断开以方便偶尔的通行。有各种风格和材料供选择（混凝土、铸铁、钢或木）。高度 550 ~ 900mm，取决于其用途（图 18–57）。

**垃圾箱** 设计要点是容易清空和维护，不可移动且坚固。容积 50 ~ 100L。在安全（要求内容物可见）和密封以避免气味这 2 个要求之间存在矛盾（图 18–58）。

**栏杆** 在机动车和人行道之间以及高差变化时作为保护性分隔。其结构表现和固定很重要，以抵抗侧向压力，尤其是在陡坡上。有各种风格和材料供选择（钢、铸铁和木材）。最小高度 900mm；安全隔离栏杆需要高于 1100 mm（图 18–59）。

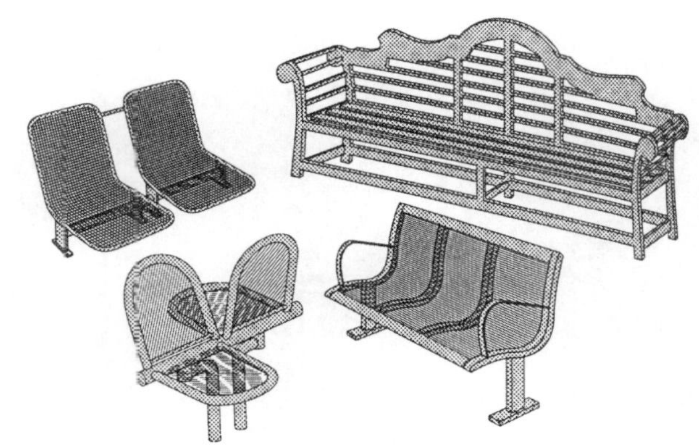

图 18–56 典型室外座位 / 长椅类型

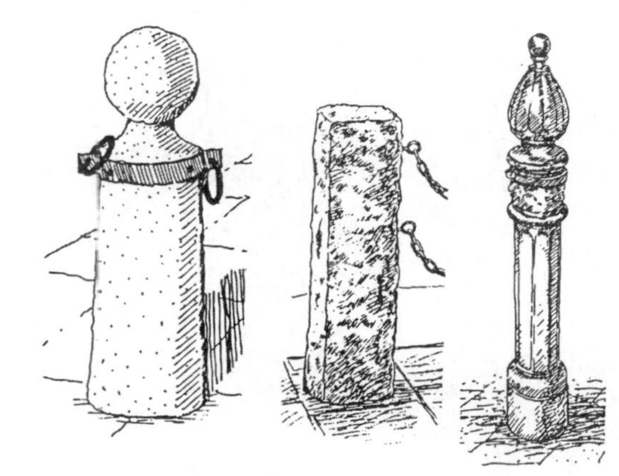

图 18–57 典型护柱类型

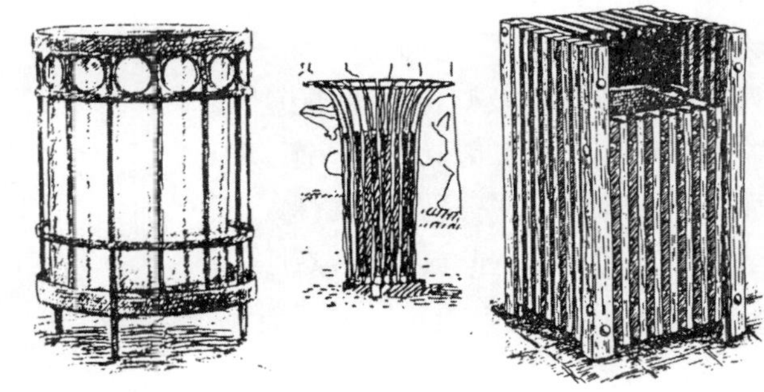

图 18–58 典型垃圾箱类型

图 18–59 公共空间典型栏杆类型

① grp：玻璃钢。——译者注。

图 18-60 典型城镇中心街道照明类型

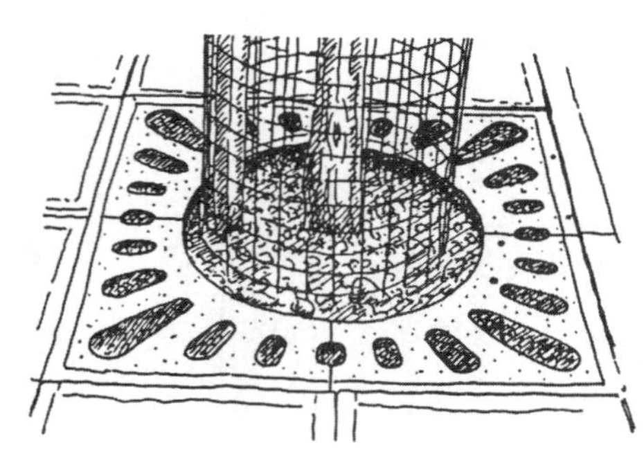

图 18-61 典型树栅

图 18-62 典型公共风雨亭

**照明设备** 街道照明设备需要为人行道和机动车服务，也为步道提供安全保障，指示台阶或其他障碍，还可作为建筑的泛光照明。有一系列风格和高度以及灯泡类型供选择，能满足不同位置和效果：有基座、护柱、贴墙或防水壁这几种类型，可单个安装或多个一起（图 18-60）。

此外，其他街道元素的设计可以一起考虑（树栅、街道标识、种植容器，汽车停靠站和雨篷）——图 18-61，图 18-62。

## 18.7 公共开放空间及公园

大多数城镇保留了它们一个世纪以前创立的公园，但土地的额外价值和缺少空间通常使得新建的大公园数量减少。相反，生成了不少小的以社区为基础的开放空间，与住宅或商业开发连在一起。

应设计宜人的空间以满足可能的使用者：小孩的游戏设施，为老人准备足够的座椅，多种用途的合适的活动和游憩设施（图 18-63）。

图 18-63 Bridgford 公园景观平面（风景园林：Ian Stemp 景观事务所）

风景园林师应考虑空间或公园的整体布局，提供合理的入口和有趣的环境。需要以下设施：

(1) 通用：停车位、便利设施、饮料、信息和运动区。

(2) 休闲：硬质、软质训练区域和场地，网球场，玩滚木球戏的草坪和儿童游戏设备。此外，还有被动休闲活动的分离的花园，植物展示，野餐区甚至烧烤区。

(3) 水景：可通船的湖，装饰池塘和喷泉。

(4) 外部艺术品：雕塑，为景观增色的形态和空间，为来访者提供有趣的、激动人心的体验。

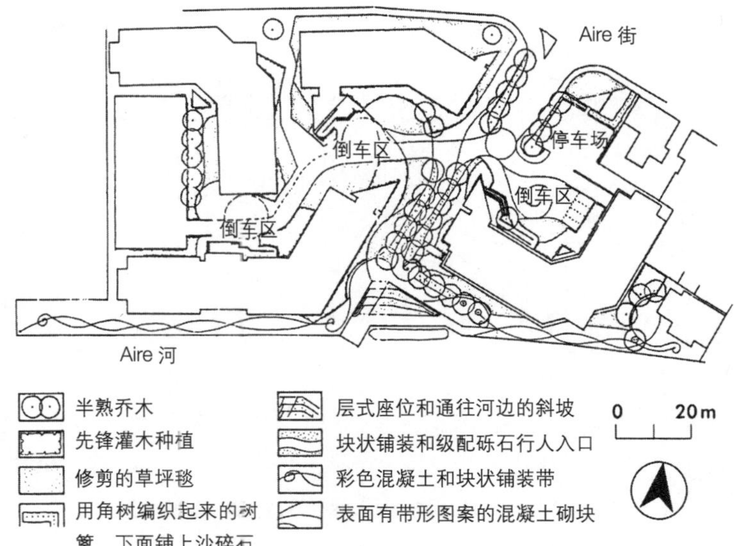


图 18–64 河边步道，利兹（风景园林：Horsman Woolley）

新建的大的开放空间与传统公园也不太一样，例子包括环境和教育景观，自然保护地和娱乐 / 主题公园（图 18–64，图 18–65）。

### 18.7.1 园艺中心

随着景观区和园艺活动的增长，园艺中心的数量也有所增长。这些园艺中心也情况各异，有小的以城镇为基础的园艺中心，仅为住宅提供室内植物、小的灌木和容器苗，有的是大型苗圃，销售各种植物，包括乔木和灌木、设备、设施、棚架和温室。大的中心需要足够的停车位、装卸和运输植物的设施，多种植物，工具，设备和室外设施的展示区，栽培的玻璃温室和开放的圃地。

### 18.7.2 景观工程区

景观工程也包括已有土地区域的改进或改造。大规模的工程程序包括废弃工业地的填方(如矿区)，垃圾处理场地，大型设备安装后的重造，新的运输路线旁的斜坡处理，滨海或沼泽区域的开垦和河道导流。

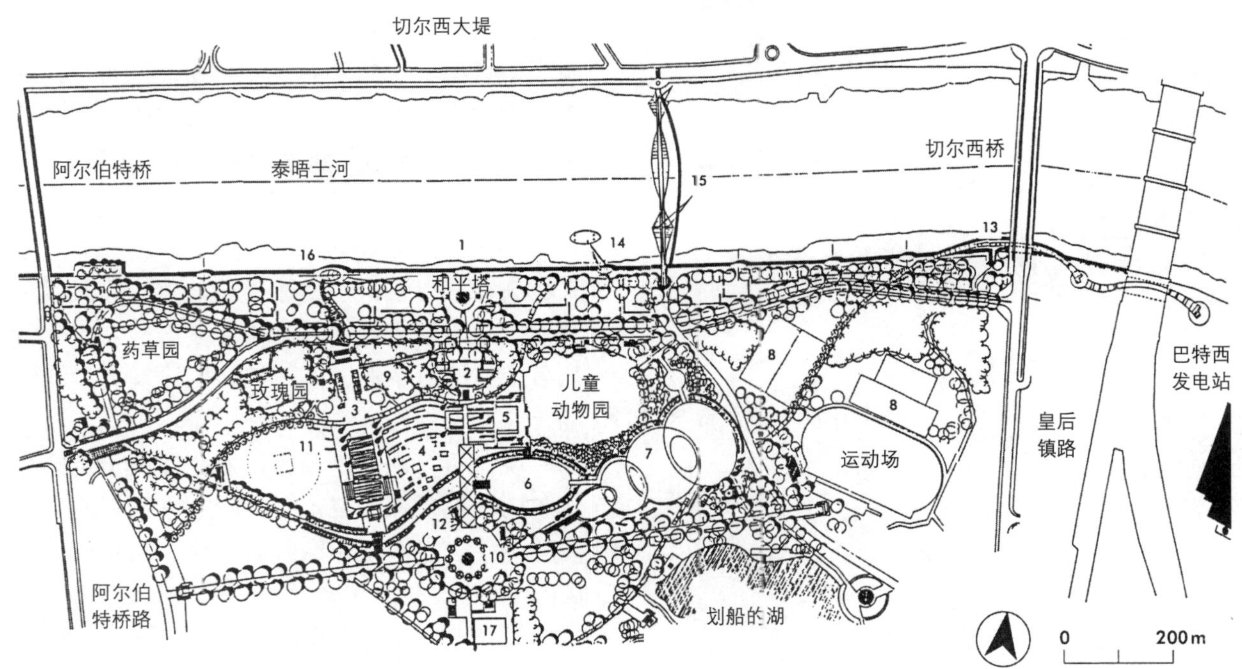


1. 河边步道；2. 中央广场；3. 大街景；4. 皇后花园；5. 艺术家花园；6. 西庆典舞台；7. 东庆典舞台；8. 网球场；9. 火园；10. 中央大道；11. 横向小径；12. 长着攀援的棕榈树的大道；13. 步道；14. 陆地舞台；15. 千年桥；16. 餐厅；17. 玩滚木球戏的草坪

图 18–65 景观平面，巴特西（Battersea）公园竞赛，伦敦［风景园林：姆诺 & 怀特恩（Munro & Whitten）］

# 第19章　法院

*Patricia Beecham*

## 19.1 引言

法院是一种公共建筑，是漫长且复杂的法律系统历史的一部分，其根源可以回溯到盎格鲁撒克逊人的大不列颠。

（英国上议院的）大法官[①]部已经以不同的形式存在了900年以上。自1972年起，就作为一个主要的政府部门存在，在英格兰和威尔士承担司法行政的责任。在1971年的《法院法》颁布后，它直接负责运行一个新的系统，管辖治安法庭以上的所有法庭。1995年，创立了一个执行机构——法庭服务部（court service），以管理英国刑事法庭和郡法院。治安法庭保留着（英国上议院的）大法官部的责任。

剖面

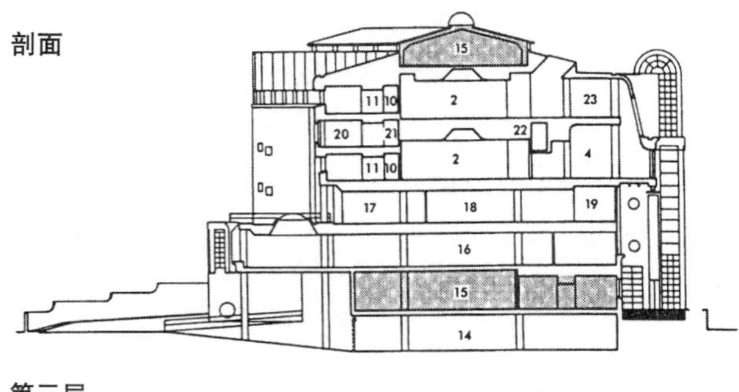

第三层

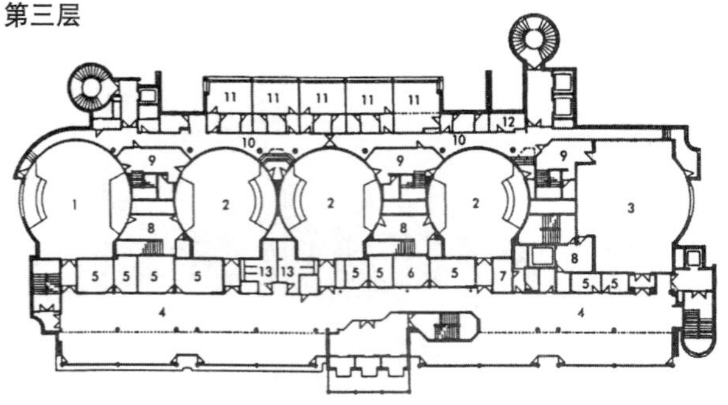

1. 中等法庭；2. 小法庭；3. 大法庭；4. 低层广场；5. 咨询处；6. 证人支持；7. 特殊证人；8. 被告等候区；9. 陪审团等候区；10. 法官走廊；11. 法官休息室；12. 展示区；13. 卫生间；14. 停车场；15. 机房；16. 刑事和地方法庭总办公室；17. 审判员餐厅；18. 律师餐厅；19. 法官餐厅；20. 陪审团休息室；21. 陪审团走廊；22. 被告走廊；23. 上层广场

图19–1　纽卡斯尔联合法庭中心：主公共集合广场到第三层的审判室（建筑设计：Napper建筑师事务所）

### 19.1.1 法庭系统

■ 英国国会上议院［最高上诉法院（the highest court of appeal）］。

（英国上议院的）大法官部包含：

■ 上诉法院（两个分部，刑事和民事，通常不会在伦敦以外的地方设置）。

■ 皇家高等法院（the Royal Courts of Justice）

■ 高等法院

■ 英国刑事法庭

■ 州［郡］法院（the County Court）

■ 治安法庭（the Magistrates' Courts）（只负责政策）

■ 不同的（特等）法庭和审判处［如增值税（VAT）］

## 19.2 法院类型

**英国刑事法庭**　直到1972年，法官宣判的犯罪还是由巡回裁判庭和季审法庭执行。这些法庭源于中世纪王国的政府。在当初，巡回裁判庭是在皇家城堡的大厅里，而季审法庭通常在当地的市政大厅里。有目的建设的法庭建筑出现于17世纪，但直到18世纪后半叶才成为明确的规划。

19世纪，法律越来越复杂，执法职业地位越来越高，都市人口也迅速增长，导致巡回裁判庭和季审法庭越来越大且越来越复杂。在1972年，刑事法庭的诞生促进了一波转变建筑类型的建造潮。

英国刑事法庭是国家法庭，常位于英格兰和威尔士的主要郡和城市。实际上它所有的工作是处理治安法庭审讯和审判的案件，或受理不服判决的上诉。

**郡法院**　这些法庭是为了满足解决市民纠纷

① 2003年6月12日，英国撤消了大法官等3个内阁大臣的建制。——译者注。

的需要，它们比高等法院更易于接近，也更便宜。

1846 年，郡法院取代了过去的特别的小额债权法庭和衡平法院系统，来处理一些小的争议。郡法院处理一些个人间的私人纠纷，完全独立于治安法庭和刑事法庭。它们现在常位于市中心的现代的办公建筑里，常与其他政府部门相邻。

**联合法庭中心**　自 1972 年起，成立了近 40 个联合法庭中心，将郡法院与刑事法庭安置在一起。它们容纳刑事法庭，也有一小组房间供郡法院使用。它们共享中央入口和主要的公共空间。

**治安法院**　它们是人民法庭，基础的判决工作不是通过职业的法官和律师，而是当地社区指定的代表。治安法院从简易法庭（Petty Session）发展而来，简易法庭是为了迅速处理小的犯罪行为，过去常在治安法官的私人住宅、市政大厅和公用房里进行审判审决。到 19 世纪中期，通过改革，使其形成一种固定的布局模式。市政大厅仍然是最常见的场所，但更多的专门建造的法院也有所发展。自 1949 年采用“治安法庭”的名字之后，它们不再依附于警察局。随后，新的建筑虽然还靠近当地警察局，但却是独立的建筑。

**死因裁判法庭**　这些法庭专门审讯死亡原因。审讯机构自 1965 年起开始设置，通常就是位于其他建筑里的审判间。

### 19.2.1 未来

目前的评论第一次将刑事法庭和治安法庭作为一个简单的整体。单一程序法规和联合信息技术的引入使得单一的刑事司法系统系统更有可能实现。联合的刑事法庭和治安法庭系统能共享法院建筑。这将导致许多治安法庭的关闭和刑事法庭的扩张。有可能导致一种新型法院建筑的发展，以容纳所有刑事法庭和民事法庭。

剖面

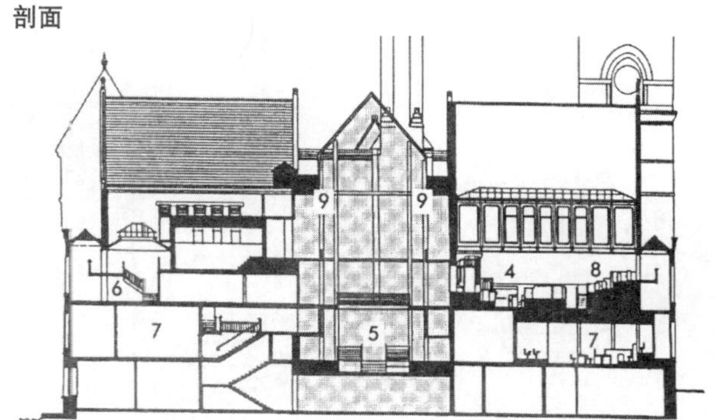


地面层

新的延伸部分

1. 起诉者大厅；2. 信息台；3. 管理；4. 原有审判室；5. 公共广场和中庭；6. 公共广场；7. 新的审判室；8. 公共画廊；9. 原有通风管道与新的空调系统结合

图 19–2　刑事法庭，Minshull 街，曼彻斯特：维多利亚时期审判室的改造，首层插入 4 个新的审判室；在新的扩展区的 2 个审判室和辅助设施；新的广场，由原有庭院形成，是建筑的中心；为公众、陪审团和四层的法官提供独立流线，它将建筑老的和新的部分连在一起，无论是字面上，还是建筑上［建筑设计：赫德·罗兰德（Hurd Rolland）伙伴］

## 19.3 法院建筑

大多数新的法庭建筑都在城镇及市中心占据优势地点，通常在形制和风格上与其他历史性公共建筑相近。然而，法院虽然是一种重要的市政建筑，但法庭功能是极其讲究实用的，因此目标是建成一种运行良好且物有所值的文明建筑。

建筑应该是“冷静的气氛，从容的尊严，安全，经久耐用；原料、工艺和设计质量上乘，大厦外观雄伟，强化了当地的环境”。建筑需要简单且能高效使用，与法庭的紧张及压力相符合。

法庭应该“少被当作权力的象征，而是更多地代表法律面前公平和平等的概念”。法庭应该表达传统理念，但要意识到法律也在不断演进。大家都期望建筑有很长的生命力：200 年前建造的审判室仍可以满足基本功能，大家还希望目前的法庭在未来仍能很好地运营，同时有一些灵活的辅助设施，它们可以应对不可避免的变化。

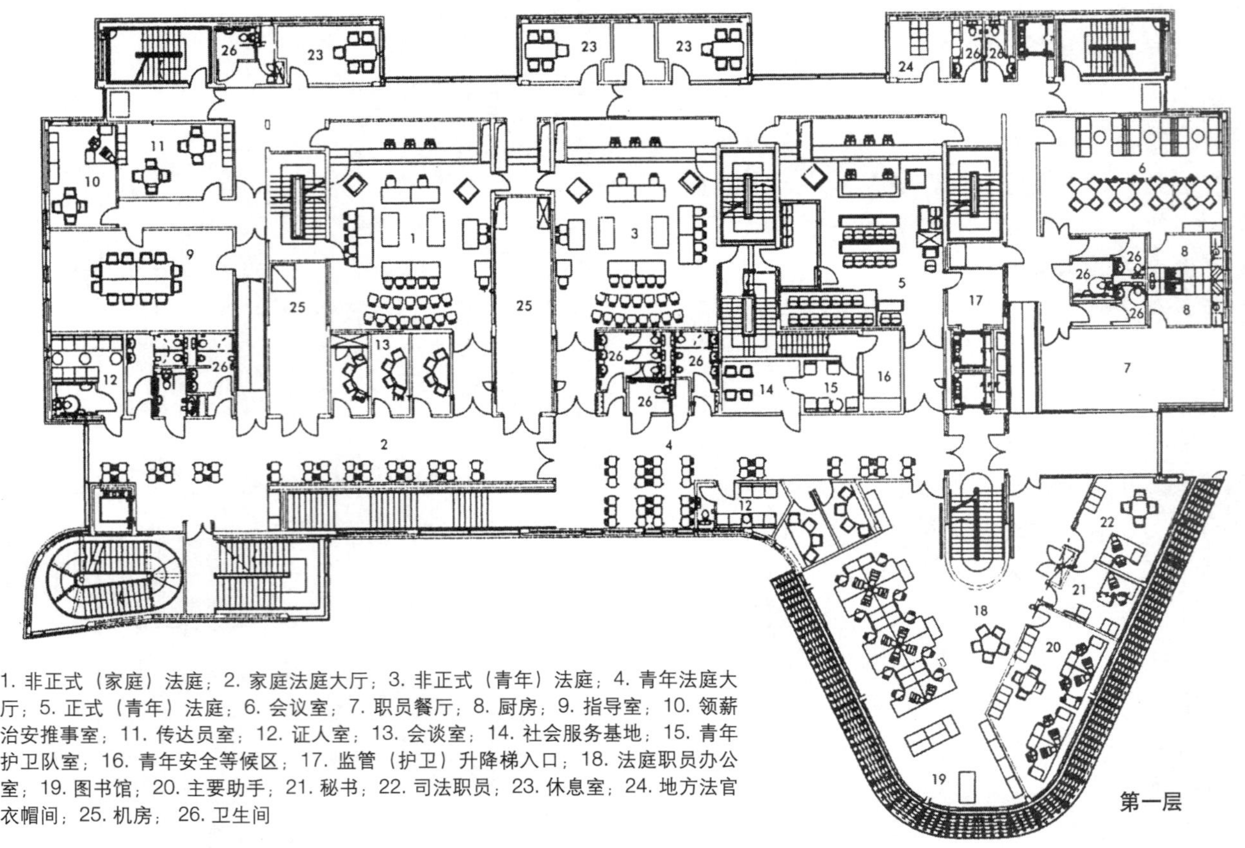


图 19–3 治安法庭［建筑设计：奥斯汀 · 史密斯勋爵（Austin-Smith：Lord）］

### 19.3.1 入口

法庭建筑从外部来看应该是可识别的，从内部看应是可理解的。“设计师的目标是通过建筑样式和符号来向到访者清晰地展示从哪里进入建筑。”

通常有 3 个入口，一个是供监禁中的被告通行，要通过一个非常严实的安全锁；一个是法官、地方法官和其他易受攻击的使用者的安全路线；一个主要入口是供所有其他使用者、员工及公众使用的，由建筑保安监控。[一些特例，如伯恩茅斯（Bournemouth）法庭，被设计为用来处理一些敏感的案例，如儿童，则提供了 4 个入口——图 19–5]。

### 19.3.2 残障人士入口

应有无障碍的轮椅入口，既包括通过公共入口大门进入公共区域，也包含通过主要入口到达法庭。

### 19.3.3 平面关系/流线

平面布局要平衡建筑里分开不同使用者和在审判或听诉讼时让他们聚集在一起的需要之间的冲突。法庭审判室布局经过数百年的发展，现在达到了一个顶峰。

每种到访者都需要从他们被许可参观的这座建筑的区域进入法庭内指定的座位区。因此，法庭不可避免地有一个复杂的平面，以满足所有各组人群在审判室聚会之前的分隔这种冲突性的需求。

**标志** 作为建筑形式的重要补充，标志强化了法庭的可识别性。四大“基本品德”之一的“正义”的比喻阐释常常会出现。皇家军队纹章明显地且永久性地融合到建筑的构造之中，体现出了所有法庭的强制性特色。除了皇家军队纹章，盾形纹章也出现在法庭建筑外部，甚至是法庭审判室里。

**指示牌** 对于确保法庭使用者能进入正确的房间及在审判室找到正确的座位来说相当重要。

**信息技术** IT 硬件的引入可能对已有的法庭建筑有一些明确的影响。在未来，审判过程中会更多地使用计算机。计算机已被用来提供证据，视频连接越来越多地被使用，以允许一些敏感的证人在不到庭的情况下提供证词。

IT 基础设施是必需的。抬升的地板使得可以

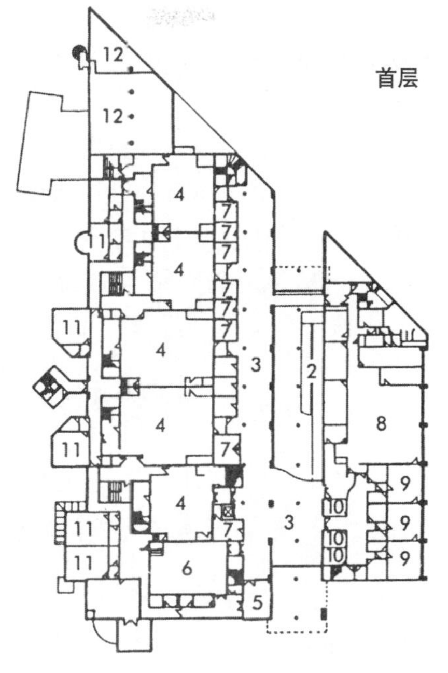


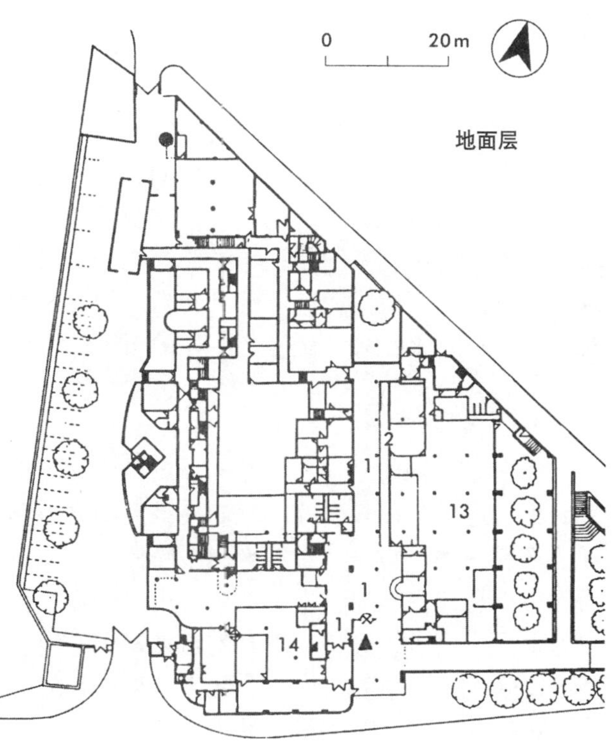


1. 公共广场；2. 坡道、楼梯和升降梯；3. 等候区和长廊；4. 刑事审判室；5. 民事法庭外儿童的等候区，通过玻璃屏障与长廊隔开；6. 地方法院；7. 出庭律师和上诉律师咨询室，在它们之间是审判室的休息室；8. 刑事法庭办公室；9. 登记员室；10. 咨询室；11. 法官室；12. 机房；13. 地方法庭办公室；14. 公共餐厅

图 19–4 北安普敦刑事和民事法庭：设计由 3 个主要元素组成——法庭建筑，首层容纳高的、自然通风的法庭，辅助设施在地面层，办公建筑包括管理功能和区域法官房间，在它们之间是一栋 2 层的有玻璃屋顶的公共广场（建筑设计：Kit Allsopp 建筑事务所）

在地板下灵活地布置管线，还需要恰当的电源供应及适用于电子设备的家具。

**《设计导则》(the Design Guides)**（英国上议院的）大法官部所出版的设计导则中讨论了法庭设计的每一个方面及细节要求。有 2 个导则，《联合法庭设计导则》(the Combined Courts Design Guide) 及《治安法庭设计导则》(the Magistrates' Court Design Guide)，其中包含许多章节，涉及过程、费用和不同使用者间的功能关系。对法庭建筑的每个细节元素都有所规定。

## 19.4 刑事审判室

### 19.4.1 审判室布局

审判室的设计参数在持续变化，主要是由于对某些事件的态度发生变化而不断地进行调整，如儿童证人，保护证人和陪审团成员免受可能的胁迫的需要，及技术的发展等。审判室设计最近也在修改，以适应更灵活的设施布局和信息技术的使用，而信息技术还在不断变化。

尽管审判室面积不到总建筑面积的 10%，但仍然是主要的工作空间及法庭的焦点，整个法庭都围绕它来设置。一个案例中的各方代表只能在这里相会。最重要的考虑因素是在法庭内和审判室里将法官、陪审团、被告及其他人分开。

### 19.4.2 审判室内的关系

通过仔细安排的视线、距离和等级，审判室布局给出了不同参与者的明确关系。视线要确保完整的功能和法官对过程的整体控制。

在刑事法庭案件中有 4 种主要成员：

(1) 法官

(2) 陪审团

(3) 证人

(4) 律师（出庭律师和上诉律师）

关系是最重要的——如由律师向证人提问，但证人需要面向法官陈述答案。当回答问题时，他们的反应需要让陪审团见到。

被告除了作证人时，不需要出席。每个成员都需要紧密相关，在任何时候，不需要机械和电子辅助，也不需要来回地旋转等，即能互相间清晰地看到和听到。

### 19.4.3 决定审判室主要成员位置的关键因素

**法官** 主宰着审判室，应该能看到全局，清楚地看到主要的参加者，以及在被告人席上的被告，还有可能召唤的预审官以及鉴定官员。

**法庭书记** 管理案件，需要对法庭有全面的监控。他或她经常需要向法官建议，因此不需要监管就可以站起来和法官对话。

**展示桌** 在律师桌前，展示作为证据的展品。

**律师** 分出庭律师和上诉律师两种，代表着被告或起诉方。他们需要能看见陪审团、法官和证人，以判断他们的表现。前排长椅每一端的出庭律师要保证每一位陪审员和站着的证人都在其90度视角范围里，以避免过多来回转向，并确保另一主要当事人——法官能看到他或她的脸的一部分。律师桌要足够宽，以容纳大的、较多的需要经常使用的文件及书籍。

**被告** 被告起初被认为是无罪的，直至被证实有罪。减少被告人席与监狱外观的相似性的通用办法是尽可能降低围栏的高度，但还要保证安全。被告坐在独立的固定的座位上，如果认为他会造成安全威胁，则需要监管人员坐在他后面，或两侧。被告人席由专门的办公人员控制，常位于审判室的后面。

**陪审团** 由12位公众组成，他们的责任是基于出示的证据，给出一个（陪审团的）裁决。陪审团坐在证人席的对面，应该能看到被告人席里的被告，还有法官及律师。他们应该有一个可书写的桌面及放文件的地方。

**证人** 在审判室外等候，当被传唤到后，在靠近法官桌前的证人席作证。证人席面向陪审团，因为陪审团需要看到证人的脸。证人由出庭律师进行提问，偶尔也有法官提问。如果法官认为证人需要留下，他或她可以坐在审判室里等待。

**速记员** 对审判过程进行记录，因此需要看到和听到每个说话的人。

**鉴定和预审官办公室** 在陪审团得出裁决后，在他们的座位上提供证据。这些证据辅助法官进行审判。

**新闻记者** 不是过程中必要的一派，但他们应该能看到出席者。

**公众** 在法庭里看审判过程。他们坐在审判室后部，可以看到过程的全局，但应尽可能将与陪审团的直接对视减到最小，以减少胁迫的危险。陪审团上方的公众旁听席是减少可能的胁迫的最有效的方法，但要考虑这样一个旁听席的入口安全问题及审判室增加的高度。在现代的法庭里，公众座位面向长椅，有一个屏幕阻止公众向陪审团的视线，以减少陪审员可能受到的胁迫。

公众和被告人席之间的玻璃屏障有部分是不透明的，以防止坐下时公众被被告看见（反之亦然）。

## 19.5 审判室环境

目前有一种持续的压力，即要求改善审判室以及法庭建筑复杂布局里各种不同的空间的环境标准。

### 19.5.1 照明

自20世纪80年代开始法院环境变成人工控制后，许多使用者表达出喜欢有自然光线和高的天花的传统设计的意愿。

所有的审判室都要有日光的需求，但要控制直接的阳光及避免安全隐患。辅助的人工照明采用向上光和向下光相结合的形式，减少了眩光和对比，强化了审判室的特征。光照等级和色彩应确保正确的色彩渲染，所有的到访者、展品和书写的证据应清晰可见，没有使人紧张和眼花。

### 19.5.2 通风

审判室平衡的、易于管理的环境条件对于法庭的平稳运营是很重要的。它们使得到访者感到舒适且感兴趣，防止分心。绝大多数使用者支持的现行趋势是，拆除全空调环境，用可开启的窗户提供自然通风。这将给审判室带来较大的温差变化，但可以通过整体自动控制系统将其最小化。

机械辅助（或某些极端情况下，全空调）将会是必要的，即如果不能有噪声干扰，或审判室高度达不到通过自然堆栈效应引入空气流时。通常每个审判室使用单独的空调机组会更经济有效，可以由时间开关和利用传感器来管理。

### 19.5.3 声学

声学和噪声等级需确保审判室各个部分都能听到整个过程，但要避免干扰及公众、媒体或其他人出入带来的烦恼。墙和天花板需要有一些反射或吸收的表面处理。

## 19.6 法院

### 19.6.1功能关系

在一座法院里，至少有 8 组人，每组都需要在一片独立区域里的一系列设施，每个区域有自己的流线。这 8 组人是：司法官，公众陪审团，监禁中的被告，出庭律师 / 上诉律师，餐饮，法院职工，建筑服务。

区域间的移动是有限的，同时也是受到限制的。即使是那些需要自由移动的人，也只能通过人工控制的点或其他安全门进入某一受限制的区域。

提供了 4 条独立的交通流线，因此法官、陪审团和监禁中的被告能分别进入审判室而不用相互遇见，或遇见其他使用者，如公众人员。

一些起诉证人需要受到保护，以防止受到胁迫；有一个专为他们准备的单独的、安全的等候室，常位于公众入口和审判室入口之间的前庭入口处。另一个备选方案是由一个单独的入口从安全等待区域进入邻近证人席的审判室。

公众进入法庭后部或审判室后部的公众席一侧；公众和证人在进入或离开审判室时，都不能直接穿过其他参加者的区域（如陪审团或监禁中的被告）。

**司法官** 司法官（法官，记录员等）到达法庭建筑并通过一个人工或其他方式控制的区域，直接进入他们自己在建筑里的安全区域，这些包括法官的休息室和所有归司法官使用的区域。

“工作时段”里这一区域的其他使用者还有职员（如传达员，法庭书记员，保安人员，和被邀请者，如法律代表），客人和其他被邀请到法官房间的公众。被邀请者通常有人护送，他们进入时既可以通过法官入口，也可以通过职员区进入法庭。每个入口都应有自锁的安全门。

**陪审员** 陪审员通过主要公众区域，到达陪审团的接待区，在这里签到。然后他们在大厅或就餐区等候，直到被召集形成陪审团组织，这里会有些点心。等候的时间长短不一，有时候会是一整天。一旦陪审员进入陪审团集合处，他们就留在那里、法庭或陪审团休息室，直到结束或解

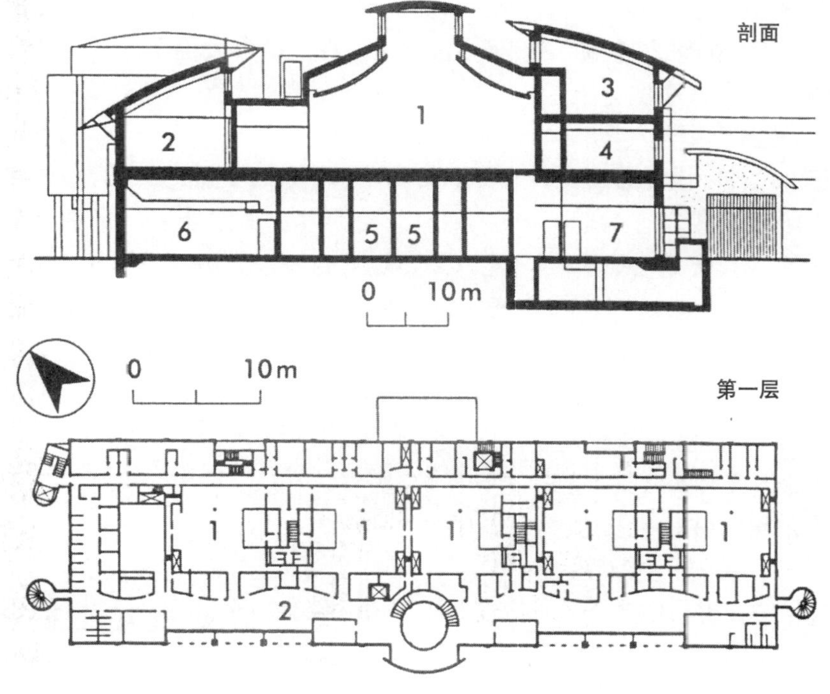


图 19–5 伯恩茅斯（Bournemouth）联合法庭：场地决定其为线形平面，分成 9 个主要部分；
中央是灵活的开放式平面办公室，左边是陪审团室、公共餐厅，右边是警察局；接待处后是可从安全后方进入的单人间；公众通常使用首层沿着建筑前面的等候 / 咨询室；
核心是 5 个主要法庭和 2 个辅助法庭，出于私密性考虑，民事法庭在一端，这里也有儿童案件法庭，以处理儿童在法律程序中敏感的需求；
在法庭后是法官和陪审团休息室，分布在 2 层，有向外的视线；
法官、陪审团、被告和公众有独立的通向审判室的入口，而被告和受害人代表有独立的等候区；
这是第一个有自然通风的新建的法庭，通过地下管道使用堆栈效应以吸入外部冷风（建筑设计：Stride Treglown）

散后被送回家。

陪审员从集合区域出来后，不是回到接待处，而是进入陪审团专限的流通线路，这些路引向法庭和陪审团休息室。这些区域应临近或靠近相关的审判室，均在一个陪审团法庭监守的监管下。

**被告** 监禁区域是法院建筑里一个自我封闭的区域，供临时监禁管理者来使用，以行使他们的责任，管理监禁中的犯人。由以下主要部分组成，每个都独立于相邻区域和所有非监禁区域：

(1) 监禁核心

(2) 交通工具入口

(3) 参观者入口

(4) 审判室入口

(5) 3 条独立的安全连接路线：

——监禁核心到交通工具区域

——监禁核心到审判室入口

——监禁核心到参观者入口。

在法院开庭时，监禁区域是由监狱工作人员执勤和管理的。由一名主要或中级官员负责，由一些办公人员辅助，其数量取决于法庭的数量和危险等级。

监禁区域是为容纳被告而设计和建造的，并把他们引向法庭。这种容纳要求积极的保安措施，小心翼翼的持续的应用。对被告来说，在法庭上的禁闭和出席都让人感到压力重重，且与人天然的挫折感和焦虑感混合在一起。设计师因此必须：

(1) 精心布局，保证最大限度的控制，对职员资源做到最佳利用，保持一个可接受的安全和保安等级。

(2) 在这一区域通过使用建筑材料和设施，形成一个安全的外表面。

(3) 当公众进入监禁区域时，避免他们与被告直接的对视或交流，除非是获得许可的会见。

(4) 对设计所有方面给予足够关注，包括总平面、入口以及固定设施、装置、装饰、报警系统及通讯方式，避免任何设施和装置被当作武器，通过细节将打架的伤害最小化，也可以防止自我伤害。

**公众** 公共区域及与之相联系的交通流线，形成了法院建筑非司法功能部分的中心或轴线。

除了司法官和特殊的停车场使用者，所有使用者通过主要入口进入建筑，这里有安全检查的空间和设施。到达中央广场里包含信息/问询点和案例展示区，这两者应在入口即清晰可见。

公众流线随后指向法院的等候区。这些可能与相关交通区域合在一起，通向审判室和咨询/等候室。等候区看起来应该是有趣的，最好有向外的视线。公众流线也能引导进入一些法庭服务部（Court Service, CS）职员、非 CS 职员、鉴定服务、探监及休闲设施使用的私人或半私人设施。入口还要通向刑事法庭办公室柜台。需要有从入口中央广场到陪审团席的直接路线。

**刑事法庭办公室** 供进行一般管理的刑事法庭的行政管理职员使用。

总办公室柜台布置必须便于公众和法律从业人员方便到达。应有与其他职员区隔开的单独的交通流线，并可让传达员直接到达法官专用流线区域。在刑事法庭办公室，设施是为一些更专业的群体服务的（如法庭职员、传达员和编码人员）。

**非法庭服务使用者** 这样的使用者包括警察，刑事起诉局，鉴定服务和速记员，所有都与法庭运转有关。

(1) 警察区域由两部分组成：

——供与法庭相关的警务人员使用的警务联络局，提供预审官等。里面有一个房间，如有必要，警方证人可以在此准备或更衣。

——警务治安办公室，供建筑里维持安全及治安的警察使用（正在复查）。

(2) 刑事起诉服务处需要一间办公室。

(3) 鉴定服务：鉴定处有一个独立的个人单元，需要晚上的报告设施，应该能独立运营，但要保证整栋建筑其余部分的保安措施的完整性。

### 餐饮

刑事法庭的餐饮包括自助服务设施以及司法官的侍者服务。餐饮区最好在一层，所有法庭使用者可以便捷到达。

## 19.7 非刑事法庭设计上的变化

### 19.7.1 治安法庭

治安法庭主要处理刑事事件，但也有一些民事判决，包括专利，青年案件和家庭案件。

大法官部希望设计能反映它们在法院等级系统中的位置及它们独特的地位，即审判由当地社区的代表执行。建筑不被当作政府的象征，而是法律前公平和平等的概念的表达。

### 19.7.2主要区域

(1) 法院大厅和公共区域：可以分为成人区和青年区

(2) 法庭

(3) 司法部的职员区

(4) 地方法官区

(5) 监禁区

还需要一些小的福利区、机房区。

如果审判室数量达到 12 间，可以采用 2 层的建筑。如果法院由 6 间或更少的审判室组成，可以选择单层建筑。

如果可能，审判室应位于同一层。

### 19.7.3 法院使用者

他们包括：地方法官，司法部的职员和员工，传达员，监禁管理员工，申请者和起诉者，被告；成年人和未成年人，证人，警方证人，鉴定和安置职员，福利服务人员，皇家检察署，起诉者，公众和媒体。

### 19.7.4 审判室

被告人席在审判室侧面，因为这里没有陪审团。这些审判室通常比刑事法庭的小，且家具也少一些。

《治安法庭设计导则》(The Magistrates' Courts

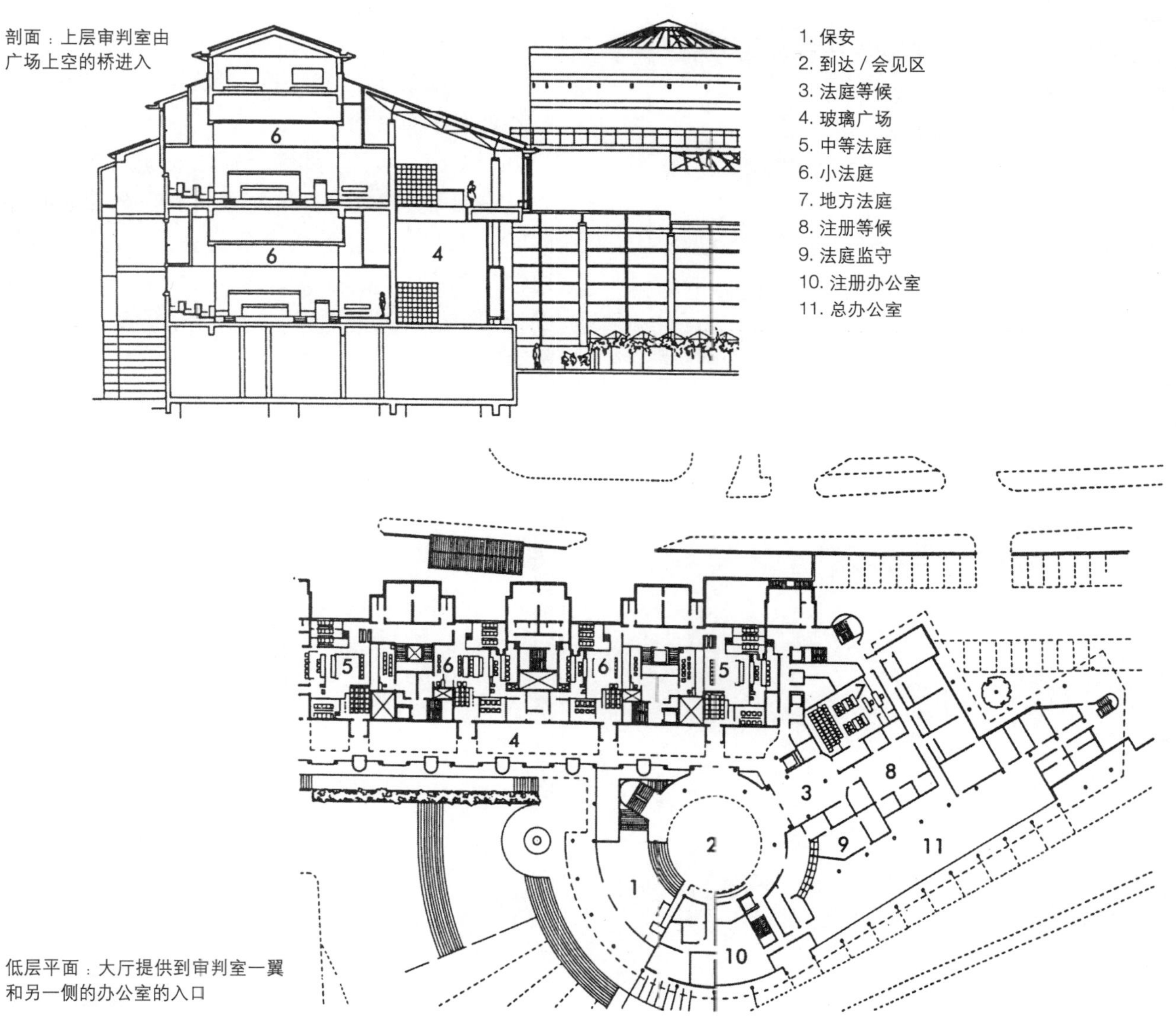


图 19–6 普雷斯顿联合法庭中心：2 个线形块，通过一个圆形大厅入口连在一起，位于一块新的公共开放地四周，法庭建筑与相邻的现代治安建筑相联系（警察总局和治安法庭)，提供一个全新的公共园区。
审判室在安全区域之上分 3 层设置；
有日照的审判室在垂直交通两侧“成对”布置，符合经济性原则；
每个审判室都是一个完备的整体，让大家重视里面所发生的程序的重要性（建筑设计：奥斯汀 · 史密斯勋爵）

Design Guide)（1991）增加了对安全性的强调，包括建筑里和建筑周围，也包括审判室内。法庭使用者的便利性在设计中是次于安全性的第二要素。

**家庭程序法庭** 这些法庭处理家庭事件，多在治安法庭建筑的非正式审判室里，通常与刑事庭隔开。

**郡法庭** 案例主要涉及一些团体之间的纠纷，个体向其他个体、团体或政府的索赔。因此没有被告人席，只有 2 个证人席，在房间相对的两侧，分别是被告和原告。家具比刑事法庭要少和廉价。它们也不太正式，布局较平衡。只有 2 个入口；法官的安全入口及其所有其他参加者的入口。由于不受需要单独的被告和陪审团入口的限制，建筑里法庭的布局也较自由——然而，按照惯例，仍然要将郡法庭的所有功能按横向或纵向合理地组合在一起。

联系紧密的区域有：

(1) 合理的大厅，也将审判室与法庭等候 / 公众区的噪声和干扰隔开。

(2) 法庭等待区与公众中央广场相连。

(3) 咨询 / 等候室布置在等候区或邻近的流线外。

(4) 法官受限制的流线，导向：

——法官休息室和地区法官会议室

——公众流线。

### 19.7.5 需要的设施

司法官，地区法官，陪审团和被告需要的设施与刑事法庭相似。

### 19.7.6 起诉室

(1) 出庭律师和上诉律师为开庭作准备的区域；

(2) 法庭等候区，为法律区提供入口，而起诉者在此会见他们的客户，讨论案件以及从此通向审判室；

(3) 起诉者的餐厅。

**联合法庭办公室** 有一些功能，且许多功能与公众直接相关。

公众柜台应该尽可能靠近主入口。

**联合法庭中心** 郡法庭通常有一个独立的等候区，人们在这里等候去会议室会见地区法官。通常 2 个法庭均有独立房间。市民法庭与刑事法庭不同，没有被告人席，只有移动的家具，而不是固定的。

# 第20章　图书馆及学习资源中心

## 20.1 引言

“公共图书馆”的概念来源于15世纪伦敦的古尔德霍尔(Guildhall)图书馆。在17～18世纪，绝大多数图书馆是由赠送或捐款建造的，但从19世纪初，这些已逐渐被学院（例如机械学院、文学院、哲学社会学的附属）图书馆或收费图书馆所取代。1850年的《公共图书馆法》(The Public Libraries Act)是19世纪中期社会改革的内容之一，并逐步形成“免费”图书馆，面向国内所有的社会阶层。最早设计的2个公共图书馆是1857年建成的诺维奇（Norwich）图书馆和沃灵顿（Warrington）图书馆。

1919年的《公共图书馆法》进一步完善了图书馆的设施，除了借阅室和阅览室，绝大多数图书馆有了资料部，还有许多有独立的儿童部。1918年后，出现了相当多的技术和商业图书馆（到1924年超过115家）。到20世纪30年代，许多图书馆实现了开架阅览（不再是由图书馆管理员通过柜台递交读者），因此需要更成熟的分类及目录系统——用的最多的是杜威（Dewey）系统。

二次世界大战后，福利国家的出现给图书馆事业带来较大影响，尤其是查阅资料和学习设施的增加。图书馆第一次开始大量提供书以外的其他材料——例如留声机，随后是音乐磁带、影碟及CD ROMs。当然，无可争议的是，这些都被当作图书的补充，而不是要替代它们。

1964年颁布的《公共图书馆及博物馆条例》(The Public Libraries & Museums Act)体现了几点建议。图书馆当局能获得许多经费：在20世纪60年代早期，英国新建成的图书馆建筑超过300座。建筑常采用“现代运动(modern movement)”理念（最后一栋体现典型旧式新古典主义风格的也许是1960年建于伦敦肯辛顿的中央图书馆）。新的建筑多为大型的都市中心图书馆［如伦敦霍尔本(Holborn)(1960),伦敦汉普特斯西斯(Hampstead)(1964)，伦敦Hornsey(1965)］，郡级图书馆［如斯坦福德（Stafford）(1961),杜伦（Durham）(1963)

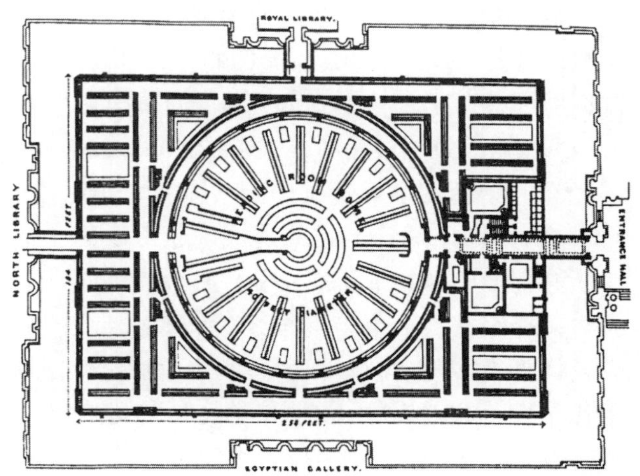

图20–1　大英博物馆阅览室(1854-1857)(建筑设计：Sydney Smirke；图解©大英博物馆中心档案馆)

和梅德斯通（Maidstone）(1964)］以及分支图书馆［Jesmond，纽卡斯尔(1963)］。后者的平面是圆形,还有许多其他的形状,如三角形［Eccleshill，布拉德福德（Brandford）,1964］、八角形［如Selsey,西萨塞克斯（West Sussex）(1964)］。现代材料，尤其是玻璃的使用，是对不断变化的组织模式的一个补充，同时也模糊了不同空间之间的界限；开放式布局被认为有许多优点。由于微缩胶片以及后来计算机的开发，储藏空间的问题也得到了解决。

文化休闲时间的增加和“信息爆炸”使得图书馆为了适应未来的扩张，要求规划上可变性更大。新技术正在改变着控制、索引、获取的方式。计算机信息（尤其是压缩磁盘和在线电子系统）的普及，意味着由原来的注重书籍存储转向注重计算机信息交换设备。这些变化要求附加的通风和安全的电力供应，以及为使用者提供合适的光照强度。计算机的广泛应用还意味着空间的问题，尤其是在一个单层建筑里图书馆的位置变得不那么紧要。

### 20.1.1类型

(1) 社区型：主要面向成年人和儿童借书，通常也有一个查阅室。目前的趋势是建设规模更大的中央图书馆，并设立一些小的分馆，在乡村则使用流动图书馆。

(2) 专业型：主要是用于阅览，一小部分用于借阅。

(3) 大学型：用于查阅和研究，收藏功能也逐渐加强。

要注意到，还有许多其他类型的专业图书馆，这里没有一一涵盖——例如，在医院、监狱、学校、学术社团（如RIBA的英国建筑图书馆），以及国家图书馆（如英国图书馆）。

有几个新的学习资源中心（learning resources centres, LRCs）已经建成，通常是在较新的大学里（如布赖顿大学，赫特福德郡大学，提兹塞德大学，曼彻斯特城市大学，以及谢菲尔德哈勒姆大学）。到20世纪90年代中期，超过60所大学和学院计划建成新的LRCs，以为增加的20万名学生服务。

根据《福莱特（Follett）报告》①，推荐的空间标准如下：

(1) 每6名全日制学生有一个座位；

(2) 每个读者 $2.39m^2$（随后的研究指出，可能需要 2.5 ~ $3.0m^2$ 的空间）；

(3) 阅读模数空间最小值是 900×600mm；

(4) 信息技术（IT）空间是 1200×800mm（图20–2）。

要注意到设置一些有噪声的区域。让行动不便的读者能方便地使用也是一个重要因素（包括视力和听力受损的人群）。

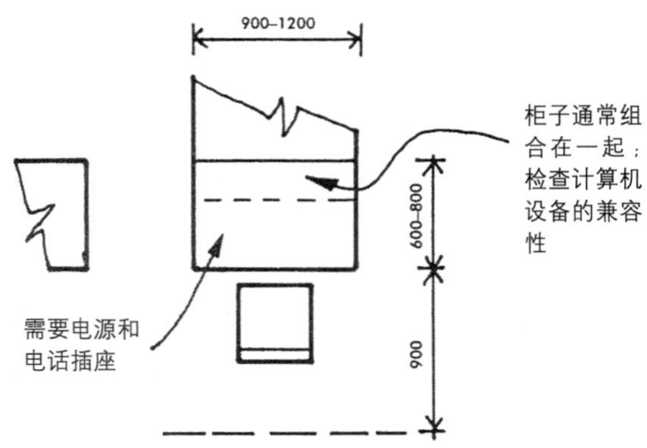


图20–2 书桌 / 开放的带书架阅览桌（$2.39m^2$，但最好是 2.5 ~ $3.0m^2$）：注意：(1) 研究工作人员通常需要围合的带书架阅览桌或小房间，面积约 $3.5m^2$；(2) 大些的尺寸是用于有计算机设备的时候

一个公共图书馆应满足如下活动：浏览、搜索、学习、会议、借阅。现在可预见的影响未来图书馆设计的趋势包括：到2025年，退休人员数量将增加30%，而工作年龄的人群则会大量减少；受过高等教育的人群显著增长；兼职的工作越来越多，更多工作需要相关专业背景知识，而集中在制造领域的工作将更少。

## 20.2 设施表及细部设计

### 20.2.1 公共服务

一个中央图书馆每年会接纳区域里的1000万读

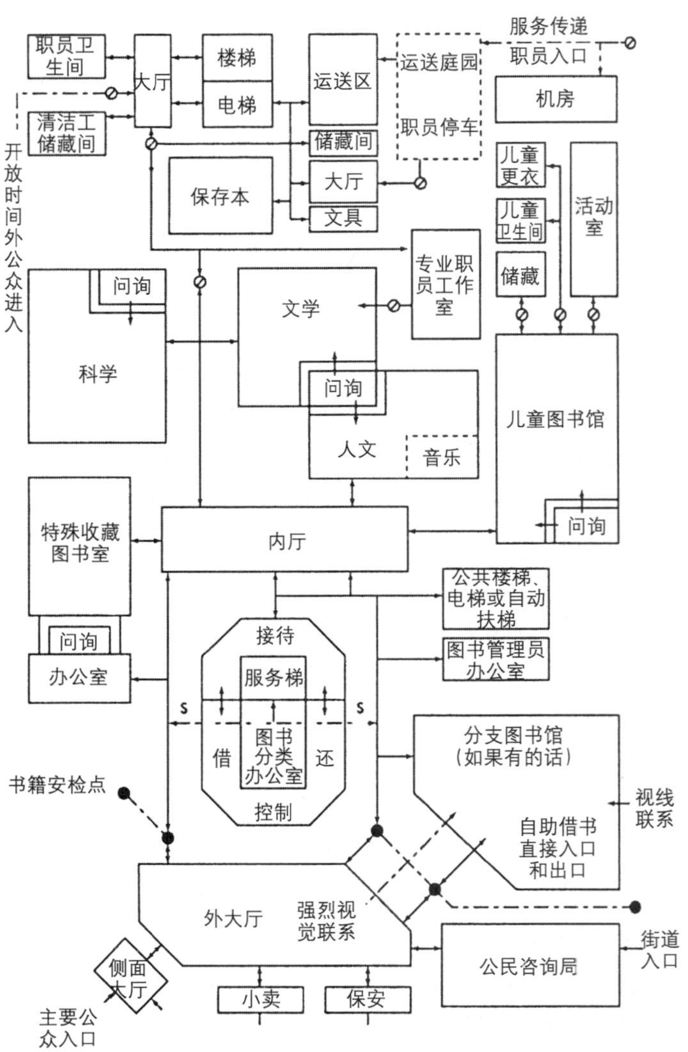


图20–3 功能布局：地面层

① 报告指出图书馆资源应“因地制宜”，财政拨款的多少由各地根据情况自行决定。——译者注。

者，高峰时段一天可能接近 5000 ~ 6000 人，高峰时一小时能达到 400 人。应提供以下服务区（见图 20–3，图 20–4 中设施布局）。

**分馆** (branch library)　可能作为一个中央图书馆的一个分离的部分，可能靠近入口，提供更多的流行书和相关材料。可能只有几千册，邀请读者“试味”，从而引导他们到图书馆其他地方继续阅读。

图书馆可能被分成几个主题区域（见下），可能有确定的问询点。学习空间、浏览区以及公众的计算机终端，也包含在每个主题区域里。不同的区域可能是开放式布局，但一定要有视觉上的限定（可能用照明变化，不同的饰面材料和种植来实现）。

**少年分部**　希望能有为这一群体服务的区域（小说或非小说），且应该位于儿童图书馆和主要借阅室（文学和人文分部）之间。

**儿童图书馆**　几乎占到 300 $m^2$，有近 12000 册书，为 14 岁以下年龄段的读者以及他们的看护者服务，这个区域应该有自己的特色，并向所有的儿童展示参观图书馆是一次安全而又有趣的经历。这里应该有良好的视线，以最大限度保证儿童的安全；同时还不能让儿童轻易走出这片区域。

这里应该有一系列图书提供大量信息，能为各年龄段读者服务，且可以分成几个区：

(1) 学前［有“书箱”（可看到封面），图画书架，玩具垫，儿童座椅］

(2) 低年级（浅易读本，放在合适的书架上，并配有合适的浏览桌椅）

(3) 小学（故事书，放在合适的书架上，并配有合适的浏览桌椅）

(4) 青少年（小说，放在合适的书架上，并配有合适的浏览桌椅）

有声磁带和其他媒介也是必需的。除此之外，提供 10 个学习座位，8 个浏览座位，和一个 2 名职员的问询台。

**儿童活动室**　需要一个能容纳 35 名儿童进行各种活动的房间（63 $m^2$）。

**展览区**　需要一个易于从主入口进入，但要有明显的标志，有合适的安保措施的展示区（40 $m^2$）。

**厕所**　为读者使用，面积应为 38 $m^2$，如果是儿童图书馆，可以是 15 $m^2$，还应包括

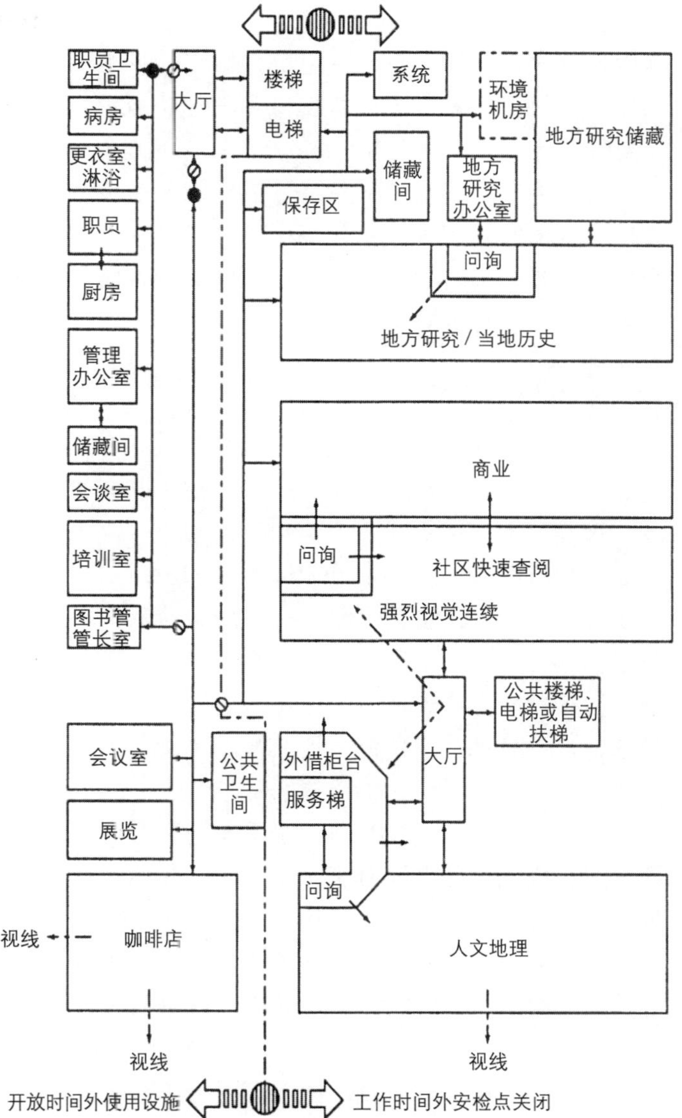


图 20–4　功能布局：上层
（3、4 改绘自 NPS 建筑局和图书信息局提供的信息，Norfolk 郡理事会）

换尿布的区域。根据总体布局，需设立 1 ~ 2 处员工厕所（每处 32 $m^2$）。

**会议室**　包括 1 个 100 人用房间（合计 200 $m^2$），可以按 40:60 的比例进行分隔。还需要储藏椅子和其他简单服务设施的空间。另外还有一个小型的 6 人用房间。需要设置一个供图书馆其他部分关闭后仍能进出的通道；因此需要从正门那里设立便捷的出口。

**特殊收藏图书馆**　在更大一些或专业的图书馆里需要设置这一部门。有必要设置一个相邻的图书管理员办公室。

**休息处 / 咖啡厅**　最大容纳 50 名读者，提供饮料、甜点及简单食品（105 $m^2$）。

**小卖部**　需要一处促销区域（也可能只是一处展示区）：布局位置很重要，但可以与其他区域合并（13 $m^2$）。

**学习桌椅** 这些桌椅（图 20–2）应适用于个人电脑（可能是读者自己的电脑，需要简单的接入设备）。将 PC 机与学习设施综合在一起是相当重要的。还需要 2 个电源插座。

**建筑中的艺术品** 图书馆通常被认为是展示当地（或国家）艺术的最佳场所，可以以永久纪念物或雕塑的形式，设计成建筑整体的一个部分，也可以作为临时展示设施。

### 20.2.2 主题部

人们通常按不同主题把图书馆划分成各个主题部，一个中央图书馆可能的典型设置如下：

**商业** 常为 184 $m^2$，可容纳 2100 册书，涵盖商业信息所有方面（当地的、国家的和国际的）。读者可能包括：那些希望创办自己的企业的，那些作调查，以便扩展自己现有的企业的，还有学生。会有一些人通过传真或电话进行问询。在这个分馆，计算机信息资源会比其他馆更流行。需要 40 个书桌及 1 个 2 位职员的问询台。

**社会** 9000 册（300$m^2$），这里有社会科学书籍及所有快速查阅的工具书（如字典、年鉴、大事表等）。有 30 张书桌，一个 3 位职员的问询台。读者来此既有可能是一些快速的查阅，也有可能是长期的研究：因此任何一种潜在的冲突都需要得到解决。

**人文** 存放艺术书籍、休闲需要（如园艺）、宗教、音乐（书和乐谱），声音记录文档（音乐磁带和压缩磁碟）以及租用的影碟。几乎有 495$m^2$，22000 册，9000 项记录档（包括影碟）以及 10500 首音乐单曲。包括 12 张书桌，4 个浏览座位，一个 3 位职员的问询台。

应注意到读者在听音乐时会带来噪声，设置在学习区域会使人分心。

**文学和语言** 容纳成人小说（9000 册）、大字小说（large-print fiction）、语言磁带、多媒体、戏剧（9000 册）；单本拷贝和碟片（286$m^2$），涵盖英语和外语。包括 12 张书桌，4 个浏览座位，1 个 2 位职员的问询台。

**地方研究 / 历史** 公共书架上有 3000 册（230$m^2$）；50 张书桌，1 个 3 位职员的问询台。使用这个分馆的读者可能是短期浏览（如游客），也有可能是长期研究（学生和研究人员）。它也可供查询当地法令机构的读者和想要寻找一处安静学习区的读者使用。这个区域的环境条件应按 1989 年 BS 5454 的标准设计。

**人文地理** 关于旅游的信息类书籍（向导和旅游 / 历险）、自传以及人文地理学。15000 册（240$m^2$）；15 张书桌，4 个浏览座位，1 个 2 位职员的问询台。

**科学和技术** 11000 册（200$m^2$），涵盖计算机和纯科学及应用科学，20 张书桌；无浏览座位；1 个 2 位职员的问询台。

### 20.2.3 总的入口和交通空间

如上所述，通常所有的公共和职员区都需要允许行动不便的人士到达，尤其是视觉或听力受损的人。其他要考虑的要点如下。

**读者服务 / 接待** 应有一种非正式的、欢迎的气氛，因为这是新的读者联系的第一处主要地点，

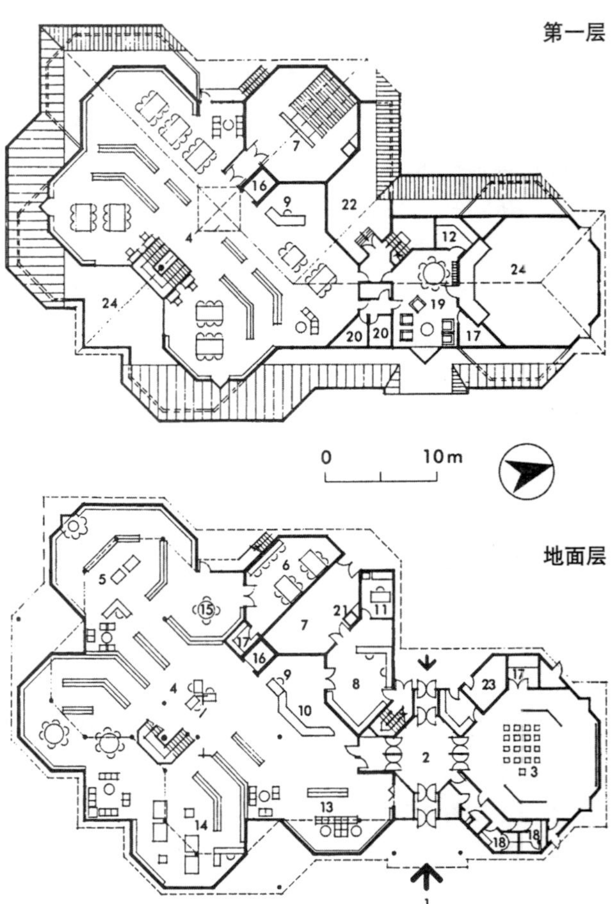


1. 主入口；2. 大厅；3. 展览/会议；4. 成人借阅和阅读；5. 学生图书馆；6. 学生活动；7. 书籍储藏；8. 工作间；9. 问询；10. 柜台；11. 图书管理员；12. 厨房；13. 期刊；14. 音频－视频；15. 故事区；16. 电梯；17. 储藏室；18. 卫生间；19. 职员室；20. 职员卫生间；21. 提升间；22. 机房；23. 锅炉；24. 空间

图 20–5 Chipping Barnet 图书馆，班内特（Barnet），伦敦［建筑设计：伦敦班内特区建筑科（Marshall Amoa-Awua, Alan Grahum）］

也是已有读者解决困惑的地方（如查阅可借和超期未还的图书）；需要容纳 3 位职员（$51m^2$）。预计一天的登记 / 更新量最多达到 200 人，预计查询高峰将是 600 次。这个区域应设计成满足排队功能（也见下面的“柜台”）。

总体布局的要求：一个职业的、迎宾的、有效的接待区域；对于读者来说有清晰的布局和指引；职员资源最大的流动性；对读者恰当的监管；合适的职工安全。

**内部交通**　人流和物流（尤其是手推车双向移动）应尽可能简便。注意交通区也会为故意破坏的行为及窃贼的逃跑提供机会，因此应该：将其做到最小；设定一条合理的路线；允许职员的视线进行监控（应安装闭路电视）；将职员区与公共区域隔开；允许相互分隔以确保特殊区域在开放时间以外的安全使用；允许便捷的紧急疏散。

**内部垂直交通**　通常有电梯和步行梯，也可能有自动扶梯。电梯应满足：运送职员、书籍、材料到各个楼层；与书籍分类室相连；运送读者到主要借阅层；在开放时间外提供合适的入口。应只有 4 部电梯。

**总体安全**　关键是考虑到职员区和公众区之间的访问控制问题（开放时间和非开放时间内的控制），以及防窃。这些考虑可以通过以下措施实现：有计划地布置职员问询台，并保证视线控制；闭路电视监控（CCTV）摄像头；出口处的书籍电子感应器；保安人员。

**手推车**　应有一些允许手推车通行的设计：例如，提供适当的保护，以避免损坏墙壁，足够的门宽，以及合适的地板（钉有饰钉的或有凸起条纹的地面是不合适的）。

### 20.2.4 入口/到达区

需要一个主入口和 2 个其他入口，通常是分离的：

(1) **主入口门厅 / 大厅**（$190m^2$）应该是清晰可见的，友好的，有足够的空间，既能满足有特定目的地的读者，也要满足那些想闲逛的读者。

(2) **非开放时间公共入口**：提供一条短的、安全的路线，便于人们从街上进入会议室等区域。可以与主入口结合设置，但不允许有单供非开放时间使用的电梯。

(3) **职员 / 后勤入口**：应是一个安全、保险的入口，尤其是职员在深夜离开时（见“分检区”

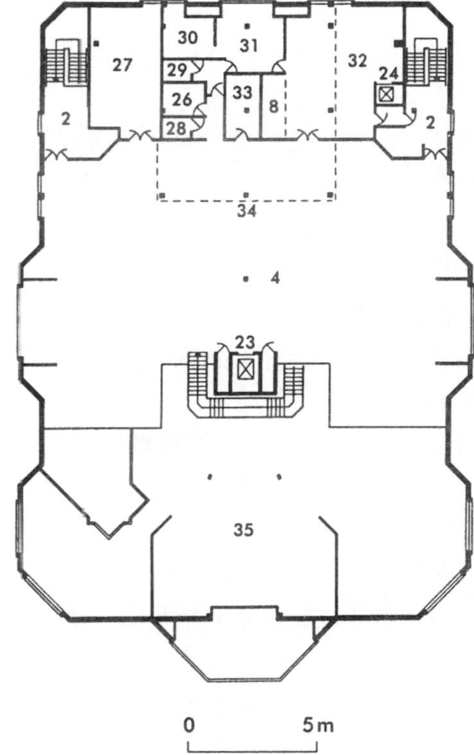


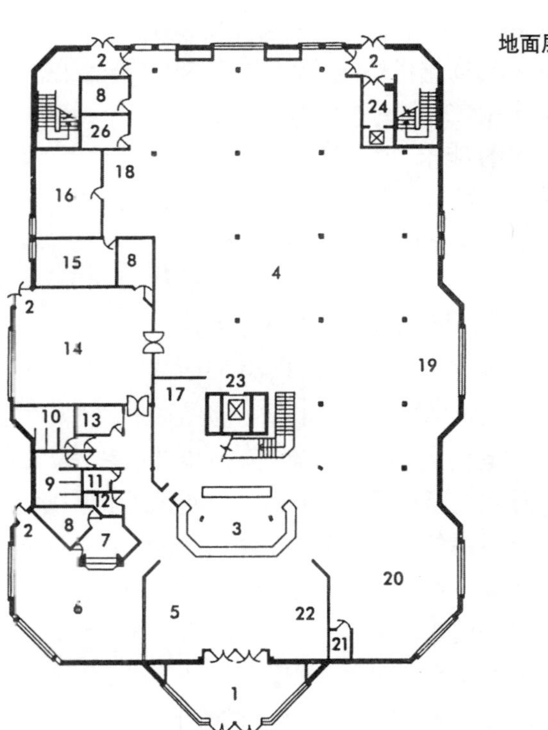


1. 入口大厅；2. 紧急出口；3. 控制台；4. 成人借阅图书馆；5. 社区信息；6. 咖啡区；7. 酒吧；9. 卫生间（女）；10. 卫生间（男）；11. 卫生间（无障碍 / 职员）；12. 婴儿更衣区；13. 管理者；14. 多功能室；15. 图书馆长办公室；16. 总办公室；17. 音乐图书馆；18. 等候区；19. 少年图书室；20. 儿童图书室；21. 卫生间（儿童 / 无障碍）；22. 展览区；23. 电梯；24. 手推车电梯；25. 首层以上的线；26. 清洁工储藏；27. 当地历史室；28. 卫生间（无障碍）；29. 卫生间（职员）；30. 厨房；31. 职员室；32. 工作间；33. 参考资料储藏；34. 上层的机房；35. 地面层上的屋顶桁构梁

图 20–6　哈特尔浦 (Hartlepool) 中央图书馆，克里夫兰（建筑设计：物业服务分部，克里夫兰郡理事会）

及“柜台”)。

排队空间应满足 40 人等候（0.5m²/ 人，需要 20 m²)。

**还书台**（51m²）有一个为整座建筑服务的中央柜台，读者通过这里后，既可以到其他部门，也可以去读者接待处，或者离开。高峰时段读者量达到 250 ~ 300 人 / 小时，而高峰时段每小时的还书量能达到 1000 册。空间大小需要满足 3 位职员及为读者服务的计算机终端。布局必须满足清晰、直接的流线。

**借书台**（38m²）所有借书或续借都需要经过借书台，借书台应该不止一处，这取决于整体布局。注意一些读者在去完借书台后想返回图书馆其他区域（如咖啡厅）。高峰流量与还书台相同。空间大小需满足 2 位职员及为读者服务的计算机终端。布局必须满足直接、清晰的流线：尤其是，不想借书的读者应该可以避开这个区域。

**图书馆还书箱** 置于入口区，当图书馆关闭时可用于还书。这里应有保安系统。

**自助借书终端** 每个终端 3m²，至少在图书馆 3 个不同区域设置终端系统 。

**智能卡** 智能卡越来越普及，以允许读者享受一些付费服务（如复印、超时费用、借影碟等）。机器应遍布整个图书馆。

### 20.2.5 管理和办公用房

除了一个总的面积约 53m² 的管理办公用房外，还包括以下设施：

**问询处** 理想状态是它们的位置能满足在安静时或在职员短缺时可同时为好几个部门服务。

**图书馆长办公室**（20m²）整栋建筑的管理者的基地，这个房间应靠近管理辅助和会见室。除了每天的管理任务外，这个房间还有可能用于 2 个人的讨论和课题工作。

**图书管理员办公室**（13m²）一个办公室，供 2 个助手使用，1 个共用书桌，还可供 1 ~ 3 个人开小型会议。尽管柜台和读者服务需要可达性和视线良好，但应有必要的私密性。办公室应靠近分支图书馆。

**分检区**（16m²）包含每天的“还”书箱分检，里面有：本馆的书，但还到其他图书馆了；从其他图书馆索取的书；新书。“借书”分检室包含在分类室分过类的书，和其他图书馆需要的书。这个区域也作为一个短期的接收室和其他设备、家具、展览设施等的搁置区，应有足够的空间。

**会谈室**（14m²）所有的职员在此进行私人会谈，鉴定面试、公众会见和招聘面试，因此空间需要满足 4 人所用，确保机密性。

**地方研究保存区**（150m²）绝大多数当地研究库仅供查阅，是闭架储存，职员根据读者需要取用，因此取书渠道应快速简捷（书架应根据 BS 5454:1989 设计）。

通常需要一个紧邻当地研究区的当地研究工作室（38m²)。

**保存区**（155m²）一部分保存本放置在闭架书库里，包括：季节性过量的书（在夏季和圣诞季节很少有人借书）；参考书库；音乐库；游戏室。滚动堆栈的重量是很大的，在结构计算时要予以考虑。

**展品保安区** 需要一处安全的储藏区，与分检和展示区有便捷的联系。

**保安控制室**（17m²）这部分是控制人员以及闭路电视的基地。

### 20.2.6 书架储藏

典型的例子（图 20–7）基于 900mm 的书架模数。

成人非小说　每 900mm 书架存书 37 卷
成人小说　70
音乐碟片　60
青少年小说　44
青少年非小说　74
所有的排架都是 4 层高，但也有例外：
地方研究　6 层高
音乐区　3(整体高度相当于 4 层的书架单元)
儿童非小说　同上
应注意到要仔细考虑地板荷载：借阅层必须

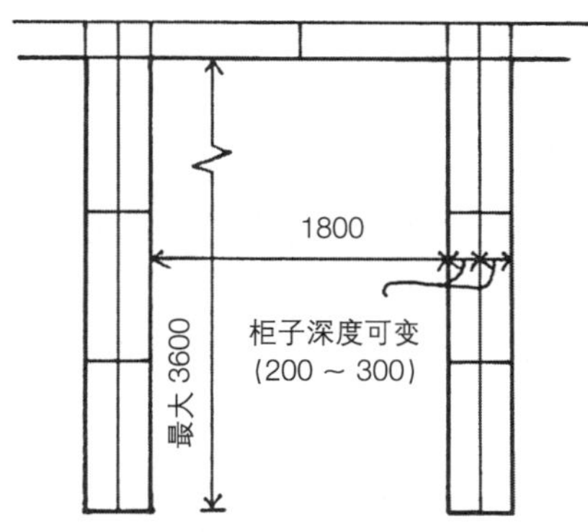


图 20–7 开放式书架，布置在壁橱里 (900mm 的柜子模数）

设计成能承受书籍和架子的特殊荷载（例如，地面承载 6.5kN/m$^2$）

**分类办公室**（63m$^2$）要求对所有的还书进行分类。主要的分类工作是：还（通过手推车）到不同部门；还到其他图书馆；特殊需求（如读者保留）；特殊的过程（如图书修补）。需要可容纳1000册书的墙上书架，以便在借阅高峰期或职员短缺时作暂存场所。这个区域也可作为一个管理区域，进行前台接待和读者接待，必要时安置富余员工并处理一般纠纷事故。

**职员室**（115m$^2$）所有职员接近50名，职员室应该配备30个座位，并适于放松、集会和非正式会议。在特殊情况下，职员将在非工作时间继续工作，因此需要一个附属厨房，可以作一些简单的食物及饮料；可能还需要洗碗机。职员更衣区（25m$^2$）最好设置在独立房间里，还需要能存放湿的衣物。

**堆栈工作室**（127m$^2$）为4～5名职员使用，功能是：处理从分检区拿来的书籍，修补藏书；打捆需求；储藏交换；馆际互借音乐套曲。大约需要存放2000册书的墙上书架。

**专业职员工作室**（152m$^2$）可以处理一些复杂的询问，选择一些新的藏品，人文学、文学和科学类图书馆对这些房间可能有需求；通常有6位图书管理员和辅助职员（最大值）。也需要墙上书架。

**系统室**（38m$^2$）可能需要用来放置图书馆流通及其他信息系统需要的计算机设施。

**培训用房**（58m$^2$）会议和培训课程所需，设施应适合于目前的技术和设备。

### 其他区域

(1) 病房（10m$^2$）

(2) 文具储藏室（25m$^2$）

(3) 总库（4个，总面积大约100m$^2$）

(4) 清洁用房/储藏间（29m$^2$）

(5) 洗手间；如果有可能，带淋浴

## 20.3 建筑服务

减少热量是一个主要问题，且因为计算机的使用而加重。空调费用很高，且从环保角度出发需尽量避免，因此只在必要处使用，自然通风是最佳选择（然而传统的开窗通风有安全的问题）。

要求在天花板上和地板下设置管道区：通风系统、供热和电子装置，以及信息技术单元，要求设计满足灵活布局，尤其是移动书架时不至于增添麻烦。计算机网络系统和陆地/卫星天线的布线也需做到这一点。

图书馆里的噪声是一个问题，既可能来自外部，也可能是建筑里不同的活动区之间。因此应仔细考虑声学问题。

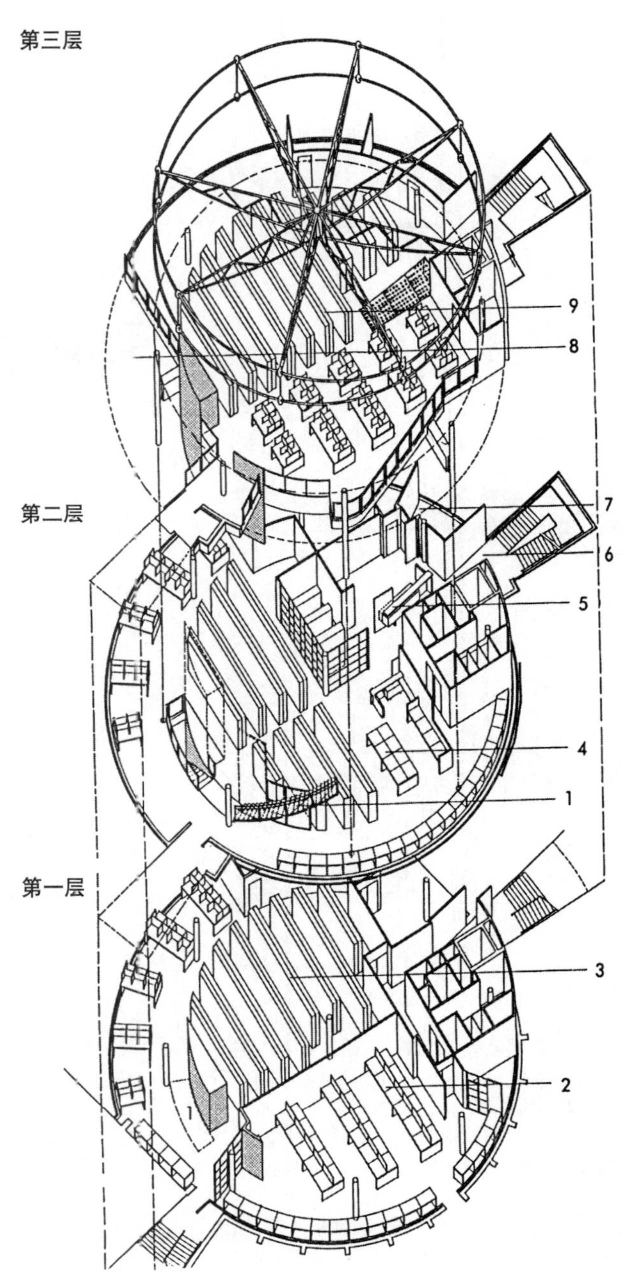


1. 楼梯；2. 非正式访问计算机中心；3. 书架；4. 阅读桌；5. 接待和借书桌；6. 从已有建筑进入的入口；7. 图书馆职员办公室；8. 阅读区域上方的空间；9. 杂志和期刊

图 20–8 曼彻斯特城市大学霍林斯（Hollins）系图书馆（建筑设计：Mills Beaumont Leavey Channon）

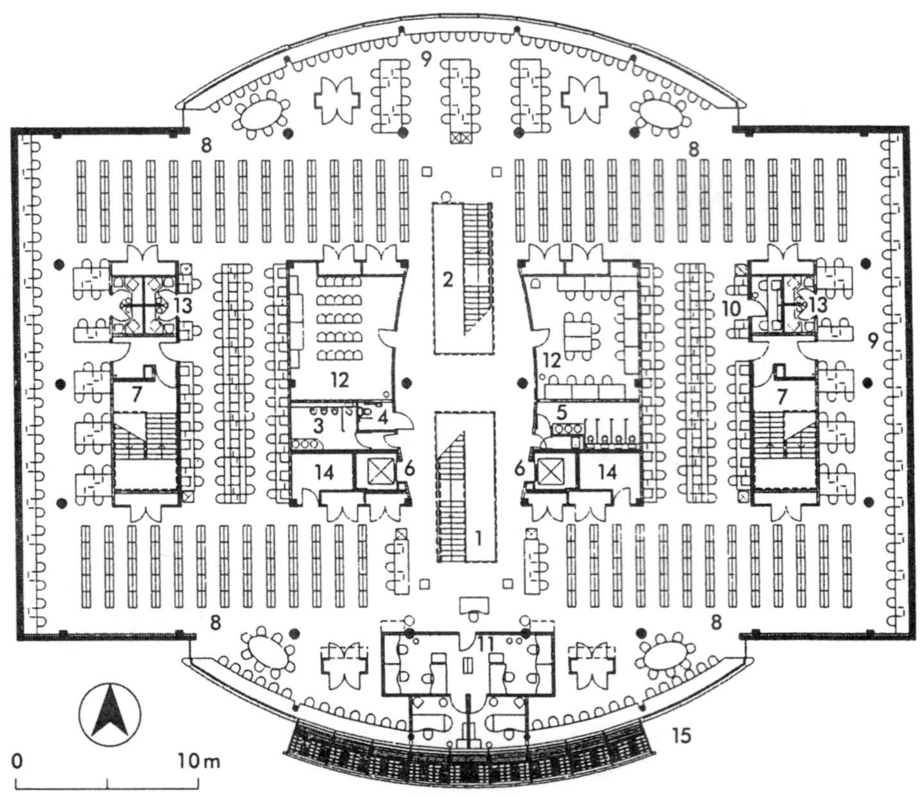


1. 2 中央楼梯核；2. 卫生间（男）；4. 卫生间（无障碍）；5. 卫生间（女）；6. 电梯；7. 紧急楼梯；8. 书架；9 学习区；10. IT 工作站；11. 图书管理员办公室；12. 研讨室；13. 私人研究室；14. 配线间；15. 外部太阳能遮荫板

**图 20–9 提兹塞德（Teesside）大学学习资源中心，米德尔斯堡（Middlesbrough）：典型层平面［建筑设计：佛尔克勒·布朗（Faulkner Browns）］**

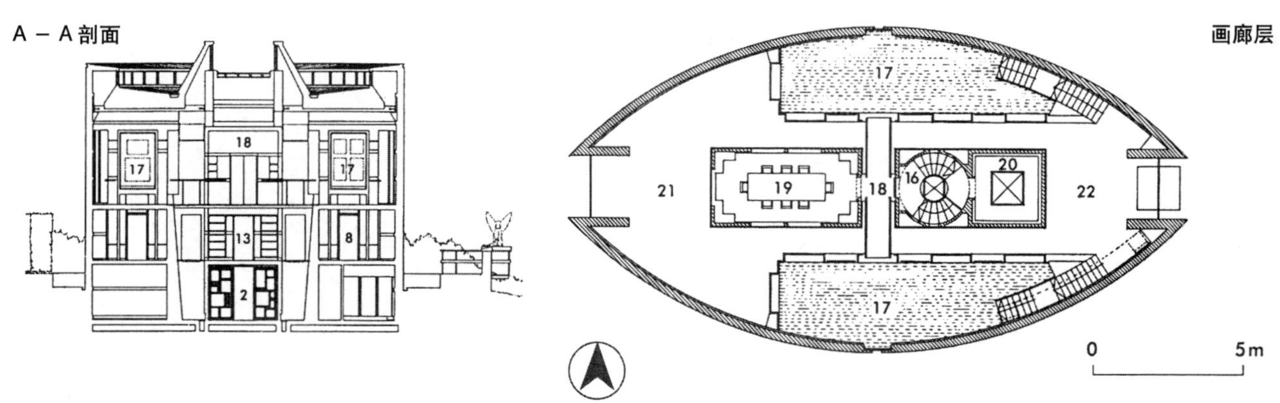


1. 入口；2. 档案室；3. 接待；4. 通向画廊的楼梯；5. 衣帽间入口；6. 卫生间（无障碍）；7. 通往下层衣帽间的楼梯；8. 馆长办公室；9. 值班馆长办公室；10. 助理办公室；11. 阅览室；12. 监督桌；13. 档案（书、信件和照片）；14. 档案电梯；15. 轮椅梯；16. 楼梯；17. 画廊；18. 桥形连接；19. 会议室；20. 档案（信件和照片）；21. 阅览室上方空间；22. 入口大厅上方空间

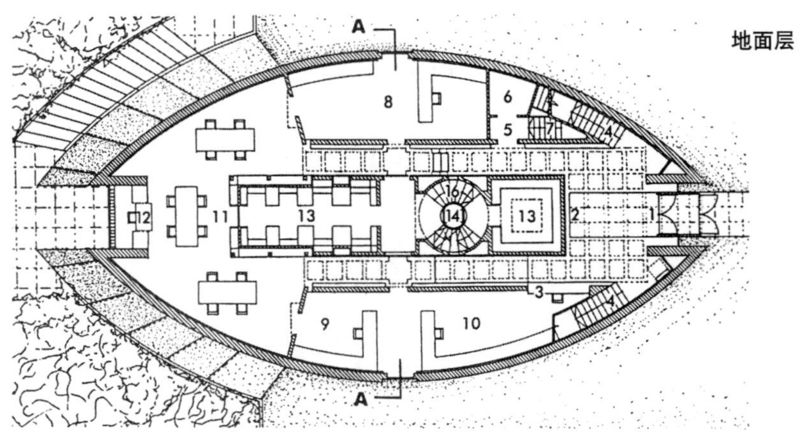


**图 20–10 鲁斯金（Ruskin）图书馆，兰开斯特大学（建筑设计：MacCormac Jamieson Prichard）**

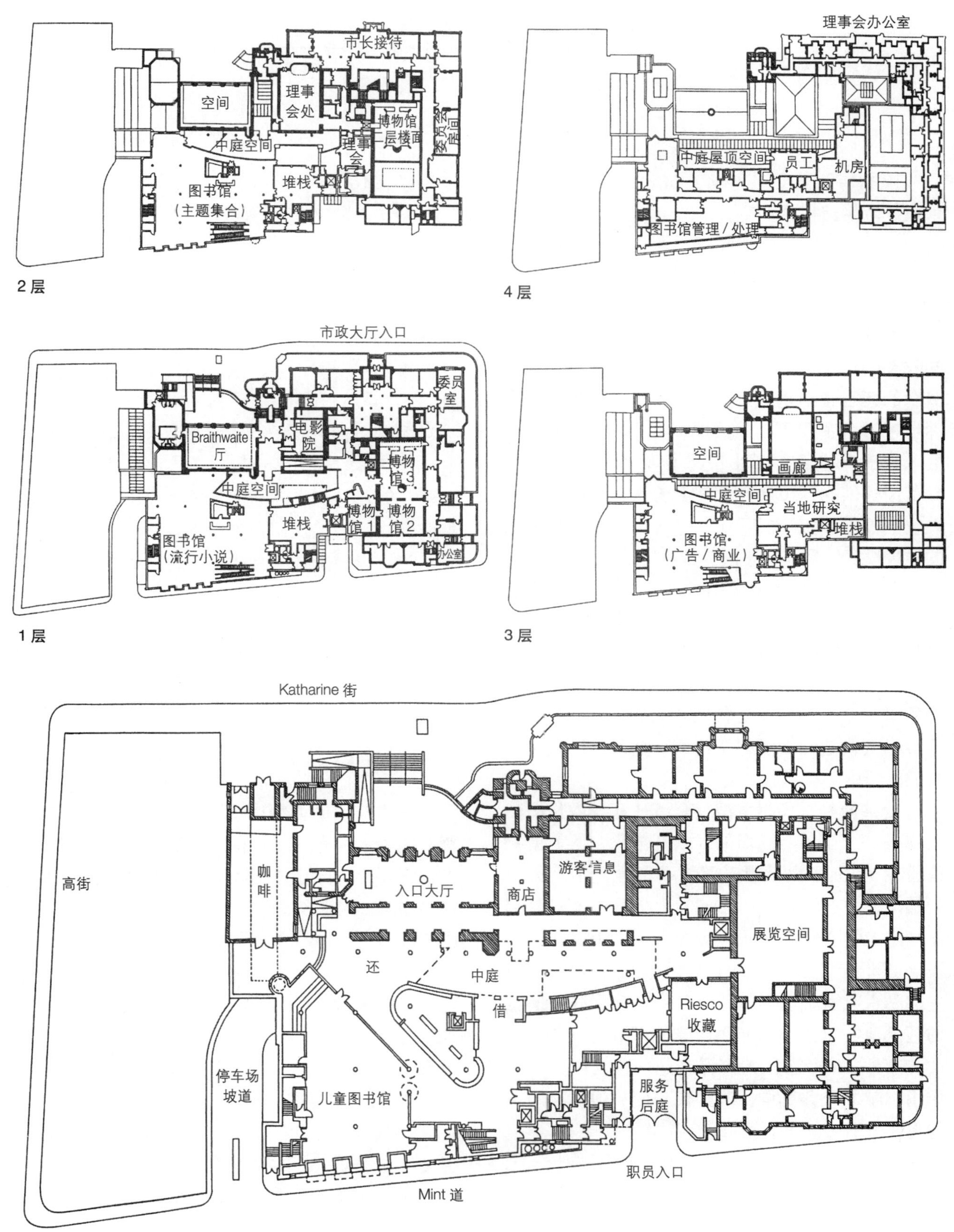


图 20–11 克罗伊登（Croydon）中央图书馆，大伦敦（建筑设计：Tibbalds Monro）

# 第21章 博物馆及美术馆

*Patricia Beecham*

除非特别提及，这一章的信息主要与艺术美术馆及博物馆相关。

## 21.1 引言

**博物馆和美术馆的起源** 尽管对以前的物品的收集的记录可追溯到希腊和罗马时代，但现代概念的艺术收藏是从意大利文艺复兴开始，首次涌现了对古董和历史的热潮。第一次正式的古董展示是于16世纪早期由伯拉孟特（Bramante）在梵蒂冈提供的，16世纪德国和意大利的财宝、私人物品的展示室形成了17～18世纪艺术美术馆的建筑模式，现在几乎成为标准的场地规划元素。

术语“博物馆”，最早在文艺复兴时期开始使用，与我们现在所知道的经验大不相同。在“奇珍收藏室”，天然的和人造的物体混乱地在一起，放在一个或两个房间的墙上和天花板上、橱柜和抽屉里。它们的目的是使人惊奇和喜悦；参观者不得不去找是什么吸引了他们，然后自己找到与它们的情感连接点。

**公共博物馆和美术馆** 在1591年佛罗伦萨的乌飞齐美术馆向有选择的公众开放后，其他博物馆也在17世纪晚期跟着开放了，这其中的第一批是伦敦塔，巴塞尔（Basel）大学博物馆和1683年牛津大学阿什莫尔（Ashmolean）博物馆。

1753年，议会成立了大英博物馆，以收藏君主的私人收藏，这可能是第一个用公众收入支持的艺术博物馆。1793年罗浮宫的开放完全是一个共和事件；革命者认为罗浮宫是一个为国家荣誉作出贡献的公共机构。公共参与变成博物馆政策的重要方面；一个社会-政治组织。

**19世纪** 19世纪欧洲博物馆的显著增长与工业化联系紧密，大家关注将过去的艺术品收集在一起，形成连续性。同时，新的收藏品可以展示和强化，巩固和维持整个工业革命的发展的不断前进的意识形态。材料沿革的收集为公众提供人类进步的基本原理和人类控制环境的有力证据。工业慈善家为建造博物馆捐献资金，也是为了展示国家技术产品，以教育公众。

19世纪的博物馆被设计成纪念性建筑，在这里神圣的理念被用来阐述长期的、国家的、民族的理念。

**现在** 19世纪的博物馆的观众都受过教育且举止优雅，且人数有限，但现在观众更多了。随之而来的一个需求是，藏品必须尽可能可视、可读。

目前英国彩票赞助的建筑不太寻常的方面是它们都需要有大量的公众到来，以此作为赞助的条件。以前是拥有政治力量的政府机关或私人赞助商做决定，但现在是根据内容和展示方式，因此决策比以前的社会性要广。这样的结果是博物馆建筑正在被重新诠释。

**博物馆的五大功能**

收藏、储存、保护、研究和展示

## 21.2 藏品的组织（布局开发）

许多早期的博物馆按严格的平面组织，日光照明的美术馆布置成均衡的走廊，有个宽的中央走廊作为“人行道”，作品严格按分类学根据平面网格布置。藏品组织是为了感染鉴赏家、收藏家或学者，展示根据“审美”或分类或年代学来布置。

在这个时期，其他形式的展览也有所发展，它们的技术现在已经融入博物馆的组成部分中。到19世纪，有许多不同的娱乐和展览同时进行，大家也认可了一个展览可以同时达到提供信息、教育和娱乐的目的。

1851年的世博会(the Great Exhibition)是英国文化和工业生活的里程碑。这个第一次的大型国际展览形成了一种展示的风格和地面的组织模式，开创了“世界博览会”的传统，成为建筑和设计试验的推动力。从那时起，所有影响博物馆现代设计的理念都出现了。原始的理念被加上了“博览会的组织，老板的创业技能，蜡像舞台造型的模仿，大量公众接近的权利”。

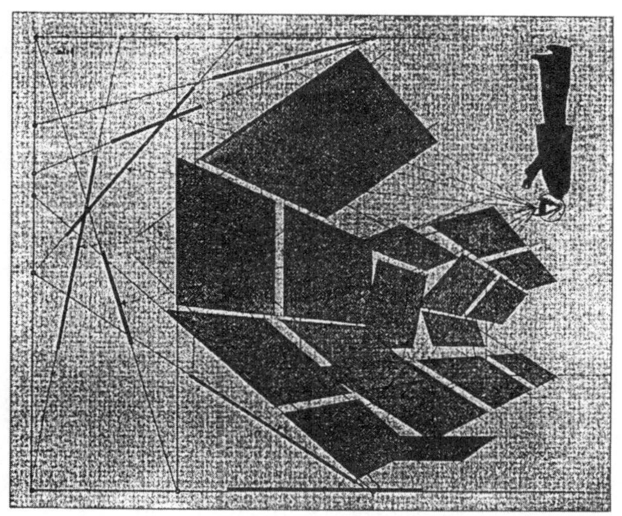

图 21-1 德意志制造联盟展览目录：赫伯特 · 拜尔（Herbert Bayer）的视域图（1929）

死板的布局不能满足主题式展出的需要。要求采用更灵活的风格，利用整个区域，而次区域也为主题各方面作贡献。在 20 世纪 20 年代，新的思想与包豪斯设计哲学融合在一起。在 1930 年巴黎的德意志制造联盟展览 (Deutscher Werkbund Exhibition) 上，格罗皮乌斯和拜耶按预定的顺序表达有机的流线。曲线的墙和地面的变化也用来传达信息。

1951 年不列颠展 (Festival of Britain) 的风格和技术也被吸收到博物馆科学、考古和装饰艺术的展览中。在 20 世纪 50 ～ 60 年代，展览设计开始沿着两条完全不同的线发展：一种是意大利风格，最少的物品精细地展示在美丽的环境下，享受的感觉胜过了教育；另一种代表了剧院式的展览，是"唤起"式风格。

## 21.3 博物馆的职责（职责、目标、目的）

直到 20 世纪中期，博物馆仍然是一个学习的场所，通过建筑设计中强化且严谨的入口，强化一种文化主导的概念。现在，博物馆希望展现一种更迎合大众、包容性更强的形象，因为它不再仅仅展示社会的一元视角，而应该反映多元的文化和希望。现代博物馆最重要的任务是以最丰富的藏品和学习设施的可达性，与最广阔的观众交流。

现在的博物馆是综合性建筑，可以开展不同的活动，供有不同兴趣的人们选择，可以容纳藏品，还可以为普通和专业职员提供工作场地，他们为公众提供服务，也为公众保护藏品。它们应该被设计成既能为客户服务，也能为当地社区服务，用博物馆的展品联系所有类型的人群。

## 21.4 今天的博物馆（通用的、目前的政策）

博物馆反映了社会如何看待自己，以及作为外面的世界的商业和文化的成果的标志。对于大多数人来说，新的教堂是步行商业区和博物馆，后者将家庭娱乐与自我促进结合起来。美术馆或博物馆在英国是最受大众欢迎的参观点。车辆的增加，更多的休闲时间和全球旅游的增长是上述现象出现的重要因素。

现代博物馆是一个多功能的场所，它将传统的解释及保存大量艺术品的功能，与大规模商业区，综合新技术和公众交通的需求结合在一起。在与其他形式的娱乐活动竞争时，博物馆主要参考主题公园的建筑和技术，它们自身在 19 世纪的国际展览上也得到了增长。

由皮亚诺 & 罗杰斯（Piano & Rogers）设计的巴黎蓬皮杜中心（1977），是重要的时尚聚集点，回归了博物馆的传统角色，将其定位为一处宁静的港湾，同时也作为市民教育机构，提供教育和娱乐。美术馆和博物馆现在不得不配备一些设备，以供人们休闲、购物或进餐。它们还需要满足研讨会和研究生课程。同时它们还是定义和区别不同城市的纪念物。

美术馆作为艺术市场，通过组织临时展览来让一些艺术家获得成功，并引导潮流的发展。艺术也变成了一种戏剧化的表现手法，扩展到使用各种媒介，包括装置艺术、影碟和表演。

现存美术馆和博物馆需要继续调整以通过展示区反映最新趋势；在这些区域，物体不是通过静态展示，而是通过展示板、计算机屏幕提供展览路线，为来访者营造出一种积极参与的氛围。因此，最终的目的是，不仅分类和显示内容，还使得博物馆成为人们度过休闲时间的场所。

## 21.5 可达性（与周围区域的关系）

博物馆或美术馆是它所在位置重要的文脉所在。通过使用新建筑，或使用已有的多余的建筑，博物馆可成为一个衰败区域城市更新的焦点。卡鲁索·约翰（Caruso St John）所建造的沃尔索耳(Walsall) 美术馆（1999）被认为是这个城镇整体更新的重要元素。美术馆成为一个很高的地标，从城镇各个角落都能看到它。它重点强调了儿童和成年人的教育区，建筑周围是社会区和已有的公共市民空间。

丹尼尔·里伯斯金（Daniel Libeskid）设计的计划中的曼彻斯特帝国战争博物馆也希望扮演更新的角色：和毕尔巴鄂古根海姆 (Bilhao Guggenheim) 一样，它位于水边衰败的工业港口。在这种案例中，建筑的价值体现在它不仅是艺术品的容器，还展现了城市的变化，象征着城市的热望。

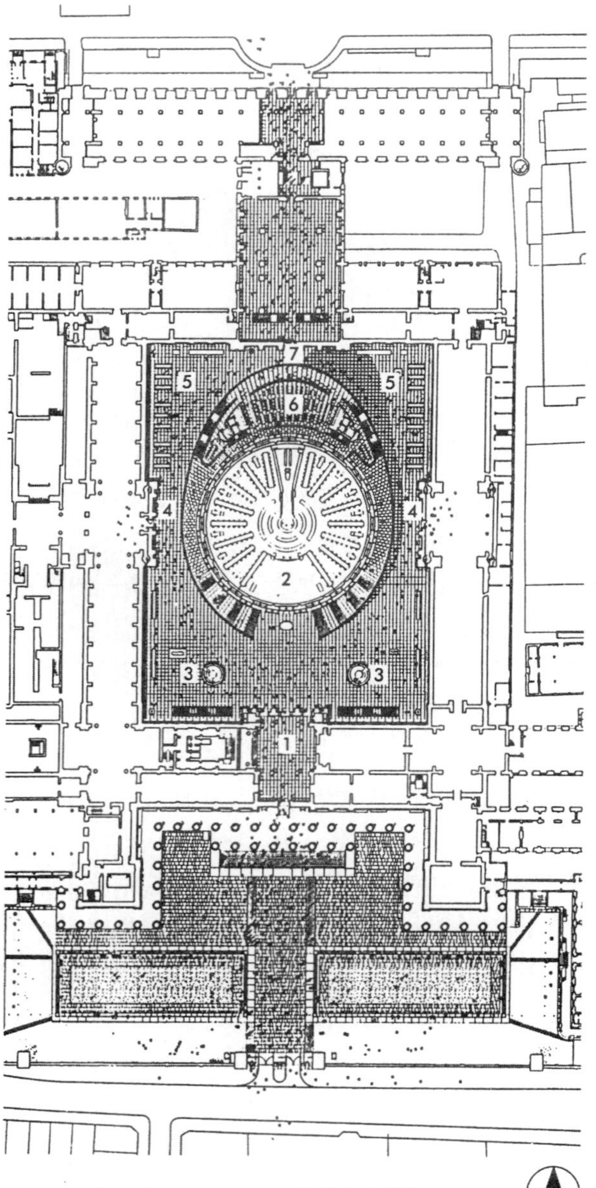

1. Weston 大厅（入口）
2. 阅览室
3. 信息和导向服务
4. 零售区
5. 中庭咖啡馆
6. 中庭餐厅
7. 主要博物馆区域上方的桥形连接

图 21–2 大英博物馆中庭：场地 / 流线平面［建筑设计：福斯特（Forster）伙伴］

博物馆也可以通过和邻近区域形成一个整体而发挥重要作用。赫尔佐格 & 梅隆（Herzog & de Meuron）设计的泰特（Tate）现代博物馆（2000）被描述为“不仅是以前”。它“给人的感觉是这座建筑……是年轻人和老人都想要使用的地方……是邻居不会受到胁迫的地方”。在福斯特（Foster）伙伴公司设计的大英博物馆（2000）的大厅中，重新规划，可能会给大厅带来更大的破坏，但也会创造出轻质的玻璃的伞状空间，从而形成巨大的新的公共空间（图 21–2）。由于位于伦敦一条计划中的“文化路线”上，它被设计为一条大道。

博物馆可以与一个城市的生活联系在一起，如在法尔默斯（Falmouth），Long& Kentish 设计的国家海洋博物馆（1994），协调了工作港和城镇规模变化的关系，为公众提供开放空间。建筑形成了一个新的广场，可以用作多种用途，周边有条宽阔的步道和散步道，将博物馆与城镇的生活连在一起。一个新的博物馆提供了在一个城镇中创造一致性场所的机会。它可以确定一个广场，如果位置得当，可以成为居民和参观者间自然的杠杆。它还能作为了解城市、了解它的历史和兴趣所在的场所。在斯图加特，詹姆斯·斯特灵 & 迈克·威福德（James Stirling & Michael Wilford）事务所设计的新国家美术馆（Neue Staatsgalerie）（1984）的入口向上穿越台地和斜坡，合并到一条公众道路之中；参观者既可以进入博物馆的高的入口大厅，也可以沿着庭院外围，顺着斜坡往上，融入另一侧的街道。通过人行道，建筑融入了都市的历史肌理。

## 21.6 建筑的信息（符号的意义，决定论，建筑的特征）

当代的博物馆本身也是一件艺术品。毕尔巴鄂古根海姆 (Bilbao Guggenheim)（图 21–3）展示了有争议的容器与展示内容之间的冲突。建筑师之前试图设计不同的空间，以容纳不同的艺术形式；只有在这里，如此不同的空间组合成一个协调的整体。6 个直线型的房间安排在一起，与邻近的雕塑空间形成对比，从而构成一定的联系。在 5 个其他的更大一点的直线房间里，形状、天花板处理和照明都各不相同。

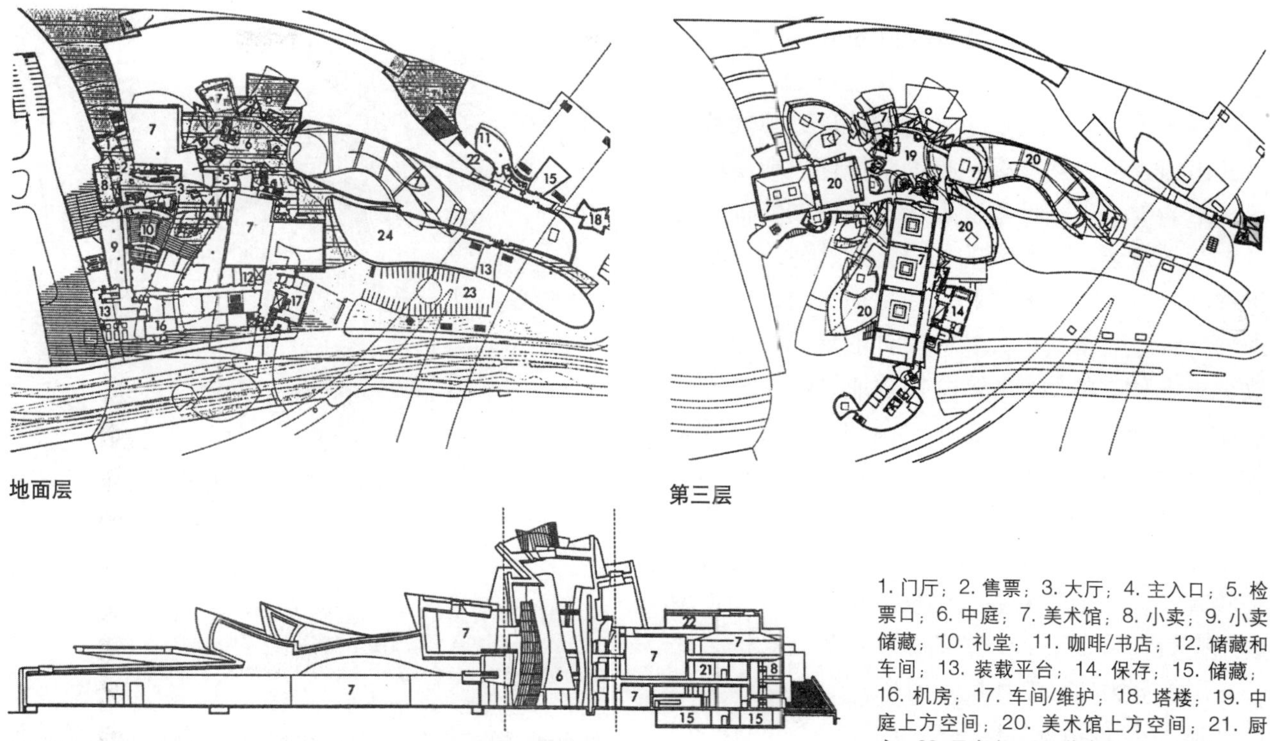


图 21–3 毕尔巴鄂古根海姆 (Bilbao Guggenheim) [建筑设计：弗兰克 O. 盖瑞 (Frank O. Gehry) & 事务所]

Benson+Forsyth 设计的爱丁堡的苏格兰博物馆是“合适的纪念性和自信的国家博物馆”。建筑参考了苏格兰城堡和（在苏格兰北部及其附近岛屿上发现的）史前圆形石塔遗产。斯图加特的新国家美术馆（Staatsgalerie）①既是建成模式的反映，也是对它的确认：斯特灵记着“……我们希望新国家美术馆是纪念性的，因为这是公共建筑的趋势，但我们还希望它是非正式的和人民的，因此在弯曲的步道和空旷的中心加强反纪念的感觉。人们可以对规则的路线进行替换，他们能在任何一点离开它而走捷径。”

Derek Walker 事务所设计的利兹皇家军械库，目的是为了激发参观者的兴趣，让参观者自然而然地感性地、而不是理性地引起共鸣。建筑被作为一个导管，容纳展品，同时允许他们继续往前。建筑师被任命为整个展示设计过程团队的领导，对建筑采用了一种全局方法。收藏品是整个过程的基础，支配着博物馆的每个方面。

丹尼尔·里伯斯金设计的柏林犹太人博物馆（1998）强烈地表达了情感的信息。博物馆主要是揭示城市的历史和文化背景，存放大量犹太文化的展品。这座强有力的建筑使用了戏剧化的建筑形式，以表达柏林和它的犹太居民的关系。

## 21.7 访客中心

与场地关联的博物馆的发展是访客中心，满足遗产业的“体验”需要的主要推动力。访客中心也反映了一个文化上不安全的年代，因此现在需要有对我们的遗产和当代文化的解释。

现在的彩票赞助的访客中心必须提供多种功能的服务，以满足千年委员会基金评选标准：学习，再生，可持续，最基本的一点，展示物体。访客中心作为一个特定物体或主题的诠释工具的角色通常与它的位置相关，因此它与场地的关系很重要。

① 出了斯图加特车站，沿着 Schillerstr. 向左边行进，在与康拉德•阿登纳街(Konrad-Adenauer-Str.)相交的地方有一座色彩斑斓的现代建筑，这就是新国家美术馆(Staatsgalarie)。从车站步行前往只需要5分钟的时间，其内分为新旧两个馆。老馆为古典建筑，建于1838～1843年，收藏有中世纪至19世纪德国、意大利和荷兰的艺术品及雕塑。新馆由英国建筑大师斯特灵(James Stirling)设计，建于1979～1984年，以其明快的色调、流畅的线条、古典和现代的完美结合，被誉为“后现代主义建筑”的代表作。馆内主要收藏现当代作品，尤其是印象派和立体派的重要作品，收藏有毕加索各阶段的作品以及现代画家 Joseph Beuys 相当多的作品。——译者注。

爱德华·科里南（Edward Cullinan）设计的格兰皮厄恩（Grampian）访客中心（1997），主要内容是考古学、当地历史和民间传说。博物馆与当地山地森林景观相融，目的是提供一个观察周围环境的窗子。场地平面参考了周围的特征，这一点非常重要。在地面的切口处建造建筑，允许建筑外露，并随着地形起伏在里面呈现出让人惊奇的全景。要求提供独特的室外的展览环境，存放历史上独立的展览；这个要求通过使用从中央场地向外发散的堤岸来实现，在四分区提供展览区，每个展览区有独特的特征。建筑的独特位置可让参观者留意到不同的景色和相互的关联性，在中央礼堂周围的房间可让参观者策略性地看到一些景色。一个长的完全的玻璃走廊一览无遗地展示全景，可以看到开放的景观区和定位区，还衬托出展览区黑暗的环境（图 21–4）。

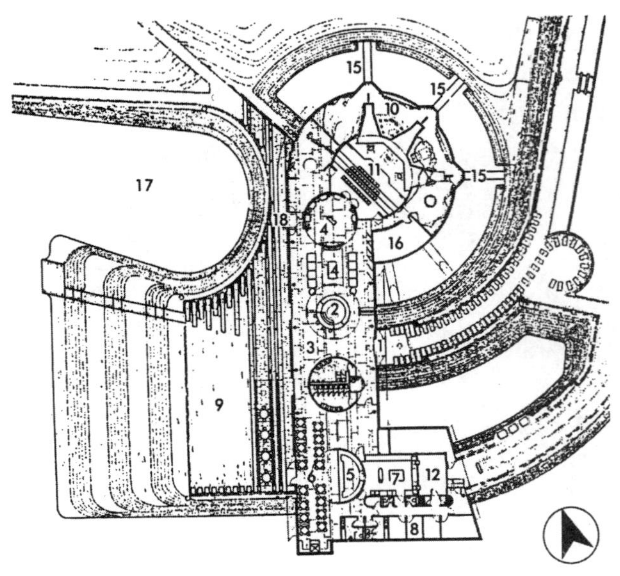

1. 入口；2. 接待；3. 大厅；4. 计算机解译；5. 备餐室；6. 咖啡；7. 厨房；8. 办公室；9. 舞台；10. 回廊；11. 礼堂；12. 职员；13. 卫生间；14. 商店；15. 小瀑布；16. 机房；17. 坡道基础；18. 上面的桥

图 21–4 格兰扁区（Grampian）Archeaolink 访客中心，布局平面：建筑与 Berry 山港和远处的圣山 Bennachie 相连（建筑设计：爱德华·科里南）

ECD 建筑所设计的斯林布里奇（Slimbridge）访客中心（1998）为野禽和湿地基金会 (the Wildfowl and Wetlands Trust)——湿地生物的全球性管理组织提供了一个家和管理中心。相连建筑的优点是满足了中心的功能，加上访客中心，观测塔，餐馆、野生动物乐园，堆场和场地员工的拆迁户住房（图 21–5）。

班尼特（Bennetts）建筑事务所设计的希思罗机场访客中心（1995）提供了一个独特的建筑焦点，将不同的空中旅行活动整合在一起。它里面容纳了一个 5 号航站楼的永久展示，也在社区中扮演了一个引人注目的角色，有职业中心，社区问询台和噪声抱怨服务。从意识上来说，访客中心与当地的联系比与旅客的联系更紧密，它与机场综合体主体本身没有明显的联系。它面向飞机起降的东北跑道。

大卫·马科斯（David Marks）和朱莉娅·巴菲尔德（Julia Barfield）设计的布莱克内尔（Bracknell）访客中心，“天气观察探索中心”（1997）揭示了天气如何变化以及天气测量和预报的演变。探索中心扮演着技术和环境之间的沟通桥梁的角色，它有着一个天气探测塔作为地标，以及电子信息，视频节目供应信息，互动展示和计算机游戏。

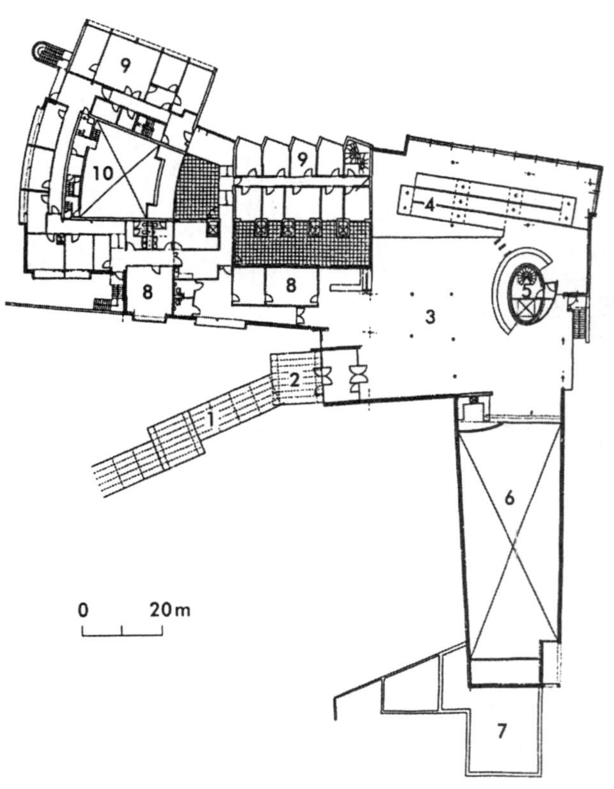


1.步道；2.主入口；3.入口/展览空间；4. 向下通往展览空间的坡道；5. 观察塔；6. 餐厅上方空间；7. 厨房等，下层；8. 会议室；9. 办公室；10. 演讲大厅上方空间

图 21–5 斯林布里奇（Slimbridge）湿地保护中心：首层，入口高度（建筑设计：ECD 建筑）

## 21.8 博物馆设计（平面，空间需求）

尽管新建筑相对来说比较少，但转换、更新、

升级已有博物馆和美术馆的任务还是很多。

博物馆和美术馆常位于历史建筑内，大多数展品属于它们。例如斯坦顿·威廉斯（Stanton Williams）设计的伯明翰的Gas Hall美术馆(1993)，原来是爱德华七世时代的市政大厅。

**客户** 客户可能是博物馆的馆长或管理员，他们有东西需要展示，且对所有物体都了如指掌。这样的专业知识对于设计过程来说很重要。

**设计要素和标准** 空间需求由收藏的规模、展览的方式、艺术品的尺寸和藏品增长速度决定。通常来说，如果想要大的艺术品发挥全部的影响力，则要求更多的展示空间。

大的地板荷载是在展览区域和储藏区域放置重的物品时必须要考虑的，还要考虑预期的参观者数量和可能的参观者分布。

**设施典型布局** 包括展室、礼堂、多用途空间、图书馆、商店、工作间、保存区、办公室、咖啡室等。

(1) 商店：应该不需要进入博物馆 / 美术馆即能到达。同时，它不能太突出；购物者还能记住商店在哪里。

(2)“资源中心”：在主要的美术馆空间或储藏区，研究者在可控制的环境条件和监视下，可以手持且检验物体。

(3) 高质量讲座空间和研讨室：作为会议设备，能带来额外收入。

**特殊的临时展览** 为了吸引参观者来博物馆，这一点很重要，因此需要为这样的活动提供良好的设施。特殊需求是工作间入口，还要有通向美术馆的较宽的入口，还要有运送街上过来的建造材料和大箱子里租借物品的设备。

**地面面积的使用** 在英国，美术馆和非美术馆面积的平均比例是48:52，而永久展示区占到了总面积的40%。非美术馆空间包括储藏区、管理活动区、访客设施和教育区。

**展示和存放需求**

| 博物馆类型 | 展示/%底层面积 | 存放/%底层面积 |
|---|---|---|
| 国家级 | 35 | 29 |
| 当地 | 57 | 25 |
| 独立 | 58 | 12 |
| 所有博物馆 | 53 | 19 |

（引自《博物馆规划手册》）

面积表：大型按目的建造的博物馆例子，皇家军械库（总建筑面积：15000m², 20000件展品）

互动展示，电影院，礼堂，触摸屏计算机，5个主要专题展示美术馆；电视教学室；儿童互动美术馆；有商务招待的功能的大型美术展览馆等，一个供戏剧表演、会议等使用的300座的礼堂。

户外：复制的倾斜式庭院可容纳3000名观众(比赛和打猎技术的展示)，动物展览庭院（动物和鸟的照看和展览），工艺庭（展示盔甲和武器的制作和保护）。

室外舞台空间：表演区，商店，咖啡，酒吧和餐厅。

外出就餐区，橱窗购物廊和市场商店。室内的街用做临时展示，一个美术馆，或供野餐，音乐会，会议，及其他社区活动。

**储藏** 紧缩的可移动柜可以减少储藏空间。需要的储藏空间可以根据藏品中所有物体的体积来计算，加上一定的富余量，留给每年的有计划的增长和无计划的捐献（额外的15%的空间）。

## 21.9 延伸博物馆的两翼

场地上有限的建筑空间需要得到有效利用，因此一些非公共设施，如办公室、保存储藏和保护工作间可以在远一点的辅助建筑里。可以通过不同方式创造额外的展示空间：如Dry Buthn Bicknell设计的伦敦交通博物馆（1994）插入了一些二层楼，在Sepp Mueller Architekt设计的维也纳应用艺术博物馆（1993），挖掘了一个新的地下室。

添加的两翼会使得现有的建筑变得复杂。作为独立结构的两翼可能更有效一些，如斯图加特新国家美术馆（Staatsgalery）和文丘里、斯科特·布朗（Scott Brown）事务所设计的国家艺术博物馆圣斯布里厅（Sainsbury），伦敦；这两者都使用了原有的元素。斯特灵在泰特博物馆的克罗（Clore）画廊在一侧与泰特相融，而另一侧则表明了它的现代和独立。

## 21.10 入口和参观路线（平面、公共空间和方向）

入口是博物馆最重要的部分。最重要的是，它是关于路线和行进的，但还涵盖了许多其他方面。

**入口** 可达性好，装饰很好或有纪念意义，且作为重点强调。地面层的入口较受欢迎，尤其是

地面层

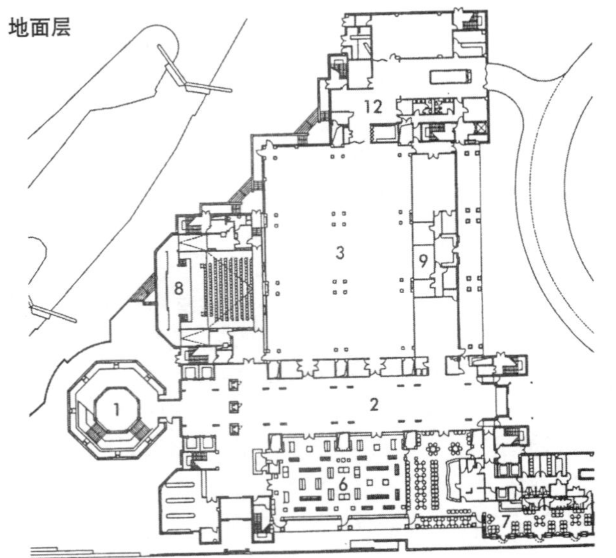


第一层

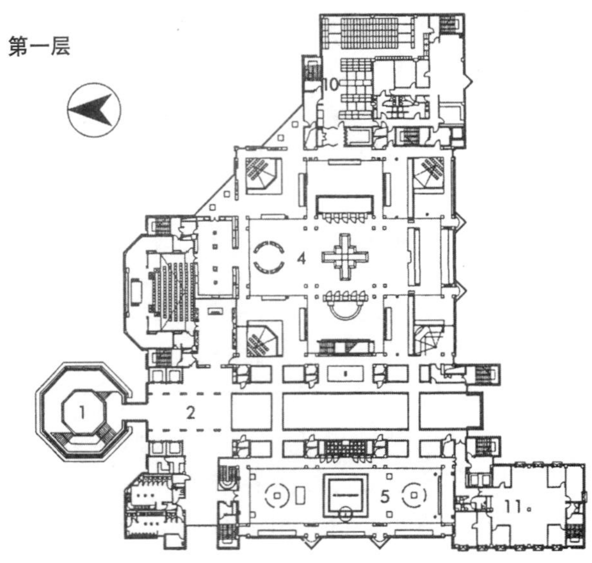


东-西剖面部分

1. 钢制品大厅；2. 街道；3. 临时美术馆；4. 战争美术馆；5. 比赛美术馆；6. 博物馆商店；7. 小餐馆；8. 电影院；9. 复印工作室；10. 展览准备/储藏；11. 办公室；12. 餐厅；13. 打猎美术馆；14. 东方美术馆

图 21–6 皇家军械库，利兹：较低的两层是可达的和创收的公共空间，如酒吧、餐厅、商店和电影院，也有图书馆和教育中心；博物馆部分是在第一和第二层和它们相应的中层楼；在南端是管理部分，东边是货物、储藏和保存部分（建筑设计：Derek Walker 事务所）

在和一个面向公众的开放的、透明的外观（而不是围合的、盆底式的）结合时；另一方面，上升的纪念式台阶使得进入建筑时有一种仪式的感觉。

在密斯·凡·德罗（Mies van der Rohe）设计的柏林新国家美术馆（1968），参观者离开街道，爬上一段台阶，到达一个巨大的空的混凝土方形底座，可以在上面俯瞰整个区域，而斯特灵的新国家美术馆（Staatsgalery）与此相反，没有中央的确定的入口，但有一个斜坡，访客可以进入，盘旋或上升到博物馆顶端。

**游客定位** 是博物馆设计的一个重要方面；游客需要对展室的布局有一个清晰的概念。在泰特现代博物馆，赫尔佐格 & 梅隆（Herzog & de Meuron）将地面层作为一个公共开放空间，在这里游客可以看到整个美术馆，玻璃监视器指示了展品和它们的位置，以提供方向，“因此人们不会感到迷失”。

中央的定位空间在许多有名的例子中都被重复使用：在斯图加特新国家美术馆（Staatsgalery）巨大的、欢迎的走廊大厅或圆形大厅，人们可以迅速感知建筑的整体组织，这不仅是增长的游客的需求，也是让复杂的路线清晰可见的要求。

**中庭** 用一个中庭连接所有房间，可以帮助游客自我定位，选择他们想要参观的房间。

里奇·马瑟（Rick Mather）建筑事务所 & BDP 设计的格林威治国家海洋博物馆的海王星庭上的玻璃屋顶扩展了建筑空间，梳理了人员流动问题，同时还极大地增加了展示空间。新的桥和内部街道满足了通行和定位，允许人们直接到达美术馆。同样的，里奇·马瑟建筑事务所设计的华莱士（Wallace）收藏馆（2000）也采用了中庭上空较高的透明屋顶，提供一个新的焦点，同时帮助游客定位。

毕尔巴鄂古根海姆的高 50m 的中庭形成了博物馆关键的交通节点和定位空间。

**流线和平面** 弗兰克·劳埃德·赖特（Frank Lloyd Wright）的创新的纽约所罗门 R. 古根海姆博物馆（Solomon R. Guggenheim）（1959）将流线作为设计的第一位，但代价是布局不够灵活。访客通过电梯上升，然后顺着环绕中庭的螺旋斜坡步道下来，但看作品的空间很有限。

理查德·迈耶（Richard Meier）& 伙伴设计的洛杉矶盖迪中心（1998）的设计原型包括“达利奇（dulwich）单元”，一个立方的、自然的顶

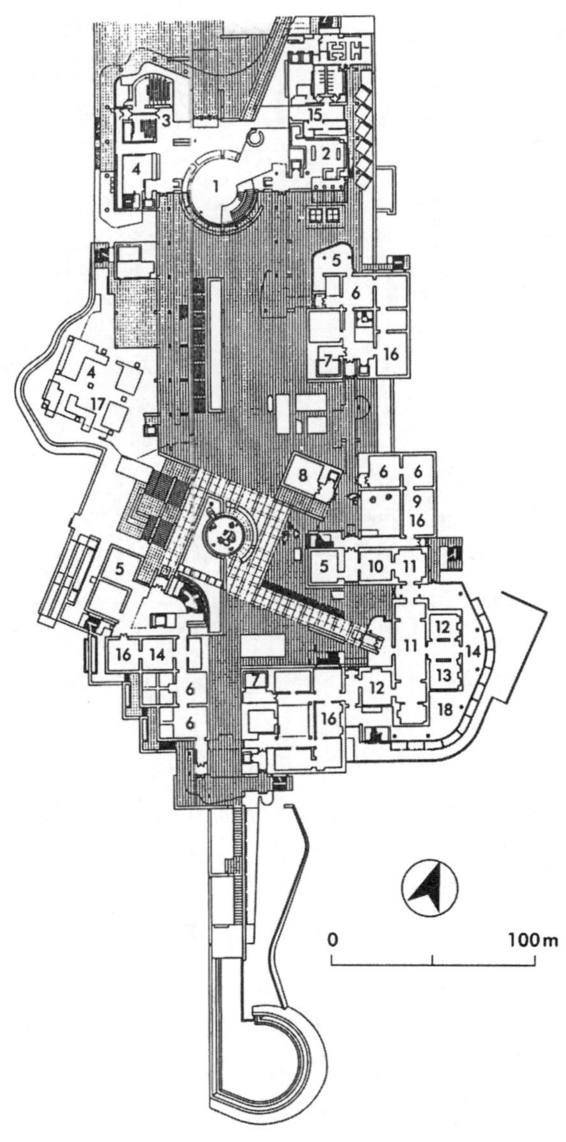


1. 圆形大厅/问询；2. 书店；3. 东方剧院；4. 空间；5. 问询；6. 雕塑；7. 艺术品电梯；8. 家庭中心；9. 绘画；10. 织锦；11. 大厅；12. 摄政区；13. 洛可可区；14. 过渡区；15. 上方的办公室；16. 上方的画廊；17. 上方的loan/特殊展览；18. 上方的装饰艺术台

图 21–7　盖迪中心，洛杉矶：入口层平面（建筑设计：理查德·迈耶伙伴）

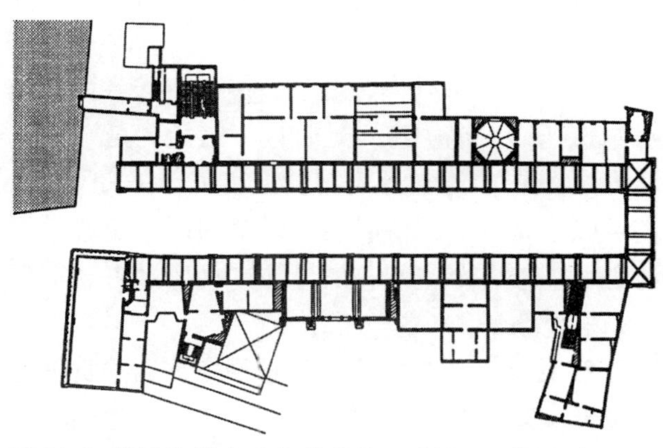

图 21–8　佛罗伦萨乌飞奇美术馆，乔治·瓦萨里（Girogio Vasari），1570：顶层平面［目前的布局：伊格纳齐奥·伽德拉（Ignazio Gardella），Giovanni Michelucci，卡洛·斯卡帕（Carlo Scarpa），Guido Morozzi，1956］

光源的美术馆，耦合进一个九边形或四边形的方形平面里。这些方形组成了博物馆群的基础，它们围绕一个主要的平台，周围散布着前庭和外部的台地（图 21–7）。美术馆采用了佛罗伦萨（意大利）乌飞齐美术馆（图 21–8）成功的顶层布局，其主要交通路线包含一个庭院，在连接一系列独立美术馆时提供了一个外部的定位点。参观的序列可以由访客自己决定，他们可以跳过一些特殊的区域而不失掉整体的感觉。

苏格兰博物馆既想要允许参观者按藏品年代顺序参观，同时又想让参观者直接到达单件展品，因此形成了它的特色。美术馆按设定的追随讲述苏格兰历史过程的顺序布置。最早的建在地下室，随着访客向上通过 5 个越来越亮的楼层，苏格兰的历史按年代逐次展开。旅程随着屋顶的参观而

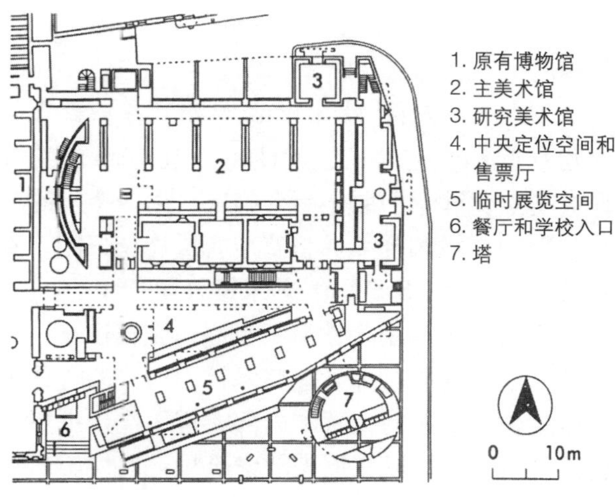


图 21–9　苏格兰博物馆，爱丁堡：地面层平面（建筑设计：Benson+Forsyth）

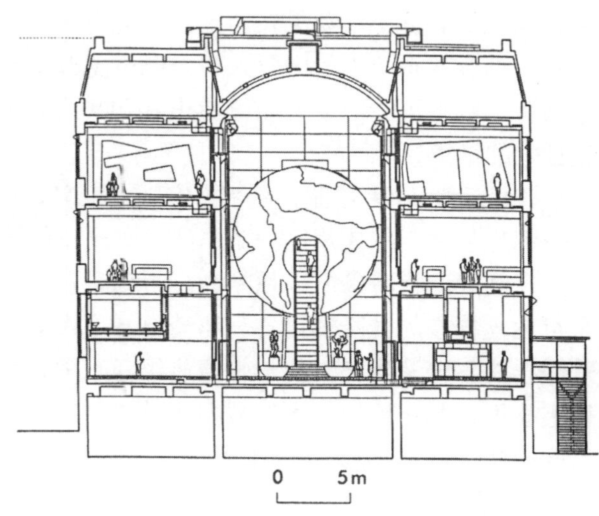


图 21–10　新地球美术馆：国家历史博物馆，伦敦：主中庭，拉丁部分（建筑设计：Keith Williams 在 Pawson Williams 建筑事务所）

到达顶点，使博物馆真正融入这个城市的文脉。总的流线或定位空间是内核和外部空间之间大的三角大厅，当阳光照耀时，它就像一个室内庭院（图 21–9）。

珀森 · 威廉（Pawson William）建筑事务所设计的自然历史博物馆的新地球美术馆（1993）的布局是通过一个中央自动升降梯将访客带到 12m 高的顶层，从中庭到上层的美术馆，穿过了一个直径 10m 的旋转钢球，这个钢球寓意着地球。然后，参观者可以顺着下去的路来发现展品。在美术馆每一层的尽端都可以看到中庭，这个中庭可以作为失去方向感的访客的一个参考点（图 21–10）。

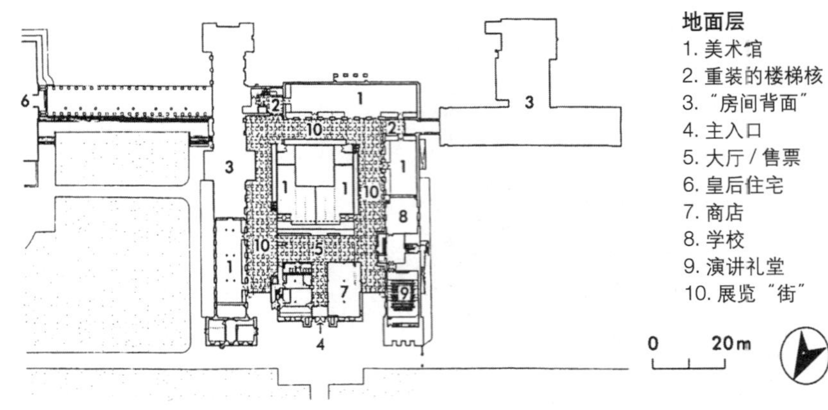


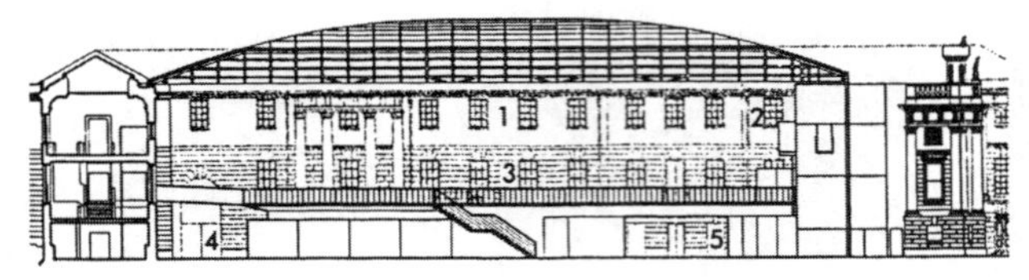


图 21–11　海王星庭，国家海洋博物馆，格林威治（建筑设计：Rick Mather 事务所 &BDP）

诺曼 · 福斯特（Norman Foster）在皇家军队原始房间和主美术馆之间使用一道 4.2m 的缝隙作为支点，展示和照亮两个门廊，用一个新的钢和玻璃的楼梯和升降梯将整个 5 层连在一起，直接通向赛克勒（Sackler）美术馆（1991）。

在国家海洋博物馆海王星庭，直接通过一个连接内部街道的拱廊到达美术馆。向外的视线为访客定位，而新的大桥和内部街道围绕中央指挥台，使得人们可以在原来的建筑里巡回绕美术馆一圈（图 21–11）。

**残障人士入口**　建筑应满足各种残障人士需求。

(1) 入口：理想状态下，应该可以从主要入口到达建筑所有部位。如果在历史建筑里有保护的限制，则改变每个人的主要入口，以避免改造带来伤害。否则可能需要为轮椅使用者和其他人创造独立的路线。

(2) 流线：如果可能，所有访客，无论有无残疾，都应从头至尾使用同一条路线。如果空间许可，在高度变换时最好采用斜坡。否则，提供一个可独立操作的升降梯设备—座椅电梯，或最好是静止的平台升降梯，便于轮椅使用者—垂直水压类型平台梯—轮椅使用的楼梯爬升器（这是最后的选择，因为它无法单独使用）。

(3) 所有楼层均有无障碍卫生间。

(4) 职员需求：残障职员需要到达所有的办公室和储藏间，在办公层还要有无障碍卫生间设备。这些可以对残障的学生，研究者和来自其他地方、想要在储藏间进行研究的同事开放。

## 21.11 交流标识

即便建筑设计本身对流线模式有很大的影响，但标识在访客有效使用博物馆或美术馆上起到了重要作用。没有指定浏览路线的博物馆，如利兹的皇家军械厂，就依赖标识系统。有效的标识不一定是文字：对外国游客和孩子来说，彩色的编码和图像会更好一些。在 Ben Kelly 设计的科学博物馆的儿童区——“基础”（1995），标识是很重要的：每天有 2500 个孩子参观美术馆，因此彩色代码和图像满足孩子的需求，设计出符合人们移动规律的标志。

建筑本身可以作为信号。例如，维多利亚和阿尔伯托的“锅炉房”延伸区，被认为是“没有墙的博物馆”，通过这扇视觉上实实在在的门，人们可以欣赏 450 万件展品。联锁的螺旋貌似漫不经心地连接各个空间，引导访客拐弯过去欣赏下一个历史场景。

IT 技术在为游客提供建筑信息方面的贡献越来越大；泰特（Tate）现代是一个史无前例的现代博物馆空间，有一种新的市民活动——屏幕、表演和历史事件。美术馆在内廊上“宣布它们的内容”，就像呈现一系列大屏幕。

## 21.12 管理需要及维护工作设计（研究、储藏）

大的博物馆或美术馆的功能的一个重要部分是它们的职业团队的工作，他们需要非常专业的设施。可以在远离中心场地的地方购买经济上承受得起的空地，条件允许时还可充当储藏库。

奥斯汀·史密斯勋爵（Austin-Smith: Lord）设计的维多利亚和阿尔伯特博物馆（V&A）研究和保护中心（1995），容纳所有的博物馆的保护部门，管理、研究和教育部门，还有管理办公室。中心提供的设施能够容纳博物馆近150万件藏品和100万册书。最好的工作室被加到现存建筑中，提供如下部门：

(1) 纸张保护部门(需要提供14种不同的水)，抬升的地板以容纳IT网线；

(2) 档案办公室；

(3) 服装和布品部门管理办公室；

(4) 高级管理者的小间；

(5) 职员普通办公室；

(6) 布品和地毯保护，包括洗和晾干大型地毯和挂毯的空间。

摄影部有一个石墨的X线设备，以检测艺术品的状况。还有双倍高度的空间以对大型物体进行摄影（从第一层开始，允许物体进入的最大门高是4.5m）。

需要专门的空间，以进行不同物体的斑点抽取检测，提供专业气体，消电离和其他水，侦测设施，黑视设备等。

布局要满足大型藏品的移动，在北边院子里卷起的地毯和重型雕塑可以通过叉车移动。雕塑保护需要有"脏的工作区",以供石头切割和碾磨；这里有专业的尘土吸取设备。

阿特金斯（W.S. Atkins）设计的牛津博物馆的服务储藏和实验室（1994）需要一个中央仓库和实验室来对它的60万件艺术品进行存放、保存、研究和分类。建筑有两个不同的功能；存放庞大物品的高储藏库，家庭尺度的实验室和办公室可以开展存放和分类工作。

## 21.13 细部设计（展示技术、设备、材料）

博物馆或美术馆的展示由比例不断变化的永久的和临时的展览组成。临时的展览可以作为永久展览的加强和延伸，还可以为放在仓库里的物品提供一个展示的机会。

有一些基本导则可广泛应用于展示设计领域：

(1) 墙：需要不间断的表面，以展示艺术品。布面的或石膏板覆盖的硬纸板容易修复，可以直接固定在墙上。这些多孔渗水的材料通过吸收和发散湿气来帮助控制相应的湿度。

(2) 地面，地板饰面：安静的，舒适的，吸引人的，硬质的，反射光线的，能承重的。通常木材、石材或地毯更合适一些。

博物馆和美术馆的基本地面荷载是4kN/m$^2$(BS 6399：第一部分，1984)。特殊的大型展品、展示分隔物、从上层地板下方悬垂的物体可能需要额外的荷载。展示大型物体时，荷载需要达到10～15 kN/m$^2$。使用紧缩的存放柜，可能使存放能力增加75%,需要的最小荷载是7.5 kN/m$^2$（见下表）。

**典型的特殊地面荷载**

| 功能 | 典型地面荷载（kN/m$^2$） |
|---|---|
| 展示空间 | 4～5 |
| 交通 | 4～5 |
| 卫生间 | 2 |
| 餐饮 | 3 |
| 零售 | 4+（取决于储藏） |
| 储藏 | 5～15 |
| 办公室 | 2.5 |
| 工作间 | 5～7.5 |
| 机房 | 7.5～10 |
| 悬垂展示 | 2.5以下 |

(Lord,G.D.，Lord B 编辑（1991）《博物馆规划手册》，HMSO，伦敦）

**物体展示** 最重要的是，单个的物体应该位于合适的视线高度，有合适的照明。每个物体都应有一个视觉印象。通过设计、限制视线、位置等来达到对某个特殊物体的强调。单个物体的信息表达应该与整体信息系统一致，包括信息的外观、编辑、图形、标志和标题，信息板，物体标签，信息"关键词"等。

**展柜设计** 展示柜可能是博物馆家具中很重要的部分。需要考虑视觉的和实际的情况（如背景，是单个展柜和整体展览设计的重要内涵，应该根据材料的兼容性来选择，既要参考物体，也要参考展柜周围环境）。展柜设计还要满足不同的

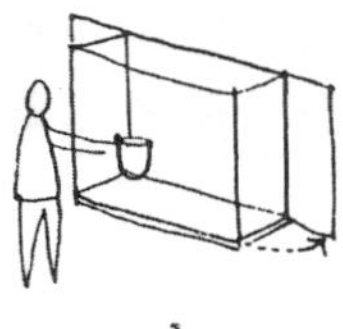
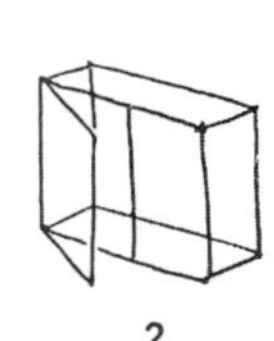
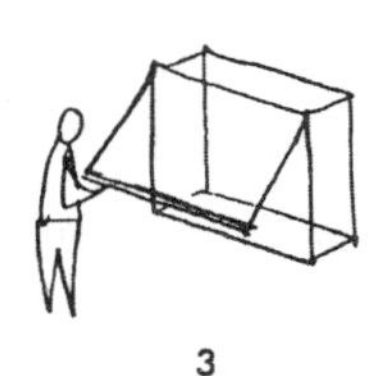

1. 侧铰链进入：物体观赏性好；柜子尺寸与人们取放时的胳膊长度有关；如果柜子放在一起，成行固定会很困难，除非分成方便的几部分
2. 前铰链进入：很方便打开；较大的柜子可能需要横梁以保证稳定，可能会限制线形板和嵌入展示块的尺寸
3.顶部铰链：为了安全，需要很坚固的开口条

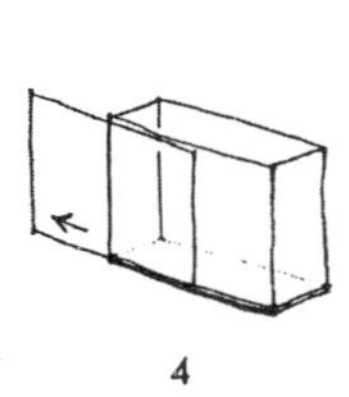
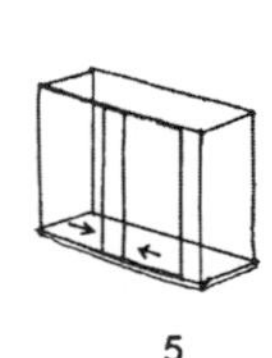
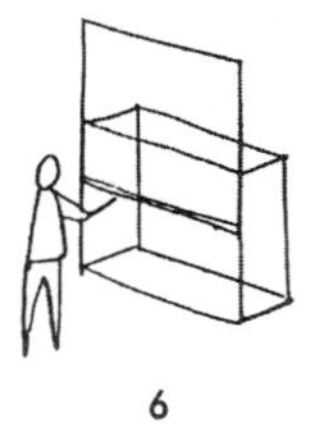

4. 前端滑门：物体观赏性好，容易取放；一个简单的滑轨，在全部打开时可能需要支撑；线形布置的柜子需要分开，以留出打开的空当
5. 2个滑轨：在柜子两侧空间有限时使用；在关闭时玻璃会"重叠"，当用防尘带密封时，可以进行转移（一些专利滑移系统有平接头）
6. 向上滑门：玻璃的重量会带来一些问题，在开放状态时可能会有危险，需要很坚固的"停放点"和支撑

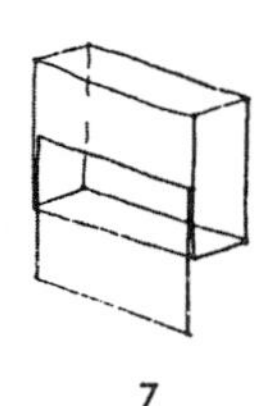
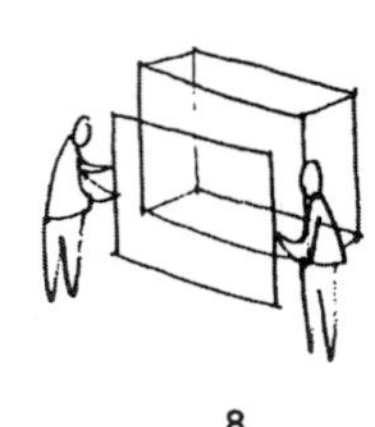
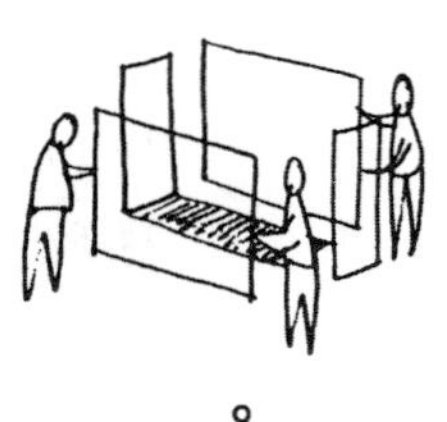

7. 向下滑门
8. 卸下式前端：为线形柜、展示块和放置物体提供最大空间，但玻璃的重量可能需要两个人来打开柜子
9. 可卸的柜子系统：对于临时的和需要搬移的展览很有用；即便结构很简单，也需要一组人才能移动它

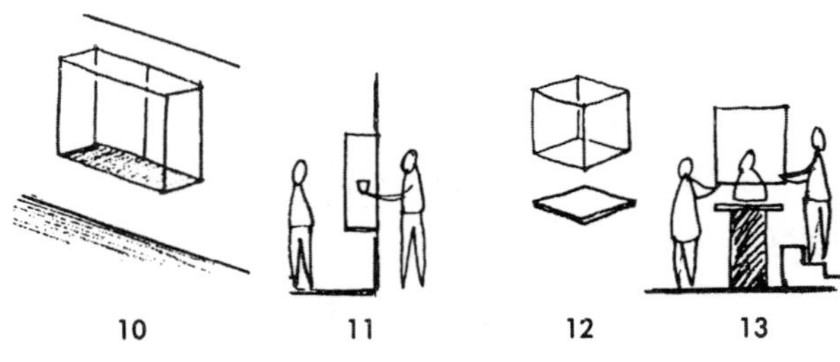

10/11. 后方开口：对于大型步入式柜子很有用，但进入廊道减少了美术馆空间；在装柜时很难看到效果，一旦装好后，也很难在前面调整
12/13. 可卸式"盖板"或"罩柜"：如果是由四面玻镜或有机玻璃建成，那么具有良好的能见度；对大型展品来说，覆盖物太重，难于操作，且会给展示物带来风险

图 21–12 展览柜打开方式 [Hall, M.(1987),《关于展览：设计语法》，Lund Hmpheries 出版公司，伦敦]

维护方式，包括它们存放的物体，设施（如光线、湿度设备等）和展柜本身（图 21–12）。

**屏障系统** 如果没有足够的墙面供展览 / 悬挂，屏障系统就很重要。在伯明翰的 Gas Hall，按网格布置的不锈钢插座散布在礼堂里，用来固定一套创新的可拆卸的屏障系统，以增加悬挂空间。带唇形边和铝边装置的胶合板的主要屏障模数是 3.25m 高，1.86m 宽。不锈钢护栏可以在参观者和展品间留出一定保护距离。护栏可以连成"排"，以创造墙的模数。屏障的重量有时会达到 200kg，因此需要设计一套搬运系统，以供两名经过训练的职员搬运，允许屏障的再次就位和移动到龙门吊存放间。

## 21.14 信息技术（虚拟现实，新技术）

电子革命对博物馆有很大的影响，参观者的类型也在发生变化，变得越来越多样，需求也越来越多。对于新一代来说，观看已经不能满足他们的需求；大家需要参与。虚拟现实有着更强的艺术感，与其他方式相比，也更易于让观看者身临其境。

现在的技术可以使得一个机构超越它本身的物理空间，将信息和原始计算机艺术带到世界上每个家庭。这意味着博物馆的程序比它的外壳或空间更加重要。博物馆可以与微型美术馆合作，提供艺术品的计算机图像以及有关的延伸信息，包括其他机构的物品。影碟、计算机、光盘驱动器和电讯成为我们观看艺术的补充形式，让我们对艺术的认识趋于完整。

在奥斯汀 · 史密斯勋爵设计的国家摄影、电影和电视博物馆（1984），CD-ROM 工作站的使用，在参观者和展品间提供了一个信息界面，方便藏品的获得。这样可以保护藏品，使其免于暴露在外，因为大部分藏品对光线很敏感，精细且易于损坏。CD-ROM 站的使用也很流行，因此以计算机为基础的进入系统与博物馆建筑联系在一起。展品的光盘让我们可以轻易获得大量相关数据，而研究室让我们在必要时可以进行检验。

计划中的 UCL 博物馆显示了博物馆是一个艺术品。地板上的开关能感应使用者脚的压力，并激活液体水晶玻璃的面板，将它们从多云变成晴天。幕墙会根据建筑里到访者的数量和位置来相应改变。到访者如果想要看实际的绘画或作品，可以从虚拟现实中召集它们。合适的链斗式升降机会把物体送到合适的层，供参观者检验。

对于展示先锋技术（cutting-edge）的美术馆来说，如约翰·米勒（John Miller）伙伴公司设计的白教堂（Whitechapel）美术馆（1998），最重要的是美术馆中无处不在的音频 - 视频设施。越来越多地将影碟作为艺术媒介来使用是很重要的一点。

## 21.15 环境

设施设计（即气候，安全，储藏，搬运和保护）与美术馆本身一样重要。

### 21.15.1 基本环境需求

最重要的目标是在最小的机械介入下获得且维持合适的、稳定的室内相对湿度和温度条件。建筑环境各个方面的平衡也很重要：例如，平衡物体和人的温度需求。此外，管理员要将艺术品的损耗速度降到最低，而展览设计者需要最大限度地展现展品以满足参观者需要。

绝大多数藏品很容易由于湿度、空气传播的污染、温度波动和光线影响而毁坏。将物体开放展示在一种使人体舒适的条件下，会给艺术品本身带来相当大的损坏。

博物馆保护使用化学和物理方法来认识和处理物体组分材料的变质情况。因为损耗通常由材料与环境的互动导致，因此保护发展到包括对建成环境和它对藏品的影响的理解。

管理员的专业范围很广，从监督环境对藏品的威胁，到根据化学稳定性评价展示和构造材料的适宜性。应在设计早期阶段邀请管理员介入，以参加项目标准开发，在可行性研究阶段也可继续作出贡献，为健康和安全事宜方面以及环境范围和工程设施提供信息。

为使得设施设计达到最佳效果，要仔细考虑，在安装设施和管线时将藏品的危险最小化。

**被动设计：建筑的“缓冲”特征** 英国博物馆越来越偏爱采用整体设计，将被动式设计特征最大化，而将对控制环境的主动式系统的依赖减到最小。

应该首先考虑被动设计方法和简化的环境控制系统。可以通过设计早期阶段的可持续方法的引入来降低维持建筑整体环境控制的维护费用（图 21–13）。

使用和参观频率不高的藏品可以利用建筑肌理和内含天然的稳定性来“缓冲”快速的温度、湿度变化。可以通过利用建筑的“热度调速轮”和“海绵”特征来实现这一目的。高热质结构和多孔渗水的饰面材料可用来创造内部稳定的环境。可以通过使用外部隔离系统，小的窗子或带遮荫的百叶通风开口来加强这一效果，这时热损失和获得可以在窗子处而不是房间内完成。家具也可以作为湿度缓冲。

爱丁堡的苏格兰博物馆厚重的结构使其温度和湿度浮动变得稳定。美术馆是机械通风的，对于敏感的展品采用有环境控制的展柜。

Archeaolink 的格兰扁区访客中心使用地锁面

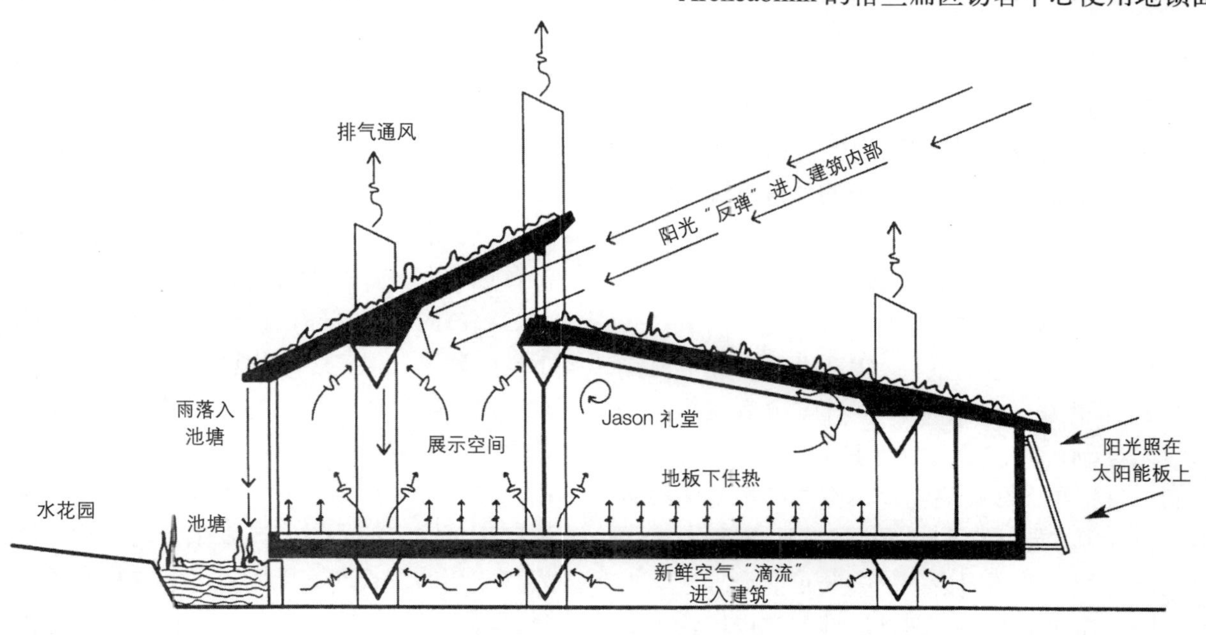


图 21–13 理解环境的霍米曼（Homiman）中心：概念剖面，显示冬季管理（建筑设计：Architype）

创造出了类似热量调速轮的效果，冬暖夏凉。运用被动年热量储存原则来创造低能耗建筑。

**能源使用最小化；可持续方法** 拇指原则适用于新的或改建的工程，与环境控制管理优先权和节能相关：

(1) 简单的；特别是低能耗特征；

(2) 找到能源用在何处；

(3) 确定哪里可以节约。

可以将建筑设施设计成低功率的设备，既可以作为“滴流充电器”来达到期望的平均环境，或作为“整顿者”在条件超出时停止运行。

敏感的展品可以保存在缓冲展示柜或展示区里。在使用频率较低的地区可以采用较低的控制（如储藏间和保存区）。在从照明获得过多热量和/或大量人群带来过量湿气的地方，需要加大投入。

### 21.15.2 低能耗设计的MGC标准原则：

(1) 避免设计的“整体环境”方法。

(2) 将“敏感的”区域作为一组，使用区域策略。

(3) 设定最宽的可能的环境控制参数。

(4) 使用被动式设计特征来创造缓慢的环境变化速率。

(5) 使用低能耗的项目，如高频照明和冷凝锅炉。

(6) 应用合适的运营和控制项目。

### 21.15.3 环境管理目标

(1) 避免环境变换给物体带来压力。

(2) 在物体和参观者的要求间寻求一种平衡：新鲜的空气，对到访者来说舒适的温度；足够的可以帮助看见藏品但不足以损坏它的照明。

(3) 设计很好的玻璃陈列柜，创造环境上的分区，在大量到访者以及相应的温度、湿度波动情况下提供保护。

(4) 确保节约能源不会破坏保护工作；无论何时，藏品都需要稳定的条件。

**空调和封闭控制系统** 建筑设施安装可以满足对RH、微粒、气态污染物，UV光和温度波动的封闭控制，对艺术品的保护起到很大的作用。然而，只有在大多数藏品均对细微环境变化很敏感，和常常有大量游客时，才能采用空调。

环境控制和照明设备的安装可能会导致陷入建筑保护和环境保护的两难境地。在借进物体之前，艺术品收藏家需要全空调和繁重的照明，而在已有的建筑里安装空调是一件破坏性很大的事情，且一旦安装就很耗费能源。

系统失灵时会导致事情变得更糟（如增湿器坏了后会带来过大的湿度，或冬天的过度通风会导致相对较低的湿度水平）。

高科技的解决方案对于大的、利用率很高的，管理档次很高的国家级设施来说很合适，如国家美术馆，但重要的是找出可供低能耗方案选用的环境变化范围。

空调应该只在博物馆大部分藏品需要高级控制，在考虑好资金和运营费用后作为正确的选择。

“环境分区”策略可用在已有建筑里，以减少对空调的需求。这一点可以通过将博物馆空间划分为重点和非重点区域来实现，即将最敏感的展品组合在一起，放在容易控制的区域或展示柜里。

> **例子：环境分区**
> 在伦敦交通博物馆，有空调的画廊点呈条状分布，存放敏感的藏品如老地图、文献，而展示的车辆则只有很少的气候调整。（建筑师：Dry Butlin Bicknell）

### 21.15.4 空调；温度和湿度控制

对于热量和湿度控制，没有绝对满意的水平。特定的藏品的控制范围取决于保护状态和物体之前存放的条件。

**温度** 是不太重要的环境因素，但是是控制湿度水平的重要方法。低温可以减小化学和生物侵蚀，但通常控制在一个人体比较舒适的温度，可能不超过19℃。

**相对湿度（RH）** 和温度相比，RH是一个更重要的保护要素，因为高湿度会带来最大的潜在危险。干燥的条件能抑制腐蚀、化学和生物攻击，但有机材料，如木材和织物，会卷缩和变得易脆。在潮湿的条件下，一些不稳定的材料会发生腐蚀，大多数有机材料会受到霉菌、昆虫和真菌的攻击。一些霉菌在相对湿度低于60%的情况下也会繁殖，但实际的危险开始于湿度达到75%时。通常敏感的或精细的物体可接受的相对湿度是55±5%。

湿度短期的波动对艺术品损伤很大，这种情况在大量访客涌入时容易发生。这样的变化被认为和过量的、长期的干燥或潮湿一样有害。大部分艺术品在相对湿度为45%～60%的范围内都能安全展出和存放，前提是建筑的高热质结构和多孔渗水的饰面材料可以产生缓冲效应，控制短期的温度变化。

### 21.15.5 空气质量和通风

**空气质量** 不仅是针对外部污染，还有内部生成的污染的减少，包括气体和微粒。所有的安装材料都要经过检查，以确保藏品保存质量标准。夹板，合成板，油漆和地毯瓷砖都会产生污染。合成板不适于存放博物馆物体。可以将材料样本送到大英博物馆检测局 (the British Museum Testing Service)，以评价保护可接受性。

气态污染的影响取决于展品的布局和类型。大气污染物，如二氧化硫和氢化硫，是最常见的损坏物体表面的物质。针对脆弱的展品，使用过滤系统去除微粒和气态污染物是很有必要的，其效率能达到95%。在有气态污染物时，装在空调机组上的活性炭过滤器是最起码的设施。

精美艺术品美术馆的典型空气质量要求如下：二氧化硫和一氧化二氮的最高含量是10$\mu g/m^3$，臭氧污染是2$\mu g/m^3$。

**通风** 主要是为了人们健康和舒适的需要，

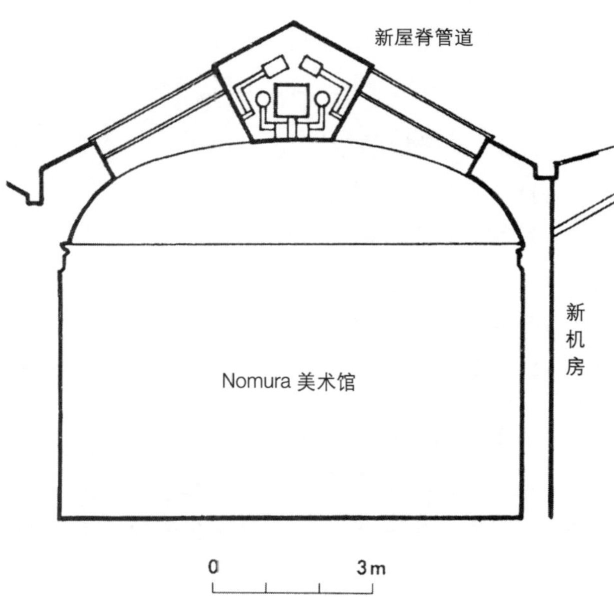


图 21–14 泰特的Nomura美术馆：采用低层高方法作为完全的一级美术馆改造原型；屋脊管道与空调供应和回流结合在一起，有固定和可调节照明设备，公共广播系统和不同的感应器；一个新的屋顶结构建在已有的屋顶上，支撑新的屋脊管道，有双层玻璃天窗，安装了自动太阳百叶和日光控制系统，还有管道分布和设施（建筑设计：John Miller & 伙伴建筑公司设计；工程设施：Steenson Varming Mulcahy）

但也考虑到冷凝和湿度是最大的危险。例如，在福斯特（Foster）伙伴设计的Duxford美国航空博物馆（1998），建筑的基本功能是保护航天器免受进一步的环境损伤。展品对湿度变化非常敏感，而不是温度变化。主要空间的相对湿度是50%，而温度可以自由变化。当人们在场地上走动时，夏季温度比室外低2℃，冬季高于室外2℃～3℃。设计最高温是室外28℃。

在Ahrends Burton & Koralek（ABK）设计的卡迪夫海湾（Cardiff Bay）的Techniquest科学博物馆（1995），通风条件要不断变化，以适应变化很大的人流量——高峰时期一次最大达到1200人，最低时一天只有150人。天窗和低处的"断续"节气闸提供自然通风，节气闸由空间温度和$CO_2$的浓度调节，同时还有置换通风。

HOK在自然史博物馆设计的精神建筑 (Spirit Building) 里存放了放于甲醛中的一些藏品，这种物质非常不稳定，如果太热时会爆炸。这里采用了一个太阳能烟囱，使用对流来抽取建筑中的热量。

封闭控制系统需要相应增加的资金和收入支出，它们的应用会导致给最终使用者带来大量的长期费用。不过封闭控制成为国际艺术品收藏的必要条件，相对湿度50～55±3%已成为规定的国际标准。要求足够的设备承载量，以应对湿度的快速变化。

这些标准适用于所有区域，既包括展出部分，也包括存放部分，如展示、装运、存放、保护和流通区域。

设施安装的投资费用变化范围很大，主要与需要的环境条件的控制程度和建筑构造本身对内部环境的控制能力相关。许多博物馆有独立的夏季和冬季环境控制程序，以节约能源。

**例子：低运行费用方案**

在考陶尔德（Courtauld）学院画廊，萨默塞特（Somerset）屋，为了克服游客带来的高湿度和$CO_2$的问题：

(1) 通过堆栈效应加强通风，自然对流将暖空气从开放的烟囱中抽走。堆栈与直径175mm的金属管道相连，烟囱端部有机械风扇。$CO_2$传感器安装在美术馆里，需要时可激活风扇。

(2) 每个房间安装了加湿器和除湿器以控制湿度，确保相对湿度在55%上下10%的范围里浮动。

(3) 一个电子建筑管理系统与设备同步，随时记录每个美术馆的温度和相对湿度及$CO_2$水平，因此这个系统可以定期调节。

在下面情况下，温度、相对湿度和微粒过滤的建议数值表，参考《CIBSE照明导则：博物馆和美术馆照明（1994）“聚光灯下的博物馆(museums in the spotlight)”》：

(1) 封闭环境控制设计标准；

(2) 高质量控制标准（美术馆）；

(3) 展示柜里的藏品（放在展示柜里的藏品的宽带控制标准）。

BS 5454:1989《档案文件的存放和展览建议》是环境设计的基本信息来源，设定了温度和湿度条件标准。然而，大家逐渐认识到，不同的艺术品和不同的建筑所需的条件也不一样。

**例子：出借者的环境要求**

斯坦顿·威廉姆斯（Stanton Willams）在伯明翰Gas Hall创造的现代展示空间（1994的国家肖像画陈列馆的延伸），出借者坚持巡回展览时对展品进行封闭控制，必须满足他们的这个环境要求，还有严格的照明等级和防火及安全设施。

(1) 美术馆温度维持在22℃，相对湿度55%。空气经过过滤，以减少潜在气体污染的危险。

(2) 记录环境和治安数据，因为越来越多的出借者要求在同意参展前出示记录证据。

(3) 地下展示准备区域，运送升降机和装载区域都和美术馆大厅维持同一水平的温度和湿度。

(4) 凸起的钢面与枫木地板形成加压地板空间，充满供给展区的空调风。

(5) 大厅入口处的玻璃旋转门减缓了游客的进入，使得在300名游客——最大值——得到允许进入时，环境系统能有机会进行调整。

## 21.16 照明

### 照明的需求

通常展示照明的目标是根据展品整体和细节精确表现展品，且使得展品富有吸引力。通常需要环境照明和重点照明的结合。应使用有良好色彩渲染效果的灯具。

要有足够的光照强度，在展示物体照明度和整体视觉区域之间维持一种平衡。展品应该是最亮的，确保展品的最佳能见度。

基本的问题是：

(1) 照明是人工的或是自然的，或是寻求两者之间的平衡。

(2) 日照是否用在展示区或只在美术馆空间。

(3) 阳光是否被排除在美术馆外，如果这样，需要何种阳光屏蔽系统。

至少需要3个独立的照明系统：

(1) 在安装、清洁、维护、拆除、开放时间外的安全巡逻时使用工作照明。

(2) 游客安全使用的紧急照明。

(3) 展示照明（图21–15）。

在设计展示照明时需要考虑的因素有：

(1) 心理的：人们如何看待展览品，对建筑的理解，对公共美术馆的感觉以及照明路线。人工照明的平稳性使得人们可以将博物馆展品作为静态物看待；自然光线移动的、变化的属性带来更复杂的环境，条件会改变和影响展品观赏。

(2) 生理的：照度，对比，反射，效率，整体性，眩光，色彩，光解。

太多的对比会带来视觉上的问题。许多美术馆使用2:1的对比度，而在博物馆展示时，比例更高一些。

### 21.16.1 建议照明强度（lux）

(1) 办公室：环境照明300，作业区500

(2) 展示剧院：座位区300，展示区600

(3) 展览大厅：500/300/100

(4) 车间：200/500/750

(5) 交通区200，商店600，卫生间150

### 21.16.2 日照的使用

在凉爽的北欧气候下，日光是被动式太阳能的最好来源，可能有一个日照控制系统。一些窗

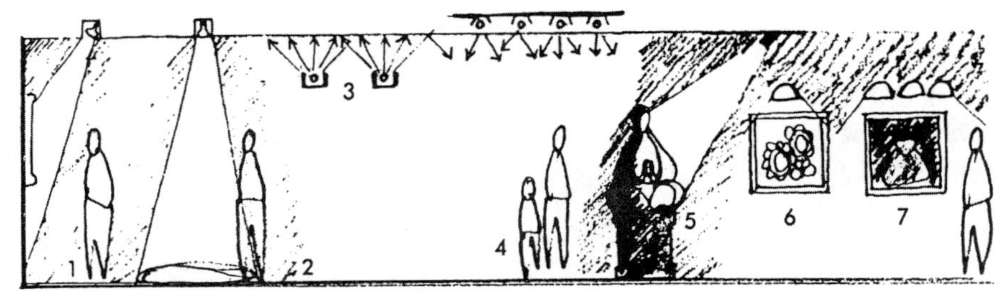


1.“洗墙”式；2. 向下照明；3. 向上照明；4. 漫射；5. 有方向的点照明（重点照明）；6. 较白的物体的照明；7. 较暗的物体，加大照明亮度
注意荧光灯具：现代荧光灯在色彩渲染方面与自然光几乎没有差别；可以用均匀的光线照亮整个墙面，而不至于用分散的点光源；灯具易于隐藏

图21–15 展示照明技术［Hall, M.(1987)，《关于展览：设计语法》，Lund Hmpheries出版公司，伦敦］

子和天窗的优点是：

(1) 减少能源消耗；

(2) 外部视线和光亮让室内空间生机勃勃；

(3) 变化的照明模式；

(4) 强烈的阳光对比增进兴趣，界定形式和质地。

英国第一个公共美术馆——达利奇（Dulwich）美术馆（约翰·索恩（John Soane），1812）即采用了屋顶天窗，自那以后，屋顶天窗被许多建筑所复制并发展。

基尔斯·吉尔伯特·斯科特电站（Giles Gilbert Scott’s power station）转化成泰特现代美术馆的关键视觉元素是“光柱”，光柱的范围遍及整个建筑，作为一个附加层，容纳了咖啡、餐厅和会员室/酒吧。玻璃屋顶结构下的2层建筑总体长度为155m。这种结构使得光线可以进入下面的美术馆，还可以有向外的视线。

在对CZWG设计的国家肖像画陈列馆的第一层美术馆进行整修时，在窗子上装上半开的百叶窗，使其能接收自然光。对面墙上的画以一定角度悬挂，以避免眩光，也为游客在进入后提供一个更直接的感觉。

### 21.16.3 照明技术

《CIBSE照明导则：博物馆和美术馆照明“聚光灯下的博物馆”》包含一个章节，其中建议了特殊级别展览的照明技术：

(1) 临时展览的美术馆照明和室外雕塑展的照明。

(2) 历史建筑：建筑本身的照明和作为博物馆或美术馆的照明。

(3) 展品以某种形式的视觉内容展出：“体验”类型的展览，即物体在一个真实的环境中展出。可以采用与剧院照明技术相似的方式使用照明模式、色彩和动画。这些也可以与音频-视频表演自动相连。

### 21.16.4 人工光类型

光源类型如下：

(1) 钨，低瓦数的钨-卤素聚光灯，荧光的。

(2) 荧光带照明在色彩渲染方面几乎与自然光线没有区别。灯具易于隐藏，能给墙面覆盖上均匀的光线，而不是点状光。

(3) 遮日篷（天花漫射光；日光或人工光）。

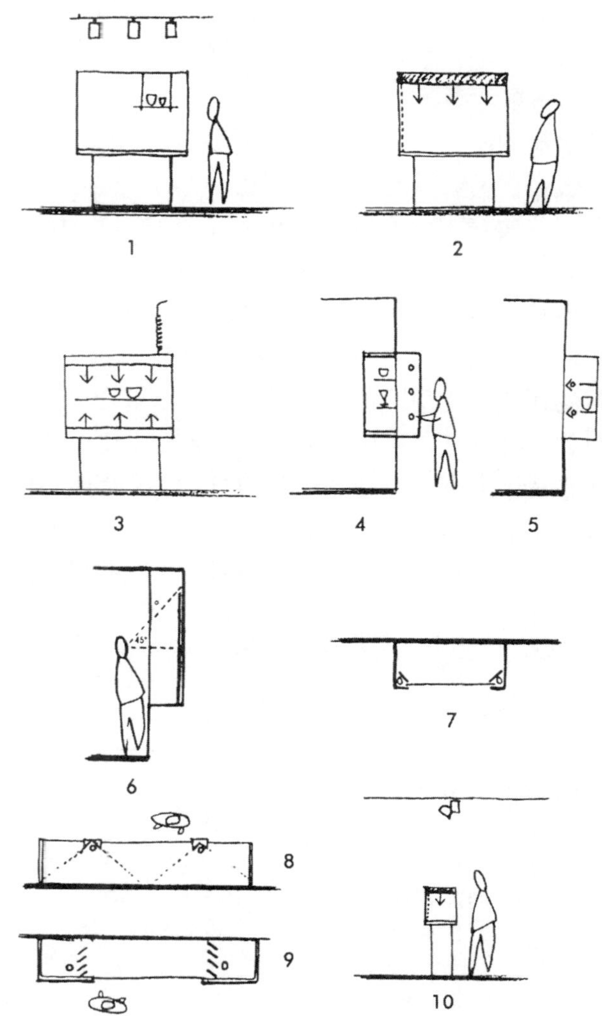


1. 外部照明：透过玻璃顶，但会积聚热量，除非使用“冷”光源；当用倾斜光线时，物体会投下阴影，还可能会有眩光的问题
2. 内部照明：使用散光玻璃或百叶窗（有防尘的透明玻璃板）将灯箱与展柜隔绝；荧光可以达到均匀的、发散的效果，或高光处采用钨灯
3. 同时从下部和上部灯箱照明，减少阴影的影响，还可照亮物体底面；光源应该被罩起来，通常使用百叶
4. 背部照明：荧光灯管置于散光材料后，通常是乳色玻璃；灯管需均匀分布，与散光源保持一定距离；理想情况是用调光器控制亮度
5. 带状照明（荧光或钨）装在展柜里架子末端，照亮架子上方和下方；只能用来照亮没有保存危险的物体
6. 荧光照明：在柜子后的招牌板上（没有散光板将光源从内部分开）；需要计算视线角度以避免来自光源的眩光
7. 垂直照明（平面图）：小的荧光管，布置在柜子角落里，形成光柱；适用于墙上有实体板的柜子
8. 荧光柱（平面图）：在柜子后向上照射；可作为老的墙柜照明的解决方案
9. 侧面照明（平面图）：为了罩住荧光灯管，有必要采用百叶；为了确保柜子背板上均匀的照明，需要精确地计算光线的扩散
10. 柜子内部照明：小的灯箱以安放缩小的荧光或白炽灯；视线高度的亮度需要精细控制；灯箱的线在柜子角落，可以转移

图21–16 展柜照明[Hall, M.(1987),《关于展览：设计语法》，Lund Hmpheries出版公司，伦敦]

(4) 通过不同组合带来灵活性；封闭的网格或连续的轨迹，组合光，钨，陈列柜中溢出的光以及折流板光源。

(5) 使用光纤后，灯具小型化，还提供了更多机会，提供闪光和减少热量。

在爱德华·琼斯（Edward Jones）和 Jeremy Dixon 建筑事务所设计的亨利摩尔学院，利兹(1993)，雕塑美术馆和研究中心，通过降低天花板高度，插入一系列点，使得空间有一个或多个灯的照明。使用了带冷的紫外线过滤器的小的二色钨 - 卤素灯，瓦数在 20 ~ 50 之间变化。在大一点的美术馆里，使用 5° 的灯；效果就像有斑纹的阳光。一个电速控制系统与一个光电池相连，可在日光不稳定时改变人工照明。照明的质量具有这个特征。

色彩表现 与光线的“冷”或“暖”有关，且会影响空间情感（见下表）。

**光线特征：来源和特征**

| | 聚焦的 | 非聚焦的 |
|---|---|---|
| 自然的 | 南向光线 | 北向光线 |
| | 日光和日间光线 | 多云/日间光线 |
| | □温暖和可变的 | □冷的和统一的 |
| | □对比和阴影 | □平的和柔软的阴影 |
| | □明亮耀眼 | □低的对比 |
| 人工的 | 白炽的和放电来源（清晰的玻璃） | 荧光的和放电来源、白炽的（磨砂的） |
| | □温暖（>冷） | □冷（>暖） |
| | □对比和阴影 | □立体感较弱 |
| | □有方向的光线 | □散射 |

(Mark Major ©1994)

不同灯具的色彩渲染属性差异很大，照明色彩还受到色彩强烈的表面反射的影响。

带色彩的玻璃也能改变色彩渲染属性。展品的色彩渲染必须是照明计划的开始着手点。对艺术品正确的色彩渲染需要由所有可见光组成的白光。白炽灯泡的钨丝偏向光谱的红色一端，而荧光灯偏向绿、蓝、黄。设计者应在照明光中添加蓝色元素，因为黄光会让物体看起来更加黯淡。

### 21.16.5 照明导致的问题

**游客的问题** 控制游客视线的几何体和发光体的投影、阴影、光强和反射都需要进行仔细设计（图 21–17）。

**眩光** 导致不舒适或无法看见，可能是直接

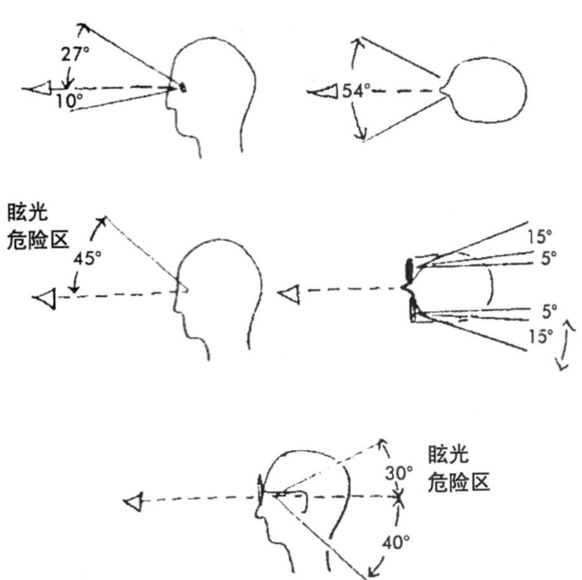


1，2 视域 3 潜在分散注意力区域 4，5 戴眼镜的游客对照明设备有更多的限制要求

图 21–17 视线和光线角度 [Hall, M.(1987)，《关于展览：设计语法》，Lund Hmpheries 出版公司，伦敦]

的或反射的。在设计建筑外表面时，可以通过窗子的朝向、天窗、遮阴设备、漫射装置、悬垂物等加以避免。

来自于反射表面的眩光（如展品表面或展示柜的玻璃）也是一个问题。为了避免直接的眩光，所有的光源都需要屏蔽起来，避免直接射向观看方向。在游客可以自由围绕物体走动时，要考虑所有角度光线的舒适度；在观察角度受限时，设计时避免溢出的光线和因此带来的眩光要容易一些。

对比：如果这里有混合的光敏展品，为了适应游客四处走动的情形，保持总的光照强度在 300lux 以下。

反射系数：周围的空间可以用 300lux 以下的强度，但更高的强度会带来眩光和反射。玻璃框架和柜子会完全或部分成为镜子，遮蔽里面的物体。为了避免反射眩光，任何明亮的光源必须排除在展出中反射可见的区域之外——这个区域通常被称为“不愉快区”（图 21–18）。

**光线导致的损坏**（光学退化）所有光谱上的白光都能导致艺术品的损坏，尤其是日光。会发生一些化学变化，如色彩退去，纸张变色，一些材料变得脆弱。例如，水彩画的颜料退去，或挂毯上的纤维也会毁坏。

光线中有害的、紫外线的成分可以得到一定程度的过滤，但这样对色彩有一定影响。要对关

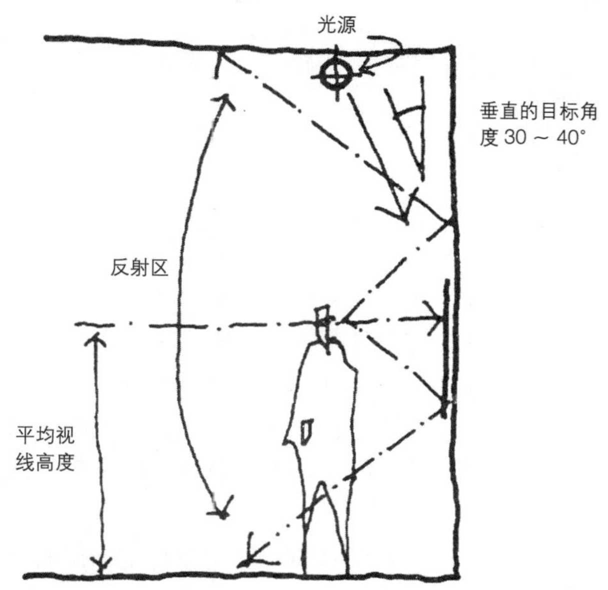


图 21–18 反射和目标角度 / 人工光源布置（图片：Mark Major©1994）

于光线对任何物体的可能的光化学反应进行评价，还要参考其他因素，如相对湿度（RH）和高温。

**光线损坏的控制** （光降解作用）在许多情况下，事实是，展览就意味着损坏的发生。照明设计的目标是在不严重影响参观者清晰观看能力的情况下，尽可能减少损害的发生。在美术馆不开放的时段，光照要减到最小。

损坏的程度由光线光谱分布、照明等级和照射时间决定。所有直接照射物体的光源都需安装紫外线过滤器或二级玻璃，以减少辐射损害。所有外窗上均应使用 UV 过滤镜或层压玻璃的内部夹层。

按照光谱分布，在美术馆，建议减少 UV 辐射，每流明不超过 75 微瓦，但即便是这个等级，对于避免颜料损失来说也是过高：现在的过滤器可以使这个数值降低到每流明 10 微瓦，在展示一些古老的无价之宝时，必须将紫外线完全过滤掉。

保护活动需要的等级还要更高一些，在暴露时间很短的情况下，不超过 1000lux 的等级是可以接受的。

《CIBSE 照明导则：博物馆和美术馆照明“聚光灯下的博物馆”》包含了一个表，提出了建议的最大照度和累积暴露时间。这个表列出了 3 种主要的展览类型：

(1) 对光线不敏感的物体（如金属、石和玻璃）；

(2) 对光线中等敏感的物体（如油画）；

(3) 对光线高度敏感的物体（如织物、文档和大多数天然的历史展品）。

## 21.17 安全

开放时间的贼越来越多，展览方式和警惕性对减少展品毁坏和展品失窃很重要。控制方法包括闭路电视、警卫、警报、火险监测系统。

**火险** 危险等级较低，但应该通过完全的警报系统来提供保护。喷水灭火系统是防火急救的最好选择，在大多数情况下，水仍旧是最好的灭火设备。然而，使用常规的喷淋器会带来第二种破坏：水会迅速毁掉绘画、织物和装饰性饰面。如果因喷头故障导致意外的水泄漏，而造成不能接受的危险，则应该使用“提前控制”系统，如空管喷淋器。

脉冲调制的“水雾”可以防止火势扩散，避免大火，不用弄湿表面就可降温。这是潜在的对哈龙（Halon）和多数粉状物的替换，它们可以降低燃烧效率，但出于环境原因，哈龙被淘汰了。

**窃贼和损坏** 这些是主要的危险。在直接火险逃生路线和安全最大化布局设计间要达到平衡。

保安系统应该包括障碍和展示柜，外部开口的入侵者探测，外部门的死锁和不可移动的挂钩，远红外移动探测器和彩色的闭路电视系统。

**门卫** 门卫的数量决定了展示的方法（如物体是否可以开放展示或放在柜子里）。必须根据藏品的价值和属性以及门卫的监管来考虑柜子、屏障和实体分隔的布局，避免盲区和深的阴影。

**障碍物** 在开放的展览中，没有保护的问题，可用不唐突的“心理”屏障来暗示某些区域“不可以去”或“不能接触”（如警戒绳或将物体置于一个基座上）。另一种威慑是突出显示安全装置。

**故意破坏的行为** 通常也要有所考虑。在存放贵重物体或具有政治敏感性的物体时，使用防碎的玻璃或有机玻璃。

# 第22章 办公室

Santa Raymond

注：

与办公室设计相关的一些重要方面在其他部分也有所提及。

本章普遍使用公制单位，但代理商和空间规划者们通常使用英制尺寸。

## 22.1 引言

办公室建筑的设计正发生着快速的变化。技术、全球化和人口统计学革新着工作场所的使用方式。曾被主要视为公司权力重要象征的办公楼现在必须是能随时调整的，能灵活使用的，易于维护的，区位可达性好，并符合生态要求。它们还必须为使用者提供一个有效而愉悦的环境，并保证金融家稳定的回报。

在过去，提供一个外壳，使其中的个体模数安置在一种标准间里就足够了。而现在，人们对"长期弹性，可改造性"的相关性需求越来越大。因此，手册的这个章节对办公室的从内到外都有涉及。在将办公室作为一个整体考虑之前，首先考虑历史背景和当今时代背景，空间的用途以及空间如何通过物理形态表现出来，并且我们提供了关于不同种类空间、技术、服务，以及家具选用等方面的信息资料。

自始至终，办公室的设计均应在全球化的背景下考虑。当地的地域情况影响着人们的工作方式，因此也影响到使用办公楼的方式。玻璃幕墙立面这种"全球通用风格"遍及全世界（也被全世界所需求），与此同时，建筑室内的布置方式则多种多样。无论位于何处，办公室的装备都反映出使用者的文化需求。文化差异对设计参数起到了有益的影响作用。举例来说，由于土地的费用，英国城市里的办公建筑密度总体上要比大部分欧洲城市高得多。不同的气候条件的需要在设计议

图 22–1 St Luke's 广告代理处的接待区，伦敦（建筑设计：Gareth Wright）

这个接待区综合了现代办公空间设计的诸多方面，入口处设短期工作区，会议及提神区，还有接待员日常办公区和房间预定。

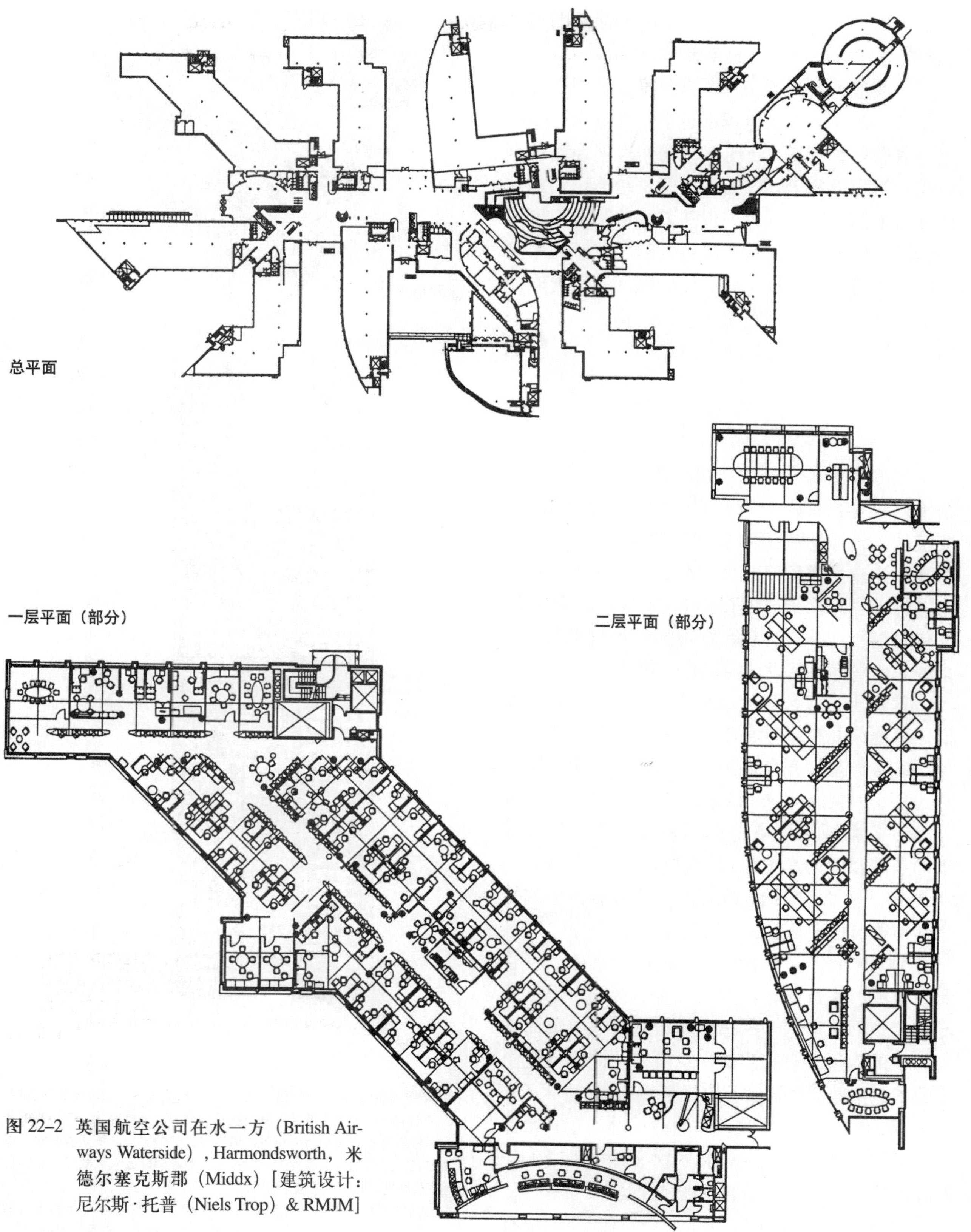


图 22–2　英国航空公司在水一方（British Airways Waterside），Harmondsworth，米德尔塞克斯郡（Middx）[建筑设计：尼尔斯·托普（Niels Trop）& RMJM]

这个 120000m² 的复合体包含 6 个办公“房屋”，由一条长 175m，宽约 12m 的中心“街道”连接。这个玻璃顶街道设有雕塑、树木、咖啡厅和休闲座椅，沿街道两侧布置商店、会议室和辅助空间。1850 个车位的停车场位于地下。

这些四层的房屋为 3000 人提供了总共 50000 m² 的工作空间，每人 9 m² 的净面积。所有工作站都是开放布置，有许多是共享的，但也设有许多会议室和会议空间，大体上位于平面的中心位置。

这个三重玻璃“街道”建筑建成新月形，由一个简单的管子和竿子组成支撑框架。通常，混凝土框架结构会在别处使用。

最新技术提高了建筑的灵活性，并且过程的不断简化也使得使用者可以最大限度参与设计工作。

程中变得越来越重要，同时，生态方面的考虑会加剧美学和实用性之间的矛盾。

与其他所有工程一样，办公室设计规则变得日益繁复。顾客需求也越来越多。在过去，办公室被看做一种开销；而现在，它们被视为促进事业成功的积极要素。过去，空间供给的花销只是许多员工工资的一部分，但随着环境复杂程度增加和昂贵技术，中心城市区每人的总花销几乎与最低收入员工每年的工资等同。然而，完善的办公空间会为企业运营和员工、供应商、客户对公司运营情况的看法提升价值。

## 22.2 历史

在字典中被定义为“处理事务的场所”的办公室，正开始前所未有地充分施展自己的才能。交流越来越多地被视为办公空间的首要功能。要求集中注意力或秘密开展的个人工作也可以在家中进行，如书面工作（保存记录工作）开始的时候。如何权衡集中注意力和私密性的要求与交流的需求的矛盾是办公室设计的核心问题。

修道士可以被视为最早的办公室工作者，他们需要连续几个小时集中注意力去书写并修饰手稿。写字台是好几个世纪以来任何一个寓所装修陈设整体中必需的一部分。描述写字台的单词“bureau”来源于修道士们用来保护柔软的羊皮纸而在其放置的桌上垫衬的粗布或“房子 bure”。今天，一些可以容纳及保存办公用具和设备的写字台形式被许多家庭工作者使用。

到 14 世纪，为了处理巨额财产事务，不管是皇家的、贵族的、民众的或是教会的，都需要专用的空间。后来，法律职业得到发展，继而文书写作的应用也日趋广泛，这就对贮藏空间提出了要求。这些活动通常在家庭环境中进行。

经商者在家门外的一些地方如咖啡厅开始他们的会议。这些为在现代背景中设计出鼓励人们互动的环境提供了有用的模板。

尽管银行业和其他主要的商业在 18 世纪有了很大发展，但是人们能够容易地聚集在中心区却是在铁路交通出现之后。早期的办公室布局是按工厂布局设计的。在两次世界大战间“科学管理”的制造业被引入之后，办公室有了更大的发展。基于显著的生产工序合理化原则，设计理念变得机械而不人道，这不仅影响了工厂的设计，

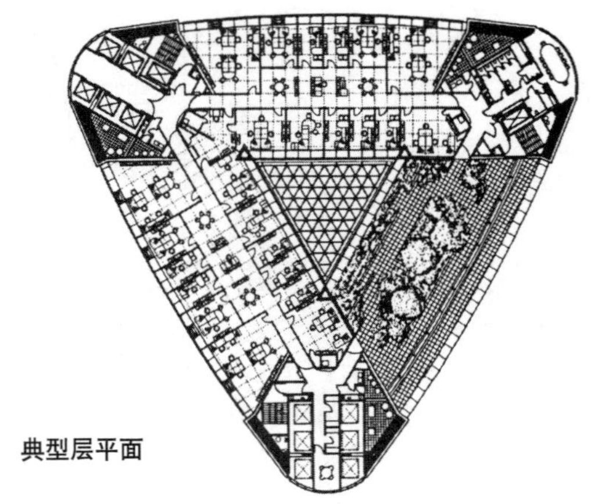

典型层平面

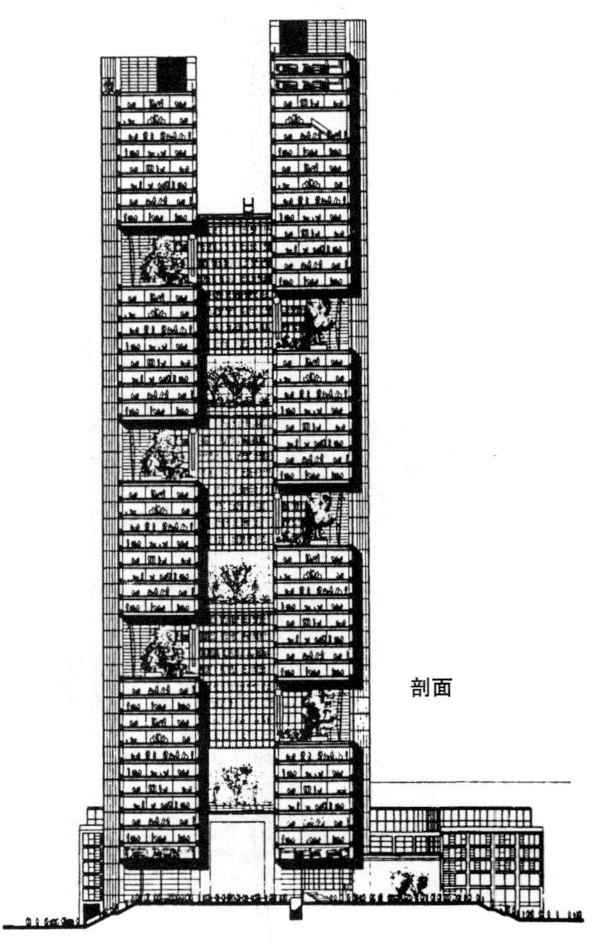

剖面

1997 年建成时，商业银行以 53 层，260m 的高度成为欧洲最高的楼房。三角形的平面形成了围绕中庭的狭窄的办公室楼层空间。四层高的花园为中庭带来日光和新鲜空气。通过可开启的窗户，周边式供暖、玻璃窗内部遮蔽物以及独立的环境监控，能源消耗量大大减少。花园形成了提神和休闲的有用空间。

办公楼净面积 52700m$^2$（总面积 120736 m$^2$，包括 300 个汽车位和 200 个自行车位），为 2400 个工作站提供了空间。商店，银行大厅，单元住宅，一条带有餐馆、文化活动室的街廊让建筑在街道层面与城市肌理紧密联系在了一起。

通过地下层钢筋混凝土硬性框架系统，在平面的转角处，成对的立式桅杆围绕服务设施和交通核，支撑着八层空腹梁，依次支撑净跨办公楼层。

图 22–3 商业银行总部，德国法兰克福（建筑设计：福斯特及其合作者）

也影响到办公室的设计。这种设计方法的影响的余波直到今天才被取代。

在早期的办公室中，员工们通常被装在一个大的开放的空间内，监督是一个重要的方面，而家具和艺术形式是对学校设施的重复。经理们在主要配备着家用陈设的家一般的办公室中工作。电力、打字机和电话如同今天的技术一样，不过比技术的作用缓慢得多，是当时改变人们的工作方式的工具。

许多早期的办公楼经常为革新而奋斗，同时努力提升组织的公众形象，通常成为那个时代建筑的杰出代表。从壮观的砖结构建筑（就像在芝加哥的沙利文的那些建筑）之后，楼房变得越来越高，越来越通透。密斯的钢与玻璃结构在某种程度上替代了砖与混凝土。

直到二次世界大战以后，室内空间设计的方法才开始有所改变。在美国，“候补队员区（bull-pen）”分区加入到通常的开放式平面布局和单间空间中。欧洲引领了一种更轻松的设计方法。20世纪60年代，德国的“办公景观化”（“office landscaping”）剥去了墙和层级。植物被引入，以营造焦点和场所感，办公桌布置不再程式化，在感觉和尺度上变得更加人性化。一般的，在纵深平面的办公楼中，事实上无法容纳单元空间——私人办公室和会议室都没有。缺乏分隔，加上经济因素，也许正解释了这个运动持续时间短暂的原因。然而，它对办公空间设计思想的长期影响是很关键的。“联合办公”的设计概念由此发展出来，通过单人或两人的办公室围绕一个开放空间来形成团队的互动。尽管这种方式在斯堪的纳维亚和德国仍然十分流行，而且确实为许多情况提供了最佳的条件，但它是一种对空间的挥霍。

在20世纪70年代早期，荷兰建筑师赫曼·赫兹伯格（Herman Hertzberger）设计了荷兰保险公司（Centraal Beheer）大楼，又是一次人性化尺度的实现。这个概念是一系列8～10人的小组组合在一起，形成小村庄。尽管这样的分组在现在看来是不够灵活的，但是“街道”概念，作为许多考虑周全的发展计划的中心内容，明显是对以上理念的传承。尼尔斯·托普（Niels Torp）设计的位于斯德哥尔摩的SAS总部和英航总部在水一方（BA Waterside）（图22–2）是这种概念的两个例子。

大家认为街道助长了社区内的公共活动。在市区外的背景下，街道扮演着首要交通空间的角色，从这儿辐射出低矮、狭窄的办公设施组块，它们以几种外形中的一种形式存在着。这种模式的优点包括：允许多租户使用，气氛友好，并可能从非办公空间的街道中获取规划得益。在空间更有限的情况下，中庭以及其他类型的宽大的交通空间也可以用作与街道相同的功能。

一些使用者继续要求纵深的办公楼。看来一些活动（比如股票交易）在大的开放空间运行是最好的。此外，巨大的楼层为空间的可变性分隔提供了最大的灵活性。然而，不仅是一些国家如德国要求工作站与窗子的距离在一个最大值以内，而且自然通风的趋势也让纵深平面变得更不可取。

许多组织现在正在试验“新的”和“先进的”工作方式，目的是鼓励有效的工作或减少消耗。然而，为了使得组织的变革取得成功，工作环境的设计必须满足这一需要。因此，设计者的角色变得前所未有的重要。

## 22.3 潮流

关于开放空间与单元空间，私密性与公共性，共享办公桌与专用办公桌的争论一直持续着，但是也有一些特定方面的普遍接受的办公室设计哲学。这些哲学的核心是多样性。理论家和实践家以多种方式描述着先进的工作场所：如洞穴和众议院；小隔间、闹市、俱乐部和私室；工作团队、休息区和工作空间，等等。适合先进工作方式的先进的办公空间是关于个人的：单个的人，任务，工序，组团，部门或位置。

### 22.3.1 技术

信息和通讯技术（ICT）激励着商业和办公楼运行过程的改变。设备变得更小，更一体化。宽屏（液晶屏）允许采用狭窄的办公桌，因此可以减少工作站的面积。声音活动要求有效的声学解决方案。无线技术导致了可移动的家具和更轻松的布局。

尽管可移动设备的使用增加，人类环境改造学以及其他由于过度使用而造成的危机又对明智的管理提出了要求。设备的多样性变得很必要。

一体化商业和建筑管理系统（integrated business and building management systems, BMSs）允许个人通过终端设备、电话或者其他机械装置去控

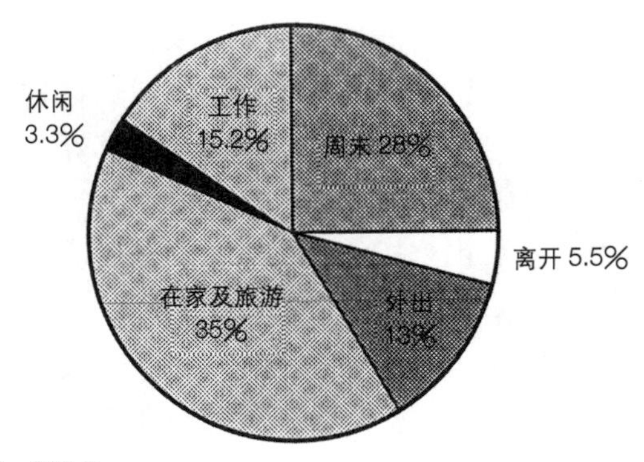


一年：365 天
周末：104 天
离开（假期和生病）：20 天
外出（一周外出一次）：48 天
在办公室的总天数：193 天
在家及旅游（每天时间的 2/3）：128 天
休闲（午饭、咖啡等）：12 天
工作：53 天（工作桌被完全占据的平均时段）

图 22–4 一年中工作空间如何使用

制自己的环境——光、热、空气、声音。建筑结构用最经济的方式，整合应对内在的需求与外部环境。在他们看来，简洁是建筑设备的关键要素。

### 22.3.2 利用率

技术的发展使得人们可以在最令人满意的时间和地方工作。这个地点也许是在办公室外，但即使是在办公室里，员工们也更倾向于在大部分时间远离他们的工作台。

鼓励销售和推销人员到外面与顾客在一起是先进工作风格的一种驱动。如果他们一周只在办公室呆两天，或是一天只呆两个小时，那么工作桌的共享似乎很有意义（图 22–4）。

### 22.3.3 人口统计

员工要求有意思的工作，能够控制他们的行为，并且在现金、利益和培训方面得到很好的酬劳。但他们也需要一个好的工作环境。一个设计良好的办公楼可以帮助企业吸引和留住员工，并使得他们更好地工作。

适合先进工作风格的先进工作空间

| 特征 | 效果 |
|---|---|
| 科技 | 打开世界 |
| 互动 | 促进创新 |
| 舒适 | 吸引、维持关键员工 |
| 灵活性 | 适合不同的情况 |
| 适应性 | 允许主要的变更 |
| 多样性 | 为每个个体提供的某些东西 |

在很多部门，层次结构有所减少。知识，曾经作为禁区而只属于成熟者，现在更多地被能使用计算机的年青一代所利用。相反的，人们寿命的延长，以及对五十岁以上人们才智的需求，使得工作空间必须迎合大龄人士。

### 22.3.4 灵活性

由于很多客户不能预见未来的需求，长期的适应性和短期的灵活性成为办公室设计的基础。工作机构需要办公楼能够允许工人数量的改变以及他们工作任务的改变。楼的部分空间需要不同的使用方式，甚至出租或出售。这个因素涉及设计的许多方面，包括核心区的位置和建筑系统。

### 22.3.5 可达性

现在必须让每个人平等地使用办公楼：轮椅使用者的需求是一个主要的问题，同样还有那些有听觉、视觉缺陷的人们。除了卫生间，指示牌和火灾避难所，还要营造感官上的气氛来帮助人们寻找道路和制造场所感。声音、视觉、气味和触觉相结合以告知和安慰通过此环境的所有人。

可达性的另一个方面是安全感，以各种形式来逐步强调它的重要性。友好但可靠的入口；数据在任何地方均可获得，但只有通过授权的人才能得到；开放式的交流，但没有工业间谍的风险。

### 22.3.6 合乎使用

工作站曾经以米为单位铺陈：不管人们的工作任务是什么，每人都配有完全相同的家具和设备，尽管在公司的职位也许会有影响，资格较老的员工会拥有更大的工作空间和办公室。现在，明智的公司考虑到人们的需求，依据工作任务确定工作站大小。办公室被分配给那些需要集中注意力和私密性空间的职员。在需要时可用会议空间和房间。其他空间的供给也应适合公司或部门运营的需要（图 22–5）。根据需要布置家具、陈设和器材。

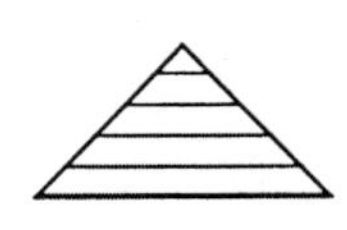
昨天：层级

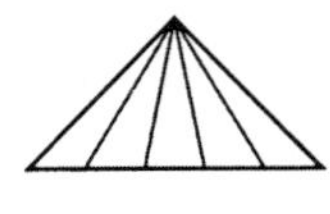
今天：团队

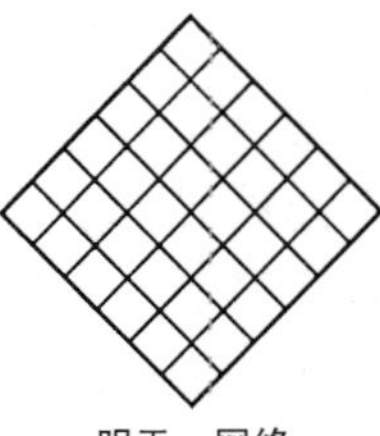
明天：网络

图 22–5 组织情景

### 22.3.7 档案管理

为了促进先进的工作方式，文书和电子信息的有效的管理和储藏空间是必不可少的。只有当信息集中归档，并由专业人员处理的情况下，员工们才能最有效、最灵活地进行操作（图 22–6）。

### 22.3.8 生态学

组织慢慢发觉“绿色运营”对他们的企业形象以及账本底线是有利的。因此期望设计者考虑到影响环境友善的所有方面，从能量守恒到具体化的物质能量。

循环——不管是包装材料、商业垃圾或是可再生材料在建筑建造中的使用——也是这种主潮流的一部分。

### 22.3.9 周围环境

大家公认好的设计能带来额外的价值。一个吸引人的办公室能给新成员以及顾客留下深刻的印象，如果每天早晨办公空间能使人精神振作的话，员工会更好地工作。色彩的积极影响是有效的；一些公司通过仔细地设计办公空间的气味来提高他们的空气条件；许多组织对风水问题也相当重视。

墙上的装饰画被描述为“进入另一个世界的窗口”，当地艺术家的展品可以有效地培养与当地社区的关系。

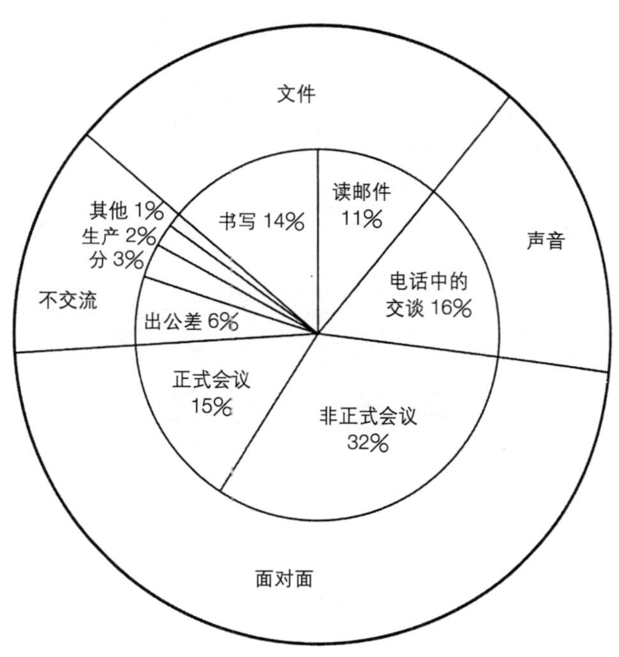


图 22–6 不同的执行任务的分配

如果设计者在工程伊始就考虑到所有这些方面的问题的话，一切都能搭配妥当，艺术品与整体理念融为一体，并通过照明设计来增强其艺术效果。

### 22.3.10 在家办公

在家办公，或者至少一部分时间在家中工作，这种模式现在已被许多员工采用。他们受益于和家庭成员共度时光，同时减少了上下班所用的时间与花销。员工在私密的家庭环境中进行的高质量工作，以及由此形成的共用工作台的可能性使公司获益。交通拥堵、污染、能源消耗的减少以及人们在社区出没频率的减少又使社会获益。然而，家中必须具备适合工作的物质空间。这里许多的设计思想都包含在办公室设计条例之中，但是需要根据提供什么、何种条件来仔细考虑家庭工作者与雇主的关系。

### 22.3.11 花费

公司会详细审查空间的花费，利用一切可能的技术去达到空间使用的最大化和运行花费的最小化。相反的，吸引人的空间的积极影响是能有效地提高生产力。

相对于纯粹的建设费用，计算正常使用期间的开支，正改变着空间的供给方式。这对于关注长期使用的使用者兼业主来说最为重要。然而，甚至是开发商和奠基者都发觉，低廉的维修保养费用使得办公楼更令人满意。

### 22.3.12 顾客

任何一个顾客使用者的心声现在并不能被所有其他人听到。聆听、了解以及综合所有人的愿望是一个需要解决的问题。办公楼的顾客可能主要是金融业者、开发商或者使用者兼业主。然而，在楼中工作的人们（行政人员、职工和设备管理组）同样也是顾客，从某种程度来说，来访者或是路过的人们也可以是顾客。办公室设计者要巧妙地处理好许多不同的使用者所提出的具体的、可能产生冲突的要求。

### 22.3.13 建造、设计与施工团队

办公楼的设计、建造、管理、维护团队一起合作，使得办公楼正常使用期间的运转尽可能的高效。逐渐地，在长期使用过程中那些重要的

方面成为概念设计过程中一个完整的部分（见图22–7～9）。随着办公室构造的日益复杂以及人们需求的日益苛刻，因此必须从一开始就收集准备好各方面的综合知识和技能。

建筑师在办公室设计过程中的角色发生了改变，不过是变得越来越关键。在一个专家团队中，只有建筑师知晓建筑的整个蓝图。建筑师也许从未指挥过交响乐团，也从未真正地谱写过乐曲大纲，但恰是他们解决了那些冲突性需求所造成的进退两难的局面。也正是他们仍在创造会歌唱的空间和让人叹为观止的建筑表面。

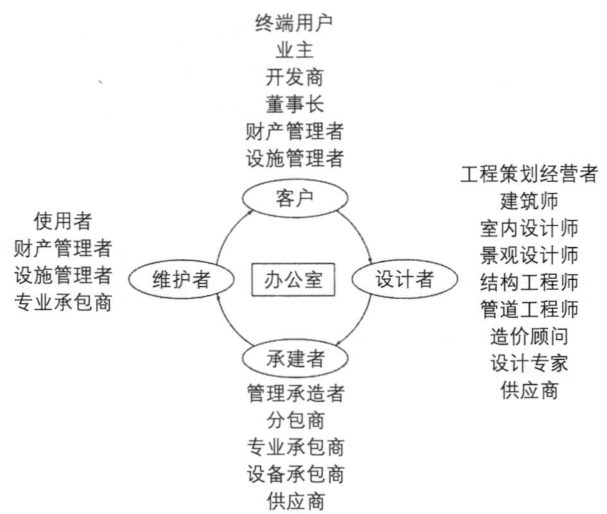


图 22–7 办公室游戏中的角色

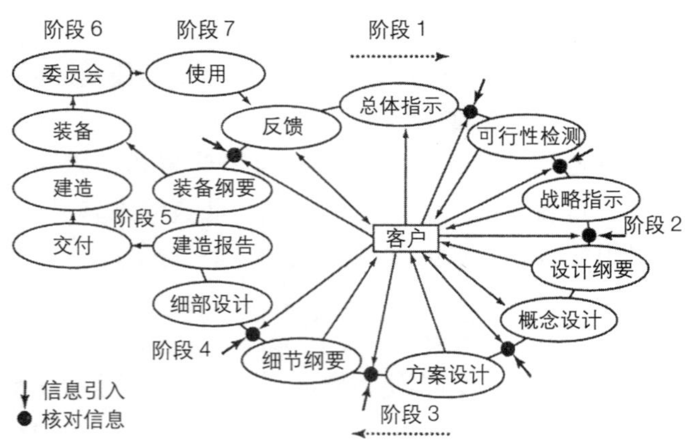


图 22–8 办公室设计进展的有效简介

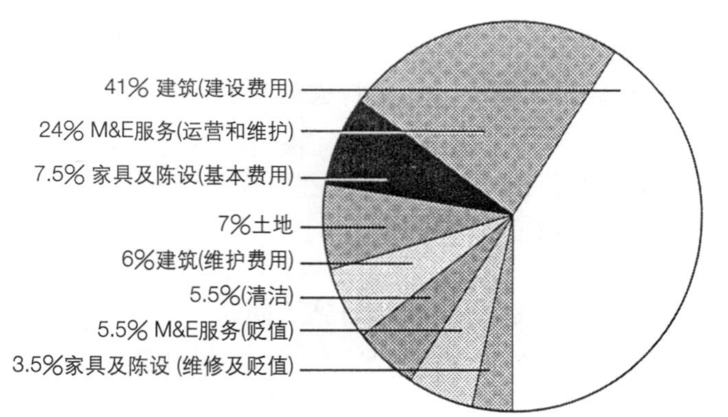


图 22–9 一栋办公楼的总投资；现有价值的折减，用户员工的花费除外

## 22.4 空间

空间及其布置方式，应该反映空间使用者的需求。然而，办公楼有着许多各种各样的使用者，因此它的空间的使用方式也有着相当大的差异。开发商与房客要求最大的灵活性；办公室职员要求最大的舒适度；设施管理者要求便于维护。总裁要求建筑空间既在结算表上看起来经济实惠，又要拥有美观的沿街立面，给股东及顾客留下深刻的印象。

先进的工作方式影响着空间的使用，并因此影响到它的设计。工作空间主要部分的功能——主要空间、辅助空间、附属空间及社交空间——日益重叠在一起（图22–10）。空间也许仍然采取一定的层次结构，但是新的工作方式和严格的预算对它提出越来越多的挑战（图22–11）。

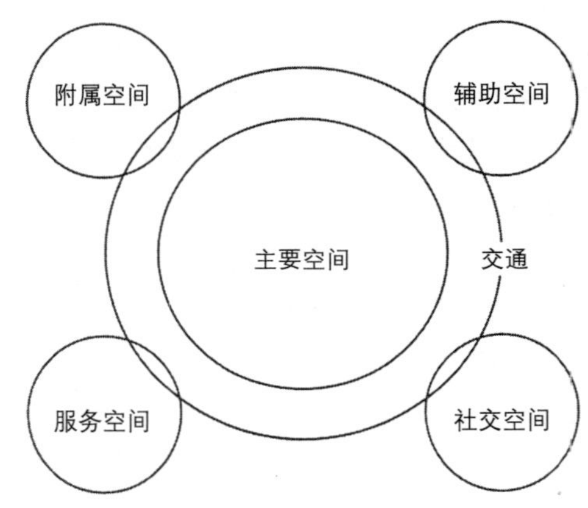


图 22–10 办公室空间类型

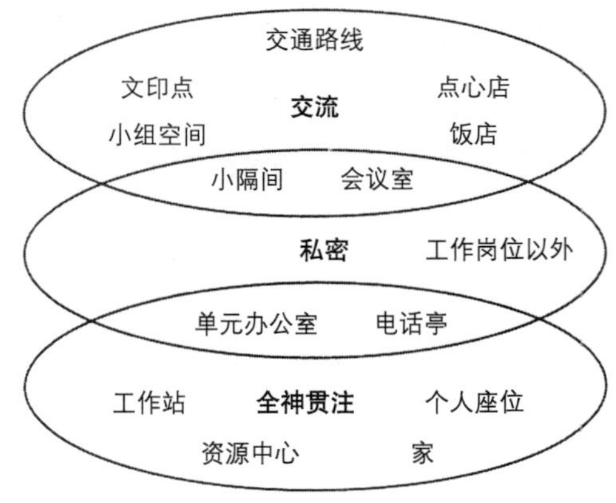


图 22–11 为3C服务的办公环境

精确细致的要求取决于企业部门分区、工作任务和个人的性格特点。商人和记者在高分贝的背景环境声音下也能专注工作，电话中心的接线员可以忍受中等程度的声响，而报告的撰写则需要最大限度的安静。这些工作很可能在“主要空间”中进行，尽管许多人在家中写报告，一些人也会在咖啡厅环境中获得写作的灵感。

尽管空间多是指定的（个人办公室或工作站），但共享设施的实践（“热”桌“热”办公室）也在增加，且用作短期和长期工作。

### 22.4.1 主要空间

单独工作的空间包括：

(1) 工作站：工作表面的基本配置、椅子、贮藏空间及设备，可能配有屏障。

(2) 个人座位：有屏障的区域，包括单独的和复合的工作站。

(3) 个人办公室：完全围合的空间，通常有门，容纳一人或多人。

(4) 单元：非独占，为安静或私密工作而设的全封闭空间。

集体工作空间包括：

(1) 团队房间：供长期团队工作的围合的空间，顾客也可使用。

(2) 团队空间：留给团队的区域，常常频繁地改换配置。

(3) 团体空间：专为团队或非团队工作人员量身定做的“家庭”空间。

(4) 开会点：允许非正式会议的工作站的延伸区。

(5) 会议区：有着正式或非正式会议家具的开敞空间。

(6) 会议室：有着正式或非正式会议家具的封闭空间，加上特殊设施，比如电子书写板、视听或视频会议设备。

### 22.4.2 辅助空间

辅助空间支持整个办公楼的运行，也代表着公众形象。包括：

(1) 接待处：既要对出入有所控制，还需要是欢迎人的，设有接待桌、来访者座椅、陈列展出；安全设施和递送服务。

(2) 餐厅：包括设有正式或非正式座椅的咖啡区和饮食区，一整天为团体和个人使用。

(3) 资源中心：资源中心要在出入控制和服务间寻求平衡，除了书面的和电子的参考资料外，也可收藏样品及录像。

(4) 花园、屋顶平台和中庭：只要气候允许，可作为潜在的办公空间。

(5) 培训套间：允许各种不同学习配置的灵活的工作站布置。

(6) 讲演套间：既可以是一个简单的单间，也可以是带着许多辅助设备的礼堂。包括视听和视频会议设备。

(7) 文印单元：公司内部文件的刊印。

(8) 商店：零售单元可以包括：蔬菜店、报刊店、药店、理发店、旅行社、洗衣店，甚至一家连锁店 / 餐馆。

(9) 俱乐部和酒吧：在某些文化背景下这些设施是必需的。

(10) 健身中心：范围很广，既有在小房间里的运动设备，也有大的体育馆、游泳池和舞池，且附带更衣间。

(11) 医疗中心：可供定期的医疗和牙科的咨询需要。

(12) 日托中心：可以提供老人与小孩的特殊照顾。

### 22.4.5 附属空间：

办公部门或办公层的辅助空间——包括休息区、文书处理区和个人护理区：

(1) 文书处理中心：常常是隔开或封闭的区域，配有复印机、打印机、传真机、装订机、碎纸机和文具贮藏。

(2) 档案中心：分类的、小组的或是总体档案和参考资料，放置在橱柜、壁橱或高度集中的系统中。

(3) 精力恢复区：茶点制作间或售卖区。

(4) 卫生间：设淋浴器，应有足够的灵活性以允许男女员工比例的变化，同时也允许员工密度增加。

### 22.4.6 服务空间

服务空间包括：

(1) 邮政室：商业进程将决定它的布局和大小。

(2) 备餐室、厨房和附属区：由功能需求、可用空间、服务设施决定。

(3) 员工房：卫生间、淋浴、更衣室以及供应伙食、维修和访问员工的座椅。

(4) 贮藏库：家具、办公补给、清洁设备和维修设备；以及办公设备的安全储备。

(5) 服务储藏：递送，废弃物可能需要分类存放，如干净的、脏的、可回收的、可压缩的。

(6) 机房：有一个主要的机房，每层或每个区域有一处小空间或一间控制室。

(7) 安保室：容纳 CCTV 监视器和安保人员的工作站。

**交通空间**

交通空间——涵盖主要的和次要的交通流线——包括：

(1) 走廊和通道：穿过办公楼的围合的或开放的路线，提供清晰的方向和互动的机会。

(2) 电梯、电梯厅和楼梯间：位置和设计同样促进互动交流。

(3) 自动扶梯：它们的承载力提供了一个将人们快速、可见地在层与层之间移动的卓越方法。

(4) 避难所：供那些有特殊需要的人临时使用，能很好地保护人身安全的区域。

(5) 递送区及货物电梯：位于易到达建筑各部分的区域。

**非主流空间**

非主流空间设计需做的考虑包括：

(1) 附属办公室：包括长期的或短期的工作空间，会议空间，但通常只配有最少的配套设施。

(2) 家庭空间：需要与重要办公室相同的实际的和依照法规的考虑。

(3) 第三方的空间：停车场、客户办公室、服务或来访办公室，都需要提供合乎标准的设施。

## 22.5 布局

室内的布置方式在不同的国家和公司有着巨大差异，取决于地价、民族文化、公司战略计划和地方法规。与阶层相联系的公司的战略计划——这也许会反映国家的文化——与空间的配置方式有着主要关系。传统的解决办法中办公室和工作站的大小和位置是反映身份地位的，而新的解决办法提供了多样的封闭或开敞的环境，来反映个人需求并最好地实践功能主义（图 22–12）。

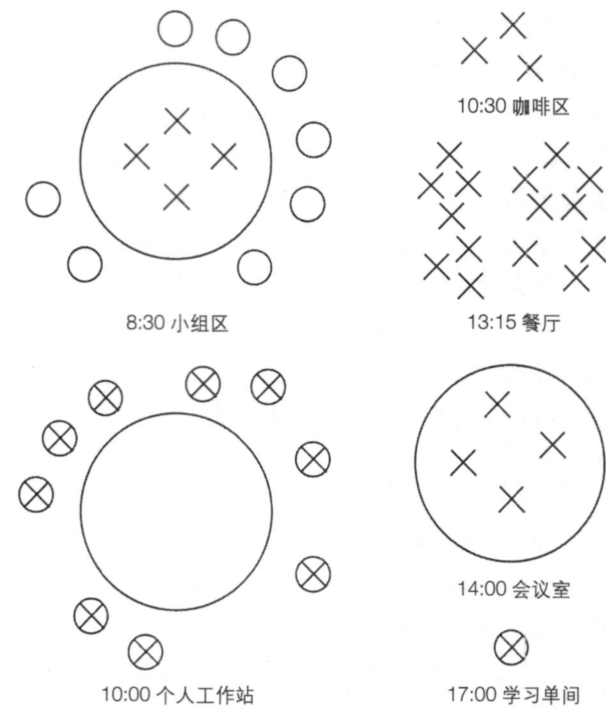


图 22–12 一天过程中可能使用的不同空间

### 22.5.1 面积标准

面积标准与全职员工工作时间（full-time equivalent employees, FTEs）有关，意思是两个各工作一半时间的人合在一起算作一个 FTE。

人均空间可以是一个办公室或工作站的 FTE 净面积，并且它将包括次要交通空间的一部分。然而，当提及人均空间时，通常不仅包括次要交通空间，还包括辅助及附属空间——会议和休息区、餐厅、资源中心、咖啡厅和文书处理点，还有辅助用房。当采用人均 $16m^2$ 的指标，显示一个给定空间能适合多少人使用时，每张办公桌的

---

**空间使用中的加法和减法**

**加法**　简单地说，总体需要用每人15～$20m^2$乘以参与工程的工作人员数，来得到要求的NIA值（内部净面积，net internal area）。

一个稍精确的方法是用每人12～$14m^2$乘以工作人数。这样得出的就是NUA（净使用面积，net usable area）。加上15%～20%的主要交通面积，10%的隔墙面积，以及10%建筑里的无效利用面积。得出的就是要求的NIA值。

**减法**　设GIA(内部总面积，gross internal area)为100%，扣除20% 的核心筒面积，它的80% 算进NIA。减去15%主要交通面积。得出65%的NUA。将此值除以12～$14m^2$得出可容纳的FTE（全职员工工作时间，full-time equivalent）数值。

---

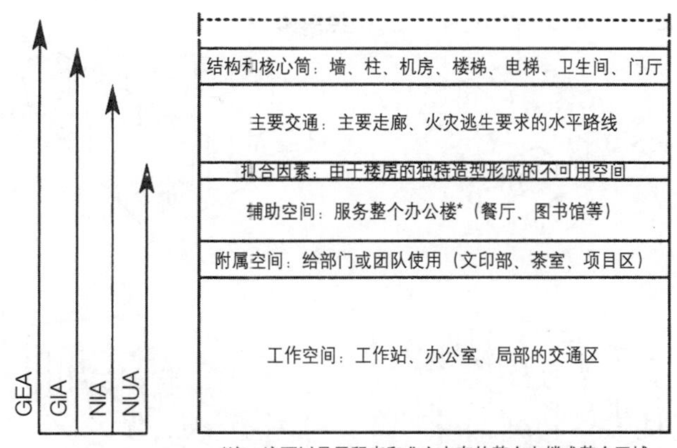


*注：这可以是承租者和业主占有的整个大楼或整个区域

与建筑净使用面积（net usable area, NUA）相关的空间指标

GEA(the gross external area)：外部总面积是计算整栋楼所有外墙外部边界以内的总面积。

GIA(the gross internal area)：内部总面积包括外墙内表面到中庭墙之间的面积，包括核心筒区域，但不包括机房屋顶区和无光区域。

NIA(net internal area 内部净面积)：内部净面积不包括核心筒的面积。也被称为 NFA（net floor area 楼层净面积）和 NLA（net lettable area 可租净面积）。

NUA(net usable area)：净使用面积就是内部净面积（NIA），但除去主要交通空间的面积。

核心筒：包括电梯、楼梯、公共门厅、机房以及服务区、管道、卫生间和内部结构的面积。

主要交通路线：连接内部净面积区域内主要交通路线与防火通道。

次要交通流线：将工作空间和单元空间连接到主要交通区域。

拟合因素：因不同建筑而异，与被浪费的空间区域有关。建筑的形状，柱与竖框的位置若设置不当，将减少一个大空间内的工作间的数量。

使用效率：NIA 与 GIA 80%的比率是最好的，而 70% 就不够好了。NUA 比 NIA 85%的比率是最好的，小于 75% 就不合适了。主要交通空间占到 15%～20%，内部隔墙 5%～15%，这取决于单元的划分。拟合因素占 3%合适，但超过 10% 就太多了。通过采用平面是方形而不是线形的大空间建筑，充分利用核心元素的位置和总数，减少建筑外皮的厚度，可以提高使用效率。

图 22–13 建筑面积

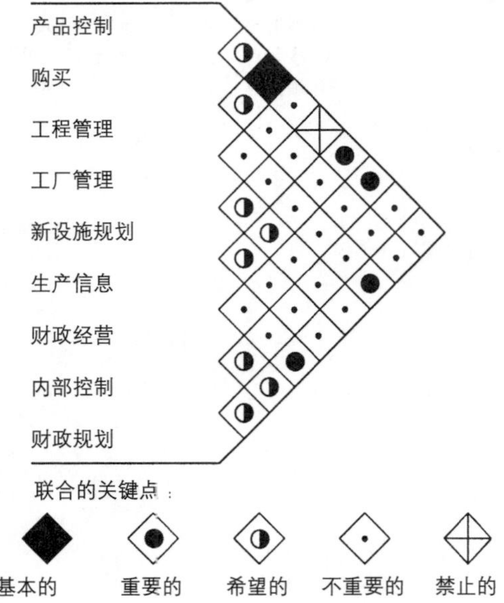


图 22–14 邻接矩阵，显示出合设的重要性

区域实际的专用空间可以少到 $6m^2$。当工作站被多于一人使用或者空间被真正“压缩”时，“人均使用空间”可以更小。

因为伦敦市的租金水平几乎是法兰克福或斯德哥尔摩的两倍，所以充分利用空间方面的压力越来越大。因此在伦敦每个雇员的人均总体空间可能是 $16.8m^2$，而在法兰克福则是 $25.5m^2$。

### 22.5.2 交通

人们在大楼中的移动方式影响着他们互动程度的多少。主要的集中点，比如咖啡厅或图书馆，可以设于人们容易碰面然后产生交流的区域。交通流线边上小的就座区，吸引人的照明、色彩和向外的视线都能促进随意的交谈互动。

消防路线必须是所有人都很容易识别的，包括那些有特殊需求的人。

**水平交通的宽度** 假定 NIA 值的密度为每人 $/7m^2$：

| | |
|---|---|
| 一级交通 | 1.5 ～ $2.0m^2$+ |
| 二级交通 | 0.9 ～ $1.5m^2$+ |
| 三级交通 | 0.55 ～ $0.75m^2$+ |
| 电梯厅 | $3.0m^2$+ |

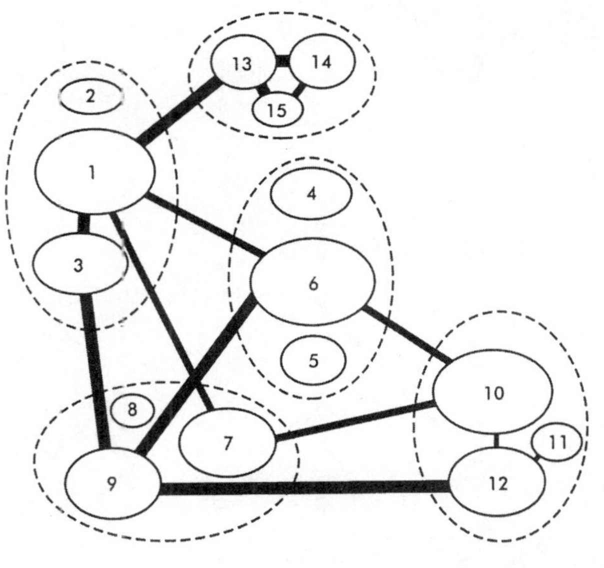


1. 产品控制
2. 购买
3. 工程管理
4. 工厂管理
5. 新设施规划
6. 生产信息
7. 财政经营
8. 内部控制
9. 财政规划
10. 采购
11. 工厂
12. 电子和机械
13. 发货单控制
14. 员工
15. 订货表

图 22–15 关联，包括工作组和相关大小范围的关系

### 22.5.3 关联（图22–14，图22–15）

适当的邻接对于一个组织完善的企业来说是必要的，尽管这些将随着时间的流逝而改变。一个部门或营业单位的成员经常聚在一起，但硬性条件越少，潜在的创造价值的机会就越多。经理们也可以与他的团队一起工作，而不是在特殊的经理办公区。

### 22.5.4 工作站和办公室（图22–16）

和开放式的工作站空间相比，办公室需要消耗更大的空间、结构和公共设施，但它满足了个人的私密性要求。视觉上的私密性可以通过隔板达到，但声音上的私密性则要求墙或隔墙来有效地减少声音传播。

个人所用空间的尺寸大小根据文化、地位和位置的不同而变化巨大。最小的工作站的净尺寸可以小到 2.8m$^2$(在触地情况下甚至可以更小)，一个普通的工作站 3.5 m$^2$，经理办公处 6.5 m$^2$。然而，加上该区域的交通面积，这个最小值就会变成每人 6 ~ 9 m$^2$。

最小的单人办公室的净空间是 12 m$^2$，但短期工作单元可以是其一半。此外，办公室的尺度差异也会很大。

群体和团队房间的大小依据工作站数量、大小和构造，以及会议空间的数量、种类和包含的储藏空间来决定。

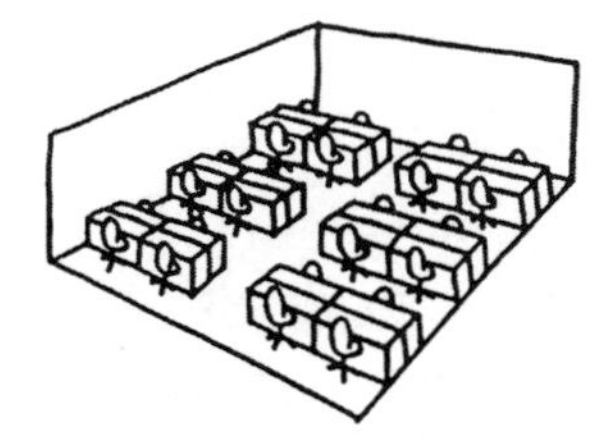
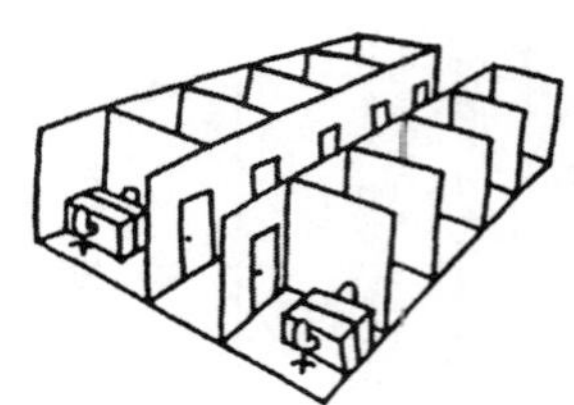
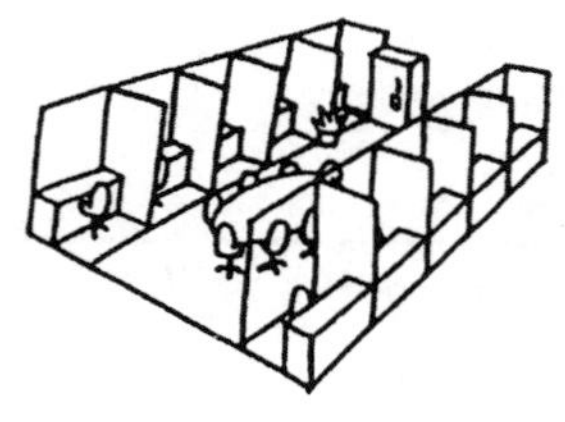

图 22–16 办公室类型：开放式，单元式，组合式办公室，景观式办公室

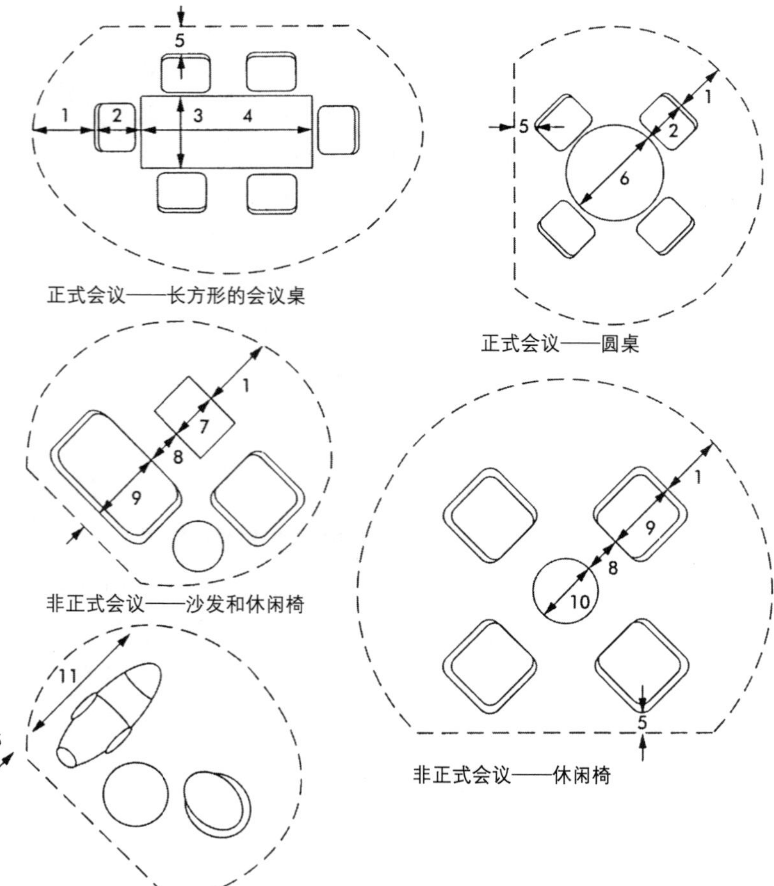


| | (cm) |
|---|---|
| 1. 交通空间 | 65 ~ 75 |
| 2. 会议椅 | 50 ~ 70 |
| 3. 桌宽 | 90 ~ 120 |
| 4. 桌长 | 200 ~ 250 |
| 5. 离墙距离 | 10 ~ 30 |
| 6. 圆桌 | 直径 120 ~ 140 |
| 7. 低矮的方桌 | 60 ~ 100 |
| 8. 脚下空间 | 40 ~ 60 |
| 9. 沙发和休闲椅 | 800 ~ 100 |
| 10. 矮圆桌 | 直径 50 ~ 80 |
| 11. 躺椅 | 160 ~ 190 |

图 22–17 会议空间

### 22.5.5 会议室及会议空间(图22–17)

会议空间的设计和配置对于高级的工作区是很关键的。共享的、可以预订的会议室，正取代着个人办公室中的会议空间。会议空间比会议室占用的空间更少，它们比封闭的会议空间更经常地使用休闲家具——沙发、休闲椅，甚至豆袋椅——布置。在大多数公司里对最多容纳四人的小会议室的需求比大房间更多。要进行讲演的会议室，需要更多的空间安置视听或视频会议设备。

### 22.5.6 接待区(图22–18)

接待区仍可以是门边的一张桌子或位于 echoey 大理石大厅的尽端，但接待区日益成为组织的心脏区。接待员除了欢迎和指示来访者之外，也可以负责办公室协调，日常记录以及空间预约。

如果在接待区一旁设咖啡处，来访者就可以有机会在任何安全围合物之外进行会晤。如果是面向消费者的企业，还应在接待处旁设置小型的会议室。

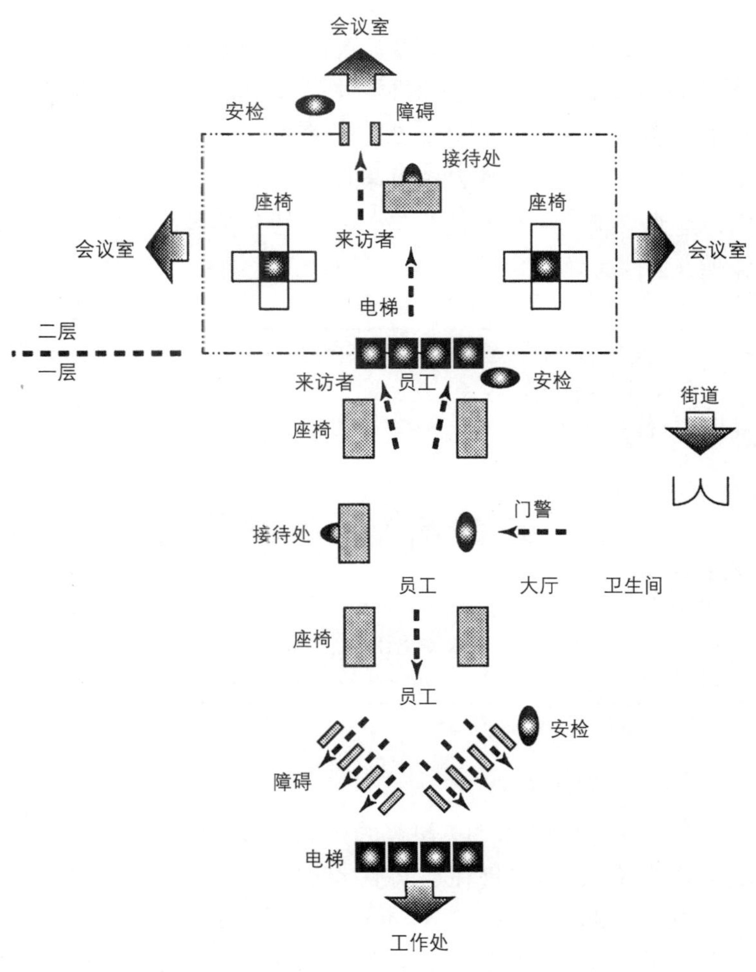


图 22–18 普华永道(PricewaterhouseCoopers)的一个接待型建筑，Embankment Place 伦敦［建筑设计：特里·法雷尔（Terry Farrell）& 伙伴公司］

要考虑的内容包括街道入口和接待处的关系（有清晰的视线和减少空气流通的隔板），来访者座位，卫生间和茶点区，公司说明书的展示，海报，获得的荣誉或录像片。

安检等级也各不相同，从接待员对人脸的良好记忆力，通过各种类型的电子操控的障碍物，到备有箱包检查带的独立安检桌的设置。

### 22.5.7 休息区

作为一种先进办公文化的重要元素，公司的餐厅和咖啡厅的设计需要不止能适合就餐，还能适合会议和单独的工作。休息区可作为全天中极宝贵的办公空间。茶点间和自动售卖机区域也提供了放松和讨论的有用空间。

优秀的通风系统对于防止紧邻区域和周围区域环境弥漫着食物腐败气味是很关键的。其他方面的考虑包括可视性（吸引人们去那就餐），使用者和服务性入口，服务设施的可利用率，适宜的楼面荷载、加上在可能情况下提供自然采光。

尽管餐厅、咖啡厅和附属设备的设计在此手册的其他地方已有涉及，然而仍有一些方面是公司环境特有的。这些方面与它们的具体功能有关：在一个吸引人的——尽可能不同的——环境中营造舒适的就餐区，便于短时访问办公室的人进行交流，私密的会议和要求高度集中的注意力的工作。这就要求特别注意家具、照明和音响效果的设置。对脏碗碟可进行快速无声的处理，使用过程中清洗的便利，以及电力和数据线插座的即时可用性都是需要考虑的关键方面。支付也可以是非现金的，要避免排队，因为这对于老板来说是一种时间的浪费。

餐厅的位置，以及它与其余工作空间的关系会严重影响到它的成就。餐饮空间不再被移至廉价的地下室，而是可以供人们欣赏屋顶景观或位于接待区周边区域。

在小厨房和销售区域，出于安全规范的考虑，许可的锅和煮咖啡机的数量有所减少；反之，这些厨房可能会有一个饮料销售机和微波炉。仔细的照明设计，耐久且吸引人的表面和合适的家具，以及柜橱、水池、冰箱和洗碗机，都将充实这片区域。

**公司餐厅的标准**

数量：取决于位置、坐席占据的现实空间。
比例：不同类型员工。
其他设施：行政餐厅、三明治吧 、熟食店、自动售卖等。
食物：种类、范围等 。
开放时间：全天、仅午餐时间，等等。
使用：室外就餐时间；清扫时间。
设施：照明；数据和电缆输出。
家具：为了快速周转，或长期工作。
周围环境：工作空间的延续，或一些与众不同的东西。

### 22.5.8 资源中心

供员工不时地作调查研究的图书馆慢慢变为组织的控制中心。它现在是电子存储与信息中心。除了书籍、期刊、目录、样本和缩印胶片以外，还有可以用来登陆因特网，内部或外部网络以及播放 CD-ROM 的计算机终端服务器。图书馆也可用作培训。由有经验的图书管理员提供专门的技术协助，帮助人们获取书面和电子信息。

书架、架子、抽屉、壁橱用来储存。员工需要有水平工作台的工作站，来处理书籍和文件。他们需要很容易地观望到入口点，以及尽可能多的其余空间。

使用者需要正式办公桌，非正式的座位以及可能的单元或小间来进行个人工作和学习。

### 22.5.9 文书处理区

影印机、打印机和传真机可以位于一组工作站区的尽头。然而，它们也许需要在一个有隔墙的区域来减少打扰，并促进它们作为闲谈中心的功能。相关的文具储存、邮件箱、碎纸机、装订机和关联的工作台，还有挂衣服的空间也要包括在内。

在灵活的工作情形中，需要存放个人物品的储藏空间，它们可以放入手推车、包或其他一些可移动的容器中。

### 22.5.10 避难所

吸烟者需要通风良好的场所，这个场所应位于不影响不吸烟者的区域。若有恰当的家具和照明，它也可以作为办公空间。

穆斯林需要祷告的场所，整夜工作的员工需要一个安静的地方小睡。

至少在一段时间内，人们越来越多地在家中工作，所以家庭工作空间的布置需要和办公室一样有效率。相反的，人们选择在家中工作可以显示出他们在办公室中觉得舒适的地方。家庭办公室可以为所涉及的人专门设计，或作为从事家庭作业的普通办公室的一部分。主要办公室和家庭办公室的关系也许相当复杂。办公室规范原则上也适用于家庭办公室，但很难监督管理。家具、设备和服务可以由设施部门提供和维护，也可以不用，这取决于许多因素。

## 22.6 技术及能源

技术的进步改变着人们的工作方式，同时随着系统越来越复杂，它们对办公楼和它们的使用方式的影响日益强大。网络化的系统使得工作地点变得自由——离岗工作、远程工作和家中工作。理论上，使用现代技术会导致纸张消耗量的减少，但事实证明这种作用不像期望中的那么积极。书面合同和记录的需求，以及人们对电子存储可靠性的不信任，意味着书面存储空间仍然是大多数办公室一个主要的问题。

智能建筑由生态感应程序控制。个人环境通过个人电脑、电话等来控制，而且，不同技术系统界面的一体化以及被服务的人群正变得日益简单。

设计的一体化是必不可少的，但是在长期的运行过程中，完全的设备一体化显得过于复杂。各元素有着不同的使用寿命周期，一个部分的损坏就会影响整个系统。这是一体化只用于必要的地方的理由。相似地，无线设备提供了惊人的机会，但却存在花费和安全方面的欠缺。此外，也牵涉到健康问题。

### 22.6.1 视频显示装置（VDUs）

至少 80%的工作人群会接触到 VDU，并在一天中有 3 个小时或更多时间使用它们。然而，大的监视器和键盘现在正让位于掌上电脑、对接站、宽屏幕、掌上电脑浏览网页、声音激活（voice or wand activation），等等。

在一些商业部门，如商业银行业务，一个员工需要多达6个监测器来跟上全球的贸易趋势。随着纸张使用的减少，更多的人将发觉使用两个或分离的屏幕对避免复制文书作为参考是必需的。

宽屏是办公室的主要设计趋势，这不仅因为它们更为高雅，而且在需要减少桌面深度的要求下，它们能使办公桌面更窄些。

### 22.6.2 电话机的使用

电话和计算机开始协同工作，并接管着彼此的任务。电话听筒可以在任意范围内使用或是有绳的。但是任一种方式的系统都可以被程序化，使得电话接收者在世界的任何地方都可接到电话。

简单的视频会议可能会在工作站召开，但更复杂的会议要求有容纳特殊照明、家具和通过仔细设计的设备的房间，以便利会议进程。尽管这种交流方式不能替代在同一个地方的集中面议，但那些已相互了解的人们会认为这是一种有效的工具。其他人发觉电话会议同样好。

一些工厂制定条约来限制手机的使用，除了在自己的办公桌上，以此来减少移动电话带来的干扰。

### 22.6.3 信息管理

只有当所有信息，无论是纸面的还是电子的，由专人集中保存和管理时，灵活性工作的潜力才能得到完全发挥。信息在任何地方都可以获取(只要有权限)，同时档案均按标准格式整理。同样地，参考资料也可以集中保存，由图书管理员实现管理，同时提供搜索和全面的帮助服务。

### 22.6.4 企业管理系统(business management systems, BMS)

尽管BMSs常常只控制照明、采暖、通风、空调系统（heating, ventilation and air conditioning, HVAC）和安保，但它们可以被设计成整合大楼系统的许多方面，包括用可动的百叶窗和遮蔽物实现对日光的控制，太阳能电池板，风向和火情探测。系统应该能够在局部楼层的基础上运转，并与将来可能的租户清单相关。

用刷卡或其他等同的物件控制人们进入大楼，也许还包括一个不用现金的售卖设备。

### 22.6.5 能源

能耗很少超过15W/m²，尽管冒口 / 母线的比率是25W/m²，加上15 ~ 25%的多余路线。一般仅需要小电源（240V单相），除了某些特定的地方比如厨房和车间，才可能需要415V的三相电。每5 ~ 10 m²设一个地板上的电源出口。

要有为紧急照明而设的辅助电源以及在一些情况下的辅助发电机。

### 22.6.6 缆线

红外线以及其他无线系统有很多优点，但电缆的处理仍然是任何设备的关键问题。缆线可以布置在地板中，使用地板盒或“电力标准”，可以在天花板上，使用“电杆”或卷布线，或者用管线布置在建筑的周边（在踢脚板处或桌子的高度）。缆线也可布置在家具和隔墙中。数据线和电源线必须在使用者易接近的位置终止，最好在工作台的水平高度。电源插座数量要足够于服务所有的设备而不需兼用。电线和数据电缆必须分开。

缆线可以充满或置于结构中，用铜或光纤制成。大量的数据要求ISDN线或相似的线路供电话使用，还要5 ~ 6种电缆供计算机系统使用，尽管所有的数据都可以通过组合缆线加载。主立管应在水平距离80m内布满整个服务层楼板。

无线设备可以在一定程度上减少数据线和电源插座数量，但仍需要缆线来充电和提供高速处理。

### 22.6.7 设备间

每层楼或一个大区域都要一小块空间来操纵附近的技术设备。主机房和套间也许需要一个受控环境（无尘、干燥、安全），服务于整个大楼或组织。场地之外的后援设备或储备也同样关键。

### 22.6.8 调控

尽管调控可能是分区的或中央的，但如果使用者能亲自调控他们所处的环境，他们会感觉更舒适（他们准备着接受更宽松的环境）。与外部条件或一天中各时段相关的默认系统可能优先于局部调控。

局部调控可以由传统的开关或自动调控器、

计算机、电话或服务台的员工来控制。大楼可以按模数来区分采暖和照明单元，可能每6个工作站/2个办公室拥有一套自己的控制系统，任何用户都可使用这个系统。在大楼的周边，这样的模数单元也许更小，也更具灵活性。

遥控系统包括计时器、远红外移动检测器、光照水平检测器和中控的自动调温器。

## 22.7 环境

和其他设计元素相比，环境条件更多地影响着人们对办公室的感受。事实证明缺少充足的新鲜空气和光线会降低生产率。一个不令人满意的声音环境对产量的影响有多么严重并不是太清楚，但人们无疑会抱怨开放空间的噪声使他们很难集中注意力。

### 22.7.1 空气、采暖和制冷

人们更喜欢自然通风和能开启的窗子，但这经常是不切实际的。然而，当气候、噪声、污染、安全和平面形式允许的时候，可以采用混合模式的通风，根据需要配备空调、采暖或舒适的制冷设备。建筑结构也许有助于调节空气，比如通过内院、烟囱或双幕墙置换通风。构架，诸如暴露的混凝土厚板，被用来控制气候，维持热量或制冷。冷却天花板和冷却梁、热交换器和热衰减器也是很有效的。

纵深平面的大楼几乎肯定需要空调，但在许多其他情况下，仍需引入一定程度的自然通风。甚至在极端的气候环境中，一年中也通常存在一段时期可以避免使用空调。同样地，污染需要过滤而不是全空调系统，并且系统应被设计成甚至在高安全系数要求的情况下也能够使用自然通风。

然而，空调系统需要较少的管理，尽管它的运行费用更昂贵，但它比双系统的安装更便宜。从全球来看，空调被视为能为使用者提供最佳舒适度的系统。因此，投资者和开发商一般都要求办公楼有完全的空调系统，甚至在并不必要的情况之下。

在一些欧洲国家，比如德国，开启的窗户为大多数办公室提供了自然通风，通常使用周边采暖。然而，这样的大楼需要仔细的设计和管理以确保它们的自由通风，还要保证对流不被隔墙和隔板阻挡。

最适当的通风、采暖、制冷系统（低速或高速，有或无中端重新加热，以及变风量，等等）取决于办公楼个体的自身情况和它的状态。然而，系统内引入的新鲜空气的百分比（外部空气交换率），尽管降低了系统的效率，但同时也降低了污染物水平和病态建筑综合症（sick building syndrome, SBS）的发病率。

一些特定区域，诸如卫生间、食品准备区、复印室和实验室也许要求特别的抽风设备。需要特别注意以确保烹调时的气味不会飘进工作区。

推荐的温度是21℃，夏天最高温度24℃，冬天最高22℃，新鲜空气的供给为每人每秒8～12L。

### 22.7.2 光照（图22–19）

照明对人们是否有效工作和感觉是否舒适起到至关重要的作用。法规规定了光照等级，以及避免电脑屏幕产生眩光，但这些都可通过对自然光的控制和对人工照明的创造性使用来实现。照明在形式和颜色两方面影响着物体的外观。富有想象力的的灯光可以完全改变一栋楼的室内外视觉效果。工作所需的光照量受年龄的影响，60岁的人需要的光照强度是20岁的人的4倍。

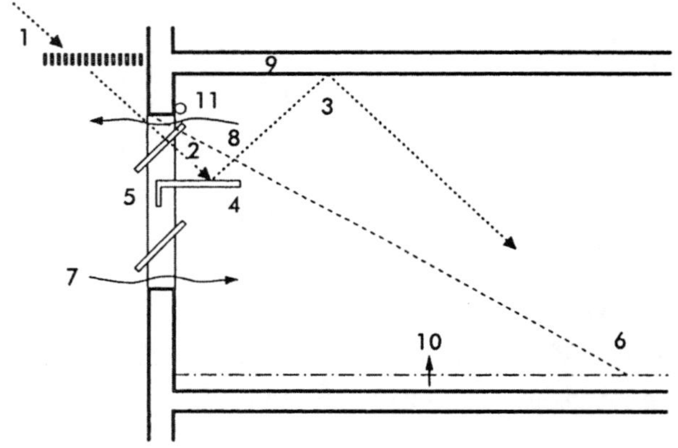


1. 阳光被百叶偏转或
2. 第二方案，接收的阳光被作为窗子一部分的“遮阳板”偏转
3. 然后反射到天花板上，射入房间
4. 阳光也可以被“遮阳板”减弱
5. 以及通过特殊的玻璃窗减弱
6. 窗上沿限定了光透射入房间的深度
7. 新鲜空气从低处进入
8. 热空气从高处逸出
9. 结构会冷却空气
10. 架空地板可为辅助通风提供空间
11. 遮蔽物减少光线进入和眩光（还可能提供私密性）

图22–19 自然通风建筑——阳光、日光和空气

色温变化也很大，像白炽灯的色温是 3000K，而荧光灯或夏天正午的阳光是 5000K，这些也会对办公产生影响。

### 22.7.3 日光

室内环境中日光的质量和数量取决于建筑平面的设计和建筑表皮的设计方式。狭长平面的大楼提供了最大的日光穿透度，而纵深平面的大楼利用中庭的采光，在一定程度上模仿了前者。

为了达到令人满意的设计，控制很关键，既要将多余的光线挡在外面，又要鼓励合适的光线渗入。通过悬挂悬垂物，窗上安上低矮的挡板或百叶窗，日光被有效地阻挡在建筑表层之外。在建筑的北边一般不需要这种方法，除非有邻近建筑的反射眩光。百叶可以以多种方式安装，可以是固定的或活动的；然而，它们在高风力的区域会有危险性。在建筑表面，百叶窗、太阳能玻璃甚至植物都可用来控制日光。在室内，各种窗帘在削弱或阻挡眩光的同时，也减少了日光的照射，遮住了向外的视线。

出于视觉舒适性考虑，最佳标准是大于 0.5% 的最小日照系数和大于 2% ~ 5% 的平均日照系数（日照系数为室内 lux/ 室外 lux × 100%）。

### 22.7.4 人工照明

全套照明设备的种类和位置可以用来提高一个空间的外观和感受。向上照射的灯，从天花板反射回来的光线，能营造一种最吸引人的无眩光的环境，但也许需要一些强调照明来避免过分的柔和。向下照射的灯尽管更有效率，但会刺目和造成眩光。当有足够的天花板高度时，采用悬吊灯具，主要提供向上照明，同时也可提供一些向下照射的灯光，这样可能会是最有效的。聚光灯，不管是隐藏的、表面镶嵌的或是悬挂在轨道上的，都能提供闪耀和集中的照明，但如果放置错误也会导致不适。

工作灯，不管是无支撑的还是嵌在工作站内的，都为那些需要较高照明等级的人们增加了环绕的照明，并提供了强调照明。为艺术品、景观或其他特色物提供的强调照明会产生有效的趣味性。这些也包括强调那些特殊的元素，比如门廊或走道交汇处。诸如咖啡厅之类的区域会受益于舞台性的照明，尽管会议和其他工作情况下的照明必须充足。

荧光灯提供了最经济的照明，通过一个高频镇流器元件，它们可以被调暗和避免可见的闪烁。白炽灯——普通的钨丝灯、卤素钨和低压灯——都可带来良好的效果，但它们会带来高能源消耗，使用寿命也较低。

走廊、卫生间、储藏间等的环绕照明可以是 100 ~ 200lux；一般办公空间要求 300 ~ 500lux（从多云天空射出的日光大概 5000lux）。实际期望的均匀度（最小日照系数 / 平均日照系数）超过指定工作区的 0.8。

照亮逃生路线的紧急照明，可以与普通照明合并。这些可以由电池供电或使用单独电源（同

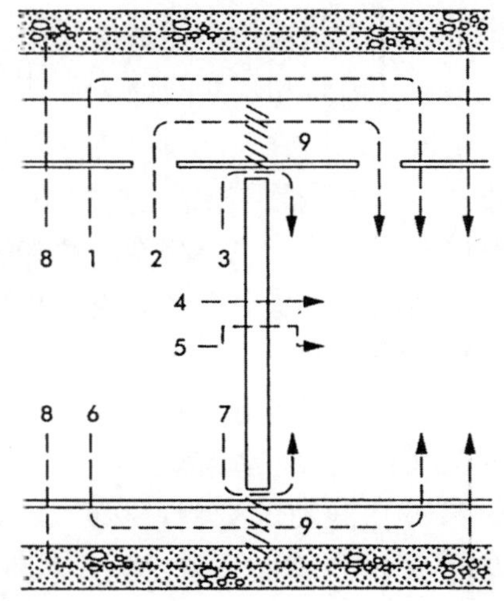


1. 吊顶空间
2. 管道
3. 隔墙顶部缝隙
4. 穿越隔墙结构
5. 建筑板材端部 / 之间的缝隙 / 连接处
6. 楼板空穴（通常不是问题，除非用作风室）
7. 隔墙下部缝隙（只有可拆卸系统才有）
8. 直接的机器振动才可能引起的结构层声响
9. 为有效地隔声，沿隔墙一线的地板和天花板空间必须密封

图 22–20 噪声的传播路径，显示隔断周围的声学路径

| | 声音（希望的） | 噪声（不希望的） |
|---|---|---|
| 可闻度（响度） | 是否足够响？ | 是否足够安静？ |
| 可理解性（清晰度） | 是否足够清晰？ | 遮蔽 / 扩散是否足够？ |

图 22–21 声音和噪声

时也可提供关键商业活动区照明）。法规标准不仅控制紧急照明的照射量和位置，还规定了其耐久性。

### 22.7.5 声音（图22–20，图22–21）

噪声被认为是开放式平面办公空间的主要弊端。它妨碍了人们集中精力的能力并降低了他们的生产效率。相反的，在一些特定的情况下，比如交易层，一定程度的“嗡嗡声”却被认为是必要的。

降低噪声等级的方法包括减少或消除噪声源、阻隔噪声源、吸收或扩散噪声以及遮蔽噪声。可以用厚重的或专门的隔声墙和隔断阻挡噪声。连接处和开口处需要仔细的细部设计，同时隔断应该穿过地板和天花板的空腔抵达结构层。吸声的顶棚、地板、墙体和隔断的饰面可以降低噪声的影响。空调、音乐或人工噪声使得人们对噪声的注意减少，一些适度的谈话也有同样的效果。

建筑的布置和礼节也影响着声音的传播，人们的朝向、是站着还是坐着、交谈声音的大小都有影响。较低的密度，以及因此而增长的人们间的空间，可以改善声环境。天花板的高度以及装饰面，可以用来改变声音效果。

通过衰减后残留的噪声，在开放式平面的办公室中不应高于 45 ~ 50LAeq，单间办公室不高于 40 ~ 45 LAeq，会议室不高于 30 ~ 40 LAeq。混响时间应在 0.4 秒（$50m^2$ 的房间）到 0.7 秒（$500m^2$ 的房间）的范围内。

### 22.7.6 管道设备

所有卫生设施、清洁工的壁橱、茶房、自动售卖、餐厅和咖啡区都要有冷热水的供给和排水系统。专门机构的一些设施，如实验室，可能也要求卫生设备，一些日托、健康或健身设施也同样如此。较高的大楼要求有救火用的保护性立管。

男女分设或男女通用的厕所，可以按每 $14m^2$ NIA（净使用面积）1 人来计算，以人口数的 120%为基础（男性与女性的比率为 60%：60%）。当厕所是男女通用时，计算以 100%的人口数为基础。然而，为了提供长时间的最大适应性，就应考虑更高的人口比例和不同性别的平衡。

储水量按每人每天 10 ~ 20L 计算，为防止军团病（Legionnaires’ disease，注：即退伍军人协会会员病，一种严重的肺部传染病）的风险，要保持较高的流动率。

### 22.7.7 电梯和自动扶梯

电梯及其门厅的位置，还有它们的数量和速度对员工和来访者对大楼感受的影响是很关键的。电梯应能在 5 分钟内帮助整栋楼内 15%的人口完成转移，最长的等待时间是 30 秒，并占据轿厢实际容量的 80%。

任何一栋超过 $10000m^2$ 的大楼，都需要一部单独的货梯（所有楼层都有便捷的大体积物品入口）。高层建筑还需要消防电梯。

自动扶梯能快速承载大量的人，但它们在造价和空间方面都很昂贵。因此它们一般只用于高差很大的情况，例如从街道进入二层办公区或在一个更高的空间里移动大量人群。

## 22.8 安置

家具、装置、装饰物都包含在安置中。

作为首要元素的家具，应该满足功能，美观，耐久以及可替换。必须也可以在给定的时间范围内购买专门的项目。测试替代性工作站和座椅是一种有用的练习。

欧洲的法规现在对包含 VDUs 的合适的办公场所的设计制订了清晰的要求。既然欧洲几乎所有的工作者现在都至少要在工作日的部分时间使用 VDUs，相应的指示便涵盖了大多数工作站。

**VDU指示**

EEC指示90/270涉及了与VDUs有关的工作场所设计的大部分方面。它要求：

- 清晰且可控的荧幕图像
- 可移动的荧幕基础
- 可调整的键盘高度和角度
- 文件架
- 适当尺寸的工作平台
- 低反射表面
- 稳定、可调节的座椅
- 脚凳
- 避免眩光和其他环境的不适因素
- 视力测试
- 设备使用调试

### 22.8.1 工作站（图22–22）

工作站设计应该提供最大的舒适度。可调节

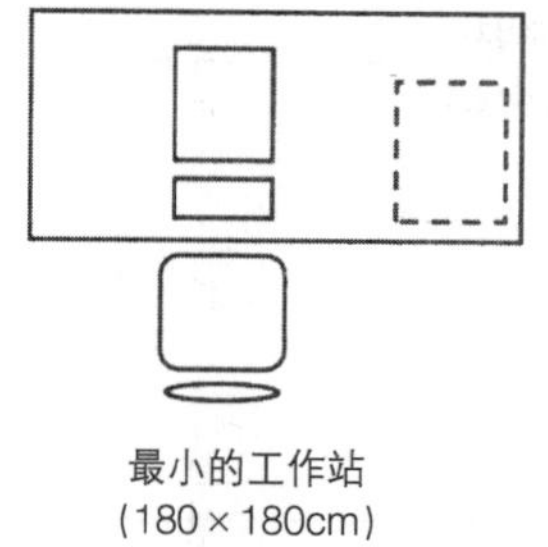


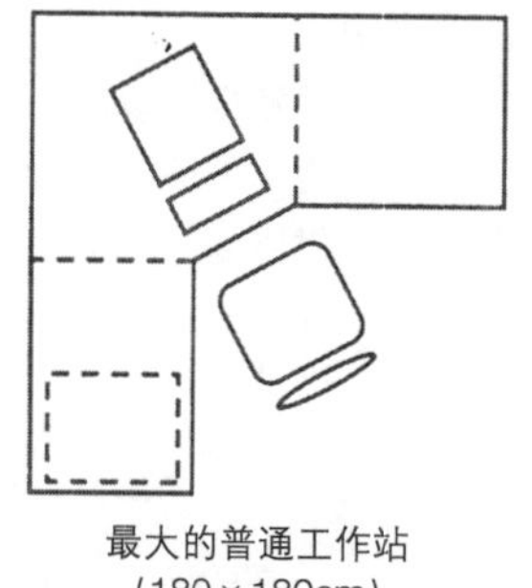


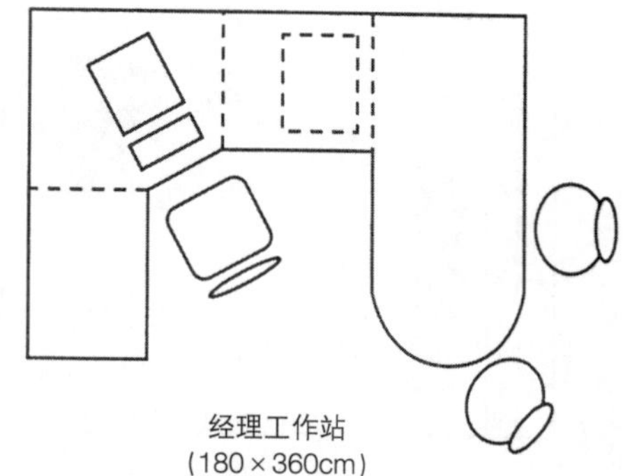


图 22-22 典型的工作站

高度的工作台不是必须的，但常识告诉我们：两个身高完全不同的人不能被迫使用同样高度的工作台。然而，当采用共享工作台的时候，不可能按不同的使用者来调节高度（尽管这确实依赖于调节的容易度）。许多公司采用适应身高的办法，尤其是在内陆区。

对于一般的计算机工作，一张回飞棒形的作业面是最好的。键盘直接放置在电脑屏幕的前方，两边都有台面，便于获取参考资料。在提供选择性的设施的地方，最小尺度的工作站即足够了。

经典的“系统家具”工作站由以下部分组成：一个或多个工作台，也许会有一个可移动的会议桌，个人和企业储藏空间，用于钉挂文件的隔挡，以及电缆管理系统。

更多的可移动的工作站也许会有为适应紧急需要而设的家具。作为备选方案，固定的工作站或标准件的简单组合也是经济有效的。

### 22.8.2 座椅（图22-23）

一把好的座椅对工作者的舒适度起到了最重要的作用。《VDU 指示》要求为 VDU 操作者提供完全可调节的座椅。靠背和座位必须独立可调，坐垫和扶手高度也是如此。对于那些不以 VDU 为中心工作的人来说，座位仍很重要，尽管这要取决于使用时间的长短。

临时访问者的座椅可以是相当基本的，接待处的座椅同样如此——尽管这里的座椅需要美观且不能太低。然而，会议座椅应该足够舒适以适合几个小时的连续使用。当餐厅也用于工作时，餐厅的座椅也适用这个原则，但它必须是耐久的和容易清洗的。

### 22.8.3 储藏（图22-24）

储藏空间可以是个人的、组团的或通用的，

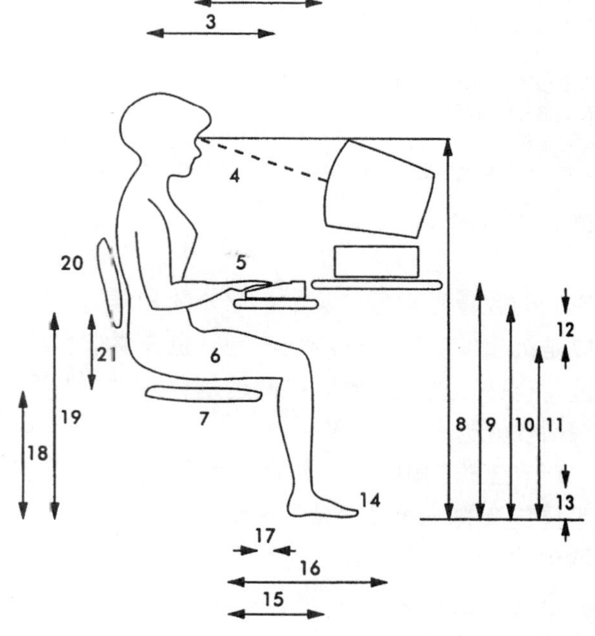


| | cm |
|---|---|
| 1. 手臂伸展范围 | 40～60 |
| 2. 与屏幕的距离（大屏幕需要更大）加上文件架 | 50～75 |
| 3. 肘到键盘范围 | 30～40 |
| 4. 水平视线与屏幕中心的工作夹角 | 20～30° |
| 5. 中前臂与腕关节之间的夹角 | 5～30° |
| 6. 展开的躯干与大腿之间的夹角 | 90～100° |
| 7. 可调节的座椅（水平向前后翻转 ±5°） | 40 宽 ×36 高 ×40d |
| 8. 到屏幕顶端的视线高度 | 100～140 |
| 9. 一般工作台高度 | 65～76 |
| 10. 键盘高度（圆边和手腕支撑） | 65～76 |
| 11. 桌下膝盖净高 | 50 |
| 12. 腿与桌面间空隙 | 20 |
| 13. 桌面下脚净高 | 25 |
| 14. 脚与地板或脚凳的紧密接触 | |
| 15. 桌下膝盖的净空 | 40～45 |
| 16. 桌下脚的净空 | 60 |
| 17. 小腿与座位前部的间隙 | 4～8 |
| 18. 坐垫高度 | 35～50 |
| 19. 下垂肘的高度 | 55～75 |
| 20. 可调节高度和角度的靠背（以及腰部支撑的位置） | |
| 21. 座位之上的扶手高度（可调节并退后座位边沿 10cm） | 20～25 |

图 22-23 工作站人体工学：平均尺度

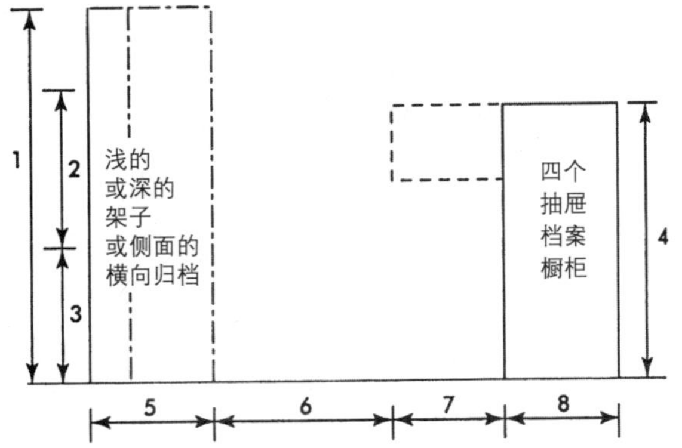

浅的
或深的
架子
或侧面的
横向归档

四个
抽屉
档案
橱柜

| | cm |
|---|---|
| 1. 够得到的最大高度（以女性的平均高度为准） | 195 |
| 2. 最佳架区（储存重物） | 75 ~ 80 |
| 3. 低矮区域，便于够到 | 70 ~ 75 |
| 4. 能看到抽屉内的最大高度 | 140 |
| 5. 架子的深度 | 30 ~ 60 |
| 6. 走道宽度（允许开门） | 90 ~ 120 |
| 7. 档案抽屉打开的净空 | 45 ~ 75 |
| 8. 档案橱柜 | 50 ~ 80 |

注意：侧面储藏容量是档案橱柜的两倍，需考虑楼面荷载

图 22–24 储藏空间尺寸

它们的数量和类型取决于企业分区和部门。它可以是沉重的、庞大的或机密的，也许要求容易接近，也许不要求。储藏空间越是合理化，组织的灵活性就越高。

在工作站中，个人储藏空间用于放置公文包、手提包及其他附属物品。需要有在座位上就容易够到的文具、小设备、文档和一些参考资料的储藏空间。在共享的办公桌旁，应该提供可移动的基座、手推车、包或一些其他的系统，加上整洁且安全的指定的储藏空间。

团队要求安全和整洁的外衣和雨伞的存放处。参考资料和档案的储藏空间也是必要的，但按人们偏好，大多数这样的空间位于资源中心。

主要的贮藏区域包括核心商业物品的空间，比如文具和档案（尽管废弃文档可能储藏在场地之外）。设施管理时需要家务管理、清理设备和材料的储藏空间。

材料也许会放在架子上，在壁橱或档案橱柜中（垂直的或水平的）。大批量储藏系统（滑动的或旋转的）可以储藏大量的文档和其他信息。

### 22.8.4 文书储存

文书的人均储藏量变化很大，可从理论上的 12 ~ 15 延米，到活动的或空间意识群的 0.5 ~ 2 延米。许多企业的平均宽限是 3 ~ 4 延米，尽管许多员工使用的范围长达 15 延米。

容积

| 以延米计算的不同储藏系统的容积： | |
|---|---|
| 两抽屉的文档橱柜 | 1 |
| 四排高的壁橱/架子 | 4 |
| 旋转 | 11 |
| 移动通道 | 5.5 |
| 旋转 | 50 |

#### 隔板

隔板用来提供一定程度的视觉和听觉的私密性，但也可以用来支撑搁板、壁橱和工作照明设施，安装电缆布线，并且用作个人或团队的留言板。

如果使用系统家具，隔板也许是构成工作站整体所必需的部分，支持着工作站或被工作站支持着，或者它们均各自独立。独立的隔板可采用许多不同的构造，也许可以给个人或小组提供一种亲密的感受。

隔板的高度不一，从用来遮蔽桌下空间的 700mm，到 1800mm 左右，之间的不同高度分别提供了不同程度的私密性。隔板也用来隐藏杂乱无章的缆线。

织物覆盖的隔板包含吸收性的材料，通常可以减弱噪声，但轻质的隔板，也许是铝穿孔板，只给人带来一种视觉冲击力。

### 22.8.5 会议区

会议区种类很多，既有办公桌边的空间，也可能是有完整的视频会议设备和调试间的会议室，因此会议家具的选用取决于空间的形式和尺度。座椅和一张会议桌是传统的会议室必备，但是对于更加非正式的会议，则需要由沙发、沙发椅甚至豆袋椅（豆袋沙发），加上低矮的文书工作用桌来代替。

### 22.8.6 接待区（图22–25）

因为接待区是一个组织最初的——经常也是唯一的——介绍场所，所以家具的质量显得尤为重要。接待员可以在标准的工作站工作，或者使用一种新颖的接见和欢迎方式，但更多的是他们坐在专门设计的桌子后面。宽屏使得这些更引人注目，还可以减少要求的隔板数量。设置这些办公桌的目的是提供一个有效率的工作站，同时允许交流和监督。同时，它们需要隐藏杂乱的文件和缆线，并保护使用者不受来自街道的风的影响。

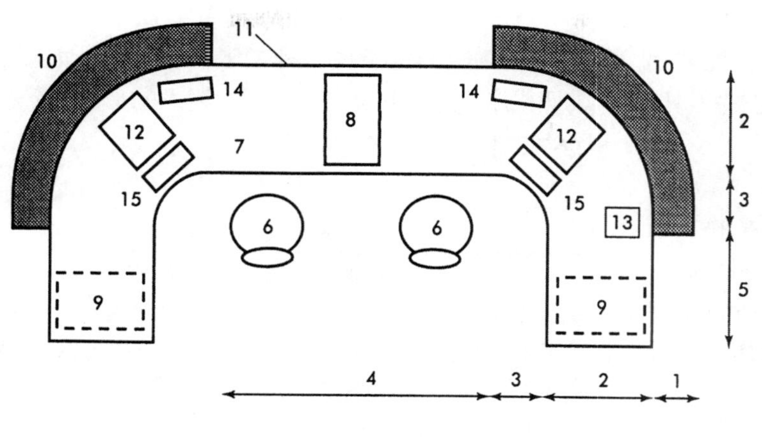


| | cm |
|---|---|
| 1. 访客服务架 | 20 ~ 25 |
| 2. 工作台进深 | 60 ~ 75 |
| 3. 曲线（内径） | 30 ~ 40 |
| 4. 工作台面宽度 | 90 ~ 110 |
| 5. 回转作业面 | 70 ~ 90 |

6. 工作椅
7. 工作台面
8. 桌下个人和办公储藏空间
9. 通用贮藏
10. 访客服务架
11. 隔板（掩蔽腿和电线）
12. VDU
13. 可能的安全监视器
14. 打印机
15. 键盘

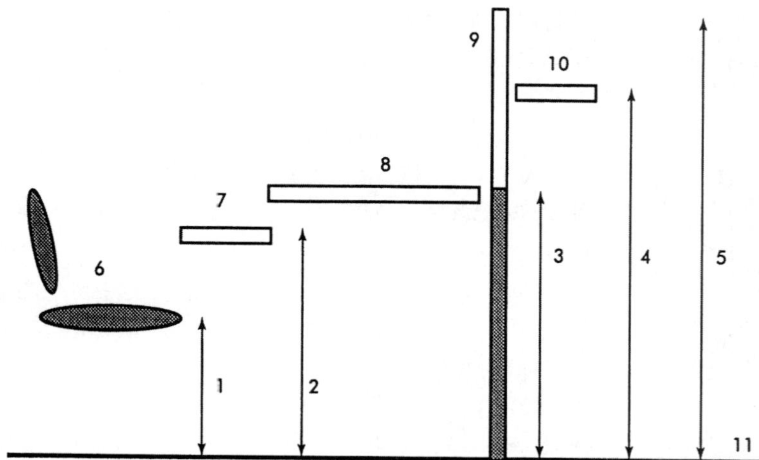


| | cm |
|---|---|
| 1. 座位（座垫）高度 | 35 ~ 50 |
| 2. 键盘高度 | 58 ~ 70 |
| 3. 工作台面高度 | 70 ~ 75 |
| 4. 寻访台高度 | 100 ~ 105 |
| 5. 屏幕总高 | 100 ~ 120 |

注意：提高坐着的接待员的视平线高度，让其与站着的人的视平线更趋于一致是合乎需要的。通过提供抬高的地面或高脚椅，所有的竖向尺度将总体提高 20 ~ 25cm。

6. 工作椅
7. 键盘支撑
8. 工作台面
9. 用于隐藏电脑后部等的隔板
10. 寻访台
11. 铺设好的地板平面

图 22–25 接待桌

其他家具包括来访者座位，种类从舒服的沙发和椅子到设有桌椅的短时间会议的小区域，以及适于短时间计算机为主工作的触地书桌。可以提供展架来展示获奖的文献，镜框来放置海报或艺术品，以及隔板架来摆放产品。

### 22.8.7 餐厅

服务柜台是从专业供应商那里获得的，但是它们的外观应与餐厅的整体设计相符，其他的元素诸如钱箱和脏餐具收集点也应如此。

座位需要足够舒适以适合长时间的使用，餐桌的位置和高度也要与之相配。

### 22.8.8 资源中心

图书馆的相关设计原则在本手册的其他部分有所涉及，但是资源中心不仅要求家具来支持阅读，还要在相邻空间举行会议和进行培训。员工需要宽大的工作站来处理资料。书籍、期刊、文件和电子资料需要架子和壁橱。

### 22.8.9 指示牌

灵活办公的工作者需要在他们每周到达办公室的几个小时内立即有家的感觉。清楚的指示牌对每个人都是必要的，尤其是那些有特殊要求的人们。在关键点的凸起的盲文可以帮助那些有视觉缺陷的人，但是对有听觉障碍的人的特殊的指路帮助还有待发展。

建筑设计通过向外的视线以及颜色和材质的改变，可以使其更具方向性。技术对比也很有帮助，位于关键点的触摸屏可以显示位置以及帮助人们找到人事部门的位置。

### 22.8.10 窗户处理

窗户也许需要遮蔽物来控制眩光或保证私密性。在一些情况下，薄织物或帘子可以适当遮挡不雅的景观，或减少夜晚玻璃窗的“黑洞”影响。

### 22.8.11 艺术品

二维或三维艺术品也是概念策划中的一部

分，装饰价值和场所营造价值都会因此有所提升。得到很好照明的艺术品可用来突出空间、处理拐角或划分功能，是一种有用并且振奋人心的工具。

### 22.8.12 植物

植物和花卉使得空间更加人性化。植物要求好的自然采光或 600 ～ 700lux 的特殊光照，21℃的室内温度和 45 ～ 50%的相对湿度。植物不喜欢通风和散热器或热管道空气。灌溉系统、容器以及位置等各方面都需考虑。

### 22.8.13 附加物

一个综合的方法应囊括在整个设计观之中，包括一些零碎物品诸如废纸篓和餐厅的餐具。

### 22.8.14 采购

家具可以依照大小和合同的复杂程度从一家或多家供应商或制造商处购买。计划一个清晰的选择过程是极其重要的，这个过程包括约定的标准（设计、质量、耐久性、递送、可用性、种类和费用），产品陈列室参观，试验以及实物模型。

## 22.9 外壳和布景

相对而言，建筑是长期不变的，而里面的公司和活动却持续变化着。建筑的结构可以完好运行 70 年或更长时间；表皮可持续 50 ～ 75 年。环境元素（服务设施和缆线基础）将持续大约 15 年。布景（配备的部件诸如天花板、照明和饰面）只有大约 5 年的使用寿命。安置物（家具和设备）可以按需要移动来满足变化的要求 ( 见 26)。

“外壳和核心筒”描述的是大楼的外层，它的结构和表皮（墙和柱），以及它的服务要素（楼梯、电梯、卫生间、门厅、管道和机房）。

| | |
|---|---|
| 基地 | 无限的 |
| 结构 | 75 年以上 |
| 表皮 | 50 ～ 70 年 |
| 服务设施 | 15 年 |
| 布景 | 7 年 |
| 安置 | 日常 |

图 22–26 平均寿命：外壳、大楼服务设施、布景和安置都有不同长度的使用时间

影响平面形式和立面的因素包括顾客的类型、位置、基地条件、规划限制、入口、大楼长期和短期的使用、组织的文化、要求的形象、管理、维护、预算和计划。

**完成程度**

一栋办公楼的主要合同也许只涵盖建筑外壳和核心筒，或者它会包括一些装备来准备住户的搬入。完成的六个基本层次是只有外壳，外壳和核心筒，开发商标准，种类A（背景配备），种类B（预定装备）和完全装修。

外壳：只有建筑结构和封皮。

外壳和核心筒：包括建筑结构、核心筒和完成的外部封皮；所有纵向的管道（给水、排水、煤气、电梯、HVAC机房和立管、电子数据立管）；已安装的周边供暖（如果有的话）；安有管道，全面装修的卫生间。

开发商标准：和外壳和核心筒类的配设一样，但要加上入口大厅、核心区、楼梯间、卫生间，以及其他公共部分的完全装修。办公室空间像外壳和核心筒模式一样空出来，除了适用于展示目的的那一部分。

种类A装备：一些办公室空间的装备，包括架空的地板和地毯，吊顶和全套照明设备。

种类B装备：与种类A装备一样，但要有隔墙和门；水平管道包括HVAC管道、喷淋器、电力和数据线、服务终端；嵌入式家具和特殊区域的设备，比如接待区、餐厅和厨房；所有的饰面和装饰。

完全装修：以上所有，加上可移动的家具、设备和工具；遮蔽物和帘子；附属品、艺术品和植物。

### 22.9.1基地

基地，基地位置、通道、规划和其他法规都将对设计的展开产生重要的影响。

基地位置会限定开发的密度，以为金融业者提供必要的回报。规划要求也会指定建筑的体量、形式和风格，停车位的数量，以及像通道和景观这样的内容。

朝向、景观、噪声、风向、俯视、阴影和通道（步行、自行车、小汽车和公共交通）都将影响基地的使用。东西向楼房的遮光处理比南北向的更加困难，南北向的一般只要求在南面遮阳。

企业园区的密度是外部总面积（gross external area, GEA）占基地面积的 45%，这被视为规范，景观占基地面积的 25%。较大的办公楼提供了更高的建筑密度以及更低的能源消耗和资金消耗。然而，它们的灵活性较小，给景观留有的余地也比几栋小楼的组合来得少。

### 22.9.2 停车

移动的工作要求汽车的停放，停车场空间、建设和维护的消耗，当地政府对汽车数量的限制以及员工的要求之间的平衡变得更加紧张。

对于商业园区，每 $25m^2$ 的 GEA 一个车位，每车位 $25m^2$ 是理想中的最佳条件，过道为两侧的停车位服务。

### 22.9.3 楼板（图22–27）

楼房最大的进深由日光透射入楼房的距离决定。进深通常认为是 5 ~ 7.5m 左右（或是地板到天花板的高度 ×2.0 ~ 2.5 ）。双区建筑，它的工作区在中央交通区的两边，进深可以达到 15 ~ 18m。少于 15m 的进深更利于自然通风，但很窄的楼板（窄于 13.5m）不利于容纳开放式平面与单间混合的工作空间。

纵深的大楼经常采用中庭模式，以将日光引入大楼的中心区，从而等同于两个中等进深的楼板面积。然而，一些企业要求使用楼房的整个进深以便尽可能地开放。

### 22.9.4 结构

钢结构的优点是相对轻质，适于更大的跨度和更大的进深，便于穿孔和安装。尽管混凝土同样适用于方形或矩形平面，而钢结构更适于矩形的和短跨的平面，更有效率。

在建筑面积 95%的租借区上，允许的标准荷载为 $2.5kN/m^2$，5%的高负荷区（也许在大楼的中心接近核心筒的区域）的标准荷载则为 $7.5kN/m^2$。

在较大跨度和楼层较薄的区域，应该检测踢足球等活动引起的振动程度。

### 22.9.5 外壳

楼房的外壳必须不透水、不透气，并满足隔热的要求。外壳可以是轻质的、大部分的玻璃幕墙，或用一些看似承重的材料作贴面，比如石材或砖，窗户设于这些建筑板材之间。就像形式会产生戏剧性的变化一样，它的功能也会发生变化。外壳可以引入雨水，或将它们阻挡在外；它可以是两部分，两者之间是维修走道 / 通风烟囱；也许设有随阳光变化的百叶窗，或是可调节的遮蔽物；这复杂的技术当然会由一个 BMS 系统控制。

水平外壳（屋顶），尽管它的建造更传统，但也可以支持太阳能集热器、烟囱，还有更常见的空调机房。

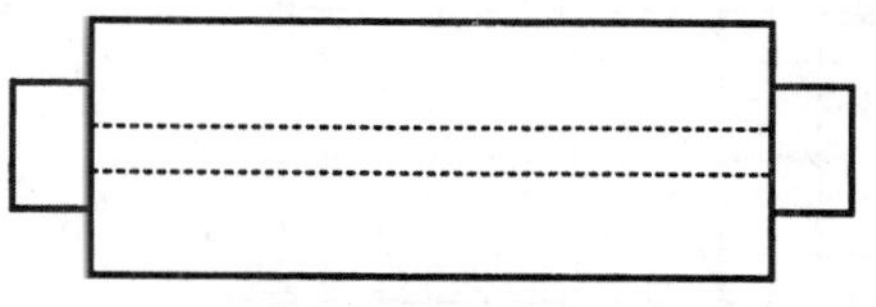

浅进深：12 ~ 15m（两个分区）

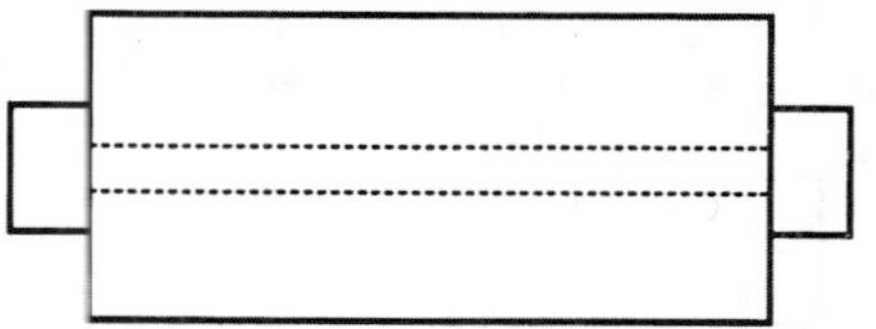

中等进深：15 ~ 20m（两个分区）

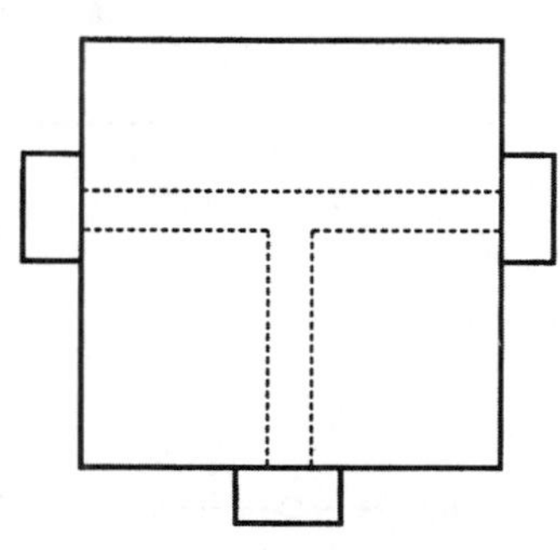

纵深平面：20m 以上（三个区域）

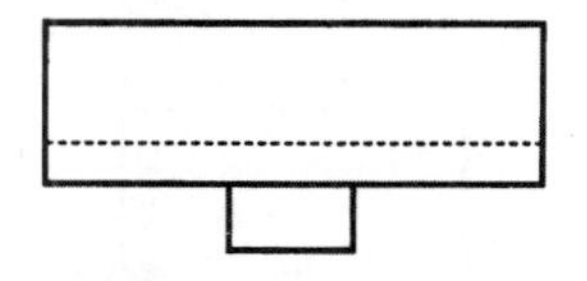

浅进深平面：8 ~ 12m（单个区域）

图 22–27 建筑进深

### 22.9.6 格网（图22–28、图22–29）

因为大楼的每个元素都有它的格网（从结构到天花板的铺瓦），所以格网的整体性显得很重要。

柱网应该尽可能大，并为空间规划格网尺寸的倍数。当停车场在大楼内的时候，它也许还与停车场的柱网有关。7.5m 到 9m 的跨度是最经济的。

窗棂的格网在单元的布置中最关键，它指定了房间的大小。普通的 3m 的网格，与 1.5m 的平面网格相配。也可能采用 1.35m 和 1.2m 的平面格网，以适应宽度为 2.7m 和 2.4m 的房间。

### 22.9.7核心筒

核心筒的不同元素可以统一在一个独立的区

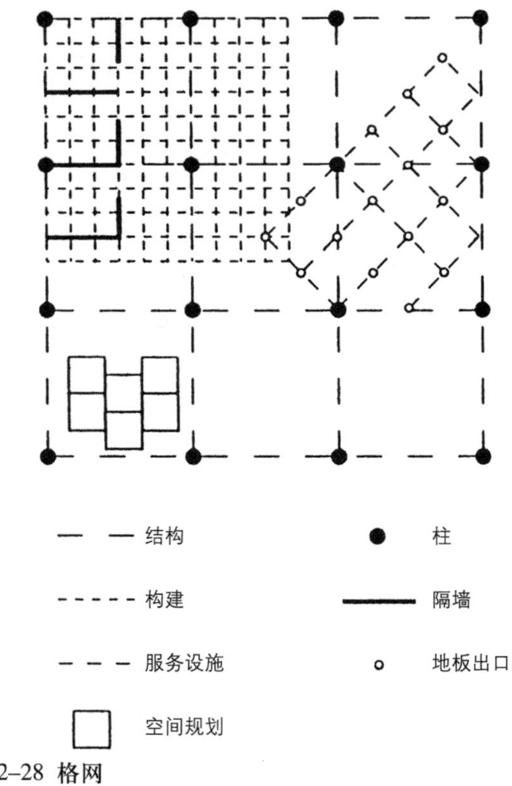


图 22–28 格网

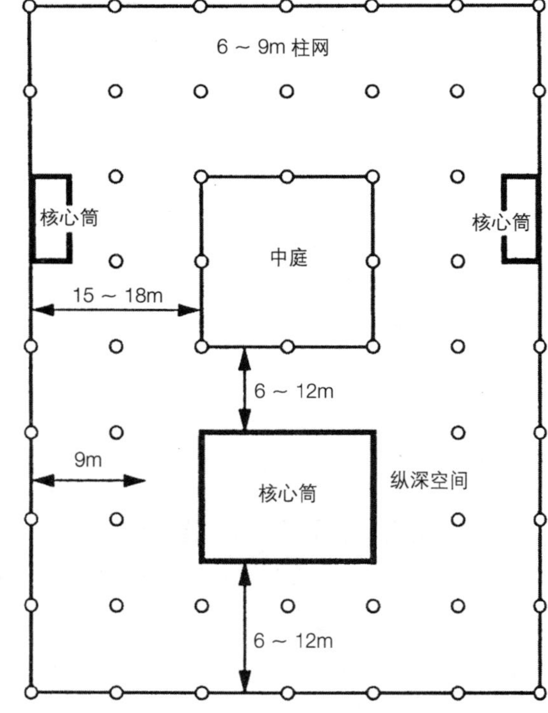


图 22–29 平面形式

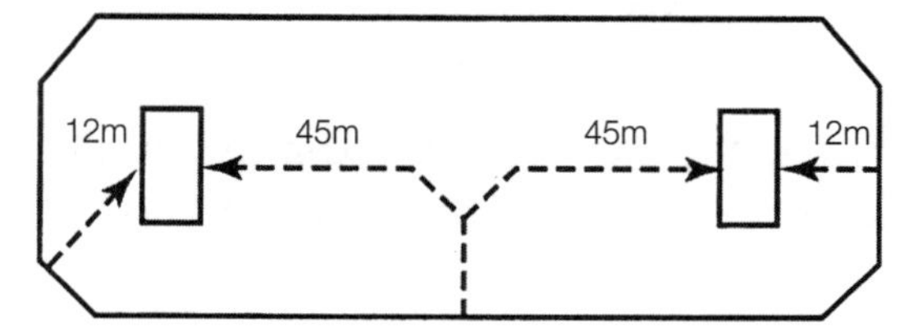


图 22–30 火灾逃生路线：有 2 个出入口或只有一个时最大的逃生距离

域，也可以分开设置，例如，楼梯间和卫生间在尽端，中部的电梯，以及与柱网相连的管道。

核心筒的位置影响大楼的使用方式。尽管消防法规指定了楼梯间的距离，但是大楼进一步细分的方式则依赖于核心筒的位置。中央核心筒是比较经济的，且允许不同租期的进一步细分，但是它限制了将楼层作为单独的开放实体的使用功能。周边核心筒是有效的，并且如果它处于大楼的封皮之外，便可不计入规划目的的办公空间。

### 22.9.8 火灾逃生

在英国，单方向逃生的最大行走距离只有12m，多于一个方向的话是 45m（图 22–30）。超过 60m$^2$ 的开放型办公室的占用率是每人 6m$^2$，而在隔间小办公室里，每人 7m$^2$。

火灾预防也指定了可接受的无需划分就能防止火势蔓延的空间的最大体积。通过安装自动烟枪，或把一些诸如楼梯间等的特定元素从空间中移开，可以增加区域的容积。

有特殊需要的人的逃生设施可能包括耐火的避难所和专门的安全逃生路线。

**逃生路线的最小宽度**

| | |
|---|---|
| 50人 | 750mm |
| 110人 | 850mm |
| 220人 | 1050mm |
| 220人以上 | 每人增加5mm |

### 22.9.9 剖面（图22–31）

从铺设好的地板到天花板下沿的高度范围在

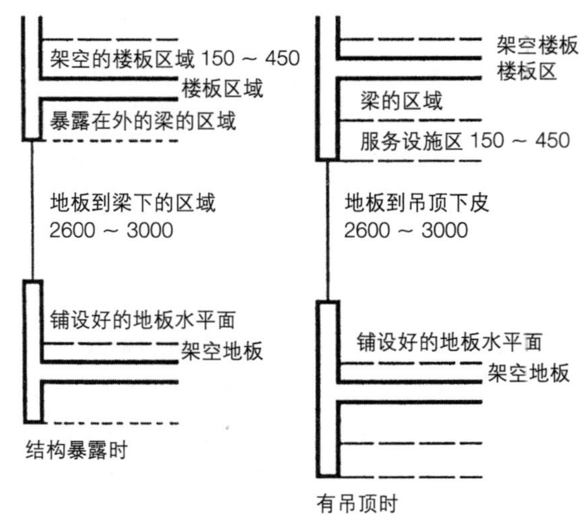


图 22–31 垂直尺度

2.6m 到 3m 之间。吊顶和架空地板为管道和电缆提供了空间，但会增加层与层之间的高度，因此增加了楼房的总高度。对于柱网在 9m 以下的中心，服务设施通常布置在独立的水平区域。如果跨度更大，梁之间的空间将经常用来布置服务设施。

架空楼板区域大约可为缆线的布置提供 150mm 的空间，或者是特殊操作区，如商人交易楼层，空间大约为 200 ~ 300mm。在采用空调和通风的地方，这个高度将提升到 300 ~ 450mm。包括全套照明设备和吊顶的照明区域可达 140mm。天花板中服务区域的高度取决于它所包含的物件。

结构暴露时，可以用作热量的贮藏库，同时可以提升地板到天花板的净高，至少在部分区域，这点对于开敞的办公区域是特别合乎需要的。

### 22.9.10 地板

在架空地板不太普遍的欧洲和美国，楼板中的管道提供了有限的缆线预留区。无线设备使得架空楼板变得不那么重要，这样能帮助古老的历史性的楼房获得新生，因为要在那些楼房的楼板中获取空间通常是不可能的。

架空楼板的设计考虑事项包括：

(1) 承重：系统必须有足够的强度来承受均布荷载和集中荷载而不产生扭曲或破坏；在安放木头支架时，必须能将集中荷载转移到建筑板上而不发生屈曲或侵入的问题。

(2) 进入：要求有能进入架空区的入口，以实现缆线的重布和电子、电力系统的维护，同时实现管道的维护和清洗。

(3) 终端：由地板盒或电子、电源规格，以及空调的格子窗提供。

(4) 可透性：也许需要在楼板下设垂直的障碍来防止声音的传播或火势的蔓延。

### 22.9.11 墙与隔墙

墙和隔墙除了分隔空间，还可以用来阻挡视线，声音或火势。它们可以是固定的或可拆卸的，但是尽管理论上一面轻质的隔墙更容易移动，但一面“无浆砌”隔墙的移动显得更快、更便宜。

阻隔物或砖隔墙对楼板有影响，它们也可以承受荷载。轻质的隔墙（可拆卸的或螺栓连接的）立于架空的地板之上。石膏墙美观且耐久性好，

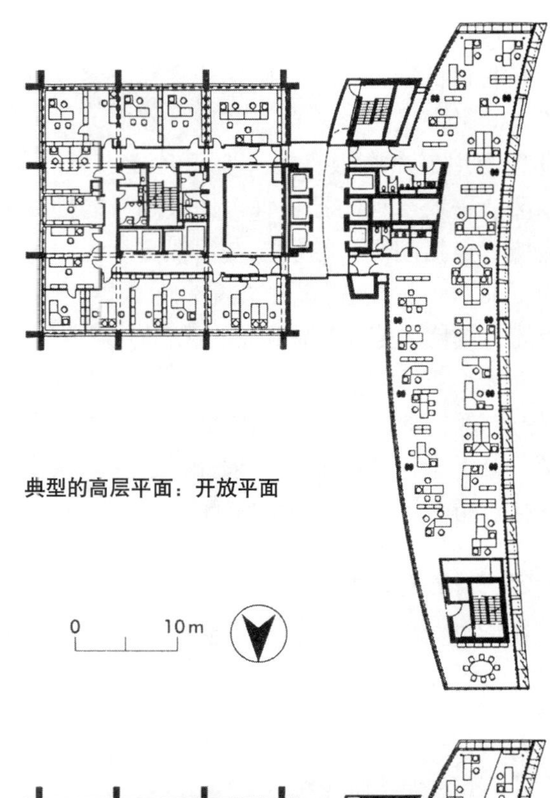


典型的高层平面：开放平面

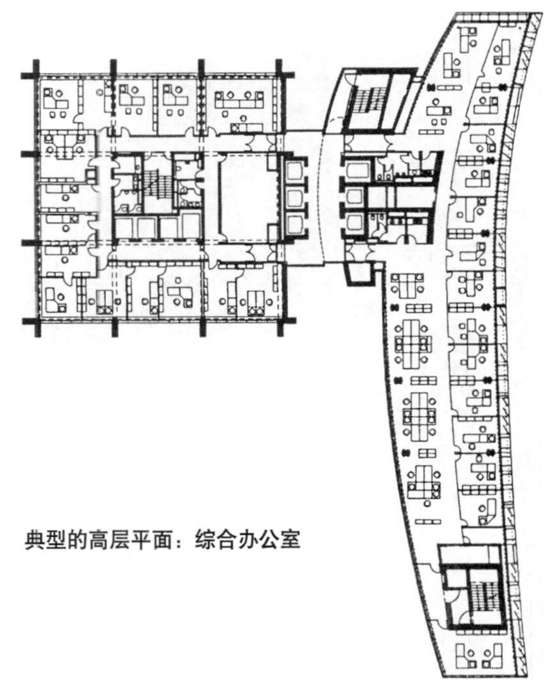

典型的高层平面：综合办公室

这个大楼由许多部分组成。总面积为 47900m$^2$，由于高处有水箱，224 辆小汽车的停放是机械化的。在原来的方形塔楼边加了一个 80m 高的弯曲的板式塔楼区，它是一个三层的临街建筑，首层是商店，其它三层包含一个多功能门厅、会议设施和办公室。每个部分都有它自己的特点。最戏剧性的是高层区块的西立面，有着明亮色彩的穿孔金属百叶窗，经过居住者的操控形成了一个经常变化的意象。

气流在外部由“风屋顶”侧面控制，内部有一个复杂的立面设计，它能将空气抽进东立面，从那儿再经由西立面的多层太阳能暖气管选择性地进行抽取。室内隔板的通风道（按高标准设计以达到声衰减）允许在开启的窗户之间进行空气流通。只有在冬天几个月内需要机械通风。

图 22–32　GSW 总部，德国柏林［建筑设计：索布鲁赫·胡顿（Sauerbruch Hutton）］

但是石膏的施工却杂乱而缓慢。

可拆卸的隔墙系统能够快速安装，容易重新安置，同时提供足够的声音衰减。然而，它们很昂贵且使用寿命有限。因为要同时隔声和防火，所以区分一块单独的板材（也许很高）的性能和整堵墙（包括门洞）的性能变得很重要。同对家具的要求一样，墙的设计、质量、耐久性、递送、使用的有效性、范围和费用都在考虑之列。

对于会议室和礼堂的可移动隔墙，需要考虑同样的问题。此外，支撑和储藏的方法要求专门的考虑，出于声学性能的要求，在连接节点处需要有空气的密封物或类似的东西。

### 22.9.12 天花板

在大部分办公室中都能见到固定于悬吊的铝或钢这些轻质金属龙骨上的隔声板。板材有各种不同的尺寸、外表和性能：大板材，曲线板材，能抵抗强烈冲击、防潮、防火的板材都是可得的。全套照明设施、喷淋头和空气喷雾器都由天花板的龙骨支撑。管道和电线隐藏于天花板之上，但要易于进入维护。

吊顶的板材有许多优点，但很难在接合处进行灵巧的细节设计，而且龙骨线会导致节奏过多。石膏板吊顶通过勾缝和嵌缝，或一层石膏表层，避免了以上的弊端。这样的天花板在综合构造区域可能相当重要。

### 22.9.13 地板材料

地面必须看起来不错，安全且能传达合适的形象。材料可包括木材、大理石、乙烯树脂、油

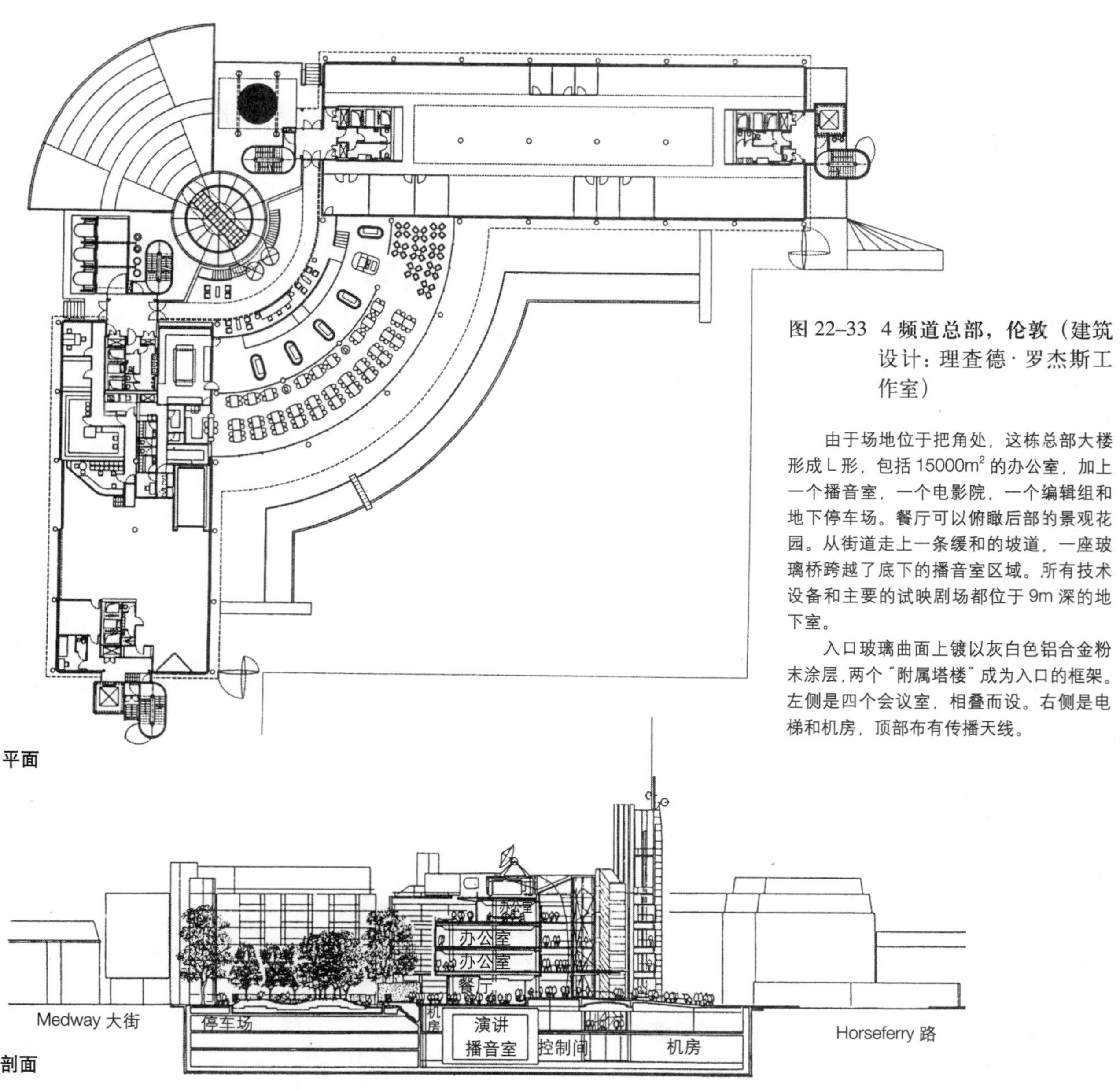


图 22–33　4 频道总部，伦敦（建筑设计：理查德·罗杰斯工作室）

由于场地位于把角处，这栋总部大楼形成 L 形，包括 15000m² 的办公室，加上一个播音室，一个电影院，一个编辑组和地下停车场。餐厅可以俯瞰后部的景观花园。从街道走上一条缓和的坡道，一座玻璃桥跨越了底下的播音室区域。所有技术设备和主要的试映剧场都位于 9m 深的地下室。

入口玻璃曲面上镀以灰白色铝合金粉末涂层，两个"附属塔楼"成为入口的框架。左侧是四个会议室，相叠而设。右侧是电梯和机房，顶部布有传播天线。

毡和钢。在英国的办公室里，最常见的地面覆盖物是地毯，而不去考虑硬质材料不易隐藏污垢的优点。

材料的选择取决于外观，费用以及包括安全、耐磨性、方便性、环境、安装的简便性和维护等因素在内的使用情况。

关于接待处地板材料的选用需要仔细的考虑。入口处放置的编席可除去尘土和湿气，但是必须有足够的量，置于明显的位置并与其他地面铺设齐平。

### 22.9.14 墙面装修

墙面可以用石膏、大理石、石材、砖、木材、钢、铝、玻璃、镜子、以丙烯酸树脂为基础的多样材料等等，但不管用什么样的材料，都必须耐久。上油漆的石膏板或木板仍然是一个廉价的选择，因为它易于更新，色彩设计易于适应最新时尚要求。特殊的饰面（磨光的石膏板或设计的墙纸）可能很美观，但它们也许不能持续很久，并且保养上的考虑是设计的一个基本部分。

剖面

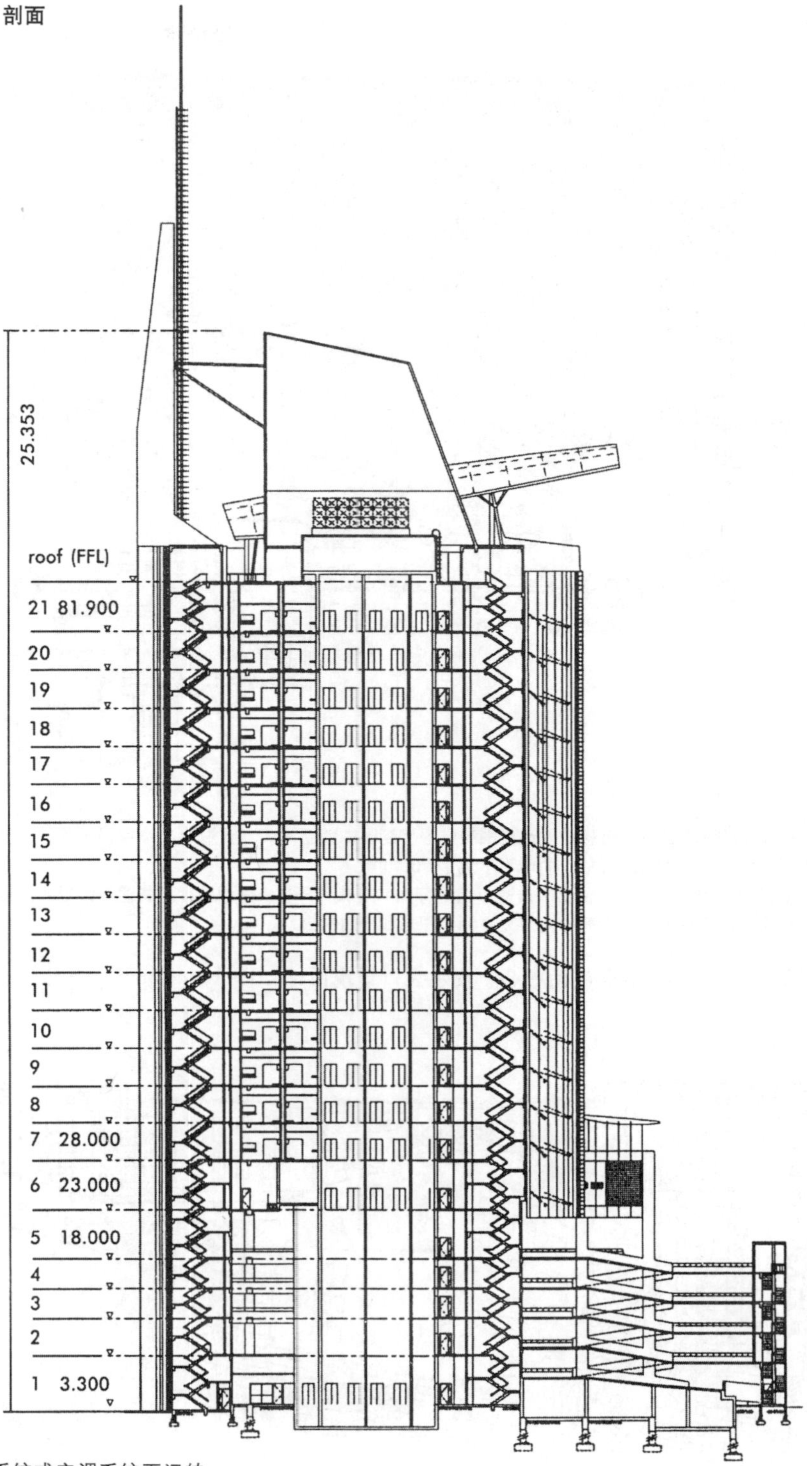

25.353
roof (FFL)
21 81.900
20
19
18
17
16
15
14
13
12
11
10
9
8
7 28.000
6 23.000
5 18.000
4
3
2
1 3.300

设计使得这个 21 层的大楼可在自然通风系统或空调系统下运转。采用狭窄的平面结构，距一端可开启窗户的最大距离是 6.5m。它拥有 8200m$^2$ 的净面积（总共 10900m$^2$，包括 94 个停车位），一个银行大厅和礼堂位于低层，以上是 14 层的办公室。

翼墙（在阳台区的尽头）引导风进入带有可调节“空气闸”的风穴来将空气引入大楼。设置核心筒和遮光物以提供最大面积的建筑遮阳。

为了抗震，采用一个平坦的格网，能提高楼房在摇摆中的耐用性能。

采用常规的加强混凝土梁板系统，地方承建商就能够完成这项任务。通过采用“跃变”墙体施工技术，这个项目得以在 22 个月完工。

0 10m

典型平面

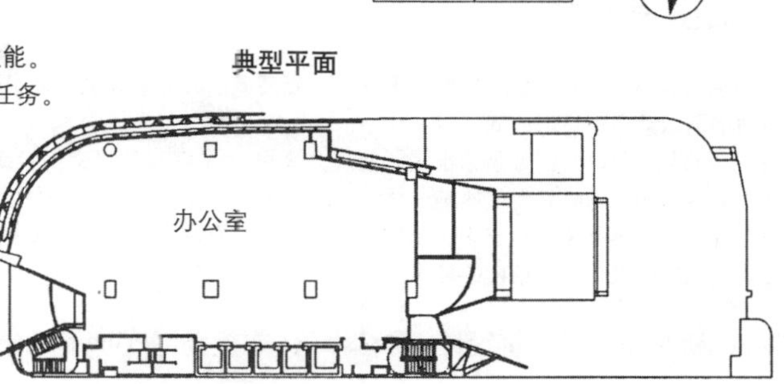


图 22–34 马来西亚槟榔山 (Pulau Pinang) 与巫统塔 (Menara Umno) ［建筑设计：T.R. 哈姆扎 & 杨经文 (T.R.Hamzah & Yeang Sdn.Bhd)］

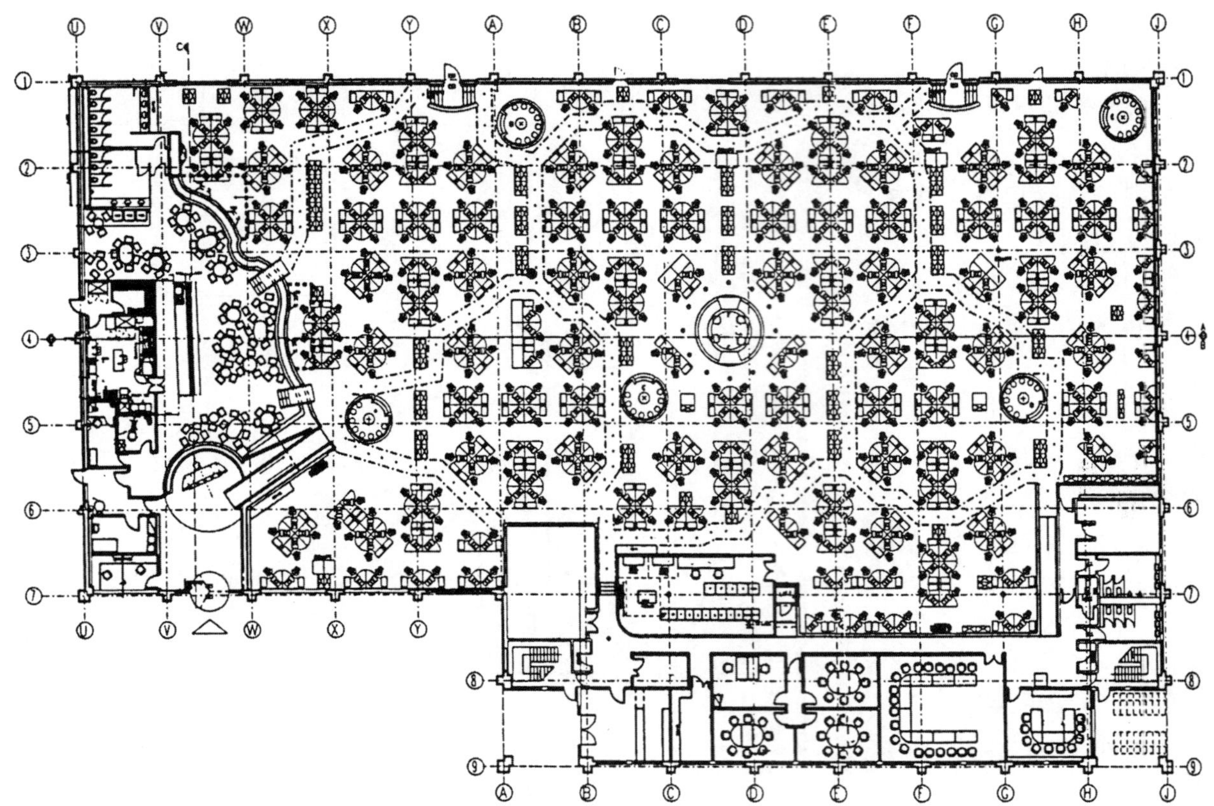

一个 3700m² 的仓库大楼被改造成围绕中心控制区的大空间，可容纳 400 个电话销售员岗位，入口处有一个餐厅。小组会议空间除了会议室和培训室外，其余均对外开放，向地下下沉了 650mm。

从接待处引出的一条"传感"走道，运用灯光、气味和声音来提醒游客注意假日大甩卖。当地艺术家绘制的度假场景的壁画装饰在空间的各处。露天市场桅杆展示（设有彩色灯光）销售图形和小组位置。

**图 22–35 Thomas Cook 电话中心，福尔克（建筑设计：BDG McColl）**

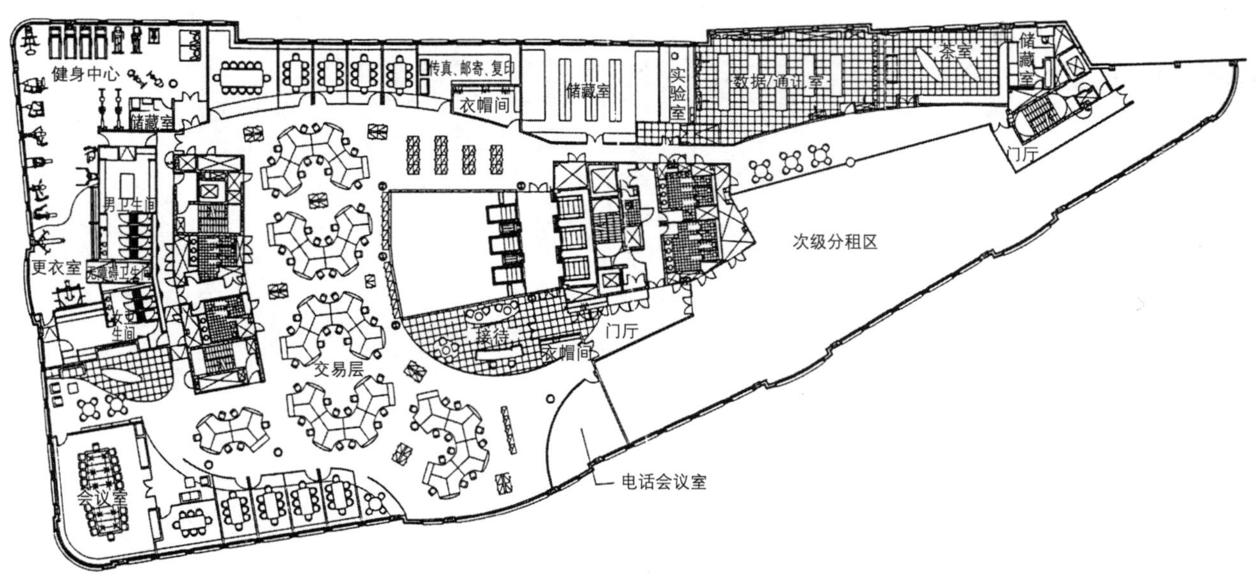


一个在伦敦市中心运营的外国银行要求一个高质量的办公室环境，来帮助吸引和留住最高能力的员工。随着人们工作时间的加长，办公室力图支持他们需求繁多的生活方式。

在一个面积 1860m² 的"俱乐部式"解决方案里，70 名员工（交易者或非交易者）坐在相似的高科技、标准尺寸的工作站中，工作站布局成围绕中庭的组团。围绕着他们的是一圈宜人的所在——玻璃会议室、视频会议室、休息室、咖啡厅和一个健身房。

一个新的曲线桌平面传达出多种错综复杂的工作站设计形式，比如蜂巢形、排形和岛形。超薄显示器允许小而简单的桌子，并提供一个反映客户公司文化的个性化的、亲密的环境。

**图 22–36 贸易空间［建筑设计：普林格尔·布兰登（Pringle Brandon）］**

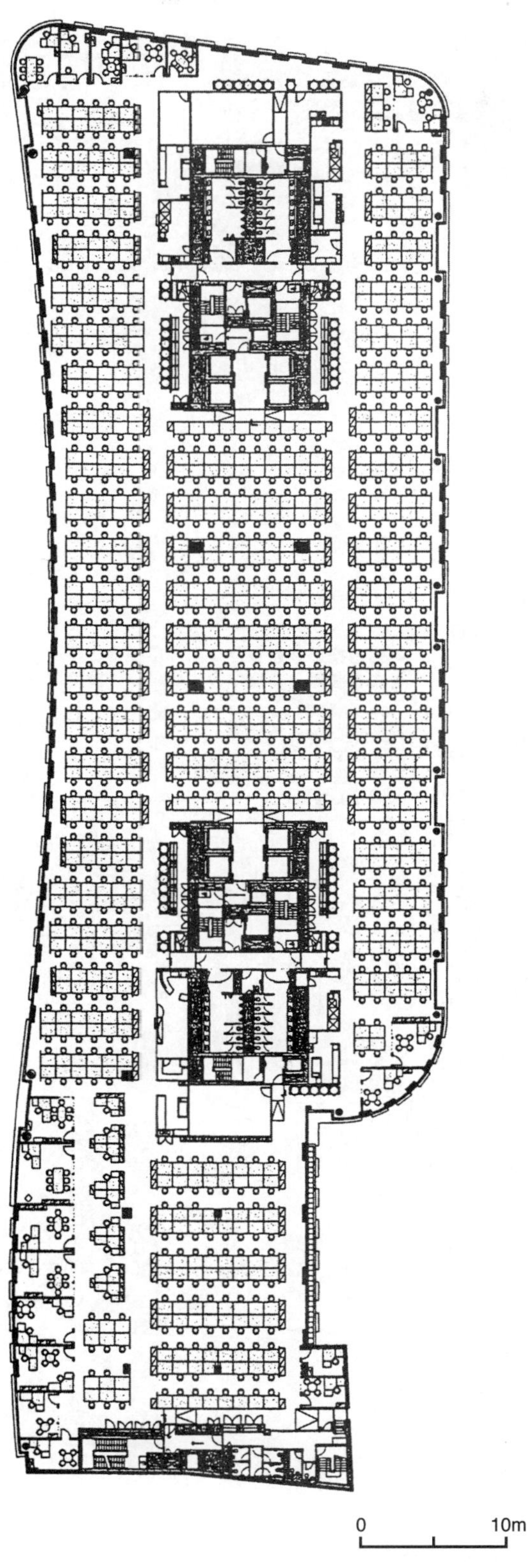


在一个位于 Docklards 的投资银行，650 名交易者被安置在一个 5575m² 的纵深平面交易层内。线形的办公桌是一个模数的，允许任何长度的个人办公桌。办公桌是按使用超薄显示器设计的，允许高密度使用者，且具有极端的灵活性以适应迅速变化的交易人群。

一个更进一步拥有 1400 个交易位置的场所位于别处，以及一个 3715m² 的数据中心、办公室、扩展的客户服务设施和一个员工餐厅。

图 22–37 银行，伦敦[建筑设计：普林格尔·布兰登(Pringle Brandon)]

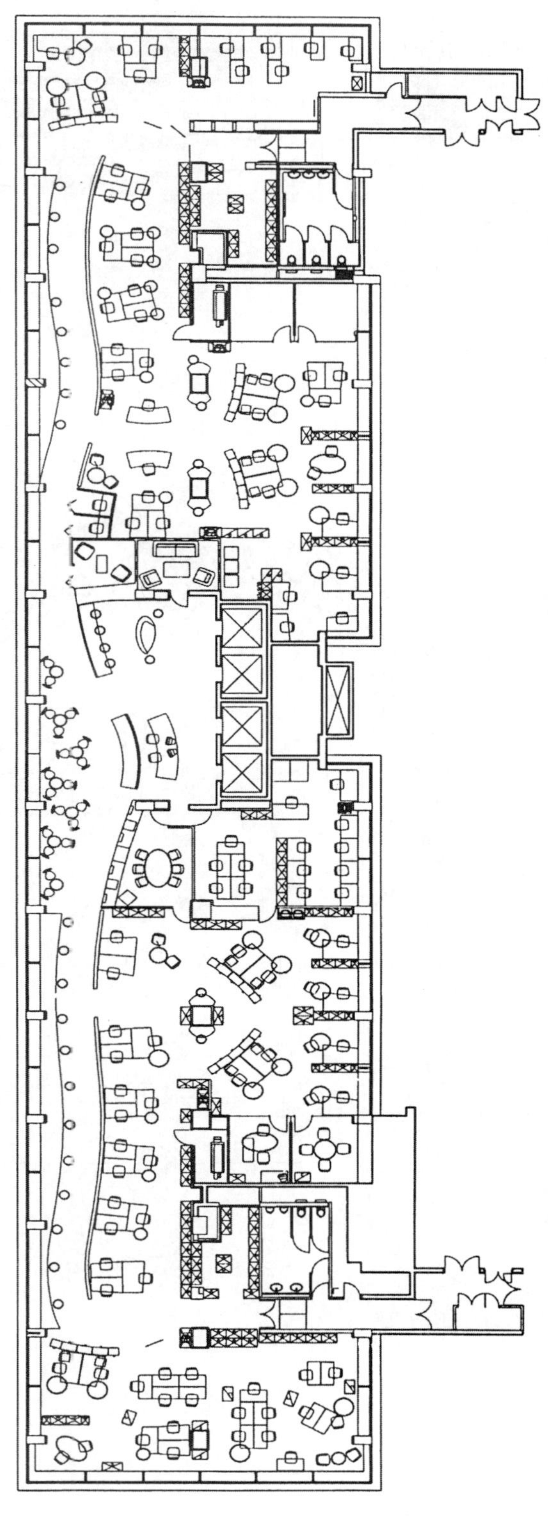

这个俯视大街的 820m² 的狭窄楼层容纳了安达信会计师事物所的咨询分部。作为 170 人工作的基地，但只支持员工有 PC 和指定的办公桌；所有其他人都使用笔记本电脑，这样，他们就可以适应可利用的任何空间。这些空间可以是大楼前部靠窗的触地高办公桌或中心工作区的公共办公桌。作为选择，他们可以选择安静的"禅意"区（它的特点是有鱼缸，不设电话），有一个会议室；或是楼层另一端的合作区（也被称为"混乱"区），在那里可通过使用移动家具形成小组或再次重组。

图 22–38 安达信会计师事务所（Arthur Andersen）：咨询工作层平面，伦敦（建筑设计：BDG McColl）

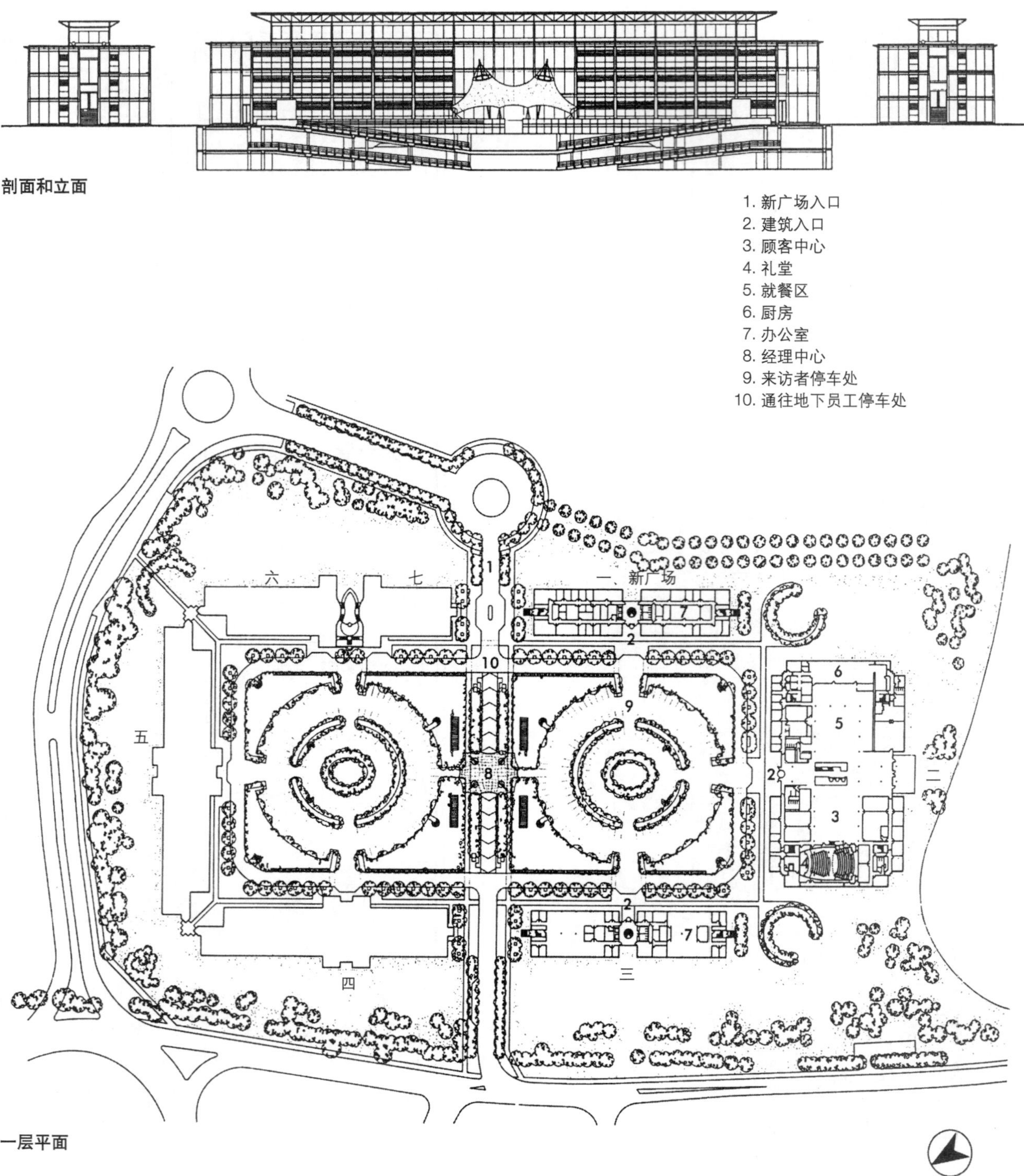


这个临近希思罗机场 Bedfont 湖工业园区的项目，开始于 20 世纪 80 年代。IBM 有三座大楼，均为三层高，围绕一个景观庭院布置。16800m² 的综合体形成了至少 1500 个销售和交易员工的工作基地，当他们进入办公室的时候，他们使用热桌（注：即没有固定座位）。在每个区，狭窄的工作间环绕着由一个交通核分开的两个中庭。设于其中之一的餐厅整天都被用来召开会议，也用作单独的工作。主要是带有一些会议室的开敞布置，也会有为某些员工设置的周边办公室。

图 22–39 IBM，Bedfont 湖，西伦敦［建筑设计：迈克尔·霍普金斯事务所（Michael Hopkins & Partners）］

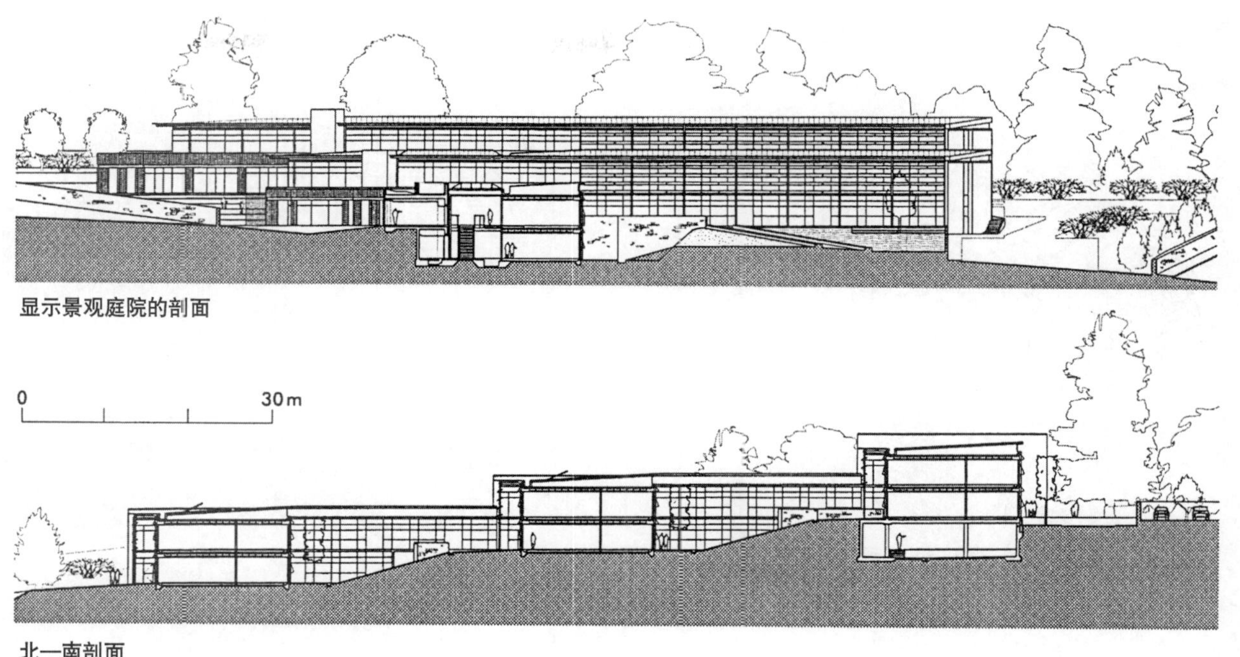


显示景观庭院的剖面

北一南剖面

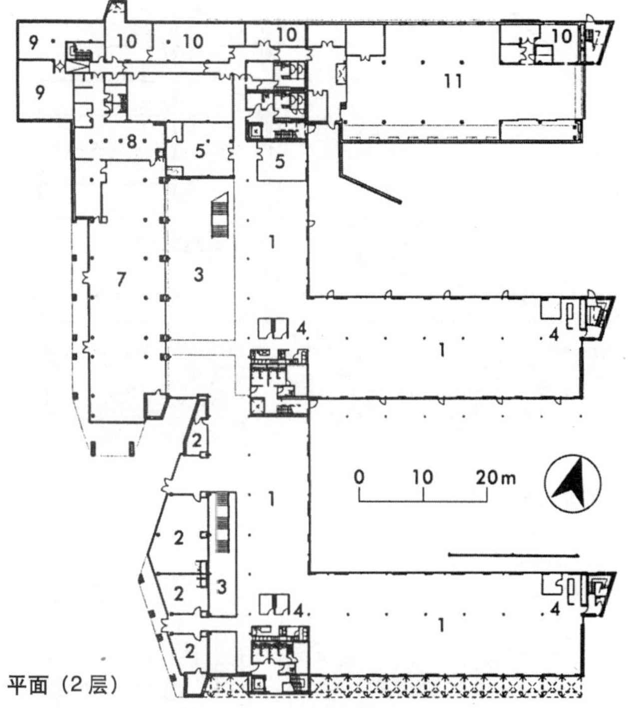


平面（2层）

1. 开敞办公室
2. 会议室
3. 街道空间
4. 商业中心
5. 邮政室／复印室
6. 联络室
7. 餐厅
8. 厨房
9. 储藏
10. 机房
11. 圆顶地下室

这个3层的、10000m$^2$的综合体有3个南北向的翼，可容纳580个工作空间。3个翼由1条街相连，街由南北向的天窗照明。

一个轻质的钢框架支撑着预浇的混凝土楼板和屋面板等外壳单元。它们的热量聚合，通过有效的太阳能控制，可在使用最少的机械系统的情况下提供最高达26℃的室内温度。

优良的采光，精密的建筑管理控制系统，提供室内热水的太阳能板，雨水和灰水处理，以及将建材能耗、资源消耗和污染最小化，都得其成为一个生态建筑。

15m进深的平面允许在中央交通的两侧布置工作站。特殊照明"筏"提供了400lux的直接和间接混合的照明。为帮助营造声学气候而设计的筏也可装载火警系统。照明同时由日光和现场的探测传感器控制。

图22–40　威塞克斯（Wessex）水处理中心，巴思［建筑设计：班尼特事务所（Bennetts Associates）］

1. 暴露在外的高耸的预浇混凝土围堰；2. 从立面可见的预浇单元；3. 3m柱网的钢柱（中间预浇的混凝土墙体单元提供热量收集）；4. 低能耗的筏照明装置，翼墙可吸声（每个装置由日光传感器和现场探测器控制）；5. 手动操作的窗户；6. BMS-控制的窗户，立面有手动的按钮；7. 防眩光的遮蔽物；8. 固定的遮光板；9. 带有雨水收集槽的镀铅锡合金不锈钢屋顶；10. 架空地板周边管沟采暖；11. 全高度低辐射的双层玻璃窗；12. 悬挑的餐厅窗户遮荫；13. 全高度低辐射和中控太阳能双层玻璃窗；14. 与机械通风相连的BMS-控制窗户（在中等季节提供自然通风，在夏季频繁使用机械通风）；15. 灯火管制和眩光遮挡；16. 可调节的木百叶；17. 草坪景观屋顶；18. 巴思石柱包层；19. 雨水管自然排出低洼处积水；20. 地板下采暖

办公室翼细部

穿过西立面的剖面

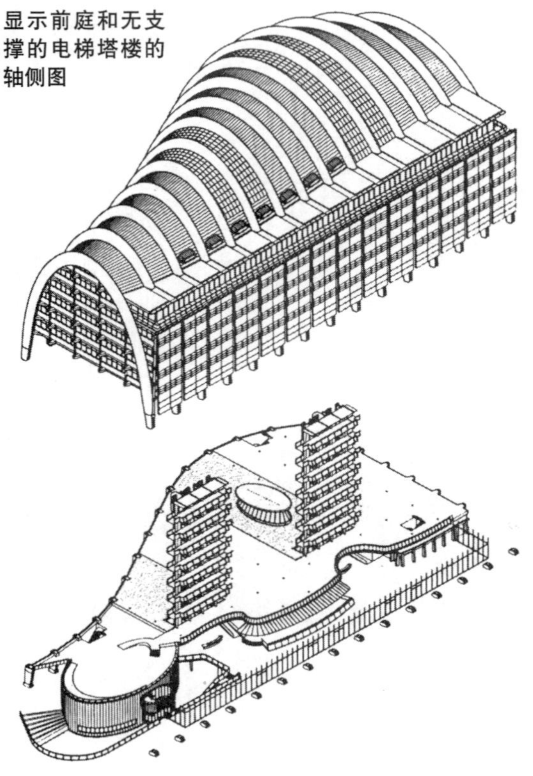
显示前庭和无支撑的电梯塔楼的轴侧图

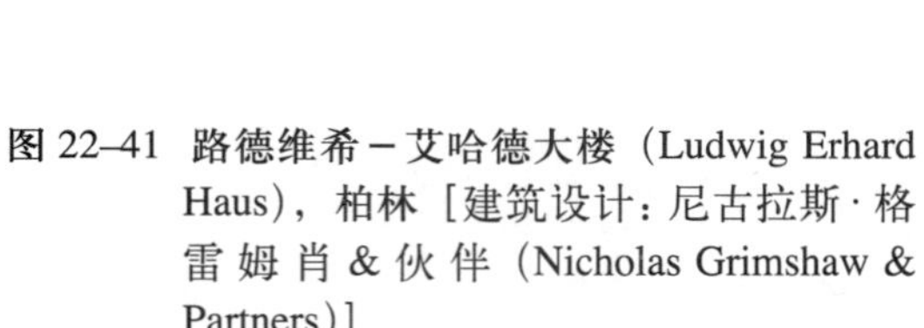

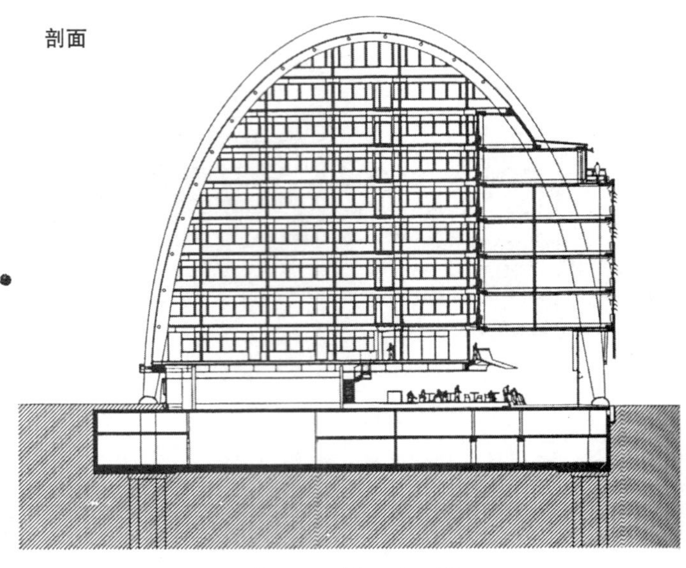
剖面

0 10 20m

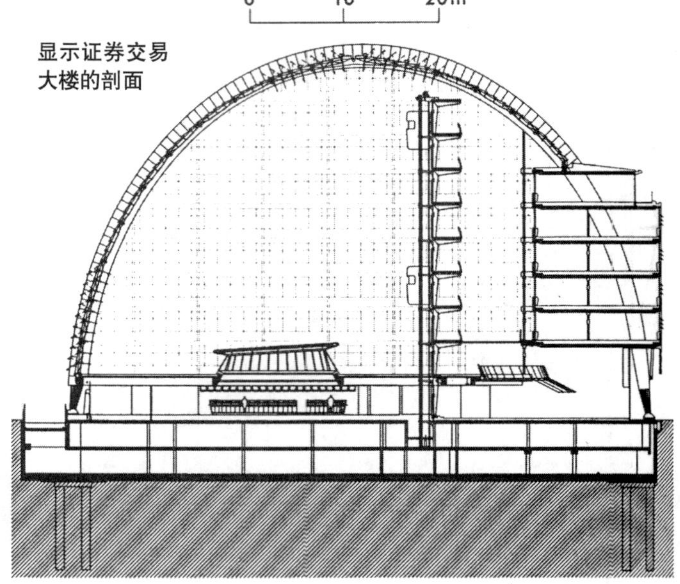
显示证券交易大楼的剖面

图 22–41 路德维希–艾哈德大楼（Ludwig Erhard Haus），柏林［建筑设计：尼古拉斯·格雷姆肖 & 伙伴（Nicholas Grimshaw & Partners）］

一个紧张的基地和 22m 的限高产生了这栋大楼的设计，它 18000m$^2$ 的办公空间至少能容纳 800 人。22000m$^2$ 的总面积包含了交流、展示、会议和演讲空间，还有 250 车位的停车场和一个入口大厅，内有一个可容纳 150 人就座的全天营业的餐厅。

围绕两个小型中庭（容纳电梯之用）划分为三个部分，复杂的结构包含 15 根拱形钢柱，跨度从 33.7m 到 61.2m 不等，置于基础板之上。九个无柱楼层从拱形钢柱悬挑而出，同时在其间设置垂直的封闭混凝土外壳以加强结构。

窗户在玻璃幕墙立面开启。室内装修包括玻璃隔墙（在德国不常用）和特殊区域的槭木镶板，还包括装有不锈钢和铝配件的电梯。

尽管是柏林证券交易所之家，它还是一个拥有不同大小单元的多功能出租型大楼。

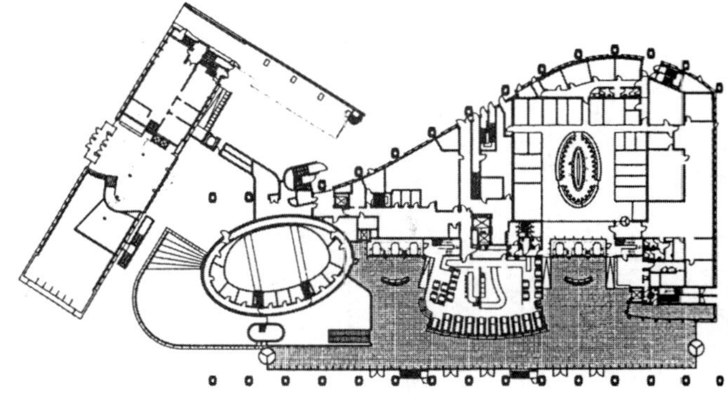
显示餐厅部分的一层平面

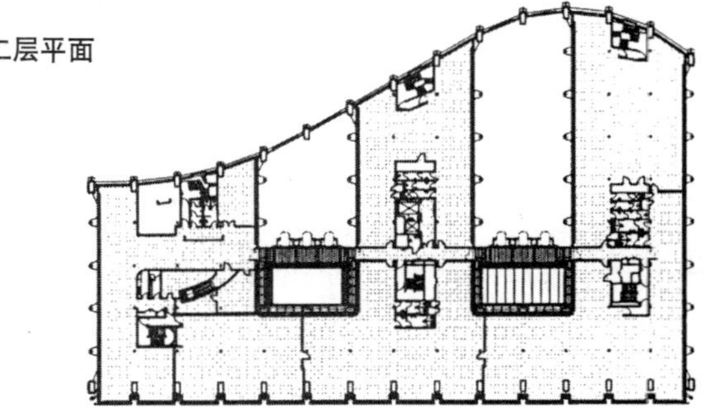
二层平面

# 第23章　酒吧

也可参见《餐厅和餐饮设施》部分。

## 23.1 酒吧氛围

英国酒吧作为一种社会机构闻名全球：它们的氛围很难被重新创造。少数时尚的设计成功地营造了合适的气氛：很多原始的酒吧被改成了所谓的时尚现代设计，而后又被改回到复兴的维多利亚式的设计。成功酒吧的一个特点是把大空间分割成一个个的私人小空间，而空间的周围仍弥漫着热闹的感觉。为达到这种效果，传统的做法是在酒吧中间设置供餐处，酒吧间环绕于它的周围。好的酒吧和影院有一些相似之处：进行少量点缀彰显品位，而将流俗之作化为内部装饰件。每个酒吧根据它的坐落之处，对啤酒的选择，甚至每年各个不同时节而有自己独特的特征。

有些经营组织试图从物质环境和可提供的酒的品种（理想的选择是当地的啤酒）方面来保持传统的酒吧氛围——例如CAMRA［酒名，真黑啤之战 (the Campaign for Real Ale)］或者一些新的小酿酒厂的酒。他们试图在废旧商铺或商业企业里建造酒吧，向传统的大酿酒商的统治发出挑战。这些设计倾向于传统并富有宗教复兴色彩，但仍然富有创造力并经常会获得成功。在20世纪

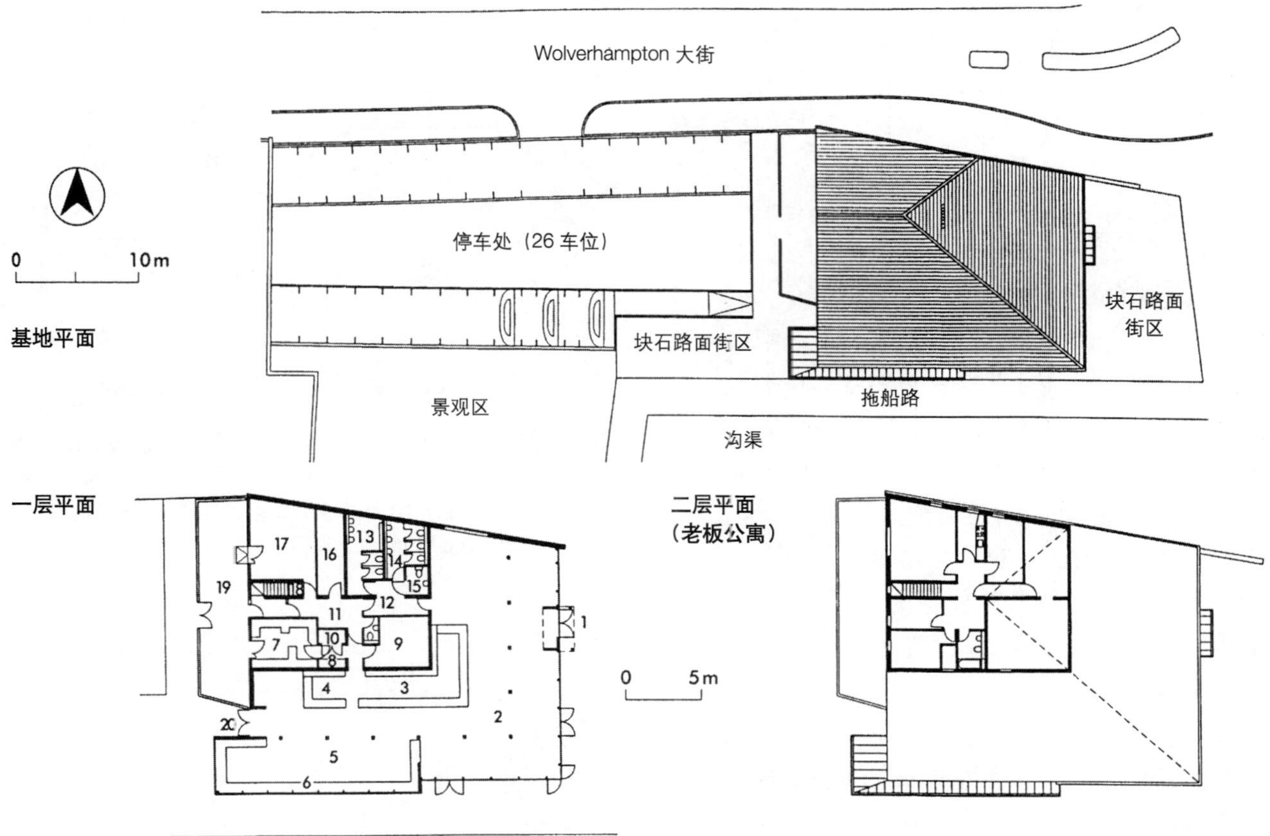


1. 主入口；2. 饮酒区；3. 酒吧；4. 备餐室；5. 咖啡区；6. 长椅；7. 厨房；8. 餐具站；9. 酒瓶存放；10. 干储存柜；11. 服务走廊；12. WC前厅；13. 女厕；14. 男厕；15. 无障碍厕所；16. 安全室；17. 酒窖；18. 通向老板公寓的楼梯；19. 庭院；20. 次入口

图23–1 Wharf镇的酒吧，沃尔索耳（Walsall），西米德兰郡（West Midlands）［建筑设计：色基森·贝茨（Sergison Bates）& 卡鲁索·约翰（Caruso St John）］

60 和 70 年代，许多酒吧都用桶装啤酒代替了传统的啤酒泵。

## 23.2 酒吧使用

尽管许可条例已经允许更灵活的营业时间，许多酒吧现在也会全天营业，但酒吧的传统营业时间还是集中在晚上 9 点以后，午餐时间的使用大概是晚上的三分之一。其他最近的改变包括了家庭室的频繁提供。(来防止 18 岁以下的成年人进入酒吧)。

现在酒馆和有执照的酒吧（见餐厅）已经没有什么明显的区别；理论上，它们的不同在于：酒吧面向的顾客一般停留时间较短，并且提供葡萄酒和更多的外国酒，点心和非正式餐品，然而，酒馆传统上提供啤酒和烈性酒，一般为夜晚较长时间饮酒的人们提供一个较轻松的环境，而吧食只在午餐时提供。现在在酒吧中设一个单独房间做餐厅的情况变得很普遍。

**酒吧备餐间** 酒吧的柜台和柜台后的使用空间大部分按标准化设计，以适合饮品的供应和酒杯的存放，等等；至少需要一个水池。若是某个酒吧想要在许可时间之外使用这一区域的话，必须得装上可上锁的百叶窗。

**酒吧（饮酒区）** 一般至少会有两个不同风格的酒吧间，有时价格会不同（比如说，公众酒吧和休闲酒吧的价格不同）。也许还会有单独的游戏室（图 23–1）和就餐区。传统上公众酒吧有一个基本的氛围，有着简单的座椅和专为在吧台饮酒而设的较多的高脚凳；休闲酒吧配备有更舒适的座椅。设计者必须清楚，是保持这种传统的气氛，还是一个单纯的酒吧区更合适。

**运送** 由于饮品的运送频繁且量很大，运送问题成了一个重要的考虑环节。一般用小桶、大桶或板条箱盛装，通过大货车或水箱运送。酒窖合适的入口是至关重要的（传统上，不过也不是必要的，酒窖设于地下）。空瓶的储存空间也是必要的。要求有一个从酒窖到酒吧的运送系统（可以通过提升间，电子系统，或抽取啤酒或二氧化碳气体的手动压力泵。也许需要的酒窖不止一个，以满足不同的温度要求（举例来说，为“真黑啤”和凉啤分设酒窖在近几年成为流行趋势）。

**食品** 大部分酒馆现在也提供酒吧点心。预熟 / 冰冻食物和微波炉的增加导致了食品供应种

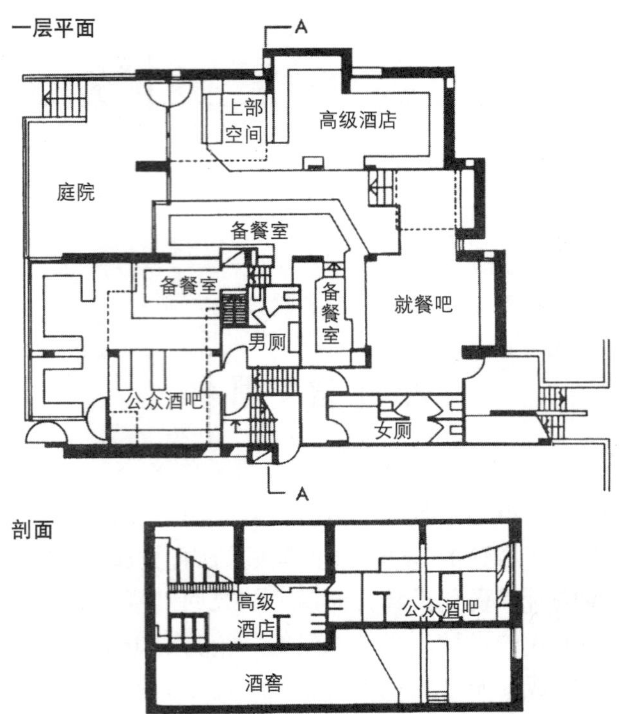


图 23–2“上将勋爵 (Lord High Admiral)”，伦敦威斯敏斯特：一个在大尺度住宅里成功地再创了传统英国酒吧设计氛围的现代酒吧；酒吧是分开的，在设计和舒适度上有所变化（建筑设计：Darbourne&Drake）

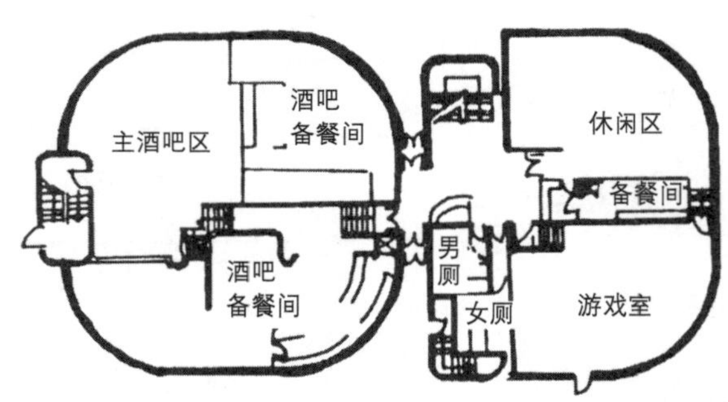


图 23–3 北安普敦的“空想家”，一个欢快活泼的工作人士的酒吧，使用了丰富多彩的材料，有斑纹的玻璃面板和曲面的拐角；地面层平面（建筑设计：Roscoe Milne 工作室）

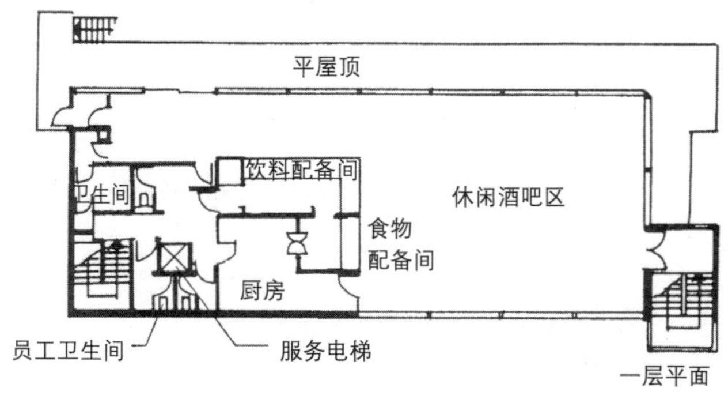


图 23–4 Foxhills 高尔夫俱乐部，彻特西（Chertsey），萨里郡（建筑设计：建筑设计联合公司）

类的增多：烹饪设备因而也比以前简单了，但仍必须仔细地和酒吧柜台进行整合。餐厅区现在很普遍，要求一个单独的厨房和食品准备间。

**酒吧游戏**　酒吧游戏区一般包投飞镖、多米诺骨牌和落袋弹子球，但会有一些高度地域化的游戏种类。视频游戏、老虎机和音乐现在被许多啤酒制造者认为是最基本的，但必须仔细地设置这些功能，以免打扰那些希望有较安静气氛的使用者。

**卫生间**　卫生间的尺寸、位置和清洁是很重要的：BS 6465 给出了详细的信息。

## 23.3 1964年酒业销售许可法令

这个法令涵盖了可出售醉人的酒精饮料的企业。由当地的司法机关完成许可证的申请。企业只有在结构合理的条件下才会获得许可证（最终的决定权掌握在司法机关手中），如果以后进行其他结构上的改造则需要进一步的许可。这个法令只控制酒精的销售：这些企业可以在任何时间用于其他目的，所以酒吧区在必要时必须能够对公众关闭和上锁。法官将与消防官商议（有时是警察局和环境卫生局），同时还需就建筑规范许可独立申请和消防法令向消防官咨询。

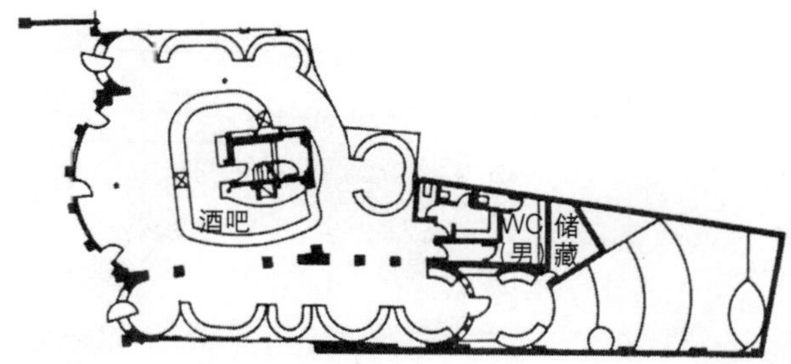


地面层平面

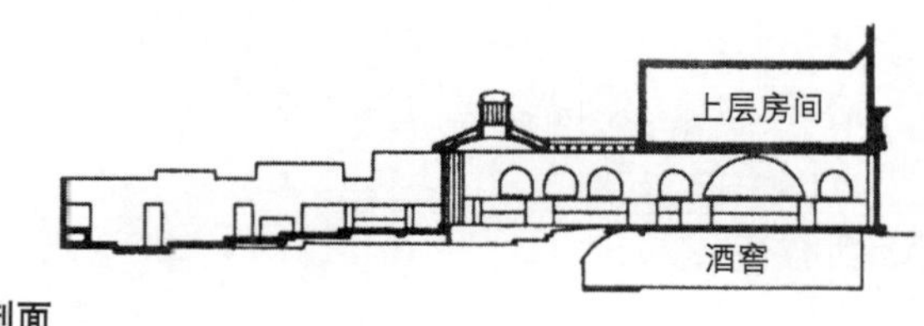


剖面

图 23-5　伦敦切尔西的“马卡姆武器 (Markham Arms)”：对一个维多利亚式酒吧的合意的改造；原始的弓形的前部被保留下来，加建了后面的部分，并在固定座位的安排上重复使用了弓形的几何元素（建筑设计：Roderick Grudidge）

# 第24章　宗教建筑

## 24.1 宗教分支

信教的英国成年人的近似统计数据如下：

信仰三位一体说教理的人（基督教）：

| | |
|---|---|
| 英国圣公会教徒 | 3.1% |
| 新教徒 | 4.1% |

（浸礼教，卫理公会教徒，英国基督教会（联合归正会），苏格兰教，其他“自由教”）

| | |
|---|---|
| 东正教徒 | 0.5% |
| 罗马天主教徒 | 3.4% |

其他宗教：

| | |
|---|---|
| 犹太教 | 0.17% |
| 印度教 | 0.17% |
| 穆斯林 | 1.0% |
| 锡克教 | 0.5% |

## 24.2 基督教会

**英国圣公会教**　英国圣公会教派存在于很多国家。在英格兰，它是官方教会，因此在英国也以“英格兰教会”而闻名；君主是最高统治者，坎特伯雷大主教是最高主教。英国教会是在亨利八世不愿向罗马教皇（至尊法[①]，1534）妥协的情况下建立的，它被认为是位于罗马天主教和新教之间；那些更倾向于罗马天主教的人被称为英国天主教徒。

**罗马天主教**　它是一个世界范围的宗教，以罗马教皇为中心，并宣称是直接从耶稣十二门徒之一——圣彼特那里传承下来的。教义是从《尼亚信条》中总结而来。罗马天主教是一个很大、很复杂的组织，包含很多宗教规程。直到1829年《天主教解放法案》颁布，英国的宗教改革正式开始后，罗马天主教才在英国成立。在教堂布局和设计上，它更侧重于礼拜仪式和传统。

**东正教**　它是从东罗马或拜占庭帝国那里发展而来的自主管理的教派，现在主要用来指传统

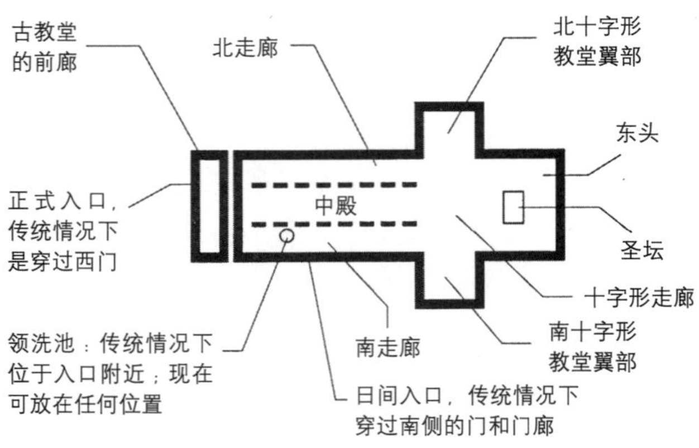


图24–1　传统教堂设计，代表着耶稣被绞死的十字架

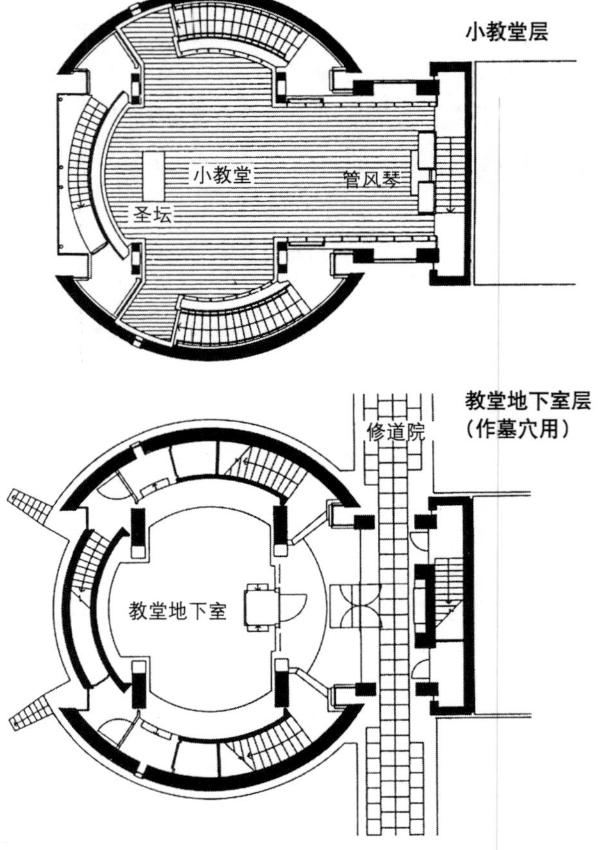


图24–2　剑桥大学费兹威廉（Fitzwilliam）学院小教堂（建筑设计：MJP建筑师）

① 确定英皇的权力高于教会的法令。——译者注。

自治希腊教派和传统俄国教派。在此三位一体和圣礼被认为是最重要的。

**新教** 有时被认为是“自由教”。自身现已分为很多不同分支，特别是在过去的30年里福音运动和家庭教会的成长。高派教会支持罗马天主教；低派教会是与卫理公会和英国基督教会一致的。传统带小教堂的低派教会的独特风貌现在在英国南部已经很少见了。

主要的新教派别如下：

(1) 卫理公会是约翰·卫斯理（John Wesley）在与英国教会分开后于18世纪末建立的。传统意义上，卫理公会侧重于传道和发展在俗人员。与低派英国教很相似。

(2) 其他新教派别包括浸礼会教友（他们完全相信浸礼会教）、长老会教友和公理会教友，其中大部分在1970年联合起来成立了英国基督教会。

(3) 救世军：由卜威廉（William Booth）于1865年建立的无派别的新教福音派的基督组织，它是半军事化的组织，目标是帮助穷人和有需要的人。它可以在不需要任何宗教仪式条件的大厅中进行集会，可以不需要座位和平台。

(4) 贵格会信徒：公谊会（the Society of Friends），通常被称为贵格会，建于18世纪，并不以教会自称。他们也没有教士的职位和正式的礼拜。他们的集合大厅一般很简单且为长方形；没有圣坛，讲坛或者圣水盘。礼拜的形式一般为长时间的静默。

### 24.2.1 总体布局

过去50年集会次数的减少使得很多教堂成为多余。现在正在开发新的礼拜形式和教堂建筑的新用途。许多教派虽然在女性的圣职，宗派的解读和教皇的作用等教义上有所区别，但却在共享做礼拜的设施。在各个地方也存在着相当多的合作。

很多来自美国的宗派都已在英国重新建立（如自由卫理公会）。这些派别和英国名称相同的或相似的派别无任何关系。

在罗马天主教教堂中，现在使用更多的是普通语言而不是拉丁语。新教更多关注的是传教和“圣餐台”周围的集会。很多新的宗教派别有关于特殊形式、歌唱、舞蹈或音乐方面的特别要求。

许多教派现在对社区投入了更多关注，平面通常与一周中每天的使用有关——最大的需求是灵活。辅助设备也是必不可少的：如会议室（最好能满足不同规模的人群使用），咖啡厅，辅导室和办公室。其他因素还包括为行动有困难的人提供便利设施，以及好的隔声设计（音乐和说话），预防犯罪的安全系统，以及足够的停车位。

传统教堂虽然在建筑布局上不是很正式，但在服务上着重于礼拜仪式,弥撒（圣餐）和法衣等。少量传统仪式会把重点放在传道和个人的参与上。

设计者会比较倾向于中心集中式的设计，但这种设计并不能满足宗教列队和仪式的需求。教士，牧师或其他领袖人物的重要位置也不容忽视。

### 24.2.2 礼拜仪式的要求

根据宗派或礼拜者的宗教态度，他们需要的设备有很多种。许多仪式需要单独的设计。这些将在下面一一提到。

**圣坛** 圣坛是教堂布局中最重要的一部分。传统情况下上，圣坛位于东头（尽管其他地方还有附属圣坛）。高派教会使用“altar”这个单词，低派教会用“table”这个单词。它一般位于一个平台上，或在中殿上升起几级台阶的地方。在一个集中式设计或有经验的设计里，圣坛通常位于教堂中央。每个教堂的圣坛的尺寸和装饰品都有所不同；有些圣坛装饰很高档，用精致的布装饰，还需要一个合适的布箱。

**浸礼池** 一个新入会的人接受洗礼时能完全浸入的容器。它被用于浸礼会教友和一些福音宗派。它必须同时能容纳牧师和几个新入会者，通常在不用时关上。必须有水的加热设施，一侧的台阶和排水设施。必须有相邻的更衣室和干洗室（可能都包括男用和女用）。

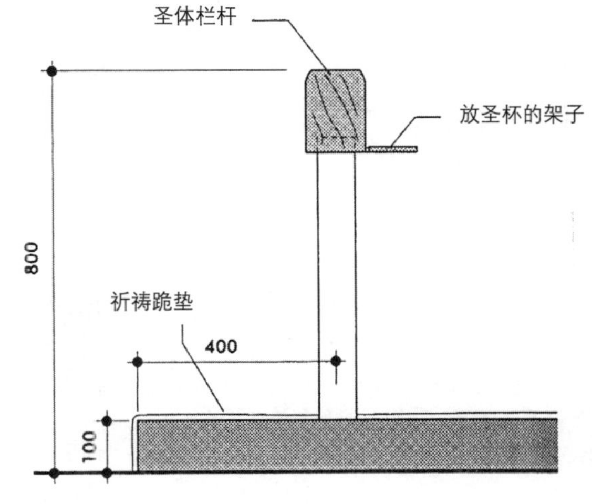


图24–3 圣体栏杆

**圣体栏杆**[①] 做弥撒（在高派教会是“masss”）的方法因教会的不同而不同，设计者应在设计初期就考虑到。团体弥撒时会向坐着的人群发面包和葡萄酒，或共用一个公共的圣杯（这两种情况下都不需要圣体栏杆）；或在圣坛旁边沿着栏杆排成直线。栏杆旁要有放圣杯的架子，并且要能让年老体虚者能跪着够到（图 24–3）。

**忏悔室** 只存在于高派教会建筑中，教士和忏悔者都坐在其中，中间被隔板分开，忏悔者可在忏悔室中向教士说出秘密。

**领洗池** 为洗礼者提供水，一般位于教堂入口处（即西头），但现在可被放于任何位置。在历史上是大型的雕刻器皿，有盖，而现在通常只是一个简单的碗。

**读经台** 一个阅书架，通常用来放圣经，位于交叉口或圣坛栏杆旁。读圣经的人一般都是站立的，所以读经台的高度应是可以调节的。

**讲道台** 在以传道为主的低派教会建筑中很重要，讲坛一般都是升起的，有围合的侧边，阅书架和书架。

**座位和长椅** 传统的布局通常保留长椅（通常是维多利亚式的）；其他的布局通常需要一个灵

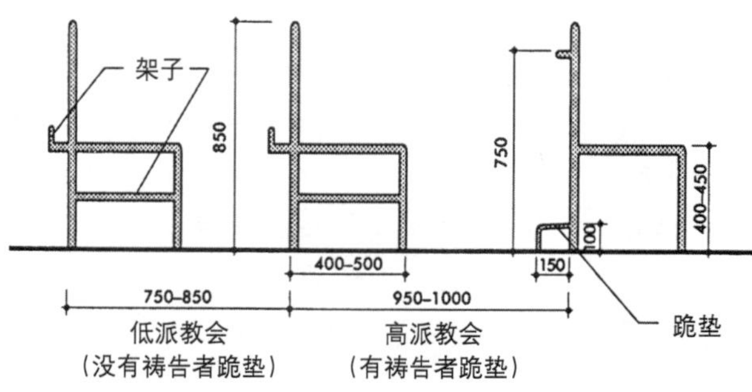


图 24–4 座席 / 长凳

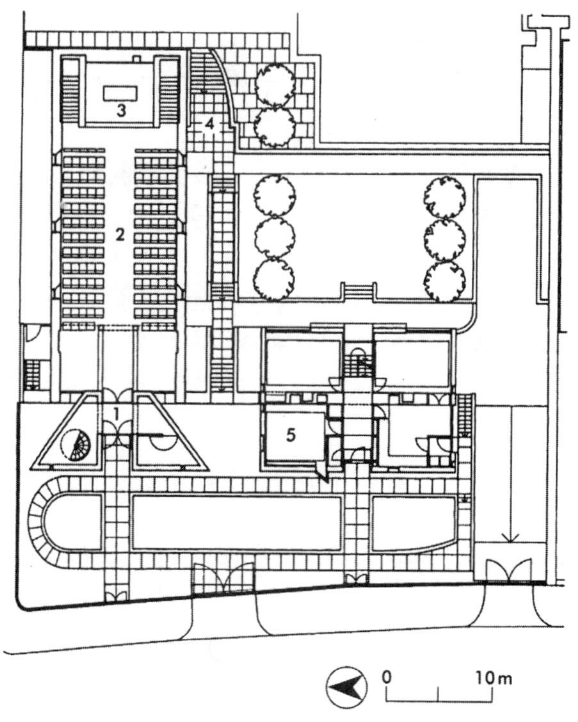


1. 入口；2. 教堂中殿（140个席位）；3. 圣坛；4. 小礼拜室（圣坛下）；5. 牧师住处

图 24–5 圣保罗教堂（St Paul），Wightman 路，伦敦（圣公会）（建筑设计：Inskip 和 Jenkins）

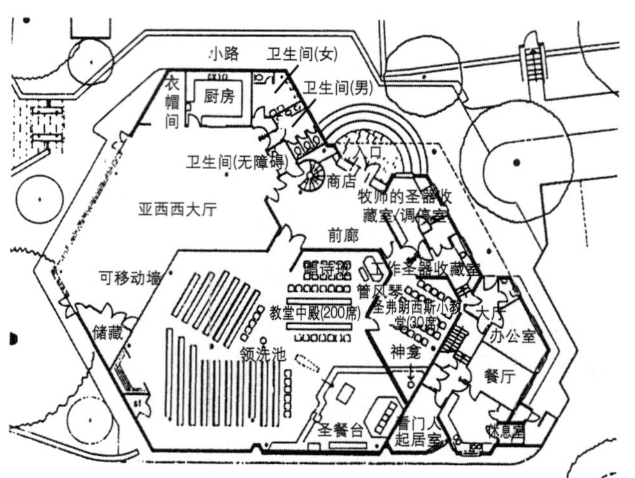


图 24–6 圣方济 · 亚西西（St Francis of Assisi），Crosspool，谢菲尔德 (RC)：牧师的住宿在南边社区设施之上（建筑设计：Vicente Stienlet）

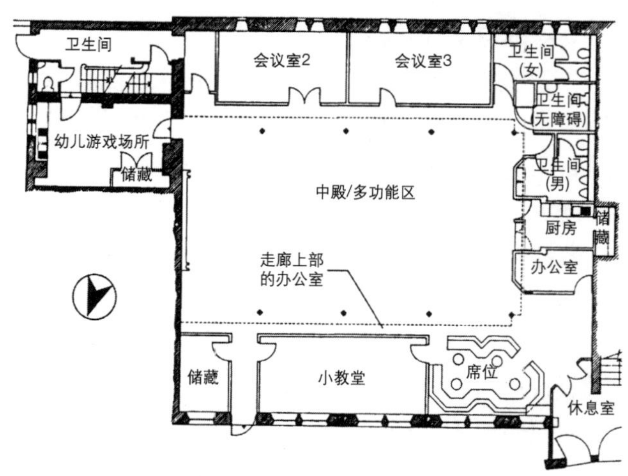


图 24–7 圣保罗教堂（St Paul），Rossmore 路，伦敦（圣公会）：一个维多利亚时期教堂的改造，以便宗教和社区共用（建筑设计：Q.Pickard）

① 圣体栏杆（communion rail）：教堂中用以间隔祭台与教友的护栏；通常教友于此处领圣体，现多已废止。——译者注。

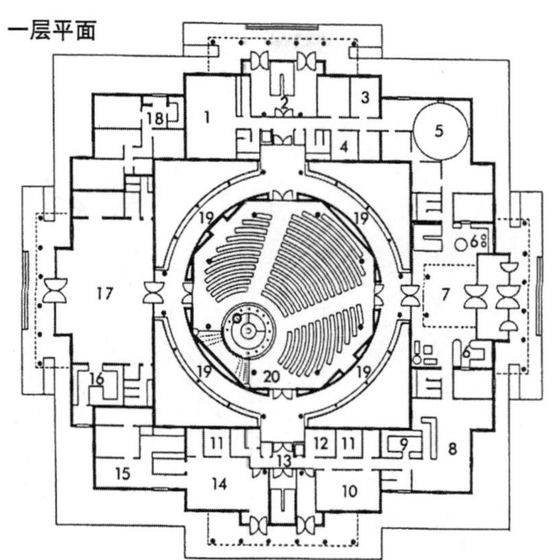


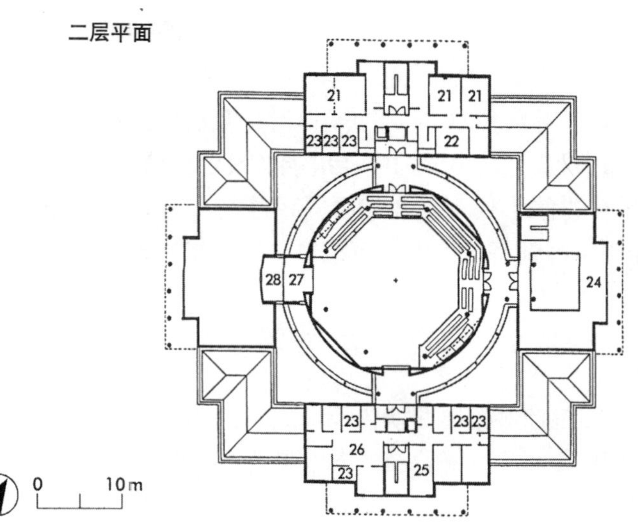


图 24–8 基石教堂（Church of Christ the Cornerstone），米尔顿凯恩斯（Milton Keynes）：被五个宗派所共享（圣公会，浸礼会，卫理公会，罗马天主教和URC）（建筑设计：PDD 建筑事务所）

1. 小厅；2. 休息室；3. 资源中心；4. 法衣室；5. 小教堂；6. 零售点；7. 接待；8. 咖啡店；9. 厨房；10. 会议/活动室；11. 忏悔室；12. 接待/管理；13. 休息室；14. 陈列馆；15. 公寓；16. 厨房；17. 大厅；18管理员公寓；19. 修道院；20. 礼拜区；21. 会议室；22. 书房；23. 忏悔室；24. 二层楼；25. 公共休息室；26.接待；27. 管风琴；28. 投影

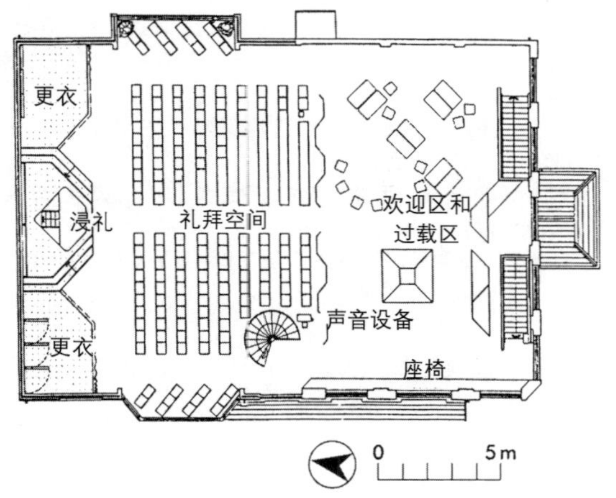


图 24–9 以马内利基督中心 (Emmanuel Christian Centre)，沃森斯道 (Walthamstow)：一个圣灵降临教派的教堂，二层有礼拜堂，一层是社区设施（建筑设计：Praxis 建筑师）

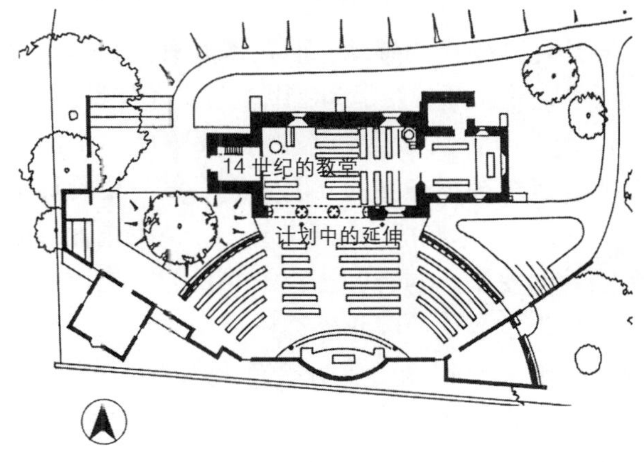


图 24–10 圣彼得教堂（St Peter），Ditton，肯特郡（圣公会）（建筑设计：Peter Melvin, Atrlier MLM）

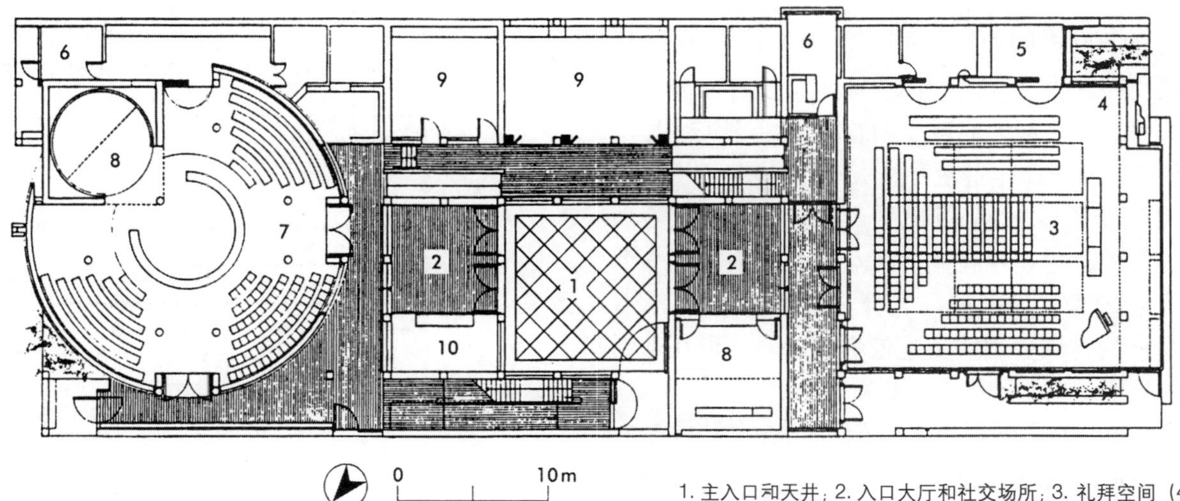


图 24–11 Bar Hill 全基督教的教堂中心 (Ecumenical Church Centre) ［建筑设计：艾弗·理查兹 (Ivor Richards)］

1. 主入口和天井；2. 入口大厅和社交场所；3. 礼拜空间（400 席位，新教和罗马天主教共享）；4. 圣殿内祭坛和钟楼；5. 祈祷室；6. 法衣室／办公室；7. 礼拜空间（300 席，新教和罗马天主教共享）；8. 小教堂；9. 教学和社区室；10. 咖啡厅

活的空间，采用独立的沙发椅，扶手可提供服务或者放置赞美诗集等（图 24–4）。在采用质量很好的维多利亚时期和 19 世纪前长椅时，我们应该征求一下专家的意见。需要为唱诗班就座设置唱诗班长椅。如果祷告的人要下跪，需要提供膝垫，有时就挂在长椅上；否则将会提供祈祷跪垫（装饰很好的垫子）。

## 24.3 管风琴

我们必须在早期就咨询专家，因为管风琴的需求变化很大，不仅取决于教堂的体量和声学效果，还取决于音乐风格和伴奏的类型。地点是非常重要的：管风琴必须是独立放置的（管风琴室是不允许的）；这个地点不能够妨碍声音。管风琴，风琴演奏家和唱诗班应该在一起并且尽量接近集会地。管风琴本身在视觉上应该令人满意。

应该指出的是在罗马天主教和英国国教教区，管风琴是礼拜仪式的辅助，而在低派教会和基督教新教派中，管风琴一般是为唱歌提供音乐伴奏。

在教堂中管风琴通常是非常醒目的：一个没有覆盖的管风琴是很难看的，因此它需要一个设计很好的柜子：一个木制框架包围着乐器，它的前面点缀着装饰性的安排好的音管。柜子的目的一是用于保护，一是为了音色，因此外饰应是高质量的。德国品牌“werk prinzip”无论是在音色上还是外观上都被认为是北欧最好的管风琴设计样式。18 世纪和 19 世纪巴洛克和浪漫主义的管风琴通常不太令人满意。

室内空气状况是非常重要的：热量，湿度和通风条件的变化对传统的管式管风琴的效果有很大影响。

**管风琴的尺寸** 对于一个能容纳 150 人的小教堂，有三个音栓、一个键盘的管风琴就够了。在一个能容纳 300 人的中等教堂，需要一个有 10 ～ 12 个音栓，两个键盘和踏板的管风琴，也可能需要第三个键盘。对于最大的教堂和总教堂，可以提供 35 个音栓的，三或四个键盘和踏板的管风琴。

**电子管风琴** 这种管风琴最近在声音质量方面有了很大的改进，现在尤其对小型教堂来说是一个替代音管的管风琴很好的选择。从传统意义上讲，这种类型的管风琴被认为是低劣的乐器，现在遭到更大的质疑。它们的优点是：

(1) 需要的空间很小，它们可以很容易地改变位置，以适应重新布置或临时的布局（例如在圣诞节时）；

(2) 几乎很少需要维护或不需要维护（音管类管

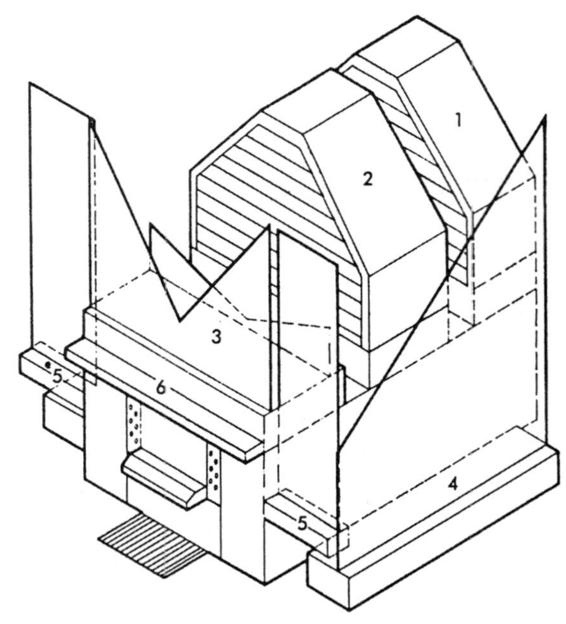


1. 唱诗班管风琴放在带有百叶窗的琴箱里；声音被前面膨胀的风箱遮挡；通过唱诗班和膨胀的风箱之间的通道板进行维护）
2. 膨胀的风箱放在带有百叶窗的琴箱里；声音被前面的大管风琴遮挡；通过通道板进行维护，这个通道板同时也能进入大管风琴
3. 没被围起来的大管风琴在有利部位发音；前面是大架子，后面是小架子
4. 踏板被安放在两边（或者在唱诗班管风琴后），包括一到两排大音管，占据不成比例的空间
5. ‘off stand’ 块是展示用管，通常是哑音和 4.9m（16 英尺）金属管踏板的混合
6. ‘off stand’ 块是展示用管，通常是哑音和大音域金属管 2.4m（8 英尺）的混合

**图 24–12 典型英国管风琴图示设计（源自 Bradbeer）**

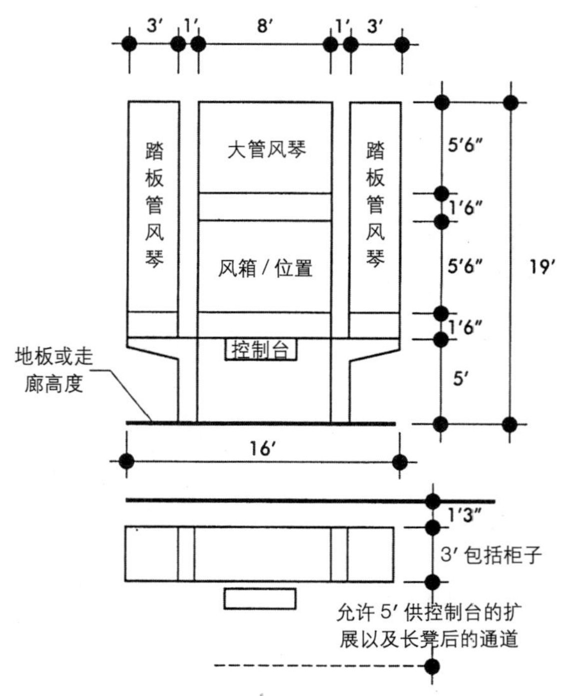


**图 24–13 两层手动键盘和踏板的管风琴所需的空间 (werk prinzip arrangement)( 源自 Bradbeer)**

风琴需要定时、专门的维护）；

(3) 可以提供多种多样的声音；

(4) 只需花费几千英镑。

但是它会很快老化。大概可用时间不会超过20～30年。现在有些新的可用模式，包括在电脑光碟里事先录好的赞美诗集歌曲，只要输入赞美诗的序号就可以播放了。

## 24.4 清真寺

注释：不用罗马字母拼写的词通常有多于一种的解释。

### 24.4.1 介绍

伊斯兰教，犹太教和基督教是三大一神论宗教组织。他们分享许多神圣的圣经文句。

阿拉伯的先知穆罕默德出生在麦加，大约在公元610年，他接受了天启，这点随后被记录在穆斯林的圣书《古兰经》(koran) 里。公元622年，穆罕默德离开麦加去了麦地那，并且留在那里，直到公元632年去世。在麦地那，他成为宗教和社区的领导。他的理想是非常充足有力的，到公元630年，他已经建立起了对整个阿拉伯的控制。

五大重要“伊斯兰教支柱”是：

(1) 虔诚诵读教条（shahada）

(2) 每天要正式祷告 (namaz) 五次

(3) 通过捐赠来分享自己财富的责任

(4) 在斋月禁食

(5) 一生至少要去麦加 (the hajj) 朝圣一次

伊斯兰教没有中心权威或者正式的神职人员，但是圣人和学者（毛拉和阿拉图拉）会受到同等的尊重。从661年起，主要分成逊尼派和什叶派两派。

**古兰经**　古兰经是穆斯林的圣经。它陈述了想要过虔诚生活所需的一切。它被认为是安拉通过天使哲布里来（Gabriel）对穆罕默德的直接启示；这个经文被认为是神圣并且绝对正确的，并且它是伊斯兰教教条和法律的主要来源。它是诗歌而不是教文，经常在礼拜仪式上歌唱。

### 24.4.2 总体布局

清真寺这个词来源于阿拉伯文“用来俯伏的地方”，(因此它不一定必须是一个建筑物)；它既是宗教崇拜的房子，也是伊斯兰教的象征。它的建筑形式来源于麦加那的先知住宅。

清真寺由一系列标准的元素组成，它的变化取决于它是当地的（masjid），集合的或主要的（masid-I jami），还是星期五清真寺（masid-i juma）。

传统意义上讲，清真寺根据气候的需要而设计：例如，通过设计拱廊和有水的庭院，得到庇荫和凉爽。不过在更潮湿和凉爽的气候里，露天场地对祈祷者是无用的。在西方，越来越倾向于提供一个由清真寺、图书馆和演讲教室等组成的伊斯兰教中心。伊斯兰教对建筑学设计的书法、几何学和园艺设计领域作出了巨大的贡献。

清真寺的设计可以分为5种基本类型：

(1) 阿拉伯，西班牙和非洲：多柱厅和开放庭院；

(2) 安纳托利亚和东南亚：有巨大中心圆顶或者金字塔状斜坡屋顶的庭院；

(3) 伊朗和中亚：双轴四穹顶门廊类型；

(4) 印度次大陆：一个广阔的庭院和三角圆顶；

(5) 中国：带分离的亭子的有围墙的花园。

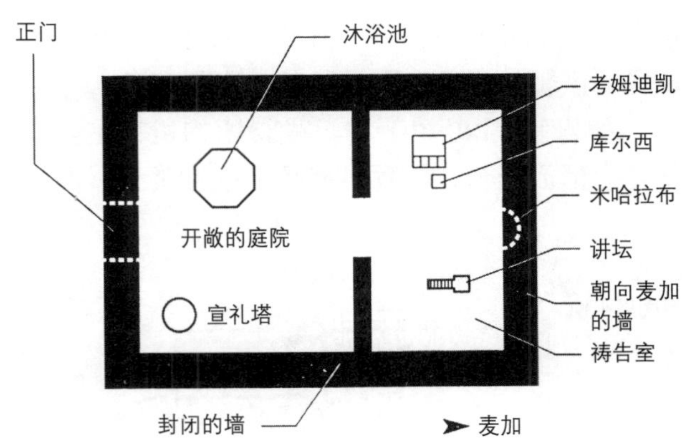


图 24–14　清真寺的主要组成

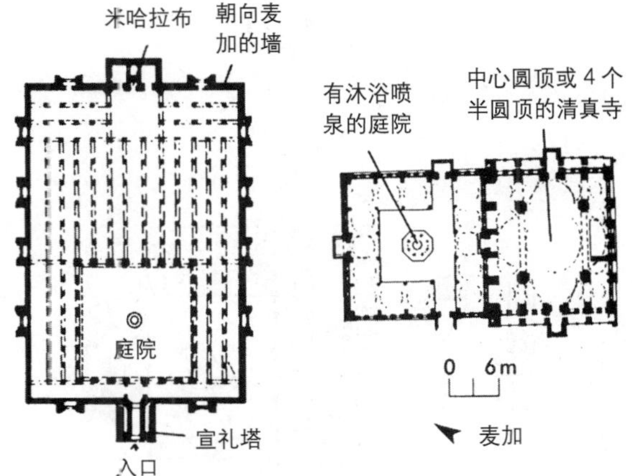


图 24–15　简单的清真寺布局：Tlemcen Mosque of al-Mansur，公元1303-1306年

图 24–16　十六世纪的清真寺和塞扎德清真寺（Sehzade Mehmet）庭院，伊斯坦布尔（建筑设计：Sinān）

### 24.4.3 细节需求

**总体规划** 对于宗教集会来说，应该每人 1 平方米。当人们平行于朝圣（qibla）墙成排集合，站立时两排之间有 1.2 米的距离，坐着时有 0.8m 的距离。因为信徒均脱去鞋子，所以需要地毯或者其他地面覆盖物：也需要储藏鞋的地方。

**集会地** 用于祈祷的半开放式的庭院（sahn）和部分有屋顶的地方，通常被柱廊三面包围。开放式的庭院可以通往有屋顶的祷告室（haram）。当祷告时，所有的祷告者都必须面向麦加，而且理论上必须与朝圣（qibla）墙等距离，这样才能形成平行的行。

**装饰** 伊斯兰教普遍认为具体实物展示是不可接受的。不过严格遵守的传统允许自由使用来自古兰经的书法，它形成了一个等同于其他平面和基础建筑形式的有价值的形式。

**考姆迪凯（Dikka）** 一层高的木质平台，拥有楼梯入口，它与壁龛（米哈拉布，mihrab，有时设置在庭院外）在一行。它被用来为歌唱和礼拜仪式提供服务，尤其是有大型宗教集会时。

**祷告室（haram）** 神殿或封闭的祈祷室。通常是方形或矩形，屋顶可能是多柱厅类型（即一

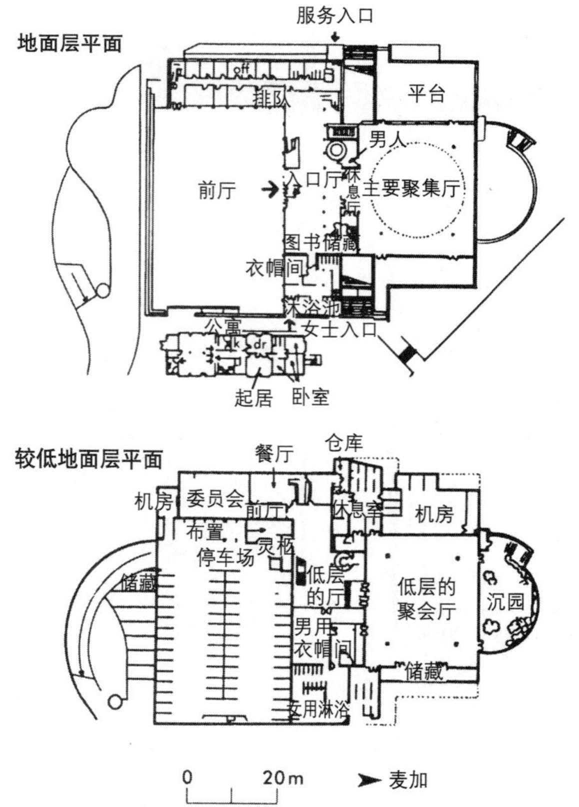


图 24–17 伦敦中心清真寺［建筑设计：吉伯德（Gibberd）和伙伴］

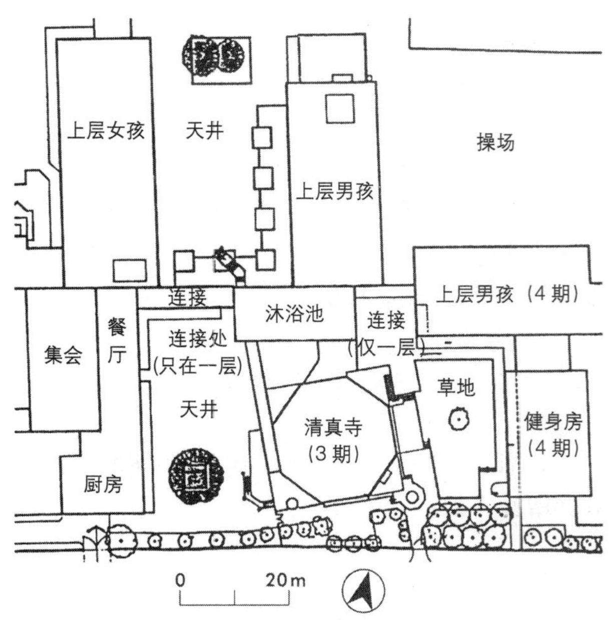


图 24–18 伦敦 King Fahad 学院（建筑设计：Carnell Green）

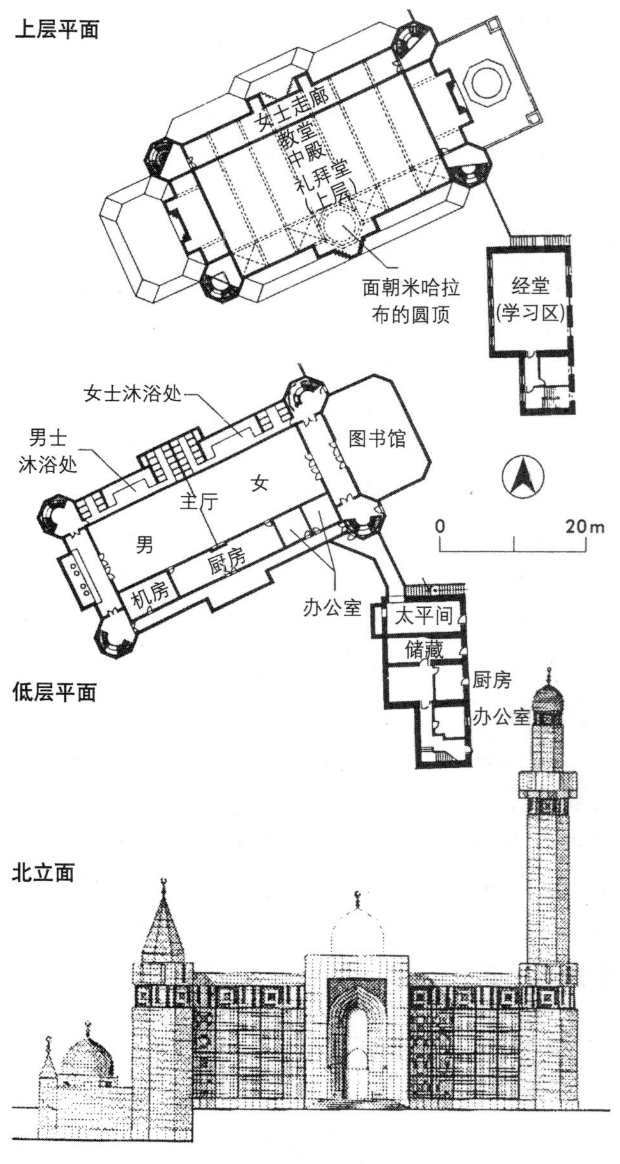


图 24–19 爱丁堡大清真寺（建筑设计：Basil Bayati 建筑和都市公司）

个平屋顶由大量均匀布置的柱支撑），或者帆拱上的大圆顶，或者一些小圆顶。

**穹顶门廊（IWan）**盖有拱顶的大厅。在庭院的每一边都各有一个。

**穆斯林圣堂（克尔白，Ka'bab）**麦加古老的圣地；它几乎是伊斯兰教唯一的象征。

**公共建筑（Kulliye）**清真寺的附属建筑（例如：那些用于医学或教学目的的建筑）。

**真主之宝座（库尔西，Kursi）**放古兰经的讲经台；通常位于考姆迪凯 (dikka) 的旁边。

**祈祷堂（Maqsura）**原来是一个升起的平台，带有屏幕，用来保护伊玛目（祷告的领袖）；它通常也可以采用特殊的装饰。

**米哈拉布（壁龛，Mibrāb）**凹陷处或壁橱，位于朝圣墙中点，指示着麦加方向。它是清真寺里装饰最好的地方，尽管它本身并不被认为是最神圣的。它的位置通常通过玻璃窗和圆顶被强化。

**清真寺宣礼塔（Minaret，mi'dinah）**它起初的目的是保证报告祷告时刻的人每天五次呼唤祈祷者的声音（也包括星期五布道）可以被尽可能大的范围内的人听到。随着扩音器的大量使用，它的功能很大程度上成为象征意义，甚至可以省略了。宣礼塔的建筑形式是基于灯塔，但其他形式的来源也是可以的。最早只有一个，但现在通常有两个或四个（麦加有 7 个宣礼塔）。

**讲坛（敏白尔，Minbar）**讲坛，通常位于壁龛右端。它由一段楼梯形成，顶层是平台，通常有一个圆顶形式的房顶。有时在小型清真寺里没有设置。它的形式变化也很大，从三级的台阶，到装饰很好的纪念性台阶。宣讲（khutba）（演说或星期五的讲道）是在讲坛进行。

**正门（Portal）**它用于强调从外部世界进入围合的、宁静的清真寺空间的变化。清真寺外围的围墙是很普通的，但是正门可以有精美的装饰。

**朝向麦加的墙（朝圣墙，Qibla）**祷告大厅必须有一面墙（qibla）面向麦加。

**隔离（Segregation）**大多数清真寺，虽然只让男性祷告者进入，但我们经常能发现一条让女性进入的走廊。一些教派（例如伊斯玛仪教派（Ishmailis））是完全一体的。

**沐浴设备** 因为宗教信仰的需求而必须提供，通常是靠近庭院中央的一个有活水的池子（有时有喷泉）。如果它位于储鞋室的旁边，它有可能只是被简单的装饰（尤其是在欧式布局里）。

## 24.5 犹太教会堂

### 24.5.1 介绍

起初，礼拜集中于高级牧师在寺庙所做的献祭，但是在公元 70 年第二座寺庙被罗马人破坏后，献祭的礼拜终止了。到那时，犹太教教堂已经开始普遍运用了。

由于犹太教的盛行和犹太人在外的散居（通常是由于迫害）的缘故，犹太教有许多不同的宗教分枝。在英国，尽管非正式的宽容已经存在了很久，但直到 19 世纪 40 年代大多数法律的约束才从犹太人身上去掉。联合犹太教（the United Synagogue）是通过 1870 年英国《国会法》而建立的，并且被认为是最大的宗教组织。19 世纪末，大量来自俄国和东欧的犹太移民，将一种英国完全不同的犹太传统引入。他们大多数是东正教犹太人，他们说依地语（意第绪语），他们在联合犹太教堂之外形成了新的，小的犹太教堂（叫作谢弗罗，Chevrot）。1887 年，谢弗罗形成了小犹太教堂联盟（Federation of Minor Synagogues）。

在英国 – 犹太人里有许多派别，但在英国，主要的划分如下。

**东正教（联合犹太教）**它寻求保留传统的犹太主义，并且被认为是英国最有影响力的组织。不使用乐器演奏的乐曲，男人和女人在犹太教堂里是分开的。领袖是首席拉比（chief Rabbi），他通常被认为是英国 – 犹太人的精神领袖。

**保守派（小犹太教堂联盟，形成于 1887 年）**它试图修改东正教犹太主义，并且形成更小，关系更近的教区。男人和女人之间不用分隔，女人可以授以圣职。

**改革犹太教** 它形成于 19 世纪中叶，试图采用现代的犹太主义解释；它对于仪式法律和饮食需求方面关注很少。女性在仪式方面起着积极的作用，其中的一些仪式是英国式的。保守派和改革犹太教都用唱诗班和管风琴。改革犹太教在过去 50 年有相当大的发展。

**重建派（自由而进步的犹太教）**形成于 20 世纪早期，它旨在从传统的犹太主义中完全分离出来。它接纳许多希望改信犹太教的人，意味着这场运动发展得非常强劲。

### 24.5.2 总体布局

犹太教先前没有正式的建筑让教徒们集中

（“集会”是一种希腊风格，但是逐渐也运用于建筑之中）。犹太教教堂有3个功能——作为一个礼拜、学习和社区会议的地方——它的这些功能导致它有多种多样的建筑形式。任何有十个成年犹太男子聚集的地方就可以被认为是一个犹太教教堂。

《塔木德》（古代犹太人关于生活和法律的决定和讨论的集合）阐述了犹太教教堂的用途，而不是建筑形式。这一点导致了非常基本的，朴素的建筑风格，在几千年中都没有什么变化，通常和无走廊的小礼拜堂或清真寺的布局相似。它们的设计通常采用所在国家的建筑风格。逐渐地它们变成了多用途的建筑，包括社区中心，体育和教学设施，托儿所和为老人设置的养老院。

传统意义上犹太教堂的布局是主祈祷室位于东西轴线上，圣柜放在东端，面朝耶路撒冷。在过去的两个世纪里，许多欧洲的犹太教教堂采用了和基督教教堂相似的设计，有讲经台、圣柜和布道坛，在东面形成一个单向的组合。

托拉 (Torah) 是犹太教的法典，组成了圣经的首五卷（基督教《旧约全书》的首五卷，摩西五书）。托拉是在羊皮纸卷上手写而成的，并保存在犹太教教堂的圣柜里。拉比 (rabbi) 是老师和精神的领导者，现在他的角色相当于其他宗教信仰里的牧师。典礼是非常重要的。

### 24.5.3 宗教仪式需求

注：犹太术语的拼写有些变化，通常取决于翻译是源自希伯来语或希腊语。

**圣柜**（ark）一个存放托拉羊皮纸卷的橱子——是犹太教教堂的焦点，通常坐落在东端。它可能是像基督教的圣坛一样独立，或者可能是东墙上的一个壁龛，采用半圆壁龛的形式。原始的（可移动的）约柜 (Ark of the Covenant)①有很多用途；它建于摩西时期，现在已经丢失。

**讲经台**（Bimah）是一个平台，平台上面放置供读者阅读托拉羊皮卷的桌子，通常周围用栏杆围起。讲经台是影响设计最主要的方面，通常用强烈的照明给予强调。它可设置在犹太教教堂里不同位置——有时在西侧，作为圣柜的配对物；有时在中间。在过去的两个世纪里，讲经台被移到与圣柜邻近的东方。

**Ducban** 诵读僧侣祝福的台子。

**书库**（Genizah）用于存放不需要的手稿的房间（字面上称作“隐藏间”），这些手稿因为它们的神圣

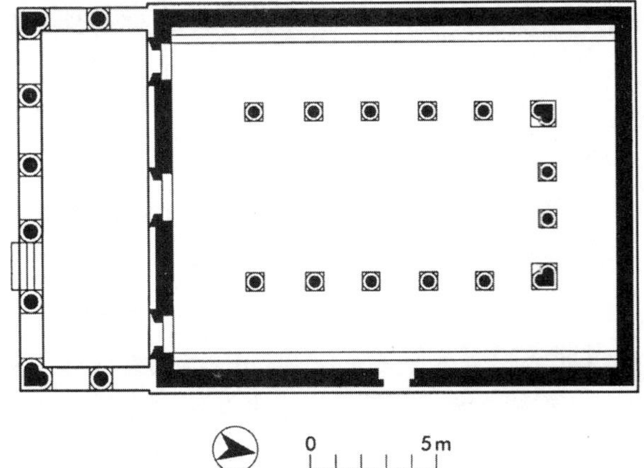


图 24–20 K'far Birim 犹太教会堂，以色列（可能为罗马晚期）（引自 de Breffny）

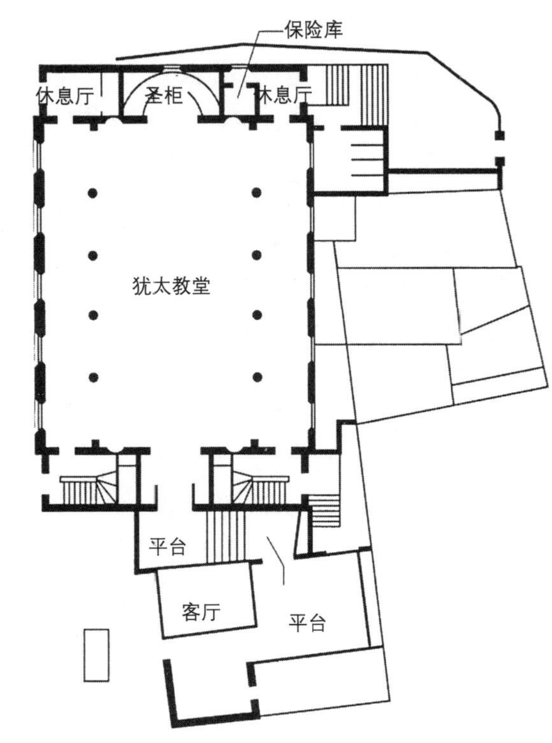


图 24–21 伦敦大犹太教堂 (1941 年炸毁)：建于 1790—1791 年，主要层能容纳 500 个男人，楼上能容纳 250 个女人；讲经台是位于中心的一个很大的平台（建筑设计：James Spiller；来自 Krinsky）

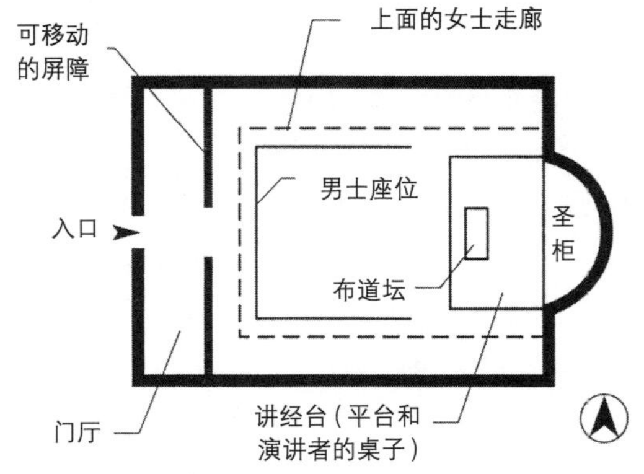


图 24–22 联合犹太教堂：标准设计

① 约柜：藏于古犹太圣殿至圣所内，刻有十诫的2块石板。——译者注。

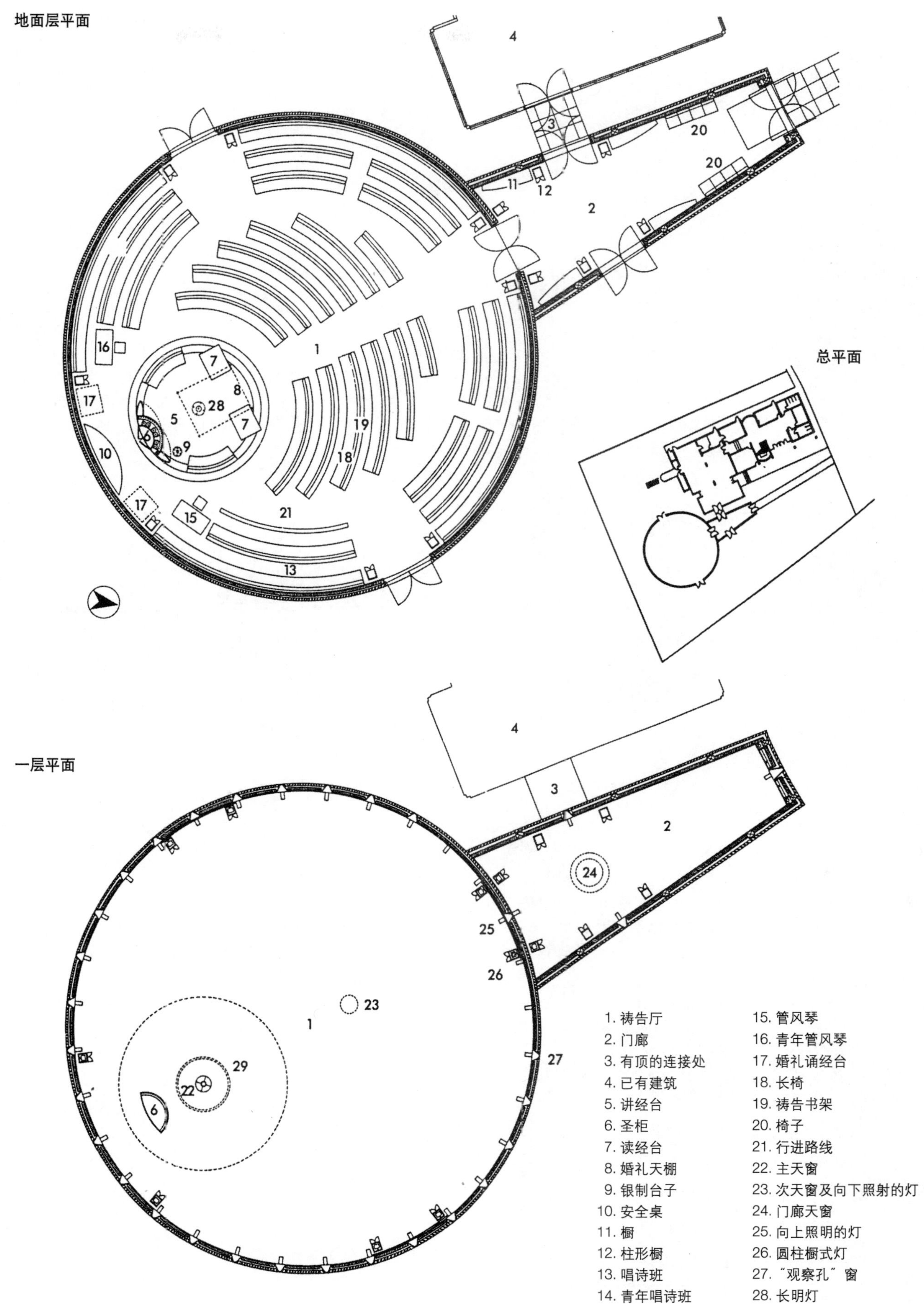


图 24–23 艾塞克斯郡西南改革派犹太教堂，纽伯里（Newbury）公园，艾塞克斯郡（建筑设计：Michael Gold）

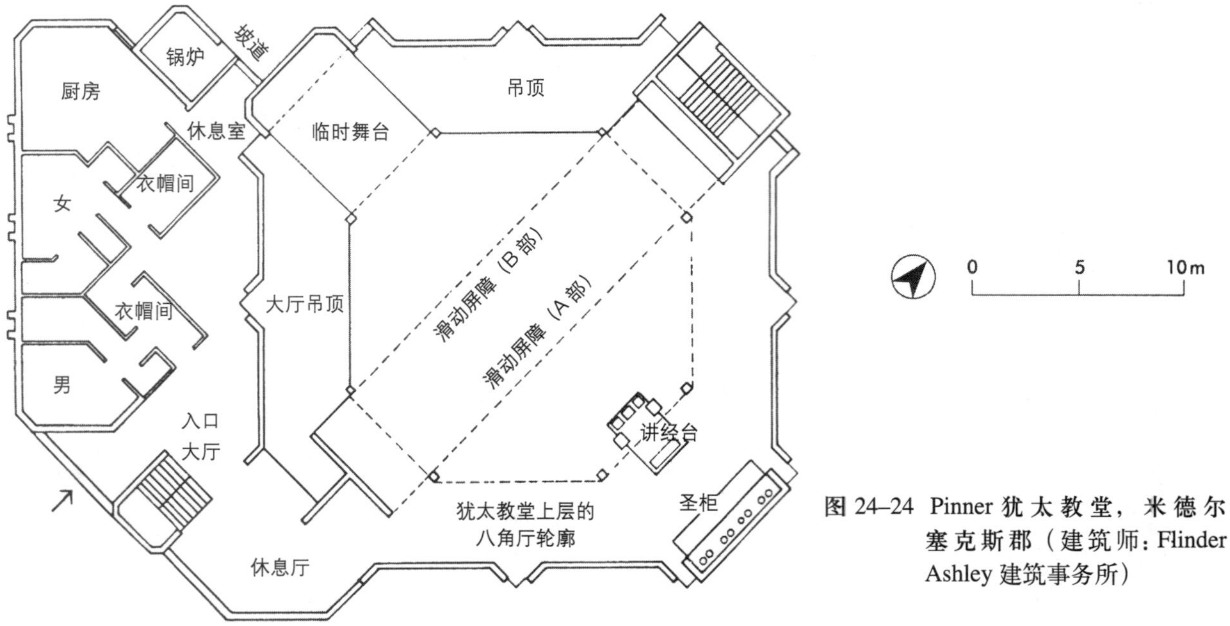

图 24–24 Pinner 犹太教堂，米德尔塞克斯郡（建筑师：Flinder Ashley 建筑事务所）

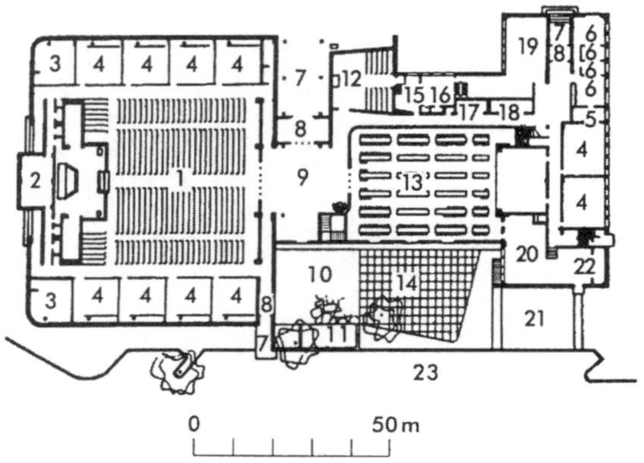

1. 寺庙；2. 休息室；3. 椅子储藏；4. 教室；5. 供应和油印室；6. 办公室；7. 有顶入口；8. 门厅；9. 休息室；10. 寺庙花园；11. 水池；12. 小礼拜堂；13. 社交厅；14. 社交花园；15. 前厅；16. 拉比办公室；17. 卫生间（女）；18. 卫生间（男）；19. 图书馆；20. 舞台；21. 厨房；22. 更衣室；23. 汽车道

图 24–25 Beth El 庙，美国：一般情况下 1000 个座位，但是可增至 1600 座；建筑包括宗教教育，图书馆和戏剧表演用房（建筑设计：Percival Goodman）

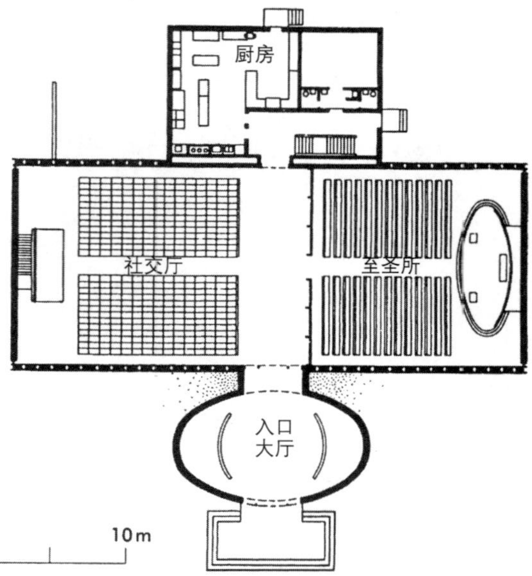

图 24–27 美国纽约 KTI 犹太教堂：可容纳 1000 人；灵活的地面布局，可供社交和宗教用途［建筑设计：菲利浦·约翰逊（Philip Johnson）］

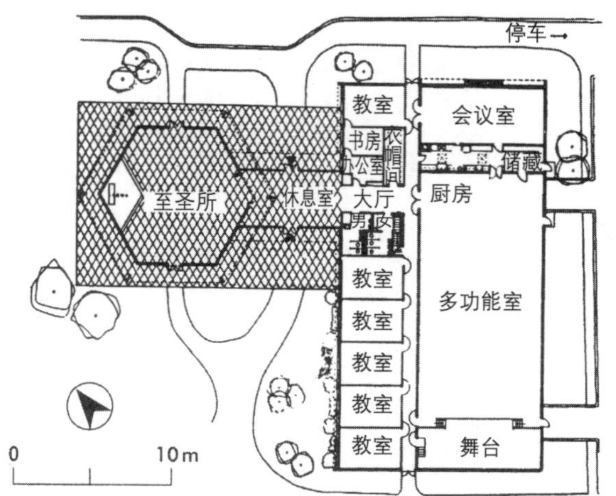


图 24–26 犹太中心，西奥兰治（West Orange），美国：全周开放，社区、宗教和教育用，小礼拜堂有 250 ~ 300 座；多功能厅在非常神圣的圣日期间可容纳 750 人（建筑师：David Brody Juster 和 Wisniewski）

性而不宜被毁掉。

**Paroketh** 挂在圣柜门前面或里面的帘子。

**浸礼池（Mekrab）** 妇女一月一次用流水的仪式沐浴。通常位于犹太教教堂周围或下面。

**九座烛台（Menorab）** 放置在 paroketh 右侧的七脚大烛台（最早是七个支架，现有八个或九个）。

**长明灯（Ner Tamid）** 位于圣柜前的长明灯。

**礼拜用品（Ormamentation）** 为了不违反第二条戒律，它必须是花形或几何形，即被描述为“制造偶像和不可磨灭的影像”。

**布道坛（Pulpit）** 为拉比和领唱人（在祈祷仪式上唱歌的人）所建。通常为朴实的设计，没有固定的地点，但是在改革派犹太教教堂里，它是讲经台和圣柜组合的一部分。

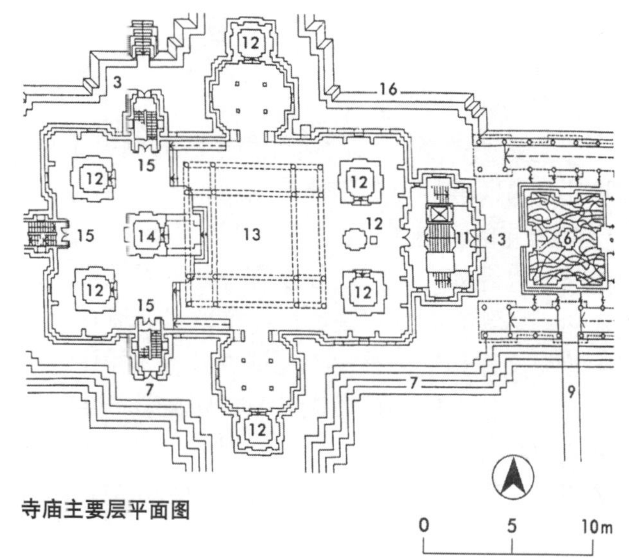


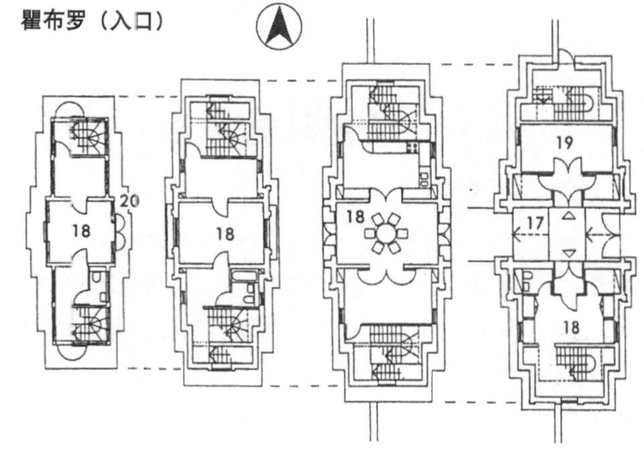


图 24–28 英国 Venkateswara (Balaji) 庙，西米德兰郡（West Midlands）：这座印度庙综合体由 3 栋建筑组成：庙、餐厅（用于多种用途，如就餐，礼拜，婚礼）和印度瞿布罗（进口门廊）（纪念性门道，也包括牧师起居设施）（建筑设计：Adam Hardy 联合建筑事务所）

1. 墙形成了寺庙内部的围合；2. 儿童草地游戏区；3. 铺装平台；4. 未来的神殿；5. 藤架；6. 有岛上神殿亭的水池；7. 向下通往水池的台阶；8. 有岛上神殿的水池；9. 水池上的桥，桥中央有亭；10. 低的砖墙，作为寺庙外部围合；11. 瞿布罗入口；12. 神殿；13. 穆罕默德座憩空间；14. Shri Venkateswara 神殿；15. 楼梯；16. 内倾的挡土墙；17. 通向主寺的入口；18. 牧师住宅；19. 车间；20. 阳台

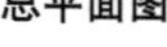
总平面图

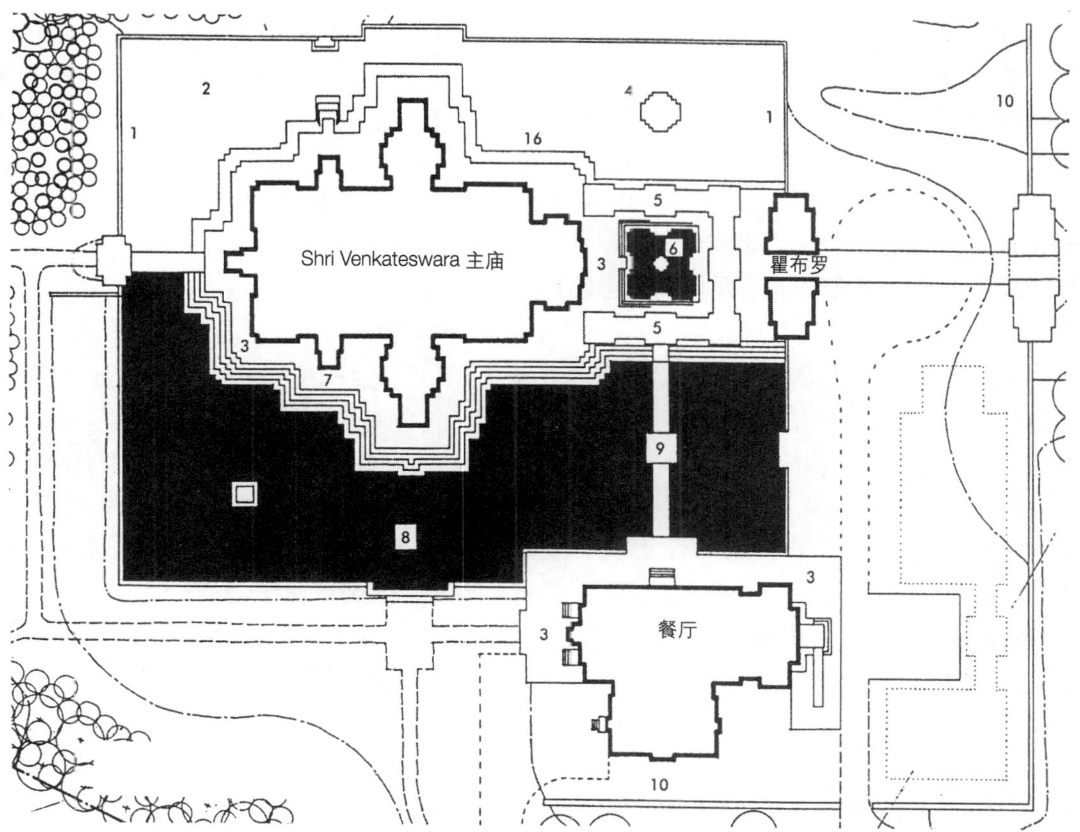

## 24.6 印度寺庙

### 24.6.1 印度教

它是一个关于宗教信仰和实践的西方术语，并且它与印度的历史和社会制度紧密相连，已经有4000年的历史了。印度教在印度有很多种形式，在国外也是如此。印度教没有单独的组织机构或教义，尽管它的特点是通过印度的世袭制度。印度教徒或许相信一神论、无神论或者多神论，他们普遍相信人能够再生或轮回。印度教很重视在婆罗门牧师和老师的监督下开展的仪式，也有很多节日。祈祷文包括在《吠陀》(Veda) 中。礼拜分 3 种（寺庙里、家里和集会的），到不同地方朝圣也是很普遍的。大多数印度教家庭中都供有神社，祈祷者每天都祷告并给神献上贡品。它们的装饰都是非常华丽的。

## 24.7 印度锡克寺庙

### 24.7.1 介绍

锡克教是那纳克上师（Guru Nanak）在 16 世纪早期建于北印度的旁遮普地区的宗教。它融入了印度教和伊斯兰教的内容，并且希望通过礼拜和仪式与上帝达到神合。圣书是《格兰斯沙希伯上师》(Guru Granth Sahib) [也被称作格兰特 · 沙哈卜（Adi Granth)]，并且认为灵魂的拯救不仅存在于信仰中，也存在于性格中。锡克教被认为是用旁遮普语和文化来解释，但现在它是一个世界范围内的宗教，这给那些没有去过旁遮普的人造成了困难（英国是除印度之外拥有锡克教徒最多的国家）。在旁遮普的阿姆利则金庙 (the Golden Temple at Amritsar)（建于 1577 年）被认为是锡克教的权威机构，现在有很多现代改革运动试图改变传统锡克教的信念。

尽管锡克教徒以重要的锡克教领袖命名 [如拉姆格尔亚（Ramgashia）[①]或拉吉普特（Rajput)]，但是这里并没有集团和派别。这里没有神职人员，每个人都可以在寺庙里读《格兰斯沙希伯上师》，但尽管常常倾向于缴费的格兰缇（Granthi）[②]。格兰缇要求得到尊重，但是没有特殊的社会或宗教地位。通常是不允许举行庆典和仪式，因为它们被认为是鼓励骄傲自大。

**圣堂 (Gurdwara)(庙)** 它不仅是人们进行礼拜的地方，也是“全球兄弟会的枢纽”(G. S. Sidhu)，在这里我们可以学到精神和道德生活的方方面面。每个寺庙都有自己的章程，并由管理委员会所管理，该委员会定期从教区（Sangat，集合或集会）里选取。妇女也同样拥有同等的权利。

**锡克教标志** 锡克教教徒持守 5 种清净的记号：留长发 (Kesh，长的未剪的头发)，加发梳 (kangha，梳子，清洁和梳理头发)，带钢镯 (Karra，铁制环饰，完美的象征)，穿短裤 (Kachhehra，短裤或内衣，节制或克制激情的象征)，佩匕首 (Kirpan，刀，上师的礼物;“思想非常热切”，不是武器)。

**节日** 有两个主要的庆祝节日 [拜萨哈节（Baisakhi）和排灯节（Diwali)]，还有几个小节日（杜尔加普佳，Gurpurbs)。

### 24.7.2 细节的要求

**锡克庙：一般的设计** 在印度，寺庙建有一些被小型圆顶所包围的洋葱圆顶，上有金叶覆盖。形象化的东西是很缺乏的，大多数都是由抽象的图案取代。在英国，寺庙通常位于原有的建筑中，没有专门设计的。在寺庙的入口处，需要脱掉鞋子，头部需要包起来。不允许喝酒和抽烟。

**《格兰斯沙希伯上师》** 这是锡克教的圣书 [也被称作格兰特 · 沙哈卜（Adi Granth)]，每天早晨 5 点钟取出，每天晚上再放回到原有的房间里，它的原版在阿姆利则金庙里，并在 1604 年征得了 Arjan 上师（Guru Arjan）的同意。它是寺庙里的焦点，用布包起来，放置在有遮盖物的平台上，经常用掸子掸去上面的灰尘，这种行为被认为是尊重的象征。

**免费厨房（Langar，用餐区）** 所有寺庙都有，在这里来访者可以被邀请享受一顿斋饭（大食堂，guru ka langar)，饭后还会提供一种甜味布丁（Parshed)。

**旗杆 (Nishau Sahib)** 每个寺庙的外部特色，它必须悬挂黄色的布和有锡克教标志的黄色旗帜（中间是铁环和短剑，在底下有两把弯曲的刀)。

**祈祷厅 (Prayer hall)** 聚集起来的人 (sangat) 都坐在地上，女人坐一边，男人坐另一边。如果他们愿意，他们可在一天中的任何时候来去，当路过《格兰斯沙希伯上师》的前方时，他们要双手重叠，鞠躬，如果愿意还可以提供礼物。

---

① Ramgashia 疑为 Ramgarhia。——译者注。

② 格兰缇（Granthi）来自梵语词，意为诵读《格兰斯沙希伯上师》的教徒。——译者注。

# 第25章　餐馆及公共餐饮设施

F. Lawson

## 25.1 引言

现在，正式的饭店、小吃店、小酒吧之间的传统的不同之处已经基本不相关了，因为市场的营销趋势要求它们建立时就有特定的主题，为市场上某一部分特定群体服务。除此之外，随着美国的主流趋势以及由于商业生活的时间压力，很多人希望花更少的时间在饮食上，但是这并非意味着餐饮质量的下降。许多餐厅朝着主题餐厅的方向发展，而同时也提供了更多来自世界各地，可供选择的食物，酒吧与咖啡厅的数量也大量增长，以便适应特殊的市场需求。

工作场所及其他机构（工厂、办公楼、学校、医院）通常要求有餐饮设施，但在一些休闲场所及零售超市，餐饮设施也在增加（即那些与商场、体育和娱乐中心相连的餐厅和酒吧）。

## 25.2 规划要素

设施的位置必须与类型联系起来（例如：购物者在零售区域中、游客在历史环境中、商务娱乐在商业中心以及在商业街过往人群中偶尔发生的交易行为）。

公众入口应是吸引人的，与服务入口和废弃物处理分开。同样，外观应表达出清晰的交流讯息，同时要结合标识牌、照明和菜单展示，还要传达清洁的信息。人们需要从外部即能看见室内的座位、风格和特征（如主题或种族起源）。每种不同类型的餐厅都需要不同的定位。

现在，在为特殊消费群体服务的时候，品牌已经成为至关重要的一环（例如高级膳食，家庭聚会膳食，素食者膳食），尽管商家主要是通过著名的菜单，食物与服务的质量等来强化餐厅形象，确保符合大众口味。对消费者的消费趋势的细节分析是十分必要的。

餐厅的内部空间应该创造一种良好的印象和适当的氛围。舒适的指标应与用餐的费用和停留的时间长短联系起来考察，而这些会影响座位布局、家具陈设、装修装潢、采光照明、噪声水平和卫厕设施。非传统空间也许能营造出一些令人享受的环境（例如旧的地窖和仓库）。须注意的是内部装修翻新的时间间隔非常短，大约是7年，而快餐和专业餐厅，只有4～5年。

环境是餐馆设计的一个重要因素。如果需要的话，可以利用屏风或装饰性元素，将大的常规空间分成小的、更具亲密性的区域。承办宴席的

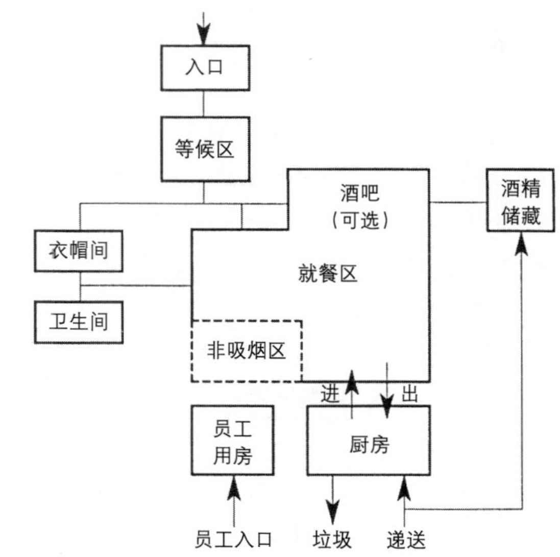


图25–1　布局图示

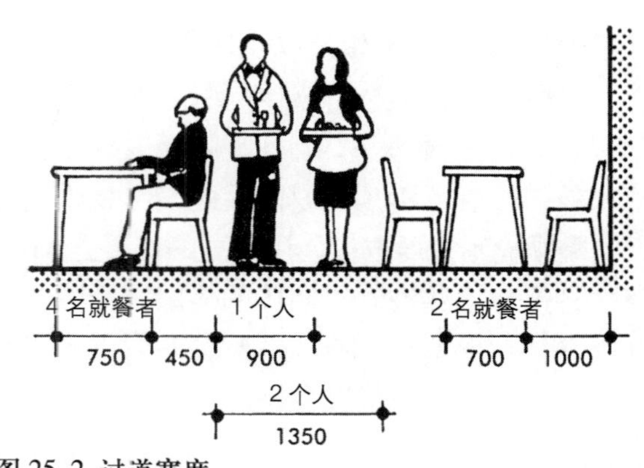


图25–2　过道宽度

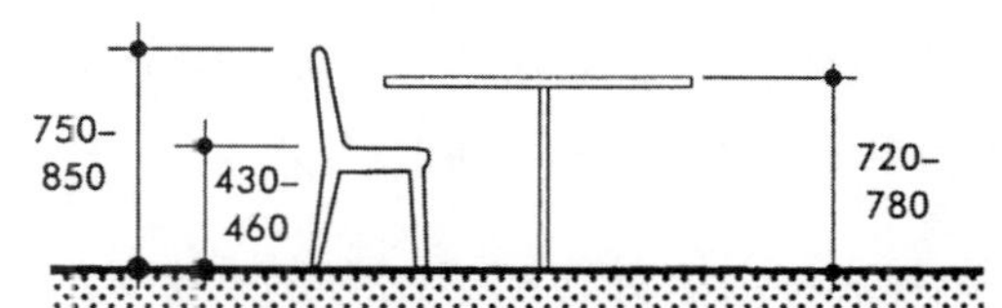


图25–3　椅子和桌子高度

人通常不愿意看到高差的变化，但如果这样对设计能带来正面影响的话，则是可以接受的，主要不要多于2～3级台阶，同时应该做到让餐厅的主要部分与厨房在一个高度上。抬高的座席区域应该用栏杆保护起来。很多的顾客更钟情于靠在房间边上的座位，或者在凹处用餐，而不是在居于餐厅中心的区域；相比之下，团体顾客一般需要靠中心的位置。收银台一般靠近出入口、服务门或者在厨房区域内，这主要取决于各餐馆的管理机制。

对于最高质量的饭店而言，第一印象是十分重要的，需要充裕的座位/桌子空间和私密性。一个酒吧通常来讲是十分必要的，因为顾客在就座之前要琢磨一下菜单以便决定点什么，而且食物的加工需要更多时间。布局的灵活性是必需的（例如用分隔来创造一个单独的功能区），而且在午餐与晚餐之间的氛围变化也是十分重要的，这种变化需要改变座位的摆放形式。

**照明** 为营造一种气氛，以不断变化来适应一天内不同时间段或者不同的顾客和菜单，照明的选择是非常重要的。白天需要高强度、分布广的明亮光线；而到了晚上，则需要弱一些的背景照明加上单独的餐桌照明。

**照明水平指南**

| | |
|---|---|
| 餐厅 | 50～100lux |
| 休息室和酒吧 | 100lux |
| 接待室 | 400lux |
| 走廊等 | 100～200lux |

**使用等级** 英国的饭店以及外卖点属于A3级（食品和饮料堂食，或者外带热餐）。咖啡馆与咖啡吧等一般属于规划A1级［商店，包括出售三明治和外带冷餐（不热的）］。因此，附属于商店开设的咖啡馆不需要取得使用变更的许可。A1级的限定在法律上并没有很明确的界限，所以它们通常存在一些差异性：80%外带服务需求的仅是咖啡和其他无酒精饮料以及糕点和预先制作好的小吃，而这些都不必在当场加工。A3级别通常比A1级别的认证更加严格，也需要更大的用房（例如卫生间、员工用房），这些使更大的附属房间成为必备之物，可是并无更多的营销潜力。

### 25.2.1 室内设计

**主要元素之间的关系** 不同区域间的布局与

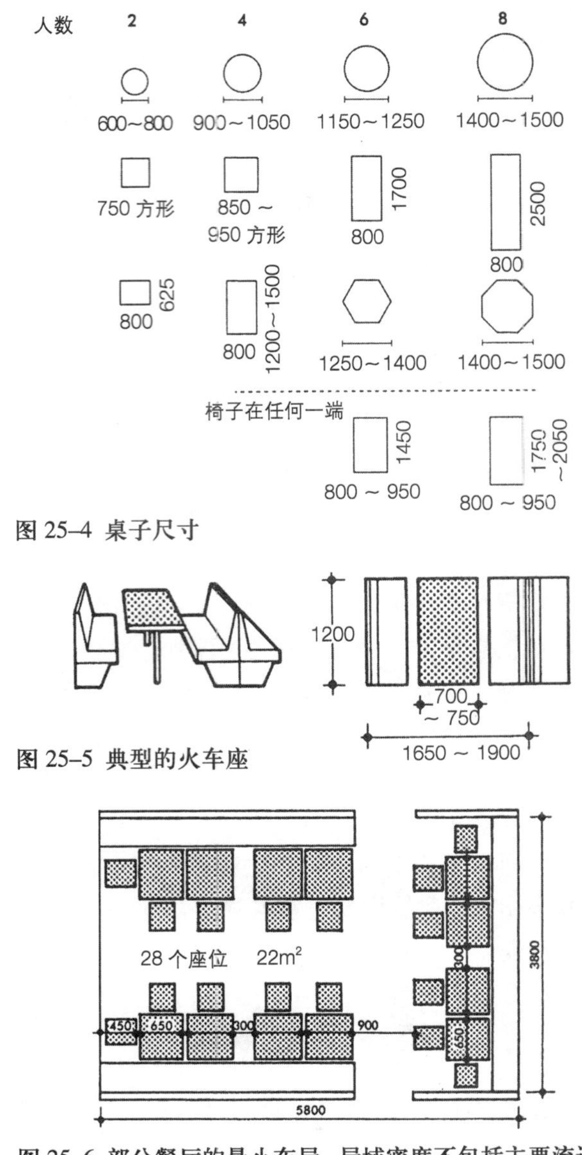


图25-4 桌子尺寸

图25-5 典型的火车座

图25-6 部分餐厅的最小布局：局域密度不包括主要流通区，侍者站及服务区

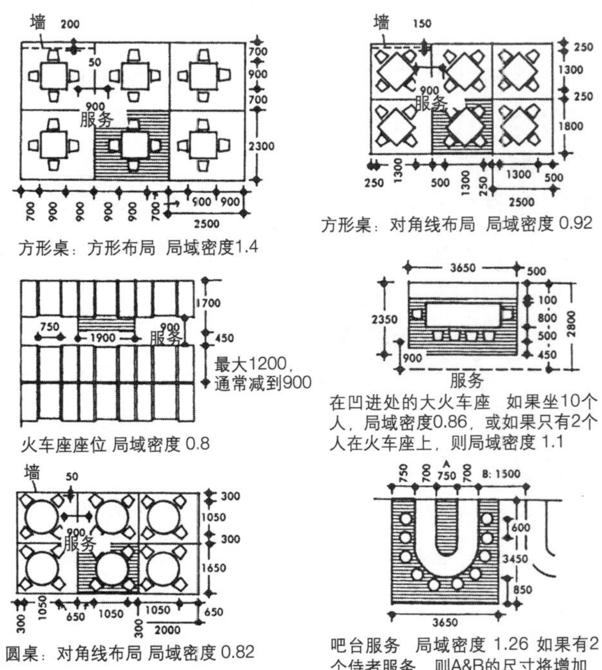


图25-7 布局排列和密度

联系依设施类型而定。尽管有各自的功能需求，可是所有的单元（顾客使用区，食物加工区，吧台或——在高级饭店里的——侍者服务区）又都相互依赖，需要将它们成功地结合起来。规划时应保证顾客的流线不能干扰服务通道，在厨房与餐厅的服务门之间应设有隔音用的小型厅堂或者走廊。厨房与备餐区的面积大概为就餐区面积的50%，辅助和储藏区面积约为厨房面积的1.5 ~ 2倍。厨房面积的减少将会直接导致服务效率及速度的下降。

**顾客需求** 包括在入口附近的菜单显示，有遮蔽的入口和内部等候区。在自助餐与快餐等的组织管理上应当分工明确，并且需要分出一个独立的吸烟区。

**座位** 餐馆设计应满足安排多种就座方式（例如二人和四人／桌，然后拼合到一起可以形成六人、八人、十人／桌）。可以考虑火车座（图25–5)，但是应该有普通的桌子作为补充，以保证充分的灵活性，（图25–7）展示了典型的桌子和吧台以及吧台周围座位的密度。如果同时有顾客和餐车的话，服务通道（图25–6，图25–7）应该有900（最少）~ 1350mm宽。

**服务员站** 侍者等候的区域应该位于不会打扰客人的地方，数量也将会依照服务的标准有所改变。下列各项可作为指导：

有限菜单　每12 ~ 16人1侍者／女服务生

典型菜单　每8 ~ 12人1侍者／女服务生

附有价目的菜单／上等的　每4 ~ 8人1侍者／女服务生

在附有价目的菜单或上等餐馆提供领班服务员。

### 25.2.2 酒吧

传统的和特殊餐馆时常为等候的客户开设开胃酒吧和餐前饮料。当桌子准备就绪了，侍者领班就可以按照顺序将排在前边的顾客安排就餐。其他酒吧类型包括：屋顶酒吧，池边酒吧，海滩酒吧，俱乐部酒吧。酒吧应该按照酒类专卖法来售酒。

**鸡尾酒或开胃酒吧** 如果需要，应该在入口大厅和餐厅之间提供一个舒服的等候区域。可能由侍者来提供服务，因此可能不需要一个长的酒吧吧台。

**主体酒吧** 为了鼓励非用餐者们消费，应该设有一个外部入口。酒吧应设有一个相当长的酒吧吧台，附设有冰块制造机和瓶装饮料冷却器，由酒吧储藏间支持。要有在非营业时间安全关闭所有的酒吧的方法，或者藉由吧台的栅格或百叶窗，或者关闭这个房间。前者有一个优点，就是当酒吧关闭的时候，可以将房间作为一间休闲室。在对酒吧服务的时候应该是不需要穿过公共房间的。除掉柜台的酒吧面积标准如下：

鸡尾酒休闲室

（舒适的）　　1.8 ~ 2.0m²/人

一般酒吧

（有些站立，有些坐在高脚凳上）

　　1.3 ~ 1.7m²/人

**衣帽间** 0.04m²/人。衣帽间在小的餐馆或者咖啡馆中可能不是必须的，但是高级餐馆应该提供，这也是功能的需要。足够的安全性很重要：设立一个服务员和售票系统是必需的。房间布局必须使得顾客在突发事件后能很快地离开。

**家具／设备储藏** 0.14m²/人。

**其他设备** 需要考虑舞蹈和现场的娱乐设备。可以有一片木质舞蹈地板，或者作为一个永久性区域，或者铺上地毯以备它用。木质地板需要定期的和精心的维护。1.0 ~ 3.5m²／对舞者。如果是现场音乐表演，1.5 ~ 2.0m²/表演者（如果需要钢琴，面积更大），加上乐器和话筒的空间等。

## 25.3 餐馆类型及空间指标

### 25.3.1 传统餐馆（图25–8）

1.3 ~ 1.9m²/人，依生意类型而定；正式一点的氛围，提供侍者服务。应该有展示桌的空间（例如烧烤），而且菜单将会包括套餐和照单点菜。桌子一般是2人桌，座位舒适，间距较大。

### 25.3.2 烧烤店（图25–9）

1.6m²/人，包括烧烤桌的空间。食品陈列桌可兼摆自助式的冷食和热食，包括蔬菜和甜点。备餐、烹制和清洗餐具在主厨房里完成。

### 25.3.3 特殊/主题餐馆(图25–10,图25–11)

2.0m²/人，但空间需求的变化幅度很大。为反映餐厅主题，需要特殊的装饰效果和家具；经常需要一个特制的菜单。一般可设有烹调展示，烤肉架，舞池，也可能有酒吧。

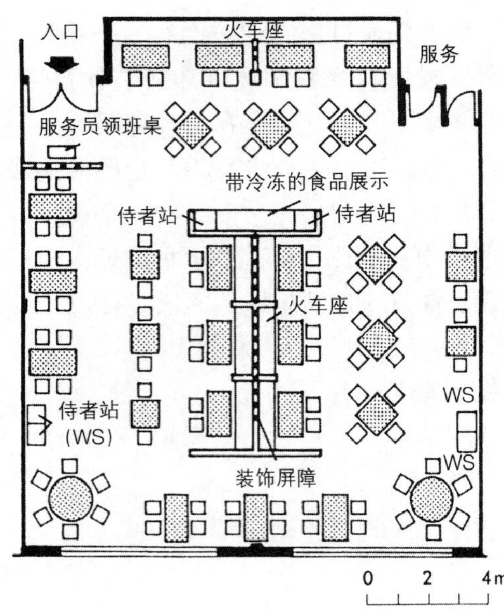


图 25-8 传统的餐厅：110 座

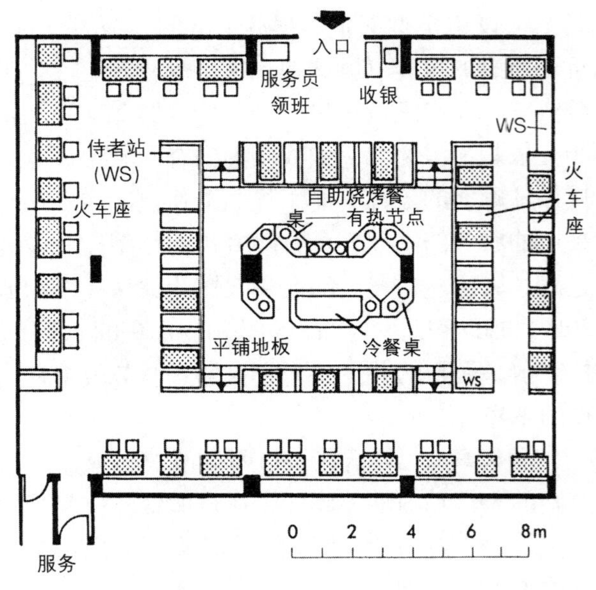


图 25-9 124 座的餐厅，带自助烧烤餐桌

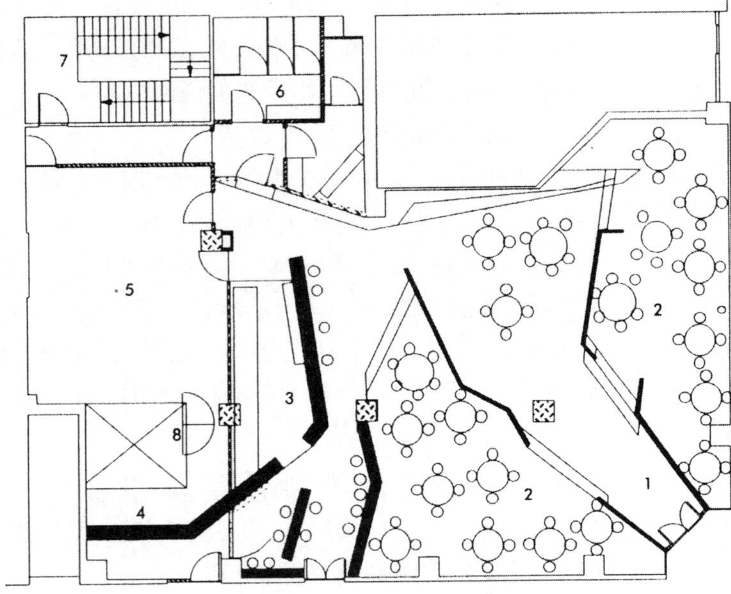

图 25-10 Yeung 城市酒吧和餐厅，Clerkenwell，伦敦（建筑设计：MG 工作室）

1. 入口；2. 就餐区；3. 酒吧；4. 外带柜台；5. 厨房；6. 卫生间；7. 逃生楼梯；8. 电梯

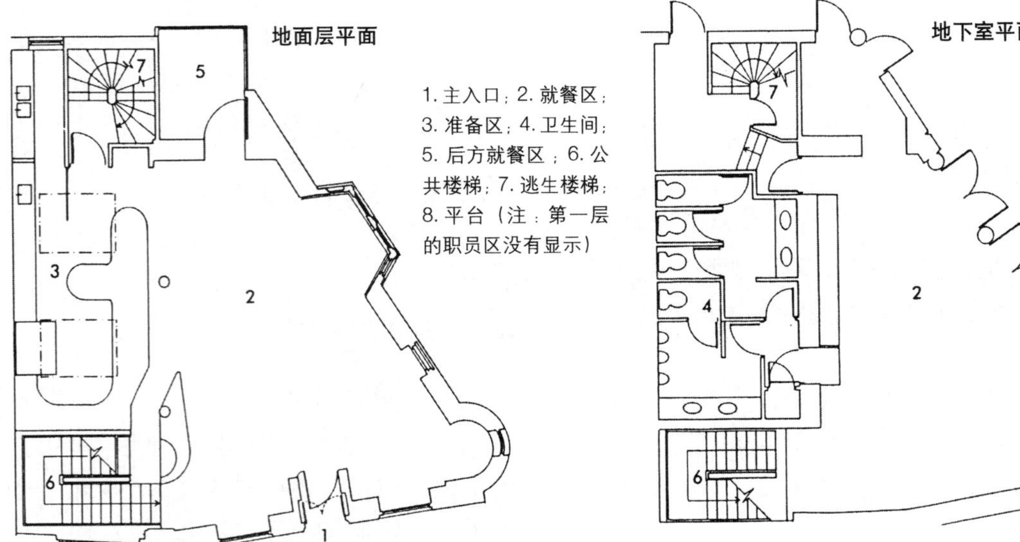


1. 主入口；2. 就餐区；3. 准备区；4. 卫生间；5. 后方就餐区；6. 公共楼梯；7. 逃生楼梯；8. 平台（注：第一层的职员区没有显示）

图 25-11 比萨快餐店，斯托克布里奇 (Stockbridge)，爱丁堡［建筑设计：马尔科姆·弗雷泽 (Malcolm Fraser) 建筑事务所］

### 25.3.4 快餐酒吧服务

1.5 ~ 2.2m²/ 人，包括吧台和烹制空间。通常只限于快餐，一般在吧台食用或者由顾客自己带回座位（也许有吧台座），每天营业 18 ~ 24 小时。食物一般是在吧台区内加工好的，但需要辅助的备餐、清洗餐具和储藏区。最适宜的座位数是 50 ~ 60；顾客们快速的交替使得座位不能做得太舒适，也不能太宽敞。高频使用意味着高损耗，所以表面势必要做得坚固。

### 25.3.5 咖啡厅服务

0.83 ~ 1.5m²/ 人。由于菜品很有限，咖啡厅通常是家庭经营的，按传统流线设计，厨房与就餐区分离。由侍者从小吧台或厨房的小门拿来食物，送到顾客手中。

### 25.3.6 咖啡吧

1.2 ~ 1.4m²/ 人。这种特殊的酒吧已经变得非常流行了。它们主要采取自助服务的形式，从城市中心的转换功能的建筑到一些大型专用建筑，它们的身影无处不在。它们的前台出售琳琅满目的咖啡豆，从绿色的到完全烘熟的，有一些免费的试尝品。前边的烹制区通常会有一个有装饰性隔板的吧台，隔板后是准备区域。必须进行顾客流线设计，以便可以充分地利用通常受限制的区域。

### 25.3.7 自助餐厅

1.4 ~ 1.7m²/ 人，有长的、连续的自助吧台，通常还设有收银台。需要很好的循环流动空间和清洁餐车的区域。吧台的设计应防止顾客长时间排队等候。

高速路服务站更倾向于开放的服务区，将提供冷、热食、小吃、甜点和饮料等不同餐饮的吧台分开——虽然安排上不是很正规，可是也能够减少排队等候的时间。

### 25.3.8 职员餐厅

1.4m²/ 人，座位紧密时，可以减少到 0.9m²/ 人。通常采取自助形式。

### 25.3.9 宴会/大型餐厅布置

0.8 ~ 1.6m²/ 人。宴会一般是非常传统地围绕一个“头桌”展开，有时候也围绕着一个高台，从属的桌子一般排成 T，U 或 E 形。椅背之间的最小间距应该在 1.5 ~ 2.0m（图 25–12）之间。一个备选方案是将从属桌子做成圆形，这样可以坐 10 个或者更多的人，如此一来椅背的最小间距就可以变成 900mm（1.2m 是最好的），以便就餐者和员工可以有充足的空间穿行（图 25–14）。对于如此之多的顾客，快捷的侍者服务是非常必要的，从厨房到餐厅的通道绝对不能对头桌正在进行演讲的人造成任何干扰。这个区域也许需要是可分割的：需要大的，高质量的隔音的分隔。注意可能还需要相邻的更小一点的会议空间或者讨论空间。

### 25.3.10 旅馆餐厅（另见旅馆）

在中型的或者大型的旅馆里通常会有多于 1 个餐厅，方便顾客对食物和价格有所选择。便宜一点的餐厅一般是咖啡店或者自助餐厅；贵一点的有照单点菜的餐厅。大型旅馆也许有另外的特

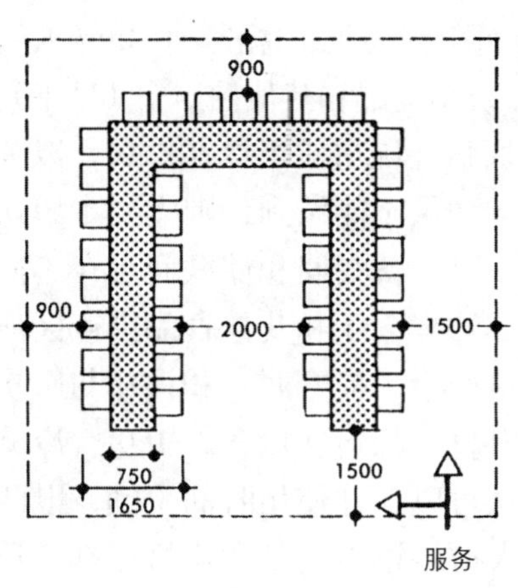

图 25–12 37 人的火车座需要的空间，要留出服务空间

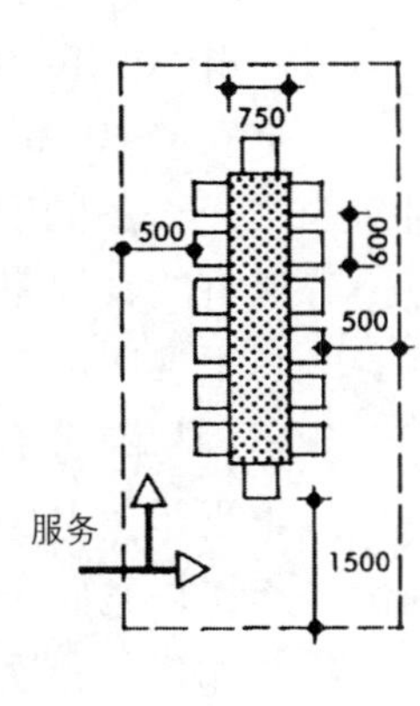

图 25–13 供 14 人就座的长桌，要留出服务空间：2.0m²/ 座

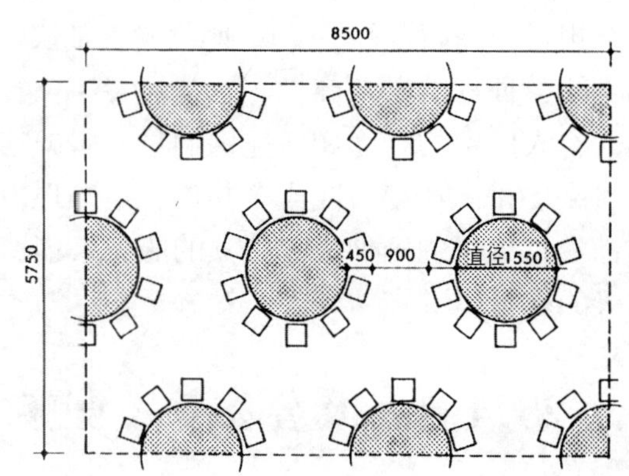

图 25–14 10 人的宴会圆桌（典型大型宴会的安排）：1.2m²/ 座

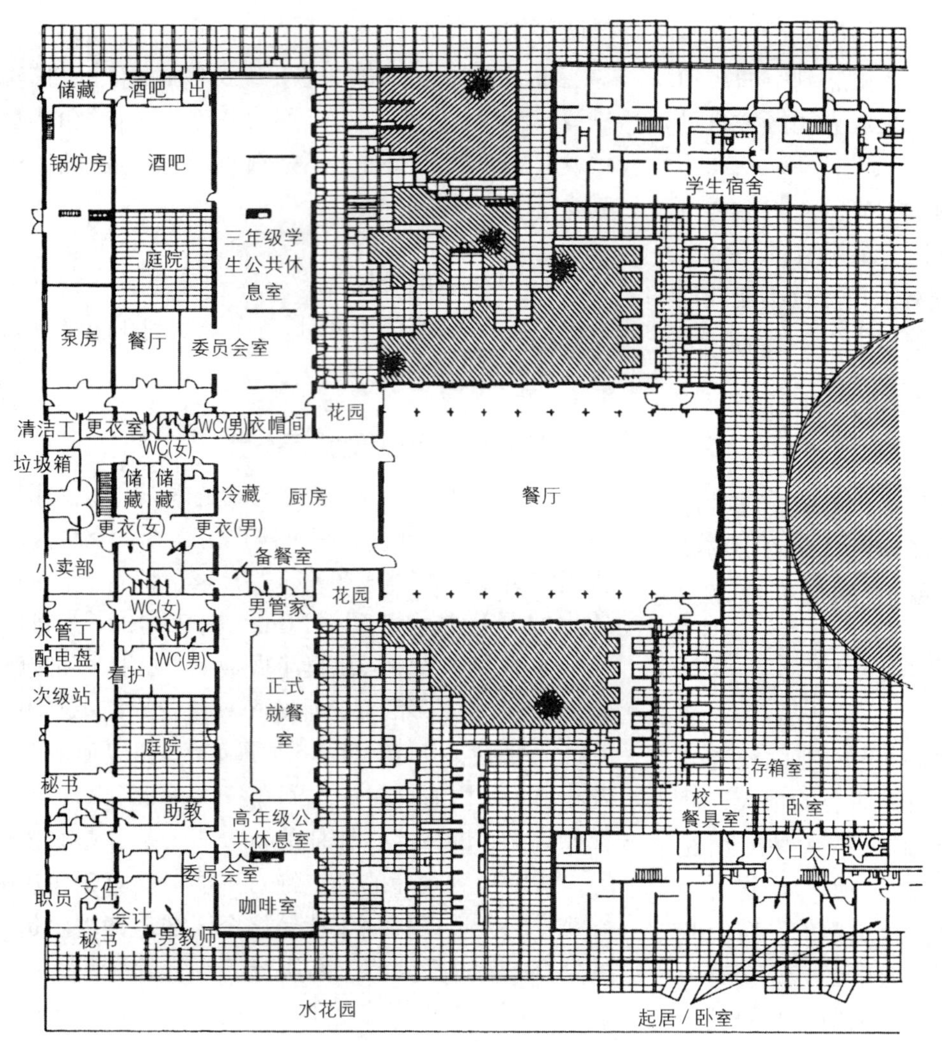


图 25–15 **整体餐厅服务，圣凯瑟琳学院，剑桥［建筑设计：雅各布森(Arne Jacobsen)］**

色餐厅。尤其是在城市中心的旅馆里，餐厅也能从街上进入，以吸引非住宿客人。

在旅馆的餐厅里，上座率在一天之中会有很大的变化（例如早餐也许会有 80 ～ 90%，午餐时 15 ～ 20%和晚餐时 30 ～ 40%）。这将会导致巨大的资源浪费，因此应特许餐饮业成为一个不同的组织。为了达到更高的上座率，应该促进非住宿用餐（例如商务午餐）。座位的容量依据旅馆的大小、外部的潜在商机、与其他餐厅位置的关系、客人停留的时间和所提供的早餐服务的房间数目来安排。在度假区或者其他合适的地方，应该由一家餐厅的延伸或者独立的服务来创造一个露天的就餐环境。

## 25.4 厨房及公共餐饮设施

**总体规划** 厨房要求主要靠备餐的方式来确定，其中差异很大（图 25–21，图 25–22 的面积计算）。以下为备选的计算面积的方法（包括食物储藏，冷库，清洗消毒，厨师办公室）：

主要餐厅厨房面积　1.4m² × 座位数

宴会厨房和服务区面积　0.2m² × 座位数

咖啡店厨房　0.3m² × 座位数

分离的非附属的咖啡店　0.45m² × 座位数

这些指标也许需要增加或者减少，这主要取决于是完全传统的服务还是快餐的服务。另外应有 50%的额外面积作为员工盥洗（0.4m²/ 人），更衣室（0.6m²/ 人），小卖部和其他储藏室（见下）。

**一般的厨房面积** 厨房应当设在一层，以为所有的餐饮服务。如果不能做到，则需要主厨房与主餐厅设在同一层，备餐间和储藏间可在不同层。与厨房不相邻的宴会厅和其他食品供应区应该用运货电梯（最好不用提升间）和楼梯与厨房连接，它们应该有自己的运转设备。厨房、冷藏间和食品仓库应该可以在非使用时间上锁，以防止员工接触。在大型旅馆中食品和饮料库都应该由仓库管理员来掌控。

有些设备需要设置基座。所有的墙角应该被

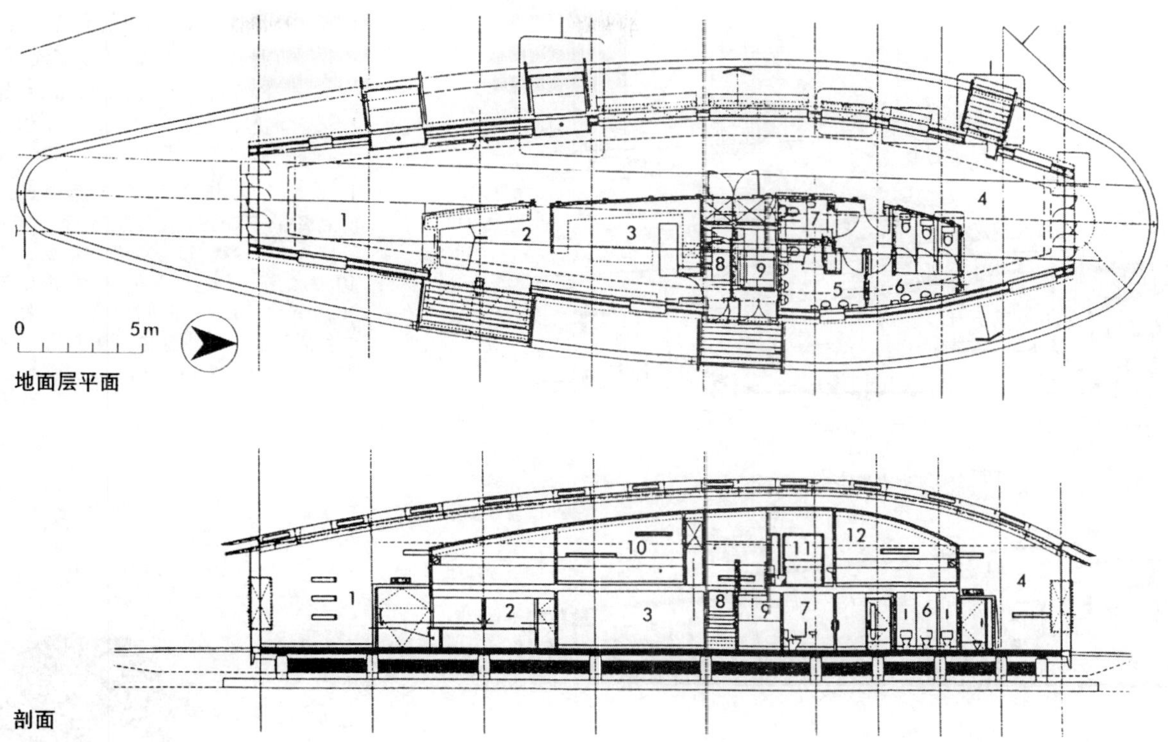


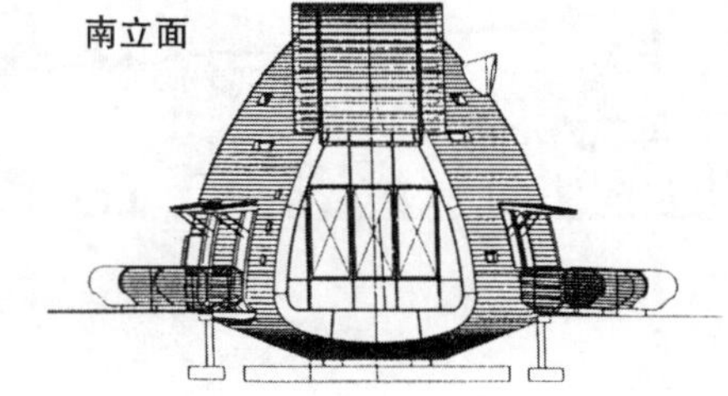


1. 咖啡；2. 备餐室；3. 厨房；4. 咖啡 / 商店；5. 卫生间（男）；6. 卫生间（女）；7. 卫生间（无障碍）；8. 员工楼梯；9. 储藏箱柜；第二层：10. 办公室；11. 员工卫生间；12. 储藏

**图 25-16　香格里拉咖啡馆，泽西［建筑设计：艾尔索（Alsop）& 施托姆（Stormer）与梅森（Mason）设计伙伴］**

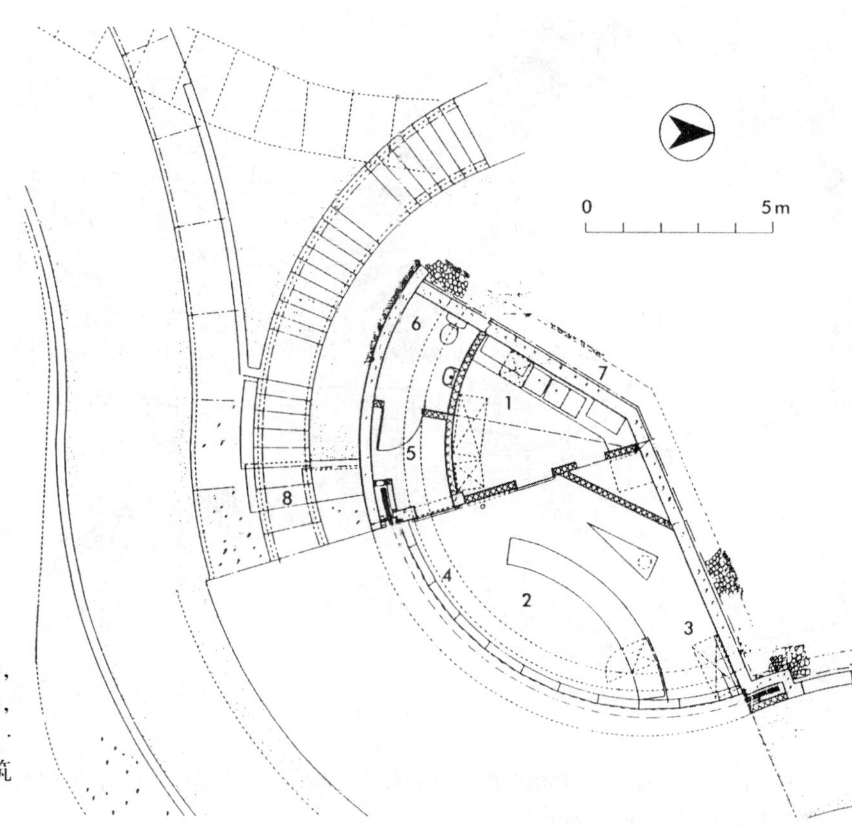


1. 厨房；2. 备餐室；3. 冰激凌售卖亭；4. 玻璃镶嵌板；5. 储藏；6. 卫生间（无障碍）；7. 强化混凝土挡土墙；8. 台阶（通向上层草坪覆盖的屋顶）

**图 25-17　水上咖啡厅 (Headland café)，布莱德灵顿 (Bridlington)，约克郡［建筑设计：鲍曼·里昂（Bauman Lyons）建筑事务所］**

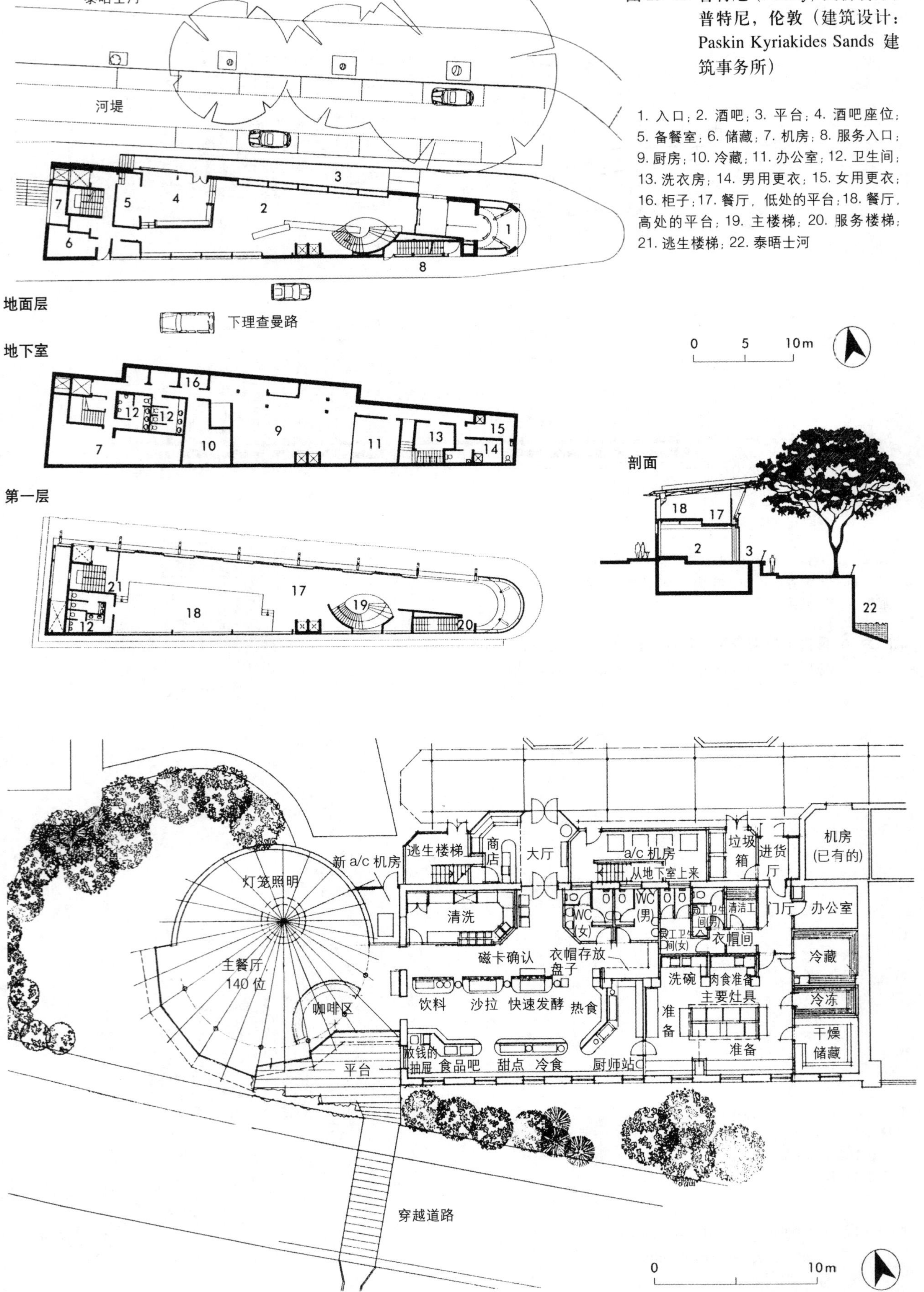


图 25–18 普特尼（Putney）大桥餐厅，普特尼，伦敦（建筑设计：Paskin Kyriakides Sands 建筑事务所）

1. 入口；2. 酒吧；3. 平台；4. 酒吧座位；5. 备餐室；6. 储藏；7. 机房；8. 服务入口；9. 厨房；10. 冷藏；11. 办公室；12. 卫生间；13. 洗衣房；14. 男用更衣；15. 女用更衣；16. 柜子；17. 餐厅，低处的平台；18. 餐厅，高处的平台；19. 主楼梯；20. 服务楼梯；21. 逃生楼梯；22. 泰晤士河

图 25–19 为一个大的制药公司服务的餐厅和餐饮设施：厨房位于一个已有的文化保护建筑里，餐厅是一栋新建筑（建筑设计：Williams Wren 伙伴）

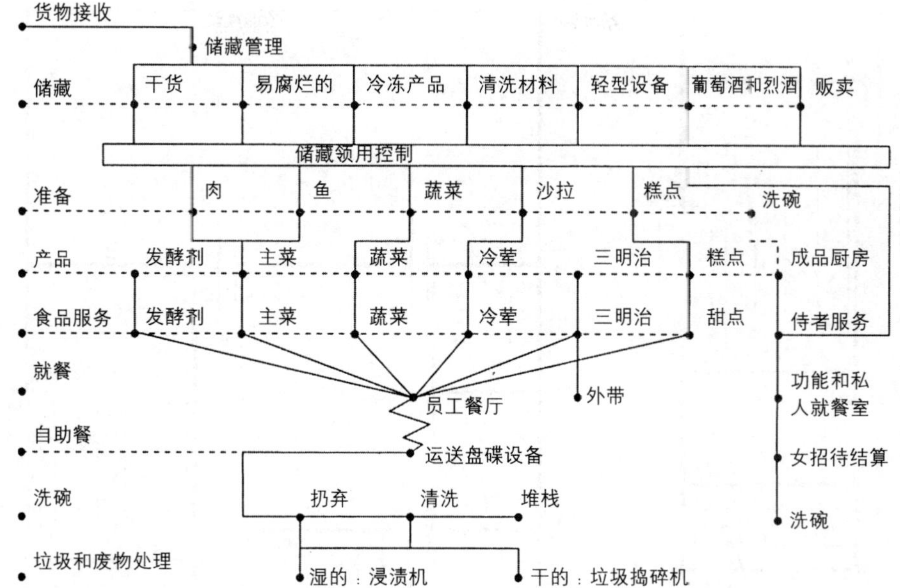


图 25–20 厨房流线图示

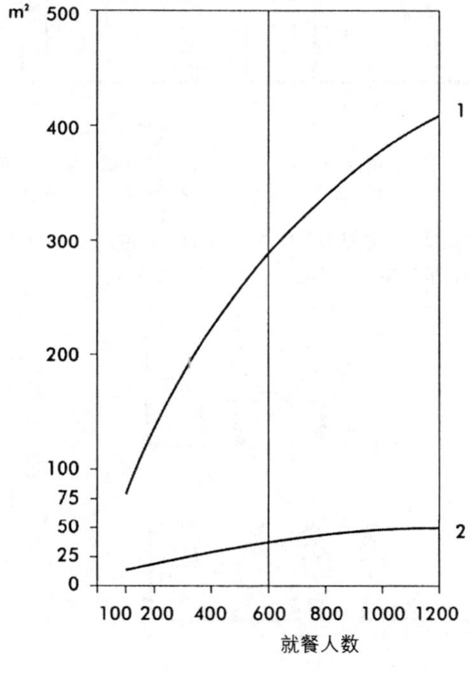


图 25–21 面积需求：整体和员工设施（注意这些面积只是一个导则，主要取决于具体提供的设施）

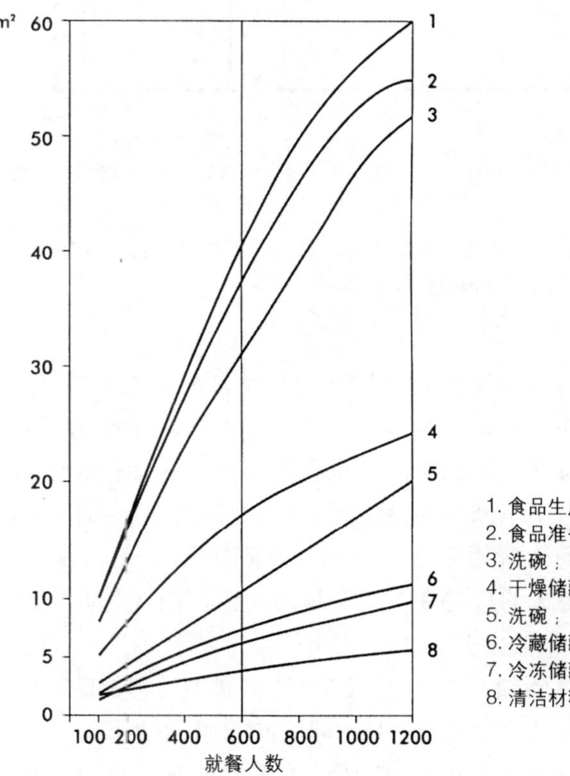


图 25–22 面积需求：食品生产等（注意这些面积只是一个导则，主要取决于具体提供的设施）

保护起来。人工天花板应采用防火板，且有进入板以检测覆盖物、防火阀等。门上应该安有可视窗和金属踢板或自动开关装置。防虫装置是必备的（通常有壁挂电动防虫灯，以及在开口处装防蝇纱窗）。

### 25.4.1 厨房的主要类型

**传统厨房** 原料被带进厨房，清洗，预备，然后使用传统的烹饪设备烹调。熟练的劳工的费用和额外的空间需求通常使得这一类型的厨房只能是高级餐馆的附属。

**传统 / 快餐厨房（图 25–23）** 一种在中型厨房和大多数员工餐厅中被广泛采用的类型。使用提前准备好的原材料与各种混合物。在有限的劳动力、设备和占地费用的情况下达到了最大收益。

**预制 / 冷藏（图 25–24）** 食物在一个很远的

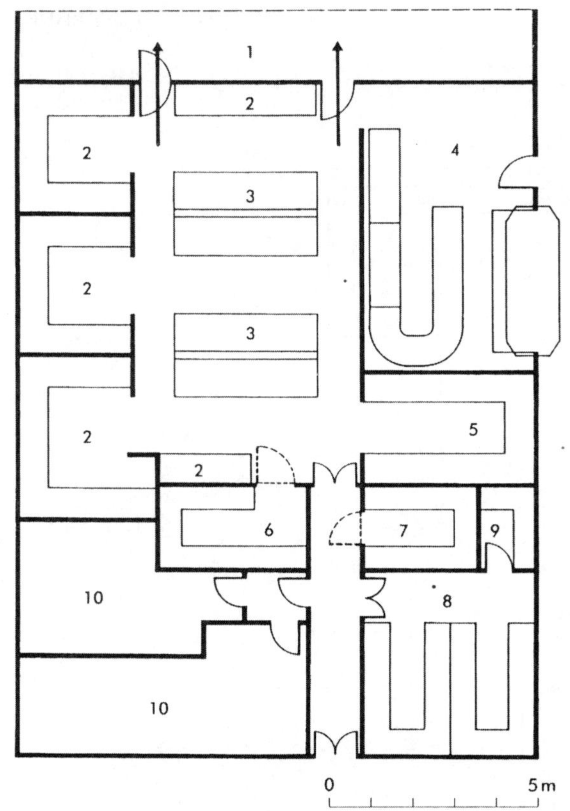


1. 服务区；2. 准备；3. 制作；4. 洗碗；5. 洗碗；6. 冷藏室；7. 深度冷冻；8. 干燥储藏；9. 清洁材料；10. 洗浴/更衣

图 25–23 传统 / 快餐厨房（600 人）：典型布局（不含管理和厨师办公室）

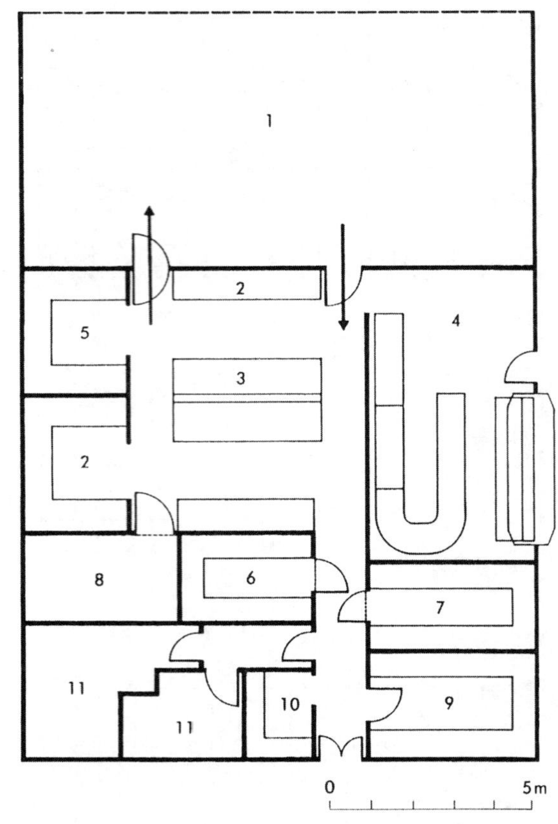


1. 服务区；2. 准备；3. 制作/再造；4. 洗碗；5. 洗碗；6. 冷藏室；7. 深度冷冻；8. 冷藏室；9. 干燥储藏；10. 清洁材料；11. 洗浴/更衣

图 25–24 预制 / 冷藏厨房（600 人）：典型布局（不含管理办公室）

厨房进行准备和烹调。食物烹饪好后在 0 ～ 3℃条件下冷藏，最多可存放 1 ～ 5 天，在食用前可在特殊设计的微波炉里再次加热。其优势在于减少厨房空间（虽然备餐室和清洗间保持原样）和劳动力费用更低，特别是在晚上和加班很多时。其最大的优势在于一个地方可以同时为好几家服务（例如在医院和大型工厂）。

**预制 / 冷冻** 与预制 / 冷藏类似，但储藏时间更久（长达 3 个月），并且冷冻制品更加稳定（如在运输过程中）。需要注意的是温度控制（一般在 -20℃）是非常重要的，当食物解冻后变质的速度也是非常惊人的。

**烹饪区域（图 25–27）** 开敞的空间，有大量的适合要准备的各种食物类型的设备。与厨师、专业设计师或供货商进行磋商是非常必要的。可能需要一个连续的准备 / 烹饪过程。主要的烹饪设备可以成岛状布局，也可以靠墙放置，带有抽风机（也见下面的通风部分）。

**设备** 烹饪设备可以包括高温油炸锅、烧烤架、蒸箱、煮锅、面点设备和烧烤箱、集合式烤箱，

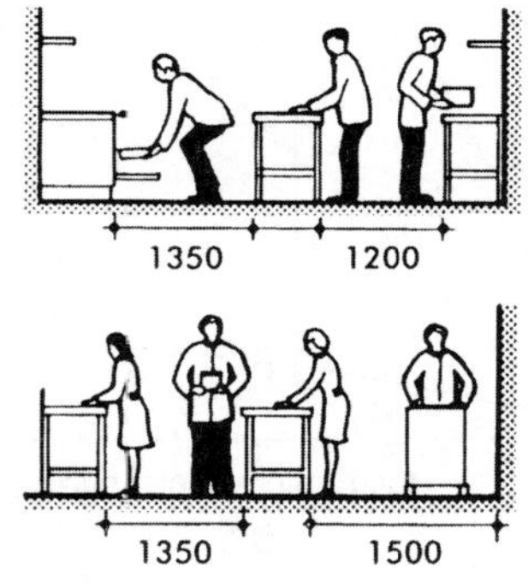


图 25–25 允许通行所需的设备之间最小空间

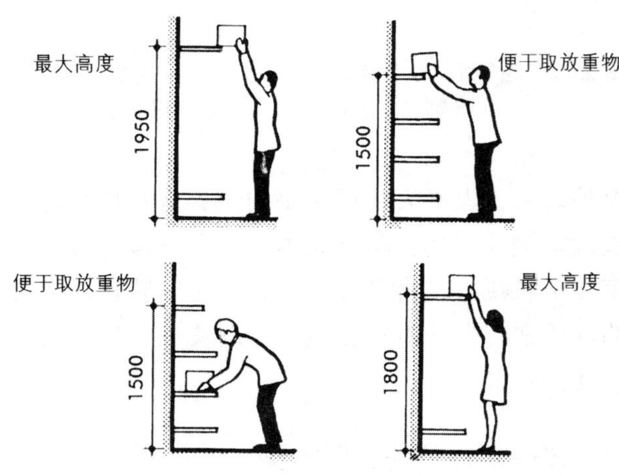


图 25–26 储藏架高度限制

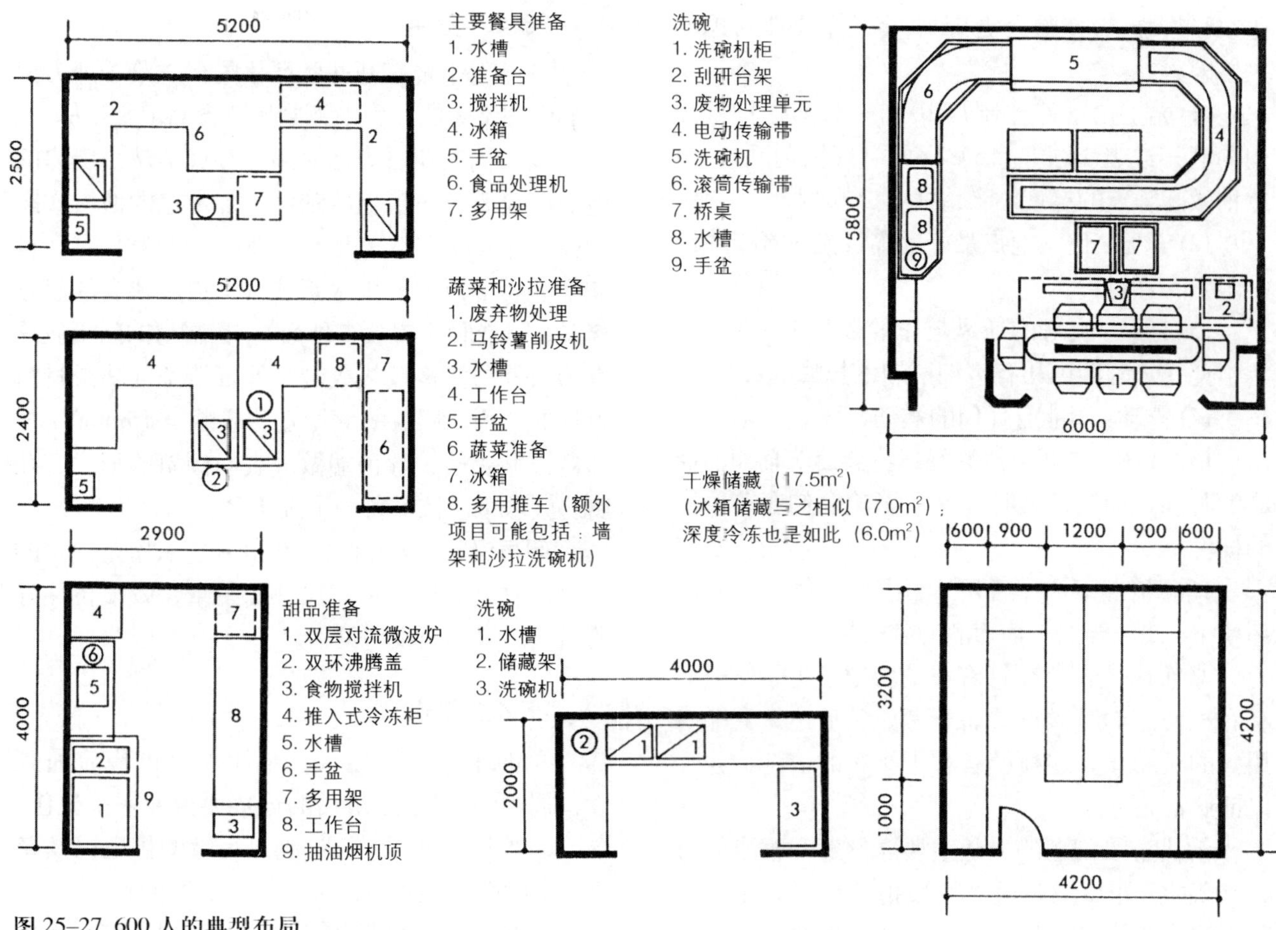


图 25–27 600 人的典型布局

对流加热炉，微波炉，红外加热器，烤架（铁架），水浴锅和加热箱。一般来说是不锈钢制品，独立式的，约 750mm 深。保证设备周围有充足的空间供操作、员工行走、食物和容器，清洁和维修设备。

**备餐间（图 25–27）**开敞式的或者半封闭的靠近烹饪区的地方。在小型厨房里这些区域没有明显的界定，但环绕着烹制区域。在大一些的厨房里，经常为蔬菜、面点、鱼和肉以及其他材料设置单独的区域。餐馆可能会用到土豆去皮机和蔬菜预备机，或者买准备好的蔬菜。工作台进深 600 ～ 750mm，900mm 高；他们可以在其上 1.5 ～ 1.8m 的高度上设置搁架。

**清洗间（图 25–27）** 绝大多数厨房包括洗碗机；大型的餐馆会有自动传递系统。需要考虑收集脏的盘子和碟子、清洗、干燥和堆叠的空间。

### 25.4.2 食品储藏

总体来讲，这些区域取决于食物的种类（例如是方便食品还是新鲜食品），位置和递送的频率。储藏间应为单独的区域。

**干货物储藏室（图 25–27）** 有架子（最少高于地板 200mm，以消除湿气）和储藏面粉、干料，罐子和包裹的储藏柜。储藏间设计应该采用线性布局。

对于蔬菜储藏来说，良好的空气流通是非常必要的。

冷藏仓库是为易腐物品设置的（例如黄油、奶油、鲜肉、鱼和饮料），温度需要保持在 0 ～ 3℃间。它们通常都有自己的模数，由 75mm 的厚板形成。在较小的厨房中，冰柜可以替代冷藏库。

深度冷冻通常有着自己的模数，由 75mm 的厚板形成，附带一个隔离的地板。温度必须保持在 -18℃ ～ -21℃。在小餐厅中，可由一个冷冻柜代替。

### 25.4.3 其他物品储藏

陶制品、餐具、玻璃制品和银器需要的空间为 0.14m ～ 0.2m²/ 人。

酒类需要 0.2m²/ 人，被分成啤酒和苏打水、小桶、白葡萄酒和烈酒等独立的区域。还要考虑便于递送，通往备餐室的通道以及空瓶子的归还。

葡萄酒需要非常谨慎的储藏（它可以储藏长

达 20 年，或者佳酿会更久)。有 5 个需要考虑的主要因素：

(1) 温度：最好控制在 10℃～12℃之间（白葡萄酒）或者 14℃～16℃之间（红葡萄酒），虽然稍微高一点的温度不会造成什么影响；

(2) 黑暗：储藏地点最好远离日光或者干脆没有阳光的直射；

(3) 通风：良好的通风是非常必要的（为了防止不良气味的污染和有害细菌的生长繁殖）；

(4) 震动：不能有任何的震动；

(5) 成本：储藏条件的好坏将会影响葡萄酒储藏的时间，而其储藏时间又会影响它们在菜单上的标价。

理想情况下，啤酒和烈酒应当储藏在 12℃的环境下；其他要点与葡萄酒的储藏相似。

桌布应该存放在钉有板条的架子上。每一套桌布在使用的时候，就需要考虑到后边 5 套即将用到的桌布了，这样就有利于桌布的清洗，并且保证储备充足。

解决垃圾问题的方法主要靠储藏和收集的方式来确定：即垃圾箱或者垃圾捣碎机（对于快餐盒子的处理是非常有效的）。留下空间供车辆退到垃圾箱旁，以及清洗储藏区、垃圾箱等。

### 25.4.4 卫生

食品卫生规范是非常严格的，它给予地方卫生部门非常大的权力来强制执行食品卫生指标。

厨房内的所有表面必须能彻底清洗。厨房的地面一般要有防滑瓷砖铺地，加上宽的凹入式踢脚板，地面坡度不能大于 1：20。厨房和储藏区可能都需要地板内的排水系统（里边应该有油脂分离器，可能时应安放在外面）。在厨房的门下应该有为放置防滑橡胶垫或者其他可清洗的防滑材料设计的凹槽。厨房的墙壁瓷砖应贴至 1.8m 高；矮墙应该贴瓷砖，且顶端做成表面倾斜的形式。在厨房区域里应该准备一个洗手盆。

**职员设施** 盥洗室 / 卫生间和更衣室是法定的项目，它们必须尽可能保证高质量，以便留住好的员工。卫生间设施见后。

### 25.4.5 管道

总的来讲，天然气，水和管道供应应通到设备周围 1m 之内：最后的连接要由专家来操作。电的需求量可能很可观：确保足够的供电以及紧急断电时的功能正常。天然气是烹饪的首选。

**光线** 最好有很好的自然采光：可以使用工作台面之上的高侧窗或者天窗。可开的窗口必须要

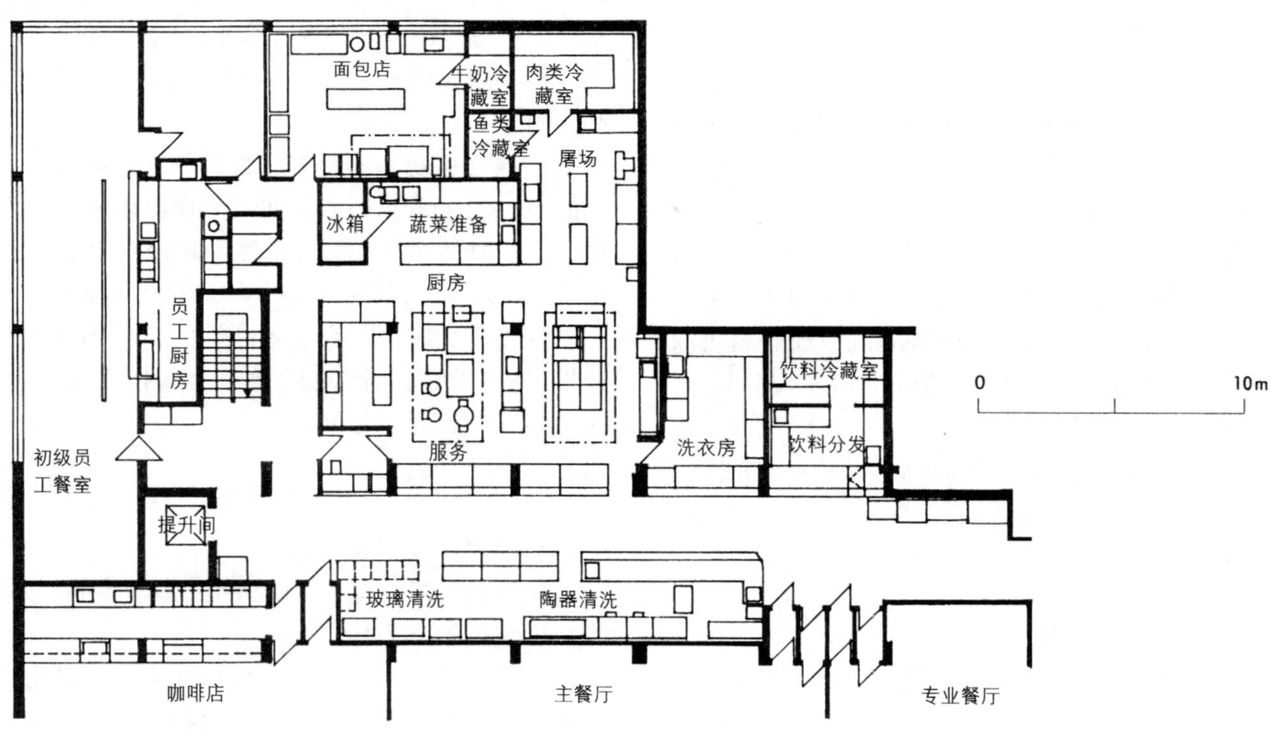


图 25–28 为 4 个餐厅服务的厨房示例：咖啡店 120 座；主餐厅 100 人；专业餐厅 100 人；员工餐室 80 人；主要食品储藏在地下室；同时服务于厨房和其他功能房间

安装防蝇纱窗。有机械通风的地方的窗子可以做成不可开启式的，除非为了擦洗。人工光必须均匀分布：厨房是400～500lux，储藏间和走廊是200lux。

**通风** 食品卫生规范规定要由足够的通风以消除蒸汽、热量、油烟以及其他有害气体：一定要避免冷凝。机械抽气系统是必备的（通常的抽取速度是7.7～10.2m/s）。在烹饪设备上方应该装有罩棚，最好能有垂直面（延伸到天花板，距离设备边缘上方250mm高），自动防火阀，油脂过滤器，油炸锅上的通气筒，洗碗机旁边需要安上围栏。到罩棚下侧的净高为2.15m。余热回收系统变得越来越普遍。需要注意的是尽量要避免通风对于食物和燃气灶的影响。

| 温度（℃）： | 热 | 凉（±1℃） |
|---|---|---|
| 饭店，酒吧 | 21 | 22 |
| 厨房 | 15.6*～18 | 23 |

* 法律规定在工作区域的最小值

| 空气流通/小时 | |
|---|---|
| 烹饪区域 | 40 |
| 厨房区域 | 20～30（或者20 l/m²） |

**隔音系统** 厨房和用餐区域间的墙壁应该是隔声的，也许设置一个走廊会好一些。吸音材料制成的表面对于减少背景噪声是非常有帮助的。在厨房区域内，特别是会产生噪声的处理过程（例如洗碗）是可以被屏蔽起来的，也可以单独放置某个机器。

## 25.5 吧台／服务区

尽管在传统的有侍者服务的餐厅（除了酒吧区）里，是不需要吧台服务的，但在咖啡吧和自助餐厅，吧台和服务区的正确布置是设计的重要部分。在小吃店／咖啡吧（顾客可以逗留在吧台边）和自助吧台（顾客需要尽快地穿过吧台）之间有本质的区别。对于自助吧台的菜单、不同的食物、饮料和收银台的布置，有明确的模式可循。

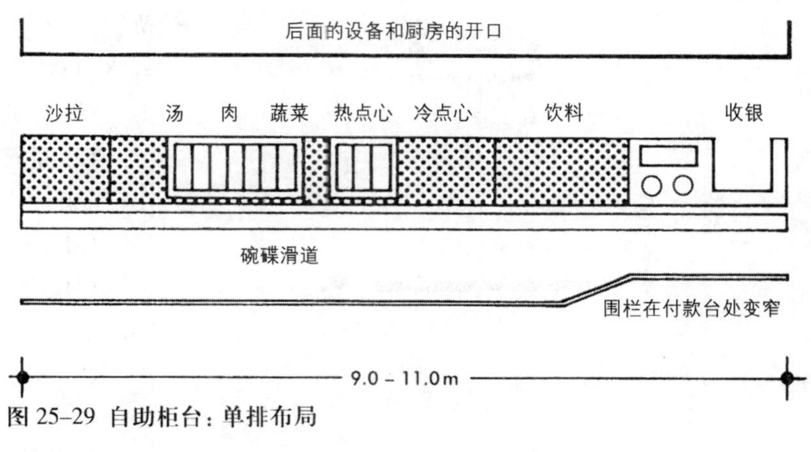


图25–29 自助柜台：单排布局

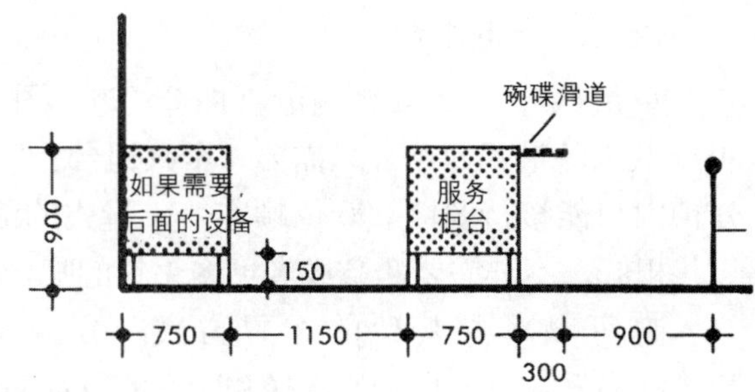


图25–30 自助柜台：典型剖面

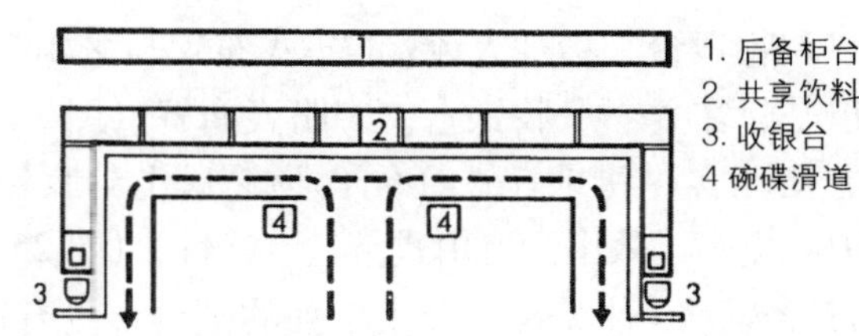


图25–31 自助柜台：双向流线布局

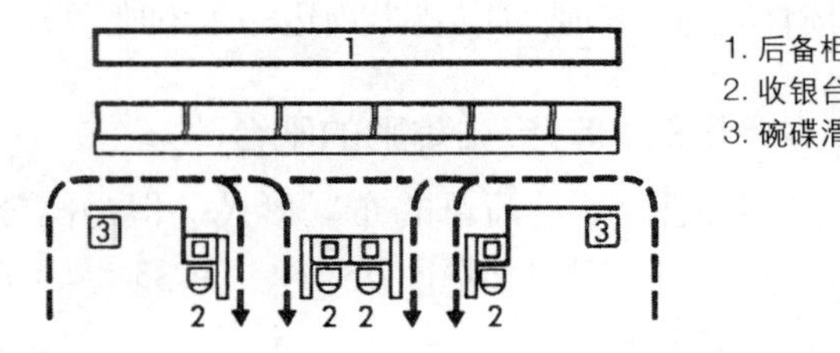


图25–32 自助柜台：多向出口布局

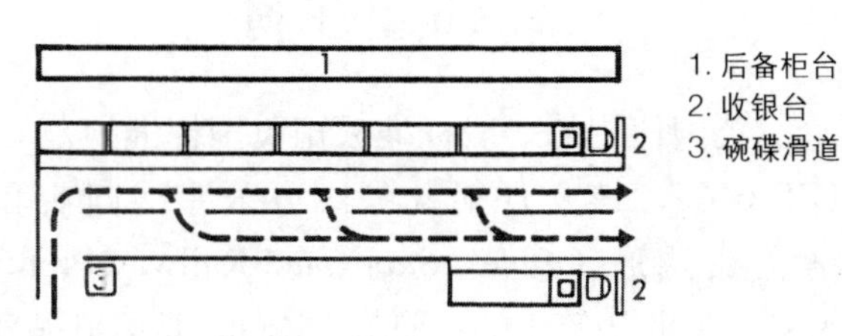


图25–33 自助柜台：旁路式布局

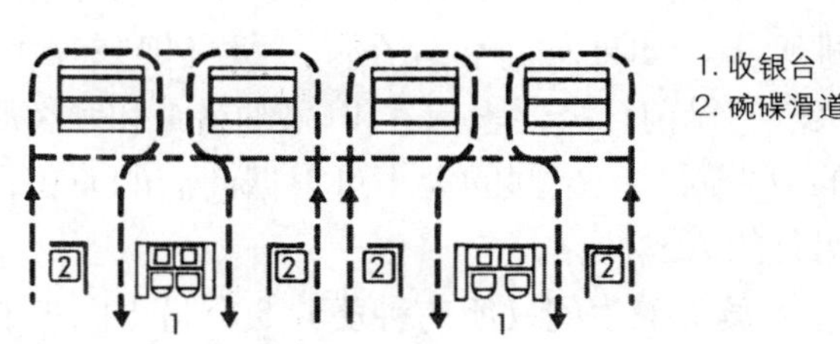


图25–34 自助柜台：自由流线布局

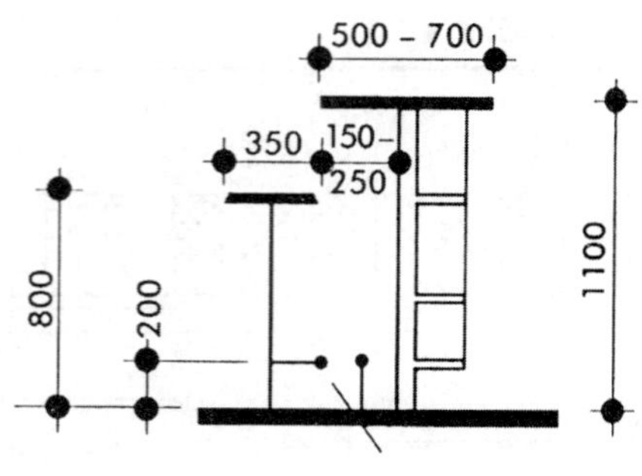


图 25–35 酒吧柜台：典型剖面

### 25.5.1 自助吧台

单流线布置是最普遍的（图 25–29，图 25–30）；其人流最为简单且只需要一个收银台，但 10 分钟内只能接待 80 ～ 90 位顾客。平行式的流线与其相似，不过需要两条或者更多平行的吧台。

也可以考虑其他的布置方式。分流（图 25–31）布置可以使食物的选择和顾客的数量翻倍。多出口（图 25–32）布置可以通过提供更多的出口和收银台来增加人流；汇集式布置与之相类似，但是只需要一个收银台。旁路式布置（图 25–33）能使顾客尽快地在选择完食物之后走到收银台，因此提高了效率。自由式流线（线性）（图 25–34）布置为每一种菜式设置了单独的吧台，没有连接到碗碟滑道。也可采用其他的自由式布局（例如不按直线布置的吧台以及沿周边布置的吧台）。

### 25.5.2 小吃店/咖啡吧的吧台

直线吧台是最简单的布置形式，但是高效的布置应该是 U 形的（见图 25–7）。图 35 提供了一个典型的剖面。

## 25.6 卫生间

英国使用的一般标准采用英国标准规范 6465（BS 6465，该文件对比了《办公室、商店和铁路企业法》（Offices, Shops and Railway Premises Act），工业法等中的信息）。它们的要求是很复杂的：需要仔细建立正确的类型。对于咖啡馆 / 咖啡吧等，如果与商店分在同一级（规划等级 A1 级——见前分级要素），可以采纳员工和顾客混用的卫生间，卫生间的大小可根据商店的面积，用另外的方式计算。

**员工卫生间（所有种类）** 5 个员工以下的最小推荐标准是 1 个蹲位和 1 个洗手池（“清洗工位”）。超过上述人数，参考相应的英国标准规范表格中对应项。请注意：

(1) 如果手比较脏，则需要更多的洗手池。

(2) 备选表格里规定了供男性员工使用的大小便池的数目。

(3) 卫生间可以男女混用。

(4) 卫生间的出入口不可以直接朝向用餐区、办公室或者其他办公区域。

(5) 如果与顾客公用此设施的话，至少要再加一个蹲位。

**餐馆和咖啡吧 / 咖啡馆** 英国标准规范已经给出了对顾客使用设施的要求，但是分级的时候需要看上边的注意事项。注意：

■ 需要有清洁设备的空间——至少一个清洁用水槽。

**执业酒吧和酒馆** 英国标准规范给出了推荐的客用设施的要求。注意：

■ 需要有清洁设备的空间——至少一个清洁用水槽。

## 25.7 法规

与食品卫生、酒类销售和消费、公共娱乐相关的法律多且复杂；一般的健康和安全法里也包含了相应的一些内容，同样的，《办公室、商店和铁路企业法》也规定了相应的关于员工的内容。

1964 年的《许可法》（Licensing Act）合并了以前的法规，其中的规定涵盖了所有贩卖酒类的场所（包括餐馆、小卖部、俱乐部和小酒店）。有各种各样的许可，例如：

(1) 堂饮卖酒执照：可以堂饮或者外卖（例如小酒店、葡萄酒吧等）

(2) 卖酒执照：只供酒类外卖（商店和持有卖酒执照的人或商家）

(3) 饭店执照：经营场所要提供食物

(4) 居住执照：只允许居民和朋友入住（旅店）

(5) 综合执照：既可吃饭又可住宿（宾馆）

(6) 会员制俱乐部

颁发执照的目的在于维持本地授权许可行为的公平。企业只有在结构合理的条件下才会获得许可证，执照才能签发下来（最终的决定权掌握在司法机关手中），以后进行其他结构上的改造则需要进一步的许可。在餐馆或者招待所等地方，如果场地“不适合或者不够方便”的话可以驳回申请。要注意的是许可条例仅仅控制酒类的销售：所用场地可以在任意时间用作其他目的，因此酒吧区在必要时必须能够对公众关闭和上锁。法官将与消防官员商议（有时候是警察局或者环境卫生局），同时还需就建筑规范许可独立申请和消防法令向消防官咨询。

1967 年通过了《私人娱乐场所（许可）规范》[The Private Places of Entertainment (Licensing) Act]，涵盖了私人娱乐场所的许可。

如果要举行公共的表演、音乐和舞蹈的话，需要取得地方政府的许可（教会礼拜不包含在其中）。这些包含在 1982 年出台的《地方法规（杂项法规）》[Local Government (Miscellaneous Provisions) Act] 中。临时执照的要求要比正式执照简单。

1955 年颁布的《食品与药品法》(Food and Drugs Act) 涵盖了食物加工工业、商业销售和农业生产等方面。供人们消费的食物必须要适宜、健康和有益。部长可以对食品卫生制定大量的规范。各种加工场所是非常容易被检查到的。

在 1970 年颁布的《食品卫生法(通用)》[Food Hygiene (General) Regulations] 中，与食品卫生相关的指标、用地以及加工方式的规定是非常多的。授权法是《食品与药品法》。它主要由地方当局来执行。相关的方面包括：

(1) 第三部分：食物的防污染处理，它包含食品打包、包装外形和运输，也包括隔离受各种传染的人群。

(2) 第四部分：食物生产区，需要包括给排水系统等和通风、一般清洁设施。

(3) 第五部分：管理规定。

1995 年颁布的《食品安全（食品卫生）法》(Food Safety (General Food Hygiene) Regulations) 增加了更严格的供应方面的规定。

# 第26章 商店和零售店

## 26.1 引言

那些传统的、通常专门经营一两种产品的小商店，在过去的50年里发生了根本性的变化。许多乡村和城市里颇具特色的“商业区（high street)”，通常有很多独立的小商店和一些较大的百货商店［通常人们认为第一家百货商店是1838年出现在纽卡斯尔的班布里奇（Bainbridge)］。19世纪晚期，英国北部的许多城市建立了商业街，以为人们提供一个远离恶劣天气和工业烟尘的、相对舒适的购物环境。比如纽卡斯尔和利兹如今仍有数个非常不错的商业街，它们也通常在当地中心的小范围内成为仿效的对象［比如利兹附近的迪斯伯里（Dewsbury)］。伦敦这样的例子包括伯灵顿（Burlington）商业街(1819)和兰特荷市场（Leadenhall Market）(1881)。

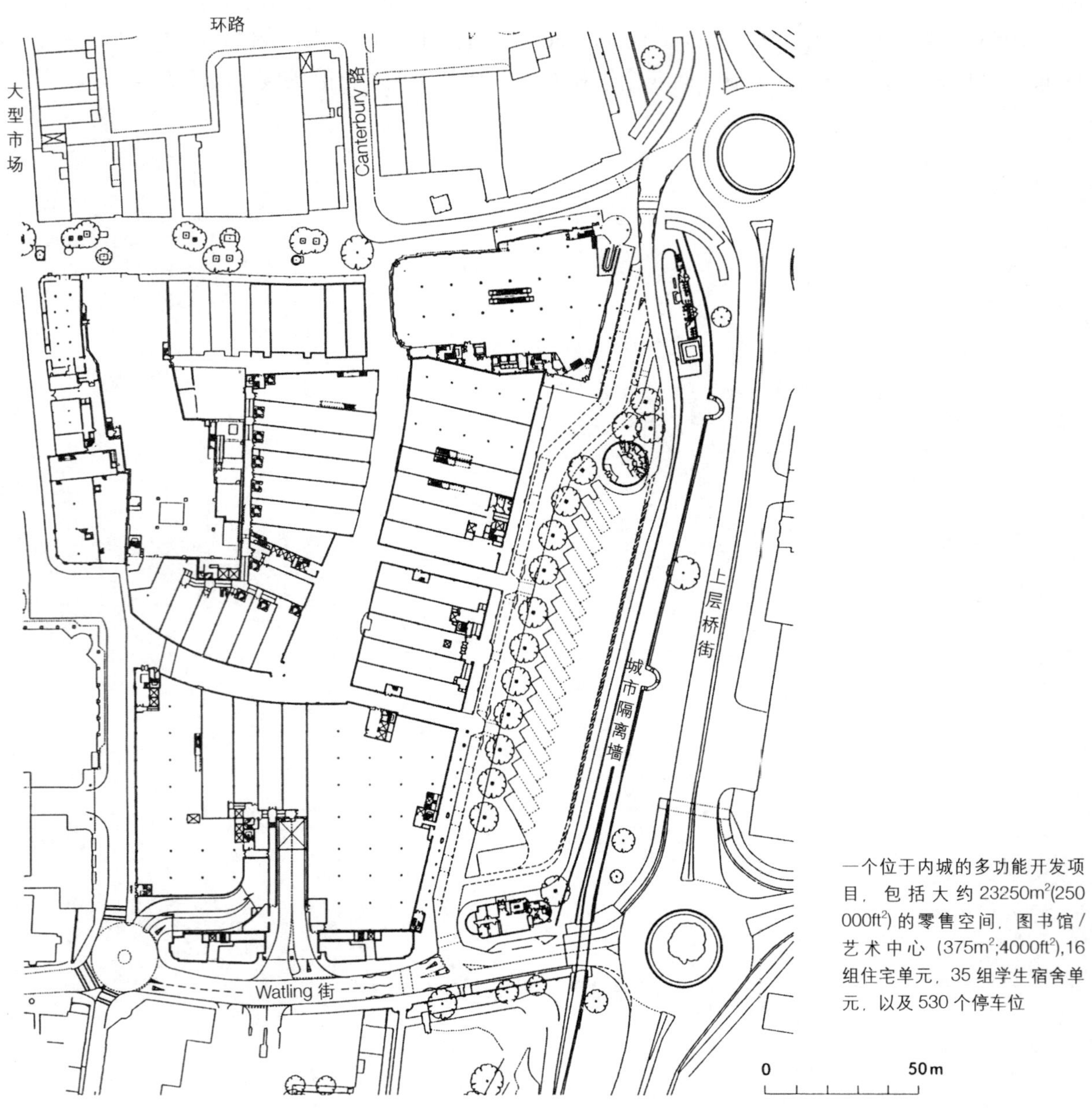


图26–1 Whitefriars, 坎特伯雷（Canterbury)，肯特郡［建筑设计：查普曼·泰勒（Chapman Taylor)］

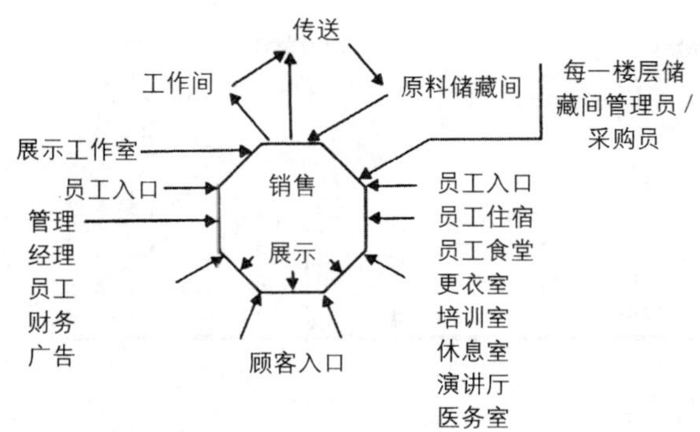


图 26-2 房间布局分析及顾客和货物路线

### 26.1.1 超市及大型超级市场

“超市”的出现是对传统零售方式一次真正的挑战。最早的一家超市应该是1948年出现在伦敦庄园公园（Manor Park）的合作社；自选商店也在20世纪50年代由桑斯伯里（Sainsbury）和乐购（Tesco）得到发展。

大型超级市场的到来——特别是那些在外城，农村区域的——从根本上改变了购物的方式。在20世纪80年代，尽管这种超级市场遭到许多城镇规划师和建筑师的质疑，政府仍在鼓励这些发展（仅1986-1988年就有超过50家地区性商业中心被建成）。由此导致的结果是商业区（High Street）不容忽视的衰退，许多当地的商店无法与那些提供更多选择、更低价位的服务的城外的商业中心相竞争。私人驾车旅行的数量急剧增加（也参见下面PPG13的说明）：通常需要提供数千个停车位——比如在利兹郊区的白玫瑰中心（图26-3）的车位达到近5000个。政府现今已经认识到由城区之外的商业中心带来的问题，看来尽管大型零售商希望如此，但不太可能建设更多这样的中心。一些时事评论员认为在肯特郡的“蓝水（Bluewater）”发展项目很有可能是在英国建立的最后一个大型的绿色场地上的商业中心。

已经有超过200个城镇委任了一个“城镇中心管理员”（和众多其他参与者一起），能够在一般情况下为城镇提供地方商业政策、商铺正立面和入口设计以及城镇运输政策等。

**规划方针指南6** PPG6（城镇中心和零售发展项目）提议用一种“序列法”来开展新零售项目，首选城市中心，接下来是中心边缘地带、行政区和地区中心，最后是城镇中心区之外的地方——只有那些能够提供一系列交通工具的地方才是合乎条件的。现实的情况是所有相关的部分都需要具有灵活性。开发商和零售商将要接受更加多样化的规模、设计和停车场。

在总占地面积超过2500m$^2$的零售发展项目（有时会小一点）中，需要引起重视的是：

(1)“序列法”是否已经被采用；

(2) 本地的发展规划将受到怎样的影响；

(3) 对已经存在的城镇中心和乡村经济的影响；

(4) 公共、私人交通的可达性；

(5) 对交通模式的整体影响；

(6) 任何不容忽视的环境影响。

**PPG13（交通）** 试图通过减少对运输，特别是私人汽车的需求，来为政府的可持续发展战略作出贡献。同时还提出更好地协调土地利用、针对零售发展项目的“序列法”（见上述）和更完善的公共交通三者的关系。结构规划应该鼓励对现有中心的利用。

图 26-3 白玫瑰中心，利兹（建筑设计：BDP）

31hm$^2$的场地，包括60000m$^2$的零售空间（主要在一层），4800个停车位；2个大型百货商场在两端作为“锚”，另2个在中心，85个小型商店沿着步行街散布；停车区有直接通向大型商场的入口；内部的步行街通过方向的变化和椭圆形的内庭（用颜色示意）的变化在视觉上得到弱化。

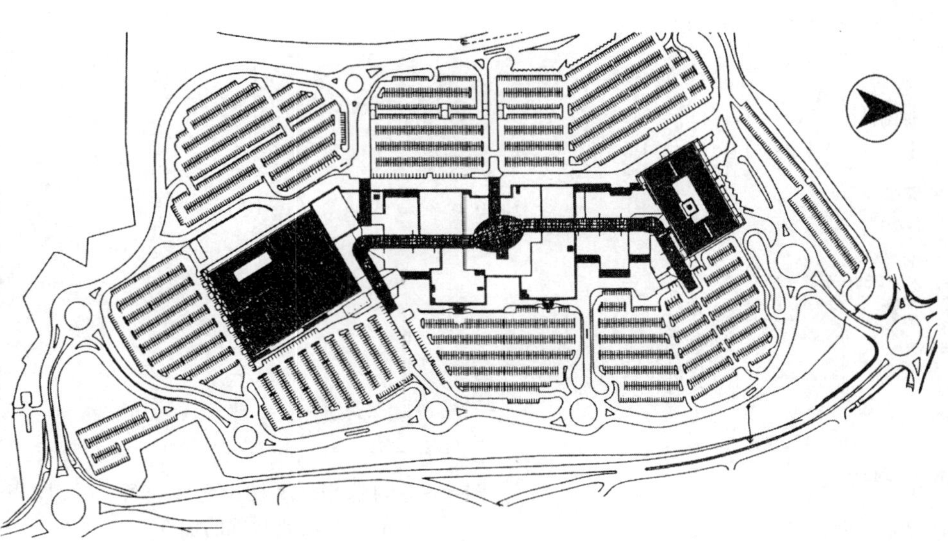

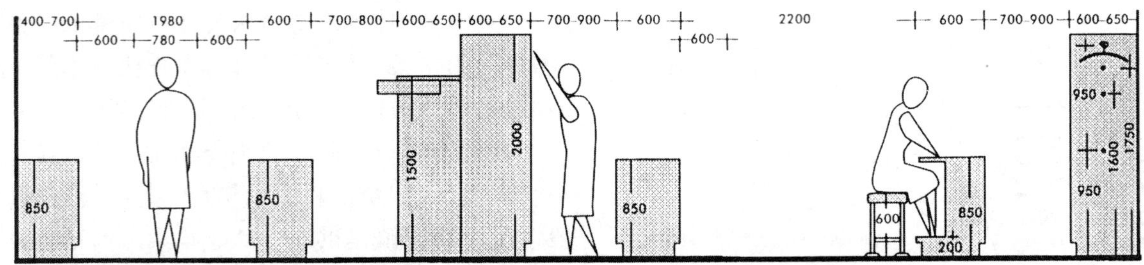


图 26-4 销售层的典型剖面

### 26.1.2 当前趋势

可以归为四个方面。

(1) 尺度：商店的尺度越来越大。

(2) 设施：一些零售组织宁可在商店里完善它们的设施，而不是去扩大商店的规模——比如通过提供更多包含餐饮、展示和娱乐空间的富有想象力的设计。

(3) 传统的场所：有一种回到城镇中心场所的运动（部分是由于 PPG6），但是它起到妨碍标准化的作用，因而增加了成本（由于交通不便利的场址和规划的限制）。鼓励那些多用途的发展项目，特别是与住宅区和社区设施合作。停车场设施也能得到共享（图 26–1）。

(4) 因特网发展项目：(电子零售，e-tailing)，借此顾客在线选定商品，商店再将商品投递到家中。其长远的潜力仍旧是不确定的，但是如果这种方式变得非常流行，许多商店空间将显得多余。

**零售的新形式** 零售商品库（有大型陈列室），仓储园区及俱乐部及工厂直销点是当前出现的几种主要的新型零售方式。

如今购物正成为一种休闲的活动，大量的市场旨在确定消费者的消费趋势及确保“顾客满意度”，并尝试使之成为一个情感上的而非纯体力的体验。要鼓励顾客消费，特别是在一个竞争非常激烈的环境之下，需要许多微妙的心理学方法。书店里设咖啡厅，提供报纸和杂志，增加了顾客“在店时间”。食品超市可以每天在同一个地点展示各种不同的食品选择，足够作为一顿完整的晚餐搭配。商品陈列的方式、人工照明的强度和色彩强调也是非常重要的。

当一些商店开始尝试重新定位以利用正在变

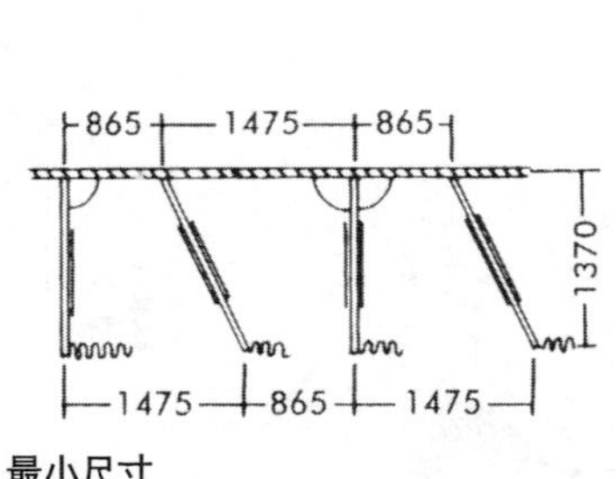


最小尺寸

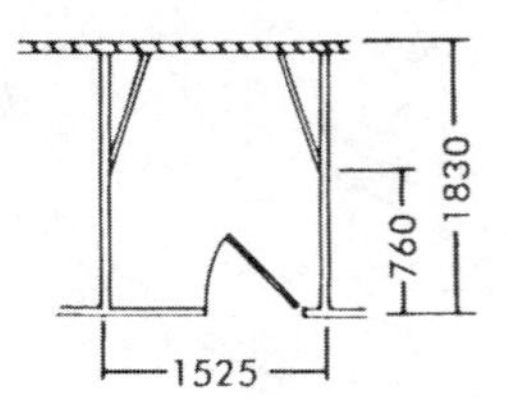


稍大一些的尺寸

图 26-5 更衣室

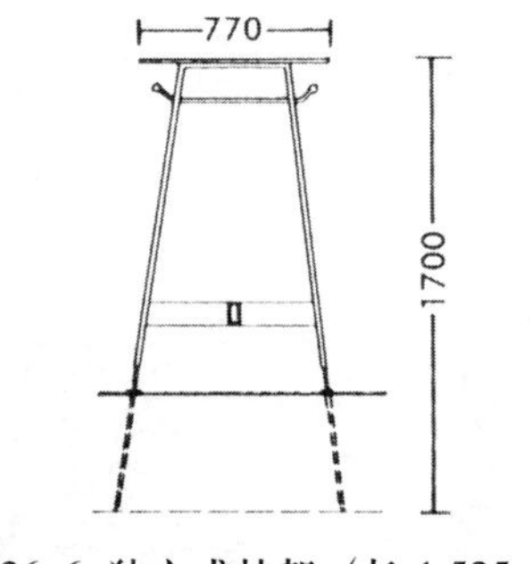


图 26-6 独立式挂架（长 1.525m）

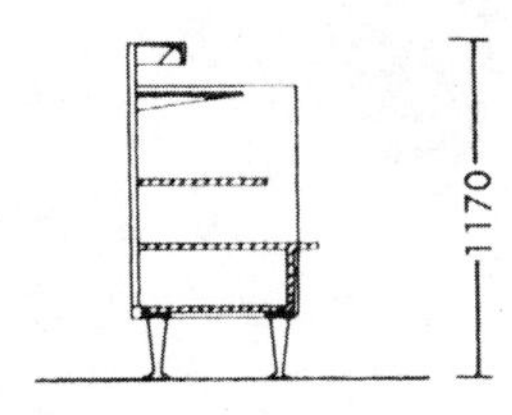


图 26-7 自选柜（各种长度）；特殊的商品需要特殊的插件

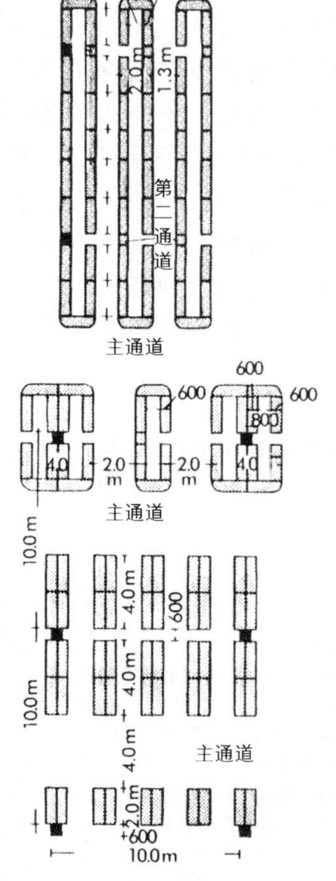


图 26-8 展示单元的典型布置（实心正方形代表结构支柱）

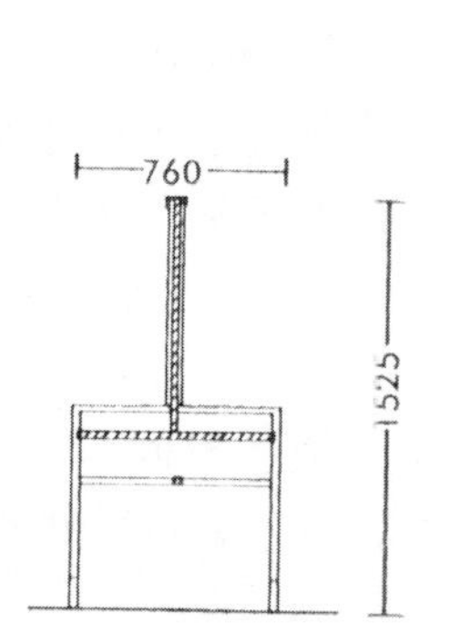

图 26-9　女帽桌

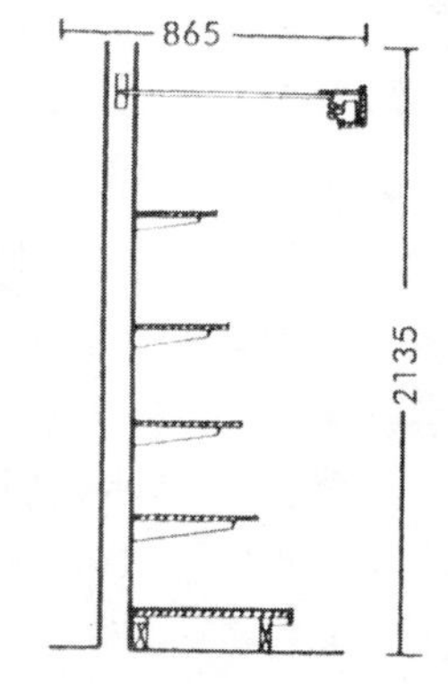

图 26-10　背后固定式搁板架

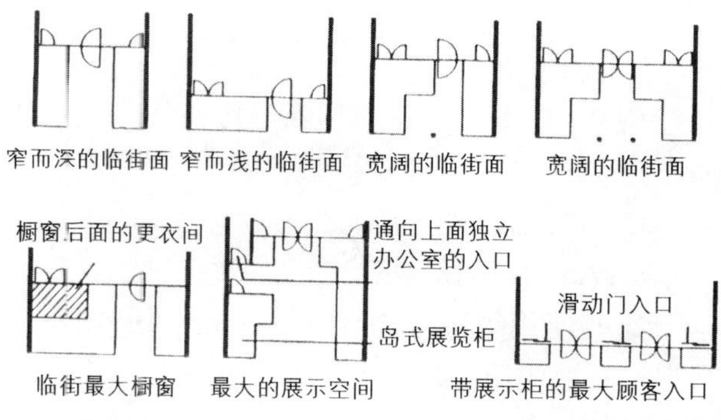


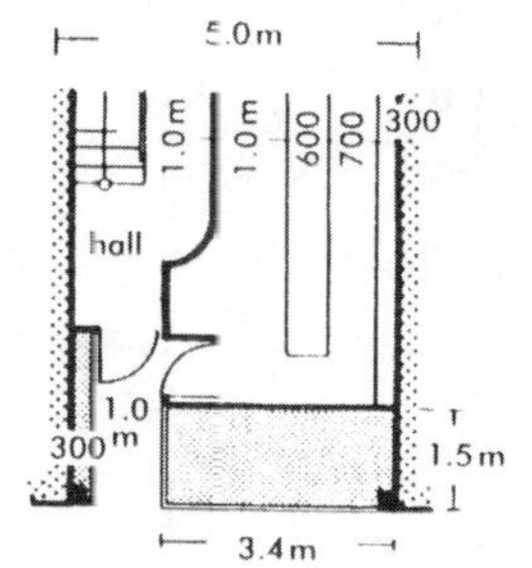


图 26-11　店面布局的不同样式：进深大的橱窗设计适于展示时尚家具等；进深小的橱窗则适于珠宝、书籍以及文具等

化的潮流时，另一些——数年前家喻户晓的、有着明显出色管理的商店——似乎已不能适应这种趋势并因此而陷入困境。品牌，而不是产品自身，在今天看来变得愈来愈重要。

到了 20 世纪 90 年代末，简单的棚式结构被认为不足以吸引顾客，而此时为了减少成本和允许相同的部件在不同的场合使用，对标准化部件的需求不断增加。

70%的零售交易额控制在四家零售商手中（96%由 12 家控制），并且当前存在严重的降价的压力（部分是政府的原因；部分是由于美国商店的进入）。

零售店的空间设计在很大程度上受到消防规范（见下面的消防部分）对占有率的要求的影响，无障碍通道也变得越来越重要。

## 26.2 术语

在传统意义上，零售商店可以通过不同的方式分类：

(1) 食品商店

(2)（相近种类的）比较商品（从市中心商业区到仓库）

(3) 商业中心的类型（比如本地、区级或地级）

(4) 场所

“比价购物（Comparison shopping）”这一术语通常用来描述那些拥有许多独立的商店单元的中心，这些单元销售类似的产品；它们是传统的城镇中心不可或缺的一部分。

“便利购物（convenience shopping）”包括最适宜于在城市中心周边的超市，带有停车场，购物者能从此步行到城市中心办其他事情。最大的步行距离通常在 200 ～ 300m。

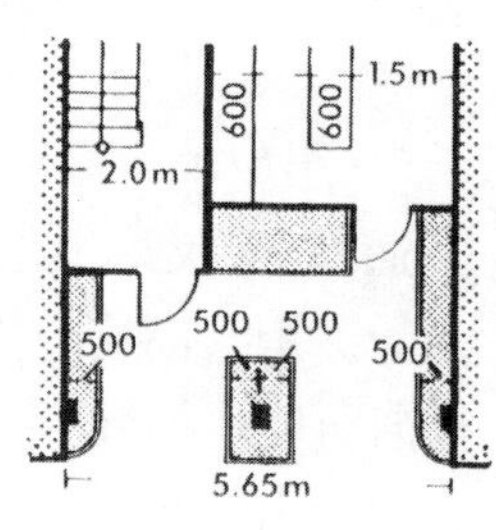

图 26-12　通过将商店入口退到展示橱窗之后和将通向二楼的楼梯置后，展示橱窗得到延伸（商店内部净宽 2.60m）

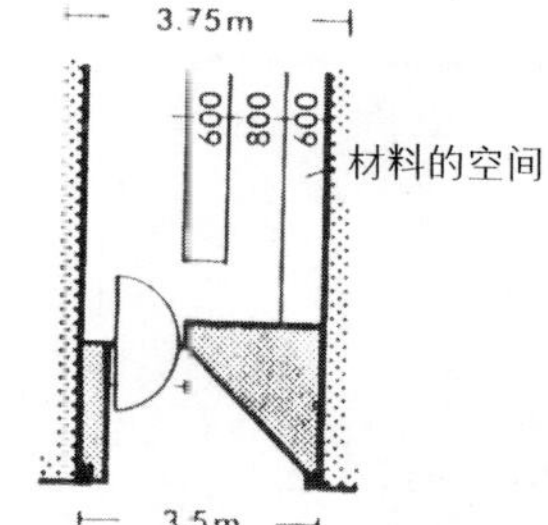

图 26-13　进深很大的商店允许大面积的展示橱窗；即使商店本身很小，也很能吸引人们的注意

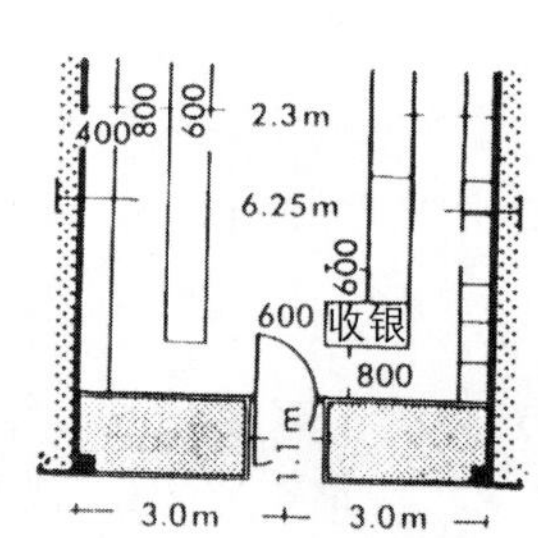

图 26-14　大进深的商店可以设宽敞的前厅，带有与入口成一定角度的展示橱窗，以吸引街上的人流

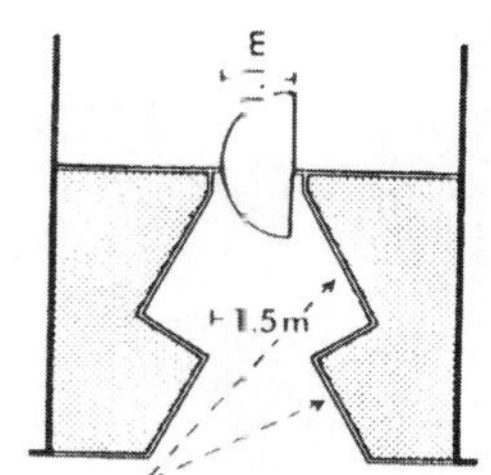

图 26-15　中央设门的形式适合开间在 6.0 ～ 6.2m 以上的商店；柜台可以设在两边；收银台 / 打包处应靠近门

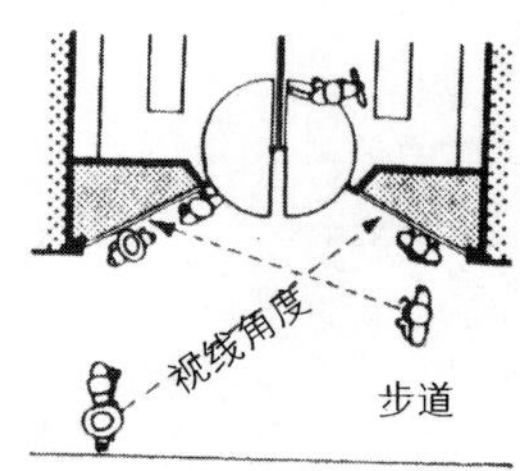

图 26-16　狭窄的临街面：入口退后以提供更大的带有斜向铺面的展览区


图 26-17　通过将整个橱窗区倾斜并使之与门连成一线，16 中的想法得以发展成合乎逻辑的结论

## 26.3 细部设计

规划：使用级别　使用到三种级别：

(1) A1：普通零售店

(2) A2：金融和专业的服务

(3) A3：食品和饮料

这些使用级别是综合性的，应该仔细考虑，确保进行精确的区分。应用级别 A 里的变更通常需要得到批准，不过，也有一些明显的例外（比如从 A3 到 A1 的改变不需要得到批准）。

空间规划和结构柱网：

| | 开间宽度（m） | 进深 (m) |
|---|---|---|
| (1) 大型单元 | 7.30 ~ 9.00 | 9.15 |
| (2) 小型单元 | 5.30 ~ 6.00 | 18.00 ~ 36.00 |

**通道** 建议最小宽度为 1.98m，有辅助走廊的 990mm。柜台高度通常来说为 920mm。系统模数应根据所使用的搁板与支架的类型变化。

**电梯和自动扶梯** 这两者应该在入口显眼的位置配套设置。在大型商场里，电梯通常设在建筑的中心，距销售楼层任何一个部分不超过 50m，一般和自动扶梯相结合使用，如果每小时需运送 2000 人或更多时，则自动扶梯尤为必要。自动扶梯应该为双向，设置在所有销售层前后相继的楼层之间。

**食品，酒水，咖啡馆，餐馆或医护间** 与特殊的卫生以及安全保障相关的法规也必须得到考虑（可参见餐厅一章）

**员工设施** 休息室、更衣室、室外衣物晾晒处、饮用水、卫生间及盥洗设备都应该包含在内。为顾客设立单独的入口无疑是个不错的选择，但这要取决于建筑的尺度。

**卫生间** 建议设置综合设施，需要仔细考虑，建立正确的范畴。一般性的指导可以参见英国标准 6454（BS 6465）（对照关于《办公、商店、铁路企业法》及《工业法》等的相关信息）。对于小规模的商店来说，有一个员工 / 顾客共用卫生间

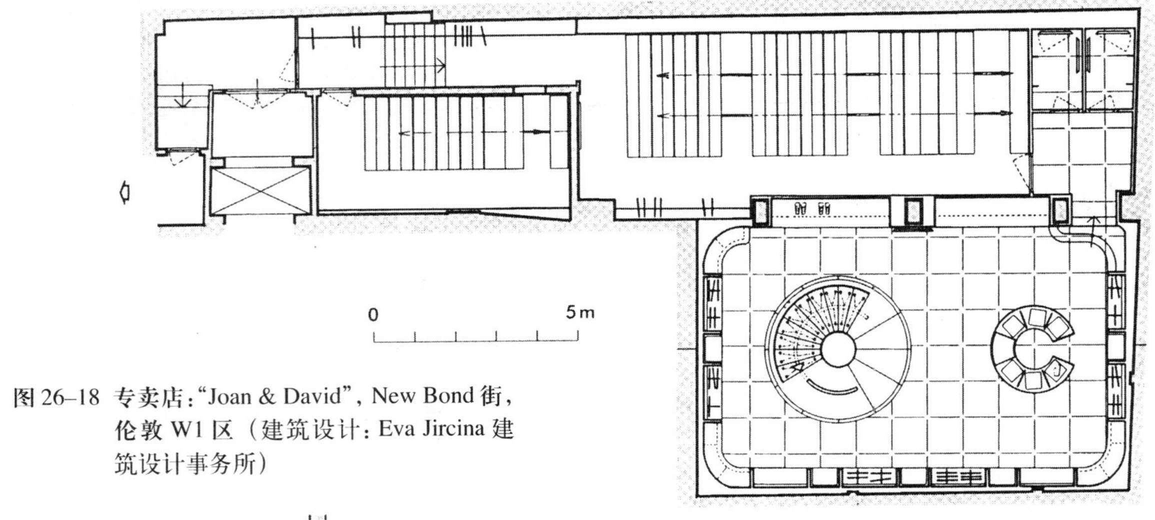


图 26–18 专卖店："Joan & David"，New Bond 街，伦敦 W1 区（建筑设计：Eva Jircina 建筑设计事务所）

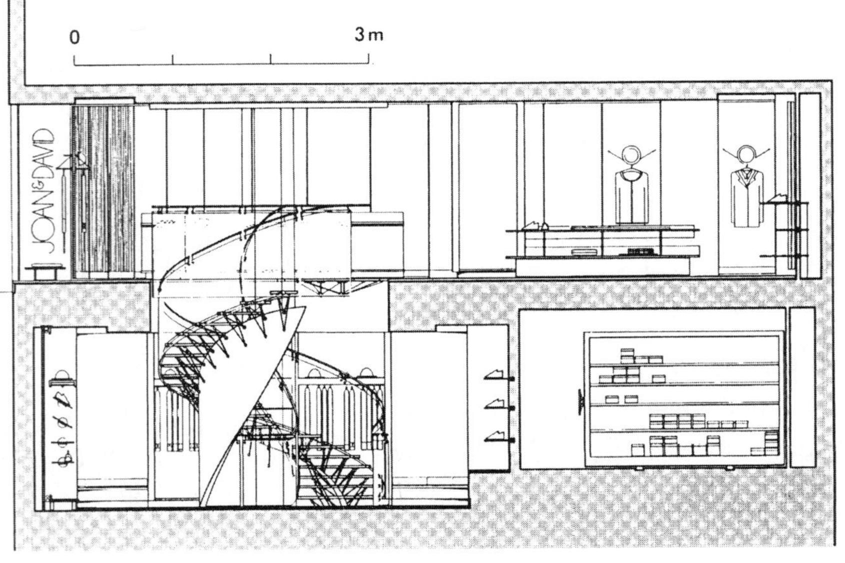

即可满足需求（取决于商店的面积）。如果雇员超过5个人，或是对于A3级别（食品和饮料），则需要达到更高的要求。

**货物运输**　许多小商店可能只有一个客流和货流共用的入口，但是只要有可能，就应该提供一个独立的货物入口。货物的投递应该在一个为大型卡车提供合适卸货和转弯空间的后勤庭院里进行（也可参见“交通设施”一节）。货物的投递可以经由收发室或者储藏间进行。垃圾废弃物应该有一个独立的传送路线（注意废物回收可能要求好几条路线）。

**消防**　建筑规范不能够完全涵盖大型商场和购物中心，这需要当地政府和消防机关基于场所的尺度及可能的受灾人数进行协商确定（可查阅BS 5588）。在建筑规范中，商店按其定义被分成了不同的组，如下面所述：B部分（消防）表D1（按目的分的组）把商店和商场归为第四组，尽管购物中心也可以包含第5组（集会与娱乐）和7a组（存储）。B1表1（总人数－面积系数）指定了不同的系数，公共活动场所/大型商场为0.75m²/人，而商品销售区是2m²/人或7m²/人，主要取决于商品和商店位置。“小型商店”（一般每层最大280m²且通常只有一个业主）要求相对会少一些。

## 26.4 小商店

传统的街角商店和小型专卖店（亦即那些主要经营一种产品的，比如果蔬店、面包房、鱼店等）从20世纪70年代开始逐渐衰落。它们无论是在价格上还是在种类上都无法与区域的超市相竞争。尽管如此，我们注意到，这些商店也有它们自身的优势，即被许可在每个星期天可以经营6个小时以上。在大一点的城市区域，小商店可以凭借经营大商店所没有的特色商业服务而生存下来。

最近人们对于存在于建筑物间隙的小商店的兴趣又复苏了（在很大程度上是PPG6的结果）——通常被重新称之为“便利店”。大型零售商声称在这些场所利润要少得多，它们能否长期生存下来还有待时间的验证。加油站的商店也有很大的增长，在这里，业务通常有可能会扩大到包括食品、快餐、报刊零售等在内。

**专卖店（图26–18，图26–19，图26–20）**　小规模的专卖店，特别是在那些追求时尚的地区，开始变得非常流行，尤其是在很富裕的市区。大多数这种商店都是大型商业集团的一部分，吸引了某些特殊群体，并且为了提升自己的品牌声誉投入了非常大的市场预算。每个商店都必须采用各种方法使自己从同类产品中区别出来，而品牌则是主要的手段；质量和价格（另一个传统意义上的衡量标准）通常变得不再重要。在很多这样的专卖店里产生的这种戏剧性的气氛，显然已经扮演了商品背景的角色，同时需要能够适应快速更新和完全改装。

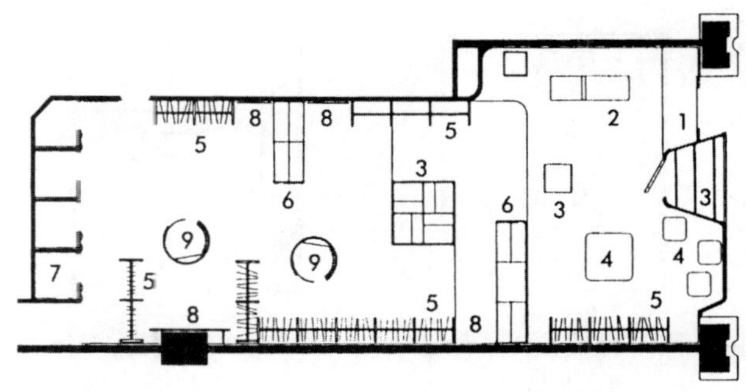

1. 入口；2. 收银台；3. 陈列柜；4. 展示单间；5. 衣架；6. 展示架；7. 更衣间；8 镜子；9. 商店报刊亭

图26–19　专卖店：位于巴黎香榭丽舍的精品店（建筑设计：Isabelle Hebey）

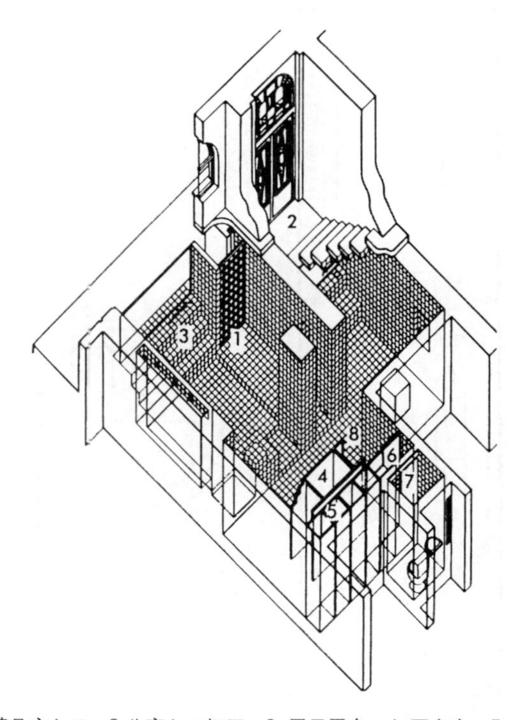

1.精品店入口；2.公寓入口门厅；3. 展示平台；4. 更衣室；5. 小储藏间；6. 厨房；7. 卫生间；8. 现金收款台

图26–20　专卖店：销售信息比产品自身更重要的精品店，伊斯坦布尔（建筑设计：Mehmet Konuralp）

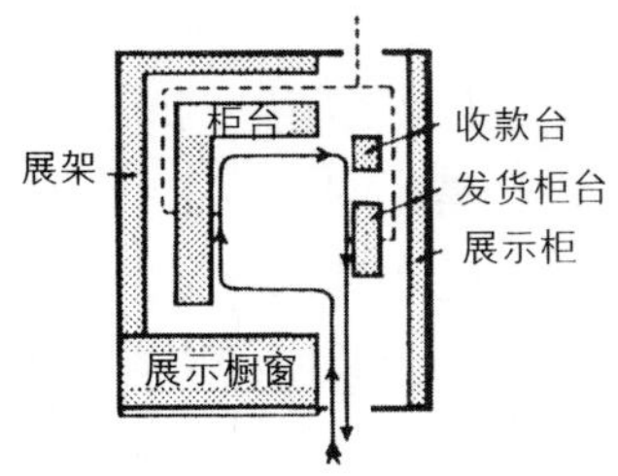


图 26–21 合理的展示安排使顾客可以从入口顺次到达柜台、收银台、发货柜台和出口等处，而不必走回头路

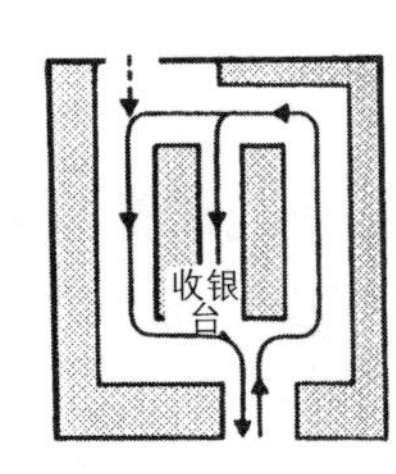


图 26–22 顾客与销售员之间不做区分；整个房间在顾客自己的控制之下（自助式销售）

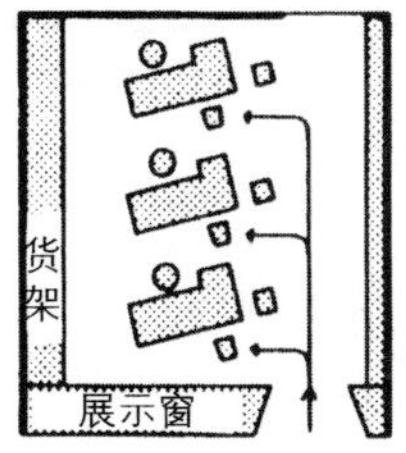


图 26–23 单独销售某种相似商品的商店（如卖门票）

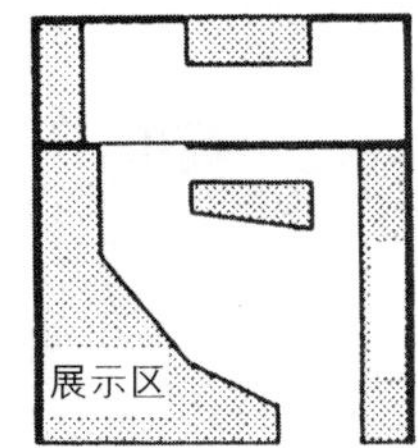


图 26–24 带有大型橱窗和展示区域的花店；商店后面是插花区

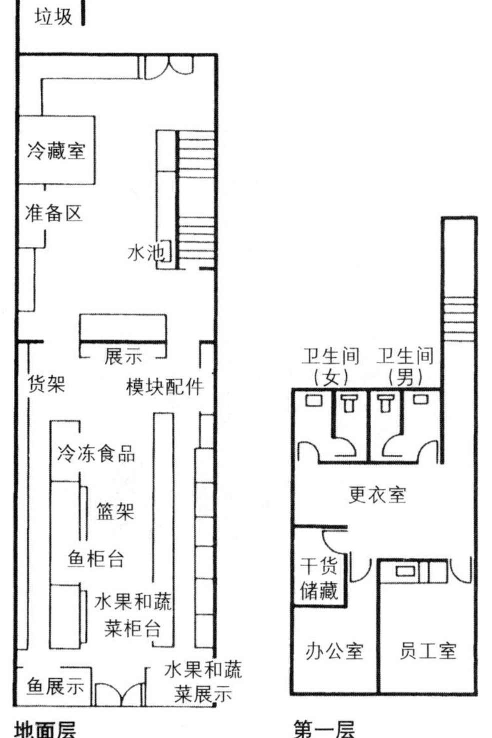


图 26–25 带有柜台服务的小规模传统食品店的典型范例：许多这种类型的商店已经演变成为成品食品自助的形式，柜台主要是供应新鲜的肉食、点心等，在出口处有现金收款箱（见图 26–15、图 26–21）

## 26.5 中等规模的市场及超市

通常意义上指的是只有一层的提供自助服务的建筑。一般情况下，“超级商店”应该拥有超过 2500 m$^2$的营业空间，并且通常储藏非食品类商品。

位于南伦敦图丁（Tooting）的桑斯伯里（Sainbury）商店（建筑师：Aukett Europe）是一个很好的例子。这是一个 2000m$^2$的中等规模商店，拥有 24 个收款台及 12000 个产品架列。它的选址是 PPG6 所设想的典型——位于内城的多功能用地，其上是一所两层的技术学院，停车场（222 个车位）与毗邻的赌场共享，还有非常方便的公共交通联系（比如临近的地铁站）。场地的面积为 1.15hm$^2$，只是前 PPG6 超市面积的三分之一。

## 26.6 购物中心／大型超级市场／特大超级商场

一个地区级的购物中心（有时称为“郊区商业区”）的总面积超过 50000m$^2$。

**郊区特大超级商场** 基本上这类商店都有单独的货物转运棚，总面积在 10000 到 50000m$^2$ 之间，提供自助服务，以低价销售尽可能多种类的日用品和耐用品。产品直接从制造商处运到商店的储藏区。

**场所** 通常位于市区之外或城市的周边，路

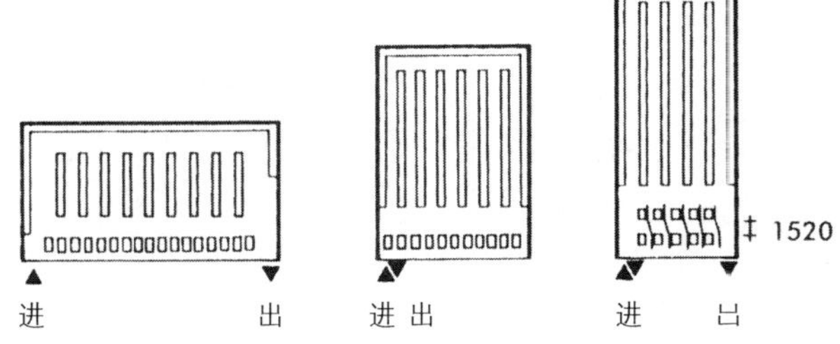


图 26–26 超市布局，其收款台与商店的临街面宽度有关

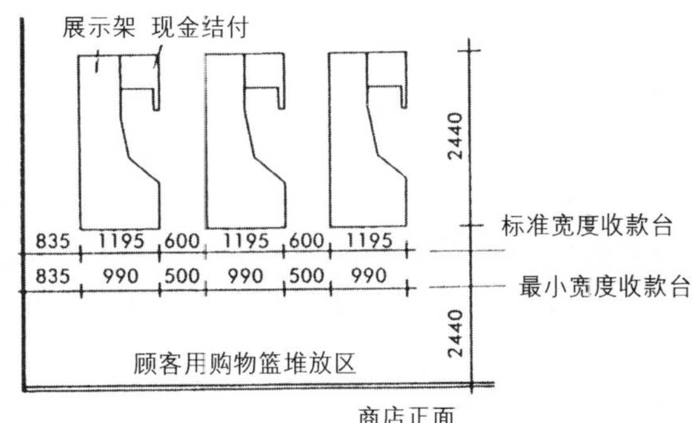


图 26–27 收款台布局，带尺寸标注

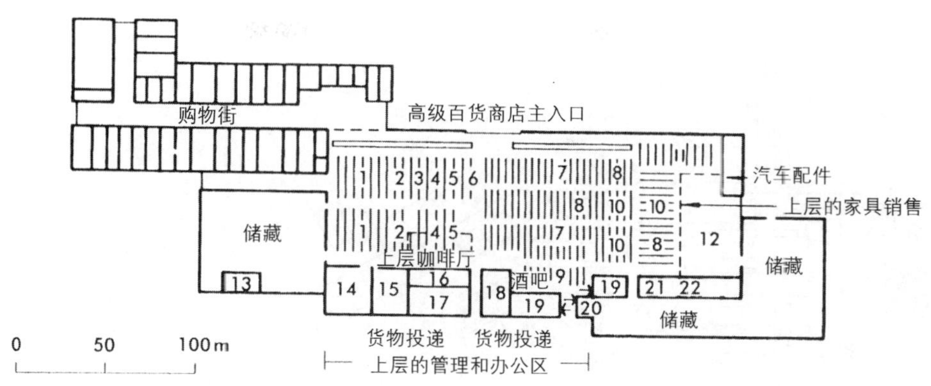


1. 软饮料和酒等；2. 杂货（食品）；3. 药品及化妆品；4. 乳制品；5. 水果和蔬菜；6. 童装；7. 服装；8. 日用百货；9. 杂货；10 鞋类；11. 电器；12. 家具；13. 灭火器和喷洒器设备；14. 变电站；15. 屠宰准备间；16. 熟肉制品；17. 果蔬准备；18. 面包和点心店；19. 更衣间；20. 卫生间；21. 精品店；22. 售后服务

图 26–28 销售面积大约 20000m² 的特大超级商场平面布局；与小商店购物街相连

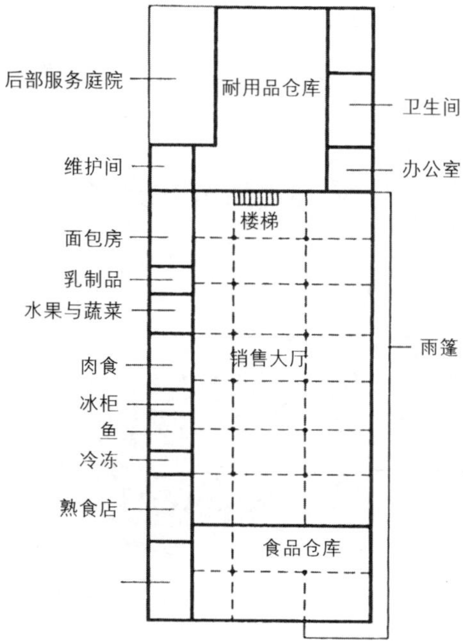

图 26–29 超市平面布局图示

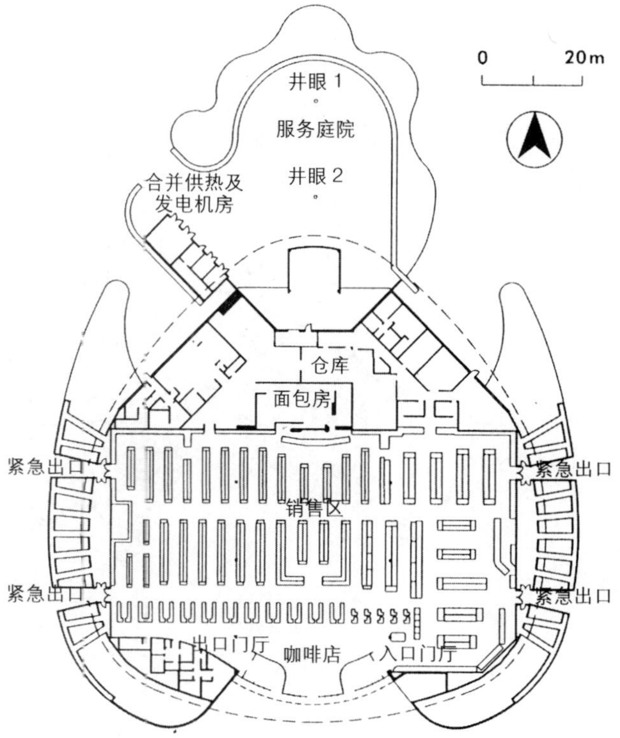

平面

剖面

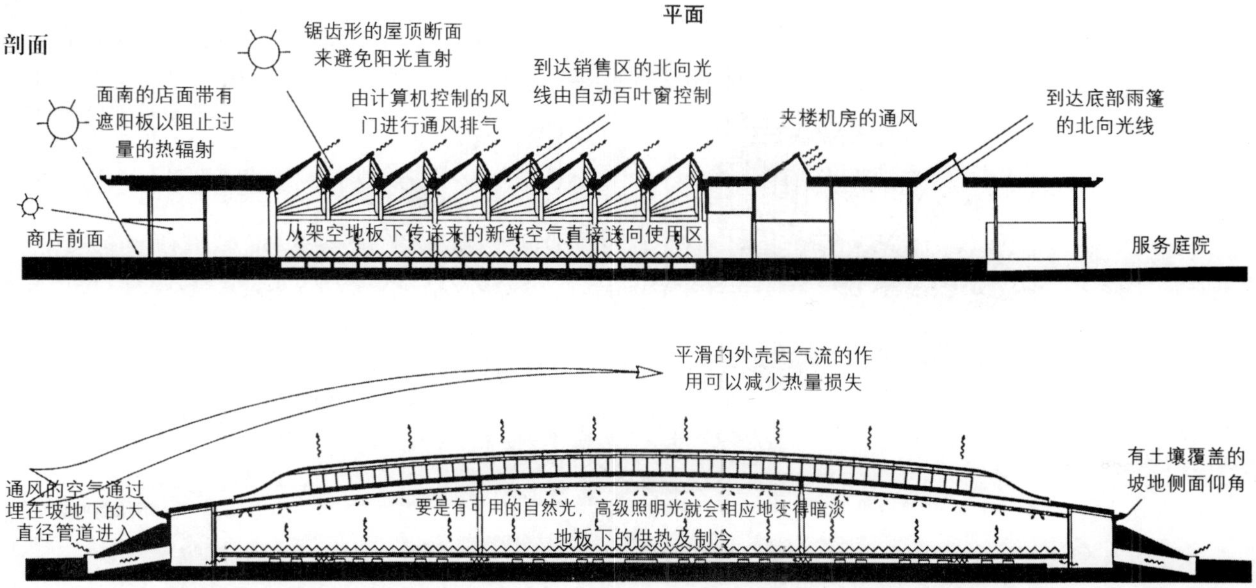

图 26–30 桑斯伯里（Sainbury）商店位于伦敦 SE10 区的格林威治半岛；作为一个低能耗设计的商场，建筑只使用了普通商店平均 50%的能耗；尽可能地利用自然光，人工照明得到精心的控制（见剖面）；一个合并的供热及发电机房提供了 85%的用电量［建筑设计：切特伍德（Chetwood）联合公司］

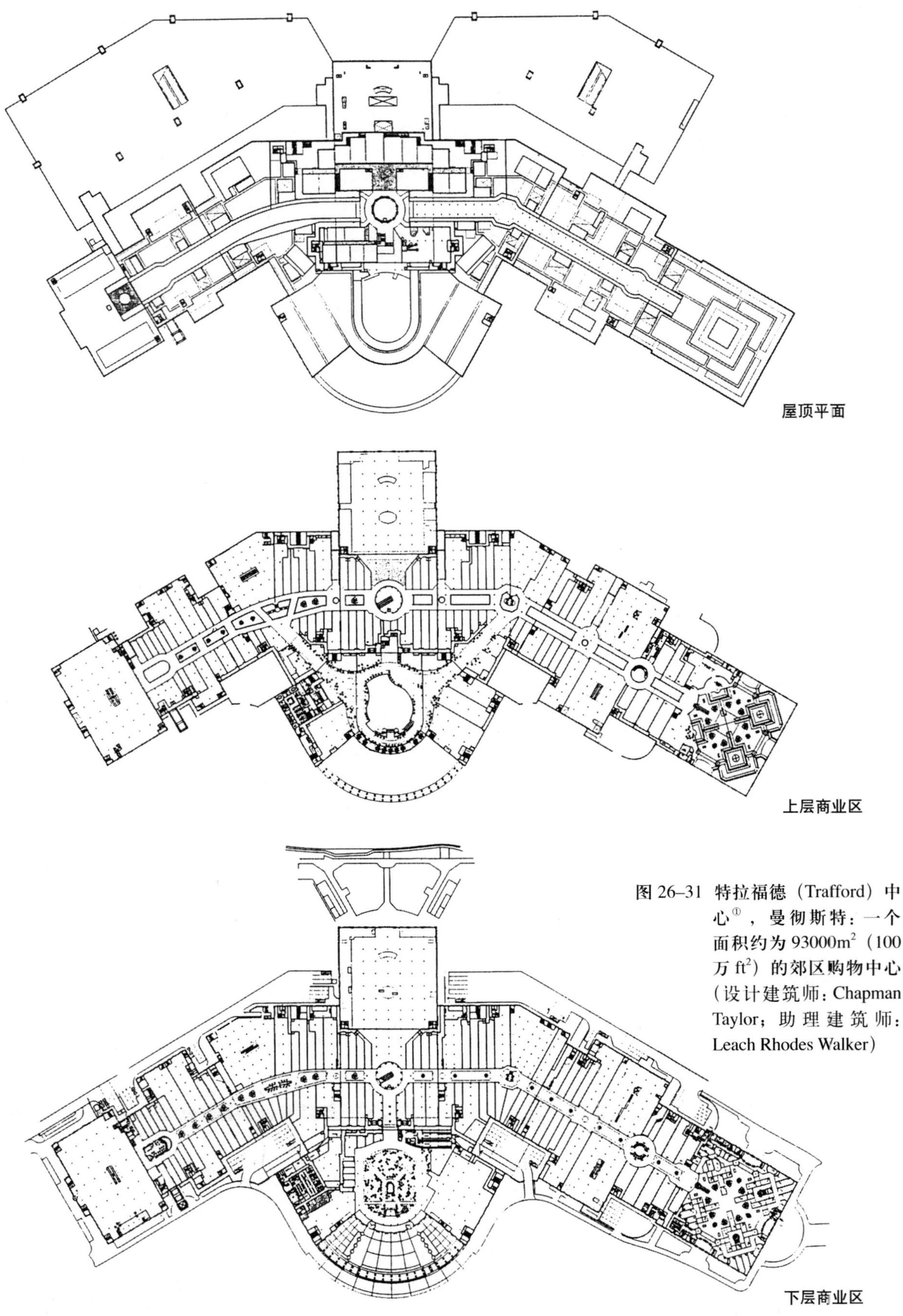


图 26–31 特拉福德（Trafford）中心[①]，曼彻斯特：一个面积约为 93000m$^2$（100 万 ft$^2$）的郊区购物中心（设计建筑师：Chapman Taylor；助理建筑师：Leach Rhodes Walker）

① 位于曼彻斯特的特拉福德（Trafford Centre）据说是欧洲第二大室内购物中心，拥有 280 家店，35 家餐厅和一家电影的购物中心就好像被罩在一个屋顶下的城市。犹如 Bluewater，特拉福德汇集了几乎你能够想到的所有品牌，是英格兰北部一大购物娱乐集中地。该中心布局合理，主要店家分上下两层，全部都是直路，这样只要一个来回就可以逛遍每一个角落。——译者注。

网是选址的决定性因素，因为绝大多数的顾客是开车来的；如果超市是在城市周边，从市中心到此的最长驾车时间为10到15分钟，如果是在市区之外，驾车时间为25分钟。服务区的最小面积为80000$m^2$。商店可以24小时营业。

**停车场** 对于食品零售商店（面积大于1000平方米）来说，每14平方米1个车位；对于非食品类的零售商店，每20平方米1个车位（PPG13中的最大标准）。通常也会附设加油站及汽车保养设施。

**辅助空间** 最大允许不超过50%的总面积用来作为仓库、食品准备及员工设施空间。可能每天24小时都得运输货物。一部分结构设计需要满足重型仓库荷载的要求。食品准备区可能比较宽敞，而且必须遵守严格的食品卫生要求（见餐馆一节）。

**配送仓库（含网上投递）** 一些分析家预测，因特网的发展将导致大多数的购物行为在家里完成，产品直接从仓库投递到家中。因此，许多大型的商店很可能会消失，大多数人通过当地的“街边小店”、网上购物以及送货到家的方式完成购物；显然这会对许多大型商业中心带来不容小视的冲击。另一些专家则对这种设想表示质疑，他们认为大多数人仍希望在购买之前先看到商品，且认为“购物体验”是一种享受，网上购物，就像邮购一样，将只能维持——纵然其意义不凡——市场的一小部分份额。20世纪90年代末，网上购物交易额只占总量的2%（不超过4.5亿英镑）。更可能出现的情况是，在商店里设有提供上网服务的咖啡厅，尽管如此，假如鼓励不懂得计算机的年长者接受计算机文化教育的话，这种条文将会变得更加吸引人、更没有拘束性。

**工厂直销点** 必不可少地，一般是单层、简单的盒子形建筑，通常安排成U形的布局，在里面购物可以讨价还价，还可以以低廉的价格买到便利品，并且为租户提供短期的租约（因为产品线通常是短期的）。它们最早形成于美国，在英国的出现是20世纪90年代晚期的事情了。作为“成本意识”的结果，工厂直销点的发展商很少去考虑使用好的设计的重要性，在某种意义上，他们与那些大型购物中心里发展商特意在顾客的“购物体验”上大做文章形成了鲜明对照。

# 第27章 体育设施

Sean Jones

## 27.1 引言

考虑到这类设施的一般设计原则，对单项体育运动的要求如下所列：

(1) 田径运动（赛跑，射击，跳高，跳远，三级跳远，铁饼和链球，三级跳和跳远综合项目，标枪，撑竿跳）

(2) 合气道，射箭［地靶射箭 (clout)，射准射箭 (target)］，羽毛球，棒球，篮球，台球和斯诺克，保龄球（单道和4道），拳击，滚木球（皇室绿茵和草地），板球，槌球，冰壶，自行车竞赛，击剑，足球（美式、联盟制、澳式、五人制、盖尔式），联盟制橄榄球，业余英式橄榄球，体操，手球，曲棍球，爱尔兰式曲棍球，冰上曲棍球，柔道，空手道，剑道，合球，长曲棍球，无板篮球，马球，马球（自行车），射击，室内网球，网拍式墙球，圆场棒球，五人制英式橄榄球，简化曲棍球戏，垒球，壁球，乒乓球，蹦床，拔河，排球，摔跤

(3) 游泳

(4) 网球

(5) 马术

## 27.2 运动场：总体设计

《运动场设计与管理说明》(Directions in stadiums design and management)：放眼世界范围内的运动场和体育馆发展的趋势和方向，可以找到这些设施类型3个明显的年代分期。

### 27.2.1 第一代

在19世纪大众体育的标准确立之后，第一代运动场探寻让尽可能多的观众走进体育场。因为没有大众媒体，人们只能通过亲自参加才能体验到运动的乐趣。比较重要的运动赛事往往难得一见，但是一旦有就会引来大量的人群。人们很少把重点放在舒适性的提高和一些辅助设施的完善上——观众的容量是衡量的首要标准。

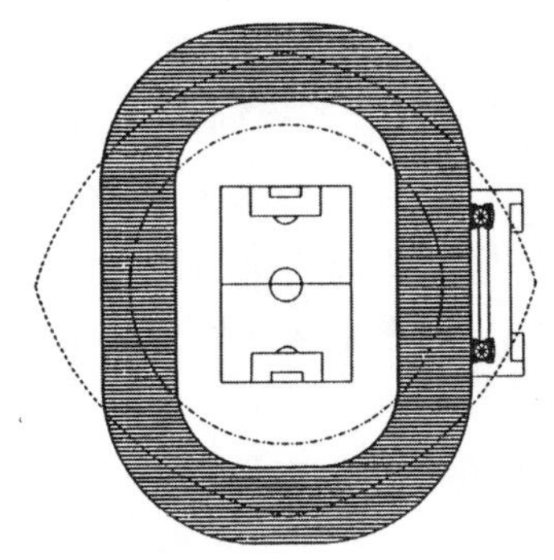

图 27–1 温布利运动场，伦敦：建造于1924年，1948年为奥运会的举办作了现代化的改造，并于1985年再次重修（建筑设计：Simpson & Ayrton 建筑事务所）

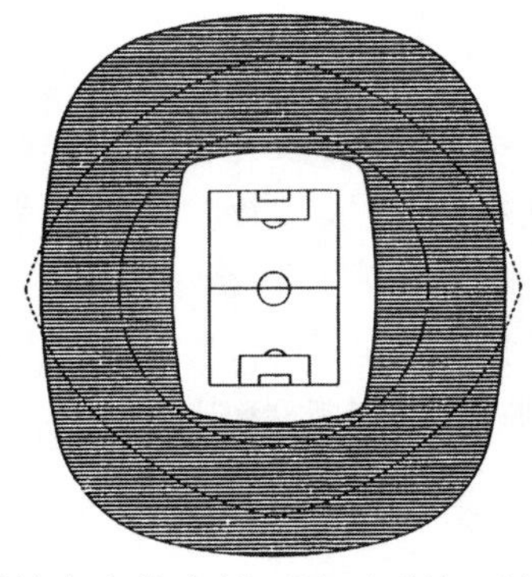

图 27–2 阿兹台克体育场，墨西哥城，墨西哥：建造于1966年，足球专用运动场

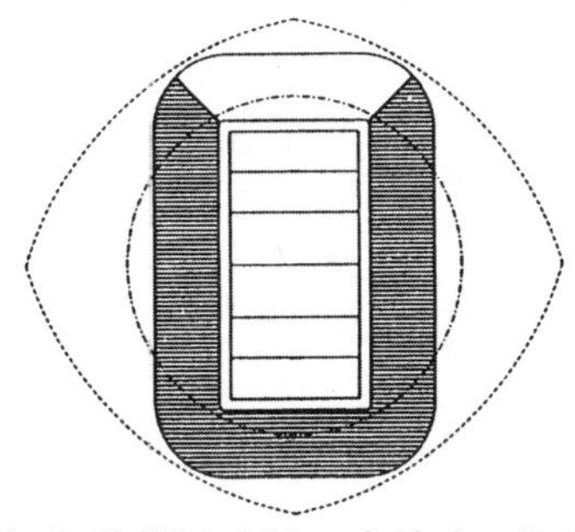

图 27–3 威尔士联邦运动场，卡迪夫：为建造千年体育场（建筑设计：HOK+Lobb 体育建筑设计）而于1997年拆毁，英联邦的第一座有闭合顶棚的运动场（建筑设计：Osborne V. Webb）

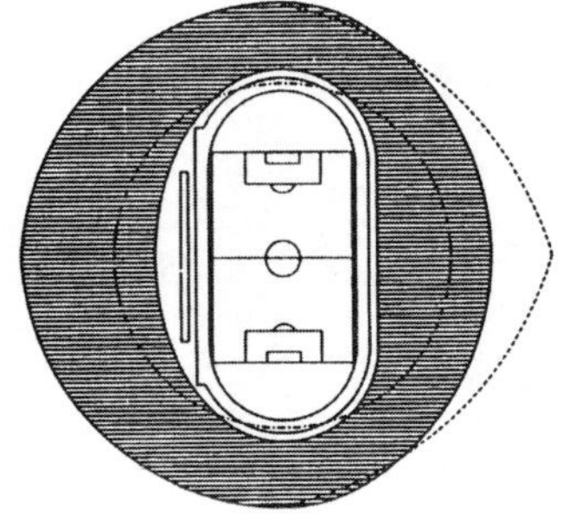

图 27–4 奥林匹克体育场，慕尼黑，德国：为1972年的奥运会而建造，主要举行田径赛事［建筑设计：刚特·本尼希 (Gunther Behnisch)；工程师：Frier Otto］

### 27.2.2 第二代

对于大多数发达国家来说，观众的数量在20世纪50年代达到高峰，此后逐渐相对减少。电视媒体的到来扩大了人们接触现代体育运动的范围，这时人们可以在自己的起居室里以一个更好的视角来观看比赛。运动场地开始被认为是一个不舒适（有时甚至是危险）的地方，到那里就意味着你放弃了基本的舒适性，并且暴露在社会的粗暴与庸俗中。第二代体育场试图通过提供一种舒适的、比赛信息量大、视线好的观看环境，以与自家起居室的条件相媲美，以此来赢回大众的心和注意力。更加舒适的看台，更多有顶棚的坐席，足够多的男女卫生间设施，各种食品和饮料的供应，大尺度荧幕的现场直播和安排在中央广场的视频监控器，先进的人流管理手段减少了人们在场地和停车场的排队和延误，等等。第二代运动场馆的上座率已趋于稳定。在此以后，设计和管理的重点转向了每个赞助商被邀请投资的资金量——每个赞助商投资的金额成为发展的关键因素。

### 27.2.3 第三代

成功的第二代运动场是复杂的，资金密集、有盈利的设施，但在一年中的大多数时间却是空着的。人们做了许多尝试，来促进非比赛日的使用，比如作为接待和庆典用，或者通过轮流租给一些运动员和联队来增加比赛日的数量。这些策略对于大多数运动场的成功来说是至关重要的，但它们只是暗示出第三代运动场发展的逐渐显露——运动场开始与其他吸引人的卖点相结合，以使它们在所有权范围内自给自足。这些互为补充的设施的结合可以促进运动场整年的利用，并能收回投资。信息技术的迅速发展和交互电视电缆的出现使得对运动类节目的需求增加。广播公司纷纷向最新一代的运动场馆投资，同时，娱乐行业的需求也逐渐成为设施设计和管理的主导因素。当从电视渠道获得的收入成为总收入的主要来源时，好的座席占有率主要不是为了获得观众门票费用，而更多地是由于他们作为“媒体观众”带来的价值。为了持续地吸引大量的观众，运动场必须提供更多种类的活动，打个比方说，使同一天来的五个人有五种不同的体验。

就全世界范围来说，出现在运动场的设施的种类是很多的——10000 ~ 15000个座位的室内体育场，旅馆设施，主题商业街和主题商场，休闲

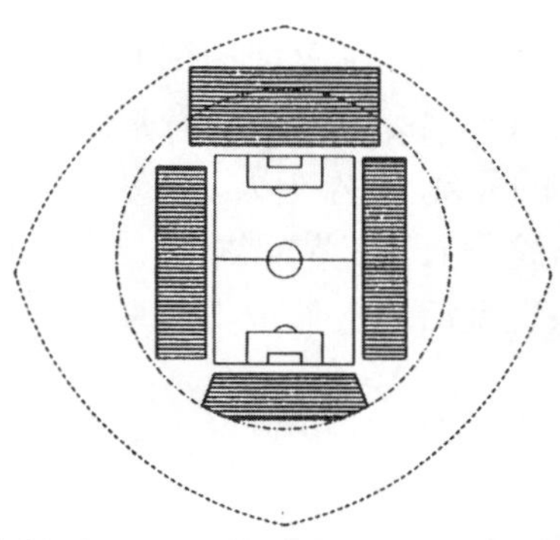

图27–5 海布里（Highbury）体育馆，阿森纳足球俱乐部，伦敦：一个带有四座独立看台的典型英式足球场的例子：东西两侧装饰派艺术风格的看台建造于20世纪30年代，北岸看台（建筑师：Lobb体育建筑设计）在近代又有一些发展，1993年发展至巅峰（建筑设计：Ferrier & Binnie）

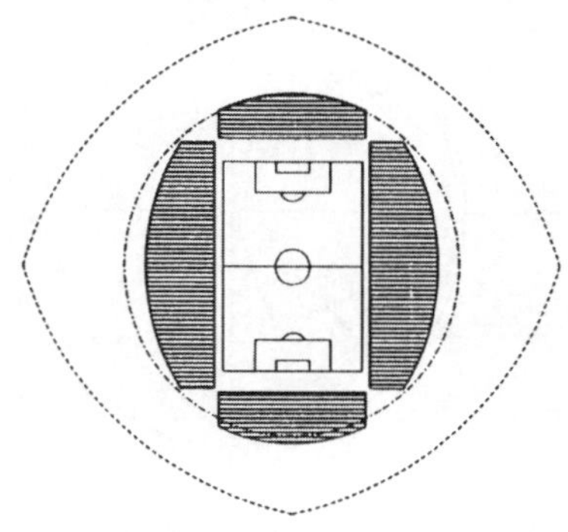

图27–6 阿尔弗莱德·麦艾勋（Sir Alfred McAlpine）体育场，赫德斯菲尔德（Huddersfield）：一座RIBA的“年度建筑”，外形像一个橘子的断面，以给所有的观众提供观看足球和橄榄球的最佳视角（可参见10，19，96）（建筑师：HOK+Lobb体育建筑设计）

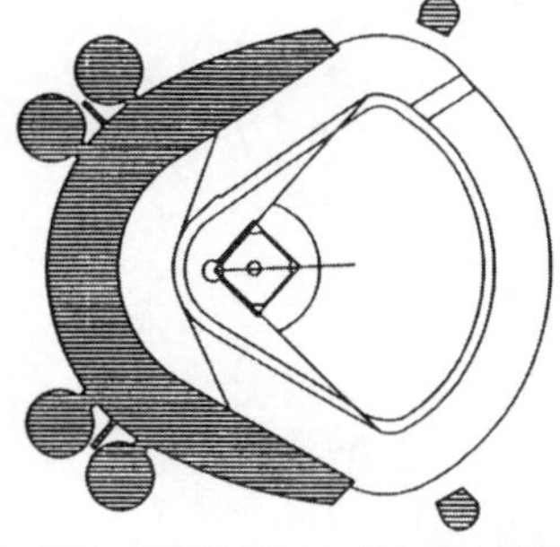

图27–7 皇家体育场，堪萨斯城，美国：哈利·杜鲁门（Harry S. Truman）综合体建成于1972年，专为棒球运动设计（建筑师：HNTB建筑事务所）

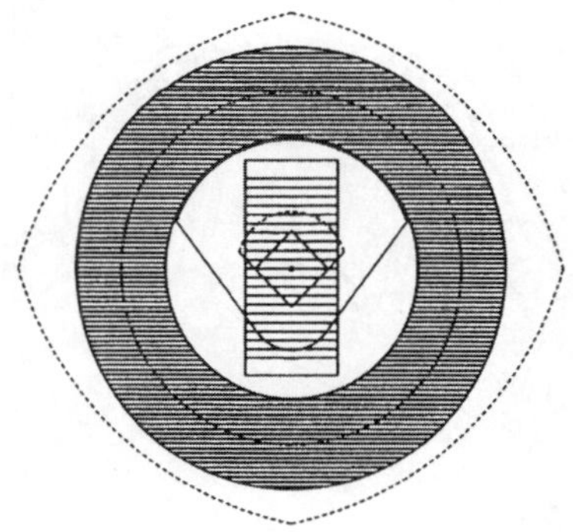

图27–8 哥伦比亚地区运动场，美国：完全的圆形运动场，供美式足球和垒球使用

街和吸引物，电影院及演出空间，保龄球场和游泳池，健康与健身中心，儿童护理中心，为运动协会提供的办公室，停车场以及通勤换车点，等等。目的是形成一个“临界群体”，这些设施能吸引人们在特殊大型活动之外也不时来到此处，因此这个综合体能成为一个各种兴趣取向的人群的社会参与中心，运动成为主要的但非全部的主题。

在信息时代，我们发现文化与民族的差异正在逐渐加强；发展需考虑的因素，如市场规模、人们的购买习惯、文化和地区的倾向以及传统，不能从一个地方移植到另一个地方——在一个大型市场运行良好的机制也许在一个小一点的市场就无法实现，因此，采取敏感性更高的“量体裁衣”的解决方法是必要的。

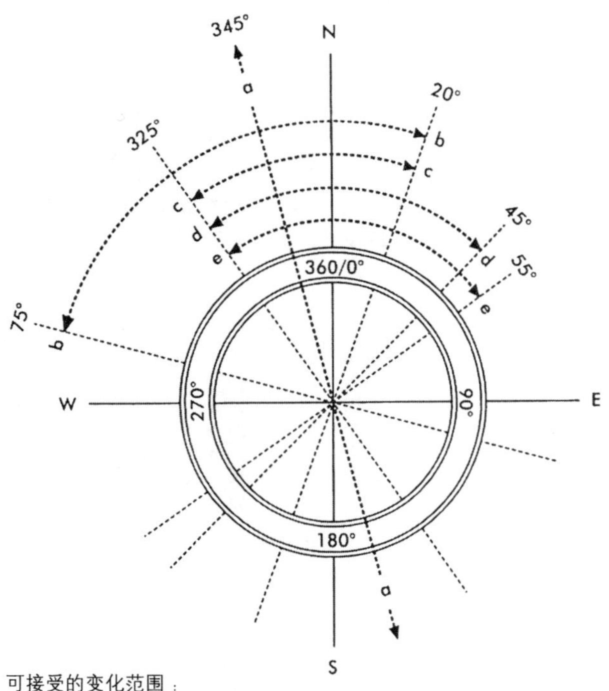


图 27–9 方位

### 27.2.4 位置/场地：城镇设计

正如 1995 年出版的国际足联 (FIFA) 关于《足球场建设及现代化改造的技术建议与要求》(*Technical Recommendations and Requirements for the Construction or Modernisation of Football Stadia*) 所述，对运动场的选址和与阳光角度及盛行风相关的球场角度，都是极其重要的。草案建议，在选择场地时，应该在运动场周围留有有效的开敞空间，为未来的发展留下余地。

场地的位置应该方便由从城市来的高速公路和铁路等线路的进入，以便观众可以尽可能方便地到达和离开。FIFA 的文件及 UEFA 的指南也建议，当规划和建设一个新的运动场设施时，与环

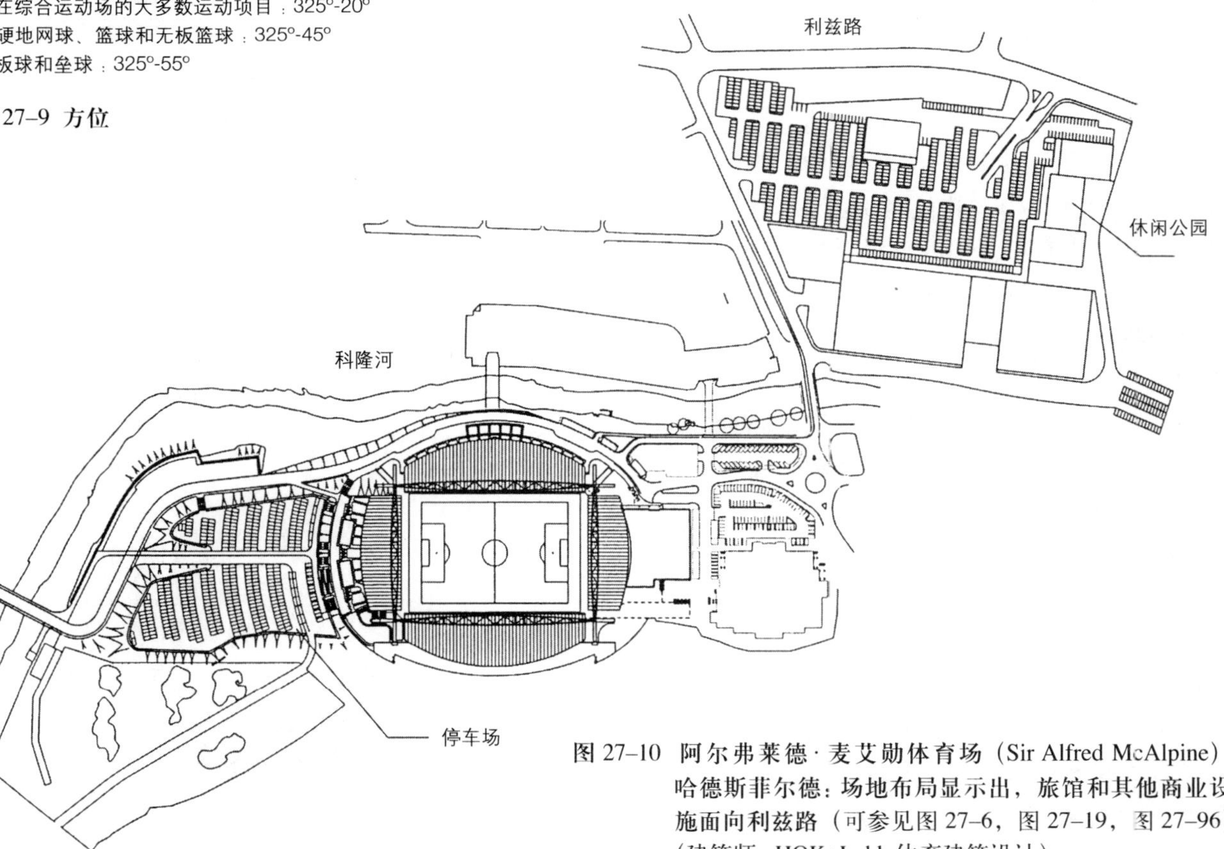


图 27–10 阿尔弗莱德·麦艾勋体育场 (Sir Alfred McAlpine)，哈德斯菲尔德：场地布局显示出，旅馆和其他商业设施面向利兹路（可参见图 27–6，图 27–19，图 27–96）（建筑师：HOK+Lobb 体育建筑设计）

境的和谐以及与社区活动设施结合应该成为考虑的主要因素。

在运动场综合体的周围及其外围应该有便捷的入口，与此同时，还应有足够数量的监察与控制体系，确保任何交通拥堵的产生都能在事先得到很好的处理，或者由警察与公路局解决。

### 27.2.5 视线

在任何大型看台和运动场的设计中的主要参数之一是观众视线需求的标准。近年来，随着全席体育场馆的应运而生，要求满足的视线标准变得愈加重要，观众在此将不会感到有在比赛中重要阶段站起来寻找一个更加满意的视角的必要。这一点是通过视线计算的手段实现的，它会形成一个典型的阶梯形看台的侧面轮廓。如后面的示意图所示，通过在计算中使用替代值，可以获得许多解决的方案。

影响每一排座席踢面高度(N)计算的因素有：

N= 踢面高度

R= 眼睛与运动场内的“注意力焦点”之间的高差（视高）

（“注意力焦点”通常是最靠近足球场边线处）

D= 眼睛与运动场内的“注意力焦点”的水平距离（视平距）

C=“C”值（视线标准）

T= 座席排的深度

[由文书局（The Stationery Office）出版的《运动场安全指导》(Guide to Safety at Sports Grounds) 概括了座位宽度及座席深度的最小要求]。

下面有一个给出“C”值，要求计算踢面高度的计算实例，可以使用下面的公式：

$$N=\frac{(R+C)\times(D+T)}{D}-R$$

分析中假设观众席距边线 20m (D)，高出“注意力焦点”水平线 5m(R)，使用 800mm 的踏面宽度 (T)，要求“C”值达到 90mm，对此进行计算分析，将会得到如下的踢面高度（均以 mm 计算）：

$$N=\frac{(5000+90)\times(20000+800)}{20000}-5000$$

$$=\frac{5090\times20800}{20000}-5000$$

$$=5293.6-5000$$

$$=293.6\text{mm 踢面高度}$$

“C”值 =150mm 极佳的标准（可以在大多数观众戴帽子的赛马比赛看台的设计中采用）

120mm 良好的视线标准

90mm 合理的视线标准，观众头部向后倾

60mm 视线在前排观众头之间

尽管计算的方法简单，但在现实中，为调查最佳剖面方案，踢面高度可能需要经过多次计算。一旦影响踢面高度计算的因素发生任何变更，都必须重新进行每排席位的计算。

**计算方法** 由视线计算产生的参数对看台剖面轮廓有影响，这些参数见图示以及下面的说明。

(1) 首先要确定注意力的焦点。通常对于后面的看台，指的是靠近边线和末端的球门线。尽管如此，由于综合运动场提供了许多运动设施（比如环运动场的田径跑道），注意力焦点的确定需要根据为 2 种运动都提供满意的视线来调整。如图

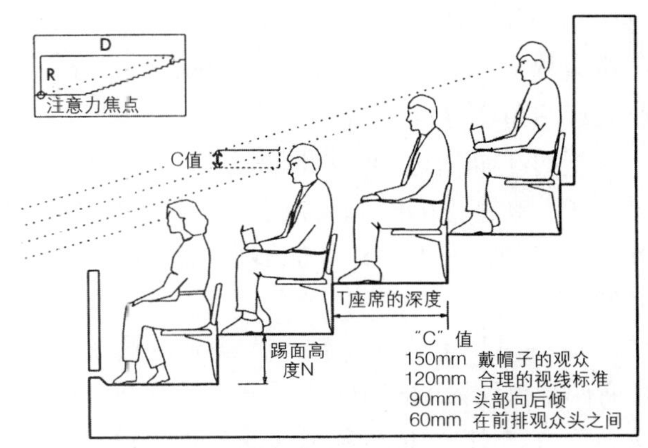


图 27–11 运动场：视线标准

图 27–12 运动场：C 值的改变（1）

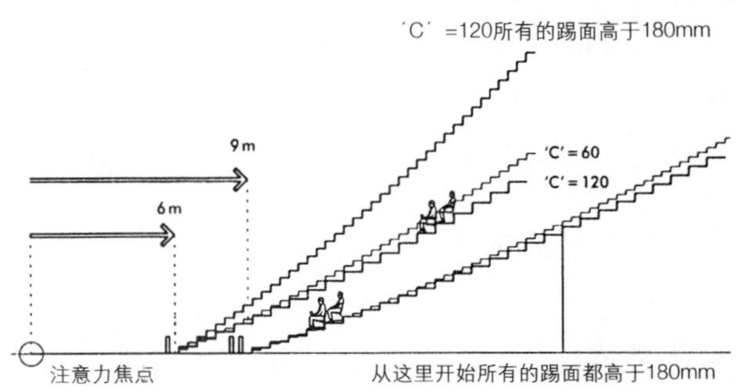


图 27–13 运动场：C 值的改变（2），显示出将座席改成站席的效果

所示，若将看台侧面移向注意力焦点，会造成斜度更大，高度增加，这样可能会令人难以接受。

(2) 正如示意图中几种方案所示，C 值需要再三得到确定，并将对座席层的侧面轮廓形态产生显著的影响。

一项新的设计中，90mm 的 C 值是一个理想的起点；然而，对于大一些的运动场，通常认为很难达到这个要求，因为这样可能会超出允许的倾斜度。在某些情况下，"C" 的最小值 60mm 是可以接受的。

(3) 然后确定注意力焦点和第一排坐席之间的距离。这个距离通常通过环运动场的辅助线 (service tracks) 的要求决定，并且距离越大，看台的倾斜度越缓。

(4) 阻拦观众进入运动区域的方式（是否使用围栏、壕沟或是通过高差的变化）将会影响到与运动场靠近的第一排座席的相对高度。抬高第一排会提高观众的视平线；在同样的 "C" 值下，座席层的角度也将增大。

通过上面所述的几点因素，再结合场地的约束、所有高度上的限制（特别是在城市中的）以及成本限制，使得设计师能够得出最佳的看台剖面形式。

最后，为了确保达到令人满意的解决方案，还有两个更深入的问题有待考虑。在英国，《运动场地安全指南》（也被称为《绿色指南》）规定看台的倾斜度（倾斜角）不应超过 34°。在欧洲的其他地方，这一数字会有所不同，因此需核对当地的法规和合适的实践准则。

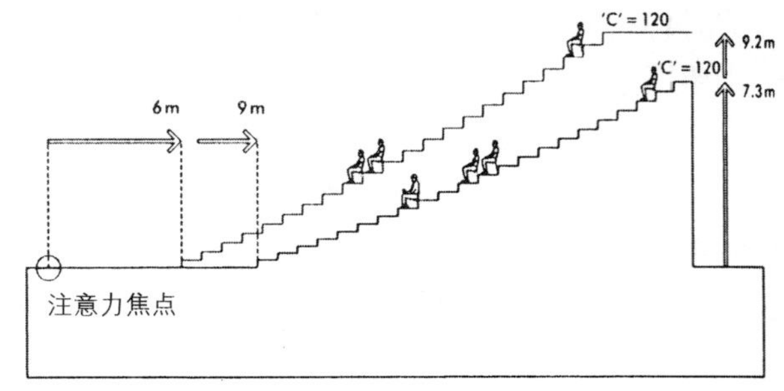


图 27–14 运动场：离焦点越来越近

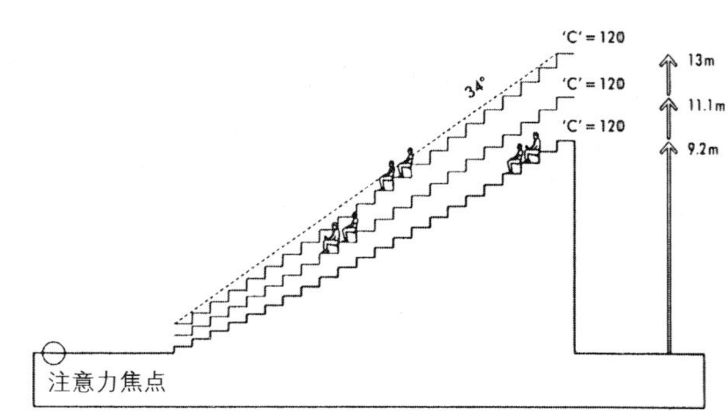


图 27–15 运动场：抬高第一排

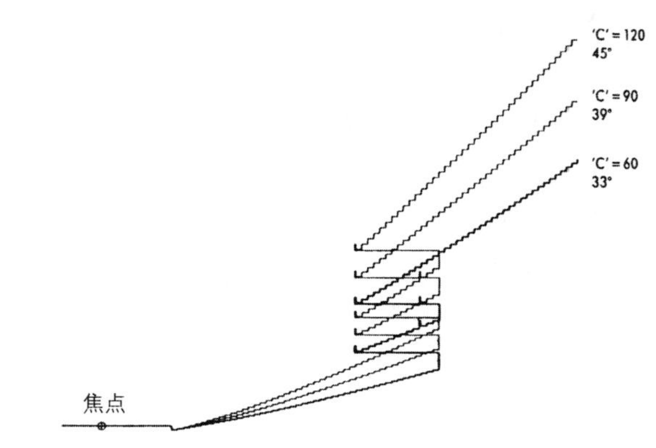


图 27–16 运动场：显示在大型体育场改变视线标准的效果和最陡坡度的效果

随着对视线的计算，看台的角度将接近一个抛物线，因此，踢面的高度也会相应地发生变化。这一点在英国建筑规范中已得到公认，但还要适当地考虑当地的法律。值得注意的是：CEN——欧洲标准化委员会 (the European Committee for Standardisation) 已经展开对观众设施和观众视线标准的初步研究。

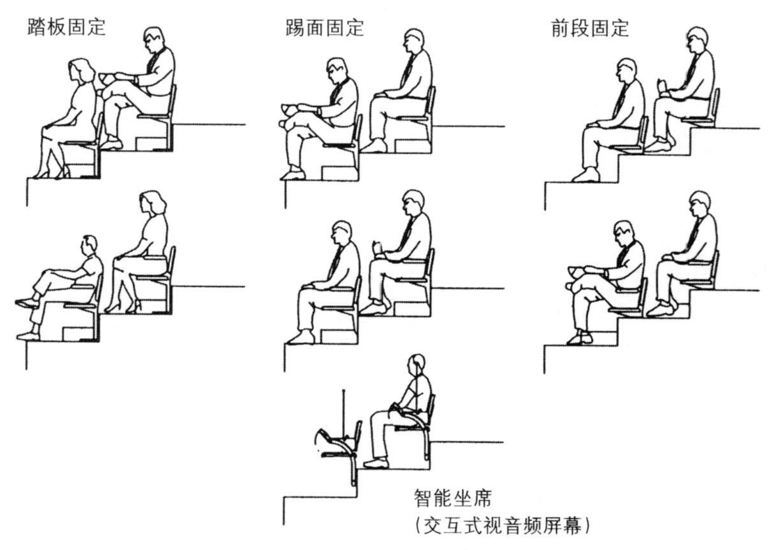


图 27–17 运动场：典型的座席种类（有或无扶手）

### 27.2.6 座席

舒适性、安全性、耐久性和成本等因素，决定了在运动场和看台方案中使用的座席的种类。越来越多的种类和质量的设施被用在运动场项目中，其趋势是提供更多的种类，增加舒适性，而不是选择最廉价的方案。

为了提高总收入，运动场项目的经营者除了提供了一般的观众席位之外，还提供了各种等级的俱乐部席位、私人包厢以及贵宾席。这些区域的舒适性都得到了很大提高：空间更加宽敞，有座垫，有时还会有扶手。

尽管对于各种类型座位的相对安全性，人们还存在着相反的观点，但最近由 FIFA 出版的《足球场建设及现代化改造的技术建议与要求》中规定所有的座席都应该有靠背。靠背通常被认为比长椅或“拖拉机”式座位（‘tractor’ style seats）更加舒适，在比赛的精彩瞬间，靠背起着阻挡站起来的观众倒向前方的重要安全作用。

FSADC（足球场设计咨询委员会）(Football Stadia Advisory Design Council)的《座席设计指南》（Guide to Seating）就座位及其支撑结构的材料和外饰面的选用给出了建议和指导。

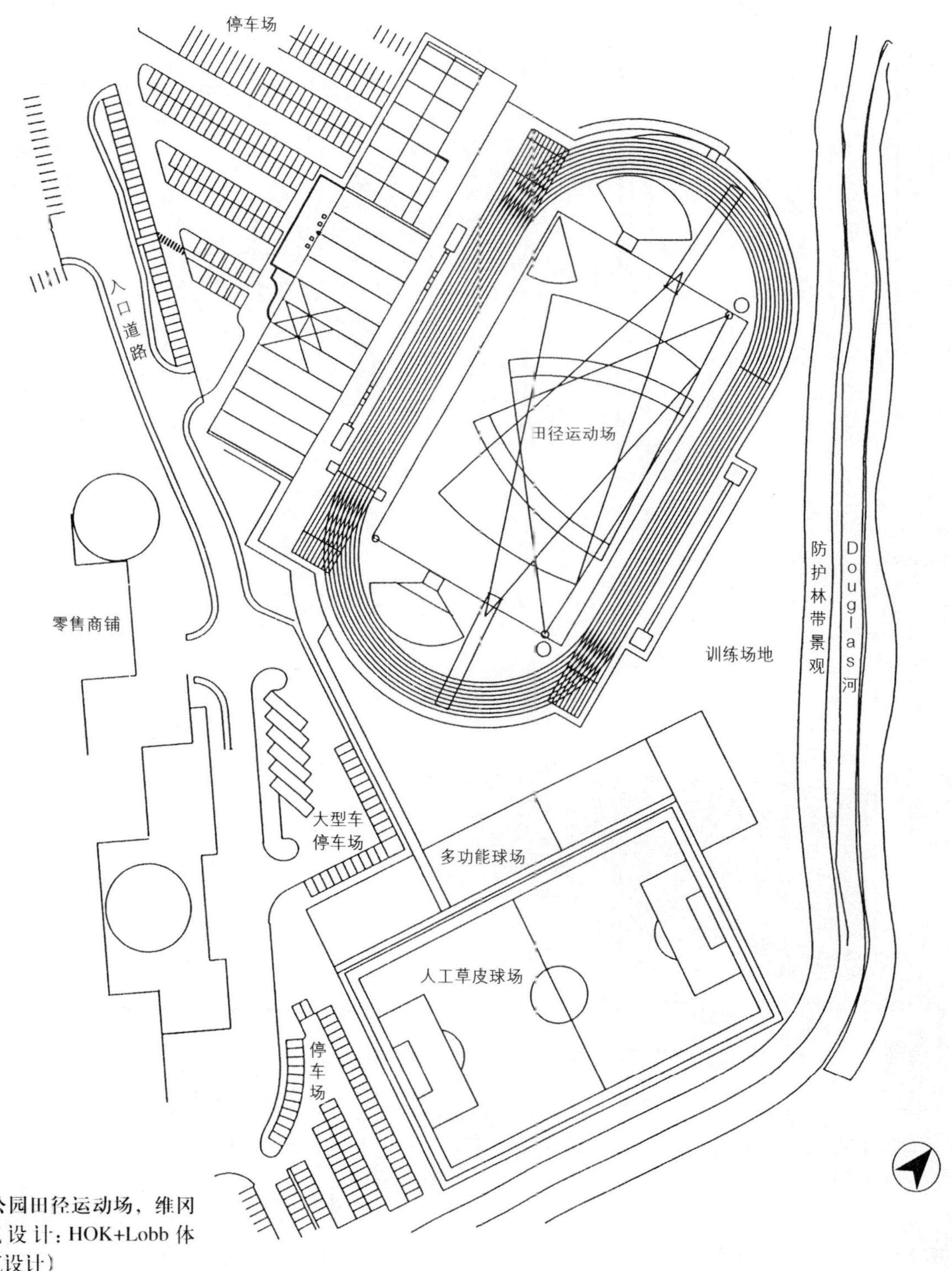


图 27–18 罗宾公园田径运动场，维冈（建筑设计：HOK+Lobb 体育建筑设计）

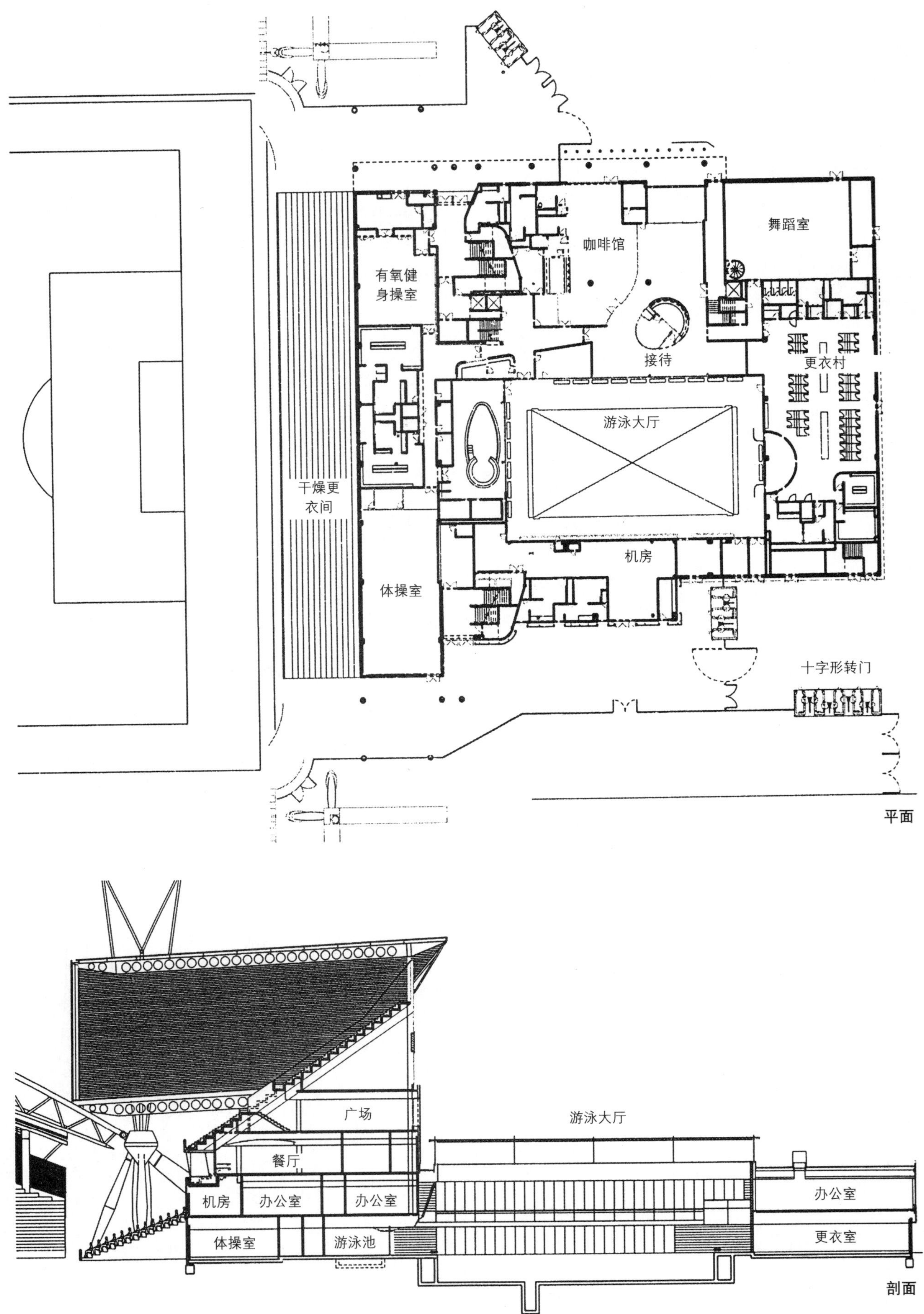


图 27–19 阿尔弗莱德·麦艾勋体育场（Sir Alfred McAlpine），哈德斯菲尔德（也可参见图 27–6，图 27–10，图 27–96）：北看台运动大厅（建筑设计：HOK+Lobb 体育建筑设计）

## 27.3 田径

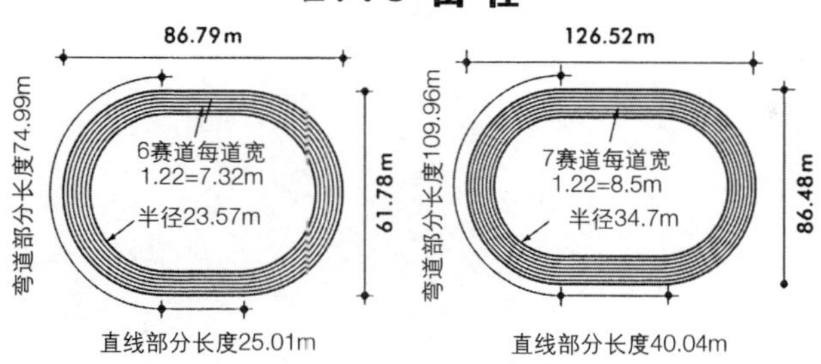


图 27–20 露天跑道：200m 图 27–21 露天跑道：300m

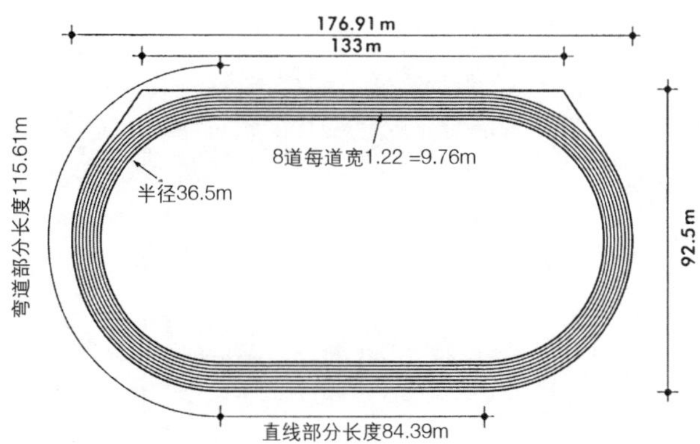


图 27–22 露天跑道：400m，6 道全天候跑道的总长比标准的 7 道跑道减少了 2.44m（总尺寸约 179×106m）；主要的比赛和区域性跑道要求有带 10 个短跑直赛道的 8 道全天候赛道，所以，将总长度再增加 2.44m（总尺寸约 181×111m）

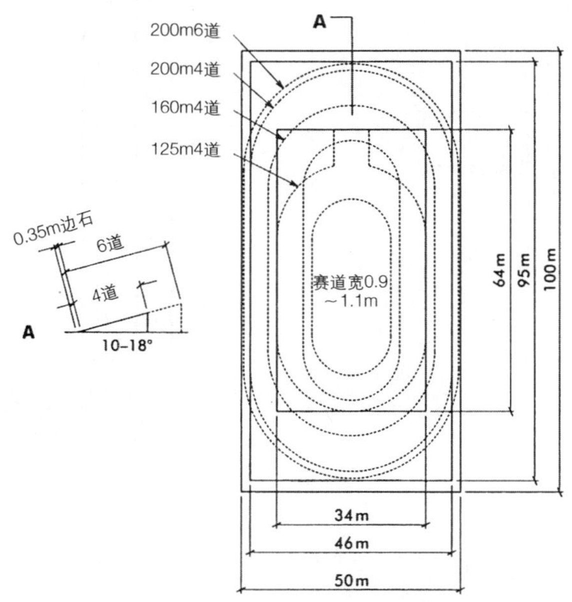


图 27–23 室内跑道（虚线标示出空间和净距要求）

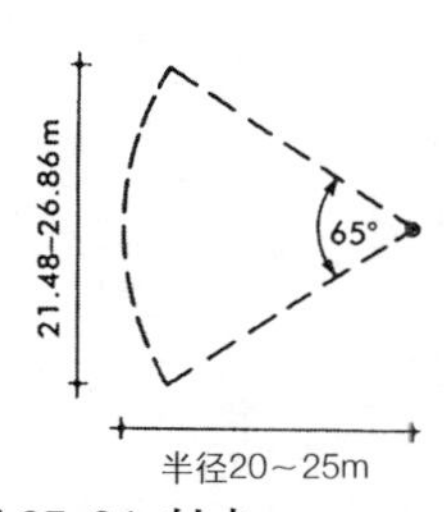


图 27–24 射击

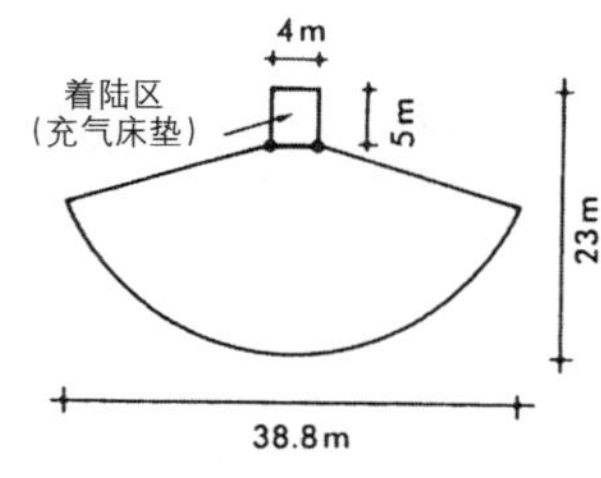


图 27–25 跳高

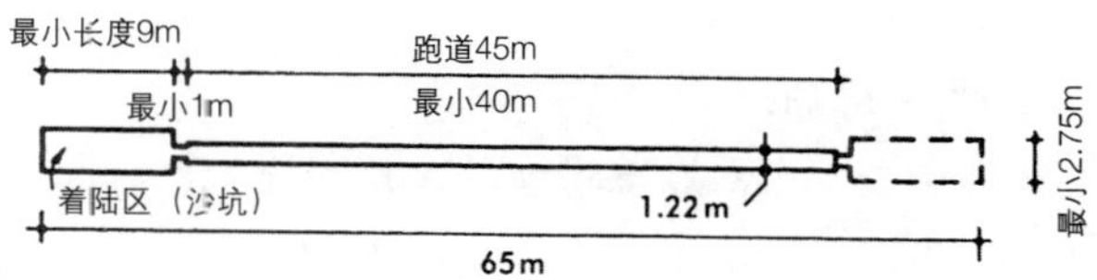


图 27–26 跳远（注意两端均有着陆区，以应对逆风的影响）

图 27–27 三级跳远（高级和初级）

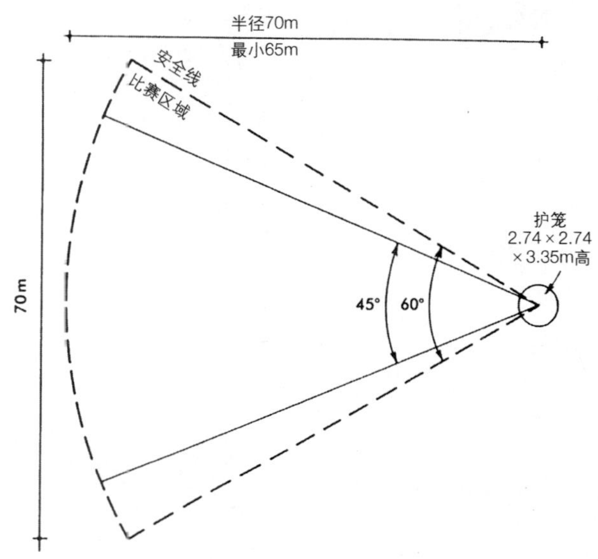


图 27–28 铁饼和链球（铁饼发球圈 2.50m；链球发球圈 2.135m）

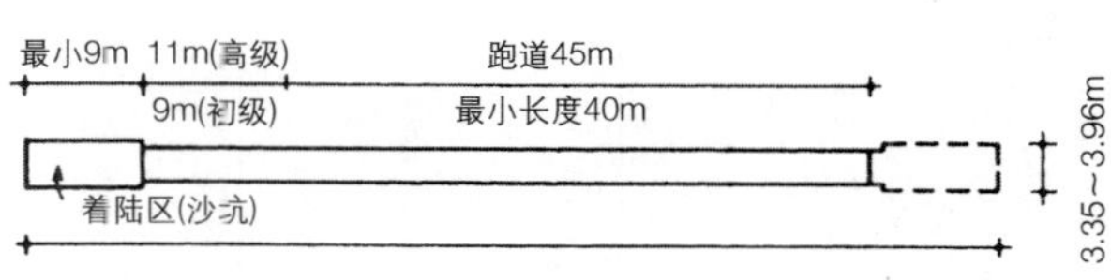


图 27–29 三级跳和跳远综合项目

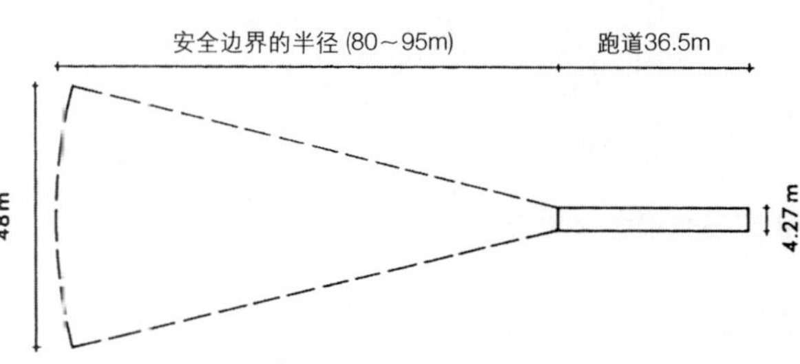


图 27–30 标枪

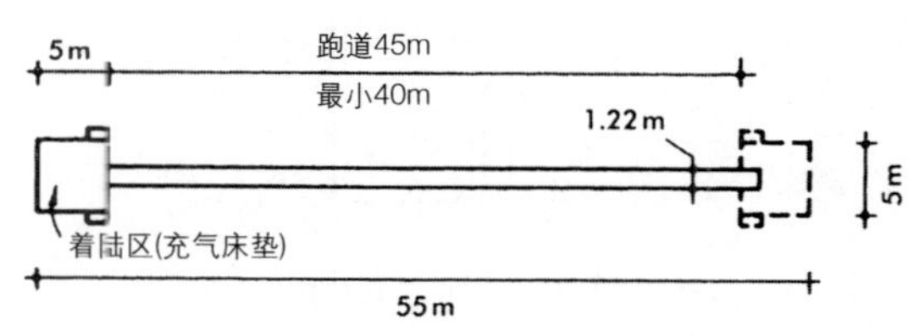


图 27–31 撑竿跳

## 27.4 体育场和运动场地

按字母顺序排列

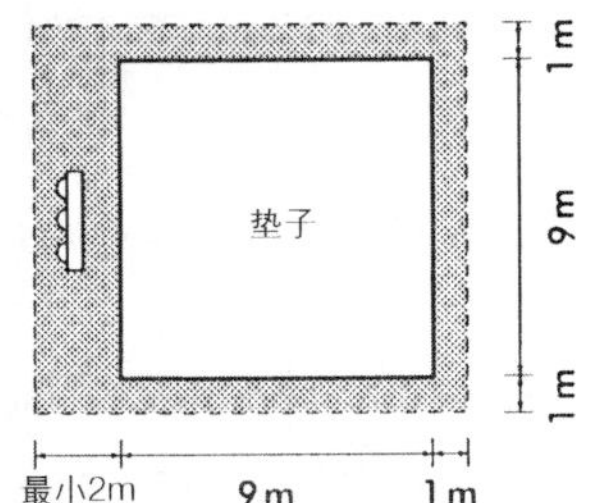

图 27–32 合气道

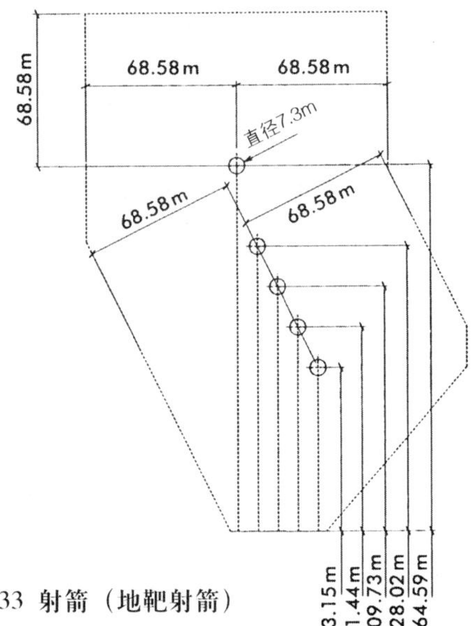

图 27–33 射箭（地靶射箭）

100–150m
22.86m
22.86m
50m
90m
70m
60m
50m
40m
30m
20m
10m
9.14m
4.57m
1.83m
4.57m
4.57m

图 27–34 射箭（射准射箭）

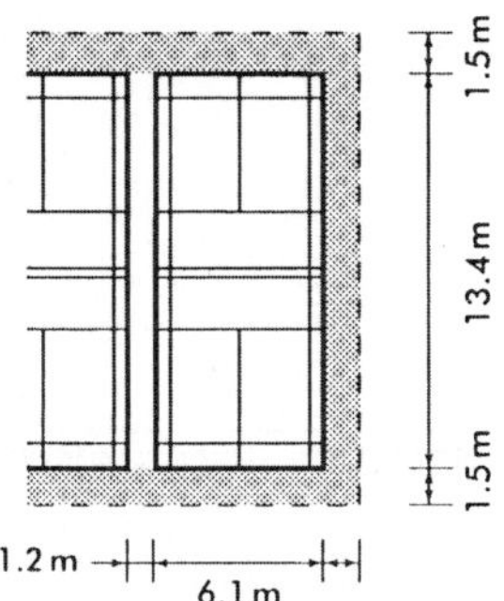

图 27–35 羽毛球（最小高度 7.60m）

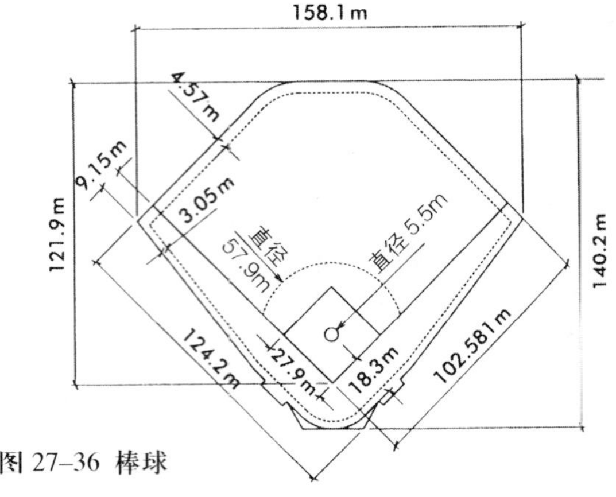

图 27–36 棒球

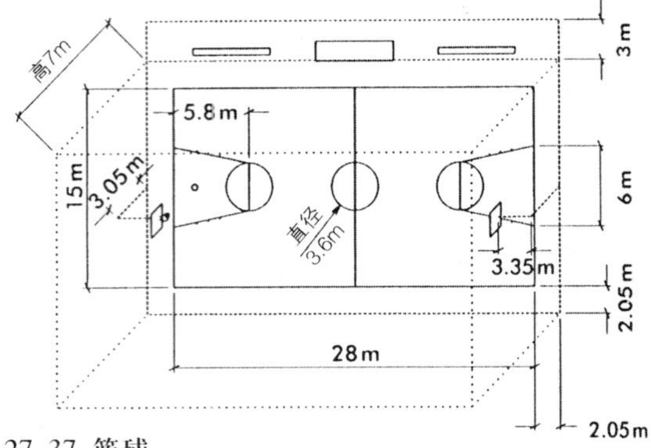

图 27–37 篮球

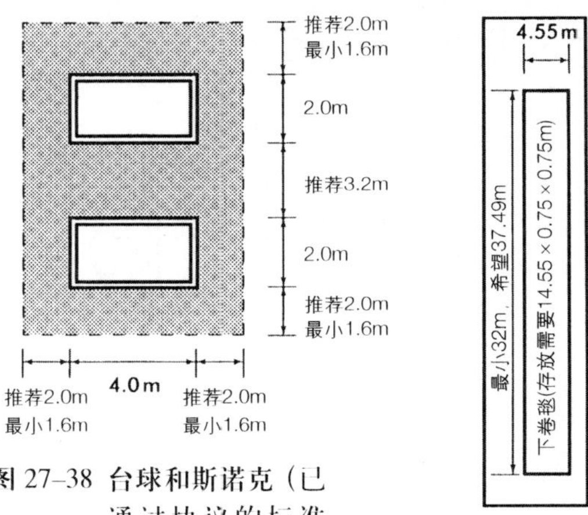

图 27–38 台球和斯诺克（已通过协议的标准球案：3.50×1.75m 比赛区）

图 27–39 保龄球：发球厅的单个赛道

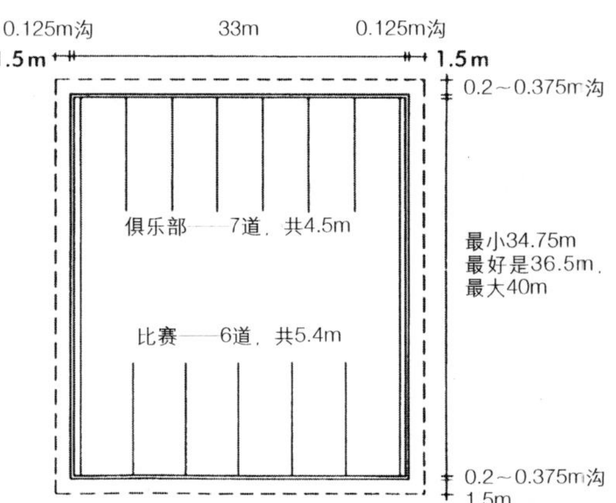

图 27–40 保龄球：娱乐用最小为 4 道，比赛用为 6 道

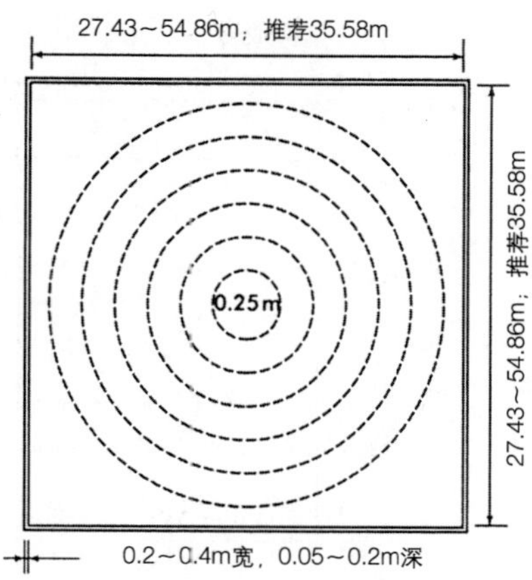


图 27–41　滚木球：皇室绿茵

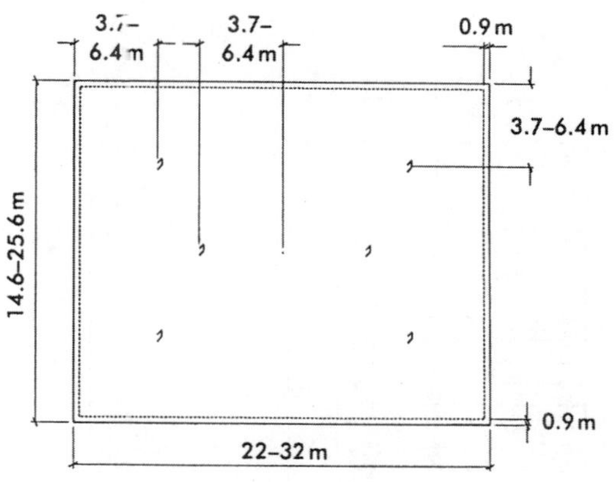


图 27–45　槌球

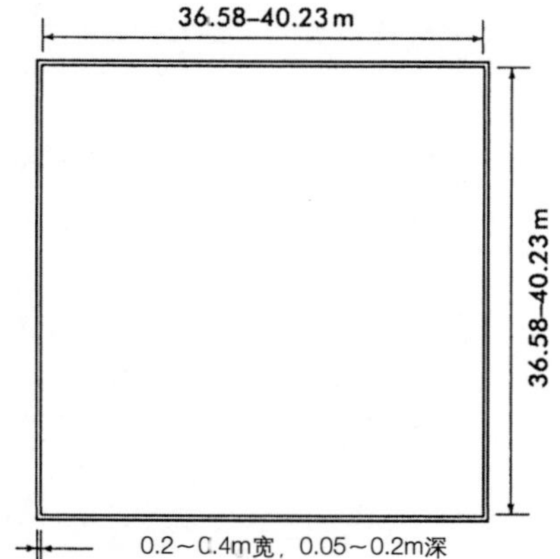


图 27–42　滚木球：草地

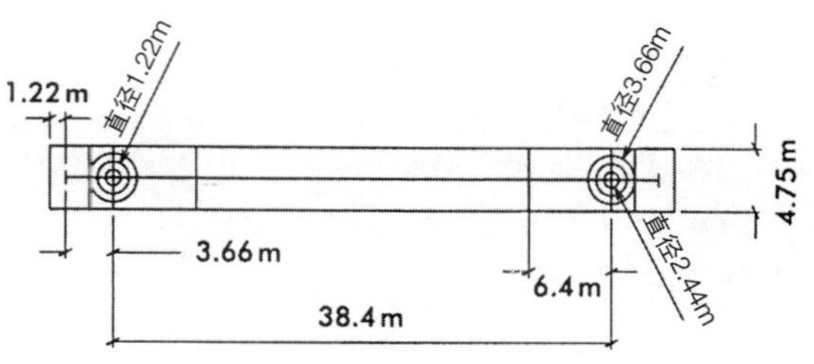


图 27–46　冰壶

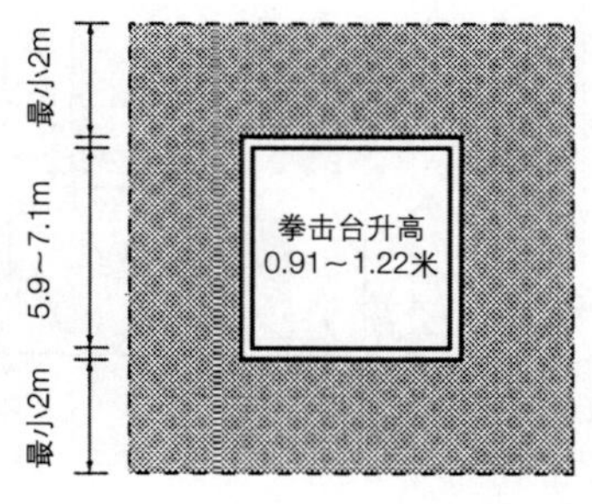


图 27–43　拳击（如为比赛用，除观众设施外，还需以下各项：医疗检查室、称重室、休息室、办公室、拳击台上方照明以及每个转角的供水区）

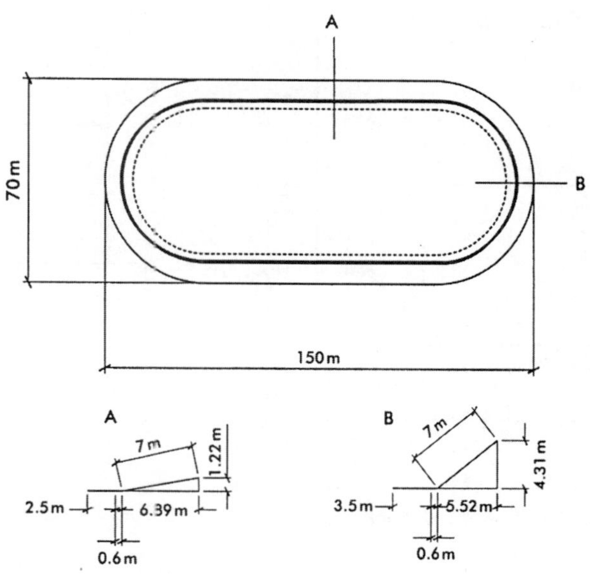


图 27–47　自行车竞赛

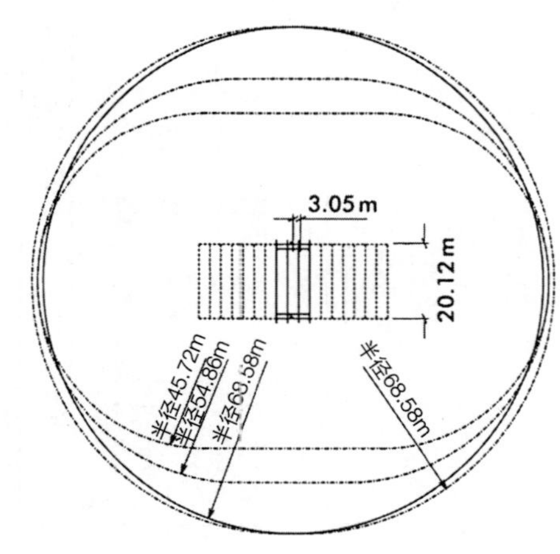


图 27–44　板球运动

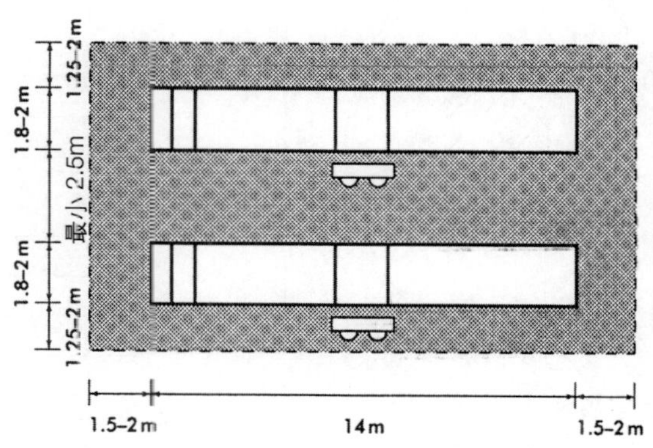


图 27–48　击剑

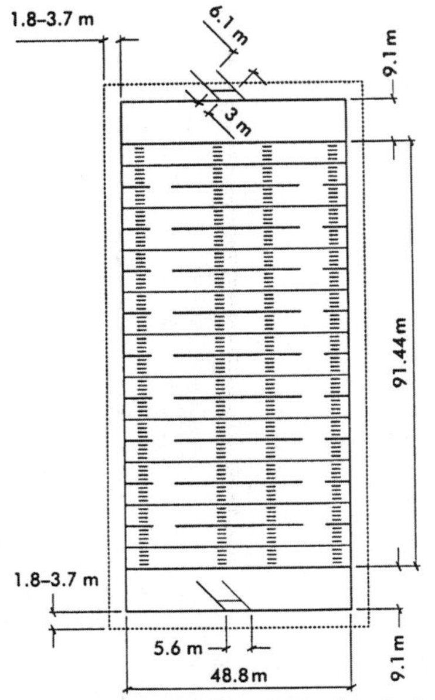


图 27–49 橄榄球场：美式（加拿大的橄榄球与之在建议的场地尺寸上有细微的差别）

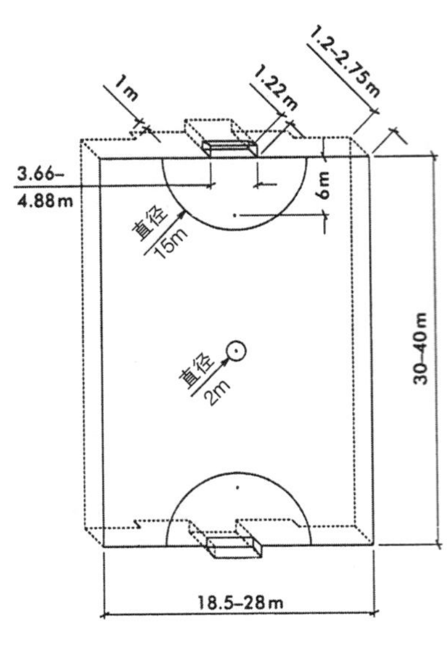


图 27–52 足球场：五人制

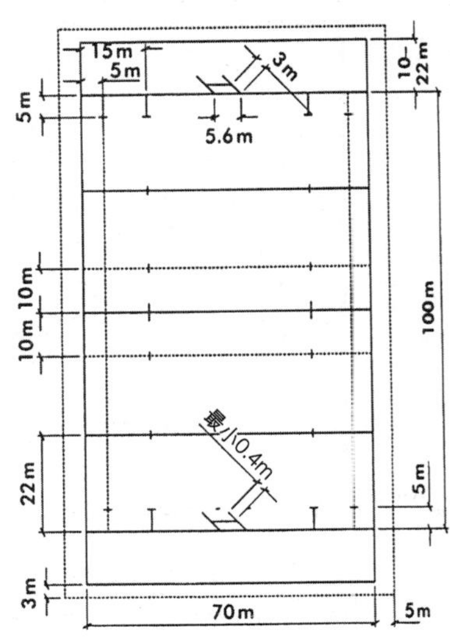


图 27–55 橄榄球场：业余英式橄榄球

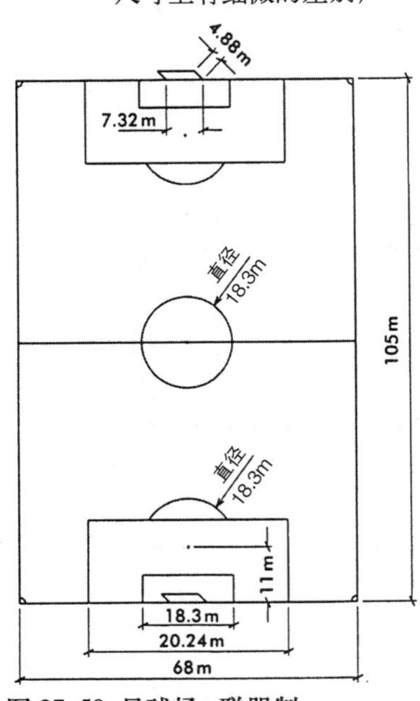


图 27–50 足球场：联盟制

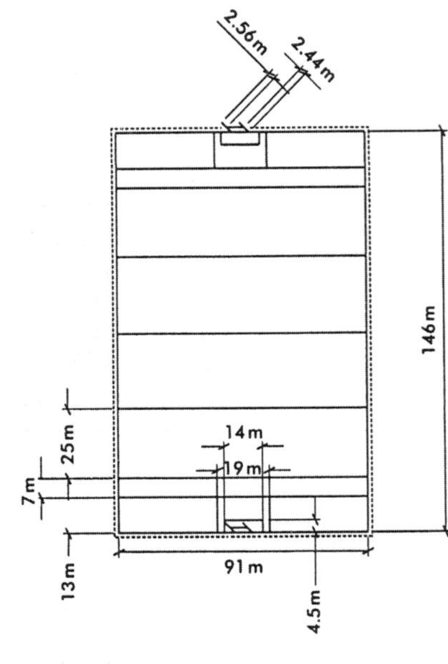


图 27–53 足球场：盖尔式

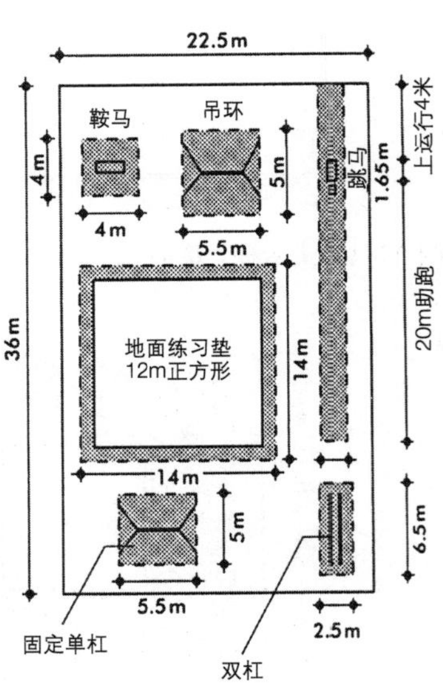


图 27–56 体操：男子（最小高度7.60m）

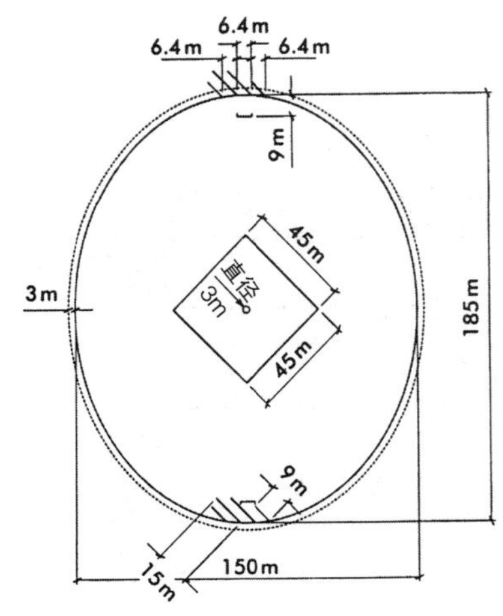


图 27–51 足球场：澳式

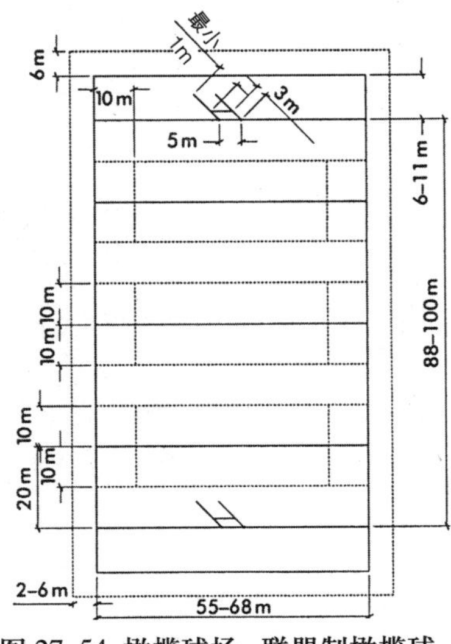


图 27–54 橄榄球场：联盟制橄榄球

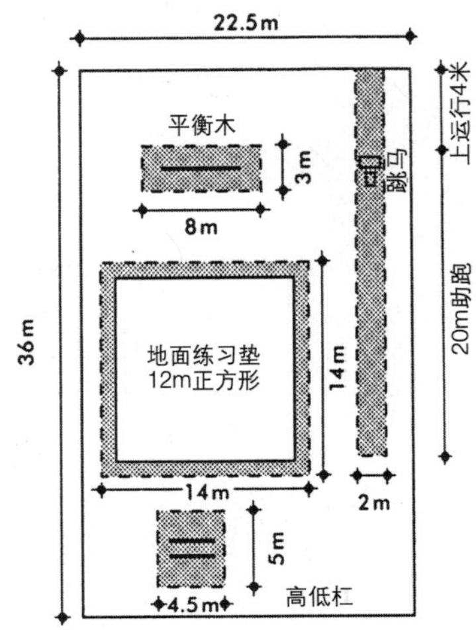


图 27–57 体操：女子

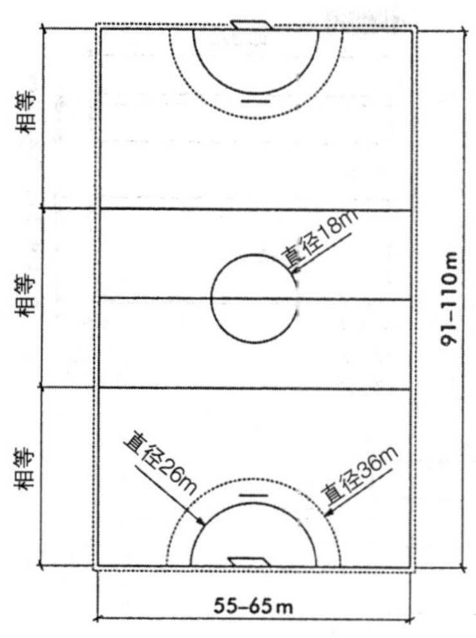


图 27–58 手球（这里显示的 11 人制手球球场的尺寸已经为奥林匹克室内比赛项目所替代）

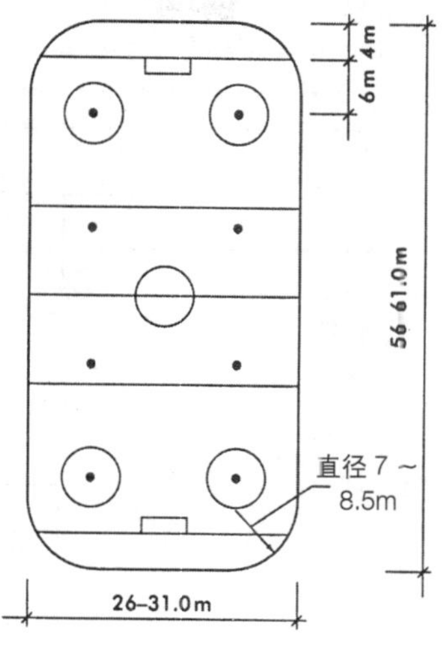


图 27–61 冰上曲棍球

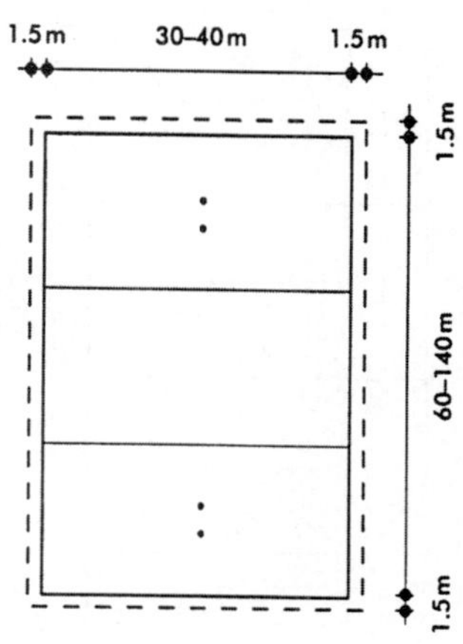


图 27–65 合球

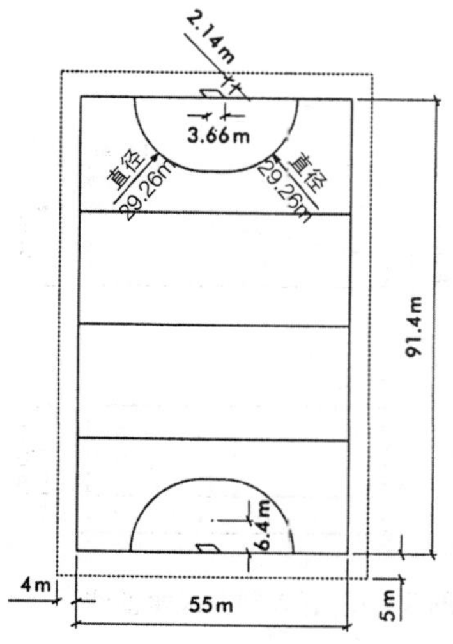


图 27–59 曲棍球

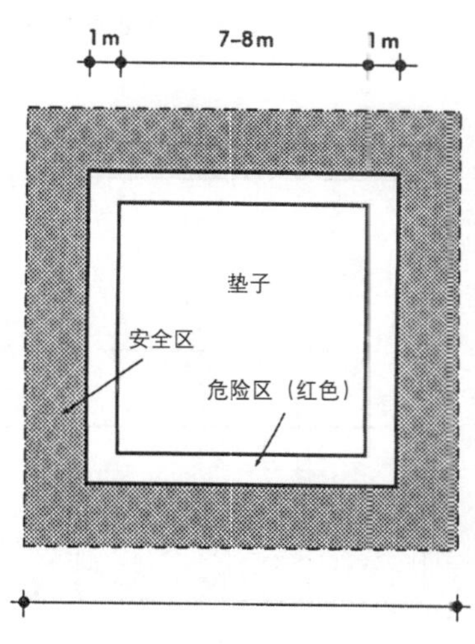


图 27–62 柔道

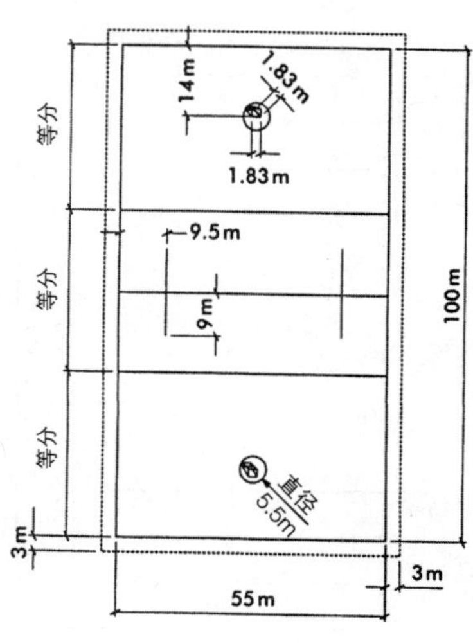


图 27–66 长曲棍球：男子

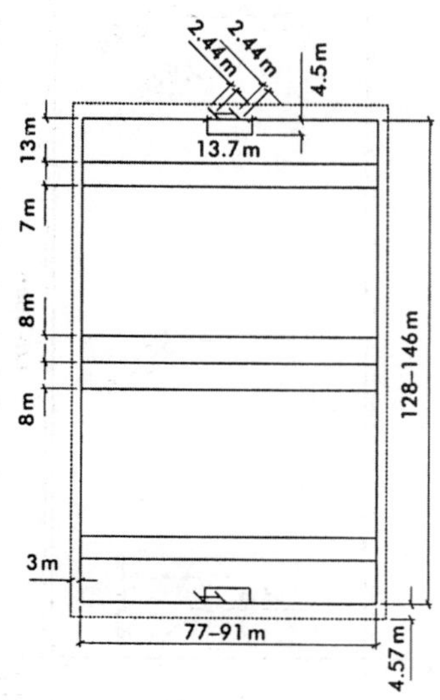


图 27–60 爱尔兰式曲棍球

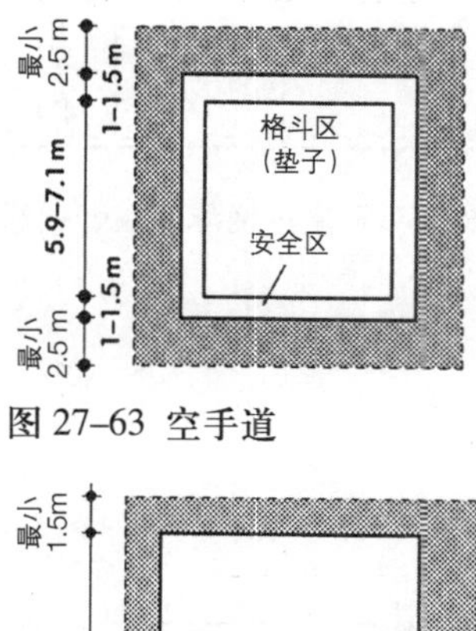


图 27–63 空手道

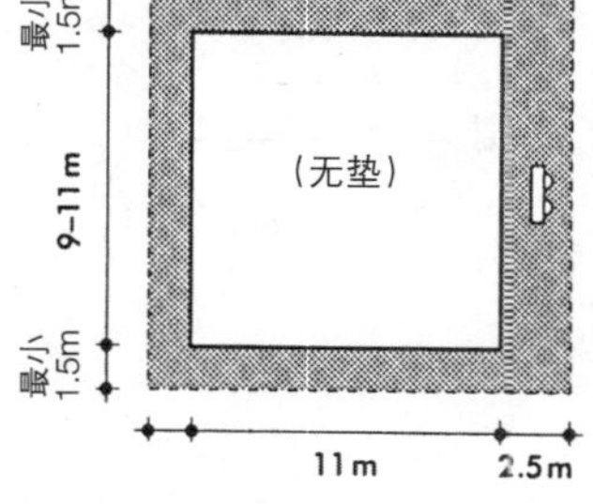


图 27–64 剑道

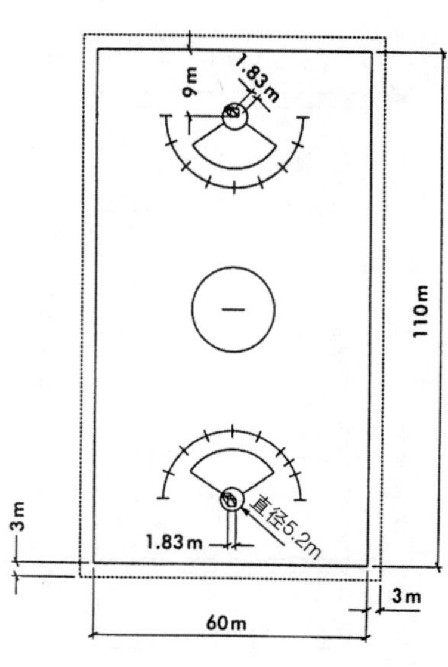


图 27–67 长曲棍球：女子

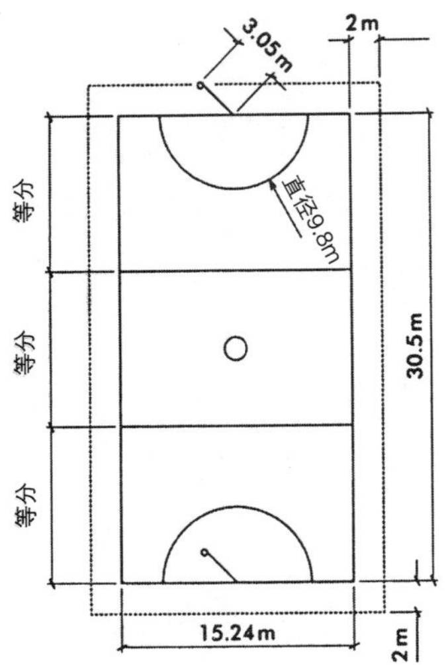


图 27–68 无板篮球

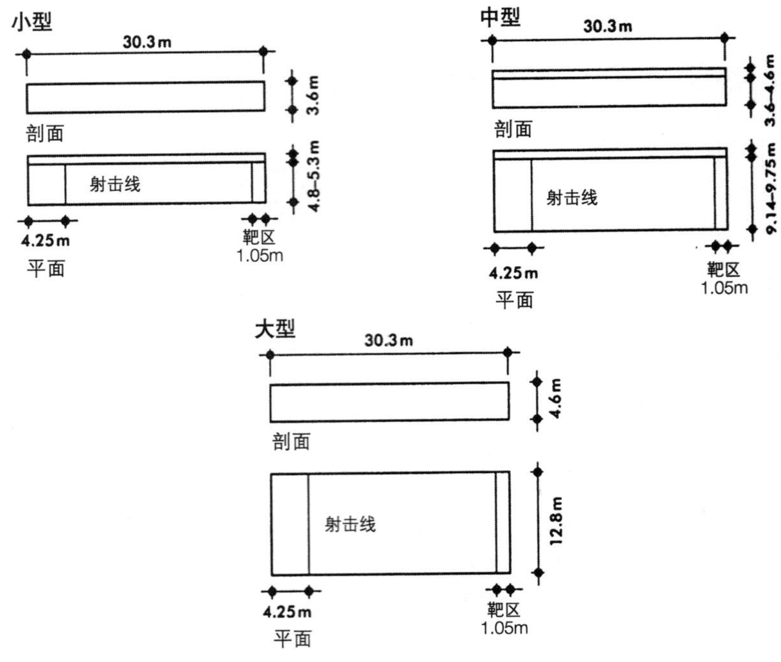


图 27–71 射击场，剖面和平面

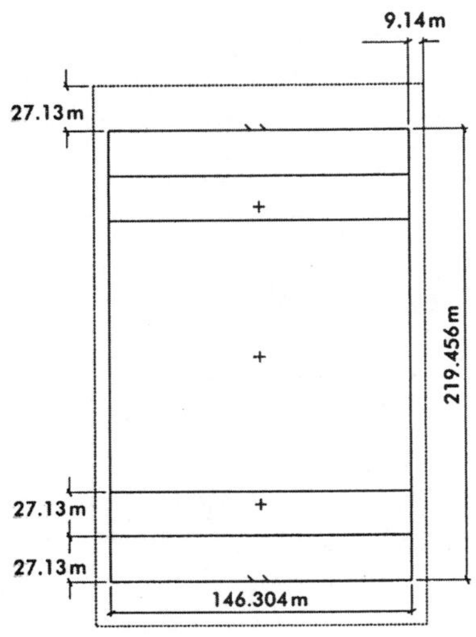


图 27–69 马球

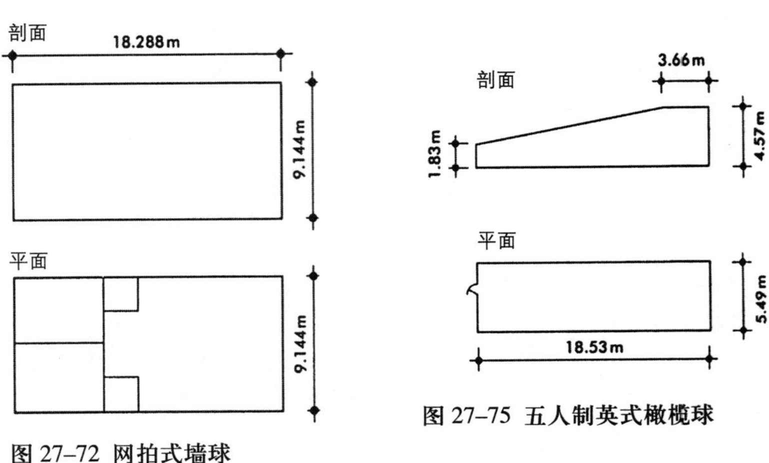


图 27–72 网拍式墙球

图 27–75 五人制英式橄榄球

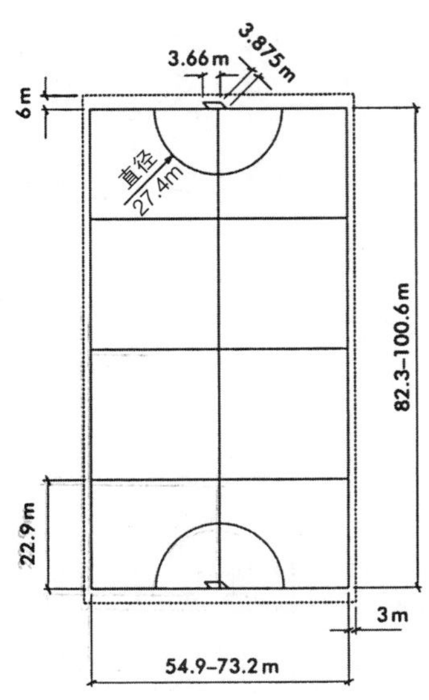


图 27–70 马球（自行车）

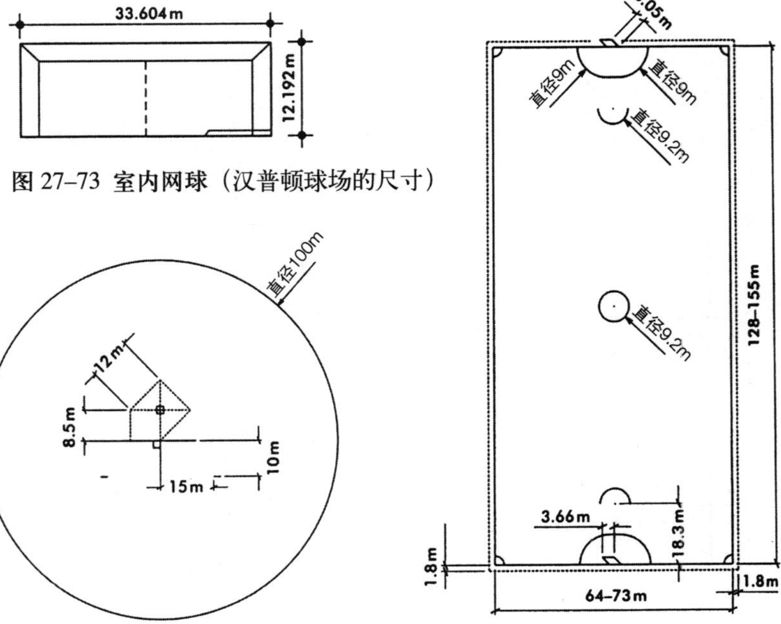


图 27–73 室内网球（汉普顿球场的尺寸）

图 27–74 圆场棒球

图 27–76 简化曲棍球戏

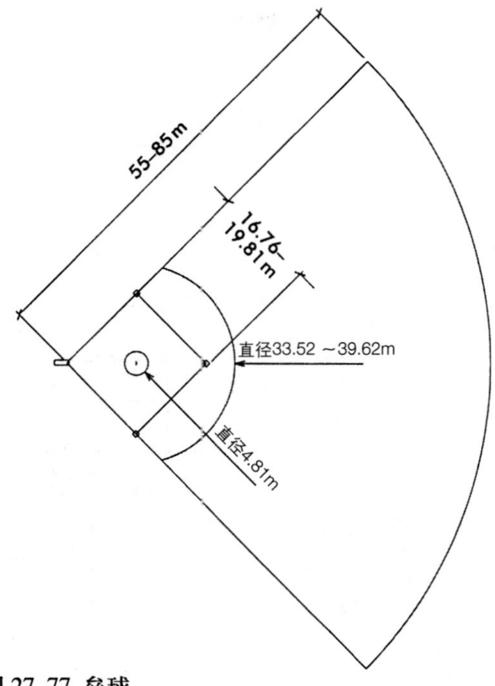

图 27–77 垒球

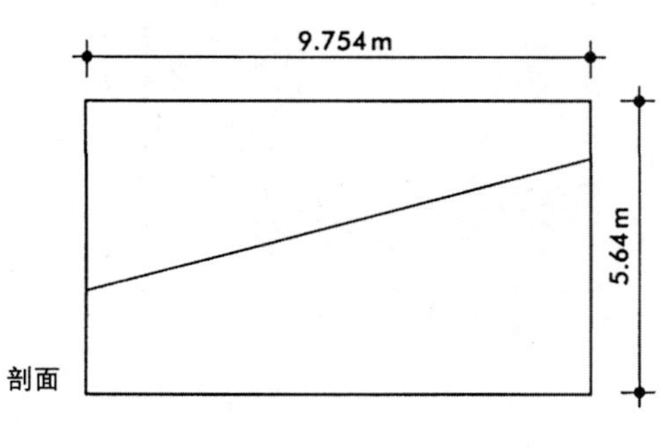


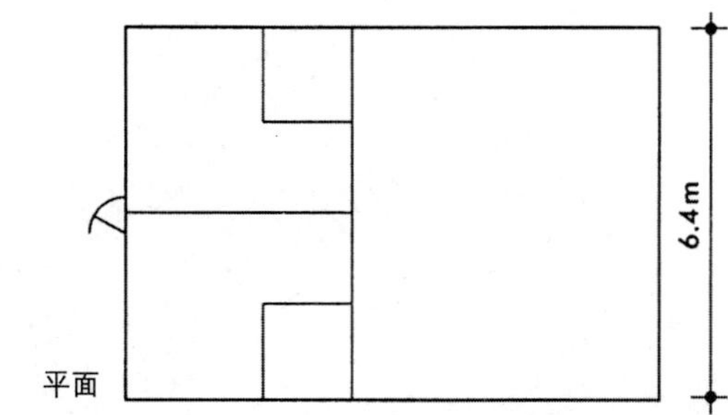

图 27–78 壁球（注意尺寸和表面材料都很关键）

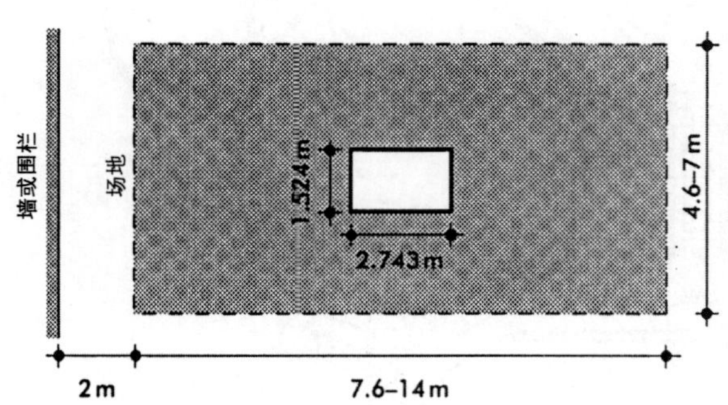

图 27–79 乒乓球（最小高度 4.20m）

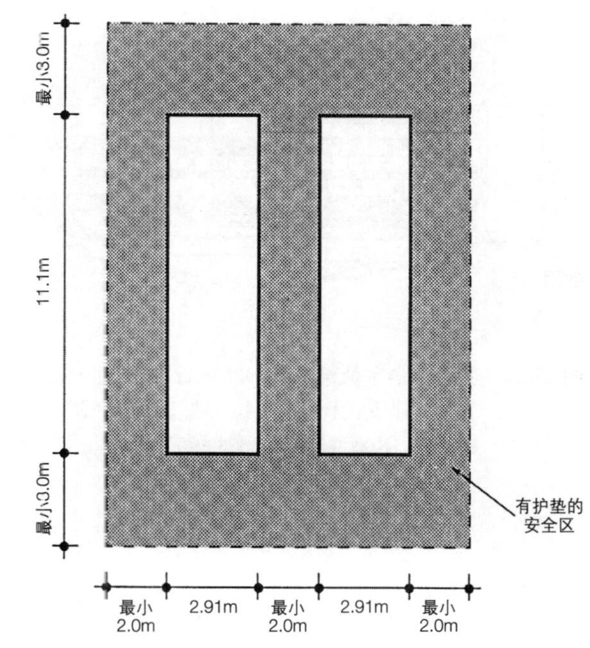

图 27–80 蹦床

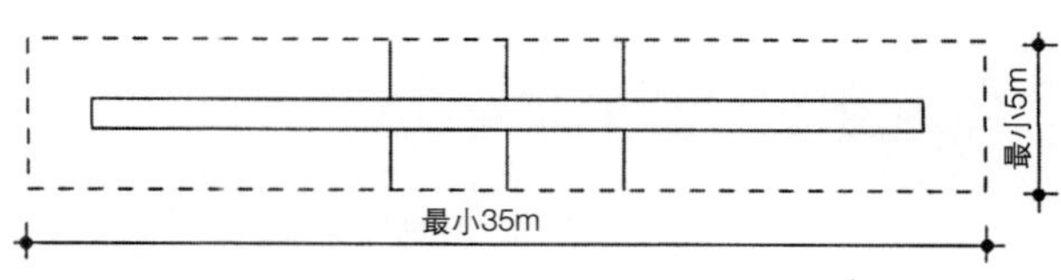

图 27–81 拔河比赛

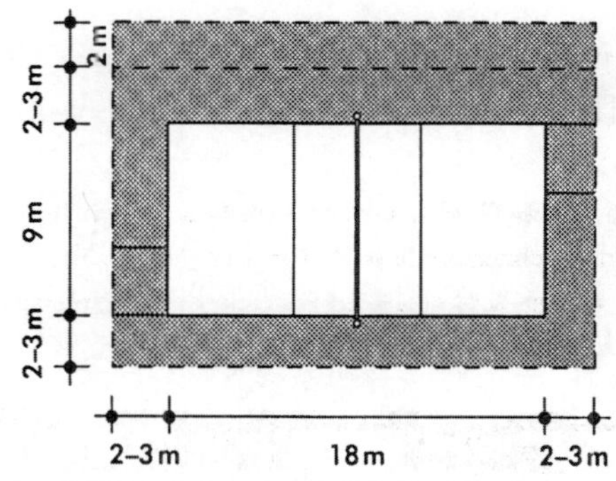

图 27–82 排球

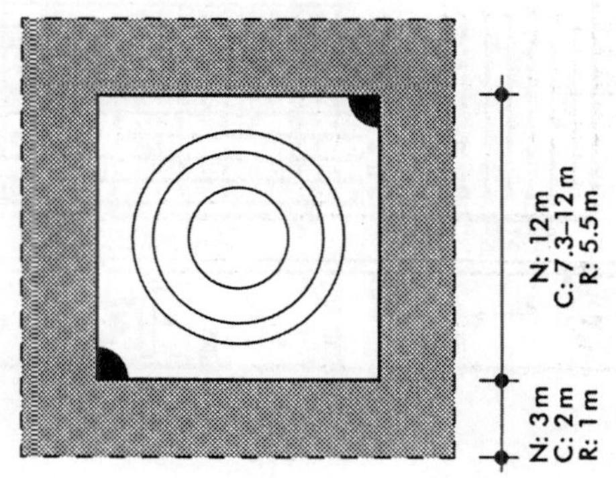

图 27–83 摔跤（N 国家级，C 俱乐部，R 娱乐）

## 27.5 游泳

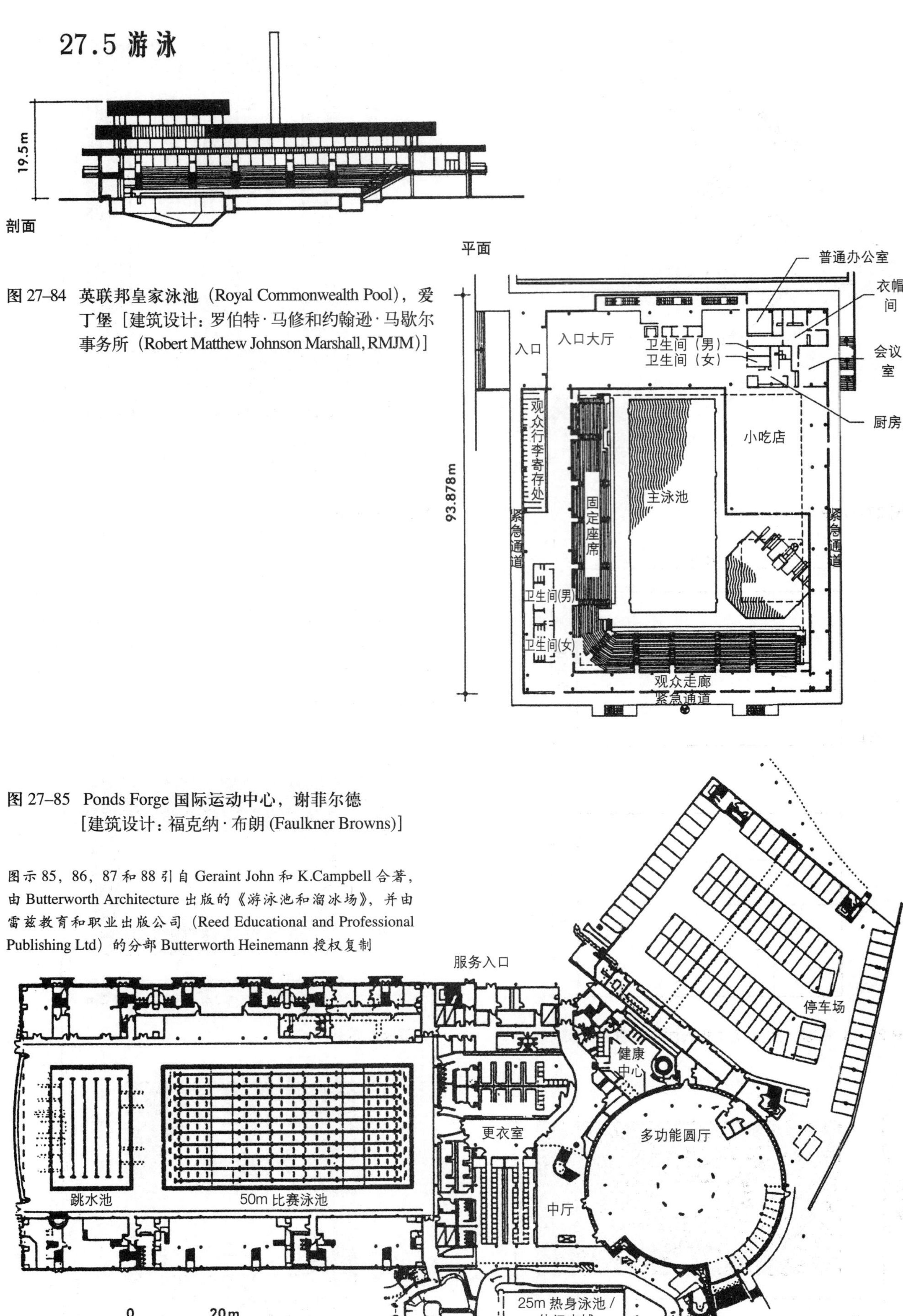


图 27–84 英联邦皇家泳池（Royal Commonwealth Pool），爱丁堡［建筑设计：罗伯特·马修和约翰逊·马歇尔事务所（Robert Matthew Johnson Marshall, RMJM）］

图 27–85 Ponds Forge 国际运动中心，谢菲尔德［建筑设计：福克纳·布朗 (Faulkner Browns)］

图示 85，86，87 和 88 引自 Geraint John 和 K.Campbell 合著，由 Butterworth Architecture 出版的《游泳池和溜冰场》，并由雷兹教育和职业出版公司（Reed Educational and Professional Publishing Ltd）的分部 Butterworth Heinemann 授权复制

### 27.5.1 引言

公共游泳池的设施和设计在20世纪90年代得到逐步发展，虽然起初将比赛用的游泳池开放给公众使用的行为是很平常的，但为了更广泛地体现休闲功能，更多有专门用途的休闲泳池得到发展。

在决定要设计的泳池类型时，应该确定可能的主要使用人群，然后确定在不同的活动中何者为重点。设施的需求将会随着泳池的尺寸和类型而相应地改变，但是泳池能够容纳的最大人数将由水面面积和池水处理车间的最大容量来确定。

更进一步的详细信息包含在由管理泳池设计、规划、结构及服务的体育理事会（Sports Council）准备的一系列指导说明书中。

### 27.5.2 游泳：休闲泳池

专为室内休闲和娱乐的泳池的要素，包括带沙滩的浅水区，婴儿泳池，造波机，滑水道，水槽以及儿童戏水泳池。这些设施，以及高品质的材料、人工阳光浴、植物、塘、岛屿和为游泳者及观众提供的座椅及食品饮料区的采用，给予浴者而非纯粹意义上的游泳者更大范围的体验。

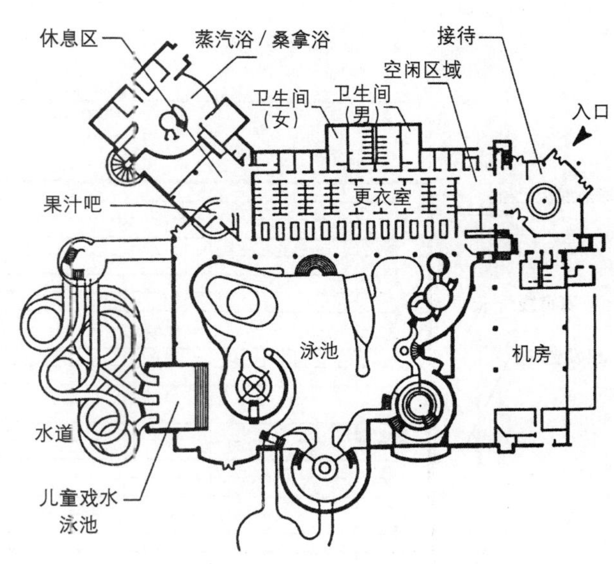


图 27–87 珊瑚礁（Coral Reef），布莱克内尔（建筑设计：Sargent & Potiriadis）

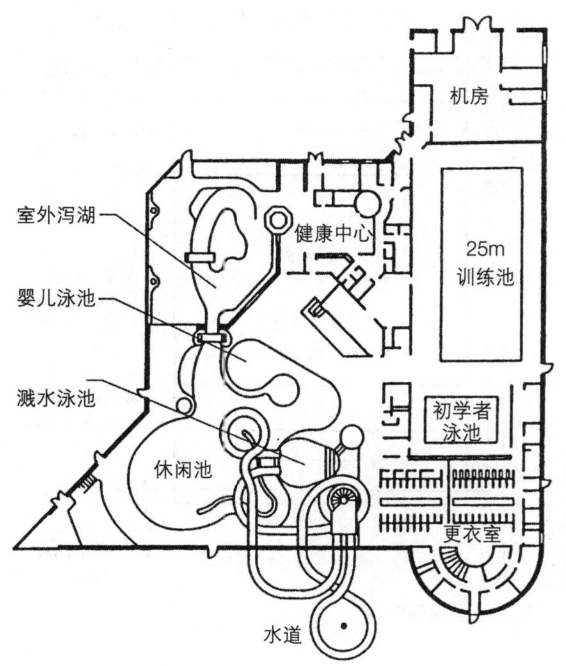


图 27–86 佩斯休闲泳池，佩斯，苏格兰［建筑设计：福克纳·布朗 (Faulkner Browns)］

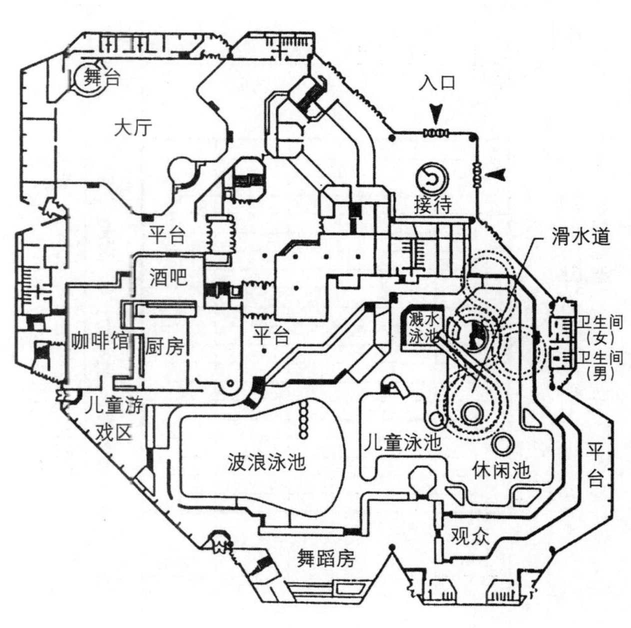


图 27–88 沙堡 (Sandcastle)，布莱克普尔（建筑设计：Charles Smith Architects）

## 27.6 比赛泳池

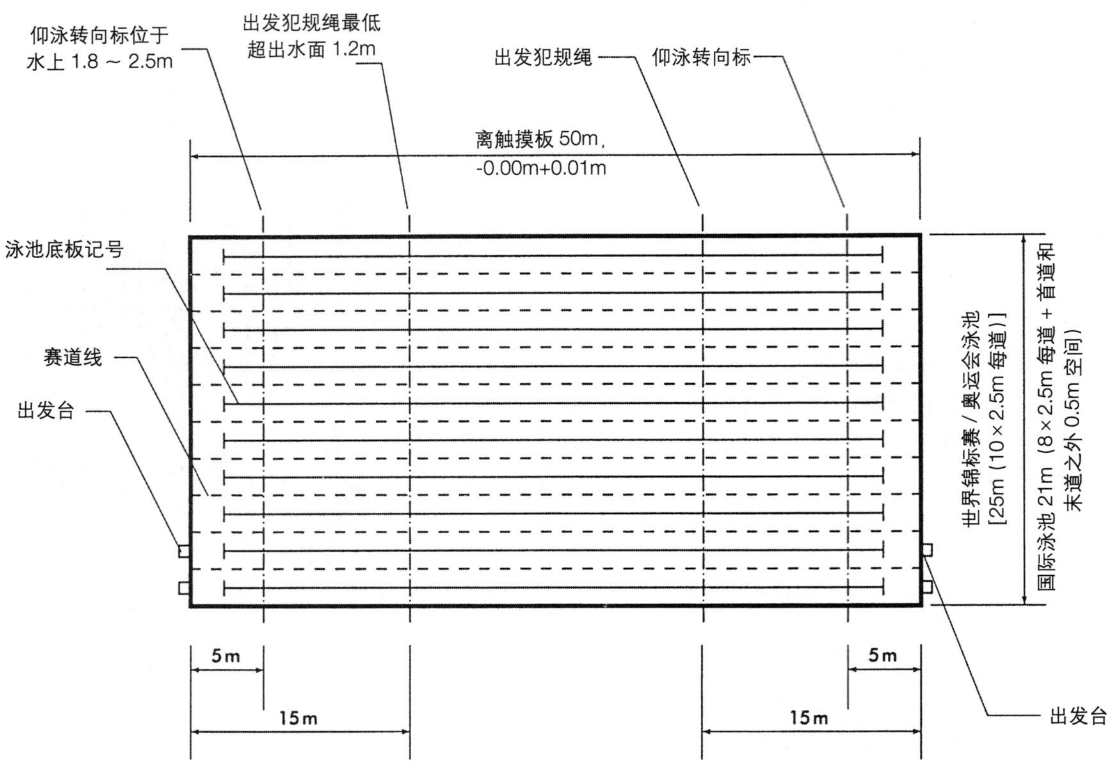


图 27–89　50m 泳池，按照奥运会标准（要求长度 50m，泳池所有点从水上 0.3m 到水下 0.8m，允许 +0.03m 到 -0.00m 之内的误差）

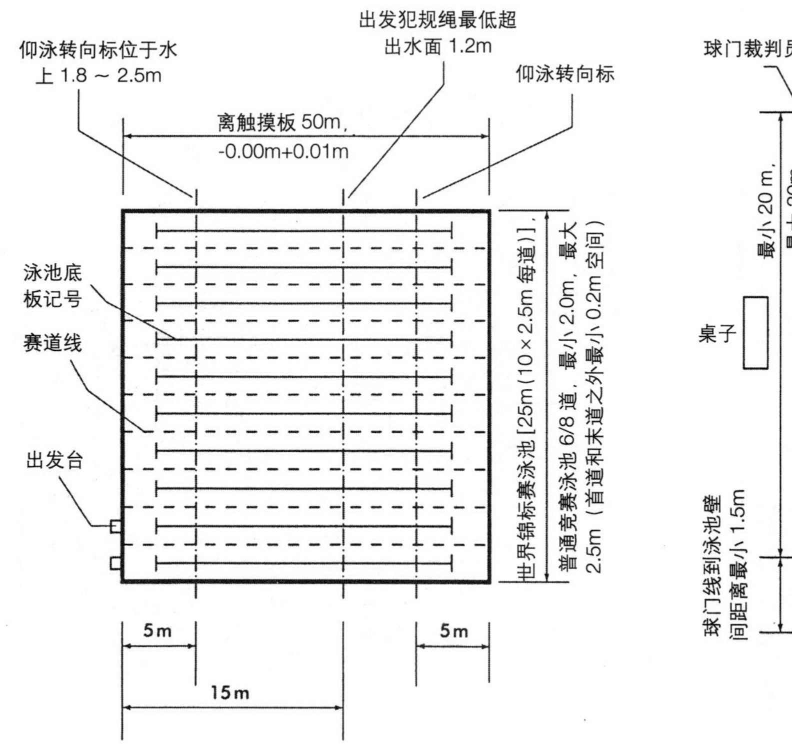


图 27–90　25m 泳池，按奥运会标准（要求长度 25m，所有点在水上 0.3m 到水下 0.8m，允许 +0.02m，－ 0.00m 的误差）；注意 33 1/3m 的泳池现在已经不再是标准类型

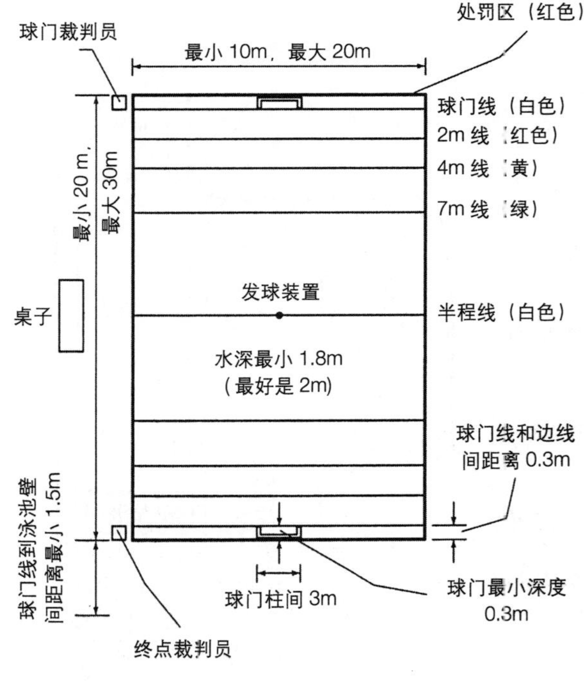


图 27–91　水球场尺寸，奥运会标准；对于其他比赛，尺寸为 20×8m，最小深度 1m；必须为裁判员在球场自由移动以及终点裁判员在球门线的自由移动留下足够的空间

### 27.6.1 跳水

一般的泳池使用者会用那些1m和3m的跳板，而不是那些固定在高处的跳台。因为跳水设施的修建和维护费用高昂，所以只在地区级泳池才会设置固定的跳板。跳水池一般是一个单独的水池，或者是从一个主要的水池分隔出一片单独的区域，为了充分地利用它们，还应该考虑其他的休闲用途，比如潜水，水球训练，赛道游泳或者花样游泳。

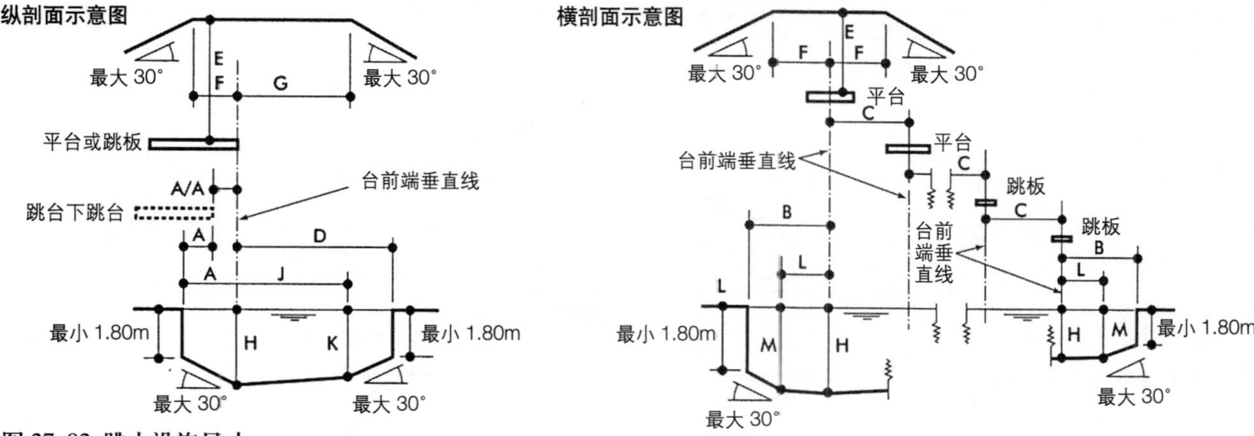


图 27–92 跳水设施尺寸

| | | 跳板 | | 跳台 | | | | |
|---|---|---|---|---|---|---|---|---|
| | 长<br>宽<br>高 | 1m<br>4.80<br>0.50<br>1.00<br>水平垂直 | 3m<br>4.80<br>0.50<br>1.00<br>水平垂直 | 1m<br>5.00<br>0.60<br>0.60～1.00<br>水平垂直 | 3m<br>5.00<br>最小0.60，最好1.5<br>0.60～1.00<br>水平垂直 | 5m<br>6.00<br>1.50<br>5.00<br>水平垂直 | 7.5m<br>6.00<br>1.50<br>7.50<br>水平垂直 | 10m<br>6.00<br>2.00<br>10.00<br>水平垂直 |
| A从台前端垂直线至后方水池壁 | 指定<br>最小<br>最合适 | A-1<br>1.50<br>1.80 | A-3<br>1.50<br>1.80 | A-1pl<br>0.75<br>0.75 | A-3pl<br>1.25<br>1.25 | A-5<br>1.25<br>1.25 | A-7.5<br>1.50<br>1.50 | A-10<br>1.50<br>1.50 |
| A/A从台前端垂直线至正下方的平台前端垂直线 | 指定<br>最小<br>最合适 | | | | | A/A5/1<br>0.75<br>1.25 | A/A7.5/3,1 | A/A10/5,3,1<br>0.75<br>1.25 |
| B从台前端垂直线至侧面的池壁 | 指定<br>最小<br>最合适 | B-1<br>2.50<br>2.50 | B-3<br>3.50<br>3.50 | B-1pl<br>2.30<br>2.30 | B-3pl<br>2.80<br>2.90 | B-5<br>3.25<br>3.75 | B-7.5<br>4.25<br>4.50 | B-10<br>5.25<br>5.25 |
| C从台前端垂直线到邻近的台前端垂直线 | 指定<br>最小<br>最合适 | C1-1<br>2.00<br>2.40 | C3-3,3-1<br>2.20<br>2.60 | C1-1pl<br>1.65<br>1.95 | C3-3,3-1pl<br>2.00<br>2.10 | C5-3,5-1<br>2.25<br>2,50 | C7.5-5,3,1<br>2.50<br>2.50 | C10-7.5,5,3,1<br>2.75<br>2.75 |
| D从台前端垂直线到前面的池壁 | 指定<br>最小<br>最合适 | D-1<br>9.00<br>9.00 | D-3<br>10.25<br>10.25 | D-1pl<br>8.00<br>8.00 | D-3pl<br>9.50<br>9.50 | D-5<br>10.25<br>10.25 | D-7.5<br>11.00<br>11.00 | D-10<br>13.50<br>13.50 |
| E从台前端垂直线开始，从跳台到天花板 | 指定<br>最小<br>最合适 | E-1<br>5.00<br>5.00 | E-3<br>5.00<br>5.00 | E-1pl<br>3.25<br>3.50 | E-3pl<br>3.25<br>3.50 | E-5<br>3.25<br>3.50 | E-7.5<br>3.25<br>3.50 | E-3<br>4.00<br>5.00 |
| F台前端垂直线的后面和每一面到正上方净距 | 指定<br>最小<br>最合适 | F-1 E-1<br>2.50 5.00<br>2.50 5.00 | F-3 E-3<br>2.50 5.00<br>2.50 5.00 | F-1pl E-1pl<br>2.75 3.25<br>2.75 3.50 | F-3pl E-3pl<br>2.75 3.25<br>2.75 3.50 | F-5 E-5<br>2.75 3.25<br>2.75 3.50 | F-7.5 E-7.5<br>2.75 3.25<br>2.75 3.50 | F-10 E-10<br>2.75 4.00<br>2.75 5.00 |
| G台前端垂直线前面正上方 | 指定<br>最小<br>最合适 | G-1 E-1<br>5.00 5.00<br>5.00 5.00 | G-3 E-3<br>5.00 5.00<br>5.00 5.00 | G-1pl E-1pl<br>5.00 3.25<br>5.00 3.50 | G-3pl E-3pl<br>5.00 3.25<br>5.00 3.50 | G-5 E-5<br>5.00 3.25<br>5.00 3.50 | G-7.5 E-7.5<br>5.00 3.25<br>5.00 3.50 | G-10 E-10<br>6.00 4.00<br>6.00 5.00 |
| H台前端垂直线下的水深 | 指定<br>最小<br>最合适 | H-1<br>3.40<br>3.50 | H-3<br>3.70<br>3.80 | H-1pl<br>3.20<br>3.30 | H-3pl<br>3.50<br>3.60 | H-5<br>3.70<br>3.80 | H-7.5<br>4.10<br>4.50 | H-10<br>4.50<br>5.00 |
| $J_K$台前端垂直线前面的长度和深度 | 指定<br>最小<br>最合适 | J-1 K-1<br>5.00 3.30<br>5.00 3.40 | J-3 K-3<br>6.00 3.60<br>6.00 3.70 | J-1pl K-1pl<br>4.50 3.10<br>4.50 3.20 | J-3pl K-3pl<br>5.50 3.40<br>5.50 3.50 | J-5 K-5<br>6.00 3.60<br>6.00 3.70 | J-7.5 K-7.5<br>8.00 4.00<br>8.00 4.40 | J-10 K-10<br>11.00 4.25<br>11.00 4.75 |
| $L_M$台前端垂直线每一面的长度和深度 | 指定<br>最小<br>最合适 | L-1 M-1<br>1.50 3.30<br>2.00 3.40 | L-3 M-3<br>2.00 3.60<br>2.50 3.70 | L-1Pl M-1pl<br>1.40 3.10<br>1.90 3.20 | L-3pl M-3pl<br>1.80 3.40<br>2.30 3.50 | L-5 M-5<br>3.00 3.60<br>3.50 3.70 | L-7.5 M-7.5<br>3.75 4.00<br>450 4.40 | L-10 M-10<br>4.50 4.25<br>5.25 4.75 |
| N 设置最大坡度减少全面要求以外的尺寸 | 水池底部<br>天花板 | 30°<br>30° | 注：尺寸C（从台前端垂直线到相邻的台前端垂直线）应用于标有具体宽度的平台；如果平台宽度增加，则C值增加额外宽度的一半 | | | | | |

图 27–93 跳水设施尺寸：注意 10m 跳台宽度可以提高到 3m

引自《国际业余游泳联合会 (Federation International de Nation Amateur, FINA) / 业余游泳协会 (Amateur Swimming Association, ASA) 协会手册及信息资料》

### 27.6.2 更衣室

最近几年来，泳池的主要使用者为成年人，这意味着人们期望有一个更高标准的更衣室及相关功能区域。更衣室设施的基本考虑是它们是男女分用还是男女混用。现在有一个明显的发展趋势是男女混合更衣区。这些区域一般被称为“更衣村”，在满足不同的男女比例时有更大的灵活性。对于大多数的公共开放泳池来说，也许最理想的安排是一个主要的男女混用的更衣区，并由两组毗邻的更衣室补充。

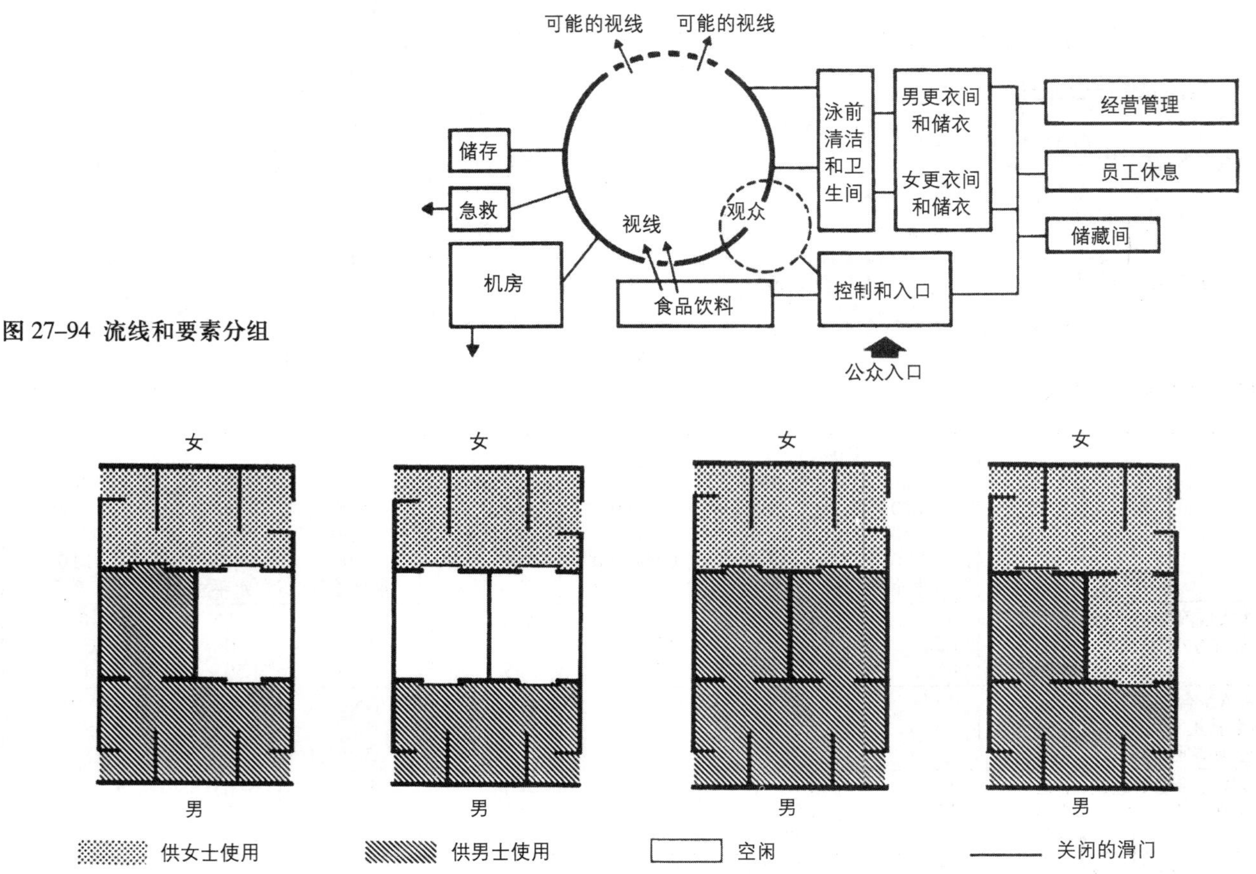


图 27–94 流线和要素分组

图 27–95 更衣室平面设计，中心区可以在不同时间分别供男性或女性使用

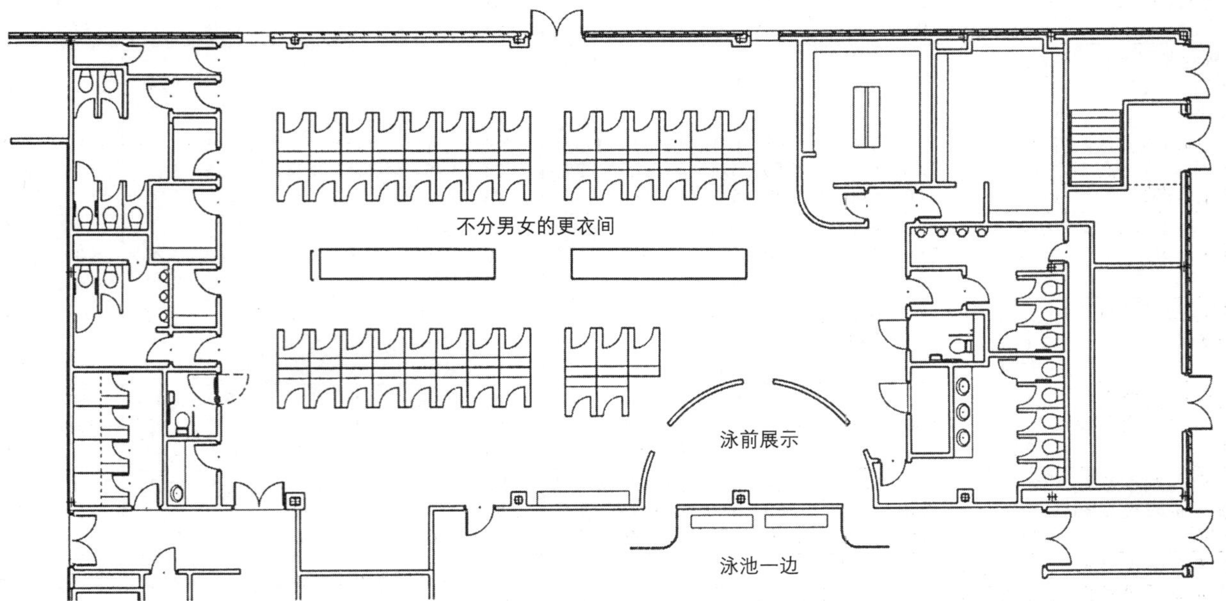


图 27–96 更衣村，阿尔弗莱德·麦艾勋体育场（Sir Alfred McAlpine Stadium），哈德斯菲尔德（也可参见图 27–6，图 27–10，图 27–19）（建筑设计：HOK+Lobb 体育建筑设计）

## 27.6.3 游泳池：典型细部

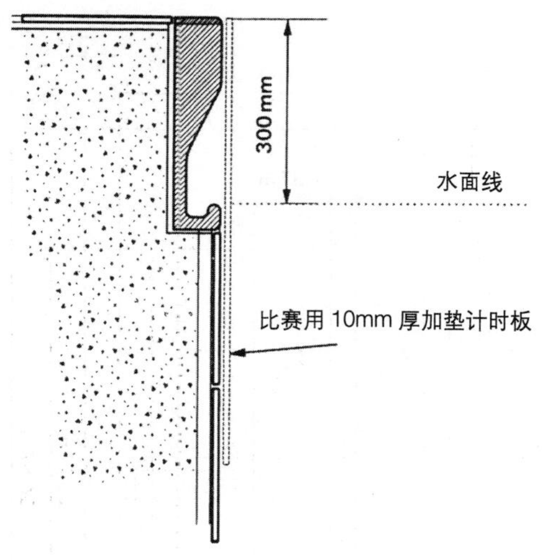


图 27–97 抬升的边缘细部构造：最适于用在主池的尽端

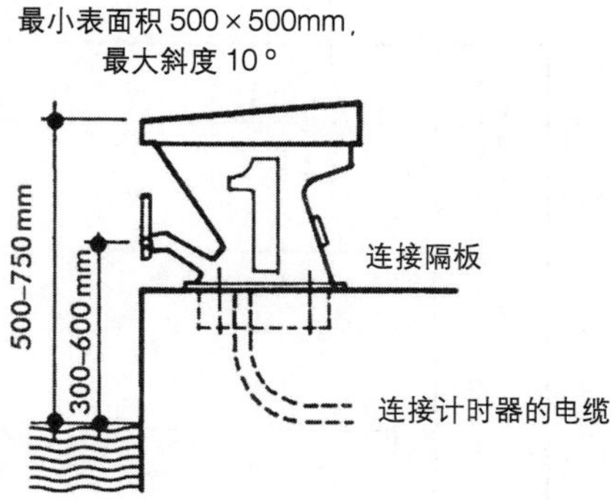

最小表面积 500×500mm，
最大斜度 10°
500–750mm
300–600mm
连接隔板
连接计时器的电缆

图 27–100 起跳台示意图（计时器电缆只安装于主要的游泳池中心）

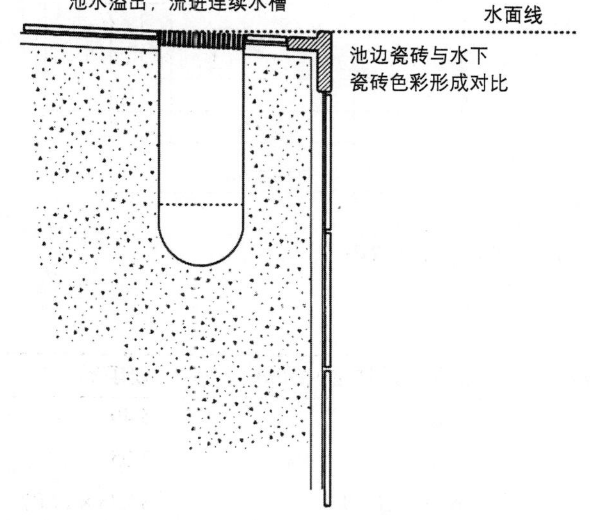


图 27–98 盖板边缘细部构造，适用于主要游泳池的侧面（与 97 结合使用）

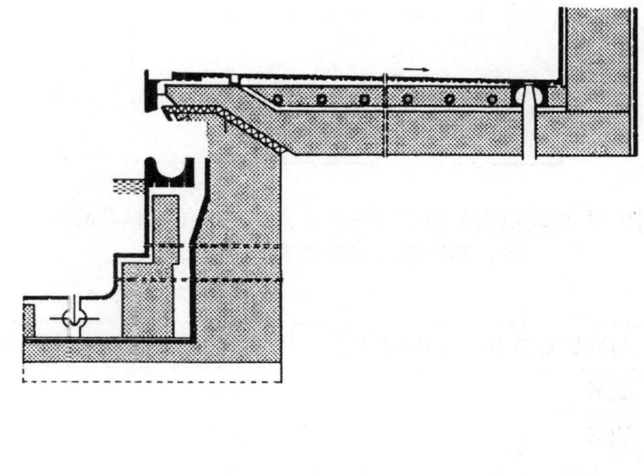

图 27–101 带维斯巴登式溢流的泳池边缘：多功能游泳池中的休息台和过道处

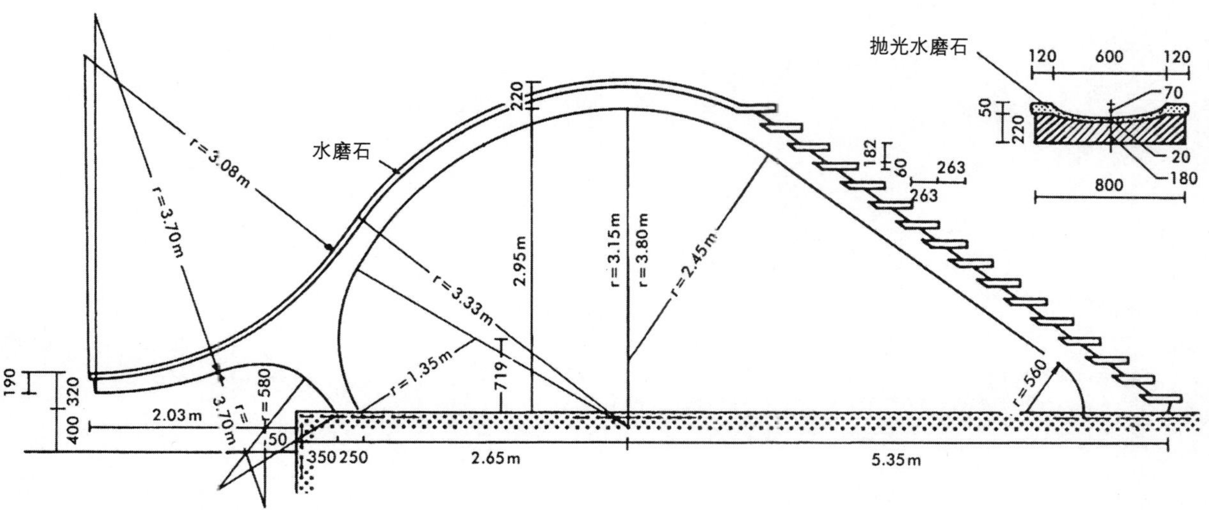


图 27–99 滑水道，巴特·基辛根（Bad Kissingen），德国

# 27.7 网球

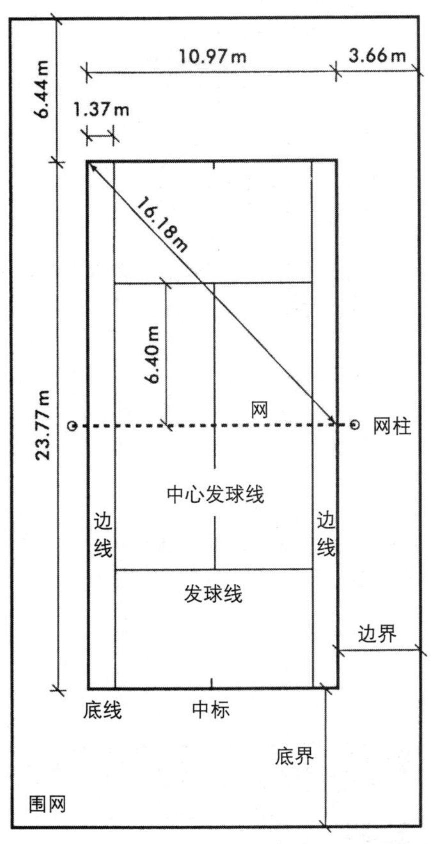


图 27–102 根据英国草地网球协会制定的不同标准的球场，其比赛区域的要求

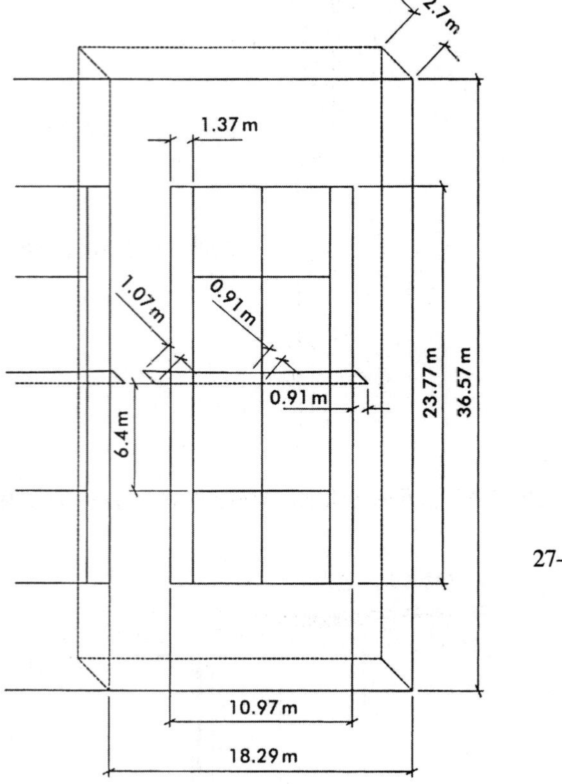


图 27–103 草地网球场

| 与比赛标准相关的围网尺寸 | 国际、国家级官方锦标赛/m | 郡和俱乐部建议的/m | 娱乐/m |
|---|---|---|---|
| 底界 | 6.40 | 6.40 | 5.49 |
| 边界 | 3.66 | 3.66 | 3.05 |
| 一个球场的最小边界尺寸 | 36.58 × 18.29 | 36.58 × 18.29 | 34.75 × 17.07 |
| 一个围合的球场宽度 | | 33.53 | 31.70 |
| 每个附加场地所加的宽度 | | 15.24 | 14.63 |

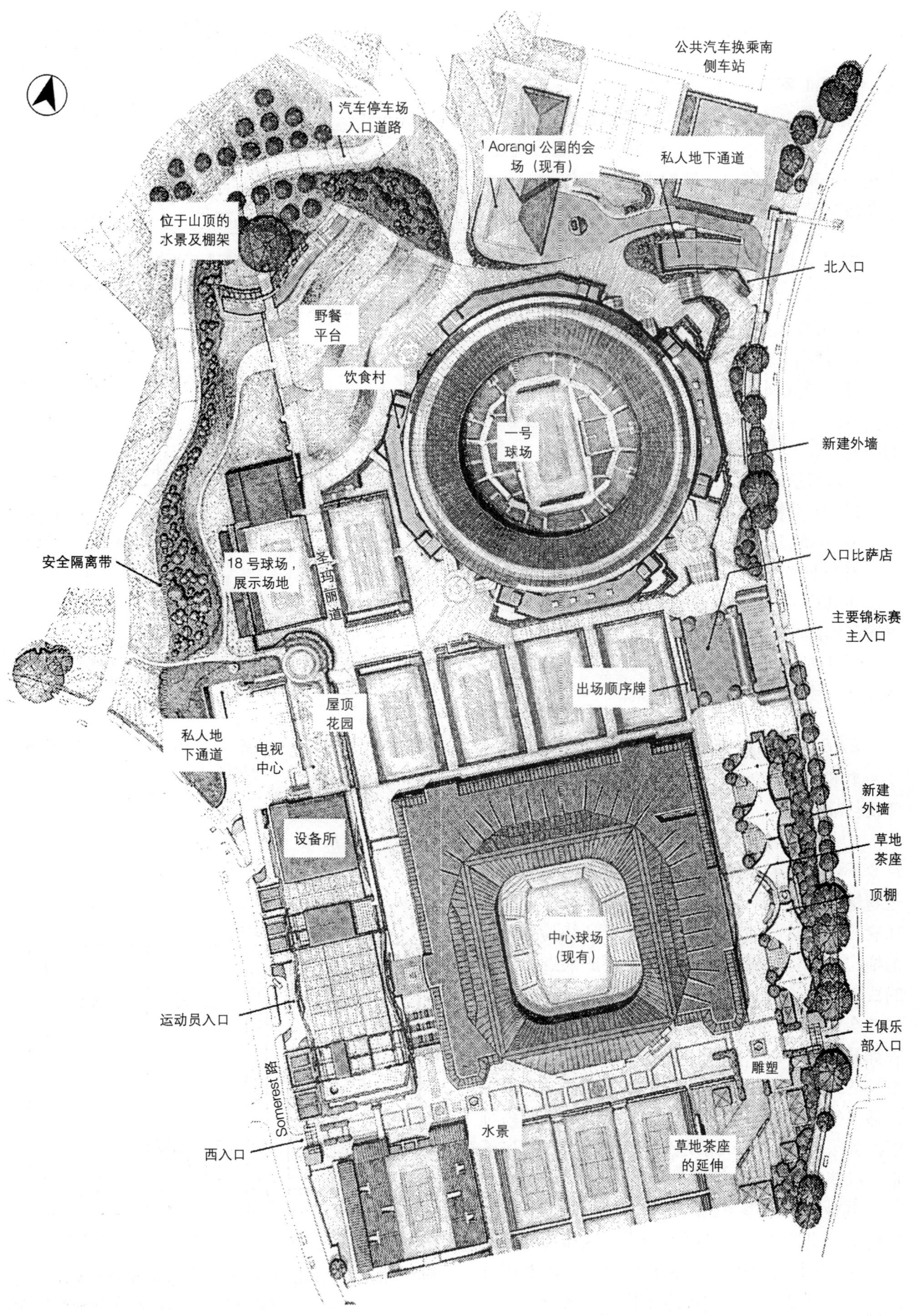


图 27–104 位于温布尔登的全英草地网球及门球俱乐部的新 1 号球场发展项目［建筑设计：BDP 建筑事务所（Building Design Partnership)］

# 27.8 骑马场

## 27.8.1 室内学校：场所

在过去，骑术训练的校舍通常是对现有建筑的改造。对一栋老的乡村房舍的马厩进行增建，或在一个现有区域建造框架式构架，作为一个可以在任何天气条件下教学的室内设施。

## 27.8.2 场地和入口

对于任何场地都必不可少的要求如下：

(1) 方便大型交通工具及小汽车出入的通道；

(2) 通向开阔的乡村或马道的通道；

(3) 足够的服务性设施（可能包括消防设施）；

(4) 运马拖车的回转空间，降低两侧及后部的坡度；

(5) 消防车入口；

(6) 运饲料车辆的入口（注意：最小门宽为3m，最小净高为4.5m）。

赛马训练场应与附近房舍保持足够距离，任何散布其中的放饲厩都应该被保护，以免受盛行季候风的影响。

易于聚集雨水的低洼地和在冬天容易结霜的场地是不能用于赛马场的建设的。

## 27.8.3 规划和布局

其设施主要可以分成3种：教学、马匹的管理及行政管理。

传统意义上，通常使放饲厩朝向一个内庭，每个小间前只有一条有顶棚的通道。后来的发展是将这些放饲厩封闭起来，把它们安排在走廊的任意一侧。这样使得它们可以享受环绕骑马看台的拖拉机和运马拖车的服务。主要的缺点是额外的成本，加上额外的必要的消防设施，同时这样马匹会因为朝外的视线受阻而变得情绪烦躁。尽管如此，围合起来的解决方案还是能够为赛马训练场的工作人员提供好一些的工作条件，且采暖及通风控制更简单，另外还使得消除废气成为可能。如果场地靠近公路及铁路的话，围合的房子也可以获得更安宁和幽静的环境。

其他方面应该考虑的一般性原则是，室内训练场最好坐落在远离马厩的地方，这样训练员的口令声就不会影响到正在休息的马了。需要在设计上对马厩发生火灾的风险作特别的考虑。草料库要求，从赛马场的其他部分到达这里至少有一

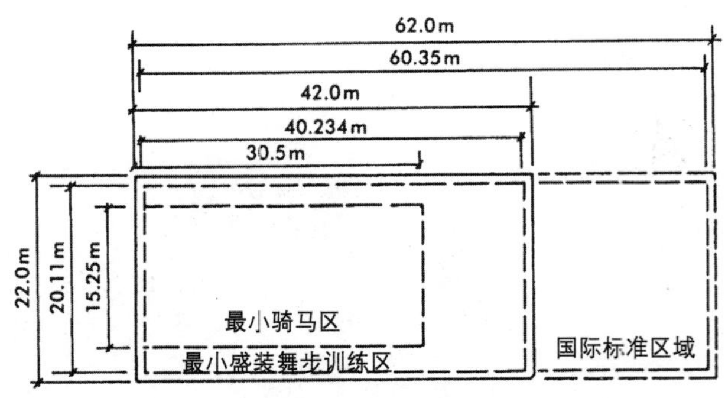


图 27–105 骑术训练区：因障碍而需的最小高度，4m（5m最佳）；观众席应离此20m远；还需要裁判亭和集合区 / 上马区

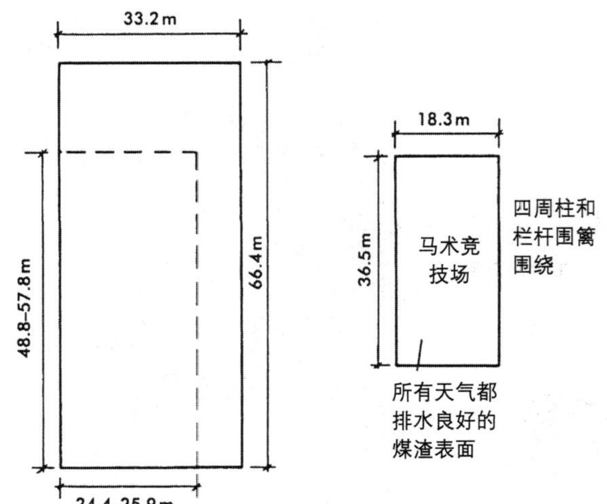


图 27–106 室内障碍竞技场，带集合区、热身区和练习障碍区；上马区和集合区允许容纳 20 ～ 30 匹马，每匹马 3.5 ～ 5.0m²

图 27–107 马术竞技场

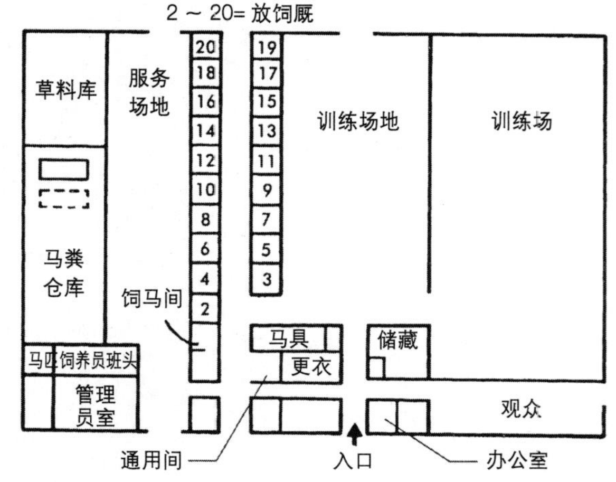


图 27–108 Lea Bridge 马术学校，利亚河谷（Lea Valley）地区公园，伦敦（建筑设计：JMV Bishop & MJ Quinton）

个小时的耐火时间，或者建议设置至少4.5m的防火屏障。

### 27.8.4 空间要求

对于室内训练场有很多不同的标准。比如英国国家马术中心(UK National Equestrian Centre)有一个61m×24.4m的骑马区域，大到足够容纳一个国家级标准的赛场，可以进行盛装舞步训练并可进行障碍表演比赛，沿着其长边有一个300席的看台。另一种情况是提供一个位于荷兰式仓棚下的赛场。从屋檐处开始计算的侧面附着层只有3m，板条栏杆覆盖住了地板。

无论采用何种建造标准，必不可少的室内骑马区都不应小于42×22m，以提供一个40×20m的净空间，这是基本盛装舞步训练的要求。周围的隔离墙应该包括带广告牌的护板。

### 27.8.5 骑术中心建筑物

所需要的设施表如下：

**(A) 教学性的**

(1) 室内调教场

(2) 室外马术场

(3) 草料场（最小8000m$^2$）

(4) 室外障碍训练场

(5) 室外盛装舞步训练场

(6) 越野赛马区

(7) 俱乐部

(8) 报告厅

(9) 食品小卖

(10) 为障碍、高度可调整的栅栏障碍等设的仓库（接近活动区面积的5%）

**(B) 马匹管理**

(1) 马厩（放饲厩）

(2) 多功能间

(3) 医疗室（约3.5×4.5m）

医疗室应该远离其他马槽，但是应该可以看到其他马匹。有时也会需要一个挂着吊索的横梁，固定在骑马台和铁链上。大一些的赛马中心可以

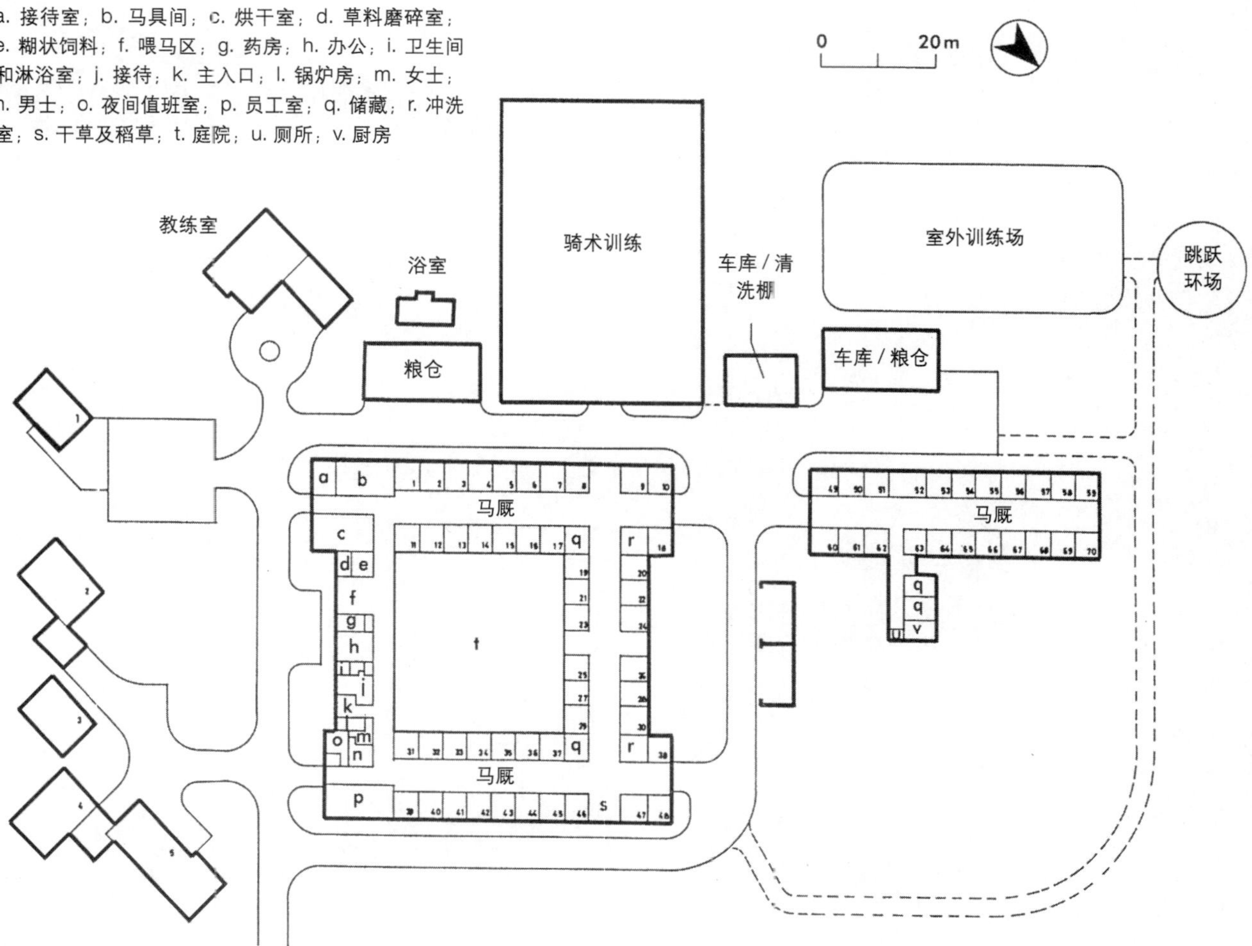


图27–109 Oak赛马场，纽马克特，萨福克（建筑设计：David Cowan Associates）

为传染病设立一个完全隔离的医疗室。

(1) 贮料间

(2) 喂马间

(3) 马具间

(4) 干草和草料库

干草和草料库通常采用荷兰式仓棚结构，其尺寸主要由马匹的数量和购买的方式决定。一匹马每天需要喂近 9 千克的干草和半捆稻草。另外大约有 10%左右的额外空间，用来容纳新的库存品并促进空气循环。

(1) 铁匠铺：可能为 10 ～ 15$m^2$( 也可能是一个流动的铁匠 )

(2) 兽医房

(3) 马粪处理间

传统情况下，马粪处理间是由砖墙或大砌块墙筑成的地堡，但是在最近几年箕斗式容器已经得到普遍的应用。尺寸决定于马匹的数量和管理的方式，但一般情况下应按平均一匹马每周将产生 5.6$m^3$ 马粪计算。

**(C) 行政管理**

典型的，应该为管理人员、饲马员和赛马训练场的工作人员提供适当的区域作为接待处、管理办公室、员工休息、急救室、卫生间、更衣间、车间及住宿等功能使用。

运马拖车和拖拉机等的车间及车库也是必需的。

# 第28章 剧院及艺术中心

Kate Pickard

## 28.1 引言

当代的观众席结构设计已经发展到能够容纳各种功能需求，这些新的类型现在成为传统的、历史的剧院建筑类型的补充。从剧场及观众席的设计中可看出，重心明显地从装饰性建筑风格转向灵活且具有更多功能的建筑。另外，可移动的坐席和储藏设施，以及可调节的舞台和移动顶棚等，能与观众的容量和声学要求相适应。这些联合的当代设计要素可满足所有类型的需求——从朴素的业余戏剧演出到大规模管弦乐队音乐会、歌剧以及音乐剧等。

剧场及艺术中心在设施种类和空间结构的使

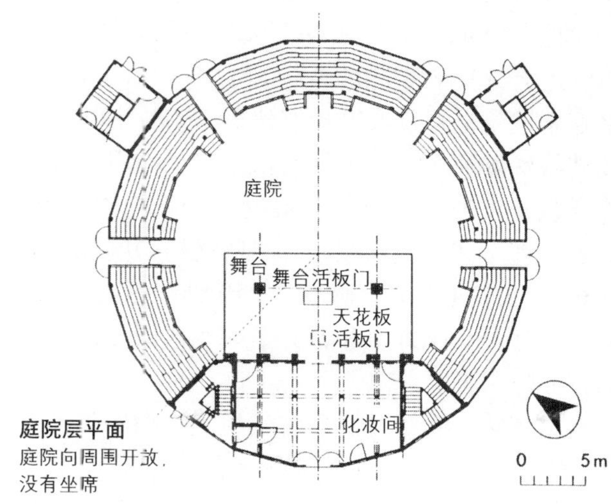


**庭院层平面**
庭院向周围开放，没有坐席

图 28-1 环球 (Globe) 剧场，Bankside，伦敦 SE1 区：美国演员 / 导演山姆·沃纳梅克（Sam Wanamaker）为了重建 1599 年莎士比亚使用的剧场而作的一项尝试，尽可能地使用类似于原作的材料和布局；新作品包括一个由伊尼哥·琼斯（Inigo Jones）设计的剧场、展览厅和商店、一个餐馆及相关的剧场设施（建筑设计：Parameta 建筑事务所）

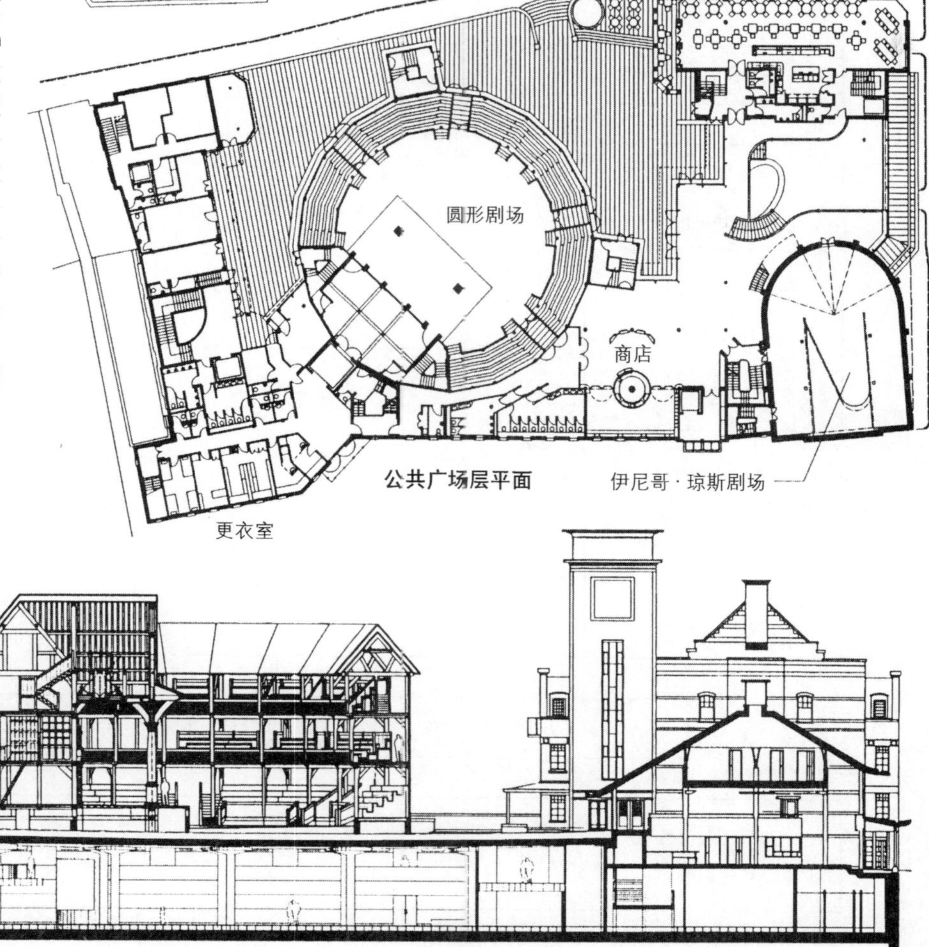


**公共广场层平面**

**剖面**
美术馆有屋顶，有简单的木质长椅

用上都有很大差异。在建成的建筑上这一点是显而易见的，尤其在最近的当代设计中更明显，而展览空间、商店、餐馆甚至旅游信息服务都被包含进来了。

传统上，剧场建筑是巨大的、有时甚至是庄严的建筑，带有精细复杂的室内装饰和通向主厅的铺着地毯的华丽的楼梯。传统的设计保持着维多利亚时代装饰和室内陈设崇尚奢华的遗风。这些宏丽复杂的剧场易于产生大规模的旅游产业，有时还会有一家常驻的剧务公司。“末流戏院”或者业余戏院是通过改造现有建筑，为特别的公司及其特殊的演出类型设计研讨室和工作室。观众席比较小，通常座位设在坡度比较陡的看台上，有着尺度亲切的演出空间。有些这样的剧院也会在售票处附近设一个咖啡馆 / 酒吧 / 餐馆。建筑的主体是否设排练室和剧务车间要根据驻在内部的剧务公司决定。

艺术中心在设计时常常体现出比演出与艺术教育更有互动性的目的。这些项目常常位于多个社区的场所环境内。有限的场地可以包含大量的设施。有时候艺术中心利用已有的建筑或社区中心，这样就没有通向宏伟的礼堂的大型门厅和休息厅，而是有更多功能性的空间作为研讨会，实践 / 工作室剧场以及互动表演场地之用。管理办公室及信息中心也常坐落在场地内，还有会议室和功能的套房。艺术中心可以用于各种不同的功能，比如公共的及私人的比赛、展览、婚礼及会议等。最近一些年，在当代建筑中，“艺术中心”和“剧场”愈来愈多地融合在一起。这些现代的构筑物安装了多媒体技术和设施，可以为各种功能服务，能满足大多数演出事务的需要，从火爆的售票处，到私人戏剧演出及研讨室。

建筑师的主要任务是在商业、艺术及观众需求之间寻得平衡。建筑的选址至关重要，尽管传统上剧场往往坐落在城镇的文化中心，但艺术中心还可以选择在小一些的住宅区，有时甚至是乡村，这要根据项目的具体情况来定。剧场建筑必须与它的地理位置形成对应，与它周围的环境产生共鸣，以使公共区域获得新生，并应该创造一个鼓舞人心的，雕刻般的空间。不管是现存的或是新的场地，当地的地理及历史文化条件对建筑形式的决定起到重要作用。

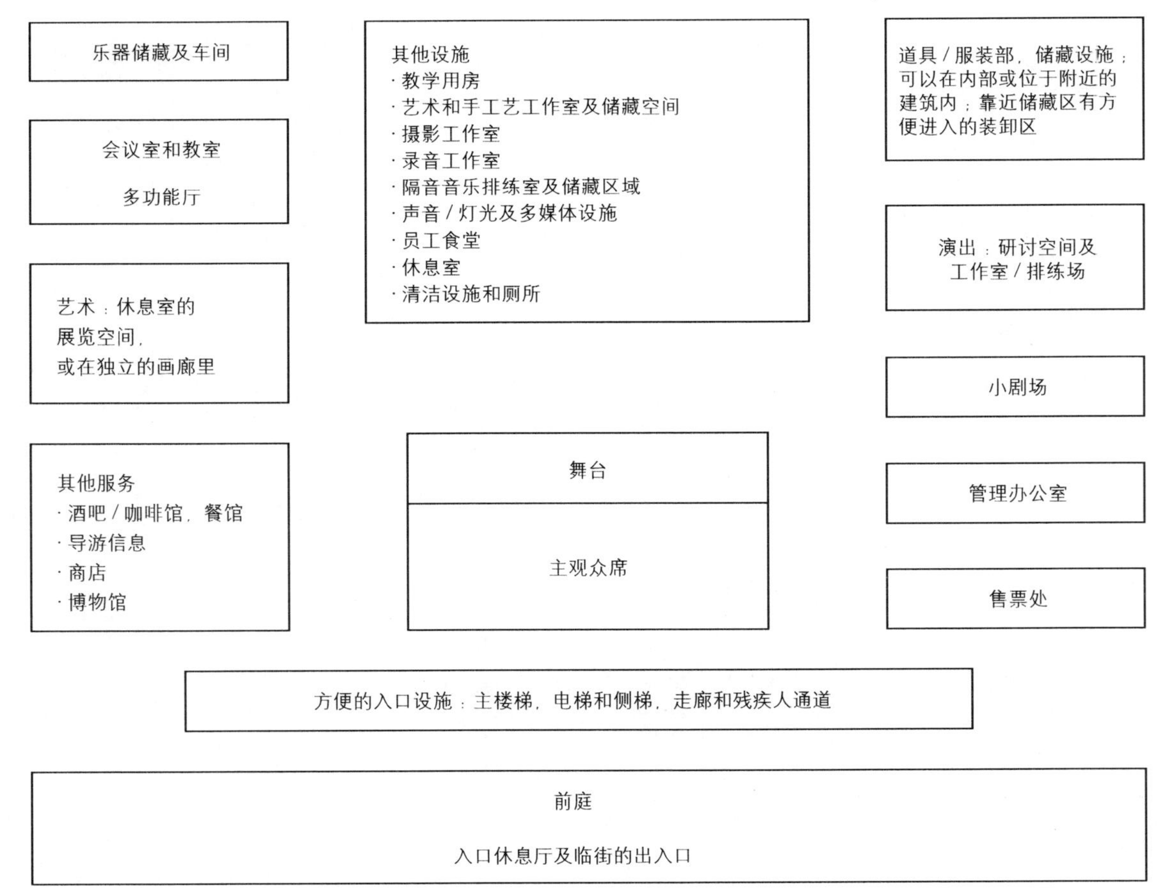


图 28–2 多功能剧场及艺术中心：组织结构示意图

## 28.2 组织

剧场可以被分成3个主要的部分（图28–2）：

(1) 接待/前庭：入口大厅，休息室，售票处，衣帽间，厕所，走廊及楼梯。可选项：商店，展览空间，餐馆和酒吧，旅游信息办公室，管理办公室。

(2) 观众席：主坐席区。可选项：包厢/小剧场。

(3) 舞台/后台：主舞台，侧翼，后台区，化妆间。可选项：道具室，戏装/戏服间，车间和教学室，以及厨房/员工室。

空间功能的内容和尺度的变化取决于剧场的类型：是戏剧和音乐剧观众席，还是业余剧院和教育使用的艺术中心。“砖和砂浆”①剧场没有内部的演出公司。

## 28.3 接待/前庭

建筑物的接待空间应该与周围景观关系密切。一些当代设计开始在入口门厅采用精致的玻璃幕墙和明亮的灯光，在街道上也能看到内部景观，从而创造一个更吸引公众的入口。其他的构筑物开阔，自然采光好，从而更具雕塑性。通向观众席的服务性空间之内的组织要着重体现出清晰、亲和的特点。主要的接待空间包括一个售票处/信息咨询台，衣帽间和通向卫生间的入口。有时候，门厅利用现成的墙面，进行艺术展览和多媒体展示，来活跃公共空间。一个餐馆或者酒吧/咖啡馆对于营造气氛非常有帮助，可以并入开阔的门庭空间之中，或者可以通过通向接待区的走廊和门进入。主观众席的入口应该是明显的，有电梯、楼梯或者华丽的楼梯可供选择。其他可

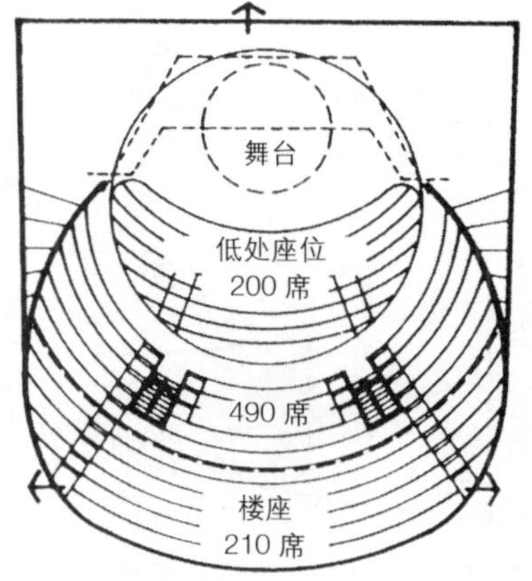


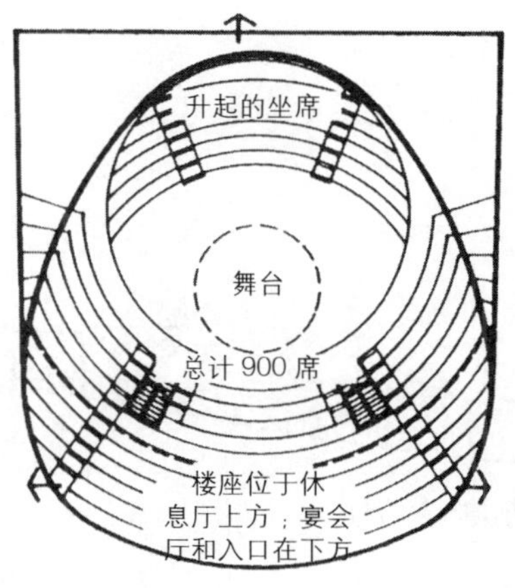


图28–3 新伦敦剧院，Drury Lane，伦敦：旋转舞台和前台，座位高度可调节（既可形成环形，也可位于舞台前——总共1106席）；后台包括9个化妆间（建筑设计：Tvtkovic Kenny Chew & Percival）

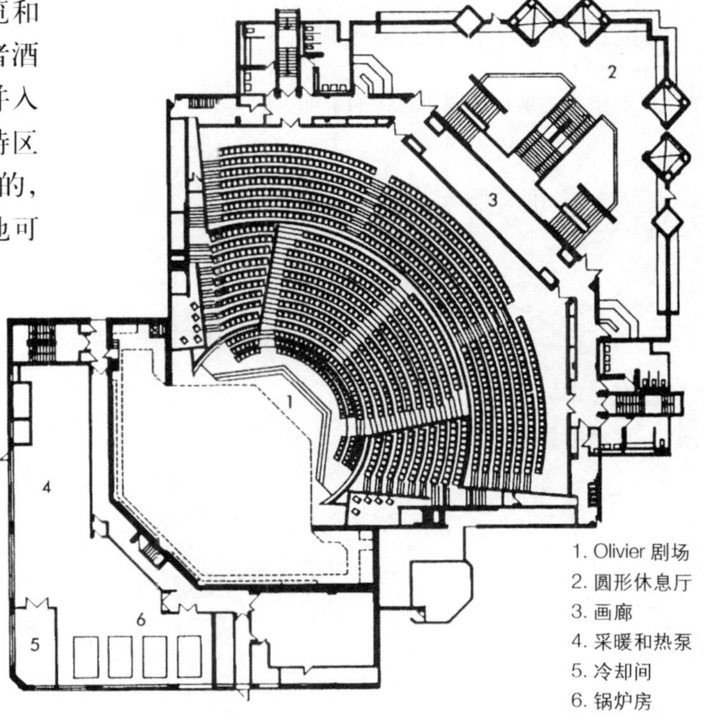


图28–4 Circle level Olivier Auditorium，国家剧院，伦敦：1169个座位；两个毗邻的剧院（利特尔顿（Lyttelton），891席；Cottesloe，400席）；后台区域（带无障碍设计的演出人员入口）包括化妆间，演员休息室，快速更衣间和5个排练间［建筑设计：丹尼斯·莱思登（Denys Lasdun）］

① 即传统的实体企业。 译者注。

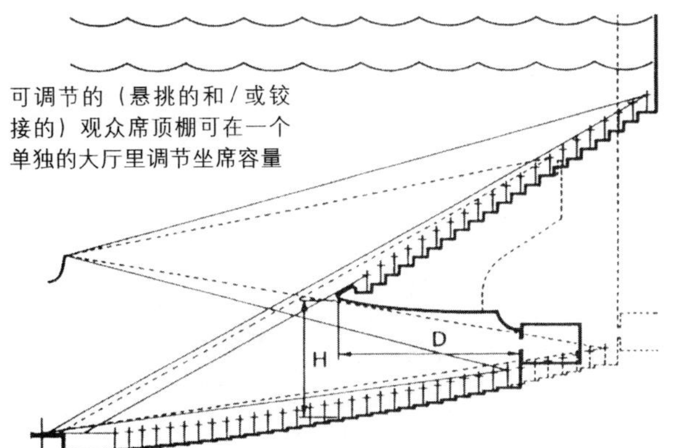


图 28–5 附着型楼上包厢（实线），悬挑的楼上包厢（虚线）

所示的观众席纵剖面（5～10）拥有相同的坐席排数。

悬挑的楼座建议的D:H的最大值，对于音乐会为1:1，歌剧和戏剧为2:1。悬挑型楼上包厢可以采用更大的D:H比值，因为声音的回响可从后面到达后排坐席。悬挑的楼座必须被明确地安置在突出的大梁上。从楼座到舞台的视线角度不应超过30º，并且最后一排也应有清晰的视线，以看到中心的讲演人群。

凸起的和不规则的表面有利于声音的传播。半球形的、拱形的和其他大的凹进的表面会引起听觉上的问题。

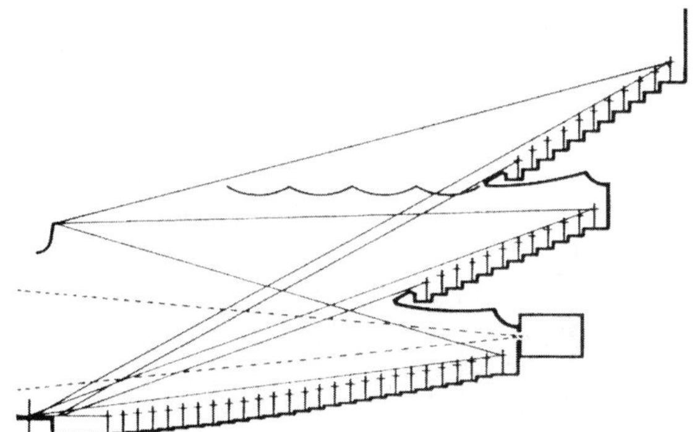

图 28–6 两层附属包厢

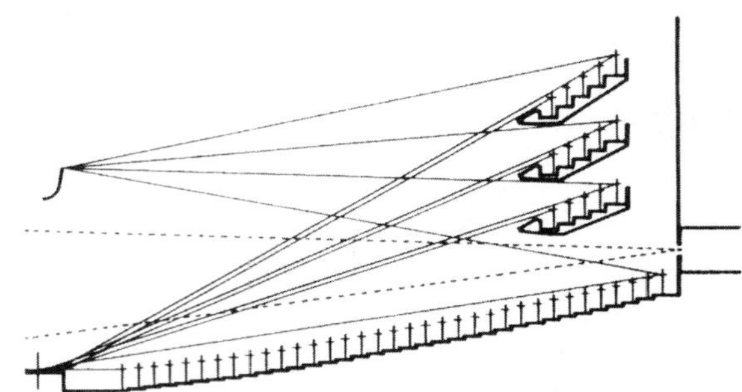

图 28–10 三层悬挑楼座

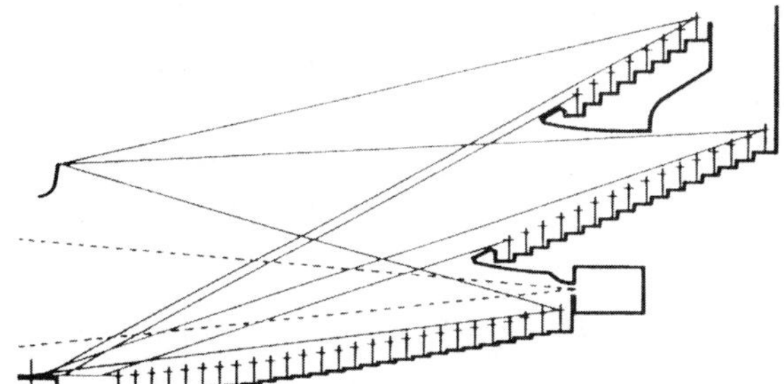

图 28–7 附属的低层楼座，悬挑的上部包厢

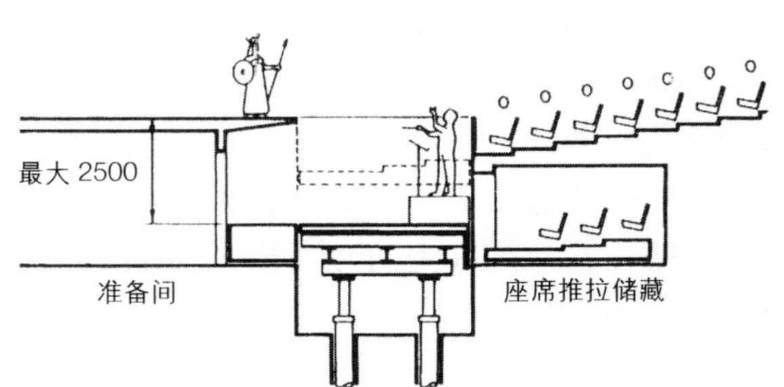


图 28–11 典型的乐池升降机细部

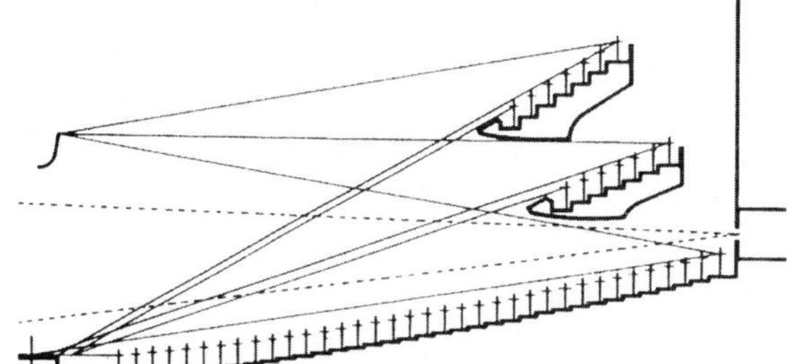

图 28–8 两层悬挑楼座

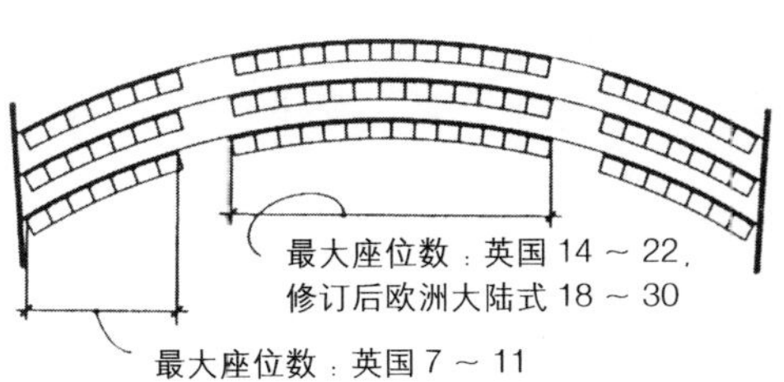


图 28–12 多通道细部

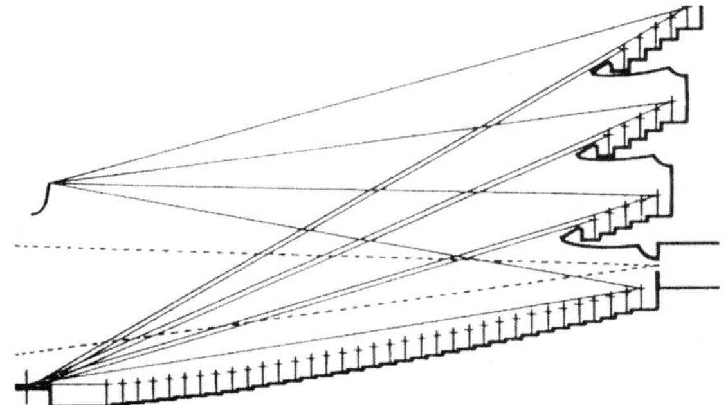

图 28–9 三层附属楼座

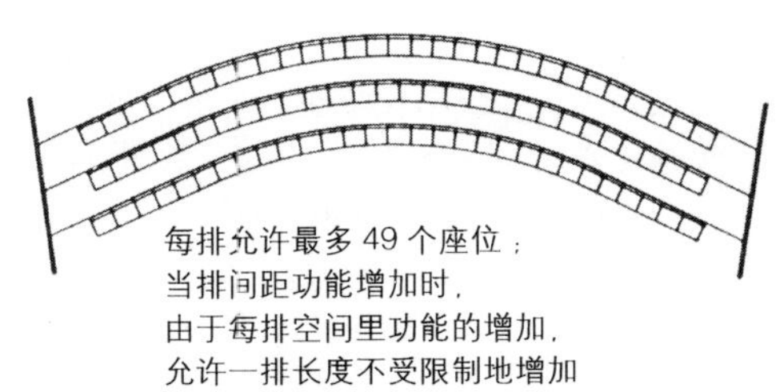


图 28–13“欧洲大陆式”坐席

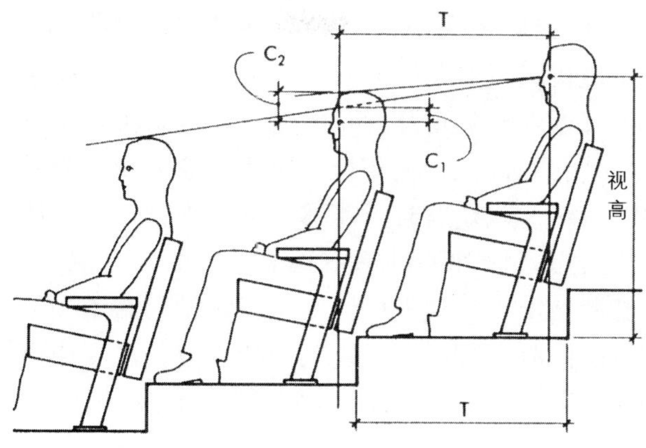


图 28–14 典型的坐在座位上的观众

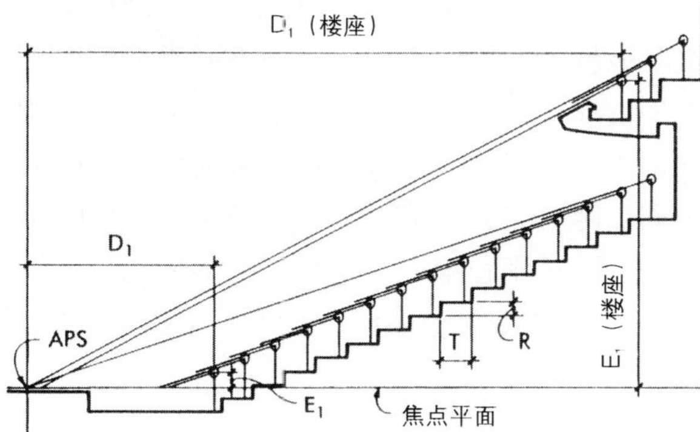


图 28–15 固定梯级高度的地板斜度

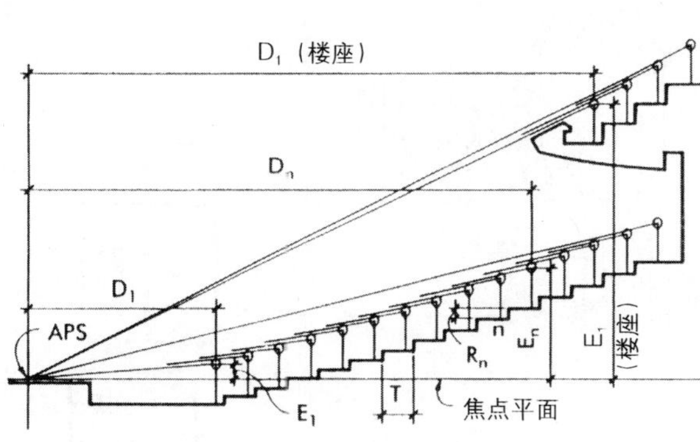


图 28–16 地板斜面

**视线**

14以一个典型的坐在座椅上的观众为例：

视高：1120±100mm

观众席踏面宽度（每排的空间）T：800～1150mm

头部间隙C：

$C_1$=60mm最小值（视线在前面观众头部之间）

$C_2$=120mm（适当的视线标准）

梯级高度 R（图 28–15）：相邻的座位平台的高差

**地面坡度**（图28–15，图28–16）

视线所及点(the arrival point of sight, APS)是最高的视线与在距舞台平面之上50mm的焦点平面之间的交叉点。距离D是坐在座位上的观众的眼睛到APS的距离。

$D_1$=首排观众的眼睛到APS的距离

$D_n$=第n排观众的眼睛到APS的距离

高度（Elevation）E是就座观众眼睛在焦点平面之上的垂直距离。

$E_1$=第一排观众眼睛与焦点平面之间的垂直距离

$E_n$=第n排观众眼睛与焦点平面之间的垂直距离

$E_1$=0设立允许的舞台高度最大值（亦即1060mm）

采用固定梯级高度的地板斜度时（图 28–15），每排的视线是平行的，APS 则是由最后一排或者最高一排的视线与焦点平面之间的交点确定。

$$R=\frac{T}{D_1}[E_1+(N-1)+C] \qquad D_1=\frac{T}{(R-C)}[E_1+(N-1)C]$$

$$E_1=\frac{D_1}{T}(R-C)-C(N-1)$$

N=观众席座位总排数

采用倾斜的地板时（图 28–16），地板抬升的高度得到了更充分的利用。地板的幂数型是视线、单焦点或者 APS 产生的结果。

$$E_N=D_n\left[\frac{E_1}{D_1}+C\left(\frac{1}{D_1}+\frac{1}{D_2}+\frac{1}{D_3}+\cdots+\frac{1}{D_{n-1}}\right)\right] \quad R_n=E_n-E_{n-1}$$

演出的形式、规模决定表演区域尺度的范围（图28–17）。对于表演空间，比较理想的是，提供各种不同的尺度。将观众与表演者指挥点之间的视角范围控制在130°之内，有助于最大限度地促进演员与观众之间视觉与听觉上的交流。

最大的表演区域应该在由前排两端130°视角范围决定的分界线内（图28–18）。表演中心的界限由前排两端座席普通、精确且多色的60°视角所决定。指挥点从理论上来说应在表演中心区之内。

观众席座位区的边界由延伸到指定舞台开口侧面的视线的特定角度所决定。与不同开口相关的30° 和60°视角视线延伸范围的边界见图28–19。

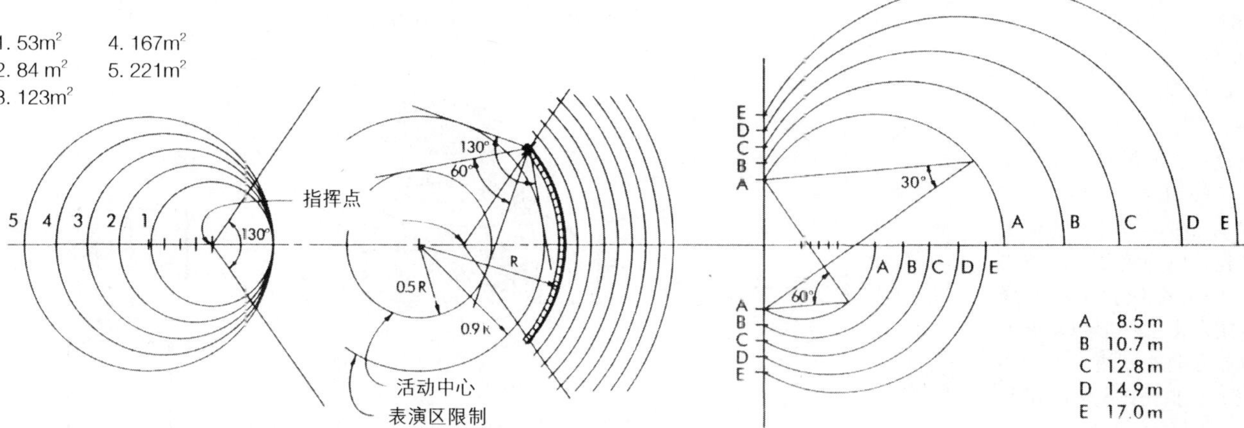


图 28–17 表演区域范围　图 28–18 演出区和看台之间的关系　图 28–19 舞台开口处的视角范围

选择的设施包括商店、咨询服务、会议室、功能间以及博物馆和画廊空间。残疾人通道、拥堵和通风是剧场入口大厅的普遍问题；流线的清晰是最最重要的。还应该满足残疾人的要求，包括从入口大厅到观众席的电梯。一些门厅刚好占据了建筑的“船头”位置，而其他则在前部和两侧。门应该向外开，与走廊的出口流线相反，并且应是自动关闭的。在许多情况下，特别是传统的剧场建筑里，通向观众席的主要楼梯位于主门厅的显著位置。

## 28.4 观众席

观众既能够从后面的大厅进入观众席，也可以从座席两边的通道，或是从看台内部的开口进入。对于露天舞台，舞台空间和观众席是一体的；传统舞台的前台装饰令人惊叹，内部精致舒适。当代设计在设计手段方面更加简洁和典雅，采用了安在墙体和天花板周围的台唇隔栅、照明桥、声学设备以及多功能面板等。需要在着手设计之初就开始考虑听觉及视觉的要求。这将决定座位的排列和布局以及天花板、墙体、地板和座椅采用的材料。观众席必须能够完全与来自外部的任何声音以及内部的排演室和演播室的声音隔离。在某些情况下，门上已经安上了声锁。墙体和天花板的混凝土和砖不吸收内部的声波，从而让声音非常洪亮，而且还有利于隔绝外部的噪声。

### 28.4.1 地板和天花板

尽管在声学性能上木料更优越，但地板上通常覆以地毯。地板的设计应该为不同类型的座席和声学设施提供一定的灵活性。音乐会、音乐剧和歌剧要求较高的天花板高度，来提供较长的混响时间：典型的大厅容量——$20.5m^3 \sim 35m^3$/每观众席位。戏剧和演讲应该采用低的天花板——$7.5m^3 \sim 14m^3$/每观众席位。按照声学上的规定，

1. 观众席（看台、包厢、环形观众席，上层环形观众席）
2. 舞台
3. 前台（3个双层电梯）——舞台前部，乐池，或座席
4. 前厅
5. Margaret Powell 广场柱廊
6. 美术馆（安排成立方体、正方形和长条形的空间）包括工作室和教育设施
7. 餐厅和导游信息
8. 更衣室和办公室
9. 景观庭院
10. 多层停车场

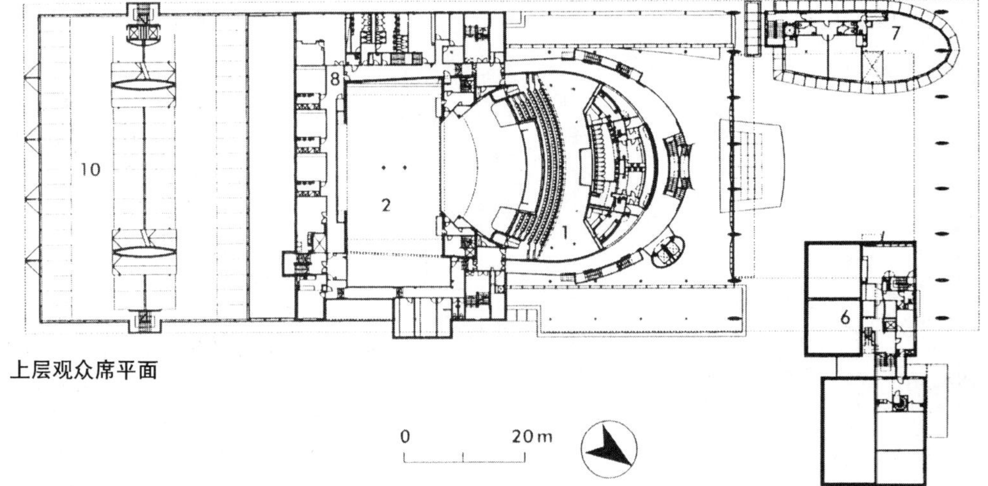


上层观众席平面

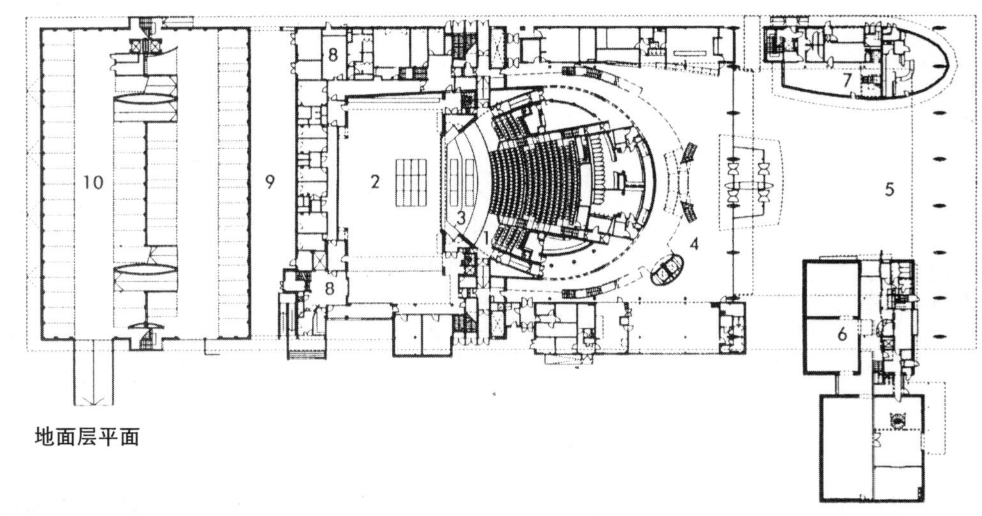


地面层平面

图 28–20
米尔顿·凯恩斯（Milton Keynes）剧院和美术馆：为戏剧、舞蹈、歌剧和音乐会而设计；正常的观众席布置是“抒情模式”（1250 或 1400 座位），但是天花板可以升起，以为管弦乐的演出提供 1600 个座位，或者降低以闭合上层环形观众席来适应非专业戏剧演出等（950 座位）（建筑设计：Blonski Heard 建筑事务所）

在伸出于观众席之上的乐队演奏处的天花板需有反射性表面。在当代的观众席设计中，天花板是可动的，带有能够开合的有分格的大型镶板，安在绞盘机和飞网格系统之上。这些变化可满足电子乐和现场演奏及演讲和戏剧的不同需求。

### 28.4.2 座席

灵活的座席能容纳更多的观众，也能允许一定的变化，并且可滑动的成排座椅可以暴露更多的地面面积。在一些情况下，前台的座椅可以移到舞台之下的储藏间里，前排的坐席可以移到后部看台的下面，以为大型的音乐会腾出更多的空间。当屏幕的开孔考虑到坐席滑动、停留空间及照明灯槽时，环形屏幕可被用来减小观众席的容量。座位间的最小净距随着一排中座位数量的增加而增大。成排座席可以根据各种不同的观众需求设计成不同的形式；观众数较少时，可以采用直排的形式。还应为轮椅的进入和转弯提供足够的空间。

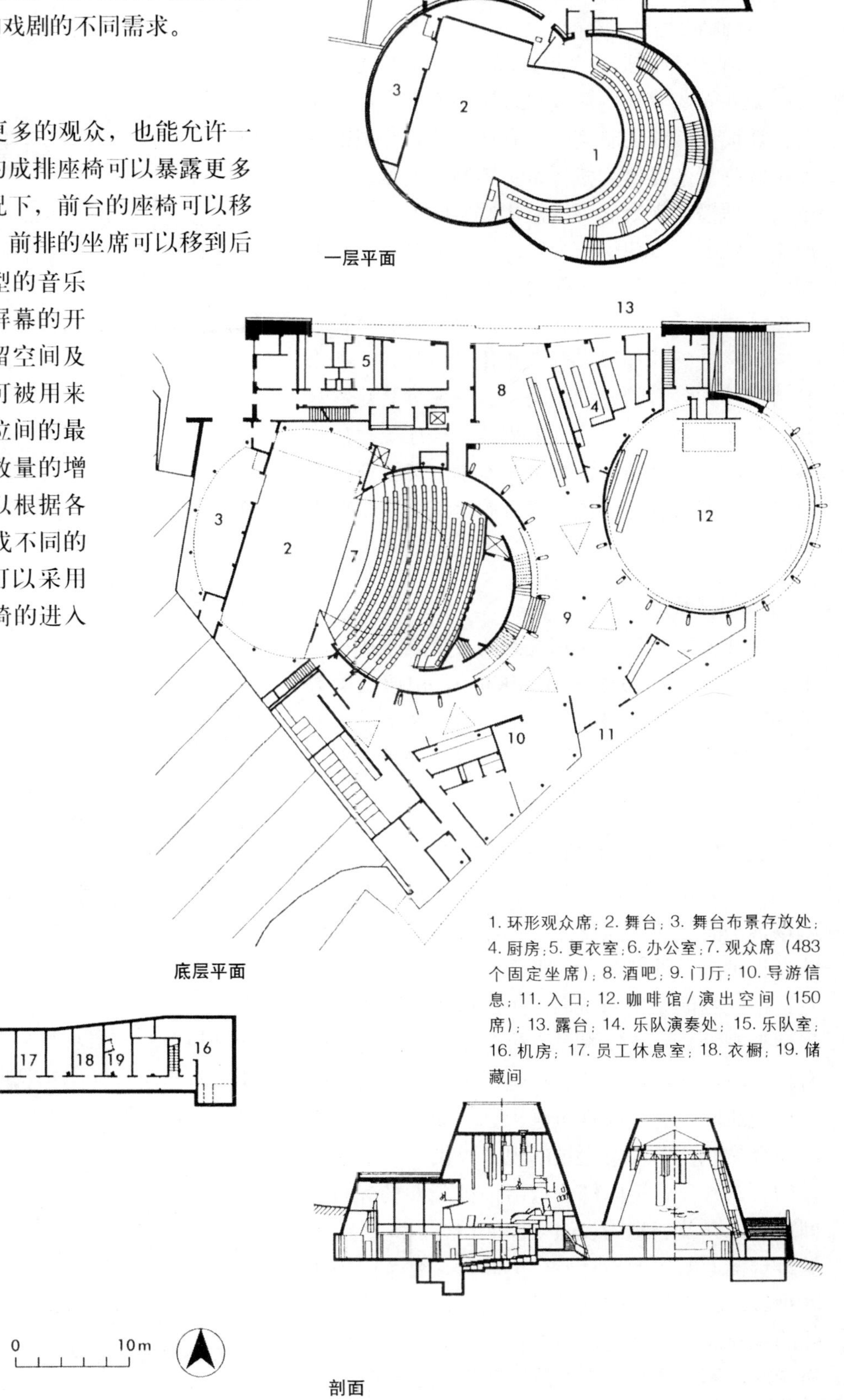


图28–21 Landmark剧院和艺术中心综合体，Ilfracombe，德文郡：主剧场拥有一个（古罗马式的）舞台；演出空间（平面图中的12）在白天是一个咖啡馆，但是在晚上也可以作为酒会和舞会的场所（建筑设计：Tim Ronalds Architects）

各种类型的成排座席布局包括：

(1) 直线式

(2) 直线式，曲线收尾

(3) 曲线式

(4) 倾斜式

(5) 直线排成组，各组再以不同角度组合

对于没有楼厅的露天剧场和观众席，座席可以设计成比较陡的斜度。当有楼厅时，倾斜的程度可以降低，以便为楼厅留下更多的高度。小剧场或者演播厅观众席可以使用非常陡的斜度，使座席更紧凑，以获得一个对开放的舞台更清晰的视角。每个席位都应该能清楚地看到舞台主要的中央区域。显然，试图让所有的座位对整个舞台都有一个良好的视线太过理想化，但是在一些带有古罗马式舞台的小型剧场，有些座席会获得从某一个角度到达舞台后部的视线，楼厅上层座席则可以俯视整个舞台，但可能看不到舞台全部的背景。座席的设计应该与舞台的比例和声学要求协同考虑。

### 28.4.3通道

走廊和通道可以采用任意的数值置于成排的坐席之间。最小的宽度为1100mm，由座位的数量决定。如果走廊很陡，台阶应该扩展至过道的全部宽度，台阶的踢面应保持一致。如果坡度很陡的话，尤其应该提供扶手。

### 28.4.4 楼厅（图28–5～10）

坡度很陡、多阶梯的观众席很常见，有一些剧场甚至有多达三层楼厅。楼厅既可以是直线形的，也可以是曲线形的；曲线形层层叠叠的楼厅营造出连续而亲切的氛围。可用楼厅来形成上下层环形观众席；舞台侧面的前台和后台以及包厢有一些散座和站席。坡度越陡，由头顶上的楼厅造成视线阻隔的危险性也越大。然而，坡度较陡的观众席确实为聚集大量的观众提供了一个戏剧性的安排，在建筑内部营造出一种令人兴奋的空间感觉，以及理想的表演空间的围合。尤其在依据舞台侧面的包厢设计后台空间时，要考虑角度和视线。露天舞台的剧场没有楼厅，但是坡度较陡的观众席能保证为距离舞台最远的座位进行对声音的控制。通常，手控的照明设施设置在后部的区域，或是靠近舞台的地方。

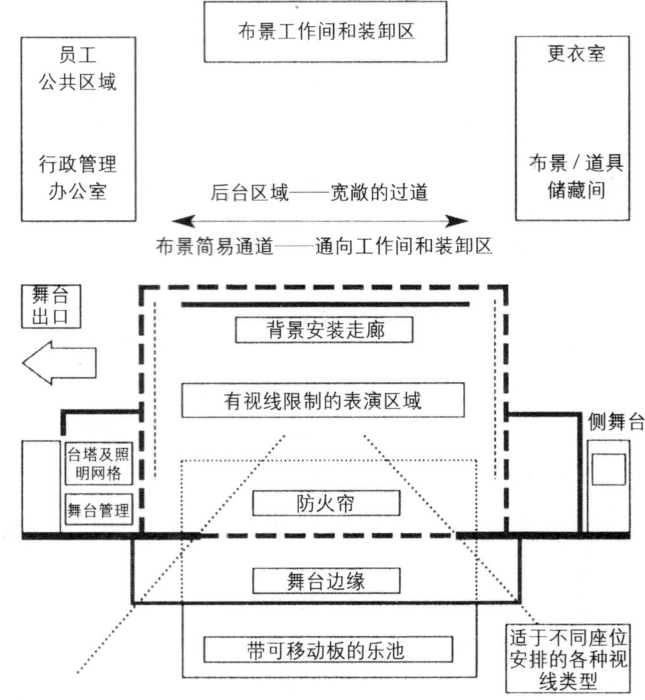


图 28–22 舞台和后台：布局示意图

### 28.4.5 出口

要求在每一层设置出口，开始的500个座位应该有两个独立的出口，其后每增加250个座位，应该有一个附加的出口。所有门都应该从观众席朝向紧急通道开启。每个出口都应该经由一个防火的围合物导向安全区域。每单位数量人数的最小出口宽度参照相关规范。

## 28.5 舞台 / 后台（图 28–22）

在每个剧场或是艺术中心，不仅演出空间有相当大的差别，而且与其配套的后台空间、排练空间以及行政管理设施亦是如此。舞台的尺度在很大程度上由布景尺度的技术性要求以及主要服务的演出的形式所决定。

### 28.5.1 主舞台

在传统和当代的剧院设计中使用了一系列不同类型的舞台设计形式。

### 28.5.2 镜框式舞台(图28–3，图28–21)

这种在过去有着广泛应用的形式既具有通用性又具有灵活性。舞台台口将演出空间从观众席分离出来，并且隔开后台的空间。在一些当代设计中，它的尺度对于一个通用性的演出空间更具

有灵活性（图 28–24）。舞台的高度和宽度取决于技术和视觉的要求：戏剧表演的宽度为 8 ～ 10m，多功能的礼堂则为 12 ～ 20m。

防火卷帘应该恰好沿着开口的内侧垂下，并且延展到舞台平面之下，有时可以穿过地板。台唇可以从舞台台口和防火帘中延伸出来。在舞台拱架两侧可以有一些小的侧舞台。这些边台应该与主舞台相关联，并且尺度有很多种。它们可能用作额外的舞台和可能的演出空间，因此需要有良好的流线和到后台的通路。

这儿也可有楼梯和成组的阶梯、坡道、过道以及可以闭合或者部分开放的乐池（图 28–11）。乐池的平台在有些时候可以根据声学及视觉的要求作出相应改变。

**伸出式舞台**　是由镜框式舞台发展而来的，将演出带入观众席，有多种形式和尺度：

(1) 卵形或四分之一圆形

(2) 方形或矩形

(3) 狭而长，两侧均可设置坐席

**开放式舞台（或竞技场式舞台）**　一种罗马及文艺复兴早期的剧场形式，也用于伊丽莎白时代（图 28–1）。开放的表演空间与地面在同一水平面，

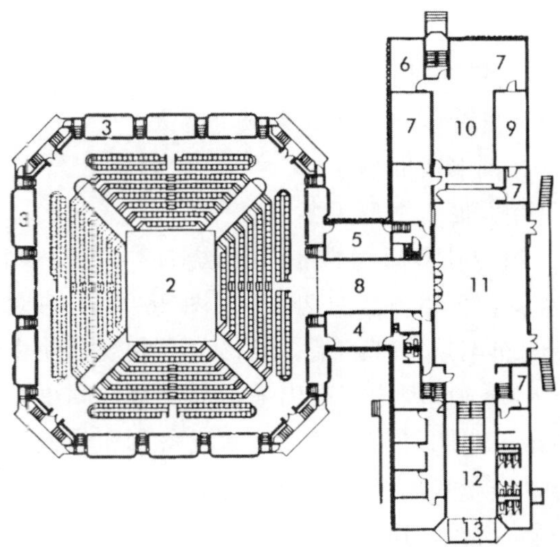

1. 可移动的座席；2. 舞台；3. 楼厅；4. 导演办公室；5. 领导包厢；6. 冷却塔；7. 仓库；8. 门厅（上面有灯光室）；9. 商店；10. 机械设备；11. 休息室；12. 门廊（排练）；13. 门厅

图 28–23　美国华盛顿竞技场舞台剧场：上层平面［建筑设计：哈里·维斯（Harry Weese）］

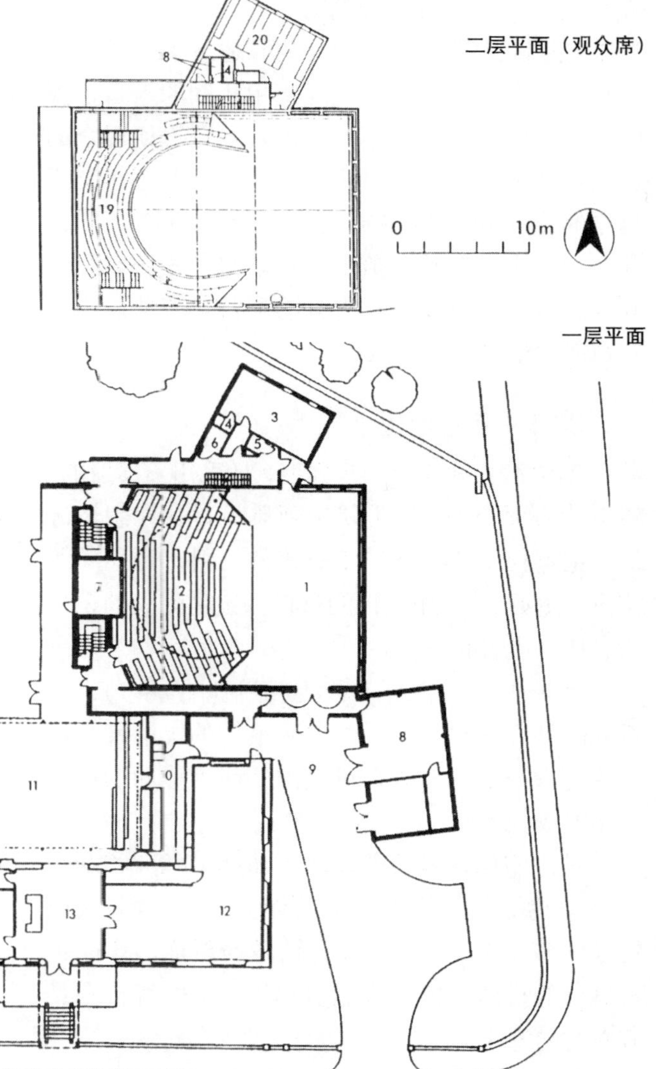


1. 舞台；2. 观众席（320座）；3. 更衣室1；4. 淋浴室；5. 电梯；6. 厕所（无障碍）；7. 控制间；8. 工作间；9. 服务庭院；10. 厨房；11. 咖啡厅/休息室；12. 美术馆；13. 入口和售票室；14. 办公室；15. 会议室；16. 艺术和工艺品工作室；17. 排练厅；18. 厕所；19. 美术馆/环形观众席；20. 更衣室

图 28–24　Chequer Mead 艺术中心，东格兰士特（East Grinstead），西苏塞克斯：采用镜框式舞台，也可作为一个开放的舞台（建筑设计：Tim Ronalds Architects）

或者抬升一定高度，由观众席环绕。舞台的形状和尺度有许多种：

(1) 部分露天、半露天或全露天

(2) 圆形或卵形

(3) 方形、矩形或多边形

在有些剧场，如果座席环绕着舞台——剧场的中心（图 28–3，图 28–23，图 28–25）的大部分区域而不是全部的话，演员可以和观众使用同一个入口，也因此创造出演员与观众之间更亲密的关系。照明灯箱、声学技术设备和布景设施常常会置于观众席区和舞台后部的墙上，这样也需要一个后墙作为演出区域的背景。

### 28.5.3 包厢/小剧场

包厢 / 小剧场是附有简单照明和声音设备的闭合的房间，用于私密的和试验性的演出。留给听众的就座空间很小，位于一个缩微的前台之前或围绕着一个开放舞台或圆形舞台。在大部分情形下，座位是灵活的，后台区域是最小的或甚至不存在。有时演员将与观众使用相同的入口，因此，在房间周围设置不同的进入点以方便观众的进入很重要。舞台可以用活动的盒子升起，装置可用的空间应是最小的，且座位斜坡装置可能也安在盒子上。在其他情况下，紧密的剧场空间在观众容量稍大时要进行充分的配备。墙壁周围的布帘能产生多变的声效。

### 28.5.4 舞台地板

期望舞台地面有一定强度，且采用不反射的、防滑的表面材料：经常使用硬质板材。理想情况是，推荐使用不容易留下痕迹的材料，可移动的镶板会更好。 用作地板的材料一定是耐火的，且不会挠曲或者收缩。

地板上经常会有多种活板门（图 28–1），一系列的升降梯组合在一起达到最大的灵活性，但这些是很昂贵的。舞台可以由一些可移动的模数部件组成。

地下室应该容易进入，它的最小净高为 2.5m。

一些舞台可以部分或整体地升起、倾斜或旋转（图 28–3）。一些舞台有轻微的斜度，这能带来更好的视线，但是可能引起相当大的舞台布景方面的问题。

舞台经常被抬升到观众席地面以上 1100mm 的高度，前部边缘弯曲或成一定角度。

## 28.6 服务区

### 28.6.1 乐池

在传统的剧场中更为普遍。虽然技术允许更多地使用音乐唱片，但是，需要多用途的演出空间来满足现场演奏的需要。乐池在舞台前方，有时会在舞台之下，取决于听众能见到管弦乐队的重要程度（图 28–11）。升降乐池可用来满足灵活的座席或演出需求。

需考虑的事项包括：

(1) 表演者和管弦乐队必须能看到指挥者；

(2) 指挥者的视平线不能低于舞台；

(3) 乐池在舞台下向外延伸不超过 2m；

(4) 舞台面下的最大深度为 2.5m；

(5) 提供 60 ~ 120 位音乐家的演出空间（大约每位音乐家 1 ~ 1.5 $m^2$，并为乐器的放置留有更多的空间）。

### 28.6.2 两翼

需要考虑的舞台周围的服务区中的设施种类根据剧场种类和演出类型的不同会有相当多的变化。涉及的机械种类可能有：

(1) 渡桥：横跨舞台的长的平台，且需要舞台拱架顶部后面的空间；

(2) 车台：支撑完整布景的巨大移动平台，需要空间来进入和离开舞台之上，并且从两边都能移动；

(3) 台塔：一个在舞台上悬挂照明设备和布景的格栅。需要足够的空间以便在后台任意一边操纵绞盘或绳索结，或为机动飞行系统设立发动机房；

(4) 附加的舞台照明走廊：后台的任一侧；

(5) 布景装载区。

### 28.6.3 后台区（图28– 22）

是舞台周围的主要交通区，且为布景、演员和其他额外的必需品的移动提供空间。有时在大的剧场中，需要一个相当大的开敞区域，以克服拥堵问题。通常需要某种形式的过厅来阻止光和声音逸入舞台区。通常，在后台周围应设过道以允许演员在舞台入口之间快速移动。紧挨着后台区可能需要的设备包括：

(1) 化妆室

(2) 员工室

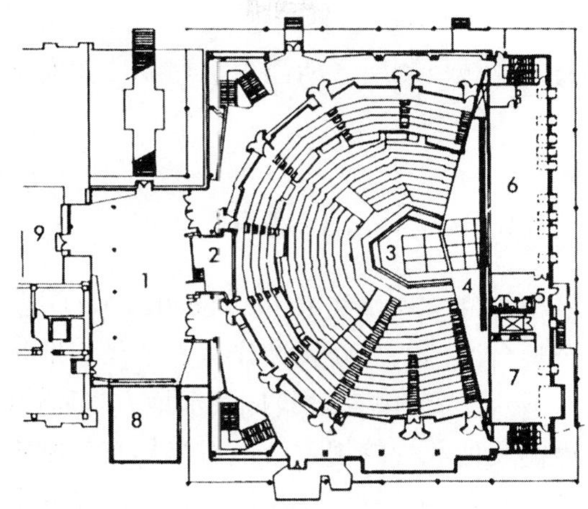

1.上层大厅；2. 控制棚；3. 舞台前部；4. 环绕式舞台；5. 后台入口；6. 化妆区；7. 演员休息室；8. Walker 艺术中心；9. 庭院

图 28–25　蒂龙·格思里（Tyrone Guthrie）剧院，明尼阿波利斯[①]，美国：一个四分之三的竞技场舞台；包厢层平面［建筑设计：拉尔夫·雷普森（Ralph Rapson）］

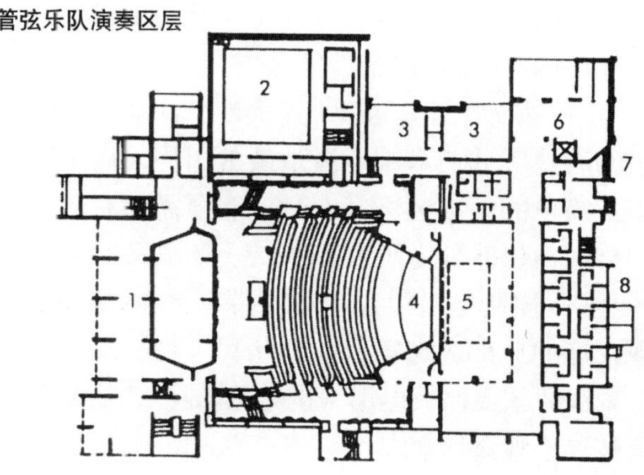


1. 上层大厅；2. 上层部分小剧场；3. 会议室；4. 管弦乐队演奏区；5. 戏剧舞台；6. 接待处；7. 办公室和入口；8. 更衣室；9. 机械设备

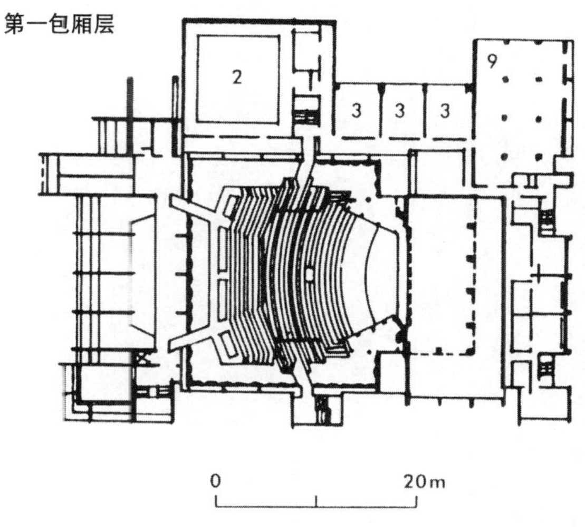


图 28–26　汉密尔顿宫（Hamilton Place），安大略省，加拿大（建筑设计：Garwood-Jones）

(3) 员工和表演者能在此聚集的厨房和休闲区

(4) 布景和道具储藏区

(5) 剧装储藏区

### 28.6.4 服务区的其他设施

一些剧场可能只有表演、管理和排练设施，而布景 / 服装制作设在附近的另一栋楼中。然而，在包括艺术中心的许多设施中，需要考虑一些行政和表演设施的附加区域。这些包括：

(1) 布景制作工场：布景和道具的现场制作；在一些情况下，位于舞台区附近较方便，尤其是悬挂巨大幕布的地方。这些区域必须很大，足以满足复杂的技术用途（例如木匠工作台和木材储藏），并以最大的布景大小来设计。在一些情况下，油漆作坊会与工场分开，背景幕布或者挂在框上，或在地板上展开。在所有类型的工场中，都需要清洁材料和工作材料的储藏空间。应有对声音的限制，以保护工场免受剧场其他部分的干扰，可能需要较大的门或者卷帘门以便通行。可能还需要大货车和装载区的通道。在工场与剧场的礼堂建筑分开或是包含旅游公司的剧场中，需在后台邻近储藏室的某处设单独的装载区。也许还需要为主设计者提供一个办公室；

(2) 道具制作工场：类似于布景制作工场，用于制作陈设和小物件；

(3) 道具储藏：用于舞台陈设和额外物品的储藏；

(4) 服装制作工场：制作服装的地方。可能需要密集的储藏和搁板架，还有工作台面和大的可进入型橱柜；

① 美国第四种舞台设计风格——建筑舞台美术的代表。导演古瑟里（Tyrone Guthrie，1900 ~ 1971）与设计师 Tanya Moiseivitsch 合作，共同设计了一种新的剧院空间格式，以各种创新的方式表现舞台作品。他们建造了两个著名的剧院——一个是在明尼苏达州明尼阿波利斯城市的 Guthrie 剧院，如图所示，还有一个是在加拿大安大略湖的斯特拉特福德节日剧院——在这两个剧院推行他们所谓的节日舞台艺术。作为舞台设计师和服装设计师的 Moiseivitsch，把她的舞台设计和演出服装设计一起应用到这些剧院，剧院里面多边、阶梯结构的舞台突兀于观众席的位置，这样可以减少了大部分的场景设计，而且这种剧院建筑设计为她精心制作的演出服装在灯光下面尽情的发挥提供了完美的空间。——译者注。

(5) 衣橱：服装存放在挂轨和储藏隔间中；

(6) 假发储藏和梳妆台；

(7) 排练工作室和工场：表演、跳舞和演奏音乐的大片区域。木制地板是最常用的，周围设镜子或简单的内部装饰。有时可能会需要有简单照明、音响和幕布装置的房间；

(8) 控制室（声音和放映）：这些通常都设在观众席的后部或在舞台区的两翼。投影仪用于营造景观效果或播放电影（也见电影院）。通常共鸣板被置于观众席之内；

(9) 钢琴存放 / 音乐储存；

(10) 录音工作室：可能有磁带的储藏橱；

(11) 行政办公室：典型的办公室布局；

(12) 员工设施：包括厨房 / 洗衣店 / 小卖部和员工公共区域、厕所、清洁工具存放处和安全控制室。

## 28.7 规范

1968 年的《剧场法》（the Theatres Act）规定：每一个舞台演出的公众表演建筑必须经当地行政机关许可。音乐和舞蹈建筑同样受地方当局管理，但得遵循其他法规的规定。地方当局有权制定影响建造和装备的法规，以及建筑物如何在安全条件下进行维护，但是除此之外，以正常方式应用建筑规范和消防指导方针等。

# 第29章　交通设施

*Helen Dallas*

包括停车场、加油站、公交车和长途汽车站

交通工具的数量在不断增加，需要相应的设施来为汽车和车主服务：加油站、高速公路服务站、停车场、汽车陈列室和修理处。这一章节首先谈到交通工具的尺寸，它们的行驶要求以及道路设计，然后研究不同设施的细部设计。

## 29.1 细部设计

### 29.1.1 交通工具尺寸

汽车尺寸变化很大，但有一个典型的尺寸（图29–1）可用于停车空间、车行道和道路交汇处的设计，相似的标准信息用于其他类型的交通工具（图29–2，图29–3）。

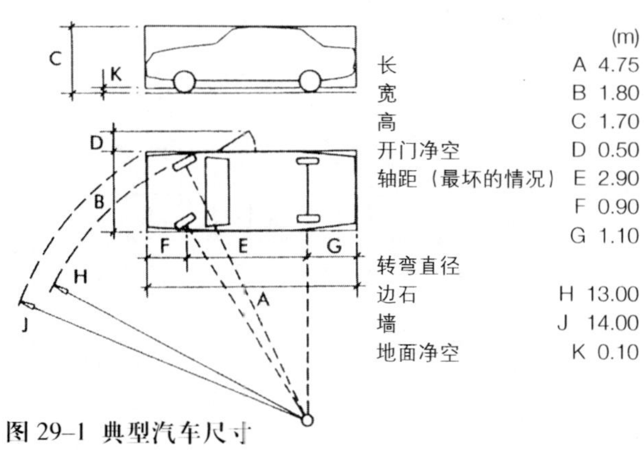


图29–1 典型汽车尺寸

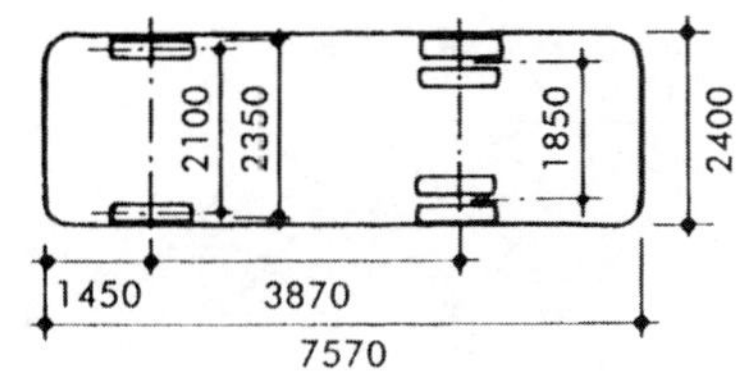


图29–2 典型尺寸：垃圾车

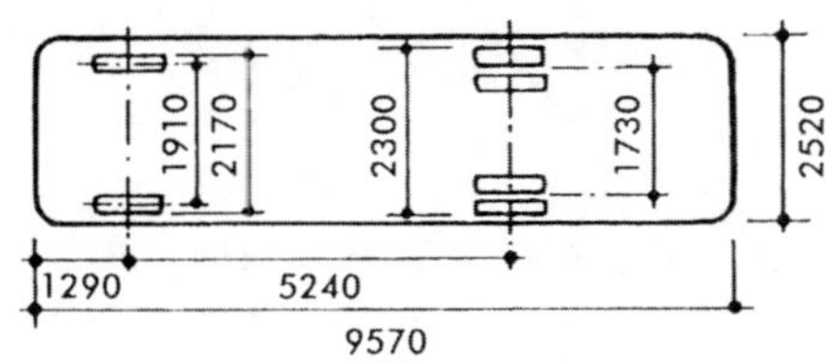


图29–3 典型尺寸：家具搬运车

### 29.1.2 车行道

车辆行驶和移动的空间取决于它们的操作条件。对于主要道路，国家公路局（national highway authorities）拟定了最大允许尺寸，轴线荷载和转弯半径。他们给出了城市和乡村主要道路的宽度、视线和其他特征的建议。尤其在其拐弯处，要留出一定量以允许不同车辆通过（图29–4）。

在交通流量较少的居民区路上，对尺寸进

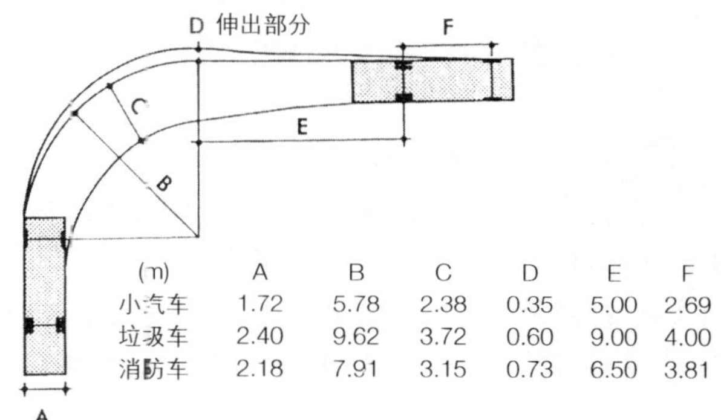


| (m) | A | B | C | D | E | F |
|---|---|---|---|---|---|---|
| 小汽车 | 1.72 | 5.78 | 2.38 | 0.35 | 5.00 | 2.69 |
| 垃圾车 | 2.40 | 9.62 | 3.72 | 0.60 | 9.00 | 4.00 |
| 消防车 | 2.18 | 7.91 | 3.15 | 0.73 | 6.50 | 3.81 |

图29–4 90° 转弯：不同车辆的尺寸

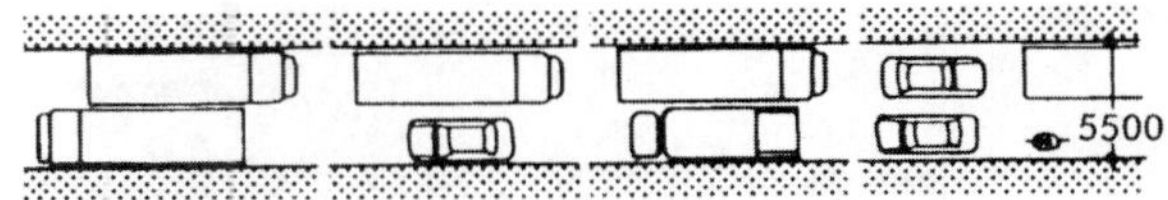


图29–5 住区交通的正常最大宽度是5.50m：所有车辆都可以一辆接一辆地通过，对最大车辆所允许的总偏差为500mm

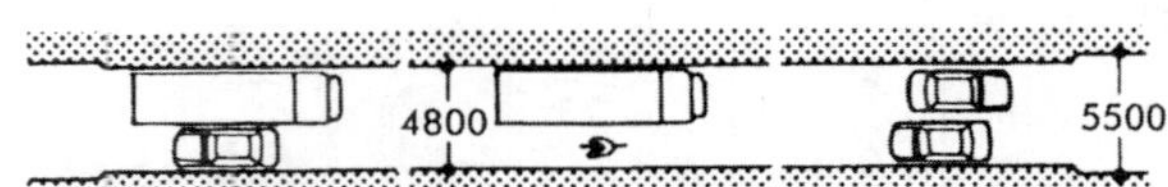


图29–6 4.80m的车行道允许较宽的小汽车和家具搬运车错车，总偏差为500mm，但对于大型车辆的自由移动来说有点窄

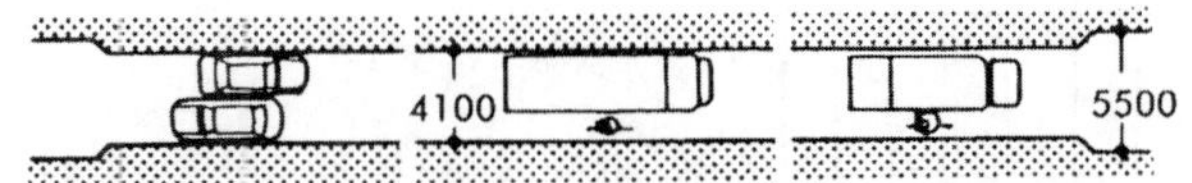


图29–7 4.10m的车行道太窄，大型货车除了可以和自行车错车外，无法和其他车错车；小汽车可互相错车，总偏差为500mm

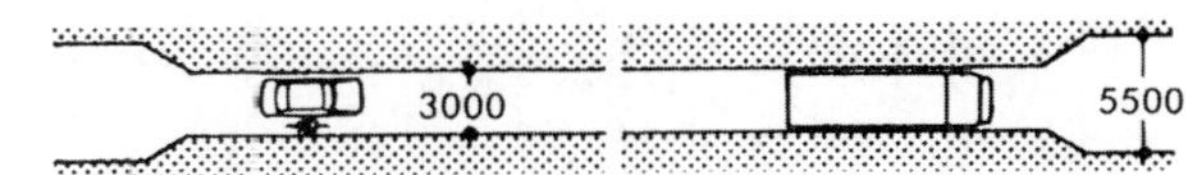


图29–8 单行线上通过区之间最小宽度3.0m

行一定的调整是可以接受的（例如为了保留现有的特征）。窄于 5.5m 的道路是可以接受的（图 29–5，图 29–6，图 29–7，图 29–8）。停车位制约了道路宽度。在道路直接通向住所和停车空间时，车行道可能用于临时的车辆停放。如果情况不是这样，宽度很大程度上由运行的交通量决定。较狭窄的剖面可以阻止停车（例如在人行斑马线上停车会带来危险）。

交通稳静化的概念，结合减速或对特定形式交通工具限制使用的措施已成为减少市区交通相关问题的关键。1993 年《公路（交通稳静化）法规 [The Highways (Traffic Calming) Regulations]》和 1996 年《公路（公路减速带）法规 [Highways (Road Humps) Regulations]》的提出使得计划能够落实，并考虑到了汽车齿棱标志带、减速带、道路窄化、减速弯道、单向控制、微型环交，视线阻挡以及表面处理这些因素（图 29–9）。

### 29.1.3 停车场尺寸

在停车位中的车辆停车空间尺寸的范围从 1.80 × 4.60m 到 2.50 × 6.00m（见图 29–10），但当车辆平行停放时需要稍微加长（图 29–11）。露天停放或有可能大型车或货车较多时，采用加大的尺寸。虽然 90° 停车（每辆车 20 ~ 22 m²）在空间需求上更经济，但 45° 停车（每车 23 ~ 26 m²）可能更方便（图 29–12）。残疾人的车辆停车空间应该比较宽：对于可辅助走动的人，停车位宽度应该增加到 2.80 m；对于轮椅使用者，增至 3.00 m。在较大一些的和多层停车场里，可以同时采用 90° 和按某一角度的停车位，这取决于可利用的总宽度和通道的模式。

## 29.2 停车场设计

### 19.2.1 外部或单层停车场

单层开放式停车场能同时满足私人和公共的使用：例如，住宅公寓项目的停车庭院、毗连工厂和办公室的停车区，城镇中心停车场，旅游景点、超市和多元电影院的停车场。

大型开放停车区域常常需要打破固有规模，可结合以下方面：

(1) 表面的变化——彩色砖块，沥青碎石路面，坑纹混凝土，嵌草砖（注意需要抵抗石油或汽油污染）；

(2) 屏障或分隔，以界定区域和帮助车辆定位——高度变化、标识、围墙和种植物；

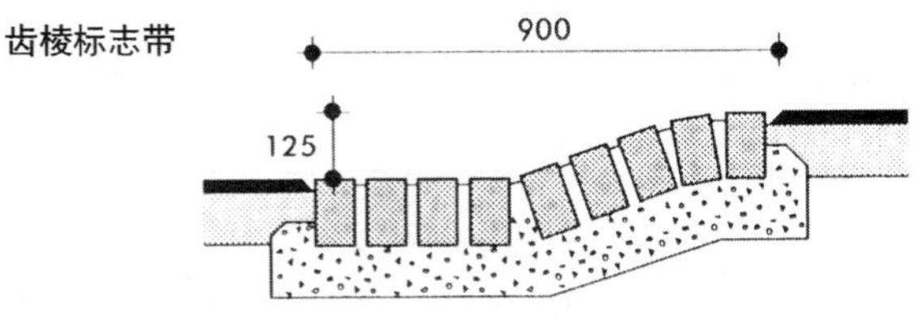


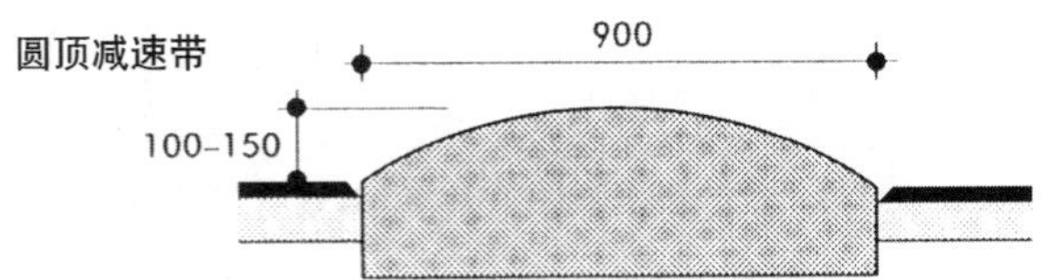


图 29–9 典型交通稳静措施

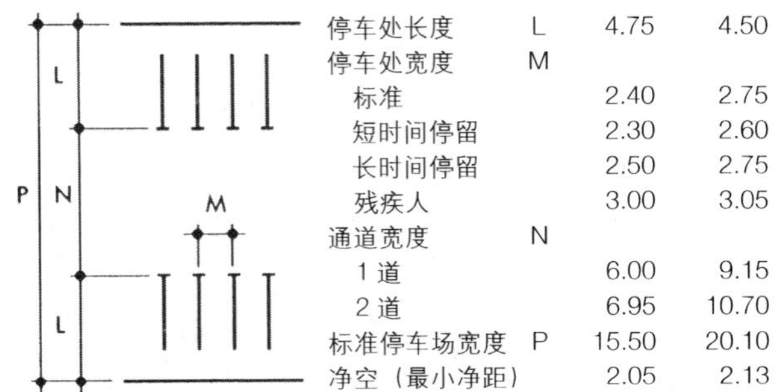


图 29–10 推荐停车区尺寸，90° 布局 (m)

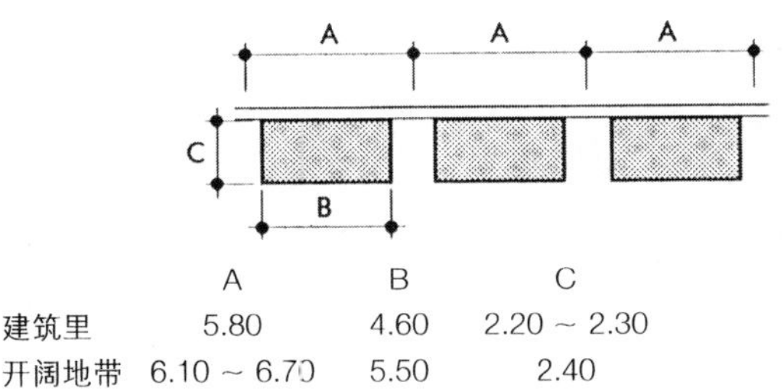


图 29–11 平行停车 (m)

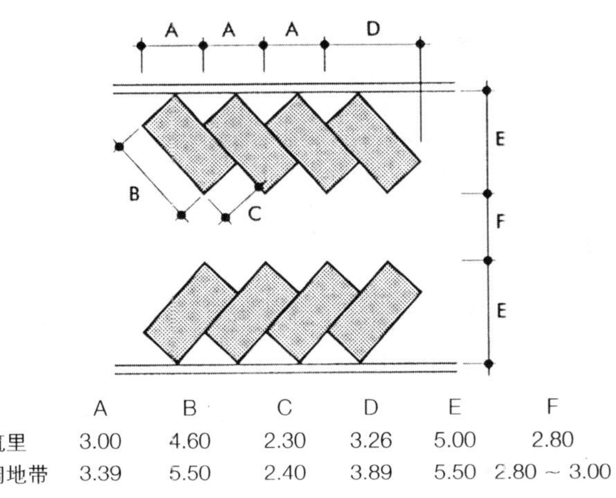


图 29–12 有角度停车，45° (m)

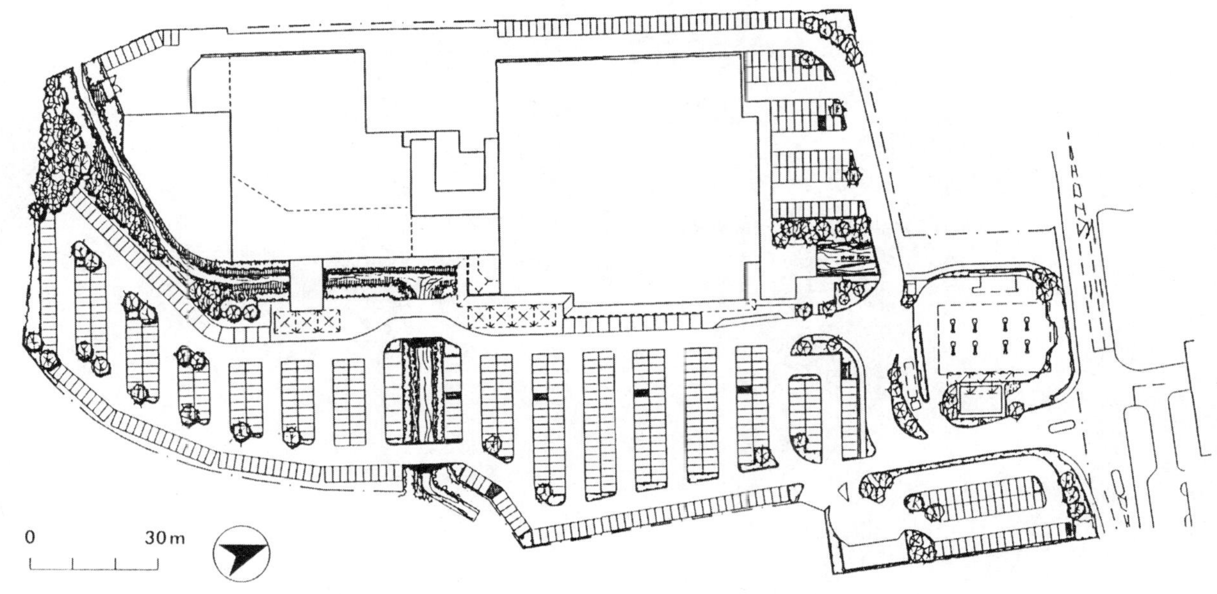


图 29-13 桑斯伯里 (J Sainsbury) /Homebase，卡迪夫 (Cardiff)：商业停车场布局和加油站 [景观设计：姆诺 & 怀特恩 (Munro & Whitten)；建筑设计：乔纳森·史密斯 (Jonathan Smith) 及伙伴]

(3) 使用景观来软化大面积硬质区——停车位之间种单株树木，背靠背的停车位之间或是在跑道的尽头和毗连的人行路线设低矮的种植床。

### 29.2.2 位置

停车位的安排应该清楚且有很好的组织，使用道路标识和标牌，优先选用单行道系统。"死胡同"应尽可能短，以便驾驶员能看到未用空间。要考虑一辆车通过时，另外一辆车可能需要倒车和离开。较大的停车场采用一条集中路线（可能是双行道），也可选择单向环路离开。长时间停放的停车场（例如为通勤者服务的）的停车走廊稍长一些，且与短时停留 / 迅速周转的停车场 (2.5m) 相比，停车位会窄一些 (2.3m)。大型停车场的规划要适应变化时 / 高峰期的使用情况，要同时安排常规空间和车辆过剩时的空间。

某些停车场可能需要一个直接与入口相邻的下车区或出租车停车区域（例如，万一天气恶劣，或有老弱的参观者）。可能需要为残疾人、重要人员或带着年幼孩子的购物者准备合适的空间。

### 29.2.3 多层停车场

这些多层停车场通常是为城镇中心直接与购物区相关的地方服务，或者为参观者、购物者和工人提供的多种场所服务。靠近停车场的入口应该有清楚的标识，最好沿主要的支流道路设置。通道的设计需要地方当局交通工程师的批准，来确保充足的入口排队空间和交通流中安全的出口。

**布局** 最小的可接受的停车位尺寸是 $25m^2$，以保障结构和形成一个经济的通道布局。通常采用平行的双层停车层系统以提供明智的交通流线，让单行的车流分成向上和向下两路（见图16)。这样能保证最大的交通容量。如果采用双向车流或者向上和向下混合的流线，则会减少动态的容量。死胡同车道是不受欢迎的。通过使用最长的可实施的走廊长度，能收到经济效益。向下的路线应尽可能短，以便加速离开，而向上的路

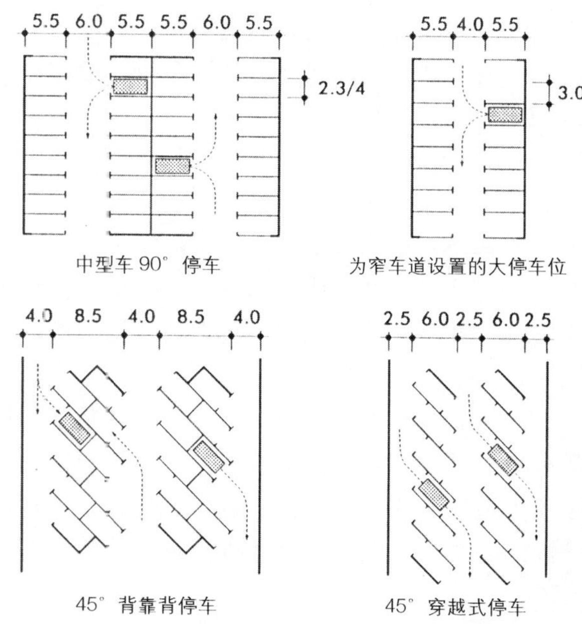


图 29-14 使用 90°和有角度停车的典型布局 (m)

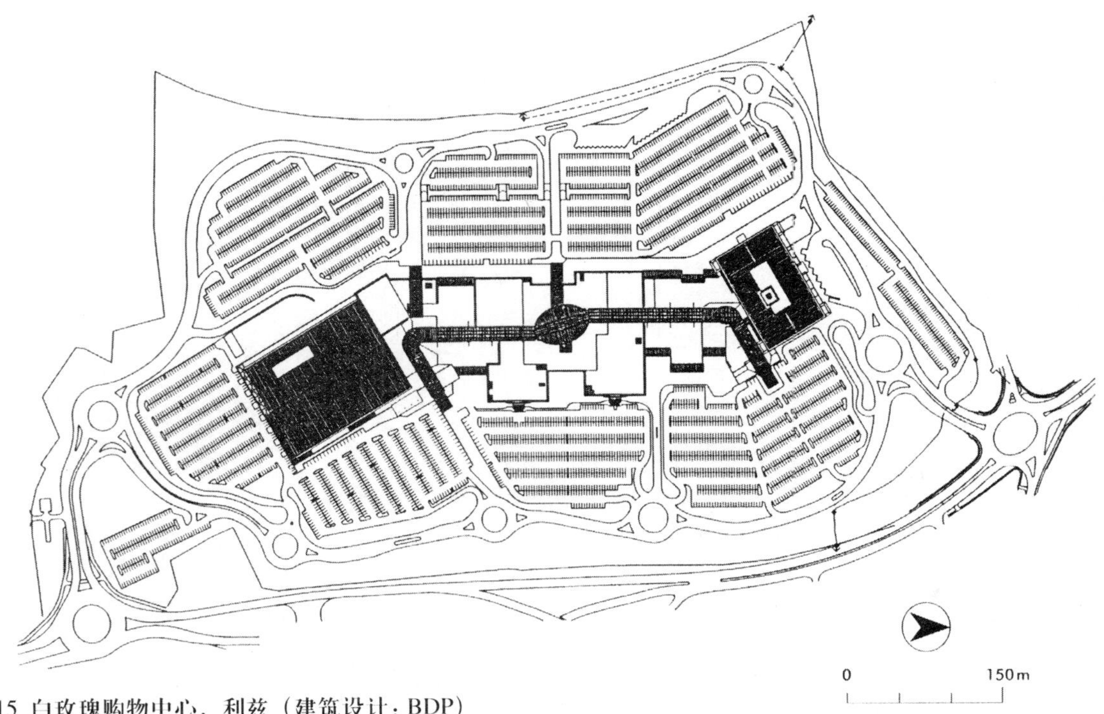


图 29–15 白玫瑰购物中心，利兹（建筑设计：BDP）

线设计要为搜寻空车位提供方便。

典型的布局方式包括：

(1) 错层布局：这种布局被广泛采用。安排两个停车层的位置，使毗连的停车层被半层高度分开。在层与层之间使用短斜坡相连（图 29–17）。

(2) 扭板布局：停车层由连续的水平外部边缘建成；坡度平稳过渡，让停车层内部联系在一起。与错层布局相比，建筑物两端斜坡可以略去（图 29–18）。

(3) 停车坡道布局：停车层建成一条长长的坡道，这对立面的外观有显著的影响。为了保持合适的坡度，需要一个较长的建筑物。必要时，可通过一条外部的螺旋状坡道加快车辆的驶出（图 29– 19）。

(4) 平板布局：使用外部的坡道连接分层停车区域（图 29–20）。

**停车场内的车辆运行** 应该在停车处周围设置一条有效率的路径让车辆就位，过后很快地前往出口。需要清楚的标识，通常结合使用地面路线标志和悬挂的标牌。

对于行人来说，出口的位置，不管是楼梯还是电梯，从停车场里的任一点都应该是可见的。必须提供标准的绿色和白色或灯光标牌。出口位置周围需要留出空间，收费机应在车流的安全距离上。

**楼梯** 逃生楼梯的数量和位置取决于停车场里任一点与其的最小距离。它们应该有足够的宽度，开放的栏杆，很好的照明（自然采光更好），通风良好，顶部和底部有装有玻璃的门，以保证使用者的安全。如果有二层或更多层，要求安装电梯（平均载客量 8 人）。

**安全** 车辆和使用者的安全都非常重要，通过确保下列各项以增强安全性：

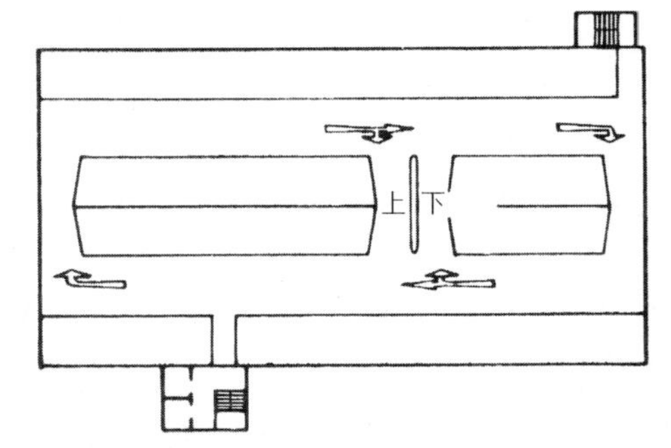


图 29–16 典型多层停车场布局

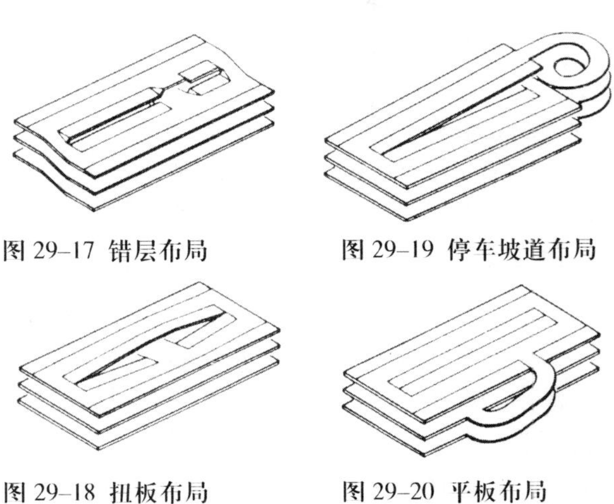

图 29–17 错层布局

图 29–19 停车坡道布局

图 29–18 扭板布局

图 29–20 平板布局

(1) 在整个范围中没有遗漏或看不见的盲角；

(2) 将错层布局划分成两半时，不应遮挡视线；

(3) 所有区域都有良好的照明；

(4) 除了指定的车辆和行人入口，没有其他的进入停车场的入口；

(5) 提供闭路电视监视系统以及 / 或常规的巡逻。

**控制系统** 用来控制车辆进入停车场并操纵收费设备。繁忙的城镇中心停车场在入口或靠近入口处应有明确的可用车位指示。现在可利用精密的电子系统满足控制需求。入口应该是明显的，清楚地显示高度限制和费用。障碍物能使得车辆减速，并可协助售票机。依据每小时的车流量，可能需要两个或更多的入口 / 出口障碍物。

应准备可供选择的付费系统，例如在入口处支付固定的费用给收款机或出纳员，这样就减少了出口处对障碍物的需要。还可考虑按时间阶段收费，在出口、付费和显示系统处交付以及场外购票。

**结构** 需要使用不易燃的材料，以达到建筑要求的防火标准。通常选用混凝土柱、梁和楼板，因为冲撞破坏很少，可以忽略，所以作一下简单的表面处理就可以了。柱网需要适合停车位空间，最好位于后部，以减少对停车的限制。楼板常常是实心加强混凝土板，预制单元或肋骨 / 格子顶棚系统，它们会增加整体高度，但是能安置管道和照明设备。外立面应该部分开放以便消防和烟雾的驱散。周边应设置立柱来抑制车辆影响：典型情况下采用混凝土、砖或钢材料。

设计者经常需要考虑外部的大体量，使用一系列材料和较小的元素来打破这种尺度过大的感觉，或结合适合基地的特色。如果使用地下停车系统的话，这个问题就能得到缓解（图 29–22）。

## 29.3 加油站

大多数加油站与主要的石油公司有关，但是随着超市而发展起来的新的批发商店的数量有着

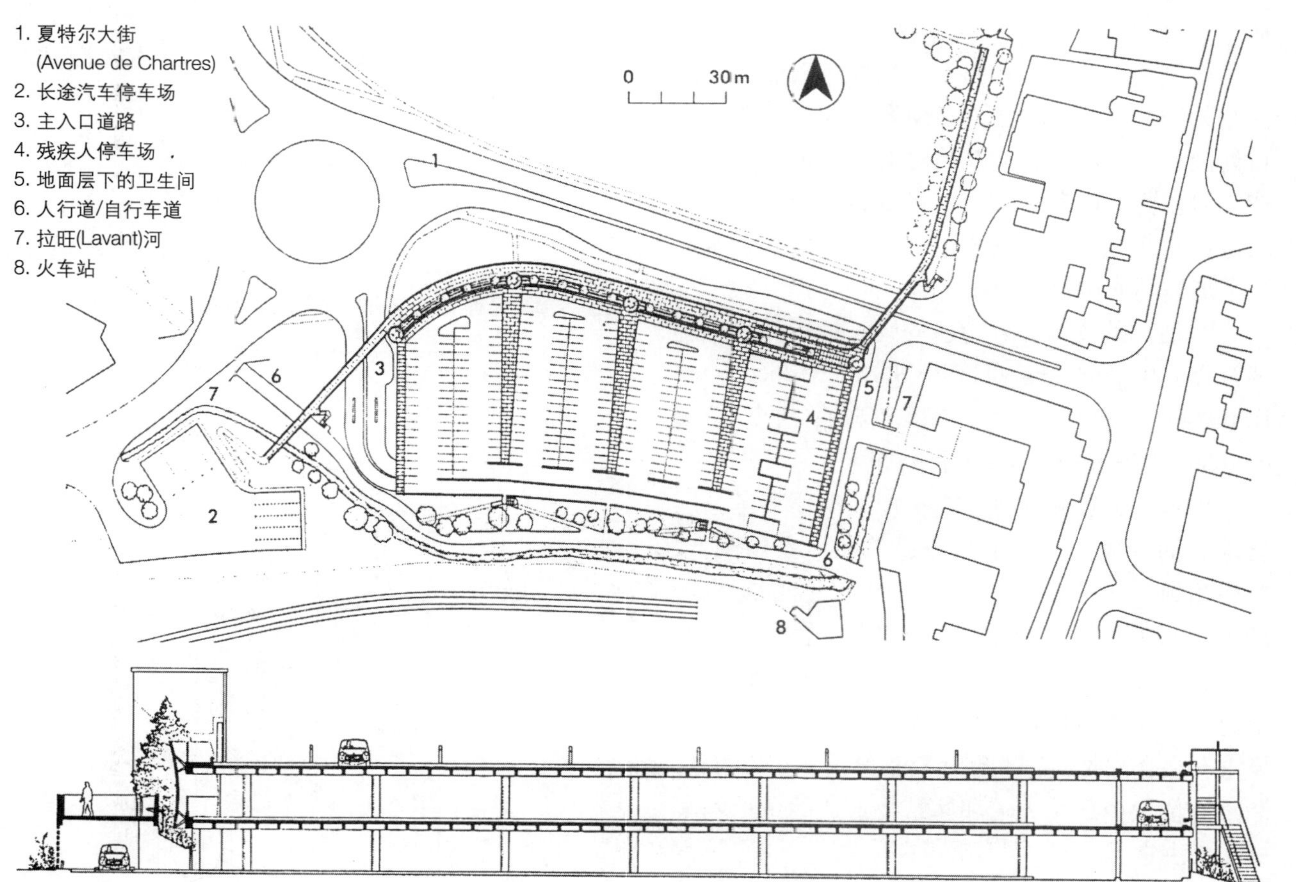


车辆入口位于查特斯大街环岛上。与拉旺河平行的支路通向四个停车间三层的每一层。一共是 900 个车位。参观者在停好车后，可以沿着巨大的人行走廊通向圆形楼梯塔，从此进入上层的步道。东北角的人行坡道系统可以帮助推婴儿车和手推车的参观者到达任何层。公共卫生间可通过东北楼梯间底部的地面层到达。残疾人停车区与整个交通系统分开，位于市中心最近的点上。

图 29–21 查特斯 (Chartres) 大道停车场，奇切斯特（Chichester）：第一层平面和剖面（建筑设计：Birds Portchmouth Russum）

图 29–22 机械化停车系统（双层停车系统；图片经同意后复制）

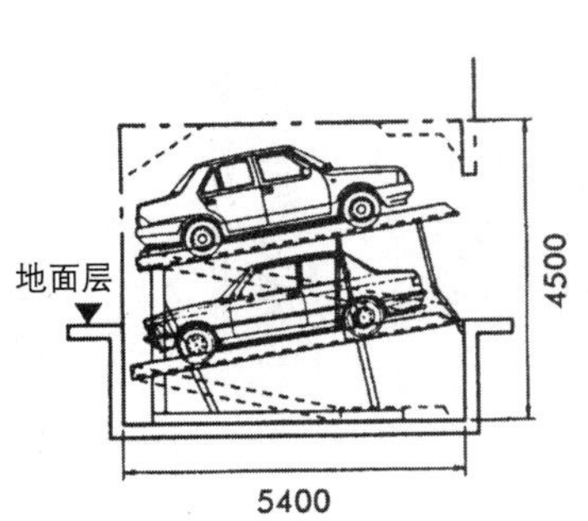


2～4 辆车的升降机，可以独立移走

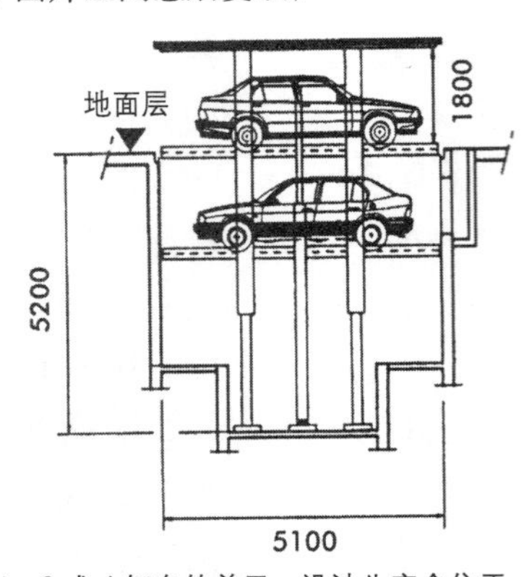


1，2 或 4 辆车的单元：设计为完全位于地下，因此可以位于庭院处等

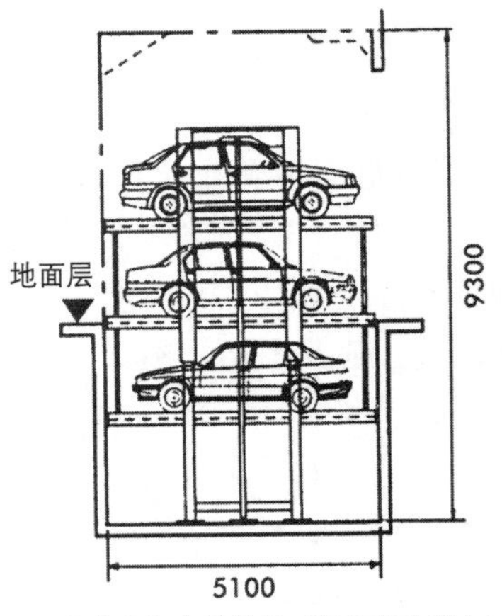


3 或 6 辆车的单元（顶车在地面上）

显著的增长。公司使用精密的油泵、顶盖、现代材料和明亮的灯具来显示其高科技的“品牌”形象。与汽油销售一起提供的服务设施也有所增加，包括洗车、汽车配件，尤其是供应糖果糕饼、报纸、方便食品和小吃的商店。

### 29.3.1 细部设计

**规划** 设施的大小由位置、进入的便利性、典型车流量和竞争者决定。入口和出口应方便引导车辆进入基地，且需要有汽车排队等待空闲油泵的空间；加油后汽车必须容易驶离油泵，出口处没有阻碍物且驶向马路时有良好的视线（图 29–23）。要提供良好的出入口视线。进入通道可以是通向基地的单行线或进出合并的路线，这取决于加油站的位置（例如环岛）。

加油站的规划、建造、安装、运行和维护应该符合卫生安全文件（Health & Safety document）HS(G) 41，并获得 1928 和 1936 年石油（法令）[The Petroleum (Regulation) Acts] 的许可。

**油泵** 根据高峰期可能的加油车辆来考虑所要求的油泵数量，这个高峰通常在早上和晚上。要注意到，一辆汽车在加油之前需在加油站里等待 4.5 分钟以下，加油需要 1.5 分钟，然后等待办理付款需要 2.5 分钟或更多。在控制柜台设置一个记忆系统是必要的，这样可以让油泵快速工作。要求有联合油泵，提供无铅汽油、4 星油、柴油等。油泵的位置由公共大道和建筑物形成的最小安全分区来决定。

**打气和加水** 它们的供应必须远离油泵，并有充足的停车空间。同样地，洗车系统也应分开设置，并留有排队的空间，并且当其邻近其他房屋时需要一些必要的保护。

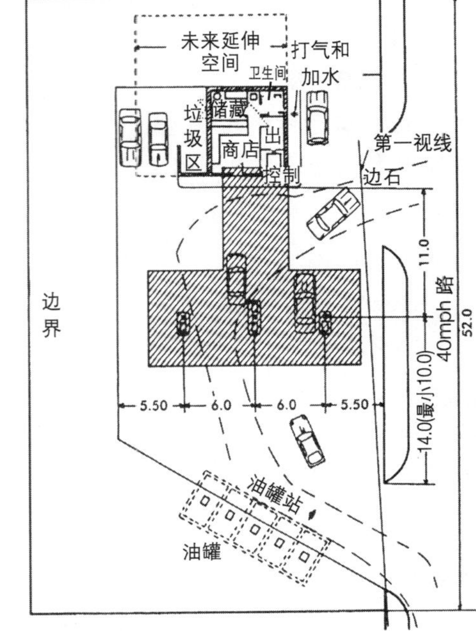


图 29–23 允许 2 辆车同时进入的典型布局 (m)

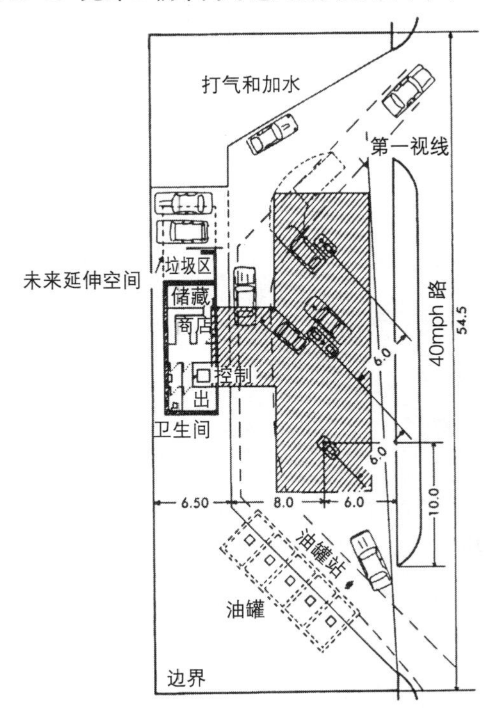


图 29–24 典型等级式布局，以适应较窄的场地 (m)

**支付** 消费者一般把费用支付给操控油泵的收银员，除非汽油站不是自助式销售。收银员需要清楚地看到所有油泵的位置。支付可以在店内完成，或在夜间通过一个外部的收费窗口。现代的油泵可以与信用卡支付机结合。

**汽油储藏** 潜在的危险意味着必须小心控制储藏。1928年的石油（综合）法令 [Petroleum (Consolidation) Act] 涵盖了油箱的建造和操纵。新的地下油箱可能是玻璃纤维（BS 4994）或者是双层钢的（BS 2594），它们的大小由预期的用量和运送的频率决定。中密度聚乙烯管或尼龙管将汽油引向压盖站 / 加油点。要安装汽油泄露探测系统，并且必须加入控制设施。应该慎重选择前院铺地材料，以使燃油和汽油对其的污染达到最少，能承受油罐的重量，并必须防滑，以保证顾客的安全。

**顶盖** 需要一个顶盖来覆盖所有的加油位，大概油泵两侧各延伸3.5m的距离；加油区上方要求的高度为3.85m或更多。结构必须是不可燃材料，一般用钢柱支撑一个悬臂的轻质钢顶盖，设计要考虑抵消风的升力，尤其在结构暴露的区域。覆盖物可以有很多种：金属或透明的薄片材料，或偶尔使用伸缩性的织物。顶盖的周边经常要求放置大型的招牌。与顶盖相连或设于其内的照明设施必须是高标准的，以使油泵读数易于看到并保证安全。这些和其他配件都需要能够抵抗蒸气并防火。

**商店 / 设施** 商店日益扩大，有良好的室内照明和宽大的玻璃门面，以激发顾客的兴趣。应该有通向收银员的直接路线，留有排队的空间，产品放在周围墙边的壁柜 / 架上，加上中央低矮的货架单元，不影响收银员视线。一些店结合快餐服务，既有自动售卖的，也有特许经营的。其他设施可能包括公共电话和卫生间。

### 29.3.2 服务区

它们设立于高速公路或主干道。政府规定了高速公路沿线的服务区数量以及它们的小汽车和卡车停车场、卫生间、商店，要求24小时开放。新的服务区服从严格的规划控制，并且现在经常位于道路交汇处以达到更广的使用和服务的方便。在服务区的规划中，要有适当的管理方法来控制车速，好的标识来分隔卡车、小汽车和加油站以及满足长时间和短时间停车。

**设施** 包括卫生间、商店、快餐经销、自助餐馆、电话亭、自动取款机、娱乐游戏机、加油站、车辆修复，有些更大的服务区与汽车旅馆结合在一起。

## 29.4 车辆陈列室

汽车零售商越来越意识到提高产品魅力需要好的陈列室设计。在特许经营权下或作为授权团体，陈列室展现特别样式的交通工具，通常独立运营，或者是特许经营，或者是是授权。经销店通常要考虑成本效益、空间的灵活性和维修设施。

**选址** 最好选择明显的位置（例如在通向城镇中心的主要街道上），有宽大的正立面和后部足够的空间以满足服务和交通工具的储藏。

**陈列室层区域** 这可能是基地中尺寸最大的。每辆车大约10～25m²（根据大小和地位），周围有足够的空间，顾客能绕它们走动，远距离观看汽车，并允许车门和盖罩的打开。这个空间应该是轻快、优美的，需要靠正立面大量的玻璃并使用好的人工照明加以适当强调来获得。装饰格调很可能是“品牌化的”。一个时尚而舒适的接待区是很重要的，里面有顾客座椅和讨论销售及经济运营的空间。陈列室可以放入一个供特殊展示的

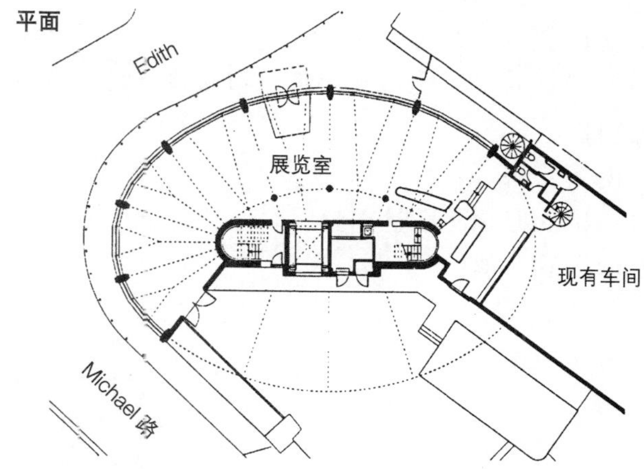


图29–25 哈雷·戴维森（Harley Davidson）展览室，伦敦SW6区 [建筑设计：卡勒姆 & 南丁格尔（Cullum & Nightingale）]

转台。需要一个供洁净车辆进入的有遮挡的区域，入口设置滑动门。

**外部区域** 经常会提供外部区域以展示使用过的车辆，以及作为特定的顾客停车区域。考虑销售高峰期新车的储存以及相关的安全问题。如果与服务设施相连，这两个区域应该分开，服务区应在建筑后部；经常与顾客服务点结合。

## 29.5 交通工具服务区

当前，交通工具服务的经营场所种类繁多，从局部可用空间中的小型独立运营点，到大型专有设施，使用囊括一系列服务区的宽敞的建筑物，还经常是团体或专门经营的一部分（例如排气装置或轮胎更换）。

**服务区** 总的推荐尺寸是 9.0×4.0m。服务区可以同时包括检修坑或双层液压或机械电梯，后者需要 4.8m 的净空高度。检修坑对于商业车辆来说很重要。1972 年的《道路交通法》对涉及车检的经营场所和设备做了严格的规定。一个注册的车库需要提供一个开间来作检测，设一个相邻的安全的观察区。一些设备可以通过高 / 低横轨或手推车在检修坑之间传送。气、水、油和润滑油的供应要面向所有服务区。工作台区域位于服务区的侧面或后部，作为工作区和工具存放点。应有便利的入口通向日常备用物的储藏区，例如电灯泡、插头、真空管等。每个服务区应有它自己的入口门，以方便车辆的掉转和减少热量损失。地板表面必须防滑且密封，以保护其免受油和汽油泄漏的污染。

**附加空间** 可能包括车身安装和喷雾的分开的空间。根据经营规模，设置相应的干净的接待处、顾客等候区、员工卫生间和办公空间。

**服务** 特殊设施可能包括：

(1) 烟气和焊接活动的抽风机

(2) 管道供热系统或高级的散热器

(3) 便携的照明设备用于检查车辆底部

(4) 车检站的安全设施

(5) 电池组、油污部件和轮胎的储存和处置

## 29.6 公交车和长途汽车站

公交车和长途汽车站在交通工具设施中占有重要地位。城镇中心规划时必须包含公交车的停靠区域和调遣车辆的充足空间，加上乘客安全等待区和通道（图 29–26）。

大的公交车仓库在城市中仍然存在，但放松管制导致车队数更小，并且车辆尺寸变化更大（图 29–27）。

**停车场构造** 公交车和长途汽车的复合停车场必须位于仓库、火车站和邻近旅游名胜、展示中心等的指定区。除了要按时间表和空间的最

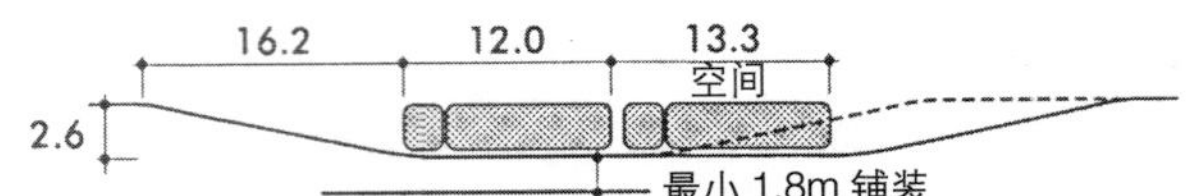


图 29–26 典型公交车 / 大客车停车湾尺寸 (m)

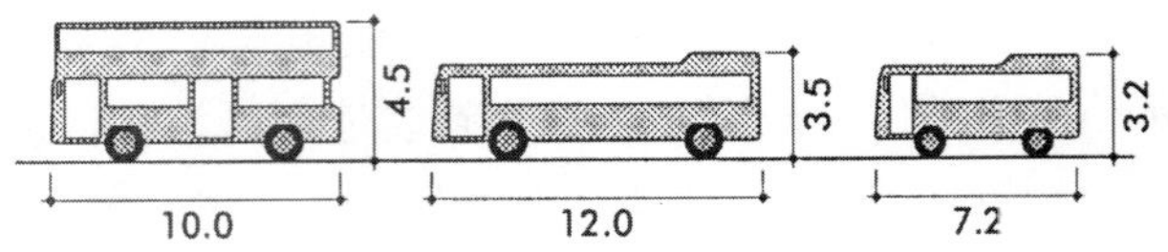


图 29–27 典型公交车 / 大客车尺寸 (m)

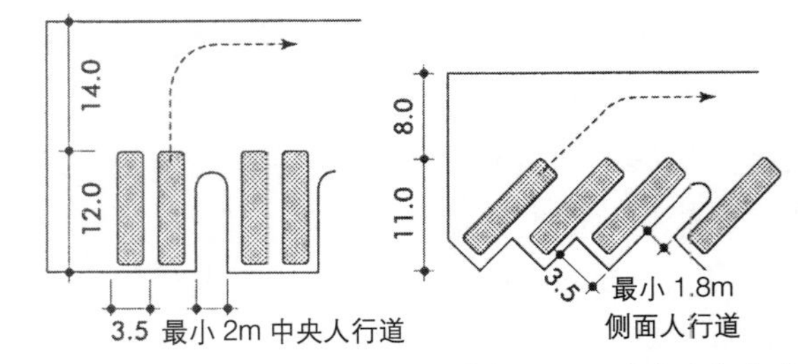


图 29–28 公交 / 大客车 90° 停放 (m)

图 29–29 公交 / 大客车 45° 停放 (m)

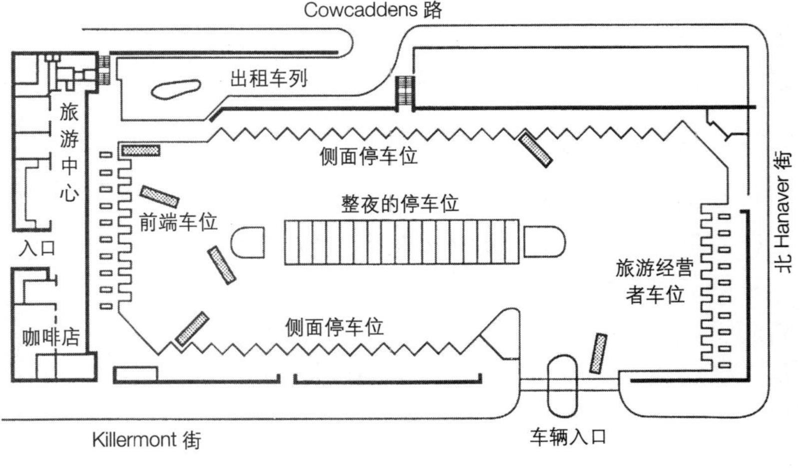


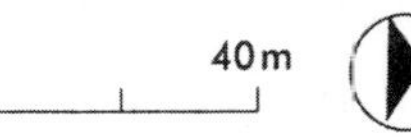


图 29–30 布坎南 (Buchanan) 公交车站，格拉斯哥（建筑设计：The Jenkins 小组）

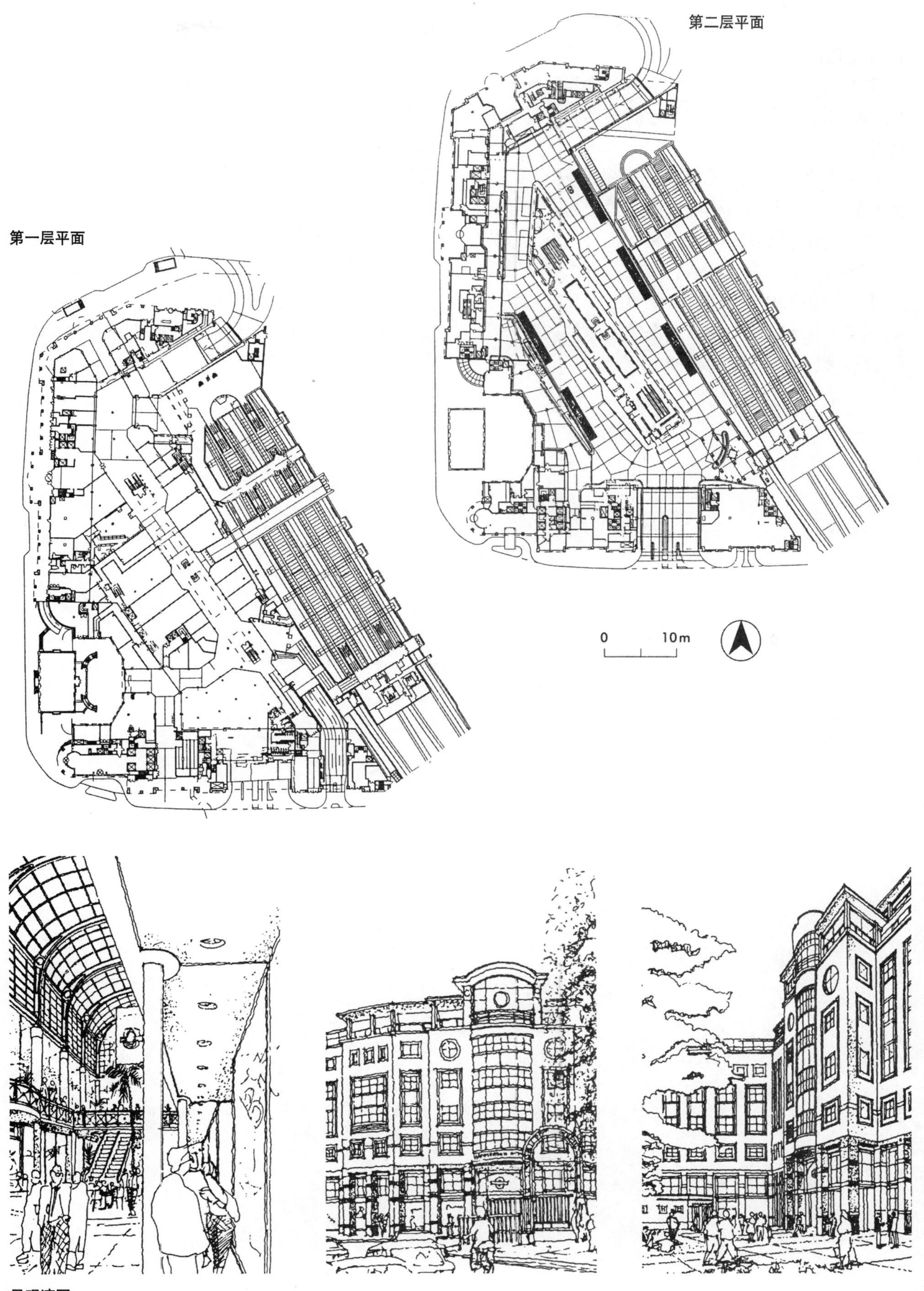


图 29–31 西部中心，汉莫史密斯（Hammersmith），伦敦西：项目包括一个主要的交通换乘站（伦敦交通网络中繁忙程度位居第三），办公室和一个地面层购物街，含有商店和餐厅（建筑设计：epr 建筑公司）

大利用率来安排停车位的车库情况之外，可以使用直角或45° 车位（图29–28，图29–29，图29–30），出入口留出充足的空间，优先选择单行线。应该谨慎控制行人在附近的移动，交叉口应有明显标记。

**设计要求** 随着长途汽车行驶路程的增长，要求车站以与火车站相类似的方式经营。在主要车站中应该提供高标准的设施，包含问询、预定和票务办公室，乘客等候区 / 室，行李存放，卫生间，咖啡厅和报刊亭，以及员工办公室和休息室。按个别公司的安排，也许需要提供一些公交车 / 长途汽车的维护、加油和清洗服务。

## 29.7 换乘枢纽

为满足整合不同交通系统的要求，就需要换乘枢纽，既可将公交车和火车站组合在一起，为乘客和社区（通常位于市中心）服务，又可鼓励通勤者在此停放他们的私家车，用公共交通工具继续他们的行程。

每一部分都应经过仔细隔离（火车、公共汽车、出租车、短期和长期停车及乘客），可使用不同的层、入口和有效的标示。所需设施要综合考虑公共汽车 / 长途汽车站、火车站和停车场的需求。

# 第30章　青年旅馆

## 30.1 引言

在英国，“青年旅馆”一词在法律上可能仅指由现已注册商标的青年旅馆协会（Youth Hostels Association, YHA）所运营的旅馆。有许多其他类型的“旅馆”，可归为主要的两大类：一类是为游历者服务的“背包客旅馆”，由 YHA 以外的组织经营，另一类是由当地政府或慈善机构经营的住宅旅馆（参见“房屋”一章及“宿舍楼与旅馆”部分章节），专为有专门需要的人群提供服务。青年旅馆协会 (YHA) 的宗旨是“帮助所有人，尤其是条件有限的年轻人，在城市以外的地方获得更多的知识、关爱和照顾，特别是通过青年旅馆或其他简易住宿场所为他们的旅行提供便利，增进他们的健康、改善他们的休息并增长他们的学识”。

YHA 作为一家慈善机构成立于 1930 年，目前在英国和威尔士拥有 240 家旅馆（大约 80 家在苏格兰）。旅馆类型很多，既有偏远地区的简单建筑，也有市中心的能提供更多服务的设施。

传统意义上，青年旅馆为那些想在乡间徒步或骑自行车的青年人提供基本的、不算太简陋的住宿条件。在旅馆最长能逗留三天，20 世纪 70 年代之前不允许驾车者留宿，当时的住宿费用十分低廉，因为每位住宿者可帮忙干活（比如擦地板或清洁厨房）。

20 世纪 70 年代后，青年旅馆协会提出了新的经营策略，为吸引更多的顾客而提供了更丰富多样的住宿类型。最常见的是家庭套间，有时还提供家用的附属设施（自带全套的完整的设施）。一些旅馆还为残疾人提供了特殊设施；所有旅馆都应采用无障碍设计。青年旅馆通常使用改建的建筑，有时是些历史性的旧建筑。某些城市中心的青年旅馆还为来此一日游的游客提供专门的服务设施。但要注意的是那些非 YHA 经营的旅馆，比如由地方政府或政府部门经营、投资或授权的，他们的经营方向可能与上述的不一致。

## 30.2 青年旅馆类型

YHA 的旅馆可分为以下几类：

(1) 著名城镇里的旅馆；

(2) 功能设备齐全的商务旅馆，特别适用于旅游团体和家庭；

(3) 乡村和海边的中等旅馆；

(4) 较为简朴的小旅馆，通常建在偏远地区，尤其受到骑车和步行者的欢迎；

(5) “谷仓露营”——建在更偏僻的地方的小群农房，只提供非常简单的住宿（比如冲水厕所，只有冷水，没有供暖）。

## 30.3 细部设计

以下内容参考了国际青年旅馆联盟（International Youth Hostel Federation, IYHF），YHA（英国和威尔士）提供的信息，还请教了《青年旅馆设计手册》（*Hostel Design Manual*）的编撰者 John Bothamley 先生。

### 30.3.1 基本要点

以下建议只作为一般框架使用，应及时更新以反映现今观念；这些内容可能并不适用于太简单的旅馆，但应包含在所有新建的或现有的旅馆的主要工作里。一般来说，它使用的是旅游局的标准。

YHA 的旅馆以前在白天是关闭的，但现在已有所改变。旅馆打烊后，有时使用带干燥设施的外储藏间。同时还需要入口处的更衣室，能允许旅客在此脱去沾上泥水的衣服和靴子。

**自行车房**　旅馆需要有一间明亮的，能遮风避雨的，且能关闭以防盗的自行车房。

**多人间**　所有旅馆都应有独立的分男女的多人间，有独立的入口。客房内按每单人或双层床位安排 4 平方米的面积，每个人能有 5 立方米的空间。要求通风良好（意味着通风窗占地面面积的 1/20）。传统情况下多人间能根据预定的要求出租给男客或女客。一般认为新建的旅馆每房最多放置 4 ~ 6 床位。此外还要考虑：将来客房可能的再划分；可以折叠后靠在墙上的上铺床，在床尾为私密性而设置的隔断；房间隔音性能的提高。

**多人间的设施**　房里应有足够的挂钩、柜子和座椅，还至少有一个 13 安培的电源插座，一面镜子，一个金属或其他防火材料的垃圾桶，还有窗帘或别的遮挡物。此外，分隔有利于提高私密性。推荐安装可调亮度或分置的光源。

**多人间的寝具** 旅馆应提供铺好床单的睡袋以及羽绒被和毛毯。应提供一定的设备（如布品储藏间）来为被褥的储藏和通风提供足够的储物空间。

**用餐区** 取决于旅馆的类型和所在地区：重要的是要有明显的地域特点。大型旅馆可能会自带咖啡厅、餐厅和酒吧（也见厨房部分）。

**入口门厅和雨棚** 这一点很重要，如果需要预订系统时，也要考虑到通知布告。应有一个旅馆关闭时也可使用的卫生间。

**入口 / 接待处** 能用于疏散人流到其他区域，同时又可集结大量人群。需要有显眼的标识和问询处。大门要适合背背包的人等通过。

**家庭套间** 面积和多人间相似，一般有 4 ～ 5 张床，双层床可以拼成双人床使用。残疾人通道尤其重要。一般的平面布置（图 30–1）。

**厨房（自助式）** 这种厨房曾流行一时，现在已经较为少见了：有专门的房间放置厨具，还有直接相邻的用餐空间。厨房的布置注意简洁耐用（图 30–2）。

**厨房（贩卖式）** 提供食物的地方，应遵守当地的卫生法规。一个 100 床位的旅馆的厨房大约有 $40m^2$。顾客通常从柜台领取食物。

**旅馆商店** 作为不可或缺的部分，能为顾客提供食物作为早晚餐。

**洗衣房** 旅馆必须提供足够的洗涤和烘干衣物的设备（当然也可以选择使用附近的洗衣店）。

**领导客房** 面积与多人间相近，但一般是单人或双人间（图 30–3）。也许需要远离团体客房，也许需要一间单独的公共休息室。

**休闲区** 随旅馆的顾客类型不同，会有非常大的变化。需要配有游戏室、游戏机、桌椅和酒吧等，同样也需要一个安静的地方和一个吸烟区。

**维修护理** 在设计阶段就应有所考虑，建筑材料要能经受高强度的使用。设计应美观简易，但要坚固，要重点考虑易于清洁工作的进行。

**会议室** 可能会用到的房间（最小 $45m^2$），配置能播放幻灯片和视频的设备、帘子以及可调亮度的光源。会议室可以当作客人的休闲室或季节性的卧室使用。

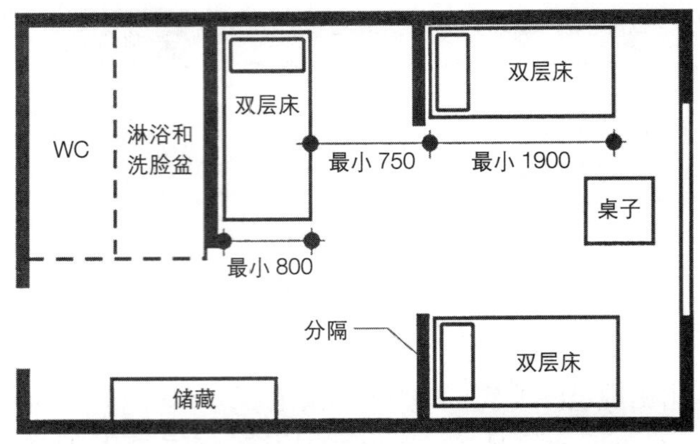


图 30–1 宿舍 / 多人间：布置示意（未按比例）

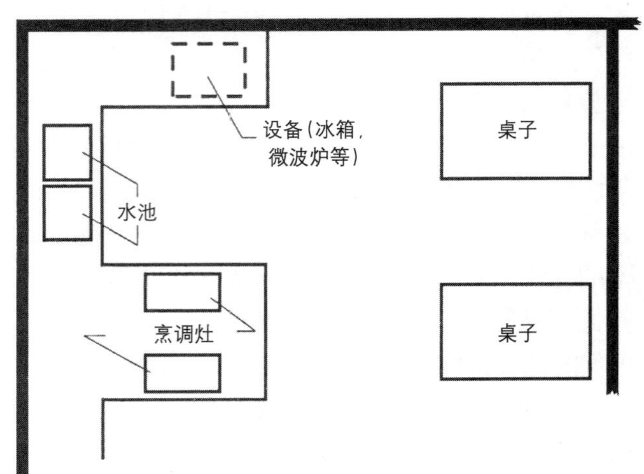


图 30–2 自助式厨房：布置示意（未按比例）

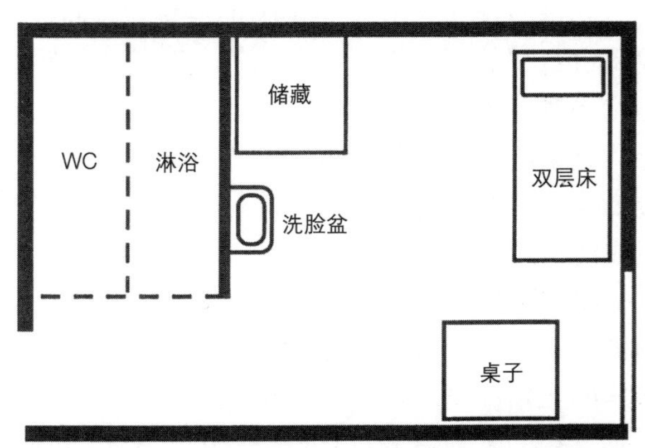


图 30–3 领导者宿舍：布置示意（未按比例）

**多床位客房** 参见“多人间”。

**办公和维护区域** 包括接待用的前台，记录存放处，邮箱和布告板。此处应能直接看到正门和通往其他区域的路线（也见“入口区”）。其他的后勤区包括一个小型工作间，布品储藏间，洁具室等，还有为营业高峰期增加员工时准备的员工室。

**停车场（小轿车和大客车）** 虽然鼓励旅客乘

坐公共交通工具，但也应该提供简单的停车场。可能还需要单独的大客车停车场。

**座椅区** 作休息、会谈之用，座椅要舒适且可以改动位置。同时提供一个单独的电视或音乐室。

**安全存放** 这是必要的。

(1) 行李存放：适合存放大背包等行李和某些运动器材。市中心的旅馆还可能要求有单独的储物柜（投币使用）。

(2) 私人物品：根据位置，也可设置开放的储物方式，每位顾客拥有一个架子或壁橱（大约尺寸为 500×600×700mm）。

(3) 贵重物品存放（如钱包或护照等）：可上锁的，且置于办公室或其他安全的地方。

**公共设施** 旅馆内应有足够的暖通设施以及干燥设施。还要有足够的管道以布置电话、电视、电脑和其他通讯缆线。

**安全** 很重要，但也要小心谨慎。各区域可依照如下：

(1) 入口大厅——所有来客

(2) 休息室——白天到来的参观者 / 客人 / 员工

(3) 住宿设施——客人 / 员工

(4) 员工设施——仅供员工

入口处的安全检查需保持最低值，而主入口要时刻处在接待台的监视之下。市中心的旅馆适合使用电子门禁系统。

**招牌** 需要符合 IYHF 的标准（可得到关于颜色、标志和字体等方面的详细信息）。也要考虑使用多语种标志和可触摸标志，以满足视力有障碍的客人的需求。店外的招牌应出现在公共交通站点的布告板和当地的公路路标上。

**卫生间** 每 12 人设置一个厕位，而且必须男女区分（也可以参见“入口门厅”一节）

**盥洗室** 每 6 人一个盥洗盆，每 15 人一个淋浴器。在每个淋浴器旁边都应设置一块换衣服的地方，有足够的私密性和更衣设施。盥洗室里还要有足够的外套挂钩、镜子、搁架、电动剃须刀插座等。

**主管 / 员工室** 主管或其他负责人在旅馆营业时间里必须一直在场。主管们的房间应该设计成独立的单元，更适合安排在远离旅馆里喧闹区域的地方，且决不可在多人间下面。每个主管 / 经理安排大约 80m² 的面积，而助理（如果需要的话）每人 50m²。

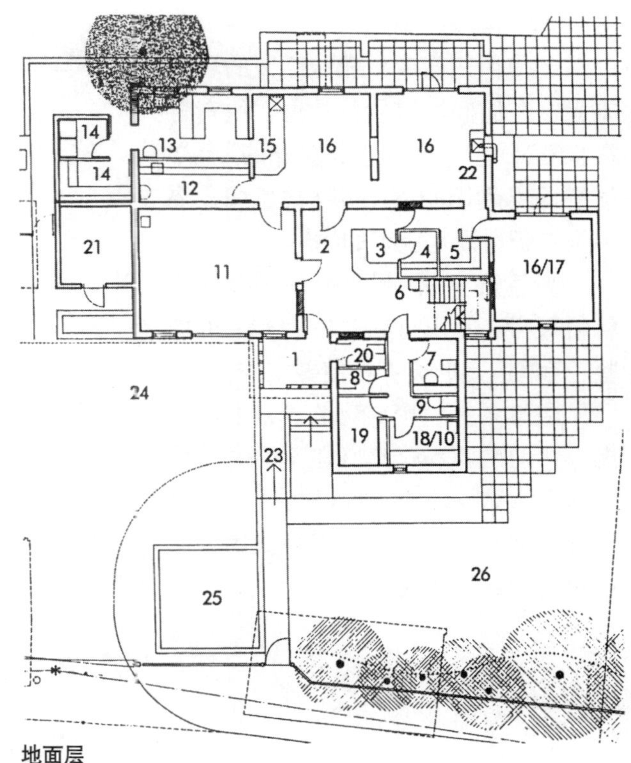


地面层

0 5m

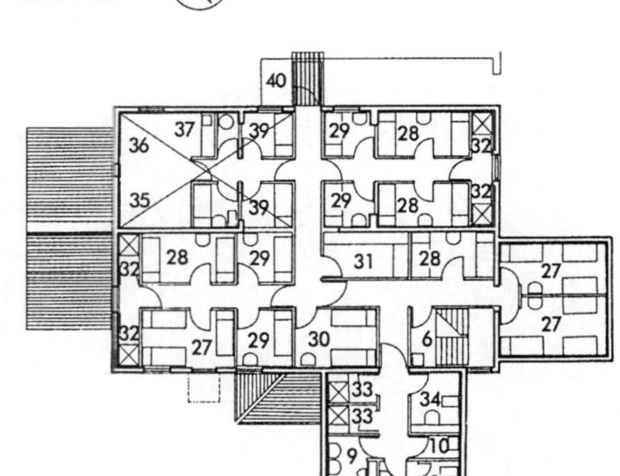


第一层

1. 入口大厅；2. 大厅；3. 接待处；4. 小办公室；5. 储藏；6. 楼梯升降座椅（无障碍）；7. WC（无障碍）；8. WC（女）；9. WC（男）；10. 清洁工具间；11. 教室 / 会议室 1；12. 自助厨房；13. 主厨房；14. 厨房储藏；15. 备餐室；16. 餐厅；16/17. 餐厅满员时备用餐厅 / 会议室 2；18. 洗衣房；19. 干燥室；20. WC；21. 机房；22. 炉；23. 斜坡；24. 车辆转弯区；25. 停车；26. 花园；27. 六床宿舍；28. 四床宿舍；29. 两床宿舍；30. 四床卧室（无障碍）；31. 布品储藏；32. 淋浴；33. 淋浴（无障碍）；34. WC（无障碍）旅馆员工用房；35. 起居室；36. 就餐区；37. 厨房；38. 浴室；39. 卧室；40. 紧急出口

图 30–4 罗彻斯特 (Rochester) 青年旅馆，吉林汉姆（Gillingham），肯特郡：以前是烘干房（热空气干燥窑，曾经是肯特郡常见的景点，但现在是多余的），现在转化为旅馆（建筑设计：Peter Beake 伙伴）

### 30.3.2对环境的关注

为遵照国际青年旅馆联盟的环境宪章，在他们的用材目录里，所有材料都要求是“对环境最友好的”。必须统计出确切的支出/收益总和，要为维修费用设定应有的津贴。

新建筑应该：尽可能使用标准的材料尺寸；使用可回收的材料；可调整；考虑适宜的废弃物储藏空间。

应准备一份废弃物的计划书，考虑合适的贮藏和收集（在不同时间可以是个人或者集体的行为）。对浪费的食物是否可以再作为肥料施用于旅馆附近的景观区做一份调查。

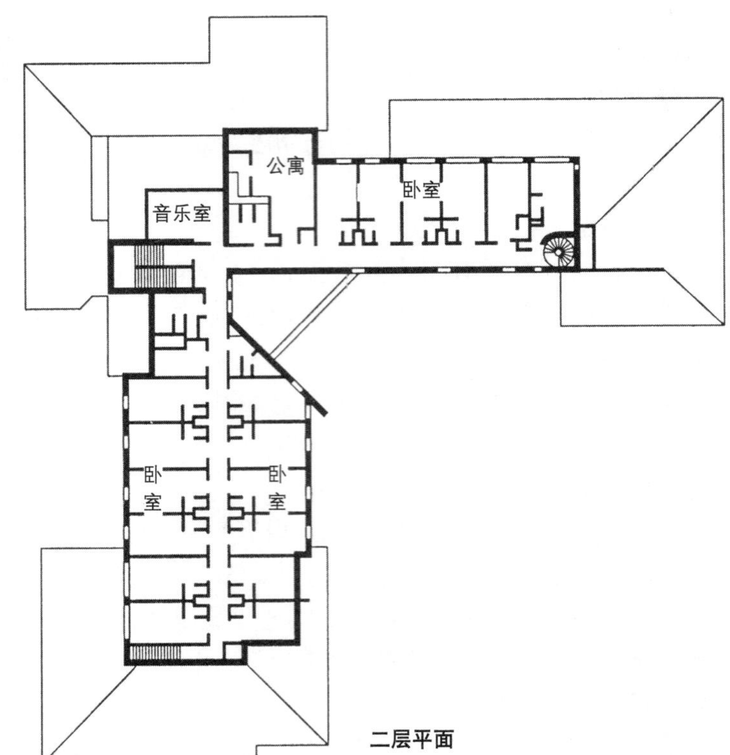


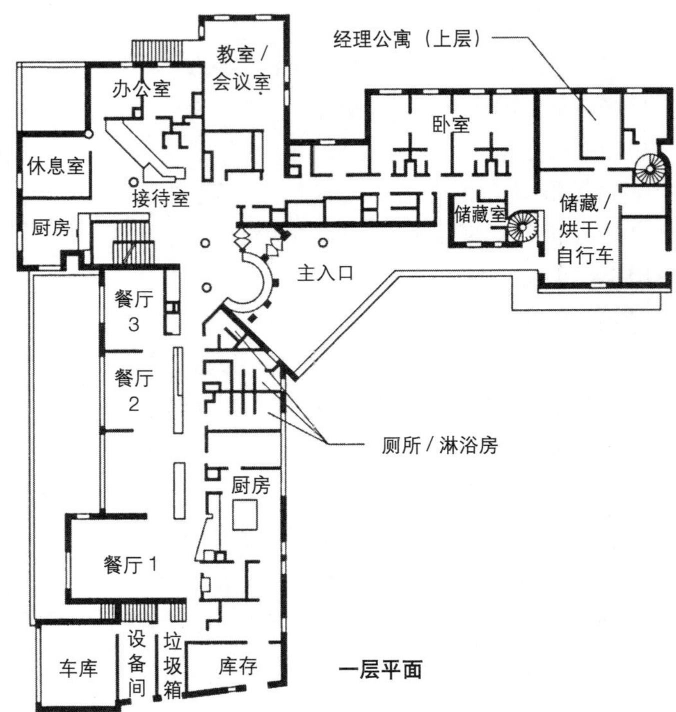


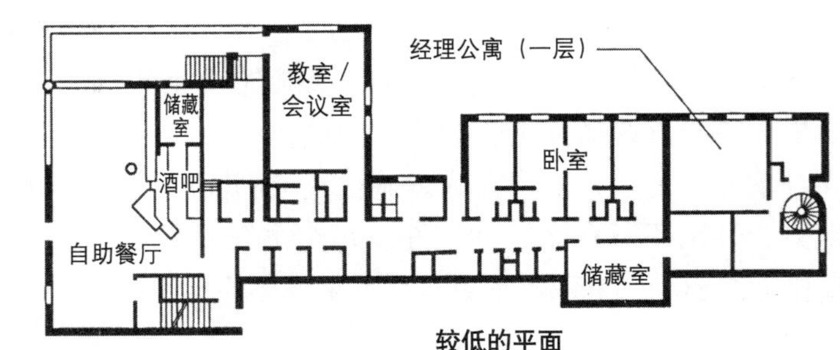


现代旅馆，被认为是优秀现代旅馆的典型榜样，综合了IYHF设计手册中的许多特色；二层包含了更多的卧室。

图 30–5 法国，安锡(Annercy)青年旅馆［建筑设计：TRUELLE 建筑事务所(巴黎)］

# 第31章 动物园和水族馆

Patricia Beecham

## 31.1 引言：动物园

真正的现代动物园是一个以沟通理念为目的，管理并且展览野生动物的文化机构，而不仅仅是展示动物。它必须通过娱乐来平衡公众教育与保护、科研，发展技术以及筹集资金的关系。

好的动物园设计和强调发展动物福利是不可分离的。现代动物园必须为动物提供可接受的环境，使它们能够生育，哺育幼仔以及像在真正的自然中那样生活，这意味着设计师必须关注有关动物行为的需要。动物园必须为来参观的公众展示动物和它所生活的环境的正面形象，以促进同情和尊敬。由于电视带来的野生动物的详细信息，使得公众对动物展示的环境要求更严格。

20世纪70年代形成的景观占主导的趋势不只是为了展示的外观，而是一种更自然、仿真的环境的趋势，同时考虑了动物的心理和生理需求。

任何动物园的成功主要取决于它引起的兴趣。参观者应在一个舒适的环境观看有吸引力的展品，以提高他们对物种面临的保护问题和使用策略克服这些问题的意识。

伦敦动物园可以被视为反映关于动物园设计主流思想发展的一个好例子。伦敦动物园开放于1826年，严格地说，它是留存下来的最早的动物园范例，而不是囚在笼中的动物展览。伦敦动物园早期的一些创新，随后被世界上其他动物园采用的，包括1849年开放的第一个爬行动物馆，1853年的第一个公共水族馆以及1889年的第一个昆虫馆。伦敦动物园在它的范围之内实践了过去的170年里所发展的展览建筑的每一种类型。

动物园发展历史中，馆舍设计的变化不仅反映出动物看护方面的进步，还反映出公众对野生动物展示理念的改变。

20世纪期间，是建筑师一直造成动物园大量

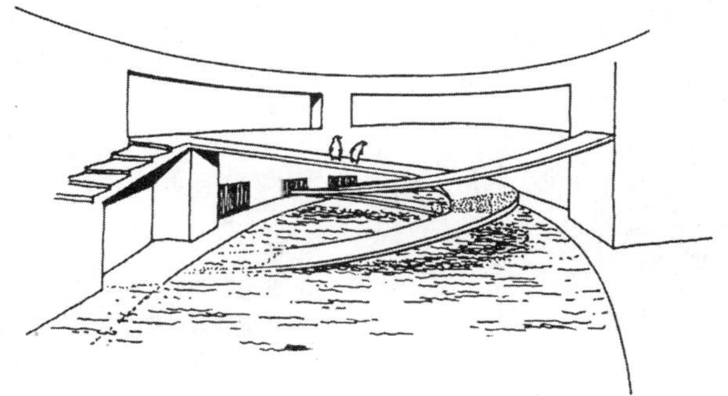

图31–1 企鹅池，伦敦动物园：文化保护建筑；现代派功能主义建筑；细长弯曲的强化混凝土斜坡用来创造简单的平面和弯曲的表面［建筑设计：莱伯金(Lubetkin)与艾拉普(Ove Arup)，1934］

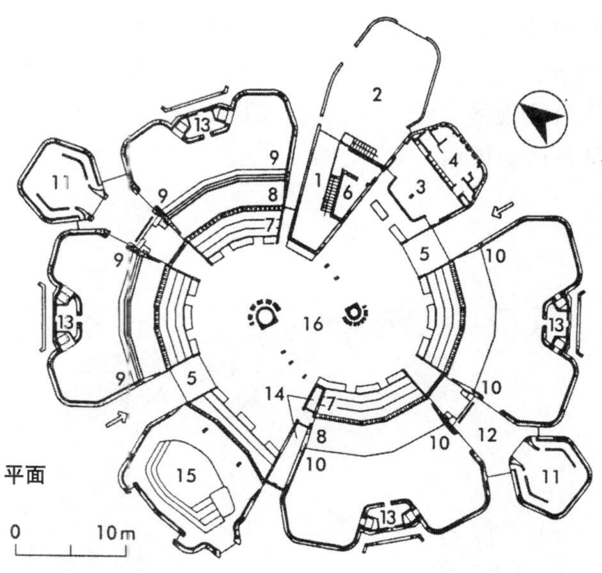


1. 杂物院过来的斜坡；2. 杂物院；3. 食堂；4. 员工卫生间；5. 公共入口；6. 储藏；7. 有台阶的观赏区；8. 动物渠；9. 犀牛馆；10. 象馆；11. 生病动物区；12. 馆门厅；13. 饮水槽区；14. 主要立管；15. 象池；16. 公共空间

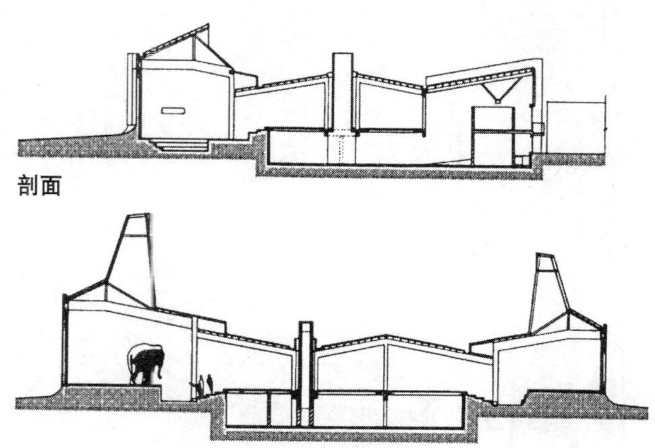


图31–2 大象和犀牛馆，伦敦动物园：文化保护建筑；新粗犷主义建筑范例（建筑设计：Sir Hugh Casson, Neville Condor伙伴，图片经Casson Condor伙伴许可）

剖面升高。现代派功能主义的企鹅池，1934 年（图 31–1），1962-1964 年和 1962-1965 年 Cedric Price 设计的斯诺登（Snowdon）大型鸟舍的大拉伸结构，新的粗犷主义的大象和犀牛馆（图 31–2），是当代建筑思潮的例证。

随后态度有所变化，大约在 1960 年，动物园建筑的国际传统做法开始强调景观和模拟动物的自然栖息地。后来的建筑很低调，让将要离开的游客称赞植物和动物留下的美好记忆而不是建筑。从 1976 年起最初新的主要展品之一是非洲禽舍（the African Aviary）（图 31–10），这个高科技的设计品对外观考虑周到，它的围栏由电影布景设计师加以美化，以仿效非洲的生活环境。

人们不断尝试着解决动物的需求与人们需要宽大的公众区域来观看动物自然而有趣地被展示的愿望之间的冲突。倾向于创造有巨大围栏的更“人性化”的环境的呼吁，盖过了动物偶尔会消失在公众视线之外的事实。人们可以自己去“发现”，从而受益匪浅。

## 31.2 细部设计

### 31.2.1 动物园总体规划

实际上，大多数英国动物园继承了狭促不足的建筑传统，并且，从代办权、设计到生产都是一体化的动物园是不常见的，而温彻斯特的马韦尔（Marwell）动物园却是一个特例。

一个大型的城市动物园中的建筑通常要求包括以下设施：

(1) 动物馆

(2) 水族馆

(3) 爬行动物馆

(4) 禽舍

(5) 池塘、水池和围墙

(6) 大门、洞穴和桥

(7) 参观者设施和儿童动物园

(8) 辅助建筑，比如办公室、图书馆、解剖室（病理学和死后解剖室；动物医院和病理学实验室；研究中心；教育部门；生命研究中心）

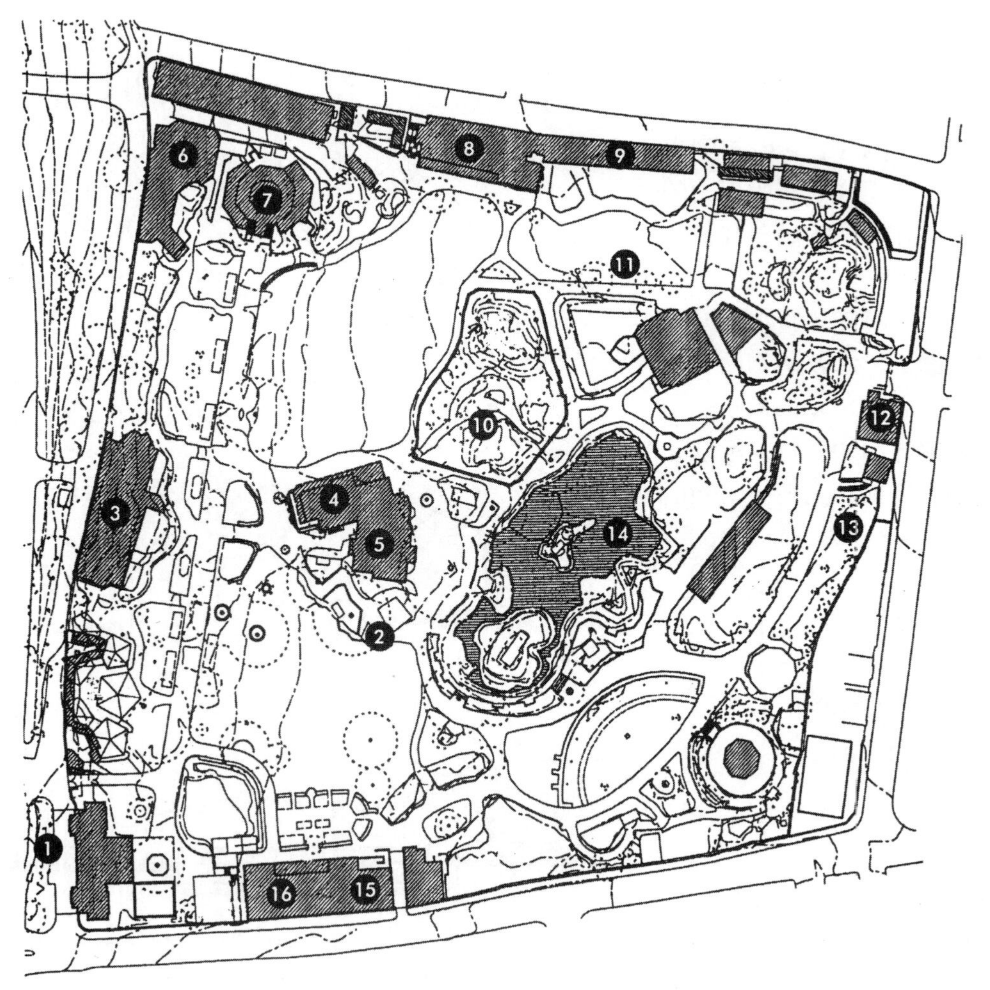


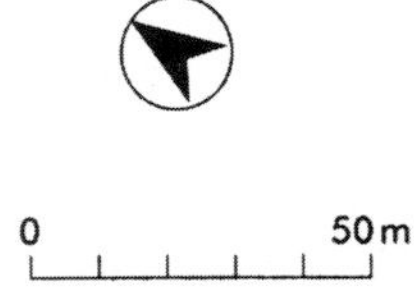


1. 主大门
2. 步入式鸟舍
3. 黄昏世界（twilight world）
4. 商店
5. 中心办公室
6. 爬行动物馆
7. 水族馆
8. 餐厅
9. 猴馆
10. 儿童游戏区和农场
11. 大猩猩岛
12. 报刊亭
13. 活动中心
14. 湖
15. 凉亭餐厅
16. 会议设施

图 31–3 布里斯托尔动物园：场地平面（建筑设计：LMP 建筑事务所）

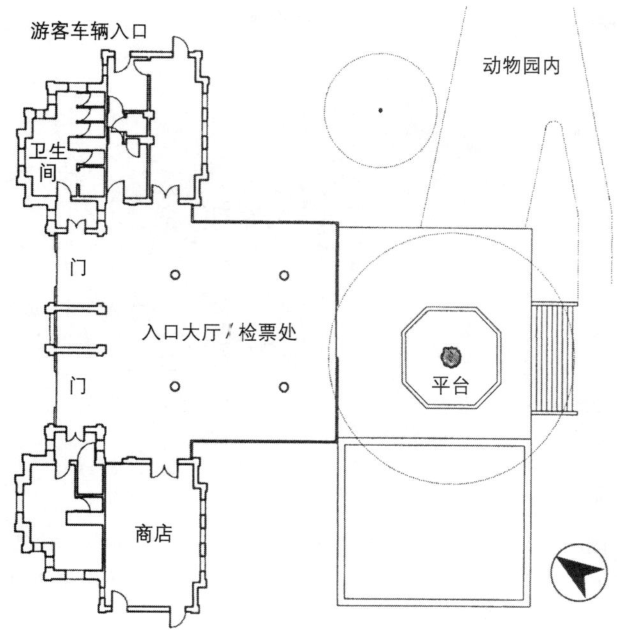


图 31–4 布里斯托尔动物园入口：地面层
（建筑设计：LMP 建筑事务所）

(9) 服务和员工建筑

(10) 雕塑、纪念馆和纪念碑

**员工** 现场的工作职员种类将包括：馆长、兽医、主饲养员、饲养员、餐饮部经理、安全和运送员、行政员工和主管。

根据建筑的种类和员工的种类，需要考虑食物运送、准备和储存，动物的捕捉方法，废物的处理和场地服务车辆的行驶。

**游客** 需要考虑的游客需求应包括：停车场、步行入口（图 31–4）和交通，以及售报亭、座位、风雨棚、食物和洗手间的位置。

**1981 年动物园许可法案（Zoo Licensing Act, 1981）** 此法确保了动物园符合动物福利和游客安全的最低标准，是在咨询了大不列颠和爱尔兰动物园联盟（the Federation of Zoological Gardens of Great Britain and Ireland）后制定的。此外还考虑了饲养员的安全、有效和舒适。

除安全、公共卫生的设计要素和动物法规之外，动物园建筑还需要为动物提供防止人类恶意行为的保障。这是由于动物园会成为故意破坏者，窃贼，动物权力运动家和虐待狂的一个攻击目标。

### 31.2.2 展示设计

动物展示布局有 5 种基本模式，最老的是以“系统”为依据，使相似的小组饲养在单独的区域。在此基础上变化形成的一种模式允许更加多样化，即展示动物地学的主题，动物根据它们起源的大陆来分组布局。3 个更进一步的系统是以栖所、大众化和行为为基准。其中的最后一种“行为”动物园，是动物园规划中的最新理念。这些动物园围绕动物的基本活动——如睡觉或休息，觅食，运动和它们的社会交流建造。多数动物园按这 5 个主题有选择的组合来规划。

围合、物理界限、温度、湿气和植被等元素设计必须针对每个动物种类的需要，以便动物能接受这种人工栖所作为它的领地。野生状态下的动物的主要活动是觅食。在囚禁中它们需要保持精神上的机敏和身体的活力；因而空间的质量是很重要的。栖息地的设计必须确保动物尽可能地开展正常的活动，譬如通过设计允许树居动物选择不来到地面。

有许多设计方面可使压力减到最小。例如，围栏应该提供个体能够撤退的“逃命”或“退避”的区域，并且应该避免倾斜得很厉害的拐角，因为这里可能会困住没什么优势的动物。然而，围栏里不应有饲养员看不到动物的“盲点”。应该包含一些可扩大行为机会的元素。例如，水可满足各种各样的功能，包括游泳，打滚，喂食和清洗。

经过认真周到的研究的设计可以让展示动物在一个人为的环境里遵循它们正常的行为模式，而不会损害到个体。一个例子是主要由布里斯托尔动物园发展的夜间动物的展示。这个展览是照明和幻觉方面的重要创新。照明设备成功的实验颠倒了动物的日周期，使得它们最活跃的时段与参观时间相符。

创造空间幻觉的导则包括观赏距离随动物的大小及活动和它的环境特征而变化，将观赏区变暗，以避免玻璃的反光，以及展览背景选用暗的亚光面材，作为动物色彩的衬托。

对植被和观察区仔细的设计能带给公众他们是“进入”了动物的领域而不是从外面观察它们的印象。这样有利于为教育资料创造感受性。

**围栏设计关键考虑要素的清单**

(1) 基本要求

(2) 室内设施

(3) 公共空间

(4) 主要展览区域

(5) 视线外圈养和服务区域

(6) 环境控制

### 31.2.3 建筑

易于清洗的、不渗透的材料能减少由于细菌和寄生生物传染的危险；然而，从非灭菌围栏传入内科疾病的风险经常被改善动物心理健康的行为抵消。

在保护和环境问题指示的参考范围之内进行设计尤其重要。在使用材料，尤其是木材时，必须从生态学角度考虑［如：最近用被回收的聚丙烯替代雪松鱼鳞板来建造伦敦动物园驯鹿室（沃姆比建筑事物所，Wharmby Kozdon Architects，1994 年）］。当需要真正的木头时应该寻找在环保上渐进的替代品。

### 31.2.4 防止动物逃离的屏障

为了鼓励人与动物之间融合的感觉，两者之间的隔离应该尽可能的自然；公众现在希望感觉不到笼子的存在。

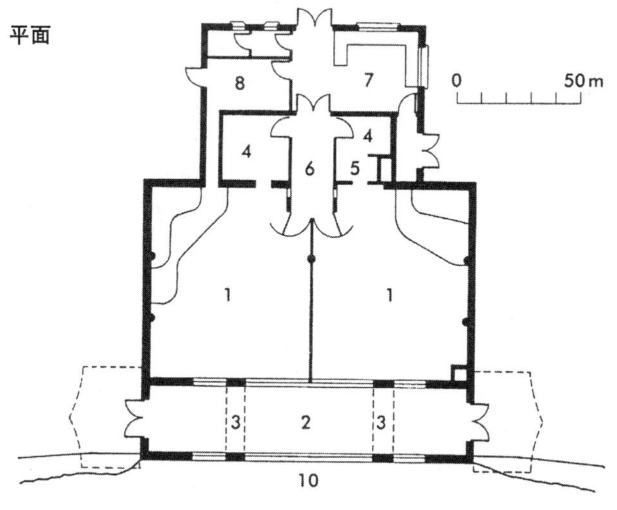


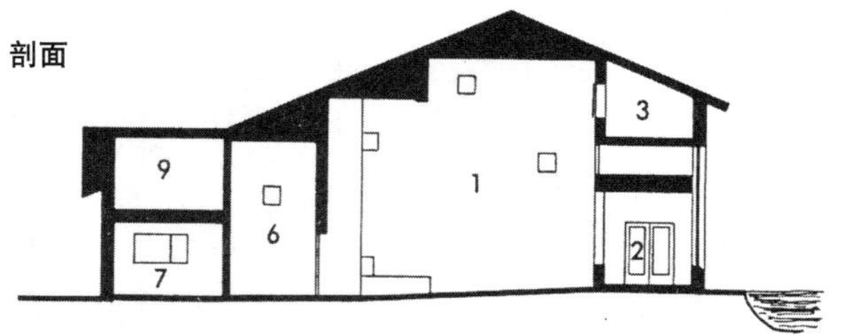


1. "体育馆"型用房，有供热的抬升的平台；2. 公共观赏区，有朝向栖息地的38mm的多层玻璃观赏屏；3. 顶上为玻璃面的猩猩转移通道，从此通向景观水域岛上的猩猩屋；4. 笼养区；5. 通道；6. 饲养员服务通道；7. 员工室；8. 机房；9. 干草储藏；10. 深沟

图 31–5 苏门答腊猩猩"Home Habitat"的室内设施，德雷尔野生动物保护基金委，泽西动物园，海峡（Channel）群岛：设计用来帮助动物在树上移动；能维持一个家族 5~6 名成员的生活，有独立的设施，如果必要的话，可以容纳两个家族（建筑设计：J. Douglas Smith，建筑师）

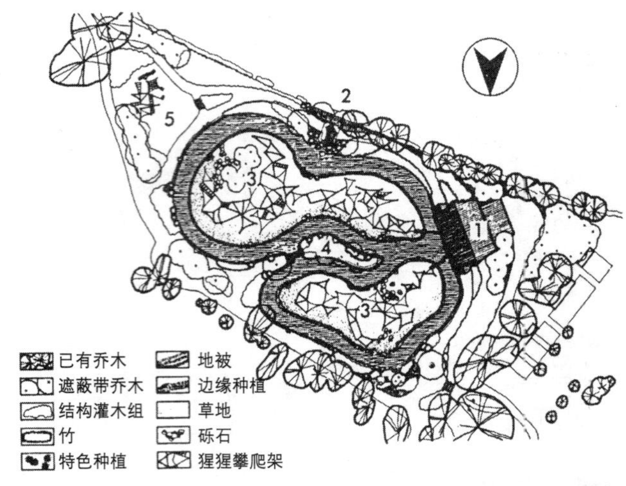


1. 猩猩馆；2. 保护教育"长宅"；3. 带攀爬结构的岛上猩猩屋；4. 观赏岛；5. 儿童游戏区

图 31–6 苏门答腊猩猩室外馆，德雷尔野生动物保护基金委［景观设计：科尔文·莫格里奇（Colvin and Moggeridge）］

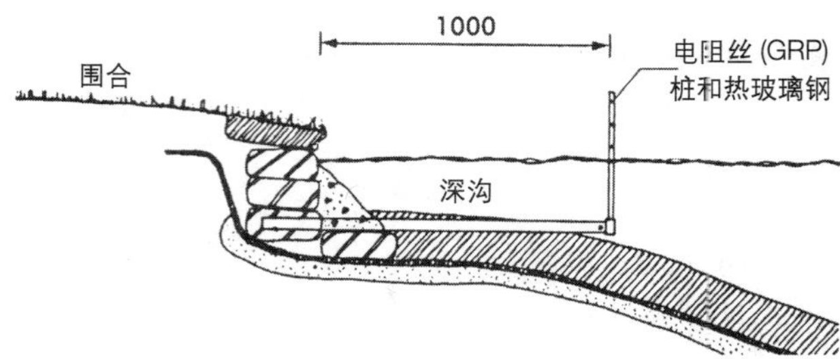


（5，6，7经过许可复制，引自 Mallinson, J.J.C. 和Carroll,J.B.（1995）"大猿馆整体需求：JWPT苏门答腊猩猩（*Pongo pygmaeus abelli*）"Home Habitat"，引自：《国际猩猩会议论文集：被忽视的猿》，Nodler R.D., Galdikas B., Sheeran L., Rosen N.(编辑)，Plenum出版社，纽约）

图 31–7 围绕猩猩岛的障碍细部，德雷尔野生动物保护基金委

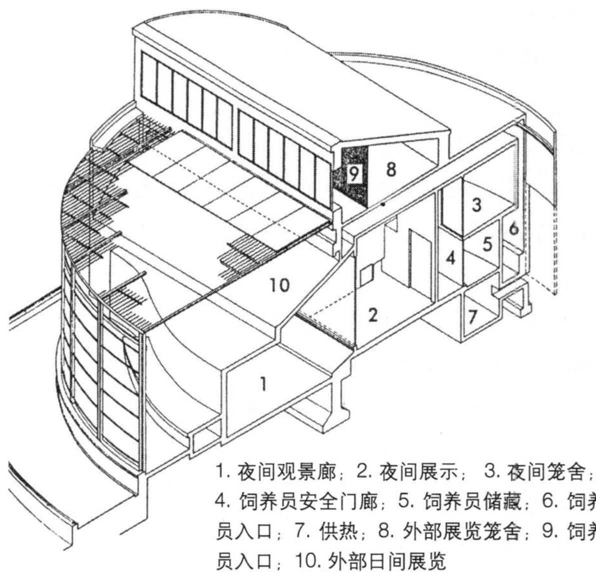


1. 夜间观景廊；2. 夜间展示；3. 夜间笼舍；4. 饲养员安全门廊；5. 饲养员储藏；6. 饲养员入口；7. 供热；8. 外部展览笼舍；9. 饲养员入口；10. 外部日间展览

图 31–8 马达加斯加中心，伦敦动物园：原来作为大猩猩馆，1993，由莱伯金（Berthold Lubetkin）与艾拉普（Ove Arup）合作设计；阿巴尼建筑事务所把文化保护建筑转化成收纳来自马达加斯加岛濒危物种的场所［建筑设计：阿巴尼（Avanti）建筑事务所］

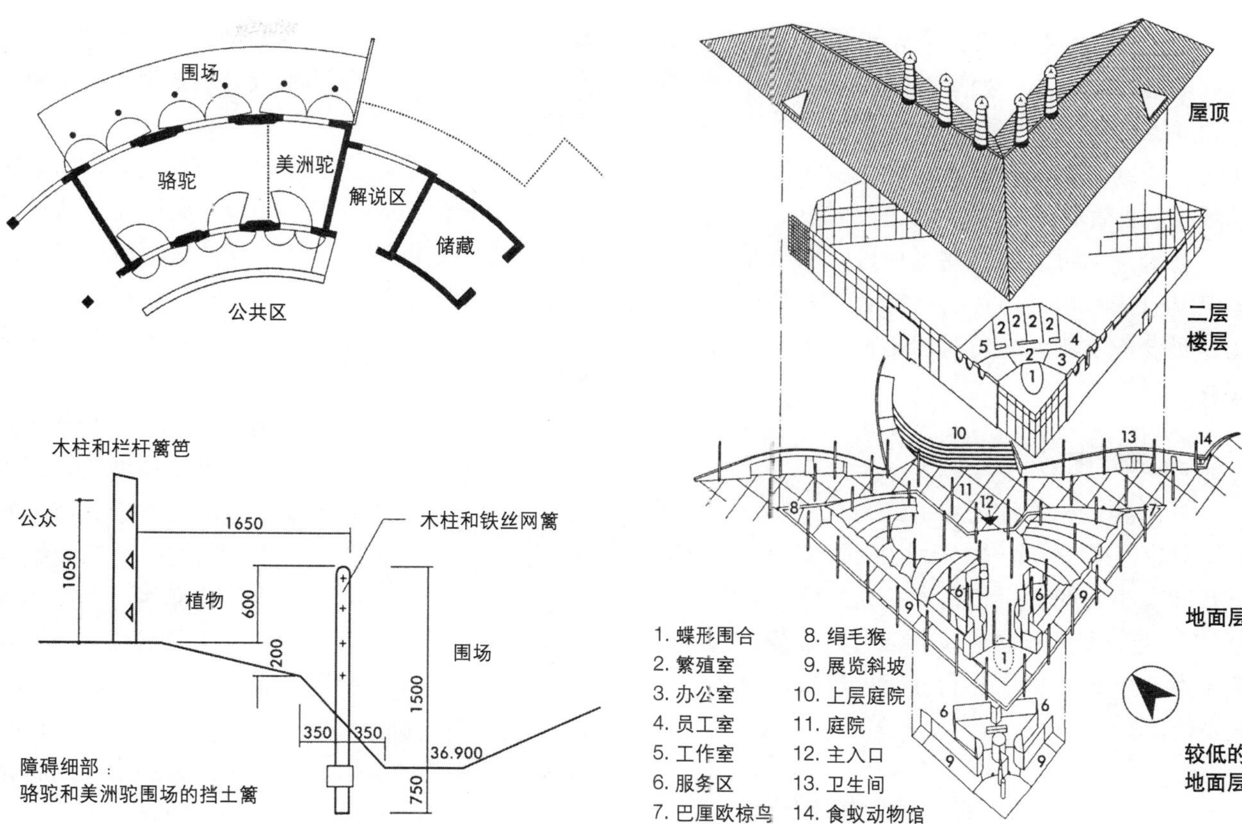


图 31-9　骆驼房，Ambika Paul 儿童动物园，伦敦动物园（建筑设计：Wharmby Kozdon 建筑事务所）

图 31-11　千年保护中心——生物网，伦敦动物园（建筑设计：Wharmby Kozdon 建筑事务所）

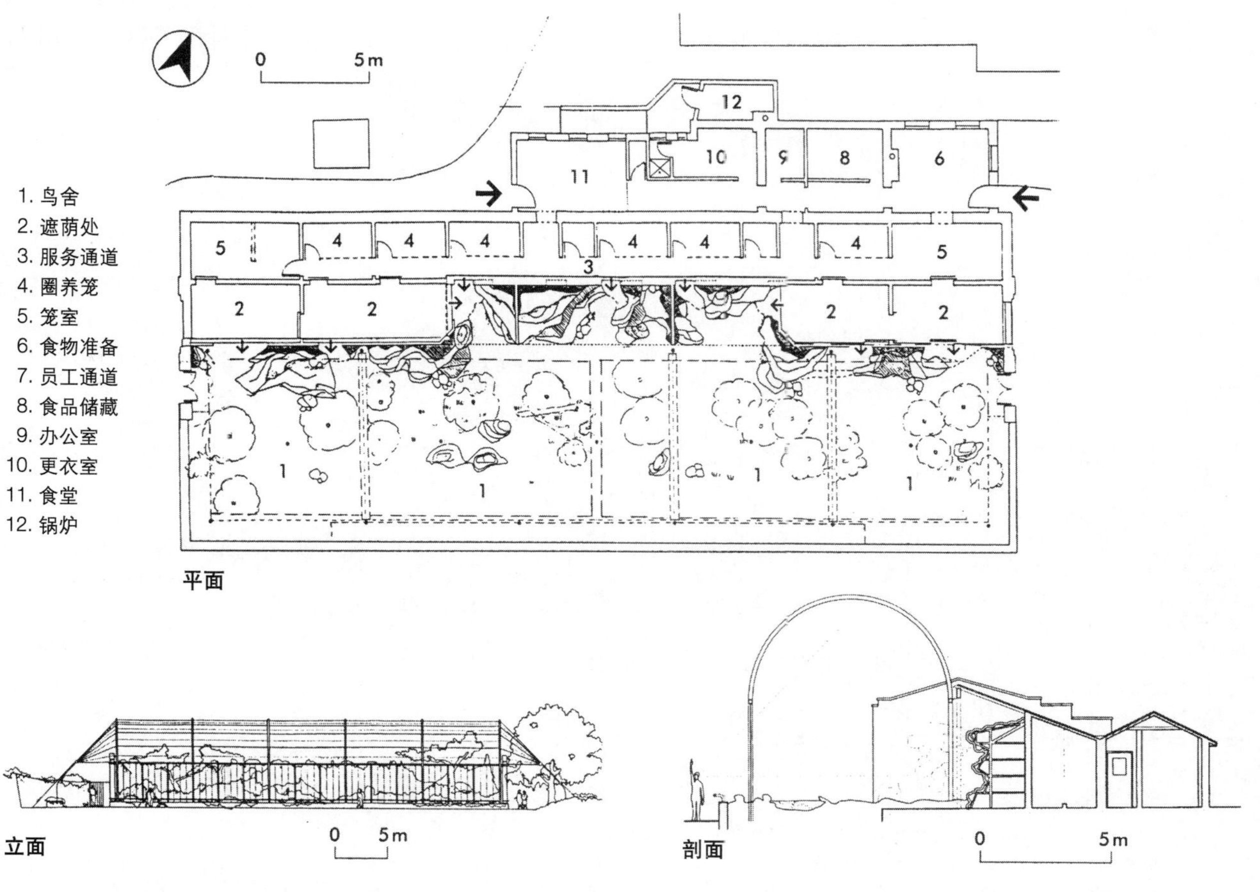


图 31-10 非洲（东方）大型鸟舍，伦敦动物园：高的半圆管状框架和精美的钢琴般钢丝（建筑设计：John S Bonnington 伙伴）

利用充满变化的有水或无水的深沟进行隔离是一个很好的方法，如果必要的话，可与一个垂直的屏障结合，但另一方面，有增加观赏距离的缺陷。在各种各样的情况下经过仔细考虑的电栅栏可能是有效的，包括对大猩猩和黑猩猩的控制。

玻璃屏障可以使观察者和目标更亲近，但也呈现出一些问题，如对定期清洁的需要，必须注意照明设备或玻璃的角度和轮廓，从而来克服其反射问题。

### 31.2.5 图形

标志牌、标签和图形是缺一不可的，它们与展览对象形成一个整体。动物、围栏和它的装饰，以及所有相关的书写和艺术品成为整体上的“展览”，这是一种“解释性动物园”的趋势。公众习惯于专业广告，并且他们可能只是被诱导着阅读一下信息。

## 31.3 引言：水族馆

水族馆在19世纪中期第一次用淡水作试验（R. Warington，1849），随后很快在第一个海洋水族馆使用人工制作的替代海水（P. H. Gosse，1845）。1853年伦敦动物园第一个公共水族馆开放后，其他的水族馆也开始陆续在全世界出现，到19世纪末，人们认为水族馆主要用于科学而不是装饰。

在这个背景下，加上现在许多主要水族馆采取的专门化政策，他们在许多方面领先于其他动物馆。许多新近的水族馆被设计成与海岸线直接相连，并且在生态地理的背景下真实地进行展览。由于新的水族馆不同于更多的一般的展览，建筑类型的多样化仍在继续发展。

在过去的20年，作为独立机构而不是动物园一部分的水族馆的数量在全世界迅速增长。因为水族馆有确定的空间需求，它可以位于城市内的多层建筑里。它可以是再生战略的一个商业组成部分，有助于使荒废区域特别是那些与水岸相连的地区恢复活力。作为动物园的一部分，一个新的水族馆也可被看做增加游客人数和收入的媒介。

现在能准确地估计一个新的水族馆的费用、参观人数和营运费用，并且在过去的十年内有充足的新设施来进行有益的对比。

### 31.3.1 展示设计

考虑到周期性改变和新的展览，要求一个新的水族馆有相当的灵活性，这对它持续的商业成功是很重要的。因此它需要应对展览技术上新的

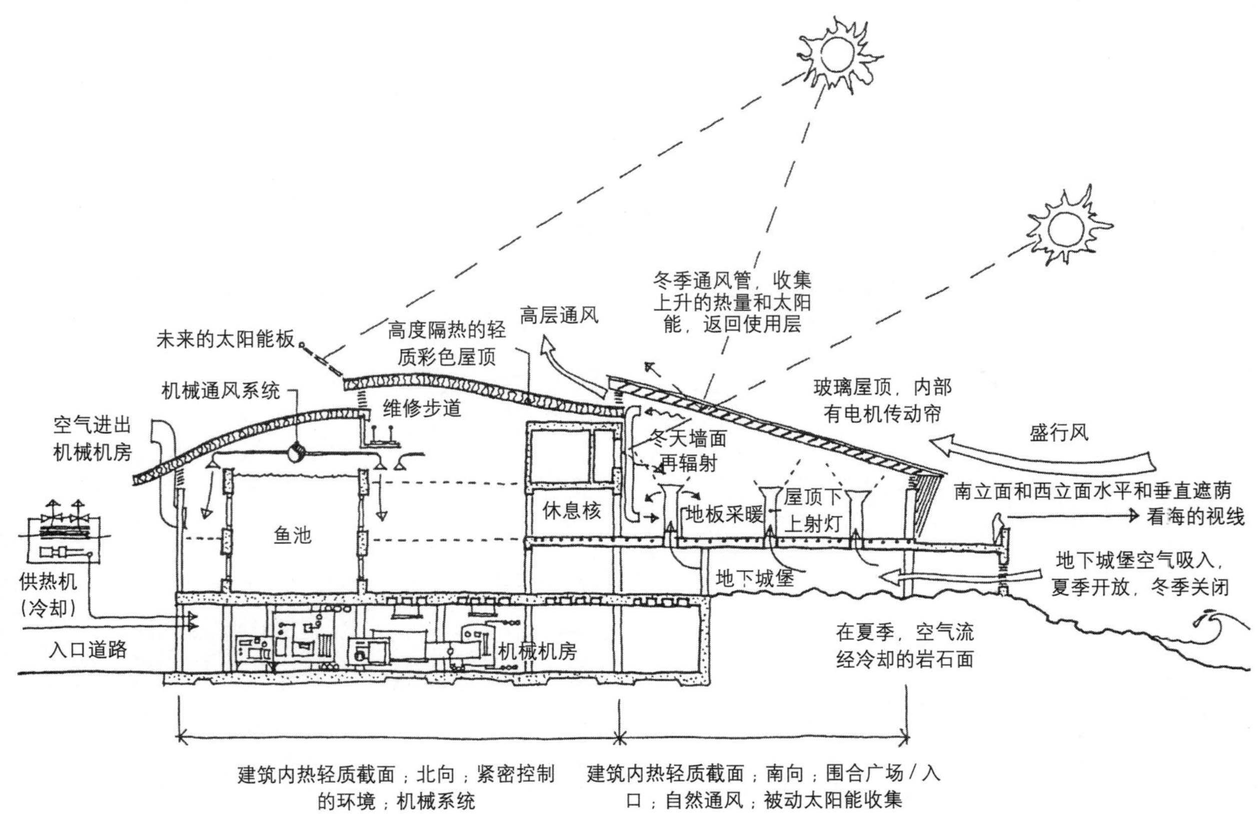


图 31–12 国家海洋水族馆早期项目环境剖面（建筑设计：Lacey Hickie Caley）

发展，并将能够对它的游客的越来越高的要求做出反应。

在由几个展览区组成的水族馆复合体中，展览的序列和信息必须便于游客了解。这一序列也许结合了展示各种各样的动物的大池，以及详细展示水生生活各方面的小池。目前的趋势是在最广大的意义上包含它们的生态系统和展现栖息环境内的生物，一方面也传达了关于动物行为、生态学和地理方面、节水和污染、捕鱼业和潮汐技术的信息。

可以通过各种多感知技术强化展览的印象，并可使用多媒体来进行展示。每一个展览讲述着一个特殊主题，而且可以由交互式设备提供生物信息。

最近的水族馆设计竭力再创完全的水生生态系统，希望实现水的自然补充。需要考虑展品的具体环境和行为的需求；规定岩石的布局需容纳岩石居住生物，并可让鱼逃脱食肉动物，还可为滑移游行的鲨鱼提供广阔的空间。成功的展览必须将生物学家的专门技术和建筑师及布景师的设计技能结合在一起。

### 31.3.2 水处理

由于水为动物提供了维持生活的媒介，因此水质是最重要的。水处理时必须去除动物的排泄物，防止有害的微生物生长，去除毒性化学制品，还要使水透明可见，便于观赏。控制盐分、硬度和藻类成长是很有必要的。控制浑浊度（源于悬浮的细小气泡，泥沙等），颜色和光照水平也是很有必要的。

水族馆建筑需要一个特定工程系统为水池服务，所需面积大约为建筑面积的90%。设备包括过滤器、消毒器、泵系统、加热器、储备箱，管道系统等。多数水族馆建于大海附近并且有无限的海水供应。水池的水通过“开放式系统”维护，直接采用循环的新鲜的海水。由于地点或水质不

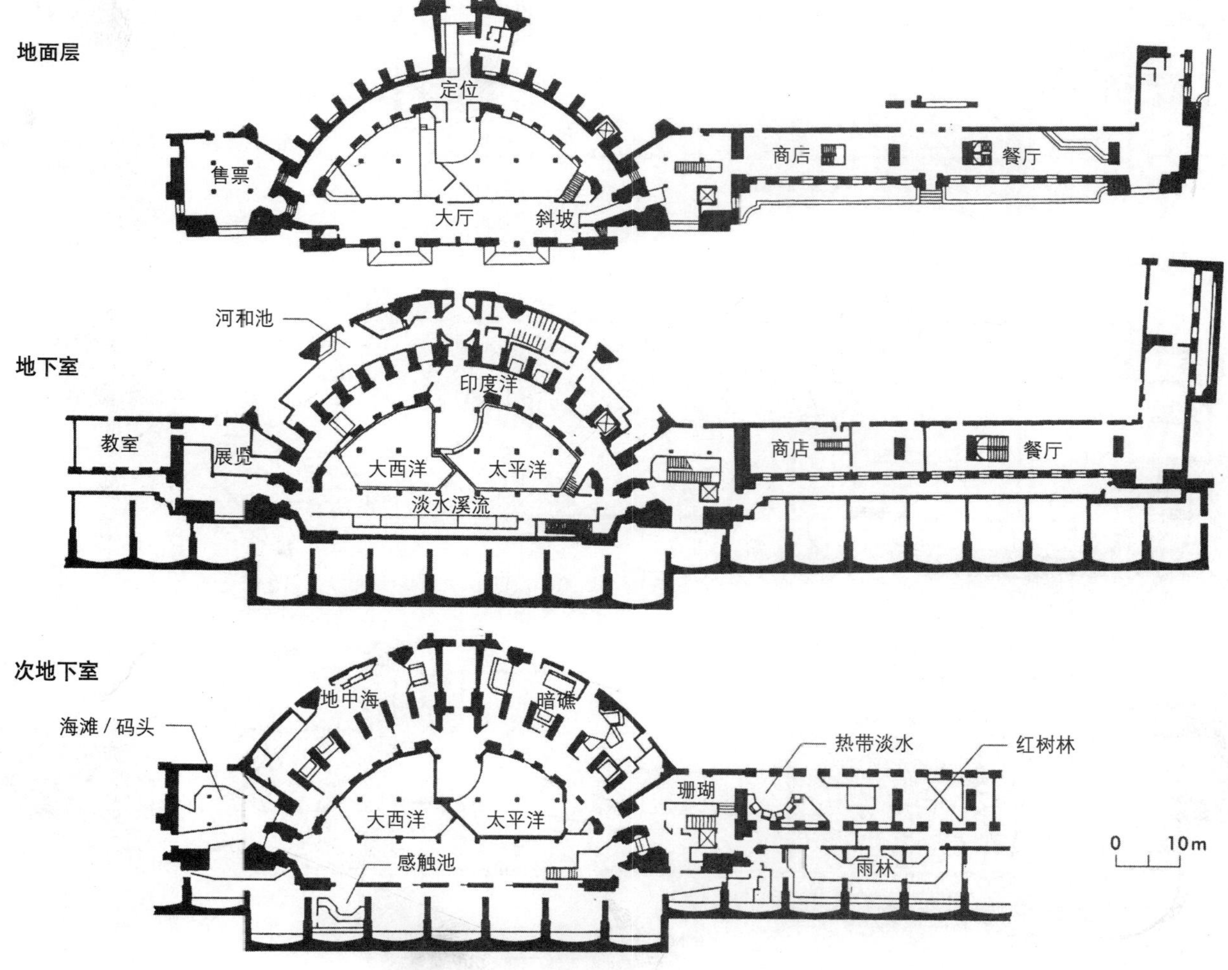


图 31–13 伦敦水族馆，霍尔县［建筑设计：Renton Howard Wood Levin 伙伴（RHWL 伙伴）］

纯而无法获得新鲜海水时，需要一个封闭的系统，水在其中循环使用。

水管理的过滤器系统包括沙子和石碴过滤，硅藻土过滤，生物和紫外线过滤器。消除微生物和海藻的方法包括氯、臭氧、紫外线辐射、铜盐和蛋白质漏杓。每个物种都要求一个专业设计系统。

### 31.3.3 展示建筑

由于玻璃和丙烯酸酯的改进，由其制成的围合水族馆水池和海洋动物的水池的观察面使得游客可以近距离观察水生生活。

尽管近年来玻璃技术有所进步，但它仍不能达到丙烯酸酯的通用性。丙烯酸酯不仅可以被制造成弯曲的形状，而且可以在非常厚且结实的嵌板之间形成无形的等强度节点。另外，丙烯酸酯还可制成圆顶和圆柱形。伸入储水池中的圆顶窗口以及隧道可加强人们的水下体验，而当展示浅水的鱼时，圆柱形储水池是特别有效的。

丙烯酸酯是一个很好的绝缘体，并且可以应对会促进冷凝的温度变化（例如热，潮湿或者冷水的展览）。丙烯酸酯板可以与直棂、密封胶接缝或连接接头组合在一起。后者的接缝几乎看不出

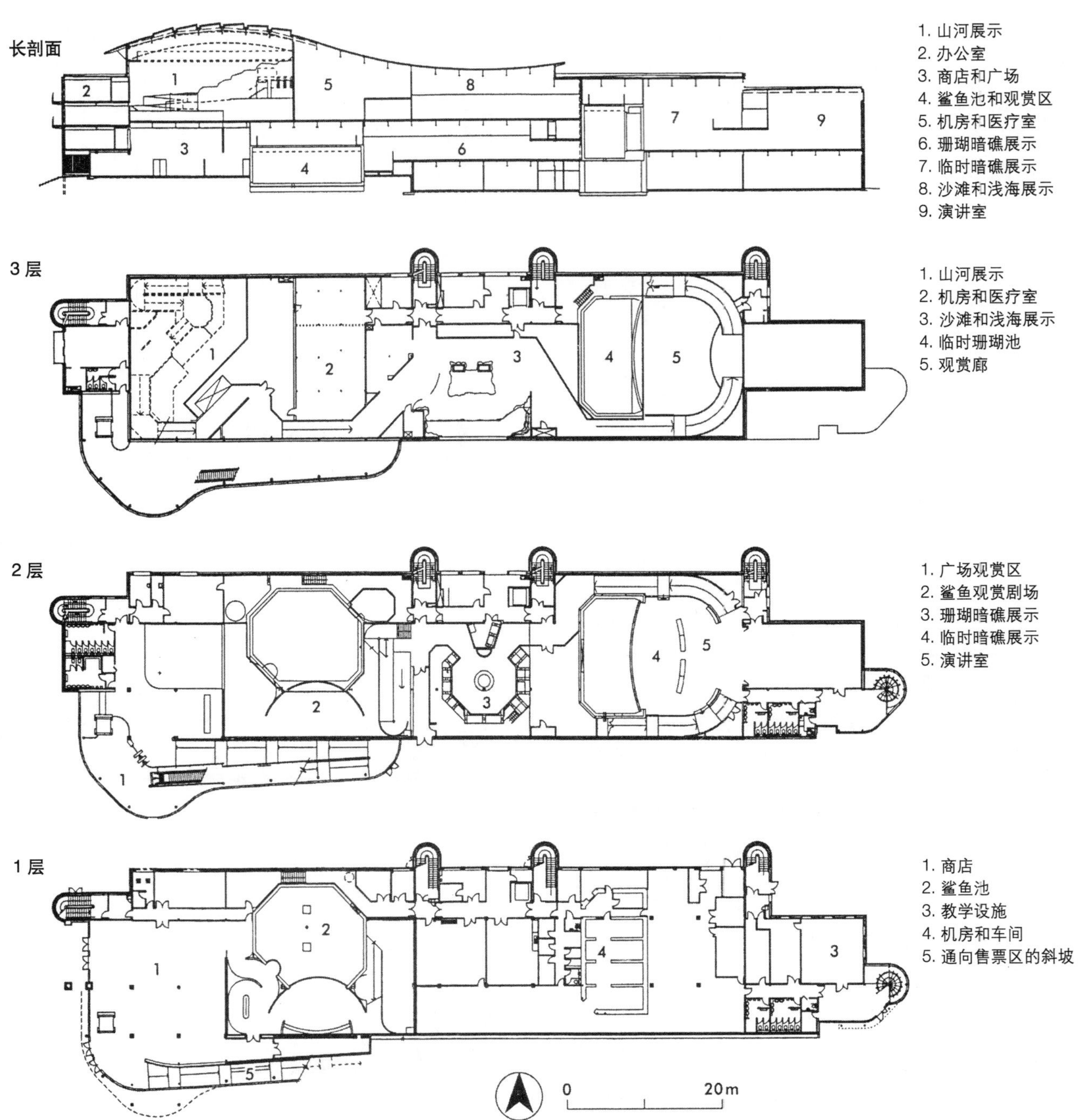


图 31–14 国家海洋水族馆，普利茅斯（建筑设计：Lacey Hickie Caley）

来，但如果施工时不用直棂结构，则设计时必须采用较高的安全系数。

丙烯酸酯组件有如下尺寸可选：窗口板 7.3m × 2.4m 高 × 200mm 厚［活海（Living Sea），艾波卡特（Epcot），美国］；无缝的圆柱形水池直径 1.8m（蒙特里海湾，美国）；隧道长 19.8m，半径 1.5m（大堡礁，澳大利亚）］。

各种各样的因素决定了我们是选择丙烯酸酯还是玻璃。丙烯酸酯有可能被鳍足类动物（海豹、海象和海狮）和乌龟刮破；另一方面，玻璃展箱要求色彩过滤从而补偿淡绿色调。为减少冷凝的可能性，玻璃板必须选用中空玻璃，里面充满惰性气体，或者是空间可以通风以排除冷凝。火对于玻璃和丙烯酸酯都是很危险的：前者会爆裂，后者是可燃的，因此必须仔细设置泛光灯和加热器。然而，主要限制因素通常更多是可获得的资金来源，特别在英国和欧洲，25mm 的玻璃与碾压的退火玻璃和丙烯酸酯相比有明显的成本优势。

### 31.3.4 照明

良好的照明设备设计是一个成功的水族馆的基本组成部分。早期的水族馆提出了有关照明的“水族馆准则”，观赏区仅接受水箱上面照亮的间

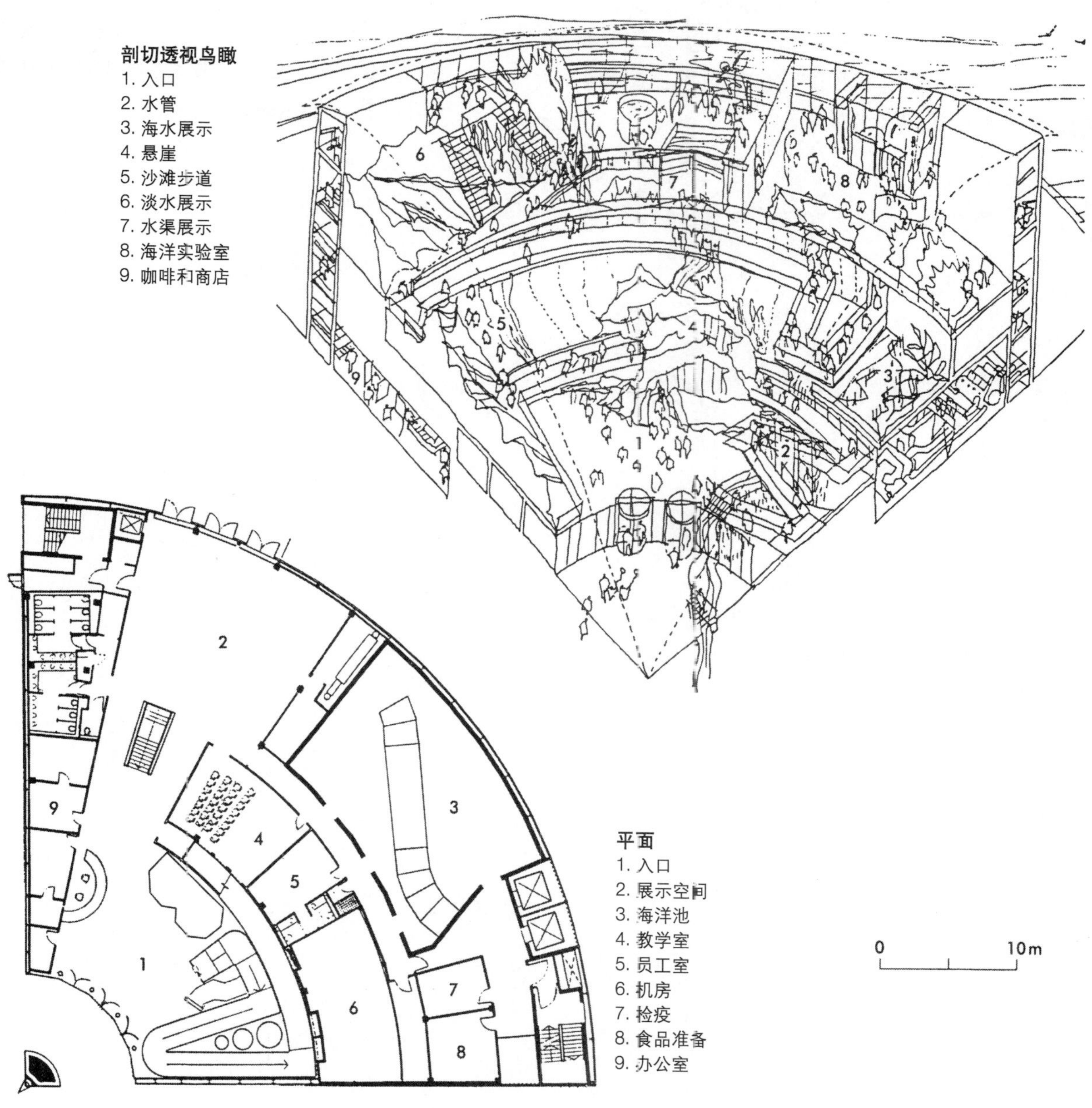


图 31–15 国家海洋生物中心，伯明翰［建筑设计：福斯特（Foster）及合伙人］

接光。这个方法依然是展览设计的逻辑依据，即光源应隐蔽起来或不朝向参观者。对于将水下隧道观赏区与侧面板观赏区结合在一起的水池来说，照明更为复杂。如果想要创建一个自然的水下栖息所，其他游客在水中的影像或者标志及光源的反射将损坏这一形象。光源的位置可让人感觉空间更大，可以在公共入口对着的大水池上方设泛光灯，让人感觉水多且深，且有光亮穿透海底的感觉。

可以将照明效果设计成反映这一地区的日照的实际情况，以形成展览的主题。这一方案可通过改变灯光的角度、强度和色彩来实现。荧光，主色调冷静，四面都照射得到，代表了温带地区的特点；而更加温暖的白炽和金属卤化物光源则具有热带光的效果。用普通类型光源也可以产生一些特殊效果，如通过头顶的叶幕生成斑点光源，或者穿过深海水域的日光束。

**参观者** 参观者的要求包括与所有游客中心相同的设施：停车场、入口区域、礼品店、食物，洗手间等。一个成功的水族馆越来越重要的特点是形成一个焦点，例如重大展览或倾斜座位的“触摸水池”。

## 31.4 海洋动物公园，大型水族馆等

直到最近，这种中心仍是进行商业化娱乐经营，旨在开发海豚、小鲸和虎鲸的智力以及它们丰富多彩的特性，还常常包含一个供动物们表演的露天体育场。现在普遍趋势是远离纯粹的娱乐，转向再造一个环境，动物可以在其中以自然的行为模式生存，而不再是“表演”。

被展览的种类包括鲸类动物（鲸鱼、小鲸和海豚），鳍足类生物（海豹、海象和海狮）和更小的水生哺乳动物，如水獭。

# 第32章 无障碍设计

Stephen J. Thorpe

## 32.1 引言

现在大家都认为那些使用建成环境的人拥有各种能力，那些有特殊身体或感官损伤的人的需求经常与许多其他用户的需要一致。对这一问题的设计解决方案是运用综合或包含性方法。总之，环境规划整体涵盖的范围要足够宽广并且在细节上要能最大限度地满足使用者的实际需求，包括多数残疾人。然而，它不是通用设计：为满足有严重障碍的人或社会惯例，仍然需要一些特殊的设施。

包含性方法的一个积极成果是在设计初期就提出了能力范围和需要。这个方案应该清除早期特殊设施的自相矛盾，这种矛盾有时是不利于残疾人，如要求他们走很远才能到达一个可进入的入口，或者要求他们在使用建筑时寻找帮助，有时是否认他们独立的潜能。

法规和其他官方导则倾向于延续这种特别的方法，但它的范围在扩展，尤其是导则的基础更稳固，并进行了更深入的研究。

包含性设计涵盖从建筑的基本组织——入口、各层、路线、空间——到设备细部和饰面的选择，如门把手、栏杆系统、龙头、电动和手动控制。

虽然总有必要进行仔细的选择，现在有越来越多的产品能满足精通此行的用户的要求——大家认识到能力上的减少或削弱，以及一些元素的结合如紧握力、一体化操作的对比性和简单性。

在正确的可达性环境设计中，一个重要因素是正确地理解所包含的原则。只有这样才能避免

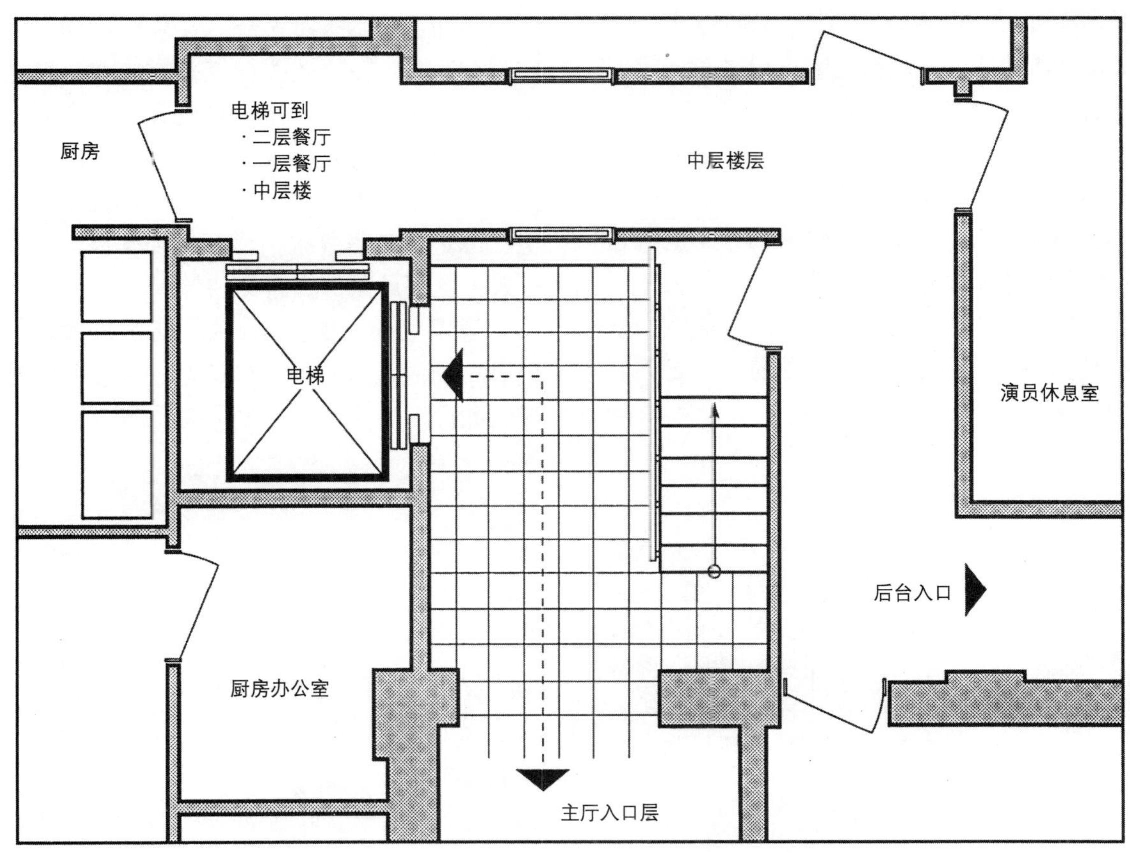


**图 32–1 史内普麦芽糖发酵厂（Snape Maltings）音乐厅：到所有层的轮椅者入口（建筑设计：Penoyre & Prasad 建筑事务所）**

轻率地使用导则，在非标准的环境下作出正确的设计决定以及鼓励有想象力的解决方案。这一章节中的导则将集中于与不同的建筑元素和环境有关的原则，而不是后文或是参考书目中列出的更加明确的方向。

早期的文献多集中于轮椅使用者，因为从空间和可及性来看，其最易于确定。然而，那些可行走但移动受限的人或感官受损的人的需求也应该考虑，现在出版的导则对此有所反映。

## 32.2 指导原则

在提出明确的导则之前，下面是一份关于不同损伤的简短注释。

### 32.2.1 轮椅使用者

一个轮椅用户可以独立地操作他（她）的手动或电动轮椅，但其他用户也许需要另一个人的协助推动并且操纵他们的轮椅，从而需要额外的空间。电动的童车或滑行车可能明显大于标准轮椅范围，因此根据常规轮椅尺寸设定的开口和空间可能是不够的。

### 32.2.2 可走动的人(ambulant people)

本书的意思是，是可行走的，但带有一定程度的损伤，或许依靠棍子或一个助行架行走的人。无论如何他们将依靠支撑物行动。他们需要评估为轮椅的通行和操纵留出的空间。开门或操纵门的压力对于他们来说要大过坐轮椅的人。他们通常更喜欢设计周到的台阶而不是斜坡，因为前者更稳定和便于支撑。不过也有一些人只能走一些很缓的台阶，对于他们来说，一段易于行走的斜坡会更好一些。

### 32.2.3 生理缺陷

生理缺陷会影响人的能力，从而影响人身体力量的发挥或影响身体控制，这点必须考虑到。

### 32.2.4 感觉损伤

一个感觉损伤的人可能会在接近和使用建筑时有一定困难，除非建筑的布局、饰面、细节设计和设备可以弥补他们特殊的损伤，这些损伤通常是视觉或听觉等方面。

## 32.3 通道

**乘汽车到达一座建筑** 这对许多残疾人来说尤为重要，不论他们是司机还是乘客。从停车位或下车点进入入口的路线应该尽可能短，如果可能的话，应该受保护或有顶盖，任何斜坡或台阶都需要仔细设计。

**进入路线** 通常应该避免水平高度上的变化，并且应该利用地面和建筑层尽可能地避免特殊的斜坡或台阶。在斜坡和台阶不可避免的情况下提供可选项：斜坡（图 32–2）适合轮椅使用者和某些可走动的人，但多数后者更适于楼梯。

在楼梯两边应该提供扶手栏杆并且应该是连续的（即：横过楼梯平台）并应该延伸至顶部和底部台阶外，在这些关键点提供支撑。在较宽的楼梯段，双侧中央扶手栏杆也许是一个更好的选择，特别是在历史建筑中，侧面或固定于墙壁的扶手可能很难安装或不合需要的情况下。在斜坡上，可走动者需要扶手栏杆作为支撑，并且它们一般可以满足保护的需要。

**道路沿线** 通道应该使用防滑表面，以及避免潜在的危险。此外，应该通过对比确定重要的元素如台阶的前缘和支撑的扶手。

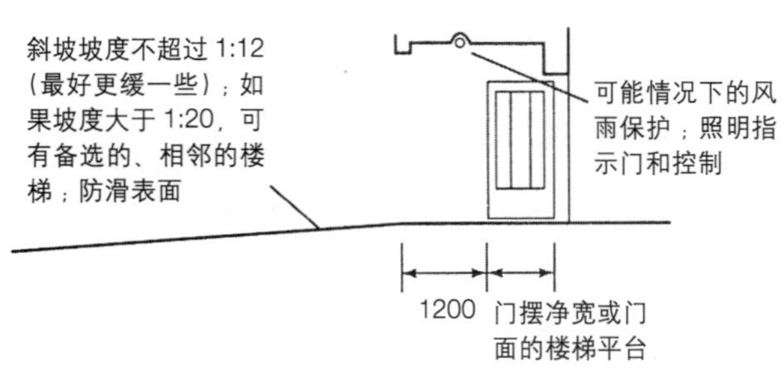


图 32–2 斜坡

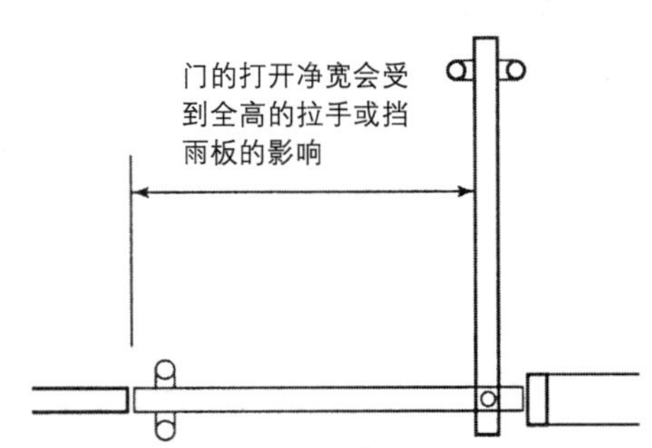


图 32–3 门的细部

**触觉式块石路面（盲道）** 推荐在关键点使用，如斑马线和其他危险处，并且有详细的可行的指导。尽管如此，其他传达触觉或听觉信息的方式可能更合适。

**标识** 应该遵循现行的指导，并且沿路线提供一致的、连续的标识，以消除关于目的地的任何不确定性。

### 32.3.1 入口

**主要入口** 每个人均可使用。如果还有一个备选的主入口，如为汽车用户使用的，则应该直接通到入口大厅或接待室。入口应位于建筑正面，容易识别，还要有向建筑内部的视线，以便于确认。

**门槛** 应该是越平坦越好，总高度最大为15mm，截面为锥形。

**良好的照明设备** 入口必须有充分的照明，并且应该尽可能提供风雨防护。

**门** 便于操作是最根本的，并且开门压力需要保持在 30 N 以下。这通常需要出行方便、低能量操作员或者是全自动化门。在后一种情况下也许铰链门或转轴门适合较小的建筑，但应是单摆门；在其他地方，最好选滑行门或折叠门。

**旋转门** 由于较小的旋转门不合适，而较大的旋转门又无法让行动能力受损的人毫不费力地通过，因此应该避免旋转门。

**门的细部（图 32–3）** 这一点很关键。保证足够的开口净宽度（记住儿童车和滑行车），好的对比，易于定位和简单的操作机制。避免不恰当的眩光（如室内模糊的反射或误导的视线）导致的任何视觉模糊，但还要确保视窗适合轮椅使用者。

**门厅（图 32–4）** 如果有需要，在门扇开启空间以外要留出可操作的空间，并尽可能避免转向。

**照明** 在大厅里，照明强度应该属于室内和室外强度之间的过渡，并且为了适应外部照明强度的变化，最好使用传感器。

**接待空间** 在接待室区域，应该提供对建筑的清晰的介绍以及畅通无阻的直接通向问询台、电梯、楼梯和等候室的通道。有屏障的电话亭是很有帮助的，特别是在访客需要打电话叫出租汽车或等待同事的建筑内。所有清洁垫应该是结实的，而且能够清洁轮椅的轮子。

**询问台** 细节设计和设备应使任何人都可以容易接近和沟通。

**安保** 残疾人必须能在不需要特别安排时通过掩蔽物和障碍。数字式或卡片操作式的控制应该在可及范围内而且不需要细致的操作，本书建议使用靠近式读卡器。

**短程升降梯** 是一种克服与入口相关的高度变化的方法。在现有的建筑物内，如果高差变化是在外部，则有可能的话，降低入口，使得高差变化能在室内解决，则电梯能免受外界破坏，也能得到更好的监管（图 32–5）。

## 32.4 内部流线

**布局** 通过适合建筑物的性质和作用的合理的详细设计，应使得人们容易了解建筑物的结构和模式。大型开放空间可能需要地板对比（如 pvc/ 和地毯）来定义空间，并通过标识和照明强化路线。这样的路线应该总会导向具体的元素如楼梯、电梯和问询点。最初的设计和随后的管理应该保证这些路线是通畅的。较复杂的布局将需要逻辑图，好的标识和令人印象深刻的元素（如门、楼梯和采光）。

**座位** 如果距离相当远，例如在超级市场或大商店，希望能提供座位。也许有管理部门反对，但应该考虑整体的座位，可能是停留型的，应置于流线上的关键点，如楼梯前端和电梯等候区。

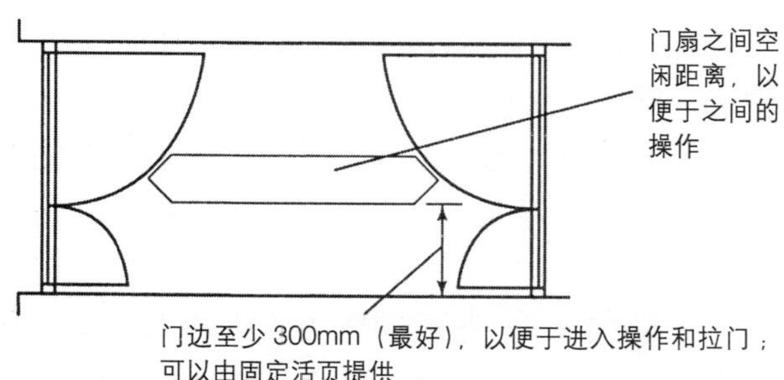


图 32–4 门厅

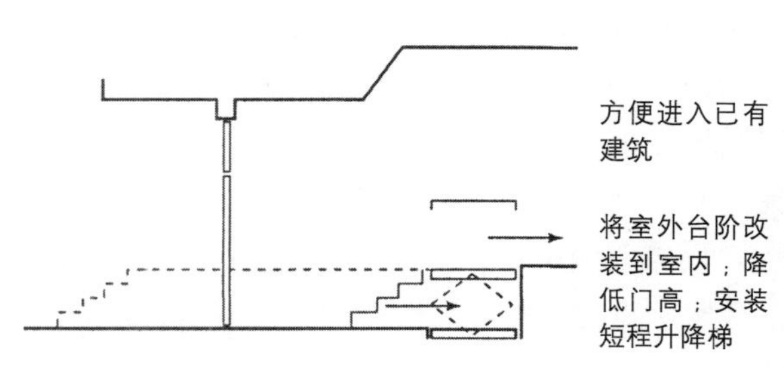


图 32–5 短程升降梯

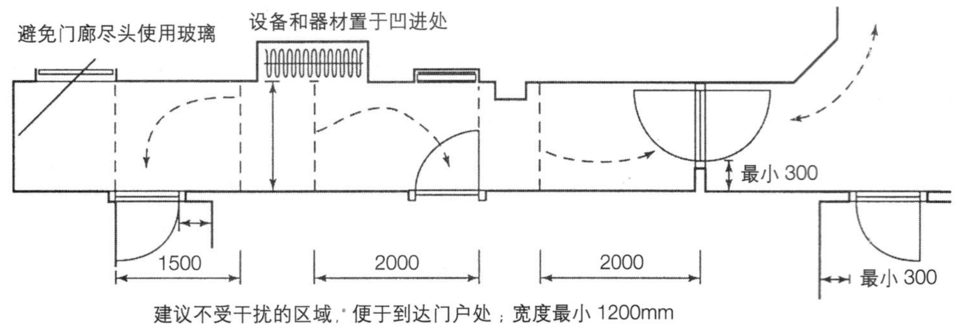


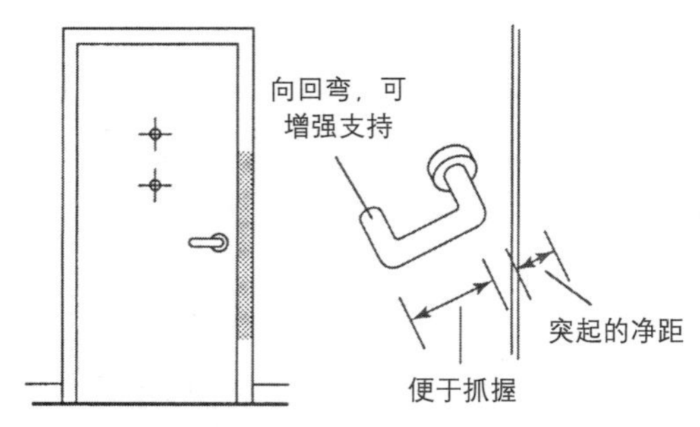


图 32–6 内部流线和门

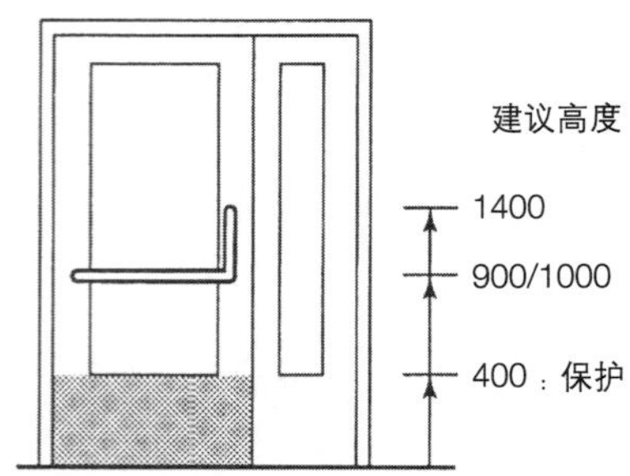


图 32–7 双门

### 32.4.1 门

在通常情况下，门必须安置在屋子或流通区域里，为其留出充足的空间，以便于接近和简单操作。对其进行详细设计，以便于使用（图 32–6）。有可供选择的门，以适合特殊情况。

**自动关闭的门** 可能会出现一些问题，开门时还会造成压力过大，应通过低能源控制器、自动控制设备和磁门窗固定性装置来避免超过 30 N 的压力。

**双门（图 32–7）** 应为其中一门扇打开提供足够的净空间。若这是不可能的，如在一个文化保护建筑物（listed building）里，则确保第二扇门可以很容易地独立打开（如通过单个长插销或多锁杠杆）。

**滑动门** 这样的门应该具有与锁设备结合的简单的拉手以及能非常顺利地滑动。必须留出充足的空间以便于进入和操作、移动。在允许以一定角度通过时，需要的净开口空间要大于通常情况下的数值。

**门摆减小的门** 这样的门易于操作，并且可以在空间有限的区域里节省空间，例如在洗手间，从而抵消它们相对高的费用。

### 32.4.2 垂直交通

在交通布局中，应将电梯和楼梯结合在一起。当在现有的建筑物里安装电梯时，这一点尤为重要。

**电梯** 电梯的位置应由标志清楚地标示出来，并且应可通过横跨大空间的直线路线到达。需要远离通道、有足够的等待空间。

载客量为 8 人的电梯可为轮椅使用者和同伴提供足够的内部轿厢空间。如果有相当大的人流量和轮椅量，则最好采用更大的电梯。其他乘坐电梯的乘客也许需要扶手或暂栖型座位。

载客电梯可以用于运输货物，但反之则不允许。

应仔细考虑并详细设计电梯内外的控制和信息，包括楼层指示和电梯到达的标志。在高度和易读性之间可能会有冲突，此外，在多层建筑物中进行重复控制也是必要的。

尽可能避免设计采用小的标准，特别是门的宽度和内部轿厢大小，要大于普通轮椅或儿童车的宽度。

**自动扶梯** 一些行动能力受损的人发现自动扶梯难以使用，因此近处总会有电梯作为补充。

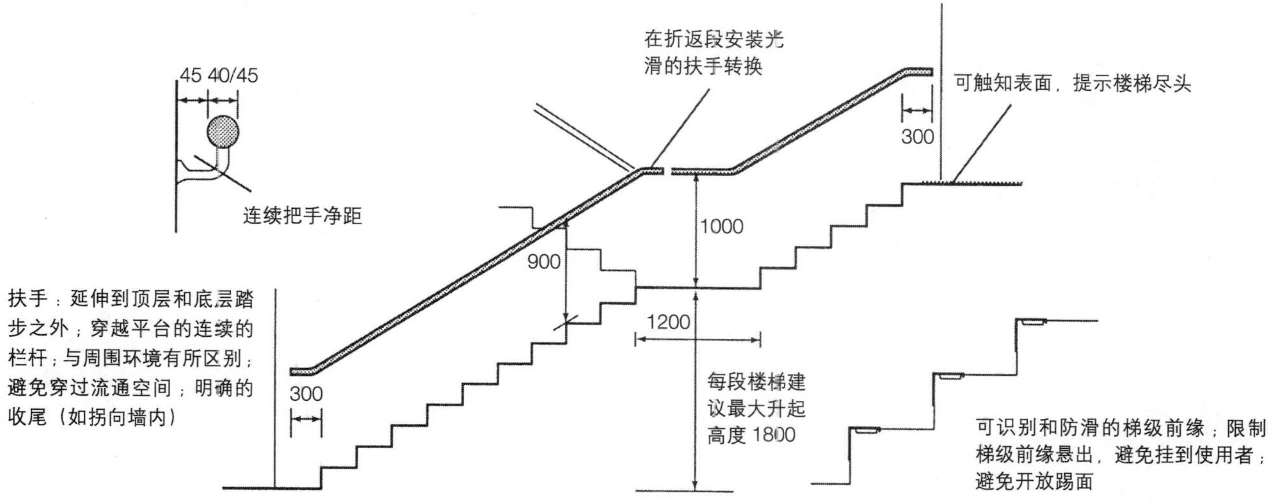


图 32–8　楼梯

**楼梯（图 32–8）** 对于许多用户，楼梯存在潜在的危害，并且必须仔细注意细节，尤其关注楼梯每一级的前缘，扶手栏杆和支撑，表面之间的对比以及照明，从而对其进行仔细的详细设计。这些考虑不应为造就壮观效果而被忽视，尤其在入口区域之内。

**短程电梯** 作为台阶的另一种替代选择，短程电梯可避免浪费空间的斜坡，有助于连接不同的楼层。提升 4m 在技术上是可能的。这些电梯有整体打包销售的，但也可以细化，以符合建筑背景，或达到合适的安全等级。

**座椅电梯** 这些提升装置有座椅或轮椅平台，可以与各种楼梯配置相配。尽管它们能解决一些特殊的或小的现有建筑物的进入问题，但它们可能与楼梯整体用途不符，或在楼梯作为逃生路线的一部分时，可能是不合适的。

### 32.4.3 地面应考虑的事项

地板表面一定要适用于相关的区域。例如，当有潜在的危险时，像在内部入口和在洗手间，地板应该具有有效的防滑性。这一原则同样适用于楼梯和斜坡，包括入口。再如地毯应该适度固定，以便于轮椅通过，此外，它不应对使用助行架走动的用户造成困难。

## 32.5 洗手间

对于许多残疾人来说，这是他们非常关心的问题，而且这一区域配置一些特殊物品也是正当的。尽管如此，还是应尽可能地遵循包含性设计原则。

**男女共用厕所** 一个男女皆宜的洗手间能允许异性的伙伴或伴侣协助此人，虽然社会惯例通常要求进入这样的设施要与单一性别区域分开。对男女皆宜的设施的需求是有限的，并且在许多建筑物里，可进入的洗手间都有些常规设施，因此也可用作通用洗手间。根据这项原则，有必要提供固定的设施，这些设施，无论是外部通道，还是内部布局，都应易于使用。对现有建筑物进行改造以符合这一要求有时很难做到，但残疾人走到洗手间的距离不能远于本建筑的其他使用者，且最好不要到另外一层。

在任何可能的情况下，可达性的设施不应该是锁着的，而应该清楚地进行标志，并作为洗手间普通标志的一部分。如果提供男女共用卫生间，则应当在建筑的入口或接待区明确地指出其位置。

### 32.5.1 详细的布局

为轮椅用户设计的标准 WC 布局看上去是详细和具有说明性的，但它的设计也应尽可能地适合于广大用户。图 32–9 显示了配件之间空间和关系的基本原则。

半岛布局（即从两侧均可接近马桶）可以提供更多灵活性，但它意味着不能从马桶直接到达水池，这一点对于某些用户来说是很关键的。因此它应该只用于有特定需求的建筑里，或者作为对标准布局的补充。

普通洗手间布局应该适合移动能力受损的人，而这主要是通过马桶和开启门扇之间较大的

最小尺寸 2000×1500，允许操作和旋转；门向外开；可以考虑门向内开，但需要增加门扇或操作的净空间；马桶和水盆位置要允许在蹲着时可以洗手和擦干手；左手和右手布局；在有可能时提供备选；参考导则细节或向建筑使用者咨询；
a1 水平和垂直扶手
a2 向下栏杆（帮助转身）
a3 垂直栏杆
提供固定物和栏杆的对比

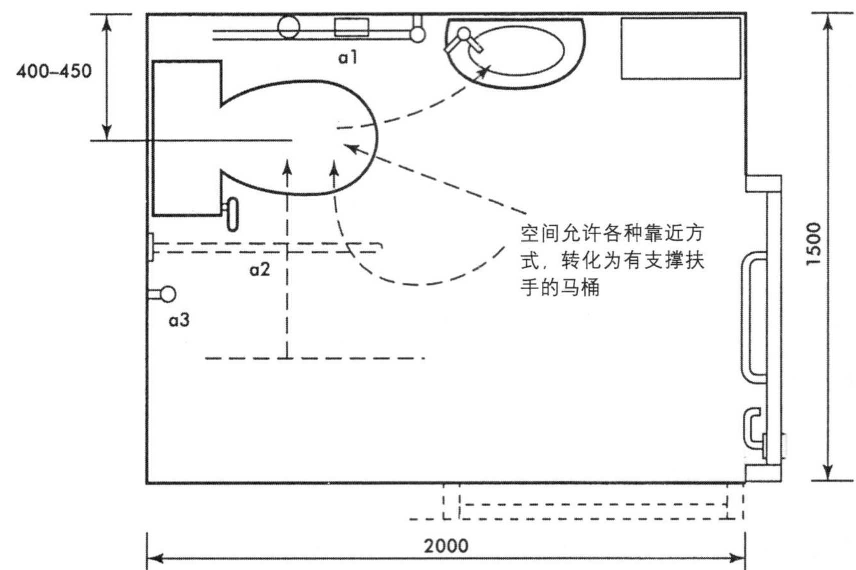


图 32–9 卫生间

净距获得。最好有洗手盆，并且应尽可能结合马桶设置。这种对有限的隔间的升级会使许多使用者得益，而不仅是移动能力受损的人。

## 32.6 淋浴室，盥洗室，更衣设施

在这些相关区域应该遵循相同的包含性原则。若设计的设施只适合残疾用户而不满足一般用户的需求，这种做法是毫无理由的，不过建筑管理方也许希望这些可达性设施总为它们的特定用户空置着。

特别注意的地方应该体现在重要方面：这些包括抗滑性地板，详细设计的冲洗排水设备以及表面或空间之间的连接点，定位控制和配件，以便易于触及，还包括安全水温，良好的支撑，以及必要时为协助人员准备的空间，和适当的存贮空间。可达性设施标识应与通用标识形成一体。

## 32.7 厨房

如果厨房是在非家用建筑里，它们应该尽可能地遵循住宅部分的原则，主要问题是（厨房柜橱上的）操作面高度和相关控制的灵活性。为满足受限的接触的需要，空间标准也许需要高于常规紧凑平面所允许的范围。

## 32.8 柜台和工作面

提供灵活性的细部设计将随建筑里的参观者和工作人员而变化。接待柜台和其他访客或顾客交易点的设计应该是包含性的而不是为那些残疾人提供单独的设施。也许需要增加一段高度较低的柜台。细部设计和/或设备的提供应该促进各种活动。

安全性问题经常与这些要求相冲突，并且需与理想中的最佳途径达成平衡。

## 32.9 窗户与外部门

包含性原则应该应用于窗户所有功能，包括视野，通风、安全和屏障。控制开关和把手应易于触及并便于操控，最好可以进行单手操作，如在一些突出的窗口或是转轴窗口。可推拉窗通常被认为是不灵活的，除非装了非常光滑的轨道。

所有外门应该有足够的开口，如果它们是带有水平门槛或极小门槛的滑动门，则更应如此。如果它们装以铰链，门上应该安装固定的限制装置以防止猛烈的开和关。以疏散人群为目的的紧急门应该也具有简单操作的配件。

## 32.10 控制（图 32–10）

适当的控制应该满足 3 个包含性标准：它们必须是便于触及的，操作便捷的，并且提供易读信息。

(1) 为了便于触及，控制一般需要在 600 ~ 1200mm 的高度范围之内。接近方式是侧面还是正向将确定这个范围的极限。

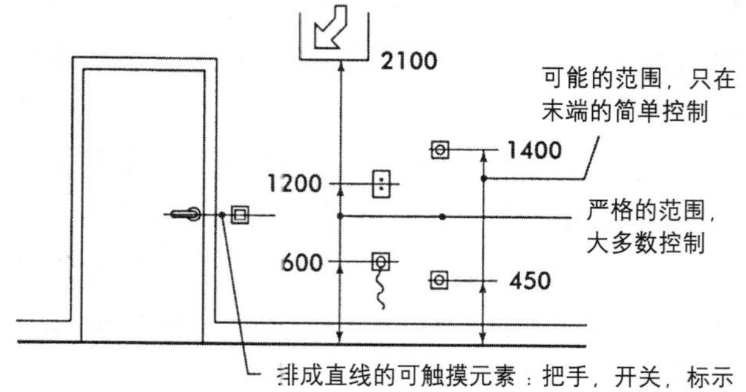


图 32–10 控制

(2) 操作便捷的要求是易于发现、便于抓握和操纵，例如宽大的或完整的金属板开关，宽大的球形把手或控制杆。操作不能需要过多的力量。

(3) 易读信息要求大的数字和凸起的表面，以便对方向和距离范围这样的事物给予一个清楚的指示。

**电子控制** 电子控制的门、窗、窗帘、水龙头，(机) 关闩等在相当程度上符合了这些标准，并且使残疾人能成功地控制他们自己的环境，尤其是就业场所。

## 32.11 保护

特别是轮椅，但也包括儿童车，有可能损坏墙壁表面、转角处、门和它们的内层。综合细节设计，如八字形角或圆角和门户大开时宽敞的空间能减少这种问题。在别处，应该有特定的、谨慎的保护措施，最好是在起初就考虑到，而不是事后。

## 32.12 支撑

移动能力受损的人经常需要支撑，这些支撑应与一些元素的细节结合设计，如楼梯和无障碍厕所。这些支撑还有可能与柜台前端或相似的设备结合。一些配件，例如水池和门把手，也可以用来提供支持，并且它们的细节设计应该是结实的。

## 32.13 信息

一座建筑物应该尽可能地告知用户所有的信息，其布局、细节和对比的使用——扶手栏杆、墙、门、地板表面——应该减少特殊标示的需要，这样便于视觉损伤的人利用。应该避免也许导致定向障碍的元素：例如，镜子或其他反射的表面可能使人产生混淆，特别是那些有视觉缺陷的人。镜子尤其不适于沿着楼梯布置，这样会出现扶手的重影，或者当固定在柱状物上时，会导致建筑物在临界点处消失。

### 32.13.1 标志

标志应该布置在清晰的位置，有良好的照明，且同时为轮椅使用者和站立者所见，应沿着路线布置，且保持一致。标志无论是固定，悬挂的或独立的，原则上和它们的直接背景之间应形成完全的对比，因此也应与建筑物的背景形成对比。

### 32.13.2 设计和技术

有必要运用仔细的设计和技术来将信息传达给那些听力受损的人。考虑周到的照明设备、背景和窗口位置可以便于唇语阅读。感应圈或红外系统可以用于在房间之内和在如柜台或售票处等交互作用点放大声音。这两个系统在原则上是简单的，但它们实际上具体的优缺点依赖于建筑物的背景，且如果没有得到专家的意见，则不能安装。

## 32.14 特殊建筑

这里给出的指导大多是一般的，并且在多数建筑的背景下是可适用的。然而个别建筑类型却也常常因其基本性质出现一些特殊问题，但如果从一开始就能运用上述设计原则，那么就有可能解决这些问题，往往是通过从头重新考虑平常的解决方案而不是采取特殊的替代性的可达的方式。

## 32.15 已有建筑

在现有的建筑物内部提高可达性也许是一个很难满足的过程。适当的进行审查是创立可达性最佳水平的一个前提。

在这个部分给出了一些关于现有建筑物的参考，但关键因素归纳如下。

(1) 使在诸如门宽度和其他空间标准、支撑以及对比的基本要求上的妥协减到最小。

(2) 综合现有布局之内的新电梯，特别是在有特殊通道的地方。这一点对于公共和文化建筑来说很重要，如美术馆和博物馆。

(3) 对技术的谨慎使用。如果早一点提出，有助于克服现有建筑特征带来的障碍，如高度变化和门。

## 32.16 法规

有关可达性的关键文件有：

### 32.16.1 建筑法规第M 部分

首次出版于 1987 年的这些章程当前适用于公众得以进入的新的或大部分被重建的非居住建筑。从 1999 年 10 月起它的应用延伸到住宅。目前正对进一步扩展它的应用范围进行研究，包括现有建筑，但未提出提案。

### 32.16.2 1995年的残疾人反歧视法（Disability Discrimination Act)

这一法案关系到残疾人在教育，工作，商品，服务和设施方面的利益。从 2004 年 10 月起，商品 、服务设施的供应商必须移除阻止残疾人进入的物理障碍物。

自建筑法规第 M 部分提出后，建造的建筑以及遵循它的要求的设施，在某种程度上，都应满足此法案的要求。然而，其他本身带有不可达元素的现有建筑的业主必须确定什么是无障碍最理想的程度，而这又将决定他们面临歧视起诉后的赔偿数额。如下所述的可达性检查将会有所帮助。

## 32.17 导则

### 32.17.1 英国标准

有关的关键标准有：

(1) BS 5810：1979, 建筑残疾人入口实施法则 (code of practice for access for the disabled to buildings)。许多这里的指导被合并到目前建筑规范的第 M 部分里。

(2) BS 5619：1978, 方便残疾人的住宅设计实施法则（code of practice for design of housing for the convenience of disabled people)。

根据残疾人，设计师和特别研究的输入数据，这 2 个标准正在合并为一个更全面的标准。结果是出版于 2001 年 10 月的 BS 8300。

(3) BS 5588 第 8 部分：1988, 建筑的设计、建造和使用时的防火措施：残疾人逃生方式实施法则。

这是为在紧急状态下从建筑内疏散残疾人建立的健全的法则。当前正在修订中。

关键原则是避难、疏散楼梯的使用和疏散的有效管理，所有这些都要求去除任何对残疾人进入多层或综合建筑的限制。

(4) BS 4467：1991 年，为老年人设计的尺寸的导则。

### 32.17.2 受保护的和历史性的建筑

PPG15 规划政策导则说明：规划与历史环境，出版于 1994 年，建立了保护特殊历史建筑或建筑利益的原则，若能得到仔细的设计管理，它们能很好地与之周围的、进入它的或它内部的可达性设施兼容。为了支持和详尽阐述这项原则，英国文化遗产委员会于 1995 年出版了它自己的说明性指导，“历史建筑的可达性”。

### 32.17.3 审核

审核的概念现在已牢固地建立起来，它包含一套对建筑可达性严格且系统化的评估。它的形式不断发展（即由贯彻改变的程序来补充），从 2004 年起它很可能成为建筑业主寻求满足残疾人反歧视法要求的一个重要工具。这也是对彩票基金申请者的要求，即执行可达性审核，并且结合最终发现的结果。

### 32.17.4 其他指导和研究

大多最近的指导正如所期望的一样，目前提倡采用包含性设计。制定经过很好研究及考虑的导则的组织包括：

(1) 可达性环境中心

(2) 皇家国家盲人学院

(3) [英国]雷丁大学(无障碍环境的研究小组)

### 32.17.5 无障碍官员

多数英国地方权力机构已经任命了无障碍官员，他们负责监控建筑提案，为可达性设施提供有意义的建议，特别是在有疑问的案例中，此外他们还准备有关可达性的当局的政策。

# 第33章　绘图实践及表现

John Cavilla

## 33.1 引言和良好实践

所有建筑从业人员都应能绘图，并提供诸如明细表等相关信息，要能达到良好标准。对于他们来说记住图纸，尤其是工作图纸，有两个目的是很重要的：

(1) 以最小的误差向他人传达信息；

(2) 帮助他们建立自己的想象。

他们应该能够读懂其他人的图纸，以便信息能结合在一起，成为实际产品。

建筑经济发展委员会 (Building Economic Development Committee) 有一个报告值得思考，题为“建筑场地质量”(Achieving quality on building sites)：“差的生产图纸往往是低质量的产品、不好的费用控制和不能按期完成的根源。组织良好的，完全的和协调的生产图纸是施工管理的先决条件。”

## 33.2 传统绘图技巧

### 33.2.1 铅笔绘图

铅笔画线是最难掌握的技巧，需要认真练习。掌握这样的技巧是有益的，不过，要让图纸展示“深度”并唤起读者的想象力，制造出完整的工作图，还要用墨线构成工作详图的基本框架。

笔头的等级，或“软度”决定了线的浓度，因此对图纸质量来说选用正确的笔头相当重要。通常的绘图类型，需要 2H，H，HB 和 B 的笔头 (图 33–1)。

需要考虑两种类型的铅笔：“要削的”铅笔 (clutch pencil) 和“自动铅笔”(fine-line)。

**要削的铅笔**　几乎有 100mm 长，直径 2mm，需要削尖；不过有一个简单的办法来延长尖头的

图 33–1 铅笔头等级

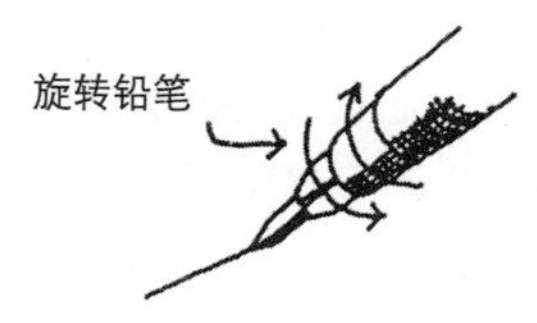


图 33–2 保持尖锐的笔尖

寿命，即在画线时握得松一些，不断旋转。铅笔强度很大，大概笔头 90% 的长度可以使用，因此经济实惠（图 33–2）。

**自动铅笔**　自动铅笔画线就变得简单了。它与“要削的”铅笔头不同，有变化的直径以满足线型需要（0.3mm，0.5mm，0.7mm 是最常见的）。

这些铅笔也会带来问题；如果使用舒适的绘图角度，由于笔头较细，容易折断。此外，笔头磨损会导致笔筒在尺边或平行处滑脱（图 33–3）。

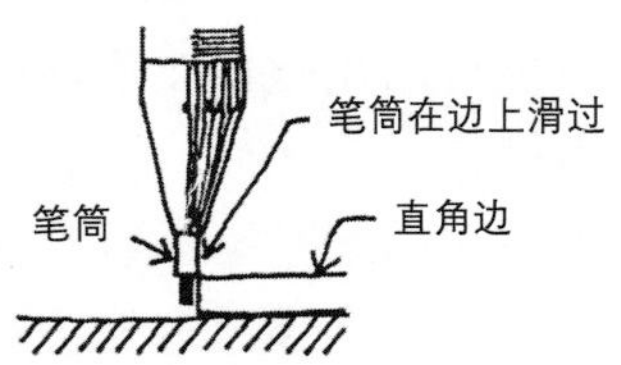


图 33–3“自动铅笔笔尖”简单的问题

无论选择何种类型的铅笔，须记住的要点是分别购买不同软度的铅笔芯。因此要买不同颜色的铅笔，如果只有一种颜色，用绘图胶带在笔头上缠一下，以便编号。这样能在换头时加快速度。

当用铅笔（和钢笔）绘图时，确保手放松，

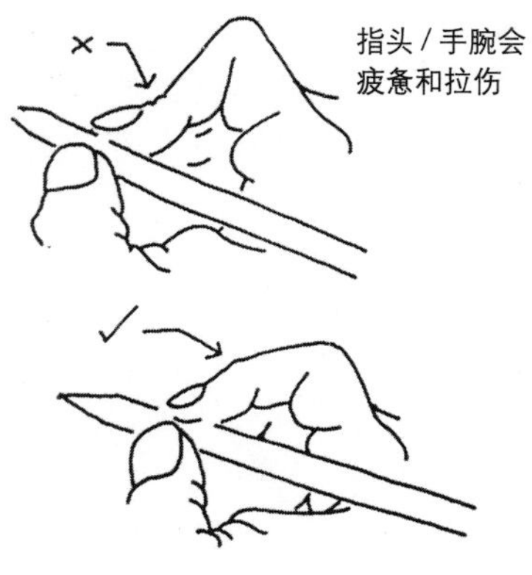


图 33–4 放松地握笔

由指头控制笔；如果不遵循这个原则，会导致手很容易疲劳和紧张，甚至导致长期的肌腱损伤（图 33–4）。

无论绘图的最终目的是什么，使用铅笔“辅助线”都很有必要，辅助线应该很轻、清晰和精确。应保持笔头的尖锐(也见后面墨线绘图部分)。在完成辅助线后，继续画线以生成完全的图纸，可使用软一些的铅笔芯以达到想要的效果；牢牢地握住笔但不要向下压。HB 适于第二位的细节，如砖墙立面，屋顶瓦、植被等。B 用来强调阴影中较重处，但软头有蹭脏的危险，如果需要更正，则这部分图纸很难表现“良好”。

### 33.2.2 墨线图

这是线形图纸最简单的形式，如果是在描图纸和胶片上，则能为复制提供最清晰的底稿。

画铅笔辅助线时应选用 2H 铅笔，且用最小的压力；比 2H 软的笔头会给纸面留下更多的石墨，因此很难使墨线保持一致、浓密。保持笔头的尖细是很重要的（不惜任何代价避免“楔形头”），这样铅笔线线宽能最小化，墨水和纸也能最大限度地黏合；如果墨水摊到一条很宽的铅笔线上，在完成后用软橡皮清理图纸时，墨水会很容易被去掉。

倾斜笔尖，沿直尺划过。这样有 2 个优点：(1) 能清晰地看到辅助线；(2) 避免墨水经毛细管作用沿着直边扩散（图 33–5）。

为避免墨水形成污点，将直尺边直接从线上抬起来，而不要来回拖动。

透明描图纸或胶片上的错误可以用剃刀刀片来轻轻刮掉，刮时用拇指和食指将刀片轻轻握在手里，在墨线上划过。但这个过程会在纸上留下一处粗糙的表面，再在这上面画新的墨线就会变得模糊。为保持纸面光滑，可用一块硬的墨水橡皮来摩擦纸面。有一种情形是，越便宜的通常是最好的，因为好的刀片可能更硬一些，会增加损坏纸张表面的机会。

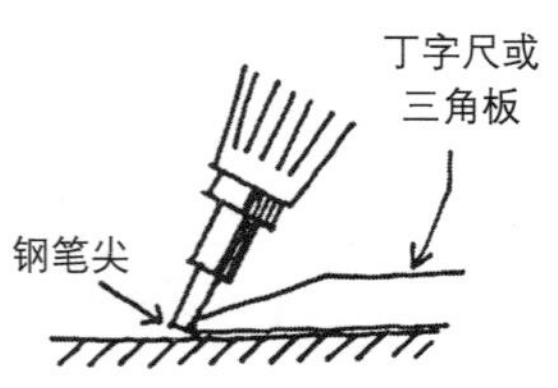


图 33–5 倾斜钢笔尖，沿直尺划过

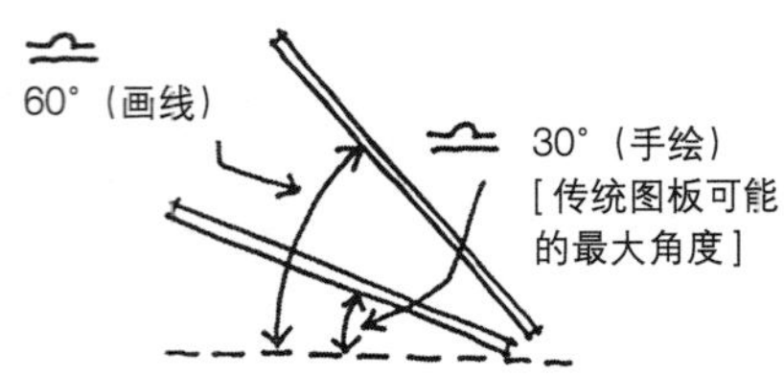


图 33–6 舒适的工作角度

### 33.2.3 其他技巧

在画线时为避免后面产生张力，应将图板以较大的角度倾斜放置（45° ~ 60°），但在一些徒手画细节或书写时，采用较小的角度（如 20° ~ 30°），因此需要手、手腕和前臂的支持（图 33–6）。

画所有的水平线时，在纸上从上往下，画所有垂直线时，从左往右（如果是右手工作），以避免污点和不停换丁字尺及三角板。要避免单独完成图纸某一部分的想法。在直线交接处，通常有 2 种处理方式：

(1) 稍微出点头（如 1mm），以保证交接处的挺括。这也需要练习，不能发展为毫无区别的交叉线，这样既无一致性，又体现不出用心。

(2) 使线条在交接处很精确地相交——这是传统的工程技术，形成一种整齐的、清洁的外观（在做得很好的情况下），但这会比相交要慢一点，会有线条不能完全相会的危险，因此有一种圆滑的效果。

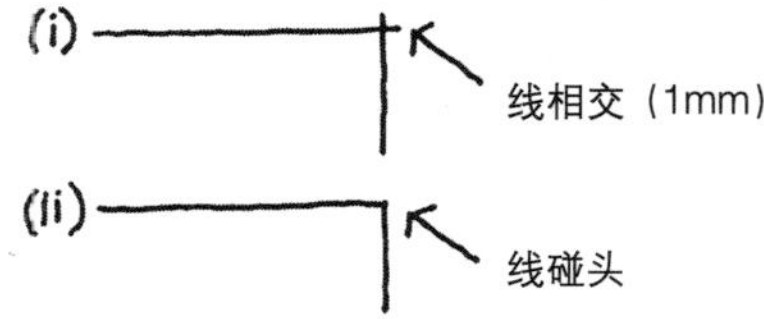


图 33–7 直线相交

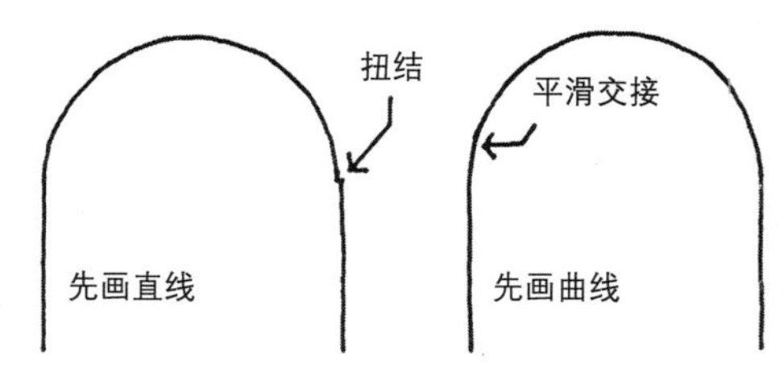


图 33–8 曲线和直线相交

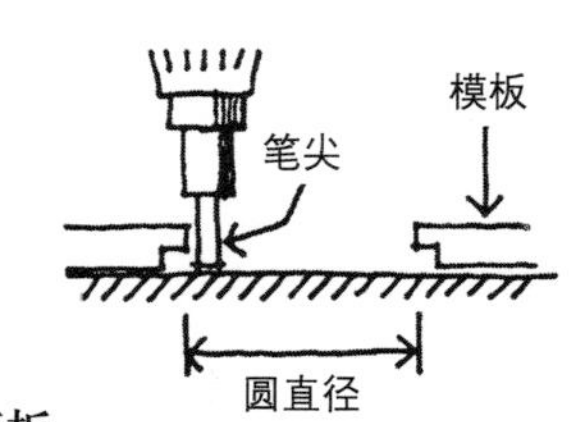


图 33–9 使用模板

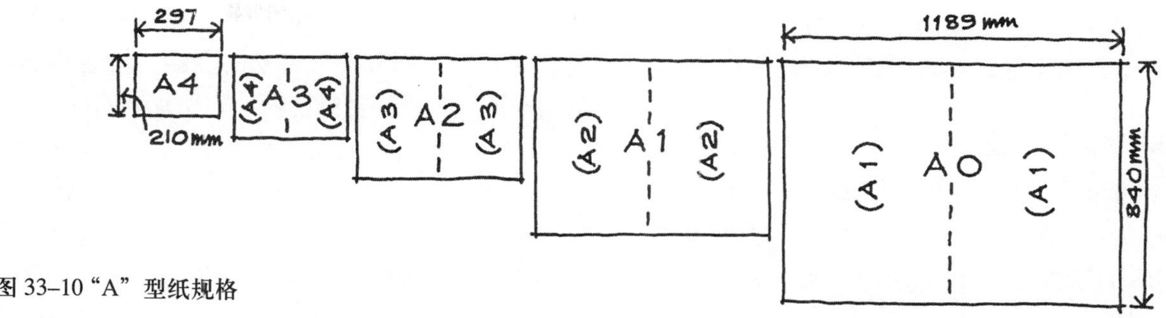


图 33–10“A”型纸规格

当曲线与直线相遇时，先画曲线，再用直线去与之相交。如果用曲线去配合已有的直线，很难保证在接头处不出现扭结（图 33–8）。

要意识到在使用模板画圆或其他形状时，有正确或错误的方式：正确地利用内边来避免毛细管作用（图 33–9）。

## 33.3 图面组织

### 33.3.1 图纸

绘图纸多是标准“A”型尺寸，便于折叠、打包和持握。每一个规格是序列中下一个规格的面积的一半，但在同样比例下，A4 是最小的，A0 是最大的（图 33–10）。

### 33.3.2 图签栏

虽然一个标准的“图签栏”可能初次看来会让一幅有想象力的图纸布局变得压抑，但为了保证在一套项目图纸中便于查找，有一个便于别人理解的、一致的安排，还是很重要的。

BS 1192：第一部分：1984（建筑制图）推荐了图签栏的内容，也给出了一些布局的建议。图签栏的设计要保证图纸接受者能迅速识别这个项目、图纸目的、使用的比例尺、任何修订细节，完成的时间、合同名称。无论采用何种样式，需要记住的是，在打包或存档而作折叠后，图签需依旧可见，因此需要放在右下角（图 33–11，图 33–12）。

现在许多项目开始采用缩印方式，以便于记录和交流。在这个过程中，会在标题栏附近标上绘图比例，那样的话，即使不知道尺寸，也可以估算得出。当然，不能不理会精确标注尺寸的要求。任何这样的绘图比例应有适当的尺寸，简便易行，并在比例缩小时仍能清晰地显示：但通常

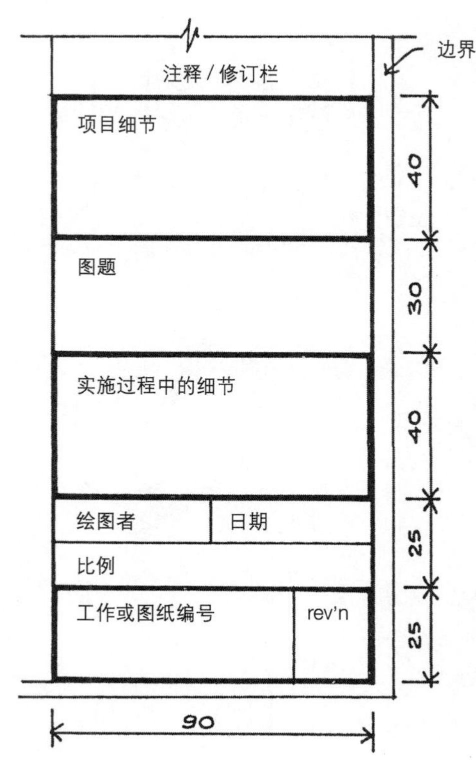


图 33–11 典型图签栏

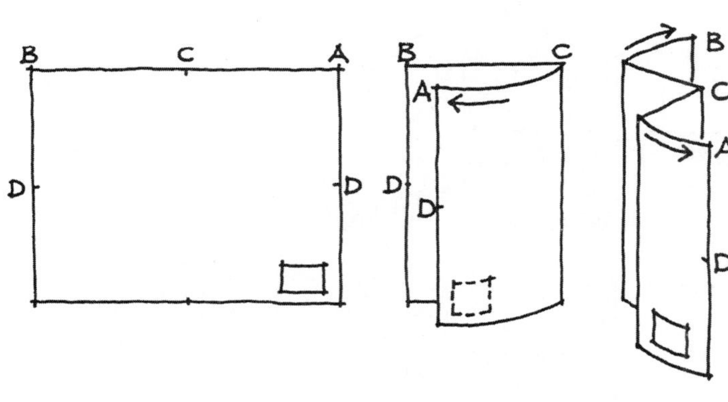


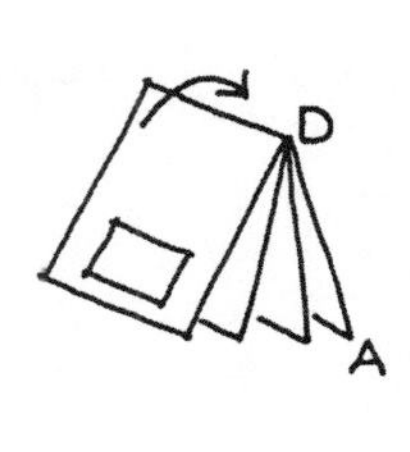


图 33–12 图纸折叠（以 A1 为例）

添加比例时人们考虑得太少，以至于它们的功能是否真正地得以实现就难以确认了。

#### 33.3.3 图纸折叠

图纸折叠是为了将大的图纸折到标准的 A4 大小（即最小、最方便的单元），并在右下角显示图签。BS 1192 提供了折叠顺序指导，包括在左边装订的技术（图 33–12）。

## 33.4 投影图

在建筑图纸中，“投影图”是在二维平面表达实体的一种方法（即三维物体）。使用的投影图有几种，每一种都有一个特别的功能，但通常它们的组合比一种视图更能清晰地表现复杂的细节。

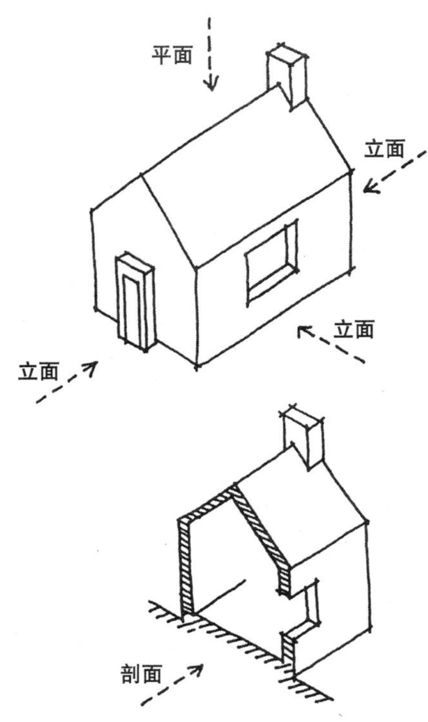

图 33–13 术语定义

在建筑行业，有关标题和布局常常弄混；BS 1192 对投影图进行了命名和比较。以下是较常用投影图原则的大纲。在合适的时候，可能会涉及一些名称上的变化。BS 1192 将它们作为“平行视图”，一个物体上所有平行的面在图上仍然保持平行：这种视图不反映与灭点相关的透视。

#### 33.4.1正投影图

这是建筑行业最常用的视图。包含一组整齐划一的“平面”、“剖面”和“立面”布局（图 33–13 和下面的剖面）。

这种布局源于工程绘图中的正投影图（英国版本中被称为“第一角投影法”，美国版本中称为“第三角投影法”）。建造行业使用的是这两种版本的综合，但也有一定灵活性，例如，图纸的尺寸经常支配着采用的布局。因此，在绝大多数建筑图纸中，认为它们是第一角或第三角，这一点并不完全正确（图 33–14）。

平面图通常是一个在地面以上 1200mm 处的水平剖面（多位于窗台上，以展示最多的信息——如窗 / 散热器的关系）。平面也有可能是立面（如一个完整的屋顶），图 33–14。

垂直剖面（也见下面的剖面 ），是正投影图中重要的部分，在有可能的时候，将其靠近与其最相关的立面；它的位置应清晰地标注在平面上。

有时不太可能以一个一致的比例在一张图纸上容纳所有的小图。在这种情况下，可以减小立

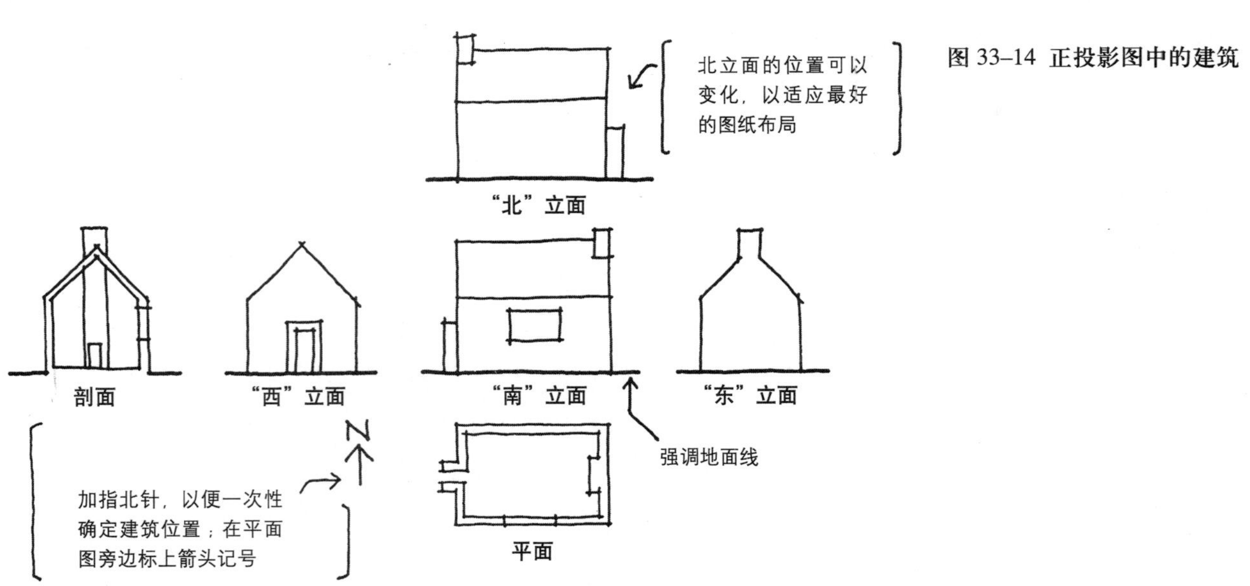

图 33–14 正投影图中的建筑

面的比例，或为立面单独准备一张图纸；立面通常是进行特殊处理的最佳选择，因为它们展现的细节较少，注释相对较少。

正投影图的一个缺点是对于图纸的读者来说，有时很难理解建筑表面的交叉处，或者是理解复杂的细节，因为图纸的每个元素都是二维的，不太容易理解其深度。也有其他平行投影图，能有三维的效果；下面的例子是按它们英国标准命名的，但参考文献中也指出其更常用的名字。

### 33.4.2 正等轴测投影图

BS 1192 确定了这个名字，但将其作为“轴测图组”的一个分支。这有时会带来困惑，因为轴测被认为是一种独立的视图（也见水平斜轴测图，见下）。

正等轴测投影图是一种非常有用的视图，这种视图创造了一种很容易看懂的图像；但不能过度强调它在凸显细节方面的价值（图 33–15）。

要注意的是，只有所画的垂直的或与水平线成 30° 的线是保留了真实的长度，所有其他的都被扭曲了；还要注意平面的直角都变成了 120° 或 60°。

为了简化长度被扭曲的元素的绘图过程（如尖屋顶的边界），首先画出一个“容纳整个形体的盒子”，然后通过标出真实长度来确定已知点（图 33–16）。

曲线也被扭曲了。可以先画出真实的曲线，在其周围画出一些网格；然后在正等轴测投影图上画出网格（图 33–17）。

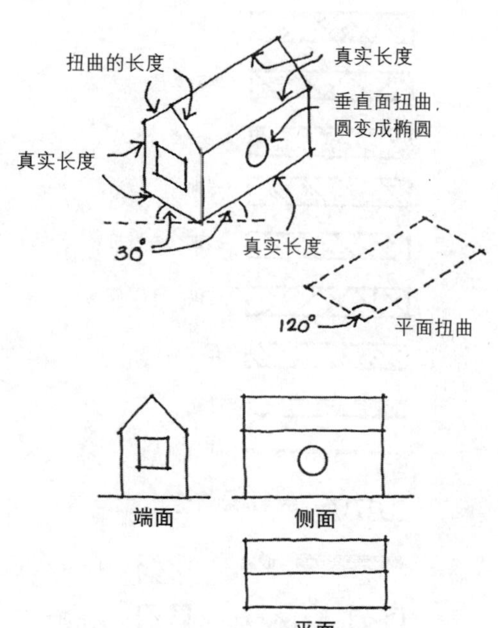


图 33–15　正等轴测图

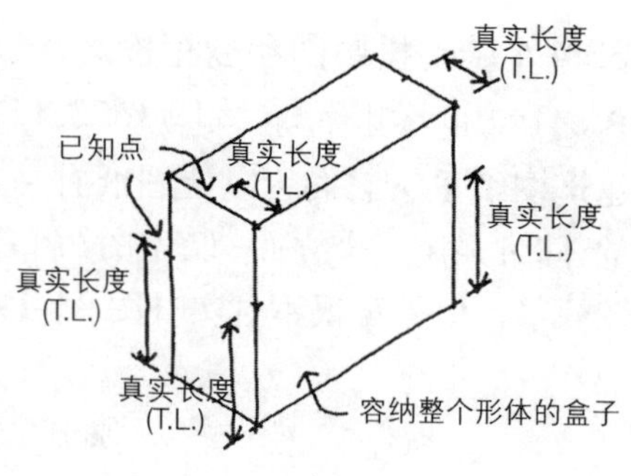


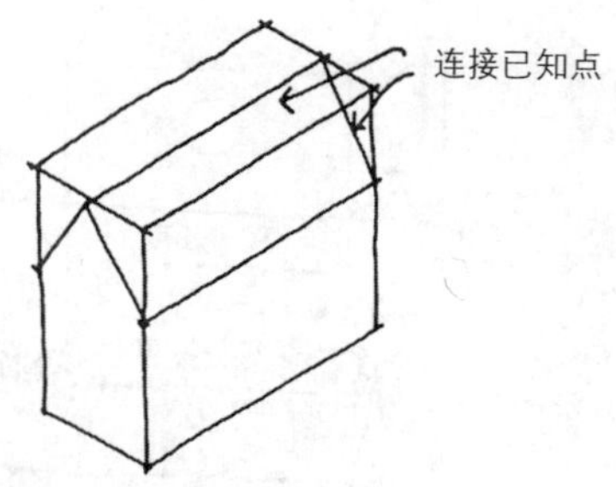


图 33–16　使用真实长度画等轴测图

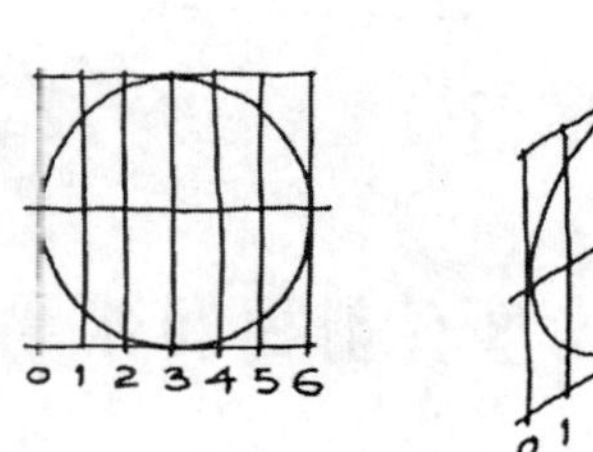


图 33–17　在轴测图里画曲线

### 33.4.3 水平斜轴测图

BS 1192 将其作为“斜视图”组的一个分支，常被称为“轴测”，这个名称在由大家熟知的制图员标准教材里得到支持（见上文等距视图中的注释）。

水平斜轴测图使用了与正等轴测投影图相似的原则，但有一个真实的平面，因此更容易绘制。当然，它不能给予实际形象。通常是根据基线设定 45° 角，但也可设为 30° /60°（图 33–18）。现在多用在厨房设计的效果图里。

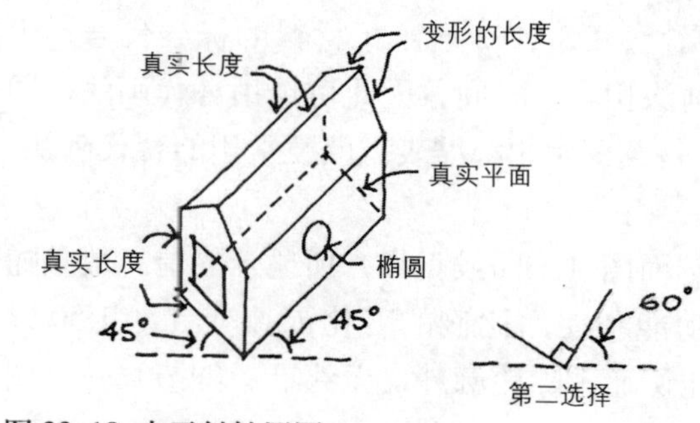


图 33–18　水平斜轴测图

### 33.4.4 骑士投影图和橱柜投影

BS 1192 也将其作为“斜视图”，但这些很少用在建筑图纸里。它们可以使图纸有一定的深度的感觉，同时强调一个立面。骑士图（斜等轴测图）绘制较简单，但外观很不真实（图 33–19）。

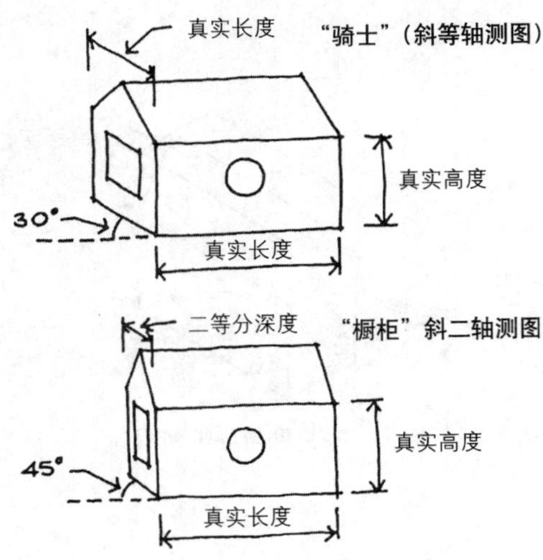


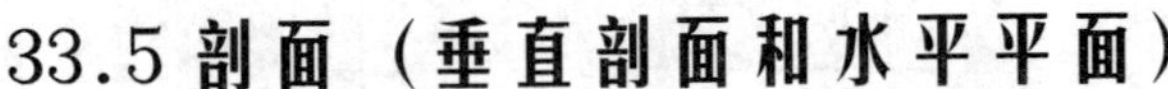

图 33–19 斜轴测图

## 33.5 剖面（垂直剖面和水平平面）

（注：也见正投影图，上文）。剖面是一个物体切开后的图。在建筑图纸中，常将垂直视图作“剖面”，而将水平的作为“平面”（见图 33-20）。

（要注意到，远的窗线没有被切掉，因此还在立面图中）。通常惯例是剖面中外轮廓线部分用粗线，立面用细线。

垂直剖面的位置会标在平面图上，并给出序号（如 A – A，C – C），线和剖切方向可以有几种表现方式（图 33–21）。这些通常是图纸上最重要的元素，给出重要的构造信息和尺寸。然而，信息最丰富的剖面通常被避开，因为它们通常也是最难画的（如楼梯、屋顶屋脊）：如果有可能，要避免这种倾向。

标准做法是对剖面进行“填充”来显示材料的属性。BS 1192 展示了材料的标准代号，但有些画法相当花时间，因此可选用替代画法。图 33–22 是英国常用标准表，以及常用的替代画法，图 33–24。

剖面图（平面或垂直）所显示的信息数量随图纸功能和使用比例的变化而改变（如 1:50 以下的比例通常除轮廓外，无法显示细节）——图 33–23。

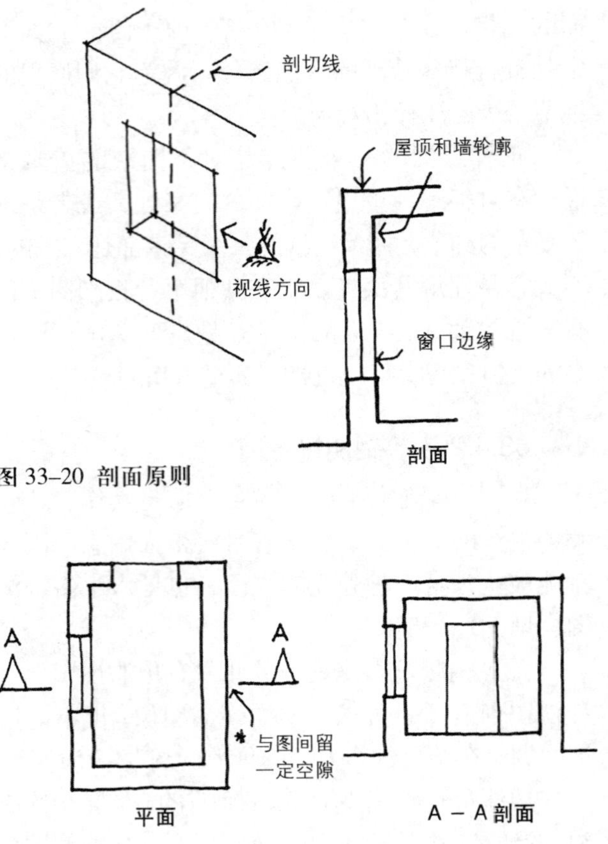


图 33–20 剖面原则

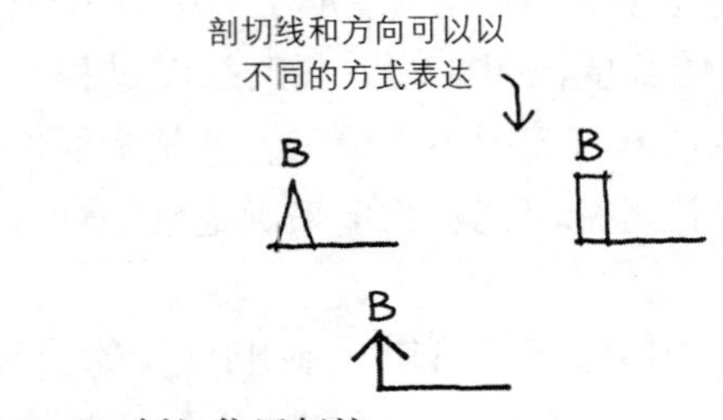


图 33–21 剖切位置标注

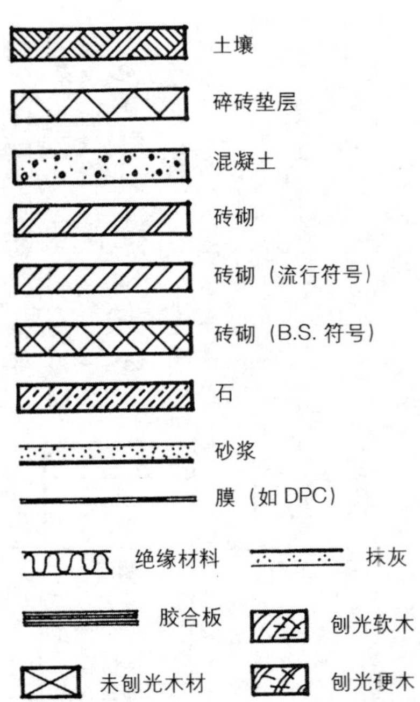


图 33–22 在剖面中材质的表示

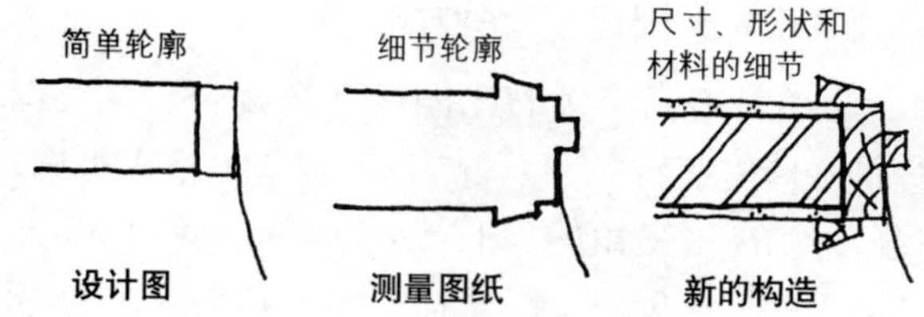


图 33–23 图纸功能和比例的相关信息

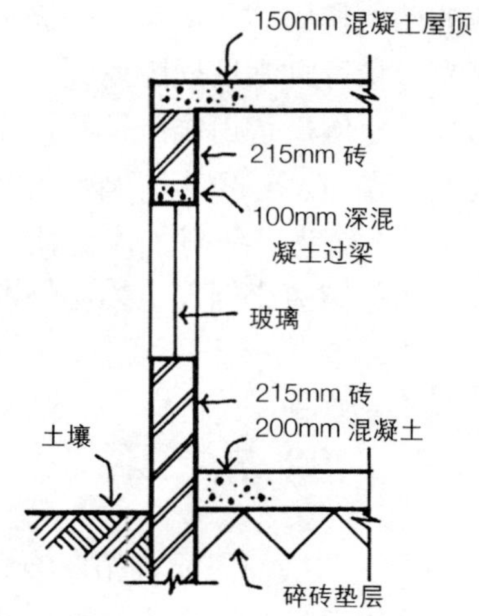


图 33–24 剖面典型填充

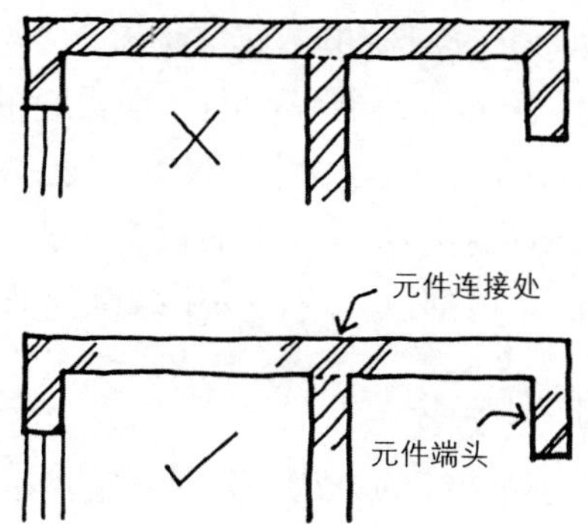


图 33–25 材料有效填充

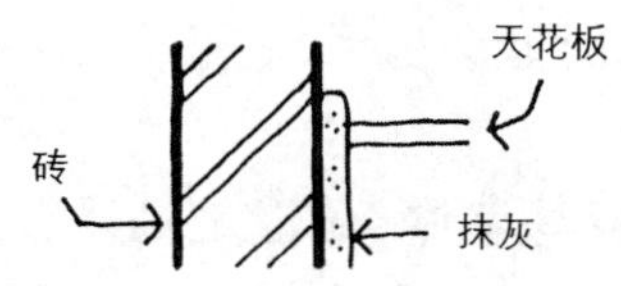


图 33–26 表示二级元件

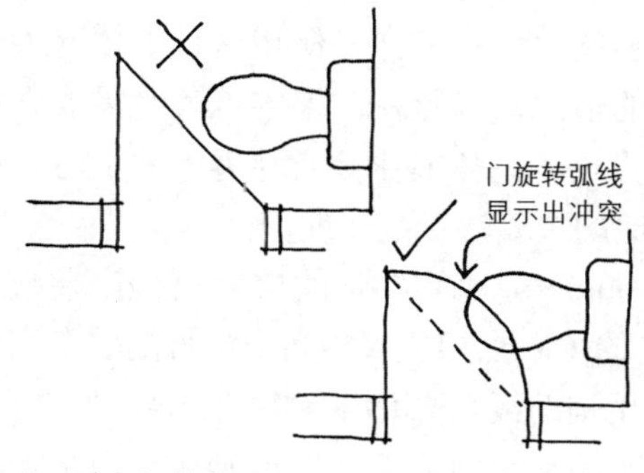


图 33–27 画出门的旋转

要记住的要点：

(1) 剖面图比例在 1:50 以下时，通常不能画填充材料（如 1:100 时只画轮廓）。

(2) 比例在 1:20 以下时，很难表达出一些细节，如墙纸厚度，但可以加一些描述注解。

(3) 不要试图进行百分百的填充，因为这样图上很拥挤，且太费时间；在不同材料的连接处和材料尽头进行必要的少量的填充（如墙的端头）——图 33–25。

(4) 仅有填充是不够的，因此需要加一些注解来辅助说明。

(5) 二级元件，如抹灰、玻璃、天花板等，通常用较细的轮廓线（即使它们是在剖面图里，从理论上应用粗轮廓线）——图 33–26。

(6) 尽管 (3) 被认为是一种节约时间的方法，但要意识到有些常用的缩略会给图纸读者带来问题。一个典型例子是平面图上的开门轨迹，有时用简单的 45° 线，但用 1/4 圆弧会更直观。这样做有 2 个好处，它表达了门开启的方向，还表达出与墙和设施潜在的冲突（图 33–27）。

## 33.6 比例

为画图选择最合适的比例是平面规划过程重要的一部分，还会确定这个项目后续的图纸模式。选择的比例要清晰、正确地表达内容，并且最重要的是，在提供信息方面达到既定目标。也可以改变一张图纸中某个成分的比例（见前述正投影图），例如要强调的细节。

常用的比例有：

(1) 街区平面（场地及周边）：1:2500，1:1250。

(2) 场地布局（建筑轮廓和围墙、道路、街道等的位置）：1:500，1:200。

(3) 总图（房间布局和主要建造特征）：1:100，1:50，1:20。

(4) 细节（门、窗、屋檐、设施等）：1:20，1:10，1:5，1:1（即实际尺寸）。

[注：通常认为 1:2（即实际尺寸的一半）不是一个好的比例，因为它很容易被当作实际尺寸，因此常造成混淆。]

无论选用何种比例，相关图纸都要一致和精确。例如，如果地面层平面是 1:50，则其他层（第一层、第二层等）也应以 1:50 的比例绘制，哪怕是在不同的图纸上。

| 传统比例（作为比例表达） | | 米制比例 | | 备注 |
|---|---|---|---|---|
| | | 常用 | 其他 | |
| 完全大小 | [1:1] | 1:1 | | 没有变化 |
| 完全大小的一半 | [1:2] | | 1:2 | 没有变化 |
| 4″ = 1′0″ | [1:3] | | | |
| 3″ = 1′0″ | [1:4] | | | |
| | | 1:5 | | |
| 2″=1′0″ | [1:6] | | | |
| 1 1/2″=1′0″ | [1:8] | | | |
| | | 1:10 | | |
| 1″=1′0″ | [1:12] | | | |
| 3/4″=1′0″ | [1:16] | | | |
| | | 1:20 | | |
| 1/2″=1′0″ | [1:24] | | | |
| | | | (1:25) | (很少采用) |
| 3/8″=1′0″ | [1:32] | | | |
| 1/4″=1′0″ | [1:48] | | | |
| | | 1:150 | | |
| 1″=5′0″ | [1:60] | | | |
| 3/16″=1′0″ | [1:64] | | | |
| 1/8″=1′0″ | [1:96] | | | |
| | | 1:100 | | |
| 1″=10′0″ | [1:120] | | | |
| 3/32″=1′0″ | [1:128] | | | |
| 1/16″=1′0″ | [1:192] | | | |
| | | 1:200 | | |
| 1″=20′0″ | [1:120]原书怀疑有错 | | | |
| | | | (1:250) | (很少采用) |
| 1/32″=1′0″ | [1:384] | | | |
| 1″=40′0″ | [1:480] | | | |
| | | 1:500 | | |
| 1″=50′0″ | [1:600] | | | |
| 1″=60′0″ | [1:720] | | | |
| 1″=1chain | [1:792] | | | |
| 1″=80′0″ | [1:960] | | | |
| | | 1:1000 | | |
| 合计 | 24 | 9 | 1<br>(2) | |

图 33–28 米制和传统比例的对比

### 33.6.1 比例尺

选择一把高质量的比例尺（换言之，在英国购买时可寻找“BS 1347”标志）。有 2 种格式可选，两侧椭圆的和三角的，长度有 300mm 和 150mm（仅见于椭圆）2 种。理想情况下，应每个长度的都各有 1 把，因为 150mm 的尺子在进入场地时可以很容易装在口袋里。

简单的两侧椭圆的比例尺可以满足绝大多数需求。它的形状可以满足近距离阅读。不过，需要记住的是，比例尺是用作测量的，而不是作为绘图或裁纸的直边。三角形比例尺更常用，但更贵一些；也有人认为有些附加比例使用价值不大（如 1:75），那些椭圆比例尺上的比例即可满足常见需求。

## 33.7 书写

所有的施工图纸都需要有相应的标题和描述性注解。有时候，只有一个主标题，还有图纸上一些主要小图的次标题。然而，为了帮助了解细节构造，需要更详细的解释性注解。每一级别的注解都应便于阅读，但不要仅拘泥于“建筑”风格。因此，掌握书写的良好标准是很重要的，且相当关键；不好的书写会毁掉一张本来很好的图纸。

常用两种方法：(1) 手书；(2) 模板。可以选择联合方法，但都应合理，易于绘制且保持一致。

### 33.7.1手书

这是最快捷的方法，但也是最容易被滥用的，通常是由于对所选的基本字母特征缺乏理解，且不愿意练习。好的手书可为图纸增添个性。以下 3 种字体有可能会用到：修正罗马体、意大利体、个人手写体。

**修正罗马字体** 可能是最简单的解决方案，尤其是大写时，这种字体可以有些变化且不会降低易读性（如垂直或向右倾斜），如果书写整齐，则很容易阅读。不过许多使用这种字体的人会遇到小写的情况，因此在掌握字母表时需要强调这一点。修正罗马体的主要优点是整洁；与其他手写体相比的主要缺点是速度慢。

图 33–29 是书写字母的指导（注意到大写时，M 和 W 的中心点的位置相当于字母的整个高度）。

使用辅助线，先用铅笔将字母轻轻写在纸上，以建立比例和空间关系，然后确认。一个常见问

ABCDEFGHIJKLMN
OPQRSTUVWXYZ

ABCDEFGHIJKLMNOPRSTUWXYZ
abcdefghijklmnopqrstuvwxyz
1234567890　*ABCDEFG abcdefg*

图 33–29 书写：修正罗马体

e.g. WATJIMINIP

图 33–30 字母之间间隔一定的距离

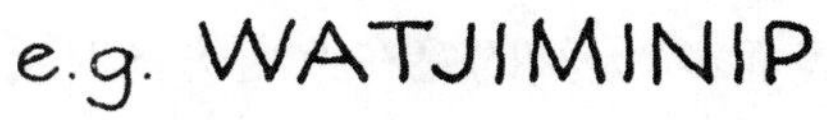

e.g. WATJIMINIP

图 33–31 每个字母占据一定的面积

题是字母间距不平衡。这是由于像打字机一样在字母间留下了相等的空当（图 33–30）。目标是字母间的距离大致相等（图 33–31）。

**意大利体**　这是一种常用样式，吸引人，易于阅读，且是手书最快捷的形式。通常用作细节注释，与修正罗马体标题和次标题一同使用。

不幸的是，意大利体也是最容易被滥用的，因为未能很好地研究和练习字母基本形式，因此很难读。唯一的解决方法是从参考书上学习，如 Tom Gourdie 的《意大利文书写》（*Italic Handwriting*）和 John Le F Dumpleton 的《书写艺术》（*the Art of Handwriting*）。这些作者强调了在字母范围内可重复的形状，强调在掌握了这些形状后，可以写出真正简洁清晰的意大利字体（图 33–32）。

**个性化手书**　不要使用日常的、未经训练的个性化书写体，因为多年后这种字母的形状通常会发生变化，在发展早期也不会引起足够的重视。

### 33.7.2 总体评价

(1) 建立字母的等级，便于人们直接找到图纸不同部分（如在平面上大写的“厨房 KITCHEN”会比小写的“水池 sink unit”或“洗衣机 washing machine”更重要）。除了大小写外，还可以通过尺寸和 / 或样式的变化来达到，以及在使用钢笔时，选择不同粗细的钢笔。

以典型的 A1 图纸为例：

■ 主要标题，6mm，罗马体，大写，0.8 的笔。

■ 次标题（如平面图、立面图）：4mm，罗马体，大写，0.5/0.7 的笔。

■ 其他标题（如房间名字）：3mm，罗马体，大写，0.4/0.5 的笔。

■ 细节注释：3mm（所有）罗马体小写，或 3mm 意大利体，0.35 的笔。

(2) 常使用辅助线。可以用轻质铅笔画在图纸上，或者使用放在透明描图纸下的网格纸的线

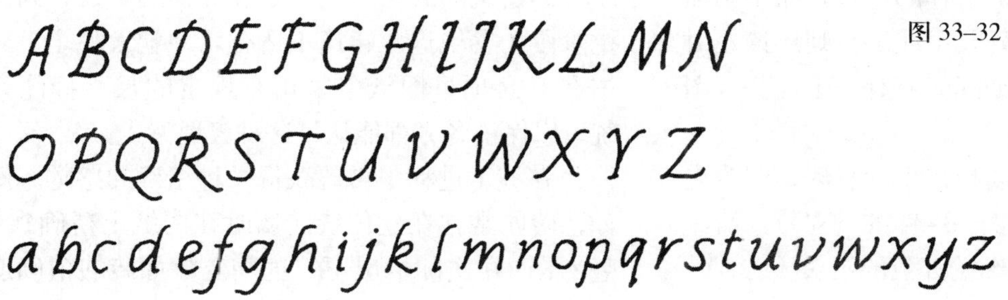

*ABCDEFGHIJKLMN*
*OPQRSTUVWXYZ*
*abcdefghijklmnopqrstuvwxyz*

图 33–32 意大利字母

（网格尺寸不同）。很显然用网格纸（一张 A4 纸上有 (1) 提到的各种尺寸）能加快速度，且能控制字母的形状和间距。

(3) 在开始书写时先完成线条的绘制。

(4) 很少有人按照图纸固定在图板上的角度书写，因此在画完后将图纸取下来，将其摆到一个舒适的角度再书写（图 33–35）。

### 33.7.3 模板

使用墨水模板刻印的主要优点是可让字体迅速达成一致，这个优势尤其适合手画的制图无法满足需求时的情况，如图画由另外一个人校订，或好几个人合作同一套图纸时。

使用模板时要配套使用直尺（丁字尺或三角板），确保所用钢笔尺寸合适（这个信息会标在模板的表面）。太细的笔在改变方向时会产生接头（如大写的“N”）。

在与其他手书比较时，使用模板的主要问题是速度，因为使用模板很慢，此外，也毁掉了个性。可以采用联合的风格，可能使用模板作图签栏和主要图纸标题，但其余的用手书。

### 33.7.4 图纸标题和注解的布局

**次标题布置** 在添加次标题（如立面、平面）时；最好是从对应的小图的最左边开始，这样在标题长短变化时比较灵活，如果很长的标题需要转行，也很方便。将标题放在小图的中心是比较困难的，也很少采用（图 33–33）。

**细节注释** 要注意到以下的建议是基于可靠的实践基础之上的，但没必要与 BS 1192 中提及的“辅助线”完全一致。注释的目标是让图纸形成简洁、清晰的效果，且易于被他人读懂。应该努力确保，在一个项目的所有图纸上，无论使用何种系统，都是一致的。

在一张比较详细的图纸上，可能需要大量描述性注解。布局时应仔细考虑，让整个布局整洁巧妙。这样便于阅读，重复的注解应尽可能减少。它们应尽可能靠近被解释的项目，而不用抹去其他元素。如果需要好几个注解，则应该左对齐，从注解到被注释的细部间可有一个箭头（图 33–34）。

从注解到细部间不要使用平的直线，因为它们会被误认为构造线（图 33–34 的“W”）。箭头方向简单一致，有一个清晰的开放的箭头（见“X”

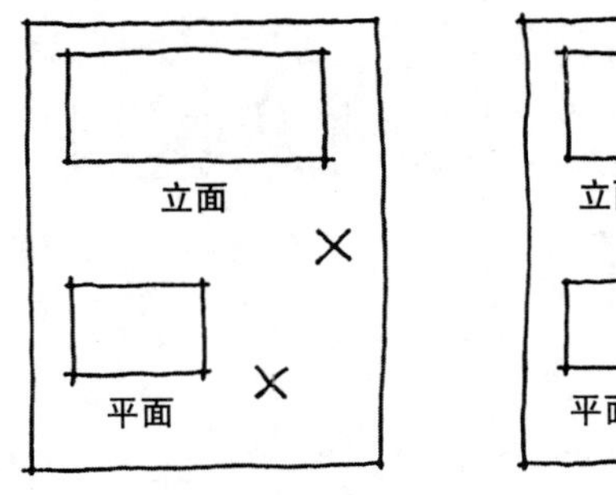

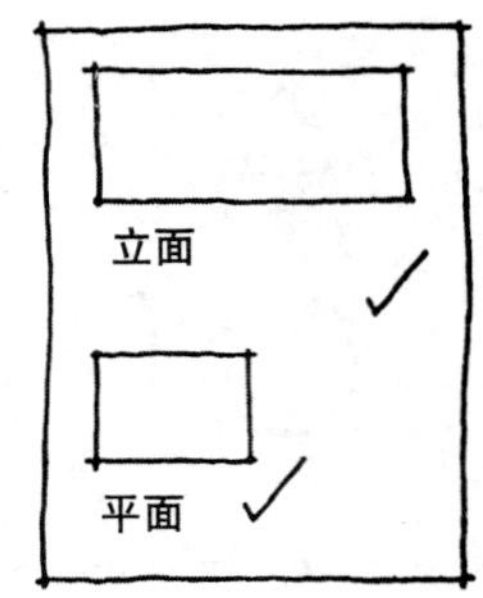


图 33–33 次标题位置

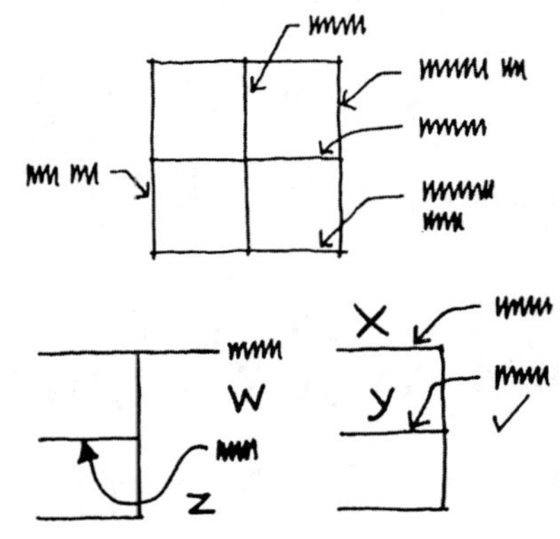


图 33–34 正确使用注释箭头

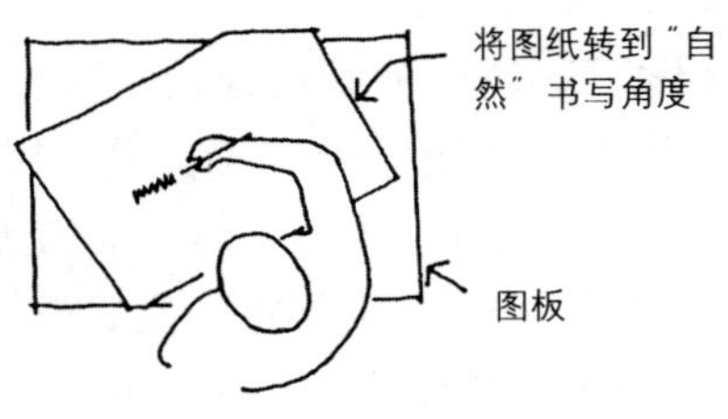


图 33–35 以自然角度书写

和“Y”），不要用“蛇形”线穿过图面（见“Z”）。

### 33.7.5 尺寸

尺寸是施工图纸中最重要的元素之一。应该清晰、正确地表达尺寸，不要让建筑和它的成分的尺寸和位置有任何疑问。不能让承包商、工程师、质监员去计算一排排错综复杂的尺寸的总和以得到建筑的总尺寸。这是设计师的责任，到开挖阶段才发现这座建筑不适合场地就太晚了，应该在一套项目图纸中采用有规定的尺寸标注系统，以保证各方都能认可这种表现方式。

在施工过程中希望获得一种精确的感觉。例如，砖匠常常在建传统砖墙时在图纸上精确到 1 毫米；而在实际情况下，这些变数如砖的精确度不可能达到上述要求，5mm 可能是合适的预期。尽管如此，工厂条件下生产的预制板，需要周围元素更精确的尺寸。可从建造商那里获得反馈，以确认这个项目的图纸是否成功。

## 33.8 尺寸表达

建造行业通常只认可毫米 (mm)、米 (m)、千米 (km)，但一些欧洲国家也采用厘米 (cm)。BS 1192 建议，只在少于 1km 时，尺寸标注时才加上毫米。然而，这种惯例没有被完全接受，因此采用多种变化。

一个通用的建议格式如下：

(1) 35mm 写作 35

(2) 350mm 写作 350

(3) 3m500mm 写作 3500

(4) 35m 写作 35000

注意到超过 1m 的标注（如 3.5m），在千和百之间要有一个空（也就是说 3 500）。许多设计师将其表示为 3.500，根据建议，这样虽然不严谨，但是可以接受的。如果采用这种样式，则 350 mm 就变成了 0.350。还要注意到小数点右边的 3 位完整的数字都要写出来（即不是 3.5）。在使用小数点时，通常都用于基线上（如 3.500）而不是升高。[由于空间限制，本书使用毫米只到 9999，如果超过则使用 m（如 10.0）。]

## 33.9 尺寸线表示和大小

尺寸线可以采用各种形式（见 36a ~ d）。

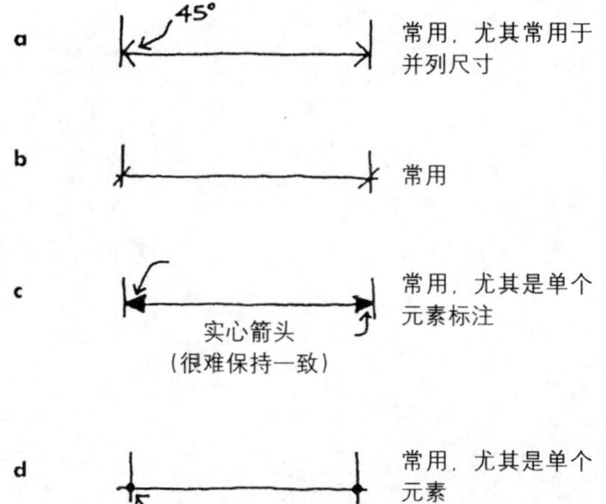


图 33–36 尺寸线

(a) 虽然是所有图纸中最常用的，但它的突出作用是并列尺寸（如成排柱子的中线）。箭头的头应形成一个直角（即 90°）。

(b) 为了速度和整洁，对于总体的和部分的标注形成了一种特殊的技巧；倾斜的短划应该保持长度一致（如 3mm）。

(c) 这种版本常用来标注一些元素。虽然是可接受的，但在保持一致性方面有难度，箭头头部细小的大小上的变化会较明显，同时也很费时。

(d) 是元素标注可采纳的方法，但传统多用于工程制图，在施工图中很少采用，因为很难保持一致性，显得图面不整洁。

### 33.9.1 平面

数字都在尺寸线上，由下向上，由右向左阅读。会出现一根单独的尺寸线，包括一个总的（或附加的）尺寸即各元素尺寸之和（图 33–37）。

在框架结构的大的建筑中，使用“网格”线是一种较好的方法，它们与一些关键元素如柱子的中心线重合；这些能为其他信息如楼层外皮提供一致的、精确的参考点（见图 33–38）。

地面层的平面图也能显示一些信息，如(1)“建

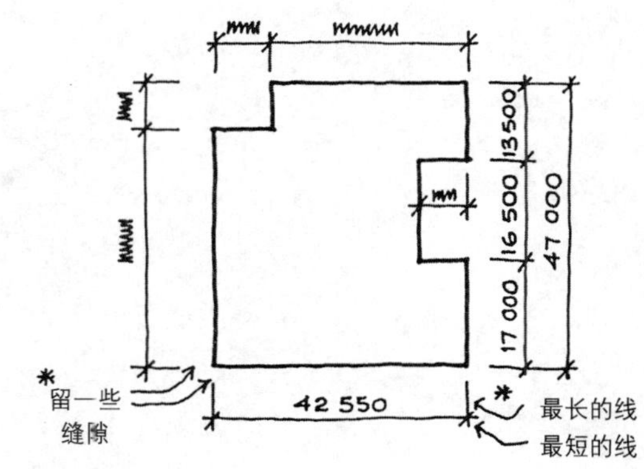


图 33–37 元件尺寸和附加的标注原则

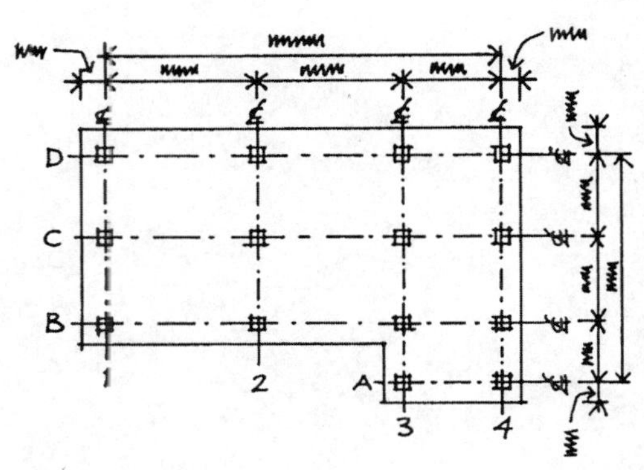


图 33–38 框架建筑的平面标注

筑红线”，或相邻的固定设施，因此能精确确定结构的位置；(2) 测量高度的“基准点”的位置和数值（见下面的垂直剖面）。

### 33.9.2 垂直剖面

在垂直剖面上标注尺寸时，用一个“基准点”把它们联系起来（即一个已知高度、可清晰定位的固定点，如 DPC 层上，或构造地面层的顶部）。不要把它们与室外地面联系在一起，因为建筑周围会发生变化。确定使这个基准点在 + 100m 的高度，将其与一个已有的已知特征联系起来，例如一个检查室封口。将基准点定在 100m 可以确保在通常情况下，所有层级都为正数，甚至是有很深的基础时（图 33–39）。

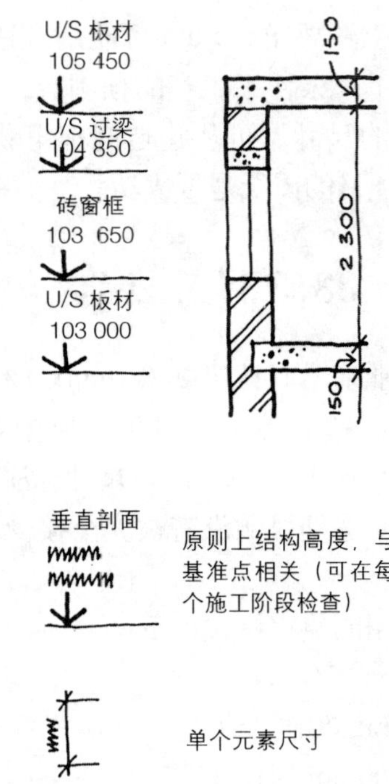


图 33–39 垂直剖面标注

# 单位转换

| 公制 | 英制 |
| --- | --- |
| **长度** | |
| 1.0 mm | 0.039英寸 |
| 25.4mm(2.54cm) | 1英寸 |
| 304.8mm(30.48cm) | 1英尺 |
| 914.4mm | 1码 |
| 1000.0mm(1.0m) | 1码3.4英寸（1.093码） |
| 20.117m | 1链 |
| 1000.00m(1km) | 0.621英里 |
| 1609.31m | 1英里 |
| **面积** | |
| $100mm^2(1.0cm^2)$ | 0.155平方英寸（吋） |
| $645.2mm^2(6.452cm^2)$ | 1平方英寸（吋） |
| $929.03cm^2(0.093m^2)$ | 1平方英尺 |
| $0.836m^2$ | 1平方码 |
| $1.0m^2$ | 1.196平方码 |
| $0.405ha(4046.9m^2)$ | 1英亩 |
| $1.0ha(10000m^2)$ | 2.471英亩 |
| $1.0km^2$ | 0.386平方英里（哩） |
| $2.59km^2(259ha)$ | 1平方英里 |
| **体积** | |
| $1000m^3(1.0cm^3; 1.0ml)$ | 0.061立方英寸 |
| $16387mm^3(16.387cm^3; 0.0164l; 16.387ml)$ | 1立方英寸 |
| $1.0l(1.0dm^3; 1000cm^3)$ | 61.025立方英寸（0.035立方英尺） |
| 0.028m3(28.32l) | 1立方英尺 |
| $0.765m^3$ | 1立方码 |
| $1.0m^3$ | 1.308立方码（35.314立方英尺） |
| **容积** | |
| 1.0ml | 0.034fl oz US(美国液体盎司) |
| 1.0ml | 0.035fl oz imp(英制液体盎司) |
| 28.41ml | 1fl oz imp |
| 29.57ml | 1fl oz US |
| 0.473l | 1pint (liquid) US(美制品脱(液体)) |
| 0.568l | 1pint imp(英制品脱(液体)) |
| 1.0l | 1.76 pint imp |
| 1.0l | 2.113 pint US |
| 3.785l | 1 gal US |
| 4.546l | 1 gal imp |
| 100.0l | 21.99 gal imp |
| 100.0l | 26.42 gal US |
| 159.0l | 1 barrel US（美制桶） |
| 164.0l | 1 barrel imp（英制桶） |

| 公制 | 英制 |
| --- | --- |
| **质量** | |
| 1.0g | 0.035盎司(重量)oz(avoirdupois) |
| 28.35g | 1盎司(重量)oz(avoirdupois) |
| 454.0g(0.454kg) | 1 磅 lb |
| 1000.0g(1kg) | 2.025磅 |
| 45.36kg | 1 (美制英担)cwt US |
| 50.8kg | 1(英制英担)cwt imp |
| 907.2kg(0.907t) | 1(美制吨)ton US |
| 1000.0kg(1.0t) | 0.984ton imp(英制吨) |
| 1000.0kg(1.0t) | 1.102ton US(美制吨) |
| 1016.0kg(1.016t) | 1ton imp(英制吨) |
| **质量/单位长度** | 质量/单位长度 |
| 0.496kg/m | 0.496kg/m |
| 0.564kg/m(0.564t/km) | 0.564kg/m(0.564t/km) |
| 0.631kg/m(0.631t/km) | 0.631kg/m(0.631t/km) |
| 1.0kg/m | 1.0kg/m |
| 1.116kg/m | 1.116kg/m |
| 1.488kg/m | 1.488kg/m |
| 17.86kg/m | 17.86kg/m |
| **长度/单位质量** | |
| 1.0m/kg | 0.496码/磅 |
| 2.016m/kg | 1码/磅 |
| **质量/单位面积** | |
| $1.0g/m^2$ | 0.003盎司/平方英尺 |
| $33.91g/m^2$ | 1盎司/平方码 |
| $305.15g/m^2$ | 1盎司/平方英尺 |
| $0.011kg/m^2$ | 1美制英担/亩 |
| $0.013 kg/m^2$ | 1英制英担/亩 |
| $0.224 kg/m^2$ | 1美制吨/亩 |
| $0.251 kg/m^2$ | 1英制吨/亩 |
| $1.0 kg/m^2$ | 29.5盎司/平方码 |
| $4.882 kg/m^2$ | 1磅/平方英尺 |
| $703.07 kg/m^2$ | 1磅/平方英寸 |
| $350.3 kg/m^2(3.503kg/ha;0.35g/m^2)$ | 1美制吨/平方英里 |
| $392.3 kg/m^2(3.923kg/ha;0.392g/m^2)$ | 1英制吨/平方英里 |
| **密度（质量/体积）** | |
| $0.593kg/m^3$ | 1磅/立方码 |
| $1.0kg/m^3$ | 0.062磅/立方英尺 |
| $16.02kg/m^3$ | 1磅/立方英尺 |
| $1186.7kg/m^3(1.187t/m^3)$ | 1美制吨/立方码 |
| $1328.9 kg/m^3(1.329t/m^3)$ | 1英制吨/立方码 |
| $27680.0 kg/m^3(27.68t/m^3;27.68g/cm^2)$ | 1磅/立方英尺 |

| 公制 | 英制 |
| --- | --- |
| **比表面积（面积/单位质量）** | |
| 0.823$m^2$/t | 1平方码/吨 |
| 1.0$m^2$/kg | 0.034平方码/盎司 |
| 29.433$m^2$/kg | 1平方码/盎司 |
| **面积/单位容积** | |
| 0.184$m^2$/l | 1平方码/加仑 |
| 1.0$m^2$/l | 5.437平方码/加仑 |
| **浓度** | |
| 0.014kg/$m^3$ | 1grain/gal imp(谷/英制加仑) |
| 0.017 kg/$m^3$ | 1 grain/gal US(谷/美制加仑) |
| 1.0 kg/$m^3$(1.0g/l) | 58.42 grain/gal US (谷/美制加仑) |
| 1.0 kg/$m^3$(1.0g/l) | 70.16 grain/gal imp (谷/英制加仑) |
| 6.236 kg/$m^3$ | 1 oz/gal imp(盎司/英制加仑) |
| 7.489 kg/$m^3$ | 1 oz /gal US (盎司/美制加仑) |
| **质量流量** | |
| 0.454kg/s | 1磅/秒 |
| 1.0kg/s | 2.204磅/秒 |
| **体积流量** | |
| 0.063l/s | 1美制加仑/分 |
| 0.076 l/s | 1英制加仑/分 |
| 0.472 l/s | 1$ft^3$/minute |
| 1.0 l/s(86.4$m^3$/day) | 13.2gal imp/s |
| 1.0 l/s | 0.264gal US/s |
| 1.0l/min | 0.22gal imp/min |
| 1.0 l/min | 0.264gal US/min |
| 3.785 l/s | 1gal US/s |
| 4.546 l/s | 1gal imp/s |
| 28.32 l/s | 1$ft^3$/s |
| 0.0038$m^3$/min | 1gal US/min |
| 0.0045$m^3$/min | 1gal imp/min |
| 1.0$m^3$/s | 183.162gal US/s |
| 1.0$m^3$/s | 219.969gal imp/s |
| 1.0$m^3$/h | 35.31$ft^3$/h |
| 0.0283$m^3$/s | 1$ft^3$/s |
| **速率** | |
| 0.005m/s | 1ft/minute |
| 0.025 m/s | 1in/s |
| 0.305 m/s | 1ft/s |
| 1.0m/s | 3.28ft/s |
| 1000.0 m/s(1km/hr) | 0.621mile/hr |
| 1609.0 m/s(0.447m/s) | 1mile/hr |
| **油耗** | |
| 1.0 l/km | 0.354gal imp/mile |
| 1.0 l/km | 0.425gal US/mile |
| 2.352 l/km | 1gal US/mile |
| 2.824 l/km | 1 gal imp/mile |

| 公制 | 英制 |
| --- | --- |
| **加速度** | |
| 0.305m/s2 | 1ft/$s^2$ |
| 1.0m/s2 | 3.28ft/$s^2$ |
| 9.806m/s2=g(标准重力加速度) | g=32.172ft/$s^2$ |
| **温度** | |
| X℃ | (9/5X+32)°F |
| 5/9 × (X-32) ℃ | X°F |
| **能量** | |
| 1.0J | 0.239calorie卡 |
| 1.356J | 1ft lbf英尺磅力 |
| 4.187J | 1.0calorie |
| 9.807J(1kgf m) | 7.233ft lbf |
| 1055.06J | 1Btu英国热量单位 |
| 3.6MJ | 1 kilowatt-hr千瓦小时 |
| 105.5MJ | 1 therm千卡(100000Btu) |
| **功率（能量/时间）** | |
| 0.293W | 1Btu/hr |
| 1.0 W | 0.738ft lbf/s |
| 1.163 W | 1.0 kilocalrie/hr |
| 1.356 W | 1 ft lbf/s |
| 4.187 W | 1calorie/s |
| 1kgf m/s(9.807W) | 7.233 fr lbf/s |
| 745.7W | 1马力 |
| 1 米马力（75千克力m/s) | 0.986马力 |
| **吸热强度流率** | |
| 1 W/$m^2$ | 0.317Btu/($ft^2$ hr) |
| 3.155 W/$m^2$ | 1.0 Btu/($ft^2$ hr) |
| **导热系数(1)** | |
| 0.144W/(m. K) | 1 Btu in /($ft^2$ hr°F) |
| 1.0 W/(m. K) | 6.933 Btu in /($ft^2$ hr°F) |
| **热传导率(2)** | |
| 1.0W/($m^2$.K) | 0.176Btu/($ft^2$ hr°F) |
| 5.678 W/(m2.K) | 1.0 Btu/($ft^2$ hr°F) |
| **热阻率(3)** | |
| 1.0m K/W | 0.144 $ft^2$ hr°F/(Btu in) |
| 6.933m K/W | 1.0 $ft^2$ hr°F/(Btu in) |
| **比热容** | |
| 1.0kJ/(kg.K) | 0.239 Btu/(lb°F) |
| 4.187kJ/(kg.K) | 1.0 Btu/(lb°F) |
| 1.0kJ/($m^3$K) | 0.015 Btu/($ft^3$°F) |
| 67.07kJ/($m^3$K) | 1.0 Btu/($ft^3$°F) |

(1) k 值

(2) 也作为 U 值或热传递系数（thermal transmittance）

(3) 1/k 值

| 公制 | 英制 |
| --- | --- |
| **比能量(specific energy)** | |
| 1.0kJ/kg | 0.43Btu/lb |
| 2.326kJ/kg | 1.0 Btu/lb |
| 1.0kJ/$m^3$(1kJ/l) | 0.027Btu/$ft^3$ |
| 1.0J/l | 0.004 Btu/gal |
| 232.1J/l | 1.0 Btu/gal |
| **制冷refrigeration** | |
| 3.517kW | 12000Btu/hr='ton of refrigeration' |
| **照度(illumination)** | |
| 1lx(1 lumen/$m^2$) | 0.093ft-candle英尺烛光(0.093lumen/$ft^2$流明/平方英尺) |
| 10.764lx | 1.0ft-candle(1 lumen/$ft^2$) |
| **亮度(luminance)** | |
| 0.3183cd/$m^2$ | 1 apostilb亚熙提 |
| 1.0cd/$m^2$ | 0.000645cd/$ft^2$ |
| 10.764cd/$m^2$ | 1cd/$ft^2$ |
| 1550.0cd/$m^2$ | 1.0cd/$in^2$ |
| **力** | |
| 1.0N | 0.225lbf |
| 1.0kgf(9.807N; 1.0kilopond千克力) | 2.205lbf |
| 4.448kN | 1.0kipf(1000 lbf) |
| 8.897kN | 1.0 tonf US |
| 9.964kN | 1.0 tonf imp |

| 公制 | 英制 |
| --- | --- |
| **力/单位长度** | |
| 1.0N/m | 0.067lbf/ft |
| 14.59N/m | 1.0lbf/ft |
| 32.69kN/m | 1.0tonf/ft |
| 175.1kN/m(175.1N/mm) | 1.0lbf/in |
| **力矩[moment of force(torque)]** | |
| 0.113Nm(113.0Nmm) | 1.0lbf in |
| 1.0Nm | 0.738 lbf ft |
| 1.356 Nm | 1.0 lbf ft |
| 110.3Nm | 1.0 kipf in |
| 253.1 Nm | 1.0 tonf in |
| 1356.0 Nm | 1.0 kipf ft |
| 3037.0 Nm | 1.0 tonf ft |
| **压力** | |
| 1.0Pa(1.0N/$m^2$) | 0.021 lbf/$ft^2$ |
| 1.0kPa | 0.145 lbf/$in^2$ |
| 100.0Pa | 1.0millibar毫巴 |
| 2.99kPa | 1 ft water英尺水 |
| 3.39kPa | 1 in mercury英寸汞柱 |
| 6.9kPa | 1.0 lbf/$in^2$ |
| 100.0kPa | 1.0bar |
| 101.33kPa | 1.0标准气压 |
| 107.25kPa | 1.0 tonf/$ft^2$ |
| 5.44Mpa | 1.0 tonf/$in^2$ |

**Length**

1
millimetres to inches

| mm | 0 | 1 | 2 | 3 | 4 | 5 | 6 | 7 | 8 | 9 |
|---|---|---|---|---|---|---|---|---|---|---|
| | in | | | | | | | | | |
| 0 | | 0.04 | 0.08 | 0.11 | 0.16 | 0.2 | 0.24 | 0.28 | 0.31 | 0.35 |
| 10 | 0.39 | 0.43 | 0.47 | 0.51 | 0.55 | 0.59 | 0.63 | 0.67 | 0.71 | 0.75 |
| 20 | 0.79 | 0.83 | 0.87 | 0.91 | 0.94 | 0.98 | 1.02 | 1.06 | 1.1 | 1.14 |
| 30 | 1.18 | 1.22 | 1.25 | 1.3 | 1.34 | 1.38 | 1.41 | 1.46 | 1.5 | 1.57 |
| 40 | 1.57 | 1.61 | 1.65 | 1.69 | 1.73 | 1.77 | 1.81 | 1.85 | 1.89 | 1.93 |
| 50 | 1.97 | 2.00 | 2.05 | 2.09 | 2.13 | 2.17 | 2.21 | 2.24 | 2.28 | 2.32 |
| 60 | 2.36 | 2.4 | 2.44 | 2.48 | 2.52 | 2.56 | 2.6 | 2.64 | 2.68 | 2.72 |
| 70 | 2.76 | 2.8 | 2.83 | 2.87 | 2.91 | 2.95 | 3.0 | 3.03 | 3.07 | 3.11 |
| 80 | 3.15 | 3.19 | 3.23 | 3.27 | 3.31 | 3.35 | 3.39 | 3.42 | 3.46 | 3.5 |
| 90 | 3.54 | 3.58 | 3.62 | 3.66 | 3.7 | 3.74 | 3.78 | 3.82 | 3.86 | 3.9 |
| 100 | 3.94 | 3.98 | 4.02 | 4.06 | 4.09 | 4.13 | 4.17 | 4.21 | 4.25 | 4.29 |
| 110 | 4.33 | 4.37 | 4.41 | 4.45 | 4.49 | 4.53 | 4.57 | 4.61 | 4.65 | 4.69 |
| 120 | 4.72 | 4.76 | 4.8 | 4.84 | 4.88 | 4.92 | 4.96 | 5.0 | 5.04 | 5.08 |
| 130 | 5.12 | 5.16 | 5.2 | 5.24 | 5.28 | 5.31 | 5.35 | 5.39 | 5.43 | 5.47 |
| 140 | 5.51 | 5.55 | 5.59 | 5.63 | 5.67 | 5.71 | 5.75 | 5.79 | 5.83 | 5.87 |
| 150 | 5.91 | 5.94 | 5.98 | 6.02 | 6.06 | 6.1 | 6.14 | 6.18 | 6.22 | 6.26 |
| 160 | 6.3 | 6.34 | 6.38 | 6.42 | 6.46 | 6.5 | 6.54 | 6.57 | 6.61 | 6.65 |
| 170 | 6.69 | 6.73 | 6.77 | 6.81 | 6.85 | 6.89 | 6.93 | 6.97 | 7.01 | 7.05 |
| 180 | 7.09 | 7.13 | 7.17 | 7.21 | 7.24 | 7.28 | 7.32 | 7.36 | 7.4 | 7.44 |
| 190 | 7.48 | 7.52 | 7.56 | 7.6 | 7.64 | 7.68 | 7.72 | 7.76 | 7.8 | 7.83 |
| 200 | 7.87 | 7.91 | 7.95 | 7.99 | 8.03 | 8.07 | 8.11 | 8.15 | 8.19 | 8.23 |
| 210 | 8.27 | 8.31 | 8.35 | 8.39 | 8.43 | 8.46 | 8.5 | 8.54 | 8.58 | 8.62 |
| 220 | 8.66 | 8.7 | 8.74 | 8.78 | 8.82 | 8.86 | 8.9 | 8.94 | 8.98 | 9.02 |
| 230 | 9.06 | 9.09 | 9.13 | 9.17 | 9.21 | 9.25 | 9.29 | 9.33 | 9.37 | 9.41 |
| 240 | 9.45 | 9.49 | 9.53 | 9.57 | 9.61 | 9.65 | 9.69 | 9.72 | 9.76 | 9.8 |
| 250 | 9.84 | | | | | | | | | |

2
decimals of inch to millimetres

| in | 0.000 | 0.001 | 0.002 | 0.003 | 0.004 | 0.005 | 0.006 | 0.007 | 0.008 | 0.009 |
|---|---|---|---|---|---|---|---|---|---|---|
| | mm | | | | | | | | | |
| 0.0 | | 0.0254 | 0.0508 | 0.0762 | 0.1016 | 0.127 | 0.1524 | 0.1778 | 0.2032 | 0.2286 |
| 0.01 | 0.254 | 0.2794 | 0.3048 | 0.3302 | 0.3556 | 0.381 | 0.4064 | 0.4318 | 0.4572 | 0.4826 |
| 0.02 | 0.508 | 0.5334 | 0.5588 | 0.5842 | 0.6096 | 0.635 | 0.6604 | 0.6858 | 0.7112 | 0.7366 |
| 0.03 | 0.762 | 0.7874 | 0.8128 | 0.8382 | 0.8636 | 0.889 | 0.9144 | 0.9398 | 0.9652 | 0.9906 |
| 0.04 | 1.016 | 1.0414 | 1.0668 | 1.0922 | 1.1176 | 1.143 | 1.1684 | 1.1938 | 1.2192 | 1.2446 |
| 0.05 | 1.27 | 1.2954 | 1.3208 | 1.3462 | 1.3716 | 1.397 | 1.4224 | 1.4478 | 1.4732 | 1.4986 |
| 0.06 | 1.524 | 1.5494 | 1.5748 | 1.6002 | 1.6256 | 1.651 | 1.6764 | 1.7018 | 1.7272 | 1.7526 |
| 0.07 | 1.778 | 1.8034 | 1.8288 | 1.8542 | 1.8796 | 1.905 | 1.9304 | 1.9558 | 1.9812 | 2.0066 |
| 0.08 | 2.032 | 2.0574 | 2.0828 | 2.1082 | 2.1336 | 2.159 | 2.1844 | 2.2098 | 2.2352 | 2.2606 |
| 0.09 | 2.286 | 2.3114 | 2.3368 | 2.3622 | 2.3876 | 2.413 | 2.4384 | 2.4638 | 2.4892 | 2.5146 |
| 0.1 | 2.54 | | | | | | | | | |

3
inches and fractions of inch to millimetres

| in | | 1/16 | 1/8 | 3/16 | 1/4 | 5/16 | 3/8 | 7/16 | 1/2 | 9/16 | 5/8 | 11/16 | 3/4 | 13/16 | 7/8 | 15/16 |
|---|---|---|---|---|---|---|---|---|---|---|---|---|---|---|---|---|
| | mm | | | | | | | | | | | | | | | |
| | | 1.6 | 3.2 | 4.8 | 6.4 | 7.9 | 9.5 | 11.1 | 12.7 | 14.3 | 15.9 | 17.5 | 19.1 | 20.6 | 22.2 | 23.8 |
| 1 | 25.4 | 27.0 | 28.6 | 30.2 | 31.8 | 33.3 | 34.9 | 36.5 | 38.1 | 39.7 | 41.3 | 42.9 | 44.5 | 46.0 | 47.6 | 49.2 |
| 2 | 50.8 | 52.4 | 54.0 | 55.6 | 57.2 | 58.7 | 60.3 | 61.9 | 63.5 | 65.1 | 66.7 | 68.3 | 69.9 | 71.4 | 73.0 | 74.6 |
| 3 | 76.2 | 77.8 | 79.4 | 81.0 | 82.6 | 84.1 | 85.7 | 87.3 | 88.9 | 90.5 | 92.1 | 93.7 | 95.3 | 96.8 | 98.4 | 100.0 |
| 4 | 101.6 | 103.2 | 104.8 | 106.4 | 108.0 | 109.5 | 111.1 | 112.7 | 114.3 | 115.9 | 117.5 | 119.1 | 120.7 | 122.2 | 123.8 | 125.4 |
| 5 | 127.0 | 128.6 | 130.2 | 131.8 | 133.4 | 134.9 | 136.5 | 138.1 | 139.7 | 141.3 | 142.9 | 144.5 | 146.1 | 147.6 | 149.2 | 150.8 |
| 6 | 152.4 | 154.0 | 155.6 | 157.2 | 158.8 | 160.3 | 161.9 | 163.5 | 165.1 | 166.7 | 168.3 | 169.9 | 171.5 | 173.0 | 174.6 | 176.2 |
| 7 | 177.8 | 179.4 | 181.0 | 182.6 | 184.2 | 185.7 | 187.3 | 188.9 | 190.5 | 192.1 | 193.7 | 195.3 | 196.9 | 198.4 | 200.0 | 201.6 |
| 8 | 203.2 | 204.8 | 206.4 | 208.0 | 209.6 | 211.1 | 212.7 | 214.3 | 215.9 | 217.5 | 219.1 | 220.7 | 222.3 | 223.8 | 225.4 | 227.0 |
| 9 | 228.6 | 230.2 | 231.8 | 233.4 | 235.0 | 236.5 | 238.1 | 239.7 | 241.3 | 242.9 | 244.5 | 246.1 | 247.7 | 249.2 | 250.8 | 252.4 |
| 10 | 254.0 | 255.6 | 257.2 | 258.8 | 260.4 | 261.9 | 263.5 | 265.1 | 266.7 | 268.3 | 269.9 | 271.5 | 273.1 | 274.6 | 276.2 | 277.8 |

4
feet and inches to metres

| | in | | | | | | | | | | | |
|---|---|---|---|---|---|---|---|---|---|---|---|---|
| | 0 | 1 | 2 | 3 | 4 | 5 | 6 | 7 | 8 | 9 | 10 | 11 |
| | m | | | | | | | | | | | |
| ft | | | | | | | | | | | | |
| 0 | | 0.0254 | 0.0508 | 0.0762 | 0.1016 | 0.127 | 0.1524 | 0.1778 | 0.2032 | 0.2286 | 0.254 | 0.2794 |
| 1 | 0.3048 | 0.3302 | 0.3556 | 0.381 | 0.4064 | 0.4318 | 0.4572 | 0.4826 | 0.508 | 0.5334 | 0.5588 | 0.5842 |
| 2 | 0.6096 | 0.635 | 0.6604 | 0.6858 | 0.7112 | 0.7366 | 0.762 | 0.7874 | 0.8128 | 0.8382 | 0.8636 | 0.889 |
| 3 | 0.9144 | 0.9398 | 0.9652 | 0.9906 | 1.016 | 1.0414 | 1.0668 | 1.0922 | 1.1176 | 1.143 | 1.1684 | 1.1938 |
| 4 | 1.2192 | 1.2446 | 1.27 | 1.2954 | 1.3208 | 1.3462 | 1.3716 | 1.397 | 1.4224 | 1.4478 | 1.4732 | 1.4986 |
| 5 | 1.524 | 1.5494 | 1.5748 | 1.6002 | 1.6256 | 1.651 | 1.6764 | 1.7018 | 1.7272 | 1.7526 | 1.778 | 1.8034 |
| 6 | 1.8288 | 1.8542 | 1.8796 | 1.905 | 1.9304 | 1.9558 | 1.9812 | 2.0066 | 2.032 | 2.0574 | 2.0828 | 2.1082 |
| 7 | 2.1336 | 2.159 | 2.1844 | 2.2098 | 2.2352 | 2.2606 | 2.286 | 2.3114 | 2.3368 | 2.3622 | 2.3876 | 2.413 |
| 8 | 2.4384 | 2.4638 | 2.4892 | 2.5146 | 2.54 | 2.5654 | 2.5908 | 2.6162 | 2.6416 | 2.667 | 2.6924 | 2.7178 |
| 9 | 2.7432 | 2.7686 | 2.794 | 2.8194 | 2.8448 | 2.8702 | 2.8956 | 2.921 | 2.9464 | 2.9718 | 2.9972 | 3.0226 |
| 10 | 3.048 | | | | | | | | | | | |

5 metres to feet

| m | 0 | 1 | 2 | 3 | 4 | 5 | 6 | 7 | 8 | 9 |
|---|---|---|---|---|---|---|---|---|---|---|
| | ft | | | | | | | | | |
| 0 | | 3.28 | 6.56 | 9.84 | 13.12 | 16.40 | 19.69 | 22.97 | 26.25 | 29.53 |
| 10 | 32.8 | 36.09 | 39.37 | 42.65 | 45.93 | 49.21 | 52.49 | 55.77 | 59.06 | 62.34 |
| 20 | 65.62 | 68.9 | 72.17 | 75.45 | 78.74 | 82.02 | 85.3 | 88.58 | 91.86 | 95.14 |
| 30 | 98.43 | 101.7 | 104.99 | 108.27 | 111.55 | 114.82 | 118.11 | 121.39 | 124.67 | 127.95 |
| 40 | 131.23 | 134.51 | 137.8 | 141.08 | 144.36 | 147.63 | 150.91 | 154.2 | 157.48 | 160.76 |
| 50 | 164.04 | 167.32 | 170.6 | 173.89 | 177.17 | 180.45 | 183.73 | 187.01 | 190.29 | 193.57 |
| 60 | 196.85 | 200.13 | 203.41 | 206.69 | 209.97 | 213.25 | 216.54 | 219.82 | 223.1 | 226.38 |
| 70 | 229.66 | 232.94 | 236.22 | 239.5 | 242.78 | 246.06 | 249.34 | 252.63 | 255.91 | 259.19 |
| 80 | 262.46 | 265.75 | 269.03 | 272.31 | 275.59 | 278.87 | 282.15 | 285.43 | 288.71 | 292.0 |
| 90 | 295.28 | 298.56 | 301.84 | 305.12 | 308.4 | 311.68 | 314.96 | 318.24 | 321.52 | 324.8 |
| 100 | 328.08 | 331.37 | 334.65 | 337.93 | 341.21 | 344.49 | 347.77 | 351.05 | 354.33 | 357.61 |
| 110 | 360.89 | 364.17 | 367.45 | 370.74 | 374.02 | 377.3 | 380.58 | 383.86 | 387.14 | 390.42 |
| 120 | 393.7 | 396.98 | 400.26 | 403.54 | 406.82 | 410.1 | 413.39 | 416.67 | 419.95 | 423.23 |
| 130 | 426.51 | 429.79 | 433.07 | 436.35 | 439.63 | 442.91 | 446.19 | 449.48 | 452.76 | 456.04 |
| 140 | 459.32 | 462.6 | 465.88 | 469.16 | 472.44 | 475.72 | 479.0 | 482.28 | 485.56 | 488.85 |
| 150 | 492.13 | 495.41 | 498.69 | 502.0 | 505.25 | 508.53 | 511.81 | 515.09 | 518.37 | 521.65 |
| 160 | 524.93 | 528.22 | 531.5 | 534.78 | 538.06 | 541.34 | 544.62 | 547.9 | 551.18 | 554.46 |
| 170 | 557.74 | 561.02 | 564.3 | 567.59 | 570.87 | 574.15 | 577.43 | 580.71 | 583.99 | 587.27 |
| 180 | 590.55 | 593.83 | 597.11 | 600.39 | 603.68 | 606.96 | 610.24 | 613.52 | 616.8 | 620.08 |
| 190 | 623.36 | 626.64 | 629.92 | 633.2 | 636.48 | 639.76 | 643.05 | 646.33 | 649.6 | 652.89 |
| 200 | 656.17 | 659.45 | 662.73 | 666.01 | 669.29 | 672.57 | 675.85 | 679.13 | 682.42 | 685.7 |
| 210 | 688.98 | 692.26 | 695.54 | 698.82 | 702.1 | 705.38 | 708.66 | 711.94 | 715.22 | 718.5 |
| 220 | 721.79 | 725.07 | 728.35 | 731.63 | 734.91 | 738.19 | 741.47 | 744.75 | 748.03 | 751.31 |
| 230 | 754.59 | 757.87 | 761.16 | 764.44 | 767.72 | 771.0 | 774.28 | 777.56 | 780.84 | 784.12 |
| 240 | 787.4 | 790.68 | 793.96 | 797.24 | 800.53 | 803.81 | 807.09 | 810.37 | 813.65 | 816.93 |
| 250 | 820.21 | | | | | | | | | |

7 metres to yards

| m | 0 | 1 | 2 | 3 | 4 | 5 | 6 | 7 | 8 | 9 |
|---|---|---|---|---|---|---|---|---|---|---|
| | yd | | | | | | | | | |
| 0 | | 1.09 | 2.19 | 3.28 | 4.37 | 5.47 | 6.56 | 7.66 | 8.75 | 9.84 |
| 10 | 10.94 | 12.03 | 13.12 | 14.22 | 15.31 | 16.4 | 17.5 | 18.59 | 19.69 | 20.78 |
| 20 | 21.87 | 22.97 | 24.06 | 25.15 | 26.25 | 27.34 | 28.43 | 29.53 | 30.62 | 31.71 |
| 30 | 32.8 | 33.9 | 35.0 | 36.09 | 37.18 | 38.28 | 39.37 | 40.46 | 41.56 | 42.65 |
| 40 | 43.74 | 44.84 | 45.93 | 47.03 | 48.12 | 49.21 | 50.31 | 51.4 | 52.49 | 53.59 |
| 50 | 54.68 | 55.77 | 56.87 | 57.96 | 59.06 | 60.15 | 61.24 | 62.34 | 63.43 | 64.52 |
| 60 | 65.62 | 66.71 | 67.8 | 68.9 | 69.99 | 71.08 | 72.18 | 73.27 | 74.37 | 75.46 |
| 70 | 76.55 | 77.65 | 78.74 | 79.83 | 80.93 | 82.02 | 83.11 | 84.21 | 85.3 | 86.4 |
| 80 | 87.49 | 88.58 | 89.68 | 90.77 | 91.86 | 92.96 | 94.05 | 95.14 | 96.24 | 97.33 |
| 90 | 98.43 | 99.52 | 100.61 | 101.71 | 102.8 | 103.89 | 104.99 | 106.08 | 107.17 | 108.27 |
| 100 | 109.36 | 110.46 | 111.55 | 112.64 | 113.74 | 114.83 | 115.92 | 117.02 | 118.11 | 119.2 |
| 110 | 120.3 | 121.39 | 122.49 | 123.58 | 124.67 | 125.74 | 126.86 | 127.95 | 129.05 | 130.14 |
| 120 | 131.23 | 132.33 | 133.42 | 134.51 | 135.61 | 136.7 | 137.8 | 138.89 | 139.99 | 141.08 |
| 130 | 142.17 | 143.26 | 144.36 | 145.45 | 146.54 | 147.64 | 148.73 | 149.83 | 150.92 | 152.01 |
| 140 | 153.1 | 154.2 | 155.29 | 156.39 | 157.48 | 158.57 | 159.67 | 160.76 | 161.86 | 162.95 |
| 150 | 164.04 | 165.14 | 166.23 | 167.32 | 168.42 | 169.51 | 170.6 | 171.7 | 172.79 | 173.89 |
| 160 | 174.98 | 176.07 | 177.17 | 178.26 | 179.35 | 180.45 | 181.54 | 182.63 | 183.73 | 184.82 |
| 170 | 185.91 | 187.0 | 188.1 | 189.2 | 190.29 | 191.38 | 192.48 | 193.57 | 194.66 | 195.76 |
| 180 | 196.85 | 197.94 | 199.04 | 200.13 | 201.23 | 202.32 | 203.41 | 204.51 | 205.6 | 206.69 |
| 190 | 207.79 | 208.88 | 209.97 | 211.07 | 212.16 | 213.26 | 214.35 | 215.44 | 216.53 | 217.63 |
| 200 | 218.72 | 219.82 | 220.91 | 222.0 | 223.1 | 224.19 | 225.28 | 226.38 | 227.47 | 228.57 |
| 210 | 229.66 | 230.75 | 231.85 | 232.94 | 234.03 | 235.13 | 236.22 | 237.31 | 238.41 | 239.5 |
| 220 | 240.56 | 241.69 | 242.78 | 243.88 | 244.97 | 246.06 | 247.16 | 248.25 | 249.34 | 250.44 |
| 230 | 251.53 | 252.63 | 253.72 | 254.81 | 255.91 | 257.0 | 258.09 | 259.19 | 260.28 | 261.37 |
| 240 | 262.47 | 263.56 | 264.65 | 265.75 | 266.84 | 267.94 | 269.03 | 270.12 | 271.22 | 272.31 |
| 250 | 273.4 | | | | | | | | | |

9 kilometres to miles

| km | 0 | 1 | 2 | 3 | 4 | 5 | 6 | 7 | 8 | 9 |
|---|---|---|---|---|---|---|---|---|---|---|
| | mile | | | | | | | | | |
| 0 | | 0.62 | 1.24 | 1.86 | 2.49 | 3.11 | 3.73 | 4.35 | 4.98 | 5.59 |
| 10 | 6.21 | 6.84 | 7.46 | 8.08 | 8.7 | 9.32 | 9.94 | 10.56 | 11.18 | 11.81 |
| 20 | 12.43 | 13.05 | 13.67 | 14.29 | 14.91 | 15.53 | 16.16 | 16.78 | 17.4 | 18.02 |
| 30 | 18.64 | 19.29 | 19.88 | 20.5 | 21.13 | 21.75 | 22.37 | 22.99 | 23.61 | 24.23 |
| 40 | 24.85 | 25.47 | 26.1 | 26.72 | 27.34 | 27.96 | 28.58 | 29.2 | 29.83 | 30.45 |
| 50 | 31.07 | 31.69 | 32.31 | 32.93 | 33.55 | 34.18 | 34.8 | 35.42 | 36.04 | 36.66 |
| 60 | 37.28 | 37.9 | 38.53 | 39.15 | 39.77 | 40.39 | 41.01 | 41.63 | 42.25 | 42.87 |
| 70 | 43.5 | 44.12 | 44.74 | 45.36 | 45.98 | 46.6 | 47.22 | 47.85 | 48.47 | 49.09 |
| 80 | 49.7 | 50.33 | 50.95 | 51.57 | 52.2 | 52.82 | 53.44 | 54.06 | 54.68 | 55.3 |
| 90 | 55.92 | 56.54 | 57.17 | 57.79 | 58.41 | 59.03 | 59.65 | 60.27 | 60.89 | 61.52 |
| 100 | 62.14 | | | | | | | | | |

6
feet to
metres

| ft | 0 | 1 | 2 | 3 | 4 | 5 | 6 | 7 | 8 | 9 |
|---|---|---|---|---|---|---|---|---|---|---|
| | m | | | | | | | | | |
| 0 | | 0.31 | 0.6 | 0.91 | 1.22 | 1.52 | 1.83 | 2.13 | 2.44 | 2.74 |
| 10 | 3.05 | 3.35 | 3.66 | 3.96 | 4.27 | 4.57 | 4.88 | 5.18 | 5.49 | 5.79 |
| 20 | 6.1 | 6.4 | 6.71 | 7.01 | 7.31 | 7.62 | 7.92 | 8.23 | 8.53 | 8.84 |
| 30 | 9.14 | 9.45 | 9.75 | 10.06 | 10.36 | 10.67 | 10.97 | 11.28 | 11.58 | 11.89 |
| 40 | 12.19 | 12.5 | 12.80 | 13.1 | 13.41 | 13.72 | 14.02 | 14.36 | 14.63 | 14.94 |
| 50 | 15.24 | 15.54 | 15.85 | 16.15 | 16.46 | 16.76 | 17.07 | 17.37 | 17.68 | 17.98 |
| 60 | 18.29 | 18.59 | 18.9 | 19.2 | 19.58 | 19.81 | 20.12 | 20.42 | 20.73 | 21.03 |
| 70 | 21.33 | 21.64 | 21.95 | 22.25 | 22.56 | 22.86 | 23.16 | 23.47 | 23.77 | 24.08 |
| 80 | 24.38 | 24.69 | 24.99 | 25.3 | 25.6 | 25.91 | 26.21 | 26.52 | 26.82 | 27.13 |
| 90 | 27.43 | 27.74 | 28.04 | 28.35 | 28.65 | 28.96 | 29.26 | 29.57 | 29.87 | 30.18 |
| 100 | 30.48 | 30.78 | 31.09 | 31.39 | 31.7 | 32.0 | 32.31 | 32.61 | 32.92 | 33.22 |
| 110 | 33.53 | 33.83 | 34.14 | 34.44 | 34.75 | 35.05 | 35.37 | 35.67 | 36.0 | 36.3 |
| 120 | 36.58 | 36.88 | 37.19 | 37.49 | 37.8 | 38.1 | 38.41 | 38.7 | 39.01 | 39.32 |
| 130 | 39.62 | 39.93 | 40.23 | 40.54 | 40.84 | 41.15 | 41.45 | 41.76 | 42.06 | 42.37 |
| 140 | 42.67 | 42.98 | 43.28 | 43.59 | 43.89 | 44.2 | 44.5 | 44.81 | 45.11 | 45.46 |
| 150 | 45.72 | 46.02 | 46.33 | 46.63 | 46.94 | 47.24 | 47.55 | 47.85 | 48.16 | 48.46 |
| 160 | 48.77 | 49.07 | 49.38 | 49.68 | 49.99 | 50.29 | 50.6 | 50.9 | 51.21 | 51.51 |
| 170 | 51.82 | 52.12 | 52.43 | 52.73 | 53.04 | 53.34 | 53.64 | 53.95 | 54.25 | 54.56 |
| 180 | 54.86 | 55.17 | 55.47 | 55.78 | 56.08 | 56.39 | 56.69 | 57.0 | 57.3 | 57.61 |
| 190 | 57.91 | 58.22 | 58.52 | 58.83 | 59.13 | 59.44 | 59.74 | 60.05 | 60.35 | 60.66 |
| 200 | 60.96 | 61.26 | 61.57 | 61.87 | 62.18 | 62.48 | 62.79 | 63.09 | 63.4 | 63.7 |
| 210 | 64.01 | 64.31 | 64.62 | 64.92 | 65.23 | 65.53 | 65.84 | 66.14 | 66.45 | 66.75 |
| 220 | 67.06 | 67.36 | 67.67 | 67.97 | 68.28 | 68.58 | 68.89 | 69.19 | 69.49 | 69.79 |
| 230 | 70.1 | 70.41 | 70.71 | 71.02 | 71.32 | 71.63 | 71.93 | 72.24 | 72.54 | 72.85 |
| 240 | 73.15 | 73.46 | 73.76 | 74.07 | 74.37 | 74.68 | 74.98 | 75.29 | 75.59 | 75.9 |
| 250 | 76.2 | | | | | | | | | |

8
yards to
metres

| yd | 0 | 1 | 2 | 3 | 4 | 5 | 6 | 7 | 8 | 9 |
|---|---|---|---|---|---|---|---|---|---|---|
| | m | | | | | | | | | |
| 0 | | 0.91 | 1.83 | 2.74 | 3.65 | 4.57 | 5.49 | 6.4 | 7.32 | 8.23 |
| 10 | 9.14 | 10.06 | 10.97 | 11.89 | 12.8 | 13.71 | 14.63 | 15.54 | 16.46 | 17.37 |
| 20 | 18.29 | 19.2 | 20.12 | 21.03 | 21.95 | 22.86 | 23.77 | 24.69 | 25.6 | 26.52 |
| 30 | 27.43 | 28.35 | 29.26 | 30.18 | 31.09 | 32.0 | 32.92 | 33.83 | 34.75 | 35.66 |
| 40 | 36.58 | 37.49 | 38.4 | 39.32 | 40.23 | 41.15 | 42.06 | 42.98 | 43.89 | 44.81 |
| 50 | 45.72 | 46.63 | 47.55 | 48.46 | 49.38 | 50.29 | 51.21 | 52.12 | 53.04 | 53.95 |
| 60 | 54.86 | 55.78 | 56.69 | 57.61 | 58.52 | 59.44 | 60.35 | 61.27 | 62.18 | 63.09 |
| 70 | 64.0 | 64.92 | 65.84 | 66.75 | 67.67 | 68.58 | 69.49 | 70.41 | 71.32 | 72.24 |
| 80 | 73.15 | 74.07 | 74.98 | 75.9 | 76.81 | 77.72 | 78.64 | 79.55 | 80.47 | 81.38 |
| 90 | 82.3 | 83.21 | 84.12 | 85.04 | 85.95 | 86.87 | 87.78 | 88.7 | 89.61 | 90.53 |
| 100 | 91.44 | 92.35 | 93.27 | 94.18 | 95.1 | 96.01 | 96.93 | 97.84 | 98.76 | 99.67 |
| 110 | 100.58 | 101.5 | 102.41 | 103.33 | 104.24 | 105.16 | 106.07 | 106.99 | 107.9 | 108.81 |
| 120 | 109.73 | 110.64 | 111.56 | 112.47 | 113.39 | 114.3 | 115.21 | 116.13 | 117.04 | 117.96 |
| 130 | 118.87 | 119.79 | 120.7 | 121.61 | 122.53 | 123.44 | 124.36 | 125.27 | 126.19 | 127.1 |
| 140 | 128.02 | 128.93 | 129.85 | 130.76 | 131.67 | 132.59 | 133.5 | 134.42 | 135.33 | 136.25 |
| 150 | 137.16 | 138.07 | 138.99 | 139.9 | 140.82 | 141.73 | 142.65 | 143.56 | 144.48 | 145.39 |
| 160 | 146.3 | 147.22 | 148.13 | 149.05 | 149.96 | 150.88 | 151.79 | 152.71 | 153.62 | 154.53 |
| 170 | 155.45 | 156.36 | 157.28 | 158.19 | 159.11 | 160.02 | 160.93 | 161.85 | 162.76 | 163.68 |
| 180 | 164.59 | 165.51 | 166.42 | 167.34 | 168.25 | 169.16 | 170.08 | 170.99 | 171.9 | 172.82 |
| 190 | 173.74 | 174.65 | 175.57 | 176.48 | 177.39 | 178.31 | 179.22 | 180.14 | 181.05 | 181.97 |
| 200 | 182.88 | 183.79 | 184.71 | 185.62 | 186.54 | 187.45 | 188.37 | 189.28 | 190.2 | 191.11 |
| 210 | 192.02 | 192.94 | 193.85 | 194.77 | 195.68 | 196.6 | 197.51 | 198.43 | 199.34 | 200.25 |
| 220 | 201.17 | 202.08 | 203.0 | 203.91 | 204.83 | 205.74 | 206.65 | 207.57 | 208.48 | 209.4 |
| 230 | 210.31 | 211.23 | 212.14 | 213.06 | 213.97 | 214.88 | 215.8 | 216.71 | 217.63 | 218.54 |
| 240 | 219.46 | 220.37 | 221.29 | 222.0 | 223.11 | 224.03 | 224.94 | 225.86 | 226.77 | 227.69 |
| 250 | 228.6 | | | | | | | | | |

10
miles to
kilometres

| mile | 0 | 1 | 2 | 3 | 4 | 5 | 6 | 7 | 8 | 9 |
|---|---|---|---|---|---|---|---|---|---|---|
| | km | | | | | | | | | |
| 0 | | 1.61 | 3.22 | 4.83 | 6.44 | 8.05 | 9.66 | 11.27 | 12.87 | 14.48 |
| 10 | 16.09 | 17.7 | 19.31 | 20.92 | 22.53 | 24.14 | 25.75 | 27.36 | 28.97 | 30.58 |
| 20 | 32.19 | 33.8 | 35.41 | 37.01 | 38.62 | 40.23 | 41.84 | 43.45 | 45.06 | 46.67 |
| 30 | 48.28 | 49.89 | 51.5 | 53.11 | 54.72 | 56.33 | 57.94 | 59.55 | 61.16 | 62.76 |
| 40 | 64.37 | 65.98 | 67.59 | 69.2 | 70.81 | 72.42 | 74.03 | 75.64 | 77.25 | 78.86 |
| 50 | 80.47 | 82.08 | 83.69 | 85.3 | 86.9 | 88.51 | 90.12 | 91.73 | 93.34 | 94.95 |
| 60 | 96.56 | 98.17 | 99.78 | 101.39 | 103.0 | 104.61 | 106.22 | 107.83 | 109.44 | 111.05 |
| 70 | 112.65 | 114.26 | 115.87 | 117.48 | 119.09 | 120.7 | 122.31 | 123.92 | 125.53 | 127.14 |
| 80 | 128.75 | 130.36 | 131.97 | 133.58 | 135.19 | 136.79 | 138.4 | 140.01 | 141.62 | 143.23 |
| 90 | 144.84 | 146.45 | 148.06 | 149.67 | 151.28 | 152.89 | 154.5 | 156.11 | 157.72 | 159.33 |
| 100 | 160.93 | | | | | | | | | |

**Area**

11 square centimetres to square inches

| cm² | 0 | 1 | 2 | 3 | 4 | 5 | 6 | 7 | 8 | 9 |
|---|---|---|---|---|---|---|---|---|---|---|
| | in² | | | | | | | | | |
| **0** | | 0.16 | 0.31 | 0.47 | 0.62 | 0.78 | 0.93 | 1.09 | 1.24 | 1.4 |
| **10** | 1.6 | 1.71 | 1.86 | 2.02 | 2.17 | 2.33 | 2.48 | 2.64 | 2.79 | 2.95 |
| **20** | 3.1 | 3.26 | 3.41 | 3.57 | 3.72 | 3.88 | 4.03 | 4.19 | 4.34 | 4.5 |
| **30** | 4.65 | 4.81 | 4.96 | 5.12 | 5.27 | 5.43 | 5.58 | 5.74 | 5.9 | 6.05 |
| **40** | 6.2 | 6.36 | 6.51 | 6.67 | 6.82 | 6.98 | 7.13 | 7.29 | 7.44 | 7.6 |
| **50** | 7.75 | 7.91 | 8.06 | 8.22 | 8.37 | 8.53 | 8.68 | 8.84 | 9.0 | 9.15 |
| **60** | 9.3 | 9.46 | 9.61 | 9.77 | 9.92 | 10.08 | 10.23 | 10.39 | 10.54 | 10.7 |
| **70** | 10.85 | 11.01 | 11.16 | 11.32 | 11.47 | 11.63 | 11.78 | 11.94 | 12.09 | 12.25 |
| **80** | 12.4 | 12.56 | 12.71 | 12.87 | 13.02 | 13.18 | 13.33 | 13.49 | 13.64 | 13.8 |
| **90** | 13.95 | 14.11 | 14.26 | 14.42 | 14.57 | 14.73 | 14.88 | 15.04 | 15.19 | 15.35 |
| **100** | 15.5 | 15.66 | 15.81 | 15.97 | 16.12 | 16.28 | 16.43 | 16.59 | 16.74 | 16.9 |
| **110** | 17.05 | 17.21 | 17.36 | 17.52 | 17.67 | 17.83 | 17.98 | 18.14 | 18.29 | 18.45 |
| **120** | 18.6 | 18.76 | 18.91 | 19.07 | 19.22 | 19.38 | 19.53 | 19.69 | 19.84 | 20.0 |
| **130** | 20.15 | 20.31 | 20.46 | 20.62 | 20.77 | 20.93 | 21.08 | 21.24 | 21.39 | 21.55 |
| **140** | 21.7 | 21.86 | 22.01 | 22.17 | 22.32 | 22.48 | 22.63 | 22.79 | 22.94 | 23.1 |
| **150** | 23.25 | 23.41 | 23.56 | 23.72 | 23.87 | 24.03 | 24.18 | 24.34 | 24.49 | 24.65 |
| **160** | 24.8 | 24.96 | 25.11 | 25.27 | 25.42 | 25.58 | 25.73 | 25.89 | 26.04 | 26.2 |
| **170** | 26.35 | 26.51 | 26.66 | 26.82 | 26.97 | 27.13 | 27.28 | 27.44 | 27.59 | 27.75 |
| **180** | 27.9 | 28.06 | 28.21 | 28.37 | 28.52 | 28.68 | 28.83 | 28.99 | 29.14 | 29.3 |
| **190** | 29.45 | 29.61 | 29.76 | 29.92 | 30.07 | 30.23 | 30.38 | 30.54 | 30.69 | 30.85 |
| **200** | 31.0 | 31.16 | 31.31 | 31.47 | 31.62 | 31.78 | 31.93 | 32.09 | 32.24 | 32.4 |
| **210** | 32.55 | 32.71 | 32.86 | 33.02 | 33.17 | 33.33 | 33.48 | 33.64 | 33.79 | 33.95 |
| **220** | 34.1 | 34.26 | 34.41 | 34.57 | 34.72 | 34.88 | 35.03 | 35.19 | 35.34 | 35.5 |
| **230** | 35.65 | 35.81 | 35.96 | 36.12 | 36.27 | 36.43 | 36.58 | 36.75 | 36.89 | 37.05 |
| **240** | 37.20 | 37.36 | 37.51 | 37.67 | 37.82 | 37.98 | 38.13 | 38.29 | 38.44 | 38.6 |
| **250** | 38.75 | | | | | | | | | |

13 square metres to square feet

| m² | 0 | 1 | 2 | 3 | 4 | 5 | 6 | 7 | 8 | 9 |
|---|---|---|---|---|---|---|---|---|---|---|
| | ft² | | | | | | | | | |
| **0** | | 10.76 | 21.53 | 32.29 | 43.06 | 53.82 | 64.58 | 75.35 | 86.11 | 96.88 |
| **10** | 107.64 | 118.4 | 129.17 | 139.93 | 150.66 | 161.46 | 172.22 | 182.97 | 193.75 | 204.51 |
| **20** | 215.29 | 226.01 | 236.81 | 247.57 | 258.33 | 269.1 | 279.86 | 290.63 | 301.39 | 312.15 |
| **30** | 322.92 | 333.68 | 344.45 | 355.21 | 365.97 | 376.74 | 387.5 | 398.27 | 409.03 | 419.79 |
| **40** | 430.56 | 441.32 | 452.08 | 462.85 | 473.61 | 484.38 | 495.14 | 505.91 | 516.67 | 527.43 |
| **50** | 538.2 | 548.96 | 559.72 | 570.49 | 581.25 | 592.02 | 602.78 | 613.54 | 624.31 | 635.07 |
| **60** | 645.84 | 656.6 | 667.36 | 678.13 | 688.89 | 699.65 | 710.42 | 721.18 | 731.95 | 742.71 |
| **70** | 753.47 | 764.24 | 775.0 | 785.77 | 796.53 | 807.29 | 818.06 | 828.82 | 839.59 | 850.35 |
| **80** | 861.11 | 871.88 | 882.64 | 893.41 | 904.17 | 914.93 | 925.7 | 936.46 | 947.22 | 957.99 |
| **90** | 968.75 | 979.52 | 990.28 | 1 001.04 | 1 011.81 | 1 022.57 | 1 033.34 | 1 044.1 | 1 054.86 | 1 065.63 |
| **100** | 1 076.39 | 1 087.15 | 1 097.92 | 1 108.68 | 1 119.45 | 1 130.21 | 1 140.97 | 1 151.74 | 1 162.5 | 1 173.27 |
| **110** | 1 184.03 | 1 194.79 | 1 205.56 | 1 216.32 | 1 227.09 | 1 237.85 | 1 248.61 | 1 259.38 | 1 270.14 | 1 280.91 |
| **120** | 1 291.67 | 1 302.43 | 1 313.2 | 1 323.96 | 1 334.72 | 1 345.49 | 1 356.25 | 1 367.02 | 1 377.78 | 1 388.54 |
| **130** | 1 399.31 | 1 410.07 | 1 420.84 | 1 431.6 | 1 442.36 | 1 453.13 | 1 463.89 | 1 474.66 | 1 485.42 | 1 496.18 |
| **140** | 1 506.95 | 1 517.71 | 1 528.48 | 1 539.24 | 1 550.0 | 1 560.77 | 1 571.53 | 1 582.29 | 1 593.06 | 1 603.82 |
| **150** | 1 614.59 | 1 625.35 | 1 636.11 | 1 646.88 | 1 657.64 | 1 668.41 | 1 679.17 | 1 689.93 | 1 700.7 | 1 711.46 |
| **160** | 1 722.23 | 1 732.99 | 1 743.75 | 1 754.52 | 1 765.28 | 1 776.05 | 1 786.81 | 1 797.57 | 1 808.34 | 1 819.1 |
| **170** | 1 829.86 | 1 840.63 | 1 851.39 | 1 862.16 | 1 872.92 | 1 883.68 | 1 894.45 | 1 905.21 | 1 915.98 | 1 926.74 |
| **180** | 1 937.5 | 1 948.27 | 1 959.03 | 1 969.8 | 1 980.56 | 1 991.32 | 2 002.09 | 2 012.85 | 2 023.62 | 2 034.38 |
| **190** | 2 045.14 | 2 055.91 | 2 066.67 | 2 077.43 | 2 088.2 | 2 098.96 | 2 109.73 | 2 120.49 | 2 131.25 | 2 142.02 |
| **200** | 2 152.78 | 2 163.55 | 2 174.31 | 2 185.07 | 2 195.84 | 2 206.6 | 2 217.37 | 2 228.13 | 2 238.89 | 2 249.66 |
| **210** | 2 260.42 | 2 271.19 | 2 281.95 | 2 292.71 | 2 303.48 | 2 314.24 | 2 325.0 | 2 335.77 | 2 346.53 | 2 357.3 |
| **220** | 2 368.06 | 2 378.82 | 2 389.59 | 2 400.35 | 2 411.12 | 2 421.88 | 2 432.64 | 2 443.41 | 2 454.17 | 2 464.94 |
| **230** | 2 475.7 | 2 486.46 | 2 497.23 | 2 507.99 | 2 518.76 | 2 529.52 | 2 540.28 | 2 551.05 | 2 561.81 | 2 572.57 |
| **240** | 2 583.34 | 2 594.1 | 2 604.87 | 2 615.63 | 2 626.39 | 2 637.16 | 2 647.92 | 2 658.69 | 2 669.45 | 2 680.21 |
| **250** | 2 690.98 | 2 701.74 | 2 712.51 | 2 723.27 | 2 734.03 | 2 744.8 | 2 755.56 | 2 766.32 | 2 777.09 | 2 787.85 |
| **260** | 2 798.62 | 2 809.38 | 2 820.14 | 2 830.91 | 2 841.67 | 2 852.44 | 2 863.2 | 2 873.96 | 2 884.73 | 2 895.49 |
| **270** | 2 906.26 | 2 917.02 | 2 927.78 | 2 938.55 | 2 949.31 | 2 960.08 | 2 970.84 | 2 981.6 | 2 992.37 | 3 003.13 |
| **280** | 3 013.89 | 3 024.66 | 3 035.42 | 3 046.19 | 3 056.95 | 3 067.71 | 3 078.48 | 3 089.24 | 3 100.01 | 3 110.77 |
| **290** | 3 121.53 | 3 132.3 | 3 143.06 | 3 153.83 | 3 164.59 | 3 175.35 | 3 186.12 | 3 196.88 | 3 207.65 | 3 218.41 |
| **300** | 3 229.17 | 3 239.94 | 3 250.7 | 3 261.46 | 3 272.23 | 3 282.99 | 3 293.76 | 3 304.52 | 3 315.28 | 3 326.05 |
| **310** | 3 336.81 | 3 347.58 | 3 358.34 | 3 369.1 | 3 379.87 | 3 390.63 | 3 401.4 | 3 412.16 | 3 422.92 | 3 433.69 |
| **320** | 3 444.45 | 3 455.22 | 3 465.98 | 3 476.74 | 3 487.51 | 3 498.27 | 3 509.03 | 3 519.8 | 3 530.56 | 3 541.33 |
| **330** | 3 552.09 | 3 562.85 | 3 573.62 | 3 584.38 | 3 595.15 | 3 605.91 | 3 616.67 | 3 627.44 | 3 638.2 | 3 648.97 |
| **340** | 3 659.73 | 3 670.49 | 3 681.26 | 3 692.02 | 3 702.79 | 3 713.55 | 3 724.31 | 3 735.08 | 3 745.84 | 3 756.6 |
| **350** | 3 767.37 | 3 778.13 | 3 788.9 | 3 799.66 | 3 810.42 | 3 821.19 | 3 831.95 | 3 842.72 | 3 853.48 | 3 864.24 |
| **360** | 3 875.01 | 3 885.77 | 3 896.54 | 3 907.3 | 3 918.06 | 3 928.83 | 3 939.59 | 3 950.36 | 3 961.12 | 3 971.88 |
| **370** | 3 982.65 | 3 993.41 | 4 004.17 | 4 014.94 | 4 025.7 | 4 036.47 | 4 047.23 | 4 057.99 | 4 068.76 | 4 079.52 |
| **380** | 4 090.29 | 4 101.05 | 4 111.81 | 4 122.58 | 4 133.34 | 4 144.11 | 4 154.87 | 4 165.63 | 4 176.4 | 4 187.16 |
| **390** | 4 197.93 | 4 208.69 | 4 219.45 | 4 230.22 | 4 240.98 | 4 251.74 | 4 262.51 | 4 273.27 | 4 284.04 | 4 294.8 |
| **400** | 4 305.56 | 4 316.33 | 4 327.09 | 4 337.86 | 4 348.62 | 4 359.38 | 4 370.15 | 4 380.91 | 4 391.68 | 4 402.44 |
| **410** | 4 413.2 | 4 423.97 | 4 434.73 | 4 445.49 | 4 456.26 | 4 467.02 | 4 477.79 | 4 488.55 | 4 499.31 | 4 510.08 |
| **420** | 4 520.84 | 4 531.61 | 4 542.37 | 4 553.13 | 4 563.9 | 4 574.66 | 4 585.43 | 4 596.19 | 4 606.95 | 4 617.72 |
| **430** | 4 628.48 | 4 639.25 | 4 650.01 | 4 660.77 | 4 671.54 | 4 682.3 | 4 693.06 | 4 703.83 | 4 714.59 | 4 725.36 |
| **440** | 4 736.12 | 4 746.88 | 4 757.65 | 4 768.41 | 4 779.18 | 4 789.94 | 4 800.7 | 4 811.47 | 4 822.23 | 4 833.0 |
| **450** | 4 843.76 | 4 854.52 | 4 865.29 | 4 876.05 | 4 886.82 | 4 897.58 | 4 908.34 | 4 919.11 | 4 929.87 | 4 940.63 |
| **460** | 4 951.4 | 4 962.16 | 4 972.93 | 4 983.69 | 4 994.45 | 5 005.22 | 5 015.98 | 5 026.75 | 5 037.51 | 5 048.27 |
| **470** | 5 059.04 | 5 069.8 | 5 080.57 | 5 091.33 | 5 102.09 | 5 112.86 | 5 123.62 | 5 134.39 | 5 145.15 | 5 155.91 |
| **480** | 5 166.68 | 5 177.44 | 5 188.2 | 5 198.97 | 5 209.73 | 5 220.5 | 5 231.26 | 5 242.02 | 5 252.79 | 5 263.55 |
| **490** | 5 274.32 | 5 285.08 | 5 295.84 | 5 306.61 | 5 317.37 | 5 328.14 | 5 338.9 | 5 349.66 | 5 360.43 | 5 371.19 |
| **500** | 5 381.96 | | | | | | | | | |

12 square inches to square centimetres

| in² | 0 | 1 | 2 | 3 | 4 | 5 | 6 | 7 | 8 | 9 |
|---|---|---|---|---|---|---|---|---|---|---|
| | cm² | | | | | | | | | |
| **0** | | 6.45 | 12.9 | 19.36 | 25.81 | 32.26 | 38.71 | 45.16 | 51.61 | 58.06 |
| **10** | 64.52 | 70.97 | 77.41 | 83.87 | 90.32 | 96.77 | 103.23 | 109.68 | 116.13 | 122.58 |
| **20** | 129.03 | 135.48 | 141.94 | 148.39 | 154.84 | 161.29 | 167.74 | 174.19 | 180.65 | 187.1 |
| **30** | 193.55 | 200.0 | 206.45 | 212.9 | 219.35 | 225.8 | 232.26 | 238.71 | 245.16 | 251.61 |
| **40** | 258.06 | 264.52 | 270.97 | 277.42 | 283.87 | 290.32 | 296.77 | 303.23 | 309.68 | 316.13 |
| **50** | 322.58 | 329.03 | 335.48 | 341.94 | 348.4 | 354.84 | 361.29 | 367.74 | 374.19 | 380.64 |
| **60** | 387.1 | 393.55 | 400.0 | 406.45 | 412.91 | 419.35 | 425.81 | 432.26 | 438.71 | 445.16 |
| **70** | 451.61 | 458.06 | 464.52 | 470.97 | 477.42 | 483.87 | 490.32 | 496.77 | 503.23 | 509.68 |
| **80** | 516.13 | 522.58 | 529.03 | 535.48 | 541.93 | 548.39 | 554.84 | 561.29 | 567.74 | 574.19 |
| **90** | 580.64 | 587.1 | 593.55 | 600.0 | 606.45 | 612.91 | 619.35 | 625.81 | 632.26 | 638.71 |
| **100** | 645.16 | 651.61 | 658.06 | 664.51 | 670.97 | 677.42 | 683.87 | 690.32 | 696.77 | 703.22 |
| **110** | 709.6 | 716.13 | 722.58 | 729.03 | 735.48 | 741.93 | 748.39 | 754.84 | 761.29 | 767.74 |
| **120** | 774.19 | 780.64 | 787.1 | 793.55 | 800.0 | 806.45 | 812.9 | 819.35 | 825.81 | 832.26 |
| **130** | 838.71 | 845.16 | 851.61 | 858.06 | 864.51 | 870.97 | 877.42 | 883.87 | 890.32 | 896.77 |
| **140** | 903.22 | 909.68 | 916.13 | 922.58 | 929.03 | 935.48 | 941.93 | 948.39 | 954.84 | 961.29 |
| **150** | 967.74 | 974.19 | 980.64 | 987.1 | 993.55 | 1 000.00 | 1 006.45 | 1 012.9 | 1 019.35 | 1 025.8 |
| **160** | 1 032.26 | 1 038.71 | 1 045.16 | 1 051.61 | 1 058.06 | 1 064.51 | 1 070.97 | 1 077.42 | 1 083.87 | 1 090.32 |
| **170** | 1 096.77 | 1 103.22 | 1 109.68 | 1 116.13 | 1 122.58 | 1 129.03 | 1 135.48 | 1 141.93 | 1 148.38 | 1 154.84 |
| **180** | 1 161.29 | 1 167.74 | 1 174.19 | 1 180.64 | 1 187.09 | 1 193.55 | 1 200.0 | 1 206.45 | 1 212.9 | 1 219.35 |
| **190** | 1 225.8 | 1 232.26 | 1 238.71 | 1 245.16 | 1 251.61 | 1 258.06 | 1 264.51 | 1 270.97 | 1 277.42 | 1 283.87 |
| **200** | 1 290.32 | 1 296.77 | 1 303.22 | 1 309.67 | 1 316.13 | 1 322.58 | 1 329.03 | 1 335.48 | 1 341.93 | 1 348.38 |
| **210** | 1 354.84 | 1 361.29 | 1 367.74 | 1 374.19 | 1 380.64 | 1 387.09 | 1 393.55 | 1 400.0 | 1 406.45 | 1 412.9 |
| **220** | 1 419.35 | 1 425.8 | 1 432.26 | 1 438.71 | 1 445.16 | 1 451.61 | 1 458.06 | 1 464.51 | 1 470.96 | 1 477.42 |
| **230** | 1 483.87 | 1 490.32 | 1 496.77 | 1 503.22 | 1 509.67 | 1 516.13 | 1 522.58 | 1 529.03 | 1 535.48 | 1 541.93 |
| **240** | 1 548.38 | 1 554.84 | 1 561.29 | 1 567.74 | 1 574.19 | 1 580.64 | 1 587.09 | 1 593.55 | 1 600.0 | 1 606.45 |
| **250** | 1 612.9 | | | | | | | | | |

14 square feet to square metres

| ft² | 0 | 1 | 2 | 3 | 4 | 5 | 6 | 7 | 8 | 9 |
|---|---|---|---|---|---|---|---|---|---|---|
| | m² | | | | | | | | | |
| **0** | | 0.09 | 0.19 | 0.28 | 0.37 | 0.46 | 0.56 | 0.65 | 0.74 | 0.84 |
| **10** | 0.93 | 1.02 | 1.11 | 1.21 | 1.3 | 1.39 | 1.49 | 1.58 | 1.67 | 1.77 |
| **20** | 1.86 | 1.95 | 2.04 | 2.14 | 2.23 | 2.32 | 2.42 | 2.51 | 2.6 | 2.69 |
| **30** | 2.79 | 2.88 | 2.97 | 3.07 | 3.16 | 3.25 | 3.34 | 3.44 | 3.53 | 3.62 |
| **40** | 3.72 | 3.81 | 3.9 | 3.99 | 4.09 | 4.18 | 4.27 | 4.37 | 4.46 | 4.55 |
| **50** | 4.65 | 4.74 | 4.83 | 4.92 | 5.02 | 5.11 | 5.2 | 5.3 | 5.39 | 5.48 |
| **60** | 5.57 | 5.67 | 5.76 | 5.85 | 5.95 | 6.04 | 6.13 | 6.22 | 6.32 | 6.41 |
| **70** | 6.5 | 6.6 | 6.69 | 6.78 | 6.87 | 6.97 | 7.06 | 7.15 | 7.25 | 7.34 |
| **80** | 7.43 | 7.53 | 7.62 | 7.71 | 7.8 | 7.9 | 7.99 | 8.08 | 8.18 | 8.27 |
| **90** | 8.36 | 8.45 | 8.55 | 8.64 | 8.73 | 8.83 | 8.92 | 9.01 | 9.1 | 9.2 |
| **100** | 9.29 | 9.38 | 9.48 | 9.57 | 9.66 | 9.75 | 9.85 | 9.94 | 10.03 | 10.13 |
| **110** | 10.22 | 10.31 | 10.41 | 10.5 | 10.59 | 10.68 | 10.78 | 10.87 | 10.96 | 11.06 |
| **120** | 11.15 | 11.24 | 11.33 | 11.43 | 11.52 | 11.61 | 11.71 | 11.8 | 11,89 | 11.98 |
| **130** | 12.08 | 12.17 | 12.26 | 12.36 | 12.45 | 12.54 | 12.63 | 12.73 | 12.82 | 12.91 |
| **140** | 13.01 | 13.1 | 13.19 | 13.29 | 13.38 | 13.47 | 13.56 | 13.66 | 13.75 | 13.84 |
| **150** | 13.94 | 14.03 | 14.12 | 14.21 | 14.31 | 14.4 | 14.49 | 14.59 | 14.68 | 14.77 |
| **160** | 14.86 | 14.96 | 15.05 | 15.14 | 15.24 | 15.33 | 15.42 | 15.51 | 15.61 | 15.7 |
| **170** | 15.79 | 15.89 | 15.98 | 16.07 | 16.17 | 16.26 | 16.35 | 16.44 | 16.54 | 16.63 |
| **180** | 16.72 | 16.82 | 16.91 | 17.0 | 17.09 | 17.19 | 17.28 | 17.37 | 17.47 | 17.56 |
| **190** | 17.65 | 17.74 | 17.84 | 17.93 | 18.02 | 18.12 | 18.21 | 18.3 | 18.39 | 18.49 |
| **200** | 18.58 | 18.67 | 18.77 | 18.86 | 18.95 | 19.05 | 19.14 | 19.23 | 19.32 | 19.42 |
| **210** | 19.51 | 19.6 | 19.7 | 19.79 | 19.88 | 19.97 | 20.07 | 20.16 | 20.25 | 20.35 |
| **220** | 20.44 | 20.53 | 20.62 | 20.72 | 20.81 | 20.9 | 21.0 | 21.09 | 21.18 | 21.27 |
| **230** | 21.37 | 21.46 | 21.55 | 21.65 | 21.74 | 21.83 | 21.93 | 22.02 | 22.11 | 22.2 |
| **240** | 22.3 | 22.39 | 22.48 | 22.58 | 22.67 | 22.76 | 22.85 | 22.95 | 23.04 | 23.13 |
| **250** | 23.23 | 23.32 | 23.41 | 23.5 | 23.6 | 23.69 | 23.78 | 23.88 | 23.97 | 24.06 |
| **260** | 24.15 | 24.25 | 24.34 | 24.43 | 24.53 | 24.62 | 24.71 | 24.81 | 24.9 | 24.99 |
| **270** | 25.08 | 25.18 | 25.27 | 25.36 | 25.46 | 25.55 | 25.64 | 25.73 | 25.83 | 25.92 |
| **280** | 26.01 | 26.11 | 26.2 | 26.29 | 26.38 | 26.48 | 26.57 | 26.66 | 26.76 | 26.85 |
| **290** | 26.94 | 27.03 | 27.13 | 27.22 | 27.31 | 27.41 | 27.5 | 27.59 | 27.69 | 27.78 |
| **300** | 27.87 | 27.96 | 28.06 | 28.15 | 28.24 | 28.34 | 28.43 | 28.52 | 28.61 | 28.71 |
| **310** | 28.8 | 28.89 | 28.99 | 29.08 | 29.17 | 29.26 | 29.36 | 29.45 | 29.54 | 29.64 |
| **320** | 29.73 | 29.82 | 29.91 | 30.01 | 30.1 | 30.19 | 30.29 | 30.38 | 30.47 | 30.57 |
| **330** | 30.66 | 30.75 | 30.84 | 30.94 | 31.03 | 31.12 | 31.22 | 31.31 | 31.4 | 31.49 |
| **340** | 31.59 | 31.68 | 31.77 | 31.87 | 31.96 | 32.05 | 32.14 | 32.24 | 32.33 | 32.42 |
| **350** | 32.52 | 32.61 | 32.7 | 32.79 | 32.89 | 32.98 | 33.07 | 33.17 | 33.26 | 33.35 |
| **360** | 33.45 | 33.54 | 33.63 | 33.72 | 33.82 | 33.91 | 34.0 | 34.1 | 34.19 | 34.28 |
| **370** | 34.37 | 34.47 | 34.56 | 34.65 | 34.75 | 34.84 | 34.93 | 35.02 | 35.12 | 35.21 |
| **380** | 35.3 | 35.4 | 35.49 | 35.58 | 35.67 | 35.77 | 35.86 | 35.95 | 36.05 | 36.14 |
| **390** | 36.23 | 36.33 | 36.42 | 36.51 | 36.6 | 36.7 | 36.79 | 36.88 | 36.98 | 37.07 |
| **400** | 37.16 | 37.25 | 37.35 | 37.44 | 37.53 | 37.63 | 37.72 | 37.81 | 37.9 | 38.0 |
| **410** | 38.09 | 38.18 | 38.28 | 38.37 | 38.46 | 38.55 | 38.65 | 38.74 | 38.83 | 38.93 |
| **420** | 39.02 | 39.11 | 39.21 | 39.3 | 39.39 | 39.48 | 39.58 | 39.67 | 39.76 | 39.86 |
| **430** | 39.95 | 40.04 | 40.13 | 40.23 | 40.32 | 40.41 | 40.51 | 40.6 | 40.69 | 40.78 |
| **440** | 40.88 | 40.97 | 41.06 | 41.16 | 41.25 | 41.34 | 41.43 | 41.53 | 41.62 | 41.71 |
| **450** | 41.81 | 41.9 | 41.99 | 42.09 | 42.18 | 42.27 | 42.36 | 42.46 | 42.55 | 42.64 |
| **460** | 42.74 | 42.83 | 42.92 | 43.01 | 43.11 | 43.2 | 43.29 | 43.39 | 43.48 | 43.57 |
| **470** | 43.66 | 43.76 | 43.85 | 43.94 | 44.04 | 44.13 | 44.22 | 44.31 | 44.41 | 44.5 |
| **480** | 44.59 | 44.69 | 44.78 | 44.87 | 44.97 | 45.06 | 45.15 | 45.24 | 45.34 | 45.43 |
| **490** | 45.52 | 45.62 | 45.71 | 45.8 | 45.89 | 45.99 | 46.08 | 46.17 | 46.27 | 46.36 |
| **500** | 46.45 | | | | | | | | | |

## 15 square metres to square yards

| m² | 0 | 1 | 2 | 3 | 4 | 5 | 6 | 7 | 8 | 9 |
|---|---|---|---|---|---|---|---|---|---|---|
| | yd² | | | | | | | | | |
| **0** | | 1.2 | 2.39 | 3.58 | 4.78 | 5.98 | 7.18 | 8.37 | 9.57 | 10.76 |
| **10** | 11.96 | 13.16 | 14.35 | 15.55 | 16.74 | 17.94 | 19.14 | 20.33 | 21.53 | 22.72 |
| **20** | 23.92 | 25.12 | 26.31 | 27.51 | 28.7 | 29.9 | 31.1 | 32.29 | 33.49 | 34.68 |
| **30** | 35.88 | 37.08 | 38.27 | 39.47 | 40.66 | 41.86 | 43.06 | 44.25 | 45.45 | 46.64 |
| **40** | 47.84 | 49.04 | 50.23 | 51.43 | 52.62 | 53.82 | 55.02 | 56.21 | 57.41 | 58.6 |
| **50** | 59.8 | 61.0 | 62.19 | 63.39 | 64.58 | 65.78 | 66.98 | 68.17 | 69.37 | 70.56 |
| **60** | 71.76 | 72.96 | 74.15 | 75.35 | 76.54 | 77.74 | 78.94 | 80.13 | 81.33 | 82.52 |
| **70** | 83.72 | 84.92 | 86.11 | 87.31 | 88.5 | 89.7 | 90.9 | 92.09 | 93.29 | 94.48 |
| **80** | 95.68 | 96.88 | 98.07 | 99.27 | 100.46 | 101.66 | 102.86 | 104.05 | 105.25 | 106.44 |
| **90** | 107.64 | 108.84 | 110.03 | 111.23 | 112.42 | 113.62 | 114.82 | 116.01 | 117.21 | 118.4 |
| **100** | 119.6 | 120.8 | 121.99 | 123.19 | 124.38 | 125.58 | 126.78 | 127.97 | 129.17 | 130.36 |
| **110** | 131.56 | 132.76 | 133.95 | 135.15 | 136.34 | 137.54 | 138.74 | 139.93 | 141.13 | 142.32 |
| **120** | 143.52 | 144.72 | 145.91 | 147.11 | 148.31 | 149.5 | 150.7 | 151.89 | 153.09 | 154.28 |
| **130** | 155.48 | 156.68 | 157.87 | 159.07 | 160.26 | 161.46 | 162.66 | 163.85 | 165.05 | 166.24 |
| **140** | 167.44 | 168.64 | 169.83 | 171.03 | 172.22 | 173.41 | 174.62 | 175.81 | 177.01 | 178.2 |
| **150** | 179.34 | 180.59 | 181.79 | 182.99 | 184.18 | 185.38 | 186.57 | 187.77 | 188.97 | 190.16 |
| **160** | 191.36 | 192.55 | 193.75 | 194.95 | 196.14 | 197.34 | 198.53 | 199.73 | 200.93 | 202.12 |
| **170** | 203.32 | 204.51 | 205.71 | 206.91 | 208.1 | 209.3 | 210.49 | 211.69 | 212.89 | 214.08 |
| **180** | 215.28 | 216.47 | 217.67 | 218.87 | 220.06 | 221.26 | 222.45 | 223.65 | 224.85 | 226.04 |
| **190** | 227.24 | 228.43 | 229.63 | 230.83 | 232.02 | 233.22 | 234.41 | 235.61 | 236.81 | 238.0 |
| **200** | 239.2 | 240.39 | 241.59 | 242.79 | 243.98 | 245.18 | 246.37 | 247.57 | 248.77 | 249.96 |
| **210** | 251.16 | 252.35 | 253.55 | 254.75 | 255.94 | 257.14 | 258.33 | 259.53 | 260.73 | 261.92 |
| **220** | 263.12 | 264.31 | 265.51 | 266.71 | 267.9 | 269.1 | 270.29 | 271.49 | 272.69 | 273.88 |
| **230** | 275.08 | 276.27 | 277.47 | 278.67 | 279.86 | 281.06 | 282.25 | 283.45 | 284.65 | 285.84 |
| **240** | 287.04 | 288.23 | 289.43 | 290.63 | 291.82 | 293.02 | 294.21 | 295.41 | 296.61 | 297.8 |
| **250** | 299.0 | 300.19 | 301.39 | 302.59 | 303.78 | 304.98 | 306.17 | 307.37 | 308.57 | 309.76 |
| **260** | 310.96 | 312.15 | 313.35 | 314.55 | 315.74 | 316.94 | 318.13 | 319.33 | 320.53 | 321.72 |
| **270** | 322.92 | 324.11 | 325.31 | 326.51 | 327.7 | 328.9 | 330.09 | 331.29 | 332.49 | 333.68 |
| **280** | 334.88 | 336.07 | 337.27 | 338.47 | 339.66 | 340.86 | 342.05 | 343.25 | 344.45 | 345.64 |
| **290** | 346.84 | 348.03 | 349.23 | 350.43 | 351.62 | 352.82 | 354.02 | 355.21 | 356.41 | 357.6 |
| **300** | 358.78 | 359.99 | 361.19 | 362.39 | 363.58 | 364.78 | 365.97 | 367.17 | 368.37 | 369.56 |
| **310** | 370.76 | 371.95 | 373.15 | 374.35 | 375.54 | 376.74 | 377.94 | 379.13 | 380.33 | 381.52 |
| **320** | 382.72 | 383.91 | 385.11 | 386.31 | 387.5 | 388.7 | 389.89 | 391.09 | 392.29 | 393.48 |
| **330** | 394.68 | 395.87 | 397.07 | 398.27 | 399.46 | 400.66 | 401.85 | 403.05 | 404.25 | 405.44 |
| **340** | 406.64 | 407.83 | 409.03 | 410.23 | 411.42 | 412.62 | 413.81 | 415.01 | 416.21 | 417.4 |
| **350** | 418.6 | 419.79 | 420.99 | 422.18 | 423.38 | 424.58 | 425.77 | 426.97 | 428.16 | 429.36 |
| **360** | 430.56 | 431.75 | 432.95 | 434.14 | 435.34 | 436.54 | 437.73 | 438.93 | 440.12 | 441.32 |
| **370** | 442.52 | 443.71 | 444.91 | 446.11 | 447.3 | 448.5 | 449.69 | 450.89 | 452.08 | 453.28 |
| **380** | 454.48 | 455.67 | 456.87 | 458.06 | 459.26 | 460.46 | 461.65 | 462.84 | 464.04 | 465.24 |
| **390** | 466.44 | 467.63 | 468.83 | 470.02 | 471.22 | 472.42 | 473.61 | 474.81 | 476.0 | 477.2 |
| **400** | 478.4 | 479.59 | 480.79 | 481.98 | 483.18 | 484.38 | 485.57 | 486.77 | 487.96 | 489.16 |
| **410** | 490.36 | 491.55 | 492.75 | 493.94 | 495.14 | 496.34 | 497.53 | 498.73 | 499.92 | 501.12 |
| **420** | 502.32 | 503.51 | 504.71 | 505.9 | 507.1 | 508.3 | 509.49 | 510.69 | 511.88 | 513.08 |
| **430** | 514.28 | 515.47 | 516.67 | 517.86 | 519.06 | 520.26 | 521.45 | 522.65 | 523.84 | 525.04 |
| **440** | 526.24 | 527.43 | 528.63 | 529.82 | 531.02 | 532.22 | 533.41 | 534.61 | 535.8 | 537.0 |
| **450** | 538.2 | 539.39 | 540.59 | 541.78 | 542.98 | 544.18 | 545.37 | 546.57 | 547.76 | 548.96 |
| **460** | 550.16 | 551.35 | 552.55 | 553.74 | 554.94 | 556.14 | 557.33 | 558.53 | 559.72 | 560.92 |
| **470** | 562.12 | 563.31 | 564.5 | 565.71 | 566.9 | 568.1 | 569.29 | 570.49 | 571.68 | 572.88 |
| **480** | 574.08 | 575.27 | 576.47 | 577.66 | 578.86 | 580.06 | 581.25 | 582.45 | 583.64 | 584.84 |
| **490** | 586.04 | 587.23 | 588.43 | 589.62 | 590.82 | 592.02 | 593.21 | 594.41 | 595.6 | 596.8 |
| **500** | 598.0 | | | | | | | | | |

## 17 hectares to acres

| ha | 0 | 1 | 2 | 3 | 4 | 5 | 6 | 7 | 8 | 9 |
|---|---|---|---|---|---|---|---|---|---|---|
| | acre | | | | | | | | | |
| | | 2.47 | 4.94 | 7.41 | 9.88 | 12.36 | 14.83 | 17.3 | 19.77 | 22.24 |

| ha | 0 | 10 | 20 | 30 | 40 | 50 | 60 | 70 | 80 | 90 |
|---|---|---|---|---|---|---|---|---|---|---|
| | acre | | | | | | | | | |
| **0** | | 24.71 | 49.42 | 74.13 | 98.84 | 123.55 | 148.26 | 172.97 | 197.68 | 222.4 |
| **100** | 247.11 | 271.82 | 296.53 | 321.24 | 345.95 | 370.66 | 395.37 | 420.08 | 444.8 | 469.5 |
| **200** | 494.21 | 518.92 | 543.63 | 568.34 | 593.05 | 617.76 | 642.47 | 667.19 | 691.9 | 716.61 |
| **300** | 741.32 | 766.03 | 790.74 | 815.45 | 840.16 | 864.87 | 889.58 | 914.29 | 939.0 | 963.71 |
| **400** | 988.42 | 1 013.13 | 1 037.84 | 1 062.55 | 1 087.26 | 1 111.97 | 1 136.68 | 1 161.4 | 1 186.11 | 1 210.82 |
| **500** | 1 235.53 | 1 260.24 | 1 284.95 | 1 309.66 | 1 334.37 | 1 359.08 | 1 383.79 | 1 408.5 | 1 433.21 | 1 457.92 |
| **600** | 1 482.63 | 1 507.34 | 1 532.05 | 1 556.76 | 1 581.47 | 1 606.18 | 1 630.9 | 1 655.61 | 1 680.32 | 1 705.03 |
| **700** | 1 729.74 | 1 754.45 | 1 779.16 | 1 803.87 | 1 828.58 | 1 853.29 | 1 878.0 | 1 902.71 | 1 927.42 | 1 952.13 |
| **800** | 1 976.84 | 2 001.55 | 2 026.26 | 2 050.97 | 2 075.69 | 2 100.4 | 2 125.11 | 2 149.82 | 2 174.53 | 2 199.24 |
| **900** | 2 223.95 | 2 248.66 | 2 273.37 | 2 298.08 | 2 322.79 | 2 347.5 | 2 372.21 | 2 396.92 | 2 421.63 | 2 446.34 |
| **1 000** | 2 471.05 | | | | | | | | | |

16 square yards to square metres

| yd² | 0 | 1 | 2 | 3 | 4 | 5 | 6 | 7 | 8 | 9 |
|---|---|---|---|---|---|---|---|---|---|---|
| | m² | | | | | | | | | |
| 0 | | 0.84 | 1.67 | 2.51 | 3.34 | 4.18 | 5.02 | 5.85 | 6.69 | 7.53 |
| 10 | 8.36 | 9.2 | 10.03 | 10.87 | 11.71 | 12.54 | 13.38 | 14.21 | 15.05 | 15.89 |
| 20 | 16.72 | 17.56 | 18.39 | 19.23 | 20.07 | 20.9 | 21.74 | 22.58 | 23.41 | 24.25 |
| 30 | 25.08 | 25.92 | 26.76 | 27.59 | 28.43 | 29.26 | 30.1 | 30.94 | 31.77 | 32.61 |
| 40 | 33.45 | 34.28 | 35.12 | 35.95 | 36.79 | 37.63 | 38.46 | 39.3 | 40.13 | 40.97 |
| 50 | 41.81 | 42.64 | 43.48 | 44.31 | 45.15 | 45.99 | 46.82 | 47.66 | 48.5 | 49.33 |
| 60 | 50.17 | 51.0 | 51.84 | 52.68 | 53.51 | 54.35 | 55.18 | 56.02 | 56.86 | 57.69 |
| 70 | 58.53 | 59.37 | 60.2 | 61.04 | 61.87 | 62.71 | 63.55 | 64.38 | 65.22 | 66.05 |
| 80 | 66.89 | 67.7 | 68.56 | 69.3 | 70.23 | 71.07 | 71.9 | 72.74 | 73.5 | 74.4 |
| 90 | 75.25 | 76.09 | 76.92 | 77.76 | 78.6 | 79.43 | 80.27 | 81.10 | 81.94 | 82.78 |
| 100 | 83.61 | 84.45 | 85.29 | 86.12 | 86.96 | 87.79 | 88.62 | 89.47 | 90.3 | 91.14 |
| 110 | 91.97 | 92.81 | 93.65 | 94.48 | 95.32 | 96.15 | 96.99 | 97.83 | 98.66 | 99.5 |
| 120 | 100.34 | 101.17 | 102.0 | 102.84 | 103.68 | 104.52 | 105.35 | 106.19 | 107.02 | 107.86 |
| 130 | 108.7 | 109.53 | 110.37 | 111.21 | 112.04 | 112.88 | 113.71 | 114.55 | 115.39 | 116.22 |
| 140 | 117.06 | 117.89 | 118.73 | 119.57 | 120.41 | 121.24 | 122.08 | 122.91 | 123.75 | 124.58 |
| 150 | 125.42 | 126.26 | 127.09 | 127.93 | 128.76 | 129.6 | 130.44 | 131.27 | 132.11 | 132.94 |
| 160 | 133.78 | 134.62 | 135.45 | 136.29 | 137.13 | 137.96 | 138.8 | 139.63 | 140.47 | 141.31 |
| 170 | 142.14 | 142.98 | 143.81 | 144.65 | 145.49 | 146.32 | 147.16 | 148.0 | 148.83 | 149.67 |
| 180 | 150.5 | 151.34 | 152.18 | 153.01 | 153.85 | 154.68 | 155.52 | 156.36 | 157.19 | 158.03 |
| 190 | 158.86 | 159.7 | 160.54 | 161.37 | 162.21 | 163.05 | 163.88 | 164.72 | 165.55 | 166.39 |
| 200 | 167.23 | 168.06 | 168.9 | 169.73 | 170.57 | 171.41 | 172.24 | 173.08 | 173.91 | 174.75 |
| 210 | 175.59 | 176.42 | 177.26 | 178.1 | 178.93 | 179.77 | 180.61 | 181.44 | 182.28 | 183.11 |
| 220 | 183.95 | 184.78 | 185.62 | 186.46 | 187.29 | 188.13 | 188.97 | 189.80 | 190.64 | 191.47 |
| 230 | 192.31 | 193.15 | 193.98 | 194.82 | 195.65 | 196.49 | 197.33 | 198.16 | 199.0 | 199.83 |
| 240 | 200.67 | 201.51 | 202.34 | 203.18 | 204.02 | 204.85 | 205.69 | 206.52 | 207.36 | 208.2 |
| 250 | 209.03 | 209.87 | 210.7 | 211.54 | 212.38 | 213.21 | 214.1 | 214.89 | 215.72 | 216.56 |
| 260 | 217.39 | 218.3 | 219.07 | 219.9 | 220.74 | 221.57 | 222.41 | 223.25 | 224.08 | 224.92 |
| 270 | 225.75 | 226.59 | 227.43 | 228.26 | 229.1 | 229.94 | 230.77 | 231.61 | 232.44 | 233.28 |
| 280 | 234.12 | 234.95 | 235.79 | 236.62 | 237.46 | 238.3 | 239.13 | 239.97 | 240.81 | 241.64 |
| 290 | 242.48 | 243.31 | 244.15 | 244.99 | 245.82 | 246.66 | 247.49 | 248.33 | 249.17 | 250.0 |
| 300 | 250.84 | 251.67 | 252.51 | 253.35 | 254.18 | 255.02 | 255.86 | 256.69 | 257.53 | 258.36 |
| 310 | 259.2 | 260.04 | 260.87 | 261.71 | 262.54 | 263.38 | 264.22 | 265.05 | 265.89 | 266.73 |
| 320 | 267.56 | 268.4 | 269.23 | 270.07 | 270.91 | 271.74 | 272.58 | 273.41 | 274.25 | 275.09 |
| 330 | 275.92 | 276.76 | 277.59 | 278.43 | 279.27 | 280.11 | 280.94 | 281.78 | 282.61 | 283.45 |
| 340 | 284.28 | 285.12 | 285.96 | 286.79 | 287.63 | 288.46 | 289.3 | 290.14 | 290.97 | 291.81 |
| 350 | 292.65 | 293.48 | 294.32 | 295.15 | 295.99 | 296.83 | 297.66 | 298.5 | 299.33 | 300.17 |
| 360 | 301.0 | 301.84 | 302.68 | 303.51 | 304.35 | 305.19 | 306.02 | 306.86 | 307.7 | 308.53 |
| 370 | 309.37 | 310.2 | 311.04 | 311.88 | 312.71 | 313.55 | 314.38 | 315.22 | 316.06 | 316.89 |
| 380 | 317.73 | 318.57 | 319.4 | 320.24 | 321.07 | 321.91 | 322.75 | 323.58 | 324.42 | 325.25 |
| 390 | 326.09 | 326.93 | 327.76 | 328.6 | 329.43 | 330.27 | 331.11 | 331.94 | 332.78 | 333.62 |
| 400 | 334.45 | 335.29 | 336.12 | 336.96 | 337.8 | 338.63 | 339.47 | 340.31 | 341.14 | 341.98 |
| 410 | 342.81 | 343.65 | 344.48 | 345.32 | 346.16 | 346.99 | 347.83 | 348.67 | 349.51 | 350.34 |
| 420 | 351.17 | 352.01 | 352.85 | 353.68 | 354.52 | 355.35 | 356.19 | 357.03 | 357.86 | 358.7 |
| 430 | 359.54 | 360.37 | 361.21 | 362.04 | 362.88 | 363.72 | 364.55 | 365.39 | 366.22 | 367.06 |
| 440 | 367.9 | 368.73 | 369.57 | 370.41 | 371.24 | 372.08 | 372.91 | 373.75 | 374.59 | 375.42 |
| 450 | 376.26 | 377.09 | 377.93 | 378.77 | 379.6 | 380.44 | 381.27 | 382.11 | 382.95 | 383.78 |
| 460 | 384.62 | 385.46 | 386.29 | 387.13 | 387.96 | 388.8 | 389.64 | 390.47 | 391.31 | 392.14 |
| 470 | 392.98 | 393.82 | 394.65 | 395.49 | 396.32 | 397.16 | 398.0 | 398.83 | 399.67 | 400.51 |
| 480 | 401.34 | 402.18 | 403.01 | 403.85 | 404.69 | 405.52 | 406.36 | 407.19 | 408.03 | 408.87 |
| 490 | 409.7 | 410.54 | 411.38 | 412.21 | 413.05 | 413.88 | 414.72 | 415.56 | 416.39 | 417.23 |
| 500 | 418.0 | | | | | | | | | |

18 acres to hectares

| acre | 0 | 1 | 2 | 3 | 4 | 5 | 6 | 7 | 8 | 9 |
|---|---|---|---|---|---|---|---|---|---|---|
| | ha | | | | | | | | | |
| | | 0.4 | 0.81 | 1.21 | 1.62 | 2.02 | 2.42 | 2.83 | 3.23 | 3.64 |

| acre | 0 | 10 | 20 | 30 | 40 | 50 | 60 | 70 | 80 | 90 |
|---|---|---|---|---|---|---|---|---|---|---|
| | ha | | | | | | | | | |
| 0 | | 4.05 | 8.09 | 12.14 | 16.19 | 20.23 | 24.28 | 28.33 | 32.37 | 36.42 |
| 100 | 40.47 | 44.52 | 48.56 | 52.6 | 56.66 | 60.71 | 64.75 | 68.8 | 72.84 | 76.89 |
| 200 | 80.94 | 84.98 | 89.03 | 93.08 | 97.12 | 101.17 | 105.22 | 109.26 | 113.31 | 117.36 |
| 300 | 121.41 | 125.46 | 129.5 | 133.55 | 137.59 | 141.64 | 145.69 | 149.73 | 153.78 | 157.83 |
| 400 | 161.87 | 165.92 | 169.97 | 174.02 | 178.06 | 182.11 | 186.16 | 190.20 | 194.25 | 198.3 |
| 500 | 202.34 | 206.39 | 210.44 | 214.48 | 218.53 | 222.58 | 226.62 | 230.67 | 234.71 | 238.77 |
| 600 | 242.81 | 246.86 | 250.91 | 254.95 | 259.0 | 263.05 | 267.09 | 271.14 | 275.19 | 279.23 |
| 700 | 283.28 | 287.33 | 291.37 | 295.42 | 299.47 | 303.51 | 307.56 | 311.61 | 315.66 | 319.7 |
| 800 | 323.75 | 327.8 | 331.84 | 335.84 | 339.94 | 343.98 | 348.03 | 352.07 | 356.12 | 360.17 |
| 900 | 364.22 | 368.26 | 372.31 | 376.36 | 380.41 | 384.45 | 388.5 | 392.55 | 396.59 | 400.64 |
| 1 000 | 404.69 | | | | | | | | | |

**Volume**

19 cubic centimetres to cubic inches

| cm³ | 0 | 1 | 2 | 3 | 4 | 5 | 6 | 7 | 8 | 9 |
|---|---|---|---|---|---|---|---|---|---|---|
| | in³ | | | | | | | | | |
| | | 0.06 | 0.12 | 0.18 | 0.24 | 0.31 | 0.37 | 0.43 | 0.49 | 0.55 |

| cm³ | 0 | 10 | 20 | 30 | 40 | 50 | 60 | 70 | 80 | 90 |
|---|---|---|---|---|---|---|---|---|---|---|
| | in³ | | | | | | | | | |
| 0 | | 0.61 | 1.22 | 1.83 | 2.44 | 3.05 | 3.66 | 4.27 | 4.88 | 5.49 |
| 100 | 6.1 | 6.71 | 7.32 | 7.93 | 8.54 | 9.15 | 9.76 | 10.37 | 10.98 | 11.59 |
| 200 | 12.2 | 12.82 | 13.43 | 14.04 | 14.65 | 15.26 | 15.87 | 16.48 | 17.09 | 17.7 |
| 300 | 18.31 | 18.92 | 19.53 | 20.14 | 20.75 | 21.36 | 21.97 | 22.58 | 23.19 | 23.8 |
| 400 | 24.41 | 25.02 | 25.63 | 26.24 | 26.85 | 27.46 | 28.07 | 28.68 | 29.29 | 29.9 |
| 500 | 30.51 | 31.12 | 31.73 | 32.34 | 32.95 | 33.56 | 34.17 | 34.78 | 35.39 | 36.0 |
| 600 | 36.61 | 37.22 | 37.83 | 38.45 | 39.06 | 39.67 | 40.28 | 40.89 | 41.5 | 42.11 |
| 700 | 42.72 | 43.38 | 43.94 | 44.55 | 45.16 | 45.77 | 46.38 | 46.99 | 47.6 | 48.21 |
| 800 | 48.82 | 49.43 | 50.04 | 50.65 | 51.26 | 51.87 | 52.48 | 53.09 | 53.7 | 54.31 |
| 900 | 54.92 | 55.53 | 56.14 | 56.75 | 57.36 | 57.97 | 58.58 | 59.19 | 59.8 | 60.41 |
| 1 000 | 61.02 | | | | | | | | | |

21 cubic metres to cubic feet

| m³ | 0 | 1 | 2 | 3 | 4 | 5 | 6 | 7 | 8 | 9 |
|---|---|---|---|---|---|---|---|---|---|---|
| | ft³ | | | | | | | | | |
| 0 | | 35.31 | 70.63 | 105.94 | 141.26 | 176.57 | 211.89 | 247.2 | 282.52 | 317.83 |
| 10 | 353.15 | 388.46 | 423.78 | 459.09 | 494.41 | 592.72 | 565.04 | 600.35 | 635.67 | 670.98 |
| 20 | 706.29 | 741.61 | 776.92 | 812.24 | 847.55 | 882.87 | 918.18 | 953.5 | 988.81 | 1 024.13 |
| 30 | 1 059.44 | 1 094.75 | 1 130.07 | 1 165.38 | 1 200.7 | 1 236.01 | 1 271.33 | 1 306.64 | 1 341.96 | 1 377.27 |
| 40 | 1 412.59 | 1 447.9 | 1 483.22 | 1 518.53 | 1 553.85 | 1 589.16 | 1 624.47 | 1 659.79 | 1 695.1 | 1 730.42 |
| 50 | 1 765.73 | 1 801.05 | 1 836.36 | 1 871.68 | 1 906.99 | 1 942.31 | 1 977.62 | 2 012.94 | 2 048.25 | 2 083.57 |
| 60 | 2 118.88 | 2 154.19 | 2 189.51 | 2 224.82 | 2 260.14 | 2 295.45 | 2 330.77 | 2 366.08 | 2 401.4 | 2 436.71 |
| 70 | 2 472.03 | 2 507.34 | 2 542.66 | 2 577.97 | 2 613.29 | 2 648.6 | 2 683.91 | 2 719.23 | 2 754.54 | 2 789.86 |
| 80 | 2 825.17 | 2 860.49 | 2 895.8 | 2 931.12 | 2 966.43 | 3 001.75 | 3 037.06 | 3 072.38 | 3 107.69 | 3 143.01 |
| 90 | 3 178.32 | 3 213.63 | 3 248.95 | 3 284.26 | 3 319.58 | 3 354.89 | 3 390.21 | 3 425.52 | 3 460.84 | 3 496.15 |
| 100 | 3 531.47 | 3 566.78 | 3 602.1 | 3 637.41 | 3 672.73 | 3 708.04 | 3 743.35 | 3 778.67 | 3 813.98 | 3 849.3 |
| 110 | 3 884.61 | 3 919.93 | 3 955.24 | 3 990.56 | 4 025.87 | 4 061.19 | 4 096.5 | 4 131.82 | 4 167.13 | 4 202.45 |
| 120 | 4 237.76 | 4 273.07 | 4 308.39 | 4 343.7 | 4 379.02 | 4 414.33 | 4 449.65 | 4 484.96 | 4 520.28 | 4 555.59 |
| 130 | 4 590.91 | 4 626.22 | 4 661.54 | 4 696.85 | 4 732.17 | 4 767.48 | 4 802.79 | 4 838.11 | 4 873.42 | 4 908.74 |
| 140 | 4 944.05 | 4 979.37 | 5 014.68 | 5 050.0 | 5 085.31 | 5 120.63 | 5 155.94 | 5 191.26 | 5 226.57 | 5 261.89 |
| 150 | 5 297.2 | 5 332.51 | 5 367.83 | 5 403.14 | 5 438.46 | 5 473.77 | 5 509.09 | 5 544.4 | 5 579.72 | 5 615.03 |
| 160 | 5 650.35 | 5 685.66 | 5 720.98 | 5 756.29 | 5 791.61 | 5 826.92 | 5 862.23 | 5 897.55 | 5 932.86 | 5 968.18 |
| 170 | 6 003.49 | 6 038.81 | 6 074.12 | 6 109.44 | 6 144.75 | 6 180.07 | 6 215.38 | 6 250.7 | 6 286.01 | 6 321.33 |
| 180 | 6 356.64 | 6 391.95 | 6 427.27 | 6 462.58 | 6 497.9 | 6 533.21 | 6 568.53 | 6 603.84 | 6 639.16 | 6 674.47 |
| 190 | 6 709.79 | 6 745.1 | 6 780.42 | 6 815.73 | 6 851.05 | 6 886.36 | 6 921.67 | 6 956.99 | 6 992.3 | 7 027.62 |
| 200 | 7 062.93 | 7 098.25 | 7 133.56 | 7 168.88 | 7 204.19 | 7 239.51 | 7 274.82 | 7 310.14 | 7 345.45 | 7 380.77 |
| 210 | 7 416.08 | 7 451.39 | 7 486.71 | 7 522.02 | 7 557.34 | 7 592.65 | 7 627.97 | 7 663.28 | 7 698.6 | 7 733.91 |
| 220 | 7 769.23 | 7 804.54 | 7 839.86 | 7 875.17 | 7 910.49 | 7 945.8 | 7 981.11 | 8 016.43 | 8 051.74 | 8 087.06 |
| 230 | 8 122.37 | 8 157.69 | 8 193.0 | 8 228.32 | 8 263.63 | 8 298.95 | 8 334.26 | 8 369.58 | 8 404.89 | 8 440.21 |
| 240 | 8 475.52 | 8 510.83 | 8 546.15 | 8 581.46 | 8 616.78 | 8 652.09 | 8 687.41 | 8 722.72 | 8 758.04 | 8 793.35 |
| 250 | 8 828.67 | | | | | | | | | |

23 litres to cubic feet

| litre | 0 | 1 | 2 | 3 | 4 | 5 | 6 | 7 | 8 | 9 |
|---|---|---|---|---|---|---|---|---|---|---|
| | ft³ | | | | | | | | | |
| 0 | | 0.04 | 0.07 | 0.11 | 0.14 | 0.18 | 0.21 | 0.25 | 0.28 | 0.32 |
| 10 | 0.35 | 0.39 | 0.42 | 0.46 | 0.49 | 0.53 | 0.57 | 0.60 | 0.64 | 0.67 |
| 20 | 0.71 | 0.74 | 0.78 | 0.81 | 0.85 | 0.88 | 0.92 | 0.95 | 0.99 | 1.02 |
| 30 | 1.06 | 1.09 | 1.13 | 1.17 | 1.2 | 1.24 | 1.27 | 1.31 | 1.34 | 1.38 |
| 40 | 1.41 | 1.45 | 1.48 | 1.52 | 1.55 | 1.59 | 1.62 | 1.66 | 1.7 | 1.73 |
| 50 | 1.77 | 1.8 | 1.84 | 1.87 | 1.91 | 1.94 | 1.98 | 2.01 | 2.05 | 2.08 |
| 60 | 2.12 | 2.15 | 2.19 | 2.22 | 2.26 | 2.3 | 2.33 | 2.37 | 2.4 | 2.44 |
| 70 | 2.47 | 2.51 | 2.54 | 2.58 | 2.61 | 2.65 | 2.68 | 2.72 | 2.75 | 2.79 |
| 80 | 2.83 | 2.86 | 2.9 | 2.93 | 2.97 | 3.0 | 3.04 | 3.07 | 3.11 | 3.14 |
| 90 | 3.18 | 3.21 | 3.25 | 3.28 | 3.32 | 3.35 | 3.39 | 3.42 | 3.46 | 3.5 |
| 100 | 3.53 | | | | | | | | | |

20 cubic inches to cubic centimetres

| in³ | 0 | 1 | 2 | 3 | 4 | 5 | 6 | 7 | 8 | 9 |
|---|---|---|---|---|---|---|---|---|---|---|
| | cm³ | | | | | | | | | |
| | | 16.39 | 32.77 | 49.16 | 65.55 | 81.94 | 98.32 | 114.71 | 131.1 | 147.48 |

| in³ | 0 | 10 | 20 | 30 | 40 | 50 | 60 | 70 | 80 | 90 |
|---|---|---|---|---|---|---|---|---|---|---|
| | cm³ | | | | | | | | | |
| 0 | | 163.87 | 327.74 | 491.61 | 655.48 | 819.35 | 983.22 | 1 147.09 | 1 310.97 | 1 474.84 |
| 100 | 1 638.71 | 1 802.58 | 1 966.45 | 2 130.32 | 2 294.19 | 2 458.06 | 2 621.93 | 2 785.8 | 2 949.67 | 3 113.54 |
| 200 | 3 277.41 | 3 441.28 | 3 605.15 | 3 769.02 | 3 932.9 | 4 096.77 | 4 260.64 | 4 424.51 | 4 588.38 | 4 752.25 |
| 300 | 4 916.12 | 5 079.99 | 5 243.86 | 5 407.73 | 5 571.6 | 5 735.47 | 5 899.34 | 6 063.21 | 6 227.08 | 6 390.95 |
| 400 | 6 554.83 | 6 718.7 | 6 882.57 | 7 046.44 | 7 210.31 | 7 374.18 | 7 538.05 | 7 701.92 | 7 865.79 | 8 029.66 |
| 500 | 8 193.53 | 8 357.4 | 8 521.27 | 8 685.14 | 8 849.01 | 9 012.89 | 9 176.76 | 9 340.63 | 9 504.5 | 9 668.37 |
| 600 | 9 832.24 | 9 996.11 | 10 160.0 | 10 323.9 | 10 487.7 | 10 651.6 | 10 815.5 | 10 979.3 | 11 143.2 | 11 307.1 |
| 700 | 11 470.9 | 11 634.8 | 11 798.7 | 11 962.6 | 12 126.4 | 12 290.3 | 12 454.2 | 12 618.0 | 12 781.9 | 12 945.8 |
| 800 | 13 109.7 | 13 273.5 | 13 437.4 | 13 601.3 | 13 765.1 | 13 929.0 | 14 092.9 | 14 256.7 | 14 420.6 | 14 584.5 |
| 900 | 14 748.4 | 14 912.2 | 15 076.1 | 15 240.0 | 15 403.8 | 15 567.7 | 15 731.6 | 15 895.5 | 16 059.3 | 16 223.2 |
| 1 000 | 16 387.1 | | | | | | | | | |

22 cubic feet to cubic metres

| ft³ | 0 | 1 | 2 | 3 | 4 | 5 | 6 | 7 | 8 | 9 |
|---|---|---|---|---|---|---|---|---|---|---|
| | m³ | | | | | | | | | |
| 0 | | 0.03 | 0.06 | 0.08 | 0.11 | 0.14 | 0.17 | 0.2 | 0.23 | 0.25 |
| 10 | 0.28 | 0.31 | 0.34 | 0.37 | 0.4 | 0.42 | 0.45 | 0.48 | 0.51 | 0.54 |
| 20 | 0.57 | 0.59 | 0.62 | 0.65 | 0.68 | 0.71 | 0.74 | 0.77 | 0.79 | 0.82 |
| 30 | 0.85 | 0.88 | 0.91 | 0.93 | 0.96 | 0.99 | 1.02 | 1.05 | 1.08 | 1.1 |
| 40 | 1.13 | 1.16 | 1.19 | 1.22 | 1.25 | 1.27 | 1.3 | 1.33 | 1.36 | 1.39 |
| 50 | 1.42 | 1.44 | 1.47 | 1.5 | 1.53 | 1.56 | 1.59 | 1.61 | 1.64 | 1.67 |
| 60 | 1.7 | 1.73 | 1.76 | 1.78 | 1.81 | 1.84 | 1.87 | 1.9 | 1.93 | 1.95 |
| 70 | 1.98 | 2.01 | 2.04 | 2.07 | 2.1 | 2.12 | 2.15 | 2.18 | 2.21 | 2.24 |
| 80 | 2.27 | 2.29 | 2.32 | 2.35 | 2.38 | 2.41 | 2.44 | 2.46 | 2.49 | 2.52 |
| 90 | 2.55 | 2.58 | 2.61 | 2.63 | 2.66 | 2.69 | 2.71 | 2.75 | 2.78 | 2.8 |
| 100 | 2.83 | 2.86 | 2.89 | 2.92 | 2.94 | 2.97 | 3.01 | 3.03 | 3.06 | 3.09 |
| 110 | 3.11 | 3.14 | 3.17 | 3.2 | 3.23 | 3.26 | 3.28 | 3.31 | 3.34 | 3.37 |
| 120 | 3.4 | 3.43 | 3.46 | 3.48 | 3.51 | 3.54 | 3.57 | 3.6 | 3.62 | 3.65 |
| 130 | 3.68 | 3.71 | 3.74 | 3.77 | 3.79 | 3.82 | 3.85 | 3.88 | 3.91 | 3.94 |
| 140 | 3.96 | 4.0 | 4.02 | 4.05 | 4.08 | 4.11 | 4.13 | 4.16 | 4.19 | 4.22 |
| 150 | 4.26 | 4.28 | 4.3 | 4.33 | 4.36 | 4.39 | 4.42 | 4.45 | 4.47 | 4.51 |
| 160 | 4.53 | 4.56 | 4.59 | 4.62 | 4.64 | 4.67 | 4.7 | 4.73 | 4.76 | 4.79 |
| 170 | 4.81 | 4.84 | 4.87 | 4.9 | 4.93 | 4.96 | 4.99 | 5.01 | 5.04 | 5.07 |
| 180 | 5.1 | 5.13 | 5.15 | 5.18 | 5.21 | 5.24 | 5.27 | 5.3 | 5.32 | 5.35 |
| 190 | 5.38 | 5.41 | 5.44 | 5.47 | 5.49 | 5.52 | 5.55 | 5.58 | 5.61 | 5.64 |
| 200 | 5.66 | 5.69 | 5.72 | 5.75 | 5.78 | 5.8 | 5.83 | 5.86 | 5.89 | 5.92 |
| 210 | 5.95 | 5.98 | 6.0 | 6.03 | 6.06 | 6.09 | 6.12 | 6.14 | 6.17 | 6.2 |
| 220 | 6.23 | 6.26 | 6.29 | 6.31 | 6.34 | 6.37 | 6.4 | 6.43 | 6.46 | 6.48 |
| 230 | 6.51 | 6.54 | 6.57 | 6.6 | 6.63 | 6.65 | 6.69 | 6.71 | 6.74 | 6.77 |
| 240 | 6.8 | 6.82 | 6.85 | 6.88 | 6.91 | 6.94 | 6.97 | 6.99 | 7.02 | 7.05 |
| 250 | 7.08 | | | | | | | | | |

24 cubic feet to litres

| ft³ | 0 | 1 | 2 | 3 | 4 | 5 | 6 | 7 | 8 | 9 |
|---|---|---|---|---|---|---|---|---|---|---|
| | litre | | | | | | | | | |
| 0 | | 28.32 | 56.63 | 84.95 | 113.26 | 141.58 | 169.9 | 198.21 | 226.53 | 254.84 |
| 10 | 283.16 | 311.48 | 339.79 | 368.11 | 396.42 | 424.74 | 453.06 | 481.37 | 509.69 | 538.01 |
| 20 | 566.32 | 594.64 | 622.95 | 651.27 | 679.59 | 707.9 | 736.22 | 764.53 | 792.85 | 821.17 |
| 30 | 849.48 | 877.8 | 906.11 | 934.43 | 962.75 | 991.06 | 1 019.38 | 1 047.69 | 1 076.01 | 1 104.33 |
| 40 | 1 132.64 | 1 160.96 | 1 189.27 | 1 217.59 | 1 245.91 | 1 274.22 | 1 302.54 | 1 330.85 | 1 359.17 | 1 387.49 |
| 50 | 1 415.8 | 1 444.12 | 1 472.43 | 1 500.75 | 1 529.07 | 1 557.38 | 1 585.7 | 1 614.02 | 1 642.33 | 1 670.65 |
| 60 | 1 698.96 | 1 727.28 | 1 755.6 | 1 783.91 | 1 812.23 | 1 840.54 | 1 868.86 | 1 897.18 | 1 925.49 | 1 953.81 |
| 70 | 1 982.12 | 2 010.44 | 2 038.76 | 2 067.07 | 2 095.39 | 2 123.7 | 2 152.02 | 2 180.34 | 2 208.65 | 2 236.97 |
| 80 | 2 265.28 | 2 293.6 | 2 321.92 | 2 350.23 | 2 378.55 | 2 406.86 | 2 435.18 | 2 463.5 | 2 491.81 | 2 520.13 |
| 90 | 2 548.44 | 2 576.76 | 2 605.08 | 2 633.39 | 2 661.71 | 2 690.03 | 2 718.34 | 2 746.66 | 2 774.97 | 2 803.29 |
| 100 | 2 831.61 | | | | | | | | | |

25
litres to
imperial
gallons

| litre | 0 | 1 | 2 | 3 | 4 | 5 | 6 | 7 | 8 | 9 |
|---|---|---|---|---|---|---|---|---|---|---|
| | gal imp | | | | | | | | | |
| 0 | | 0.22 | 0.44 | 0.66 | 0.88 | 1.1 | 1.32 | 1.54 | 1.76 | 1.98 |
| 10 | 2.2 | 2.42 | 2.64 | 2.86 | 3.08 | 3.3 | 3.52 | 3.74 | 3.96 | 4.18 |
| 20 | 4.4 | 4.62 | 4.84 | 5.06 | 5.28 | 5.5 | 5.72 | 5.94 | 6.16 | 6.38 |
| 30 | 6.6 | 6.82 | 7.04 | 7.26 | 7.48 | 7.7 | 7.92 | 8.14 | 8.36 | 8.58 |
| 40 | 8.8 | 9.02 | 9.24 | 9.46 | 9.68 | 9.9 | 10.12 | 10.34 | 10.56 | 10.78 |
| 50 | 11.0 | 11.22 | 11.44 | 11.66 | 11.88 | 12.1 | 12.32 | 12.54 | 12.76 | 12.98 |
| 60 | 13.2 | 13.42 | 13.64 | 13.86 | 14.08 | 14.3 | 14.52 | 14.74 | 14.96 | 15.18 |
| 70 | 15.4 | 15.62 | 15.84 | 16.06 | 16.28 | 16.5 | 16.72 | 16.94 | 17.16 | 17.38 |
| 80 | 17.6 | 17.82 | 18.04 | 18.26 | 18.48 | 18.7 | 18.92 | 19.14 | 19.36 | 19.58 |
| 90 | 19.8 | 20.02 | 20.24 | 20.46 | 20.68 | 20.9 | 21.12 | 21.34 | 21.56 | 21.78 |
| 100 | 22.0 | | | | | | | | | |

27
litres to
US gallons

| litre | 0 | 1 | 2 | 3 | 4 | 5 | 6 | 7 | 8 | 9 |
|---|---|---|---|---|---|---|---|---|---|---|
| | gal US | | | | | | | | | |
| | | 0.26 | 0.53 | 0.79 | 1.06 | 1.32 | 1.59 | 1.85 | 2.11 | 2.38 |
| 10 | 2.64 | 2.91 | 3.17 | 3.43 | 3.7 | 3.96 | 4.23 | 4.49 | 4.76 | 5.02 |
| 20 | 5.28 | 5.55 | 5.81 | 6.08 | 6.34 | 6.61 | 6.87 | 7.13 | 7.4 | 7.66 |
| 30 | 7.93 | 8.19 | 8.45 | 8.72 | 8.98 | 9.25 | 9.51 | 9.78 | 10.04 | 10.3 |
| 40 | 10.57 | 10.83 | 11.1 | 11.36 | 11.62 | 11.89 | 12.15 | 12.42 | 12.68 | 12.95 |
| 50 | 13.21 | 13.47 | 13.74 | 14.0 | 14.27 | 14.53 | 14.8 | 15.06 | 15.32 | 15.59 |
| 60 | 15.85 | 16.12 | 16.38 | 16.64 | 16.91 | 17.17 | 17.44 | 17.7 | 17.97 | 18.23 |
| 70 | 18.49 | 18.76 | 19.02 | 19.29 | 19.55 | 19.82 | 20.08 | 20.34 | 20.61 | 20.87 |
| 80 | 21.14 | 21.4 | 21.66 | 21.93 | 22.19 | 22.46 | 22.72 | 22.96 | 23.25 | 23.51 |
| 90 | 23.78 | 24.04 | 24.31 | 24.57 | 24.83 | 25.1 | 25.36 | 25.63 | 25.89 | 26.16 |
| 100 | 26.42 | | | | | | | | | |

**Mass**

29
kilograms
to pounds

| kg | 0 | 1 | 2 | 3 | 4 | 5 | 6 | 7 | 8 | 9 |
|---|---|---|---|---|---|---|---|---|---|---|
| | lb | | | | | | | | | |
| 0 | | 2.21 | 4.41 | 6.61 | 8.82 | 11.02 | 13.23 | 15.43 | 17.64 | 19.84 |
| 10 | 22.05 | 24.25 | 26.46 | 28.66 | 30.86 | 33.07 | 35.27 | 37.47 | 39.68 | 41.89 |
| 20 | 44.09 | 46.3 | 48.5 | 50.71 | 52.91 | 55.12 | 57.32 | 59.52 | 61.73 | 63.93 |
| 30 | 66.14 | 68.34 | 70.55 | 72.75 | 74.96 | 77.16 | 79.37 | 81.57 | 83.78 | 85.98 |
| 40 | 88.18 | 90.39 | 92.59 | 94.8 | 97.0 | 99.2 | 101.41 | 103.61 | 105.82 | 108.03 |
| 50 | 110.23 | 112.44 | 114.64 | 116.85 | 119.05 | 121.25 | 123.46 | 125.66 | 127.87 | 130.07 |
| 60 | 132.28 | 134.48 | 136.69 | 138.89 | 141.1 | 143.3 | 145.51 | 147.71 | 149.91 | 152.12 |
| 70 | 154.32 | 156.53 | 158.73 | 160.94 | 163.14 | 165.35 | 167.55 | 169.76 | 171.96 | 174.17 |
| 80 | 176.37 | 178.57 | 180.78 | 182.98 | 185.19 | 187.39 | 189.6 | 191.8 | 194.01 | 196.21 |
| 90 | 198.42 | 200.62 | 202.83 | 205.03 | 207.24 | 209.44 | 211.64 | 213.85 | 216.05 | 218.26 |
| 100 | 220.46 | 222.67 | 224.87 | 227.08 | 229.28 | 231.49 | 233.69 | 235.9 | 238.1 | 240.3 |
| 110 | 242.51 | 244.71 | 246.92 | 249.12 | 251.33 | 253.53 | 255.74 | 257.94 | 260.15 | 262.35 |
| 120 | 264.56 | 266.76 | 268.96 | 271.17 | 273.37 | 275.58 | 277.78 | 279.99 | 282.19 | 284.4 |
| 130 | 286.6 | 288.81 | 291.01 | 293.22 | 295.42 | 297.62 | 299.83 | 302.03 | 304.24 | 306.44 |
| 140 | 308.65 | 310.85 | 313.06 | 315.26 | 317.47 | 319.67 | 321.88 | 324.08 | 326.28 | 328.49 |
| 150 | 330.69 | 332.9 | 335.1 | 337.31 | 339.51 | 341.72 | 343.92 | 346.13 | 348.33 | 350.54 |
| 160 | 352.74 | 354.94 | 357.15 | 359.35 | 361.56 | 363.76 | 365.97 | 368.17 | 370.38 | 372.58 |
| 170 | 374.79 | 377.0 | 379.2 | 381.4 | 383.6 | 385.81 | 388.01 | 390.22 | 392.42 | 394.68 |
| 180 | 396.83 | 399.04 | 401.24 | 403.45 | 405.65 | 407.86 | 410.06 | 412.26 | 414.47 | 416.67 |
| 190 | 418.88 | 421.08 | 423.29 | 425.49 | 427.68 | 429.9 | 432.11 | 434.31 | 436.52 | 438.72 |
| 200 | 440.93 | 443.13 | 445.33 | 447.54 | 449.74 | 451.95 | 454.15 | 456.36 | 458.56 | 460.77 |
| 210 | 462.97 | 465.18 | 467.38 | 469.59 | 471.79 | 473.99 | 476.2 | 478.4 | 480.61 | 482.81 |
| 220 | 485.02 | 487.22 | 489.43 | 491.63 | 493.84 | 496.04 | 498.25 | 500.45 | 502.65 | 504.86 |
| 230 | 507.06 | 509.2 | 511.47 | 513.6 | 515.88 | 518.0 | 520.29 | 522.4 | 524.7 | 526.9 |
| 240 | 529.1 | 531.31 | 533.5 | 535.72 | 537.9 | 540.13 | 542.3 | 544.54 | 546.7 | 548.9 |
| 250 | 551.16 | 553.36 | 555.57 | 557.77 | 559.97 | 562.18 | 564.38 | 566.59 | 568.79 | 571.0 |
| 260 | 573.2 | 575.41 | 577.61 | 579.82 | 582.02 | 584.23 | 586.43 | 588.63 | 590.84 | 593.04 |
| 270 | 595.25 | 597.45 | 599.66 | 601.86 | 604.07 | 606.27 | 608.48 | 610.68 | 612.89 | 615.09 |
| 280 | 617.29 | 619.5 | 621.7 | 623.91 | 626.11 | 628.32 | 630.52 | 632.73 | 634.93 | 637.14 |
| 290 | 639.34 | 641.55 | 643.75 | 645.95 | 648.16 | 650.36 | 652.57 | 654.77 | 656.98 | 659.18 |
| 300 | 661.39 | 663.59 | 665.8 | 668.0 | 670.21 | 672.41 | 674.62 | 676.82 | 679.02 | 681.23 |
| 310 | 683.43 | 685.64 | 687.84 | 690.05 | 692.25 | 694.46 | 696.66 | 698.87 | 701.07 | 703.28 |
| 320 | 705.48 | 707.68 | 709.89 | 712.09 | 714.3 | 716.5 | 718.71 | 720.91 | 723.12 | 725.32 |
| 330 | 727.53 | 729.73 | 731.93 | 734.14 | 736.34 | 738.55 | 740.75 | 742.96 | 745.16 | 747.37 |
| 340 | 749.57 | 751.78 | 753.98 | 756.19 | 758.39 | 760.6 | 762.8 | 765.0 | 767.21 | 769.41 |
| 350 | 771.62 | 773.82 | 776.03 | 778.23 | 780.44 | 782.64 | 784.85 | 787.05 | 789.26 | 791.46 |
| 360 | 793.66 | 795.87 | 798.07 | 800.28 | 802.48 | 804.69 | 806.89 | 809.1 | 811.31 | 813.51 |
| 370 | 815.71 | 817.92 | 820.12 | 822.32 | 824.53 | 826.73 | 828.94 | 831.14 | 833.35 | 835.55 |
| 380 | 837.76 | 839.96 | 842.17 | 844.37 | 846.58 | 848.78 | 850.98 | 853.19 | 855.39 | 857.6 |
| 390 | 859.8 | 862.0 | 864.21 | 866.41 | 868.62 | 870.8 | 873.03 | 875.2 | 877.44 | 879.64 |
| 400 | 881.85 | 884.05 | 886.26 | 888.46 | 890.67 | 892.87 | 895.08 | 897.28 | 899.49 | 901.69 |
| 410 | 903.9 | 906.1 | 908.31 | 910.51 | 912.71 | 914.92 | 917.12 | 919.33 | 921.53 | 923.74 |
| 420 | 925.94 | 928.15 | 930.35 | 932.56 | 934.76 | 936.97 | 939.17 | 941.37 | 943.58 | 945.78 |
| 430 | 947.99 | 950.19 | 952.4 | 954.6 | 956.81 | 959.01 | 961.22 | 963.42 | 965.63 | 967.83 |
| 440 | 970.03 | 972.24 | 974.44 | 976.65 | 978.85 | 981.06 | 983.26 | 985.47 | 987.67 | 989.88 |
| 450 | 992.08 | 994.29 | 996.49 | 998.69 | 1 000.9 | 1 003.1 | 1 005.31 | 1 007.51 | 1 009.72 | 1 011.92 |
| 460 | 1 014.13 | 1 016.33 | 1 018.54 | 1 020.74 | 1 022.94 | 1 025.15 | 1 027.35 | 1 029.56 | 1 031.76 | 1 033.97 |
| 470 | 1 036.17 | 1 038.38 | 1 040.58 | 1 042.79 | 1 044.99 | 1 047.2 | 1 049.4 | 1 051.6 | 1 053.81 | 1 056.01 |
| 480 | 1 058.22 | 1 060.42 | 1 062.63 | 1 064.83 | 1 067.04 | 1 069.24 | 1 071.45 | 1 073.65 | 1 075.86 | 1 078.06 |
| 490 | 1 080.27 | 1 082.47 | 1 084.67 | 1 086.88 | 1 089.08 | 1 091.29 | 1 093.49 | 1 095.7 | 1 097.9 | 1 100.11 |
| 500 | 1 102.31 | | | | | | | | | |

26 imperial gallons to litres

| gal imp | 0 | 1 | 2 | 3 | 4 | 5 | 6 | 7 | 8 | 9 |
|---|---|---|---|---|---|---|---|---|---|---|
| | litre | | | | | | | | | |
| 0 | | 4.55 | 9.09 | 13.64 | 18.18 | 22.73 | 27.28 | 31.82 | 36.37 | 40.91 |
| 10 | 45.46 | 50.0 | 54.55 | 59.1 | 63.64 | 68.19 | 72.74 | 77.28 | 81.83 | 86.38 |
| 20 | 90.92 | 95.47 | 100.01 | 104.56 | 109.1 | 113.65 | 118.2 | 122.74 | 127.29 | 131.83 |
| 30 | 136.38 | 140.93 | 145.47 | 150.02 | 154.56 | 159.1 | 163.66 | 168.21 | 172.75 | 177.3 |
| 40 | 181.84 | 186.38 | 190.93 | 195.48 | 200.02 | 204.57 | 209.11 | 213.66 | 218.21 | 222.75 |
| 50 | 227.3 | 231.84 | 236.39 | 240.94 | 245.48 | 250.03 | 254.57 | 259.12 | 263.67 | 268.21 |
| 60 | 272.76 | 277.3 | 281.85 | 286.4 | 290.94 | 295.49 | 300.03 | 304.58 | 309.13 | 313.67 |
| 70 | 318.22 | 322.76 | 327.31 | 331.86 | 336.4 | 340.95 | 345.49 | 350.04 | 354.59 | 359.13 |
| 80 | 363.68 | 368.22 | 372.77 | 377.32 | 381.86 | 386.41 | 390.95 | 395.5 | 400.04 | 404.59 |
| 90 | 409.14 | 413.68 | 418.23 | 422.77 | 427.32 | 431.87 | 436.41 | 440.96 | 445.5 | 450.05 |
| 100 | 454.6 | | | | | | | | | |

28 US gallons to litres

| gal US | 0 | 1 | 2 | 3 | 4 | 5 | 6 | 7 | 8 | 9 |
|---|---|---|---|---|---|---|---|---|---|---|
| | litre | | | | | | | | | |
| 0 | | 3.79 | 7.57 | 11.36 | 15.14 | 18.93 | 22.71 | 26.5 | 30.28 | 34.07 |
| 10 | 37.85 | 41.64 | 45.42 | 49.21 | 52.99 | 56.78 | 60.56 | 64.35 | 68.13 | 71.92 |
| 20 | 75.7 | 79.49 | 83.27 | 87.06 | 90.84 | 94.63 | 98.41 | 102.2 | 105.98 | 109.77 |
| 30 | 113.55 | 117.34 | 121.12 | 124.91 | 128.69 | 132.48 | 136.26 | 140.05 | 143.83 | 147.62 |
| 40 | 151.40 | 155.19 | 158.97 | 162.76 | 166.54 | 170.33 | 174.11 | 177.9 | 181.68 | 185.47 |
| 50 | 189.25 | 193.04 | 196.82 | 200.61 | 204.39 | 208.18 | 211.96 | 215.75 | 219.53 | 223.32 |
| 60 | 227.1 | 230.89 | 234.67 | 238.46 | 242.24 | 246.03 | 249.81 | 253.6 | 257.38 | 261.17 |
| 70 | 264.95 | 268.74 | 272.52 | 276.31 | 280.09 | 283.88 | 287.66 | 291.45 | 295.23 | 299.02 |
| 80 | 302.81 | 306.59 | 310.37 | 314.16 | 317.94 | 321.73 | 325.51 | 329.3 | 333.08 | 336.87 |
| 90 | 340.65 | 344.44 | 348.22 | 352.01 | 355.79 | 359.58 | 363.36 | 367.14 | 370.93 | 374.72 |
| 100 | 378.51 | | | | | | | | | |

30 pounds to kilograms

| lb | 0 | 1 | 2 | 3 | 4 | 5 | 6 | 7 | 8 | 9 |
|---|---|---|---|---|---|---|---|---|---|---|
| | kg | | | | | | | | | |
| 0 | | 0.45 | 0.91 | 1.36 | 1.81 | 2.27 | 2.72 | 3.18 | 3.63 | 4.08 |
| 10 | 4.54 | 4.99 | 5.44 | 5.9 | 6.35 | 6.8 | 7.26 | 7.71 | 8.16 | 8.62 |
| 20 | 9.07 | 9.53 | 9.98 | 10.43 | 10.89 | 11.34 | 11.79 | 12.25 | 12.7 | 13.15 |
| 30 | 13.61 | 14.06 | 14.52 | 14.97 | 15.42 | 15.88 | 16.33 | 16.78 | 17.24 | 17.69 |
| 40 | 18.14 | 18.6 | 19.05 | 19.5 | 19.96 | 20.41 | 20.87 | 21.32 | 21.77 | 22.23 |
| 50 | 22.68 | 23.13 | 23.59 | 24.04 | 24.49 | 24.95 | 25.4 | 25.85 | 26.31 | 26.76 |
| 60 | 27.22 | 27.67 | 28.12 | 28.58 | 29.03 | 29.48 | 29.94 | 30.39 | 30.84 | 31.3 |
| 70 | 31.75 | 32.21 | 32.66 | 33.11 | 33.57 | 34.02 | 34.47 | 34.93 | 35.38 | 35.83 |
| 80 | 36.29 | 36.74 | 37.19 | 37.65 | 38.1 | 38.56 | 39.01 | 39.46 | 39.92 | 40.37 |
| 90 | 40.82 | 41.28 | 41.73 | 42.18 | 42.64 | 43.09 | 43.54 | 44.0 | 44.45 | 44.91 |
| 100 | 45.36 | 45.81 | 46.27 | 46.72 | 47.17 | 47.63 | 48.08 | 48.53 | 48.99 | 49.44 |
| 110 | 49.9 | 50.35 | 50.8 | 51.26 | 51.71 | 52.16 | 52.62 | 53.07 | 53.52 | 53.98 |
| 120 | 54.43 | 54.88 | 55.34 | 55.79 | 56.25 | 56.7 | 57.15 | 57.61 | 58.06 | 58.51 |
| 130 | 58.97 | 59.42 | 59.87 | 60.33 | 60.78 | 61.24 | 61.69 | 62.14 | 62.6 | 63.05 |
| 140 | 63.5 | 63.96 | 64.41 | 64.86 | 65.32 | 65.77 | 66.22 | 66.68 | 67.13 | 67.59 |
| 150 | 68.04 | 68.49 | 68.95 | 69.4 | 69.85 | 70.31 | 70.76 | 71.21 | 71.67 | 72.12 |
| 160 | 72.57 | 73.03 | 73.48 | 73.94 | 74.39 | 74.84 | 75.3 | 75.75 | 76.2 | 76.66 |
| 170 | 77.11 | 77.56 | 78.02 | 78.47 | 78.93 | 79.38 | 79.83 | 80.29 | 80.74 | 81.19 |
| 180 | 81.65 | 82.1 | 82.55 | 83.01 | 83.46 | 83.91 | 84.37 | 84.82 | 85.28 | 85.73 |
| 190 | 86.18 | 86.64 | 87.09 | 87.54 | 88.0 | 88.45 | 88.9 | 89.36 | 89.81 | 90.26 |
| 200 | 90.72 | 91.17 | 91.63 | 92.08 | 92.53 | 92.99 | 93.44 | 93.89 | 94.35 | 94.8 |
| 210 | 95.25 | 95.71 | 96.16 | 96.62 | 97.07 | 97.52 | 97.98 | 98.43 | 98.88 | 99.34 |
| 220 | 99.79 | 100.24 | 100.7 | 101.15 | 101.61 | 102.06 | 102.51 | 102.97 | 103.42 | 103.87 |
| 230 | 104.33 | 104.78 | 105.23 | 105.69 | 106.14 | 106.59 | 107.05 | 107.5 | 107.96 | 108.41 |
| 240 | 108.86 | 109.32 | 109.77 | 110.22 | 110.68 | 111.13 | 111.58 | 112.04 | 112.49 | 112.95 |
| 250 | 113.4 | 113.85 | 114.31 | 114.76 | 115.21 | 115.67 | 116.12 | 116.57 | 117.03 | 117.48 |
| 260 | 117.93 | 118.39 | 118.84 | 119.3 | 119.75 | 120.2 | 120.66 | 121.11 | 121.56 | 122.02 |
| 270 | 122.47 | 122.92 | 123.38 | 123.83 | 124.28 | 124.74 | 125.19 | 125.65 | 126.1 | 126.55 |
| 280 | 127.01 | 127.46 | 127.91 | 128.37 | 128.82 | 129.27 | 129.73 | 130.18 | 130.64 | 131.09 |
| 290 | 131.54 | 132.0 | 132.45 | 132.9 | 133.36 | 133.81 | 134.26 | 134.72 | 135.17 | 135.62 |
| 300 | 136.08 | 136.53 | 136.99 | 137.44 | 137.89 | 138.35 | 138.8 | 139.25 | 139.71 | 140.16 |
| 310 | 140.61 | 141.07 | 141.52 | 141.97 | 142.43 | 142.88 | 143.34 | 143.79 | 144.24 | 144.7 |
| 320 | 145.15 | 145.6 | 146.06 | 146.51 | 146.96 | 147.42 | 147.87 | 148.33 | 148.78 | 149.23 |
| 330 | 149.69 | 150.14 | 150.59 | 151.05 | 151.5 | 151.95 | 152.41 | 152.86 | 153.31 | 153.77 |
| 340 | 154.22 | 154.68 | 155.13 | 155.58 | 156.04 | 156.49 | 156.94 | 157.4 | 157.85 | 158.3 |
| 350 | 158.76 | 159.21 | 159.67 | 160.12 | 160.57 | 161.03 | 161.48 | 161.93 | 162.39 | 162.84 |
| 360 | 163.29 | 163.75 | 164.2 | 164.65 | 165.11 | 165.56 | 166.02 | 166.47 | 166.92 | 167.38 |
| 370 | 167.83 | 168.28 | 168.74 | 169.1 | 169.64 | 170.1 | 170.55 | 171.0 | 171.46 | 171.91 |
| 380 | 172.37 | 172.82 | 173.27 | 173.73 | 174.18 | 174.63 | 175.09 | 175.54 | 175.99 | 176.45 |
| 390 | 176.9 | 177.36 | 177.81 | 178.26 | 178.72 | 179.17 | 179.62 | 180.08 | 180.53 | 180.98 |
| 400 | 181.44 | 181.89 | 182.34 | 182.8 | 183.25 | 183.71 | 184.16 | 184.61 | 185.07 | 185.52 |
| 410 | 185.97 | 186.43 | 186.88 | 187.33 | 187.79 | 188.24 | 188.69 | 189.15 | 189.6 | 190.06 |
| 420 | 190.51 | 190.96 | 191.42 | 191.87 | 192.32 | 192.78 | 193.23 | 193.68 | 194.14 | 194.59 |
| 430 | 195.05 | 195.5 | 195.95 | 196.41 | 196.86 | 197.31 | 197.77 | 198.22 | 198.67 | 199.13 |
| 440 | 199.58 | 200.03 | 200.49 | 200.94 | 201.4 | 201.85 | 202.3 | 202.76 | 203.21 | 203.66 |
| 450 | 204.12 | 204.57 | 205.02 | 205.48 | 205.93 | 206.39 | 206.84 | 207.29 | 207.75 | 208.2 |
| 460 | 208.65 | 209.11 | 209.56 | 210.01 | 210.47 | 210.92 | 211.37 | 211.83 | 212.28 | 212.74 |
| 470 | 213.19 | 213.64 | 214.1 | 214.55 | 215.0 | 215.46 | 215.91 | 216.36 | 216.82 | 217.27 |
| 480 | 217.72 | 218.18 | 218.63 | 219.09 | 219.54 | 219.99 | 220.45 | 220.9 | 221.35 | 221.81 |
| 490 | 222.26 | 222.71 | 223.17 | 223.62 | 224.08 | 224.53 | 224.98 | 225.44 | 225.89 | 226.34 |
| 500 | 226.8 | | | | | | | | | |

**Density (mass/volume)**

31 kilograms per cubic metre to pounds per cubic foot

| $kg/m^3$ | 0 | 10 | 20 | 30 | 40 | 50 | 60 | 70 | 80 | 90 |
|---|---|---|---|---|---|---|---|---|---|---|
| | $lb/ft^3$ | | | | | | | | | |
| 0 | | 0.62 | 1.25 | 1.87 | 2.5 | 3.12 | 3.75 | 4.37 | 5.0 | 5.62 |
| 100 | 6.24 | 6.87 | 7.49 | 8.12 | 8.74 | 9.36 | 9.99 | 10.61 | 11.24 | 11.86 |
| 200 | 12.49 | 13.11 | 13.73 | 14.36 | 14.98 | 15.61 | 16.23 | 16.86 | 17.48 | 18.11 |
| 300 | 18.73 | 19.35 | 19.98 | 20.61 | 21.23 | 21.85 | 22.47 | 23.1 | 23.72 | 24.35 |
| 400 | 24.97 | 25.6 | 26.22 | 26.84 | 27.47 | 28.09 | 28.72 | 29.34 | 29.97 | 30.59 |
| 500 | 31.21 | 31.84 | 32.46 | 33.09 | 33.71 | 34.33 | 34.96 | 35.58 | 36.21 | 36.83 |
| 600 | 37.46 | 38.08 | 38.71 | 39.33 | 39.95 | 40.58 | 41.2 | 41.83 | 42.45 | 43.08 |
| 700 | 43.7 | 44.32 | 44.95 | 45.57 | 46.2 | 46.82 | 47.45 | 48.07 | 48.7 | 49.32 |
| 800 | 49.94 | 50.57 | 51.19 | 51.82 | 52.44 | 53.06 | 53.69 | 54.31 | 54.94 | 55.56 |
| 900 | 56.19 | 56.81 | 57.43 | 58.06 | 58.68 | 59.31 | 59.93 | 60.56 | 61.18 | 61.81 |
| 1 000 | 62.43 | | | | | | | | | |

**Velocity**

33 metres per second to miles per hour

| m/s | 0 | 1 | 2 | 3 | 4 | 5 | 6 | 7 | 8 | 9 |
|---|---|---|---|---|---|---|---|---|---|---|
| | mile/hr | | | | | | | | | |
| 0 | | 2.24 | 4.47 | 6.71 | 8.95 | 11.18 | 13.42 | 15.66 | 17.9 | 20.13 |
| 10 | 22.37 | 24.61 | 26.84 | 29.08 | 31.32 | 33.55 | 35.79 | 38.03 | 40.26 | 42.51 |
| 20 | 44.74 | 46.96 | 49.21 | 51.45 | 53.69 | 55.92 | 58.16 | 60.4 | 62.63 | 64.87 |
| 30 | 67.11 | 69.35 | 71.58 | 73.82 | 76.06 | 78.29 | 80.53 | 82.77 | 85.0 | 87.24 |
| 40 | 89.48 | 91.71 | 93.95 | 96.19 | 98.43 | 100.66 | 102.9 | 105.13 | 107.37 | 109.61 |
| 50 | 111.85 | 114.08 | 116.32 | 118.56 | 120.8 | 123.03 | 125.27 | 127.5 | 129.74 | 131.98 |
| 60 | 134.22 | 136.45 | 138.69 | 140.93 | 143.16 | 145.4 | 147.64 | 149.88 | 152.11 | 154.34 |
| 70 | 156.59 | 158.82 | 161.06 | 163.3 | 165.53 | 167.77 | 170.0 | 172.24 | 174.48 | 176.72 |
| 80 | 178.96 | 181.19 | 183.43 | 185.67 | 187.9 | 190.14 | 192.38 | 194.61 | 196.85 | 199.09 |
| 90 | 201.32 | 203.56 | 205.8 | 208.04 | 210.27 | 212.51 | 214.75 | 216.98 | 219.22 | 221.46 |
| 100 | 223.69 | | | | | | | | | |

**Pressure, stress**

35 kilograms force per square centimetre to pounds force per square inch

| $kgf/cm^2$ | 0.0 | 0.1 | 0.2 | 0.3 | 0.4 | 0.5 | 0.6 | 0.7 | 0.8 | 0.9 |
|---|---|---|---|---|---|---|---|---|---|---|
| | $lbf/in^2$ | | | | | | | | | |
| 0 | | 1.42 | 2.84 | 4.27 | 5.6 | 7.11 | 8.53 | 9.96 | 11.38 | 12.8 |
| 1 | 14.22 | 15.65 | 17.07 | 18.49 | 19.91 | 21.34 | 22.76 | 24.18 | 25.6 | 27.02 |
| 2 | 28.45 | 29.87 | 31.29 | 32.71 | 34.13 | 35.56 | 36.98 | 38.4 | 39.83 | 41.25 |
| 3 | 42.67 | 44.09 | 45.51 | 46.94 | 48.36 | 49.78 | 51.2 | 52.63 | 54.05 | 55.47 |
| 4 | 56.9 | 58.32 | 59.73 | 61.16 | 62.58 | 64.0 | 65.43 | 66.85 | 68.27 | 69.69 |
| 5 | 71.12 | 72.54 | 73.96 | 75.38 | 76.81 | 78.23 | 79.65 | 81.07 | 82.5 | 83.92 |
| 6 | 85.34 | 86.76 | 88.18 | 89.61 | 91.03 | 92.45 | 93.87 | 95.3 | 96.72 | 98.14 |
| 7 | 99.56 | 100.99 | 102.41 | 103.83 | 105.25 | 106.68 | 108.1 | 109.52 | 110.94 | 112.36 |
| 8 | 113.79 | 115.21 | 116.63 | 118.05 | 119.48 | 120.9 | 122.32 | 123.74 | 125.17 | 126.59 |
| 9 | 128.01 | 129.43 | 130.86 | 132.28 | 133.7 | 135.12 | 136.54 | 137.97 | 139.39 | 140.81 |
| 10 | 142.23 | | | | | | | | | |

37 kilonewtons per square metre to pounds force per square inch

| $kN/m^2$ (k Pa) | 0 | 10 | 20 | 30 | 40 | 50 | 60 | 70 | 80 | 90 |
|---|---|---|---|---|---|---|---|---|---|---|
| | $lbf/in^2$ | | | | | | | | | |
| 0 | | 1.45 | 2.9 | 4.35 | 5.8 | 7.25 | 8.7 | 10.15 | 11.6 | 13.05 |
| 100 | 14.50 | 15.95 | 17.40 | 18.85 | 20.30 | 21.75 | 23.21 | 24.66 | 26.11 | 27.56 |
| 200 | 29.01 | 30.46 | 31.91 | 33.36 | 34.81 | 36.26 | 37.71 | 39.16 | 40.61 | 42.06 |
| 300 | 43.51 | 44.96 | 46.41 | 47.86 | 49.31 | 50.76 | 52.21 | 53.66 | 55.11 | 56.56 |
| 400 | 58.01 | 59.46 | 60.91 | 62.36 | 63.81 | 65.26 | 66.71 | 68.17 | 69.62 | 71.07 |
| 500 | 72.52 | 73.97 | 75.42 | 76.87 | 78.32 | 79.77 | 81.22 | 82.67 | 84.12 | 85.57 |
| 600 | 87.02 | 88.47 | 89.92 | 91.37 | 92.82 | 94.27 | 95.72 | 97.17 | 98.62 | 100.07 |
| 700 | 101.52 | 102.97 | 104.42 | 105.87 | 107.32 | 108.77 | 110.22 | 111.68 | 113.13 | 114.58 |
| 800 | 116.03 | 117.48 | 118.93 | 120.38 | 121.83 | 123.28 | 124.73 | 126.18 | 127.63 | 129.08 |
| 900 | 130.53 | 131.98 | 133.43 | 134.88 | 136.33 | 137.78 | 139.23 | 140.68 | 142.13 | 143.58 |
| 1 000 | 145.03 | | | | | | | | | |

32 pounds per cubic foot to kilograms per cubic metre

| lb/ft³ | 0 | 1 | 2 | 3 | 4 | 5 | 6 | 7 | 8 | 9 |
|---|---|---|---|---|---|---|---|---|---|---|
| | kg/m³ | | | | | | | | | |
| 0 | | 16.02 | 32.04 | 48.06 | 64.07 | 80.09 | 96.11 | 112.13 | 128.15 | 144.17 |
| 10 | 160.19 | 176.2 | 192.22 | 208.24 | 224.26 | 240.28 | 256.3 | 272.31 | 288.33 | 304.35 |
| 20 | 320.37 | 336.39 | 352.41 | 368.43 | 384.44 | 400.46 | 416.48 | 432.5 | 448.52 | 464.54 |
| 30 | 480.55 | 496.57 | 512.59 | 528.61 | 544.63 | 560.65 | 576.67 | 592.68 | 608.7 | 624.72 |
| 40 | 640.74 | 656.76 | 672.78 | 688.79 | 704.81 | 720.83 | 736.85 | 752.87 | 768.89 | 784.91 |
| 50 | 800.92 | 816.94 | 832.96 | 848.98 | 865.0 | 881.02 | 897.03 | 913.05 | 929.07 | 945.09 |
| 60 | 961.11 | 977.13 | 993.15 | 1 009.16 | 1 025.18 | 1 041.2 | 1 057.22 | 1 073.24 | 1 089.26 | 1 105.27 |
| 70 | 1 121.29 | 1 137.31 | 1 153.33 | 1 169.35 | 1 185.37 | 1 201.38 | 1 217.4 | 1 233.42 | 1 249.44 | 1 265.46 |
| 80 | 1 281.48 | 1 297.5 | 1 313.51 | 1 329.53 | 1 345.55 | 1 361.57 | 1 377.59 | 1 393.61 | 1 409.62 | 1 425.64 |
| 90 | 1 441.66 | 1 457.68 | 1 473.7 | 1 489.72 | 1 505.74 | 1 521.75 | 1 537.77 | 1 553.79 | 1 569.81 | 1 585.83 |
| 100 | 1 601.85 | | | | | | | | | |

34 miles per hour to metres per second

| mile/hr | 0 | 1 | 2 | 3 | 4 | 5 | 6 | 7 | 8 | 9 |
|---|---|---|---|---|---|---|---|---|---|---|
| | m/s | | | | | | | | | |
| 0 | | 0.45 | 0.89 | 1.34 | 1.79 | 2.24 | 2.68 | 3.13 | 3.58 | 4.02 |
| 10 | 4.47 | 4.92 | 5.36 | 5.81 | 6.26 | 6.71 | 7.15 | 7.6 | 8.05 | 8.49 |
| 20 | 8.94 | 9.39 | 9.83 | 10.28 | 10.73 | 11.18 | 11.62 | 12.07 | 12.52 | 12.96 |
| 30 | 13.41 | 13.86 | 14.31 | 14.75 | 15.2 | 15.65 | 16.09 | 16.54 | 16.99 | 17.43 |
| 40 | 17.88 | 18.33 | 18.78 | 19.22 | 19.67 | 20.12 | 20.56 | 21.01 | 21.46 | 21.91 |
| 50 | 22.35 | 22.8 | 23.25 | 23.69 | 24.14 | 24.59 | 25.03 | 25.48 | 25.93 | 26.38 |
| 60 | 26.82 | 27.27 | 27.72 | 28.16 | 28.61 | 29.06 | 29.5 | 29.95 | 30.4 | 30.85 |
| 70 | 31.29 | 31.74 | 32.19 | 32.63 | 33.08 | 33.53 | 33.98 | 34.42 | 34.87 | 35.32 |
| 80 | 35.76 | 36.21 | 36.66 | 37.1 | 37.55 | 38.0 | 38.45 | 38.89 | 39.34 | 39.79 |
| 90 | 40.23 | 40.68 | 41.13 | 41.57 | 42.02 | 42.47 | 42.92 | 43.36 | 43.81 | 44.26 |
| 100 | 44.7 | | | | | | | | | |

36 pounds force per square inch to kilograms force per square centimetre

| lbf/in² | 0 | 1 | 2 | 3 | 4 | 5 | 6 | 7 | 8 | 9 |
|---|---|---|---|---|---|---|---|---|---|---|
| | kgf/cm² | | | | | | | | | |
| 0 | | 0.07 | 0.14 | 0.21 | 0.28 | 0.35 | 0.42 | 0.49 | 0.56 | 0.63 |
| 10 | 0.7 | 0.77 | 0.84 | 0.91 | 0.98 | 1.05 | 1.12 | 1.2 | 1.27 | 1.34 |
| 20 | 1.41 | 1.48 | 1.55 | 1.62 | 1.69 | 1.76 | 1.83 | 1.9 | 1.97 | 2.04 |
| 30 | 2.11 | 2.18 | 2.25 | 2.32 | 2.39 | 2.46 | 2.53 | 2.6 | 2.67 | 2.74 |
| 40 | 2.81 | 2.88 | 2.95 | 3.02 | 3.09 | 3.16 | 3.23 | 3.3 | 3.37 | 3.45 |
| 50 | 3.52 | 3.59 | 3.66 | 3.73 | 3.8 | 3.87 | 3.94 | 4.01 | 4.08 | 4.15 |
| 60 | 4.22 | 4.29 | 4.36 | 4.43 | 4.5 | 4.57 | 4.64 | 4.71 | 4.78 | 4.85 |
| 70 | 4.92 | 4.99 | 5.06 | 5.13 | 5.2 | 5.27 | 5.34 | 5.41 | 5.48 | 5.55 |
| 80 | 5.62 | 5.69 | 5.77 | 5.84 | 5.91 | 5.98 | 6.05 | 6.12 | 6.19 | 6.26 |
| 90 | 6.33 | 6.4 | 6.47 | 6.54 | 6.61 | 6.68 | 6.75 | 6.82 | 6.89 | 6.96 |
| 100 | 7.03 | | | | | | | | | |

38 pounds force per square inch to kilonewtons per square metre

| lbf/in² | 0 | 1 | 2 | 3 | 4 | 5 | 6 | 7 | 8 | 9 |
|---|---|---|---|---|---|---|---|---|---|---|
| | kN/m² (k Pa) | | | | | | | | | |
| 0 | | 6.9 | 13.79 | 20.68 | 27.58 | 34.48 | 41.37 | 48.26 | 55.16 | 62.06 |
| 10 | 68.95 | 75.84 | 82.74 | 89.64 | 96.53 | 103.42 | 110.32 | 117.22 | 124.11 | 131.0 |
| 20 | 137.9 | 144.8 | 151.69 | 158.58 | 165.48 | *172.38* | *179.27* | *186.16* | *193.06* | *199.96* |
| 30 | 206.85 | 213.74 | 220.64 | 227.54 | 234.43 | 241.32 | 248.22 | 255.12 | 262.01 | 268.9 |
| 40 | 275.8 | 282.7 | 289.59 | 296.48 | 303.38 | 310.28 | 317.17 | 324.06 | 330.96 | 337.86 |
| 50 | 344.75 | 351.64 | 358.54 | 365.44 | 372.33 | 379.22 | 386.12 | 393.02 | 399.91 | 406.8 |
| 60 | 413.7 | 420.6 | 427.49 | 434.38 | 441.28 | 448.18 | 455.07 | 461.96 | 468.86 | 475.76 |
| 70 | 482.65 | 489.54 | 496.44 | 503.34 | 510.23 | 517.12 | 524.02 | 530.92 | 537.81 | 544.7 |
| 80 | 551.6 | 558.5 | 565.39 | 572.28 | 579.18 | 586.08 | 592.97 | 599.86 | 606.76 | 613.66 |
| 90 | 620.55 | 627.44 | 634.34 | 641.24 | 648.13 | 655.02 | 661.92 | 668.82 | 675.71 | 682.6 |
| 100 | 689.5 | | | | | | | | | |

**Refrigeration**

39
watts to British thermal units per hour

| W | 0 | 1 | 2 | 3 | 4 | 5 | 6 | 7 | 8 | 9 |
|---|---|---|---|---|---|---|---|---|---|---|
| | Btu/hr | | | | | | | | | |
| 0 | | 3.41 | 6.82 | 10.24 | 13.65 | 17.06 | 20.47 | 23.89 | 27.3 | 30.71 |
| 10 | 34.12 | 37.53 | 40.95 | 44.36 | 47.77 | 51.18 | 54.59 | 58.01 | 61.42 | 64.83 |
| 20 | 68.24 | 71.66 | 75.07 | 78.5 | 81.89 | 85.3 | 88.72 | 92.13 | 95.54 | 98.95 |
| 30 | 102.36 | 105.78 | 109.12 | 112.6 | 116.01 | 119.43 | 122.76 | 126.25 | 129.66 | 133.07 |
| 40 | 136.49 | 139.91 | 143.31 | 146.72 | 150.13 | 153.55 | 156.96 | 160.37 | 163.78 | 167.2 |
| 50 | 170.61 | 174.02 | 177.43 | 180.84 | 184.26 | 187.67 | 191.08 | 194.49 | 197.9 | 201.31 |
| 60 | 204.73 | 208.14 | 211.55 | 214.97 | 218.38 | 221.79 | 225.2 | 228.61 | 232.03 | 235.44 |
| 70 | 238.85 | 242.26 | 245.68 | 249.09 | 252.5 | 255.91 | 259.32 | 262.74 | 266.15 | 269.56 |
| 80 | 272.97 | 276.38 | 279.8 | 283.21 | 286.62 | 290.03 | 293.45 | 296.86 | 300.27 | 303.68 |
| 90 | 307.09 | 310.51 | 313.92 | 317.33 | 320.74 | 324.15 | 327.57 | 330.98 | 334.39 | 337.8 |
| 100 | 341.22 | | | | | | | | | |

**Thermal conductance (U-value)**

41
watts per square metre kelvin to British thermal units per square foot hour degree F

| W/(m²K) | 0.0 | 0.1 | 0.2 | 0.3 | 0.4 | 0.5 | 0.6 | 0.7 | 0.8 | 0.9 |
|---|---|---|---|---|---|---|---|---|---|---|
| | Btu/(ft²hr°F) | | | | | | | | | |
| 0.0 | | 0.018 | 0.035 | 0.053 | 0.074 | 0.088 | 0.106 | 0.123 | 0.141 | 0.158 |
| 1.0 | 0.176 | 0.194 | 0.211 | 0.229 | 0.247 | 0.264 | 0.282 | 0.299 | 0.317 | 0.335 |
| 2.0 | 0.352 | 0.370 | 0.387 | 0.405 | 0.423 | 0.440 | 0.458 | 0.476 | 0.493 | 0.511 |
| 3.0 | 0.528 | 0.546 | 0.564 | 0.581 | 0.599 | 0.616 | 0.634 | 0.652 | 0.669 | 0.687 |
| 4.0 | 0.704 | 0.722 | 0.740 | 0.757 | 0.775 | 0.793 | 0.810 | 0.828 | 0.845 | 0.863 |
| 5.0 | 0.881 | 0.898 | 0.916 | 0.933 | 0.951 | 0.969 | 0.986 | 1.004 | 1.021 | 1.039 |
| 6.0 | 1.057 | 1.074 | 1.092 | 1.110 | 1.127 | 1.145 | 1.162 | 1.180 | 1.198 | 1.215 |
| 7.0 | 1.233 | 1.250 | 1.268 | 1.286 | 1.303 | 1.321 | 1.34 | 1.356 | 1.374 | 1.391 |
| 8.0 | 1.409 | 1.427 | 1.444 | 1.462 | 1.479 | 1.497 | 1.515 | 1.532 | 1.550 | 1.567 |
| 9.0 | 1.585 | 1.603 | 1.620 | 1.638 | 1.656 | 1.673 | 1.691 | 1.708 | 1.726 | 1.744 |
| 10.0 | 1.761 | | | | | | | | | |

40
British thermal units per hour to watts

| Btu/hr | 0 | 1 | 2 | 3 | 4 | 5 | 6 | 7 | 8 | 9 |
|---|---|---|---|---|---|---|---|---|---|---|
| | W | | | | | | | | | |
| 0 | | 0.29 | 0.59 | 0.88 | 1.17 | 1.47 | 1.76 | 2.05 | 2.34 | 2.64 |
| 10 | 2.93 | 3.22 | 3.52 | 3.81 | 4.1 | 4.4 | 4.69 | 4.98 | 5.28 | 5.57 |
| 20 | 5.86 | 6.16 | 6.45 | 6.74 | 7.03 | 7.33 | 7.62 | 7.91 | 8.21 | 8.5 |
| 30 | 8.79 | 9.09 | 9.38 | 9.67 | 9.97 | 10.26 | 10.55 | 10.84 | 11.14 | 11.43 |
| 40 | 11.72 | 12.02 | 12.31 | 12.6 | 12.9 | 13.19 | 13.48 | 13.78 | 14.07 | 14.36 |
| 50 | 14.66 | 14.95 | 15.24 | 15.53 | 15.83 | 16.12 | 16.41 | 16.71 | 17.0 | 17.29 |
| 60 | 17.59 | 17.88 | 18.17 | 18.47 | 18.76 | 19.05 | 19.34 | 19.64 | 19.93 | 20.22 |
| 70 | 20.52 | 20.81 | 21.1 | 21.4 | 21.69 | 21.98 | 22.28 | 22.57 | 22.86 | 23.15 |
| 80 | 23.45 | 23.74 | 24.03 | 24.33 | 24.62 | 24.91 | 25.21 | 25.5 | 25.79 | 26.09 |
| 90 | 26.38 | 26.67 | 26.97 | 27.26 | 27.55 | 27.84 | 28.14 | 28.43 | 28.72 | 29.02 |
| 100 | 29.31 | | | | | | | | | |

42
British thermal units per square foot hour degree F to watts per square metre kelvin

| Btu/(ft².hr°F) | 0.00 | 0.01 | 0.02 | 0.03 | 0.04 | 0.05 | 0.06 | 0.07 | 0.08 | 0.09 |
|---|---|---|---|---|---|---|---|---|---|---|
| | W/(m²K) | | | | | | | | | |
| 0.0 | | 0.057 | 0.114 | 0.17 | 0.227 | 0.284 | 0.341 | 0.397 | 0.454 | 0.511 |
| 0.1 | 0.568 | 0.624 | 0.681 | 0.738 | 0.795 | 0.852 | 0.908 | 0.965 | 1.022 | 1.079 |
| 0.2 | 1.136 | 1.192 | 1.249 | 1.306 | 1.363 | 1.42 | 1.476 | 1.533 | 1.59 | 1.647 |
| 0.3 | 1.703 | 1.76 | 1.817 | 1.874 | 1.931 | 1.987 | 2.044 | 2.101 | 2.158 | 2.214 |
| 0.4 | 2.271 | 2.328 | 2.385 | 2.442 | 2.498 | 2.555 | 2.612 | 2.669 | 2.725 | 2.782 |
| 0.5 | 2.839 | 2.896 | 2.953 | 3.009 | 3.066 | 3.123 | 3.18 | 3.236 | 3.293 | 3.35 |
| 0.6 | 3.407 | 3.464 | 3.52 | 3.577 | 3.634 | 3.691 | 3.747 | 3.804 | 3.861 | 3.918 |
| 0.7 | 3.975 | 4.031 | 4.088 | 4.145 | 4.202 | 4.258 | 4.315 | 4.372 | 4.429 | 4.486 |
| 0.8 | 4.542 | 4.599 | 4.656 | 4.713 | 4.77 | 4.826 | 4.883 | 4.94 | 4.997 | 5.053 |
| 0.9 | 5.11 | 5.167 | 5.224 | 5.281 | 5.337 | 5.394 | 5.451 | 5.508 | 5.564 | 5.621 |
| 1.0 | 5.678 | | | | | | | | | |

# 索引